프리스트레스트 콘크리트 수정판

강도설계법과 한계상태설계법

이재훈(李在訓, Jae-Hoon Lee)
영남대학교 교수, 토목구조기술사, 미국 PE(Professional Engineer)
공학박사(PhD from University of Wisconsin-Madison)
서울대학교 공과대학 토목공학과 졸업
삼성건설(주) 과장 근무
한국지진공학회 토목내진설계 위원장 역임
한국콘크리트학회 콘크리트구조기준 위원장 역임
대한토목학회 콘크리트구조 위원장 역임
한국교량및구조공학회 콘크리트구조 위원장 역임
국가건설기준센터 건설기준위원회 콘크리트기준 위원장 역임
한국콘크리트학회 제16대 회장
한국교량및구조공학회 제12대 회장

프리스트레스트 콘크리트(수정판) – 강도설계법과 한계상태설계법

초판 발행 2015년 8월 21일
수정판 발행 2021년 8월 20일
2쇄 발행 2025년 8월 22일

지은이 이재훈
펴낸이 최국주
펴낸곳 동명사
출판등록 1950년 11월 1일(제1-76호)
주소 (우 10881) 경기도 파주시 회동길 50(문발동)
전화 031-955-7200(대표)~2, 7203(편집부), 7204(물류)
팩스 031-955-7205
전자우편 webmaster@dmsbook.com
홈페이지 www.dmsbook.com

ISBN 978-89-411-8223-8 93530
값 45,000원

수정판 머리말

2015년 8월에 이 졸저(拙著)를 출판한 후, 2016년 6월에 국가건설기준센터가 '국가건설기준 코드'를 통합 제정하면서 설계기준은 '설계기준 KDS(Korean Design Standard)'로, 시공기준은 '표준시방서 KCS(Korean Construction Specification)'로 정비되어 국가건설기준센터가 관리하게 되었다. '설계기준 KDS'에서 콘크리트구조물의 설계기준은 공통기준으로의 역할을 부여받아, 대분류는 '구조 설계기준 KDS 14'로, 중분류는 '콘크리트구조 설계(강도설계법) KDS 14 20'으로 정비되어 여러 개의 소분류 기준으로 분리되어 제정되었다. 교량설계기준은 KDS 24로 통합 정비되어 도로교설계기준(한계상태설계법)은 여러 개의 중분류 기준으로 분리되었고, 콘크리트교 부분은 '콘크리트교 설계기준(한계상태설계법) KDS 24 14 21'로 제정되었다.

그 후 KDS 14 20 콘크리트구조 설계(강도설계법)은 한국콘크리트학회가 발간한 '콘크리트구조 학회기준(2017)'을 반영하여 2021년 2월에 개정되었다. 이 개정에서는 프리스트레스트 콘크리트에 대한 기준에 C종과 D종 강연선의 적용제한 규정 외 특별한 개정사항은 없었으나, 콘크리트의 압축응력 분포가 KDS 24 14 21 콘크리트교 설계기준(한계상태설계법)과 동일하게 개정되었다. KDS 24 14 21 콘크리트교 설계기준(한계상태설계법)은 2021년 4월 개정에서 철도교 관련사항이 추가되었고, 한국교량및구조공학회에서 2021년 8월 현재 기준의 일부분을 개정하는 작업이 진행되고 있다.

따라서 2021년 KDS 14 20 콘크리트구조 설계(강도설계법)의 개정내용과 2021년 현재 진행되고 있는 KDS 24 14 21 콘크리트교 설계기준(한계상태설계법)의 개정내용을 반영하여 이 책의 수정판을 출판하게 되었다. 또한 오탈자와 일부의 오류를 수정하고 연습문제의 정답을 수록하여 이 책으로 프리스트레스트 콘크리트를 공부하는 학생들과 독자들에게 도움을 주고자 하였다.

이 수정판의 연습문제 정답을 작성하고 오탈자 검수에 수고를 아끼지 않은 영남대학교 대학원생 김성환, 박민수, 이승우, 표세림과 수정의견을 보내준 교수님들에게 감사의 마음을 전하며, 수정판 출판에 열과 성의를 보여주신 동명사 편집부에도 감사드린다.

2021. 8.

저자 **이 재 훈**

초판 머리말

프리스트레스트 콘크리트 구조는 콘크리트와 강재가 가진 재료 특성으로서의 단점을 서로 보완하고 장점을 극대화하여, 매우 효율적으로 두 재료를 합성한 구조형식이다. 또 내구성이 우수하여 유지관리비용이 거의 필요 없는 매우 경제적인 구조이다. 프리스트레스트 콘크리트 구조의 이러한 장점을 충분히 살리기 위해서는 설계와 시공이 합리적으로 이루어져야 한다. 이것은 전적으로 기술자로서의 도덕성과 함께 설계기술자와 시공기술자의 공학적 지식수준에 좌우되는 일이다.

콘크리트 구조물의 설계법은 미국형 강도설계법과 유럽형 한계상태설계법이 양대 산맥을 이루고 있다. 그러나 우리나라에서는 오랜 기간 미국형 강도설계법의 설계기준을 채택하여, 실무현장에서의 설계뿐만 아니라 교육현장에서도 강도설계법을 중심으로 교육이 이루어져 왔다. 따라서 우리 기술자들이 유럽형 한계상태설계법에 대해서는 충분히 접할 기회가 없는 상태에서 해외현장의 업무를 수행하여 왔다. 국제무대에서 콘크리트 구조물의 설계, 감리, 시공 업무를 수준 높게 진행할 수 있으려면, 미국형 강도설계법과 유럽형 한계상태설계법을 모두 충분히 이해하여야 할 것이다. 다행히 교량설계기준(한계상태설계법)이 2012년에 제정되고 2015년부터 본격적으로 시행됨에 따라, 우리 기술자들이 국내에서 유럽형 한계상태설계법을 접할 기회를 갖게 된 것은 해외현장의 설계 및 감리 업무의 폭을 넓히는 계기가 될 수 있을 것이다. 그러나 한계상태설계법을 다룬 교재가 충분하지 않아서 실무현장과 교육현장에서 한계상태설계법을 교육하기가 어려운 것이 현실이다.

학교에서 학생들을 가르치다 보면, 자신은 시공을 주로 하려고 하는데 왜 구조설계를 배워야 하느냐는 질문을 종종 받는다. 구조물을 제대로 시공하려면 그 구조물의 재료특성과 구조특성을 이해하여야 하며, 또한 설계를 이해하여야 한다. 왜냐하면 실제 현장의 상황이 설계 당시 가정했던 것과 다른 경우, 설계에서 목표로 하였던 구조성능을 확보하기 위한 조치가 시공과정에서 이루어져야 하기 때문이다. 이러한 상황의 발생 여부는 시공과정 중에 알게 되는데, 설계능력이 없거나 설계를 이해하지 못하는 시공기술자는 이를 인지하지 못하여 적절한 조치를 취하지 못하게 되고, 결국 설계의도와는 다른 구조물이 시공될 가능성이 큰 것이다. 그렇다 보니 구조공학분야의 많은 대학교재가 설계를 주제로 집필되어 시공을 크게 다루지 않는 경향이 있다.

이와 같은 배경에 따라, 이 책은 프리스트레스트 콘크리트에 대한 강도설계법과 한계상태설계법을 모두 소개하고자 하였으며, 시공에 대한 주제도 가능한 한 많이 다루려고 노력하였다. 대체적으로 각 장은, 해당 주제에 대한 프리스트레스트 콘크리트 부재의 구조거동을 먼저 소개하고, 그 거동을 반영한 이론과 해석방법을 설명한 후, 강도설계법 또는 한계상태설계법의 각 설계기준에서 해당 주제에 대하여 어떻게 규정하고 있는지 소개하는 형태로 구성하였다. 또한 원리와 적용법을 이해할 수 있는 예제를 많이 다루고자 하였다.

이 책을 교재로 한 대학교육에서는 강의의 형태와 수준에 따라 다양하게 활용할 수 있을 것이다. 즉, 학부의 '철근콘크리트' 강좌에서 프리스트레스트 콘크리트를 간단히 소개하는 경우에는 1장에서 3장까지의 내용을 강의할 수 있을 것이며, 2장의 일부분인 콘크리트 재료특성은 '철근콘크리트'에서 이미 다루었을 것이므로 생략할 수 있을 것이다. 학부에서 한 강좌로 '프리스트레스트 콘크리트'를 강의할 때에는 학점 규모에 따라 강의 분량을 조정하여, 기본 원리와 구조거동과 함께 두 가지 설계법 중 하나를 주로 강의하고 다른 설계법은 개념만 간단히 소개할 수도 있을 것이다. 대학원에서 한 강좌로 '프리스트레스트 콘크리트'를 강의할 때에는 기본 원리, 구조거동, 이론과 해석방법, 강도설계법과 한계상태설계법 중에서 한 가지 또는 모두를 대상으로 할 수 있을 것이다.

지난 30년간 프리스트레스트 콘크리트를 공부하고 경험했던 내용을 정리하여 이 책을 탈고(脫稿)하면서, 저자는 이 분야와의 인연을 생각하지 않을 수 없었다. 'PS 콘크리트'라는 용어를 처음 입에 올렸던 때는 고등학교 2학년 시절이었다. '공업' 수업시간에 아무거나 질문하라는 선생님의 말씀에 너무 조용했던 교실 분위기가 어색하여, 저자의 집 책장에 꽂혀있던 선친(先親)의 저서 'PS 콘크리트'가 생각나서 PS 콘크리트가 뭐냐고 질문했던 것이 그 첫 번째였다. 그 뒤 대학과 대학원에 진학하여 지도교수인 강영진 교수님과 장승필 교수님으로부터 프리스트레스트 콘크리트를 배우고, 프리스트레스트 콘크리트 보를 제작하고 실험하는 연구로 석사논문을 지도받은 것은 커다란 행운이었다.

건설회사에서 일할 때 처음 맡은 일이 프리캐스트 프리스트레스트 콘크리트 교량으로, 유럽형 설계의 구조계산서와 우리나라에서 처음 시도된 공법의 시공을 접할 수 있었던 것은 두 번째 행운이었다. 대학으로 직장을 옮겨서도 프리스트레스트 콘크리트에 대한 실험과 연구를 할 기회가 있었던 것 또한 큰 도움이 되었다. 다만 이 책의 저술에서 아쉬운 점은, 한계상태설계법을 다룬 교재의 출판이 시급하다는 생각으로 시간의 제약을 받아 슬래브와 기둥 부분을 포함시키지 못한 점이다. 이에 대해서는 다음 기회에 포함시키도록 노력할 것이다.

오래 전부터 저자는, "나는 전공서적을 집필할 자신이 없다."고 생각해왔다. 이것은 저자의 박사과정 지도교수인 Salmon 교수님께서 'Reinforced Concrete Design'과 'Steel Structures'를 집필하실 때, 각 장마다 붙어있는 수많은 참고문헌을 모두 읽어 보고 본문의 해당 부분에서 참고문헌으로 인용했다는 사실을 알게 되었기 때문이었다. "이렇게 써야 하는 것이라면, 나는 평생 책을 쓰지 못하겠구나."라는 생각이 들지 않을 수 없었다. 이 책은 선생님의 가르침을 마음에 새기면서 첫 문장을 쓰기 시작하였다.

저자의 이 졸저(拙著)가 탄생되는 밑거름에는 지난 십여 년간 한계상태설계법을 같이 공부하고 토론하면서 저자의 지식을 늘려주신, 정영수, 신현목, 김우, 강원호, 이광명, 김지상 교수님이 계셨다. 또 저자의 부탁에 흔쾌히 자료를 제공해주신 고성현, 김승익, 김재홍, 김지상, 박동규, 박영하, 박찬민, 박해균, 방창준, 배성용, 손혁수, 신성진, 윤석구, 이만섭, 이종관, 조재열 박사님과 여러 좋은 의견을 주신 최석환, 전세진 교수님께 감사드리며, 이 책의 집필에 조언을 아끼지 않으신 신현목 교수님께 특히 감사드린다. 이 책이 출판될 때까지 여러모로 도움을 준 영남대학교 박사과정 황도규 군과 김호영 군, 그리고 최진호 박사에게도 감사의 마음을 전하며, 저자의 까다로운 주문에도 열과 성의를 보여주신 동명사 편집부에도 감사드린다.

혹시라도 이 졸저로 인하여 잘못된 정보를 준 결과가 되지 않을까 마음 졸이며, 부디 프리스트레스트 콘크리트를 공부하는 학생들과 현장에서 이를 적용하는 실무 기술자들에게 도움이 되기를 기대한다.

2015. 8.

저자 **이 재 훈**

| 차례 |

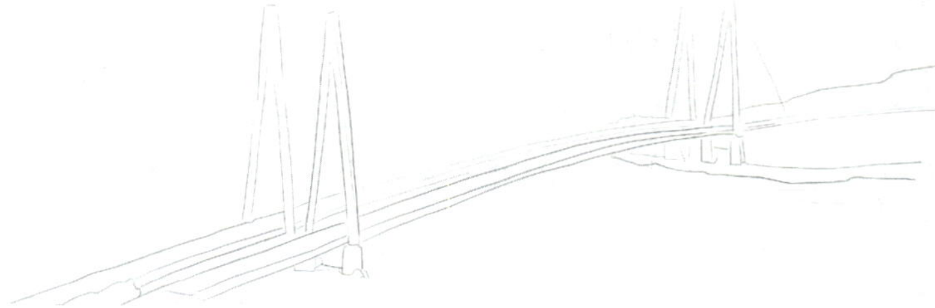

수정판 머리말

초판 머리말

차 례

제1장 기본원리 및 응용

1.1 프리스트레스트 콘크리트의 원리 001

1.2 완전 긴장 및 부분 긴장 005

1.3 프리스트레스트 콘크리트의 역사 006

1.4 프리스트레싱 방법 012

1.4.1 프리스트레싱 방법의 개요 012

1.4.2 프리텐션 방식 012

1.4.3 포스트텐션 방식 016

1.4.4 프리플렉스 공법 019

1.4.5 잭으로 힘을 가하는 방식 020

1.4.6 기타 프리스트레싱 방법 022

1.5 프리스트레스트 콘크리트의 기본 개념 023

1.5.1 균등질보 개념 023

1.5.2 내력 개념 031

1.5.3 하중평형 개념 036

1.6 프리스트레스트 콘크리트의 분류 048

1.6.1 프리스트레싱 시스템에 따른 분류 048

1.6.2 프리스트레스 수준에 따른 분류 051

1.7 프리스트레스트 콘크리트의 하중 단계 053

1.7.1 제작 단계 053

1.7.2 인양과 운반 및 가설 단계 056

1.7.3 완공 후 사용 단계 057

1.8 프리스트레스트 콘크리트의 특징 059

1.8.1 프리스트레스트 콘크리트의 재료 및 역학적 특성 059

1.8.2 프리스트레스트 콘크리트의 사용성과 안전성 060

1.8.3 프리스트레스트 콘크리트의 경제성 061

1.9 단위 체계 063

참고문헌 064

연습문제 065

제2장 재료 및 장치

2.1 콘크리트 069
- 2.1.1 콘크리트의 정의 및 특성 069
- 2.1.2 콘크리트의 구성 재료 071
- 2.1.3 콘크리트의 압축강도 075
- 2.1.4 콘크리트의 압축응력-변형률 관계 및 극한변형률 081
- 2.1.5 비선형 해석을 위한 압축응력-변형률 곡선 모델 082
- 2.1.6 콘크리트의 탄성계수 084
- 2.1.7 단면 설계를 위한 압축응력-변형률 분포 및 설계 극한변형률 086
- 2.1.8 콘크리트의 인장강도 094
- 2.1.9 콘크리트의 크리프 097
- 2.1.10 콘크리트의 수축 106
- 2.1.11 재령에 따른 콘크리트 강도 및 탄성계수 변화 112
- 2.1.12 횡구속된 콘크리트의 강도와 압축응력-변형률 관계 115
- 2.1.13 콘크리트 구조의 내구성 및 설계기준의 설계등급 118
- 2.1.14 콘크리트의 수화열과 기타 성질 122
- 2.1.15 콘크리트의 시공 124

2.2 프리스트레싱 강재 127
- 2.2.1 프리스트레싱 강재의 성능조건 및 생산과정 127
- 2.2.2 프리스트레싱 강재의 종류 129
- 2.2.3 프리스트레싱 강재의 역학적 성질 및 특성 132
- 2.2.4 프리스트레싱 강재의 표준규격 138

2.3 긴장 부속 장치 및 부속 재료 140
- 2.3.1 정착장치 140
- 2.3.2 쉬스 143
- 2.3.3 연결장치 144
- 2.3.4 매립 정착장치 145
- 2.3.5 그라우트 재료 145
- 2.3.6 프리캐스트 부재의 접합재료 146

2.4 철근 146
- 2.4.1 철근의 종류 146
- 2.4.2 철근의 역학적 성질 148
- 2.4.3 철근의 표준규격 150

참고문헌 151

연습문제 153

제3장 설계 및 시공

3.1 설계법 및 설계기준 155
3.1.1 허용응력설계법 156
3.1.2 강도설계법 157
3.1.3 한계상태설계법 159
3.1.4 신뢰도기반 설계기준 162
3.1.5 성능기반 설계기준 165
3.2 설계법과 설계기준에 따른 안전계수 166
3.2.1 강도설계법 설계기준의 하중계수와 강도감소계수 166
3.2.2 한계상태설계법 설계기준에 따른 설계 및 안전계수 169
3.3 프리스트레스트 콘크리트 구조의 설계 184
3.3.1 프리스트레스 콘크리트 구조 형식의 선정 185
3.3.2 프리스트레스 도입단계 및 시공단계의 설계 검증 187
3.3.3 프리스트레스트 콘크리트 부정정 구조물의 설계 191
3.3.4 프리스트레스트 콘크리트의 사용한계상태 검증 193
3.3.5 프리스트레스트 콘크리트의 극한한계상태 검증 194
3.4 프리스트레스트 콘크리트 구조의 시공 194
3.4.1 프리텐션 부재의 제작 및 시공 195
3.4.2 포스트텐션 부재의 덕트 배치 197
3.4.3 포스트텐션 부재의 콘크리트 시공 및 긴장력 도입 199
3.4.4 포스트텐션 부재의 그라우팅 시공 202
3.4.5 프리캐스트 부재의 가설 204
3.4.6 프리캐스트 세그멘탈 구조물의 제작 및 가설 206
3.5 시공단계를 고려한 설계 210
3.5.1 가설단계를 고려한 설계 210
3.5.2 구조형식 변화에 따른 장기거동을 고려한 설계 213
참고문헌 215
연습문제 216

제4장 긴장력 손실

4.1 긴장력 손실 및 긴장력 도입 한계상태 219
4.1.1 긴장력 도입 및 손실 219
4.1.2 프리텐션 부재의 긴장력 손실 223
4.1.3 포스트텐션 부재의 긴장력 손실 226
4.1.4 긴장력 손실 해석법 228
4.1.5 긴장력 도입 한계상태 229
4.2 탄성수축에 의한 손실 230
4.2.1 탄성수축에 의한 손실의 원리와 해석 230
4.2.2 프리텐션 부재의 탄성수축 손실 232
4.2.3 포스트텐션 부재의 탄성수축 손실 239
4.2.4 탄성수축 손실에 대한 설계기준 245

4.3 마찰에 의한 손실 248
4.3.1 마찰에 의한 손실의 원리와 해석 248
4.3.2 마찰 손실에 대한 설계기준 254
4.4 정착장치의 활동에 의한 손실 257
4.4.1 정착 활동에 의한 손실의 구분 257
4.4.2 마찰이 없는 경우의 정착 활동에 의한 손실의 원리와 해석 257
4.4.3 마찰이 있는 경우의 정착 활동에 의한 손실의 원리와 해석 259
4.5 콘크리트 수축에 의한 손실 265
4.5.1 수축에 의한 손실의 원리와 해석 265
4.5.2 수축 손실에 대한 설계기준 266
4.6 콘크리트 크리프에 의한 손실 269
4.6.1 크리프에 의한 손실의 원리와 해석 269
4.6.2 크리프 손실에 대한 설계기준 273
4.7 긴장재 릴랙세이션에 의한 손실 275
4.7.1 릴랙세이션에 의한 손실의 원리와 해석 275
4.7.2 릴랙세이션 손실에 대한 설계기준 277
4.8 설계기준의 장기 손실 근사해법 281
참고문헌 283
연습문제 284

제5장 휨강도 및 설계

5.1 프리스트레스트 콘크리트의 휨 거동 289
5.1.1 하중-처짐 관계 및 휨 응력 분포 289
5.1.2 긴장력 도입에 따른 휨 거동 292
5.2 휨 설계 및 성능검증 293
5.2.1 설계 및 성능검증 한계상태 293
5.2.2 강재의 양에 따른 휨 파괴거동 및 설계 목적 295
5.2.3 휨강도 해석법 296
5.2.4 설계휨강도 해석법 298
5.3 휨강도 해석 300
5.3.1 변형률 적합해석 300
5.3.2 변형률 적합해석에 의한 공칭휨강도 302
5.3.3 강도설계법 설계기준의 설계휨강도 해석 308
5.3.4 한계상태설계법 설계기준의 설계휨강도 해석 311
5.4 설계휨강도 근사해법 317
5.4.1 강도설계법 설계기준의 설계휨강도 근사해법 317
5.4.2 한계상태설계법 설계기준의 설계휨강도 근사해법 323
5.5 프리스트레스트 콘크리트의 균열휨모멘트 325
5.5.1 균열의 영향 및 균열휨모멘트 해석 325

5.5.2 강도설계법 설계기준의 균열휨모멘트 327
5.5.3 한계상태설계법 설계기준의 균열휨모멘트 328

5.6 프리스트레스트 콘크리트의 연성보장설계 331
5.6.1 휨부재의 연성보장설계 331
5.6.2 강도설계법 설계기준의 연성보장설계 332
5.6.3 한계상태설계법 설계기준의 연성보장설계 333

참고문헌 337
연습문제 338

제6장 사용한계상태의 설계 검증

6.1 사용한계상태의 검증 343
6.1.1 사용한계상태의 거동 343
6.1.2 강도설계법 설계기준의 단면 분류 및 검증 방법 344
6.1.3 한계상태설계법 설계기준의 사용하중조합 및 설계등급 347

6.2 휨 응력의 설계검증 351
6.2.1 비균열 단면의 휨 응력 해석 351
6.2.2 균열 단면의 휨 응력 해석 354
6.2.3 강도설계법 설계기준의 휨 허용응력 검증 366
6.2.4 한계상태설계법 설계기준의 응력 한계상태 검증 372

6.3 균열의 설계검증 380
6.3.1 휨 균열의 한계상태 380
6.3.2 강도설계법 설계기준의 휨 균열 검증 381
6.3.3 한계상태설계법 설계기준의 휨 균열 검증 387

6.4 처짐의 설계 검증 399
6.4.1 처짐 거동 및 한계상태 399
6.4.2 비균열 단면의 탄성처짐 및 솟음 해석 401
6.4.3 비균열 단면의 장기처짐 해석 406
6.4.4 균열 단면의 탄성처짐 해석 420
6.4.5 강도설계법 설계기준의 균열 단면 처짐 해석 427
6.4.6 한계상태설계법 설계기준의 균열 단면 처짐 해석 434
6.4.7 처짐 한계상태의 검증 440

참고문헌 444
연습문제 445

제7장 전단강도 및 설계

7.1 프리스트레스트 콘크리트의 전단거동 451
7.1.1 프리스트레스트 콘크리트의 전단거동 특성 451
7.1.2 비균열 단면의 탄성응력 453
7.1.3 사인장균열강도 456
7.1.4 전단 무보강 부재의 전단균열 및 전단파괴 457

7.2 콘크리트 부재의 전단 설계 459
7.2.1 전단작용의 해석 및 전단철근 459
7.2.2 전단 이론 및 전단 설계 모델 465
7.3 강도설계법 설계기준의 전단강도 및 전단 설계 471
7.3.1 강도설계법의 전단강도 471
7.3.2 콘크리트에 의한 휨전단강도 472
7.3.3 콘크리트에 의한 복부전단강도 475
7.3.4 콘크리트에 의한 전단강도 간편 결정법 476
7.3.5 강도설계법 설계기준에 따른 전단 설계 479
7.4 한계상태설계법 설계기준의 전단강도 및 전단 설계 495
7.4.1 한계상태설계법의 전단강도 495
7.4.2 전단 무보강 비균열 단면의 전단강도 498
7.4.3 전단 무보강 균열 단면의 전단강도 501
7.4.4 전단 보강 단면의 전단강도 504
7.4.5 깊은 보 거동 구간의 전단강도 514
7.4.6 한계상태설계법 설계기준에 따른 전단 설계 519
7.5 수정 압축장 모델 설계기준의 전단강도 및 전단 설계 537
7.5.1 수정 압축장 모델의 전단강도 537
7.5.2 AASHTO-LRFD의 전단강도 538
7.5.3 AASHTO-LRFD의 수정 압축장 이론에 따른 전단 설계 546
참고문헌 556
연습문제 558

제8장

비틀림강도 및 설계

8.1 비틀림 작용과 비틀림 이론 개요 563
8.1.1 비틀림 작용 563
8.1.2 비틀림 이론 개요 565
8.2 비틀림 이론 566
8.2.1 St. Venant 비틀림 이론 566
8.2.2 박벽관 이론 568
8.3 균열비틀림모멘트 570
8.3.1 프리스트레스트 콘크리트의 균열비틀림모멘트 570
8.3.2 설계기준의 균열비틀림모멘트 571
8.4 콘크리트 부재의 비틀림강도 573
8.4.1 비틀림 설계모델 573
8.4.2 공간트러스 해석법과 비틀림강도 575
8.5 비틀림과 전단의 상호작용 578
8.6 비틀림 설계 582
8.6.1 강도설계법 기준에 따른 비틀림 설계 582

8.6.2 한계상태설계법 기준에 따른 비틀림 설계 594

참고문헌 608

연습문제 610

제9장 정착구역의 설계

9.1 긴장재의 정착 613

9.1.1 긴장력 도입단계의 긴장재 정착 613

9.1.2 휨 파괴단계의 긴장재 정착 615

9.2 프리텐션 긴장재의 정착구역 616

9.2.1 프리텐션 긴장재의 전달길이와 정착길이 616

9.2.2 설계기준에 따른 프리텐션 부재 정착구역의 설계 620

9.2.3 부분 비부착 프리텐션 긴장재 630

9.2.4 프리텐션 부재 정착구역의 균열 제어 설계 634

9.3 포스트텐션 긴장재의 정착구역 637

9.3.1 포스트텐션 부재 정착구역의 응력분포 637

9.3.2 포스트텐션 부재 정착구역의 응력해석 639

9.3.3 포스트텐션 부재 정착구역의 스트럿-타이 모델 해석 646

9.3.4 콘크리트구조설계기준과 ACI 318 Code에 따른 정착구역의 설계 651

9.3.5 도로교설계기준과 Eurocode 2에 따른 정착구역의 설계 668

참고문헌 682

연습문제 684

제10장 합성보의 설계

10.1 합성보의 특성 및 설계 고려사항 687

10.1.1 합성보의 합성거동 687

10.1.2 합성보의 특성 688

10.1.3 합성보의 시공 및 설계 고려사항 690

10.2 합성보의 전단 설계 694

10.2.1 합성보의 수평전단응력 694

10.2.2 합성보의 수평전단강도 697

10.2.3 콘크리트구조설계기준과 ACI 318 Code에 따른 수평전단 설계 700

10.2.4 AASHTO-LRFD에 따른 수평전단 설계 709

10.2.5 도로교설계기준과 Eurocode 2에 따른 수평전단 설계 713

10.3 합성보의 휨 설계 722

10.3.1 플랜지의 유효폭과 환산폭 722

10.3.2 합성보의 휨 응력 728

10.3.3 합성보의 휨강도 737

10.3.4 합성보의 처짐 739

참고문헌 741

연습문제 742

제11장

연속보와 부정정 구조의 설계

11.1 프리스트레스트 콘크리트 연속보와 부정정 구조 745

11.1.1 프리스트레스트 콘크리트 연속보와 부정정 구조의 특징 745

11.1.2 프리스트레스트 콘크리트 연속보의 긴장재 배치 747

11.2 연속보의 해석 및 압축선 일치 긴장재 750

11.2.1 연속보 및 골조의 2차 단면력 750

11.2.2 연속보의 구조해석 752

11.2.3 연속보의 응력해석 762

11.2.4 긴장재의 선형이동과 압축선 일치 긴장재 764

11.3 세그멘탈 연속보의 크리프 모멘트 770

11.3.1 콘크리트 구조물의 크리프 모멘트 770

11.3.2 크리프 해석 772

11.3.3 크리프 모멘트의 해석 774

11.3.4 시공단계를 고려한 해석 788

11.4 부정정 구조의 사용한계상태와 극한한계상태 검증 796

11.4.1 부정정 구조의 사용한계상태 검증 796

11.4.2 부정정 구조의 극한한계상태 검증 798

11.5 연속보의 휨모멘트 재분배 800

11.5.1 연속보의 소성거동 800

11.5.2 설계기준에 따른 휨모멘트 재분배 806

11.6 연속보 형식 프리스트레스트 콘크리트 교량의 공법 815

11.6.1 프리스트레스트 콘크리트 교량의 공법 815

11.6.2 동바리공법 816

11.6.3 이동식 비계공법 817

11.6.4 연속압출공법 819

11.6.5 캔틸레버공법 821

11.6.6 경간단위 가설공법 825

참고문헌 827

연습문제 827

부록 831

연습문제 정답 844

찾아보기 851

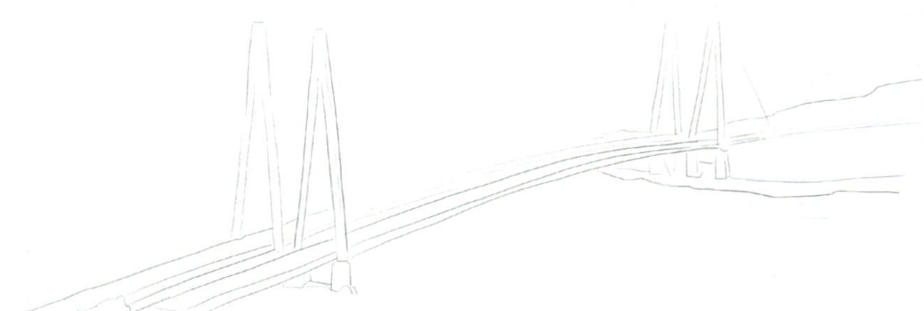

제1장

기본 원리 및 응용

1.1 프리스트레스트 콘크리트의 원리

프리스트레스트 콘크리트(prestressed concrete)는 "외력(外力, external force), 즉 하중에 의하여 단면에 작용하게 될 인장응력이 소정의 한도까지 상쇄(相殺)되도록 미리 인공적으로 압축의 내력(內力, internal force)을 가한 콘크리트"를 말한다. 이때 미리 인위적으로 콘크리트에 가하는 압축응력을 프리스트레스(prestress)라고 하며, 이 작업을 프리스트레싱(prestressing) 또는 프리스트레스의 도입(transfer of prestress)이라고 한다. 프리스트레싱에 의하여 부재단면에 작용하는 힘은 프리스트레스 힘(prestressing force)이라고 한다.

프리스트레스를 가하는 방법은 여러 가지를 사용할 수 있으나, 고강도 강재(steel)를 인장(tensioning)하여 그 반작용으로 콘크리트에 압축응력을 작용시키는 방법을 가장 많이 사용한다. 이 인장 작업을 긴장(stressing)이라고 하며, 이 용도로 사용하는 고강도 강재를 프리스트레싱 강재(prestressing steel)라고 한다. 프리스트레싱 강재는 약칭으로 PS 강재 또는 PC 강재(steel for prestrssed concrete)라고도 한다. 프리스트레싱 강재 1개 또는 프리스트레싱 강재 여러 개를 다발로 하여 프리스트레싱에 사용하는 강재를 긴장재(prestressing tendon)라고 하는데, 영문 명칭인 텐던(tendon)이라는 용어와 혼용하여 사용한다. 긴장작업 후 긴장재가 콘크리트에 부착되거나 또는 양단에서 정착되고 나면, 내력이 자체평형(self-equilibrating)을 이루게 된다. 즉 긴장재는 인장력을 받고 콘크리트는 압축력을 받게 되는데, 콘크리트에 미리 가한 압축력(precompression)으로 인하여 콘크리트 구조물의 하중 저항 성능과 구조적 거동이 매우 크게 향상된다.

프리스트레스트 콘크리트와 일반적으로 많이 사용되는 철근콘크리트의 근본적인 차이점은 강재의 배치방법이라고 할 수 있다. 즉, 이 두 가지 콘크리트 구조는 모두 하중에 의하여 인장응력을 받게 되는 부분에 강재를 배치하여 보강한 콘크리트라는 공통점이 있으나, 철근콘크리트는 강재(철근)를 원하는 위치에 단순히 배치하여 하중이 작용하면 발생하는 인장응력에 저항하도록 하는 수동적 형식(passive system)이고, 프리스트레스트 콘크리트는 강재(긴장재)를 원하는 위치에 배치하고 인장한 반작용으로 콘크리트에 인위적으로 압축력을 가하는 능동적 형식(active system)이라고 할 수 있다. 이 압축력은 크기가 다소 변화하기는 하지만 구조물의 수명 동안 영구히 작용하게 되므로, 압축강도에 비하여 인장강도가 매우 작은 콘크리트로 이루어진 구조물의 구조적 거동과 성능을 크게 향상시킨다.

콘크리트 구조물에서 중요한 구조적 거동 및 성능 중 하나는 균열 거동이다. 콘크리트는 압축강도에 비하여 직접인장강도가 1/10~1/13 정도이고, 휨 인장강도(파괴계수)는 1/5~1/8 정도로 작으므로, 철근콘크리트 구조물에서는 사용하중 상태에서 균열이 발생하는 것이 일반적이다. 철근콘크리트 구조물에 발생하는 균열은 하중이 제거된 후에도 아물지 않고, 폭이 매우 큰 균열은 주위 환경 조건에 따라 철근의 부식을 가속화하는 경우가 있어서 철근콘크리트 부재의 내구성(耐久性, durability)을 저하시킬 수 있다. 균열에 따른 이러한 부정적인 영향을 상쇄하거나 완화하기 위한 효과적인 방법은 하중에 의하여 단면에 작용하는 인장응력을 상쇄할 수 있도록 미리 콘크리트에 압축응력을 가하는 것이다.

사용하중 상태에서 또 하나의 의미 있는 구조적 거동은 처짐(deflection)이라고 할 수 있다. 구조물은 자중에 의한 처짐을 미리 계산해서, 시공을 할 때 그 처짐만큼 반대방향으로 높이는 솟음(camber, 캠버)을 주어 시공이 완료된 후 부재가 수평을 유지하도록 할 수 있다. 그러나 이렇게 시공을 한다고 해도 철근콘크리트에 활하중이 작용할 때 균열이 과다하게 발생하면 철근콘크리트가 비탄성 거동을 하게 되어, 하중이 제거되더라도 처짐이 원래대로 회복되지 않고 균열도 폐합되지 않는 잔류 변형(residual deformation)이 나타나게 된다. 즉 사용하중에서 한계상태에 도달하면 철근콘크리트의 처짐과 균열은 회복불능(irrecoverable)인 특성을 가지고 있다.

표 1-1(a)의 철근콘크리트 보는 자중에 의한 처짐이 발생하였을 때 수평이 되도록 시공하였다 하더라도, 교량에는 포장, 연석, 가드레일, 가로등, 중앙분리대 등, 건물에는 냉난방 설비, 천장과 바닥의 마감재, 비구조 요소로의 칸막이 벽체 등의 추가 고정하중에 의하여 아래쪽 방향의 하향 처짐이 발생한다. 이 고정하중(D)에 의해서 처짐이 발생하였을 때 균열은 발생하지 않는 경우가 대부분이지만, 활하중이 추가된 사용하중 상태(D+L)에서는 처짐이 더욱 증가하고 균열이 발생하는 것이 일반적이다.

표 1-1(b)의 콘크리트 보는 완전 긴장(완전 프리스트레싱, full prestressing) 프리스트레스트 콘크리트로서, 단면의 아래쪽에 압축력을 가함으로써 보가 위쪽으로 솟게 되어 고정하중(D)이 작용하였을 때 수평보다 위쪽으로 솟는 상향 처짐이 발생하게 할 수 있다. 상향 처짐이 발생하였다는 것은 단면 아래쪽의 압축변형률이 단면 위쪽의 압축변형률보다 크다는 것을 의미하며, 단면 전체에 압축응력이 작용한다는 것은 단면에 균열이 발생하지 않는다는 것을 의미한다. 이때 단면 내의 긴장재 위치(즉 긴장재

표 1-1 콘크리트 보의 하중단계별 처짐, 균열, 변형률 및 응력 분포

구분	하중	균열 및 처짐	변형률	응력
철근콘크리트 Reinforced Concrete	D D+L 극한 하중	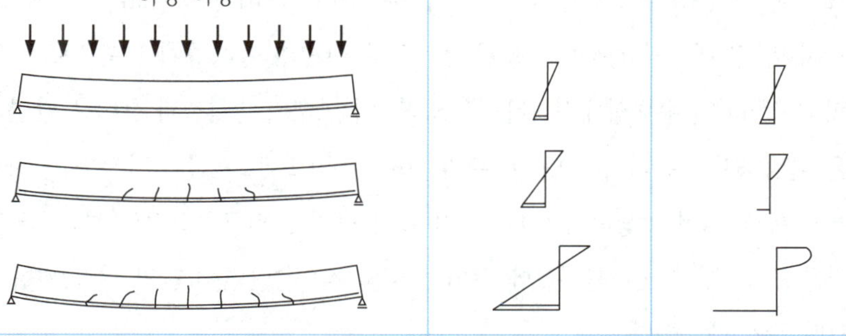 		
완전 프리스트레싱 Full Prestressing	D D+L 극한 하중	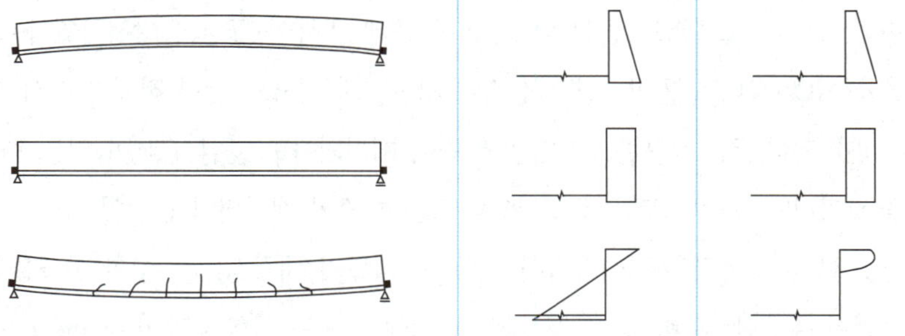		
부분 프리스트레싱 Partial Prestressing	D D+L 극한 하중	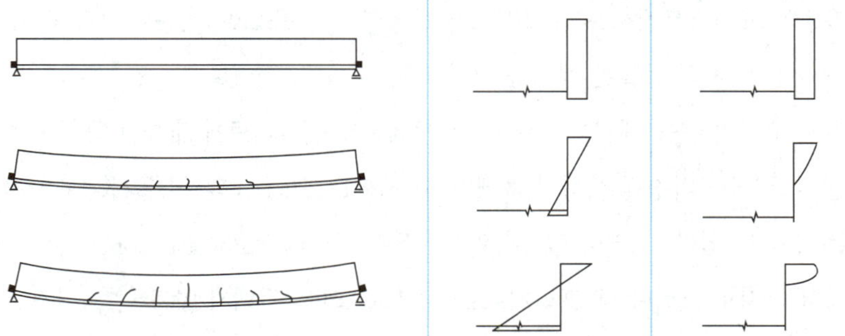		

의 편심)와 긴장력의 크기를 선택함에 따라 단면 상단에 압축응력이 작용하게 설계할 수도 있고, 균열이 발생하지 않을 정도의 인장응력이 작용하도록 설계할 수도 있다. 이 상태에서 활하중이 추가되는 사용하중 상태(D+L)에서는 솟았던 보가 아래쪽으로 처지게 된다. 설계에서 단면 내의 긴장재 편심과 긴장력의 크기를 선택함에 따라 이 상태에서 부재의 처짐이 0인 수평상태를 만들 수 있으며, 설계자의 판단에 따라 상향 또는 하향 처짐이 발생하도록 설계할 수도 있다. 이때에도 단면의 하단에는 여전히 압축응력이 작용하게 되어, 고정하중 상태(D)는 물론 사용하중 상태(D+L)에서도 보의 하면에 균열이 발생하지 않는다. 처짐이 0인 수평상태라면 단면의 상단과 하단에 동일한 크기의 변형률이 발생하였다는 뜻이므로, 단면의 상단에는 하단과 동일한 크기의 압축응력이 작용하게 된다. 이와 같이 사용 중에

균열이 발생하지 않도록 하는 완전 긴장은 프리스트레스트 콘크리트의 기본개념으로 많은 기술자들이 제안한 바 있으며, 프랑스의 Eugene Freyssinet[1.1,1.2]에 의해 더욱 체계화되었다.

표 1-1(c)의 콘크리트 보는 부분 긴장(부분 프리스트레싱, partial prestressing) 프리스트레스트 콘크리트로서, 완전 긴장의 경우보다 낮은 압축력을 단면의 아래쪽에 가함으로써 고정하중 상태(D)에서 중앙부의 처짐이 0인 수평상태를 만들 수 있다. 이 상태의 변형률과 응력은 단면 전체가 압축상태이므로 균열은 발생하지 않는다. 활하중이 추가되면 아래쪽으로 처짐이 발생하고, 사용하중 상태(D+L)에서 보의 하면에 균열이 발생하게 된다. 그러나 이 균열은 철근콘크리트 보의 균열에 비하여 균열폭이 작다. 이것은 표 1-1(c)의 변형률분포에 나타난 바와 같이, 단면 하단의 인장 변형률이 철근콘크리트 보의 경우보다 작기 때문이다.

한편, 프리스트레스트 콘크리트는 활하중에 의하여 균열이 발생하였다고 해도, 활하중이 제거되어 고정하중(D) 상태로 돌아오면 긴장력에 의한 압축력으로 단면 전체가 다시 압축응력을 받게 되므로 균열이 폐합된다. 즉, 철근콘크리트는 하중이 제거되어도 균열이 남아 있는 회복불능(irrecoverable)인 특성을 보이지만, 프리스트레스트 콘크리트는 하중이 제거되면 균열이 폐합되는 회복가능(recoverable)인 특성을 보인다. 이것은 프리스트레스트 콘크리트가 내구성이 우수한 구조물인 요인이 된다.

균열이 발생한 후 하중이 증가하여 파괴에 이르는 극한상태(ultimate state)에 도달할 때에는 철근콘크리트와 프리스트레스트 콘크리트가 동일한 거동을 보여서, 표 1-1과 같이 극한상태의 변형률 분포와 응력 분포가 거의 동일한 형태를 나타낸다.

유럽이나 미국 등 해외에서는 프리스트레스트 콘크리트에 대하여 약칭을 사용하지 않는 것이 일반적이지만, 한국에서 약칭을 사용할 때에 Prestressed Concrete의 첫 글자들로 이루어진 PC를 약칭으로 사용하는 경우가 있다. 그러나 PC는 프리캐스트 콘크리트(Precast Concrete)를 지칭하는 약자이기도 하다. 따라서 약자로 표현할 때 프리캐스트 콘크리트와 혼동되지 않도록, 프리스트레스트 콘크리트를 PSC 또는 PS 콘크리트(PS Concrete)로 표현한다. 그러나 한국산업표준(Korean Standard)에서 프리스트레싱 강재를 PC 강선, PC 강연선, PC 강봉으로 표현하는 것과 같이 종종 프리스트레스트 콘크리트의 약자를 PC로 사용하는 경우가 있으므로, 프리캐스트 콘크리트와 혼동하지 않도록 주의하여야 한다.

콘크리트 구조물의 약칭은 그 특성을 반영한 것이어야 하는데, 구조적 특성뿐만 아니라 콘크리트 타설 방식도 고려하여야 한다. 콘크리트 구조물의 시공방식을 콘크리트의 타설 방법으로 분류하면, 구조물이 계획된 위치에서 콘크리트를 타설하는 현장타설(cast-in-situ, cast-in-place, 약칭 CIP) 콘크리트와 구조물이 계획된 위치가 아닌 다른 장소에서 콘크리트를 타설하여 제작한 후 계획된 위치로 옮기는 프리캐스트 콘크리트(precast concrete)로 나눌 수 있다. 따라서 철근콘크리트와 프리스트레스트 콘크리트, 현장타설 콘크리트와 프리캐스트 콘크리트의 조합으로 다음과 같이 네 가지 형태의 콘크리트 구조물로 분류할 수 있다.

(1) 현장타설 철근콘크리트(cast-in-place reinforced concrete, CIP RC)
(2) 프리캐스트 철근콘크리트(precast reinforced concrete, Precast RC)
(3) 현장타설 프리스트레스트 콘크리트(cast-in-place prestressed concrete, CIP PSC)
(4) 프리캐스트 프리스트레스트 콘크리트(precast prestressed concrete, Precast PSC)

따라서 철근콘크리트와 프리스트레스트 콘크리트를 각각 RC와 PSC로 약칭하고, 다시 현장타설과 프리캐스트로 구분하는 것이 일반적이다. 한국에서는 건축분야에서 과거에 프리스트레스트 콘크리트를 거의 다루지 않았던 관계로, 건축분야에서는 PC를 프리캐스트 철근콘크리트의 약칭으로 사용하는 경우가 많다. 그러나 토목분야에서 PC를 프리캐스트 콘크리트의 의미로 사용할 때에는 프리캐스트 철근콘크리트와 프리캐스트 프리스트레스트 콘크리트를 모두 포함하며, 해외에서도 그렇게 통용된다.

1.2 완전 긴장 및 부분 긴장

프리스트레스트 콘크리트를 다루었던 초기의 구조공학자들은 사용하중(service load, working load) 상태에서 콘크리트에 인장응력이 작용하지 않도록 하여 균열을 완전히 제거하는 데에 초점을 맞추었다. 이러한 개념을 완전 긴장(완전 프리스트레싱, full prestressing)이라고 한다. 그러나 프리스트레스트 콘크리트에 대한 경험이 쌓여 가면서 완전 긴장 콘크리트와 일반적인 철근콘크리트의 중간 정도에서 많은 장점이 있을 수 있다는 것을 인지하게 되었다. 중간 정도의 해법은 사용하중이 작용할 때 제한된 수준의 균열이 콘크리트에 발생하는 것을 허용하는 개념으로, 이것을 부분 긴장(부분 프리스트레싱, partial prestressing)이라고 한다.

완전 긴장 콘크리트는 사용하중 상태에서 균열이 발생하지 않는 장점이 있지만, 단면에 큰 긴장력이 도입되어 부재의 중앙부에서 상향 처짐, 즉 솟음(camber)이 크게 발생하는 바람직하지 않은 경우가 생길 수 있다. 그러나 균열을 완전히 방지하는데 필요한 긴장력보다 작은 긴장력을 도입하는 부분 긴장의 경우에는 처짐 거동이 바람직한 수준으로 개선될 수 있다. 이러한 부분 긴장 콘크리트는 활하중이 작용하였을 때 단면에 균열이 발생하는 것이 보통이지만 균열폭이 작은 상태이고, 활하중이 제거되면 긴장력에 의하여 균열이 완전히 폐합되므로 구조적으로 큰 문제가 되지 않는다.

부분 긴장 콘크리트는 처짐 거동이 개선되는 장점과 함께, 긴장재의 양을 감소시킬 수 있어서 공사비용 면에서 경제성이 매우 우수하다. 부분 긴장 프리스트레스트 콘크리트의 정의(definition)에 대하여는 여러 가지 제안이 있었으나, 근래에는 다음 중 하나 이상을 만족하는 부재 또는 설계개념으로 자리

잡게 되었다.

(1) 프리스트레싱 된 강재와 프리스트레싱 되지 않은 강재를 조합한 프리스트레스트 콘크리트 부재. 프리스트레싱 되지 않은 강재는 철근을 사용하거나 긴장재 일부를 프리스트레싱 하지 않는 방법을 사용한다.
(2) 프리스트레싱 강재의 응력을 허용 가능한 최대 응력보다 훨씬 낮은 상태가 되도록 프리스트레싱의 수준을 낮춘 프리스트레스트 콘크리트 부재
(3) 사용하중 하에서 휨인장 균열의 발생을 허용하도록 설계된 프리스트레스트 콘크리트 부재

실무설계에서는 긴장재의 가격이 매우 높으므로, 위 (2)의 방법보다는 (1)의 방법에 따라 긴장재와 함께 인장을 받는 부분에 추가적인 철근이 사용된다. 한편 구조설계에서는 완전 프리스트레싱과 부분 프리스트레싱을 구분하여 설계할 수 있지만, 완전 프리스트레싱으로 설계된 구조물이라도 거동 상 부분 프리스트레싱이 될 수 있다. 왜냐하면 설계하중보다 큰 중량의 하중이 작용하는 동안에는 콘크리트에 인장응력이 발생할 수 있고, 이로 인하여 균열이 발생할 수 있기 때문이다.

이와 같이 부분 긴장 프리스트레스트 콘크리트는 구조 거동과 경제성에 있어서 큰 장점을 가지고 있고, 또 완전 긴장 프리스트레스트 콘크리트와 비교하여도 내구성에 큰 문제가 되지 않으므로, 철근콘크리트의 장점과 프리스트레스트 콘크리트의 장점이 조합된 구조형식이라고 할 수 있다.

1.3 프리스트레스트 콘크리트의 역사

프리스트레싱 개념은 오래 전부터 이용되어 왔는데, 액체를 담아 보관하는 나무통이 그 하나의 예이다. **그림 1-1**(a)와 같은 나무통은 여러 개의 나무 조각판으로 통의 형태를 이루게 한 후, 원주방향으로 두른 금속 띠(metal band)를 큰 힘으로 조여서 만들었다. 이렇게 하면, **그림 1-1**(b)와 같이 금속 띠의 인장력에 의한 반작용으로 나무 조각판 사이에는 압축응력이 작용하게 된다. 이 통에 액체를 담아 놓았을 때, **그림 1-1**(c)와 같이 나무 조각판 사이의 압축응력이 수평방향으로 작용하는 압력에 의한 원주방향 힘 F보다 더 크면 액체가 새지 않는 것이다. 이와 같은 개념은 **그림 1-2**(a)와 같은 현대의 프리스트레스트 콘크리트 쉘 구조에도 적용되어, **그림 1-2**(b)와 (c)와 같이 긴장재를 수평방향과 수직방향으로 배치하고 긴장력을 가함으로써, 원자력발전소의 원자로 격납구조물, 상하수도 저장 탱크, 액화석유가스(LNG) 저장 탱크 등 쉘 구조를 프리스트레스트 콘크리트로 건설한 예가 많다.

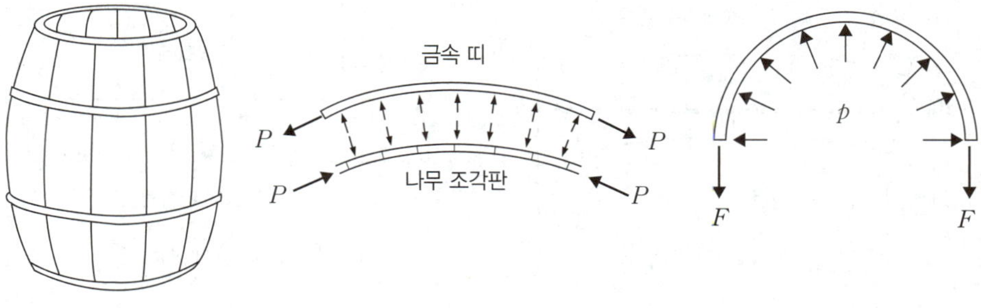

(a) 통의 형상 (b) 힘의 평형 (c) 후프 응력과 힘

| 그림 1-1 | 원형으로 긴장된 프리스트레스트 콘크리트의 원리

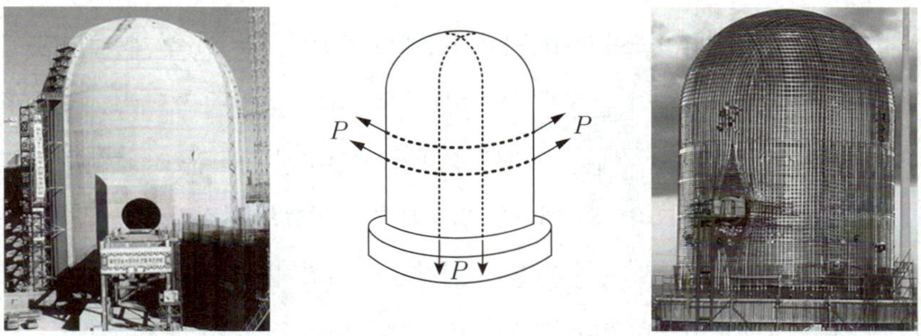

(a) PSC 쉘 구조 (b) 긴장재 배치 개념 (c) 쉘 구조의 긴장재 배치

| 그림 1-2 | 원형 긴장의 원리를 적용한 원자력발전소 격납구조물

보와 같이 한쪽 방향으로 긴 부재는, 쉘 구조에 적용하는 원형 긴장(circular prestressing)과는 달리, 부재의 축방향으로 선형 긴장(linear prestressing)을 한다. 여기서 선형 긴장은 긴장재가 완벽히 직선인 형태라는 것을 의미하는 것이 아니라, 곡률반지름이 매우 큰 곡선형 긴장(curved prestressing)도 포함하는 개념으로, 부재의 축방향이나 축방향에 평행한 방향으로 긴장한다는 의미이다. 그림 1-3(a)는 미국의 Jackson[1.3]이 1886년에 특허를 취득한 것으로 프리스트레싱을 콘크리트에 적용한 첫 번째 사례라고 할 수 있다. 이것은 구멍을 미리 뚫어 놓은 콘크리트 블록(block)을 보(beam) 또는 아치(arch) 형태로 배열하고, 양 쪽에 나사선을 깎은 강봉(steel tie rod)을 구멍에 넣은 후 봉의 양쪽을 너트(nut)로 조임으로써 봉에는 인장력이 작용하고 콘크리트 블록에는 압축력이 작용하도록 한 것이다. 이 구조는 슬래브나 지붕 구조로 활용하고자 한 것이었다. 그림 1-3(b)는 현대의 포스트텐션 프리스트레스트 콘크리트로서, Jackson의 제안과 개념적으로 동일한 것이라고 할 수 있다.

1888년에는 독일의 Doehring[1.4]가 금속 선재(metal wire)로 긴장하는 슬래브로 특허를 취득하였다. 그러나 이러한 초기의 프리스트레스트 콘크리트는 실용화되지 못하였다. 그 이유는 당시에 사용하던 낮은 강도의 강재로 인하여 긴장응력이 낮을 수밖에 없었는데, 콘크리트의 크리프(creep)와

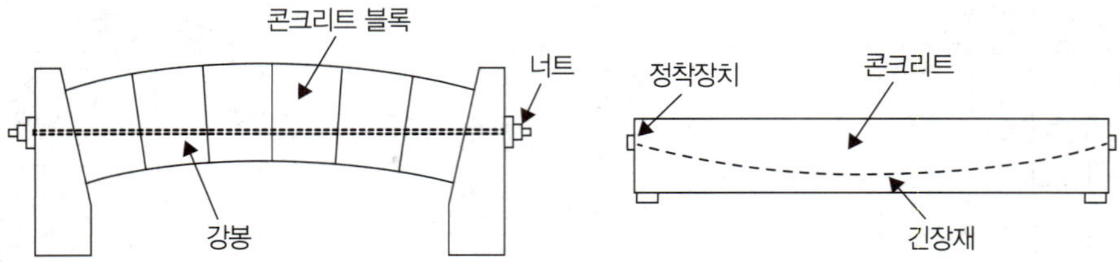

(a) Jackson의 특허[1.8]　　(b) 현대의 포스트텐션 부재

| 그림 1-3 | 선형으로 긴장된 프리스트레스트 콘크리트의 원리

수축(shrinkage)으로 인한 응력손실로 긴장력이 거의 남아 있지 않은 상태가 되었기 때문이다. 긴장력 소멸에 대한 대안으로 1908년에 미국의 Steiner는 긴장재를 재긴장하는 안을 제안하기도 하였으나 실용적으로 적용되지는 못하였다. 긴장력 손실을 극복하기 위해서는 높은 응력으로 긴장을 할 수 있는 고강도 강재를 사용하여야 했으나, 당시에는 고강도 강재를 생산하지 못하는 기술수준이었다. 따라서 그 후 오랜 기간 프리스트레스트 콘크리트의 개발은 답보상태에 있었으나 점진적인 발전은 있었다. 즉, 초기에는 긴장력이 감소되어 거의 없어지는 현상은 인지하고 있었지만, 그 원인이 콘크리트의 크리프와 수축 때문이라는 것은 인지하지 못하였다. 그러나 1912년 독일의 Koenen[1.5]은 긴장력 손실의 정량화를 시도하였고, 1925년 미국의 Dill[1.6]은 특허를 출원하는 과정에서 긴장력 손실의 원인이 콘크리트의 크리프와 수축 때문이라는 것을 표현하였다. 또, 1920년대 초에는 미국의 Hewett가 원형 긴장(circular prestressing)의 개념을 정립하고 액체 저장 탱크에 실용적으로 적용하여, 그 후 특히 미국에서 많은 프리스트레스트 콘크리트 쉘 구조가 건설되었다.[1.7]

한편, 유럽에서는 선형 긴장(linear prestressing)에 대한 개발이 지속되었는데, 프랑스의 Eugene Freyssinet가 1926년에 고강도 고연성 강재를 사용하여 긴장재 손실 문제를 극복하는 방법을 제안하였고, 1940년에 12개의 강선(wire)을 콘(cone) 형태의 쐐기(wedge)로 정착시키는 프레시네 정착장치(Freyssinet system)를 개발함으로써 비로소 프리스트레스트 콘크리트 구조가 실용화 될 수 있었다. Freyssinet는 이 정착장치를 이용하여, 프랑스 Luzancy의 Marne 강을 가로지르는 첫 번째 프리스트레스트 콘크리트 교량인 **그림 1-4**의 Luzancy교를 1941년에 착공하였고, 2차 세계대전이 끝난 후인 1946년에 완공하였다.

이 교량은 경간이 55 m(180 ft)인 힌지 골조의 구조형식인데, 지점을 힌지로 한 것은 콘크리트의 크리프와 수축에 따른 변형으로 2차 응력을 유발하지 않도록 하기 위함이었다. 단면은 높이가 변화하는 변단면(variable depth member)으로서 I형 단면 6개의 상부 플랜지를 연결한 형태이며, 중앙부의 단면 두께가 1.27 m(4.17 ft)로서 경간의 1/43에 지나지 않은 혁신적인 교량이었다.[1.9] 교량의 폭은 8 m(26 ft)로서 프리캐스트 조립식 공법(precast segmental method)으로 제작된 3개의 박스 거더(box girder)를 포스트텐션 방식으로 횡방향 긴장력을 가하여 일체화하였다. 박스 거더의 각 세그먼트(segment)는 상부와

(a) Luzancy 교의 가설[1.10]

(b) Luzancy 교 전경[1.11]

| 그림 1-4 | Luzancy 교

하부 플랜지 사이의 복부를 프리텐션 방식으로 프리스트레싱 하였으며, 각 세그먼트 접촉면에 모르타르(mortar)를 바르고 포스트텐션 방식으로 종방향 긴장력을 가하여 일체화하였다.[1.10] 이 과정에서 모든 긴장작업은 지름이 5 mm인 강선(wire) 12가닥으로 구성된 텐던과 Freyssinet가 발명한 정착장치가 사용되었으며, 역시 Freyssinet가 발명한 플랫잭(flat jack)을 거더 양단 플랜지 밑에 설치하여 크리프와 수축에 의한 변형을 보정하였다. Luzancy교는 최초로 건설된 프리스트레스트 콘크리트 교량이기도 하지만, 프리캐스트 세그멘탈 공법으로 건설된 첫 번째 교량이기도 하며, 또한 교량의 종방향, 횡방향, 수직방향의 세 방향으로 프리스트레싱 한 첫 번째 교량이기도 하다. 또 세그먼트를 종방향으로 조립할 때 사용하였던 모르타르 적용 방법은 Freyssinet의 제자인 Jean Muller가 약 20년 후 Choisy-le-Roi 교를 건설할 때 처음 적용한 매치캐스팅(match-casting) 공법으로 발전하였다. Muller는 Choisy-le-Roi 교를 건설할 때, 처음으로 에폭시를 사용하여 세그먼트를 접합하였다.

미국에서는 1920년대 후반부터 프리스트레스트 콘크리트 판과 담장 용 지주(支柱, post)를 생산하다가, 첫 번째 프리스트레스트 콘크리트 교량인 Walnut Lane Memorial교(높이 2 m의 23+49+23 m 3경간 단순보)를 포스트텐션 방식으로 1949년에서 1950년에 걸쳐 필라델피아 주에 건설하였다.[1.8]

한국에서는 1962년에 강선(wire)을 이용한 포스트텐션 방식의 Freyssinet 공법으로 가설된 경춘국도의 구운교가 최초의 프리스트레스트 콘크리트 교량이며, 같은 해에 서울 용산에 위치한 원효교도 동일한 방식으로 건설되었다.

프리스트레스트 콘크리트의 발전에는 많은 구조공학자의 노력이 있었는데, 영국의 Abeles는 1930년대에 부분 긴장(partial prestressing) 프리스트레스트 콘크리트의 개념을 제안하였고, 1960년대까지 지속적으로 이 개념을 발전시켰다.[1.7] 독일에서는 Leonhardt가, 러시아에서는 Mikhailov가, 미국에서는 하중평형 개념(load balancing concept)을 개발하고 발전시킨 Lin 등 많은 구조공학자의 노력으로 프리스트레스트 콘크리트가 발전되었다. 현재에는 교량 외에도 건물, 지하구조물, 송신탑, 콘크리트 관 및 말뚝, 포장, 저장 탱크, 원자력발전소의 원자로 격납건물, 운동경기장, 터널, 해양구조물 등 매우 다양한

(a) 플랫 플레이트 건물(Freyssinet)

(b) 주차장 건물

(c) 원효대교

(d) 서해대교

(e) 인천대교

(f) 해양 구조물(노르웨이, VSL)

(g) 신고리 원자력발전소

(h) 하수처리 탱크(독일, VSL)

| 그림 1-5 | 프리스트레스트 콘크리트 구조물과 프리스트레싱 기술의 적용 예

구조물에 프리스트레스트 콘크리트가 적용되고 있다. 그림 1-5는 국내외에 건설된 프리스트레스트 콘크리트 구조물의 예를 보여준다.

한편 프리스트레싱 기술은 프리스트레스트 콘크리트 구조물을 건설하는데 뿐만 아니라, 그림 1-6(a)

(a) 건대입구역 도시철도 교량의 보강

(b) 지반 보강 앵커

| 그림 1-6 | 프리스트레싱 기술의 적용 예

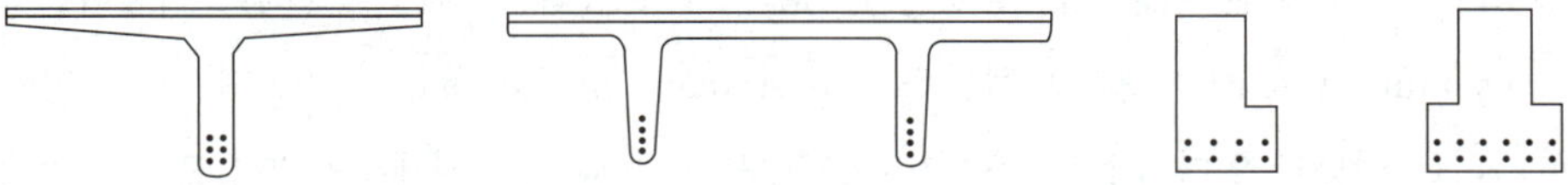

(a) 건축구조의 single T형 보, double T형 보, L 형 보, 역 T형 보 단면

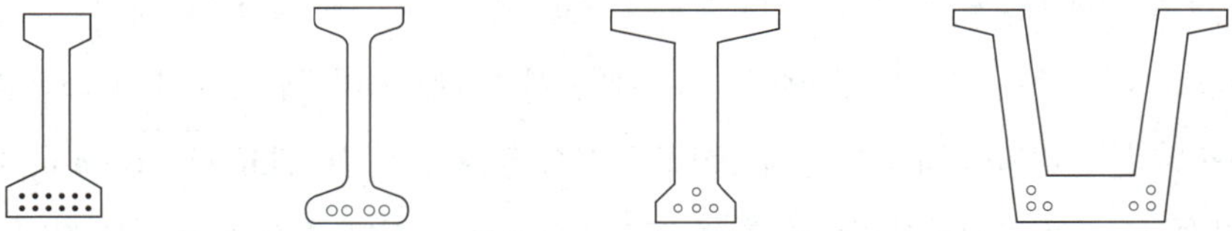

(b) 교량구조의 I형 보와 U형 보 단면

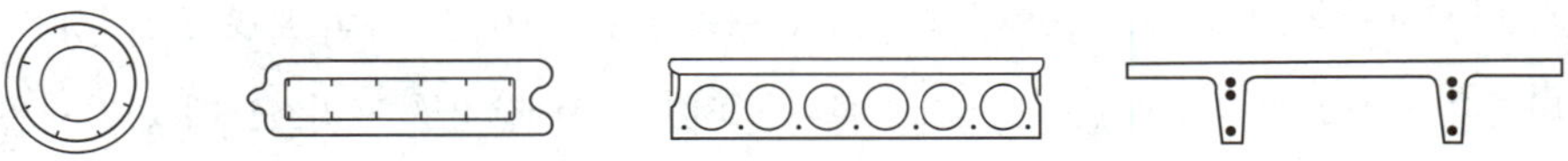

(c) 원형 말뚝, 시트 파일(sheet pile), 중공 패널, double T형 벽체 단면

| 그림 1-7 | 프리캐스트 프리스트레스트 콘크리트 부재 단면

와 같이 사용 중인 구조물의 보강이나 그림 1-6(b)와 같이 지반 보강용 앵커에도 적용되고 있다.

또 프리스트레스트 콘크리트는 미리 제작한 후 계획된 위치로 운반하는 프리캐스트 콘크리트(precast concrete)로 제작하기 좋은 형식이므로, 다양한 형상으로 제작되어 사용되고 있다. 그림 1-7은 실제로 많이 사용되는 프리캐스트 프리스트레스트 콘크리트의 단면 형상을 나타낸다. 이들 중 원형말뚝은 프리텐션 상태에서 콘크리트를 타설한 후 부재축을 중심으로 회전을 주어, 원심력을 이용한 고강도 콘크리트 생산방식을 사용한다.

1.4 프리스트레싱 방법

1.4.1 프리스트레싱 방법의 개요

콘크리트 구조물에 미리 압축력을 가하는 프리스트레싱 방법은 기계적 방법과 비기계적 방법으로 구분할 수 있다. 기계적 방법은 유압잭(jack)이나 기계적 잭을 사용하여 긴장재나 구조물 자체에 직접 외력을 가하고 그 반작용을 이용하는 방법이다. 즉, 기계적 방법 중에는 긴장재를 이용하는 프리텐션 방식(pre-tensioning system)과 포스트텐션 방식(post-tensioning system)이 있으며, 잭을 이용하여 직접 외력을 가하는 방법도 있다. 비기계적 방법은 외력을 가하지 않고 자체적인 특성으로 압축응력이 발생하게 하는 방법이다. 비기계적 방법으로는 화학적 방법, 전기적 방법, 형상기억합금을 이용한 방법 등이 있다.

실제 프리스트레스트 콘크리트 구조에는 긴장재를 이용하는 프리텐션 방식과 포스트텐션 방식이 가장 많이 사용된다. 프리텐션 방식은 먼저 프리스트레싱 강재를 긴장(jacking, tensioning)해 놓은 후 콘크리트를 타설하고, 콘크리트가 경화한 후에 프리스트레싱 강재의 긴장을 풀어서 프리스트레싱 강재와 콘크리트의 부착에 의해 콘크리트에 프리스트레스를 도입하는 방식이다. 포스트텐션 방식은 먼저 콘크리트를 타설하고 콘크리트가 경화된 후에 그 콘크리트를 지지대로 하여 프리스트레싱 강재를 긴장해서 그 반작용으로 콘크리트에 프리스트레스를 도입하고, 정착장치로 프리스트레싱 강재를 정착시키는 방식이다. 즉, 이 두 방법은 프리스트레싱 강재(긴장재)의 긴장시기와 콘크리트 타설의 선후에 따라 명칭이 구분되었는데, 프리텐션 방식은 콘크리트를 타설하기 전에(pre-), 포스트텐션 방식은 콘크리트를 타설한 후에(post-) 긴장(tensioning)하는 방식이다. 프리텐션 방식에서는 인장대의 격벽(隔壁, diaphragm)이나 거푸집 자체를 지지대로 하여 긴장재를 긴장하고, 포스트텐션 방식에서는 경화된 콘크리트 부재 자체를 지지대로 하여 긴장재를 긴장한다. 프리텐션 방식과 포스트텐션 방식은 각각의 장점이 있으므로, 이 두 가지 방식을 모두 사용하여 하나의 프리스트레스트 콘크리트 구조물을 건설한 예도 많다.

표 1-2는 기계적 방법과 비기계적 방법으로 구분하여 세분화한 프리스트레싱 방법을 나타낸다. 이 절에서는 다양한 방식으로 개발되어 온 프리스트레싱 방법을 소개한다.

1.4.2 프리텐션 방식

프리텐션 방식은 프리스트레싱 강재에 인장력을 가하여 늘어난 상태에서 콘크리트를 타설하고, 콘크

표 1-2 **프리스트레싱 방법의 분류**

대분류	중분류	소분류 및 비고
기계적 방법	프리스트레싱 강재(긴장재)에 외력을 가하고 그 반작용을 이용한 방법	프리텐션 방식
		포스트텐션 방식
	구조물 자체에 외력을 가하고 그 반작용을 이용하는 방법	경간 내부에 외력을 가한 후 제거하는 방식 (preflex 공법)
	구조물 자체에 직접 외력을 가하거나 지점 높이를 조절하는 방법	교대를 지지점으로 교량단면에 압축력을 가하는 방식
		연속보의 외부지점에 외력을 가하는 방식
		연속보의 내부지점을 높여서 콘크리트를 타설하고 양생 후 내부지점의 높이를 낮추는 방식
비기계적 방법	화학적 방법	팽창 시멘트 등
	전기적 방법	프리스트레싱 강재(긴장재)와 전기 이용
	재료특성을 이용하는 방법	형상기억합금 이용

리트가 굳은 후에 프리스트레싱 강재의 인장력을 풀어서 원래의 길이로 돌아가려는 힘으로 콘크리트에 압축력을 가하는 방식이다.

그림 1-8은 프리텐션 방식의 기본 원리를 나타낸다. 먼저, 그림 1-8(a)와 같이 평편하고 견고한 인장대(tensioning bed, stressing bed, casting bed)의 양단에 고정단을 설치하고, 고정단 중 한쪽에 긴장재의 한 끝을 정착시킨다. 이때 긴장재의 정착은 긴장재의 종류에 따라 적절한 정착장치를 사용한다. 긴장재는 반대쪽 고정단을 관통하도록 배치하고, 잭(jack)으로 긴장재를 인장(tensioning, jacking)한 후 정착장치로 정착시킨다. 그 다음에는 그림 1-8(b)와 같이 거푸집을 조립한 후 콘크리트를 타설하고 양생한다. 콘크리트가 굳어서 충분한 강도에 도달하면, 그림 1-8(c)와 같이 콘크리트 부재의 단부와 고정단 사이에 노출된 긴장재를 절단하여 콘크리트 부재에 프리스트레스를 도입한다. 이때 프리스트레스는 콘크리트와 긴장재의 부착에 의해 도입된다.

이와 같은 프리텐션 방식의 프리스트레스트 콘크리트 제작 과정은 다음 순서의 세 가지 과정으로 요약할 수 있다.

① 인장 작업 : 프리스트레싱 강재를 배치하고 긴장하여 인장대 양쪽의 고정단에 정착시키는 작업

② 콘크리트 시공 : 콘크리트를 타설하고 양생하는 작업

③ 긴장력 도입 : 콘크리트가 굳은 후 프리스트레싱 강재의 인장응력이 콘크리트에 전달되도록 하는 작업

그림 1-9는 프리텐션 방식의 여러 적용 방법을 나타낸다. 그림 1-9(a)는 그림 1-8의 예와 같이 긴장재를

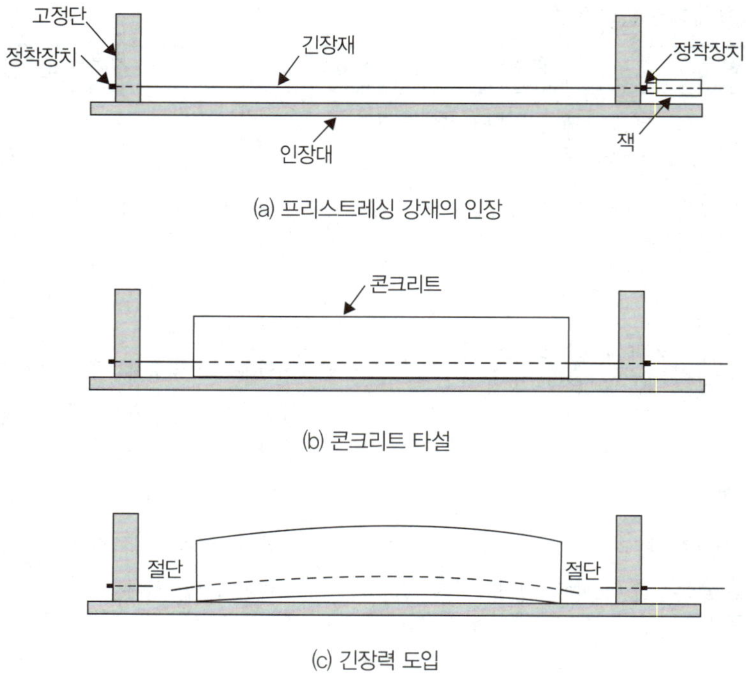

| 그림 1-8 | 프리텐션 방식 프리스트레싱의 기본 원리

직선으로 배치한 경우이지만 인장하는 방법이 다른 예이다. 즉, 잭으로 인장하는 고정단 부분에 가동단 정착판을 설치하고, 고정단을 지지대로 하여 잭으로 가동단 정착판을 밀어내어 긴장재를 긴장하는 방식이다. 거푸집 조립, 콘크리트 타설, 콘크리트 양생의 과정을 거친 후 콘크리트가 굳어서 충분한 강도에 도달하면, 잭을 풀어서 긴장재를 이완시키는 방법으로 콘크리트 부재에 프리스트레스를 도입한다. 이와 같은 방법을 사용하면, 긴장재를 인장한 후 정착장치로 정착시키는 **그림 1-8**의 경우와 달리 긴장재를 절단하지 않고 긴장력을 서서히 도입할 수 있다.

그림 1-8과 **그림 1-9**(a)의 프리텐션 프리스트레스트 콘크리트 부재는 긴장재를 직선으로 배치한 경우로서, 단순보의 일반적인 휨모멘트 분포에 대한 효율적인 배치라고는 할 수 없다. 즉, 휨모멘트가 크게 작용하는 부재의 중앙부에는 긴장재와 단면 도심 간의 거리인 편심을 크게 하는 것이 유리하지만, 휨모멘트가 작은 지점부에는 긴장재의 편심이 작게 하는 것이 유리하기 때문이다. 이와 같은 문제를 개선하기 위한 한 방법으로는, **그림 1-9**(b)와 같이 긴장재를 절곡(折曲)하여 여러 개의 직선으로 구성하는 절곡 긴장재(deflected tendon)를 활용할 수 있다. 이러한 경우에는 긴장재의 방향을 바꾸도록 방향전환장치(deviator)를 추가로 설치하여야 한다. 이때 방향전환장치를 설치한 후 긴장재를 배치하여 단부에서 잭으로 긴장하는 방법을 주로 사용하지만, 방향전환장치와 긴장재 사이의 마찰로 인한 손실이 발생할 수 있다. 이러한 마찰손실을 발생하지 않게 하는 방법의 하나로, 긴장재를 직선으로 배치하고 양단에

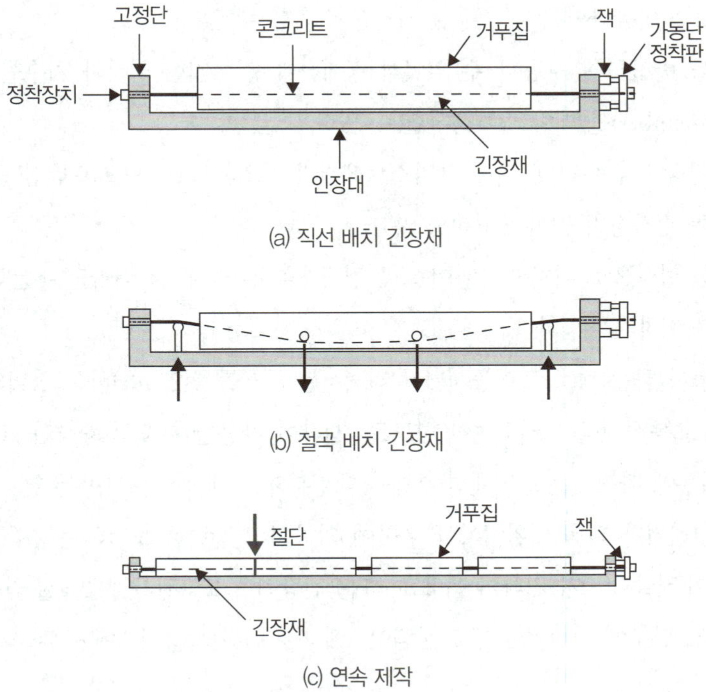

| 그림 1-9 | 프리텐션 방식의 적용

정착시킨 후 긴장재 진행방향의 수직방향으로 잭을 사용하여 긴장재를 누르거나 끌어서 방향전환장치에 걸어주는 방법을 사용하기도 한다.

한편, 부재에 작용하는 휨모멘트의 분포를 고려하여 프리스트레싱 효과를 효율적으로 이용하도록 그림 1-9(b)와 같이 긴장재를 절곡 배치하는 것은 긴장력에 의한 휨모멘트를 긴장재의 편심으로 조절하는 방법이라고 할 수 있다. 긴장재를 직선 배치하는 경우에 이와 동일한 목적을 달성하기 위해서는 긴장력의 크기를 조절하는 방법을 이용할 수 있다. 즉, 방향전환장치의 시공을 피하는 한 방법으로 긴장재를 직선 배치하면서 휨모멘트가 크지 않은 지점부에서만 프리스트레스를 감소시키기 위하여, 지점부에서 긴장재의 일부를 튜브 등으로 감싸서 비부착(debonding) 시키는 방법을 사용하기도 한다. [9.2.3절 참조]

그림 1-9(c)는 다수의 프리스트레스트 콘크리트 부재를 동시에 제작하는 방식을 나타낸다. 즉, 한 번의 프리스트레싱 작업으로 여러 개의 부재를 제작하는 매우 경제적인 방법으로서, 여러 개의 거푸집을 인장대에 직렬로 배치하고, 긴장재가 여러 개의 거푸집을 지나가게 하여 동시에 프리스트레스를 도입하는 방식이다. 건축용 슬래브나 벽체와 같이 부재 단면이 크지 않은 경우에는 부재를 하나로 제작한 후 절단기로 절단하는 방법을 사용하기도 한다.

이와 같은 프리텐션 방식의 특징은 다음과 같다.

① 일반적으로 설비가 좋고 작업환경이 좋은 공장에서 제작되므로 품질을 높일 수 있으며, 콘크리트의

증기양생 설비를 이용하면 부재의 생산 기간을 단축할 수 있다.

② 장치와 장비를 반복하여 사용할 수 있어서 경제적이며, 동일한 형상과 치수를 갖는 프리캐스트 부재(precast member)를 대량으로 생산할 수 있다.

③ 콘크리트와 긴장재의 부착에 의해 프리스트레스가 도입되므로, 포스트텐션 방식에서 필수적인 쉬스(sheath)와 정착장치 등이 필요하지 않다.

④ 긴장재를 곡선 형상으로 배치하기가 어렵고, 긴장재를 절곡 배치하더라도 부분적으로 비효율적인 긴장재 배치를 피하기 어렵다.

⑤ 제작된 부재를 원하는 장소로 이동시키기 위해서는 부재를 인양(lift)하는 장비의 성능과 운반 차량의 성능 및 교통상황을 고려하여야 하므로, 제작이 가능한 부재의 중량과 크기에 제한을 받는다. 따라서 경우에 따라서는 프리텐션 부재를 대형부재로 제작하는 데에는 한계가 있다.

⑥ 긴장재를 절단하거나 잭을 이완시켜서 부착에 의하여 긴장력을 도입하는 경우에는 부재 단부에서 소정의 길이(전달길이)가 지나야 목표로 하는 긴장력이 도입된다. [9.2.3절 참조] 따라서 전달길이 내에는 부재 단부에 가까울수록 긴장력이 0에 가까워지므로 설계에 주의를 요한다.

1.4.3 포스트텐션 방식

포스트텐션 방식은 콘크리트를 타설하고 굳은 후 콘크리트를 지지대로 하여 긴장재를 인장하고, 그 끝을 정착시켜서 콘크리트에 프리스트레스를 도입하는 방식이다.

그림 1-10은 포스트텐션 방식의 기본 원리 나타낸다. 먼저, 긴장재를 인장할 때 긴장재와 콘크리트가 부착되지 않도록, **그림 1-10**(a)와 같이 거푸집 내부에 덕트(duct, 관)를 배치하고 콘크리트를 타설한다. 이때 덕트 내부에 콘크리트가 흘러 들어가지 않도록 하여야 한다. 콘크리트를 양생한 후, **그림 1-10**(b)와 같이 덕트 내에 긴장재를 삽입하고 한쪽 끝을 정착장치로 정착시킨다. 경우에 따라서는 콘크리트를 타설하기 전에 미리 긴장재를 덕트 내부에 삽입하기도 한다. 긴장재의 정착은 긴장재의 종류에 따라 적절한 정착장치를 사용한다. 반대쪽 단부에는 잭을 설치하고 콘크리트 단면을 지지대로 하여 긴장재를 인장한다. 이때 긴장재의 인장력에 대한 반작용으로 콘크리트 단면에는 압축력이 도입된다. 콘크리트 단면에 압축력을 도입한 후에는 **그림 1-10**(c)와 같이 긴장재 단부를 정착장치로 정착시키고, 긴장재가 부식되지 않도록 덕트 내부에 모르타르(mortar)나 기름을 채운다.

포스트텐션 부재의 제작 과정은 다음 순서의 세 가지 과정으로 요약할 수 있다.

① 콘크리트 시공 : 덕트와 정착장치 등 부속장치를 배치하고 콘크리트를 타설하여 양생하는 작업
② 긴장 작업 : 긴장재를 긴장하여 부재 양단의 정착장치로 정착시키는 작업
③ 추가 작업 : 부착 긴장재를 사용하는 경우 덕트 내를 그라우팅하는 작업

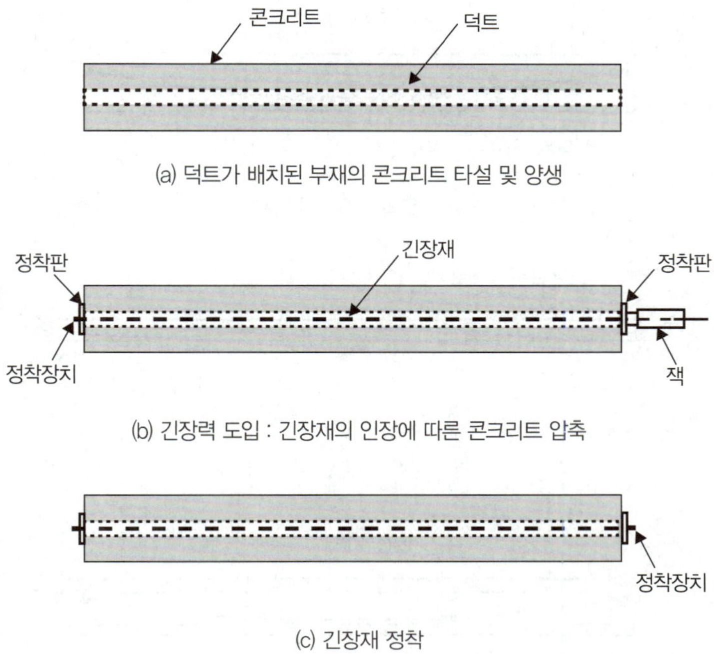

| 그림 1-10 | 포스트텐션 방식 프리스트레싱의 기본 원리

그림 1-11은 포스트텐션 방식의 여러 적용 방법을 나타낸다. 그림 1-11(a)는 덕트와 긴장재를 콘크리트 단면 내에 곡선 형태로 배치한 예이다. 이와 같이 긴장재를 콘크리트 단면 내에 배치하는 것을 내적 긴장(internal prestressimg)이라고 한다. 내적 긴장에는 덕트가 필요하다. 덕트는 금속이나 플라스틱 등 여러 재질로 만들며, 단면도 원형이나 사각형 등 여러 가지 형태의 것을 사용한다. 일반적으로 부재의 단면이 큰 경우에는 아연 도금한 얇은 강판(鋼板)을 원형단면의 관으로 만들고, 길이방향으로 주름진 파상(波狀) 형태로 만든 쉬스(sheath)를 많이 사용한다. 쉬스를 주름관 형태로 만드는 이유는, 콘크리트를 타설할 때 콘크리트 중량에 의한 압력에 저항할 수 있도록 강성을 증진시키고 덕트가 곡선으로 휠 수 있도록 하는 두 가지 목적을 위한 것이다.

그림 1-11(b)는 2경간 이상의 연속 보 형식을 갖는 구조물에 긴장재를 곡선으로 배치한 예이다. 긴장재를 곡선으로 배치할 수 있는 장점을 이용하여, 정모멘트가 작용하는 부분은 단면 아래쪽에 긴장재를 배치하고, 부모멘트가 작용하는 지점부는 단면 위쪽에 배치하는 것이다. 두께가 비교적 얇은 건축 구조에 많이 사용되는 포스트텐션 방식의 연속 슬래브의 경우에는 긴장재와 콘크리트가 부착되지 않도록 표면에 그리스(grease) 기름을 도포하고 고무나 플라스틱으로 피복한 프리스트레싱 강재가 많이 사용된다.

그림 1-11(c)는 긴장재를 콘크리트 단면의 외부에 노출되도록 배치한 예이다. 이 경우에는 덕트가 필요 없으며, 속이 빈 단면 형태인 박스단면(box section)의 내부 공간에 긴장재가 노출되도록 배치하는

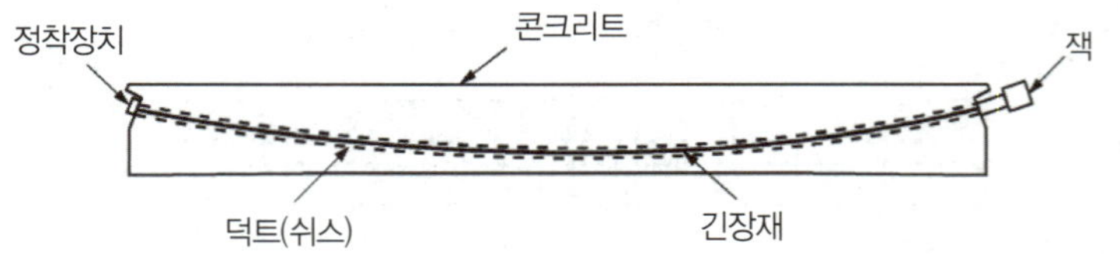

(a) 덕트와 긴장재의 배치

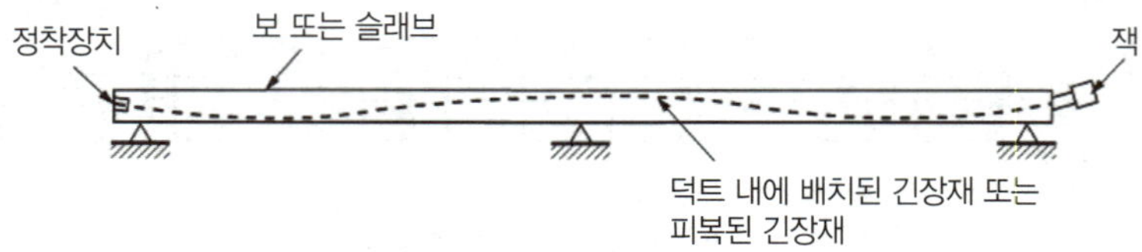

(b) 연속 경간 부재의 긴장재 배치

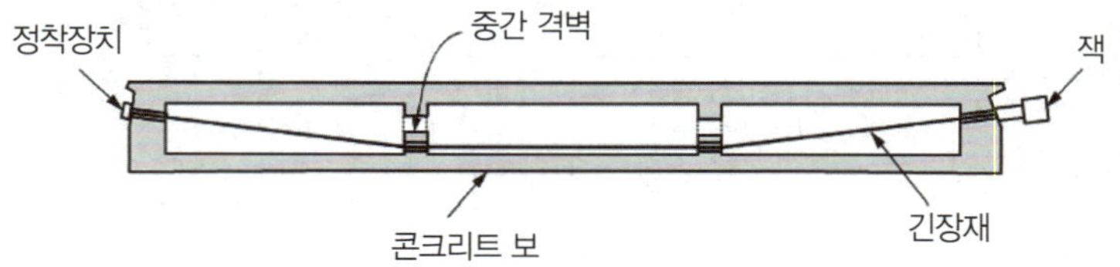

(c) 중간격벽과 외부 긴장재의 배치

| 그림 1-11 | 포스트텐션 방식의 적용

경우가 많다. 이와 같이 긴장재를 콘크리트 단면의 외부에 배치하는 것을 외적 긴장(external prestressing)이라고 한다. 긴장재가 단면의 외부에 배치되어 프리텐션 부재와 유사하게 긴장재가 직선의 형태가 될 수밖에 없으므로, 그림 1-9(b)와 같이 단면 내부에 중간 격벽(intermediate diaphragm)과 단부 격벽(end diaphragm)을 설치하여 긴장재를 절곡 배치한다. 즉, 경간 내부의 중간 격벽에는 아래쪽에 긴장재가 지나가게 하고 지점부의 단부 격벽에는 단면의 도심 근처에 긴장재가 정착되도록 배치하는 것이다. 외적 긴장의 경우에는 긴장재가 노출된 형태이므로, 부식을 방지하기 위하여 고무나 플라스틱으로 피복된 프리스트레싱 강재를 사용하거나 프리스트레싱 강재를 플라스틱 쉬스(plastic sheath)로 감싸는 방법이 사용된다. 외적 프리스트레싱 부재는 사용 중에 긴장재의 상태를 관찰할 수 있으며 성능이 저하된 경우에는 교체가 가능하므로, 유지관리 및 보수보강에 많은 장점이 있는 형식이다.

그림 1-12는 외적 프리스트레싱 부재의 예를 나타낸 것으로서, 그림 1-12(a)는 사장교인 프랑스 노르망디교(Pont de Normandie)의 측경간 단면의 내부 모습이다. 노르망디교의 측경간은 연속압출공법(Incremental Launching Method, ILM 공법)으로 가설된 후 중간 격벽 2개의 아래 부분을 지나도록 외적 긴장재를 배치하고 프리스트레싱 한 것이다. 그림 1-12(b)는 서해대교 중 경간단위 가설공법(Span-by-Span Method, SSM 공법)으로 시공된 PSM(Progress Segmental Method) 구간 교량 단면의 내부

(a) 프랑스 Normandie 교의 단면 내부 (b) 서해대교의 단면 내부

| 그림 1-12 | 외적 프리스트레싱을 적용한 예

모습이다.

이와 같은 포스트텐션 방식의 특징은 다음과 같다.

① 프리스트레싱 강재를 곡선 형상으로 배치할 수 있어서 단면에 효율적으로 프리스트레스를 가할 수 있다.

② 콘크리트 부재를 지지대로 하여 프리스트레싱 강재를 인장하기 때문에 인장대가 필요 없으므로, 현장에서 간편하게 프리스트레스를 도입할 수 있다.

③ 프리텐션 방식에는 필요하지 않는 덕트와 정착장치 등 부속장치가 필요하다.

④ 프리캐스트 프리스트레스트 콘크리트 부재를 결합하고 조립하는데 편리하게 적용할 수 있으며, 프리캐스트 부재와 현장타설 콘크리트 부분을 합성한 후에 프리스트레스를 도입하는 작업도 가능하다.

⑤ 프리스트레싱 강재를 부착시키지 않은 포스트텐션 부재는 그라우팅이 필요하지 않으며, 프리스트레싱 강재의 재긴장도 가능하다.

⑥ 프리스트레싱 강재를 부착시키지 않은 포스트텐션 부재는 부착시킨 부재에 비하여 파괴강도가 낮고 균열 폭이 커지는 등 구조적 성능이 다소 떨어진다.

1.4.4 프리플렉스 공법

프리플렉스 공법(pre-flex method)은 벨기에(Belgium)에서 개발된 공법으로, 콘크리트-강 합성구조(concrete-steel composite structure)에 프리스트레싱을 가하는 공법이다. 이 공법은 먼저 구조용 강재(鋼材)로 제작된 보에 하중을 가한 후 인장 측에 고강도의 콘크리트를 타설하고 나서, 콘크리트가 경화된 후 하중을 제거하여 원래의 상태로 돌아가려고 하는 힘으로 콘크리트에 압축응력을 작용시키는 방법이다.

그림 1-13은 프리플렉스 공법의 원리와 제작순서를 나타낸 것이다. 즉, 그림 1-13(a)와 같이 솟음(camber)

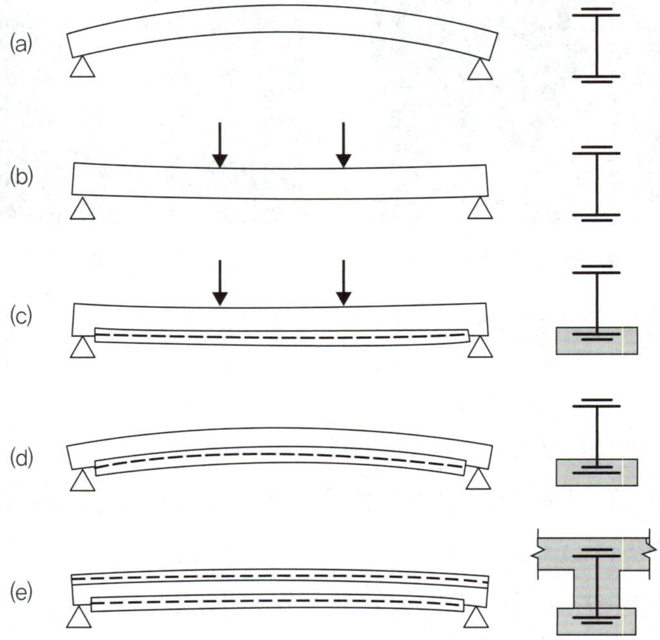

| 그림 1-13 | 프리플렉스 공법의 원리

을 갖도록 강재 보를 미리 제작하고, 그림 1-13(b)와 같이 적당한 위치 두 곳에 잭으로 집중하중을 가한다. 이 하중은 설계하중과 유사한 크기로서 프리플렉션 하중(preflexion load)이라고 한다. 이러한 재하 상태에서 그림 1-13(c)와 같이 하부 플랜지를 감싸도록 콘크리트를 타설하고 양생한다. 콘크리트가 목표로 하는 강도에 도달하면 프리플렉션 하중을 제거한다. 프리플렉션 하중을 제거하면 보가 원래의 상태로 돌아가려고 하므로, 그림 1-13(d)와 같이 콘크리트에 프리스트레스가 도입된다. 이렇게 제작된 프리플렉스 보(preflex beam)를 운반하여 가설하고, 그림 1-13(e)와 같이 슬래브와 복부에 콘크리트를 타설하거나 슬래브에만 콘크리트를 타설하여 합성시킨다.

프리플렉스 보는 일반적인 프리스트레스트 콘크리트 보에 비하여 경간-단면높이 비를 크게 할 수 있는 장점이 있다. 따라서 보의 높이가 제한된 경우, 교량 아래의 공간 확보가 필요한 경우, 평면 교차를 피하여 도로나 철도를 가로질러 넘어가는 교량(over-bridge) 등에 유용하게 이용될 수 있다. 한국에서는 1986년 경부고속도로 언양 인터체인지의 교량 교체 공사에 이 공법이 처음 채택되었다.

1.4.5 잭으로 힘을 가하는 방식

구조물에 직접 압축력을 가하거나 시공 중에 힘을 가하였다가 제거하여 그 효과로서 압축력을 가하게 하는 방법으로 몇 가지 방법을 적용할 수 있다. 이때 가하는 힘은 주로 유압을 사용한 플랫 잭(flat jack)을 사용한다.

[1] 단면에 직접 압축력을 가하는 방식

정정구조물인 단순보(simply supported beam)로 설계되고 시공되는 교량은 **그림 1-14**와 같이 교대(abutment)를 지지대로 하여 잭으로 단면의 하단부에 압축력을 가하는 방법을 사용할 수 있다. 그러나 이 방법을 실제로 적용하려면 콘크리트 교대와 보의 크리프와 수축으로 잭의 힘이 감소하므로 압축력을 유지시키는 조치를 취하여야 한다.

| 그림 1-14 | 교대를 이용하여 잭으로 압축력을 가하는 방식

[2] 지점에 힘을 가하는 방식

연속보와 같은 부정정구조물에는 지점에서 힘을 가하는 방식을 사용할 수 있다. 즉 **그림 1-15**와 같이 콘크리트가 양생된 후 외부 지점을 잭으로 들어 올려서 내부 지점의 단면 하단에는 인장응력, 상단에는 압축응력이 작용하게 하여 하중에 의한 응력의 반대를 가하는 방식이다.

또 다른 방법으로, **그림 1-16**과 같이 콘크리트를 타설하기 전에 잭을 이용하여 내부지점의 위치를 위쪽으로 들어 올리고, 콘크리트를 타설하고 양생 된 후 잭을 이완시켜서 단면 하단에는 인장응력을, 상단에는 압축응력을 주는 방법을 사용할 수 있다. 그러나 이 방법들도 역시 콘크리트의 크리프와 수축으로 프리스트레스가 소멸될 수 있으므로, 이를 고려하여 설계하여야 한다.

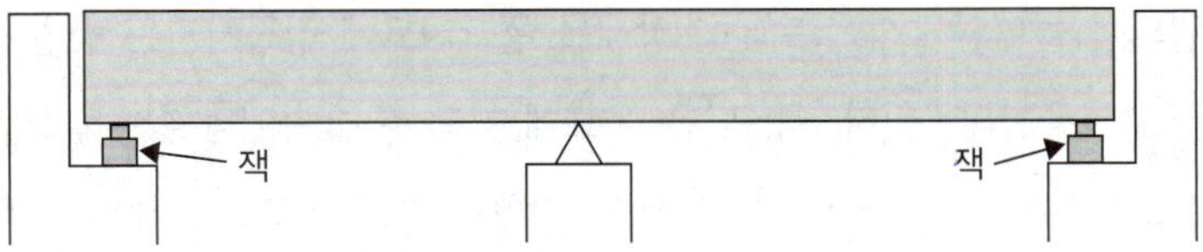

| 그림 1-15 | 외부 지점에서 잭으로 상부구조를 들어 올리는 방식

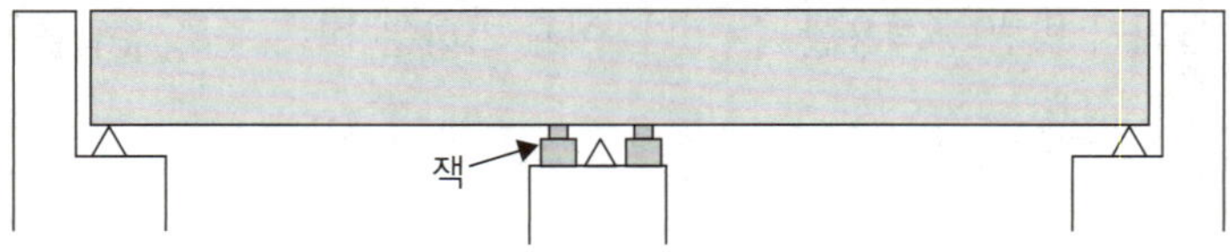

| 그림 1-16 | 콘크리트 타설 후 내부 지점에서 잭을 내리는 방식

1.4.6 기타 프리스트레싱 방법

기타 방법으로 화학적 방법과 전기적 방법이 있으며, 그 외에도 형상기억합금을 이용하는 방법 등 몇 가지 특수한 방법들이 제안되고 있다.

[1] 화학적 방법

화학적 방법으로 프리스트레싱 하는 대표적인 방법은 팽창 시멘트를 이용하는 방법이다. 팽창 시멘트를 사용한 콘크리트는 초기재령에서 팽창하는데, 이 팽창을 강재(鋼材)로 구속하면 강재는 긴장되고 콘크리트는 압축된다. 이것을 화학적 방법의 프리스트레싱(chemical prestressing)이라고 하는데, 미국 등에서 콘크리트 판이나 지붕 슬래브 등의 제조에 사용된 예가 있다.

그러나 콘크리트 팽창에 의한 강재의 인장력은 경화 초기부터 일어나므로 경화 후의 콘크리트의 수축과 크리프로 인하여 많은 양이 소멸되고, 도입응력을 정확하게 관리하는 것이 쉽지 않기 때문에 실용상으로는 문제점이 많다. 따라서 화학적 방법으로 프리스트레스를 도입하는 방법은 널리 사용되지 못하고 있다. 그러나 이 개념을 적용하여, 한쪽 방향으로 긴 콘크리트 판이나 콘크리트 포장에 균열을 발생시키지 않으려는 용도로 팽창시멘트를 사용하는 경우는 자주 있다.

[2] 전기적 방법

전기적 방법(electrical prestressing, electrothermal prestressing)은 프리스트레싱 강재에 전류를 흘려서 그 저항으로 가열되어 늘어난 프리스트레싱 강재를 콘크리트에 정착시키는 방법이다. 포스트텐션 방식에서는 다음과 같이 이용할 수 있다. 즉, 낮은 온도에서 녹는 금속이나 황으로 피복한 프리스트레싱 강재를 배치한 후 콘크리트를 타설한다. 콘크리트가 경화한 후에 프리스트레싱 강재에 저전압, 고암페어의 전류를 공급하면 프리스트레싱 강재에 열이 발생하여 피복재가 녹고 콘크리트와의 부착 성능이 상실되면서 프리스트레싱 강재가 늘어난다. 늘어난 프리스트레싱 강재를 너트 등의 정착장치로 고정시킨 후 전류를 끊는다. 그러면 프리스트레싱 강재는 냉각되면서 수축하므로 인장력이 작용하게 되고, 프리스트레싱 강재가 수축하려는 힘이 콘크리트를 압축하게 된다. 이때 프리스트레싱 강재 피복재도 다시 경화하여 부착 성능도 회복된다. 그러나 이 방법도 공사비의 측면이나 시공관리의 측면에서 단점이 있으므로, 실제 현장에서는 사용되는 예가 드물다.

[3] 형상기억합금을 이용한 방법

최근에는 형상기억합금(shape memory alloy)을 이용하여 프리스트레싱 하는 방법이 연구되고 있다. 이 방법은 상온에서 미리 인장한 형상기억합금을 철근의 대용으로 콘크리트에 배치하고 콘크리트가 굳은 후 열을 가하여 원래의 형상으로 돌아오게 하여 그 효과로써 콘크리트에 압축응력을 가하게 하는 방법이다.[1.8] 그러나 아직까지는 공사비나 기타 측면의 제한 사항으로 실제 상업적으로 적용된 예는 거의 없는 연구 단계에 있다.

1.5 프리스트레스트 콘크리트의 기본 개념

프리스트레스트 콘크리트의 거동과 원리를 설명하고 해석하는 기본개념은 다음과 같은 세 가지 서로 다른 개념이 적용될 수 있다. 프리스트레스트 콘크리트 구조물을 효율적으로 설계하고 잘 다루기 위해서는 이 세 가지 개념을 잘 이해하고 적절히 적용하는 것이 매우 중요하다.

1.5.1 균등질보 개념

균등질보 개념(homogeneous beam concept)은 과거에 철근콘크리트에 대한 허용응력설계법에서 사용하던 응력해석법과 동일한 방법이므로 응력개념(stress concept)이라고도 한다. 이 개념은 가장 널리 통용되고 있는 프리스트레스트 콘크리트의 기본적인 개념으로, 콘크리트에 프리스트레스를 도입하면 취성재료(脆性材料, brittle material)인 콘크리트가 탄성체로 전환된다는 생각을 바탕으로 한다. 이 개념은 프랑스의 Freyssinet가 실제 프리스트레스트 콘크리트를 설계할 때 사용하였고, 콘크리트에 미리 압축응력을 주어 취성재료인 콘크리트를 탄성재료로 변환시킨 것이 곧 프리스트레스트 콘크리트라는 것을 보여준 것이다. 즉, 인장에 약하고 압축에 강한 콘크리트를 프리스트레싱하여 압축 상태에 있게 함으로써 하중에 의하여 발생되는 인장응력을 견딜 수 있게 하는 것이다. 결국 콘크리트에는 인장응력이 작용하지 않으므로 균열이 발생하지 않는다. 균열이 발생하지 않은 콘크리트는 탄성재료가 되어, 응력해석이나 설계에 탄성이론을 적용할 수 있게 된다.

균열이 발생하지 않은 콘크리트는 탄성체로 취급하여, 프리스트레싱과 하중에 의하여 발생하는 응력,

변형률, 처짐 등을 각각 따로 계산할 수 있으며, 이들을 중첩(superposition)의 원리로 합산할 수 있다.

이 개념을 다음의 예로 설명한다.

[1] 긴장재를 부재의 도심축에 배치한 경우

긴장재를 부재의 도심 축에 배치하고 힘 P로 인장하여 부재 단부에 정착시키면, 콘크리트에는 그림 1-17(a)와 같이 압축력 P가 작용한다. 이때 콘크리트 단면에는 그림 1-17(c)와 같이 P/A의 압축응력이 균일하게 작용한다. 여기서 A는 콘크리트 부재의 단면적이다.

이 부재가 그림 1-17(b)와 같이 단순지지 되어 활하중이 작용하면 자중과 활하중에 의해서 휨모멘트 M이 작용하고, 그림 1-17(d)와 같이 $\pm My/I$의 휨응력이 발생한다. 여기서 I는 콘크리트 부재의 단면2차모멘트이다. 따라서 이 부재단면에는 그림 1-17(e)와 같이 다음 식으로 계산되는 응력이 작용하게 된다.

$$f = \frac{P}{A} \pm \frac{M}{I} y \tag{1·1}$$

여기서 P/A는 프리스트레스, My/I는 하중에 의한 휨응력으로, 프리스트레스트 콘크리트에서는 일

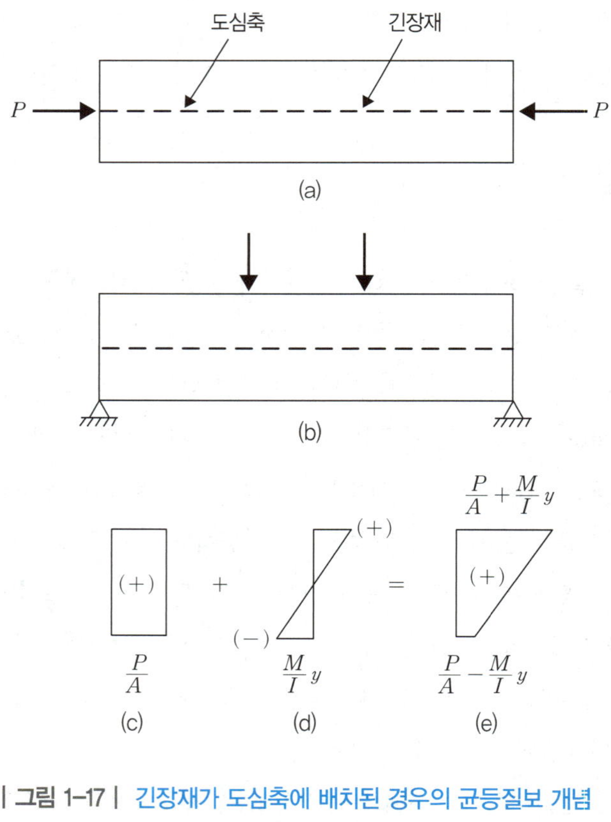

| 그림 1-17 | 긴장재가 도심축에 배치된 경우의 균등질보 개념

반적으로 압축응력을 정(+), 인장응력을 부(−)로 약속하고 계산한다.

[2] 긴장재를 편심을 가진 직선으로 배치한 경우

그림 1-18(a)와 같이 편심 거리 e를 갖도록 긴장재를 직선으로 배치한 경우는 그림 1-18(b)와 같이 프리스트레싱에 의하여 편심압력 P가 작용하게 된다. 이것은 그림 1-18(c)와 같이 단면도심에 압축력 P와 휨모멘트 Pe가 작용하는 것으로 바꿀 수 있으므로, 프리스트레싱에 의하여 다음과 같은 단면력이 작용하게 된다.

$$\left.\begin{array}{ll} \text{축력} & P \\ \text{휨모멘트} & -Pe \\ \text{전단력} & 0 \end{array}\right\} \qquad (1\cdot2)$$

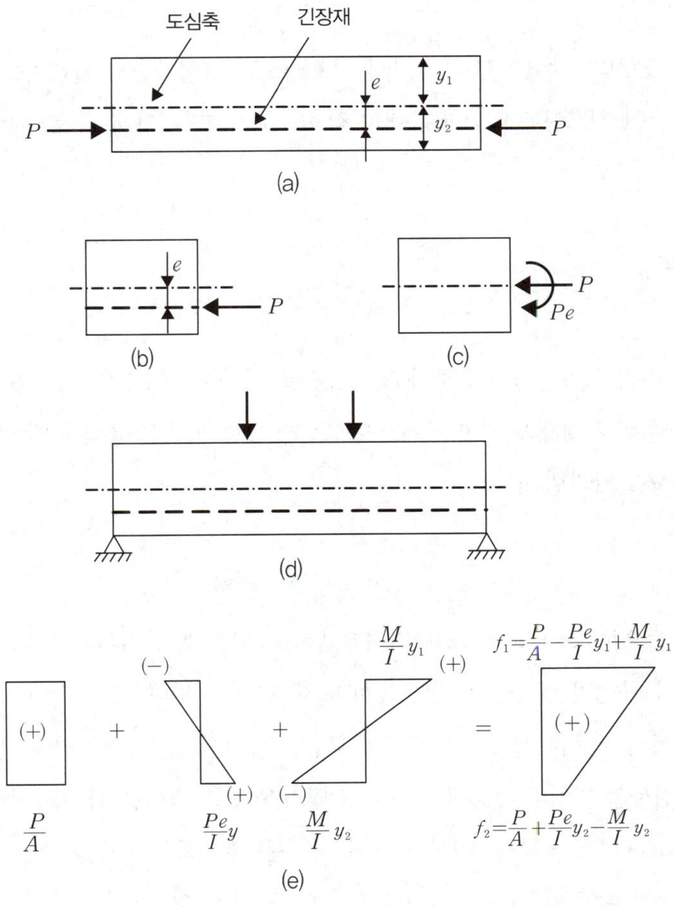

| 그림 1-18 | 긴장재가 편심을 가진 직선으로 배치된 경우의 균등질보 개념

여기서, 휨모멘트의 부호는 도심축 위의 단면이 압축이고 도심축 아래의 단면이 인장인 곡률을 유발할 때 정(+), 그 반대를 부(−)로 한다. 축방향력은 압축을 정(+), 인장을 부(−)로 한다.

프리스트레싱에 의한 압축력 P와 휨모멘트 Pe에 의하여, 단면에는 다음 식으로 계산되는 응력이 작용하게 된다. 식 (1·3)의 두 번째 항의 부호는 도심축 위의 단면이 (−) 부호의 인장응력이, 도심축 아래의 단면이 (+) 부호의 압축응력이 작용함을 의미한다. 이 응력의 분포는 그림 1–18(e)의 첫 번째와 두 번째 그림으로 나타나 있다.

$$f = \frac{P}{A} \mp \frac{Pe}{I} y \tag{1·3}$$

여기서 A : 콘크리트 부재의 단면적

I : 콘크리트 부재의 단면2차모멘트

y : 단면도심으로부터의 거리

이 부재를 그림 1–18(d)와 같이 단순지점 위에 올려놓으면 고정하중과 활하중으로 인하여 휨모멘트 M이 작용하게 되고, 이 휨모멘트에 의한 응력이 식 (1·3)에 추가되어 부재단면에는 다음과 같은 응력이 작용하게 된다.

$$f = \frac{P}{A} \mp \frac{Pe}{I} y \pm \frac{M}{I} y \tag{1·4}$$

그림 1–18(e)의 세 번째 그림은 고정하중과 활하중으로 인한 응력분포를 나타내며, 그림 1–18(e)의 마지막 그림은 편심 배치된 긴장재에 의한 프리스트레스와 하중에 의한 응력의 합으로 최종적으로 단면에 작용하는 응력분포를 나타낸다.

[3] 긴장재를 절곡 배치한 경우 또는 곡선 배치한 경우

부재 전체에 효율적으로 프리스트레스를 가하기 위하여 긴장재를 한두 군데 구부리는 절곡 배치를 하거나 긴장재 전체를 곡선의 형상을 갖도록 곡선 배치를 할 수 있다. 그 한 예로, 그림 1–19(a)와 같이 긴장재를 부재 중앙에서 구부려 배치하고 힘 P로 긴장력을 가하면, 부재의 임의 단면에는 힘 P가 그림 1–19(b)와 같이 θ의 경사를 가지고 작용하게 된다. 그림 1–19(b)는 경사를 가지고 작용하는 힘 P를 수직분력과 수평분력으로 나눈 것으로서, 편심을 가진 수평분력은 그림 1–19(c)와 같이 수평분력이 단면의 도심에 작용하고 편심에 의한 휨모멘트가 작용하는 것으로 바꿀 수 있다.

즉, 이 단면에는 프리스트레스 힘 P에 의하여 다음과 같은 단면력이 작용하게 되는데, e_x는 단면

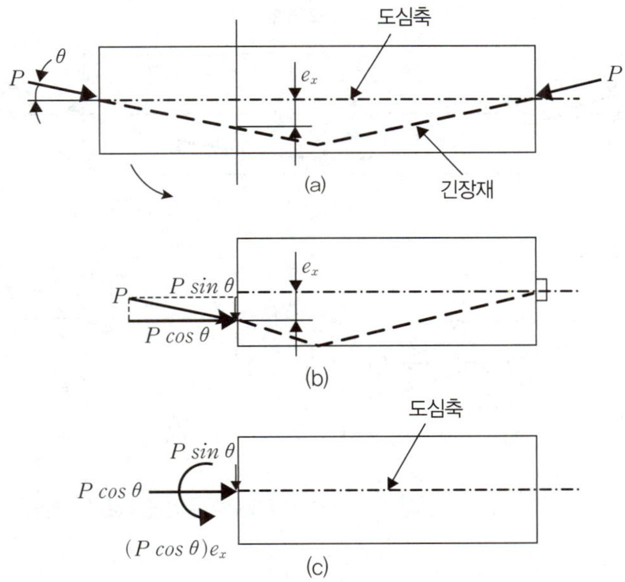

| 그림 1-19 | 긴장재가 절곡 배치된 경우의 균등질보 개념

위치에 따라 다른 값을 갖는 긴장재의 편심이다.

$$\left.\begin{array}{ll} \text{축력} & Pcos\theta \\ \text{휨모멘트} & -(Pcos\theta)e_x \\ \text{전단력} & -Psin\theta \end{array}\right\} \qquad (1\cdot 5)$$

이때, θ가 매우 작은 각도라면 $cos\theta \fallingdotseq 1$로 볼 수 있어서, 식 (1·5)는 다음과 같이 단순화 할 수 있다.

$$\left.\begin{array}{ll} \text{축방향력} & P \\ \text{휨모멘트} & -Pe_x \\ \text{전단력} & -Psin\theta \end{array}\right\} \qquad (1\cdot 6)$$

따라서, 이 단면에는 프리스트레싱에 의하여 다음과 같은 응력이 작용한다.

$$f = \frac{P}{A} \mp \frac{Pe_x}{I} y \qquad (1\cdot 7)$$

이 부재를 단순지점 위에 올려놓으면 고정하중과 활하중으로 인하여 휨모멘트 M이 작용하게 되고,

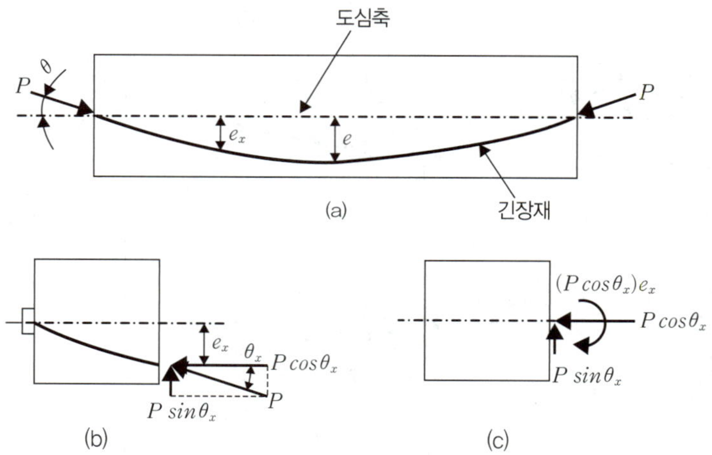

| 그림 1-20 | 긴장재가 곡선 배치된 경우의 균등질보 개념

이 휨모멘트에 의한 응력이 식 (1·7)에 추가 되어 부재단면에는 다음과 같은 응력이 작용하게 된다.

$$f = \frac{P}{A} \mp \frac{Pe_x}{I}y \pm \frac{M}{I}y \tag{1·8}$$

포스트텐션 부재에서는 등분포 하중에 의한 휨모멘트 분포를 고려하여, 그림 1-20(a)와 같이 긴장재를 포물선으로 배치하는 것이 일반적이다. 이 경우에도 중앙 단면에서 긴장재의 편심이 그림 1-19와 같이 긴장재가 절곡 배치된 경우와 동일하다면 동일한 결과를 얻게 된다. 중앙단면 이외의 단면에서는 두 경우의 긴장재 편심이 동일하지 않으므로 작용하는 응력의 값은 다르지만, 해석 방법은 동일하게 적용된다.

위와 같은 세 가지 긴장재 배치의 경우를 비교해 보면, 편심 없이 직선으로 긴장재가 배치된 [1]의 경우에는 긴장력에 의하여 부재단면에 축방향 압축력만 작용하고, 편심을 가지고 직선으로 긴장재가 배치된 [2]의 경우에는 축방향 압축력과 부(−)모멘트가 작용하며, 긴장재가 절곡 배치되거나 곡선 배치된 [3]의 경우에는 축방향 압축력 외에 부(−)모멘트와 전단력이 작용한다. 긴장력에 의한 이 부(−)모멘트가 하중에 의한 정(+)모멘트를 상쇄하여 단면 하단에 인장응력이 발생하지 않게 되는 것이다.

한편, 긴장재가 절곡 배치되거나 곡선 배치된 경우에는 수직성분으로의 상향력이 작용하게 되어 하중에 의한 전단력을 감소시켜 준다. 따라서 휨부재에서는 [3]의 경우와 같이 긴장재를 몇 개소에서 절곡하거나 포물선으로 배치하는 것이 구조적으로 유리하다.

예제 1-1

그림 1-21과 같이 긴장재가 절곡 배치된 직사각형 단면의 프리스트레스트 콘크리트 보에 자중과 활하중이 작용하고 있다. 균등질보 개념을 사용하여, 중앙단면의 콘크리트 응력과 지점에서 8 m인 위치($x = 8\ m$)에 있는 단면의 콘크리트 응력을 계산하시오. 보의 지간은 $l = 24\ m$, 단면의 폭은 $b = 400\ mm$, 단면의 높이는 $h = 1{,}200\ mm$, 부재 단부의 긴장력은 $P_o = 2{,}880\ kN$, 절곡점과 중앙단면에서의 긴장재 편심은 $e = 400\ mm$, 활하중은 등분포 하중으로 $w_L = 16\ kN/m$이다.

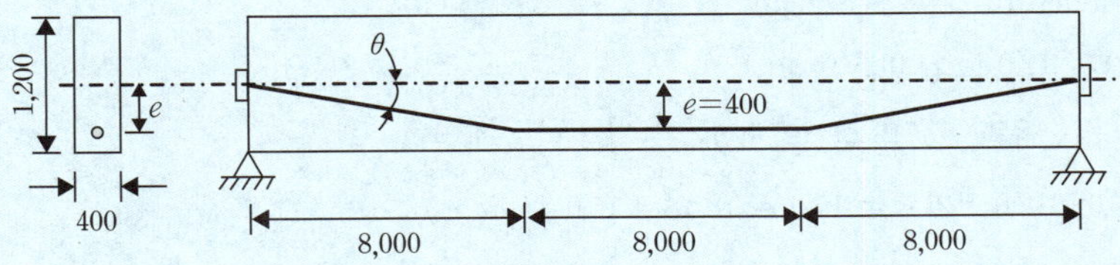

| 그림 1-21 | 예제 1-1의 프리스트레스트 콘크리트 부재

>>> 풀이

프리스트레스트 콘크리트의 단위중량은 철근콘크리트와 동일하게 2,500 kg/m^3로 보고 해석한다. SI단위로의 환산에서 1 $kgf = 9.8\ N$이지만 1 $kgf = 10\ N$으로 보고 환산하면[1.9절 참조] 프리스트레스트 콘크리트의 단위중량은 다음과 같다.

$$2{,}500\ kgf/m^3 = 2{,}500 \times 10\ N/m^3 = 25{,}000\ N/m^3 = 25\ kN/m^3$$

따라서 보의 자중은

보의 자중 $\quad w_D = 25\ kN/m^3 \times (0.4\ m \times 1.2\ m) = 12\ kN/m$

활하중 $\quad w_L = 16\ kN/m$

전체 하중 $\quad w = w_D + w_L = 12 + 16 = 28\ kN/m$

보의 단면적과 단면2차모멘트는

보의 단면적 $\quad A = 0.4 \times 1.2 = 0.48\ m^2 = 480 \times 10^3\ mm^2$

단면2차모멘트 $\quad I = \dfrac{1}{12} \times 0.4 \times 1.2^3 = 0.0576\ m^4 = 57.6 \times 10^9\ mm^4$

긴장재가 단부에서 8 m인 위치에서 0.4 m의 편심을 갖도록 배치되었으므로, 긴장재의 경사각 θ는

$$\theta = tan^{-1}\left(\frac{0.4}{8.0}\right) = tan^{-1}(0.05) = 2.86^\circ = 0.04996\ radian$$

따라서 단부에서 8 m 떨어진 위치 사이의 단면에 작용하는 힘을 정확하게 표현하면 $P = P_o cos\,\theta$이다. 그러나 $cos\,(0.04996\ rad)$이므로 이 값을 1로 해도 큰 오차가 없기 때문에, $cos\,\theta \fallingdotseq 1$로 하면 이 프리스트레스 힘은 다음과 같다.

$$P = P_o cos\theta \fallingdotseq P_o = 2{,}880\ kN$$

(1) 보 중앙단면의 콘크리트 응력

자중과 활하중이 작용할 때, 보 중앙단면의 휨모멘트는

$$M = \frac{wl^2}{8} = \frac{1}{8} \times 28 \times 24^2 = 2{,}016\ kN \cdot m$$

보 중앙단면의 콘크리트 응력은

$$\begin{aligned} f_c &= \frac{P}{A} \mp \frac{Pe}{I}y \pm \frac{M}{I}y \\ &= \frac{2{,}880(10)^3}{480(10)^3} \mp \frac{2{,}880(10)^3 \times 400}{57.6(10)^9} \times 600 \pm \frac{2{,}016(10)^6}{57.6(10)^9} \times 600 \\ &= 6.0 \mp 12.0 \pm 21.0(N/mm^2) \end{aligned}$$

따라서 단면의 상단응력 f_{top} 및 하단응력 f_{bot}는 각각 다음과 같다.

$$f_{top} = 6.0 - 12.0 + 21.0 = 15.0\ N/mm^2 = 15.0\ MPa$$

$$f_{bot} = 6.0 + 12.0 - 21.0 = -3.0\ N/mm^2 = -3.0\ MPa$$

이 응력분포는 **그림 1-22**에 나타나 있으며, (a)는 도심에 작용하는 압축력 P에 의한 응력분포, (b)는 편심압축력에 의한 휨모멘트 Pe에 의한 응력분포, (c)는 하중에 의한 응력분포, (d)는 이들을 모두 합한 최종 응력분포를 나타낸다. 자중과 활하중이 작용하는 상태에서 단면의 상단에는 15 MPa의 압축응력이 작용하고 단면의 하단에는 3 MPa의 인장응력이 작용하는 상태이므로, 처짐은 하향으로 발생할 것이라는 것을 알 수 있다.

참고로, 보에 자중만 작용하고 있을 때, 즉 자중 $w_D = 12\ kN/m$에 의하여 휨모멘트 $M_D = 864\ kN \cdot m$가 작용하고 있을 때 보 중앙단면의 콘크리트 응력을 같은 방법으로 구하면, 단면의 상단에는 3 MPa의 압축응력이 작용하고 단면의 하단에는 9 MPa의 압축응력이 작용한다. 따라서 자중만 작용하는 상태에서는 단면 전체가 압축응력을 받으며, 단면 하단의 압축응력이 단면 상단의 압축응력보다 크므로 처짐은 상향으로 발생할 것이라는 것을 알 수 있다.

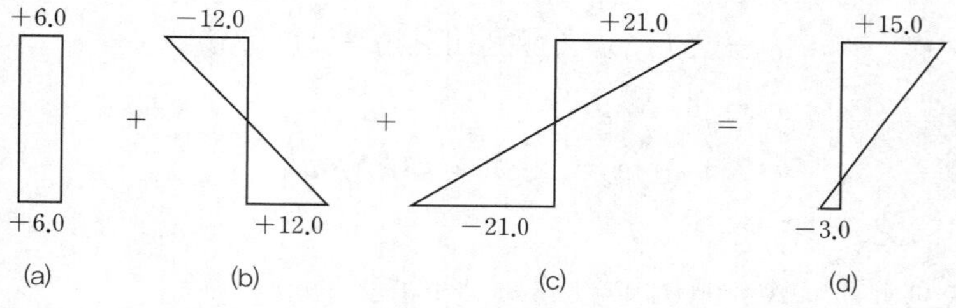

| 그림 1-22 | 단면의 응력분포

(2) 지점에서 8 m인 위치($x = 8\ m$)에 있는 단면의 콘크리트 응력

자중과 활하중이 작용할 때, 지점에서 8 m인 위치($x = 8\ m$)에 작용하는 휨모멘트는

$$M = \frac{wl}{2}x - \frac{w}{2}x^2 = \frac{28 \times 24}{2} \times 8 - \frac{28}{2} \times 8^2 = 1{,}792\ kN \cdot m$$

이 단면의 콘크리트 응력은

$$f_c = \frac{P}{A} \mp \frac{Pe}{I}y \pm \frac{M}{I}y$$

$$= \frac{2,880(10)^3}{480(10)^3} \mp \frac{2,880(10)^3 \times 400}{57.6(10)^9} \times 600 \pm \frac{1,792(10)^6}{57.6(10)^9} \times 600$$

$$= 6.0 \mp 12.0 \pm 18.7(N/mm^2)$$

따라서 단면의 상단응력 f_{top} 및 하단응력 f_{bot}는 각각 다음과 같다.

$$f_{top} = 6.0 - 12.0 + 18.7 = 12.7\ N/mm^2 = 12.7\ MPa$$

$$f_{bot} = 6.0 + 12.0 - 18.7 = -0.7\ N/mm^2 = -0.7\ MPa$$

1.5.2 내력 개념

내력개념(internal force concept)은 외력에 의하여 단면에 휨모멘트가 작용하면 단면에 작용하는 내력, 즉 압축력과 인장력이 평형을 이루고, 하중에 의한 외력모멘트가 단면 내에서 저항하는 내력모멘트와 평형을 이룬다는 개념이다. 이와 같은 해석은 철근콘크리트의 휨강도 해석에 사용하는 방법과 동일한 개념이므로, 강도개념(strength concept)이라고도 한다. 또 응력의 값을 구할 때에는 단면에 작용하는 압축력에 의하여 콘크리트 단면에 작용하는 응력을 구하게 되므로, 압축선 해석법(C-line method)이라고도 한다. 여기서 압축선(C-line)은 부재 전체 길이에 대하여 압축력의 작용위치를 나타내는 압축선의 중심(center of compression line)이라는 의미로서 압력선(pressure line)이라고도 한다. 그림 1-23은 그 한 예로서, 등분포 하중이 작용하는 단순보에서 지점과 중앙단면 사이에 발생하는 압축선을 나타낸 것이다.

내력 개념은 철근콘크리트와 프리스트레스트 콘크리트에 동일하게 적용할 수 있어서, RC와 PSC의 거동 차이를 이해하는 데에 큰 도움이 된다. 즉, 단면 내에서 콘크리트는 압축력을 받고, 철근이나 긴장재가 인장력을 받는다는 것은 동일한 개념이지만, 프리스트레스트 콘크리트에서는 하중이 가해지기 전에 긴장재가 매우 큰 인장력을 이미 받고 있어서 내력의 위치와 크기에 차이가 있다는 특징이 있다.

그림 1-24는 하중 증가에 따른 철근콘크리트 보와 프리스트레스트 콘크리트 보의 탄성 상태에서의 거동(elastic behavior)을 나타내는 것으로, 동일한 크기의 하중에 대한 내력과 변형률 분포를 나타낸다.

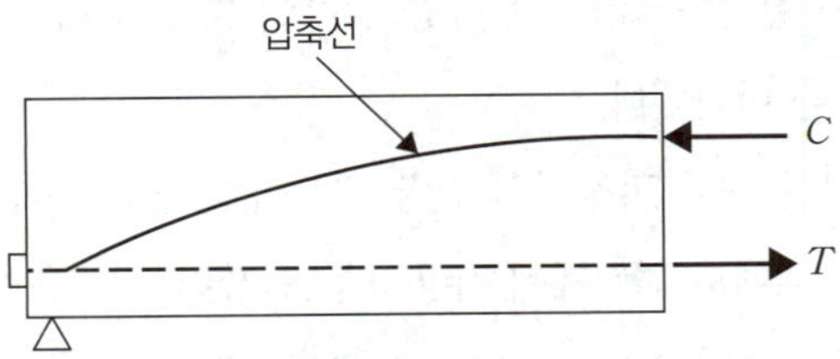

| 그림 1-23 | 등분포 하중이 작용하는 단순보의 압축선

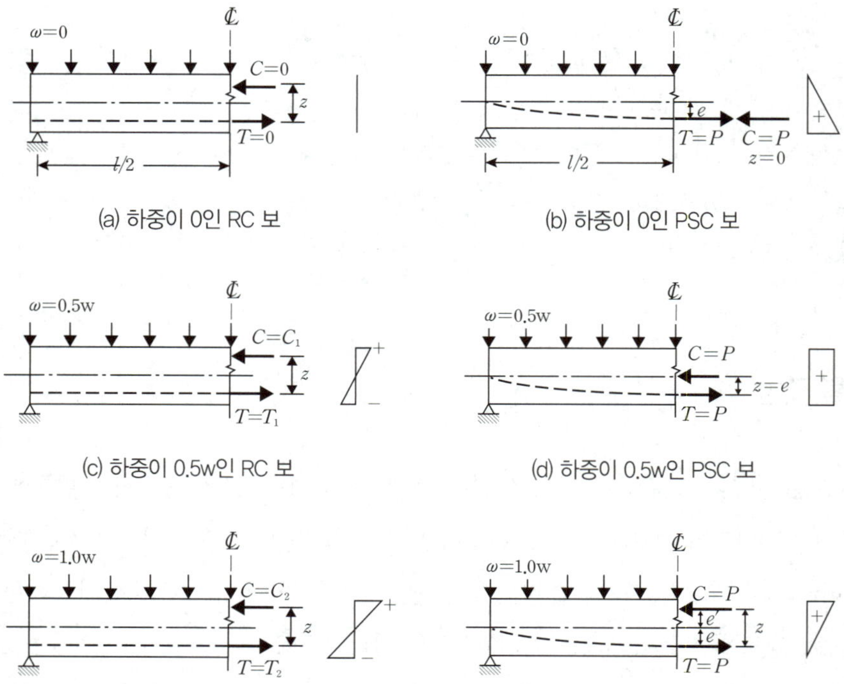

(a) 하중이 0인 RC 보 (b) 하중이 0인 PSC 보

(c) 하중이 0.5w인 RC 보 (d) 하중이 0.5w인 PSC 보

(e) 하중이 w인 RC 보 (f) 하중이 w인 PSC 보

| 그림 1-24 | 하중 증가에 따른 내력 및 변형률 분포

철근콘크리트 보는 **그림 1-24**의 (a), (c), (e)와 같이 단면의 중립축 위쪽 콘크리트에는 압축력이 작용하고 중립축 아래의 철근에는 인장력이 작용한다. 이때 **그림 1-24**(a)와 같이 하중이 0이면 하중에 의한 외력 모멘트(external moment)가 0이므로 내력 모멘트(internal moment)도 역시 0이 되고, 이에 따라 철근콘크리트 보 단면의 내력으로 압축력 C와 인장력 T가 모두 0이다. 이 보가 탄성거동을 하는 경우에는, **그림 1-24**(c)와 같이 하중이 0.5w로 증가해도 압축력과 인장력 사이의 팔길이는 변하지 않고, 콘크리트에 작용하는 압축력과 철근에 작용하는 인장력이 각각 동일한 크기의 C_1과 T_1로 증가하여 외력 모멘트에 저항한다. **그림 1-24**(e)와 같이 하중이 w로 2배가 되면, 휨모멘트도 2배가 되어 압축력 C와 인장력 T도 C_1과 T_1의 2배인 C_2와 T_2가 작용하게 된다. 이때 내력 C와 T 사이의 팔 길이 z는 일정한 값을 갖는다. 즉, 탄성거동을 보이는 철근콘크리트는 하중 증가에 따라 압축력과 인장력의 크기가 증가하지만 팔길이는 변하지 않는 거동을 나타낸다.

프리스트레스트 콘크리트 보는 제작 과정에서 긴장재가 이미 매우 큰 인장력을 받게 된다. 따라서 **그림 1-24**(b)와 같이, 하중이 0일 때에도 긴장재에 작용하는 인장력 T는 프리스트레스 힘 P와 같다. 이때 콘크리트에는 긴장재에 작용하는 인장력의 반작용으로 압축력 C가 작용하며, 그 크기는 프리스트레스 힘 P와 같다. 압축력 C는 긴장재가 배치된 동일한 위치에 작용한다. 즉 두 힘 사이의 팔 길이 z가 0이라는 것인데, 하중이 0인 경우에는 외력모멘트와 내력모멘트가 0이지만 내력은 P의 값을 갖고 있으므로 팔길이가 0이 되어야만 이로 인한 휨모멘트가 0이 될 수 있다고 이해해도 될 것이다. 일반적으로 단면에 균열이 발생하지 않는 탄성거동 상태에서는 하중 증가에 따른 긴장재의 인장력 증가는 무시할 수 있는 정도이다. 따라서 그림 1-24(d)와 같이 하중이 $0.5w$로 증가해도 압축력과 인장력의 크기는 변함이 없다. 그러나 하중 증가로 외력모멘트가 증가하면 내력모멘트도 역시 증가하여야 하므로, 두 내력 사이의 팔길이 z는 더 이상 0이 아니다. 즉, 압축력 C가 긴장재 위치에서 단면 위쪽으로 이동하게 되는데, 그림 1-24(d)는 압축력 C가 단면의 도심에 작용하는 경우를 나타낸다. 하중이 더 증가하면 압축력의 위치가 단면의 상단 쪽으로 더 이동하여 팔길이가 증가함으로써 증가된 외력모멘트와 평형을 이루게 된다. 그림 1-24(f)와 같이 하중이 w로 2배가 되면, 휨모멘트도 2배가 되지만 내력은 P로 일정하므로 팔길이 z가 2배로 증가하게 된다. 따라서 압축력 C는 단면 도심의 위쪽에 작용하게 되어 단면의 도심에서 측정한 편심은 e'으로 나타낼 수 있다. 이와 같이 탄성거동을 보이는 프리스트레스트 콘크리트는 하중 증가에 따라 압축력의 작용위치가 변하고 팔길이가 증가하지만, 압축력과 인장력의 크기는 변하지 않는 거동을 나타낸다.

한편 이 개념에 따라 압축력의 위치를 구하게 되면 부재의 처짐 방향을 쉽게 알 수 있다. 즉, 그림 1-24(b)와 같이 압축력 C가 도심의 아랫부분에 작용하게 되면 단면 하단의 압축응력이 상단보다 크다는 의미이므로 처짐은 상향(上向, upward)으로 발생한다. 그림 1-24(d)와 같이 압축력 C가 도심에 작용하게 되면, 단면 전체에 동일한 압축응력이 작용하게 되어 부재에 처짐은 0이 된다. 또, 그림 1-24(f)와 같이 압축력 C가 도심의 윗부분에 작용하게 되면 단면 상단의 압축응력이 하단보다 크다는 의미이므로 처짐은 하향(下向, downward)으로 발생한다.

이와 같은 철근콘크리트와 프리스트레스트 콘크리트의 거동 차이와 특성을 다음과 같이 정리할 수 있다.

(1) 철근콘크리트는 하중이 증가하면 내력이 증가하고, 두 내력 사이의 팔길이는 일정하다.

(2) 프리스트레스트 콘크리트는 하중이 증가하면 두 내력 사이의 팔길이가 증가하고, 내력은 긴장력과 동일한 값으로서 일정한 값을 유지한다.

(3) 철근콘크리트는 중립축을 중심으로 단면의 위쪽은 압축응력과 압축변형률, 아래쪽은 인장응력과 인장변형률이 발생하며, 하중이 증가하면 응력과 변형률이 증가한다.

(4) 완전 프리스트레스트 콘크리트는 콘크리트 단면에 압축응력과 압축변형률만 발생하며, 하중이 증가하면 압축력의 위치가 단면의 위쪽으로 이동하여 응력분포의 형상이 달라진다.

(5) 철근콘크리트는 중립축을 중심으로 압축과 인장의 분포를 보이므로 처짐은 항상 아래쪽으로의 하향 처짐이 발생하며, 하중이 증가하면 하향 처짐이 증가한다.

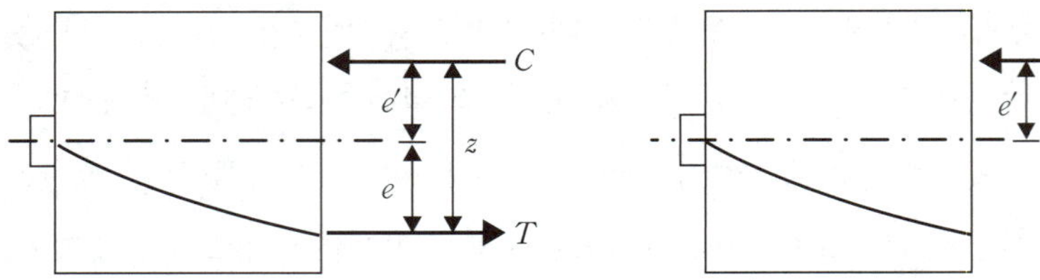

(a) 압축력과 인장력의 평형　　(b) 압축력의 작용

| 그림 1-25 | 내력의 팔길이와 압축력의 편심

(6) 프리스트레스트 콘크리트는 하중이 0인 경우, 압축력이 단면의 아래쪽에 위치하여 단면 하단의 압축응력과 압축변형률이 단면 상단의 압축응력과 압축변형률보다 크므로 처짐은 위쪽으로의 상향 처짐(솟음, camber)이 발생한다. 하중이 증가하여 압축력이 단면 도심에 작용하게 되면 단면 전체에 동일한 크기의 응력과 변형률이 발생하여 처짐이 0인 수평상태가 된다. 하중이 더 증가하면 압축력이 단면의 위쪽에 위치하여, 단면 상단의 압축응력과 압축변형률이 단면 하단의 압축응력과 압축변형률보다 크게 되므로 처짐은 아래쪽으로의 하향 처짐이 발생한다.

내력개념을 프리스트레스트 콘크리트의 단면해석에 적용할 때에는 콘크리트에 작용하는 압축력의 위치를 구하고, 이 압축력에 의한 응력을 계산함으로써 콘크리트 단면에 작용하는 응력을 구할 수 있다. 즉, 하중에 의한 휨모멘트(외력)를 M, 프리스트레싱 강재에 작용하고 있는 긴장력을 P라고 하면, 외력모멘트는 내력모멘트와 같고 내력은 평형을 이루어야 한다. 이때 내력은 긴장력 P와 같으므로, 평형방정식은 다음과 같다.

$$\left.\begin{aligned} C &= T = P \\ M &= Cz = Tz = Pz \end{aligned}\right\} \tag{1·9}$$

관계식으로부터 C가 작용하는 위치 z는 다음 식으로 구할 수 있다.

$$z = \frac{M}{C} \tag{1·10}$$

팔길이로부터 압축력 C의 작용점이 구해지면, 그림 1-25(a)를 참조하여 단면의 도심에서 압축력 작용점까지의 편심 거리 e'를 다음과 같이 구할 수 있다.

$$e' = z - e \tag{1·11}$$

압축력 C의 편심 거리 e'를 구한 후에는, 그림 1-25(b)와 같이 편심 e'에 압축력 C가 작용하는 내력 작용에 대한 응력 해석을 통하여 단면의 응력을 다음으로 구할 수 있다.

$$\left.\begin{aligned} f &= \frac{C}{A} \pm \frac{Ce'}{I}y \\ &= \frac{P}{A} \pm \frac{Pe'}{I}y \end{aligned}\right\} \tag{1·12}$$

예제 1-2

예제 1-1과 동일한 문제로서, 그림 1-21과 같이 긴장재가 절곡 배치된 직사각형 단면의 프리스트레스트 콘크리트 보에 자중과 활하중이 작용하고 있다. 내력 개념을 사용하여, 중앙단면의 콘크리트 응력과 지점에서 8 m인 위치($x = 8\ m$)에 있는 단면의 콘크리트 응력을 계산하시오. 보의 지간은 $l = 24\ m$, 단면의 폭은 $b = 400\ mm$, 단면의 높이는 $h = 1{,}200\ mm$, 부재 단부의 긴장력은 $P_o = 2{,}880\ kN$, 절곡점과 중앙단면에서의 긴장재 편심은 $e = 400\ mm$, 활하중은 등분포 하중으로 $w_L = 16\ kN/m$이다.

>>> 풀이

[예제 1-1]로 부터,

전체 하중 $w = w_D + w_L = 12 + 16 = 28\ kN/m$

보의 단면적 $A = 0.4 \times 1.2 = 0.48\ m^2 = 480 \times 10^3\ mm^2$

단면2차모멘트 $I = \frac{1}{12} \times 0.4 \times 1.2^3 = 0.0576\ m^4 = 57.6 \times 10^9\ mm^4$

$P = P_o cos\theta \fallingdotseq P_o = 2{,}280\ kN$

(1) 보 중앙단면의 콘크리트 응력

[예제 1-1]로부터, 자중과 활하중이 작용할 때, 보 중앙단면의 휨모멘트는

$$M = 2{,}016\ kN \cdot m$$

내력은 $C = T = P = 2{,}880\ kN$이므로, 내력 사이의 팔길이는

$$z = \frac{M}{P} = \frac{2{,}016}{2{,}880} = 0.7\ m = 700\ mm$$

단면 도심에 대한 압축력의 편심은

$$e' = z - e = 700 - 400 = 300\ mm$$

보의 중앙단면의 콘크리트 응력은

$$\begin{aligned} f &= \frac{C}{A} \pm \frac{Ce'}{I}y \\ &= \frac{2{,}880(10)^3}{480(10)^3} \pm \frac{2{,}880(10)^3 \times 300}{57.6(10)^9} \times 600 = 6.0 \pm 9.0(N/mm^2) \end{aligned}$$

따라서 단면의 상단응력 f_{top} 및 하단응력 f_{bot}는 각각 다음과 같다.

$$f_{top} = 6.0 + 9.0 = 15.0\ N/mm^2 = 15.0\ MPa$$

$$f_{bot} = 6.0 - 9.0 = -3.0\ N/mm^2 = -3.0\ MPa$$

이 값은 [예제 1-1](1)의 결과와 동일하다.

(2) 지점에서 8 m인 위치($x = 8\ m$)에 있는 단면의 콘크리트 응력

[예제 1-1]로부터, 자중과 활하중이 작용할 때, 지점에서 8 m인 위치($x = 8\ m$)에 있는 면의 휨모멘트는

$$M = 1{,}792\ kN \cdot m$$

내력은 $C = T = P = 2{,}880\ kN$이므로, 내력 사이의 팔길이는

$$z = \frac{M}{P} = \frac{1{,}792}{2{,}880} = 0.622\ m = 622\ mm$$

단면 도심에 대한 압축력의 편심은

$$e' = z - e = 622 - 400 = 222\ mm$$

이 단면의 콘크리트 응력은

$$f = \frac{C}{A} \pm \frac{Ce'}{I} y$$

$$= \frac{2{,}880(10)^3}{480(10)^3} \pm \frac{2{,}880(10)^3 \times 222}{57.6(10)^9} \times 600$$

$$= 6.0 \pm 6.7 (N/mm^2)$$

따라서 단면의 상단응력 f_{top} 및 하단응력 f_{bot}는 각각 다음과 같다.

$$f_{top} = 6.0 + 6.7 = 12.7\ N/mm^2 = 12.7\ MPa$$

$$f_{bot} = 6.0 - 6.7 = -0.7\ N/mm^2 = -0.7\ MPa$$

이 값은 [예제 1-1](2)의 결과와 동일하다.

1.5.3 하중평형 개념

하중평형 개념(load balancing concept)은 미국의 T. Y. Lin[1.12]에 의해 발전되고 실제 설계에 적용된 개념으로, 프리스트레싱 작용과 부재에 작용하는 하중이 평형을 이루게 하는 것을 목적으로 하는 개념이다. 프리스트레스트 콘크리트 휨부재에서 프리스트레싱 작용에 따른 상향력(上向力, upward force)이 연직하중과 평형을 이루면, 단면 내에는 휨응력이 작용하지 않게 된다. 즉, 휨부재가 축방향 압축력만을 받는 부재로 전환되어 복잡한 구조물의 설계와 해석이 매우 단순화되는 결과가 된다. 이 경우 긴장재는 현수교의 케이블과 같은 역할을 하며, 콘크리트를 자유 물체도로 보고 프리스트레싱 작용을 변환하여 콘크리트에 작용하는 힘으로 바꾸어 해석한다.

하중평형 개념을 적용할 때에는 프리스트레싱 작용에 의한 휨모멘트의 분포 및 크기가 하중에 의한

휨모멘트의 분포 및 크기와 동일하여야 완전하게 평형을 이룰 수 있다. 따라서 긴장재의 배치 형상이 하중에 의한 휨모멘트 분포와 동일한 경우에 하중평형 개념이 성립할 수 있다. 그러나 실제 구조물에서는 하중의 종류나 작용위치가 변화하여 하중에 의한 휨모멘트 분포가 변동성을 가지므로, 긴장재의 배치 형상이 하중에 의한 휨모멘트 분포와 항상 동일하게 할 수는 없다. 이러한 경우에는 프리스트레싱 작용을 등가의 하중으로 변환하고, 외력에 의한 하중과 동일하게 취급하여 해석에 적용할 수 있다. 따라서 하중평형 개념은 등가하중(equivalent loading) 개념이라고도 한다.

이 개념을 다음의 예로 설명한다.

[1] 긴장재를 포물선 형상으로 배치한 경우

그림 1-26(a)와 같이 경간이 l인 부재에 포물선 형상으로 배치된 긴장재의 등가하중은 다음과 같이 구할 수 있다. 긴장재 양끝을 P의 힘으로 긴장했을 때 긴장재가 포물선 형상을 유지하려면, **그림 1-26(b)**와 같이 등분포의 하향력(下向力, downward force) u가 작용해야 한다. 이것은 긴장재 양끝을 P로 긴장하면 긴장재가 직선이 되려고 하지만, 콘크리트가 u의 힘으로 저항하여 포물선의 형상을 유지한다고 생각해도 된다. 반대로 콘크리트에는 **그림 1-26(c)**와 같이 압축력 P 외에 등분포 상향력 u가 작용하게 된다. 이것은 긴장재 양끝을 P로 긴장하고 정착시키면 긴장재가 직선이 되려고 하기 때문에, 상향력 u가 콘크리트에 작용한다고 생각해도 된다. 이 상향력 u에 의하여 보의 중앙단면에는 다음과 같은 부(−)의 외력 휨모멘트 M_{ext}가 작용한다.

$$M_{ext} = \frac{ul^2}{8} \tag{1·13}$$

부재 중앙의 단면에는 **그림 1-26(d)**의 자유 물체도와 같이 긴장력 P와 동일한 크기의 압축력이 편심 e로 작용하게 된다. 이 힘에 의해서 단면에는 다음과 같은 부(−)의 내력 휨모멘트 M_{int}가 작용한다. 여기서 편심 e는 포물선의 새그(sag)와 같은 의미를 가진 것이다. 새그(sag)는 현수교에서 현수선을 늘어뜨린 높이를 의미한다.

$$M_{int} = Pe \tag{1·14}$$

힘의 평형에서 외력 휨모멘트 M_{ext}와 내력 휨모멘트 M_{int}는 평형을 이루므로, 다음과 같이 u의 크기를 구할 수 있다.

$$\frac{ul^2}{8} = Pe \tag{1·15}$$

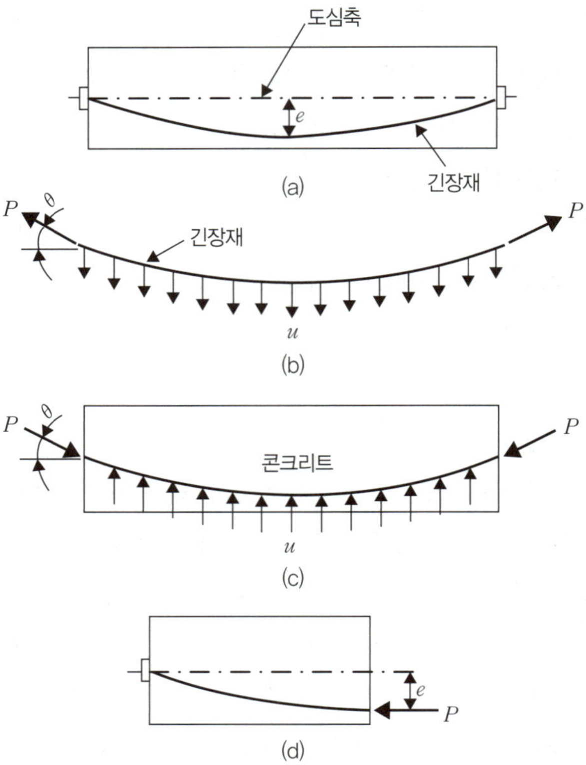

| 그림 1–26 | 하중평형 개념의 등가하중(포물선 배치 긴장재)

$$u = \frac{8Pe}{l^2} \tag{1·16}$$

이와 같이 프리스트레싱에 의한 등분포 상향력 u가 작용하는 부재에 등분포 하중 w가 하향력으로 작용할 때, u와 w가 동일한 크기라면 부재에는 휨모멘트가 발생하지 않고 긴장력에 의한 압축력만 작용하게 된다. u와 w가 평형을 이루지 않는다면, 이 힘들의 차이로 내적 순수하중(internal net load) u_{net}를 다음과 같이 구하여 거동해석에 이용한다.

$$u_{net} = w - u \tag{1·17}$$

즉, 등분포 하중 w가 등분포 상향력 u보다 크면 처짐은 하향으로, 반대이면 처짐은 상향으로 발생하며, 두 힘이 같으면 처짐은 0가 된다. 단면에는 긴장력에 의한 축방향 압축력과 u_{net}에 의한 휨모멘트가 다음과 같이 작용한다.

$$M_{net} = \frac{u_{net}\,l^2}{8} \tag{1·18}$$

단면의 응력해석은 다음과 같이 수행한다. 즉, 상향력과 하향력의 크기에 따라 u_{net}의 부호가 결정되어 정(+) 또는 부(−)의 휨모멘트가 축방향 압축력 $P\cos\theta$와 함께 작용하므로, 콘크리트 응력은 다음 식으로 계산할 수 있다. 일반적인 경우 근사적으로 $P\cos\theta \fallingdotseq P$ 라고 할 수 있다.

$$\left.\begin{aligned} f &= \frac{P\cos\theta}{A} \pm \frac{M_{net}}{I}y \\ &\fallingdotseq \frac{P}{A} \pm \frac{M_{net}}{I}y \end{aligned}\right\} \tag{1·19}$$

[2] 긴장재를 절곡 배치한 경우

그림 1-27(a)와 같이 경간이 l인 부재의 중앙에서 구부려 배치된 긴장재의 양끝을 P의 힘으로 긴장하였을 때 긴장재가 원래의 형상을 유지하려면, 그림 1-27(c)와 같이 집중 하향력 U가 작용해야 한다. 반대로 콘크리트에는 그림 1-27(d)와 같이 압축력 P 외에 상향력 U가 작용하게 된다.

이 상향력 U는 정역학적으로 쉽게 구할 수 있다. 즉, 그림 1-27(c)와 같이 긴장재에는 세 힘, 즉 두 개의 P와 하나의 U가 작용하는데, 이 세 힘은 평형을 이루어야 한다. 따라서 이 자유 물체도에 수직방향 분력의 합이 0이라는 평형방정식에 따라 U를 다음과 같이 구할 수 있다.

$$U = 2P\sin\theta \tag{1·20}$$

한편, 내력모멘트와 외력모멘트가 같다는 평형방정식을 사용하면 긴장재의 등가하중을 다음과 같이 구할 수 있다. 즉, 상향력 U에 의하여 보의 중앙단면에는 다음과 같은 부(−)의 외력 휨모멘트 M_{ext}가 작용한다.

$$M_{ext} = \frac{Ul}{4} \tag{1·21}$$

부재 중앙 단면의 편심을 e라고 하면, 그림 1-27(b)와 같이 압축력 $P\cos\theta$가 작용하므로 단면에는 다음과 같은 부(−)의 내력 휨모멘트 M_{int}가 작용한다.

$$M_{int} = P\cos\theta e \tag{1·22}$$

힘의 평형에서 외력모멘트 M_{ext}와 내력모멘트 M_{int}는 평형을 이루므로, 다음과 같이 U의 크기를 구할 수 있다. 여기서, θ가 매우 작은 각도이면 $cos\,\theta \fallingdotseq 1$ 이다.

$$\frac{Ul}{4} = P\,cos\,\theta e \tag{1·23}$$

$$U = \frac{4Pe}{l}cos\,\theta \fallingdotseq \frac{4Pe}{l} \tag{1·24}$$

이와 같이 구한 상향력 U의 식을 다시 정리하면 다음과 같이 되어, 식 (1·20)과 동일한 결과가 된다.

$$U = \frac{4Pe}{l}cos\,\theta = 2P\,tan\,\theta\,cos\,\theta = 2P\,sin\,\theta \tag{1·25}$$

이와 같이 프리스트레싱에 의한 집중 상향력 U가 작용하는 부재에 그림 1-27(e)와 같이 경간 중앙에 집중하중 W가 하향력으로 작용한다면, 상향력과 하향력이 동일한 위치에 작용하는 경우가 된다. 이때,

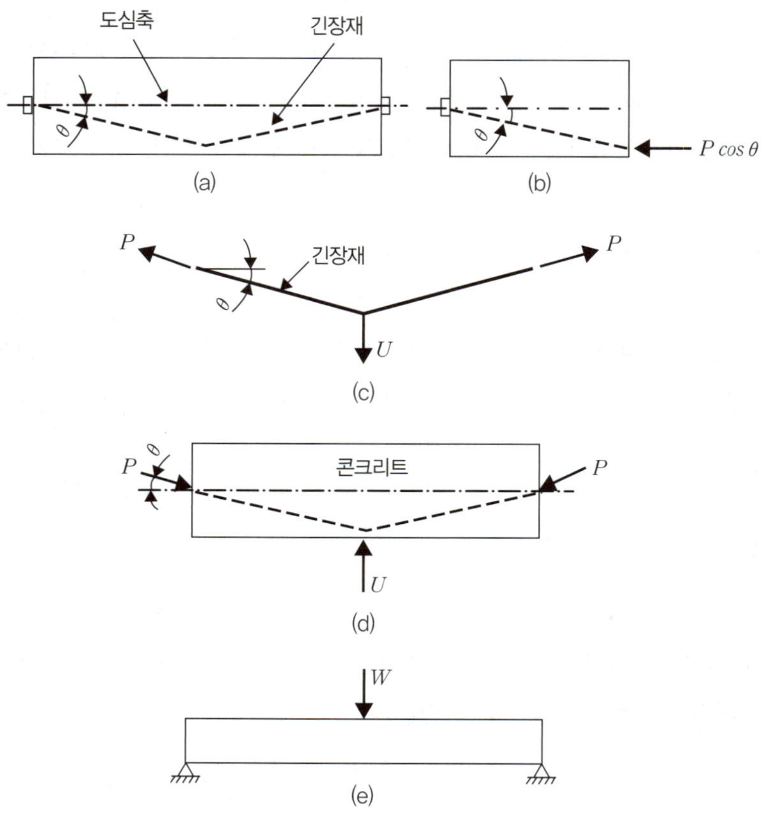

| 그림 1-27 | 하중평형 개념의 등가하중(절곡 배치 긴장재)

U와 W가 동일한 크기라면 부재에는 휨모멘트가 발생하지 않고 긴장력에 의한 압축력만 작용하게 된다. U와 W가 평형을 이루지 않는다면, 이 힘들의 차이로 내적 순수하중(internal net load) U_{net}를 다음과 같이 구하고 거동해석에 이용한다.

$$U_{net} = W - U \tag{1·26}$$

단면에는 긴장력에 의한 축방향 압축력과 U_{net}에 의한 휨모멘트가 다음과 같이 작용하므로, 단면의 응력해석은 식 (1·19)에 따라 수행한다.

$$M_{net} = \frac{U_{net}\, l}{4} \tag{1·27}$$

[3] 긴장재에 의한 등가하중

앞의 두 경우와 같이 긴장력에 의한 상향력과 하중에 의한 하향력이 동일한 위치에서 작용하면, 식 (1·17)과 식 (1·26)과 같이 내적 순수하중(internal net load) u_{net}와 U_{net}를 구할 수 있다. 그러나 실제 구조물에서는 하중의 종류나 작용위치가 변하므로, 긴장재의 배치 형상이 하중에 의한 휨모멘트 분포와 항상 동일할 수는 없다. 따라서 이러한 경우에는 프리스트레싱 작용을 등가하중으로 변환하고, 외력에 의한 하중과 동일하게 취급하여 해석에 적용할 수 있다.

그림 1–28은 긴장재 배치 형상에 따른 등가하중과 이에 따른 등가휨모멘트를 나타낸다. 그림 1–28의 (a), (b), (c), (d)의 경우에는 콘크리트 부재의 도심축이 직선이지만, 긴장재가 도심축과 일치하지 않게 배치되었기 때문에 긴장력에 의한 휨모멘트가 부재에 작용하게 된다. 그림 1–28의 (e)와 (f)의 경우에는 콘크리트 부재의 도심축과 긴장재의 중심선이 일치하므로, 긴장력에 의한 휨모멘트가 작용하지 않게 된다. 그림 1–28(g)의 경우에는 긴장재가 직선으로 배치되어 있지만, 부재의 도심축과 긴장재의 위치가 일치되지 않으므로 휨모멘트가 작용하게 된다.

따라서 부재에 작용하는 하중을 고려하여 긴장재의 형상을 적절하게 선정하면, 콘크리트 부재가 구조적으로 효율적인 거동을 하도록 설계할 수 있다. 즉, 이 등가하중 개념은 주어진 하중 조건에 대한 최선의 긴장재 배치형상을 찾는데 매우 유용하다는 것이다. 여기서 한 가지 주목해야 할 사항은, 그림 1–28과 같은 단순보의 정정구조물에서는 자체평형(self-equilibrating)을 이루어 긴장력에 의한 반력 변화가 발생하지 않지만, 연속보와 같은 부정정구조물에는 긴장력에 의한 반력 변화 현상이 발생한다는 것이다. 따라서 연속보의 해석과 설계에서는 이를 고려하여야 한다. [11장 참조]

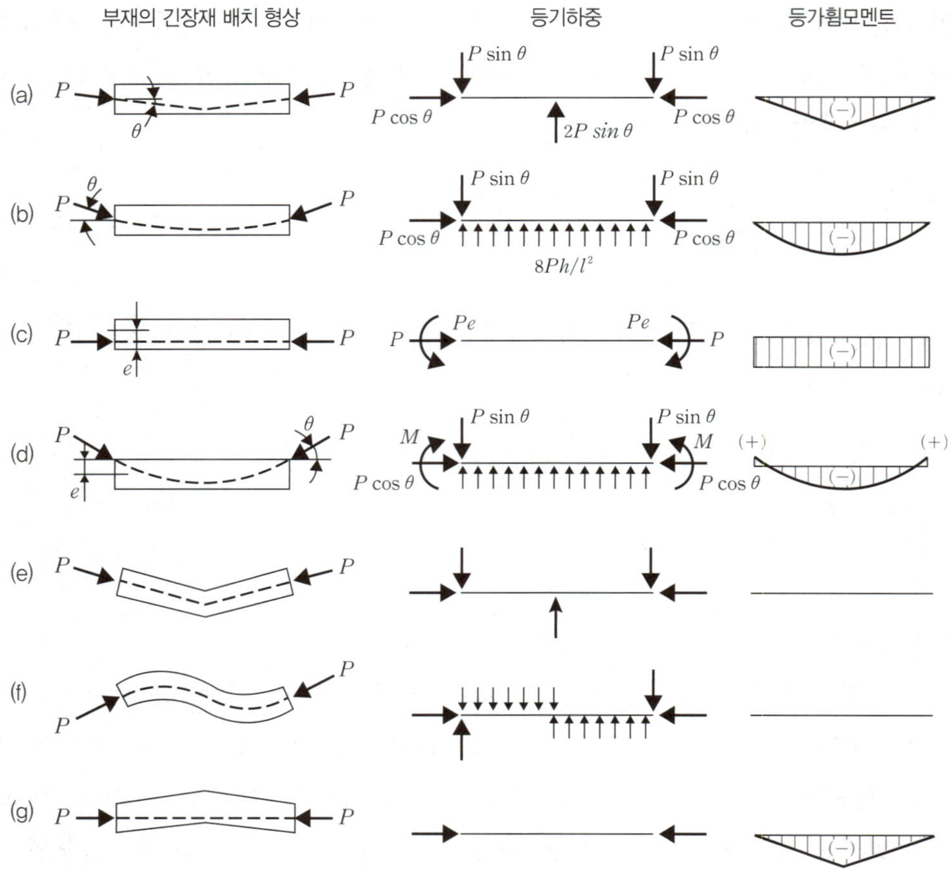

| 그림 1-28 | 긴장재의 배치에 따른 등가하중과 등가휨모멘트[1.13]

예제 1-3

긴장재의 배치형상 외에는 예제 1-1과 동일한 조건의 프리스트레스트 콘크리트 보에 자중과 활하중이 작용하고 있다. 긴장재는 그림 1-29와 같이 포물선으로 배치되어 있다. 하중평형 개념을 사용하여 중앙단면의 콘크리트 응력을 계산하시오. 보의 지간은 $l = 24\ m$, 단면 폭은 $b = 400\ mm$, 단면 높이는 $h = 1{,}200\ mm$, 부재 단부의 긴장력은 $P_o = 2{,}880\ kN$, 중앙단면의 긴장재 편심은 $e = 400\ mm$, 활하중은 등분포 하중으로 $w_L = 16\ kN/m$이다.

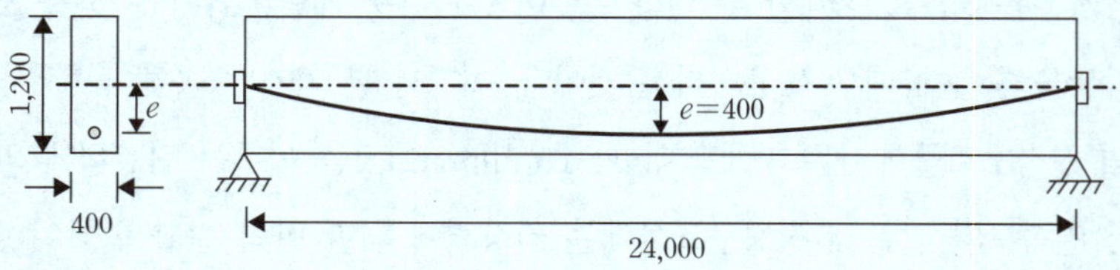

| 그림 1-29 | 예제 1-3의 프리스트레스트 콘크리트 부재

>>> 풀이

[예제 1-1]로 부터,

전체 하중 $w = w_D + w_L = 12 + 16 = 28\,kN/m$

보의 단면적 $A = 0.4 \times 1.2 = 0.48\,m^2 = 480 \times 10^3\,mm^2$

단면2차모멘트 $I = \frac{1}{12} \times 0.4 \times 1.2^3 = 0.0576\,m^4 = 57.6 \times 10^9\,mm^4$

$P = P_o cos\,\theta \fallingdotseq P_o = 2{,}880\,kN$

프리스트레스 힘에 의한 등가하중, 즉 등분포 상향력은 식 (1·16)으로부터

$$u = \frac{8Pe}{l^2} = \frac{8 \times 2{,}880 \times 0.4}{24^2} = 16.0\,kN/m$$

내적 순수하중은 식 (1·17)로부터

$$u_{net} = w - u = 28 - 16 = 12\,kN/m$$

내적 순수하중이 양(+)의 값을 가지므로, 처짐은 하향으로 발생할 것이다. 내적 순수하중에 의한 휨모멘트는 식 (1·18)로부터

$$M_{net} = \frac{u_{net}\,l^2}{8} = \frac{1}{8} \times 12 \times 24^2 = 864\,kN \cdot m$$

보의 중앙단면의 콘크리트 응력은 식 (1·19)로부터

$$f = \frac{P}{A} \pm \frac{M_{net}}{I} y = \frac{2{,}880(10)^3}{480(10)^3} \pm \frac{864(10)^6}{57.6(10)^9} \times 600 = 6.0 \pm 9.0(N/mm^2)$$

따라서 단면의 상단응력 f_{top} 및 하단응력 f_{bot}는 각각 다음과 같다.

$$f_{top} = 6.0 + 9.0 = 15.0\,N/mm^2 = 15.0\,MPa$$

$$f_{bot} = 6.0 - 9.0 = -3.0\,N/mm^2 = -3.0\,MPa$$

예제 1-4

예제 1-1과 동일한 구조물로서, 그림 1-30과 같이 긴장재가 절곡 배치된 직사각형 단면의 프리스트레스트 콘크리트 보에 2개의 집중하중 W가 작용하고 있다. 이때 보의 자중을 무시하고, 하중평형 개념을 사용하여 집중하중 W 사이 중앙단면의 콘크리트 응력을 계산하시오. 이 보의 지간은 $l = 24\,m$, 단면 폭은 $b = 40\,mm$, 단면 높이는 $h = 1{,}200\,mm$, 부재 단부의 긴장력은 $P_o = 2{,}880\,kN$, 중앙단면에서의 긴장재 편심은 $e = 400\,mm$, 하중은 $W = 252\,kN$이다.

>>> 풀이

[예제 1-1]로 부터,

보의 단면적 $A = 0.4 \times 1.2 = 0.48\,m^2 = 480 \times 10^3\,mm^2$

단면2차모멘트 $I = \frac{1}{12} \times 0.4 \times 1.2^3 = 0.0576\,m^4 = 57.6 \times 10^9\,mm^4$

긴장재가 단부에서 $8\,m$인 위치에서 $0.4\,m$의 편심을 갖도록 배치되었으므로, 긴장재의 경사각 θ는 다음과 같다.

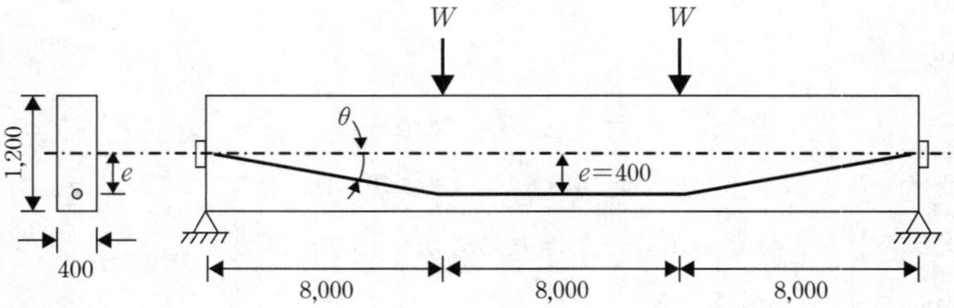

| 그림 1-30 | 예제 1-4의 부재

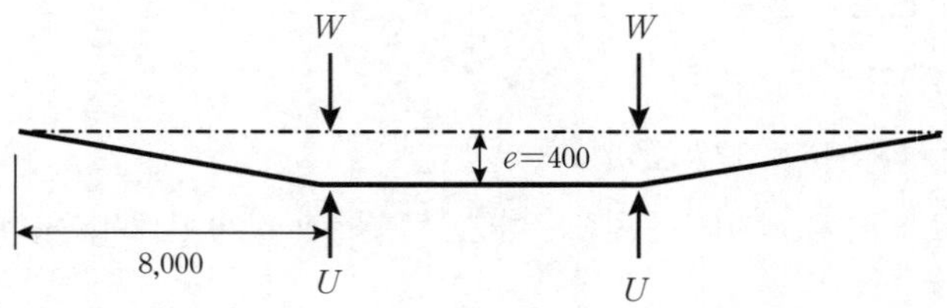

| 그림 1-31 | 하중과 상향력의 작용

$$\theta = tan^{-1}\left(\frac{0.4}{8.0}\right) = tan^{-1}(0.05) = 2.86^{\circ} = 0.04996\,radian$$

따라서 단부에서 8 m 떨어진 위치 사이의 단면에 작용하는 힘을 정확하게 표현하면 $P = P_o cos\,\theta$이다. 그러나 $cos(0.04996\ \ rad) = 0.9998$이므로 이 값을 1로 해도 큰 오차가 없기 때문에, $cos\,\theta \fallingdotseq 1$로 하면 콘크리트 단면에 작용하는 압축력은 다음과 같다.

$$P = P_o cos\,\theta \fallingdotseq P_o = 2{,}880\,kN$$

긴장력 P에 의한 상향력 U를 정역학적으로 구하면

$$U = P_o sin\,\theta = 2{,}880\,sin(2.86^{\circ}) = 144\,kN$$

이 힘은 그림 1-31과 같이 작용한다. 내적 순수하중을 구하면

$$U_{net} = W - U = 252 - 144 = 108\,kN$$

내적 순수하중이 양(+)의 값을 가지므로, 처짐은 하향으로 발생할 것이다. 내적 순수하중에 의한 휨모멘트는

$$M_{net} = U_{net}\left(\frac{l}{3}\right) = 108 \times 8 = 864\,kN \cdot m$$

보의 중앙단면의 콘크리트 응력은 식 (1·19)로부터

$$f = \frac{P}{A} \pm \frac{M_{net}}{I}y = \frac{2{,}880(10)^3}{480(10)^3} \pm \frac{864(10)^6}{57.6(10)^9} \times 600 = 6.0 \pm 9.0(N/mm^2)$$

따라서 단면의 상단응력 f_{top} 및 하단응력 f_{bot}는 각각 다음과 같다.

$$f_{top} = 6.0 + 9.0 = 15.0\ N/mm^2 = 15.0\ MPa$$

$$f_{bot} = 6.0 - 9.0 = -3.0\ N/mm^2 = -3.0\ MPa$$

예제 1-5

예제 1-1과 예제 1-4와 동일한 구조물로, 그림 1-32와 같이 긴장재가 절곡 배치된 직사각형 단면의 프리스트레스트 콘크리트 보에 자중과 활하중이 작용하고 있다. 하중평형 개념을 사용하여, 중앙단면의 콘크리트 응력과 지점에서 $8\,m$인 위치($x = 8\,m$)에 있는 단면의 콘크리트 응력을 계산하시오. 보의 지간은 $l = 24\,m$, 단면 폭은 $b = 400\,mm$, 단면 높이는 $h = 1{,}200\,mm$, 부재 단부의 긴장력은 $P_o = 2{,}880\,kN$, 중앙단면에서의 긴장재 편심은 $e = 400\,mm$, 활하중은 등분포 하중으로 $w_L = 16\,kN/m$이다.

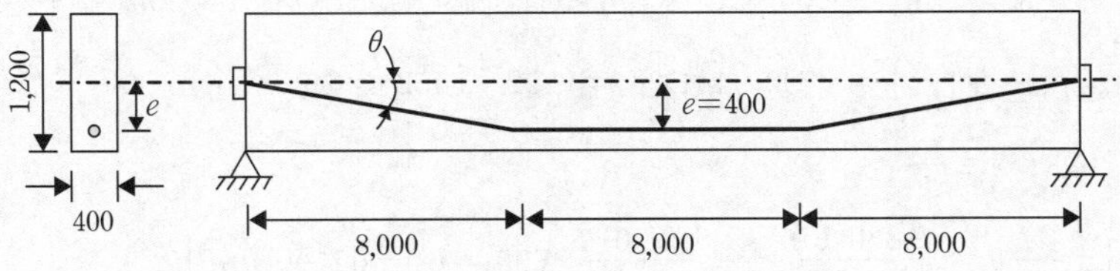

| 그림 1-32 | 예제 1-5의 부재

>>> **풀이**

[예제 1-1]로 부터,

전체 하중 $w = w_D + w_L = 12 + 16 = 28\,kN/m$

보의 단면적 $A = 0.4\times1.2 = 0.48\,m^2 = 480\times10^3\,mm^2$

단면2차모멘트 $I = \frac{1}{12}\times0.4\times1.2^3 = 0.0576\,m^4 = 57.6\times10^9\,mm^4$

[예제 1-4]로부터, 긴장재의 경사각 θ, 콘크리트 단면에 작용하는 압축력 P, 긴장력에 의한 상향력 U는 다음과 같다.

$$\theta = tan^{-1}\left(\frac{0.4}{8.0}\right) = tan^{-1}(0.05) = 2.86^\circ = 0.04996\,radian$$

$$P = P_o cos\,\theta \fallingdotseq P_o = 2{,}880\,kN$$

$$U = P_o sin\,\theta = 2{,}880\,sin(2.86^\circ) = 144\,kN$$

(1) 보 중앙단면의 콘크리트 응력

하향의 등분포 하중 w와 상향의 집중하중 U에 의하여 보 중앙단면에 작용하는 휨모멘트는

$$M = \frac{wl^2}{8} - U\left(\frac{l}{3}\right) = \frac{28\times24^2}{8} - 144\times8 = 2{,}016 - 1{,}152 = 864\,kN\cdot m$$

보의 중앙단면의 콘크리트 응력은

$$f = \frac{P}{A} \pm \frac{M}{I}y = \frac{2{,}880(10)^3}{480(10)^3} \pm \frac{864(10)^6}{57.6(10)^9}\times600 = 6.0 \pm 9.0(N/mm^2)$$

따라서 단면의 상단응력 f_{top} 및 f_{bot} 하단응력는 각각 다음과 같다.

$$f_{top} = 6.0 + 9.0 = 15.0\,N/mm^2 = 15.0\,MPa$$

$$f_{bot} = 6.0 - 9.0 = -3.0\,N/mm^2 = -3.0\,MPa$$

참고로, 하향의 등분포 하중 w의 합은 672 kN(= 28×24), 상향의 집중하중 U의 합은 288 kN(= 144×2)로서 하향력이 더 크므로 처짐은 하향으로 발생할 것이라는 것을 알 수 있다.

(2) 지점에서 8 m인 위치(x = 8 m)에 있는 단면의 콘크리트 응력

자중과 활하중이 작용할 때, 지점에서 8 m인 위치(x = 8 m)에 작용하는 휨모멘트는

$$M_{(x=8)} = \frac{wl}{2}x - \frac{w}{2}x^2 = \frac{28\times24}{2}\times8 - \frac{28}{2}\times8^2 = 1{,}792\ kN\cdot m$$

하향의 등분포 하중 w와 상향의 집중하중 U에 의하여 지점에서 8 m인 위치(x = 8 m)에 작용하는 휨모멘트는

$$M = M_{(x=8)} - U\left(\frac{l}{3}\right) = 1{,}792 - 144\times8 = 1{,}792 - 1{,}152 = 640\ kN\cdot m$$

보의 중앙단면의 콘크리트 응력은

$$f = \frac{P}{A} \pm \frac{M}{I}y = \frac{2{,}880(10)^3}{480(10)^3} \pm \frac{640(10)^6}{57.6(10)^9}\times600 = 6.0\pm6.7(N/mm^2)$$

따라서 단면의 상단응력 f_{top} 및 하단응력 f_{bot}는 각각 다음과 같다.

$$f_{top} = 6.0 + 6.7 = 12.7\ N/mm^2 = 12.7\ MPa$$

$$f_{bot} = 6.0 - 6.7 = -0.7\ N/mm^2 = -0.7\ MPa$$

이 값은 [예제 1-1](2)와 [예제 1-2](2)의 결과와 동일하다.

예제 1-6

예제 1-5와 동일한 문제에서, 긴장력에 의한 집중하중의 상향력을 등분포하중으로 변환한 하중평형 개념을 사용하여, 중앙단면의 콘크리트 응력과 지점에서 8 m인 위치(x = 8 m)에 있는 단면의 콘크리트 응력을 계산하고, 예제 1-5의 결과와 비교하시오. 보의 지간은 l = 24 m, 단면 폭은 b = 400 mm, 단면 높이는 h = 1,200 mm, 부재 단부의 긴장력은 P_o = 2,880 kN, 중앙단면에서의 긴장재 편심은 e = 400 mm, 활하중은 등분포 하중으로 w_L = 16 kN/m이다.

>> **풀이**

[예제 1-1]로 부터,

전체 하중	$w = w_D + w_L = 12 + 16 = 28\ kN/m$
보의 단면적	$A = 0.4\times1.2 = 0.48\ m^2 = 480\times10^3\ mm^2$
단면2차모멘트	$I = \frac{1}{12}\times0.4\times1.2^3 = 0.0576\ m^4 = 57.6\times10^9\ mm^4$

[예제 1-4]로 부터, 긴장재의 경사각 θ, 콘크리트 단면에 작용하는 압축력 P는 다음과 같다.

$$\theta = tan^{-1}\left(\frac{0.4}{8.0}\right) = tan^{-1}(0.05) = 2.86^\circ = 0.04996\ radian$$

$$P = P_o cos\,\theta \fallingdotseq P_o = 2{,}880\ kN$$

프리스트레스 힘 P에 의한 등가하중, 즉 등분포 상향력은 식 (1·16)으로부터

$$u = \frac{8Pe}{l^2} = \frac{8 \times 2{,}880 \times 0.4}{24^2} = 16.0\,kN/m$$

내적 순수하중은 식 (1·17)로부터

$$u_{net} = w - u = 28 - 16 = 12\,kN/m$$

(1) 보 중앙단면의 콘크리트 응력

내적 순수하중에 의한 휨모멘트는 식 (1·18)로부터

$$M_{net} = \frac{u_{net}\,l^2}{8} = \frac{1}{8} \times 12 \times 24^2 = 864\,kN \cdot m$$

보의 중앙단면의 콘크리트 응력은 식 (1·19)로부터

$$f = \frac{P}{A} \pm \frac{M_{net}}{I}y = \frac{2{,}880(10)^3}{480(10)^3} \pm \frac{864(10)^6}{57.6(10)^9} \times 600 = 6.0 \pm 9.0(N/mm^2)$$

따라서 단면의 상단응력 f_{top} 및 하단응력 f_{bot}는 각각 다음과 같다.

$$f_{top} = 6.0 + 9.0 = 15.0\,N/mm^2 = 15.0\,MPa$$

$$f_{bot} = 6.0 - 9.0 = -3.0\,N/mm^2 = -3.0\,MPa$$

이 값은 [예제 1-5](1)의 결과와 동일하다.

(2) 지점에서 8 m인 위치($x = 8\,m$)에 있는 단면의 콘크리트 응력

지점에서 8 m인 위치($x = 8\,m$)에 작용하는 내적 순수하중에 의한 휨모멘트는

$$M_{net} = \frac{u_{net}\,l}{2}x - \frac{u_{net}}{2}x^2 = \frac{12 \times 24}{2} \times 8 - \frac{12}{2} \times 8^2 = 768\,kN \cdot m$$

단면에 작용하는 콘크리트 응력은

$$f = \frac{P}{A} \pm \frac{M}{I}y = \frac{2{,}880(10)^3}{480(10)^3} \pm \frac{768(10)^6}{57.6(10)^9} \times 600 = 6.0 \pm 8.0(N/mm^2)$$

따라서 단면의 상단응력 및 하단응력는 각각 다음과 같다.

$$f_{top} = 6.0 + 8.0 = 14.0\,N/mm^2 = 14.0\,MPa$$

$$f_{bot} = 6.0 - 8.0 = -2.0\,N/mm^2 = -2.0\,MPa$$

이 값은 [예제 1-5](2)의 결과와 차이가 있다. 즉, [예제 1-5](2)의 결과는 정해(正解, exact solution)로서, 단면 상단은 압축응력 12.7 MPa, 단면 하단은 인장응력 0.7 MPa이 작용한다. [예지 1-6]에서는 단면 상단은 압축응력 14.0 MPa, 단면 하단은 인장응력 2.0 MPa이 작용하는 것으로 해석되어, 각각 10%와 186%의 오차가 발생하였다. 이것은 긴장력에 의한 상향력이 집중하중으로 작용함에도 불구하고, 하향으로 작용하는 등분포 하중과 상쇄시키기 위하여 등분포 하중으로 변환하였기 때문이다. 이런 경우에는 이 [예제 1-6](1)과 같이 정해와 동일한 결과를 얻을 수도 있지만, 이 [예제 1-6](2)와 같이 오차가 큰 결과를 얻을 수도 있다. 따라서 하중평형 개념을 적용할 때에는 등가하중의 적용 방법에 유의하여야 한다는 것을 알 수 있다.

1.6 프리스트레스트 콘크리트의 분류

프리스트레스트 콘크리트는 프리스트레싱 시스템(prestressing system)에 따라 분류할 수 있으며, 또 프리스트레스의 수준(prestressing level)에 따라서도 분류할 수 있다. 이 절에서는 이 두 가지 방법으로 프리스트레스트 콘크리트를 분류하고 정리한다.

1.6.1 프리스트레싱 시스템에 따른 분류

프리스트레스트 콘크리트는 설계 및 시공방법에 따라 다음과 같이 여러 가지 항목으로 분류할 수 있다.

[1] 직선형 프리스트레싱, 곡선형 프리스트레싱, 원형 프리스트레싱

프리스트레스트 콘크리트 구조물의 형상과 특성에 따라 긴장재를 효율적으로 배치한 결과로, 크게 선형 프리스트레싱(linear prestressing)과 원형 프리스트레싱(circular prestressing)으로 구분할 수 있다. 선형 프리스트레싱은 보나 슬래브와 같이 한 쪽 방향이나 두 쪽 방향으로 긴 구조물에 직선 또는 약간의 곡률을 가진 곡선으로 긴장재를 배치하는 경우를 말한다. 이때 선형 프리스트레싱은 직선 긴장재(linear tendon)와 곡선 긴장재(curved tendon)를 포함하고 있다. 원형 프리스트레싱은 원자력발전소의 원자로 격납구조물, 상하수도 저장 탱크, 액화석유가스(LNG) 저장 탱크 등 쉘(shell)구조에 원형으로 긴장재를 배치하는 경우를 말한다. 원형으로 배치된 긴장재와 곡률이 큰 곡선 긴장재는 곡률에 따른 마찰손실이 크게 발생하므로, 여러 위치에 정착구를 설치하는 등 효율적으로 긴장력이 도입되도록 프리스트레싱 시스템을 설계하는 것이 바람직하다.

[2] 프리텐셔닝과 포스트텐셔닝

프리텐셔닝(pre-tensioning)은 먼저 긴장재를 인장(jacking, tensioning)해 놓은 후 콘크리트를 타설하고, 콘크리트가 경화한 후에 긴장재를 이완시켜 프리스트레싱 강재와 콘크리트의 부착에 의해 콘크리트에 프리스트레스를 도입하는 방식이다. 포스트텐셔닝(post-tensioning)은 먼저 콘크리트를 타설하고 콘크리트가 경화한 후에 그 콘크리트를 지지대로 하여 긴장재를 인장해서 그 반작용으로 콘크리트에 프리스트레스를 도입하고, 정착장치로 긴장재를 정착시키는 방식이다. 따라서 프리텐션 방식에서는 인장대의 격벽(隔壁, diaphragm)이나 거푸집 자체를 지지대로 하여 긴장재를 긴장하고, 포스트텐션 방식에서는 경화된 콘크리트 부재 자체를 지지대로 하여 긴장재를 긴장한다. 실제의 프리스트레스트 콘크리트 구조물 설계에서는 프리텐션 방식과 포스트텐션 방식의 장점을 모두 활용하여 하나의 프리스트레스트 콘크리트 구조물을 건설한 예도 많다.

[3] 단부정착 긴장재와 비단부정착 긴장재

포스트텐션 부재는 콘크리트 단부를 지지대로 하여 긴장재를 인장한 후 긴장재의 양끝을 기계적인 정착장치로 콘크리트에 정착시킨다. 이러한 긴장재를 단부정착 긴장재(end-anchored tendon)라고 한다. 프리텐션 부재는 긴장재의 끝부분에서 콘크리트와 긴장재의 부착작용으로 콘크리트에 프리스트레스가 도입된다. 따라서 프리텐션 부재의 긴장재는 단부 정착장치가 없는 비단부정착 긴장재(nonend-anchored tendon)라고 한다. 프리텐션 부재에서는 콘크리트와 긴장재의 부착에 의하여 프리스트레스를 도입하기 때문에, 부착성능을 높이기 위하여 작은 지름의 강선(wire) 또는 강연선(strand)을 단면에 분산 배치하는 것이 일반적이며 다발로 사용하지 않는다.

[4] 외적 프리스트레싱과 내적 프리스트레싱

콘크리트 단면의 외부에서 콘크리트에 압축력을 도입하는 방법을 외적 프리스트레싱(external prestressing)이라고 하며, 긴장재를 콘크리트 단면의 내부에 배치하여 압축력을 도입하는 방법을 내적 프리스트레싱(internal prestressing)이라고 한다. 외적 프리스트레싱은 잭을 사용하는 방법과 긴장재를 사용하는 방법이 있다. 즉, 기계적 잭(jack)이나 유압잭을 사용하여 구조물 자체에 직접 외력을 가하여 콘크리트에 압축력을 작용시키는 방법과 긴장재를 콘크리트 단면의 외부에 배치하고 인장(tensioning)한 후 정착장치로 정착시킴으로써 콘크리트에 압축력을 작용시키는 방법이 있다. 콘크리트 단면의 외부에 배치하는 외적 긴장재(external tendon)를 사용하는 방법은 새로운 구조물의 건설에도 사용되지만 기존 구조물의 보강에도 사용된다. 내적 프리스트레싱 방식에서는 콘크리트 단면의 내부에 배치되는 내적 긴장재(internal tendon)의 부식방지를 위하여 덕트 내를 모르타르로 그라우팅 하거나, 특별한 프리스트레싱 강재를 사용한다. 즉, 아연도금을 한 프리스트레싱 강재나 그리스 오일을 도포하고 플라스틱 피복으로 감싼 프리스트레싱 강재를 사용하여 강재가 부식되지 않도록 한다. 근래에는 내부 긴장재 없이 외부 긴장재만으로 프리스트레스를 도입하여 프리스트레스트 콘크리트 구조물을 만드는 경우도 있고, 내부 긴장재와 외부 긴장재를 같이 사용하는 경우도 있다. 경우에 따라서는 추후의 보강을 위하여 외부 긴장재를 추가할 수 있도록 정착구를 미리 만들어 놓기도 한다.

[5] 부착 긴장재와 비부착 긴장재

부재의 전 길이에 걸쳐서 주위의 콘크리트에 부착된 긴장재를 부착 긴장재(bonded tendon)라고 하며, 콘크리트와 부착되지 않는 긴장재를 비부착 긴장재(unbonded tendon)라고 한다. 프리텐셔닝과 같이 단부 정착장치 없이 콘크리트에 직접 표면이 접하는 긴장재는 필연적으로 부착 긴장재가 된다. 그러나 프리텐셔닝에서도 콘크리트를 타설하기 전에 부재 단부의 긴장재 일부를 플라스틱 튜브나 아스팔트를 침투시킨 종이로 감싸서 부착되지 않도록 하기도 한다. 포스트텐셔닝과 같이 단부 정착장치가 있는 긴장재는 경우에 따라 콘크리트와 부착시키기도 하고 또는 부착시키지 않기도 한다. 콘크리트 단면 내에 배치된 내적 긴장재를 부착시킬 때는 덕트 내를 모르타르로 그라우팅 한다. 콘크리트 단면 내에 배치된 내적 긴장재를 부착시키지 않을 경우에는 덕트 내부에 기름을 채우거나, 그리스 오일을 도포하고 플라스틱 피복으로 감싼 프리스트레싱 강재를 사용하여 덕트를 사용하지 않은 채 직접 콘크리트에 접하도록 한다. 외적 긴장재는 항상 비부착이 되므로 그리스 오일을 도포하고 플라스틱 피복으로 감싼 프리스트레싱 강재를 사용한다.

[6] 프리캐스트 콘크리트, 현장타설 콘크리트, 합성구조

프리캐스트 부재(precast member)는 구조물이 계획된 위치가 아닌 다른 장소에서 콘크리트를 타설해서 만든 부재를 말한다. 즉, 제작공장이나 현장근처에서 부재를 제작해서 운반하고 가설하는 것이다. 프리캐스트 부재는 생산과정의 품질관리가 용이하며, 대량생산할 경우에는 경제적일뿐만 아니라, 조립식 공법으로 공기(工期)를 단축할 수 있는 장점이 있다. 현장타설 콘크리트(cast-in-place concrete)는 구조물이 계획된 위치에서 콘크리트를 타설하여 시공하는 것으로, 운반이 어려운 크고 무거운 부재를 시공할 때 적당하지만, 현장에서 거푸집과 동바리를 설치해야 하는 번거로움이 있다. 따라서 규모가 있는 콘크리트 구조물 공사에서는 프리캐스트 공법과 현장타설 공법의 장단점을 검토하여 판단하는 것이 바람직하다. 구조물의 일부는 프리캐스트로 제작하여 가설하고, 나머지 부분은 현장타설 콘크리트로 하여 일체화하는 구조를 합성부재(composite member) 또는 합성구조물(composite structure)이라고 한다. 합성구조는 전체 구조물을 현장타설 콘크리트로 하는 경우보다 거푸집과 동바리가 절약되고 공기가 단축되는 장점이 있다.

[7] 완전 긴장(완전 프리스트레싱)과 부분 긴장(부분 프리스트레싱)

콘크리트에 도입되는 프리스트레싱의 정도에 따라 완전 긴장(완전 프리스트레싱, full prestressing)과 부분 긴장(부분 프리스트레싱, partial prestressing)으로 구분한다. 완전 긴장은 사용하중(service load) 상태에서 콘크리트 단면에 인장응력이 발생하지 않는 경우로, 이렇게 설계된 부재를 완전 긴장 콘크리트(fully prestressed concrete)라고 한다. 부분 긴장은 사용하중 상태에서 콘크리트 단면에 인장응력이 작용하는 경우로서 일반적으로 균열이 발생하게 되는데, 이렇게 설계된 부재를 부분 긴장 콘크리트(partially prestressed concrete)라고 한다. 부분 긴장 콘크리트는 균열제어를 위하여 인장부에 긴장재와 함께 철근을 추가 배치한다. 구조설계에서는 완전 긴장과 부분 긴장을 구분할 수 있지만, 완전 긴장으로 설계된 구조물이라도 거동 상 부분 긴장이 될 수 있다. 이것은 설계하중보다 큰 하중이 가해지는 동안에는 콘크리트에 인장응력이 발생할 수 있고, 이로 인하여 균열이 발생할 수 있기 때문이다. 그러나 균열이 발생하더라도 균열폭이 작은 상태이고, 활하중이 제거되면 긴장력에 의하여 균열이 완전히 폐합되므로 구조적으로 큰 문제가 되지 않는다. 부분 긴장 콘크리트는 처짐 거동이 개선되고 긴장재의 양을 감소시킬 수 있어서 경제성이 매우 우수하며, 내구성에도 큰 문제가 되지 않으므로 철근콘크리트와 완전 긴장 프리스트레스트 콘크리트의 장점이 조합된 구조형식으로 평가되고 있다.

1.6.2 프리스트레스 수준에 따른 분류

프리스트레스트 콘크리트 구조물은 프리스트레스 수준에 따라 구조적 성능과 공사비 및 유지관리 비용이 달라지므로, 계획 단계에서 이를 검토하여 프리스트레스 수준을 선택할 필요가 있다. 즉, 완전 긴장(full prestressing) 프리스트레스트 콘크리트는 균열의 발생을 방지하여 유지관리 비용을 절감할 수 있으나 공사비가 증가될 수 있다. 부분 긴장(partial prestressing) 프리스트레스트 콘크리트는 긴장재의 양을 줄임으로써 공사비를 절감할 수 있으나, 균열 발생으로 인하여 유지관리 비용이 증가될 가능성이 있다. 따라서 프리스트레스트 콘크리트는 구조물의 용도, 환경조건, 하중의 종류 등을 고려하여 프리스트레스를 주는 정도를 달리하여 설계하고 시공한다. 일반적으로 사용하중 하에서 휨 균열의 발생 조건에 따라 설계상의 등급을 정하는데, 설계기준에서는 보통 3등급으로 분류한다.

예를 들면, 영국의 BS 8110-Part 1[1.14]에서는 프리스트레스트 콘크리트를 다음과 같이 3개의 등급으로 나누고 있다.

Class 1 : 인장응력을 허용하지 않는 등급

Class 2 : 인장응력은 허용하지만, 육안으로 보이는 균열은 허용하지 않는 등급

Class 3 : 인장응력은 허용하지만, 표면의 균열 폭은 심한 기상작용을 받는 부재에서는 0.1 mm 이하, 기타의 부재에서는 0.2 mm 이하로 제한하는 등급

Class 1은 완전 프리스트레싱에 해당하는 프리스트레스트 콘크리트로서, 액체 저장용 탱크(tank)나 피로가 문제될 수 있는 반복재하가 심한 철도교 등, 균열의 발생이 구조적 성능을 저해할 수 있는 구조물의 설계에 채택된다. Class 2는 부분 프리스트레싱에 해당하는 것으로 완전 프리스트레싱에 가까운 프리스트레스트 콘크리트이다. 이 등급의 프리스트레스트 콘크리트는 균열의 발생 확률을 낮추기 위하여 인장응력을 제한하는 프리스트레스트 콘크리트이며, 여러 종류의 프리스트레스트 콘크리트 구조물 설계에 사용되고 있다. Class 3은 부분 긴장 콘크리트 중 철근콘크리트에 가까운 경우이다. 이 등급의 프리스트레스트 콘크리트는 사용 상태에서 균열방지에 대하여 특별한 요구 조건이가 없는 경우에 채택

된다. Class 1의 프리스트레스트 콘크리트 구조물은 다른 등급의 프리스트레스트 콘크리트 구조물에 비하여 많은 양의 프리스트레싱 강재가 소요된다. Class 3의 프리스트레스트 콘크리트 구조물은 균열폭을 제어하기 위하여 철근을 배치하여야 한다.

유로코드(Eurocode) 2[1.15]는 부착 긴장재를 가진 프리스트레스트 콘크리트와 부착 긴장재를 가지지 않은 프리스트레스트 콘크리트를 구분하고 노출환경을 비부식성, 부식성, 고부식성 환경으로 나누어 완전 프리스트레싱과 부분 프리스트레싱을 수준 별로 허용하고 있다. 즉, 부착 긴장재를 가진 프리스트레스트 콘크리트의 경우, 비부식성 환경에는 주기하중조합(frequent load combination)에서 균열폭 0.2 mm까지 허용하는 부분 긴장, 부식성 환경에서는 주기하중조합에서 균열폭 0.2 mm까지 허용하는 부분 긴장과 지속하중조합(quasi-permanent combination, 준영구하중조합)에서 인장응력을 허용하지 않는 완전 긴장, 고부식성 환경에는 주기하중조합에서 인장응력을 허용하지 않는 완전 긴장 프리스트레스트 콘크리트를 사용하도록 하고 있다.

교량설계기준(한계상태설계법)[1.16]은 Eurocode와 유사하게 노출환경을 비부식성, 부식성, 고부식성 환경으로 구분하여 사용하중조합과 지속하중조합의 두 하중단계에서 부분 프리스트레싱과 완전 프리스트레싱을 사용하도록 하고 있지만, 부착 긴장재의 프리스트레스트 콘크리트를 포스트텐션부재와 프리텐션부재로 구분하고 설계등급을 A~E의 5단계로 세분하여 한계 값을 규정하고 있다. [2.1.13절과 6.1.3절 참조]

미국의 ACI 318 Code,[1.17] 콘크리트구조설계기준,[1.18] 도로교설계기준(2010)[1.19]은 다음과 같이 균열을 기준으로 등급을 구분하고, 구조물의 용도나 노출환경에 따라 발주자 또는 책임기술자가 선택하도록 하고 있다.

- 비균열등급
  사용하중조합에서 콘크리트 인장연단의 응력이 콘크리트의 휨인장강도인 $0.63\sqrt{f_{ck}}$ 이하가 되도록 하여 균열을 허용하지 않는 등급
- 부분균열등급
  사용하중조합에서 콘크리트 인장연단의 응력이 콘크리트의 휨인장강도인 $0.63\sqrt{f_{ck}}$과 $1.0\sqrt{f_{ck}}$ 사이인 부분 긴장 프리스트레스트 콘크리트로 육안으로 보이는 균열은 허용하지 않는 등급
- 완전균열등급
  사용하중조합에서 콘크리트 인장연단의 응력이 $1.0\sqrt{f_{ck}}$을 초과하는 부분 긴장 프리스트레스트 콘크리트로 균열을 허용하지만 균열폭이 허용균열폭 이하이도록 균열을 제어하는 등급

1.7 프리스트레스트 콘크리트의 하중 단계

프리스트레스트 콘크리트 구조물은 시공 시작단계부터 완공 후까지 여러 단계의 하중 작용을 받게 되므로, 설계와 시공에서 각 하중 단계에 대한 검토가 필요하다. 일반적으로 다음과 같이 크게 2단계 또는 3단계로 구분할 수 있고, 각 단계는 다시 여러 단계로 세분화 할 수 있다.

현장타설(cast-in-place, CIP) 프리스트레스트 콘크리트는 계획된 위치에서 동바리와 거푸집을 설치하여 시공하므로, 다음과 같이 2단계로 구분할 수 있다.

(1) 초기 단계 : 현장 시공으로 긴장력과 자중 및 시공하중이 작용하는 단계
(2) 최종 단계 : 완공 후 설계하중이 작용하는 단계

프리캐스트(precast) 프리스트레스트 콘크리트는 공장이나 현장의 다른 공간에서 부재를 제작하므로, 다음과 같이 3단계로 구분할 수 있다.

(1) 초기 단계 : 부재의 제작과정으로 긴장력과 자중이 작용하는 단계
(2) 중간 단계 : 운반 및 가설 단계
(3) 최종 단계 : 완공 후 설계하중이 작용하는 단계

이 절에서는 3단계의 하중 작용을 대상으로 각 하중 단계를 설명한다.

1.7.1 제작 단계

프리스트레스트 콘크리트 부재를 제작하는 단계로서, 특히 긴장 작업(prestressing)을 중심으로 다음과 같이 구분한다.

[1] 긴장력 도입 전

일반적으로 프리스트레스트 콘크리트 부재는 철근이 많이 배치되지 않기 때문에 긴장력이 도입되기 전에는 매우 약한 상태이다. 따라서 거푸집을 지지하는 받침대 또는 지반에서 국부적인 침하가 발생하지 않도록 주의하여야 한다. 침하가 발생하면 부재에 변형이 생기고 균열이 발생할 수 있기 때문이다. 또 콘크리트의 수축을 최소화하기 위하여 콘크리트의 양생(養生, curing)에 주의하여야 하며, 갑작스러

운 온도 변화를 피해야 한다. 콘크리트의 수축과 갑작스러운 온도 변화는 콘크리트에 균열이 발생하는 요인이 되기 때문이다.

[2] 긴장력 도입 중

긴장재를 인장하여 콘크리트에 압축력을 도입하는 과정에서 과도한 힘이 작용하면, 긴장재와 콘크리트가 손상을 받게 되어 구조물로서의 충분한 성능을 발휘하지 못하게 된다. 따라서 이 단계에서 긴장재와 콘크리트에 작용하는 응력을 검토하여야 한다. 긴장력을 도입할 때 정착부에서 파괴가 발생하지 않았다면, 그 후에도 구조물의 수명동안 그런 파괴가 발생할 확률은 거의 없다고 할 수 있다. 왜냐하면 정상적인 상황에서는 시간이 지남에 따라 콘크리트의 강도는 서서히 증가하고 긴장력은 서서히 감소하기 때문이다. 즉, 긴장재에 작용하는 인장력은 시간이 경과함에 따라 크리프(creep), 수축(shrinkage), 릴랙세이션(relaxation)에 의하여 감소하므로, 그 반작용으로 콘크리트에 작용하는 압축력도 따라서 감소하여 긴장력 도입 시점이 콘크리트에 작용하는 압축력이 가장 큰 때인 것이다. 또, 콘크리트는 다른 특별한 문제가 없다면 시간이 경과함에 따라 압축강도가 증가하므로, 긴장력 도입 시점의 압축강도가 그 후의 압축강도에 비하여 가장 낮은 상태이기 때문이다.

긴장재를 강선 다발이나 강연선 다발로 구성한 경우 긴장작업 중에 품질이 좋지 않은 강선이 끊어지는 경우가 종종 발생하기도 한다. 그러나 긴장재를 여유 있게 설계하였다면 한 두 개의 강선이 파단 되더라도 큰 문제가 발생하지 않으므로, 그런 경우에는 긴장재를 교체하지 않고 공사를 진행할 수 있다. 그러나 긴장재로 강봉을 사용하는 경우에는 통상 덕트 하나에 강봉 하나가 사용되고, 또 강봉의 단면적이 매우 커서 강봉의 수가 많지 않게 설계되므로, 하나의 강봉이라도 끊어지면 긴장재의 양이 여유 있는 상태가 되지 못한다. 따라서 긴장작업 중에 강봉이 파단된 경우에는 새로운 강봉으로 교체하여야 한다.

일반적으로 프리스트레싱 작업은 프리스트레싱 전문업체가 협력업체로서 작업을 담당하는데, 포스트텐션 프리스트레스트 콘크리트의 시공에서는 통상 한 현장에 대하여 한 두 개의 긴장잭(prestressing jack)을 운영한다. 따라서 포스트텐션 프리스트레스트 콘크리트 구조의 단면에 여러 개의 텐던이 배치되는 경우, 모든 텐던을 동시에 긴장할 수는 없다. 이러한 경우에는 하나의 잭으로 여러 번 긴장 작업을 하여야 하므로, 일시적으로 단면에 비대칭으로 프리스트레스가 도입된다. 따라서 한 번의 긴장 작업이 추가될 때마다 발생하는 응력의 변화를 미리 검토하여 긴장재의 긴장 순서를 정해 두어야 한다.

[3] 긴장력 도입 직후

긴장력이 콘크리트 부재에 도입된 직후 긴장재에 작용하는 응력을 초기 프리스트레스(initial prestress)라고 하며, 그 반작용으로 콘크리트에 압축력이 작용한다. 긴장력 도입 시기는 일반적으로 콘크리

| 그림 1-33 | 긴장력 도입 직후 솟음이 발생한 프리스트레스트 콘크리트 보

트의 재령이 어린 때이므로, 초기 프리스트레스가 부재의 설계를 지배하기도 한다.

긴장력이 도입된 직후에는 긴장력과 함께 부재의 자중만이 하중으로 작용한다. 예를 들어 단순보를 평편한 부지에서 제작한 경우, 긴장력이 도입되기 전에는 자중으로 인한 단면력이 부재에 작용하지 않는다. 그러나 긴장재가 단면의 아래쪽에 배치되어 있기 때문에, 긴장작업을 실시하면 부(−)모멘트로 인하여 상향력이 작용하고, 보의 중앙부는 부재 양단을 지점으로 하여 받침대에서 떠오르게 된다. 따라서 그림 1-33과 같이 상향으로 솟음이 발생하게 되며, 이로 인하여 부재의 자중은 부재의 양단을 지점으로 하는 단순보로 작용하게 된다. 이때 긴장력이 과다하거나 편심작용이 과다하면, 보의 중앙부 상면(上面)에 매우 큰 인장응력이 작용하게 되어 균열이 발생하는 경우가 있다.

따라서 프리스트레스트 콘크리트 휨부재의 설계에서는 긴장력 도입으로 인한 부재의 솟음(camber)을 고려하여, 프리스트레싱의 진행에 따라 보의 자중이 부재에 작용하는 것으로 계산하고 단면에 균열이 발생하지 않도록 설계하여야 한다. 단, 이 해석은 부재가 견고한 받침대 위에서 제작된다는 것을 전제로 한다. 즉, 매우 견고한 받침대 위에서 콘크리트 부재에 긴장력을 도입하면, 중앙부가 솟아서 부재의 양끝이 지점이 되므로 해석에서의 가정과 일치하는 지점조건이 된다. 그러나 견고한 받침대를 사용하지 않고 연약한 지반에서 이 작업을 수행하면, 부재의 양끝이 연약한 지반으로 침하하여 해석에서의 가정과 다른 상황이 된다. 따라서 프리스트레스트 콘크리트 부재는 견고한 받침대 위에서 제작하여야 한다.

[4] 재긴장

프리스트레스트 콘크리트 부재는 프리스트레싱 강재를 최초 긴장한 후, 필요한 경우에는 프리스트레싱 강재를 재긴장(re-tensioning)하기도 한다. 재긴장은 콘크리트의 크리프와 수축에 의한 프리스트레스의 손실을 보상할 목적으로, 이미 긴장한 긴장재를 다시 더 긴장하여 추가의 긴장력을 도입하는 것이다. 또 설계자의 의도에 따라, 부재의 자중만 작용하는 상황에서 긴장재의 일부만을 긴장하고, 시공

과정에 따라 추가의 고정하중이 작용하게 될 때 나머지 긴장재를 긴장하는 경우도 있다. 재긴장을 수행할 때에도 역시 프리스트레싱의 단계마다 응력상태를 검토하여야 한다.

1.7.2 인양과 운반 및 가설 단계

공장에서 프리캐스트로 제작한 프리스트레스트 콘크리트는 부재를 인양(引揚, lifting)하여, 계획된 위치로 운반(運搬, transport)하고, 가설(架設, erection)하는 과정이 필요하다. 현장의 다른 공간에서 제작한 프리스트레스트 콘크리트 부재는 운반할 필요가 없으나, 역시 인양하고 가설하는 과정이 필요하다. 이 과정에서 부재에 유해한 응력이 발생하지 않도록 계획을 세워야 한다.

인양에 대해서는, 인양과정의 지점조건을 고려하여 인양에 사용되는 부속장치를 부재의 제작 중에 설치해 두어야 한다. 예를 들면, 가설 후에 **그림** 1-34(a)와 같이 단순지지 되도록 설계된 부재를, **그림** 1-34(b)와 같이 부재의 중앙부에 인양장치를 두고 들어 올리면 내민보의 형태가 된다. 이때 발생하는 부모멘트에 의하여 부재의 상단에 균열이 발생할 수 있다. 따라서 **그림** 1-34(a)와 같이 단순지지의 지점조건과 동일하도록 **그림** 1-34(c)와 같이 인양장치를 부재의 단부에 두고 들어 올리도록 하는 것이 바람직하다. 만일 부득이하게 **그림** 1-34(b)와 같이 인양할 수밖에 없는 상황이라면, 부재 중앙부 상부에 임시로 프리스트레싱 강재를 배치하고 긴장력을 도입하거나 철근을 보강하여 균열을 방지하는 추가의 조치를 취하여야 한다.

프리캐스트 부재의 운반에 대해서는 운반 도중의 지점조건을 검토하는 것 외에 여러 가지 상황을 고려하여야 한다. 즉, 운반 차량이나 운반 장비가 감당할 수 있는 부재의 크기와 중량, 하천이나 해상에서 운반하는 경우에는 유속이나 파랑의 영향과 수심, 육상에서 운반하는 경우에는 현장까지 이동하는 동안에 발생할 수 있는 지하 시설물의 파손 가능성과 도로교통법 상 허용하는 부재의 크기와 중량 등을 고려하여 부재 설계를 수행하여야 한다. 특히 도시지역에서 운반하는 경우에는 시내 교통 상황도 검토하는 것이 바람직하다.

가설에 대해서는, 부재를 인양하여 설치하는 가설장비가 감당할 수 있는 부재의 크기와 중량을 고려하는 것 외에 가설장비의 진입 가능성도 고려하여야 한다. 즉, 가설이 해상(海上), 하상(河上), 육상(陸上) 또는 도심(都心)지역에서 이루어지는 경우, 각각의 상황에 따라 가설장비가 가설현장으로 이동하고 설치될 수 있는지를 검토하여야 한다. 또, 가설에 사용되는 각종 장비의 중량 등이 시공하중으로 작용하므로, 시공하중의 영향을 검토하여야 한다. 또한 가설도중에 부재가 전도(overturning)되지 않도록 안정(stability)을 검토하여야 하며, 필요하면 추가 시설을 설치하여야 한다.

이와 같이 인양, 운반, 가설과정에서 여러 상황에 따라 인장응력이 작용하여 경우에 따라 균열이 발생하게 되므로, 설계에서 이를 검토하여야 한다. 따라서 구조물의 완공 후에는 필요하지 않더라도, 부

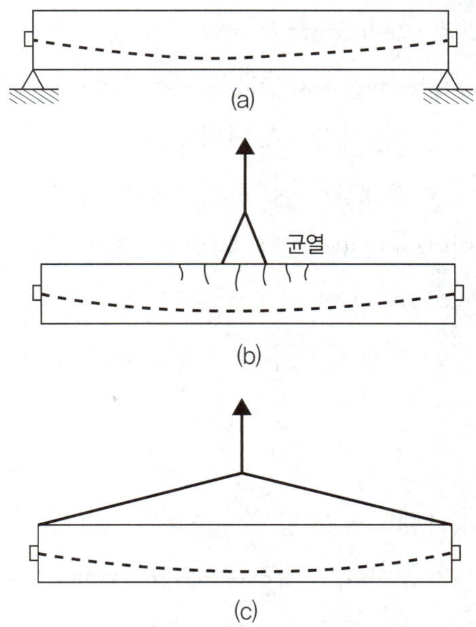

| 그림 1-34 | 완공 후의 지점조건과 인양 과정의 지점조건

재의 인양, 운반, 가설 과정에서 부재의 성능이 저하되지 않도록 프리스트레싱 강재를 배치하고 긴장력를 도입하는 경우가 있다. 이때에는 시공 도중에만 임시로 프리스트레싱 강재를 배치하여 긴장력를 도입하고 나서 완공 후 제거하는 것이 경제적이므로, 일반적으로 강봉을 사용하여 임시로 긴장력을 도입하는 방법이 많이 사용된다.

1.7.3 완공 후 사용 단계

구조물이 완공된 후에는 구조물의 용도에 따라 하중이 작용하는 단계가 된다. 이 단계에 대한 설계에서는 설계하중, 즉 사용하중(使用荷重, service load)이 작용할 때, 지속하중(持續荷重, sustained load)이 작용할 때, 계수하중(係數荷重, factored load)이 작용할 때의 구조성능을 검토한다. 각 하중 단계에 대하여 고정하중과 활하중의 가장 불리한 조합을 대상으로 검토하여야 하며, 풍하중(風荷重, wind load), 지진하중(地震荷重, earthquake load, seismic load)과 같은 횡방향 하중과 온도변화의 영향, 수축의 영향, 지점 침하(沈下, settlement)의 영향 등을 고려하여야 한다.

구조물이 완공되어 사용하중이 작용하는 시기는 긴장력이 도입된 후 상당한 시일이 지난 뒤가 되는 것이 보통이다. 긴장력이 도입된 후 상당한 시일이 지나면 콘크리트의 수축과 크리프, 프리스트레싱 강재의 릴랙세이션 등이 원인이 되어, 초기에 프리스트레싱 강재에 도입된 인장력(즉, 초기 긴장력, 초기 프리스트레스, initial prestress)이 감소한다. 시간이 경과한 후 감소되어 긴장재에 남아 있는 인장력을 유효 긴장력 또는 유효 프리스트레스(effective prestress)라고 한다. 이렇게 프리스트레싱 강재의 긴장력이 감소하는 현상을 긴장력 손실(prestress loss)이라고 한다. 완공 후 사용 단계에서 콘크리트에 작용하는 응력을 검토할 때에는 유효 긴장력를 대상으로 하여야 한다.

구조물에 활하중이 작용하면 하중에 의하여 프리스트레싱 강재에 인장응력이 추가로 발생하게 되지만, 그 응력의 증가는 매우 미미하다. 따라서 유효 긴장응력에 하중에 의한 인장응력이 추가되어도 초기의 인장응력을 초과하는 경우가 거의 없다.

완공 후 사용 단계에서는 다음과 같은 하중 수준에 대하여 검토한다.

[1] 지속하중

지속하중은 자중과 추가 고정하중과 같이 항상 구조물에 작용하는 장기하중으로서 구조물의 특성에 따라 활하중의 일부가 포함되기도 한다. 지속하중 하에서는 설계기준의 허용응력을 기준으로, 콘크리트 단면에 작용하는 압축응력이 너무 높은 수준이 되지 않도록 설계하고 검토한다. 또 장기하중으로서 크리프에 의한 하향 처짐이 너무 커지는 경우도 있고, 반대로 프리스트레싱에 의한 솟음이 너무 커지는 경우도 있다. 따라서 지속하중 상태에서 처짐이나 솟음이 과도하게 발생하지 않도록 설계과정에서 검토하고 제어한다.

[2] 사용하중

고정하중에 활하중이 추가되어 사용하중이 작용할 때, 설계기준의 허용응력을 기준으로 콘크리트 단면에 과도한 응력이 작용하지 않도록 설계하고 검토한다. 또, 구조물을 사용하는데 문제가 되지 않도록, 처짐이나 진동이 과도하게 발생하지 않게 설계과정에서 검토하고 제어한다. 심한 반복하중을 받는 구조물에서는 피로에 의한 파괴 가능성을 판정하고, 필요할 때에는 피로설계를 수행한다.

[3] 균열하중

프리스트레스트 콘크리트 부재에 균열이 발생하게 되면, 긴장재와 콘크리트 사이의 부착 성능과 부재의 전단 저항성능이 저하되는 바람직하지 않은 변화가 발생할 수 있다. 액체 저장탱크나 파이프와 같은 구조물에서 균열의 발생으로 액체가 새게 되면 구조물로서의 성능을 유지할 수 없게 된다. 부착되지 않은 긴장재를 사용한 프리스트레스트 콘크리트 구조물의 경우에는, 균열이 발생하면 프리스트레싱 강재가 부식이 될 위험성이 있다. 또 균열하중(cracking load)의 크기는 콘크리트 구조물의 피로강도의 척도가 되기도 한다. 따라서 균열하중의 검토는 구조물의 성능평가에 있어서 중요한 기준이 된다.

[4] 계수하중 및 극한하중

계수하중은 구조물의 파괴방지를 위하여 설계 상 목표로 하고 있는 파괴하중으로서, 설계하중, 즉 사용하중에 하중계수를 곱한 하중조합으로 결정된다. 극한하중은 실제로 구조물이 보유하고 있는 강도, 즉 파괴하중을 의미한다. 프리스트레스트 콘크리트 구조물은 초과하중, 즉 계수하중까지는 파괴되지 않도록 설계하여야 하므로, 계수하중에 의한 단면력 이상의 설계강도를 갖도록 설계한다. 전통적 개념의 한계상태설계법(limit state design)에서는 구조물의 극한강도가 붕괴(collapse) 전까지 받을 수 있는 최대하중으로 정의된다. 강도설계법(strength design)에서는 구조물의 붕괴보다는 부재의 파괴(failure)를 기본으로 하여 강도를 검토한다. 특히 연속보의 경우에는 부재의 일부가 파괴되는 상태에 도달해도 붕괴에 대한 여유가 있어서 안전측이고, 또 부재의 파괴하중의 계산이 쉽고 확실하기 때문에 강도설계법에서는 부재의 파괴(failure)를 기본으로 구조물의 안전성을 검토하고 있다.

1.8 프리스트레스트 콘크리트의 특징

1.8.1 프리스트레스트 콘크리트의 재료 및 역학적 특성

프리스트레스트 콘크리트의 재료와 역학적 특성을 철근콘크리트와 비교하면 다음과 같다.

① 프리스트레스트 콘크리트에서 강재는 매우 큰 인장력에 저항하여야 하고, 콘크리트는 높은 압축력에 저항하여야 하므로, 프리스트레스트 콘크리트는 철근콘크리트에 비하여 고강도의 강재와 콘크리트를 사용한다. 따라서 프리스트레스트 콘크리트는 고강도 재료를 높은 응력수준에서 유효하게 이용한다고 할 수 있다.

② 사용하중 하에서 철근콘크리트는 휨 균열이 발생하는 것이 일반적이지만, 프리스트레스트 콘크리트는 전체 단면이 압축응력을 받거나(완전 긴장 프리스트레스트 콘크리트), 균열이 발생하더라도(부분 긴장 프리스트레스트 콘크리트) 균열이 제한적이므로, 하중작용에 대하여 단면이 유효하게 저항한다. 따라서 프리스트레스트 콘크리트는 철근콘크리트보다 구조적 성능이 우수하다고 할 수 있다.

③ 완전 긴장 프리스트레스트 콘크리트는 사용하중 하에서 균열이 발생하지 않으며, 설계하중보다 큰 초과하중이 작용하여 균열이 발생하더라도 그 하중이 제거되면 균열이 폐합된다. 부분 긴장 프리스트레스트 콘크리트는 사용하중 하에서 균열이 발생할 수 있지만, 활하중이 제거되면 균열이 폐합된다. 즉, 프리스트레스트 콘크리트는 철근콘크리트에 비하여 훨씬 탄성적이고 복원성

(復元性, recoverability)이 크며, 휨균열이 발생하여 강재가 부식되는 경우는 거의 없다.

④ 프리스트레스트 콘크리트와 철근콘크리트는 모두, 하중에 의하여 작용하는 외력 휨모멘트를 단면 내에서 우력(偶力, coupled force)에 의한 내력모멘트로 저항하지만, 저항 모멘트의 거동은 근본적으로 차이가 있다. 즉, 부재가 파괴되기 전의 거동을 살펴보면, 철근콘크리트 보에서는 하중이 증가함에 따라 철근의 인장력과 콘크리트의 압축력이 증가하고 우력의 팔길이는 변하지 않지만, 프리스트레스트 콘크리트에서는 프리스트레싱 강재의 인장력과 콘크리트의 압축력이 거의 일정하고 우력의 팔길이가 증가한다. [그림 1-24 참조]

⑤ 프리스트레스트 콘크리트나 철근콘크리트나 일단 균열이 발생한 후에는 그 거동에 본질적으로 차이가 없으며 프리스트레싱 강재의 응력도 갑자기 커진다. 보통 프리스트레스트 콘크리트의 강재비가 철근콘크리트의 철근비보다 작기 때문에 프리스트레스트 콘크리트가 중립축의 상승이 빠르고 균열 폭이 커진다.

⑥ 긴장재를 **그림 1-19**와 같이 절곡하여 배치하거나 **그림 1-20**과 같이 곡선으로 배치하여, 긴장재가 지점으로 갈수록 단면의 위쪽으로 향하는 프리스트레스트 콘크리트 보는 긴장재의 인장력의 수직분력만큼 전단력이 감소된다. 따라서 동일한 크기의 전단력이 작용하는 철근콘크리트보에 비하여 복부를 얇게 할 수 있어서 자중이 경감된다.

1.8.2 프리스트레스트 콘크리트의 사용성과 안전성

프리스트레스트 콘크리트의 사용성과 안전성의 특징을 철근 콘크리트와 비교하면 다음과 같다.

① 프리스트레스트 콘크리트 구조는 전 단면을 유효하게 이용할 수 있어서 단면의 크기를 경감하여 경량 구조로 만들 수 있다. 따라서 장대교량과 같이 큰 하중을 받는 대형 구조물에 적당하며, 단면을 날씬하게 설계할 수 있어서 외관이 수려한 구조물을 만들 수 있다.

② 프리스트레스트 콘크리트는 특별한 긴장 및 정착 시스템을 사용하므로, 철근콘크리트에 비하여 해석, 설계, 시공 과정이 복잡하고, 제작, 운반, 가설 등 전 과정에 걸쳐서 품질관리에 주의를 요한다.

③ 프리스트레스트 콘크리트 구조는 프리스트레싱 작업 중에 성능이 검증되는 효과가 있으므로 안전성이 높다. 즉, 프리스트레스트 콘크리트에서는 프리스트레싱 작업 때 강재와 콘크리트가 최대응력을 받으므로, 이때 안전하였다면 보통의 사용 상태에서도 충분히 안전하다고 할 수 있다.

④ 완전 긴장 프리스트레스트 콘크리트는 사용하중 하에서 균열이 발생하지 않게 설계되므로, 철근콘크리트에 비하여 내구성, 수밀성, 충격하중과 반복하중에 대한 저항성능이 우수하다.

⑤ 프리스트레스트 콘크리트 구조는 긴장력에 의한 솟음으로 인하여 고정하중 상태에서의 처짐이

작다. 또 완전 긴장 프리스트레스트 콘크리트는 사용하중 하에서 균열이 발생하지 않기 때문에, 균열이 발생하는 철근콘크리트에 비하여 단면2차모멘트가 크므로 활하중에 의한 처짐이 작다. 따라서 프리스트레스트 콘크리트는 처짐 제어 및 관리가 비교적 용이하다.

⑥ 프리스트레스트 콘크리트 구조는 포스트텐션 방식을 이용하여 프리캐스트 부재를 연결할 수 있고, 현장타설 프리스트레스트 콘크리트는 연결 시공이나 분할 시공이 가능하여 다양한 공법으로 응용할 수 있다.

⑦ 프리스트레스트 콘크리트의 단면을 효율적으로 설계하면 단면이 크게 설계된 철근콘크리트에 비하여 강성(剛性)이 오히려 더 작아지는 경우가 발생할 수 있다. 이러한 경우에는 프리스트레스트 콘크리트가 철근콘크리트보다 변형과 진동이 더 크게 발생할 수도 있다.

⑧ 고강도 강재는 높은 온도에 접하면 갑자기 강도가 감소할 수 있으므로, 프리스트레스트 콘크리트는 철근콘크리트보다 내화성능(耐火性能, fire resistance)이 다소 낮을 수 있다.

⑨ 프리스트레스트 콘크리트는 고강도 재료를 사용하고, 포스트텐션 프리스트레스트 콘크리트에서는 정착장치와 덕트 등 부속장치와 그라우팅 작업이 필요하므로, 단가가 비싸서 초기 건설비용이 철근콘크리트보다 많이 든다. 그러나 정상적으로 시공이 이루어 진 경우에는 유지관리비가 거의 들지 않으므로, 생애주기비용(life cycle cost)의 측면에서 매우 경제적이다.

1.8.3 프리스트레스트 콘크리트의 경제성

프리스트레스트 콘크리트 부재는 동일한 경간 길이와 하중조건을 갖는 철근콘크리트 부재에 비하여 단면의 두께를 얇게 할 수 있다. 일반적으로 프리스트레스트 콘크리트 부재의 두께는 철근콘크리트 부재의 65~80% 수준이므로, 콘크리트와 강재의 중량을 20~35% 정도 절약할 수 있다. 그러나 이와 같이 재료 중량이 절감함에도 불구하고, 긴장재로 사용하는 고강도 강재의 가격이 높고, 긴장작업의 비용이 추가로 소요되며, 얇은 복부와 플랜지가 조합된 단순하지 않은 모양의 단면으로 거푸집 제작비가 증가하여 공사비가 증가할 수 있다. 그러나 많은 물량을 프리캐스트(precast)로 제작할 수 있다면 단가를 낮출 수 있고, 또 부재의 두께가 감소됨에 따른 상부구조 중량의 감소로 기초 등 하부구조를 경제적으로 설계할 수 있어서 프리스트레스트 콘크리트와 철근콘크리트의 공사비 차이는 그리 크지 않을 수 있다.

또 경간이 대략 30~100 m인 범위에서는 프리스트레스트 콘크리트 보가 철근콘크리트 보나 철근콘크리트 아치에 비하여 매우 높은 가격 경쟁력을 가지고 있다. 왜냐하면, 그 경간 범위의 철근콘크리트 보는 자중이 너무 크게 되어 비경제적이 될 수 있고, 아치는 공사비가 많이 들뿐만 아니라 압축력에 의한 콘크리트 아치의 크리프와 수축으로 장기거동이 바람직하지 않은 영향을 주기 때문이다.

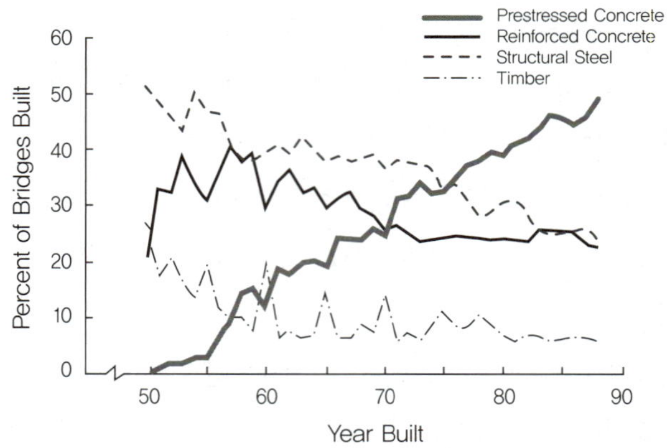

(a) 연도별 형식별 건설 현황

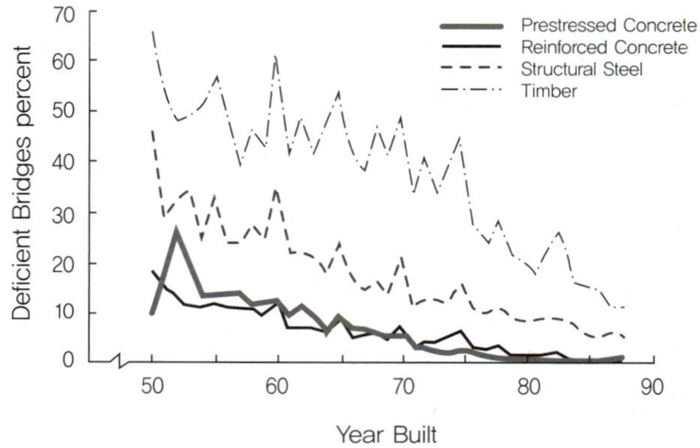

(b) 준공 연도별 노후화 현황

| 그림 1-35 | 1989년에 조사한 미국 교량의 형식별 건설 현황과 노후화 현황자료[1.20]

한편 프리스트레스트 콘크리트는 장기적인 관점에서 유지관리비를 포함한 생애주기비용(life cycle cost)에서 매우 우수한 경제성을 나타낸다. 그림 1-35는 1989년 미국에서 조사한 자료[1.20]로서, 그림 1-35(a)는 1950년부터 1989년까지 미국에서 건설된 교량 형식 별 건설현황이다. 그림에 나타난 바와 같이 프리스트레스트 콘크리트 교량은 1950년부터 건설 비율이 증가하여 1980년대 후반에는 약 50%의 교량이 프리스트레스트 콘크리트로 건설되었다.

그림 1-35(b)는 미국 교량의 준공 연도별 형식별 노후화 현황을 나타내는데, 1980년대에 건설되어 준공된 지 10년이 안된 프리스트레스트 콘크리트 교량은 노후된 교량이 거의 없어서 유지관리비가 거의 들지 않음을 보여준다. 또, 그 이전에 건설된 경우에도 다른 형식의 교량에 비하여 유지관리비가 매우 적게 소요된다는 것을 나타낸다.

1.9 단위 체계

[1] 힘의 단위

한국에서는 오래 전에 힘의 단위를 중량의 단위와 구분하지 않고 kg(kilogram) 또는 $t(ton)$을 사용했었다. 그 후 힘을 질량이나 중량과 구별해야 한다는 뜻에서, 한국산업표준(KS)에서는 힘의 단위를 kgf(킬로그램 힘) 또는 tf(톤힘)로 나타내 왔으며, 1999년 개정된 "콘크리트구조설계기준"에서도 kgf 또는 $tonf$로 힘을 나타내었다.

그러나 단위의 국제적 통일을 위한 세계적 추세에 따라 1990년을 전후해서 한국산업표준(KS)이 전면적으로 국제단위계(SI 단위계)를 채택하였다. 따라서 2003년 개정된 "콘크리트구조설계기준"에서부터 SI단위로 전환하였다. 즉, 힘의 단위로 N(Newton)을, 응력의 단위로 N/mm^2 또는 MPa(Mega Pascal)을 사용하게 되었다. 표 1–3은 한국의 건설분야에서 사용하였던 힘의 단위 변천을 정리한 것이다.

표 1–3 힘과 모멘트 및 응력 단위의 변천

구 분	힘	모멘트	응력
오래 전에 사용하였던 단위	$kg,\ t$	$kg \cdot m,\ t \cdot m$	kg/cm^2
과거 KS에서 규정하였던 단위	$kgf,\ tf$	$kgf \cdot m,\ tf \cdot m$	kgf/cm^2
1999년 콘크리트구조설계기준에서 규정하였던 단위	$kgf,\ tonf$	$kgf \cdot m,\ tonf \cdot m$	kgf/cm^2
현행 KS(KSA 0102) 및 현행 각 기준에서 규정하고 있는 단위	$N,\ kN$	$N \cdot m,\ kN \cdot m$	$N/mm^2(MPa)$

[주] $1\ kN$(kilo Newton) $= 103\ N$, $1\ N/mm^2 = 1\ MPa = 10^6\ \ Pa = 10^6\ N/m^2$

[2] 단위 환산

현행 기준에서는 kgf와 cm의 CGS단위로 된 계산식이나 값들을 SI단위로 환산할 때, $1\ kgf = 9.8\ N$을 $1\ kgf \fallingdotseq 10\ N$으로 보고, 또 $1\ kgf/cm^2 = 0.098\ MPa$을 $1\ kgf/cm^2 \fallingdotseq 0.1\ MPa$로 보고 환산한다. CGS단위에서 응력은 kgf/cm^2의 단위로 표현하여, 힘은 kgf, 길이는 cm 단위로 하였으나, 응력이 SI단위의 $MPa(N/mm^2)$ 단위로 된 식들을 계산할 때는 힘은 N, 길이는 mm 단위로 한다.

[3] 용어

토목분야와 건축분야에서 종래 서로 다르게 사용해온 용어들은 1999년 통합된 "콘크리트구조설계기준"에서 하나의 용어로 통일하였고, 한국콘크리트학회에서 지속적으로 공식 용어를 정리하고 있다. 이 책에서는 한국콘크리트학회에서 공표하는 공식 용어를 사용하였으나, 토목분야나 건축분야에서 종래에 일반적으로 사용해온 용어를 병용한 곳도 있다.

[참고문헌]

1.1 Freyssinet, E. and Seailles, J., French Patent No. 680 547, 1928.

1.2 Freyssinet, E., *Une Revolution dans les Techniques du Béton*. Paris: Librairie de l"Enseignement Technique. Leon Eyrolles, Editor, 1936.

1.3 Jackson, P. H., U.S. Patent No. 357999, 1886/88.

1.4 Doehring, C. E., German Patent No. 53548, 1888/89.

1.5 Koenen, M., German Patent No. 249007, 1912.

1.6 Dill, R. E., U.S. Patent No. 1684663, 1925/28.

1.7 Nawy, E. G., *Prestressed Concrete-A Fundamental Approach*, 5th ed., Pearson Prentice Hall, Upper Saddle River, 2006, 945 pp.

1.8 Naaman, A. E., *Prestressed Concrete Analysis and Design-Fundamentals*, 2nd ed., Techno Press 3000, Ann Arbor, 2004, 1072 pp.

1.9 Nilson, A. H., *Design of Prestressed Concrete*, 2nd ed., John Wiley & Son, New York, 1987, 592 pp.

1.10 Xercavins, P., Demarthe, D., and Shushkewich, K., "Eugene Freyssinet-The Invention of Prestressed Concrete and Precast Segmental Construction," www.efreyssinet-association.com, 2008, 24 pp.

1.11 www.bristol.ac.uk, photo by Blockley, D. and Gregory, R.

1.12 Lin, T. Y., "Load Balancing Method for Design and Analysis of Prestressed Concrete Structures," *ACI Journal*, Vol. 60, No. 6, 1963, pp. 719-742.

1.13 Nilson, A. H., *Design of Prestressed Concrete*, 2nd ed., John Wiley & Son, New York, 1987(p. 10).

1.14 BS 8110. *Structural Use of Concrete-Part 1: Code of Practice for Design and Construction*, British Standards Institution, London, 1997.

1.15 CEN, Eurocode 2: *Design of Concrete Structures*, European Committee for Standardization, 2004.

1.16 국토교통부, 한국교량및구조공학회, 교량설계기준(한계상태설계법), KDS 24 14 21 콘크리트교 설계기준(한계상태설계법), 기준 및 해설, 2021.

1.17 ACI Committee 318, *Building Code Requirements for Structural Concrete*(ACI 318-14) *and Commentary* (ACI 318R-14), American Concrete Institute, Farmington Hills, MI, 2014.

1.18 국토교통부, 한국콘크리트학회, KDS 14 20 콘크리트구조설계기준, 기준 및 해설, 2021.

1.19 국토해양부, 한국도로교통협회, 도로교설계기준, 2010.

1.20 Dunker, K. F. and Rabbat, B. G., "Performance of Highway Bridges," *Concrete International*, Vol. 12, No. 8, American Concrete Institute, Farmington Hills, MI, 1990, pp. 40~43.

[연습문제]

1-1 프리스트레스트 콘크리트의 원리를 설명하시오.

1-2 프리스트레스트 콘크리트를 제작하는 방법을 나열하고, 그 특징을 설명하시오.

1-3 프리스트레스트 콘크리트와 철근콘크리트의 구조적 거동 특성과 차이를 설명하시오.

1-4 철근콘크리트를 비교 대상으로 하여, 프리스트레스트 콘크리트의 장점과 단점을 설명하시오.

1-5 부분 긴장 프리스트레스트 콘크리트의 특징을 설명하시오.

1-6 프리텐션 공법의 특성과 장점 및 단점을 설명하시오.

1-7 포스트텐션 공법의 특성과 장점 및 단점을 설명하시오.

1-8 프리텐션 공법과 포스트텐션 공법 외에 프리스트레스를 도입하는 방법을 설명하시오.

1-9 프리스트레싱 시스템의 관점에서 프리스트레스트 콘크리트를 분류하고, 각각의 특징을 설명하시오.

1-10 프리스트레스트 콘크리트에 작용하는 하중단계를 구분하고, 설계와 시공에서 각 단계에 대하여 주의해야 할 사항이나 검토해야 할 사항을 설명하시오.

1-11 다음 그림과 같이 포물선으로 배치된 프리스트레스트 콘크리트 보에 긴장력 P가 작용한다. 하중은 자중을 포함한 등분포하중 w나 경간 중앙에 집중하중 W가 각각 작용하거나, w와 W가 동시에 작용한다. 단면의 크기로, $b = 600\,mm$, $h = 1{,}800\,mm$이며, 경간길이 $L = 30\,m$, 중앙단면에서의 긴장재 편심 $e = 600\,mm$이다. 문제의 조건은 다음 (a)~(f)의 6가지 조건 중 하나를 선택하시오.

(a) $P = 4{,}500\,kN,\ w = 36\,kN/m$

(b) $P = 4{,}500\,kN,\ w = 24\,kN/m$

(c) $P = 4{,}500\,kN,\ w = 12\,kN/m$

(d) $P = 6{,}750\,kN,\ w = 36\,kN/m$

(e) $P = 6{,}750\,kN,\ w = 12\,kN/m$

(f) $P = 6{,}750\,kN,\ w = 12\,kN/m,\ W = 200\,kN$

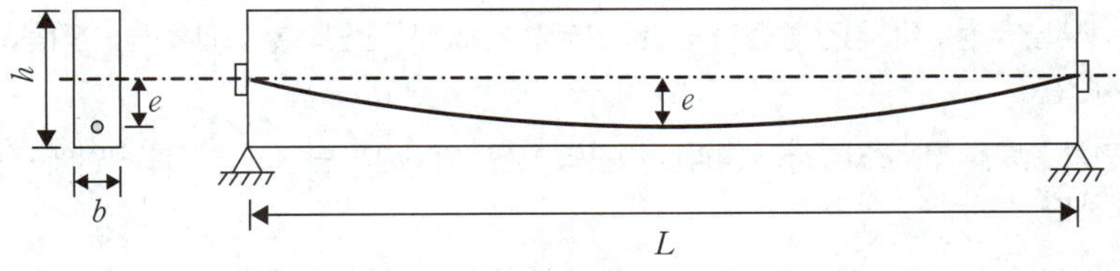

| 그림 1-36 | 문제 1-11의 프리스트레스트 콘크리트 보

[문제 1] 균등질보 개념을 적용하여, 경간 중앙과 경간의 1/4인 위치에서 단면의 상단과 하단에 작용하는 응력을 계산하시오.

[문제 2] 내력 개념을 적용하여, 경간 중앙과 경간의 1/4인 위치에서 단면의 상단과 하단에 작용하는 응력을 계산하시오.

[문제 3] 하중평형 개념을 적용하여, 경간 중앙과 경간의 1/4인 위치에서 단면의 상단과 하단에 작용하는 응력을 계산하시오.

[문제 4] 경간 중앙에서 처짐이 상향 또는 하향의 어느 방향으로 발생할지 판단하시오.

1-12 다음 그림과 같이 절곡 배치된 프리스트레스트 콘크리트 보에 긴장력 P가 작용한다. 하중은 자중을 포함한 등분포하중 w나 2개의 집중하중 W가 절곡 위치인 $L/3$에 각각 작용하거나, w와 W가 동시에 작용한다. 단면의 크기로, $b = 600\ mm$, $h = 1{,}800\ mm$이며, 경간길이 L 30 m, 중앙단면에서의 긴장재 편심 $e = 600\ mm$이다. 문제의 조건은 다음 (a)~(f)의 6가지 조건 중 하나를 선택하시오.

(a) $P = 4{,}500\ kN,\ W = 150\ kN$

(b) $P = 4{,}500\ kN,\ W = 350\ kN$

(c) $P = 4{,}500\ kN,\ w = 18\ kN/m,\ W = 150\ kN$

(d) $P = 6{,}750\ kN,\ w = 36\ kN/mm$

(e) $P = 6{,}750\ kN,\ w = 12\ kN/m$

(f) $P = 6{,}750\ kN,\ w = 12\ kN/m,\ W = 150\ kN$

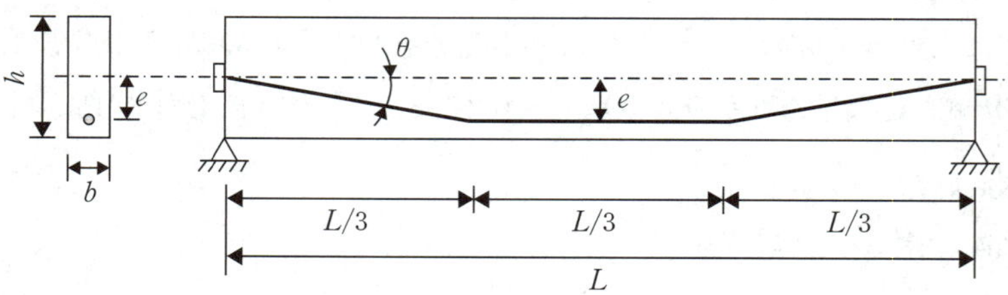

| 그림 1-37 | 문제 1-12의 프리스트레스트 콘크리트 보

[문제 1] 균등질보 개념을 적용하여, 경간 중앙과 경간의 1/4인 위치에서 단면의 상단과 하단에 작용하는 응력을 계산하시오.

[문제 2] 내력 개념을 적용하여, 경간 중앙과 경간의 1/4인 위치에서 단면의 상단과 하단에 작용하는 응력을 계산하시오.

[문제 3] 하중평형 개념을 적용하여, 경간 중앙과 경간의 1/4인 위치에서 단면의 상단과 하단에 작용하는 응력을 계산하시오.

[문제 4] 경간 중앙에서 처짐이 상향 또는 하향의 어느 방향으로 발생할지 판단하시오.

1-13 다음 그림과 같이 절곡 배치된 프리스트레스트 콘크리트 보에 긴장력 P가 작용한다. 하중은 자중을 포함한 등분포하중 w나 경간 중앙에 집중하중 W가 작용하거나, w와 W가 동시에 작용한다. 단면의 크기로, $b = 600\,mm$, $h = 1{,}800\,mm$이며, 경간길이 $L = 30\,m$, 중앙단면에서의 긴장재 편심 $e = 600\,mm$이다. 문제의 조건은 다음 (a)~(f)의 6가지 조건 중 하나를 선택하시오.

(a) $P = 4{,}500\,kN,\ W = 200\,kN$

(b) $P = 4{,}500\,kN,\ W = 400\,kN$

(c) $P = 4{,}500\,kN,\ w = 18\,kN/m,\ W = 200\,kN$

(d) $P = 6{,}750\,kN,\ w = 36\,kN/m$

(e) $P = 6{,}750\,kN,\ w = 12\,kN/m$

(f) $P = 6{,}750\,kN,\ w = 12\,kN/m,\ W = 200\,kN$

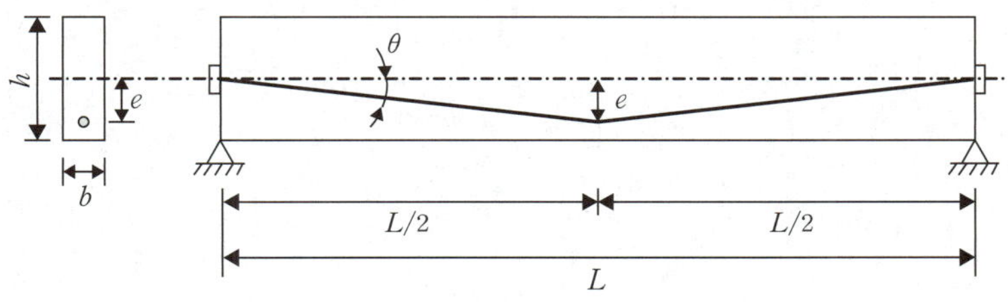

| 그림 1-38 | 문제 1-13의 프리스트레스트 콘크리트 보

[문제 1] 균등질보 개념을 적용하여, 경간 중앙과 경간의 1/4인 위치에서 단면의 상단과 하단에 작용하는 응력을 계산하시오.

[문제 2] 내력 개념을 적용하여, 경간 중앙과 경간의 1/4인 위치에서 단면의 상단과 하단에 작용하는 응력을 계산하시오.

[문제 3] 하중평형 개념을 적용하여, 경간 중앙과 경간의 1/4인 위치에서 단면의 상단과 하단에 작용하는 응력을 계산하시오.

[문제 4] 경간 중앙에서 처짐이 상향 또는 하향의 어느 방향으로 발생할지 판단하시오.

제2장

재료 및 장치

2.1 콘크리트

콘크리트는 다른 건설재료에 비하여 가격이 상대적으로 저렴하므로, 매우 경제적이라는 장점 때문에 건설 구조물에 가장 많이 사용되는 재료이다. 또 품질관리가 잘 된 콘크리트는 일반적으로 내구성이 우수하며 유지관리비도 저렴하다는 장점이 있다. 그러나 콘크리트를 다루는 기술자의 숙련도에 따라 품질의 변동성이 크므로, 숙련되지 않은 인력이 다루면 품질이 매우 조악해진다는 것이 단점이 되기도 한다. 한편 콘크리트는 재료의 배합에 따라 매우 다양한 특성을 나타낸다. 재료의 성질과 특성은 종종 구조물의 성능에 큰 영향을 미치므로, 구조물의 설계와 시공에 있어서 재료의 특성을 이해하는 것이 중요하다. 여기서는 콘크리트의 재료구성과 역학적 특성을 다룬다.

2.1.1 콘크리트의 정의 및 특성

콘크리트는 콘크리트표준시방서[2.1]에, "시멘트, 물, 잔골재, 굵은 골재 및 필요에 따라 첨가하는 혼화재료를 구성 재료로 하여 이들을 비벼서 만든 것, 또는 경화된 것"으로 정의되어 있다. 이러한 정의와 함께 콘크리트 구조물의 성능을 이해하는데 도움을 주는 표현으로, "콘크리트는 돌을 풀로 붙인 것"이라고 할 수 있다. 여기서 '돌'은 잔골재와 굵은 골재로서 일반적으로 모래와 자갈을 의미하며, '풀'은 시멘트와 물로 이루어진 시멘트 풀(cement paste)을 의미한다. 따라서 콘크리트는 골재를 시멘트 풀로 결합시킨 것이므로, 콘크리트의 강도는 골재의 강도와 시멘트 풀의 강도, 그리고 골재에 대한 시멘트 풀의 부착 성능으로 결정된다.

콘크리트의 강도는 크게 압축강도와 인장강도로 나누어 생각할 수 있는데, 골재에 대한 시멘트 풀의 부착 특성으로 인하여 압축강도에 비하여 인장강도가 현저히 작은 특성을 가지고 있다. 또, 골재를 시멘트 풀로 결합시킨 콘크리트는 시멘트 풀의 특성으로 인하여 독특한 재료 특성을 나타내는데, 그 대표적인 것이 크리프(creep)와 수축(shrinkage)이다. 크리프는 응력이 일정하게 작용하여 크기의 변화가 없더라도 시간이 경과함에 따라 변형률이 증가하는 현상이다. 콘크리트의 수축은 콘크리트가 굳으면서 체적이 감소하는 현상이다.

프리스트레스트 콘크리트에 사용되는 콘크리트는 기본적으로 철근콘크리트에 사용하는 콘크리트와 동일하지만, 프리스트레스트 콘크리트가 만족할만한 구조성능을 보유하기 위해서는 다음과 같은 품질을 갖는 것이 바람직하다.

[1] 강도 및 강성

프리스트레스트 콘크리트는 긴장력에 의하여 높은 압축응력이 작용하므로 압축강도가 높은 것이 바람직하며, 콘크리트 구조물에 균열이 발생하지 않는 것이 유리하므로 인장강도가 높은 콘크리트가 바람직하다. 또, 콘크리트 구조물의 처짐이 크면 구조물의 사용성능이 낮아지므로, 가능하면 탄성계수가 큰 콘크리트를 사용하는 것이 좋다. 긴장력 손실에 대해서도 탄성수축에 의한 손실을 감소시키기 위해서는 탄성계수가 큰 콘크리트가 유리하다.

[2] 크리프

크리프가 크게 발생하는 콘크리트를 프리스트레스트 콘크리트에 사용하면, 크리프로 인한 긴장력 손실이 크게 발생하여 효율적이지 않고, 또 구조물의 장기 처짐이 증가하여 구조물의 사용성능이 낮아진다. 따라서 가능한 한 크리프가 적게 발생하게 되는 배합의 콘크리트를 사용하는 것이 바람직하다.

[3] 수축

수축이 크게 발생하는 콘크리트를 프리스트레스트 콘크리트에 사용하면, 수축으로 인한 긴장력 손실이 크게 발생하여 효율적이지 않고, 또 수축에 대한 구속력이 증가하여 균열이 발생할 가능성이 있다. 따라서 가능한 한 수축이 적게 발생하게 되는 배합의 콘크리트를 사용하는 것이 바람직하다.

[4] 내구성

프리스트레스트 콘크리트 구조물이 목표로 하는 구조성능을 오랜 기간 동안 유지하도록 하기 위해서는 내구성이 좋은 콘크리트를 사용하는 것이 바람직하다.

이와 같은 콘크리트 품질에 대한 판단기준으로 콘크리트의 압축강도가 사용된다. 일반적으로 압축강도가 높은 콘크리트는 인장강도와 탄성계수도 크며, 크리프와 수축이 작은 특성이 있고 내구성도 또한 우수하다. 따라서 강도가 높은 콘크리트를 프리스트레스트 콘크리트에 사용하면 여러 가지 장점을 발휘할 수 있게 된다. 이를 반영하여, 도로교설계기준(2010)[2.2]과 교량설계기준(한계상태설계법)[2.3]은 포스트텐션 프리스트레스트 콘크리트 교량은 30 MPa 이상, 프리텐션 프리스트레스트 콘크리트 교량은 35 MPa 이상의 콘크리트 설계기준압축강도를 사용하도록 규정하고 있다.

2.1.2 콘크리트의 구성 재료

콘크리트는 골재를 시멘트 풀로 붙여서 경화시킨 것으로, 골재, 시멘트, 물을 기본 재료로 하며 경우에 따라서 혼화재료를 사용한다. 콘크리트 구성 재료의 종류와 품질 조건은 다음과 같다.

[1] 골재

골재(aggregate)는 작은 돌로서, 강에서 취득한 모래나 자갈, 석산(石山)에서 쇄석(碎石)으로 취득한 부순 모래나 부순 자갈을 사용한다. 이 중에서 모래와 같이 작은 크기의 골재를 잔골재(fine aggregate)라고 하고, 자갈과 같이 상대적으로 큰 크기의 골재를 굵은 골재(coarse aggregate)라고 한다. 콘크리트 표준시방서[2.1]는 5 mm체를 통과하고 0.08 mm체에 남는 골재를 잔골재, 5 mm체에 남는 골재를 굵은 골재로 정의하고 있다.

골재는 강하고 단단해야 하며, 시멘트 풀과의 부착이 잘 되는 것이 좋다. 콘크리트에서 골재가 차지하는 부피는 경화한 콘크리트 체적의 70~75% 정도이며, 골재가 치밀하게 잘 채워질수록 콘크리트의 강도와 내구성이 좋아진다. 골재가 치밀하게 채워진다는 것은 다양한 크기의 골재가 골고루 섞여서 빈틈이 최소로 되는 경우를 말하는 것으로서, 정량적으로는 골재의 입도(粒度)로 나타낸다.

콘크리트의 품질에 영향을 미치는 요인 중의 하나는 골재의 최대치수로서, 골재의 최대치수가 클수록 작업성과 유동성을 얻기 위한 단위수량은 적어지고 시멘트의 양도 절약된다. 그러나 골재가 클수록 체적에 대한 표면적의 비율이 작아지므로, 시멘트 풀과의 부착성능이 낮아진다. 따라서 콘크리트의 강도를 높이기 위해서는 작은 치수의 골재를 사용하는 것이 유리하다. 프리스트레스트 콘크리트에서는 상대적으로 높은 강도의 콘크리트가 필요하며, 긴장재나 쉬스, 또는 철근 사이에 콘크리트가 충분히 채워져야 하므로, 굵은 골재의 최대치수로 25 mm를 표준으로 하는 것이 일반적이다.

[2] 시멘트와 물

시멘트는 석회(CaO), 실리카(SiO_2), 산화알루미늄(Al_2O_3), 산화철(Fe_2O_2) 등을 함유한 원료를 혼합하여 소결(燒結)한 클링커(clinker)에 석고를 가하여 분말로 만든 것으로서, 물과 화학적으로 반응하는 수화작용(hydration)으로 응결(setting)하고 경화(hardening)하여, 골재들을 단단하게 결합시키는 점착성(adhesive)과 응집성(cohesive)을 가진 재료이다. 이러한 수경성 시멘트(hydraulic cement)는 포틀랜드 시멘트, 혼합시멘트, 특수시멘트로 구분한다.

19세기 영국에서 처음 개발된 포틀랜드 시멘트(portland cement)는 경화한 시멘트의 색깔이 당시 건축재료로 사용하던 포틀랜드산 천연석과 유사했기 때문에 붙인 이름으로, 보통 포틀랜드 시멘트(1종), 중용열 포틀랜드 시멘트(2종), 조강 포틀랜드 시멘트(3종), 저열 포틀랜드 시멘트(4종), 내황산염 포틀랜드 시멘트(5종)의 다섯 가지 종류가 있다.[2.4] 보통 포틀랜드 시멘트를 사용한 콘크리트는 타설 후 14일 정도 지나면 자중이나 고정하중을 지지할 수 있는 강도에 도달하여, 일반적인 용도에 가장 많이 사용된다. 중용열 포틀랜드 시멘트는 수화열과 수축이 적고 투수 저항성과 화학 저항성이 커서, 매스 콘크리트나 도로 포장용 콘크리트에 많이 사용된다. 조강 포틀랜드 시멘트는 1일 강도와 3일 강도가 보통 포틀랜드 시멘트의 3일 강도와 28일 강도와 각각 유사할 정도로 초기강도가 높은 시멘트로서 긴급공사나 공기단축용으로 많이 사용되며, 프리스트레싱을 일찍 실행할 필요가 있는 경우에 유용하게 사용될 수 있다. 그러나 조강 포틀랜드 시멘트는 과도한 수화열이 발생하여 콘크리트의 수축균열을 유발할 수 있으므로, 시멘트의 양이 과도하게 많은 부배합(富配合, rich mix)이 되지 않도록 주의하여야 한다. 저열 포틀랜드 시멘트는 벨라이트(belite) 시멘트라고도 부르며, 수화열이 상당히 낮은 시멘트로서 내구성과 유동성이 우수하고 장기강도가 높다. 그러나 보통 포틀랜드 시멘트에 비하여 초기강도가 낮은 단점이 있다. 내황산염 포틀랜드 시멘트는 황산염(sulfate)에 대한 저항성능이 우수한 시멘트로서, 콘크리트가 황산염이 포함된 지하수나 지반에 접하는 경우 시멘트 화합물 중 C_3A가 황산염과 반응하여 콘크리트가 팽창하고 궁극적으로 파괴되는데, 이를 방지하기 위한 용도로 사용된다.

혼합 시멘트는 포틀랜드 시멘트에 혼합 물질을 섞은 시멘트를 말한다. 혼합 물질로는 고로슬래그(slag), 포졸란(pozzolan), 플라이 애쉬(fly ash) 등을 사용하며, 이들을 혼합한 각각을 고로슬래그 시멘트, 포졸란 시멘트, 플라이 애쉬 시멘트로 부른다. 혼합 시멘트의 특성은 이 혼합 물질들을 혼화재(混和材)로 첨가하는 경우와 동일하다.

시멘트는 콘크리트의 강도를 결정하는 중요한 역할을 한다. 일반적으로 시멘트 풀의 강도는 골재의 강도보다 낮기 때문에 콘크리트의 강도를 높이기 위해서는 시멘트 풀의 강도를 높여야 한다. 시멘트 풀의 강도를 높이기 위해서는 시멘트의 양을 증가시키거나 물의 양을 감소시켜야 한다. 그러나 단위 시멘트량이 증가하면 수화열이 증가하고 수축과 크리프 또한 증가하여 바람직하지 않다. 따라서 목표로 하는 압축강도를 얻는 범위에서 단위 시멘트량을 최소로 하는 것이 바람직하다. 단위 시멘트량은 목표로 하는 압축강도, 시멘트의 성질, 골재의 입도, 혼화재료의 유무와 종류, 슬럼프 등에 따라 달라지는 것이지만, 설계기준압축강도가 40 MPa인 콘크리트의 단위 시멘트량은 보통 포틀랜드 시멘트를 기준으로 할 때 보통 370~430 kg/m^3의 범위이다.

콘크리트에 사용하는 물은 사람이 마실 수 있을 정도로 깨끗한 것으로서, 콘크리트에 해로운 양 이상의 기름, 산, 염류, 유기물 등이 포함되지 않아야 한다. 시멘트가 완전히 수화하는 데 필요한 물의 양은 시멘트 중량의 25% 정도이다. 그러나 물이 시멘트 입자에 도달하기 위해서는 시멘트 풀 속의 물이 유동성(mobility)을 가져야 하기 때문에 10~15% 정도의 물이 더 요구된다. 따라서 시멘트의 수화작용에 필요한 최소의 물-시멘트비는 일반적으로 35~40% 정도이다. 실제의 콘크리트 배합에서는 소요의 유동성(workability)을 얻기 위하여 더 큰 물-시멘트비가 사용되는데, 물-시멘트비가 증가하면 강도가 낮아진다. 따라서 콘크리트가 높은 강도를 발현할 수 있으려면 물의 양을 줄여서 시멘트 풀의 강도를 높여야 한다. 그러나 물의 양을 줄이면 유동성이 좋지 않게 되어 콘크리트의 타설 작업이 어려워진다. 이러한 경우에는 물의 양을 증가시키지 않고 유동성이 좋아지도록 혼화재료를 사용한다. 무기물의 혼화재를 사용하는 경우에는 시멘트와 혼화재를 합하여 결합재라고 하는데, 물-시멘트비(water-cement ratio, W/C) 대신 물-결합재비(water-binder ratio, water cementitious material ratio, W/B)를 사용한다. 즉, 물-결합재비는 시멘트의 양과 혼화재의 양을 합한 결합재의 양과 물의 양을 비율로 나타낸 것이다.

[3] 혼화재료

혼화재료(admixture)는 콘크리트의 성능을 개선할 목적으로 골재, 시멘트, 물 이외에 추가로 더 넣는 재료를 총칭한다. 혼화재료에는 혼화제(混和劑)와 혼화재(混和材)가 있는데, 전자는 주로 화학물질이며 후자는 주로 광물질이다. 이 두 가지의 구분으로, 사용량이 비교적 적어서 콘크리트의 배합설계에서 부피를 무시할 수 있는 혼화재료를 혼화제라 하고, 사용량이 비교적 많아서 콘크리트의 배합설계에서 부피를 고려해야 하는 혼화재료를 혼화재라고 구분하기도 한다. 혼화재료는 사용목적에 따라 그 종류가 매우 다양하므로, 반드시 그 품질을 확인한 후에 사용하여야 한다. 특히 프리스트레스트 콘크리트에 사용되는 콘크리트와 그라우트 재료에는 프리스트레싱 강재의 부식을 유발하는 염화물을 함유한 혼화재료를 사용하지 않아야 한다.

콘크리트에 사용되는 혼화재료 중 화학물 혼화제의 종류와 특징 및 용도는 다음과 같다.

- 공기연행제(AE제, air-entraining admixture)
  콘크리트를 비빌 때 자연적으로 콘크리트 혼합물 속에 들어가게 되는 기포를 잘게 나누어 균일하게 분포시켜서, 콘크리트의 동결 융해작용에 대한 저항성을 향상시키는 혼화제.
- 감수제(water-reducing admixture)
  시멘트 입자에 대한 습윤·분산작용으로 콘크리트의 유동성을 향상시켜서 목표로 하는 강도를 얻는 데 필요한 단위수량을 감소시키는 혼화제.

- AE감수제
  콘크리트 속의 기포를 미세하고 균일하게 분포시키면 콘크리트의 유동성이 향상되므로, 동결 융해작용에 대한 저항성을 향상시키는 역할과 함께 감수제로서의 역할도 하는 혼화제.
- 유동화제(superplasticizer)
  고성능 감수제(high-range water-reducing admixture)라고도 하며, 일반적인 감수제에 비하여 콘크리트의 유동성을 향상시키는 성능이 매우 우수하여 매우 작은 물-시멘트비로도 높은 슬럼프를 유지시킬 수 있으므로 고강도 콘크리트의 배합에 사용되는 혼화제로서, 미리 비빈 콘크리트에 첨가하여 교반함으로써 유동성을 증대시키는 데도 매우 효과적인 혼화제.
- 촉진제(accelerating admixture)
  시멘트의 수화 반응을 촉진시켜서 응결시간을 단축함으로써 콘크리트가 조기에 강도를 발휘하게 해주는 혼화제이지만, 염화칼슘 등의 염화물이 함유된 제품은 철근이나 프리스트레싱 강재를 부식시킬 우려가 있으므로 주의를 요하는 혼화제.
- 지연제(delaying admixture)
  시멘트의 수화 반응을 지연시켜서 콘크리트의 응결시간을 늦추는 혼화제로, 조기 경화 현상을 보이는 서중 콘크리트(hot weather concrete)나 수송 거리가 먼 레미콘에 첨가하는데 사용되는 혼화제.
- 수축저감제(shrinkage reducing admixture)
  콘크리트 내의 자유수가 증발할 때 발생하는 모세관 장력을 적게 하여 수축을 감소시키는 혼화제.
- 방청제(corrosion resisting admixture)
  콘크리트에 함유되어 있는 염화물에 의하여 강재가 부식되지 않도록 첨가하는 혼화제, 또는 시공 중에 상당 기간 대기에 노출되는 강재의 표면에 도포하는 부식방지 화학물질.

콘크리트에 사용되는 혼화재료 중 광물질 혼화재의 종류와 특징 및 용도는 다음과 같다.

- 고로슬래그(granulated blast furnace slag)
  제철소의 고로(高爐, 용광로)에서 나오는 알루미노 규산염이 주성분인 용융상태의 고온 슬래그를 급랭하여 입상화한 것으로, 콘크리트의 수밀성을 증진시켜서 화학저항성을 향상시키며 시멘트의 역할도 하는 혼화재.
- 플라이 애쉬(fly ash)
  화력발전소에서 미분탄을 연소시킬 때 발생되는 재의 미립자를 집진기로 포집한 것으로, 콘크리트의 유동성을 향상시켜서 단위수량을 저감시킬 수 있으므로 강도의 증진 효과, 특히 장기강도의 증진 효과가 있으며, 수밀성과 내구성이 향상되어 화학저항성을 향상시키고, 시멘트를 대체하는 효과로 수화열을 감소시키는 혼화재.

- 실리카 퓸(silica fume)

  금속 실리콘(silicon metal) 또는 페로실리콘 합금(ferro-silicon alloy) 등의 규소합금을 제조할 때 발생하는 폐가스에 포함된 SiO_2를 집진기로 모은 초미립자의 산업 부산물로서, 평균지름이 0.1μm로 매우 미세하고 높은 결합성이 있어서 조기재령에서 콘크리트의 강도를 크게 증진시키므로 고강도 콘크리트의 배합에 사용되는 혼화재.
- 팽창재(expansive admixture)

  수화 반응에 따라 수산화칼슘 등을 생성하여 콘크리트가 팽창하게 하는 혼화재로, 콘크리트의 수축에 의한 균열을 억제하거나 화학적으로 프리스트레스를 도입하고자 할 때 사용되는 혼화재.
- 착색재(coloring admixture)

  물에 녹지 않는 안료(顔料)로서 시멘트 입자 사이에 분산되어 콘크리트에 붉은색, 노란색, 녹색, 청색, 검은색, 백색 등의 색을 입히는 혼화재.

2.1.3 콘크리트의 압축강도

콘크리트의 압축강도는 콘크리트의 품질을 나타내는 기본적인 재료특성으로서, 콘크리트의 강도라고 하면 일반적으로 압축강도를 말한다. 콘크리트의 압축강도는 시간이 지나면 증가하는 특성이 있어서, '재령(材齡, age)'으로 콘크리트를 생산한 후의 경과기간을 표현하며 일반적으로 일(日, day)로 나타낸다. **그림 2-1**(a)에 나타난 바와 같이, 콘크리트는 타설한 후 약 28일까지 초기에 매우 빠르게 강도를 발현하며 그 이후의 강도 증진은 완만하다. 따라서 콘크리트 구조물의 설계에서는 재령 28일의 강도를 기준으로 한다. 콘크리트를 습윤 양생할 때는, **그림 2-1**(b)와 같이 재령 7일과 14일에 각각 28일 강도의 70% 정도와 85~90% 정도의 강도를 나타낸다. 증기 양생을 할 때는 재령 2일 내지 3일에 28일 강도의

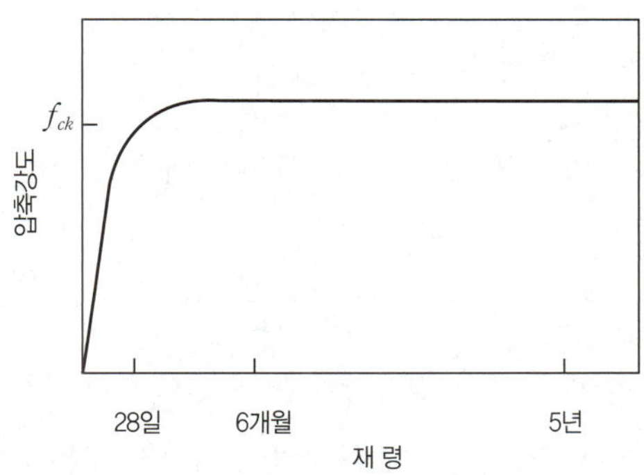

(a) 재령-압축강도 곡선

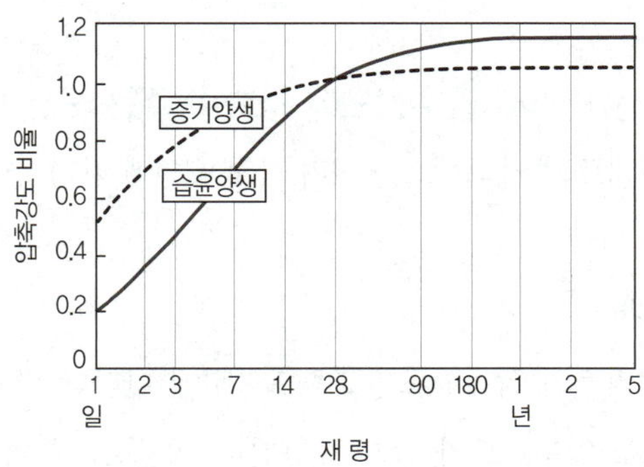

(b) 양생방법에 따른 압축강도 발현

| 그림 2-1 | 콘크리트 재령과 압축강도의 관계

70~80%, 재령 7일에 28일 강도의 90% 내외의 강도를 나타낸다.

콘크리트의 압축강도 시험방법, 압축강도에 영향을 주는 요인, 콘크리트 배합 및 양생의 참고사항은 다음과 같다.

[1] 공시체 제작 및 양생과 압축강도 시험

콘크리트의 압축강도는 압축강도 시험용 공시체(specimen)를 제작하고, 파괴될 때까지 압축력을 가하는 강도시험으로 결정한다. 한국을 비롯하여 미국, 캐나다, 일본 등에서는 오래 전부터 원주형 공시체(cylinder specimen)를 압축강도 시험용 공시체로 사용하고 있다. 그러나 유럽에서는 2,000년대에 들어서 원주형 공시체를 표준으로 하였고, 그 동안 기준으로 사용하였던 정육면체 공시체(cube specimen)를 보조적으로 사용하고 있다. 이는 과거에 영국에서 1500×1500×150 mm의 정육면체 공시체를 사용하였고, 독일은 200×200×200 mm 정육면체 공시체를 사용하고 있었기 때문이다. 국제표준 ISO 1920-3[2.5]에서는 원주형 공시체로 ϕ100×200 mm와 ϕ150×300 mm를 명시하고 있고, 정육면체 공시체로는 100×100×100 mm와 150×150×150 mm를 명시하고 있다. 150×150×150 mm 정육면체 공시체로 시험한 압축강도는 ϕ150×300 mm 원주형 공시체로 시험한 압축강도의 약 1.28배 정도이다. 예를 들어, 150×150×150 mm 정육면체 공시체로 시험한 압축강도가 30 MPa(30 N/mm^2)이라면, ϕ150×300 mm 원주형 공시체의 강도로 환산하였을 때 1.28의 역수인 0.78배를 적용하여, 30×0.78 = 23 MPa(23 N/mm^2) 정도로 볼 수 있다.

압축강도 시험용 원주형 공시체는 굳지 않은 콘크리트 시료를 KS F 2401(굳지 않은 콘크리트의 시료 채취 방법)[2.6]에 따라 채취하여 KS F 2403(콘크리트의 강도 시험용 공시체 제작 방법)[2.7]에 의하여 제작하고, 20±3℃의 온도에서 28일 동안 습윤 상태로 표준양생 한다. 재령 28일에는 KS F 2405(콘크리트 압축 강도 시험 방법)[2.8]에 따라 압축강도를 시험한다. 실제 구조물에서 거푸집의 제거 시기 등을 결정하기 위하여 압축강도시험을 실시하는 경우에는 공시체를 현장의 콘크리트와 같은 상태로 양생한다.

[2] 콘크리트 압축강도에 영향을 주는 요인

콘크리트의 압축강도는 여러 가지 요인에 따라 영향을 받는데, 그 중 주요 항목은 다음과 같다.

(1) 재령

콘크리트의 압축강도는 **그림 2-1(a)**에 나타난 바와 같이 시간이 경과함에 따라 증가한다. 특히 초기 재령에서 압축강도가 크게 증가한다. 재령 28일 이후에는 강도 증진이 완만하여, 6개월 또는 1년 후에는 강도가 크게 변화하지 않는다. 재령에 따른 압축강도의 증진은 양생방법에 따라 차이가 있으며, 시멘트의 종류와 대기 온도 및 상대 습도 등에도 영향을 받는다.

(2) 물-시멘트 비 및 물-결합재 비

콘크리트의 압축강도는 물-시멘트 비(W/C) 또는 물-결합제 비(W/B, water-binder ratio)에 크게 영향을 받는다. 그림 2-2(a)에 나타난 바와 같이, 물-시멘트 비가 증가하면 콘크리트의 압축강도는 감소한다. 작은 물-시멘트 비로 배합하여 물의 양을 감소시키면, 시멘트 풀의 강도가 증가하여 콘크리트의 압축강도도 증가한다. 그러나 물-시멘트 비를 감소시키는 데는 한계가 있다. 왜냐하면, 시멘트가 완전히 수화하는 데 필요한 물의 양이 시멘트 중량의 25% 정도이고, 물이 시멘트 입자에 도달할 수 있도록 시멘트 풀 속의 물이 유동성을 가져야 하므로 10~15% 정도의 물이 더 필요하기 때문이다. 따라서 유동성 증진을 위한 혼화재료를 사용하지 않는다면 시멘트의 수화 반응에 필요로 하는 최소의 물-시멘트 비는 일반적으로 35~40% 정도이다. 수화에 쓰이고 남은 물은 증발하여 시멘트 풀 속에 공극(空隙)을 형성하게 되는데, 경화한 시멘트 풀의 강도는 공극의 부피에 반비례하여 감소한다. 따라서 물-시멘트비가 증가하면 콘크리트의 압축강도가 감소하게 된다.

(3) 시멘트 종류 및 응결 시간 조절용 혼화제

동일한 28일 압축강도를 가진 콘크리트라도 사용한 시멘트의 종류에 따라 강도 증진의 특성이 다르다. 그림 2-2(b)에 나타난 바와 같이, 보통 포틀랜드 시멘트(1종)를 사용하는 경우에 비하여 조강 포틀랜드 시멘트(3종)를 사용하는 경우에 조기 강도가 크게 발현된다. 그러나 조강 시멘트를 사용하는 경우, 20일 이후의 장기 강도는 보통 시멘트를 사용하는 경우에 비하여 크게 증진되지 않는다. 한편, 시멘트 이외에도 촉진제나 지연제 등의 응결 시간 조절용 혼화제를 첨가하면 강도발현 특성이 달라진다.

(4) 골재의 강도와 용적율 및 입도와 최대 치수

콘크리트는 골재를 시멘트 풀로 결합시킨 것이므로, 콘크리트의 강도는 골재의 강도와 시멘트 풀의 강도로 결정된다. 시멘트 풀의 강도보다 골재의 강도가 더 높은 보통강도 콘크리트는 시멘트 풀의 강도가 콘크리트의 강도에 큰 영향을 미친다. 시멘트 풀의 강도가 매우 높은 고강도 콘크리트는 골재의 강도가 콘크리트의 강도에 큰 영향을 미친다. 시멘트 풀의 강도가 큰 영향을 미치는 보통강도 콘크리트에서는 골재가 차지하는 체적비, 즉 용적율이 높으면 콘크리트의 강도가 높아진다. 왜냐하면, 경화한 시멘트 풀의 강도는 공극의 부피에 반비례하여 감소하는데, 골재의 용적율이 높아지면 시멘트 풀의 양이 상대적으로 적어져서 공극의 부피가 감소하기 때문이다. 한편, 다양한 크기의 골재가 골고루 섞여서 빈틈이 최소가 되도록 하여야 강도 증진에 효과적이므로, 골재의 입도(粒度)가 좋아야 한다. 또 작은 크기의 골재는 체적에 대한 표면적의 비율이 높기 때문에 시멘트 풀과의 부착성능이 향상되므로, 골재의 최대치수가 작으면 콘크리트의 강도가 증가한다.

(5) 다짐

콘크리트는 골재와 시멘트 풀이 치밀하게 잘 채워져야 강도가 높아지므로, 콘크리트 타설 작업 중의 다짐이 굳은 콘크리트의 성능에 큰 영향을 미친다. 그림 2-2(c)에 나타난 바와 같이, 완벽하게 다짐이 되었을 때는 물-시멘트 비가 감소할수록 콘크리트 압축강도가 증가하지만, 다짐이 제대로 되지 않으면 오히려 강도가 떨어진다. 콘크리트의 다짐은 수작업이나 기계적인 방법을 사용한다. 수작업은 콘크리트

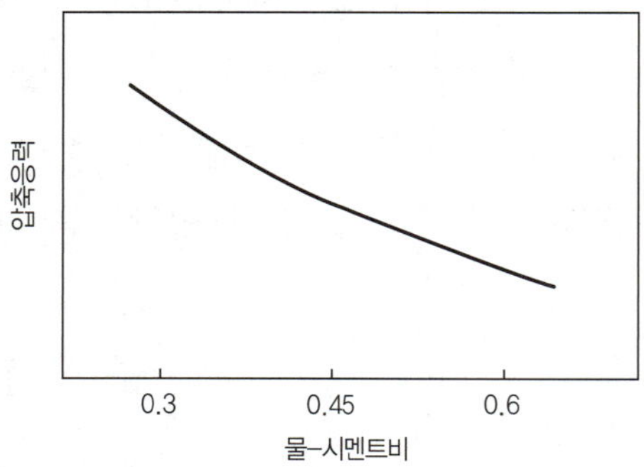

(a) 물-시멘트비의 영향

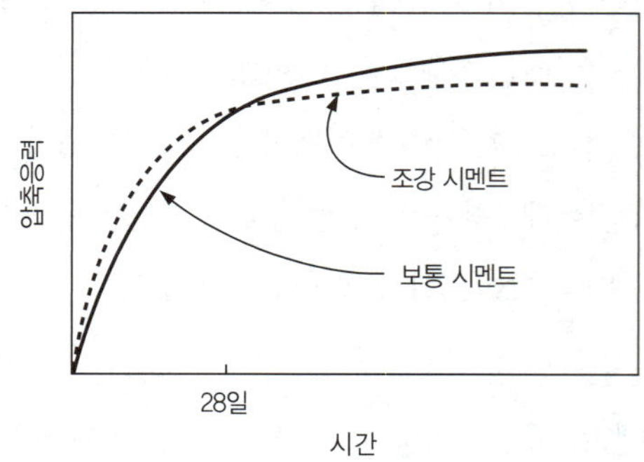

(b) 시멘트 종류의 영향

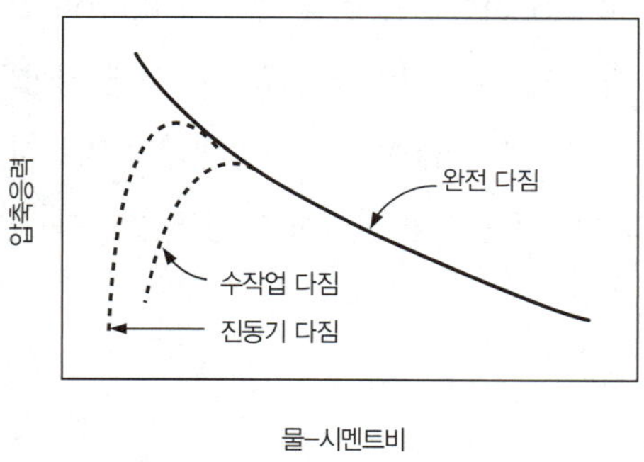

(c) 재령-압축강도 곡선

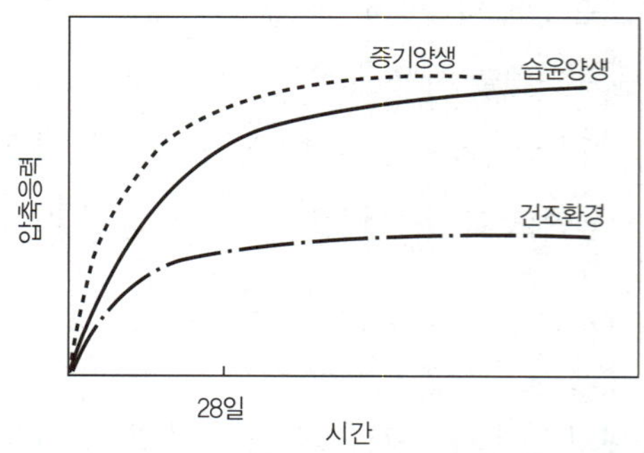

(d) 양생방법에 따른 압축강도 발현

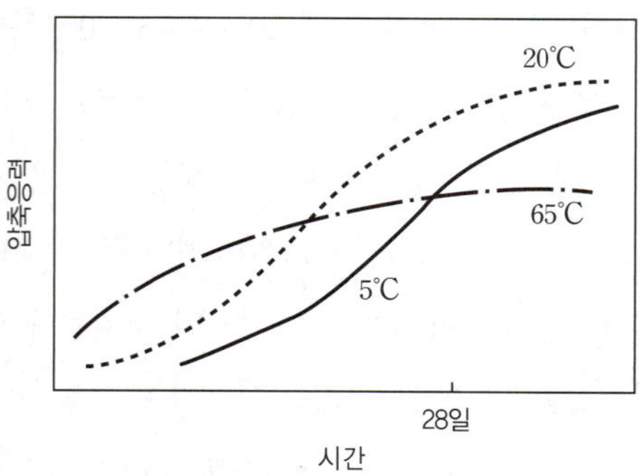

(e) 양생 온도에 따른 압축강도 발현

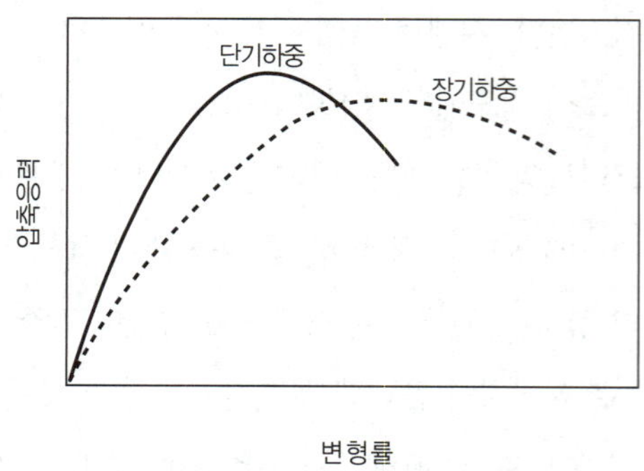

(f) 하중 재하 속도의 영향

| 그림 2-2 | 콘크리트 압축강도의 영향 요인

를 타설하는 도중에 봉으로 콘크리트를 쑤시거나, 나무망치 등으로 거푸집이 변형되지 않을 정도의 강도로 거푸집을 타격하여 진동을 주는 방법이다. 기계적인 방법은 봉상(棒狀) 진동기(vibrator)를 사용하여 콘크리트를 타설하는 도중에 진동을 가하는 방법이다.

(6) 양생 방법

콘크리트는 타설한 뒤의 양생 방법이 콘크리트의 성능에 큰 영향을 미친다. 그림 2-2(d)에 나타난 바와 같이, 아무런 조치 없이 대기 중에 노출된 상태로 콘크리트를 양생하면 강도 증진이 크지 않다. 천으로 만든 양생포로 콘크리트를 감싸고 양생포가 젖은 상태를 유지하도록 물을 뿌려주는 습윤 양생을 하면, 강도 증진에 매우 효과적이며 크리프와 건조수축이 감소하는 효과를 보인다. 콘크리트를 밀실하게 감싸고 내부에 높은 온도의 증기를 공급하는 증기 양생은 초기 강도 증진에 매우 효과적이다.

(7) 온도

콘크리트 양생 중의 온도가 콘크리트의 압축강도에 영향을 미친다. 만일 너무 춥거나 너무 더운 상태에서 콘크리트를 양생하는 경우에는, 사람이 활동하기에 적당한 상온(常溫)에서 콘크리트를 양생하는 경우에 비하여 콘크리트의 강도가 제대로 발현되지 않는다. 즉, 그림 2-2(e)에 나타난 바와 같이, 65℃ 정도에서 양생하는 경우에는 초기 강도는 높아지지만, 28일 이후의 강도는 상온에서 양생하는 경우보다 오히려 낮게 된다. 또, 5℃ 정도에서 양생하는 경우에는 초기 강도뿐만 아니라 장기 강도도 상온에서 양생하는 경우보다 낮게 된다.

(8) 하중 재하 속도

콘크리트의 압축강도는 압축강도 시험에서 하중을 가하는 속도에도 영향을 받는다. 콘크리트의 압축응력-변형률 곡선을 나타내는 그림 2-2(f)에 나타난 바와 같이, 재하속도가 빠른 경우에는 재하속도가 느린 경우에 비하여 동일한 변형률에서 더 높은 응력을 나타내게 된다. 따라서 재하속도가 빠른 경우에 최대 응력을 나타내는 콘크리트의 압축강도도 더 높게 나타난다. 이와 같이 동일한 콘크리트라도 재하속도에 따라 콘크리트의 압축강도가 다르게 나타나므로, KS F 2405[2.8]에서 압축강도를 시험할 때의 재하속도 표준을 규정하고 있는 것이다.

[3] 콘크리트의 설계기준압축강도와 평균압축강도

구조물의 설계에서는 설계자가 재료의 강도를 선정하고, 선정된 재료강도를 기준으로 단면의 크기를 결정한다. 이때 설계에서 사용된 재료강도를 설계기준강도라고 한다. 이렇게 설계된 결과에 따라 구조물을 시공할 때에는, 실제로 사용되는 재료가 설계기준강도보다 높은 강도를 갖도록 하여야 안전성을 보장할 수 있다. 콘크리트는 그림 2-3과 같이 강도의 변동성이 큰 재료이므로, 평균압축강도가 설계기준강도보다 확실하게 높아야 한다. 따라서 한 종류의 콘크리트 배합으로 발휘되는 압축강도의 분포를 얻어서 하위 5%에 해당하는 압축강도를 설계기준강도로 하는 것이 일반적이다.

구조물의 파괴에 대한 안전성을 검증할 때에는 하위 5%에 해당하는 설계기준압축강도를 재료강도로 사용하여 휨강도와 전단강도 등을 계산하는 것이 안전하다. 그러나 구조물에 발생하게 될 처짐, 변위, 변형 등을 예측할 때에는 콘크리트의 탄성계수가 필요한데, 이때에는 콘크리트의 평균압축강도를 기준으로 하여야 실제에 가까운 값을 얻을 수 있게 된다.

콘크리트의 평균압축강도 f_{cm}은 설계기준압축강도 f_{ck} 보다 큰 값이므로, 다음과 같이 나타낼 수 있다.

$$f_{cm} = f_{ck} + \Delta f \tag{2·1}$$

Δf는 콘크리트를 생산하는 지역에 따라 다른 값을 사용하게 되는데, 콘크리트구조설계기준에서[2.9]는 콘크리트의 압축강도 분포에 대한 김지상 등[2.10]의 연구결과를 기본으로 하여, 설계기준압축강도가 40 MPa 이하이면 4 MPa, 60 MPa 이상이면 6 MPa, 40 MPa과 60 MPa 사이이면 4 MPa과 6 MPa 사이에서 직선보간 하도록 규정하고 있다.

참고로 Eurocode[2.11]에서는 더 정확한 통계자료가 없는 경우에 Δf로 8 MPa을 사용하도록 규정하고 있다. 그러나 특정한 조건에서 Δf에 대한 충분한 통계자료가 있고 책임 기술자가 승인한다면, 설계기준에서 규정한 값을 사용하지 않고 실제 상황을 고려한 값, 예를 들면 5% 분위수인 표준편차의 1.64배를 사용할 수 있다.

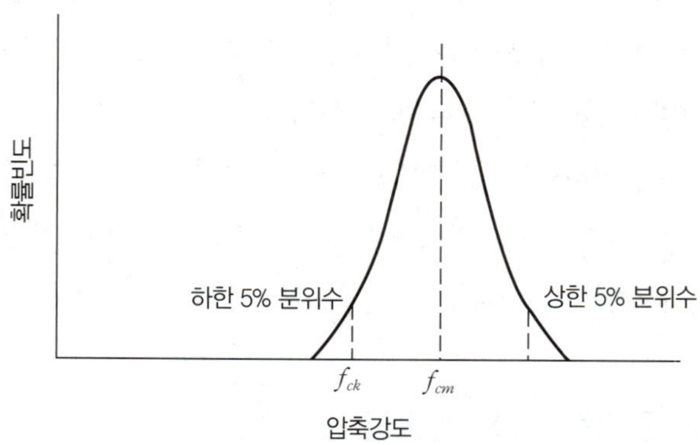

| 그림 2-3 | 콘크리트의 설계기준압축강도와 평균압축강도

2.1.4 콘크리트의 압축응력-변형률 관계 및 극한변형률

그림 2-4는 실린더 공시체의 시험으로 얻은 콘크리트의 압축응력-변형률 곡선을 나타낸다. 콘크리트의 압축응력-변형률 관계는 변형률이 증가함에 따라 압축응력이 증가하다가 최대 응력에 도달한 후 압축응력이 감소하는 형상을 보인다.

골재를 시멘트 풀로 결합한 비균질성의 콘크리트는, 그림 2-5에 나타난 바와 같이 골재의 탄성계수와 시멘트 풀의 탄성계수가 동일하지 않다. 따라서 두 재료의 탄성계수 차이와 두 재료의 배합 비율에 따라 콘크리트의 탄성계수가 결정되어, 응력-변형률 곡선 상승구간의 기울기에 영향을 준다. 일반적으로 골재의 탄성계수는 시멘트 풀의 탄성계수보다 크며, 콘크리트의 압축강도가 높아질수록 시멘트 풀의 탄성계수가 증가한다. 따라서 시멘트 풀의 강도와 탄성계수가 낮은 보통강도 콘크리트에서는 상승곡선의 기울기가 작고, 시멘트 풀의 강도와 탄성계수가 높은 고강도 콘크리트에서는 상승곡선의 기울기가 큰 형상을 나타내게 된다.

응력이 낮은 상태인 상승곡선의 초기에는 변형률과 압축응력이 거의 비례하는 선형 탄성 거동을 보인다. 이것은 비록 콘크리트가 균질하지 않은 재료이기는 하지만, 골재와 시멘트 풀이 완전히 부착되어 있어서 탄성체와 같은 변형특성을 나타내기 때문이다. 압축응력이 증가하면 콘크리트의 응력-변형률 곡선이 비선형 형상을 보이기 시작하는데, 콘크리트의 압축강도가 낮을수록 비선형성이 크게 나타난다. 이것은 골재와 시멘트 풀 사이의 부착성능에 따른 것으로, 그림 2-5에서 A로 나타낸 바와 같이 미세 균열이 발생하기 때문이다. 즉, 압축응력이 압축강도의 약 40~70% 수준에 도달하면, 골재와 시멘트 풀의 부착성능이 저하되어 골재표면에 미세한 균열(micro-crack)이 발생하게 된다. 콘크리트 내부에 미세균열이 발생하게 되면, 응력의 증가보다 변형률의 증가가 더 크게 나타나서 압축응력-변형률 관계는

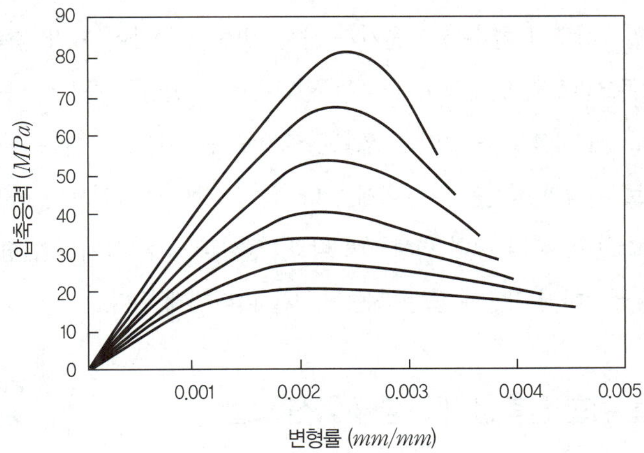

| 그림 2-4 | 콘크리트의 압축응력-변형률 관계

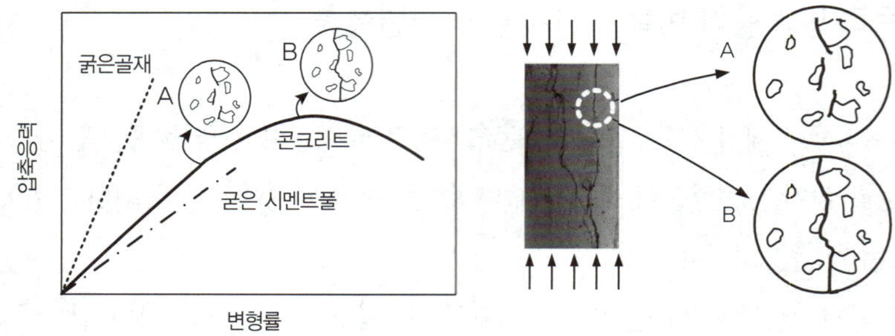

| 그림 2-5 | 골재와 굳은 시멘트 풀의 압축응력-변형률 관계

곡선 형상을 나타내게 된다. 미세균열은 골재와 시멘트 풀 사이의 부착성능이 좋을수록 높은 응력에서 발생하게 되므로, 콘크리트의 강도가 높을수록 비선형 형상이 시작되는 응력과 변형률이 커진다. 미세균열이 발생된 후 응력이 더 증가하면, 그림 2-5에서 B로 나타낸 바와 같이 균열이 더욱 진전되어 압축응력-변형률 관계는 비선형성이 크게 나타난다.

상승곡선의 정점(頂點, peak point)은 최대 압축응력을 나타내는데, 이때의 압축응력을 압축강도라고 한다. 압축응력이 최대가 되면 압축응력의 작용방향과 평행한 방향으로 균열이 더욱 발달하면서 파괴상태가 되어, 그 후로는 변형률이 증가하면서 압축응력이 감소하는 하강곡선을 나타내게 된다.

이와 같은 거동은 기본적으로 모든 강도의 콘크리트에서 나타나는 것이지만, 그림 2-4에 나타난 바와 같이 압축응력-변형률 관계는 콘크리트의 강도에 따라 형태에 있어서 다소 차이를 나타낸다. 콘크리트의 압축강도가 낮으면, 상승구간에서 기울기가 작고 곡선에 더 가까운 형상을 나타내며, 정점을 지난 하강곡선에서도 완만하게 응력이 감소하는 형상을 나타낸다. 그러나 콘크리트의 압축강도가 높으면 상승구간에서 기울기가 크고 직선에 더 가까운 형상을 나타내며, 최대 응력에서의 변형률이 더 크게 나타난다. 즉, 콘크리트의 압축강도가 증가할수록 정점에서의 변형률이 증가한다. 정점을 지난 하강곡선에서도 콘크리트의 압축강도가 클수록 기울기가 커서, 변형률 증가에 따라 응력이 급격히 감소하는 형상을 나타낸다. 또, 콘크리트의 압축강도가 클수록 압축응력-변형률 곡선의 종점(終點), 즉 최종 파괴가 되는 변형률은 감소하는 경향을 보인다. 압축강도가 높을수록 나타나는 하강곡선에서의 이러한 특징은 파괴의 특성으로 취성의 성질을 나타내게 된다. 즉, 고강도 콘크리트는 하강곡선의 기울기가 커서 급격하게 응력이 감소하며, 파괴 때의 변형률이 작고, 정점과 종점 사이의 변형률 차이가 작아서 최대 응력에 도달한 후에 급격하게 파괴에 도달하는 특성을 나타내게 된다.

2.1.5 비선형 해석을 위한 압축응력-변형률 곡선 모델

콘크리트 구조물이 하중작용을 받을 때의 거동을 정밀한 해석으로 통하여 예측하려는 경우에는 재료

표 2-1 비선형 해석을 위한 콘크리트 응력-변형률 곡선의 변형률

$f_{ck}\,(MPa)$	18	21	24	27	30	35	40	50	60	70	80	90
$\varepsilon_{co,r}$ (‰)	1.83	1.90	1.97	2.03	2.09	2.18	2.26	2.42	2.57	2.68	2.79	2.80
$\varepsilon_{cu,r}$ (‰)	3.3							3.2	3.1	3.0	2.9	2.8

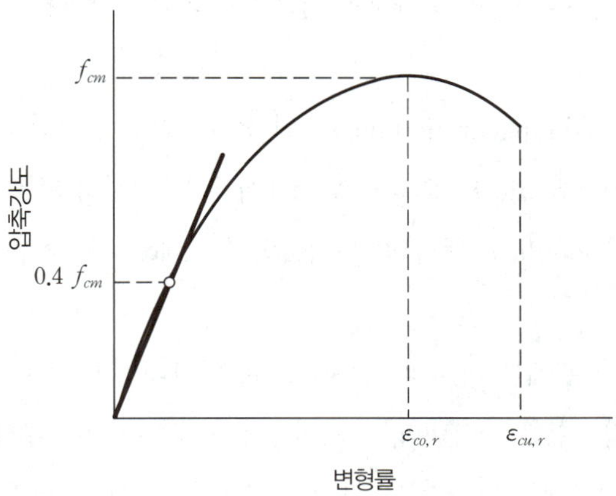

| 그림 2-6 | 비선형 해석을 위한 압축응력-변형률 곡선

의 응력-변형률 모델이 필요하다. 단기하중이 작용하는 콘크리트 구조물에 대하여 비선형 해석 또는 소성 구조해석을 수행하는 경우에 대하여, 교량설계기준(한계상태설계법)[2.3]은 다음 식의 콘크리트 압축응력-변형률 관계를 적용하도록 규정하고 있다.

$$f_c = f_{cm}\left[\frac{k(\varepsilon_c/\varepsilon_{co,r}) - (\varepsilon_c/\varepsilon_{co,r})^2}{1+(k-2)(\varepsilon_c/\varepsilon_{co,r})}\right] \tag{2·2}$$

여기서, $k = 1.1\,E_c\,\varepsilon_{co,r}/f_{cm}$이며, E_c는 콘크리트의 탄성계수, f_{cm}는 평균압축강도, $\varepsilon_{co,r}$은 최대 응력에 도달하였을 때의 정점변형률, $\varepsilon_{cu,r}$은 극한변형률로서, 교량설계기준(한계상태설계법)[2.5]은 표 2-1의 값으로 정의하고 있다.

이 관계식은 그림 2-4와 유사한 형태를 나타내는데, 그림 2-6과 같이 정점 응력의 대략 40%까지의 기울기에 해당하는 탄성계수는 한국의 설계기준[2.3,2.9]에 규정된 탄성계수 식으로 계산된 값과 유사하다. 콘크리트 강도가 낮을수록 곡선의 형상에서 비선형성이 커지며, 콘크리트 강도가 증가할수록 정점변형률 $\varepsilon_{co,r}$은 커지지만 극한변형률 $\varepsilon_{co,r}$은 작아진다. 이것은 콘크리트 강도가 낮을수록 압축에 대한 연성이 증가하며, 콘크리트 강도가 커질수록 취성이 증가하는 1축 압축강도 시험결과를 반영한 것이다.

참고로 Eurocode 2[2.11]에서도 동일한 형태의 콘크리트 압축응력-변형률 관계를 제시하고 있으나, Δf의 차이에 따라 정점변형률 $\varepsilon_{co,r}$의 값에 차이가 있으며, 극한변형률 $\varepsilon_{cu,r}$의 값에도 차이가 있다.

2.1.6 콘크리트의 탄성계수

콘크리트 압축응력-변형률 곡선 상승부의 기울기는 콘크리트의 탄성계수를 나타낸다. 콘크리트는 골재를 시멘트 풀로 결합한 혼합체로서 압축응력-변형률 곡선의 상승부가 완벽한 직선이 아니므로, 그 기울기를 나타내는 탄성계수는 다음의 세 가지 방법으로 정의할 수 있다.

(1) 초기접선 탄성계수(initial tangent modulus) : 원점에서 얻은 접선의 기울기
(2) 접선 탄성계수(tangent modulus) : 임의의 위치에서 얻은 접선의 기울기
(3) 할선 탄성계수(secant modulus) : 원점과 최대응력의 0.4배인 점 사이의 기울기

콘크리트 압축응력-변형률 관계를 하나의 상수 값으로 나타내는 탄성계수를 정의하고자 할 때, 할선탄성계수로 콘크리트의 탄성계수를 나타낸다. 초기접선 탄성계수는 원점에서 얻은 접선의 기울기이므로 콘크리트의 압축응력이 최대가 될 때의 기울기와 차이가 너무 커서, 콘크리트 압축응력-변형률 관계를 대표하는 값으로 적절하지 않기 때문이다. 또 접선 탄성계수는 임의의 위치에서 얻은 접선의 기울기이므로, 무한히 많은 값이 존재하여 하나의 값으로 나타낼 수 없기 때문이다. 할선 탄성계수는 그림 2-6에 나타난 바와 같이 원점과 최대응력의 0.4배인 점을 연결한 기울기이므로, 원점의 기울기보다는 작고 정점에서의 기울기보다는 크지만, 하나의 대표값으로 표현하기에는 세 가지 탄성계수 중에서 가장 적절하다.

강도가 높은 콘크리트는 시멘트 풀의 강도뿐만 아니라 시멘트 풀의 탄성계수도 커서 골재와의 탄성계수 차이가 줄어들게 되며, 이에 따라 골재와 시멘트 풀이 결합한 콘크리트의 탄성계수 또한 크게 된다. 따라서 일반적으로 콘크리트의 압축강도가 증가하면 탄성계수도 증가한다고 할 수 있다. 그러나 동일한 압축강도를 갖더라도 골재의 탄성계수, 시멘트 풀의 탄성계수, 골재와 시멘트 풀의 비율, 골재 표면에 대한 시멘트 풀의 부착강도 등의 차이로 인하여 콘크리트의 탄성계수는 매우 큰 변동성을 나타내며, 동일한 배합을 가진 경우에도 콘크리트의 수분 상태에 따라 값이 달라진다. 따라서 콘크리트의 배합조건과 수분 상태를 변수로 하여 탄성계수를 예측하는 수식을 만든다면 정확도를 높일 수 있겠지만, 설계과정에서는 어떤 배합의 콘크리트가 시공에 사용될지 알 수 없으므로, 대부분의 설계기준에서는 콘크리트의 압축강도만을 변수로 한 수식이나 콘크리트의 단위질량과 압축강도를 변수로 한 수식을 제시하고 있다.

한국의 설계기준[2.3,2.9]은 콘크리트의 단위질량 m_c의 값이 1,450～2,500 kg/m^3인 콘크리트에 대하여, 다음 식으로 탄성계수를 계산하도록 규정하고 있다.

$$E_c = 0.077\, m_c^{1.5}\, \sqrt[3]{f_{cm}} \tag{2·3}$$

그러나 설계과정에서는 시공에 사용될 콘크리트의 단위질량이 얼마일지 알 수 없으므로, 일반적으로 단위질량 m_c의 값이 2,300 kg/m^3인 보통중량골재를 사용한다고 가정하여 다음의 식으로 콘크리트의 탄성계수를 계산한다.

$$E_c = 8{,}500\sqrt[3]{f_{cm}} \qquad (2\cdot4)$$

한국의 설계기준[2.3,2.9]에 규정된 이 탄성계수 식은 2007년도의 콘크리트구조설계기준을 개정할 때 김진근에 의하여 제시된 수식으로서, 콘크리트 압축강도의 1/3 제곱에 비례하여 탄성계수를 계산한다. 이것은 보통강도 콘크리트뿐만 아니라 고강도 콘크리트에도 하나의 수식을 적용하기 위한 선택이었다. 참고로, Eurocode 2[2.11]는 콘크리트 평균압축강도의 0.3 제곱에 비례하여 탄성계수를 계산하며, ACI 318[2.12]은 콘크리트 설계기준압축강도의 1/2 제곱에 비례하여 탄성계수를 계산한다. 표 2-2는 한국의 설계기준[2.3,2.9]에 규정된 식으로 계산한 콘크리트의 탄성계수를 나타낸다.

표 2-2 한국 설계기준에 따른 콘크리트 탄성계수 E_c의 값

f_{ck} (MPa)	21	24	27	30	35	40	50	60	70	80	90
f_{cm}, f_{cu} (MPa)	25	28	31	34	39	44	55	66	76	86	96
E_c (MPa)	24,900	25,800	26,700	27,500	28,800	30,000	32,300	34,400	36,000	37,500	38,900

그림 2-7은 한국에서 사용되는 콘크리트의 탄성계수에 대한 김지상 등[2.10]의 실험결과와 식 (2·4)의 탄성계수 식을 콘크리트 평균압축강도를 변수로 하여 비교한 것이다. 실험결과는 전반적으로 콘크리트의 압축강도가 증가하면 탄성계수도 증가하는 경향을 나타내며, 식 (2·4)의 탄성계수 식이 비교적 실험

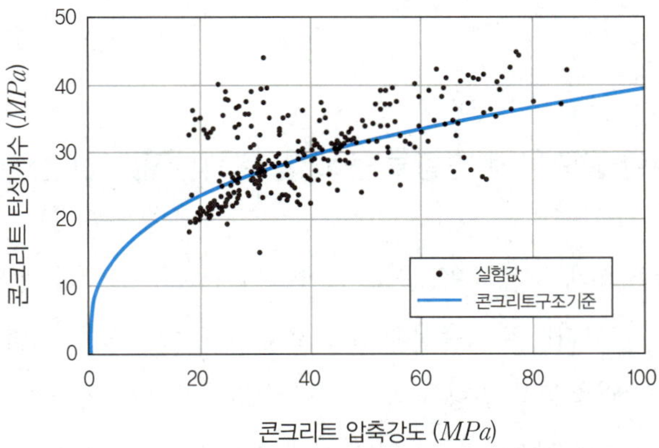

| 그림 2-7 | 콘크리트의 압축강도와 탄성계수의 관계

결과를 잘 예측한다고 할 수 있다. 그러나 탄성계수의 실험결과는 변동성이 매우 커서, 식 (2·4)의 탄성계수 식으로 구한 값의 0.6배 정도의 작은 값을 가질 수도 있고 1.6배 정도로 큰 값을 가질 수도 있으며, 압축강도가 동일하더라도 탄성계수는 2배 이상 차이가 있을 수 있다는 것을 나타낸다.

또, 압축강도가 증가하면 수식으로 구한 탄성계수의 값이 증가하지만, 실제로는 압축강도가 더 높더라도 탄성계수는 더 작을 수 있다는 것을 나타낸다.

초기접선 탄성계수 E_{ci}는 크리프 변형을 계산할 때 사용되는데, 한국의 설계기준[2.3,2.9]에서는 할선 탄성계수 E_c와의 관계로 다음 식을 제시하고 있다.

$$E_{ci} = 1.18\, E_c \tag{2·5}$$

즉, 할선 탄성계수 E_c는 초기접선 탄성계수 E_{ci}의 0.85배이므로 다음 식으로 초기접선 탄성계수를 직접 구할 수도 있다.

$$E_{ci} = 10{,}000\ \sqrt[3]{f_{cm}} \tag{2·6}$$

한편, 사용하중의 범위에서 인장 탄성계수는 압축 탄성계수와 같다고 보아도 좋다.

콘크리트의 전단 탄성계수 G_c는 다음 식으로 계산할 수 있다.

$$G_c = \frac{E_c}{2(1+\nu)} \tag{2·7}$$

여기서 E_c는 콘크리트의 탄성계수이고, ν는 포아송 비(Poisson's ratio)이다. 콘크리트의 압축응력이 $0.7\,f_{ck}$ 이하인 경우에는 포아송 비 ν가 0.15~0.20의 범위에 있는데, 일반적으로 포아송 비 ν를 0.18로 보아도 좋다.

2.1.7 단면 설계를 위한 압축응력-변형률 분포 및 설계 극한변형률

콘크리트 구조물의 단면 설계에서 휨강도를 결정하기 위해서는 콘크리트의 압축응력 분포와 극한변형률을 정의하여야 한다. 콘크리트의 압축응력 분포로서 앞 절에 설명한 그림 2-4는 실린더 공시체의 시험으로 얻은 콘크리트의 압축응력-변형률 곡선을 나타낸다. 실린더 공시체의 시험은 공시체 단면 전체에 동일한 크기의 압축응력이 작용하는 순 압축 상태로 하중을 증가시키는 시험으로서, 축 압축력을 받는 기둥의 응력상태와 동일하다고 할 수 있다. 그러나 휨모멘트가 작용하는 휨 부재에서는 중립축에서의 응력이 0이고 압축연단에 가까울수록 압축응력이 증가하는 응력분포를 보인다. 이와 같은 휨 응력 상태의 콘크리트에서는 압축연단의 파괴가 유발되는 극한변형률이 순 압축 상태에서 파괴가 유발되는 변형률, 즉 최대 응력에 해당하는 변형률보다 크다. 이와 같은 현상을 변형률 기울기의 영향(strain gradient effect)이라고 한다. 따라서 콘크리트의 파괴를 의미하는 극한변형률은 하중이 순 압축 상태로 작용할 때와 휨 응력 상태로 작용할 때가 다르다. 이를 반영하여 유럽형의 한계상태설계법을 채택한 설계기준에서는 이 둘을 구분하여 설계 극한변형률(design ultimate strain)을 규정하고 있으며, 미국형의 강도설계법을 채택한 설계기준에서는 휨 응력 상태에 대한 값으로 설계 극한변형률을 규정하고 있다.

그림 2-8은 휨 응력 상태에서 실험으로 구한 휨 극한변형률[2.13]로서, 대부분의 실험값이 0.0025~0.004의 범위에 있으며, 콘크리트의 압축강도가 증가하면 극한변형률이 다소 감소하는 경향을 나타낸다. 이를 기반으로 한국의 설계기준[2.5, 2.9]은 휨 응력 상태에 대한 설계극한변형률 ε_{cu}를 다음의 식을 규정하고 있다.

$$\varepsilon_{cu} = 0.0033 - \left(\frac{f_{ck} - 40}{100{,}000}\right) \leq 0.0033 \tag{2·8}$$

즉, 콘크리트의 설계기준압축강도가 40 MPa 이하인 경우에는 휨 응력 상태에 대한 설계극한변형률 ε_{cu}가 0.0033이고, 40 MPa을 초과하는 매 10 MPa의 강도 증가에 따라 0.0001씩 감소하여 설계기준압축강도가 90 MPa인 경우에는 0.0028의 값을 갖는다.

이와 같이 정의된 설계극한변형률까지의 압축응력 분포로서, 한국의 설계기준[2.3, 2.9]은 **그림 2-9**와 같은 형상을 가진 휨 압축응력 분포를 다음과 같이 규정하고 있다.

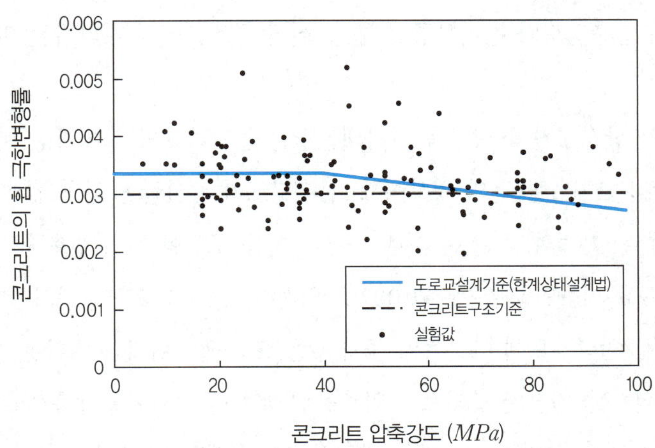

| 그림 2-8 | 콘크리트의 휨 극한변형률 실험결과[2.13]와 설계기준

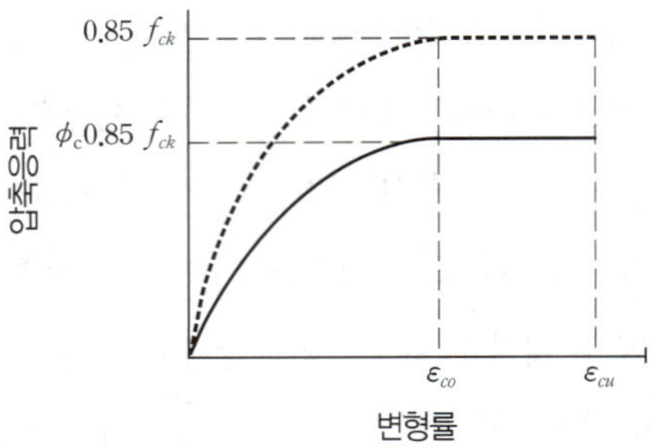

| 그림 2-9 | 단면 설계를 위한 콘크리트의 휨 압축응력 형상

$$0 \leq \varepsilon_c \leq \varepsilon_{co} \text{ 구간에서, } f_c = \phi_c(0.85 f_{ck})\left[1-\left(1-\frac{\varepsilon_c}{\varepsilon_{co}}\right)^n\right] \tag{2·9}$$

$$\varepsilon_{co} < \varepsilon_c \leq \varepsilon_{cu} \text{ 구간에서, } f_c = \phi_c(0.85 f_{ck}) \tag{2·10}$$

$$n = 1.2 + 1.5\left(\frac{100 - f_{ck}}{60}\right)^4 \leq 2.0 \tag{2·11}$$

$$\varepsilon_{co} = 0.002 + \left(\frac{f_{ck} - 40}{100{,}000}\right) \geq 0.002 \tag{2·12}$$

이 응력분포는 기본적으로 포물선-사각형 곡선(parabola-rectangle diagram, 일명 p-r 곡선)으로서, 휨 작용을 받는 부재의 극한한계상태에서 압축부의 실제 응력 분포를 근사적으로 나타낼 수 있는 응력-변형률 곡선이다.

응력분포의 최대응력은 $0.85 f_{ck}$로서, 계수 0.85는 작은 크기의 압축강도 시험용 실린더 형상 공시체의 압축강도와 실제 구조물의 단면 크기와 형상에 따른 압축강도의 차이를 고려하고, 단기하중으로 실험한 실린더 공시체의 압축강도와 장기하중을 받는 실제 구조물에서 나타나는 압축강도의 차이를 고려한 것이다.

응력-변형률 곡선의 상승구간의 형상을 나타내는 n은 콘크리트의 설계기준압축강도가 40 MPa 이하인 경우에는 2.0으로서 2차 포물선의 형상이고, 압축강도가 증가함에 따라 값이 감소하여 직선에 더 가까운 형상을 가지게 된다. 변형률 ε_{co}는 최대 응력에 처음 도달할 때의 변형률로서, 콘크리트의 설계기준압축강도가 40 MPa 이하인 경우에는 0.002로 일정하고, 압축강도가 증가함에 따라 값이 증가한다. 콘크리트의 설계기준압축강도에 따른 변수들의 값은 표 2-3에 나타나 있다.

그림 2-10은 단면 설계를 위한 콘크리트의 압축응력 분포를 설계기준압축강도에 따라 나타낸 것이다. 콘크리트 부재가 순 압축을 받는 경우에는 압축응력이 최대가 될 때가 극한상태이므로, 정점변형률 ε_{co}를 설계극한변형률로 한다. 콘크리트 부재가 휨 응력을 받는 경우에는 ε_{cu}를 설계극한변형률로 한다.

표 2-3 단면 설계를 위한 콘크리트 응력-변형률 곡선의 변수 값

f_{ck} (MPa)	40 이하	50	60	70	80	90
n	2.00	1.92	1.50	1.29	1.22	1.20
ε_{co} (‰)	2.0	2.1	2.2	2.3	2.4	2.5
ε_{cu} (‰)	3.3	3.2	3.1	3.0	2.9	2.8
α	0.80	0.78	0.72	0.67	0.63	0.59
β	0.40	0.40	0.38	0.37	0.36	0.35

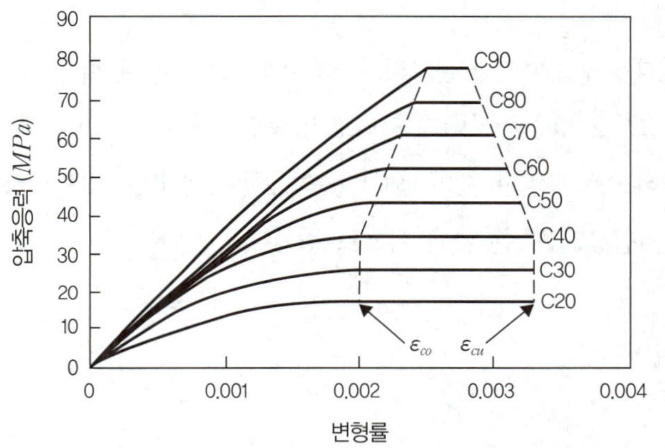

| 그림 2-10 | 단면 설계를 위한 콘크리트의 압축응력 분포

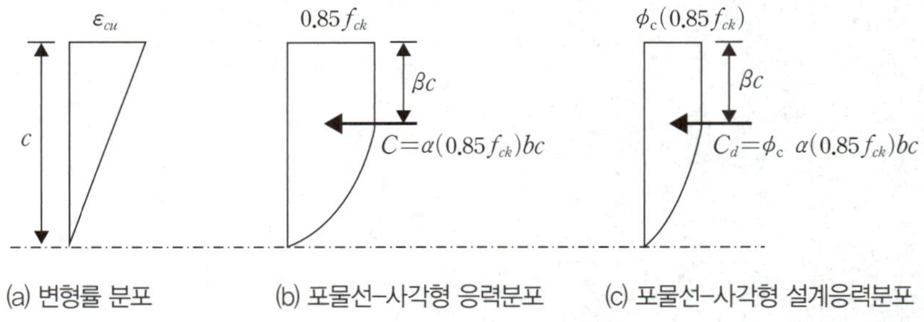

| 그림 2-11 | 콘크리트의 변형률 분포에 따른 휨 압축응력 분포와 합력

콘크리트 휨 부재가 휨모멘트에 의해 극한상태(ultimate state)가 되면, 그림 2-11(a)와 같이 중립축부터 c의 거리에 있는 압축연단까지 선형의 변형률 분포를 갖고, 압축연단의 변형률이 극한변형률 ε_{cu}에 도달하여 부재가 파괴된다. 이때 작용하는 휨모멘트의 크기를 휨강도(flexural strength)라고 한다. 휨강도는 동일한 크기를 갖는 압축력과 인장력 사이의 팔길이와 압축력 또는 인장력을 곱하여 얻을 수 있다. 이때 부재 단면이 직사각형 형상이라면, 그림 2-11(b)와 같은 압축응력분포의 면적에 단면의 폭 b를 곱하여

콘크리트에 작용하는 압축합력 C를 구할 수 있다. 여기서, 그림 2-11(b)의 포물선-사각형 응력분포의 면적은 $0.85f_{ck}$와 c를 곱하여 얻은 직사각형의 면적을 기준으로, 그에 대한 면적 비율인 α를 적용하여 나타낼 수 있다. 즉, 압축합력의 크기 C는 $\alpha(0.85f_{ck})bc$로 구할 수 있다. 한편, 휨모멘트를 구하려면 압축합력과 인장력 사이의 팔길이를 알아야 하는데, 압축응력분포의 도심이 압축합력의 작용점이므로, 그림 2-11(b)의 포물선-사각형 응력분포의 도심을 압축연단으로부터 βc인 위치로 나타낼 수 있다. 따라서 압축합력의 크기를 나타내는 α와 압축합력의 위치를 나타내는 β를 알면, 인장력을 받는 강재가 압축연단으로부터 거리 d만큼 떨어진 위치에 배치된 경우의 공칭휨강도 M_n은 $C(d-\beta c)$ 또는 $T(d-\beta c)$로 계산할 수 있다.

교량설계기준(한계상태설계법)[2.3]이나 콘크리트구조설계기준 부록에 따라 재료계수를 적용하여 설계휨강도를 구할 때에는 그림 2-11(c)와 같이 콘크리트 압축강도에 0.65의 재료계수 ϕ_c를 곱하여 콘크리트의 설계압축력 C_d를 구하므로 동일한 값의 α와 β를 적용한다. 따라서 직사각형 단면인 경우, 콘크리트의 설계압축력 C_d와 설계휨강도 M_d는 다음 식으로 구한다.

$$C_d = \phi_c C = \phi_c \alpha (0.85 f_{ck})\, bc \tag{2·13}$$

$$M_d = C_d(d-\beta c) = \phi_c \alpha (0.85 f_{ck})\, bc \times (d-\beta c) \tag{2·14}$$

포물선-사각형 응력분포에서 압축합력의 크기와 위치를 나타내는 α와 β는 각각 다음 식으로 구할 수 있다.

$$\alpha = 1 - \frac{1}{1+n}\left(\frac{\varepsilon_{co}}{\varepsilon_{cu}}\right) \tag{2·15}$$

$$\beta = 1 - \frac{0.5 - \dfrac{1}{(1+n)(2+n)}\left(\dfrac{\varepsilon_{co}}{\varepsilon_{cu}}\right)^2}{1 - \dfrac{1}{(1+n)}\left(\dfrac{\varepsilon_{co}}{\varepsilon_{cu}}\right)} \tag{2·16}$$

한국의 설계기준[2.5]에 규정된 포물선-사각형 응력분포에 대한 α와 β의 값은 표 2-3에 나타나 있다. Eurocode 2[2.11]의 포물선-사각형 응력분포와 일본 JSCE 설계기준[2.14]의 포물선-사각형 응력분포는 한국의 설계기준[2.3]의 포물선-사각형 응력분포와 형태가 유사하지만, 콘크리트의 압축강도에 따라 변수 n, ε_{co}, ε_{cu}의 값에 차이가 있으므로, α와 β의 값에도 다소 차이가 있으며 설계극한변형률의 값에도 차이가 있다.

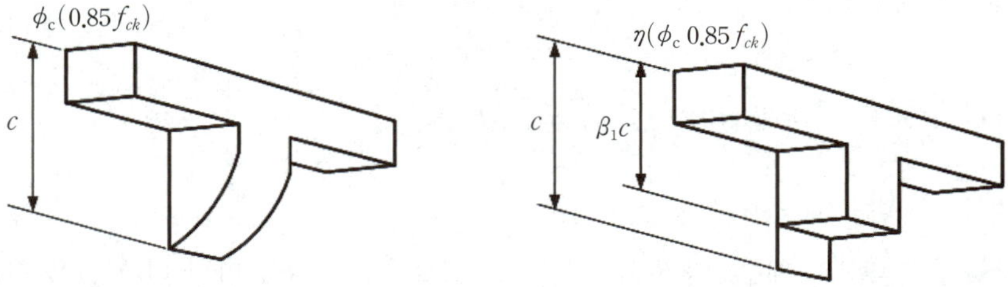

(a) 포물선-사각형 설계응력분포 (b) 등가직사각형 응력블록

| 그림 2-12 | 콘크리트의 등가직사각형 압축응력블록

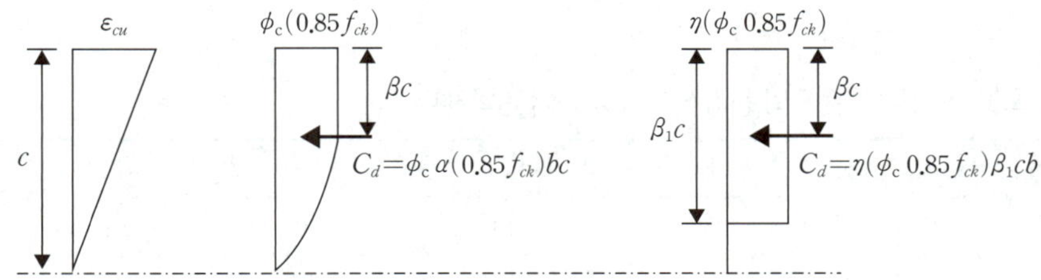

(a) 변형률 분포 (b) 포물선-사각형 설계응력분포 (c) 등가직사각형 응력블록

| 그림 2-13 | 콘크리트의 등가직사각형 압축응력블록과 합력

한편 압축응력이 작용하는 부분이 사각형 형상일 때는, α와 β를 이용하여 압축합력의 크기와 위치를 쉽게 구할 수 있다. 그러나 원형, 삼각형, T형 단면 등에는 포물선-사각형 곡선의 응력 분포를 적용하여 계산하는 작업이 매우 번거로울 수 있다. 즉, T형 단면에서 중립축이 복부에 위치할 때에는 그림 2-12(a)와 같은 형상으로 압축응력이 작용하므로, 이 응력분포의 체적으로 압축합력을 계산하여야 한다. 또 휨 강도를 구하기 위해서는 이 응력분포의 합력 작용 위치를 구하여야 한다. 이 계산에는 α와 β를 적용할 수 없어서 단면의 형상에 따라 매우 복잡한 계산과정이 필요하게 된다.

이와 같은 경우에는 그림 2-12(b)와 그림 2-13(c)와 같은 등가응력블록(equivalent stress block)을 이용할 수 있다. 즉, 계산의 편의를 위하여, 실제 응력분포와 유사한 합력의 크기와 작용위치를 갖는 직사각형 형상의 응력분포로 치환하는 것이다. 그림 2-13(c)는 단면의 폭이 b로 일정한 경우에 대하여, 그림 2-13(b)의 포물선-사각형 설계응력분포와 동일한 결과가 되도록 한 등가직사각형 응력블록을 나타낸다. 이 응력블록은 압축응력의 크기에 η를 곱하고 응력분포의 깊이는 중립축의 깊이 c에 β_1을 곱하여, 그림 2-13(b)의 압축합력의 크기와 위치가 동일하도록 한 것이다. 그림 2-13(c)에 나타난 바와 같이, β_1은 β의 2배가 된다. 이에 따라 단면의 폭이 b인 직사각형 단면에 등가직사각형 응력블록을 적용할 때에는 콘크리트의 설계압축력 C_d와 설계휨강도 M_d를 다음 식으로 구할 수 있다.

$$C_d = \phi_c C = \phi_c \eta (0.85 f_{ck})\, \beta_1\, c\, b \tag{2·17}$$

$$M_d = C_d\left(d - \frac{\beta_1 c}{2}\right) = \phi_c \eta (0.85 f_{ck})\, \beta_1\, c\, b \times \left(d - \frac{\beta_1 c}{2}\right) \tag{2·18}$$

등가직사각형 응력블록의 계수 η와 β_1의 값은 콘크리트 강도 등급에 따라 다른 값을 갖게 되며, 콘크리트의 압축강도가 증가함에 따라 값이 감소하는 경향을 나타내게 된다. 한국의 설계기준[2.5]에 규정된 포물선-사각형 응력분포에 대한 등가직사각형 응력블록 계수 η와 β_1은 표 2-4의 값을 적용할 수 있다. 이 값들은 이재훈 등[2.13]이 제안한 값을 수정보완하여 결정한 것이다.

표 2-4 포물선-사각형 분포의 등가직사각형 응력분포 계수

f_{ck} (MPa)	40 이하	50	60	70	80	90
ε_{cu} (‰)	3.3	3.2	3.1	3.0	2.9	2.8
η	1.00	0.97	0.95	0.91	0.87	0.84
β_1	0.80	0.80	0.76	0.74	0.72	0.70

한편, 압축합력의 크기와 작용위치를 알고 있다면, 압축응력분포의 형상을 정확히 알고 있지 않더라도 휨강도를 계산할 수 있다. 이러한 개념으로, 설계기준에 따라서는 곡선 형상의 응력-변형률 곡선을 구체적으로 제시하지 않고 등가응력블록만을 규정하기도 한다. 그 한 예로 과거의 콘크리트구조기준은 ACI 318[2.12]과 동일하게 실험결과와 일치하는 값을 구할 수 있는 어떠한 형상의 응력-변형률 분포라도 사용할 수 있다고 규정하고 있고, 반드시 사용하여야 할 분포를 규정하고 있지는 않다. 다만, 근사해법의 하나로서 그림 2-14(c)와 같은 등가직사각형 응력분포를 제시하고 있다. 즉, 콘크리트의 압축응력이 $0.85 f_{ck}$로 일정하고 깊이가 a인 가상의 직사각형 형태로 계산하는 것이다.

ACI 318[2.12]과 과거의 콘크리트구조기준은 등가직사각형 압축응력분포의 깊이를 a로 표현하고 있다.

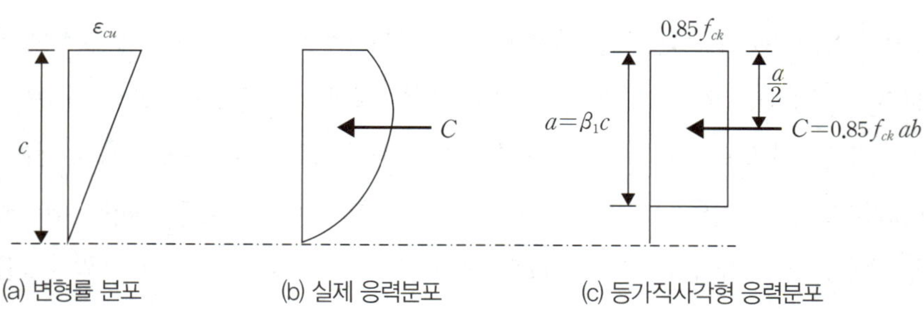

| 그림 2-14 | 콘크리트구조설계기준의 등가직사각형 압축응력분포와 합력

여기서 압축합력의 작용점이 실제와 동일하려면 직사각형의 도심이 상단에서 βc떨어진 위치와 같아야 하므로, a는 중립축의 깊이 c보다 작아야 하며, β_1은 β의 2배가 되어야 한다. 또 압축합력의 크기가 실제와 동일한 값을 가져야 하므로, 이를 만족하도록 β_1을 결정하여야 한다. 결국 등가직사각형 압축응력분포의 압축합력의 크기가 실제 압축응력분포의 압축합력의 크기와 동일하면서, 또한 등가직사각형 압축응력분포의 압축합력의 위치가 실제 압축응력분포의 압축합력의 위치와 동일하게 되는 β_1의 값을 결정하면 되는 것이다.

1910년대부터 시작되어 1930년대에 정리된 등가직사각형 응력분포에 대한 연구결과를 반영하여,[2.15] ACI 318[2.12]과 과거의 콘크리트구조기준은 압축응력이 $0.85 f_{ck}$로 일정한 등가직사각형 압축응력분포를 제시하면서, 다음과 같이 β_1의 값을 결정하도록 규정하고 있다.

$$\beta_1 = 0.85 - 0.007(f_{ck} - 28) \quad 0.65 \le \beta_1 \le 0.85 \tag{2·19}$$

이와 같이 결정하는 β_1의 값은 콘크리트의 압축강도가 높아짐에 따라 감소하여, 강도 증가에 따른 압축합력의 작용위치의 변화를 반영하고 있다. 따라서 ACI 318[2.12]이나 과거의 콘크리트구조기준을 적용할 때에는 이와 같이 결정된 β_1의 값을 적용하여, 직사각형 단면인 경우 콘크리트의 압축력 C와 설계 휨강도 $\phi M_n(=M_d)$를 다음 식으로 구할 수 있다.

$$C = 0.85 f_{ck}\, a\, b = 0.85 f_{ck}\, b\, \beta_1\, c \tag{2·20}$$

$$\phi M_n = \phi C\left(d - \frac{a}{2}\right) = \phi(0.85 f_{ck})\, b\, \beta_1\, c \times \left(d - \frac{\beta_1 c}{2}\right) \tag{2·21}$$

참고로, 캐나다의 콘크리트구조설계기준 CSA[2.16]에서도 등가직사각형 응력분포를 규정하고 있는데, ACI 318[2.12]이나 과거의 콘크리트구조기준과는 달리 압축응력분포의 깊이뿐만 아니라 압축응력의 크기도 콘크리트 압축강도의 함수로 하고 있는 특징이 있다.

설계 휨 극한변형률에 대해서는 설계기준에 따라 각기 다른 값을 규정하고 있다. ACI 318[2.12]과 과거의 콘크리트구조기준은 콘크리트 압축강도와 관계없이 0.003의 일정한 값으로 규정하고 있고, 캐나다의 CSA[2.16]는 압축강도와 관계없이 0.0035의 일정한 값으로 규정하고 있다. 한국의 설계기준[2.3,2.9]은 0.0033을, Eurocode 2[2.11]와 일본 JSCE 설계기준[2.14]은 0.0035를 기본으로 하고, 고강도 콘크리트에서는 콘크리트의 압축강도가 증가함에 따라 값이 감소하는 형태로 설계 휨 극한변형률을 규정하고 있다.

2.1.8 콘크리트의 인장강도

인장응력을 받는 콘크리트는 인장 작용에 의하여 늘어나다가 균열이 발생하면서 파괴되는데, 이때의 응력을 인장강도(tensile strength)라고 한다. 콘크리트의 인장강도를 얻기 위해서는 그림 2-15(a)와 같은 직접인장시험을 수행하는 것이 가장 바람직할 것이다. 그러나 직접인장시험을 수행하려면 인장력을 가하기 위하여 공시체를 잡아야 하는데, 잡는 방법이 매우 어려워서 이 시험을 수행하기가 현실적으로 매우 어렵다. 따라서 콘크리트에 대한 인장강도 시험방법은 1축으로 직접 인장응력을 가하는 시험방법을 대신하여 간접적으로 인장응력을 가하는 시험방법을 사용하기도 한다. 간접적인 인장강도 시험방법은 쪼갬인장시험과 휨인장시험이 있다.

쪼갬인장시험(splitting tensile test)은 KS F 2423[2.17]에 규정된 방법으로, 그림 2-15(b)와 같이 압축강도 시험용인 150×300 mm 크기의 원주형 공시체를 뉘어 놓고 수직방향으로 하중을 가하여 공시체를 쪼개는 시험방법이다. 원주형 공시체의 지름이 D이고 길이가 L일 때, 공시체가 하중 P에 의하여 쪼개질 때의 응력은 다음과 같이 계산할 수 있고, 이 결과가 쪼갬인장강도(split tensile strength)가 된다.

$$f_{sp} = \frac{2P}{\pi DL} \tag{2·22}$$

휨인장시험(modulus of rupture test)은 KS F 2408[2.18]의 시험방법으로, 그림 2-15(c)와 같이 150×150×530 mm의 무근 콘크리트 보 공시체를 사용하여 3등분점 재하시험을 수행하는 방법이다.

이때 지간은 450 mm로 하고 지점과 하중 사이를 150 mm로 하여 하중을 가한다. 단면의 폭이 b이고 높이가 h인 보 공시체의 하단에서 균열이 발생하면서 파괴되는 휨모멘트를 M_{cr}이라고 하면, 이때의 응력은 다음과 같이 계산할 수 있고, 이 결과가 휨인장강도(휨균열강도, 파괴계수, flexural tensile strength, modulus of rupture)가 된다.

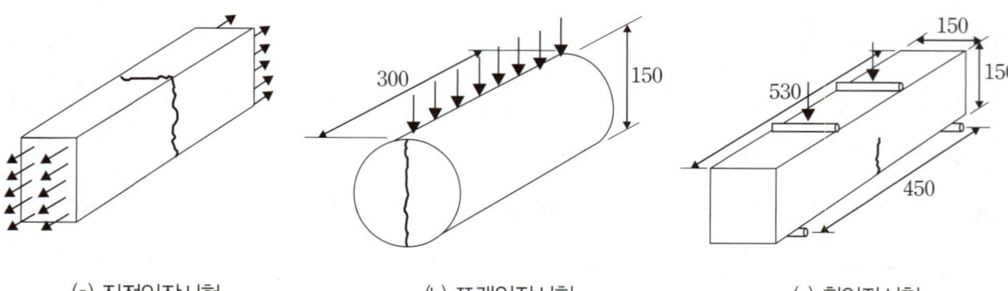

(a) 직접인장시험　(b) 쪼갬인장시험　(c) 휨인장시험

| 그림 2-15 | 콘크리트의 인장시험 방법

$$f_r = \frac{6M_{cr}}{bh^2} \tag{2·23}$$

콘크리트의 쪼갬인장강도와 휨인장강도를 압축강도의 1/2 제곱으로 표현하면, 일반적으로 보통중량 콘크리트에서 쪼갬인장강도는 $0.35\sqrt{f_{ck}} \sim 0.65\sqrt{f_{ck}}$의 범위를 보이며, 휨인장강도는 $0.4\sqrt{f_{ck}} \sim 1.0\sqrt{f_{ck}}$의 범위를 보인다. 여기서 f_{ck}는 원주형 공시체의 압축강도(MPa)이다.

교량설계기준(한계상태설계법)[2.3]과 Eurocode 2[2.11]는 1축 인장강도를 콘크리트의 인장강도로 하여 f_{ct}로 표현하면서, 인장강도의 변동성을 고려한다. 즉, 구조물의 안전성 등 성능을 검증할 때는 하한 값의 강도를 기준으로 하고, 휨부재에서 균열발생 후 즉시 파괴되지 않도록 하기 위한 최소철근량은 인장강도의 평균값이나 상한 값을 기준으로 수식을 유도한 것이다. 콘크리트 인장강도의 하한 값과 상한 값은 그림 2-16과 같이 변동성이 있는 인장강도 실험결과의 확률빈도분포로부터, 평균값을 f_{ctm}으로 표현하고 하위 5%에 해당하는 인장강도와 상위 5%에 해당하는 인장강도로 정한다. 하위 5%에 해당하는 인장강도는 f_{ctk}로 표현하여 설계기준강도로 한다. 그러나 콘크리트의 인장강도는 간접적인 인장강도 시험방법으로 측정하는 것이 일반적이므로, 이들 간의 관계식이 필요하다.

교량설계기준(한계상태설계법)[2.3]은 쪼갬인장시험으로 구한 쪼갬인장강도의 평균값 f_{spm}으로 인장강도를 결정하는 경우와 휨인장시험로 구한 휨인장강도의 평균값 f_{rm}으로 인장강도를 결정하는 경우에 대하여, 다음 근사식들로 평균인장강도 f_{ctm}을 구한다.

$$f_{ctm} = 0.9 f_{spm} \tag{2·24}$$

$$f_{ctm} = 0.5 f_{rm} \tag{2·25}$$

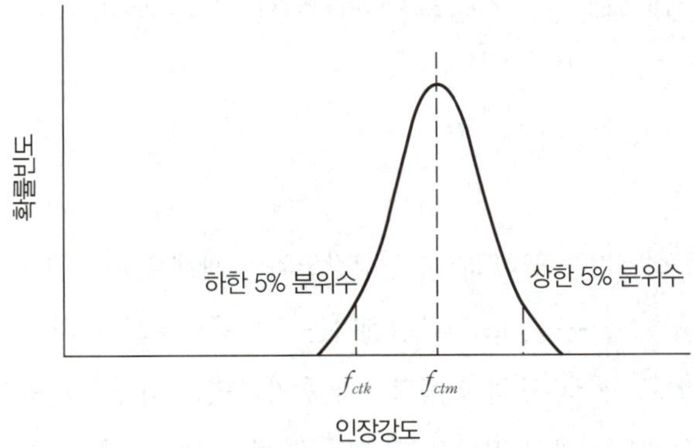

| 그림 2-16 | 콘크리트의 설계기준인장강도와 평균 인장강도

콘크리트의 인장시험을 수행하지 않는 경우에는 콘크리트의 평균압축강도 f_{cm}을 이용하여 다음 식으로 평균인장강도 f_{ctm}을 구한다.

$$f_{ctm} = 0.3(f_{cm})^{2/3} \tag{2·26}$$

하위 5%에 해당하는 설계기준인장강도 f_{ctk}는 다음 식으로 구한다.

$$f_{ctk} = 0.7\, f_{ctm} \tag{2·27}$$

참고로 교량설계기준(한계상태설계법)[2.3]은 상위 5%에 해당하는 최대인장강도를 특별히 규정하고 있지는 않지만, 필요한 경우에는 Eurocode 2[2.11]를 참조하여 평균인장강도 f_{ctm}의 1.3배로 취할 수 있다.

한편, 휨모멘트에 의하여 콘크리트에 인장응력이 작용할 때에는 부재의 크기에 따라 인장강도가 달라진다. 교량설계기준(한계상태설계법)[2.5]은 직접인장강도를 인장강도의 기준으로 하므로 설계에서 휨인장강도를 필요로 하지는 않지만, 필요한 경우에는 평균휨인장강도 $f_{ctm,fl}$을 다음의 식으로 구할 수 있다.

$$f_{ctm,fl} = \left(1.6 - \frac{h}{1{,}000}\right) f_{ctm} \geq f_{ctm} \tag{2·28}$$

이 식으로 구한 평균휨인장강도 $f_{ctm,fl}$은 부재의 두께 h가 600 mm보다 작은 경우에는 평균인장강도 f_{ctm}의 1.6배까지 커지지만, 600 mm 이상인 경우에는 평균인장강도와 동일한 값을 갖는다.

한편, 강도설계법을 채택하고 있는 콘크리트구조설계기준[2.9]과 ACI 318[2.12]은 콘크리트의 휨인장강도(파괴계수)를 인장강도의 기준으로 채택하여, 설계기준압축강도의 1/2 제곱에 비례하는 다음 식으로 구한다. 여기서 λ는 경량콘크리트계수로서, 보통중량콘크리트는 λ가 1.0이다.

$$f_r = 0.63\,\lambda\sqrt{f_{ck}} \tag{2·29}$$

그림 2-17은 콘크리트의 설계기준압강도와 휨인장강도와의 관계를 나타낸다. 그림에서 실험값의 중앙을 지나는 직선은 ACI 318[2.12]과 콘크리트구조설계기준[2.9]의 콘크리트 파괴계수(휨인장강도) 식을 나타낸다. 실험결과는 전반적으로 콘크리트의 압축강도가 증가하면 파괴계수도 증가하는 경향을 나타내며, 식 (2·29)의 설계기준 식이 실험결과의 평균을 비교적 잘 예측한다고 할 수 있다. 그러나 파괴계수의 실험결과는 탄성계수와 유사하게 변동성이 매우 커서, 식 (2·29)의 파괴계수 식으로 구한 값의 0.6배 정

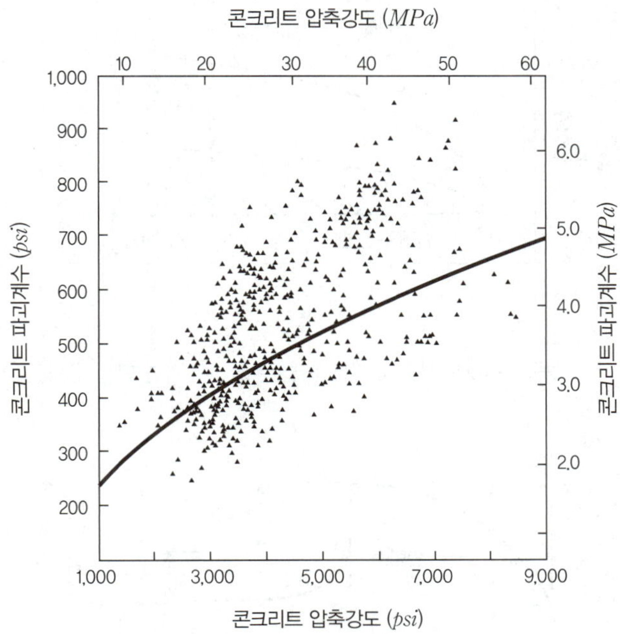

| 그림 2-17 | 콘크리트의 압축강도와 휨인장강도의 관계[2.19,2.20]

도의 작은 값을 가질 수도 있고 1.6배 정도로 큰 값을 가질 수도 있으며, 압축강도가 동일하더라도 파괴계수는 2배 이상까지 차이가 있을 수 있다는 것을 나타낸다. 또, 압축강도가 증가하면 수식으로 구한 파괴계수의 값이 증가하지만, 실제로는 압축강도가 더 높더라도 파괴계수는 더 작을 수 있다는 것을 나타낸다.

2.1.9 콘크리트의 크리프

크리프(creep)는 응력이 일정하게 작용하여 크기의 변화가 없더라도 변형률이 시간 경과에 따라 증가하는 현상이다. 콘크리트에서 크리프가 발생하는 이유는, 굳어 가는 시멘트 풀에 응력이 작용할 때 시간 경과에 따라 변형이 진행되기 때문이다. 즉, 콘크리트는 시멘트 풀이 굳으면서 강도가 발현되는데, 완전히 굳기 전에 압축응력이 작용하면 응력이 작용하여 발생된 변형률이 일정하게 유지되지 않고 시간이 경과함에 따라 시멘트 풀이 더 눌리게 되어 변형률이 증가하는 것이다. 콘크리트에 가하는 하중이 장시간에 걸쳐서 증가하도록 하여 얻은 콘크리트의 압축응력-변형률 곡선은 단기하중을 작용시켜서 얻은 압축응력-변형률 곡선에 비하여 동일한 응력에서 변형률이 더 큰 모양을 보이는데, 이것 또한 크리프의 영향이다. [그림 2-2(f) 참조]

콘크리트의 크리프는 수축(shrinkage)과 함께 시간이 경과함에 따라 증가한다. 그림 2-18은 시간 t_o에

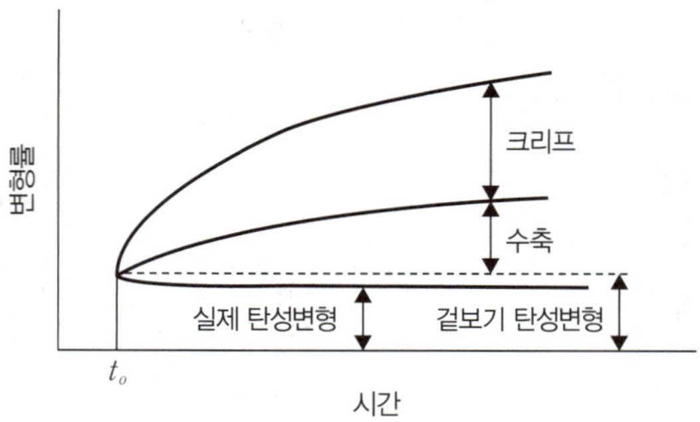

| 그림 2-18 | 시간 경과에 따른 콘크리트의 변형률 변화

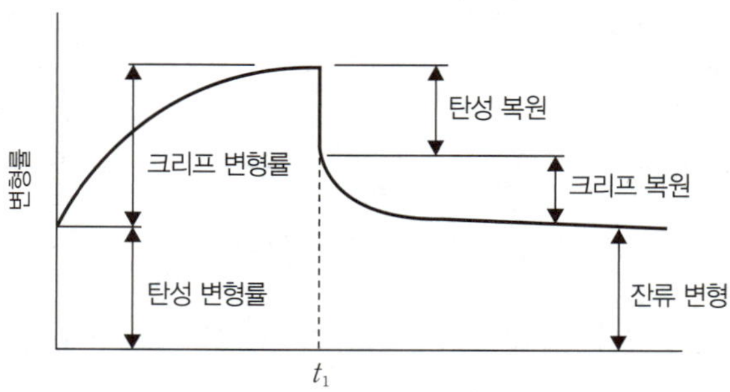

| 그림 2-19 | 콘크리트의 크리프에 따른 변형률 변화

하중이 작용하여 탄성변형이 발생한 후, 크리프와 수축에 의하여 변형률이 증가하는 모양을 나타낸다.

여기서 실제 탄성변형은 시간이 경과함에 따라 감소하는데, 이것은 콘크리트의 탄성계수가 시간이 지남에 따라 증가하기 때문이다. 그러나 콘크리트의 변형률은 탄성변형과 함께 크리프와 수축에 의한 변형도 함께 발생하여, 실제 탄성변형을 측정하거나 계산하기가 매우 어렵다. 그러나 크리프와 수축에 의한 변형이 아직 발생하지 않은 시간 t_o에서의 탄성변형은 쉽게 얻을 수 있다. 따라서 탄성변형의 값이 변하지 않는다고 가정하고 계산하는 경우, 이를 겉보기 탄성변형이라고 한다.

콘크리트의 크리프에 영향을 주는 요소는 매우 다양해서, (1) 재료의 구성, 즉 시멘트 분말도와 양, 골재 크기와 입도와 무기물 함유량, 혼화재료, (2) 물의 양과 물-시멘트 비, (3) 양생 온도와 습도, (4) 대기의 상대습도, (5) 하중 재하 재령, (6) 응력의 크기, (7) 하중 재하 시간, (8) 부재의 표면-체적 비율, (9) 슬럼프 값 등의 영향을 받는다.

크리프 변형률은 탄성 변형률에 대한 비율인 크리프 계수(creep coefficient)로 나타낸다. 압축응력이 높지 않은 상태에서는 크리프 변형률이 탄성 변형률에 일정한 비율로 발생하여 동일한 값의 크리프 계수 값을 갖게 되는데, 이를 선형 크리프(linear creep)라고 한다. 시간이 무한대일 때의 선형 크리프 계수는 일반적으로 1.5~3.5의 범위이다. 크리프 변형은 초기 재령에서 크게 발생하여, 조건에 따라 다르기는 하지만 일반적인 경우, 1년이 경과하면 시간이 무한대일 때의 크리프의 약 80%, 5년이 경과하면 시간이 무한대일 때의 크리프의 약 90%가 발생한다. 압축응력이 높은 상태에서는 응력이 증가할수록 더 큰 비율로 크리프 변형률이 증가하여 선형 크리프 계수 값보다 큰 값을 갖게 되는데, 이를 비선형 크리프(nonlinear creep)라고 한다.

크리프 변형은 하중이 제거되면 복원되는데, 하중이 제거될 때의 콘크리트 재령이 높을수록 회복되는 변형률이 작아진다. 그림 2-19는 크리프 변형이 진행되다가 시간 t_1에 하중이 제거된 후의 거동을 나타낸다. 하중이 제거되면 하중에 의해 발생되었던 탄성변형이 복원되므로, 이를 탄성 복원(elastic recovery)이라고 한다. 이때 복원된 탄성 변형률은 하중이 작용하였을 때 발생한 탄성 변형률, 즉 겉보기 탄성 변형률보다 작은데, 이는 재령이 증가함에 따른 탄성계수의 증가로 인한 것이다. 탄성 복원 후에도 변형률이 좀 더 복원되는데, 이를 크리프 복원(creep recovery)이라고 한다. 크리프 복원도 역시 콘크리트 재령이 높을수록 크기가 작아진다. 콘크리트에 작용하고 있던 하중이 제거되어 이렇게 변형이 복원되더라도 원래대로 돌아오지는 않고 남는 변형이 존재하는데, 이를 잔류 변형(residual deformation)이라고 한다.

이와 같은 콘크리트의 크리프는 콘크리트 구조물의 부재강도(member strength)에는 크게 영향을 미치지 않아서, 설계에서 이를 고려하지 않는 것이 일반적이다. 그러나 콘크리트 구조물에 장기적인 지속하중(sustained load)이 작용하면, 크리프 변형에 의하여 처짐이 증가하여 구조물의 사용성능에 문제를 유발할 수 있으며, 하중이 제거되더라도 잔류 처짐이 남아 있게 된다. 또 프리스트레스트 콘크리트의 경우에는 크리프에 의하여 긴장력이 장기적으로 감소하게 되어 프리스트레싱 효과를 감소시킨다. 따라서 콘크리트 구조물에서는 크리프가 과도하게 발생하지 않도록 하는 것이 바람직하다.

한국의 설계기준[2.3,2.9]은 콘크리트의 크리프 변형률 및 크리프 계수를 다음과 같이 제시하고 있다. 이 모델은 기본적으로 CEB-FIP 1990 Model Code[2.21]의 모델을 기본으로 한 것이지만, 유럽과 한국에서 사용하는 시멘트가 다소 차이가 있기 때문에 식 (2·46)의 $\beta_{cc}(t)$를 구할 때 사용하는 β_{sc}의 값을 한국 시멘트를 대상으로 보정한 것이다.

(1) 크리프 변형률

시간 t'(일, 日, day)에서 작용응력 $f_c(t')$에 의한 콘크리트의 탄성 변형률과 크리프 변형률을 합한 전체 변형률 $\varepsilon_{c\sigma}(t,\ t')$는 콘크리트 압축강도, 시멘트 종류, 양생온도, 하중이 처음 작용할 때의 콘크리트 재령, 하중지속기간, 평균 상대습도, 온도 변화, 작용응력의 크기, 부재 크기 등에 따라 다음 식으로 구할 수 있다.

$$\varepsilon_{c\sigma}(t,\ t') = f_c(t')\left[\frac{1}{E_{ci}(t')} + \frac{\phi(t,\ t')}{E_{ci}}\right] \tag{2·30}$$

여기서 $\varepsilon_{c\sigma}(t,\ t')$: 재령 t'일에서 $f_c(t')$의 응력이 작용할 때, 시간 t(일)에서의 탄성 변형률과 크리프 변형률을 포함한 전체 변형률

t : 콘크리트의 재령(일)

t' : 하중이 처음 작용할 때의 콘크리트 재령(일)

$f_c(t')$: 재령 t'(일)에서 콘크리트에 작용하는 압축응력(MPa)

$\phi(t,\ t')$: 재령 t'(일)에 외기에 노출된 콘크리트에 재령 t(일)에서 발생하는 크리프 계수

E_{ci} : 식 (2·47)로 구하는 재령 28일에서의 콘크리트의 초기 접선탄성계수(MPa)

$E_{ci}(t')$: 식 (2·48)로 구하는 재령 t'(일)에서의 콘크리트의 초기 접선탄성계수(MPa)

(2) 크리프 계수

식 (2·30)에 이용되는 크리프 계수 $\phi(t,\ t')$는 양생온도가 20℃이고, 하중이 작용하는 동안의 기온이 20℃인 경우를 기준으로 한 것으로, 다음 식으로 구한다.

$$\phi(t,\ t') = \phi_o\,\beta_c(t-t') \tag{2·31}$$

여기서 ϕ_o : 콘크리트의 개념 크리프 계수(notional creep coefficient)

$$\phi_o = \phi_{RH}\beta(f_{cu})\beta(t') \tag{2·32}$$

ϕ_{RH} : 외기의 상대습도와 부재 두께가 크리프에 미치는 영향계수

$$\phi_{RH} = 1 + \frac{1-0.01RH}{0.10\sqrt[3]{h}} \tag{2·33}$$

$\beta(f_{cu})$: 콘크리트 강도가 크리프에 미치는 영향함수

$$\beta(f_{cu}) = \frac{16.8}{\sqrt{f_{cu}}} \tag{2·34}$$

$\beta(t')$: 지속하중이 가해지는 시간 t'가 크리프에 미치는 영향함수

$$\beta(t') = \frac{1}{0.1 + (t')^{0.2}} \tag{2·35}$$

$\beta_c(t,\ t')$: 재하기간에 따라 크리프에 미치는 영향함수

$$\beta_c(t,\ t') = \left[\frac{(t-t')}{\beta_H + (t-t')}\right]^{0.3} \tag{2·36}$$

β_H : 외기의 상대습도와 부재의 두께에 따른 계수

$$\beta_H = 1.5\,[1+(0.012RH)^{18}]\; h+250 \le 1{,}500(\text{일}) \tag{2·37}$$

RH : 외기의 상대습도 (%)

h : 개념 부재치수(notional size of member)(mm) $=\dfrac{2A_c}{u}$

A_c : 부재의 단면적(mm^2)

u : 단면적 A_c의 둘레 중에서 수분이 외기로 확산되는 둘레길이(mm)

f_{cu} : 재령 28일에서 콘크리트의 평균압축강도, 식 (2·1) 참조

(3) 크리프 계수의 보정

작용응력의 크기, 온도, 시멘트의 종류에 따라 식 (2·31)의 크리프 계수를 다음과 같이 보정하여야 한다.

① 양생온도 및 시멘트 종류에 따른 보정계수

양생 동안 온도의 변화가 있거나, 20℃가 아닌 대기에 노출되어 있는 경우, 재하할 때의 콘크리트의 재령 t'는 다음과 같이 보정하여야 한다.

$$t' = t'_T\left[\frac{9}{2+(t'_T)^{1.2}}+1\right]^{\alpha} \ge 0.5(\text{일}) \tag{2·38}$$

$$t'_T = \sum_{i=1}^{n} \Delta t_i \exp\left(-\frac{4{,}000}{273+T(\Delta t_i)}+13.65\right) \tag{2·39}$$

$$\alpha = \begin{cases} -1 & : \text{2종 시멘트} \\ 0 & : \text{1종, 5종 시멘트} \\ 1 & : \text{3종 시멘트} \end{cases}$$

여기서 t'_T : 온도가 20℃가 아닌 T℃에서 양생할 경우의 등가재령(일)

Δt_i : 일정한 온도가 지속된 기간(일)

$T(\Delta t_i)$: Δt_i일 동안 지속된 온도(℃)

n : 일정한 온도를 유지한 단계의 수

② 작용응력의 크기에 따른 보정계수

작용응력 $f_c(t')$가

$$0.4 f_{cu}(t') < |f_c(t')| < 0.6 f_{cu}(t')$$

인 경우에는 식 (2·32)의 ϕ_o를 다음과 같이 보정하여 크리프의 비선형성을 고려하여야 한다.

$$\phi_{o,k} = \phi_o \exp\left[1.5\left(\frac{|f_c(t')|}{f_{cu}(t')} - 0.4\right)\right] \tag{2·40}$$

여기서 $\phi_{o,k}$: 작용응력의 크기에 따라 보정된 ϕ_o

$f_{cu}(t')$: 재령 t'일에서 콘크리트의 압축강도(MPa)이며, 식 (2·45) 및 식 (2·46)에 의해 구할 수 있다.

③ 온도변화에 따른 보정계수

지속하중이 작용하는 동안 온도가 5℃에서 80℃까지 변화할 때의 크리프 계수는, 식 (2·33)의 ϕ_{RH}를 식 (2·42)로 보정하고, 식 (2·37)의 β_H를 식 (2·44)로 보정하여 식 (2·41)로 구해야 한다.

$$\phi(t,\ t') = \beta_c(t-t')\phi_o + 0.0004(T-20)^2 \tag{2·41}$$

$$\phi_{RH,T} = \phi_T + (\phi_{RH} - 1.0)\phi_T 1.2 \tag{2·42}$$

여기서 $\phi_T = \exp[0.015(T-20)]$ (2·43)

$$\beta_{H,T} = \exp\left[\frac{1{,}500}{273+T} - 5.12\right]\beta_H \tag{2·44}$$

$\phi_{RH,T}$: 온도변화에 따라 보정된 ϕ_{RH} [식 (2·42)]

$\beta_{H,T}$: 온도변화에 따라 보정된 β_H [식 (2·44)]

T : 외기 또는 양생온도

(4) 재령에 따른 콘크리트의 압축강도

$\phi150 \times 300\ mm$의 원주형 공시체 시험으로 얻어지는 평균압축강도는 재령에 따라 다음과 같이 구분할 수 있다.

① 재령 28일에서의 평균압축강도 f_{cu}

재령 28일에서의 평균압축강도 f_{cu}는 앞의 식 (2·1)과 같으며, 이것을 여기에 옮겨 쓰면 다음과 같다.

$$f_{cu} = f_{ck} + \Delta f \tag{2·1}$$

여기서 Δf는 f_{ck}가 40 MPa 이하이면 4 MPa, 60 MPa 이상이면 6 MPa이며, 그 사이는 직선보간으로 구한다.

② 재령 t 일에서의 압축강도 $f_{cu}(t)$

재령에 따른 강도발현 즉, 재령 t일에서의 압축강도 $f_{cu}(t)$는 다음 식으로 구해야 한다.

$$f_{cu}(t) = \beta_{cc}(t) f_{cu} \tag{2·45}$$

$$\beta_{cc}(t) = \exp\left[\beta_{sc}\left(1-\sqrt{\frac{28}{t}}\right)\right] \tag{2·46}$$

$$\beta_{sc} = \begin{cases} 0.35 : \text{1종 시멘트 습윤 양생} \\ 0.15 : \text{1종 시멘트 증기 양생} \\ 0.25 : \text{3종 시멘트 습윤 양생} \\ 0.12 : \text{3종 시멘트 증기 양생} \\ 0.40 : \text{2종 시멘트} \end{cases}$$

여기서 $\beta_{cc}(t)$: 콘크리트 강도 발현에 대한 재령에 따른 보정계수

β_{sc} : 시멘트 종류에 따른 수축에 미치는 영향계수

(5) 초기접선탄성계수

식 (2·30)의 크리프 변형을 계산하기 위한 초기접선탄성계수는 다음 식으로 구해야 한다.

$$E_{ci} = 10{,}000\sqrt[3]{f_{cu}} \tag{2·47}$$

초기접선탄성계수 $E_{ci}(t)$의 시간에 따른 변화는 다음 식으로 구한다.

$$E_{ci}(t) = \sqrt{\beta_{cc}(t)}\, E_{ci} \tag{2·48}$$

여기서 $\beta_{cc}(t)$는 식 (2·46)과 같다.

예제 2-1

단면이 600×600 mm이고 길이가 6 m인 기둥이, 콘크리트 타설 후 7일간 습윤 양생한 뒤 재령 14일(t')에 동바리와 거푸집을 제거하여 응력 8 MPa의 장기하중을 받기 시작했을 때, 50년 후의 크리프 계수와 전체 변형률을 구하고 줄어든 기둥의 길이를 계산하시오. 구조물이 시공되는 지역의 연평균 온도는 16℃이고 연평균 상대습도(RH)는 60%이다. 콘크리트의 설계기준압축강도는 30 MPa이고 배합은 다음과 같다.

배합 : 1종 시멘트, 단위 시멘트량 350 kg/m^3, 물/시멘트비 0.4, 슬럼프 120 mm, 잔골재율 0.45, 공기량 5%.

>>> 풀이

(1) 보정 전 크리프 계수의 계산

개념 부재치수는

$$h = \frac{2A_c}{u} = \frac{2\times(600\times600)}{600\times4} = 300\ mm$$

식 (2·33)으로부터

$$\phi_{RH} = 1 + \frac{1-0.01RH}{0.10\sqrt[3]{h}} = 1 + \frac{1-0.01\times60}{0.10\times\sqrt[3]{300}} = 1.60$$

식 (2·1)로부터

$$f_{cu} = f_{ck} + \Delta f = 30 + 4 = 34\ MPa$$

식 (2·34)로부터

$$\beta(f_{cu}) = \frac{16.8}{\sqrt{f_{cu}}} = \frac{16.8}{\sqrt{34}} = 2.88$$

식 (2·35)로부터

$$\beta(t') = \frac{1}{0.1 + (t')^{0.2}} = \frac{1}{0.1 + 14^{0.2}} = 0.557$$

식 (2·32)로부터

$$\phi_o = \phi_{RH}\beta(f_{cu})\beta(t') = 1.60\times2.88\times0.557 = 2.57$$

식 (2·37)로부터

$$\beta_H = 1.5[1 + (0.012RH)^{18}]h + 250$$
$$= 1.5[1 + (0.012\times60)^{18}]\times300 + 250 = 701 < 1{,}500$$

50년은 18,250일이므로, $t = 18{,}250$

식 (2·36)으로부터

$$\beta_c(t-t') = \left[\frac{t-t'}{\beta_H + (t-t')}\right]^{0.3} = \left[\frac{18{,}250-14}{701 + (18{,}250-14)}\right]^{0.3} = 0.963$$

식 (2·31)로부터 보정 전의 크리프 계수는 다음과 같다.

$$\phi(t-t') = \phi_o\,\beta_c(t-t') = 2.57\times0.963 = 2.47$$

(2) 크리프계수의 보정

① 양생온도 및 시멘트 종류에 따른 t' 보정

평균 온도는 16℃이고 14일 후 하중이 작용하므로, $\Delta t_i = 14$, $T(\Delta t_i) = 16$

식 (2·39)로부터

$$t'_T = \sum_{i=1}^{n} \Delta t_i \exp\left(-\frac{4{,}000}{273+T(\Delta t_i)}+13.65\right)$$

$$= \sum_{i=1}^{n} 14\times\exp\left(-\frac{4{,}000}{273+16}+13.65\right) = 11.57℃$$

$\beta(t')$에 적용할 t' 결정 : 1종 시멘트인 경우 $\alpha = 0$이므로, 식 (2·38)로부터

$$t' = t'_T\left[\frac{9}{2+(t'_T)^{1.2}}+1\right]^{\alpha} = 11.57\left[\frac{9}{2+(11.57)^{1.2}}+1\right]^{0} = 11.57 \geq 0.5$$

② 작용응력의 크기에 따른 보정계수

1종 시멘트 습윤 양생인 경우는 $\beta_{sc} = 0.35$이므로, 식 (2·46)으로부터

$$\beta_{cc}(t') = \exp\left[\beta_{sc}\left(1-\sqrt{\frac{28}{t'}}\right)\right] = \exp\left[0.35\left(1-\sqrt{\frac{28}{14}}\right)\right] = 0.865$$

식 (2·45)로부터

$$f_{cu}(t') = \beta_{cc}(t')f_{cu} = 0.865(34) = 29.4\ MPa$$

단기하중으로 작용할 때의 압축연단 응력 8 MPa은 선형 크리프 기준인 $0.4f_{cu}(t') = 0.4(29.4) = 11.8\ MPa$보다 작으므로, 선형 크리프이다.

따라서 작용응력의 크기에 따른 보정은 필요 없다.

③ 온도 변화에 따른 보정계수

연평균 온도가 16℃이므로 $T = 16$이고, 식 (2·43)으로부터

$$\phi_T = \exp[0.015(T-20)] = \exp[0.015(16-20)] = 0.942$$

(1)에서, $\phi_{RH} = 1.60$, $\beta_H = 701$, $\beta(f_{cu}) = 2.88$이었으므로,

식 (2·42)로부터

$$\phi_{RH,T} = \phi_T + (\phi_{RH}-1.0)\phi_T^{1.2} = 0.942+(1.60-1.0)(0.942)^{1.2} = 1.50$$

보정된 $\beta(t')$은 식 (2·35)로부터

$$\beta(t') = \frac{1}{0.1+(t')^{0.2}} = \frac{1}{0.1+(11.57)^{0.2}} = 0.577$$

보정된 ϕ_o는 식 (2·32)로부터

$$\phi_o = \phi_{RH,T}\beta(f_{cu})\beta(t') = 1.50\times2.88\times0.577 = 2.49$$

식 (2·44)로부터

$$\beta_{H,T} = \exp\left[\frac{1{,}500}{273+T}-5.12\right]\beta_H = \exp\left[\frac{1{,}500}{273+16}-5.12\right](701) = 752$$

보정된 $\beta_c(t-t')$는 식 (2·36)으로부터

$$\beta_c(t-t') = \left[\frac{(t-t')}{\beta_{H,T}+(t-t')}\right]^{0.3} = \left[\frac{18{,}250-14}{752+(18{,}250-14)}\right]^{0.3} = 0.988$$

④ 보정 후 크리프계수

식 (2·41)로부터 보정 후의 크리프 계수는 다음과 같다.

$$\phi(t,\ t') = \beta_c(t-t')\phi_o + 0.0004(T-20)^2$$
$$= 0.988\times2.49 + 0.0004\times(16-20)^2 = 2.47$$

(3) 변형률과 변위

재령 28일에서 초기 탄성계수는 식 (2·47)로부터

$$E_{ci} = 10{,}000\sqrt[3]{f_{cu}} = 10{,}000\sqrt[3]{34} = 32{,}400\ MPa$$

1종 시멘트를 사용하고, 습윤 양생하여 $\beta_{sc} = 0.35$이므로, 식 (2·46)으로부터

$$\beta_{cc}(t) = \exp\left[\beta_{sc}\left(1-\sqrt{\frac{28}{t}}\right)\right] = \exp\left[0.35\left(1-\sqrt{\frac{28}{18{,}250}}\right)\right] = 1.34$$

50년 후의 초기 탄성계수는 식 (2·48)로부터

$$E_{ci}(t) = \sqrt{\beta_{cc}(t)}\ E_{ci} = \sqrt{1.34}\times32{,}400 = 37{,}500\ MPa$$

따라서 전체 변형률 $\varepsilon_{c\sigma}(t, t)$는 식 (2·30)에 의하여 다음과 같다.

$$\varepsilon_{c\sigma}(t,\ t') = f_c(t')\left[\frac{1}{E_{ci}(t')} + \frac{\phi(t,t')}{E_{ci}}\right]$$
$$= 8\left(\frac{1}{37{,}500} + \frac{2.47}{32{,}400}\right) = 0.000213 + 0.000610 = 0.000823$$

기둥의 길이가 6,000 mm이므로 줄어들 길이는

$$0.000823\times6{,}000 = 4.9\ mm$$

2.1.10 콘크리트의 수축

콘크리트를 구성하는 시멘트 풀은 주위의 습도가 높을 때는 수분을 흡수하여 팽창하고, 주위의 습도가 낮을 때는 수분을 방출하여 수축한다. 이에 따라 콘크리트도 습기를 흡수하게 되면 팽창하고 건조하면 수축한다. 콘크리트의 팽창과 수축은 콘크리트 속에서 자유로이 이동할 수 있는 물의 양이 적을수록, 또 경화한 콘크리트 내부에 공극(空隙, void)이 적을수록 적게 일어난다. 경화한 시멘트 풀 속의 공극이 동일다면 시멘트 풀의 양이 적을수록 팽창과 수축이 적게 일어난다. 이와 같은 콘크리트의 팽창과 수축은 짧은 기간 내의 주위의 습도에 따른 거동이며, 콘크리트가 양생되는 기간을 포함하여 장기적인 시간 경과로 보면 콘크리트는 시간이 지나면서 수축한다.

콘크리트의 수축은 세 가지 요인으로 발생하는데, 시멘트가 수화(水和)반응을 하면서 시멘트 풀이 수축하는 자기수축(自起收縮, autogenous shrinkage), 내부의 수분이 증발하면서 시멘트 풀이 수축하

는 건조수축(乾燥收縮, drying shrinkage), 시멘트 풀이 대기 중의 탄산과 반응하여 수축하는 탄산수축(炭酸收縮, carbonation shrinkage)이 있다. 이 세 가지 요인 중 일반적으로 건조수축이 큰 비중을 차지하지만, 시멘트 양이 많이 사용된 고강도 콘크리트는 자기수축이 무시하지 못할 정도로 발생하며, 대기 중의 탄산의 양이 많은 경우에는 탄산수축도 무시할 수 없는 정도로 발생할 수 있다.

과거에는 이와 같은 수축의 종류를 구분하지 않고, 콘크리트의 수축을 건조수축으로 이해했었다. 즉, 필연적으로 수분을 함유하게 되는 콘크리트는 건조수축이 발생하는데 건조수축의 양은 물의 양과 함께 시멘트의 양과도 관계가 있다고 이해했던 것이다. 따라서 학술적으로는 건조수축과 자기수축을 구분하여 설명하지만, 실무에서는 이를 구분하지 않고 건조수축이라는 용어로 수축을 표현하는 경우가 많다.

콘크리트의 건조수축은 골재의 종류와 최대치수, 시멘트의 종류와 품질, 다짐의 정도, 양생상태, 부재의 단면치수 등의 영향을 받지만, 단위수량(單位水量)과 단위시멘트량이 가장 큰 영향을 미친다. 콘크리트는 수화작용에 필요한 양보다 많은 물이 사용되므로, 수화하고 남은 물이 콘크리트 속에 머물러 있다가 콘크리트가 대기에 접하게 되면 증발한다. 그 결과로서 건조수축이 발생하므로, 단위수량이 많으면 건조수축이 크게 발생한다.

콘크리트 수축의 한 요인인 자기수축은 시멘트가 수화반응을 하면서 시멘트 풀이 수축하는 현상이므로, 단위시멘트량이 많으면 수축이 크게 발생한다. 이에 따라 굵은 골재를 사용하지 않는 모르타르는 콘크리트보다 단위시멘트량이 많게 되어, 일반적으로 콘크리트의 2배 정도의 수축이 발생한다.

따라서 콘크리트의 수축이 적게 발생하게 하려면 유동성을 확보하는 범위 내에서 가능하면 단위수량을 적게 하는 것이 가장 중요하다. 또, 강도를 확보하는 범위 내에서 가능하면 단위시멘트량을 적게 하여 부배합(富配合, rich mix)을 피하도록 하여야 하며, 상당한 기간 세심한 주의를 기울여 양생하는 것이 중요하다.

수축은 콘크리트 구조물에 균열을 유발하며, 프리스트레스트 콘크리트에서는 긴장력의 손실의 한 원인이 된다. 콘크리트 부재는 표면으로부터 내부로 향하여 건조해 들어가기 때문에, 표면부터 수축하지만 표면보다 적게 수축하는 내부 콘크리트가 표면의 수축을 구속하여 그림 2-20과 같이 표면에 인장응력이 발생한다. 반대로 표면보다 적게 수축하는 내부 콘크리트는 표면의 수축으로 인하여 압축응력이 발생한다. 이러한 경우를 부등(不等)건조수축이라고 하며, 표면에 발생한 인장응력에 의하여 콘크리트 부재의 표면에 수축균열이 발생하게 된다. 이때 표면에 가까운 표피에 철근이 배치되어 있으면, 그림 2-20(a)와 같이 철근위치를 따라 등간격의 균열이 표면에 발생한다. 철근이 배치되지 않거나 철근이 배치되더라도 표면에서 멀리 떨어져서 압축을 받는 위치에 배치되어 있으면, 그림 2-20(b)와 같이 방향성 없는 균열이 표면에 발생한다.

강재(鋼材, steel)로 보강된 콘크리트는 수축에 의하여 내부적으로 응력이 작용한다. 강재 위치까지

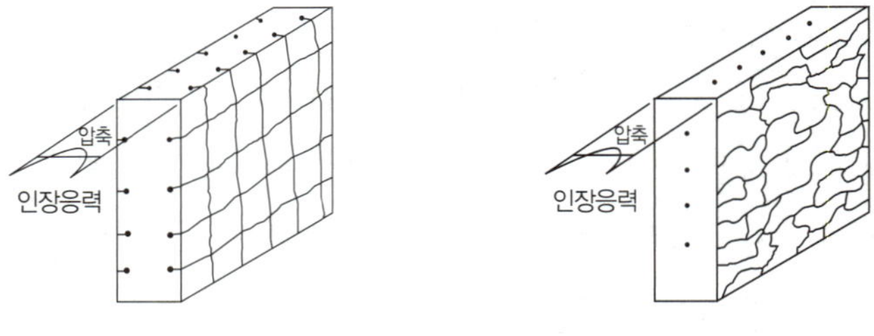

(a) 방향성 부등건조수축균열 (b) 비방향성 부등건조수축균열

| 그림 2-20 | 부등건조수축균열

수축이 진행되면 철근이나 긴장재가 콘크리트의 수축을 방해하여, 콘크리트에는 인장응력이 작용하고 강재에는 압축응력이 작용한다. 이 인장응력이 콘크리트의 인장강도보다 크게 작용하면, 콘크리트 부재에 수축균열이 발생한다.

또한, 접하고 있는 다른 단면요소나 인접부재에 의하여 변형이 구속된 부재는 콘크리트의 수축이 진행되는 동안에 수축되지 못하고, 구속 작용에 의하여 인장응력이 작용하게 된다. 이 인장응력에 의하여, **그림 2-21**(a)와 같이 부재 단면을 관통하는 수축균열이 발생하는 경우가 많다. 접하고 있는 다른 단면요소에 의하여 부재의 변형이 구속되는 대표적인 예는 한 쪽 방향으로 길이가 긴 옹벽(擁壁, retaining wall)과 교량에 많이 사용되는 콘크리트 박스 거더(box girder)를 들 수 있으며, 인접부재에 의하여 변형이 구속되는 예는 부정정 구조물의 골조(骨組, frame)나 아치(arch) 등이 있다.

일반적으로 옹벽은 **그림 2-21**(b)에 점선으로 나타낸 높이의 기초 부분에 콘크리트를 먼저 타설하고 점선 위의 벽체 부분은 기초 콘크리트가 어느 정도 굳은 후에 콘크리트를 타설하므로, 시차에 따라 기초와 벽체의 수축에 차이가 발생하게 된다. 이때 이미 굳은 기초는 나중에 벽체가 굳어가며 수축될 때 이를 구속하게 된다. 따라서 벽체에는 기초의 구속 작용에 의하여 인장응력이 발생하고, 이 인장응력에 의하여 벽체 단면을 관통하는 수직 균열이 발생하게 된다. 옹벽의 벽체에 발생하는 이러한 수축균열은 일반적으로 일정한 간격으로 발생한다. 박스 거더도 콘크리트를 타설할 때 단면을 분할 타설한다. 즉, **그림 2-21**(c)에 점선으로 나타낸 높이의 박스 단면 하부 플랜지를 먼저 타설하고 복부와 상부 플랜지는 하부 플랜지의 콘크리트가 어느 정도 굳은 후에 콘크리트를 타설하므로, 옹벽과 동일한 원리로 박스 거더 복부에 수축에 의한 수직 균열이 발생하는 경우가 많다. 프리스트레스트 콘크리트 박스 거더의 복부에서 시공 중에 이러한 수축균열이 발생하였더라도, 거더의 축방향으로 프리스트레스를 도입하면 단면이 압축상태가 되어 균열이 발생했었던 흔적도 발견하기 어려울 정도로 균열이 폐합된다.

그림 2-22는 실제로 교량의 난간에 발생한 수축균열을 보여주고 있다.

부정정 구조물의 골조는 보의 콘크리트가 수축될 때, 보와 연결된 기둥이 보의 수축을 구속하게 된다. 따라서 기둥의 구속 작용에 의하여 보에 인장응력이 발생하고, 이 인장응력에 의하여 보에 균열이

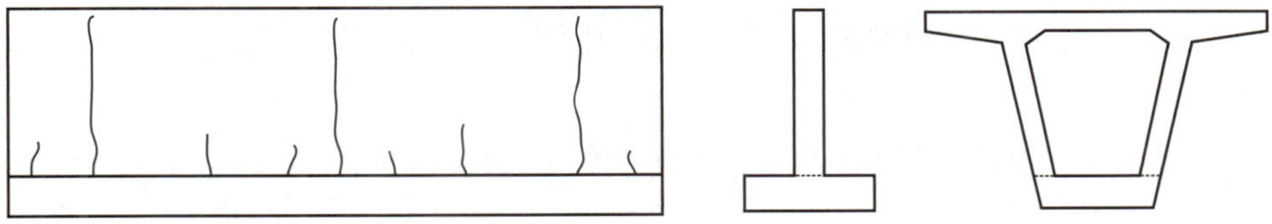

(a) 옹벽이나 박스 거더의 수축균열　(b) 옹벽 단면　(c) 박스 거더 단면

| 그림 2-21 | 수축균열

| 그림 2-22 | 교량 난간의 수축균열

발생하는 경우가 있다. 골조(frame)는 독일어인 rahmen을 우리말로 표현한 라멘이라는 용어로도 통용된다.

일반적으로 사용되는 보통 콘크리트의 최종 수축변형률은 대략 0.0002~0.0007의 범위에 있는데, 한국의 설계기준[2.3,2.9]은 콘크리트의 건조수축 변형률을 예측하는 모델을 다음과 같이 제시하고 있다. 이 모델은 기본적으로 CEB-FIP 1990 Model Code[2.21]의 모델을 기본으로 한 것이다.

[1] 콘크리트의 수축 변형률

콘크리트의 수축 변형률은 대기의 평균 상대습도와 부재의 크기 등을 고려하여, 다음 식으로 구할 수 있다.

$$\varepsilon_{sh}(t,\ t_s) = \varepsilon_{sho}\,\beta_s(t-t_s) \tag{2·49}$$

여기서 $\varepsilon_{sh}(t,\ t_s)$: 재령 t_s일에서 외기에 노출된 콘크리트의 재령 t일에서의 전체 수축 변형률

ε_{sho} : 개념 수축 계수(notional shrinkage coefficient)

$$\varepsilon_{sho} = \varepsilon_s(f_{cu})\,\beta_{RH} \tag{2·50}$$

$$\varepsilon_s(f_{cu}) = \left[160 + 10\beta_{sc}\left(9 - \frac{f_{cu}}{10}\right)\right] \times 10^{-6} \tag{2·51}$$

β_{RH} : 외기습도에 따른 크리프와 수축에 미치는 영향계수

$$\beta_{RH} = \left\{ \begin{array}{ll} -1.55\left[1-\left(\frac{RH}{100}\right)^3\right] & (40\% \le RH < 99\%) \\ 0.25 & (RH \ge 99\%) \end{array} \right\} \tag{2·52}$$

$\beta_s(t-t_s)$: 건조기간에 따른 수축 변형률 함수

$$\beta_s(t-t_s) = \sqrt{\frac{(t-t_s)}{0.035h^2 + (t-t_s)}} \tag{2·53}$$

β_{sc} : 시멘트 종류에 따른 수축에 미치는 영향계수

$$\beta_{sc} = \left\{ \begin{array}{l} 4 \ : \ \text{2종 시멘트} \\ 5 \ : \ \text{1종, 5종 시멘트} \\ 8 \ : \ \text{3종 시멘트} \end{array} \right.$$

RH : 외기의 상대습도(%)

h : 개념 부재치수(notional size of member)(mm) $= \frac{2A_c}{u}$

u : 단면적 A_c의 둘레에서 수분이 외기로 확산되는 둘레길이(mm)

t : 콘크리트의 재령(일)

t_s : 콘크리트가 외기에 노출되었을 때의 재령(일)

f_{cu} : 콘크리트의 평균압축강도, 식 (2·1) 참조

[2] β_{RH} 및 $\beta_s(t-t_s)$의 보정

외기의 온도가 20°C가 아닌 경우, β_{RH} 및 $\beta_s(t-t_s)$는 다음으로 보정해야 한다.

$$\beta_{RH,T} = \left[1 + \left(\frac{8}{103-RH}\right)\left(\frac{T-20}{40}\right)\right]\beta_{RH} \tag{2·54}$$

$$\beta_s(t-t_s) = \sqrt{\frac{(t-t_s)}{0.035h^2\exp[-0.06(T-20)] + (t-t_s)}} \tag{2·55}$$

여기서 T : 외기 또는 양생온도(℃)

예제 2-2

단면이 600×600 mm이고 길이가 6 m인 기둥이, 콘크리트 타설 후 7일간 습윤 양생한 뒤 재령 14일(t_s)에 거푸집을 제거하여 대기에 노출되기 시작했을 때, 50년 후의 수축 변형률을 계산하시오. 구조물이 시공되는 지역의 연평균 온도는 16℃이고 연평균 상대습도(RH)는 60%이다. 콘크리트의 설계기준압축강도는 30 MPa이고 배합은 다음과 같다. 1종 시멘트, 단위 시멘트량 350 kg/m^3, 물/시멘트비 0.4, 슬럼프 120 mm, 잔골재율 0.45, 공기량 5%.

≫ 풀이

(1) 보정 전 수축 변형률의 계산

식 (2·1)로부터

$$f_{cu}=f_{ck}+\Delta f=30+4=34\ MPa$$

1종 시멘트를 사용하였으므로 $\beta_{sc}=5$이고, 식 (2·51)로부터

$$\varepsilon_s(f_{cu})=\left[160+10\beta_{sc}\left(9-\frac{f_{cu}}{10}\right)\right]\times10^{-6}$$

$$=\left[160+10\times5\times\left(9-\frac{34}{10}\right)\right]\times10^{-6}=0.00044$$

상대습도가 $RH=60\%$이므로, 식 (2·52)의 첫 번째 식으로부터

$$\beta_{RH}=-1.55\left[1-\left(\frac{RH}{100}\right)^3\right]=-1.55\left[1-\left(\frac{60}{100}\right)^3\right]=-1.22$$

식 (2·50)으로부터

$$\varepsilon_{sho}=\varepsilon_s(f_{cu})\beta_{RH}=0.00044\times(-1.22)=-0.000537$$

부재치수가 600×600 mm이므로, 개념 부재치수는

$$h=\frac{2A_c}{u}=\frac{2\times(600\times600)}{600\times4}=300\ mm$$

50년은 18,250일이므로 $t=18{,}250$이고, $t_s=14$이므로,
만일 $T=20$℃이었다면, 식 (5·53)으로부터

$$\beta_s(t-t_s)=\sqrt{\frac{t-t_s}{0.035h^2+(t-t_s)}}$$

$$=\sqrt{\frac{18{,}250-14}{0.035\times300^2+(18{,}250-14)}}=0.923$$

(2) 계수의 보정 및 건조수축 변형률

연평균 온도가 16℃로서 20℃가 아니므로 계수를 보정하여야 한다.

(1)에서 $\beta_{RH}=-1.22$이었고, $RH=60\%$, $T=16$℃이므로, 식 (2·54)로부터

$$\beta_{RH,T}=\left[1+\left(\frac{8}{103-RH}\right)\left(\frac{T-20}{40}\right)\right]\beta_{RH}$$

$$= \left[1+\left(\frac{8}{103-60}\right)\left(\frac{16-20}{40}\right)\right](-1.22) = -1.20$$

식 (2·50)으로부터

$$\varepsilon_{sho} = \varepsilon_s(f_{cu})\beta_{RH,T} = 0.00044\times(-1.20) = -0.000528$$

식 (2·55)로부터

$$\beta_s(t-t_s) = \sqrt{\frac{(t-t_s)}{0.035h^2\exp[-0.06(T-20)]+(t-t_s)}}$$

$$= \sqrt{\frac{18{,}250-14}{0.035(300)^2e^{[-0.06(16-20)]}+(18{,}250-14)}} = 0.906$$

식 (2·49)로부터

$$\varepsilon_{sh}(t,t_s) = \varepsilon_{sho}\,\beta_s(t-t_s) = -0.000528\times0.906 = -0.000478$$

2.1.11 재령에 따른 콘크리트 강도 및 탄성계수 변화

콘크리트의 강도는 초기재령에 급격히 증가하다가, 시멘트의 종류에 따라 28일~90일 이후에는 완만히 증가하여 1년 이후에는 큰 변동이 없다. 교량설계기준(한계상태설계법)[2.3]에서는 콘크리트의 재령과 평균압축강도의 관계를 예측하는 모델을 다음과 같이 제시하고 있다. 이 모델은 기본적으로 CEB-FIP 1990 Model Code[2.21]의 모델을 기본으로 한 것으로, 한국에서 사용하는 시멘트의 특성을 반영한 것이다.

$$f_{cm}(t) = \beta_{cc}(t)\,f_{cm} \tag{2·56}$$

$$\beta_{cc}(t) = \exp\left\{\beta_{sc}\left[1-\left(\frac{28}{t}\right)^{1/2}\right]\right\} \tag{2·57}$$

$$\beta_{sc} = \begin{cases} 0.35 : \text{1종 시멘트 습윤 양생} \\ 0.15 : \text{1종 시멘트 증기 양생} \\ 0.25 : \text{3종 시멘트 습윤 양생} \\ 0.12 : \text{3종 시멘트 증기 양생} \\ 0.40 : \text{2종 시멘트} \end{cases}$$

여기서 $\beta_{cc}(t)$: 콘크리트 강도 발현에 대한 재령에 따른 보정계수

β_{sc} : 시멘트 종류와 양생방법에 따른 상수

이 관계는 재령 28일의 콘크리트 평균압축강도 f_{cm}에 강도 발현 비율을 시간의 함수로 나타낸 $\beta_{cc}(t)$

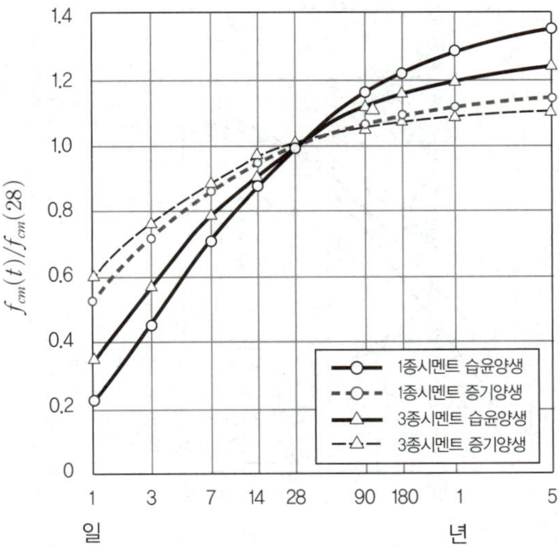

| 그림 2-23 | 콘크리트의 압축강도 발현 곡선

를 곱한 형태이다.

함수 $\beta_{cc}(t)$를 나타내는 식 (2·57)은 콘크리트구조설계기준[2.9]의 크리프 모델에서 정의된 식 (2·46)과 동일한 것이며, 재령 t가 28일일 때 1.0의 값을 갖는다. 콘크리트의 강도 발현은 시멘트의 종류와 양생방법에 따라 다르므로, β_{sc}의 값으로 이를 고려하고 있다. 그림 2-23은 시멘트의 종류와 양생방법에 따른 콘크리트의 압축강도 발현 곡선으로, 시간에 따른 $\beta_{cc}(t)$의 변화를 나타낸다.

콘크리트는 시간이 경과하면서 굳어지므로, 콘크리트의 인장강도도 시간의 함수로 강도가 발현된다. 그러나 인장강도의 발현 속도는 압축강도의 발현 속도와 동일하지 않아서, 재령 28일 이후에는 압축강도가 증가하는 것보다 다소 낮은 비율로 인장강도가 증가한다. 교량설계기준(한계상태설계법)[2.3]에서는 재령과 콘크리트의 평균 인장강도의 관계를 예측하는 모델을 다음과 같이 제시하고 있다.

$$f_{ctm}(t) = [\beta_{cc}(t)]^{\alpha} f_{ctm} \tag{2·58}$$

여기서 α : t가 28일 미만이면 $\alpha = 1.0$

t가 28일 이상이면 $\alpha = 2/3$

f_{ctm} : 재령 28일 평균인장강도

$\beta_{cc}(t)$는 식 (2·57)과 동일한 것으로, 압축강도 발현 속도를 나타내는 함수이다. 식 (2·58)에서, 재령 t가 28일 미만이면 $\beta_{cc}(t)$의 지수 α가 1.0으로, 인장강도가 압축강도와 동일한 비율로 발현된다. 그러나 재령 t가 28일 이상이면 지수 α가 2/3로, 인장강도는 압축강도보다 시간 경과에 따른 강도 증진 비율이

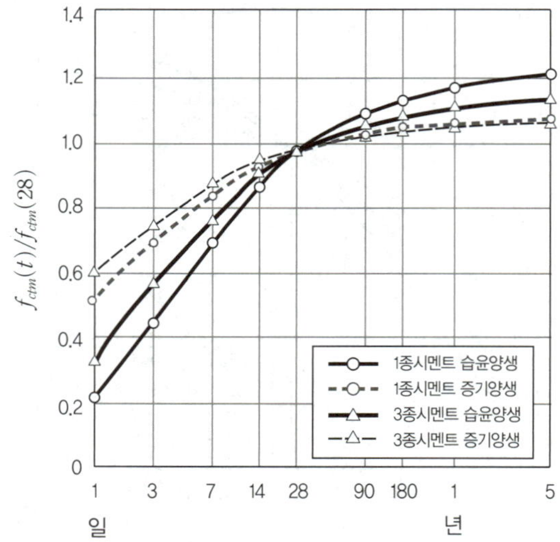

| 그림 2-24 | 콘크리트의 인장강도 발현 곡선

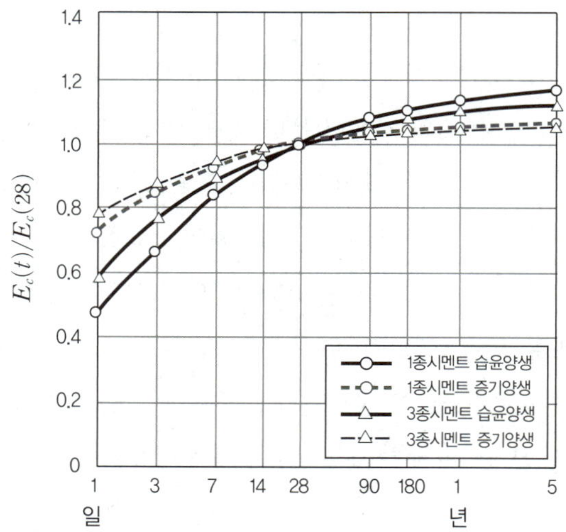

| 그림 2-25 | 콘크리트의 탄성계수 발현 곡선

낮다.

그림 2-24는 시멘트의 종류와 양생방법에 따른 콘크리트의 인장강도 발현 곡선으로, 시간에 따른 변화를 나타낸다. 설계기준에서 규정하고 있는 이와 같은 모델은 설계에 사용하기 위한 대략적인 관계를 유추하기 위한 것이고, 실제로는 콘크리트의 배합, 양생 조건, 대기의 상대습도 등에 따라 편차가 있다.

콘크리트의 탄성계수도 시간이 경과하면서 증가한다. 그러나 콘크리트의 탄성계수도 인장강도와 마찬가지로 압축강도의 발현 속도와 동일하지 않고, 압축강도가 발현되는 것보다 다소 낮은 비율로 증가한다. 교량설계기준(한계상태설계법)[2.5]에서는 재령과 콘크리트의 탄성계수의 관계를 예측하는 모델을 다음과 같이 제시하고 있다.

$$E_c(t) = \sqrt{\beta_{cc}(t)}\, E_c \tag{2·59}$$

이 식도 마찬가지로, 재령 28일의 콘크리트 탄성계수 E_c에 시간의 함수를 곱하는 형태이다. 식 (2·59)에 사용되는 $\beta_{cc}(t)$는 식 (2·57)과 동일한 것으로, 압축강도 발현 속도를 나타내는 함수이다. 식 (2·59)에서, $\beta_{cc}(t)$의 지수는 1/2로서 탄성계수가 압축강도보다 시간 경과에 따른 증진 비율이 낮다는 것을 반영한 것이다. 그림 2-25는 시멘트의 종류와 양생방법에 따른 콘크리트의 탄성계수 발현 곡선으로 시간에 따른 변화를 나타낸다.

2.1.12 횡구속된 콘크리트의 강도와 압축응력-변형률 관계

콘크리트에 횡방향으로 압력이 작용하면 콘크리트의 압축강도가 증가한다. 횡방향으로 압력이 작용하는 경우는, 쉘 구조와 같이 부재의 면내(in-plane)에서 2축 방향으로 압축응력을 받는 정수압(hydrostatic pressure) 형태인 경우와 횡구속 철근(confining steel)이 배치된 기둥에 축력과 휨모멘트에 의한 소성변형이 발생하여 피복 콘크리트가 탈락된 후 횡구속 철근이 늘어나면서 기둥 단면의 심부를 횡방향으로 압축하는 경우를 예로 들 수 있다. 횡압력에 의한 압축강도 및 변형률 증진효과는 콘크리트 쉘 구조의 설계에서 고려할 수 있다. 횡방향 철근에 의한 압축강도 및 변형률 증진효과는 콘크리트 구조물의 내진설계(耐震設計, seismic design)에서 고려할 수 있다. 즉, 최대 휨모멘트가 작용하는 위치의 단면이 소성힌지로 거동하게 하여, 지진에 의한 관성력을 소성휨모멘트로 유지시킴으로써 지진에너지를 흡수하도록 할 때 이용된다.

그림 2-26[2.22,2.23]은 횡방향 압력으로 작용하는 정수압(hydrostatic pressure) 상태에서 압축력을 받는 원주형 공시체의 압축응력-변형률 관계를 나타낸다. 횡압력이 작용하지 않는 1축 상태는 그림에서 'unconfined'로 표시된 점선의 곡선과 같이 압축강도가 낮고 극한변형률도 작지만, 횡압력(lateral pressure, confining pressure) f_{con}이 증가하면 콘크리트의 압축강도와 극한변형률이 모두 크게 증가한다는 것을 나타낸다.

횡압력에 의한 콘크리트의 압축강도 증진에 대하여, 1928년에 처음으로 이를 정량화 한 Richart 등[2.22]은 횡압력의 일정 비율로 압축강도가 증가하는 다음과 같은 관계식을 제안하였고, 계수 k_m의 값으로 4.1을 제시하였다.

$$f_{ck,\,con} = f_{cr} + k_m f_{con} \tag{2·60}$$

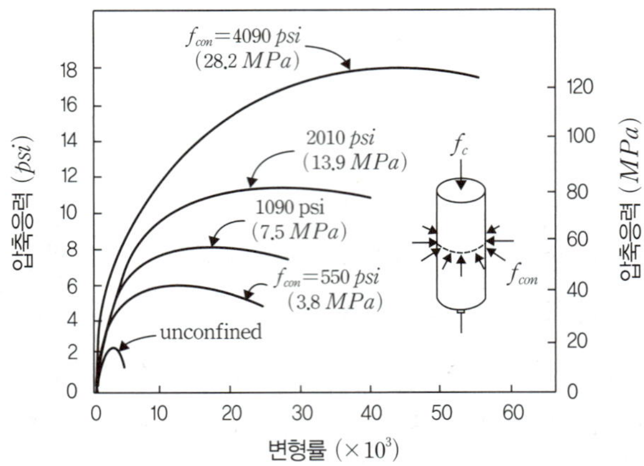

| 그림 2-26 | 횡압력이 작용하는 콘크리트의 응력-변형률 관계[2.22,2.23]

이후 다양한 조건에 대하여 연구가 수행되어, k_m 값에 대한 여러 연구결과가 제시되고 있다. 한편, 횡방향 철근에 의한 횡구속 효과(confinement effect)는 횡방향 철근이 간격을 가지고 배치되어 있으므로, 옆면 전체에 일정한 크기의 횡압력이 작용하는 경우와는 동일한 상태가 아니다. 따라서 철근으로 횡구속된 부재는 횡방향 철근에 의한 심부구속 효과를 횡압력 f_{con}로 치환하여야 한다. 이에 대하여 횡방향 철근의 항복강도, 철근량, 간격을 변수로 하여 횡압력 f_{con}로 치환하는 모델, 횡방향 철근의 횡구속 효과를 횡압력으로 치환하였을 때 유효하게 적용될 수 있는 계수 k_m의 값, 그리고 이에 따른 압축응력-변형률 관계와 극한변형률에 대한 여러 연구결과가 제시되고 있다.

한국의 설계기준[2.3,2.9]에서는 단면설계를 위한 콘크리트의 압축응력-변형률 관계를 다음과 같이 규정하고 있다.

$$f_{ck,c} = f_{ck} + 3.7 f_2 \tag{2·61}$$

$$\varepsilon_{co,c} = \varepsilon_{co}(f_{ck,c}/f_{ck})^2 \tag{2·62}$$

$$\varepsilon_{cu,c} = \varepsilon_{cu} + 0.2 f_2/f_{ck} \tag{2·63}$$

이 압축응력-변형률 관계는 그림 2-27과 같이 2.1.7절에서 소개한 포물선-사각형 곡선(parabola-rectangle diagram, 일명 p-r 곡선)의 형태로서, 식 (2·60)의 k_m을 3.7로 하여 강도를 식 (2·61)로, 정점 변형률을 식 (2·62)로, 극한변형률을 식 (2·63)으로 증가시킨 것이다.[2.24] 여기서, f_2는 극한한계상태에서 횡구속에 의하여 작용하는 횡방향 유효 압축응력으로, 원형후프나 나선철근으로 횡구속된 경우에

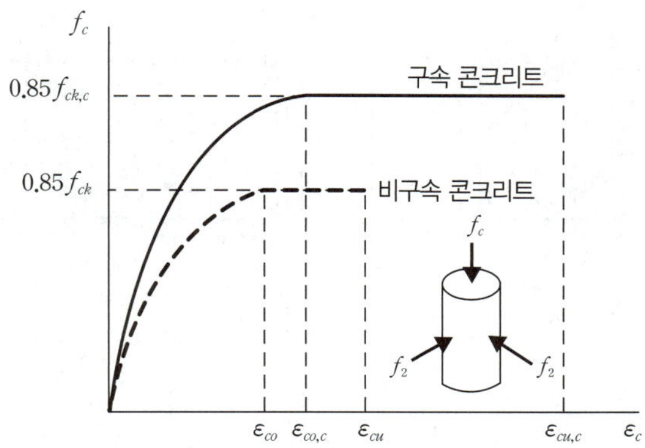

| 그림 2-27 | 단면설계를 위한 횡구속 콘크리트의 응력-변형률 관계[2.3,2.24]

는 식 (2·64)로, 사각형띠철근으로 횡구속된 경우에는 식 (2·65)로 구한다.

$$f_2 = \frac{1}{2}\rho_s f_{yh}\left(1-\frac{s}{d_c}\right) = \frac{2A_{sp}f_{yh}}{sd_c}\left(1-\frac{s}{d_c}\right) \tag{2·64}$$

$$f_2 = \rho_{rmin} f_{yh}\left(1-\frac{s}{b_{cl}}\right)\left(1-\frac{s}{b_{cs}}\right)\left(1-\frac{\sum b_i^2/6}{b_{cl}\,b_{cs}}\right) \tag{2·65}$$

여기서, ρ_s : 콘크리트 심부체적에 대한 횡구속 철근의 체적비

f_{yh} : 횡구속 철근의 설계기준항복강도(MPa)

s : 부재의 축방향으로 측정한 횡구속 철근의 간격(mm)

d_c : 원형 단면의 횡구속 철근 외측표면을 기준으로 한 콘크리트 심부의 단면 치수(mm)

A_{sp} : 원형 단면의 횡구속 철근 한 개의 단면적(mm^2)

ρ_{rmin} : 긴 변 방향과 짧은 변 방향으로 계산한 사각형 횡구속 띠철근의 체적비(ρ_{rl}과 ρ_{rs}) 중 작은 값

b_{cl} : 사각형 횡구속 띠철근 외측표면을 기준으로 한 콘크리트 심부의 단면 치수 중에서 큰 값(mm)

b_{cs} : 사각형 횡구속 띠철근 외측표면을 기준으로 한 콘크리트 심부의 단면 치수 중에서 작은 값(mm)

b_i : 후프띠철근의 모서리나 보강띠철근의 갈고리로 구속된 축방향 철근 사이의 중심 간격(mm)으로, 식 (2·65)에는 단면 둘레의 변을 따라 존재하는 모든 b_i를 계산에 포함한다. [그림 2-28 참조]

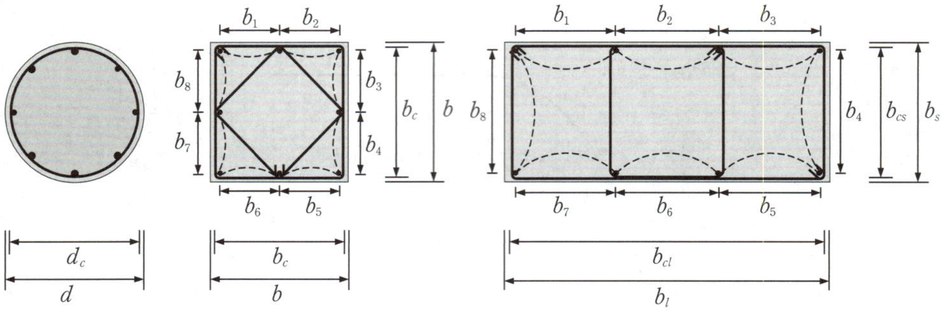

| 그림 2-28 | 횡구속된 콘크리트 압축부재 단면[2.3,2.24]

그림 2-28은 횡구속된 콘크리트 압축부재의 단면으로서, 횡방향 유효 압축응력 f_2를 결정하는 식에 사용되는 기호의 정의를 나타낸다.

원형후프나 나선철근으로 횡구속된 경우에는 콘크리트 심부체적에 대한 횡구속 철근의 체적비 ρ_s를 다음 식으로 구하며, 사각형띠철근으로 횡구속된 경우의 ρ_{rmin}은 다음 식으로 계산하는 긴 변방향의 ρ_{rl}과 짧은 변 방향의 ρ_{rs} 중에서 작은 값으로 결정한다.

$$\rho_s = \frac{4A_{sp}}{s\,d_c} \tag{2·66}$$

$$\rho_{rl} = \frac{A_{shl}}{s\,b_{cs}} \tag{2·67}$$

$$\rho_{rs} = \frac{A_{shs}}{s\,b_{cl}} \tag{2·68}$$

여기서, A_{shl} : 긴 변 방향으로 배치된 사각형 횡구속 띠철근의 총 단면적(mm^2)

A_{shs} : 짧은 변 방향으로 배치된 사각형 횡구속 띠철근의 총 단면적(mm^2)

2.1.13 콘크리트 구조의 내구성 및 설계기준의 설계등급

콘크리트 구조는 설계에서 목표로 하였던 최소한의 구조성능이 설계 수명 동안 유지되도록, 주변 환경조건에서 내구성이 유지되어야 한다. 여기서 내구성이란 구조물이 노출된 환경조건에 의하여 화학적 또는 물리적 영향을 받더라도, 콘크리트 구조를 구성하는 재료가 과도한 손상 없이 설계에서 가정하였던 최소한의 강도를 유지할 수 있는 성능을 말한다. 따라서 콘크리트 구조의 내구성 저하 요인은 강재

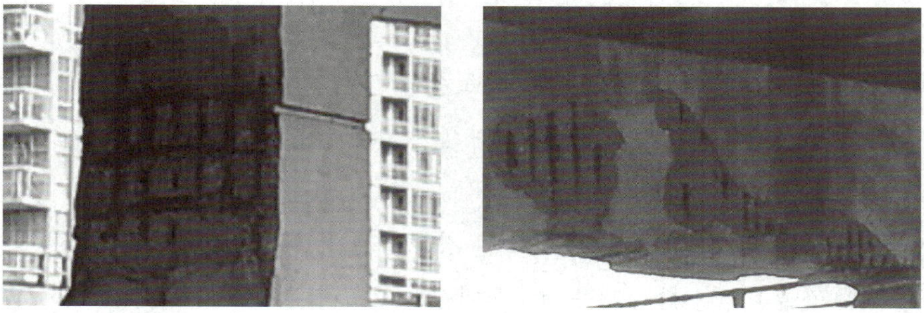

| 그림 2-29 | 철근 부식으로 인하여 피복콘크리트가 탈락된 교각

의 부식(steel corrosion)과 콘크리트의 손상 또는 열화(concrete degradation)로 나눌 수 있다.

강재의 부식은 강재 자체의 재료성능보다는 강재를 둘러싸고 있는 콘크리트의 성능에 영향을 받는다. 콘크리트는 PH값이 평균 12.8로서 강알칼리성이고, 또 강재의 표면이 두께가 $2 \sim 6 \times 10^{-6}$ mm의 얇고 치밀한 부동태 피막으로 피복되어 있기 때문에 정상적인 상황에서는 콘크리트에 묻힌 강재가 부식되지 않는다. 또 콘크리트를 타설하기 전에 강재의 표면 일부분이 부식된 상태이더라도, 콘크리트를 타설하고 나면 강재의 부식은 더 이상 진행되지 않는다. 그러나 콘크리트 중에 일정량 이상의 염화물이 존재하면 염소이온(Cl^-)의 작용에 의해 부동태 피막이 파괴되어 철근이 부식되기 쉬운 상태가 된다. 또, 대기 중에 존재하는 탄산가스, 산성비와 산성안개, 또는 각종 제빙 화학물의 영향으로, 콘크리트의 중성화가 촉진되어 알칼리성을 상실하면 철근이 부식되기 쉬운 상태가 된다. 한편, 같은 조건의 철근이라도 구부려서 가공한 부분은 부동태 피막이 파괴되는 것이 일반적이어서, 구부리지 않은 부분에 비하여 더 빨리 부식되기 쉽다. 강재가 부식되면 체적이 2배 내지 3배로 팽창하는데, 그 팽창압에 의해 피복콘크리트에 균열이 발생하고, 그림 2-29와 같이 피복콘크리트가 탈락되기도 한다.

따라서 해수, 해풍, 황산염, 탄산가스, 산성비, 제빙 화학물 등 콘크리트에 유해한 부식성 환경에 노출되는 경우, 설계단계에서 피복두께를 일반 환경의 경우보다 증가시키거나 물-결합재비를 낮추면서 강도를 높여 수밀한 콘크리트가 되도록 하여야 한다. 또, 콘크리트의 배합에서 해사를 사용하는 경우에는 염분 농도에 대한 기준을 준수하여야 한다.

콘크리트의 손상 또는 열화(concrete degradation)는 주로 동결융해의 반복 작용이나 화학물질의 침투에 따라 발생한다. 특히 동결융해에 의한 열화는 제빙화학제가 사용된 경우나 지속적으로 수분과 접촉하는 경우에 특히 심하게 발생한다. 또, 투수 저항성이 낮은 콘크리트가 수분과 접촉하는 경우에도 열화 되어 강도가 낮아진다.

콘크리트구조설계기준[2.9]에서는 다음과 같이 다섯 가지의 노출 범주로 구분하고 각각의 노출 정도에 따라 등급을 나누고 있다.

- 일반 노출 범주
  - E0 : 물리적, 화학적 작용에 의한 콘크리트 손상의 우려가 없는 경우와 철근이나 내부 금속의 부식 위험이 없는 경우(예 : 공기 중 습도가 매우 낮은 건물 내부)
- 탄산화 노출 범주(EC)
  - EC1 : 건조하거나 수분으로부터 보호되는 경우 또는 영구적으로 습윤한 경우(예 : 공기 중 습도가 낮은 건물 내부나 물에 계속 침지 되어 있는 콘크리트)
  - EC2 : 습윤하고 드물게 건조되는 콘크리트로 탄산화의 위험이 보통인 경우(예 : 장기간 물과 접하는 콘크리트 표면이나 외기에 노출되는 기초)
  - EC3 : 보통 정도의 습도에 노출되는 콘크리트로 탄산화 위험이 비교적 높은 경우(예 : 공기 중 습도가 보통 이상으로 높은 건물 내부나 비를 맞지 않는 외부 콘크리트)
  - EC4 : 건습이 반복되는 콘크리트로 매우 높은 탄산화 위험에 노출되는 경우(예 : 비를 맞는 콘크리트 외벽이나 난간 등과 같이, EC2 등급에 해당하지 않고 물과 접하는 콘크리트)
- 해양환경과 제빙화학제 등의 염화물 노출 범주(ES)
  - ES1 : 보통 정도의 습도에서 대기 중의 염화물에 노출되지만 해수 또는 염화물을 함유한 물에 직접 접하지 않는 경우(예 : 해안가 또는 해안 근처에 있는 구조물이나 도로 주변에 위치하여 공기 중의 제빙화학제에 노출되는 콘크리트)
  - ES2 : 습윤하고 드물게 건조되며 염화물에 노출되는 경우(예 : 수영장 또는 염화물을 함유한 공업용수에 노출되는 콘크리트)
  - ES3 : 항상 해수에 침지되는 경우(예 : 해상 교각의 해수 중에 침지되는 부분)
  - ES4 : 건습이 반복되면서 해수 또는 염화물에 노출되는 경우(예 : 해양 환경의 물보라 지역(비말대) 및 간만대에 위치한 콘크리트, 염화물을 함유한 물보라에 직접 노출되는 교량 부위, 도로 포장, 주차장)
- 동결융해 노출 범주(EF)
  - EF1 : 간혹 수분과 접촉하나 염화물에 노출되지 않고 동결융해의 반복작용에 노출되는 경우(예 : 비와 동결에 노출되는 수직 콘크리트 표면)
  - EF2 : 간혹 수분과 접촉하고 염화물에 노출되며 동결융해의 반복작용에 노출되는 경우(예 : 공기 중 제빙화학제와 동결에 노출되는 도로구조물의 수직 콘크리트 표면)
  - EF3 : 지속적으로 수분과 접촉하나 염화물에 노출되지 않고 동결융해의 반복작용에 노출되는 경우(예 : 비와 동결에 노출되는 수평 콘크리트 표면)
  - EF4 : 지속적으로 수분과 접촉하고 염화물에 노출되며 동결융해의 반복작용에 노출되는 경우(예 : 제빙화학제에 노출되는 도로와 교량 바닥판, 제빙화학제가 포함된 물과 동결에 노출되는

콘크리트 표면, 동결에 노출되는 물보라 지역(비말대) 및 간만대에 위치한 해양 콘크리트)

- 황산염 노출 범주(EA) : 토양 내의 수용성 황산염의 질량비(%)와 물속에 용해된 황산염(ppm)으로 구분
  - EA1 : 보통 수준의 황산염이온에 노출되는 경우(예 : 해수에 노출되는 콘크리트)
  - EA2 : 유해한 수준의 황산염이온에 노출되는 경우
  - EA3 : 매우 유해한 수준의 황산염이온에 노출되는 경우(예 : 하수나 오·폐수에 노출되는 콘크리트)

콘크리트구조설계기준[2.9]은 이상과 같이 분류한 각 환경노출등급에 대하여, 표 2-5와 같이 콘크리트 구조의 내구성을 확보하기 위한 최소 설계기준압축강도를 규정하고 있다. 또한, 교량설계기준(한계상태설계법)[2.3]은 콘크리트 교량에 대하여 A~E의 다섯 가지 설계등급을 규정하고 있다. 설계등급 A가 가장 엄격한 성능요구조건이며, 설계등급 E가 가장 완화된 성능요구조건이다. 이 설계등급은 프리스트레스트 콘크리트와 철근콘크리트의 노출 환경에 따른 내구성 확보를 고려한 것으로, 표 2-6과 같이 최소한의 설계등급이 규정되어 있다. 설계등급에 따른 고려사항은 6.1.3절에서 다룬다.

표 2-5 노출등급에 따른 콘크리트 최소 설계기준압축강도[2.9]

노출등급	일반	탄산화(EC)				염화물(ES)				동결융해(EF)				황산염(EA)		
	E0	EC1	EC2	EC3	EC4	ES1	ES2	ES3	ES4	EF1	EF2	EF3	EF4	EA1	EA2	EA3
최소 설계기준 압축강도(MPa)	21	21	24	27	30	30	30	35	35	24	27	30	30	27	30	30

표 2-6 교량설계기준(한계상태설계법)의 노출환경에 따른 최소 설계등급[2.3]

노출 환경	최소 설계 등급	
	부착 프리스트레싱	비부착 프리스트레싱 또는 철근콘크리트
건조 또는 영구적 수중 환경(E0, EC1)	D	E
부식성 환경 (습기 또는 물과 장기간 접촉되는 환경 : EC2, EC3, EC4)	C	E
고부식성 환경 (염화물 또는 해수에 노출되는 환경 : ES1, ES2, ES3, ES4)	B	E

2.1.14 콘크리트의 수화열과 기타 성질

콘크리트는 앞 절에서 소개한 중요한 성질 이외에도 몇 가지 특성을 가지고 있다. 이 절에서는 콘크리트의 수화열, 열팽창 계수, 포아송 비 등을 다룬다.

[1] 콘크리트의 수화열

콘크리트는 경화되는 과정에서 시멘트의 수화반응으로 열이 발생되는데, 이 열을 수화열(水和熱, hydration heat)이라고 한다. 시멘트의 발열량은 시멘트의 종류와 양에 따라 다르지만, 보통 시멘트를 사용하는 경우에는 그림 2-30과 같이 수화열에 의하여 콘크리트의 온도가 50℃에서 90℃까지 올라 갈 수 있다. 최고 온도로 올라 갈 때까지의 시간은 타설 후 10시간에서 30시간 사이이고, 그 이후에 온도가 내려간다.

온도가 내려가면 콘크리트는 열팽창 계수만큼의 비율로 체적과 길이가 줄어드는데, 이때 접하고 있는 다른 단면요소나 인접부재에 의한 구속 작용이 있으면 구속에 의한 인장응력이 발생하게 된다. 한편, 온도가 내려가는 시기는 콘크리트가 서서히 굳어져 가면서 강도가 발현되기 시작하는 시기로서, 콘크리트는 낮은 수준의 인장강도를 갖게 된다. 시간이 경과하면 콘크리트의 인장강도와 구속 작용에 의한 인장응력이 모두 증가하지만, 인장응력이 인장강도를 초과하면 균열이 발생한다. 따라서 온도가 올라갈 때에는 콘크리트가 완전히 굳지 않은 상태이므로 온도에 따른 문제가 발생하지 않지만, 온도가 내려가는 시기에는 수화열과 구속 작용에 의하여 균열이 종종 발생하게 되는 것이다. 이러한 균열을 수화열에 의한 균열이라고 한다. 이 균열의 발생을 억제하기 위해서는, 시공 전에 콘크리트의 배합을 검토하여 수화열을 감소시키거나 거푸집의 종류와 해체 시기 등을 검토하여 급격한 온도의 변화를 피하는 것이 좋다.

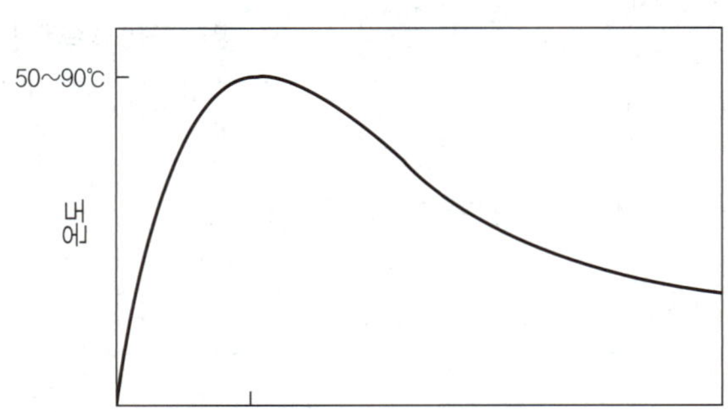

| 그림 2-30 | 콘크리트의 온도와 시간과의 관계

콘크리트 댐(dam), 원자력 발전소의 기초, 사장교나 현수교와 같은 케이블 교량의 주탑을 지지하는 기초 등과 같이 대규모의 체적을 갖는 콘크리트 구조물을 매스콘크리트(mass concrete)라고 하는데, 매우 많은 양의 시멘트가 사용되는 매스콘크리트에서는 수화열에 의한 균열이 발생하기 쉽다. 매스콘크리트의 시공에서 균열을 제어하기 위해서는 수화열을 낮추기 위한 콘크리트의 배합과 함께, 여러 부분으로 나누어 콘크리트를 타설하는 분리타설 방법을 고려할 수 있다.

또, 얼음을 사용한 배합으로 콘크리트의 온도를 미리 낮은 상태로 만드는 사전냉각방식(pre-cooling system)이나 파이프를 콘크리트에 미리 배치한 후 콘크리트 양생 중에 냉각수를 흐르게 하여 열을 낮추는 사후냉각방식(post-cooling system)의 파이프 냉각방식(pipe-cooling system)을 고려할 수 있다.

[2] 콘크리트의 열팽창 계수

대부분의 물체와 마찬가지로 콘크리트도 온도가 올라가면 팽창하고 온도가 내려가면 수축한다. 콘크리트 구조물의 온도가 내려갈 때 인접하고 있는 구조요소에 의하여 구속되어 있으면, 콘크리트가 수축하지 못한 상태로 인장응력을 받게 된다. 이 인장응력을 온도응력(thermal stress)이라고 하는데, 이 구속응력이 콘크리트의 인장강도보다 더 커지면 콘크리트에 균열이 발생한다. 특히, 이 온도수축이 건조수축과 동시에 발생하게 되면 균열이 발생할 확률이 매우 높다.

강재가 내부에 배치된 철근콘크리트나 프리스트레스트 콘크리트에서 콘크리트의 열팽창 계수와 강재의 열팽창 계수가 큰 차이가 있다면, 온도변화에 따른 변형률이 달라서 두 재료 간의 부착에 해로운 영향을 줄 것이다. 그러나 콘크리트의 열팽창 계수는 $(10\sim13)\times10^{-6}/℃$이고 강(鋼)은 $12\times10^{-6}/℃$로 유사한 값을 보이므로, 큰 문제가 되지는 않는다.

교량설계기준(한계상태설계법)[2.3]에서는, 정밀한 자료가 없는 경우 설계 목적으로 사용되는 콘크리트의 열팽창 계수는 $10\times10^{-6}/℃$를 사용하도록 하고 있으며, 철근의 열팽창 계수는 $12\times10^{-6}/℃$를 사용하도록 하고 있다. 그러나 두 재료의 열팽창 계수의 차이는 일반적으로 무시하여도 좋다.

경량 콘크리트의 열팽창 계수는 사용된 골재의 종류에 따라 달라서 $(4\sim14)\times10^{-6}/℃$의 범위를 보인다. 설계목적으로 사용하는 경량 콘크리트의 열팽창 계수는 $8\times10^{-6}/℃$의 값을 택할 수 있다.

콘크리트 구조물의 온도변화와 그에 따른 영향은 구조물이 위치하고 있는 지역의 기온과 온도변화, 콘크리트 시공 시기, 단면의 크기, 피복두께 등에 따라 다르다. 한국에서는 일반적으로 대기에 노출된 구조물에 대하여는 20℃의 온도변화를 고려하고 있다. 이것은 구조물의 완공 시기가 연평균 기온과 일치한다고 보고, 연평균 기온과 월평균 기온의 최고값과 최저값과의 차이를 각각 20℃로 본 것이다. 예를 들어 연평균 기온이 10℃인 지역에서는, 완공 때 구조물의 온도를 10℃로 보고 겨울에는 구조물의 온도가 −10℃까지 내려가는 상황의 온도응력을 검토하고, 여름에는 +30℃까지 올라가는 상황의 온도응력 검토하는 것이다.

그러나 구조물의 완공 시기가 연평균 기온과 일치하지 않는 경우에는 20℃를 온도변화로 보는 것이 비합리적일 수 있다. 즉, 한여름 또는 한겨울에 완공되는 경우가 있는데 이러한 경우에는 20℃보다 큰 폭의 온도변화를 나타낼 것이다. 그렇지만 초기 재령의 콘크리트는 크리프에 의하여 온도응력이 흡수되는 효과가 있으므로, 정밀한 검토가 필요한 경우가 아니라면 연평균 기온을 기준으로 상하 변화를 고려하는 것이 일반적이다.

한편 지하에 건설되는 구조물이나 실내의 경우에는 온도변화의 범위를 20℃보다 낮게 취할 수도 있지만, 발생 가능한 환경 변화도 고려하여 판단하는 것이 바람직할 것이다.

[3] 콘크리트의 포아송 비

대부분의 물체와 마찬가지로 콘크리트도 한쪽 방향으로 응력이 작용할 때, 응력작용방향의 직각방향으로 변형이 발생한다. 즉, 한쪽 방향으로 압축응력이 작용하면 그 직각방향으로 인장변형이 발생하고, 그 반대로 한쪽 방향으로 인장응력이 작용하면 그 직각방향으로 압축변형이 발생하는 것이다. 이때 응력작용방향의 변형률에 대한 직각방향변형률의 비를 포아송 비(Poisson's ratio)라고 한다. 일반적으로 콘크리트의 포아송 비는 콘크리트 재료의 구성, 재령, 콘크리트의 습윤 상태 등의 영향을 받는데, 사용하중 수준의 응력 상태에서는 대략 0.15~0.25 정도의 값을 갖는다. 압축강도가 증가하면 포아송 비도 다소 증가하지만, 작용응력의 수준에 따라서 다른 값을 보인다. 또 일반적으로 평균압축강도의 50% 이상의 응력이 작용하면 미세균열의 영향으로 횡방향 변형률이 크게 증가하므로, 균질재료로 거동한다고 볼 수 없다.

교량설계기준(한계상태설계법)[2.3]에서는 실험에 의해 포아송 비를 결정하지 않는 경우, 비균열 콘크리트에 대한 포아송 비를 1/6, 균열 콘크리트에 대한 포아송 비를 0으로 취할 수 있도록 하고 있다.

2.1.15 콘크리트의 시공

콘크리트의 품질은 콘크리트를 구성하는 재료의 품질과 함께 시공의 품질이 큰 영향을 미친다. 콘크리트의 시공은 콘크리트를 구성하는 재료를 배합하고, 콘크리트를 거푸집 내에 타설한 후, 콘크리트를 양생하는 과정으로 이루어진다. 이 절에서는 콘크리트의 배합, 타설, 양생의 세 가지 주제로, 콘크리트 시공의 일반적인 내용과 프리스트레스트 콘크리트의 시공에서 고려해야 할 내용을 다룬다.

[1] 콘크리트의 배합

프리스트레스트 콘크리트 구조는 일반적인 철근콘크리트 구조에 비하여 설계기준압축강도가 높은 콘크리트를 사용하는 경우가 많으므로, 압축강도를 충분히 확보할 수 있도록 콘크리트를 배합하는 것이 중요하다. 콘크리트의 압축강도를 높이려면 시멘트의 양을 증가시켜야 되는데, 시멘트의 양이 증가되면 수화열과 크리프가 증가한다. 또 시멘트의 양을 증가시키면서 물-시멘트 비를 낮추지 않는다면, 물의 양이 증가하여 건조수축이 증가하는 결과가 된다. 따라서 압축강도를 확보할 수 있는 범위 내에서 수화열, 크리프, 수축이 과도하게 커지지 않도록 단위 시멘트량을 최소화할 필요가 있다.

콘크리트의 압축강도를 높이려면 물-시멘트 비를 감소시키면 되지만, 물-시멘트 비가 줄어들면 콘크리트의 유동성이 떨어져서 콘크리트를 시공하기가 어려워진다. 따라서 물의 양은 콘크리트의 압축강도와 유동성을 확보할 수 있는 정도를 사용하여야 하며, 이 목적을 위하여 물의 양을 줄이면서 유동화제 등 혼화재료를 사용하는 방안을 고려할 수 있다.

시멘트의 양과 물의 양은 콘크리트의 크리프와 수축에 큰 영향을 주는데, 프리스트레스트 콘크리트에서는 콘크리트의 크리프와 수축이 프리스트레스 손실의 원인 중 큰 몫을 차지한다. 프리스트레스 손실이 크면 프리스트레싱 효과가 감소되므로 프리스트레스트 콘크리트의 구조성능에 바람직하지 않다. 또, 크리프와 수축은 콘크리트 구조물의 장기변형을 유발하여, 장기적으로 구조물의 처짐이 증가하게 되므로 사용성 측면에서도 바람직하지 않다. 따라서 가능하면 콘크리트의 크리프와 수축이 적게 발생하는 배합을 고려할 필요가 있다.

한편 근래에 들어서는 구조물의 경제성을 평가할 때 공사비만을 대상으로 하지 않고, 유지관리비도 경제성 평가 항목으로 반영하는 생애주기비용(life cycle cost)이 중요한 관점이 되고 있다. 따라서 프리스트레스트 콘크리트 구조물이 오랜 기간 동안 구조성능을 유지할 수 있도록, 내구성이 좋은 콘크리트가 되는 배합을 고려할 필요가 있다.

[2] 콘크리트의 타설

콘크리트의 타설은 구조물의 형태를 만들기 위해 거푸집에 콘크리트를 채워 넣는 작업을 말한다. 이때 콘크리트는 시공 현장에서 가까운 콘크리트 생산 공장에서 만들어서 운반한 레미콘(ready-mixed concrete)을 사용하거나, 시공 현장 또는 그 인근에 콘크리트 생산 시설(batch plant)을 만들고 여기서 생산된 콘크리트를 사용한다. 생산된 콘크리트는 1시간 30분 이내에 타설이 완료되어야 하므로, 일반적으로 1시간 이내에 운반할 수 있는 거리에 위치한 곳에서 생산된 콘크리트를 사용한다. 레미콘인 경우에는 공장에서 배합되고 비벼서 생산된 콘크리트가 운반하는 도중에 굳지 않도록, 레미콘 차량을 운행하는 동안에 콘크리트 통을 돌려주어 콘크리트를 뒤섞는 작업(agitating)을 하여야 한다.

거푸집이 있는 위치로 운반된 콘크리트는, 콘크리트를 거푸집 내부로 운반하는 용도의 소형 통에 담아서 거푸집 안에 넣거나, 압송차량(押送車輛, pump car)의 관을 통하여 압력으로 밀어서 거푸집 안에 넣는다. 근래에는 통에 담는 방법보다 펌프카로 압송하는 방법을 많이 사용하는데, 굵은 골재의 크기가 매우 크면 압송하기가 어려우므로 이를 사전에 검토할 필요가 있다.

콘크리트는 거푸집 안에 빈 공간이 없도록 밀실하게 채워져야 하므로, 콘크리트 타설 과정에서 나무 망치 등으로 거푸집을 두드리거나 막대기 형상의 봉상(棒狀) 진동기(振動機, vibrator)를 사용하여 진동을 준다. 콘크리트의 진동 작업은 콘크리트가 굳기 시작하기 전에 종료하여야 하며, 콘크리트 내부에 배치된 철근망에 직접 진동기를 대고 진동을 주면 안 된다. 특히 프리스트레스트 콘크리트의 경우에는 진동기에 의하여 긴장재나 덕트가 손상되지 않도록 주의하여야 한다. 포스트텐션 부재의 콘크리트 시공 중에 덕트에 구멍이 생겨서 덕트 내부로 콘크리트가 들어가면, 콘크리트가 굳은 후 긴장력을 도입할 때 설계에서 계획된 긴장력이 도입되지 못하기 때문이다. 또 계획된 콘크리트의 양보다 훨씬 더 많은 콘크리트가 들어가는 경우가 아니라면, 덕트에 구멍이 생겼다는 사실조차 알지 못하는 경우가 많으므로 주의하여야 한다.

[3] 콘크리트의 양생

콘크리트를 타설한 후, 콘크리트가 굳을 때까지 적당한 수분을 유지하고, 충격으로 변형되지 않도록 하며, 너무 낮은 온도가 되지 않도록 보호하고 관리하는 작업을 양생(養生, curing)이라고 한다. 초기 재령에서의 양생조건은 콘크리트의 강도에 크게 영향을 주므로, 콘크리트의 양생은 콘크리트의 품질에 매우 중요한 요인이다.

콘크리트의 양생조건으로 가장 중요한 것은 습도와 온도이다. 콘크리트가 너무 일찍 건조되면 강도가 발현되지 않으므로, 콘크리트 내부의 수분이 너무 빨리 증발되지 않도록 하여야 한다. 수분이 너무 빨리 증발되지 않으려면 콘크리트 주위의 습도가 높아야 하므로, 양생포라고 부르는 천으로 콘크리트를 덮고 물을 뿌려주어 습도를 유지시킨다. 이러한 양생방법을 습윤 양생(濕潤 養生, moisture curing)이라고 한다. 습윤 양생을 할 때에는 일반적으로 처음 7일 동안 습도를 유지하도록 양생하고 콘크리트가 손상을 받지 않도록 보호하는데, 중요한 공사에서는 14일 이상 보호하기도 한다.

콘크리트의 양생기간 동안에 콘크리트의 온도가 낮으면 강도 발현이 제대로 되지 않는다. 특히 양생 초기에 콘크리트가 대략 5℃ 이하의 온도에서 양생되는 경우에는 강도 발현이 매우 저조하게 된다. 또, 굳지 않은 콘크리트가 얼게 되면 그 후 양생을 계속하더라도 강도는 그다지 증진되지 않는다. 이러한 경우를 콘크리트가 초기동해(初期凍害)를 입었다고 표현한다. 따라서 대기의 온도가 5℃ 이하인 경우에는 콘크리트 양생에 매우 불리한 상태이므로, 콘크리트 타설 및 양생 계획을 미리 검토하여야 한다.

이와 같이 콘크리트의 강도와 품질을 높이기 위해서는 높은 습도와 온도를 유지시키는 것이 중요하므로, 콘크리트를 타설한 후 천막을 치고 그 내부에 증기를 공급하여 양생하는 방법을 사용하기도 한다. 이러한 양생 방법을 증기 양생(蒸氣 養生, steam curing)이라고 한다. 증기 양생은 물을 끓이는 시설과 증기를 운반하는 관(pipe)이 필요하므로, 일반적으로 프리캐스트 공장에 증기 양생 시설을 설치한다. 증기 양생을 하는 경우에는, 증기를 공급함에 따라 습도가 높은 상태에서 콘크리트의 온도가 올라가게 되고, 증기의 공급을 중단한 후 천막을 제거하면 대기 온도와 유사한 온도로 콘크리트의 온도가 낮아지게 된다. 이때 너무 빠른 속도로 콘크리트의 온도가 변화하는 것은 바람직하지 않으므로, 이를 결정하는 것이 중요하다. 특히 너무 빠른 속도로 온도가 낮아지면 균열이 발생하는 등 콘크리트에 해로운 영향을 주므로, 온도 하강 속도에 대하여 미리 검토하고 결정하여야 한다.

2.2 프리스트레싱 강재

2.2.1 프리스트레싱 강재의 성능조건 및 생산과정

프리스트레싱 강재는 콘크리트 구조물에 프리스트레스를 가할 때 사용하는 강재(鋼材, steel)로서 '긴장재'라는 용어와 혼용하여 사용되며, 또 다른 표현으로 'PS 강재'나 'PC 강재' 등과 같은 용어가 통용되고 있다. 엄밀하게 말하면 긴장재(prestressing material)는 부재에 프리스트레스를 가하기 위한 모든 종류의 재료를 말하는 것으로, 프리스트레싱 강재(prestressing steel) 뿐만 아니라 프리스트레싱 FRP 봉(prestressing fiber reinforced plastic bar) 등도 포함하는 넓은 의미의 표현이다. 그러나 긴장재로 가장 많이 사용하는 것이 프리스트레싱 강재이므로, 좁은 의미에서 프리스트레싱 강재를 긴장재로 표현하기도 하는 것이다. 그 외의 용어로, 긴장재가 콘크리트 내부 또는 외부에 설치가 되어 긴장재로서의 역할을 하게 된 후에는 텐던(tendon)이라는 용어를 사용하기도 한다.

프리스트레스트 콘크리트의 구조적 성능은 콘크리트의 재료성능과 함께 프리스트레싱 강재의 재료성능에 크게 영향을 받는다. 프리스트레싱 강재가 보유하여야 할 재료성능은 다음과 같다.

① 프리스트레싱 강재는 항복강도가 높아야 한다. 프리스트레스트 콘크리트는 긴장재에 인장력을 가하여 그 반작용의 압축력을 콘크리트에 도입하는 것으로서, 이 과정에서 여러 가지 요인에 의하여 긴장재가 이완되어[4장 긴장력 손실 참조] 콘크리트에는 최초의 긴장력보다 작은 압축력이 작용하게 된다. 긴장재가 이완된 후 실질적으로 도입되는 압축력이 작으면 프리스트레싱 효과를 기대할 수 없게 되므로, 매우 큰 인장력으로 긴장할 수 있으려면 프리스트레싱 강재의 항복강도가 높아야 한다. 그러나 프리스트레싱 강재의 항복강도가 높을수록 항상 유리한 것은 아니다. 프리스트레싱 강재의 항복강도가 과도하게 높으면, 프리스트레싱 강재 한 가닥에 작용하는 매우 큰 인장력을 감당할 수 있는 고성능의 정착장치가 필요하므로 경제성과 구조적 성능을 검토할 필요가 있다.

② 프리스트레싱 강재는 높은 응력까지 선형탄성 거동을 보이는 것이 좋다. 프리스트레싱 강재의

응력-변형률 곡선은 변형률과 비례하여 직선으로 응력이 증가하다가, 뚜렷한 항복점을 나타내지 않으면서 응력의 증가보다 변형률의 증가가 더 큰 곡선형상을 보인다. 프리스트레싱 강재가 곡선형상을 보이는 응력까지 인장력을 받게 되면 응력이 감소할 때 탄성계수와 동일한 기울기로 응력과 변형률이 감소하므로 잔류 변형률이 존재하게 된다. 긴장재의 잔류 변형은 콘크리트의 처짐과 균열을 증가시키게 되므로 바람직하지 않다. 따라서 프리스트레싱 강재는 가능하면 높은 응력까지 선형탄성 거동을 보이는 것이 바람직하다.

③ 프리스트레싱 강재는 인장강도가 높은 것이 좋다. 프리스트레싱 강재는 뚜렷한 항복점을 나타내지 않으면서 항복한 이후 응력이 계속 증가하는 응력-변형률 곡선을 보인다. 따라서 프리스트레싱 강재의 항복강도가 동일하더라도 인장강도가 높은 프리스트레싱 강재를 사용한 프리스트레스트 콘크리트 부재의 휨강도가 더 크게 나타난다.

④ 프리스트레싱 강재는 충분한 연신율(延伸率, elongation)을 가져야 한다. 콘크리트 휨 부재는 압축을 받는 콘크리트가 파괴될 때까지 인장력을 받는 긴장재가 파단되지 않고 견디는 연성(延性) 능력을 보유하여야 하므로, 연신율이 허용값 이상이어야 한다. KS D 7002[2.25]에서는 연신율이 3.5% 이상인 프리스트레싱 강재를 표준으로 규정하고 있다.

⑤ 프리텐션 프리스트레스트 콘크리트에 사용되는 긴장재는 콘크리트와 긴장재 사이의 부착에 의하여 긴장력이 전달되므로 콘크리트와의 부착성능이 좋아야 한다.

⑥ 프리스트레싱 강재는 릴랙세이션(relaxation)이 작아야 한다. 릴랙세이션은 긴장력 손실의 한 원인이므로 가능하면 릴랙세이션이 작은 것이 좋다. KS D 7002[2.25]에서는 릴랙세이션이 8% 이하인 프리스트레싱 강재와 2.5% 이하인 프리스트레싱 강재를 표준으로 규정하고 있다.

⑦ 긴장재는 피로(fatigue)에 대한 저항성능이 좋은 것이 바람직하다.

⑧ 긴장재는 부식(corrosion)에 대한 저항성능이 좋은 것이 바람직하다.

⑨ 긴장재는 경제성이 좋고 다루기 쉬운 것이 바람직하다.

프리스트레싱 강재는 이와 같은 성능조건을 만족시키기 위하여 여러 공정으로 제작되는데, 강연선의 생산과정은 다음과 같다.

① 선재(線材)의 생산 : 강선 및 강연선을 만들기 위한 기본 재료(base material)로서 제철소에서 생산하는 가는 봉 형태의 선재이며, quenching, tempering, pickling의 공정을 거친다. quenching과 tempering은 담금질한 강철 조직인 마텐자이트(martensite)를 얻기 위하여 강재를 고온으로 가열한 후 급속하게 냉각하고(quenching, 급냉 담금질), 다시 낮은 고온으로 가열하여(tempering) 내부 응력을 감소시키며 인성(靭性, toughness)을 증대시키기 위한 공정이다. pickling은 강재의 표면에 생성되는 산화막을 제거하는 공정이다.

② Patenting : 제철소에서 생산된 기본 선재를 강선 및 강연선으로 가공하는 첫 번째 공정으로, 강재의 재질을 균질하게 하고 강도를 높이기 위한 열처리 공정이다.

③ Cold drawing : patenting 하고 난 강재를 원추형의 긴 구멍이 뚫린 판 모양의 금형(金型, dies)에 통과시켜서 일정한 단면을 갖도록 냉간 인발(cold drawing)하는 공정이다. 이 과정에서 약 13 *mm*의 지름을 가진 강재가 5 *mm* 내외의 지름을 가진 철선이 되며 강도가 매우 증가하게 된다.

④ Stranding : 냉간 인발된 철선을 꽈배기 모양(S연)으로 꼬아서 연선의 형태로 만드는 공정이다.

⑤ Stress relieving 또는 Strain tempering : 프리스트레싱 강재가 높은 응력까지 선형탄성 거동을 보이도록 강재를 stress relieving을 하거나 strain tempering을 한다. stress relieving은 강재를 약 350℃로 가열한 후 서서히 식히는 공정으로, 강재의 응력이 이완되어 응력-변형률 곡선에서 선형탄성구간이 높아지는 효과가 나타난다. 이렇게 생산된 강재를 응력이완 강재(stress-relieved steel)라고 한다. strain tempering은 강재를 종방향으로 인장(tensioning)한 상태에서 약 350℃로 가열한 후 서서히 식히는 공정이다. strain tempering을 한 강재는 stress relieving을 한 강재보다 응력이 더 크게 이완되어 응력-변형률 곡선에서 선형탄성구간이 매우 높아지는 효과가 나타나며, 릴랙세이션도 더 낮아지는 효과가 나타난다. 이렇게 생산된 강재를 저릴랙세이션 강재(low-relaxation steel)라고 한다.

이형 강선은 indenting과 crimping을 한다. 이 공정은 강재의 부착성능을 향상시키기 위하여, 강재의 표면에 일정한 간격으로 톱니 형상을 갖도록 누르거나(indenting) 주름 형상을 갖도록 누르는(crimping) 공정이다.

2.2.2 프리스트레싱 강재의 종류

프리스트레싱 강재는 여러 가지 조건으로 분류한다. 기본적으로는 프리스트레싱 강재의 형상에 따라 분류하고, 동일한 형상을 갖는 프리스트레싱 강재도 다시 인장강도의 크기에 따라 분류하며, 동일한 형상과 동일한 인장강도를 갖는 프리스트레싱 강재도 다시 릴랙세이션 성능에 따라 분류한다. 각각의 분류방법에 따른 프리스트레싱 강재의 특징은 다음과 같다.

[1] 프리스트레싱 강재의 형상에 따른 분류

프리스트레싱 강재를 생긴 모양을 기준으로 분류하면, 기본적으로 강선, 강연선, 강봉의 세 가지로 분류할 수 있으며, 이들을 가공하거나 특수한 용도로 생산되는 기타 긴장재로 구분할 수 있다.

(1) 강선(鋼線, wire)

강선은 KS D 7002[2.25]의 조건에 만족되도록 생산된 지름 2.9～9 *mm*의 피아노 선재를 사용하는 긴장재이다. 표면의 가공에 따라 원형 강선(plain wire)과 이형 강선(deformed wire)으로 나누며, 이형 강선은 횡방향으로 마디가 있는 늑골형 강선(ribbed wire), 톱니 형상을 가진 톱니형 강선(indented wire), 주름 형상을 가진 주름형 강선(crimped wire)으로 나눌 수 있다. 또 직사각형 단면의 띠강선(strap steel wire)과 타원형 단면의 강선(oval steel wire) 등도 있다. 강선은 하나를 사용하거나 여러 개를 평행하게 한 다발로 긴장재를 구성하며, 프리텐션 방식과 포스트텐션 방식에 모두 사용되지만 프리텐션 방식에는 이형 강선이 부착의 측면에서 더 유리하다. 과거에는 프리스트레스트 콘크리트 교량에 강선을 사용한 사례가 많았으나, 정착장치의 작업성 및 효율성의 문제로 근래에는 과거만큼 많이 사용되지는 않는다.

(2) 강연선(鋼連線, strand)

강연선은 KS D 7002[2.25]에 만족되도록 생산된 피아노 선재, 즉 강선(소선, 素線)을 꽈배기 모양(S연)으로 꼰 것이다. 강연선의 종류로는 소선 2개, 3개, 7개, 19개를 각각 꼰 2연선(2 wire strand), 3연선(3 wire strand), 7연선(7 wire strand), 19연선(19 wire strand)이 있다. 7연선은 그림 2-31(a)와 같이 1개의 소선 둘레에 소선 6개를 S연으로 꼬아 만든 것으로, 현장에서 가장 많이 사용된다. 7연선의 중심에 있는 소선을 심선(心線), 둘레에 있는 6개의 소선을 측선(側線)이라고 하는데, 심선은 측선보다 지름이 약간 큰 것을 사용한다. 작은 지름의 강연선은 프리텐션 방식과 포스트텐션 방식에 모두 사용되며, 큰 지름의 강연선은 주로 포스트텐션 방식에 많이 사용된다. 강연선은 곡선 배치가 쉽고 시공성이 좋아서 근래에 들어 많이 사용되고 있으며, 7연선 중에서는 지름이 15.2 *mm*(0.6 *inch*)이고 저릴랙세이션 강재인 SWPC7BL이 많이 사용된다.

(3) 강봉(鋼棒, stress bar)

강봉은 봉(棒, bar) 형상의 긴장재로서 KS D 3505[2.26]에는 지름이 9.2～40 *mm*인 원형 강봉과 지름이 7.4～13 *mm*인 이형 강봉이 규정되어 있으나, Dywidag과 같은 외국 기업에서는 그보다 더 굵은 강봉[그림 2-31(b) 참조]을 생산하여 국내에서도 사용되고 있다. 강봉은 강선이나 강연선보다 강도가 낮지만, 강선이나 강연선보다 릴랙세이션이 작고 강봉의 끝부분이나 전체를 가공하여 나사를 만들어서 너트로 쉽게 정착시킬 수 있는 장점이 있다. 그러나 강봉의 특성 상 직선으로만 배치되고 곡선으로 배치될 수 없는 제한 사항이 있고, 정착부에서 강봉과 정착면이 직각을 이루지 않거나 접속장치로 이은 강봉이 일직선으로 연결되지 않는 경우에는 국부적인 휨이 작용하여 파단 되는 경우가 있다. 따라서 과거에는 강봉도 포스트텐션 방식의 긴장재로 사용되었지만, 근래에는 구조물에 영구적으로 매입되는 영구 긴장재(permanent tendon)로 사용되기 보다는 시공 중에 잠시 사용되는 임시 긴장재(temporary tendon)로 사용되는 경우가 많다. 이것은 강봉이 너트로 정착되므로 필요에 따라 너트를 풀거나 조일 수 있는 장점이 있어서, 임시 긴장재로 사용하기 좋기 때문이다.

(4) 기타 프리스트레싱 강재

앞에서 기술한 강선이나 강연선을 다양한 형태로 가공한 제품들도 사용된다. 포스트텐션 방식에서 쉬스와 그라우트를 사용하지 않고 비 부착 긴장재로 긴장력을 도입하려고 할 때는, 강재가 부식되지 않고 프리스트레싱 강재만 늘어날 수 있도록 **그림 2-31(c)**와 같이 강연선에 그리스 기름(grease oil)을 바르고 고밀도폴리에틸렌(high density polyethylene, HDPE)으로 감싼 피폭 강연선을 사용한다. 또, 강연선의 부식을 방지하기 용도로는 **그림 2-31(d)**와 같이 강선 표면을 에폭시로 감싼 에폭시 도막 강연선을 사용하기도 한다. 매우 큰 긴장력을 도입하는 사장교(cable stayed bridge)의 사장 케이블(stay cable)에는 많은 수의 강연선이나 강선을 다발로 하고, 개개의 강연선이나 강선을 아연도금 하여 고밀도의 폴리에틸렌(polyethylene) 등으로 피복한 긴장재를 사용하기도 한다. 또 프리스트레스트 콘크리트 쉘 구조에 원형으로 긴장재를 배치할 때에는 강선을 냉간인발 가공하면서 감아가는 경강선(hard drawn steel)을 긴장재로 사용하기도 한다.

(a) 강연선(7연선)

(b) Dywidag 사의 이형 강봉

(c) 피복 강연선

(d) 에폭시 도막 강연선

| 그림 2-31 | 강연선과 강봉

[2] 프리스트레싱 강재의 강도에 따른 분류

모든 프리스트레싱 강재가 동일한 강도를 가지고 있는 것이 아니므로, 프리스트레싱 강재는 강도를 기준으로도 분류된다.

강연선 중 7연선은 일반적으로 인장강도가 1,720 MPa급과 1,860 MPa급인 두 가지가 사용되어 왔다. 이는 국제표준인 ISO 6934-part 4[2.27]에 따른 것으로, 미국에서는 1,720 MPa급의 7연선을 Grade 250이라고 하고, 1,860 MPa급의 7연선을 Grade 270이라고 부른다. 이는 1,720 MPa과 1,860 MPa을 ksi 단위(kilo-pound/in^2)로 표현하여 인장강도가 각각 250 ksi와 270 ksi라는 것을 호칭으로 사용한 것이다. 한국에서는 인장강도가 1,720 MPa급과 1,860 MPa급인 7연선을 각각 A급과 B급이라고 하며, 이들보다 더 높은 등급으로 인장강도가 2,160 MPa급인 C급과 인장강도가 2,400 MPa급인 D급도 개발되어 있다.

원형 강선은 상대적으로 인장강도가 낮은 A급과 높은 B급으로 구분하는데, B급은 A급보다 인장강도가 100 MPa 높은 등급이다. 강선은 동일한 공정으로 생산되더라도 지름에 따라 강선의 인장강도가 다르게 나타나므로, 같은 급의 강선이라도 지름에 따라 인장강도가 각각 다르다.

강봉은 인장강도 1,030 MPa급, 1,080 MPa급, 1,180 MPa급, 1,230 MPa급의 네 가지가 있는데, 이는 국제표준인 ISO 6934-part 5[2.27]에 따른 것이다.

2.2.3 프리스트레싱 강재의 역학적 성질 및 특성

[1] 응력-변형률 곡선

그림 2-32는 프리스트레싱 강재와 철근의 응력-변형률 곡선을 나타낸다. 곡선의 상승부는 모두 거의 동일한 기울기로 상승하며, 프리스트레싱 강재는 철근에 비하여 인장강도와 항복강도가 높지만 파단변형률이 작은 형태의 응력-변형률 곡선을 보인다. 일반적으로 인장강도가 1,860 MPa인 강연선이나 강선은 인장강도가 440 MPa인 SD300 철근이나 인장강도가 560 MPa인 SD400 철근의 약 4배 정도이다. 인장강도가 1,030~1,230 MPa인 강봉은 SD300 철근이나 SD400 철근의 2배 이상의 인장강도를 나타낸다.

한편 그림 2-33에 나타난 바와 같이, 프리스트레싱 강재의 응력-변형률 곡선에서는 명확한 항복점이 나타나지 않는다. Mattock[2.28]은 프리스트레싱 강재의 응력-변형률 곡선을 표현하기 위하여 Ramberg-Osgood 함수를 수정한 다음 식을 제안하였다.

$$f_p = E_p\,\varepsilon_{ps}\left\{A + \frac{1-A}{[1+(B\varepsilon_{ps})^C]^{1/C}}\right\} \le f_{pu} \qquad (2\cdot 69)$$

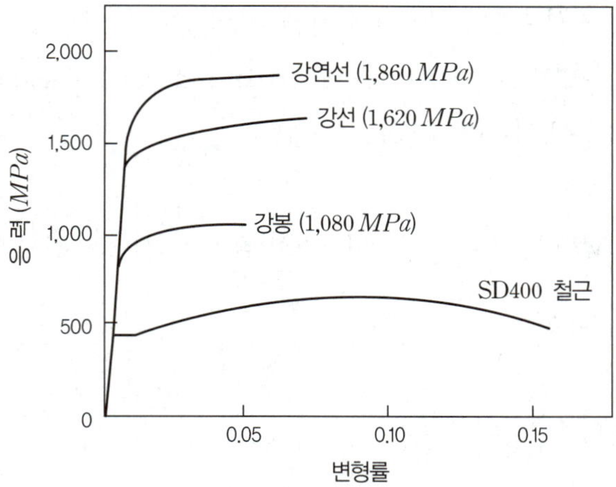

| 그림 2-32 | 강재의 응력-변형률 곡선

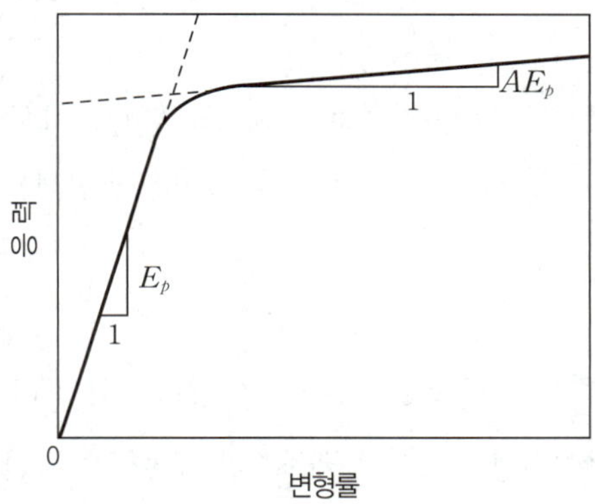

| 그림 2-33 | 수정된 Ramberg-Osgood 함수

이 식은 프리스트레싱 강재의 응력 f_p와 변형률 ε_{ps}의 관계를 4개의 상수, 즉 탄성계수 E_p와 곡선의 형상을 나타내는 상수 A, B, C로 나타낸 것이다.

만일 프리스트레싱 강재의 실제 응력-변형률 곡선을 알고 있다면, 다음의 과정으로 4개의 상수값을 결정할 수 있다.

(1) 실제 응력-변형률 곡선에서 항복 이전과 이후의 두 부분을 각각 직선으로 연장하여, 그림 2-33과 같이 두 개의 직선으로 표현한다.

(2) 첫 번째 상승구간의 직선에서 탄성계수 E_p의 값을 결정한다.

(3) 두 번째 직선의 기울기를 AE_p로 표현하고, 상수 A의 값을 결정한다.

(4) 두 번째 직선을 연장하여 수직축과 만나는 응력의 값을 $E_p(1-A)/B$로 표현하고, 상수 B의 값을 결정한다.

(5) 두 직선을 연결하는 곡선부분의 형상이 실제 응력-변형률 곡선과 일치하도록, 연결 곡선부분의 형상을 나타내는 상수 C의 값을 시산법(試算法, trial and error method)으로 결정한다. 상수 C의 값이 작을수록 두 직선이 완만한 형상으로 연결된다.

실제 인장강도가 1,860 MPa인 응력제거 강연선과 저릴랙세이션 강연선에 대해서는 다음과 같은 근사식이 각각 제안되어 있다.

$$f_p = 200{,}000\,\varepsilon_{ps}\left\{0.03 + \frac{0.97}{[1+(121\,\varepsilon_{ps})^6]^{0.167}}\right\} \le f_{pu} \qquad (2\cdot70)$$

$$f_p = 200{,}000\,\varepsilon_{ps}\left\{0.025 + \frac{0.975}{[1+(118\,\varepsilon_{ps})^{10}]^{0.1}}\right\} \le f_{pu} \qquad (2\cdot71)$$

실제로 사용되는 강연선은 국제규격이나 산업표준에서 규정하는 최소인장강도보다 큰 인장강도를 가지고 있으므로, 실제로 사용되는 강연선의 응력-변형률 곡선은 일반적으로 위의 수식보다 클 것이다.

[2] 탄성계수 및 항복강도

프리스트레싱 강재의 탄성계수는 일반적으로 190~210 GPa 정도이다. 설계기준에서는 프리스트레싱 강재의 탄성계수를 시험에 의하여 결정한 값이나 제조자가 제공하는 값을 사용하는 것을 원칙으로 하지만, 그렇지 않은 경우는 철근과 동일하게 200,000 MPa(200 GPa)을 표준으로 하도록 규정하고 있다.

그림 2-34에 나타난 바와 같이 프리스트레싱 강재의 응력-변형률 곡선에는 뚜렷한 항복점이 존재하지 않지만, 프리스트레싱 강재에 대한 산업표준의 최소 항복강도 규정을 만족하는지 평가하기 위해서는 항복점을 결정하여야 한다. 프리스트레싱 강재의 항복점을 결정하는 방법은 여러 가지가 사용되고 있다. 한국의 산업표준(KS 표준)에서는 0.2%의 영구신율(잔류 변형률)을 나타내는 응력을 항복점으로 한다. 이 방법은 그림 2-34에 나타낸 바와 같이 변형률 0.2%인 위치에서 응력-변형률 곡선과 평행하게 직선을 그어 응력-변형률 곡선과 만나는 점을 찾는 방법이다. 이렇게 정의된 항복강도를 0.2% 내력(stress for 0.2% strain set, 0.2% proof stress)이라고 한다. 한편 유럽 등과 같은 지역에서는 0.2% 내력 대신 0.1% 내력으로 항복점을 결정한다. 이 방법에서는 변형률 0.2% 대신 0.1%를 기준으로 하여 동일한 방법으로 항복점을 결정한다. 한편 미국에서는 강선과 강연선에 대하여는 1%의 변형률에서의 수직선과 만나는 점, 강봉에 대하여는 0.7%의 변형률에서의 수직선과 만나는 점을 항복점으로 한다.

일반적으로 응력제거 강재의 항복강도는 인장강도의 85% 정도이고, 저 릴랙세이션 강재의 항복강도는 인장강도의 90% 정도이다.

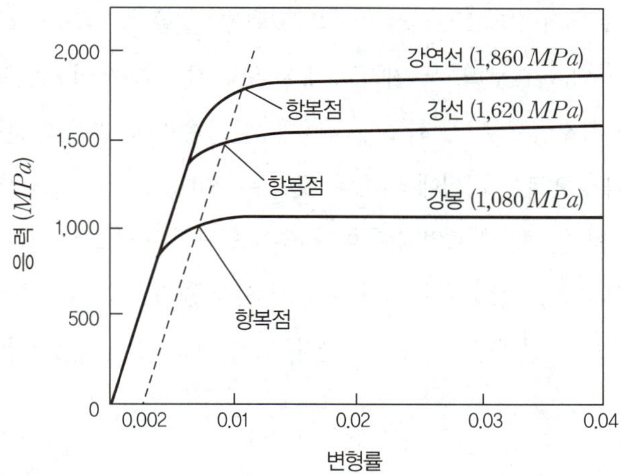

| 그림 2-34 | 프리스트레싱 강재의 항복점

[3] 릴랙세이션

릴랙세이션(relaxation)은 프리스트레싱 강재를 긴장한 상태에서 일정한 길이로 유지했을 때 시간이 경과함에 따라 인장응력이 감소하는 현상이다. 릴랙세이션은 크리프와 발생 요인이 동일한 것이지만, 외형으로 나타나는 형태로서 릴랙세이션과 크리프를 구분한다. 즉, 단기하중과 장기하중에 의한 응력-변형률 곡선을 보이는 그림 2-35에 나타난 바와 같이, 변형률이 일정한 상태에서 시간 경과에 따라 응력이 감소하는 현상을 릴랙세이션이라고 하며, 응력이 일정할 상태에서 시간 경과에 따라 변형률이 증가하는 현상을 크리프라고 한다.

강재의 릴랙세이션은 온도가 높을수록 크게 발생하며, 또 응력이 클수록 크게 나타난다. 따라서 매우 높은 수준의 인장응력을 받는 프리스트레싱 강재는 릴랙세이션에 따라 긴장력이 감소하게 되며, 설계에서 이를 고려하여야만 한다.

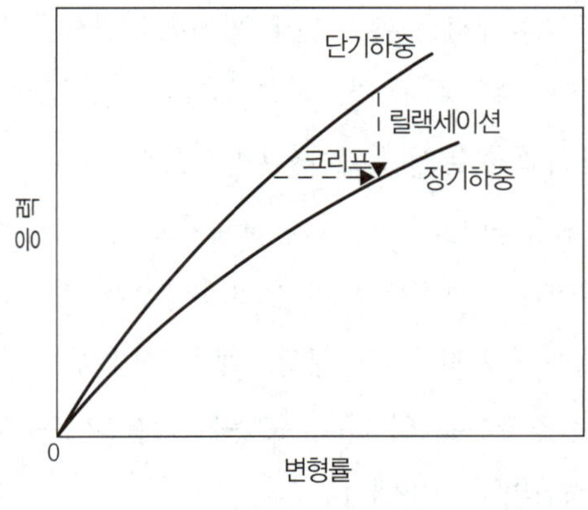

| 그림 2-35 | 릴랙세이션과 크리프

프리스트레스트 콘크리트에서 프리스트레싱 강재의 릴랙세이션은 순 릴랙세이션(pure relaxation)과 겉보기 릴랙세이션(apparent relaxation)의 두 가지로 구분된다. 순 릴랙세이션은 변형률이 일정한 상태에서 발생하는 인장응력의 감소량으로서, 최초에 작용한 인장응력에 대한 백분율로 나타낸다. 이 값은 프리스트레싱 강재만을 대상으로한 시험에 의하여 구할 수 있다. 그러나 프리스트레스트 콘크리트에서 콘크리트에 압축력이 도입되면, 콘크리트의 수축이나 크리프 등의 변형으로 인하여 프리스트레싱 강재의 변형률이 일정하게 유지되지 않고 감소하게 된다. 이렇게 시간 경과에 따라 변형률이 감소하는 상황에서 발생하는 릴랙세이션을 겉보기 릴랙세이션이라고 한다. 이에 대해서는 4장 4.7절에서 자세히 다룬다.

[4] 온도의 영향

프리스트레싱 강재는 온도에 크게 영향을 받는다. 일반적으로 프리스트레싱 강재의 인장강도 및 항복강도와 탄성계수는 영하 100℃에서 영상 100℃까지는 온도가 증가함에 따라 매우 완만하게 감소하다가, 약 200℃를 넘으면 급격하게 감소하고 300℃를 넘으면 선형으로 급하게 감소한다. 대략적으로 표현하면, 500℃에서의 강도는 20℃에서의 강도의 30% 정도이고, 영하 100℃에서의 강도는 20℃에서의 강도의 110% 정도이다. 500℃인 경우의 탄성계수는 20℃에서의 탄성계수의 65% 정도이다. 길이 변화(elongation)도 온도에 크게 영향을 받아서, 500℃에서의 길이는 20℃에서의 길이의 2.3배 정도이다. 따라서 고온에 노출되는 구조물이나 화재에 대한 검토에서는 이와 같은 온도의 영향을 고려하여야 한다.

저온에서는 프리스트레싱 강재가 취성으로서 충격에 대한 저항성능이 감소한다.

[5] 피로

피로(fatigue)는 재료의 항복강도나 극한강도보다 낮은 응력이 반복하여 작용할 때 파괴되는 현상이다. 피로의 주된 세 가지 변수는 응력의 범위, 최대 응력의 크기, 응력의 반복횟수이다. 응력의 범위는 반복하여 작용하는 하중에 의하여 발생하는 응력의 변동 범위를 의미하며, 일반적으로 활하중에 의한 응력을 말한다. 콘크리트 구조물에서는 활하중에 의하여 발생하는 응력이 작으므로, 피로에 의하여 파괴가 발생하는 경우가 거의 없다. 특히 철근콘크리트는 사용하중에 의하여 발생하는 최대 응력의 크기도 작아서 피로에 의한 파괴 가능성이 없다. 프리스트레스트 콘크리트의 경우에는 긴장력에 의하여 프리스트레싱 강재가 큰 인장응력을 받고 있는 상태이므로, 피로 성능이 철근콘크리트에 비하여 더 큰 의미를 가질 수 있다. 그러나 활하중에 의한 응력의 범위는 일반적으로 50~70 MPa 정도로서, 900~1,700 MPa 범위인 프리스트레싱 강재의 항복강도에 비하여 매우 낮은 응력이므로, 프리스트레스트 콘크리트가 피로로 파괴되는 경우는 거의 없다. 표 2-7은 콘크리트구조설계기준[2.9]에서 피로를 고려하지 않아도 되는 긴장재의 응력범위를 나타낸다.

표 2-7 피로를 고려하지 않아도 되는 긴장재의 응력범위

긴장재의 위치 또는 부위	긴장재의 응력범위
연결부 또는 정착부 그 밖의 부위	140 MPa 160 MPa

[6] 응력 부식

응력 부식(stress corrosion)은 강재가 높은 응력을 받고 있을 때 강재가 부식되는 환경이 되어 긴장재로서의 성능을 발휘하기 어려운 상태가 되는 것을 말한다. 프리스트레싱 강재에 응력 부식이 발생하면 궁극적으로 프리스트레싱 강재가 파단 되는 결과로 나타난다. 여기서 말하는 부식(腐蝕)은 일반적으로 강재에 발생하는 녹스는 현상(rust)을 이야기하는 것이 아니다. 금속재료 분야에서 사용하는 응력 부식이라는 용어는, 고강도의 강재에 높은 응력이 작용하는 상태가 지속되면 대기 중의 수소이온이 강재에 침입하여 수소취화반응을 일으키게 되는데, 이러한 수소취화반응으로 강재의 강도성능을 취약하게 하는 부식 환경이 되는 것을 말한다.

그러나 한편으로, 강재가 높은 응력이 작용하는 상태에서는 응력이 작용하지 않는 상태보다 녹이 스는 속도가 더 빠르기 때문에, 금속재료 분야에서 말하는 수소취화반응에 의한 응력 부식 상태에서 프리스트레싱 강재에 녹이 발생하는 경우가 많다. 따라서 건설 분야에서는 높은 응력이 작용하는 상태에서 프리스트레싱 강재가 빨리 녹스는 현상과 표면에 녹이 보이지 않더라도 조직이 취약해지는 현상을 모두 응력 부식이라고 부른다.

응력 부식에 의한 피해의 사례로 몇 가지가 보고된 바 있다. 미국에서는 프리스트레스트 콘크리트 쉘구조의 시공에서 콘크리트의 수축과 크리프에 의하여 긴장력이 감소한 후 재긴장(re-tensioning)을 할 목적으로 그라우팅을 늦추고 있었는데, 6개월 후에 쉬스 안의 프리스트레싱 강재가 녹슬고 소선이 끊어진 사례가 있었다. 결국 전체 프리스트레싱 강재를 교체하여 공사를 진행하였다. 캐나다에서는 프리스트레스트 콘크리트 관을 매설한 후 강선이 끊어진 것을 발견한 사례가 있었다. 일본에서는 포스트텐션 부재에서 강봉이 파단 된 경우가 있었는데, 그라우팅이 충분치 못하여 공기에 노출된 부분에서 수소취화반응에 의한 응력 부식이 발생한 것으로 조사된 사례가 있었다.

이와 같은 여러 현상과 시공사례들을 고려해 보면, 응력 부식에 의한 프리스트레싱 강재의 손상을 방지하기 위해서는 공장제조에서부터 현장에서 사용할 때까지 프리스트레싱 강재가 부식되지 않도록 관리하여야 하며, 긴장력이 도입된 프리스트레싱 강재는 너무 오랜 기간 동안 대기에 노출되지 않도록 하는 것이 바람직하다. 즉, 프리텐션 방식에서는 프리스트레싱 강재를 인장한 후 가능하면 빨리 콘크리트를 타설하고, 포스트텐션 방식에서는 긴장한 후 가능하면 빨리 그라우팅 하는 것이 좋다.

2.2.4 프리스트레싱 강재의 표준규격

국제표준화기구(International Standard Organization, ISO)에서는 ISO 6934[2.27]를 프리스트레싱 강재의 국제표준으로 정하였다. ISO 6934는 "Steel for the prestressing of concrete"라는 제목으로, 5개 부분(Part 1 : General requirements, Part 2 : Cold-drawn wire, Part 3 : Quenched and tempered wire, Part 4 : Strand, Part 5 : Hot-rolled steel bars with or without subsequent processing)으로 구성되어 있다.

한국에서는 한국산업표준(Korean Standards, KS)으로, KS D 7002[2.25]에서 강선과 강연선의 표준을, KS D 3505[2.26]에서 강봉의 표준을 규정하고 있다. 이 절에서는 한국산업표준(KS)에서 규정한 프리스트레싱 강재의 표준규격을 소개한다.

표 2-8과 표 2-9에 나타난 바와 같이, KS D 7002[2.25]의 기호에서 SWP 다음의 기호 C는 원형 강선과 원형 강연선을 나타내며, 기호 D는 이형 강선을 나타낸다. 그 다음의 번호는 하나의 프리스트레싱

표 2-8 강선과 강연선의 종류와 기호 및 호칭

종류		기호	호칭
강선 (wire)	원형선	A종 : SWPC1AN SWPC1AL	(2.9 *mm*) (3.5 *mm*) (4 *mm*) (4.5 *mm*) 5 *mm* (6 *mm*) 7 *mm* 8 *mm* 9 *mm*
		B종 : SWPC1BN SWPC1BL	
	이형선	SWPD1N SWPD1L	
강연선 (strand)	2연선	SWPC2N SWPC2L	2.9 *mm* 2연선
	이형 3연선	SWPD3N SWPD3L	2.9 *mm* 3연선
	7연선	A종 : SWPC7AN SWPC7AL	(7연선 6.2 *mm*) (7연선 7.9 *mm*) 7연선 9.3 *mm* 7연선 10.8 *mm* 7연선 12.4 *mm* 7연선 15.2 *mm*
		B종 : SWPC7BN SWPC7BL	7연선 9.5 *mm* 7연선 11.1 *mm* 7연선 12.7 *mm* 7연선 15.2 *mm*
		C종 : SWPC7CL	7연선 12.7 *mm* 7연선 15.2 *mm*
		D종 : SWPC7DL	7연선 12.7 *mm* 7연선 15.2 *mm*
	19연선	SWPC19N SWPC19L	19연선 17.8 *mm* 19연선 19.3 *mm* 19연선 20.3 *mm* 19연선 21.8 *mm* 19연선 28.6 *mm*

비고 1 : 원형선 B종은 A종보다 인장강도가 100 *MPa* 높은 종류를 나타낸다.

비고 2 : 7연선 인장강도, A종 1,720 *MPa*급, B종 1,860 *MPa*급, C종 2,160 *MPa*급, D종 2,400 *MPa*급.

비고 3 : 릴랙세이션 표준값에 따라 보통은 N, 낮은 선은 L의 기호를 끝에 붙인다.

비고 4 : 19연선에서 단면이 28.6 *mm*인 것은 실형이나 워링톤형으로, 그 외는 단면을 실형으로 한다.

비고 5 : ( )를 붙인 호칭의 선 및 연선은 사용하지 않는 것이 좋다.

강재를 구성하는 강선의 수를 나타낸다. 숫자 다음의 기호 A, B, C, D는 강도의 등급을 나타내며, 마지막 기호의 N은 응력제거 강재를 나타내고 L은 저릴랙세이션 강재를 나타낸다. 강연선의 표준지름은 여러 가닥의 강선으로 구성된 단면에서 가장 큰 단면 크기를 의미한다.

표 2-9 강선과 강연선의 역학적 성질

기호	호칭 및 표준지름	공칭 단면적 (mm^2)	단위 무게 (kgf)	항복 하중 (kN)	인장 하중 (kN)	연신율 (%)	릴랙세이션 값 (%)	
							N	L
SWPC1AN SWPC1AL SWPD1N SWPD1L	(2.9 mm)	6.605	51.8	11.3	12.7	3.5	8.0 이하	2.5 이하
	(3.5 mm)	9.621	75.5	14.2	16.2	3.5		
	(4 mm)	12.57	98.7	18.6	21.1	3.5		
	(4.5 mm)	15.90	125	22.6	25.5	4.0		
	5 mm	19.64	154	27.9	31.9	4.0		
	(6 mm)	28.27	222	38.7	44.1	4.0		
	7 mm	38.48	302	51.0	58.3	4.5		
	8 mm	50.27	395	64.2	74.0	4.5		
	9 mm	63.62	499	78.0	90.2	4.5		
SWPC1BN SWPC1BL	5 mm	19.64	154	29.9	33.8	4.0	8.0 이하	2.5 이하
	7 mm	38.48	302	54.9	62.3	4.5		
	8 mm	50.27	395	69.1	78.9	4.5		
SWPC2N SWPC2L	2.9 mm 2연선	13.21	104	22.6	25.5	3.5	8.0 이하	2.5 이하
SWPD3N SWPD3L	2.9 mm 3연선	19.82	156	33.8	38.2	3.5	8.0 이하	2.5 이하
SWPC7AN SWPC7AL	(6.2 mm)	23.23	182	33.8	40.2	3.5	8.0 이하	2.5 이하
	(7.9 mm)	37.42	293	54.9	64.7			
	9.3 mm	51.61	405	75.5	88.8			
	10.8 mm	69.68	546	102	120			
	12.4 mm	92.90	729	136	160			
	15.2 mm	138.7	1,101	204	240			
SWPC7BN SWPC7BL	9.5 mm	54.84	432	86.8	102	3.5	8.0 이하	2.5 이하
	11.1 mm	74.19	580	118	138			
	12.7 mm	98.71	774	156	183			
	15.2 mm	138.7	1,101	222	261			
SWPC7CL	12.7 mm	98.71	774	182	214	3.5	8.0 이하	2.5 이하
	15.2 mm	138.7	1,101	255	300			
SWPC7DL	12.7 mm	98.71	774	202	237	3.5	8.0 이하	2.5 이하
	15.2 mm	138.7	1,101	283	333			
SWPC19N SWPC19L	17.8 mm	208.4	1,652	330	387	3.5	8.0 이하	2.5 이하
	19.3 mm	243.7	1,931	387	451			
	20.3 mm	270.9	2,149	422	495			
	21.8 mm	312.9	2,482	495	573			
	28.6 mm	532.4	4,229	807	949			

비고 1 : 항복 하중은 0.2% 영구 연신율에 대한 하중을 나타낸다.

비고 2 : 항복 하중, 인장 하중, 연신율은 표의 값 이상을 갖아야 한다.

표 2-10 강봉의 종류와 기호 및 호칭

종류			기호	호칭 및 [공칭 단면적 (mm^2)]
원형 봉강	A종	2호	SBPR 785/1,030	9.2 mm [66.48] 11 mm [95.03] 13 mm [132.7] (15 mm [176.7]) 17 mm [227.0] (19 mm [283.5]) (21 mm [346.4]) 23 mm [415.5] 26 mm [530.9] (29 mm [660.5]) 32 mm [804.2] 36 mm [1,018] 40 mm [1,257]
	B종	1호	SBPR 930/1,080	
		2호	SBPR 930/1,180	
	C종	1호	SBPR 1,080/1,230	
이형 봉강	B종	1호	SBPD 930/1,080	7.4 mm [40.0] 9.2 mm [64.0] 11 mm [90.0] 13 mm [125]
	C종	1호	SBPD 1,080/1,230	
	D종	1호	SBPD 1,275/1,420	

비고 1 : ( )를 붙인 호칭의 강봉은 사용하지 않는 것이 바람직하다.

비고 2 : 공칭 지름은 호칭과 동일하다.

표 2-11 강봉의 역학적 성질

기호	0.2% 항복강도(MPa)	인장강도(MPa)	릴랙세이션 값(%)	연신율(%)
SBPR 785/1,030	785 이상	1,030 이상	4.0 이하	5 이상
SBPR 930/1,080	930 이상	1,080 이상	4.0 이하	
SBPR 930/1,180	930 이상	1,180 이상	4.0 이하	
SBPR 1,080/1,230	1,080 이상	1,230 이상	4.0 이하	
SBPD 930/1,080	930 이상	1,080 이상	1.5 이하	
SBPD 1,080/1,230	1,080 이상	1,230 이상	1.5 이하	
SBPD 1,275/1,420	1,275 이상	1,420 이상	1.5 이하	

표 2-10과 표 2-11은 KS D 3505[2.26]의 강봉 표준을 나타낸다. 기호에서 SBP 다음의 기호 R는 원형 강봉을 나타내며, 기호 D는 이형 강봉을 나타낸다. 릴랙세이션 값은 원형 강봉의 경우 4.0% 이하, 이형 강봉의 경우 1.5% 이하이어야 한다.

2.3 긴장 부속 장치 및 부속 재료

2.3.1 정착장치

프리텐션 방식은 콘크리트가 소요의 강도가 될 때까지 긴장재를 인장상태에 있게 하여야 하므로, 긴장재를 인장대의 정착판에 긴장한 채 고정하여야 한다. 이때 인장된 프리스트레싱 강재를 정착시키기 위한 정착장치가 필요하다. 포스트텐션 방식은 콘크리트가 경화한 후에 프리스트레싱 강재를 긴장하여 정

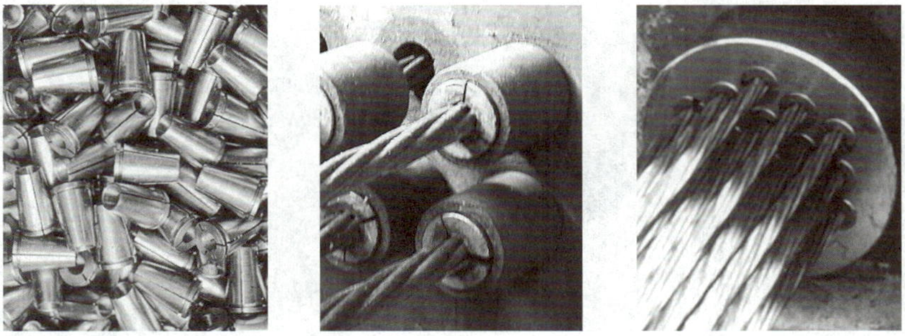

(a) 쐐기 (b) 쐐기 정착 콘 (c) 쐐기 정착 앵커블록

| 그림 2-36 | 쐐기 및 쐐기 정착장치

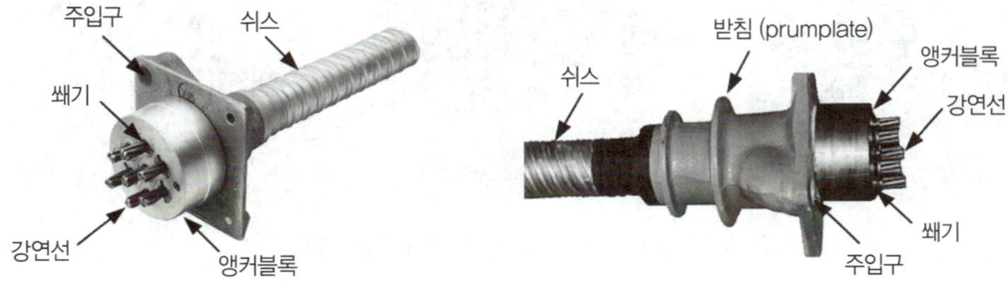

(a) VSL 사의 EC Type 정착장치 (b) Freyssinet 사의 C Range 정착장치

| 그림 2-37 | 포스트텐션 쐐기 정착장치

착하는 방식이므로, 여러 가지 정착장치를 개발하여 사용하고 있다. 긴장재의 정착장치는 다음과 같다.

[1] 쐐기식 정착장치

쐐기식 정착장치는 프리스트레싱 강재와 정착장치(grip) 사이의 마찰력을 이용하여 쐐기작용(wedge action)으로 프리스트레싱 강재를 정착하는 장치로서, 강선에 사용되기도 하지만 주로 강연선의 정착에 사용된다. 그림 2-36(a)는 프리스트레싱 강재를 고정하는 쐐기로서, 프리텐션 방식에서는 그림 2-36(b)와 같이 원통형의 정착 콘(cone) 안에서 강연선을 고정한다. 포스트텐션 방식에서는 그림 2-36(c)와 같은 앵커블록(anchor block)의 구멍 안에서 강선이나 강연선을 고정한다. 정착 콘과 앵커블록의 구멍은 외부에서 내부로 갈수록 지름이 작아져서, 쐐기가 프리스트레싱 강재를 고정하기 쉽도록 제작된다.

쐐기는 개발사에 따라 모양이 약간씩 다르지만 한쪽으로 좁아지는 공통적인 특징이 있다. 그림 2-36(b)는 그림 2-36(a)와 같이 세 조각으로 구성된 Freyssinet 사(社)의 쐐기를, 그림 2-36(c)는 두 조각으로 구성된 VSL 사(社)의 쐐기를 사용한 정착장치를 보인다.

그림 2-37은 포스트텐션 방식에 사용되는 쐐기 정착장치의 대표적인 예로서, VSL 사(社)의 EC Type 정착장치와 Freyssinet 사(社)의 C Range 정착장치를 나타낸다. 두 가지 정착장치 모두 쐐기와

(a) Freyssinet 사 제품 (b) VSL 사 제품 (c) BBR 사 제품

| 그림 2-38 | 건축구조 슬래브용 포스트텐션 쐐기 정착장치

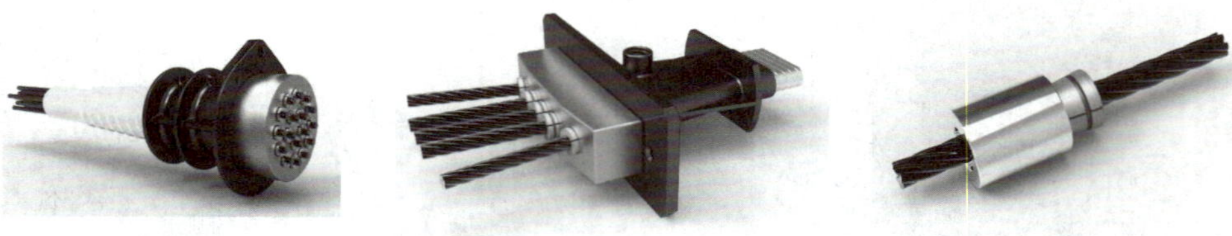

(a) 다발 강연선 정착장치 (b) 슬래브 용 정착장치 (c) 단일 강연선 정착장치

| 그림 2-39 | KTA 사의 D종 강연선 용 정착장치

앵커블록으로 강연선을 고정하며, 그라우팅(grouting)으로 강연선이 부착되는 부착 긴장재용이므로, 그라우트 재료를 주입하는 용도의 주입구가 있다. 비부착 긴장재용 정착장치도 그림 2-36의 정착장치와 유사한 형태로 개발되어 사용되고 있다.

그림 2-38은 슬래브에 적용되는 포스트텐션 방식의 쐐기 정착장치들이다. 두께가 얇은 슬래브에 주로 사용하는 이 정착장치들은, 덕트의 두께로 인한 슬래브 단면의 손실을 최소화하기 위하여 납작한 모양으로 만든 것이다. 이 제품들은 주로 건축구조의 슬래브에 사용되며, 주로 비부착 긴장재를 사용한다.

이상의 정착장치는 한국은 물론이고 국제적으로 사용되는 A종과 B종 강연선에 대한 정착장치로서, 한국에서 개발되어 KS D 7002에 추가 규정된 C종과 D종 강연선에 대한 정착장치로는 사용할 수 없다. C종과 D종 강연선은 인장강도가 각각 2,160 MPa과 2,400 MPa로서, A종과 B종 강연선보다 훨씬 높기 때문이다. 그림 2-39는 인장강도가 2,400 MPa인 D종 강연선 용도로 개발된 KTA사의 정착장치이다.

[2] 지압식 정착장치

프리스트레싱 강재를 지압식으로 정착하는 방법은 리벳머리(rivet head)를 이용하는 방법과 너트(nut)를 이용하는 방법이 있다.

리벳머리 정착방식은 BBR 사가 1959년도에 개발한 BBRV 정착장치가 대표적인 것으로서, 강선을 앵

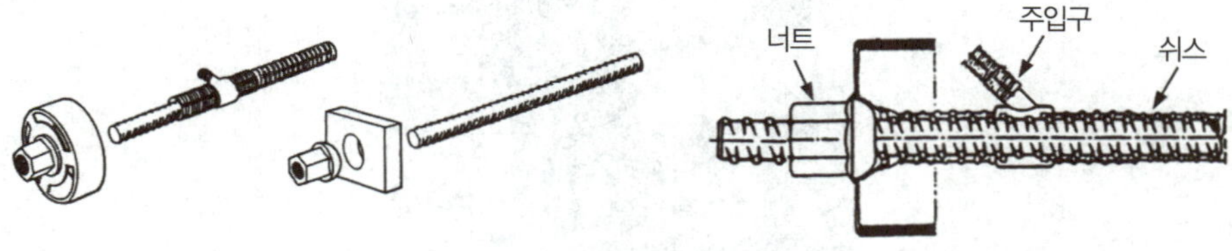

| 그림 2-40 | Dywidag 사의 강봉과 너트 정착장치[2.29]

커블록의 구멍에 끼운 후 강선의 끝에 리벳머리를 만들어서 강선이 구멍을 빠져나가지 못하도록 정착시키고 앵커블록을 잡아당겨서 긴장하는 방식이다. 강선을 주로 사용하던 당시에는 리벳머리 정착장치가 많이 사용되었으나, 근래에는 강선보다는 강연선을 주로 사용하므로 리벳머리 정착방식이 거의 사용되지 않고 있다.

너트 정착방식은 강봉에 사용된다. 원형 강봉의 경우에는 강봉의 끝에 나사를 전조하여, 나사에 너트를 끼우고 정착판에 정착시킨다. 이형 강봉의 경우에는 강봉을 추가로 가공하지 않은 상태에서 너트를 끼우고 정착 판에 정착한다. 즉, 이형 강봉의 횡방향 마디는 마디가 강봉의 축에 직각이 되지 않도록 각도를 갖게 하여, 마디가 나사의 역할을 하도록 하는 것이다. 그림 2-40은 Dywidag 사의 너트 정착장치로서 정착판에 접촉하는 너트의 면이 곡면이다. 이것은 시공 중에 강봉 정착부에 발생할 수 있는 미세한 회전을 가능하게 하여 강봉의 손상을 방지하기 위한 것이다.

[3] 기타 정착장치

그 외의 정착방법으로, 루프(loop) 모양으로 가공한 강선 또는 강연선을 콘크리트 속에 배치하여 부착이나 지압에 의하여 정착하는 루프식 정착장치가 있다. Leoba 공법과 Baur-Leonhardt 공법이 루프식 방식에 속한다. 그 밖에 슬리브(sleeve)를 이용하는 방법이나 저온에서 용융되는 합금을 이용하는 방법 등 특수한 정착방식이 사용된 사례가 있다.

2.3.2 쉬스

포스트텐션 프리스트레스트 콘크리트 부재에 긴장재를 배치하기 위한 구멍을 만들기 위하여, 콘크리트를 타설하기 전에 미리 배치하는 관을 덕트(duct)라고 하며, 대표적인 형태로 쉬스(sheath)가 많이 사용된다.

덕트는 콘크리트를 타설하는 과정에서 콘크리트에 의한 압력을 받으므로, 이에 변형되지 않을 정도의 강성을 가져야 하며, 긴장재가 곡선으로 배치되는 경우에는 덕트가 곡선으로 휠 수 있어야 한다. 따라서 덕트가 곡선으로 배치되고 그라우팅으로 채워서 긴장재가 부착되는 경우에는, 두께가

| 그림 2-41 | 주름진 쉬스

0.2~0.4 mm 정도인 주름진 강제(鋼製) 쉬스를 사용하는 것이 일반적이다. 주름진 쉬스는 그림 2-41과 같이 쉬스를 주름지게 만들어서 곡선으로 배치할 수 있도록 하고, 주름에 따른 원형단면의 강성 증가로 변형 저항성능을 향상시킨 것이며 콘크리트와 그라우트 재료와의 부착성능을 향상시킨 것이다.

비부착 포스트텐션 프리스트레스트 콘크리트 부재에는 강재 덕트 또는 플라스틱재의 덕트를 사용한다. 비부착 포스트텐션 프리스트레스트 콘크리트 부재에 그리스 기름을 칠하고 플라스틱 피복을 한 프리스트레싱 강재를 사용하는 경우에는 덕트를 사용할 필요가 없다.

덕트와 쉬스는 경우에 따라서 연결하여 사용하기도 하는데, 이때에는 이음부에서 콘크리트가 새어 들어가지 않도록 밀봉하여 연결하여야 한다. [3.4.2절 참조]

2.3.3 연결장치

교량과 같이 한쪽으로 매우 긴 구조물에 배치되는 포스트텐션 프리스트레싱 강재는 긴장력이 도입될 때 신장량(elongation)이 매우 커서 긴장잭의 신장용량을 넘는 경우가 많다. 이러한 경우에는 프리스트레싱 강재를 연결하는 연결장치(coupler)를 사용하거나 일반적인 정착장치를 중첩하여 긴장력을 전달한다. [3.5.1절 참조]

프리스트레싱 강재의 연결장치는 긴장재의 인장강도 이상의 강도를 보유하여야 하며, 연결부 주위의 콘크리트가 취약해지지 않도록 변형이 발생하지 않는 것이 바람직하다. 실제 현장에서 사용되는 연결장치는 긴장재의 특성을 고려하여, 강선용, 강연선용, 강봉용으로 개발사에 따라 고유의 모델을 가지고 있다.

그림 2-42는 강연선 연결장치의 예로서, VSL 사의 K Type 연결장치와 Freyssinet 사의 CC Type 연결장치의 외형과 내부의 모습을 나타낸다.

(a) VSL 사의 K Type 연결장치

(b) Freyssinet 사의 CC Type 연결장치

| 그림 2-42 | 프리스트레싱 강재의 연결장치

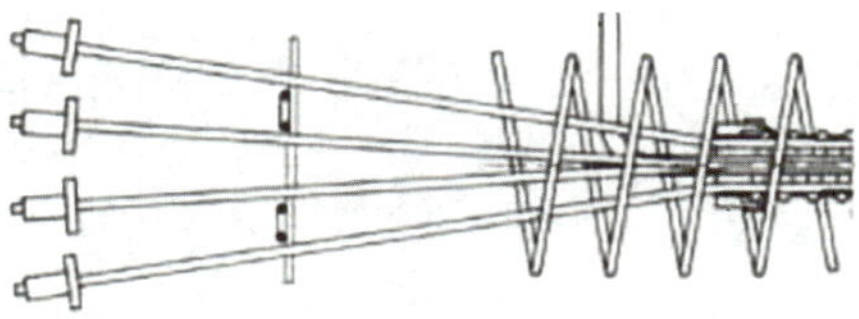

(a) Freyssinet 사의 N Type 매립 정착장치

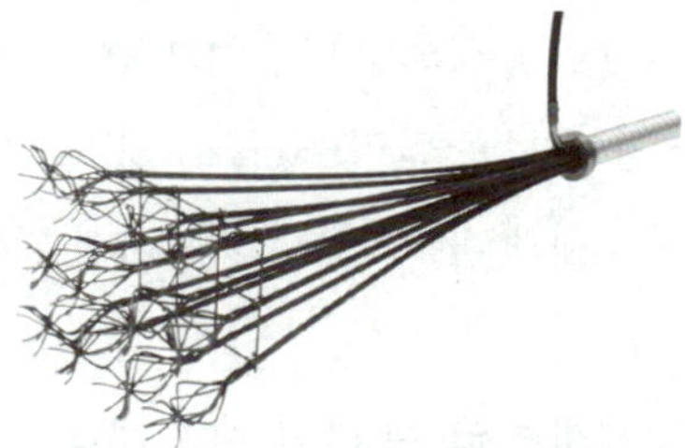

(b) VSL 사의 H Type 매립 정착장치

| 그림 2-43 | 강연선의 고정 정착장치(매립 정착장치)

2.3.4 매립 정착장치

프리스트레스트 콘크리트에서 경우에 따라서는 긴장재의 한쪽 끝을 콘크리트 안에 묻어두는 매립 정착장치(embedded anchor)를 사용한다. 매립 정착장치는 다른 표현으로 고정 정착장치(dead anchor)라고도 한다. 매립 정착장치라는 용어는 긴장재의 한쪽 끝이 콘크리트 내부에 묻혀 있다는 의미를 표현한 것이고, 고정 정착장치라는 용어는 긴장을 도입할 수 없는 정착장치라는 의미를 표현한 것이다.

그림 2-43은 매립 정착장치의 예로서, Freyssinet 사의 N Type 매립 정착장치와 VSL 사의 H Type 매립 정착장치의 모습을 나타낸다. 매립 정착장치는 개발사에 따라 다양한 형태를 보이고 있지만, 긴장재의 끝 부분을 벌려서 배치하여 콘크리트와 긴장재 사이의 부착성능을 이용하여 정착하고, 긴장재 끝에 철판을 붙이거나 강연선의 끝부분에서 측선을 벌려 놓아서 지압작용으로 정착성능을 높이는 개념을 적용한 것이 대부분이다.

2.3.5 그라우트 재료

포스트텐션 프리스트레스트 콘크리트에서 프리스트레싱 강재를 긴장한 후에는 프리스트레싱 강재가 부식되지 않도록 부식방지용 재료를 쉬스 내부에 채워 넣어야 한다. 이때 부식방지용 재료로는 시멘트 풀이나 모르타르 또는 그리스(grease oil)가 주로 사용되며, 아스팔트나 기타의 도포제가 사용되기도 한다.

부식방지용 재료로 시멘트 풀이나 모르타르를 사용하면 이 재료가 프리스트레싱 강재의 부식을 방지하는 역할을 하면서, 쉬스 외부의 콘크리트와 쉬스 내부의 프리스트레싱 강재가 부착되도록 하는 역할을 한다. 이러한 목적으로 만든 시멘트 풀이나 모르타르를 그라우트(grout)라고 하며, 그라우트를 주입하는 작업을 그라우팅(grouting)이라고 한다. 그라우팅 작업은 그라우트가 쉬스 안을 완전히 채워지도록 하여야 하며, 프리스트레싱 강재의 표면을 완전히 둘러싸도록 하여 콘크리트와 긴장재가 일체가 되게 하여야 한다. 이를 위해서는 그라우트가 적당한 유동성과 팽창성을 가져야 하므로, 이런 성능을 가지도록 그라우트 재료를 만들어야 한다.

부식방지용 재료로 그리스(grease oil)를 사용하는 경우에는 쉬스 외부의 콘크리트와 쉬스 내부의 프리스트레싱 강재가 비부착으로 거동하게 된다.

2.3.6 프리캐스트 부재의 접합재료

미리 만든 프리캐스트 부재들을 이어서 배치한 후 프리스트레스를 도입하여 일체로 만드는 프리캐스트 프리스트레스트 콘크리트 구조물을 만들 때에는, 프리캐스트 부재들 사이의 접합면에 접합재료를 사용한다. 이때 사용하는 접합재료로는 접합면 사이의 길이, 즉 접합재료로 채워져야 할 두께에 따라 콘크리트나 모르타르 또는 접착제가 사용된다.

일반적으로 접합 두께가 200~500 mm인 경우에는 콘크리트를 사용하고, 10~60 mm인 경우에는 모르타르를 사용하는 것이 보통이다. 접착제로는 에폭시(epoxy) 수지계를 많이 사용하는데, 0.2~0.4 mm 정도의 매우 얇은 막으로 프리캐스트 부재를 접착한다. 프리캐스트 부재의 접합부는 프리캐스트 부재의 본체와 동등한 강도와 수밀성을 보유하여야 하므로, 접합재료는 프리캐스트 부재 이상의 강도와 수밀성능을 갖도록 하여야 한다. 또 콘크리트나 모르타르를 사용할 때는 경화과정에서의 수축을 미리 예측하여, 가능한 한 수축이 발생하지 않도록 배합하는 것이 좋다.

2.4 철근

2.4.1 철근의 종류

철근은 콘크리트를 보강하는 용도로 사용하는 강재로서, 표면 요철(凹凸)의 유무에 따라 원형철근

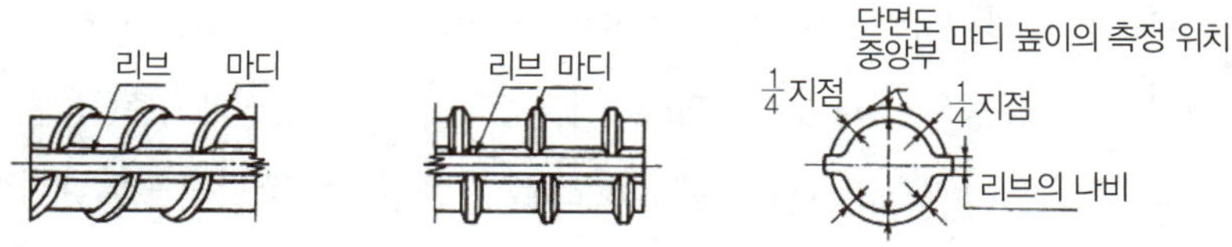

(a) 생선뼈 형태 돌기 (b) 대나무 형태 돌기 (c) 단면도

| 그림 2-44 | 이형철근의 돌기 형상[2.30]

(round bar)과 이형철근(de-formed bar)으로 구분한다. 그림 2-44와 같이, KS D 3504[2.30]에서 '마디'라고 칭하는 횡방향 리브(rib)와 '리브'라고 칭하는 종방향 리브 등의 돌기가 철근 표면에 있는 봉강을 이형철근이라고 하며, 이러한 돌기가 없는 매끈한 표면으로 된 봉강을 원형철근이라고 한다. 이형철근은 콘크리트의 점착력에 의하여 발휘되는 정착력 외에, 돌기에 의한 역학적인 정착력까지 발휘되어 콘크리트와의 부착력과 정착성능이 증대된다. 따라서 부착 및 정착성능이 우수한 이형철근이 주로 사용되고 있으며, 원형철근은 거의 사용되지 않고 있다. 2001년도의 KS D 3504에는 원형철근으로 항복강도가 240 MPa과 300 MPa인 SR240과 SR300 철근의 표준이 규정되어 있었으나, 2007년 KS D 3504 개정판부터는 원형철근이 삭제되었다.

이형철근의 돌기는, 그림 2-44(a)의 철근과 같이 횡방향 리브가 철근의 축방향과 경사를 이루는 생선뼈 형태(fishbone type)와 그림 2-44(b)의 철근과 같이 횡방향 리브가 철근의 축방향과 직각으로 배치되는 대나무 형태(bamboo type)가 있다. 동일한 마디면적비를 갖는 철근이라면 횡방향 리브가 대나무 형태인 철근이 생선뼈 형태인 철근에 비하여 부착성능이 다소 좋지만, 철근을 굽히거나 혹은 굽힌 후 다시 펴는 가공성능은 생선뼈 형태인 철근이 더 좋다. 이것은 대나무 형태 철근의 경우 횡방향 리브의 위치에 따라 철근 단면적의 차이가 크지만, 생선뼈 형태 철근의 경우에는 횡방향 리브가 경사를 갖도록 배치되어 철근 단면적의 변화가 크지 않기 때문이다.

대나무 형태 철근의 이러한 단점을 보완하기 위해서는 종방향 리브를 두어 단면적의 차이를 줄일 수 있으며, 생선뼈 형태 철근이 단면적의 변화가 크지 않은 경우에는 종방향 리브를 만들지 않을 수도 있다. 한국에서는 대나무 형태의 마디 모양으로 종방향 리브가 2개인 이형철근이 주로 생산되고 있으며, 생선뼈 형태의 마디를 가진 철근도 생산되고 있다. 대나무 형태 이형철근은 종방향 리브가 2개인 경우가 일반적이지만, 외국에서는 종방향 리브를 2~4개를 두는 등 다양한 형상의 철근이 생산되고 있다.

종래에는 항복강도가 300 MPa정도인 철근이 주로 사용되어 왔으나, 근래에는 항복강도가 400 MPa, 또는 그 이상의 철근도 사용되고 있다. 그러나 콘크리트구조설계기준(2012)[2.9]은 휨부재나 압축부재의 주철근에 대하여 설계기준항복강도를 최대 600 MPa로, 전단철근에 대하여 최대 500 MPa로, 나선철근 기둥의 나선철근에 대하여 최대 700 MPa로 제한하고 있으므로, 이보다 높은 항복강도의 철근으로 설계해서는 안 된다. 강도설계법의 도로교설계기준(2010)[2.2]은 더 보수적으로, 전단철근은 최대 400 MPa로, 나머지 모든 철근은 최대 500 MPa로 제한하고 있다. 교량설계기준(한계상태설계법)[2.3]은 전단설계에 변각 트러스 모델(variable angle truss model)을 사용하므로 전단철근에 대하여 철근의 최대 항복강도를 제한할 필요가 없기 때문에 모든 철근에 대하여 최대 600 MPa까지 사용할 수 있도록 최대 설계기준항복강도를 규정하고 있으나, 내진설계에서 소성거동을 하는 교각의 주철근에 대해서는 최대 500 MPa까지 사용하도록 제한하고 있다. 고강도 철근을 휨부재의 주철근으로 사용하면 낮은 강도의 철근을 사용할 때보다 철근량을 줄일 수 있어서 경제적일 수 있으나, 철근량의 감소로 인하여 균열이 더 크게 발생하는 등의 문제가 발생할 수 있으므로, 설계에서 사용성 검증에 주의를 기울여야 한다.

보통의 구조물에서 설계가 잘 되고, 특히 철근에 대한 피복두께가 충분하면 철근이 녹스는 일은 거의 없다. 그러나 교량 바닥판, 해양 구조물, 폐수처리장 등과 같이 결빙 방지제, 해수, 그 밖의 염화물 등에 노출되는 구조물에서는 콘크리트의 열화(劣化, deterioration)로 인하여 철근이 부식될 수 있다. 철근의 이러한 부식을 방지할 목적으로 최근에는 이형철근 표면에 에폭시 수지(epoxy resin)를 도포(塗布)한 철근을 사용하는 경우가 있다. 이 철근은 제조공정에서 에폭시 코팅이 이루어진다. 이러한 철근을 에폭시 도막철근 또는 에폭시 피복철근(epoxy coated bar)이라고 하며, 그 종류 및 기호, 품질, 제조방법 등이 KS D 3629[2.31]에 규정되어 있다.

이 밖에 아연도금철근(galvanized reinforcing bar)이 사용되기도 한다. 이 철근은 가공(절단, 구부림) 후에 아연 도금하는 것이 보통이다.

내진설계에서 완전연성거동을 하도록 설계된 구조물의 경우, 소성힌지가 발생하는 구조요소의 주철근은 소성상태에서 압축응력과 인장응력이 반복하여 작용하게 된다. 이 경우에는 저주파피로(low-cycle fatigue)로 인하여 정적인장하중이 작용하였을 때의 연신율보다 작은 변형률에서 철근이 파단 된다. 이 경우 소성힌지에서 철근이 항복한 후에도 단면의 휨강도를 유지하여야 하고, 구조물의 연성거동을 확보하기 위한 성능보장설계개념을 뒷받침하기 위하여 내진용 철근에 대한 특별한 성능조건이 필요하다. 따라서 내진설계기준에서는 이러한 부분에 배치되는 철근의 요구성능을 규정하고 있는데, KS 표준에서는 이를 반영하여 고성능 철근에 대한 표준으로 KS D 3688[2.32]을 제정하였다. KS D 3688은 SD400S와 SD500S 철근을 규정하고 있는데, 이 내진용 철근은 일반용 철근에 규정되지 않은 실제항복강도의 최대 허용값이 규정되어 있으며, 실제인장강도가 실제항복강도의 1.25배 이상(항복비 0.8 이하)이도록 규정하였다. KS D 3688은 2016년도 KS D 3504에 통합되었다.

2.4.2 철근의 역학적 성질

철근의 성질은 항복점과 탄성계수로 대표된다. 철근의 항복점은 인장이나 압축이나 거의 같다. 탄성

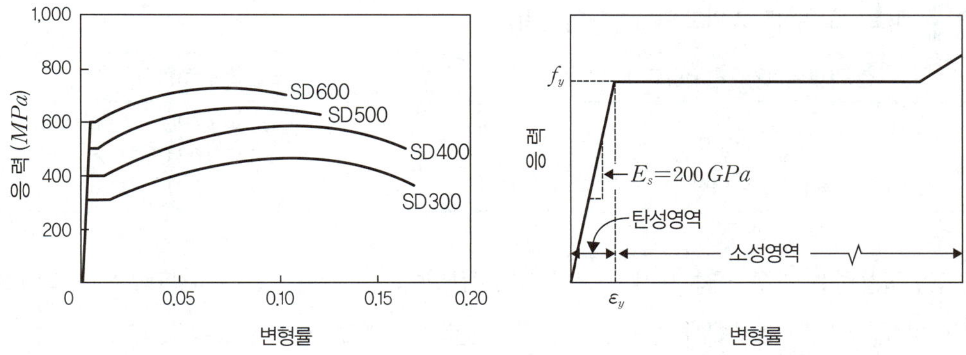

(a) KS 표준 철근의 응력-변형률 곡선 (b) 응력-변형률 곡선의 처음 부분

| 그림 2-45 | 철근의 응력-변형률 곡선

계수는 모든 철근이 거의 비슷한 값을 나타내며 $(200 \sim 220) \times 10^3\,MPa$의 범위에 있다. 설계기준에서는 철근의 탄성계수로 다음 값을 규정하고 있다.

$$E_s = 200{,}000\,MPa \tag{2·72}$$

그림 2-45는 철근의 응력-변형률 곡선을 보인 하나의 예로서, (a)는 완전한 응력-변형률 곡선이고, (b)는 이 곡선의 처음 부분을 확대한 것이다.

철근의 인장시험은 KS B 0802[2.33]에 따라 실시하며, KS B 0801[2.34]에 규정된 시험편을 사용하는데, 철근의 응력-변형률 곡선의 모양, 특히 처음 부분은 철근콘크리트에 있어서 중요한 의미를 가진다. 철근의 응력-변형률 곡선은 응력과 변형률이 0인 점에서부터 응력과 변형률이 선형으로 비례하는 직선의 모양을 가지며, 항복점에 이른 후에는 응력이 일정한 항복고원(yield plateau)이 나타난다. 그림 2-45(b)에 나타난 바와 같이, 철근의 응력-변형률 곡선에서 항복점 이전의 직선부분은 탄성영역(elastic range)이라고 하며, 항복점 이후는 소성영역(plastic range)이라고 한다. 항복고원 이후에는 변형률의 증가에 따라 응력이 다시 증가하기 시작하는 변형률 경화(strain hardening) 현상이 나타난다. 변형률 경화로 응력이 증가하다가 최댓값인 인장강도(tensile strength)에 도달한 후에는 철근이 파단 될 때까지 곡선이 하강한다.

그림 2-45(a)에 나타난 바와 같이, 철근의 강도가 높을수록 항복고원이 짧아지며, 경우에 따라서는 뚜렷한 항복점이 나타나지 않는 상태에서 변형률 경화에 들어가기도 한다. 일반적으로 고강도 강은 항복고원을 거의 나타내지 않고, 항복하기 시작한 상태에서 즉시 변형률 경화에 들어간다. 또, 철근의 강도가 높을수록 항복강도에 대한 인장강도의 비율(인장강도/항복강도)이 낮아지는 경향이 있다.

교량과 같이 하중이 반복적으로 작용하는 구조물은 피로에 의한 손상이 발생할 수 있다. 금속재료는

표 2-12 피로를 고려하지 않아도 되는 철근의 응력범위

철근의 설계기준항복강도	철근의 응력범위
300 MPa	130 MPa
350 MPa	140 MPa
400 MPa 이상	150 MPa

반복응력이 작용하는 경우, 극히 미세한 균열인 피로균열이 발생할 수 있다. 피로균열은 응력이 집중되는 부분이나 흠이 있는 부분에서 발생하며, 응력의 반복횟수의 증가에 따라 점차적으로 커진다. 이 피로균열에 의한 손상으로 외력에 견딜 수 없을 정도까지 단면이 감소하면 철근이 취성으로 파괴되는 피로파괴(fatigue failure)가 발생한다. 철근이 피로를 받게 되는 곳에서는 용접이나 철근 구부리기 등을 하지 않는 것이 좋다. 표 2-12는 콘크리트구조설계기준[2.9]의 피로를 고려하지 않아도 되는 철근의 응력범위를 나타낸다.

2.4.3 철근의 표준규격

표 2-13은 KS D 3504[2.30]와 KS D 3688[2.32]에 규정되어 있는 철근의 종류와 항복점 및 인장강도를 나타낸다. KS D 3504는 일반 이형철근과 용접용 이형철근에 대한 표준이며, KS D 3688은 내진용 철근인 고성능 이형철근에 대한 표준이다.

표 2-14는 KS D 3504[2.30]와 KS D 3688[2.32]에 규정된 이형철근의 공칭치수이다. 이형철근의 공칭지름, 공칭 단면적, 공칭둘레는 동일한 길이, 동일한 중량의 원형철근으로 지름, 단면적, 둘레를 환산한 값으

표 2-13 철근의 종류 및 역학적 성질(KS D 3504, KS D 3688)

종류	기호	용도	항복점 또는 0.2% 항복강도(N/mm²)	인장강도 (N/mm²)	연신율 (%)	
					2호 시험편	3호 시험편
이형철근	SD300	일반용	300 이상	440 이상	16 이상	18 이상
	SD350		350 이상	490 이상	18 이상	20 이상
	SD400		400 이상	560 이상	16 이상	18 이상
	SD500		500 이상	620 이상	12 이상	14 이상
	SD600		600 이상	710 이상	10 이상	10 이상
	SD700		700 이상	800 이상	10 이상	10 이상
	SD400W	용접용	400 이상	560 이상	16 이상	18 이상
	SD500W		500 이상	620 이상	12 이상	14 이상
	SD400S	내진용	400~520	항복강도의 1.25배 이상	16 이상	18 이상
	SD500S		500~650		12 이상	14 이상

비고 1 : 2호 시험편은 D25 이하인 철근, 3호 시험편은 D25를 초과하는 철근의 시험편
비고 2 : D32를 초과하면 호칭명 3 증가 당 연신율 2 감소, 단 감하는 한도는 4로 한다.

표 2-14 이형철근의 제원(KS D 3504, KS D 3688)

호칭명	공칭지름 (mm)	공칭 단면적 (mm^2)	공칭둘레 (mm)	단위중량 (kg/m)
D4	4.23	14.05	13	0.110
D5	5.29	21.98	17	0.173
D6	6.35	31.67	20	0.249
D9	7.94	49.51	25	0.389
D10	9.53	71.33	30	0.560
D13	12.7	126.7	40	0.995
D16	15.9	198.6	50	1.56
D19	19.1	286.5	60	2.25
D22	22.2	387.1	70	3.04
D25	25.4	506.7	80	3.98
D29	28.6	642.4	90	5.04
D32	31.8	794.2	100	6.23
D35	34.9	956.6	110	7.51
D38	38.1	1140	120	8.95
D41	41.3	1340	130	10.5
D43	43.0	1452	135	11.4
D51	50.8	2027	160	15.9
D57	57.3	2579	180	20.3

로서, 설계에 사용되는 값이다. 강(鋼)의 비중은 7.85로 본다. 표 2-13의 철근 중에서 D10 미만의 철근은 실질적으로 생산되고 있지는 않다. 또, D43과 D57은 원자력발전소용으로 제정된 규격으로, 한국에서는 원전 외의 일반 구조물에 자주 사용되지는 않는다. 철근의 공칭지름은 호칭지름과 완전히 일치하지는 않는다. 예를 들어 D25의 공칭지름은 25.4 mm로서 호칭지름인 25 mm와 동일하지 않다. 이것은 KS 표준에 미국의 철근 규격을 반영하였기 때문이다. 미국에서는 이형철근의 표준규격을 정할 때, 인치(*inch*) 단위로서 지름을 8분율로 증가하도록 하였다. 즉, 미국의 철근 표준[2.35,2.36]은 철근 지름을 3/8인치(9.53 mm), 4/8인치(12.7 mm), 5/8인치(15.9 mm) 등으로 증가하도록 정하고, 분자의 숫자로 No. 3, No. 4, (중략) No. 10, No. 11, No. 14, No. 18 등으로 철근의 호칭번호를 부여하였다.

[참고문헌]

2.1 한국콘크리트학회, 콘크리트표준시방서 해설, 2009.

2.2 국토해양부, 한국도로교통협회, 도로교설계기준, 2010.

2.3 국토교통부, 한국교량및구조공학회, 교량설계기준(한계상태설계법), KDS 24 14 21 콘크리트교 설계기준(한계상태설계법), 기준 및 해설, 2021.

2.4 한국산업표준, KS L 5201, 포틀랜드 시멘트, 2006.

2.5 ISO(International Organization for Standardization), ISO 1920-3 : 2004(E)

2.6 한국산업표준, KS F 2401, 굳지 않은 콘크리트의 시료 채취 방법, 2012.

2.7 한국산업표준, KS F 2403, 콘크리트의 강도 시험용 공시체 제작 방법, 2014.

2.8 한국산업표준, KS F 2405, 콘크리트 압축 강도 시험 방법, 2010.

2.9 국토교통부, 한국콘크리트학회, KDS 14 20 콘크리트구조설계기준, 기준 및 해설, 2021.

2.10 김지상, 신정호, "통계적 분산을 고려한 콘크리트의 역학적 특성," 한국콘크리트학회 논문집, 제21권 6호, 2009, pp. 789-796.

2.11 CEN, Eurocode 2: *Design of Concrete Structures*, European Committee for Standardization, 2004.

2.12 ACI Committee 318, *Building Code Requirements for Structural Concrete*(ACI 318-19) *and Commentary* (ACI 318R-19), American Concrete Institute, Farmington Hills, MI, 2019.

2.13 이재훈, 임강섭, 황도규, "성능 중심 설계기준을 위한 콘크리트 압축응력 분포", 한국콘크리트학회논문집, 제23권 3호, 2011년 6월, pp 365-376.

2.14 JSCE, *Standard Specifications for Concrete Structures*-2007, Design, JSCE Guidelines for Concrete No. 15, Japan Society of Civil Engineers, Japan, 2007.

2.15 이재훈, 김재요, 엄태성, 이도형, 조재열, 황도규, 국내외 주요 기준의 휨-압축 부재 설계 및 예제, 콘크리트 실무지침 KCI PM102.1-14, 한국콘크리트학회, 2014년 12월, 198 pp.

2.16 CSA, *Design of Concrete Structures*(CSA Standard A23.3-04), Canadian Standard Association, Rexdale, Ontario, Canada, 2004.

2.17 한국산업표준, KS F 2423, 콘크리트의 쪼갬 인장 강도 시험방법, 2011.

2.18 한국산업표준, KS F 2408, 콘크리트의 휨강도 시험방법, 2010.

2.19 Mizar, S. A., Hatzinikolas, M., and MacGregor, J. G., "Statistical Descriptions of Strength of Concrete," *Journal of the Structural Division*, ASCE, 105, ST6(June 1979), pp. 1021-1037. Disc. 106, ST7(July 1980), pp. 1659-1660.

2.20 Wang, C. K. and Salmon, C. G., *Reinforced Concrete Design*, 4th edition, Harper & Row, 1985(p. 11).

2.21 CEB-FIP *Model Co de 1990 for Concrete Structures*, Comité Euro-International du Beton, 1993.

2.22 Richart, F. E., Brandtzaeg, A., and Brown, R. L., "A Study of the Failure of Concrete under Combined Compressive Stresses," Bulletin No 185, Engineering Experimental Station, University of Illinois, 1928, 104 pp.

2.23 Collins, M. P. and Mitchell, D., *Prestressed Concrete Structures*, Prentice Hall, 1991(p. 80).

2.24 김호영, 최진호, 황도규, 최호형, 박기범, 이재훈, "횡방향철근에 의해 구속된 원형단면 콘크리트의 구속효과 평가", 한국콘크리트학회 가을학술대회 논문집, 제26권 2호, 한국콘크리트학회, 2014, pp. 237-238.

2.25 한국산업표준, KS D 7002, PC 강선 및 PC 강연선, 2011.

2.26 한국산업표준, KS D 3505, PC 강봉, 2007.

2.27 ISO Standards, ISO 6934-Part 1~5, International Standard Organization, 1991.

2.28 Mattock, A. H., "Flexural Strength of Prestressed Concrete Sections by Programmable Calculator," *PCI Journal*, Vol. 24, No. 1, January-February 1979, pp. 32-54.

2.29 Collins, M. P. and Mitchell, D., *Prestressed Concrete Structures*, Prentice Hall, 1991(p. 39 and p. 42).

2.30 한국산업표준, KS D 3504, 철근 콘크리트용 봉강, 2009.

2.31 한국산업표준, KS D 3629, 에폭시 피복 철근, 1995(2005 확인).

2.32 한국산업표준, KS D 3688, 고성능 철근 콘크리트용 봉강, 2011.

2.33 한국산업표준, KS B 0802, 금속 재료 인장 시험 방법, 2003.

2.34 한국산업표준, KS B 0801, 금속 재료 인장 시험편, 2007.

2.35 ASTM A615/A615M-15, "Standard Specification for Deformed and Plain Carbon-Steel Bars for Concrete Reinforcement," ASTM, USA, 2015.

2.36 ASTM A706/A706M-14, "Standard Specification for Low-Alloy Steel Deformed and Plain Bars for Concrete Reinforcement," ASTM, USA, 2014.

[연습문제]

2-1 콘크리트의 역학적 특성을 압축강도, 인장강도, 탄성계수를 중심으로 설명하시오.

2-2 콘크리트의 압축강도, 인장강도, 탄성계수를 중심으로 콘크리트의 변동특성을 설명하시오.

2-3 시간에 따른 콘크리트의 재료특성을 크리프와 수축을 중심으로 설명하시오.

2-4 세계 각 나라의 설계기준에서 규정하고 있는 콘크리트의 설계극한변형률을 조사하고, 콘크리트의 설계기준압축강도가 80 MPa인 경우에 다음의 설계기준에 따른다면 콘크리트의 설계극한변형률로 어떤 값을 사용해야 하는지, 각각의 값을 제시하시오. [참고문헌 2-13과 2-15 참조]

(1) 콘크리트구조설계기준
(2) 교량설계기준(한계상태설계법)
(3) 미국 콘크리트구조설계기준 ACI 318 Code
(4) 캐나다 콘크리트구조설계기준 CSA A23.3
(5) 유럽연합(EU) 콘크리트구조설계기준 Eurocode 2
(6) 일본의 JSCE 콘크리트구조설계기준

2-5 콘크리트의 배합과 내구성의 관계를 설명하고, 콘크리트의 내구성을 높이기 위한 콘크리트의 배합을 설명하시오.

2-6 콘크리트의 수화열 발현 특성을 설명하고 콘크리트의 수화열이 구조물의 품질에 미치는 영향을 설명하시오.

2-7 콘크리트의 수화열을 낮추거나 수화열로 인한 콘크리트의 품질 저하를 방지하기 위한 방법을 재료 측면, 구조설계 측면, 시공 측면에서 설명하시오.

2-8 프리스트레싱 강재의 종류와 특성을 설명하시오.

2-9 프리스트레싱 강재에 따른 정착장치의 특성을 설명하시오.

2-10 프리스트레스트 콘크리트에 사용되는 긴장 부속 재료의 종류와 사용요건을 설명하시오.

2-11 포스트텐션 부재에 사용되는 그라우트 재료의 요구 성능을 설명하시오.

2-12 프리캐스트 콘크리트 부재에 사용되는 접합재료의 요구 성능을 설명하시오.

2-13 철근의 종류를 강도, 용접성, 내진성능을 중심으로 설명하시오.

2-14 이형철근의 마디 형상에 따른 철근의 부착특성과 가공성을 설명하시오.

제3장

설계 및 시공

3.1 설계법 및 설계기준

구조물의 설계는 구조해석(構造解析, structural analysis)과 단면해석(斷面解析, section analysis)을 통하여 요구성능(demand)과 보유성능(capacity)을 구하고 단면을 설계하는 과정으로 이루어진다. 즉, 하중작용에 의하여 구조물에 발생하게 될 단면력과 변형을 구조해석으로 구하고, 이를 감당하도록 단면을 선정하고 나서 단면의 강도 능력과 변형 능력을 단면해석으로 구한 후 부재단면의 성능을 검토하여 주어진 하중작용에 대해 안전하고 경제적인 단면을 결정하는 것이 설계의 일반적인 절차이다. 이러한 설계 절차에서 요구성능(demand)과 보유성능(capacity)을 검토하는 하중 수준과 거동 수준의 선정 및 설계 철학(design philosophy)에 따라 설계법이 구분된다.

기본적으로 구조물의 설계법은 허용응력설계법, 강도설계법, 전통적 개념의 한계상태설계법, 세 가지로 구분할 수 있다. 이 들 세 가지 설계법은 개발된 초기에는 각각의 고유한 개념으로 출발하였으나, 구조물의 거동이 연구되고 이론화됨에 따라 수정되고 발전되어, 특히 강도설계법과 한계상태설계법은 유사한 형태로 변모하게 되었다.

강도설계법과 한계상태설계법을 채택한 설계기준[3.1~3.8]에서는 부재의 파괴(failure)나 구조물의 붕괴(collapse) 상태에 대한 안전성 확보의 개념으로 안전계수를 규정한다. 안전계수는 하중계수(load factor)와 저항계수(resistance factor)로 이루어진다. 하중계수는 일반적으로 1.0 이상의 값을 가지지만, 여러 하중이 조합된 경우에는 불리한 조건을 반영하기 위하여 일부 하중에 대한 하중계수가 1.0 미만의 값을 갖기도 한다. 저항계수는 두 가지 형식으로 표현되는데, 단면의 공칭강도나 재료의 공칭강도에 1.0 이하의 값을 곱하는 저항계수(강도감소계수) 형태와 단면의 공칭강도나 재료의 공칭강도에 1.0 이상의 값을 나누는 안전계수의 형태가 있다. 미국형의 강도설계법에서는 휨, 전단, 축압축, 축인장 등 부재거동 별로 강도감소계수(부재계수)를 적용하는 형식을 취하고 있고, 유럽형의 한계상태설계법에서는 콘크리트, 철근, 긴장재 등 재료 별로 안전계수(재료계수)를 적용하는 형식을 취하고 있다. 유럽형의 한계상태설계법에서는 하중계수와 재료안전계수를 모두 부분안전계수(partial safety factor)라는 용어로 총칭하고 있다. 부재계수를 적용하는 형식은 거동 별 파괴특성을 고려한 안전율 변동개념을 반영할 수 있는 장점이 있다. 재료계수를 적용하는 형식은 철근콘크리트, 프리스트레스트 콘크리트, 콘크리트-강 합성구조와 같이 서로 다른 재료를 합성한 합성구조에서 서로 다른 재료의 특성을 합리적으로 반영할 수 있는 장점이 있다. 한편, 캐나다의 콘크리트구조설계기준[3.7]과 한국의 교량설계기준(한계상태설계법)[3.5]에서는 미국형과 유럽형을 조합하여 재료별 안전계수를 취하면서 1.0 이하의 값을 곱하는 재료저항계수(재료강도감소계수)의 형식을 취하고 있다.

전술한 바와 같이 강도설계법과 한계상태설계법을 채택한 설계기준에서는 어떠한 형태로든지 안전계수, 즉 하중계수와 저항계수를 규정하는데, 안전계수의 값을 결정하는 방법에 따라 경험적 설계기준과 신뢰도기반 설계기준으로 구분할 수 있다. 한편 최근에는 현재까지 사용하고 있는 사양기반 설계기준(prescriptive design code)에 대응되는 개념의 성능기반 설계기준(performance based design code)이 제시되었다.

이 장에서는 이들 설계법의 특징과 프리스트레스트 콘크리트의 설계와 시공의 개괄적인 내용을 소개하고 논의한다.

3.1.1 허용응력설계법

허용응력설계법(allowable stress design, working stress design)은 구조물의 요구성능을 결정하는 하중을 사용하중(使用荷重, service load) 수준으로 하고, 사용하중이 작용하였을 때의 응력이 설계기준에서 정하는 허용응력(許容應力, allowable stress) 이하가 되도록 하여 구조물의 보유성능을 검증하는 설계법이다. 이때, 사용하중에 대한 단면해석에서 구조재료를 탄성체로 보고, 선형탄성이론을 적용하여 응력을 해석한다. 즉, 다음 관계가 만족되도록 설계하는 것이다.

$$f_{m,sv} \le f_{m,allow} \tag{3·1}$$

여기서, $f_{m,sv}$는 사용하중이 작용하였을 때 단면에 작용하는 최대응력이며, $f_{m,allow}$는 설계기준에서 정하는 각 재료별 허용응력이다. 허용응력 $f_{m,allow}$는 재료의 공칭강도, 즉 설계기준강도(characteristic strength)를 안전율(안전계수)로 나누어 다음 식과 같이 표현한다.

$$f_{m,allow} = \frac{f_{mk}}{\gamma_m} \tag{3·2}$$

여기서, 설계기준강도 f_{mk}는 콘크리트의 경우에는 일반적으로 28일 설계기준압축강도 f_{ck}, 철근의 경우에는 설계기준항복강도 f_y, 프리스트레싱 강재는 설계기준항복강도 f_{py}나 인장강도 f_{pu}를 사용한다. 안전율(안전계수) γ_m은 각 재료별 특성을 반영하여 결정되며, 콘크리트는 γ_c, 철근이나 구조용 강재는 γ_s, 프리스트레싱 강재는 γ_p로 표현한다. 이와 같이 결정된 허용응력 $f_{m,allow}$를 재료별로 표현하면, 콘크리트는 f_{ca}, 철근은 f_{sa}, 프리스트레싱 강재는 f_{pa}로 표현할 수 있다.

사용하중이 작용할 때 단면에 작용하는 최대응력 $f_{m,sv}$는 구조물을 탄성체로 보고 선형탄성이론에 따라 구하는 것이 일반적이다. 따라서 응력-변형률 곡선이 비선형 형태를 보이는 콘크리트가 사용된 구조물은 하중이 증가할수록 해석으로 구한 응력이 실제 작용하는 응력과의 오차가 커지게 된다. 철근콘크리트 구조물에 대한 초기의 설계기준에서는 허용응력설계법을 채택하여, 철근콘크리트 단면을 선형탄성체로 보고 균열의 영향을 고려하여 탄성해석으로 응력을 해석함으로써 구조물을 설계하였다. 그러나 설계개념이 강도설계법이나 한계상태설계법으로 발전됨에 따라 파괴나 붕괴 상태에 대해서는 더 이상 선형탄성이론이 적합하지 않으므로, 허용응력설계법이 철근콘크리트 구조의 설계에 적용되지는 않게 되었다. 한편 프리스트레스트 콘크리트는 긴장력의 압축효과로 단면에 균열이 발생하지 않거나 발생하더라도 상대적으로 미미한 수준이므로, 사용하중 수준까지 선형탄성해석을 적용하여도 큰 무리가 없다. 따라서 프리스트레스트 콘크리트의 설계에서는 허용응력설계법의 개념도 적용되고 있다.

강구조물은 강재가 항복할 때까지 응력-변형률 곡선이 직선이므로, 해석으로 구한 응력이 실제 응력과 매우 유사하다. 그러나 강구조에서는 압축응력이 작용할 때 탄성좌굴(elastic buckling)이 발생하는 경우가 있으며, 보강재로 보강된 판에 탄성좌굴이 발생하더라도 강도가 더 증진되는 후좌굴강도(post-buckling strength)를 나타내는 경우가 있고, 또 단면이 항복한 이후 소성상태에서도 비탄성좌굴(inelastic buckling)이 발생하지 않는 조밀단면(compact section)도 있다. 이를 고려하면, 강구조에서는 단순히 강재 항복강도에 상수의 안전계수를 적용하여 허용응력을 결정할 수는 없다. 따라서 강구조물의 허용응력설계법에서는 탄성좌굴강도, 후좌굴강도, 소성강도 등을 고려하여 허용응력을 결정하여 합리적인 기준을 제정하여 왔다. 그러나 허용응력설계법에서는 고정하중, 활하중, 풍하중 등 각 하중이 동시에 작용하였을 때의 하중 수준을 합리적으로 반영하는 것이 쉽지 않으므로, 콘크리트 구조뿐만 아니라 강구조물의 설계도 강도설계법 개념의 LRFD설계법이나 한계상태설계법으로 변화하였다.

3.1.2 강도설계법

강도설계법(strength design)은 기본적으로 부재의 파괴상태 또는 파괴에 가까운 상태에 기초를 둔

설계법으로 개발되었다. 구조물의 요구성능을 결정하는 하중은 계수하중(係數荷重, factored load)으로서 사용하중(service load)에 1.0보다 큰 하중계수 γ_i를 곱하여 결정하고, 이 하중상태에서 파괴(failure)가 발생하지 않도록 안전을 확보하는 설계법이다. 다시 말하면 구조요소의 극한하중(極限荷重, ultimate load), 즉 파괴하중(破壞荷重, failure load)이 설계기준의 하중계수를 적용하여 구한 계수하중과 같거나 크게 설계하는 개념이다. 이때 구조요소의 보유성능은, 단면을 구성하는 재료의 거동을 반영하여 파괴상태에서의 비선형·비탄성 강도해석을 수행하여 구한 공칭강도(nominal strength) R_n에 1.0보다 작은 값의 강도감소계수(strength reduction factor) ϕ를 곱하여 설계강도(design strength)로 한다. 따라서 다음 관계가 만족되어야 한다.

$$\phi R_n \geq \sum \gamma_i L_i \tag{3·3}$$

여기서, ϕ : 강도감소계수

R_n : 공칭강도

L_i : 부재에 동시에 작용하는 여러 하중 가운데 i 번째의 사용하중

γ_i : 하중 L_i의 불확실성에 따라 결정되는 하중계수

사용하중은 설계기준에 규정되어 있는 고정하중과 활하중 등을 말하는데, 사용 고정하중(使用固定荷重, service dead load)에 의한 단면력을 D, 사용 활하중(使用活荷重, service live load)에 의한 단면력을 L이라고 하고, 이 두 하중에 대한 하중계수를 각각 γ_d와 γ_l로 표현하면, 식 (3·3)의 우변은 다음과 같이 표현할 수 있다.

$$U = \sum \gamma_i L_i = \gamma_d D + \gamma_l L \tag{3·4}$$

따라서 식 (3·3)은 다음과 같이 표현할 수 있다.

$$\phi R_n \geq U \tag{3·5}$$

위 식에서 ϕR_n을 설계강도(design strength), U를 소요강도(required strength)라고 한다. 한편 강구조(steel structures) 분야에서는 이러한 설계법을 하중저항계수설계법 또는 LRFD(load and resistance factor design) 설계법이라고 하는데, 그 기본개념은 강도설계법과 동일하다. 물론 LRFD 설계법에서의 소성설계(plastic design)는 전통적 개념의 한계상태설계법(limit state design)과 개념이 동일하다고 할 수

있으며, 설계를 지배하는 여러 한계상태를 대상으로 한다는 의미에서 한계상태설계기준으로 부르기도 한다.

초창기의 강도설계법에서는 안전성을 중심으로 강도만을 대상으로 설계하도록 하였다. 그러나 강도설계법으로 설계된 구조물은 허용응력설계법으로 설계된 구조물에 비하여 단면이 감소한 경우가 많아서, 단면 감소에 따른 강성(stiffness) 저하로 사용하중 상태에서 균열과 처짐이 과도하게 발생하는 경우가 종종 발생하였다. 따라서 설계에서 기준이 되는 하중상태를 계수하중 뿐만 아니라 사용하중에도 동등한 중요성을 부여하게 되었고, 두 단계 하중에 대하여 설계하도록 규정하게 되었다. 사용하중 상태에 대한 사용성(serviceability) 검증에는 하중계수와 강도감소계수를 적용하지 않는다.

3.1.3 한계상태설계법

한계상태설계법(limit state design)은 동일하지 않은 두 가지 개념의 설계법을 지칭하는 용어이므로, 혼동을 피하기 위하여 매우 명확한 이해가 필요하다.

원래 한계상태설계법은 유럽의 구조공학자들에 의해 연구되어 1964년에 유럽콘크리트위원회(European Concrete Committee)가 추천한 설계법으로, 1972년에 영국의 콘크리트구조설계기준 BS 8110의 전신인 BSCP-110에 처음 채택된 것이다. 이를 '전통적 개념의 한계상태설계법'이라고 할 수 있는데, 구조물이 보유하고 있는 궁극적인 파괴거동을 설계에 반영하는 설계법이다. 예를 들어, 연속보와 같은 부정정구조물은 최대 휨모멘트가 작용하는 위치의 단면이 충분한 소성변형능력(plastic deformation capacity, 연성)을 보유하고 있으면, 그 위치에 작용하는 휨모멘트가 단면의 휨강도에 도달하더라도 구조물이 파괴되지 않고 더 큰 하중을 견딜 수 있다. 철근콘크리트 단면의 소성변형능력이란 인장철근이 항복한 후 콘크리트가 파괴될 때까지 휨강도를 유지하면서 보이는 회전 변형능력을 의미한다. 지점의 단면이 충분한 소성변형능력을 가지고 있는 연속보는 그 단면의 인장철근이 항복한 후 단면이 소성힌지로 작용하여, 부정정구조인 연속보가 단순보의 연속인 정정구조로 구조계(structural system)가 변화하고, 그 단순보의 중앙부 정모멘트로 인하여 단면의 파괴가 발생할 때까지 하중을 더 지지할 수 있게 된다. 전통적 개념의 한계상태설계법은 이러한 구조물의 파괴상태(failure of structure), 즉 붕괴상태(collapse)를 대상으로 설계하는 것이다.

이것이 강도설계법과의 차이로서, 강도설계법은 최대 부모멘트 또는 최대 정모멘트가 작용하는 단면들 중 어느 하나라도 공칭강도에 도달하면 그 하중을 파괴하중으로 간주하는데 비해서, 전통적 개념의 한계상태설계법은 구조시스템이 궁극적으로 붕괴되는 상태의 하중을 파괴하중으로 간주하는 차이점이 있다. 즉, 강도설계법에서의 극한상태는 단면의 파괴(failure of member section)를 의미하지만, 전통적 개념의 한계상태설계법에서는 구조시스템의 붕괴(collapse of structural system)를 의미한다고 할 수

표 3-1 콘크리트 구조물 설계법의 기본해석

구 분	단면해석	구조해석
허용응력설계법	선형탄성해석	선형탄성해석
강도설계법	비선형·비탄성해석	선형탄성해석
한계상태설계법	비선형·비탄성해석	비선형·비탄성해석

있다. 따라서 강도설계법에서는 구조해석으로 선형탄성 구조해석을 기본으로 하고 있고, 한계상태설계법에서는 비탄성·비선형 구조해석, 소성해석, 또는 탄성해석 후의 휨모멘트 재분배 기법을 기본으로 하고 있다. 그러나 한계상태설계법에서도 모든 구조요소의 설계에 항상 비탄성·비선형 구조해석, 소성해석, 또는 탄성해석 후의 휨모멘트 재분배 기법을 적용하는 것은 아니며, 구조물 전체의 안정과 안전을 위하여 연속보나 연속 슬래브에 대해서만 이를 적용하고 있다. 골조에서도 연속보나 연속 슬래브에 대해서만 이를 적용하고 기둥에는 적용하지 않으며, 물론 정정구조물에도 적용하지 않는다.

표 3-1은 각 설계법에서 단면해석과 구조해석에 기본으로 적용하는 해석방법을 나타낸다. 허용응력설계법에서는 두 가지 해석에 모두 선형탄성해석을 적용하므로, 콘크리트구조물의 실제 거동을 반영한다고는 할 수 없다. 강도설계법에서는 단면해석에는 비선형·비탄성해석을 수행함으로써 콘크리트구조물의 실제 거동을 반영하고 있지만, 구조해석은 선형탄성해석을 기본해석법으로 하고 있으므로 콘크리트구조물의 실제 거동을 반영한다고는 할 수 없다. 물론 강도설계법을 채택한 근래의 설계기준에서는 비선형·비탄성해석 또는 탄성해석 후의 휨모멘트 재분배 기법을 수행할 수 있도록 하고 있으나, 실제의 설계에서 이를 수행하는 경우는 많지 않다. 전통적 개념의 한계상태설계법에서는 단면해석과 구조해석에 모두 비탄성·비선형 구조해석을 기본으로 하고 있으므로, 콘크리트구조물의 실제 거동을 가장 잘 반영한다고 할 수 있다.

한계상태설계법에서도 하중수준을 크게 두 단계로 나누어 극한한계상태와 사용하중상태로 구분하며, 극한한계상태에서 구조물의 안전성은 다음의 강도검증에 따른다.

$$R_d \geq E_d \tag{3·6}$$

$$E_d = \sum \gamma_i L_i \tag{3·7}$$

여기서, R_d : 설계저항값(design value of the resistance), 즉 부재의 설계강도

E_d : 하중작용의 영향(effect of action), 즉 소요강도

L_i : 부재에 동시에 작용하는 여러 하중 가운데 i번째의 사용하중

r_i : 하중 L_i의 불확실성에 따라 결정되는 하중계수

한편, 전통적 개념의 한계상태설계법을 채택하고 있는 Eurocode 등에서는 저항계수(강도감소계수 또는 부분안전계수)를 재료별로 달리 적용하는 방법을 채택하고 있다. 즉 유럽연합(EU)의 콘크리트구조설계기준인 Eurocode 2[3.6]에서는 1보다 큰 값의 재료부분안전계수로 설계기준강도를 나누어 단면의 설계강도를 계산하는데, 유럽의 국가별 기준에서 달리 규정하지 않는다면 콘크리트에는 1.5를 적용하고 철근에는 1.15를 적용하는 것이 기본이다. 전통적 개념의 한계상태설계법을 채택하고 있는 교량설계기준(한계상태설계법)[3.5]에서는 1보다 작은 값의 재료저항계수를 각 재료의 설계기준강도에 곱하여 단면의 설계강도를 계산하는데, 콘크리트에는 0.65를 적용하고 철근과 프리스트레싱 강재에는 0.90을 적용한다. 이러한 재료계수는 재료별 강도의 분포를 고려한다는 의미도 있지만, 콘크리트구조물에서 목표 설계수명(예를 들어 75년 또는 100년) 동안 발생할 수 있는 최악의 경우를 대비하는 것으로도 볼 수 있다. 즉, 정상적으로 설계되고 시공된 콘크리트구조물이 오랜 기간 동안 노후가 진행되더라도, 콘크리트의 강도는 최소한 설계기준압축강도의 0.65배 이상이 되고, 철근의 부식이 진행되더라도 철근이 받을 수 있는 인장력은 설계기준항복강도와 철근 단면적을 곱한 값의 0.9배 이상이 된다는 의미가 있는 것이다.

한편, 초기에 허용응력설계법을 사용하던 미국의 ACI 318 Code는 1956년에 강도설계법을 부록에 채택하였고, 1963년에 강도설계법과 허용응력설계법을 모두 기준의 본문에 규정하였으며, 1971년에 강도설계법을 본문에 두고 허용응력설계법을 부록에 수록하였다. 강도설계법을 도입한 초창기에는 ACI 318 Code에서 강도설계법의 개념에 충실하게 강도만을 중심으로 설계하도록 하였다. 그러나 강도설계법의 채택으로 단면이 감소한 설계결과로서, 사용하중 상태에서 균열과 처짐이 과도하게 발생하는 경우가 종종 있었다. 따라서 설계에서 기준이 되는 하중상태를 계수하중 뿐만 아니라 사용하중에도 동등한 중요성을 부여하게 되었고, 두 단계 하중에 대한 설계를 하도록 규정하게 되었다. 물론 이러한 두 단계 하중에 대한 설계는 전통적 개념의 한계상태설계법에도 동일하게 적용되는 것인데, 미국의 구조공학자들에 의해서 구조물의 기능 또는 안전성을 지배하는 어떤 특별한 상태를 한계상태(limit state)라고 정의하고 이에 대한 성능을 검토하는 개념이 제시되었다. 즉, 한계상태(limit state)는 구조물 또는 부재가 그 사용목적의 요구조건들을 만족하지 못하는 상태를 말하는 것으로, 구조물이 한계상태를 넘으면 사용목적에 적합하지 않게 된다는 개념이다. 물론 이러한 개념은 한계상태라는 용어를 명시적으로 규정하지 않은 채 ACI 318 Code에서 적용해 오던 것이었지만, 1986년 미국의 강구조설계기준인 AISC-LRFD 초판[3.8]이 발행되면서 명시적으로 한계상태(limit state)라는 용어를 사용하였으므로, 이를 한계상태설계법이라고 부르는 경우가 생겼다. 이러한 개념을 한계상태설계법(limit state design)이라는 동일한 용어로 부르는 경우, 전통적 개념의 한계상태설계법과 혼동되는 것이다.

한계상태는 일반적으로 다음과 같이 구분된다.

- 극한한계상태(ultimate limit state)
  구조물 또는 부재가 파괴되는 상태 또는 파괴에 가까운 상태로서, 구조물로서의 기능을 상실하는 상태이며 사용자의 안전을 보장하지 못하는 위험상태이다. 즉, 이 상태는 구조물의 강도와 안전성에 관련된 한계상태인데, 전술한 바와 같이 전통적 개념의 한계상태설계법에서는 단면의 변형능력을 고려한 구조물의 최대내력(耐力)을 대상으로 하고 있으므로, 극한한계상태(ultimate limit state)라고 규정한다. 그러나 단면의 변형능력을 고려하지 않고 단면의 강도만을 기본 대상으로 하고 있는 강도설계법 또는 하중-저항계수설계법(LRFD)에서는 이 한계상태를 강도한계상태(strength limit state)라고 부르고 있다.
- 사용한계상태(serviceability limit state)
  정상적 사용 중에 구조적 기능, 사용자의 편의, 구조물의 외관에 관련된 사용요구성능을 만족시키지 못하는 한계상태이다. 즉, 처짐, 균열, 진동 등이 과대하게 발생해서 정상적으로 사용하기 어려운 상태를 말한다.
- 피로한계상태(fatigue limit state)
  규칙적으로 반복되는 하중에 의하여 부재를 구성하는 강재나 콘크리트가 파괴되는 상태, 즉 피로파괴가 발생하는 상태를 말한다.

또, 구조물의 특성에 따라 화재한계상태(fire limit state)나 충돌한계상태(collision limit state)를 추가 정의하기도 한다. 충돌한계상태는 해상 교량이나 하상 교량의 경우에 선박충돌을, 도심지 교량의 경우에는 차량에 의한 충돌을 대상으로 한다.

3.1.4 신뢰도기반 설계기준

신뢰도기반 설계기준은 구조물의 파괴확률과 연성 및 취성 거동을 고려한 신뢰도 지수(reliability index)의 선정으로 안전계수, 즉 하중계수와 저항계수를 결정한 설계기준을 말한다.

구조물에 작용하는 하중과 구조물을 구성하는 요소들은 확률변수(random variable)로 볼 수 있다. 확률변수는 동일한 조건 하에서 실행한 실험이나 작용의 결과가 항상 동일한 값을 갖지 않고 대푯값을 중심으로 이산성을 나타내는 변수를 말한다. 이 변수들은 모든 하중과 재료강도와 부재 치수 등을 포함한다. 이들을 간단히 하중과 저항(강도)으로 구분하면, 그림 3-1(a)와 (b)와 같은 하중과 저항의 도수곡선(度數曲線, frequency curve, 빈도곡선)으로 나타낼 수 있다. 그림 3-1(a)의 하중 도수곡선에서 하중 L_1과 하중 L_2사이의 면적은 $L_1 < L < L_2$의 크기를 가지는 하중 L이 발생할 확률을 나타낸다. 설계에 사용되는 하중 L_d로는 구조물에 작용하는 평균하중(mean load) $\bar{L}$보다 상당히 큰 값을 선정하므

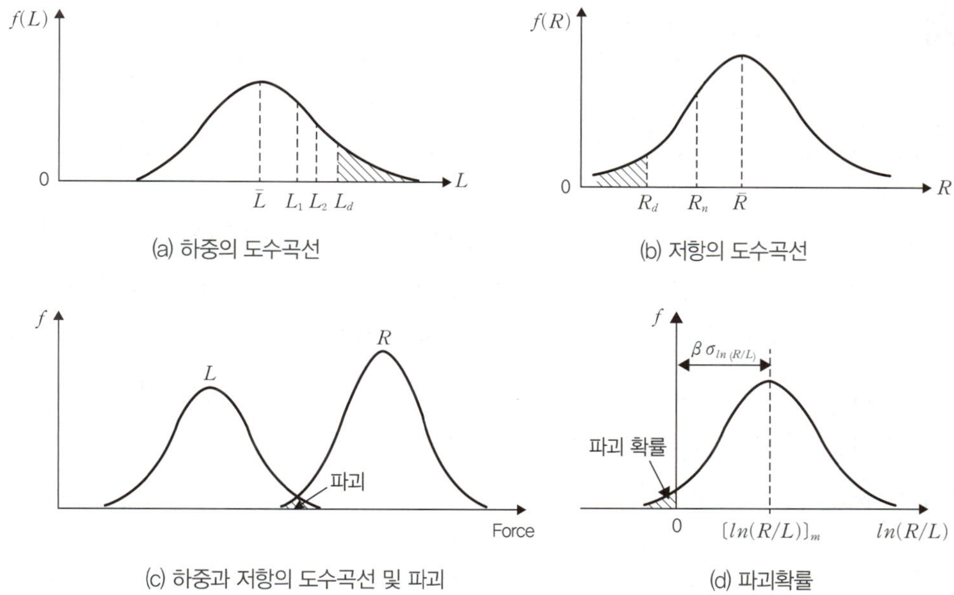

| 그림 3-1 | 하중과 저항의 도수곡선 및 파괴확률

로, 그림 3-1(a)와 같이 분포곡선의 상위구역(上位區域)에서 택하게 된다. 따라서 L_d보다 큰 하중이 작용할 확률은 L_d의 오른쪽에 빗금 친 부분의 면적과 같다.

구조물의 저항(강도) 역시 그림 3-1(b)와 같은 확률밀도 함수(probability density function)를 가지는 확률변수로 볼 수 있다. 여기서 $\bar{R}$은 통계학적으로 구한 평균 강도이고, R_n은 공칭강도, R_d은 설계강도이다.

하중과 저항의 확률밀도 함수를 하나의 그림으로 표현한 그림 3-1(c)에서, 저항 R이 하중작용 L보다 작을 때를 파괴라고 할 수 있다. 하중과 저항의 확률밀도 함수가 정규분포(normal distribution)를 보이면, 다음과 같이 정의되는 확률변수(안전율) Z가 0보다 작은 경우가 파괴이며, 이때의 확률이 파괴확률(probability of failure)이다.

$$Z = R - L \tag{3·8}$$

하중과 저항의 확률밀도 함수가 로그를 취했을 때 정규분포가 되는 대수정규분포(lognormal distribution)를 보이면, 다음과 같이 정의되는 확률변수(안전율) Z가 1보다 작은 경우가 파괴이며, 이때의 확률이 파괴확률(probability of failure)이다.

$$Z = \frac{R}{L} \tag{3·9}$$

표 3-2 파괴확률과 신뢰도 지수의 관계

파괴확률 P_f	$1/10^1$	$1/10^2$	$1/10^3$	$1/10^4$	$1/10^5$	$1/10^6$	$1/10^7$
신뢰도 지수 β	1.28	2.32	3.09	3.72	4.27	4.75	5.20

일반적으로 하중과 저항은 대수정규분포를 보이는 경우가 많은데, 대수정규분포의 확률변수 Z에 대하여 로그를 취하면, 그림 3-1(d)에서 값이 음수가 되는 빗금 친 부분의 면적이 파괴확률을 나타낸다. 여기서 로그를 취한 Z의 평균값은 표준편차 $\sigma_{ln(R/L)}$에 β를 곱한 값으로 표현될 수 있는데, β를 구조물의 신뢰도 지수(reliability index)라고 한다. 파괴확률 P_f와 신뢰도 지수 β와의 관계는 표 3-2와 같다. 여기서 하중과 저항에 각각 계수 γ_R과 γ_L을 곱하면, 다음 식들로 계산되는 안전율이 달라지고, 따라서 파괴확률 P_f와 신뢰도 지수 β도 달라진다.

$$Z = \gamma_R R - \gamma_L L \tag{3·10}$$

$$Z = \frac{\gamma_R R}{\gamma_L L} \tag{3·11}$$

설계기준에서는 목표 파괴확률 P_f와 신뢰도 지수 β를 선정하고, 이 값들을 얻도록 계수 γ_R과 γ_L을 결정하는데, γ_L은 하중에 적용하는 1보다 큰 부분안전계수(partial safety factor)로서 하중계수(load factor)이고, γ_s는 저항(강도)에 적용하는 1보다 작은 부분안전계수로서 저항계수(강도감소계수)이다. 일반적으로 구조물 설계기준에서는 신뢰도 지수 β가 3~4의 범위를 갖도록 하는데, 하중계수가 결정된 후에 저항계수를 결정하는 과정에서 파괴거동에 따라 신뢰도 지수 β의 값을 달리 선택하여 저항계수를 조절할 수 있다. 즉, 일반적으로 연성거동을 보이는 거동에는 β가 3~3.5의 범위를 갖도록 하고, 취성거동을 보이는 거동에는 β가 3.5~4의 범위를 갖도록 하는 것이다.

이와 같이 구조물의 파괴확률과 연성 및 취성 거동을 고려한 신뢰도 지수의 선정으로 안전계수, 즉 하중계수와 저항계수를 결정한 설계기준을 신뢰도기반 설계기준이라고 한다. 구조물을 안전하고 합리적으로 설계하기 위한 신뢰도기반 설계기준은 신뢰할 수 있는 수준의 정확도로 파괴확률을 분석하는 것이 매우 중요하다. 따라서 신뢰할만한 확률밀도 함수를 제공하기 위한 하중 분포와 저항(강도) 분포에 대한 통계자료가 필수적이다. 하중 분포와 저항(강도) 분포에 대한 통계자료가 불충분한 상태에서는 이를 가정하여 안전계수를 결정할 수밖에 없는데, 이는 구조물의 안전에 매우 불확실한 설계결과를 제공할 수 있다. 따라서 대부분의 구조설계기준은 기본적인 신뢰도 분석결과와 경험적인 지식에 근거하여 반 경험적 방법으로 안전계수를 결정하고 있다.

또, 콘크리트 구조물의 설계기준에서는 구조물의 파괴확률만을 고려하여 하중계수를 결정할 수는 없으므로, 대부분의 설계기준은 경험적 지식에 기반을 두고 하중조합과 하중계수를 결정한다. 예를 들면 기본적인 하중인 고정하중 D와 활하중 L 만을 고려한 하중조합은 콘크리트구조설계기준[3.1]의 경우 다음과 같다.

$$U = 1.4\,D \tag{3·12}$$

$$U = 1.2\,D + 1.6\,L \tag{3·13}$$

파괴확률을 고려하여 결정된 하중조합인 식 (3·13)에서 고정하중 D와 활하중 L이 작용할 때 하중계수는 각각 1.2와 1.6인데, 활하중이 거의 없고 고정하중이 대부분인 구조물의 경우 계수하중은 약 $1.2D$와 같을 것이다. 이 하중조합으로만 설계한다면 계수하중이 사용하중의 1.2배밖에 안되도록 설계하게 되는데, 이는 사용하중이 극한하중의 1/1.2배, 즉 0.83배의 수준으로 설계하게 됨을 의미한다. 이 정도로 높은 사용하중 수준에서는 균열이나 처짐 등 사용성을 만족하지 못하게 되는 것이 일반적이다.

따라서 식 (3·12)와 같이, 사용하중이 극한하중의 1/1.4배, 즉 0.71배 이하의 수준으로 설계하도록 하는 하중조합을 추가하여 사용성을 확보하도록 한 것이다. 결국, 설계기준의 하중조합은 파괴확률만을 고려하는 것이 아니라고 할 수 있으며, 구조거동 및 성능을 고려하여 경험적으로 하중계수와 하중조합을 결정하는 것이 일반적이다.

3.1.5 성능기반 설계기준

최근에는 현재까지 사용하고 있는 사양기반 설계기준(prescriptive design code)에 대응되는 개념으로 성능기반 설계기준(performance based design code)이 제시되었다. 성능기반 설계기준은 원래 내진설계기준의 한 형태로서 제시된 것으로, 사양기반 설계기준으로는 반영할 수 없는 사항을 고려한 것이다. 즉, 사양기반 설계기준은 구조물의 성능 검증(performance verification)에 있어서 설계기준이 규정하고 있는 강도해석방법이나 강도산정 수식을 규정하여, 이를 적용하는 방법으로만 성능 해석을 수행하도록 하는 설계기준을 말한다. 그러나 새로운 재료를 적용하거나 새로운 구조 형식을 적용하고자 할 때, 또 기존의 재료를 사용한 일반적인 구조 형식이더라도 특별한 하중조건이나 환경조건을 가지고 있는 경우 등에는 기존의 설계기준이 규정하고 있는 강도해석방법이나 강도산정 수식이 충분하지 않은 경우가 발생할 수 있다. 특히 내진설계에 있어서는 설계지진가속도에 대하여 구조물이 붕괴되지 않도록 설계하는 기존의 내진설계개념을 더욱 발전시켜서, 지진동의 수준에 따라 구조물이 보유해야 할 성능을 규정하고 이를 검증하는 설계개념이 제시되고 있다. 예를 들면, 매우 자주 발생하는 약한 수준의 지진에 대해서는 눈에 띄는 손상이 발생하지 않도록 하며, 가끔 발생하는 중간 수준의 지진에 대해서는 구조적으로 문제가 될 만한 손상이 발생하지 않도록 하고, 드물게 발생하는 높은 수준의 지진에 대해서는 교체가 가능한 부속품의 파괴나 복구와 보수가 가능한 정도의 파괴까지 허용하며, 매우 드물게 발생하는 매우 높은 수준의 지진에 대해서는 복구와 보수가 가능하지 않은 정도의 파괴가 발생하더라도 구조물이 붕괴되지 않도록 설계하는 것이다. 즉, 조건에 따라 구조물이 보유해야 할 성능 조건을 규정하고, 그 성능을 발휘할 수 있도록 설계하고 이를 검증(verification)하는 것을 성능기반 설계라고 하며, 이런 형태로 규정하는 설계기준을 성능기반 설계기준이라고 한다. 그러나 성능기반 설계가 실행된 사례가 있기는 하지만, 성능의 검증방법에 매우 높은 수준의 공학적 지식을 필요로 하므로 일반적으로 널리 적용되지는 못하고 있으며, 계속 연구 제안되고 있는 상황이다.

3.2 설계법과 설계기준에 따른 안전계수

3.2.1 강도설계법 설계기준의 하중계수와 강도감소계수

강도설계법의 설계기준들[3.1~3.4]은 하중과 부재강도의 통계결과와 경험적 지식을 기반으로 하중계수와 강도감소계수를 규정하고 있다. 특히, 하중계수는 건물, 교량, 철도 및 도시철도(지하철), 수처리 구조물, 항만시설, 원자력발전소 구조물 등 구조물의 용도와 특성에 따라 작용하는 하중의 종류와 크기 및 변동성을 고려한다.

콘크리트구조설계기준[3.1]은 하중조합과 하중계수를 다음과 같이 규정하고 있다.

$$U = 1.4(D+F) \tag{3·14}$$

$$U = 1.2(D+F+T)+1.6(L+\alpha_H H_v+H_h)+0.5(L_r \text{ 또는 } S \text{ 또는 } R) \tag{3·15}$$

$$U = 1.2\,D+1.6(L_r \text{ 또는 } S \text{ 또는 } R)+(1.0\,L \text{ 또는 } 0.65\,W) \tag{3·16}$$

$$U = 1.2\,D+1.3\,W+1.0\,L+0.5(L_r \text{ 또는 } S \text{ 또는 } R) \tag{3·17}$$

$$U = 1.2(D+H_v)+1.0\,E+1.0\,L+0.2\,S+(1.0\,H_h \text{ 또는 } 0.5\,H_h) \tag{3·18}$$

$$U = 1.2(D+F+T)+1.6(L+\alpha_H H_v)+0.8\,H_h+0.5(L_r \text{ 또는 } S \text{ 또는 } R) \tag{3·19}$$

$$U = 0.9(D+H_v)+1.3\,W+(1.6\,H_h \text{ 또는 } 0.8\,H_h) \tag{3·20}$$

$$U = 0.9(D+H_v)+1.0\,E+(1.0\,H_h \text{ 또는 } 0.5\,H_h) \tag{3·21}$$

여기서 U : 소요강도

D : 고정하중(사하중) 또는 이에 의해 발생하는 단면력

F : 유체의 중량 및 압력 또는 이에 의해 발생하는 단면력

T : 온도, 크리프, 수축 및 부등침하의 영향 등에 의해 발생하는 단면력

L : 활하중 또는 이에 의해 발생하는 단면력

H_v : 흙, 지하수 또는 기타 재료의 자중에 의한 연직방향 하중 또는 이에 의해 발생하는 단면력

H_h : 흙, 지하수 또는 기타 재료의 횡압력에 의한 수평방향 하중, 또는 이에 의해 발생하는 단면력

L_r : 지붕 활하중 또는 이에 의해 발생하는 단면력

S : 적설하중 또는 이에 의해 발생하는 단면력

R : 강우하중 또는 이에 의해 발생하는 단면력

W : 풍하중 또는 이에 의해 발생하는 단면력

E : 지진하중 또는 이에 의해 발생하는 단면력

α_H : 토피의 두께 h에 따른 연직방향 하중 H_v에 대한 보정계수

$h \leq 2\,m$에 대하여 $\alpha_H = 1.0$

$h > 2\,m$에 대하여 $\alpha_H = 1.05 - 0.025h > 0.875$

이 하중조합과 하중계수는, 미국에서 각기 다른 값과 조합을 적용하던 콘크리트구조와 강구조에 대하여 이를 통일하도록 미국토목학회에서 발간한 ASCE/SEI 7-98[3.9]의 하중조합과 하중계수를 기본적으로 참조하고, 고정하중, 토압, 풍하중 및 지진하중의 조합에 대한 국내 전문가들의 의견을 반영한 것이다.

연직방향 하중 H_v에 대한 보정계수 α_H는 토목분야와 건축분야의 경험을 합리적으로 반영하기 위하여 도입된 보정계수이다. 지하구조물에서 토피가 두꺼운 경우에는 흙의 무게의 변동성이 작고 아치작용에 의한 저항 등으로 연직방향 하중 H_v에 대한 하중계수가 클 필요는 없다. 그러나 토피의 두께가 작은 경우에, 특히 설계 당시의 계획과 실제 시공에서의 현장상황 변화로 인하여 토피의 두께가 변할 가능성이 있는 경우에는 흙의 무게의 변동성이 크므로 연직방향 하중 H_v에 대한 하중계수가 클 필요가 있다. 따라서 토피의 두께가 $2\,m$ 이하인 경우에는 α_H의 값을 1.0으로 하여 연직방향 하중 H_v에 대한 하중계수가 1.6이 되도록 하고, 토피의 두께가 $7\,m$ 이하인 경우에는 α_H의 값을 0.875로 하여 연직방향 하중 H_v에 대한 하중계수가 1.4가 되도록 한 것이다. 토피의 두께가 $7\,m$와 $2\,m$ 사이인 경우에는 수식에 따라 α_H의 값이 0.875~1.0 사이의 값이 되어, H_v에 대한 하중계수는 1.4~1.6 사이의 값을 갖게 된다.

이와 같이 연직방향 토압에 대한 하중계수가 토피의 두께에 따라 다른 값을 사용하는 또 하나의 설계기준으로는 캐나다의 콘크리트구조설계기준 CSA[3.7]를 들 수 있다. 캐나다의 CSA[3.7]는 콘크리트구조

설계기준과 동일한 개념으로, 토피 두께가 1.2 m 이하인 경우에는 1.5의 하중계수를, 2.4 m 이상인 경우에는 1.25의 하중계수를 적용하고, 그 사이에는 선형으로 비례하는 값을 연직방향 토압에 대한 하중계수로 하고 있다.

내진설계에서는 설계지진을 1,000년이나 2,400년 등의 재현주기로 표현하므로, 지진하중에 대한 하중계수는 1.0을 사용한다.

한편, 콘크리트구조설계기준은 하중조합의 고려 사항을 다음과 같이 규정하고 있다.

① 차고, 공공의 집회장소 및 L이 5.0 kN/m^2 이상인 모든 장소 이외에는 식 (3·16), 식 (3·17) 및 식 (3·18)에서 활하중 L에 대한 하중계수를 0.5로 감소시킬 수 있다.

② 구조물에 충격의 영향이 가해지는 경우에는 활하중 L을 충격효과 I가 포함된 $(L+I)$로 대체하여야 한다.

③ 부등침하, 크리프, 수축, 팽창콘크리트의 팽창량 및 온도변화는 사용구조물의 실제적 상황을 고려하여 계산하여야 한다.

④ 포스트텐션 정착부의 설계에 있어서, 프리스트레싱 강재의 최대 긴장력에 대하여 하중계수 1.2를 적용하여야 한다.

ACI 318 Code[3.3]는 연직방향 토압에 대한 하중계수 외에는 콘크리트구조설계기준의 하중계수 및 하중조합과 매우 유사하다. ACI 318 Code는 토피의 두께를 고려하지 않고, 연직방향 토압을 수평방향 토압과 동일하게 취급하여 1.6으로 동일한 하중계수를 적용한다.

AASHTO-LRFD[3.4]는 미국 교량의 특성이 반영된 하중계수 및 하중조합과 저항계수가 규정되어 있다. 기본적으로는 고정하중에 1.25, 활하중에 1.75의 하중계수를 적용하지만, 다른 하중과의 조합에 따라 각기 다른 값이 규정되어 있다. 고정하중 이외에 교량에 작용하는 영구하중(permanent load)에는 그 특성에 따라 0.25~1.5의 하중계수를 적용한다. 영구하중(permanent load)은 자중과 추가고정하중 외에 지점부 상부구조가 위쪽으로 뜨지 못하도록 잡아주는 구조요소의 부반력, 완공 후 추가될지 모르는 상황을 고려한 덧씌우기 포장의 중량, 수평 및 연직 토압 등이 포함된다. 이러한 내용은 교량설계기준(한계상태설계법)[3.5]의 내용과 유사하다.

사용성 검증에 적용하는 사용하중조합은 고정하중과 활하중에 1.0의 하중계수를 적용한 하중조합을 기본으로 하고 있으나, 장기 처짐과 프리스트레스트 콘크리트의 응력은 지속하중조합에 대하여 검증한다. 이에 대하여는 6장 6.1절에서 자세히 다룬다.

강도감소계수(저항계수)는 구조물 별로 규정된 하중계수와 하중조합으로 결정된 계수하중에 대하여, 휨, 전단 및 비틀림, 인장 및 압축 등의 부재강도 변동특성과 연성파괴 보장을 고려하여 결정한 것으로, 콘크리트구조설계기준[3.1]은 표 3-3과 같이 규정하고 있다.

표 3-3 콘크리트구조설계기준의 강도감소계수

부재, 단면 또는 단면력의 종류		강도감소계수 ϕ
인장지배단면		0.85
변화구간단면	나선철근 부재	0.70과 0.85 사이에서 직선보간 한 값
	그 이외의 부재	0.65와 0.85 사이에서 직선보간 한 값
압축지배단면	나선철근 부재	0.70
	그 이외의 부재	0.65
전단력과 비틀림모멘트		0.75
콘크리트의 지압력 (포스트텐션 정착부나 스트럿-타이모델은 제외)		0.65
포스트텐션 정착구역		0.85
스트럿-타이모델과 그 모델에서 스트럿, 타이, 절점부 및 지압부		0.75
긴장재 묻힘 길이가 정착 길이보다 작은 프리텐션 부재의 휨단면	부재의 단부에서 절단길이 단부까지	0.75
	전달길이 단부에서 정착길이 단부사이	0.75에서 0.85까지 선형적으로 증가시킨 값
무근콘크리트의 휨모멘트, 압축력, 전단력, 지압력		0.55

ACI 318 Code[3.3]의 강도감소계수는, 인장지배단면에 대한 강도감소계수, 나선철근 부재의 압축지배단면에 대한 강도감소계수, 무근콘크리트의 휨모멘트, 압축력, 전단력, 지압력에 대한 강도감소계수가 콘크리트구조설계기준의 값보다 각각 0.05씩 큰 것 외에는 콘크리트구조설계기준과 동일한 값이 규정되어 있다.

AASHTO-LRFD[3.4]의 저항계수(강도감소계수)는 대체적으로 ACI 318 Code와 유사하지만, 일반적인 공법의 부재와 조립식 부재를 구분하여 저항계수를 규정하고, 전단 및 비틀림에 있어서 보통중량콘크리트와 경량콘크리트를 구분하여 저항계수를 규정하며, 압축부재에 있어서 나선철근 부재와 띠철근 부재를 구분하지 않고 같은 값의 저항계수를 사용하도록 규정한 것이 특징이다. 또, 인장지배 휨부재의 경우 철근콘크리트에는 0.9를, 완전긴장 프리스트레스 콘크리트 부재에는 1.0을, 부분긴장 프리스트레스 콘크리트 부재에는 부분긴장비율(PPR)을 고려하여 그 사이 값을 적용한다.

3.2.2 한계상태설계법 설계기준에 따른 설계 및 안전계수

한계상태설계법의 설계기준에서도 하중수준을 크게 두 단계로 나누어, 극한한계상태와 사용한계상태로 구분한다. 그러나 한계상태설계법의 설계기준은 특히 사용한계상태에 대하여 강도설계법의 설계기준보다 다소 복잡하고 세분화된 하중계수와 하중조합을 규정하고 있다. 이 절은 한계상태설계법의 대표적인 설계기준인 유로코드를 대상으로 하여, 설계의 기본개념과 하중계수와 하중조합을 규정하는 Eurocode[3.10](간혹 'Eurocode 0'라고 부른다)와 각 하중의 산정방법을 규정하는 Eurocode 1,[3.11] 콘크리트 구조에 대한 설계기준으로 재료부분안전계수를 규정하는 Eurocode 2[3.6]의 주요내용을 소개하고, 교량설계기준(한계상태설계법)[3.5]의 하중조합을 소개한다.

[1] 하중작용

구조물 설계는 구조물에 외력으로 작용하는 힘, 즉 하중에 의하여 구조물이 파괴되거나 큰 변형이 발생하지 않도록 계획하고 검증하는 작업이며, 또한 온도변화나 수축 등과 같은 재료특성이나 환경조건에 따라 구조물에 가해지는 힘에 의하여 구조물이 파괴되거나 큰 변형이 발생하지 않도록 계획하고 검증하는 작업이다.

이 두 가지 항목에 대하여, 강도설계법의 설계기준에서는 외력으로 작용하는 힘을 하중(load)이라고 하며, 하중에 의하여 발생된 결과를 하중효과(load effect)라고 한다. 또한, 환경조건이나 재료특성에 의하여 발생된 결과도 역시 하중효과(load effect)로 표현한다. 따라서 일반적으로 많이 사용해 온 용어인 '온도하중'이라는 표현은, '온도변화에 의한 변형이 구조물의 외부 또는 내부에 존재하는 요인에 의하여 구속되어 충분히 발생하지 못함으로써, 마치 힘이 가해지는 것과 같은 결과가 된 현상'이라는 의미로 간단하게 '온도변화에 의한 하중효과'라고 하는 것이 정확한 표현이다.

한계상태설계법 설계기준에서는 강도설계법 설계기준에서 하중효과(load effect)라고 표현한 것을 'action'이라고 표현한다. 우리말로 의미를 정확히 전달하기 위하여 'action'을 '하중작용'이라고 한다면, 한계상태설계법 설계기준에서는 '하중작용'을 유발하는 요인을 기준으로 하여 다음과 같이 직접하중작용과 간접하중작용으로 분류한다.

- **직접하중작용**(direct action)
  외부에서 가해지는 하중으로 인하여 변형과 단면력이 발생하는 하중작용
- **간접하중작용**(indirect action)
  온도, 수축, 부등침하 등에 의하여 변형과 단면력이 발생하는 하중작용

하중작용과 구조물 거동에 시간 변수의 포함여부에 따라서는 다음과 같이 정적하중작용과 동적하중작용으로 분류한다.

- **정적하중작용**(static action)
  정적하중에 의하여 구조물에 변형과 단면력이 발생하는 하중작용
- **동적하중작용**(dynamic action)
  동적하중에 의하여 구조물에 변형과 단면력이 발생하는 하중작용

또 다른 하중작용의 구분으로, 시간에 따른 변동특성을 기준으로 하여, '영구하중작용(permanent action)', '변동하중작용(variable action)', '극단상황하중작용(accidental action)'으로 분류한다. 교량설계기준(한계상태설계법)[3.5]에서는 '하중'이라는 표현을 사용해 왔던 국내 상황을 고려하여, 위와 같은 하중작용을 유발하는 하중을 다음과 같이 '영구하중', '변동하중', '극단상황하중'으로 분류한다.

- **영구하중**(permanent action/load)
  자중, 추가고정하중, 토압, 간접하중작용 등과 같이 구조 물의 수명동안 영구히 작용하는 하중으로 변동성이 크지 않은 하중
- **변동하중**(variable action/load)
  활하중, 풍하중, 적설하중 등과 같이 구조물의 수명동안 주기적 또는 간헐적으로 작용하는 하중으로 변동성이 큰 하중
- **극단상황하중**(accidental action/load)
  차량이나 선박의 충돌, 폭발 등의 사고와 지진과 같이 극단적 상황에서 작용하는 하중

[2] 설계상황

Eurocode는 설계상황(design situation)을 다음과 같이 네 가지로 구분하고, 각 설계상황에 대한 하중계수와 하중조합을 규정하고 있다.

- **정상설계상황**(persistent design situation)
  구조물의 수명동안 사용하는 상태에 대한 설계상황
- **임시설계상황**(transient design situation)
  시공 중 또는 보수 중과 같이 임시상태에 대한 설계상황
- **극단설계상황**(accidental design situation)
  화재, 폭발, 충돌 등과 같은 사고로 인한 극단 상태에 대한 설계상황
- **지진설계상황**(seismic design situation)
  지진에 의한 구조물의 붕괴 방지를 목적으로 하는 설계상황

[3] 극한한계상태의 분류

Eurocode는 극한한계상태(ultimate limit state)를 다음과 같이 네 가지로 구분하고, 각각의 극한한계상태에 대하여 하중계수와 하중조합을 규정하고 있다.

- EQU : 강체(rigid body)로 설계되는 구조물 또는 구조부재가 정적 평형, 즉 안정을 상실하는 극한한계상태
- STR : 구조물 또는 구조부재가 파괴되거나 과도한 변형이 발생하는 극한한계상태

- GEO : 지반이 파괴되거나 과도한 변형이 발생하는 극한한계상태
- FAT : 피로(fatigue)에 의하여 구조물 또는 구조부재가 파괴되는 극한한계상태

[4] 하중 특성값 및 하중계수

하중 특성값(characteristic value)은 설계의 기준이 되는 설계표준하중의 의미를 갖는다. 하중 특성값은 그보다 높은 하중이 가해질 확률이 매우 작은 높은 수준의 하중으로서, 하중 크기의 통계자료를 기초로 결정하지만 통계자료가 없는 경우에는 경험적으로 선정된 공칭값으로 규정한다. 하중 특성값을 나타내는 기호는 하중의 종류를 나타내는 기호에 아래첨자 k 또는 d를 추가하여 나타낸다.

영구하중의 특성값은 하중의 변동폭이 큰 경우에는 95% 백분율의 상한 값 $G_{k,sup}$와 5% 백분율의 하한 값 $G_{k,inf}$로 구분하여 나타낸다. 하중의 변동폭이 작은 경우에는 하나의 값 G_k로 나타낸다. 구조물(STR) 극한한계상태에 대한 설계에서, 영구하중의 값이 클수록 구조물의 안전에 불리한 경우에는 하중계수로 1.35를 적용하며, 영구하중의 값이 클수록 구조물의 안전에 유리한 경우에는 하중계수로 1.0을 적용한다.

변동하중의 특성값은 Q_k로 나타내며, 강체구조 안정(EQU)과 구조물 안전(STR)의 극한한계상태에 대하여 1.5의 하중계수를 적용한다.

따라서 영구하중에 따라 유리한 경우와 불리한 경우로 나누어, 극한한계상태에 대해서 다음의 하중조합을 적용한다.

$$E_d = 1.35\,G_k + 1.5\,Q_k \tag{3·22}$$

$$E_d = 1.0\,G_k + 1.5\,Q_k \tag{3·23}$$

이 하중계수 1.0, 1.35, 1.5는 기본값으로 규정된 값이지만, 각 국가의 상황에 따라 국가추가규정(national annex)에서 규정한다면 이와 다른 값을 사용할 수 있도록 하고 있다.

프리스트레싱 힘은 영구하중으로 취급하며, 아래첨자 없이 P로 나타낸다.

구조물을 극한한계상태가 되도록 하는 하중에는 영구하중과 변동하중 외에 충돌, 폭발, 지진 등과 같은 극단상황하중이 포함된다. 극단상황하중의 특성값은 각각의 사건(event)이 발생할 확률을 고려하여 500년 또는 1,000년 등 재현주기에 따른 하중의 크기로 결정하므로 하중계수는 1.0을 적용하며, 아래첨자를 d(design)로 하여 A_d로 나타낸다.

[5] 변동하중의 대푯값 및 부분안전계수

설계에서는 변동하중의 특성값 Q_k 이외에 변동하중의 대푯값(representative value)이 같이 사용된다. 변동하중의 대푯값은 변동하중의 특성값에 1보다 작은 값의 부분안전계수를 곱하여 결정하며, 다음과 같이 세 가지로 구분한다.

- 조합값(combination value, 조합하중) : $\psi_0 Q_k$

  구조물에 여러 종류의 변동하중이 동시에 작용할 때는 모든 변동하중이 최댓값으로 작용할 확률은 극히 작다. 따라서 여러 변동하중을 조합할 때에는 구조물에 가장 큰 영향을 주는 주변동하중(principal load)에 대하여는 특성값을 그대로 설계에 반영하고, 그 외의 변동하중은 1.0보다 작은 값의 부분안전계수 ψ_0를 곱한 조합값 $\psi_0 Q_k$를 하중조합에 포함한다. 이 조합값은 정상설계상황(persistent design situation)과 임시설계상황(transient design situation)에서 극한한계상태의 하중조합에 사용되며, 또한 회복불능(irreversible) 사용한계상태의 검증으로서 영구하중에 변동하중이 추가된 특성하중조합(characteristic combination)에서 콘크리트에 작용하는 압축응력의 한계상태 검증에 사용된다.

- 주기값(frequent value, 주기하중) : $\psi_1 Q_k$

  화재, 폭발, 충돌 등과 같은 사고가 발생할 때, 구조물에 작용하는 변동하중들이 최댓값 상태일 확률은 크지 않다. 따라서 극단상황하중이 작용할 때 동시에 작용하는 주변동하중의 특성값에 1.0보다 작은 값의 부분안전계수 ψ_1을 곱한 주기값 $\psi_1 Q_k$를 하중조합에 포함한다. 주변동하중 외의 변동하중은 다음에 소개하는 준영구값 $\psi_2 Q_k$를 하중조합에 포함한다. 주기하중은 구조물 설계수명의 10% 기간 동안 작용하는 하중수준으로서, 극단설계상황(accidental design situation)에서 극한한계상태의 하중조합에 주변동하중의 주기값으로 사용된다. 또한 정상설계상황(persistent design situation)에서의 회복가능(reversible) 사용한계상태의 검증으로서, 영구하중에 변동하중이 추가된 주기하중조합(frequent combination)에서 부착 긴장재의 프리스트레스트 콘크리트에 발생하는 균열의 한계상태 검증에 사용된다.

- 준영구값(quasi-permanent value, 준영구하중) : $\psi_2 Q_k$

  콘크리트 구조물은 콘크리트의 크리프에 의하여 시간경과에 따른 변화가 발생한다. 이 장기거동에 영향을 주는 하중상태는 잠시 가해지는 변동하중이 아니라 구조물에 영구히 작용하는 영구하중이다. 그러나 도서관 서고에 보관되는 책장이나 책의 무게 등은 변동하중이더라도 하중의 특성 상 오랜 기간에 걸쳐 작용한다. 따라서 이러한 경우에는, 변동하중의 일부가 마치 영구하중인 것처럼 작용하므로 준영구값(quasi-permanent value)이라고 한다. 준영구하중은 구조물 설계수명의 50% 기간 동안 작용하는 하중수준으로, 변동하중의 특성값에 ψ_1보다 더 작은 값의 부분안전계수 ψ_2를 곱한 $\psi_2 Q_k$로 표현한다. 준영구하중은 회복가능(reversible) 사용한계상태의 검증으로서, 영구하

표 3-4 Eurocode의 건축구조에 대한 부분안전 하중계수의 기본값[3.10]

Action	ψ_0	ψ_1	ψ_2
Imposed loads in buildings, category(see EN 1991-1-1)			
Category A : domestic, residential areas	0.7	0.5	0.3
Category B : office areas	0.7	0.5	0.3
Category C : congregation areas	0.7	0.7	0.6
Category D : shopping areas	0.7	0.7	0.6
Category E : storage areas	1.0	0.9	0.8
Category F : traffic areas, vehicle weight ≤ 30 kN	0.7	0.7	0.6
Category G : traffic area, 30 kN ≤ vehicle weight ≤ 160 kN	0.7	0.5	0.3
Category H : roofs	0	0	0
Snow loads on buildings(see EN 1991-1-3)*			
Finland, Iceland, Norway, Sweden	0.7	0.5	0.2
Remainder of CEN Member States, for sites located at altitude H > 1000 m a.s.l.	0.7	0.5	0.2
Remainder of CEN Member States, for sites located at altitude H = 1000 m a.s.l.	0.5	0.2	0
Wind loads on buildings(see EN 1991-1-4)	0.6	0.2	0
Temperature(non-fire) in buildings(see EN 1991-1-5)	0.6	0.5	0

NOTE The ψ values may be set by the National annex.

* For countries not mentioned below, see relevant local conditions.

표 3-5 Eurocode의 도로교에 대한 부분안전 하중계수의 기본값[3.10]

Action	Symbol		ψ_0	ψ_1	ψ_2
Traffic loads (see EN 1991-2, Table 4.4)	gr1a (LM1+pedestrian or cycle-track loads)	TS	0.75	0.75	0
		UDL	0.40	0.40	0
		Pedestrian + cycle-track loads	0.40	0.40	0
	gr1b(Single axle)		0	0.75	0
	gr2(Horizontal forces)		0	0	0
	gr3(Pedestrian loads)		0	0	0
	gr4(LM4 - Crowd loading)		0	0.75	0
	gr5(LM3 - Special vehicles)		0	0	0
Wind forces	F_{Wk}				
	- Persistent design situations		0.6	0.2	0
	- Execution		0.8	–	0
	F_W^*		1.0	–	–
Thermal actions	T_k		0.6	0.6	0.5
Snow loads	$Q_{Sn,k}$(during execution)		0.8	–	–
Construction loads	Q_c		1.0	–	1.0

중에 장기적인 변동하중이 추가된 준영구하중조합(quasi-permanent combination)에서 구조물의 처짐 한계상태 검증, 철근콘크리트와 비부착 긴장재의 프리스트레스트 콘크리트에 대한 균열의 한계상태 검증, 비선형 크리프를 제한하기 위한 콘크리트의 압축응력 한계상태 검증에 사용된다. 또 이 준영구값은 극단설계상황(accidental design situation)에 대한 극한한계상태의 하중조합에서 주변동하중 이외의 변동하중에 대한 준영구값으로 사용된다.

이와 같이 변동하중의 세 가지 대푯값을 결정하기 위한 부분안전계수의 값은 각 국가의 상황에 따라 국가추가규정(national annex)으로 정하도록 하고 있다. 그러나 국가추가규정을 제정할만한 통계자료나 참고자료가 없는 경우에는 표 3-4와 표 3-5와 같은 기본 값을 제시하고 있다. 표 3-4는 건축구조에 대한 부분안전 하중계수의 기본값이며, 표 3-5는 도로교에 대한 부분안전 하중계수의 기본값으로, Eurocode[3.10]의 표를 그대로 나타낸 것이다.

[6] 극한한계상태에 대한 하중조합

Eurocode는 네 가지의 설계상황과 네 가지의 극한한계상태에 대하여 각기 다른 하중계수와 하중조합을 규정하고 있다. 여기서는 그 기본개념을 설명하기 위하여, 구조물의 극한한계상태(STR)에 대한 하중계수와 하중조합을 설명한다.

정상설계상황(persistent design situation)과 임시설계상황(transient design situation)에서 구조물의 극한한계상태 검증은 다음을 기본 하중조합으로 한다.

$$E_d = \sum_{j\geq 1} \gamma_{G,j} G_{k,j} + \gamma_p P + \gamma_{Q,1} Q_{k,1} + \sum_{i>1} \gamma_{Q,i} \psi_{o,i} Q_{k,i} \tag{3·24}$$

여기서 E_d : 하중작용의 영향(effect of action), 즉 소요강도

$\gamma_{G,j}$: j번째 영구하중 특성값에 적용하는 부분안전계수(하중계수)

$G_{k,j}$: 부재에 동시에 작용하는 영구하중 중 j번째의 하중 특성값(설계하중)

γ_p : 프리스트레싱 하중작용에 대한 부분안전계수(하중계수)

P : 프리스트레싱 하중작용

$\gamma_{Q,1}$: 주변동하중 특성값에 적용하는 부분안전계수(하중계수)

$Q_{k,1}$: 주변동하중(predominant variable load)의 특성값

$\gamma_{Q,i}\psi_{o,i}$: 주변동하중 외의 변동하중 $Q_{k,i}$에 적용하는 부분안전계수(하중계수)

$\gamma_{Q,i}$: 주변동하중 외의 변동하중 $Q_{k,i}$에 적용하는 기본 부분안전계수

$\psi_{o,i}$: 주변동하중 외의 변동하중 $Q_{k,i}$에 적용하는 보조 부분안전계수

$Q_{k,i}$: 부재에 동시에 작용하는 변동하중 중에서, 주된 변동하중을 제외한 나머지 변동하중 (non-predominant variable load)의 특성값(설계하중)

극단설계상황(accidental design situation)에서는 다음을 기본 하중조합으로 하며, 극단하중의 특성에 따라서는 주변동하중 $Q_{k,1}$에 $\psi_{1,1}$ 대신 $\psi_{2,1}$을 적용할 수 있다.

$$E_d = \sum_{j\geq 1} G_{k,j} + P + A_d + \psi_{1,1} Q_{k,1} + \sum_{i>1} \psi_{2,i} Q_{k,i} \tag{3·25}$$

여기서 A_d : 화재, 폭발, 충돌 등과 같은 사고로 인한 극단상태의 하중

지진설계상황(seismic design situation)에서는 다음을 기본 하중조합으로 한다.

$$E_d = \sum_{j\geq 1} G_{k,j} + P + A_{Ed} + \sum_{i\geq 1} \psi_{2,i} Q_{k,i} \tag{3·26}$$

여기서 A_{Ed} : 지진으로 인한 극단상태의 하중

이들의 하중조합에서 프리스트레싱에 의한 하중작용 P는 11장에서 다루는 연속보와 같은 부정정 구조물인 경우에 작용하게 되므로, 프리스트레싱에 의한 반력의 영향이 발생하지 않는 경우에는 고려할 필요가 없다.

Eurocode의 하중계수 기본값을 적용한 하중조합을 다음의 예로 설명하고자 한다. 여기서는 기본개념을 설명하기 위하여 한 가지의 영구하중과 두 가지의 변동하중이 작용하는 경우를 대상으로 한다. 즉, 자중만 영구하중으로 작용하고, 사무용 건물로 사용되는 골조로서 변동하중은 적재하중(imposed load)과 풍하중이 작용하는 경우의 예이다. 구조물의 극한한계상태 검증에서 영구하중에 대한 하중계수 γ_G는 1.35 또는 1.0이고, 변동하중에 대한 하중계수 γ_Q는 1.5이므로, 식 (3·24)는 다음과 같이 나타낼 수 있다.

$$E_d = 1.35\, G_k + 1.5\, Q_{k,1} + 1.5(\psi_{o,2}\, Q_{k,2}) \tag{3·27}$$

$$E_d = 1.0\, G_k + 1.5\, Q_{k,1} + 1.5(\psi_{o,2}\, Q_{k,2}) \tag{3·28}$$

조합값 $\psi_o Q_k$를 얻기 위한 부분안전계수 ψ_o는, 표 3-4에 따라 적재하중에 대해서는 0.7이고 풍하중에

대해서는 0.6이므로, 적재하중 $Q_{k,L}$을 주변동하중으로 하고 풍하중 $Q_{k,W}$을 그 외의 변동하중으로 한다면, 식 (3·27)과 식 (3·28)은 다음과 같이 나타낼 수 있다.

$$E_d = 1.35\,G_k + 1.5\,Q_{k,L} + 1.5(0.6\,Q_{k,W}) = 1.35\,G_k + 1.5\,Q_{k,L} + 0.9\,Q_{k,W} \tag{3·29}$$

$$E_d = G_k + 1.5\,Q_{k,L} + 1.5(0.6\,Q_{k,W}) = G_k + 1.5\,Q_{k,L} + 0.9\,Q_{k,W} \tag{3·30}$$

사무용 건물로 사용되는 골조에서 적재하중은 수직방향으로 작용하고 풍하중은 수평하중으로 작용하여, 서로 작용하는 방향이 다르다. 따라서 골조의 보의 경우, 보와 기둥의 강성도 차이와 적재하중과 풍하중의 크기 비율에 따라, 보의 단부에서 식 (3·29)가 설계를 지배할 수도 있고 식 (3·30)이 설계를 지배할 수도 있다. 또 골조의 기둥에 대해서도 식 (3·29)가 설계를 지배할 수도 있고 식 (3·30)이 설계를 지배할 수도 있다. 왜냐하면 콘크리트 기둥은 축력의 수준에 따라 인장지배단면과 압축지배단면으로 구분되어, 축력이 커지면 설계휨강도가 커질 수도 있고 작아질 수도 있기 때문이다. 따라서 식 (3·29)와 식 (3·30)의 두 가지 하중조합을 모두 검토하여야 한다.

만일 풍하중 $Q_{k,W}$을 주변동하중으로 하고 적재하중 $Q_{k,L}$을 그 외의 변동하중으로 한다면, 식 (3·27)과 식 (3·28)은 다음과 같이 나타낼 수 있다.

$$E_d = 1.35\,G_k + 1.5\,Q_{k,W} + 1.5(0.7\,Q_{k,L}) = 1.35G_k + 1.5\,Q_{k,W} + 1.05\,Q_{k,L} \tag{3·31}$$

$$E_d = G_k + 1.5\,Q_{k,W} + 1.5(0.7\,Q_{k,L}) = G_k + 1.5\,Q_{k,W} + 1.05\,Q_{k,L} \tag{3·32}$$

한편 주기값 $\psi_1 Q_k$를 얻기 위한 부분안전계수 ψ_1는, 표 3-4와 같이 건물의 적재하중에 대해서는 0.5이다. 준영구값 $\psi_2 Q_k$를 얻기 위한 부분안전계수 ψ_2는 적재하중에는 0.3이고 풍하중에는 0이다. 따라서 적재하중 $Q_{k,L}$을 주변동하중으로 하고 풍하중 $Q_{k,W}$을 그 외 변동하중으로 한다면, 극단설계상황과 지진설계상황의 극한한계상태 하중 조합인 식 (3·25)와 식 (3·26)은 각각 다음과 같이 나타낼 수 있다.

$$\begin{aligned} E_d &= G_k + A_d + \psi_{1,L}\,Q_{k,L} + \psi_{2,W}\,Q_{k,W} = G_k + A_d + 0.5\,Q_{k,L} + 0 \times Q_{k,W} \\ &= G_k + A_d + 0.5\,Q_{k,L} \end{aligned} \tag{3·33}$$

$$\begin{aligned} E_d &= G_k + A_{Ed} + \psi_{2,L}\,Q_{k,L} + \psi_{2,W}\,Q_{k,W} = G_k + A_{Ed} + 0.3\,Q_{k,L} + 0 \times Q_{k,W} \\ &= G_k + A_{Ed} + 0.3\,Q_{k,L} \end{aligned} \tag{3·34}$$

표 3-6 적재하중과 풍하중이 작용하는 구조물의 극한한계상태 하중조합

구분	극한한계상태의 하중조합
정상설계상황 임시설계상황	$E_d = 1.35\,G_k + 1.5\,Q_{k,L} + 0.9\,Q_{k,W}$ $E_d = 1.35\,G_k + 1.5\,Q_{k,W} + 1.05\,Q_{k,L}$ $E_d = G_k + 1.5\,Q_{k,L} + 0.9\,Q_{k,W}$ $E_d = G_k + 1.5Q_{k,W} + 1.05\,Q_{k,L}$
극단설계상황	$E_d = G_k + A_d + 0.5\,Q_{k,L}$
지진설계상황	$E_d = G_k + A_{Ed} + 0.3\,Q_{k,L}$

표 3-6은 이와 같이 사무용 건물로 사용되는 골조로서 자중, 적재하중, 풍하중이 작용하는 경우의 극한한계상태의 하중조합의 예를 정리하여 나타낸 것이다.

[7] 사용한계상태에 대한 하중조합

사용한계상태에서는 영구하중 G_k와 변동하중에 대한 조합값 $\psi_o Q_k$, 주기값 $\psi_1 Q_k$, 준영구값 $\psi_2 Q_k$을 이용하여, 특성하중조합(characteristic combination), 주기하중조합(frequent combination), 준영구하중조합(quasi-permanent combination)의 세 가지 하중조합을 규정하고 있다. 특성하중조합, 주기하중조합, 준영구하중조합의 기본 하중조합은 각각 다음과 같다.

$$E_d = \sum_{j\geq 1} G_{k,j} + P + Q_{k,1} + \sum_{i>1} \psi_{o,i}\, Q_{k,i} \tag{3·35}$$

$$E_d = \sum_{j\geq 1} G_{k,j} + P + \psi_{1,1}\, Q_{k,1} + \sum_{i>1} \psi_{2,i}\, Q_{k,i} \tag{3·36}$$

$$E_d = \sum_{j\geq 1} G_{k,j} + P + \sum_{i\geq 1} \psi_{2,i}\, Q_{k,i} \tag{3·37}$$

이들의 하중조합에서 프리스트레싱에 의한 하중작용 P는 압축력과 함께 11장에서 다루는 1차 모멘트와 2차 모멘트를 고려하여야 한다. 프리스트레싱에 의한 2차 모멘트는 연속보와 같은 부정정 구조물에 작용하게 되므로, 프리스트레싱에 의한 2차 반력이 발생하지 않는 정정 구조물은 압축력과 1차 모멘트만을 고려한다.

Eurocode의 하중계수 기본값을 적용한 하중조합을 다음의 예로 설명하고자 한다. 여기서는 기본개념을 설명하기 위하여, 사무용 건물로 사용되는 골조를 대상으로 자중만 영구하중으로 작용하고 변동하중은 적재하중과 풍하중이 작용하는 경우를 대상으로 한다. 표 3-4에 따라, 부분안전계수 ψ_o는 적재하중에 대해서 0.7이고 풍하중에 대해서 0.6이며, 부분안전계수 ψ_1은 적재하중에 대해서 0.5이고 풍하중

에 대해서 0.2이며, 부분안전계수 ψ_2은 적재하중에 대해서 0.3이고 풍하중에 대해서 0이다.

따라서 특성하중조합인 식 (3·35)는, 적재하중 $Q_{k,L}$을 주변동하중으로 하고 풍하중 $Q_{k,W}$를 그 외 변동하중으로 하는 경우와 풍하중 $Q_{k,W}$를 주변동하중으로 하고 적재하중 $Q_{k,L}$을 그 외의 변동하중으로 하는 경우를 각각 다음과 같이 나타낼 수 있다.

$$E_d = G_k + Q_{k,L} + 0.6\,Q_{k,W} \tag{3·38}$$

$$E_d = G_k + Q_{k,W} + 0.7\,Q_{k,L} \tag{3·39}$$

이 특성하중조합은 회복불능(irreversible) 사용한계상태의 검증으로서, 콘크리트에 작용하는 압축응력의 한계상태 검증에 사용된다.

주기하중조합인 식 (3·36)은, 적재하중 $Q_{k,L}$을 주변동하중으로 하고 풍하중 $Q_{k,W}$를 그 외 변동하중으로 하는 경우와 풍하중 $Q_{k,W}$를 주변동하중으로 하고 적재하중 $Q_{k,L}$을 그 외의 변동하중으로 하는 경우를 각각 다음과 같이 나타낼 수 있다.

$$E_d = G_k + 0.5\,Q_{k,L} + 0 \times Q_{k,W} = G_k + 0.5\,Q_{k,L} \tag{3·40}$$

$$E_d = G_k + 2.0\,Q_{k,W} + 0.3\,Q_{k,L} \tag{3·41}$$

이 주기하중조합은 회복가능(reversible) 사용한계상태의 검증으로서, 부착 긴장재가 배치된 프리스트레스트 콘크리트에 발생하는 균열의 한계상태 검증에 사용된다.

준영구하중조합인 식 (3·37)은 주변동하중과 그 외의 변동하중을 구분하지 않고 적용하므로, 다음과 같이 하나의 하중조합으로 나타낼 수 있다.

$$E_d = G_k + 0.3\,Q_{k,L} + 0 \times Q_{k,W} = G_k + 0.3\,Q_{k,L} \tag{3·42}$$

이 준영구하중조합은 회복가능(reversible) 사용한계상태의 검증으로서, 구조물의 처짐의 한계상태 검증, 철근콘크리트와 비부착 긴장재가 배치된 프리스트레스트 콘크리트에 대한 균열의 한계상태 검증, 비선형 크리프를 제한하기 위한 콘크리트의 압축응력 한계상태 검증에 사용된다.

표 3-7은 적재하중과 풍하중이 작용하는 경우에 적용하는 사용한계상태의 하중조합의 예를 정리하여 나타낸 것이다.

표 3-7 적재하중과 풍하중이 작용하는 구조물의 사용한계상태 하중조합

구분	사용한계상태의 하중조합	검증 항목
특성 하중조합	$E_d = G_k + Q_{k,L} + 0.6\,Q_{k,W}$ $E_d = G_k + Q_{k,W} + 0.7\,Q_{k,L}$	- 콘크리트의 압축응력
주기 하중조합	$E_d = G_k + 0.5\,Q_{k,L}$ $E_d = G_k + 0.2\,Q_{k,W} + 0.3\,Q_{k,L}$	- 부착 긴장재가 배치된 프리스트레스트 콘크리트의 균열
준영구 하중조합	$E_d = G_k + 0.3\,Q_{k,L}$	- 처짐 - 철근콘크리트와 비부착 긴장재가 배치된 프리스트레스트 콘크리트의 균열 - 콘크리트의 압축응력

[8] 재료계수

재료계수(material factor)는 기준재료강도(characteristic material strength) 이하의 값으로 부재의 성능을 검증하기 위하여 설계에 적용하는 계수로서, 재료부분안전계수(partial factors for materials) 형태나 재료저항계수(material resistance factors) 형태로 표현된다.

Eurocode는 재료부분안전계수 형태의 재료계수를 적용한다. 즉, 다음과 같이 기준재료강도 f_{mk}를 재료계수 γ_m으로 나눈 설계재료강도(design strength of material) f_{md}로 구조물의 성능을 검증한다.

$$f_{md} = \frac{f_{mk}}{\gamma_m} \tag{3·43}$$

이때 재료계수 γ_m은 재료의 강도특성과 변동성을 고려한 1.0 이상의 값으로 규정된다. 즉, 다음과 같이 콘크리트의 압축강도는 설계기준압축강도 f_{ck}를 콘크리트의 재료계수 γ_c로 나눈 설계압축강도 f_{cd}를 결정하고, 철근과 프리스트레싱 강재의 설계기준항복강도 f_{yk}를 강재의 재료계수 γ_s로 나눈 설계항복강도 f_{yd}를 결정한다.

$$f_{cd} = \frac{f_{ck}}{\gamma_c} \tag{3·44}$$

$$f_{yd} = \frac{f_{yk}}{\gamma_s} \tag{3·45}$$

재료부분안전계수의 값은 극한한계상태와 사용한계상태를 구분하여 적용하며, 극한한계상태에서도 설계상황을 구분하여 적용한다. 유럽의 국가별 기준에서 달리 규정하지 않는다면, 정상설계상황과 임시설계상황의 극한한계상태의 검증에서 콘크리트에는 1.5를, 철근과 프리스트레싱 강재에는 1.15를 적용하는 것이 기본이다. 극단설계상황의 극한한계상태의 검증에서는, 콘크리트에 1.2, 철근과 프리스트레싱 강재에 1.0을 적용하는 것이 기본이다. 지진설계상황의 극한한계상태에 대해서는 Eurocode 8[3.12]에서 지진에 의한 반복하중작용으로 재료강도가 감소되는 현상을 고려한다. 반복하중작용으로 인한 재료강도의 감소에 대한 자료가 없는 경우에는 정상설계상황과 임시설계상황의 극한한계상태에 적용하는 재료부분안전계수의 값을 사용하도록 규정하고 있다. 그러나 재료강도의 감소에 대한 고려 및 검토가 있는 경우에는, 국가추가규정(national annex)으로 극단설계상황의 극한한계상태에 적용하는 재료부분안전계수의 값을 사용할 수 있도록 규정하고 있다. 사용한계상태에는 콘크리트와 철근 및 프리스트레싱 강재에 모두 1.0의 재료계수를 적용한다.

한편, 교량설계기준(한계상태설계법)[3.5]은 재료저항계수 형태의 재료계수를 적용한다. 즉, 다음과 같이 기준재료강도 f_{mk}에 재료계수 ϕ_m을 곱한 설계재료강도 f_{md}로 구조물의 성능을 검증한다.

$$f_{md} = \phi_m f_{mk} \tag{3·46}$$

이때 재료계수 ϕ_m은 재료의 강도특성과 변동성을 고려한 1.0 이하의 값으로 규정된다. 즉, 다음과 같이 콘크리트의 압축강도는 설계기준압축강도 f_{ck}에 콘크리트의 재료계수 ϕ_c를 곱한 설계압축강도 f_{cd}를 결정하고, 철근과 프리스트레싱 강재의 설계기준항복강도 f_{yk}에 강재의 재료계수 ϕ_s를 곱한 설계항복강도 f_{yd}를 결정한다.

$$f_{cd} = \phi_c f_{ck} \tag{3·47}$$

$$f_{yd} = \phi_s f_{yk} \tag{3·48}$$

재료저항계수의 값은 극한한계상태와 사용한계상태를 구분하여 적용한다. 극한한계상태의 검증에서, 콘크리트에는 0.65를 적용하고 철근과 프리스트레싱 강재에는 0.90을 적용한다. 재료저항계수 0.65와 0.90은 콘크리트구조설계기준(1999)[3.13]의 휨 및 압축에 대한 강도감소계수 0.85를 대신할 재료저항계수로서 김재홍과 이재훈[3.14]에 의하여 제안된 값으로서, 휨 및 압축 설계 이외의 설계에 대한 적용성이 검토된 후 도로교설계기준(한계상태설계법, 2015)에 채택된 것이다. 내진설계를 포함한 극단설계상황의 극한한계상태 검증과 피로한계상태 및 사용한계상태에서는 콘크리트와 철근 및 프리스트레싱 강재 등 모든 재료에 1.0의 재료계수를 적용한다.

표 3-8은 극한한계상태와 사용한계상태에 대한, Eurocode 2와 교량설계기준(한계상태설계법)[3.5]의 재료계수를 정리하여 나타낸 것이다.

표 3-8 한계상태설계법 설계기준의 재료계수

구분	Eurocode	교량설계기준(한계상태설계법)
극한한계상태 정상설계상황 임시설계상황	- 콘크리트 : $\gamma_c = 1.5$ - 철근 및 긴장재 : $\gamma_s = 1.15$	- 콘크리트 : $\phi_c = 0.65$ - 철근 및 긴장재 : $\phi_s = 0.90$
극한한계상태 극단설계상황 (지진설계상황)	- 콘크리트 : $\gamma_c = 1.2$ - 철근 및 긴장재 : $\gamma_s = 1.0$	- 콘크리트 : $\phi_c = 1.0$ - 철근 및 긴장재 : $\phi_s = 1.0$
사용한계상태	- 콘크리트 : $\gamma_c = 1.0$ - 철근 및 긴장재 : $\gamma_s = 1.0$	- 콘크리트 : $\phi_c = 1.0$ - 철근 및 긴장재 : $\phi_s = 1.0$

[9] 교량설계기준(한계상태설계법)의 하중조합

표 3-9는 교량설계기준(한계상태설계법)[3.5] 하중조합의 일부로서, 극한한계상태 하중조합, 극단상황한계상태 하중조합, 사용한계상태 하중조합, 피로한계상태 하중조합을 나타낸다. 극단상황한계상태 하중조합Ⅰ에서의 활하중계수 γ_{EQ}는 공사별 특별시방에 따라 결정한다. 설하중, 차량출돌, 선박충돌은 한 번에 한 가지만 적용한다.

차량활하중은 KL-510이라고 하며, 표준트럭하중과 표준차로하중으로 이루어져 있다. 표준차로하중은 종방향으로 균등하게 분포된 하중으로 표 3-10의 값을 적용한다. 횡방향으로는 3,000 mm의 폭으로 균등하게 분포된다. 총중량 513 kN의 표준트럭하중은 4개의 축으로 구성되며, 그림 3-2와 같은 축간 거리와 축 중량을 가진다. 충격하중은 표준트럭하중에만 적용하며, 주거더의 설계에는 표준트럭하중 영향의 75%와 표준차로하중 영향의 합 또는 표준트럭하중의 영향 중 큰 값을 적용한다. 2차로 이상인 경우에는 다차로재하계수 m을 적용하는데, 2차로에는 0.9, 3차로에는 0.8, 4차로에는 0.7, 5차로

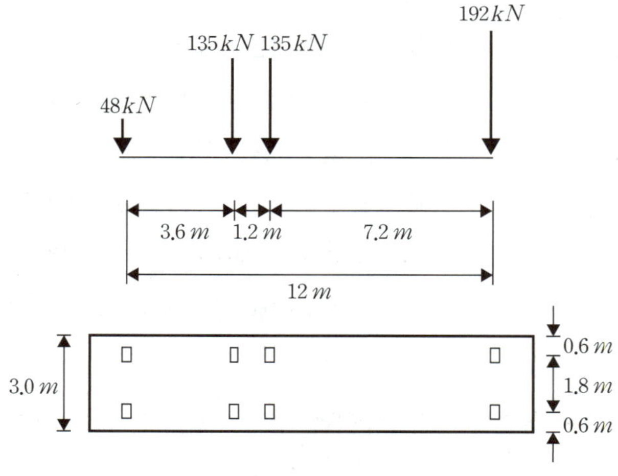

| 그림 3-2 | 교량설계기준(한계상태설계법)의 표준트럭하중

표 3-9 교량설계기준(한계상태설계법)의 하중조합 일부

하중조합	고정하중	활하중	수압부력	구조풍하중	차량풍하중	마찰력	평균온도하중	극단하중			
								지진	설하중	차량충돌	선박충돌
극한한계상태 I	γ_p	1.8	1.0	–	–	1.0	0.5/1.2	–	–	–	–
극한한계상태 II	γ_p	1.4	1.0	–	–	1.0	0.5/1.2	–	–	–	–
극한한계상태 III	γ_p	–	1.0	1.4	–	1.0	0.5/1.2	–	–	–	–
극한한계상태 IV	γ_p	–	1.0	–	–	1.0	0.5/1.2	–	–	–	–
극한한계상태 V	γ_p	1.4	1.0	0.4	1.0	1.0	0.5/1.2	–	–	–	–
극단상황 I	γ_p	γ_{EQ}	1.0	–	–	1.0	–	1.0	–	–	–
극단상황 II	γ_p	0.5	1.0	–	–	1.0	–	–	1.0	1.0	1.0
사용한계상태 I	1.0	1.0	1.0	0.3	1.0	1.0	1.0/1.2	–	–	–	–
사용한계상태 II	1.0	1.3	1.0	–	–	1.0	1.0/1.2	–	–	–	–
사용한계상태 III	1.0	0.8	1.0	–	–	1.0	1.0/1.2	–	–	–	–
사용한계상태 IV	1.0	–	1.0	0.7	–	1.0	1.0/1.2	–	–	–	–
사용한계상태 V	1.0	–	–	–	–	–	0.5	–	–	–	–
피로한계상태	–	0.75	–	–	–	–	–	–	–	–	–

표 3-10 교량설계기준(한계상태설계법)의 표준차로하중

$L \leq 60\,m$	$\omega = 12.7\ (kN/m)$
$L > 60\,m$	$\omega = 12.7 \times \left(\frac{60}{L}\right)^{0.10} (kN/m)$

표 3-11 교량설계기준(한계상태설계법)의 고정하중계수 r_p

하중의 종류	하중계수	
	불리한 영향(최대)	유리한 영향(최소)
DC : 구조부재와 비구조적 부착물	1.25 1.50 (극한 IV의 경우)	0.90
DD : 말뚝부마찰력	1.80	0.45
DW : 포장과 시설물	1.50	
EH : 수평토압 • 주동 • 정지	 1.50 1.35	 0.90 0.90
EV : 연직토압 • 전체안정 • 옹벽 및 교대 • 강성 암거 (예, 콘크리트 박스) • 뼈대형 강성구조물 (예, 라멘형) • 연성 암거 (예, 파형강관) • 박스형 연성 강재암거	 1.00 1.35 1.30 1.35 1.95 1.50	 – 1.00 0.90 0.90 0.90 0.90

하중의 종류	하중계수	
	불리한 영향(최대)	유리한 영향(최소)
ES : 상재토하중	1.50	0.75
EL : 시공중 발생하는 구속응력	1.0	1.0
PS : 프리스트레스힘		
•세그멘탈콘크리트교량의 상부, 하부구조	1.0	
•비세그멘탈콘크리트교량 상부구조	1.0	
•비세그멘탈콘크리트교량 하부구조		
- I_g를 사용하는 경우	0.5	
- $I_{effective}$를 사용하는 경우	1.0	
•강재 하부구조	1.0	
CR, SH : 콘크리트의 크리프, 콘크리트의 수축		
•세그멘탈콘크리트교량의 상부, 하부구조	DC에 대한 γ_p 적용	
•비세그멘탈콘크리트교량 상부구조	1.0	
•비세그멘탈콘크리트교량 하부구조		
- I_g를 사용하는 경우	0.5	
- $I_{effective}$를 사용하는 경우	1.0	
•강재 하부구조	1.0	

이상에는 0.65의 값을 적용한다. 바닥판과 바닥틀을 설계할 때는 해당 설계차량하중을 적용하여야 하며, 피로의 검증에는 표준트럭하중의 80%와 0.15의 충격하중계수를 적용한다.

프리스트레스와 콘크리트의 크리프로 인한 단면력은 고정하중으로 취급하여, 표 3-11의 γ_p를 적용한다. 고정하중계수 γ_p로, 자중(DC), 마찰력(DD), 포장(DW), 수평토압(EH), 연직토압(EV), 상재토하중(ES), 시공 중의 구속력(EL)에 대해서는 불리한 경우와 유리한 경우를 구분하여 최댓값이나 최솟값을 적용한다. 그러나 프리스트레스 힘(PS)과 콘크리트의 크리프(CR) 및 수축(SH)에 대해서는 하나의 대푯값을 적용한다.

3.3 프리스트레스트 콘크리트 구조의 설계

프리스트레스트 콘크리트는 철근콘크리트나 강구조와는 달리 프리스트레스를 도입하는 특별한 공정이 추가되는 구조형식이다. 따라서 완공 후에 구조물이 발휘할 수 있는 구조적 성능뿐만 아니라, 시공 도중에도 문제가 발생하지 않도록 설계과정에서 면밀하게 성능을 검증하여야 한다. 따라서 프리스트레스트 콘크리트를 설계할 때에는 프리스트레스를 도입하는 공정에 따른 응력상태에 대한 검증, 시공 중의 구조시스템 변화와 하중상태에 대한 검증, 완공 후 하중작용에 따른 사용한계상태와 극한한계상태 등 여러 단계에 대한 검증이 필요하다. 이러한 여러 사항을 검증하기 위하여, 프리스트레스트 콘크리트의 설계에서는 단순히 한 가지의 설계법 개념만을 적용하는 것이 아니라, 허용응력설계법과 강도설계법 또는 한계상태설계법의 개념을 혼용하여 설계한다. 이 절에서는 프리스트레스트 콘크리트 구조설계의 기본 사항을 소개한다.

3.3.1 프리스트레스 콘크리트 구조 형식의 선정

프리스트레스트 콘크리트 구조를 설계할 때에는 구조물의 용도, 구조물이 접하는 환경, 구조 시스템의 효율성, 가설 공법의 장단점 등을 고려하여 다음과 같은 항목에 대하여 검토하고 공법을 선정한다.

[1] 콘크리트 시공 방법의 선정

구조물이 계획된 위치에서 콘크리트를 타설하여 시공하는 현장타설 콘크리트 공법이나 계획된 위치가 아닌 다른 장소에서 부재를 제작한 후 운반하고 조립하는 프리캐스트 공법 중 하나를 선정한다. 또는 이 두 공법을 조합한 복합공법을 선정할 수도 있다. 프리캐스트 공법을 적용할 때에도 공장에서 부재를 제작하고 운반한 후 가설하는 방법과 가설현장 부지 내에서 부재를 제작한 후 인양하여 가설하는 방법을 고려할 수 있다.

[2] 프리스트레싱 방식의 선정

프리텐션 방식과 포스트텐션 방식의 장단점을 고려하여 설계 대상 구조물에 적합한 프리스트레싱 방식을 선정한다. 유사한 부재상세를 갖는 다수의 부재가 필요한 구조물에는 공장제작의 프리텐션 방식이 적절할 수 있다. 이때 프리텐션 부재에는 일반적으로 강선이나 강연선이 사용되며 강봉을 사용하는 경우는 거의 없다. 프리스트레스트 콘크리트 구조물을 현장에서 제작하고 가설하는 경우에는 포스트텐션 방식이 적절할 수 있다. 일반적으로 포스트텐션 방식에 사용되는 긴장재는 다음의 네 가지 형태가 있으므로, 구조물의 용도와 시공성 등을 고려하여 적절한 형태를 선정한다.

① 하나의 강연선으로 구성된 긴장재(mono-strand tendon)
② 하나의 강봉으로 구성된 긴장재(single-bar tendon)
③ 다수의 강선으로 구성된 긴장재(multi-wire tendon)
④ 다수의 강연선으로 구성된 긴장재(multi-strand tendon)

포스트텐션 방식에서는 유지관리와 보수보강의 용이성을 고려하여 내적 긴장(internal prestressing)

외에 외적 긴장(external prestressing) 형식을 고려할 수 있다. 또 내적 긴장 형식에서도 구조거동 및 유지관리를 고려하여 부착 긴장재나 비부착 긴장재의 선정을 고려할 수 있다.

[3] 긴장재 배치 형상 및 부속 장치의 선정

프리텐션 방식과 포스트텐션 방식의 특성을 고려하여 긴장재의 배치 형상을 결정한다. 프리텐션 방식에서 직선으로 배치되는 긴장재를 사용하는 경우에는 긴장력 도입과정에서 과도한 편심작용에 의하여 단면에 균열이 발생하지 않도록 하여야 한다. 긴장재 방향전환장치를 사용하여 다수의 직선 형상을 채택한 프리텐션 방식에서는 단면에 발생될 응력분포를 고려하여 방향전환장치의 위치를 선정한다. 현장타설 포스트텐션 공법에서 콘크리트를 분할 타설하여 다수의 세그먼트가 연결되는 형식에서는, 콘크리트 타설 공정을 고려하여 긴장재 배치 형상과 긴장재의 연결 형식 등을 선정한다. 프리캐스트 부재를 연결하는 조립식 공법에서는 프리캐스트 세그먼트의 연결 형식을 선정하여야 한다.

[4] 프리스트레싱 수준의 선정

프리스트레스트 콘크리트 구조물의 용도, 구조물이 접하는 환경, 건설비의 경제성, 내구성 및 유지관리 등을 고려하여 프리스트레싱 수준을 선정한다. 즉, 사용한계상태에서 균열의 발생을 허용하지 않는 완전긴장(full prestressing) 프리스트레스트 콘크리트와 균열을 허용하는 부분긴장(partial prestressing) 프리스트레스트 콘크리트 중 적절한 형식을 선정한다.

이 형식의 결정에서는 일반적으로 환경조건과 하중조건, 그리고 공용기간 등을 고려한다. 구조물이 접하는 환경이 부식성 환경이거나 고부식성 환경인 경우에는 균열로 인한 콘크리트 내부 강재의 부식이 원인이 되어 내구성이 저하될 가능성이 있으므로, 사용한계상태에서 균열의 발생을 허용하지 않는 완전긴장 프리스트레스트 콘크리트로 설계하는 것이 일반적이다. 건조환경에 접하는 구조물과 같이, 균열로 인한 내구성 저하가 크게 염려되지 않는 경우에는 사용한계상태에서 균열을 허용하는 부분긴장 프리스트레스트 콘크리트를 선택할 수 있다. 습윤환경에 접하는 구조물의 경우에는 구조물의 용도나 하중조건에 따라 완전긴장 프리스트레스트 콘크리트와 부분긴장 프리스트레스트 콘크리트 중 적절한 형식을 선정할 수 있다.

프리스트레스트 콘크리트 구조의 설계에서는 환경조건과 함께 하중조건도 고려 대상이 되는데, 동일한 환경조건이라도 교량과 같이 매우 큰 하중의 중 차량이 반복하중으로 작용하는 경우에는 가급적 균열을 허용하지 않는 보수적인 방향으로 설계목표를 선정하고, 건축물과 같이 낮은 수준의 하중이 주로 정적하중으로 작용하는 경우에는 경제성을 고려하여 균열을 허용하는 방향으로 설계목표를 선정할 수 있을 것이다. 또 초기 공사비가 다소 높더라도 내구성을 높여서 유지관리비를 절약하고자 할 때에는 완전긴장 프리스트레스트 콘크리트를, 추후 유지관리비가 소요되더라도 경제적으로 시공을 하려고 할 때에는 부분긴장 프리스트레스트 콘크리트를 고려할 수 있을 것이다.

3.3.2 프리스트레스 도입단계 및 시공단계의 설계 검증

프리스트레스를 도입하는 시스템은 일반적으로 프리텐션 방식과 포스트텐션 방식이 사용되므로, 다음과 같이 각 형식의 특성을 반영하여 프리스트레스 도입단계의 설계 검증을 수행하여야 한다.

[1] 프리텐션 부재의 프리스트레스 도입단계 설계

프리텐션 부재에서는 콘크리트를 타설하기 전에 긴장재를 인장하여 인장대의 양쪽에 위치하는 지주에 정착시키므로, 지주에 매우 큰 힘이 작용한다. 이 과정에서 지주가 충분히 긴장력을 버틸 수 있는지 성능을 확인하여야 한다. 또 긴장재의 방향을 바꾸는 방향전환장치를 사용하는 경우에는, 긴장력에 의하여 방향전환장치에 작용하는 힘을 충분히 버틸 수 있는지 방향전환장치의 성능을 확인하여야 한다.

콘크리트를 타설하고 양생한 후 긴장재를 이완시켜서 프리스트레스를 도입하는 단계에서는 부재에 균열이 발생하지 않도록 하여야 하며, 과도한 압축응력이 작용하지 않도록 하여야 한다. 프리스트레스트 콘크리트 구조에서는 구조적 효율성을 높이기 위하여 긴장재를 단면의 도심에 배치하지 않고 편심을 갖도록 배치하는 것이 일반적이므로, 경우에 따라서는 긴장력을 도입할 때 인장응력이 작용하는 부분도 생기게 된다. 프리스트레스 도입단계에서는 콘크리트 강도가 낮은 상태이고 긴장력이 최대인 시점이므로, 압축응력이 과도하게 작용하면 단면이 파괴되거나 파괴는 되지 않더라도 변형이 크게 발생하여 바람직하지 않은 상태가 된다. 또 인장응력이 과도하게 작용하면 콘크리트에 균열이 발생할 수도 있다. 따라서 이 단계에서 부재의 각 부분에 발생하게 될 응력을 계산하고 검토하여야 한다. 대부분의 설계기준에서는 이 단계의 허용응력을 규정하여 설계 검증을 하도록 규정하고 있다. 이때 설계기준에서 규정하는 허용응력은 프리스트레스가 도입되는 시점의 콘크리트 압축강도 f_{ci}를 기준으로 한다. 이 단계의 압축응력에 대한 허용응력은 일반적으로 f_{ci}의 0.6배 내외이고, 인장응력에 대한 허용응력은 일반적으로 프리스트레스가 도입되는 시점의 콘크리트 균열강도보다 작게 규정되어 있으므로, 응력해석은 탄성이론을 적용한다.

프리텐션 부재는 프리스트레싱 강재에 의하여 콘크리트 단면에 작용하는 압축력을 산정할 때 전달길이(transfer length, transmission length)를 고려하여야 한다. 즉, 긴장된 프리스트레싱 강재가 절단되거나 이완되어 프리스트레스가 콘크리트에 도입되는 과정에서, 콘크리트단면의 끝부분에 위치하는 프리스트레싱 강재는 콘크리트단면 내부로 미끄러져 들어가면서 정착되므로, 그림 3-3과 같이 부재 단부의 프리스트레스는 0이 되고 얼마만큼의 길이, 즉 전달길이 l_t가 지난 후에 소정의 프리스트레스가 도입된다. [9.2절 참조] 프리텐션 부재에서는 이 효과를 고려하여 응력을 검토하여야 한다.

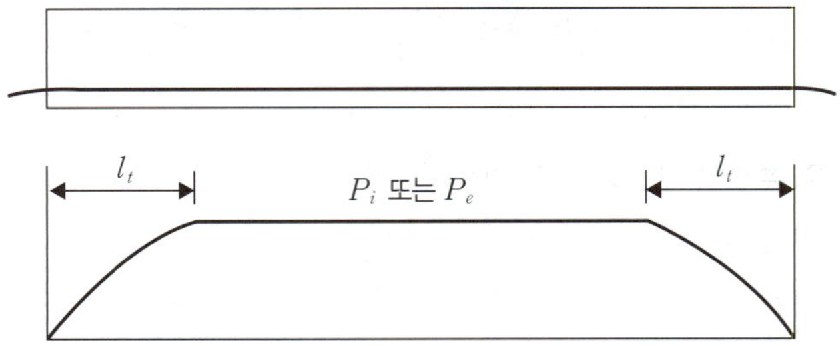

| 그림 3-3 | 프리텐션 부재의 긴장력 분포와 전달길이

[2] 포스트텐션 부재의 프리스트레스 도입단계 설계

포스트텐션 부재에서는 긴장재를 인장하기 전에 콘크리트를 타설하고 양생하는데, 이 과정에서 콘크리트의 수축에 의한 균열이 발생하지 않도록 하여야 한다. 콘크리트를 타설하고 양생한 후, 정착장치가 설치되어 있는 부재 단부의 정착구역(anchorage zone)이나 부재의 중간에 정착장치를 설치한 중간 정착구역에는 프리스트레스가 큰 집중하중으로 작용하게 된다. 이 집중하중에 의하여 콘크리트 부재에는 파열응력(bursting stress)과 할렬응력(spalling stress)이 작용하는데, 이 응력이 콘크리트의 인장강도(균열강도)보다 크면 **그림 3-4**와 같이 정착구역에 균열이 발생하게 된다. 특히 프리스트레스 도입단계에서는 콘크리트 강도가 낮은 상태이고 긴장력이 최대인 시점이므로, 콘크리트의 재료강도를 기준으로 할 때 상대적으로 높은 수준의 응력이 작용하는 상태이다. 따라서 포스트텐션 부재는 정착구가 성능을 발휘할 수 있도록, 정착구역에 인장주응력의 방향으로 철근을 보강하여야 한다. [9.3절 참조]

포스트텐션 부재에서 긴장재가 곡선으로 배치되는 구간에는 철근으로 보강하는 설계를 수행하여야 한다. 즉, 긴장재의 길이가 너무 길면 마찰손실이 매우 커져서 비효율적이므로, **그림 3-5**와 같이 부재의 중간부분에서 일부 긴장재를 정착시키기 위하여 중간 정착구를 두는 경우가 많다. 이러한 중간 정착구는 **그림 3-5**(a)와 같이 긴장재를 곡선으로 구부리게 되는데, 긴장력이 도입되면 긴장재가 직선이 되려는 힘이 콘크리트에 작용하게 된다. 이 힘에 의한 인장응력이 콘크리트의 인장강도보다 클 때는 긴장재가 곡선으로 배치된 부분에 균열이 발생하게 된다. 또, 정착구에서 **그림 3-4**에 나타낸 것과 같은 파열응력에 따른 균열도 발생할 수 있다. 따라서 긴장재가 곡선으로 배치된 부분과 정착장치 부근에는 **그림 3-5**(b)와 같은 형태로 철근을 보강하여야 한다. 한편, 긴장재를 연결하기 위한 용도로 돌출 정착구를 이용하는 경우가 있는데, 이때에도 마찬가지로 **그림 3-5**(c)와 같이 균열이 발생할 수 있으므로, **그림 3-5**(d)와 같은 형태로 철근을 보강하여야 한다.

또한 긴장력을 도입하는 단계에서 정착구역뿐만 아니라 부재의 모든 부분의 성능을 검증하여야 하므로, 긴장력 도입 단계에서 부재의 각 부분에 발생하게 될 응력을 계산하고 설계기준의 허용응력과 비교하여 성능을 검증하여야 한다.

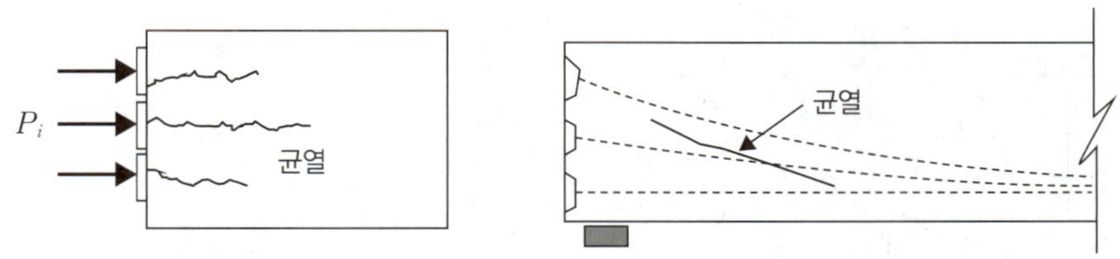

| 그림 3-4 | 포스트텐션 프리스트레스트 콘크리트 정착구역의 균열

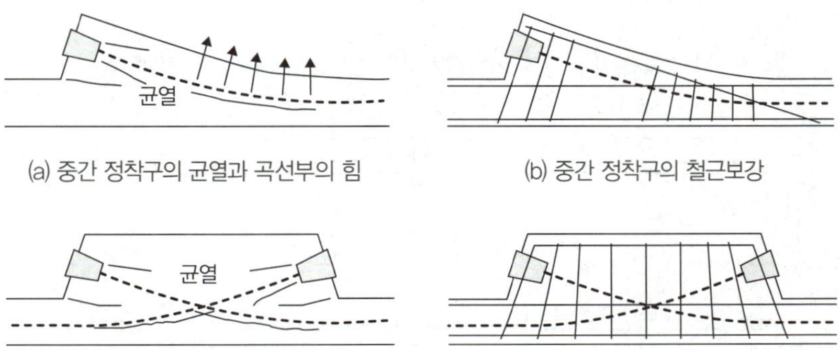

(a) 중간 정착구의 균열과 곡선부의 힘

(b) 중간 정착구의 철근보강

(c) 긴장재 연결용 중간 정착구의 균열

(d) 연결 중간 정착구의 철근보강

| 그림 3-5 | 곡선 긴장재에 따른 중간 정착구의 균열과 철근보강

[3] 시공 단계의 설계 검증

프리스트레스트 콘크리트 구조물은 공사비를 절감하고 공기(工期)를 단축하기 위하여 구조물의 특성을 고려한 여러 가지 공법을 적용한다.

거더교의 경우에는 그림 3-6(a)와 같이 프리텐션 또는 포스트텐션 I형 거더를 프리캐스트 부재로 제작하여 교각 위에 거치하고, 거더를 바닥판 거푸집의 지지대로 이용하여 바닥판 콘크리트를 현장타설하는 방식이 많이 사용된다. 이와 같은 방식은 바닥판 콘크리트의 거푸집을 지지하는 동바리를 지상에서부터 설치할 필요가 없으므로, 경제적인 시공이 가능하다. 그러나 시공 중에 단면의 형상이 달라지므로, 이를 고려하여 설계하여야 한다. 즉 거더의 자중과 바닥판 콘크리트의 중량은 바닥판과 합성되기 전의 거더 단면이 저항하고, 완공 후 추가 고정하중과 활하중은 그림 3-6(b)와 같이 합성 후의 단면이 저항한다는 것을 고려하여 응력이나 강도를 검토하여야 한다.

또한, 프리스트레스트 콘크리트 거더교를 단순보 형식보다 연속보 형식으로 하는 것이 구조적 장점이 있으므로, 그림 3-7과 같은 방법으로 시공하는 경우가 많다. 즉, 그림 3-7(a)와 같이 각 경간에 거더를 거치하고, 바닥판 콘크리트와 내측 지점부의 격벽(diaphragm) 콘크리트를 현장에서 타설하여 연속보 형식을 만드는 것이다. 이때 내측 지점부에는 그림 3-7(b)와 같이 현장타설 되는 바닥판에 종방향 철근을 배치하거나, 그림 3-7(c)와 같이 바닥판과 격벽의 콘크리트를 현장타설하여 종방향으로 합성시킨

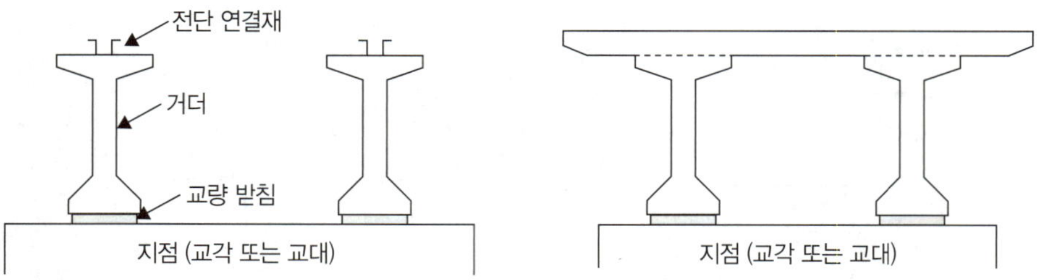

(a) 바닥판 합성 전 단면 (b) 바닥판 합성 후 단면

| 그림 3-6 | 프리캐스트 거더와 현장타설 바닥판의 합성

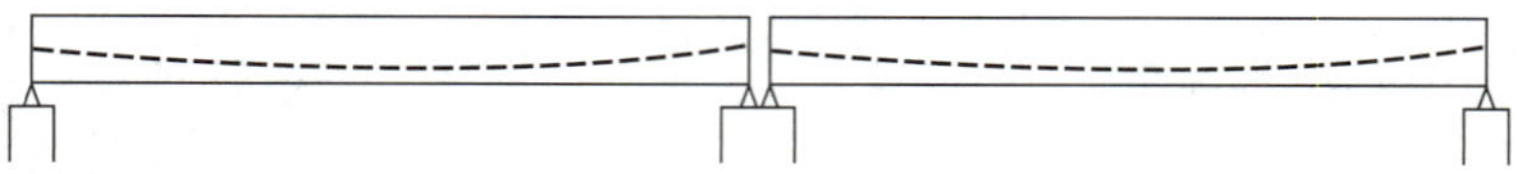

(a) 종방향 합성 전의 단순보

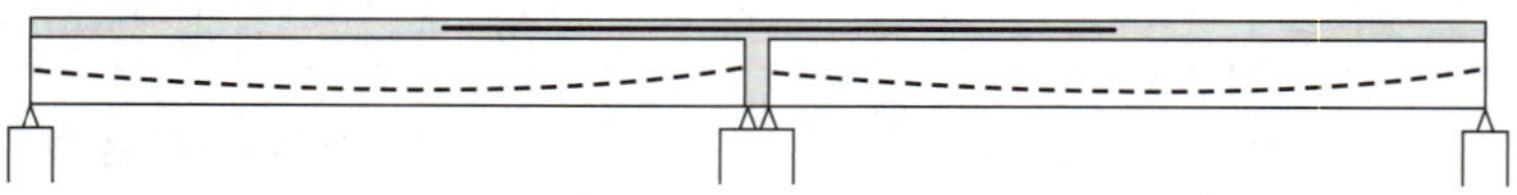

(b) 철근이 보강된 종방향 합성 연속보

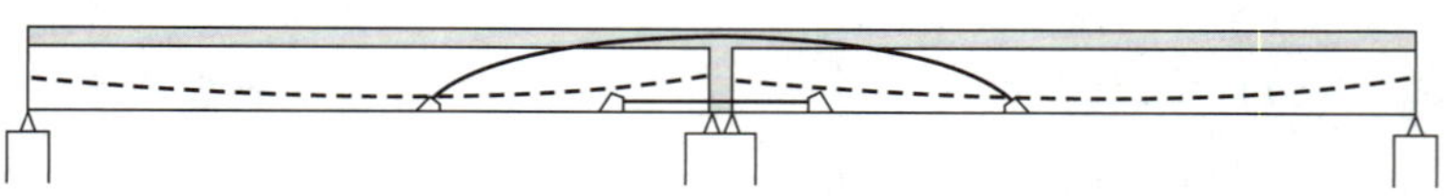

(c) 종방향 합성 후 긴장재가 보강된 연속보

| 그림 3-7 | 프리스트레스트 콘크리트 거더교 시공 중의 구조형식 변화

후 긴장재를 배치하여 긴장력을 도입한다. 이렇게 종방향으로 합성된 연속보 형식에서는 구조물이 종방향으로 합성되기 이전에 가해지는 거더와 바닥판의 자중에 대해서는 단순보 형식으로 저항하고, 합성 후에 가해지는 추가 고정하중과 활하중에 대해서는 연속보 형식으로 저항하는 것으로 해석하고 설계하여야 한다. 한편 이와 같이 시공 단계에 따라 지점조건이 달라지는 등의 구조형식이 변화하는 경우에는, 콘크리트의 크리프에 의하여 시간경과에 따른 휨모멘트의 변화가 발생한다. 이러한 휨모멘트의 변화를 크리프 모멘트(creep moment)라고 하는데, 시공 단계에 따라 구조형식이 변화하는 경우에는 크리프 모멘트를 고려하여 설계하여야 한다. [3.5.2절과 11.3절 참조]

3.3.3 프리스트레스트 콘크리트 부정정 구조물의 설계

부정정 구조물에 프리스트레싱을 가하면, 프리스트레싱의 영향으로 구조물에 2차 단면력이 발생한다. 연속보 형식의 부정정 구조물에서는 긴장재의 배치 형상에 따라 지점에 프리스트레싱에 의한 반력이 작용하며, 골조(frame) 형식의 부정정 구조물에서는 긴장재의 배치 형상에 따라 지점에 프리스트레싱에 의한 반력이 작용하는 것 외에도 기둥에 단면력이 추가로 작용하게 된다.

그림 3–8(a)와 같이, 고정하중 w_D가 작용하는 2경간 연속보에 보의 전체 길이에 걸쳐서 긴장재가 단면의 하단부에 배치되어 긴장력 P가 작용하는 경우, 고정하중 w_D에 의한 처짐과 반력은 그림 3–8(b)와 같다. 고정하중의 작용을 무시하고 프리스트레싱 효과만을 고려해 보면, 보의 전체 길이에 걸쳐서 긴장재가 단면의 하단부에 배치되어 있기 때문에, 그림 3–8(c)와 같이 내부지점 위치에서 보가 상향으로 솟아서 내부지점의 반력은 작용하지 않게 된다. 만일 내부지점 위치에서 보가 상향으로 솟지 못하도록 구속한다면, 그림 3–8(d)와 같이 내부지점 위치에서 보의 상향 처짐은 발생하지 않고, 내부지점에는 부(−)반력이 작용하게 된다. 외부지점은 내부지점의 부반력의 반대방향으로 정(+)반력이 작용하여 평형을 이루게 된다.

또, 내부지점에서 솟음을 구속하지 않더라도 자중에 의한 내부지점의 반력이 프리스트레싱에 의한 부반력보다 크다면, 내부지점에서 보의 상향 처짐은 발생하지 않게 된다. 따라서 일반적인 프리스트레스트 콘크리트 연속보는 그림 3–8(b)의 처짐과 반력에 그림 3–8(d)의 처짐과 반력이 더해져서, 그림 3–8(e)와 같은 처짐과 반력이 발생한다. 프리스트레스트 콘크리트 연속보에서는 이와 같은 반력의 영향을 설계에 고려하여야 한다.

골조에서는 연속보에서 프리스트레싱에 의하여 발생하는 내부지점의 반력 외에도 기둥에 추가의 단면력이 작용하게 된다. 그림 3–9(a)와 같이 긴장재가 배치된 골조의 보에 긴장력 P가 작용하면, 압축력에 의한 보의 탄성수축으로 보의 길이가 줄어들고, 또 시간이 경과함에 따라 크리프에 의하여 보의 길이가 더 줄어든다. 즉, 긴장력에 의하여 보에 변형이 발생하고, 이 보의 변형이 기둥에도 영향을 주어 그림 3–9(b)와 같이 기둥에 변형이 발생하게 된다. 이 기둥의 변형으로 기둥에는 추가의 단면력, 즉 휨모멘트와 전단력이 작용하게 된다. 이때 기둥에 작용하는 휨모멘트의 크기와 분포는 기둥의 휨강성도(flexural rigidity), 보의 휨강성도 및 축방향 강성도, 기초의 회전강성도(rotational rigidity) 등에 따라 결정된다. 즉, 기초의 회전강성도와 보의 휨강성도가 매우 큰 경우에는 기둥 양단이 고정단과 유사하게 되어, 복곡률(double curvature)의 휨모멘트가 기둥에 작용하게 되며, 기둥 양단에 연결된 부재의 강성도에 따라 반곡점(inflection point)의 위치가 달라진다. 또, 기둥이 보의 탄성수축과 크리프에 의한 수축에 저항하므로, 기둥의 휨강성도가 큰 경우에는 기둥 양단 사이의 상대변위가 작게 발생한다. 기둥 양단 사이의 상대변위가 동일한 경우에는, 기둥에 작용하는 휨모멘트의 크기가 기둥의 휨강성도에 비례하게

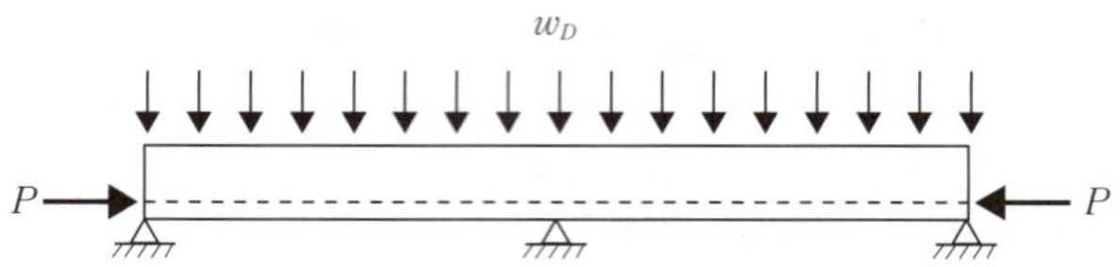

(a) 고정하중과 긴장력이 작용하는 2경간 연속보

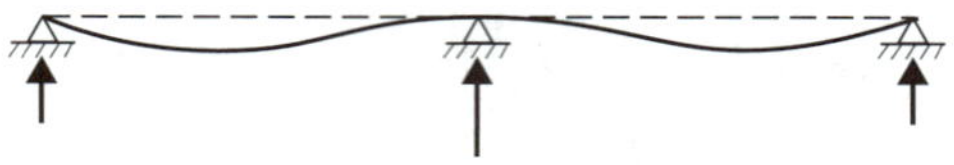

(b) 고정하중 작용에 의한 처짐과 반력

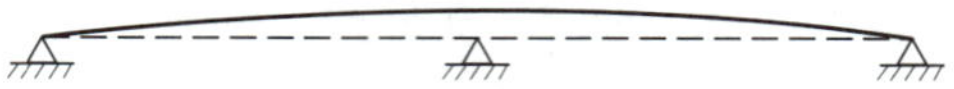

(c) 편심 긴장력에 의한 처짐

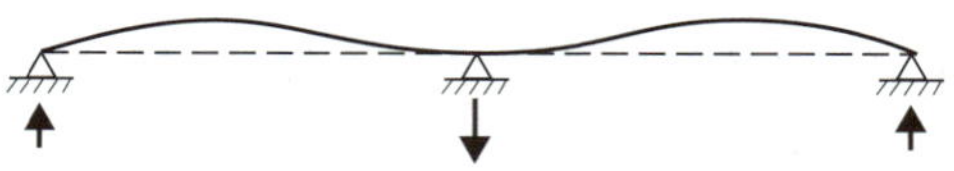

(d) 내부지점에 부반력이 작용하는 경우의 처짐과 반력

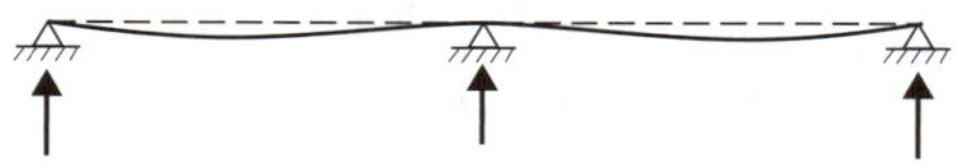

(e) 고정하중과 긴장력 작용에 의한 처짐과 반력

| 그림 3-8 | 프리스트레스트 콘크리트 연속보의 처짐과 반력

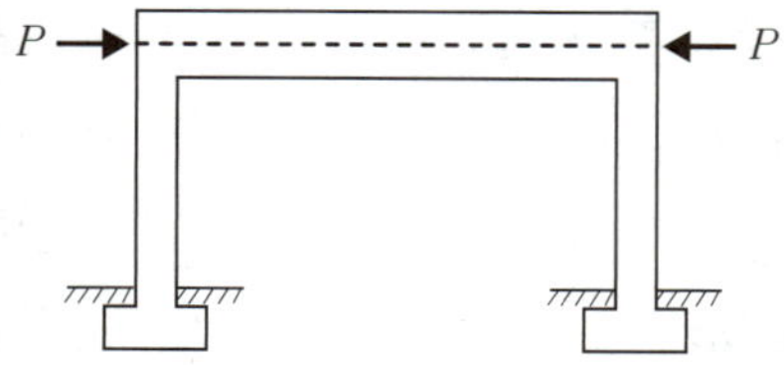

(a) 긴장력이 작용하는 골조

(b) 긴장력에 의한 변위

| 그림 3-9 | 긴장력에 의한 골조의 변위

된다. 즉, 보의 축방향 강성도와 기둥의 휨강성도는 서로 상호작용을 하여, 기둥에 작용하는 휨모멘트의 크기가 결정되는 것이다.

부정정 프리스트레스트 콘크리트 구조물에서는 이와 같은 프리스트레싱에 의한 2차 효과가 작용하므로, 부정정 프리스트레스트 콘크리트 구조물의 해석과 설계에서는 이 효과를 고려하여야 한다. [11장 참조]

3.3.4 프리스트레스트 콘크리트의 사용한계상태 검증

프리스트레스트 콘크리트 구조의 사용한계상태 검증은 지속하중(sustained load)과 사용하중(service load)에 대한 성능검증(performance verification)을 의미한다. 성능검증은 응력, 처짐, 균열을 대상으로 한다. 지속하중은 장기간에 걸쳐 구조물에 항상 작용하는 장기하중(long-term load)을 의미하는 것으로, 고정하중과 함께 구조물의 하중 특성을 고려하여 활하중의 일부를 포함한다. 즉, 차량하중이 짧은 시간 동안에 작용하는 도로교에서는 지속하중에 활하중을 포함시키지 않는 것이 일반적이지만, 매우 큰 중량의 열차하중이 활하중으로 작용하는 철도교에서는 활하중의 20%를 지속하중으로 고려하는 경우도 있다. 건물에 있어서도 일반 사무용 건물, 창고 건물, 도서관 건물 등 하중의 특성에 따라 지속하중으로 고려하는 활하중의 비율을 달리한다. Eurocode 등 유럽의 기준에서는 지속하중과 유사한 것으로 준영구하중조합(quasi-permanent load combination)을 규정하고 있으며, 역시 고정하중과 활하중의 일부를 합한 하중조합이다. 사용하중은 고정하중과 활하중을 합한 하중조합으로 설계하중이 작용하고 있는 상태를 의미한다.

프리스트레스트 콘크리트 단면에는 프리스트레스에 의하여 매우 높은 수준의 압축응력이 작용한다. 장기간에 걸쳐 콘크리트 단면에 작용하는 압축응력이 어느 한계를 넘으면, 크리프로 인한 변형의 증가가 매우 커져서 바람직하지 않은 상태가 된다. 따라서 지속하중 하에서 작용하는 압축응력이 설계기준에서 정한 허용응력을 초과하지 않도록 설계하여야 한다. 또 활하중이 작용하여 일시적으로 콘크리트 단면에 작용하는 압축응력이 매우 높은 수준이 되면, 콘크리트 단면 내부에 미세 균열이 발생할 수 있으므로 역시 바람직하지 않은 상태가 된다. 따라서 사용하중 하에서 작용하는 압축응력이 설계기준에서 정한 허용응력을 초과하지 않도록 설계하여야 한다. [6.2절 참조]

사용한계상태 검증으로 콘크리트에 작용하는 응력을 계산할 때에는, 프리스트레싱 강재의 인장력에 따른 반작용으로 콘크리트 단면에 작용하는 압축력을 사용하여야 하므로, 긴장력 손실을 고려하여 압축력을 산정하여야 한다. 이때 정착구역에 가까운 구간에서는 프리스트레싱 방식의 특성을 고려하여 긴장력을 산정하는 것이 중요하다. 즉, 프리텐션 부재에서는 **그림 3-3**에 나타낸 바와 같이 긴장재의 전달길이를 고려하여 긴장력을 산정하여야 하며[9.2절 참조], 포스트텐션 부재에서는 정착장치의 활동(slip)을 고려하여 긴장력을 산정하여야 한다. [4.4절 참조]

지속하중 상태에서는 설계활하중이 작용하는 상태에 비하여 중력방향으로 작용하는 하중의 크기가 작으므로, 프리스트레스트 콘크리트 부재의 중앙부가 상향으로 솟음(camber)이 발생하는 것이 일반적이다. 이때 솟음이 과도하면 구조물로서의 사용성능이 좋지 않을 수 있다. 따라서 지속하중 상태에서의 상향 또는 하향 처짐을 검토하여, 과도하지 않은 상황이 되도록 설계하여야 한다. 또 활하중에 의한 처짐이 과도하게 발생하는 것도 바람직하지 않다. 즉, 활하중 처짐이 과도한 교량은 진동이 크게 되어 차량의 주행성이 좋지 않고, 건물은 책상이나 책장 등 가구가 수평을 유지하지 못하며 바퀴가 달린 의자가 움직이는 등 사용성이 좋지 않게 된다. 따라서 사용하중 상태에서의 처짐을 검토하여 과도하지 않은 상황이 되도록 설계하여야 한다. [6.4절 참조]

부분긴장 프리스트레스트 콘크리트 구조에서는 사용하중 상태에서의 휨균열을 허용한다. 그러나 폭이 큰 균열이 과도하게 발생하는 경우에는, 콘크리트 내부에 배치된 강재의 부식에 해로운 영향을 주므로 바람직하지 않다. 따라서 부분긴장 프리스트레스트 콘크리트 구조에 대해서는 사용하중 상태를 대상으로, 설계기준에 따른 간접적인 방법 또는 균열폭을 계산하고 검토하는 직접적인 방법으로 균열을 제어하여야 한다. [6.3절 참조]

3.3.5 프리스트레스트 콘크리트의 극한한계상태 검증

극한한계상태의 검증은 구조물의 붕괴(collapse)와 파괴(failure) 가능성을 대상으로 구조물의 성능을 확인하는 것이다. 검증 대상 하중은 계수하중조합으로, 구조물에 가해질 수 있는 최대의 하중이 작용할 때 구조물의 안정과 부재의 강도를 검증하는 것이다. 여기서 부재의 강도 검증은 휨모멘트, 전단력, 비틀림, 축방향 압축력, 축방향 인장력, 또는 이들의 합성작용에 의한 파괴 가능성을 해석에 의하여 검토하는 것을 의미한다. [5장, 7장, 8장 참조]

또한 프리스트레스트 콘크리트에서는 긴장재의 정착성능을 검증하는 것 역시 중요한 항목이다. 즉, 부착 긴장재를 사용하는 프리스트레스트 콘크리트 구조는 긴장재와 콘크리트의 부착으로 긴장력이 전달되므로, 최대 휨모멘트가 작용하는 단면에서 긴장재가 항복한 이후에도 긴장재의 양쪽 단부에 부착파괴가 발생하지 않도록 검증하고 설계하여야 한다. 부착 긴장재를 사용하는 프리스트레스트 콘크리트 구조는 단부정착장치를 통하여 압축력이 작용하므로, 정착구역에서 콘크리트의 파괴가 발생하지 않도록 검증하고 설계하여야 한다. [9장 참조]

3.4 프리스트레스트 콘크리트 구조의 시공

프리스트레스트 콘크리트는 각종 장치를 사용하여 프리스트레스를 도입하는 특별한 공정이 추가되는 구조형식으로서 매우 높은 수준의 품질관리가 필요한 구조물이다. 이때의 품질관리는 프리스트레싱에 관련된 장치와 공정뿐만 아니라 콘크리트의 시공품질도 매우 중요하다. 그 이유는 프리스트레싱에 의한 높은 압축응력이 콘크리트에 항시 작용하는 구조이기 때문이다. 따라서 프리스트레스트 콘크리트의 시공은 철근콘크리트의 시공에서 요구하는 것보다 더 높은 수준의 품질관리를 필요로 한다. 이 절에서는 프리스트레스트 콘크리트 구조의 시공에 대한 기본 사항을 설명한다.

3.4.1 프리텐션 부재의 제작 및 시공

프리텐션 부재의 시공은 일반적으로 공장에서 프리캐스트 부재로 만들어서 시공현장으로 이동시킨 후 가설하는 방식으로 이루어지므로, '제작'이라는 표현을 사용한다. 근래에는 이동식 고정단 장치를 사용하여 시공현장 부지 내에서 프리텐션 부재를 제작하는 경우도 있다. 프리텐션 부재를 제작하는 방법은 일반적으로 롱 라인 방식과 단일몰드 방식의 두 가지가 많이 사용된다. 이 두 방식의 특징은 다음과 같다.

[1] 롱 라인 방식

롱 라인 방식(long line method)은 그림 1-9(c)와 같이 여러 개의 거푸집(mold)을 인장대에 일렬로 배치하고, 동시에 프리스트레스를 도입하여 1회의 프리스트레싱으로 여러 개의 부재를 제조할 수 있다. 따라서 이 방식을 연속식이라고도 하며, 가장 보편적으로 쓰이는 방식이다. 그러나 롱 라인 방식이라고 해서 항상 여러 개의 부재를 일렬로 배치하여 제작하는 것은 아니며, 한 번에 한 개의 부재를 제작하기도 한다.

긴장 방식은, 그림 3-10(a)와 같이 긴장재 하나를 인장할 수 있는 모노 잭(mono-jack)으로 각각의 긴장재를 인장한 후 고정단에 정착시키는 방식과 그림 3-10(b)와 같이 긴장재가 정착된 가동판을 잭으로

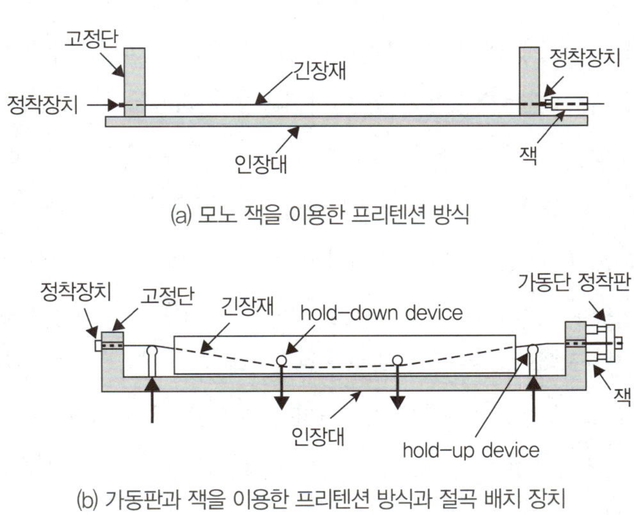

| 그림 3-10 | 프리텐션 부재의 제작 방식

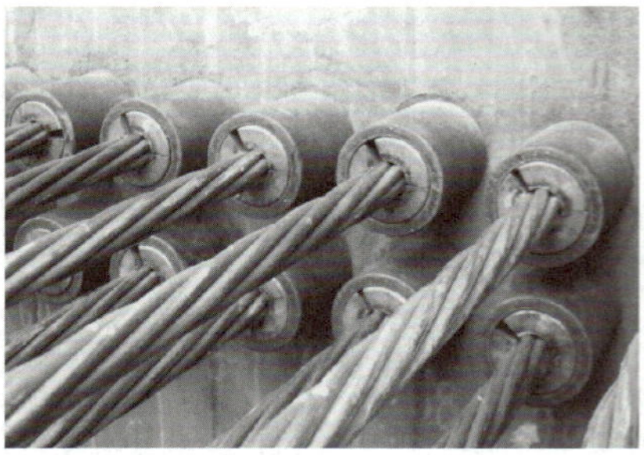

(a) 쐐기 정착장치

(b) 가동단 정착판

| 그림 3-11 | 인천대교 고가교 시공에 사용한 프리텐션 정착장치와 가동단 정착판

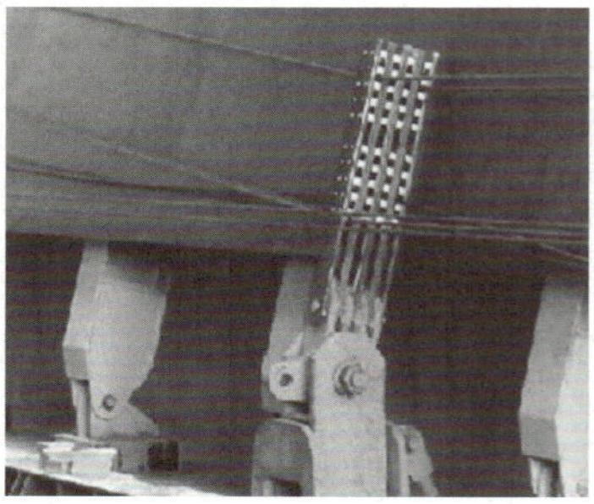

(a) hold-down device

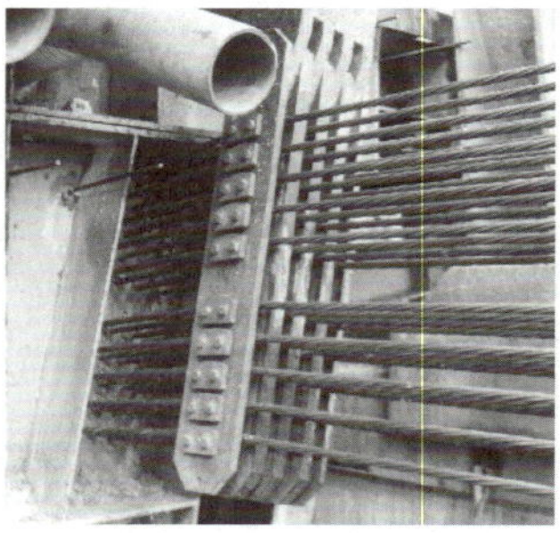

(b) hold-up device

| 그림 3-12 | 인천대교 고가교 시공에 사용한 프리텐션 긴장재 방향전환장치

미는 방식이 있다. 첫 번째 방식은 긴장재를 절단하여 긴장재를 도입하며, 두 번째 방식은 잭을 이완시켜서 긴장력을 도입한다.

한편, 프리스트레스를 효율적으로 작용시키기 위하여 그림 3-10(b)와 같이 긴장재를 절곡하는 경우에는, 긴장재의 방향을 바꾸도록 방향전환장치(deviator)를 추가로 설치하여야 한다. 그림 3-10(b)에서 긴장재를 아래 방향으로 잡아주는 역할을 하는 방향전환장치를 hold-down device라고 하며, 긴장재를 위 방향으로 잡아주는 역할을 하는 방향전환장치를 hold-up device라고 한다.

롱 라인 방식과 정착판을 이용한 인장, 그리고 방향전환장치를 사용한 하나의 예로 인천대교를 들 수 있다. 그림 3-11은 경간 50 m 단순보의 프리텐션 박스거더를 제작하고 5개의 단순보를 연결하여 5경간 연속보 형식으로 시공한 인천대교(2005년 착공, 2009년 완공) 고가교(연장 8.4 km)의 건설에 사용된 프리텐션 긴장재의 정착장치와 가동단 정착판의 모습이다.

그림 3-12는 인천대교 고가교의 프리텐션 박스거더를 제작할 때 사용한 방향전환장치로서, 프리텐션 긴장재를 아래쪽으로 잡아주는 hold-down device의 형상과 프리텐션 긴장재를 위쪽으로 잡아주는 hold-up device의 모습이다.

[2] 단일몰드 방식

단일몰드 방식(individual mold method)은 거푸집을 인장대로 활용하여 프리스트레싱 강재를 인장하는 방식으로, 단독식이라고도 한다. 이 방식의 장점은 부재 제작에 필요한 면적이 넓지 않다는 것이다. 따라서 제조공장을 소규모로 하여 여러 지역에 분산시키면 운반비용을 절감할 수 있다. 그러나 거푸집 자체를 인장대로 사용하여 큰 힘을 지지해야 하므로, 거푸집의 제작비용이 많이 소요되고 거푸집의 회전율이 경제성 평가에 중요한 요소가 된다. 따라서 동일한 크기의 부재를 대량으로 제작하는 경우에 경제적으로 적용될 수 있다.

3.4.2 포스트텐션 부재의 덕트 배치

포스트텐션 부재의 긴장재로 강선이나 강연선을 사용할 때 긴장재의 정착은 **그림 3-13**과 같이 지압판, 정착판, 쐐기로 구성된 정착장치를 사용한다. 가이드는 지압판과 일체로 제작된 정착장치의 일부분으로, 긴장재가 벌려져서 정착되도록 유도하는 역할을 한다. 즉, 쉬스 내부를 통과한 긴장재가 개별적으로 쐐기로 정착되려면 정착판의 면적이 쉬스의 단면적보다 커야 하므로 가이드가 필요한 것이다. 쉬스 내부에 배치되는 텐던(긴장재)은 여러 가닥의 프리스트레싱 강재를 다발로 사용하는 것이 일반적이지만, 건축구조의 플랫 플레이트와 같이 얇은 판에는 텐던을 다발로 하지 않고 1개의 프리스트레싱 강재를 사용하기도 한다.

그림 3-14는 강연선을 사용한 포스트텐션 구조물의 제작 과정 중 덕트(쉬스)의 배치 모습을 나타낸다. **그림 3-14(a)**는 포스트텐션 거더 단부의 쉬스의 배치와 거푸집을 나타내는데, 긴장재가 정착장치에 직각으로 정착되도록 거푸집의 형상을 제작하는 것이 중요하다. 이렇게 하여야 쉬스와 정착구 가이드가 연결되는 위치에서 쉬스가 꺾이지 않고 가이드에 연결되기 때문이다. 이 부분이 같은 각도로 연결되지 않으면 쉬스가 꺾여서 날카롭게 된 부분에서 긴장재와 접촉하게 되어, 긴장재의 인장작업 중에 긴장재가 끊어지는 일이 발생하게 된다.

그림 3-14(b)는 교량 시공현장에서 제작되고 있는 포스트텐션 거더의 모습이다. 단순보로 제작된 후

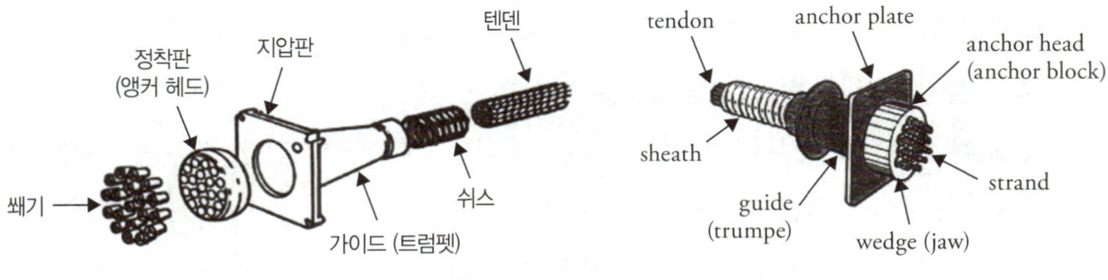

| 그림 3-13 | 강연선 포스트텐션 부재의 정착장치[3.15]

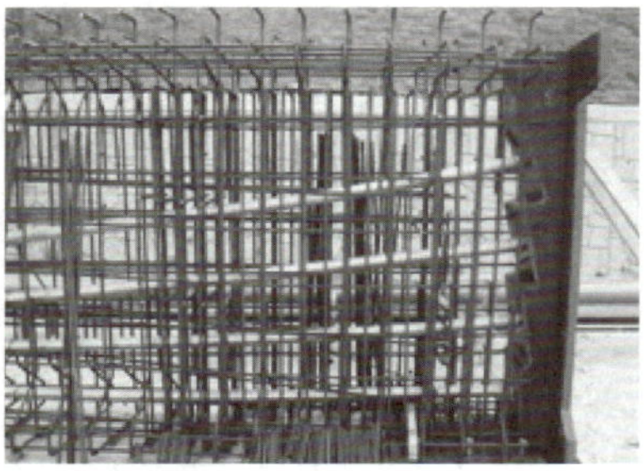

(a) 거더 단부의 쉬스와 거푸집

(b) 거더의 쉬스 배치 형상

(c) 정착구의 나선철근 보강

(d) 긴장재 삽입

(e) 돔의 쉬스 배치(Freyssinet)

(f) 쉘 구조 벽체 쉬스(VSL)

(g) 건물 슬래브 쉬스(Freyssinet)

| 그림 3-14 | 포스트텐션 구조물의 쉬스 배치

연속보로 연결되는 형식으로[그림 3-7 참조], 단순보의 휨모멘트 분포를 고려하여 포물선 형상의 쉬스 5개가 배치된 모습이다. 5개의 텐던 중 3개만 거더 단부에 정착되고, 2개는 단부 이전의 위치에서 단면 상부에 정착되도록 배치되어 있다. 정착장치 5개를 배치하기에는 단부 면적이 불충분한 경우, 이와 같이 쉬스와 정착구를 배치할 수 있다. 그림 3-14(a)와 (b)의 거더에서, 단면 상단 위에 연장된 전단연결재(shear connector)를 배치하고 있는데, 그림 3-14(a)의 거더는 'ㄱ' 형상의 전단연결재를, 그림 3-14(b)의 거더는 '역 U' 형상의 폐합형 전단연결재를 사용하였다.

그림 3-14(c)는 포스트텐션 정착부를 나선철근으로 횡보강하기 위해 준비 중인 모습이다. 포스트텐션 정착부는 프리스트레싱으로 인한 압축력으로 인하여 매우 큰 지압응력과 압축응력이 작용한다. 이들 응

력에 정착부가 파괴되지 않도록 긴장재 정착구 부근의 정착부를 횡보강 하는데, 나선철근의 횡구속 성능이 우수하므로 이를 사용한다. 또 정착구의 압축력에 의하여 콘크리트에 파열응력과 할렬응력이 발생하므로, 이에 대해서도 철근을 보강하여야 한다. [9.3절 참조]

그림 3-14(d)는 긴장재 삽입장비를 이용하여 쉬스 내에 강연선 다발의 텐던을 삽입하는 모습이다. 긴장재의 삽입은 콘크리트 타설 전이나 혹은 타설 후에 작업할 수 있다. 긴장재를 삽입할 때에는, 긴장잭이 긴장재를 잡을 수 있어야 인장작업을 할 수 있으므로, 긴장잭의 길이를 고려하여 충분한 길이를 갖도록 긴장재를 절단하여야 한다.

그림 3-14(e), (f), (g)는 포스트텐션 프리스트레스트 콘크리트 구조로 시공되는 돔(dome), 쉘 구조의 벽체, 건물 슬래브에 배치된 쉬스의 배치 모습이다. 돔 구조에는 일반적으로 **그림 3-14**(e)와 같이 세 방향으로 긴장재를 배치한다. 쉘 구조의 벽체에 원형으로 배치되는 수평 긴장재는 마찰손실에 의하여 긴장력이 크게 감소하므로, **그림 3-14**(f)와 같이 중간 정착구를 두고 새로운 긴장재를 겹치게 배치하는 것이 일반적이다. 이러한 배치는 동바리 공법의 교량에도 사용된다. [3.5.1절 참조] 건물은 슬래브가 비교적 얇은 구조요소를 포함하고 있으므로, 원형의 덕트를 사용하면 콘크리트 단면의 손실이 많아진다. 따라서 건축구조에서는 **그림 3-14**(g)와 같이 직사각형 쉬스를 사용하는 경우가 있으며, 플랫 플레이트에는 콘크리트 판의 단면 손실을 최소화하기 위하여 단일 비부착 강연선을 사용하기도 한다.

3.4.3 포스트텐션 부재의 콘크리트 시공 및 긴장력 도입

거푸집 내에 쉬스, 정착장치, 철근, 기타 부속장치 등이 설계도면과 같이 거푸집 내에 배치되면, 콘크리트를 타설하고 양생한다. 콘크리트가 경화되어 설계도면에 표기된 긴장력 도입 시기의 요구강도(f_{ci})에 도달한 후에는 **그림 3-15**와 같이 포스트텐션 부재에 긴장력을 도입한다. 긴장력 도입은 통상 재령 28일 이전에 수행하는 것이 일반적이므로, 긴장력 도입 시기의 압축강도(f_{ci})는 설계기준압축강도(f_{ck}) 이하이다.

그림 3-15(a)는 강연선을 사용한 포스트텐션 프리스트레스트 콘크리트 거더에 다수의 강연선을 인장할 수 있는 잭(multi-jack)을 사용하여 긴장력을 도입하는 모습이다. 이 거더는 텐던 4개가 배치되어 거더의 양단에 각각 4개씩의 정착구가 있으므로, 양단 긴장으로 계획되어 있다면 총 8번, 단일 단부 긴장으로 계획되어 있다면 총 4번의 인장작업이 수행된다. 이 인장작업에서는 인장작업 중에 콘크리트 단면에 발생하게 될 응력을 검토하여 결정된 인장순서를 확인하는 것이 중요하다. 이를 무시하고 인장순서를 지키지 않으면 긴장작업 중에 콘크리트 단면에 균열이 발생할 수 있기 때문이다.

그림 3-15(b)는 서해대교 PSM 구간에 프리캐스트 공법으로 가설될 박스 단면 바닥판에 횡방향 긴장력을 도입하는 모습을 나타낸다. 바닥판과 같은 슬래브에 배치되는 긴장재는 일반적으로 소수의

(a) 포스트텐션 거더의 긴장력 도입

(b) 횡방향 긴장력 도입(서해대교)

(c) 긴장력 도입용 유압펌프

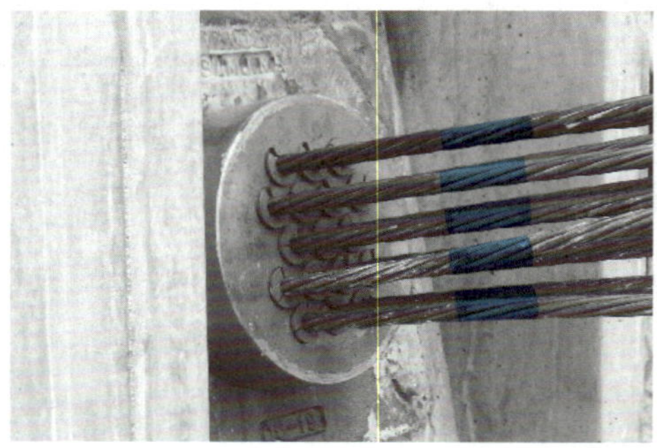

(d) 긴장력 도입 후의 정착구

| 그림 3-15 | 포스트텐션 부재의 긴장력 도입

프리스트레싱 강재로 이루어진 텐던을 사용하므로, 그림 3-14(a)의 잭에 비하여 작은 잭을 사용하는 것이 효율적이다.

그림 3-15(c)는 잭에 기름을 공급하는 유압펌프의 모습을 나타낸다. 그림 3-15(a)와 (b)에 보이는 긴장잭은 내부에 기름을 채워서 긴장재를 잡고 있는 드럼을 뒤로 밀어내어 긴장재를 인장하므로, 외부에서 잭의 내부로 유압을 공급해 주어야 한다. 그림 3-15(c)에 나타난 바와 같이, 유압펌프에는 바늘이 돌아가는 압력계가 붙어 있어서 공급되는 기름의 압력을 나타내 준다. 따라서 유압펌프가 나타내는 유압에 긴장잭 드럼의 단면적을 곱하면 인장력을 알 수 있다. 일반적으로 현장에서는 긴장잭의 종류에 따라 유압과 인장력의 관계를 나타내는 자료를 활용하여 작업을 수행한다.

그림 3-15(d)는 강연선 텐던을 사용한 포스트텐션 정착구로서, 긴장재가 늘어난 상태에서 쐐기로 정착된 모습이다. 이때 긴장재가 늘어난 길이를 신장량이라고 하며, 긴장작업 후에는 신장량을 측정하고 관리하여야 한다. 신장량을 측정하는 방법은, 정착구에 노출된 긴장재에 미리 스프레이 페인트를 칠한 뒤, 긴장 후에 그림 3-15(d)에 보이는 페인트가 칠해진 위치와 정착구 사이의 길이를 측정하는 방법을 많이 사용한다. 신장량은 설계과정에서 미리 계산되어, 일반적으로 설계도면이나 작업지시서와 같은 공사도서에 각 텐던에 대한 인장력과 함께 표기되어 있다. 현장에서의 긴장작업은 긴장력을 도입하면서

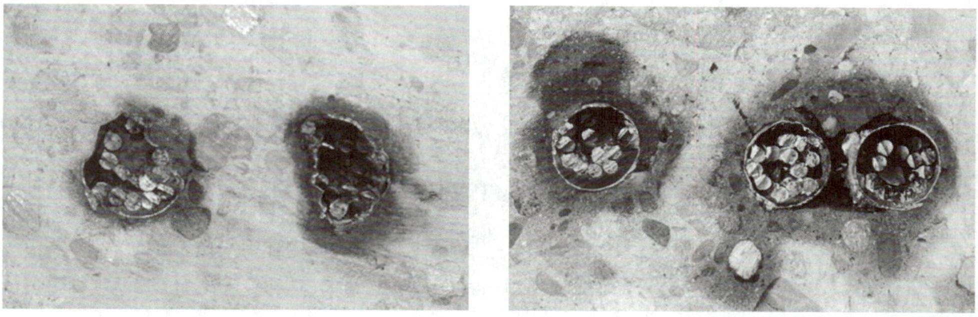

(a) 쉬스의 변형 (b) 쉬스의 순간격 시공 오류

| 그림 3-16 | 시공 중 발생한 쉬스의 변형과 배치 오류

측정한 인장력과 신장량이 공사도서에 나타나 있는 값들과 일치할 때, 정상적인 긴장작업이 수행된 것으로 평가한다. 만일 측정한 값이 공사도서의 값과 같지 않을 때에는 원인을 조사하여 문제점을 파악하여야 한다.

예를 들어, 목표로 한 긴장력을 도입했을 때 발생한 신장량이 예정된 신장량보다 현저하게 작다면, 부재 내에 배치된 쉬스가 콘크리트 타설 중에 파손되거나 손상되었을 가능성을 생각해 볼 수 있다. 즉, 콘크리트 타설 과정에서 콘크리트 다짐용 봉상 진동기(vibrator)가 쉬스를 파손시켜서, 콘크리트가 내부로 흘러들어가 긴장재와 함께 경화되었을 가능성을 생각해 볼 수 있다. 또, 콘크리트 타설 중에 과도한 압력으로 인하여 쉬스가 찌그러져서, 인장력이 도입되어 긴장재가 늘어날 때 쉬스에 의한 마찰저항이 설계에서 가정한 것보다 매우 크게 되었을 가능성도 생각해 볼 수 있다.

그림 3-16은 1970년대에 시공된 프리스트레스트 콘크리트 중공슬래브교가 성능이 저하되어 30여년 뒤 철거되었을 때, 조사를 위하여 절단한 콘크리트 단면의 일부분을 나타낸다. 그림 3-16(a)는 단면이 원형이었던 쉬스가 반원에 가까울 정도로 변형된 모습을 보인다. 이것은 콘크리트 시공에서 과도한 진동으로 인한 압력에 의하여 쉬스가 변형된 것으로 추측할 수 있다. 그림 3-16(b)는 쉬스 배치의 시공오류를 나타낸다. 즉, 세 개의 텐던은 동일한 수평간격을 갖도록 설계되었으나, 실제 시공에서는 오른쪽 쉬스와 중앙 쉬스 사이의 순간격이 거의 없을 정도로 가깝게 배치되어 쉬스 사이에 콘크리트가 채워지지 않은 모습을 보인다. 이것은 콘크리트 타설 중에 오른쪽 쉬스가 처음에 배치되었던 위치를 이탈하여 중앙 쉬스 방향으로 이동한 것으로 판단할 수 있다.

이와 같은 포스트텐션 프리스트레스트 콘크리트의 시공오류를 방지하기 위해서는, 콘크리트를 타설할 때 쉬스가 손상되지 않도록 진동 작업에 주의를 기울여야 하며, 또 콘크리트 타설 중에 쉬스의 위치가 설계도면의 위치와 어긋나지 않도록 쉬스를 단단히 묶어 주어야 한다.

3.4.4 포스트텐션 부재의 그라우팅 시공

부착 텐던으로 설계된 포스트텐션 부재의 시공에서는, 긴장력이 도입되고 텐던이 정착된 후 덕트 내부를 유동성이 좋은 모르타르로 채우는 그라우팅(grouting) 작업을 수행한다. 그라우팅은 긴장재를 콘크리트에 부착시키는 역할을 할 뿐만 아니라, 긴장재의 부식을 방지하는 역할을 한다.

그림 3-17(a)는 프리캐스트 세그먼트 제작장에서의 그라우팅 작업 모습으로, 모르타르를 밀어내는 압출장비로 관을 통하여 송출한 뒤, 정착장치에 붙어 있는 주입구로 쉬스 내를 그라우팅 모르타르로 채우는 모습이다. 이때 주의할 점은 쉬스 내부에 그라우팅 모르타르가 완벽하게 채워지도록 시공하여야 한다는 것으로, 시공 중에 이를 확인하여야 한다. 그라우팅 모르타르가 쉬스 내에 완벽하게 채워지지 않으면 긴장재가 부식될 수 있으며, 긴장재의 부식으로 포스트텐션 프리스트레스트 콘크리트 교량이 붕괴된 사례가 있기 때문이다.

단순보의 포스트텐션 부재와 같이 쉬스가 아래로 불룩한 곡선형상으로 배치된 경우에는, 쉬스 양단에 연결된 정착장치 중 한쪽에서 그라우팅용 구멍에 모르타르를 주입하고 반대쪽 정착장치의 구멍으로 모르타르가 빠져 나오는 것을 확인하면 쉬스가 모르타르로 채워진 것으로 판단할 수 있다. 그러나 연속보의 내부지점과 같이 쉬스가 위로 불룩한 곡선형상으로 배치된 포스트텐션 부재에는, 그림 3-17(b)와 같이 위로 불룩한 위치에서 쉬스에 통기관(通氣管, benting tube, air vent)를 설치하여야 한다. 통기관으로는 보통 플라스틱 튜브를 많이 사용한다.

통기관을 설치해야 하는 이유는 그림 3-18에 나타나 있다. 그림 3-18(a)와 같은 긴장재 배치 형상(tendon profile)을 갖는 2경간 연속보에서 긴장력을 도입하면 긴장재가 직선형상이 되려고 한다. 따라서 경간 중앙에서는 긴장재가 쉬스 위쪽에 위치하게 되고, 내부 지점에서는 긴장재가 쉬스 아래쪽에 위치하게 된다. 이 상태에서 왼쪽 단부에서 그라우팅 모르타르(그라우트)를 주입하면 쉬스 내부의 공기가 그라우트에 밀려서 오른쪽으로 이동해 가면서 그라우트가 쉬스에 채워진다. 이때, 내부 지점 위치에 통

(a) 그라우팅 작업(서해대교)

(b) 쉬스의 통기관 설치(서울시 내부순환로)

| 그림 3-17 | 통기관 설치 및 그라우팅

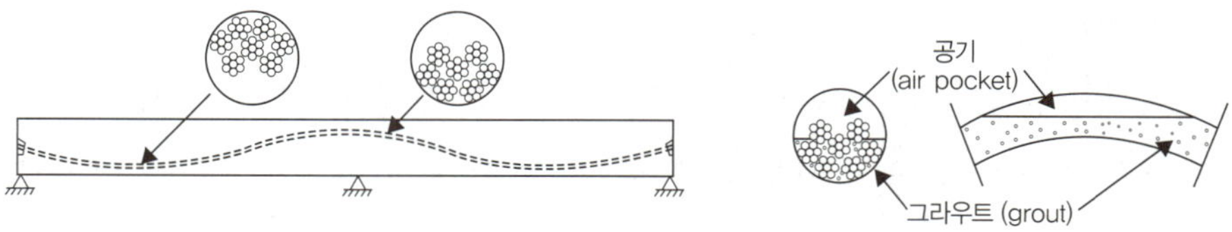

(a) 통기관이 설치되지 않은 경우

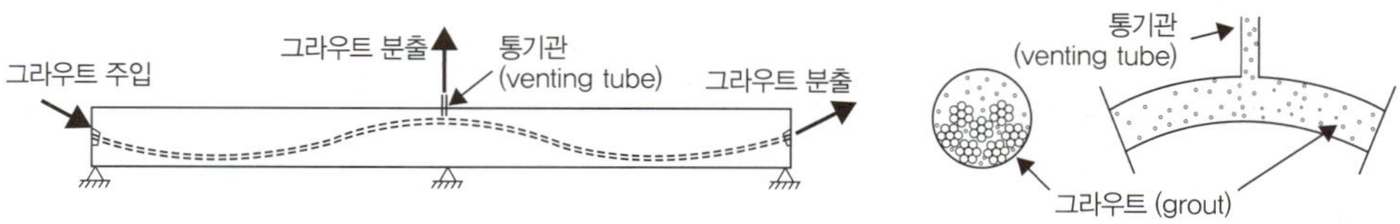

(b) 통기관이 설치된 경우

| 그림 3-18 | 통기관 설치에 따른 그라우팅 품질

기관을 설치하지 않은 경우에는, 내부 지점 위치에서 공기가 완전히 오른쪽 경간으로 넘어가지 못한 상태에서 그라우트가 오른쪽 경간으로 넘어가게 되어, **그림 3-18**(a)와 같이 공기가 쉬스 내부에 갇히게 된다. 이를 공기 주머니(air pocket)이라고 하는데, 불완전하게 그라우팅 된 이 부분에서 긴장재가 수분이 많은 공기와 접촉하게 되면 긴장재의 부식이 진행된다.

그림 3-18(b)와 같이 내부 지점 위치에 통기관을 설치한 경우에는, 내부 지점 위치에서 공기가 통기관을 통하여 배출되고 그라우트가 분출되면서 쉬스 내부를 완전히 채울 수 있게 된다. 오른쪽 경간으로 넘어간 공기는 오른쪽 단부까지 밀려가서 배출되어, 쉬스 전체 길이에 걸쳐서 그라우팅 된다. 통기관이 설치된 모습은 **그림 3-17**(b)뿐만 아니라, 긴장력을 도입하는 모습의 **그림 3-15**(b)에서도 찾아볼 수 있다.

그림 3-19는 그라우팅이 불완전한 사례를 나타낸다. **그림 3-19**(a)의 왼쪽 덕트는 그라우팅이 완벽하지 않아 강선의 일부가 완전히 부착되지는 못한 모습을 보인다. **그림 3-19**(a)의 오른쪽 덕트는 그라우팅이 되어 있지 않아, 콘크리트 단면의 절단과 함께 강선이 절단되어 원래의 길이로 되돌아가서 긴장재가

(a) 그라우팅이 불완전한 덕트

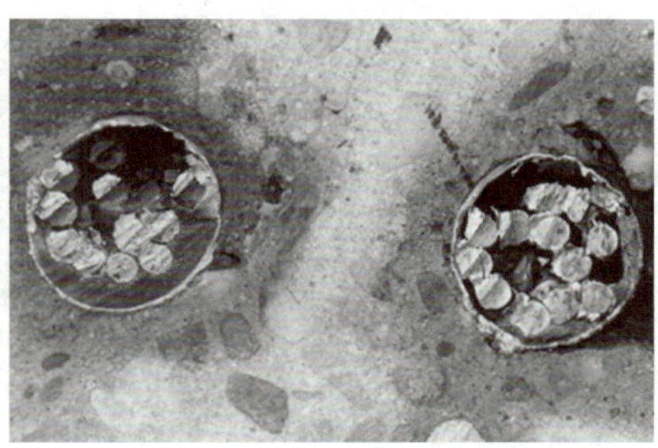

(b) 그라우팅 불량과 긴장재의 부식

| 그림 3-19 | 그라우팅이 불완전한 시공

보이지 않는 모습을 보인다.

그림 3-19(b)의 덕트들도 그라우팅이 불완전하여 긴장재의 부식이 진행되고 있는 모습을 보인다. 긴장재의 부식은 프리스트레스트 콘크리트 구조물의 성능저하뿐만 아니라, 구조물의 붕괴까지 이를 수 있게 하는 매우 중요한 문제로서, 그라우팅 시공의 품질관리는 프리스트레스트 콘크리트 구조물의 시공에 매우 중요한 사항이다.

3.4.5 프리캐스트 부재의 가설

프리캐스트 부재는 프리스트레스트 콘크리트이든 철근콘크리트이든 인양(lifting) 작업이 필수이다. 따라서 부재의 제작에서는, 인양이 가능하도록 인양과정의 지점조건을 고려하여 인양 부속장치를 부재에 설치하여야 한다. 부재의 인양은 크레인(crane)을 사용하는데, 인양할 수 있는 중량과 작업 범위에 따라 크레인의 규모를 선정한다. 프리캐스트 부재의 크기와 중량이 매우 큰 경우에는, 그림 3-20(a)와 같이 대형 크레인을 사용해야 할 경우가 있다. 이때 인양과정에서 프리캐스트 부재가 손상을 받을 수 있으므로 특별한 장치를 사용해야 할 경우도 있다. 그림 3-20(b)는 인천대교 고가교 구간의 가설 모습으로, 인양과정에서 프리캐스트 부재가 손상을 받지 않도록 인양장치를 이용한 사례를 보인다. 또 그림 3-20(b)에서 프리캐스트 부재를 받치고 있는 장비는 부재를 운송하는 장비로서, 이미 가설된 교량 상부구조에 손상을 주지 않기 위하여 많은 수의 바퀴를 두어 하중을 분산하면서 부재를 운송하는 특수 장비이다.

포스트텐션 프리스트레스트 콘크리트 거더의 쉬스 및 철근 배치를 보이는 그림 3-14(b)에서, 거더의 단부 부근에는 콘크리트 타설 후 단면 상부에 노출될 전단연결재와 동일한 형상으로 '역 U' 형상의 철근 2개가 배치되어 있다. 이 철근은 전단연결재 철근보다 더 굵고 형상의 크기도 더 큰 철근이 배치되

(a) 대형 크레인을 이용한 인양

(b) 인양장치 및 운송장비

| 그림 3-20 | 프리캐스트 부재의 인양 및 운송 (인천대교)

(a) 인양용 철근을 매립한 프리텐션 부재

(b) 포스트텐션 거더의 인양홀

| 그림 3-21 | 프리캐스트 부재의 인양용 장치

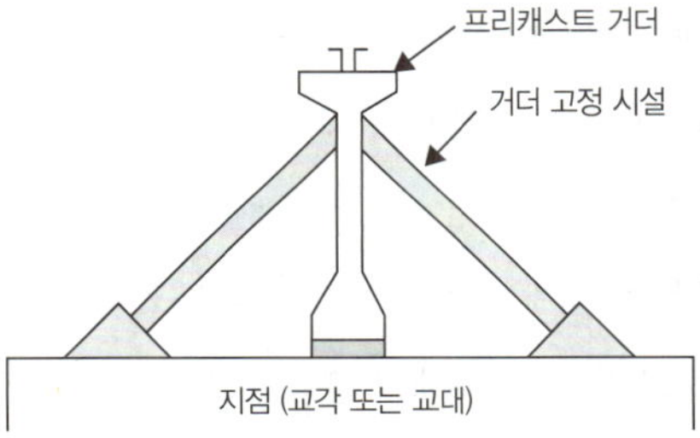

(a) 프리캐스트 거더 가설 중의 안정

(b) 프리캐스트 거더 가설 중의 붕괴사고

| 그림 3-22 | 프리캐스트 거더의 가설

어 있는데, 이것은 부재를 제작한 후 그림 3-21(a)와 같이 인양하기 위한 연결재이다.

부재의 인양을 위한 장치로는 그림 3-21(a)와 같이 인양용 철근을 매입하거나, 그림 3-21(b)와 같이 부재 단부 하단에 단면을 가로 지르는 관을 매입하여 구멍을 만들어서, 인양홀이라고 부르는 이 구멍에 봉을 삽입하고 쇠줄, 즉 체인(chain)을 거는 방법을 사용하기도 한다.

프리캐스트 부재를 인양하여 지점 위에 거치한 상태에서는, 경우에 따라 부재가 전도(顚倒, overturning)되지 않도록 고정시설을 설치하여야 한다. 예를 들어, 2중 T형 단면(double T-shaped section)과 같이 단면의 특성상 부재를 거치한 후에도 안정이 되는 상태라면 고정시설을 설치할 필요가 없지만, 그림 3-22(a)와 같이 단면의 폭에 비하여 높이가 매우 높은 I형 단면의 경우에는 고정시설을 설치하여야 한다. 이러한 단면형상의 부재는 그 특성상 약간의 외부 충격에도 전도되기 쉽기 때문이다. 그림 3-22(b)는 프리캐스트 포스트텐션 거더 교량의 가설 도중에 1개의 거더가 인접한 거더 방향으로 전도되어, 도미노(domino) 현상으로 한 경간 당 5개가 거치된 거더가 전도되어 파괴된 사고 모습이다. 사고가 발생한 이 상태는 그림 3-6(a)와 같이 바닥판이 합성되기 전의 상태로, 가설 중의 구조시스템에서 가장 불안정한 상태이다. 그림 3-6(b)와 같이 바닥판 콘크리트가 타설되어 합성된 후에는 안정적인 구조시스템으로 변환하게 된다. 따라서 프리캐스트 부재의 가설에서는, 부재가 안정된 구조시스템으로 변환하기 전까지는 전도에 의한 사고가 발생하지 않도록 고정시설을 설치하는 등의 대책을 세워두어야 한다.

3.4.6 프리캐스트 세그멘탈 구조물의 제작 및 가설

프리캐스트 공법에서 구조물의 규모가 비교적 작은 경우, 크레인 장비로 한 번에 인양할 수 있다면 한 경간을 단위로 하여 프리캐스트로 부재를 제작하는 것이 일반적이다. 그러나 대형 구조물의 경우에는 한 경간을 단위로 한 프리캐스트 부재를 인양, 운반, 가설하는 것이 현실적으로 불가능하다. 이때에는 한 경간을 이루는 부재를 여러 개의 세그먼트(segment)로 나누어 제작한 후 현장으로 운반하고, 이들을 조립하여 가설하는 세그멘탈 공법(segmental method)을 사용한다.

프리캐스트 세그멘탈 공법에서는 시공의 정밀도를 확보하기 위하여 매치캐스팅 공법(match casting)으로 세그먼트를 제작한다. 이 공법은 이미 제작된 프리캐스트 세그먼트를 거푸집의 한쪽 면으로 이용하여 인접한 세그먼트를 제작하는 것으로, 그림 3-23은 프리캐스트 세그먼트를 매치캐스팅 공법으로 제작하는 공정을 나타낸다. 먼저 거푸집을 이용하여 첫 번째 세그먼트-1을 제작하고, 그림 3-23(a)와 같이 이미 제작된 세그먼트-1을 거푸집의 한쪽 면으로 하여 두 번째 세그먼트-2를 제작한다. 세그먼트-2의 양생이 끝나면, 그림 3-23(b)와 같이 세그먼트-1을 야적장으로 옮기고 세그먼트-2를 다시 거푸집의 한쪽 면으로 하여 세 번째 세그먼트-3을 제작한다. 이와 같은 방법으로 이어 붙이게 될 그 다음 세그먼트를 연속으로 제작하는 것을 매치캐스팅 공법이라고 한다. 프리캐스트 세그멘탈 공법에서 세그먼트를 제작할 때 이 공법을 사용하지 않으면, 세그먼트가 접촉되는 면이 완벽히 밀착되지 못하여 접촉된 부분에만 압축응력이 집중되어 균열이 발생하기 쉽다. 과거에 매치캐스팅 공법을 사용하지 않고 강성이 매우 큰 거푸집을 이용하여 동일한 형상의 세그먼트를 연속으로 제작하려는 시도가 종종 있으나, 세그먼트를 조립하고 긴장력을 도입할 때 세그먼트의 접촉면에서 균열이 발생하는 경우가 자주 있었다. 이것은 아무리 거푸집의 강성이 크더라도, 세그먼트를 제작한 후 거푸집을 탈형(脫形, 해체)하는 과정에서 거푸집에 미세한 변형이 발생하기 때문이다. 따라서 나중에 제작된 세그먼트가 그 전에 제작된 세그먼트와 완벽하게 동일한 형상을 갖지는 못하는 것이다.

그림 3-24는 매치캐스팅 공법으로 프리캐스트 박스단면의 세그먼트를 제작하는 모습을 나타낸다. 세그먼트에 배치될 철근은 그림 3-24(a)와 같이 철근망(steel cage)을 선조립(先組立, prefabricate)하여 크레인으로 거푸집 내부에 배치한다. 그림 3-23(b)는 이미 제작된 세그먼트의 한쪽 면을 거푸집으로 이용하기 위하여 세그먼트를 위치시키고 외부 거푸집을 설치한 모습으로, 선조립 철근망(prefabricated

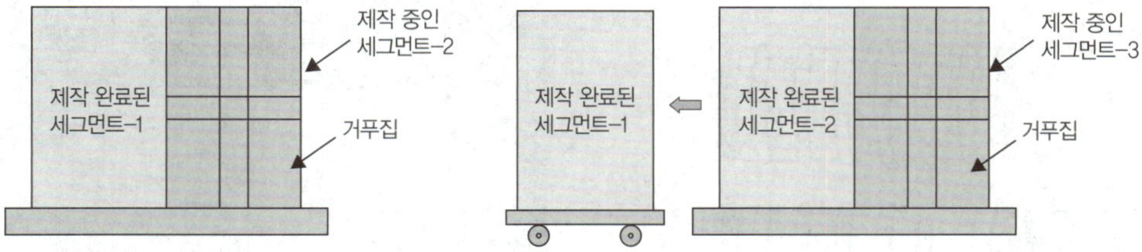

(a) 세그먼트-2의 제작

(b) 세그먼트-1의 운반 및 세그먼트-3의 제작

| 그림 3-23 | 매치캐스팅 공법의 세그먼트 제작 공정

(a) 세그먼트 철근망의 선조립

(b) 매치캐스팅의 세그먼트와 거푸집

(c) 매치캐스팅 과정의 세그먼트

(d) 매치캐스팅 과정의 콘크리트 타설

| 그림 3-24 | 매치캐스팅 공법의 세그먼트 제작(서해대교, 서울시 내부순환로)

cage)을 배치하기 직전의 모습이다. 철근망이 배치된 후에는 내부 거푸집을 설치하는데, 그림 3-24(b)에 대기 중인 내부 거푸집의 모습이 나타나 있다.

그림 3-24(c)는 매치캐스팅 과정의 모습으로, 이미 제작된 세그먼트를 오른쪽에 배치하고 왼쪽에 새로운 세그먼트를 제작하기 위하여 철근과 거푸집이 설치된 모습이다. 그림 3-24(d)는 새로 제작하는 세그먼트의 콘크리트 타설 모습으로, 박스단면의 상부 플랜지의 콘크리트 타설 모습이다. 이때 콘크리트를 타설하기 전에 거푸집으로 활용하는 세그먼트의 표면에 이면제(離面製)을 도포하여야 한다. 이면제

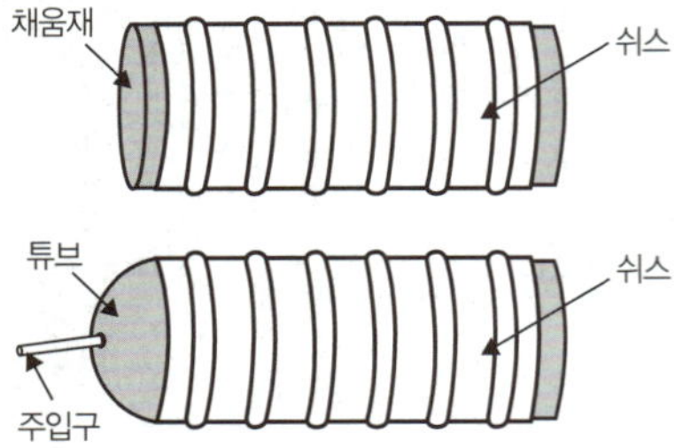

(a) 쉬스 변형 방지 장치

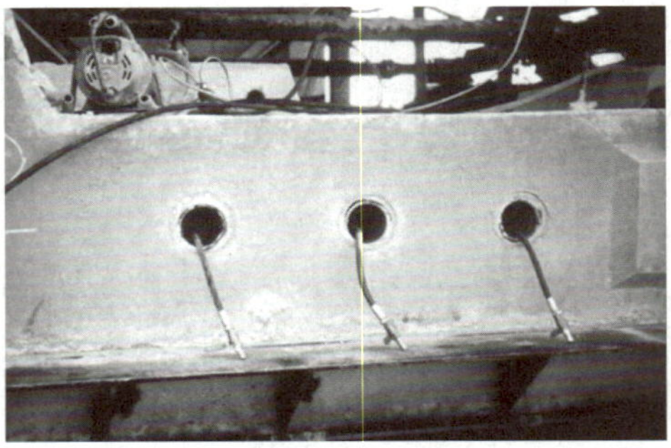

(b) 쉬스 변형 방지 튜브의 공기 주입구

| 그림 3-25 | 쉬스 변형 방지 장치를 이용한 프리캐스트 세그먼트의 제작(서울시 내부순환로)

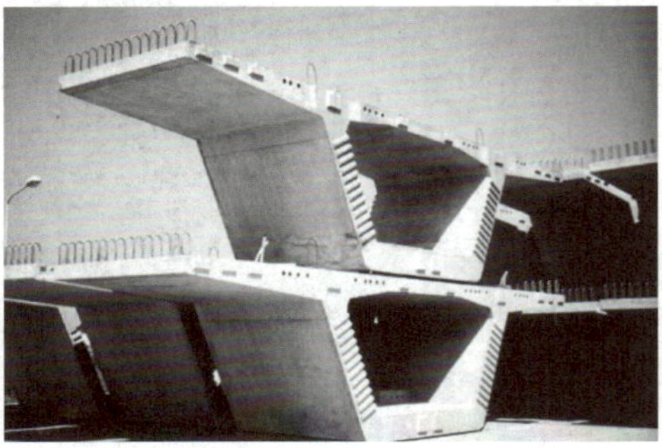

(a) 세그먼트의 야적

(b) 세그먼트의 인양 및 운반

| 그림 3-26 | 프리캐스트 세그먼트의 야적 및 관리(서울시 내부순환로)

는 새로 타설된 콘크리트와 기존 세그먼트의 접촉면이 잘 분리되도록 하는 역할을 한다.

프리캐스트 세그먼트의 제작에서 쉬스가 변형되면 세그먼트가 조립된 후 긴장재가 삽입되지 않는다. 또 긴장재가 삽입되었다고 할지라도 긴장작업 중에 긴장재가 끊어지는 일이 발생한다. 따라서 쉬스가 변형되지 않도록 제작하여야 하는데, 이를 위해서는 그림 3-25(a)와 같은 방법을 고려할 수 있다. 즉, 그림 3-25(a)의 위 그림과 같이 쉬스 내에 채움재를 넣는 방법으로, 일반적으로 쉬스의 최소 지름과 유사한 지름을 가진 원기둥 형상의 고무나 플라스틱을 채우는 방법이다. 또는 그림 3-25(a)의 아래 그림과 같이 쉬스 내에 고무 튜브를 삽입하고, 주입구로 공기나 기름을 주입하여 튜브의 팽창 압력으로 쉬스의 변형을 방지하는 방법이다. 그림 3-25(b)는 프리캐스트 박스단면의 세그먼트를 제작 모습으로, 쉬스 내에 삽입된 튜브와 연결된 공기 주입구의 모습이다.

대량 생산되는 프리캐스트 세그먼트는 가설현장으로 운반될 때까지 야적장에 보관한다. 이 보관 과정에서 콘크리트의 재령에 따라 강도가 더 증가할 수 있고 수축이 진행된다. 세그먼트 제작장의 야적장을 효율적으로 운영하기 위하여, 그림 3-26(a)와 같이 세그먼트를 2층으로 야적하는 경우가 많다. 이런 경우에는 위의 세그먼트 중량으로 인하여 아래의 세그먼트에 균열이나 변형이 발생하지 않도록 하여야

(a) 세그먼트의 운송 (b) 세그먼트의 운반

| 그림 3-27 | 프리캐스트 세그먼트의 운반(서울시 내부순환로)

(a) 세그먼트의 에폭시 도포 (b) 세그먼트의 긴장력 도입

| 그림 3-28 | 프리캐스트 세그먼트의 가설(서울시 내부순환로, 서해대교)

한다. 따라서 세그먼트를 야적하기 전에 해석을 통하여 균열 발생 가능성을 검토하고, 세그먼트의 지점 조건 등을 검토하는 등 바람직한 야적 방법을 미리 계획하여야 한다. 또한 야적장에서는 세그먼트의 효율적인 관리가 중요하다. 즉, 세그먼트를 생산한 후 야적장으로 옮기거나 야적되어 있던 세그먼트를 가설현장으로 운반하기 위하여, 그림 3-26(b)와 같이 야적장 내에서 크레인을 사용하는데, 이때 운반시간 및 운반거리를 최소화하도록 관리하는 것이 중요하다. 따라서 세그먼트를 야적할 때에는 가설현장으로 반출되는 순서를 고려하여 세그먼트를 효율적으로 배치하는 방안을 미리 계획하여야 한다.

제작된 프리캐스트 세그먼트는 가설현장으로 운반한다. 그림 3-27(a)는 야적장에서 세그먼트를 트럭에 실어 운송하는 모습을 나타낸다. 가설현장으로 운송된 세그먼트는 가설공법의 특성에 따라 여러 가지 방법으로 조립되어야 할 위치로 운반하는데, 그림 3-27(b)는 캔틸레버 공법으로 시공되는 교량의 가설현장에서 런칭트러스(launching truss)가 세그먼트를 운반하고 있는 모습을 나타낸다.

세그먼트의 조립은 그림 3-28(a)와 같이 조립될 두 세그먼트의 접촉면에 에폭시를 도포하고, 그림 3-28(b)와 같이 긴장력을 도입한 후 그라우팅 작업을 수행하는 과정으로 이루어진다. 에폭시는 계절에 따라 빙점 아래의 기온을 보이는 지역에 건설되는 프리캐스트 세그멘탈 구조물에 대부분 사용된다.

세그먼트 접촉면에 에폭시를 도포하지 않고 조립되는 경우를 건식접합(dry joint)이라고 하는데, 건식접합은 추운지역에는 적절하지 않다. 즉, 건식접합으로 세그먼트를 가설하는 경우, 추운 계절에 눈이 내리거나 비가 내린 후 세그먼트 접합면에 침투한 수분이 얼면 체적이 팽창하여 접합면이 벌어질 수 있기 때문이다. 에폭시는 일반적으로 세그먼트의 압축강도보다 더 큰 압축강도를 갖도록 배합하며, 조립 공정을 고려하여 충분한 경화 시간을 갖도록 배합한다.

에폭시를 도포할 때는 모든 접촉면이 에폭시로 메꾸어지도록 충분히 도포하여야 한다. 접촉면을 메꾸기 위한 양보다 초과된 양의 에폭시는 긴장력이 도입되면 압축력으로 인하여 접촉면의 외부로 빠져나오므로, 충분한 양을 도포하여도 별 문제가 없다. 에폭시를 도포한 후에는 에폭시가 경화되기 전에 세그먼트를 접합하여야 한다. 이때에는 에폭시가 경화될 때까지 압축력을 가하여야 하는데, 가설공법의 특성에 따라 강봉으로 임시로 압축력을 가하거나 구조물에 영구히 사용될 긴장재를 긴장하여 압축력을 가한다. 강봉을 이용하여 임시로 압축력을 가한 경우에는, 구조물에 영구히 사용될 긴장재를 삽입하고 긴장력을 도입한 후에 강봉을 제거한다.

3.5 시공단계를 고려한 설계

3.5.1 가설단계를 고려한 설계

프리스트레스트 콘크리트 구조는 가설공법의 특성에 따라 시공 중에 구조형식이 변화하는 경우가 있다. 즉, 구조물 전체의 콘크리트를 한 번에 타설할 수 없는 경우가 많으므로, 일부의 콘크리트를 타설하고 그 부분만 긴장력을 도입한 후, 콘크리트를 이어서 타설하고 긴장력을 도입하는 반복 과정으로 시공하는 경우가 있다. 이때에는 시공 중에 구조형식이 계속 변화하고 긴장력의 도입 순서에 따라 단면에 작용하는 응력이 변화하게 된다. 따라서 이와 같은 구조물의 설계에서는 구조물의 각 위치에서 단면에 작용하는 응력을 검토하여야 하므로, 가설단계를 고려한 설계를 수행하여야 한다.

그림 3-29는 동바리공법으로 시공되는 프리스트레스트 콘크리트 교량의 콘크리트 타설 및 긴장력 도입 공정과 긴장재의 배치 모습을 나타낸다.

교량과 같이 한쪽 방향으로 긴 구조물은 콘크리트를 한 번에 타설하기도 어렵고, 또 그렇게 하는 것이 경제적이지도 않다. 왜냐하면 동바리의 운영이 공사비에 영향을 미치기 때문이다. 동바리는 콘크리트가 경화할 때까지 콘크리트의 중량을 지지하는 역할을 하는데, 대부분의 시공현장에서는 동바리를 임대하여 운영한다. 이때 동바리의 임대비용을 줄일수록 공사비가 줄어들므로, 교량 상부구조의 전체

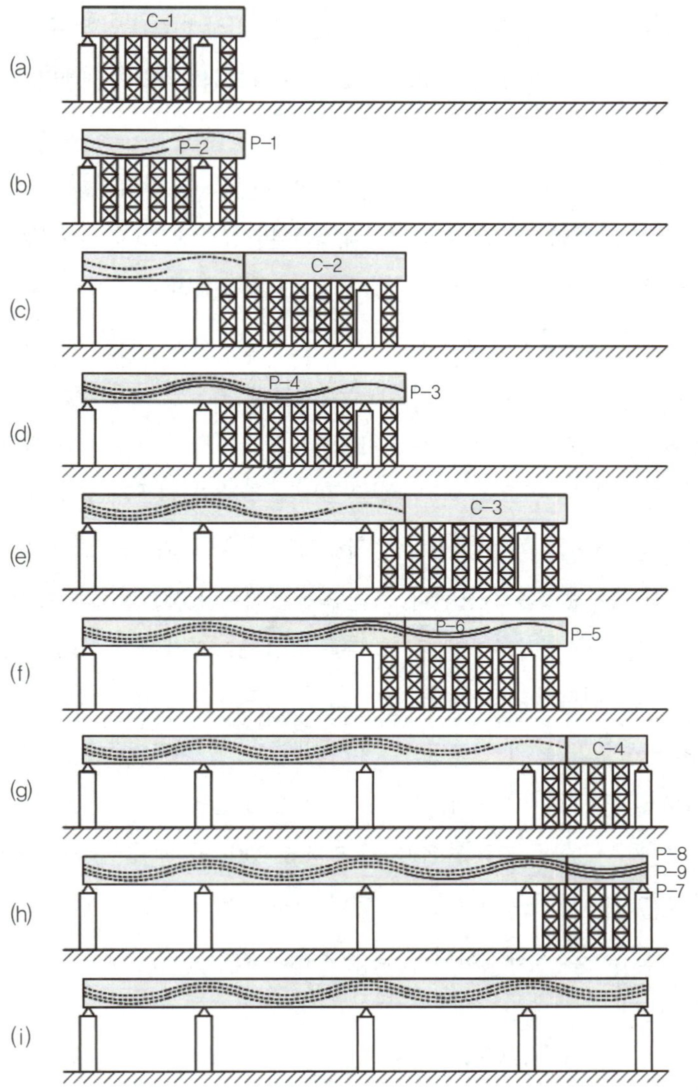

| 그림 3-29 | 동바리공법에 의한 콘크리트 타설 및 긴장력 도입 공정

길이에 걸쳐 동바리를 받치도록 많은 양을 임대하는 것은 경제적이지 않다. 따라서 **그림 3-29**와 같이 교량 상부구조의 일부분을 받치도록 동바리의 양을 최소화하는 것이 경제적이다.

동바리공법으로 가설되는 4경간 연속 박스단면 프리스트레스트 콘크리트 교량의 시공과정은 다음과 같다. 먼저, **그림 3-29(a)**와 같이 첫 번째 경간과 두 번째 경간의 일부에 동바리를 설치하고 첫 번째 C-1 세그먼트에 콘크리트를 타설한다. 물론 포스트텐션 부재이므로 콘크리트를 타설하기 전에 덕트를 배치한다. 첫 번째 세그먼트를 첫 번째 경간과 두 번째 경간의 일부까지로 하는 이유는, 휨모멘트와 전단력이 최대가 되는 위치인 지점(support)에 콘크리트의 시공이음 면을 두지 않으려는 것이다. 한 세그먼트의 종점은 경간의 약 1/5이나 1/4인 위치를 택하는데, 그 위치가 휨모멘트와 전단력의 두 가지 단면력이 다른 위치보다 작은 위치이기 때문이다. 설계에서 긴장력을 도입할 수준으로 선택한 압축강도까지 첫 번째 세그먼트의 콘크리트가 경화되면, 그림 3-29(b)와 같이 P-1 텐던과 P-2 텐던을 순서대로 긴장한다.

첫 번째 C-1 세그먼트의 콘크리트가 동바리를 받치지 않아도 될 만큼 경화되면, 그림 3-29(c)와 같이 동바리를 두 번째 세그먼트의 위치로 이동시킨다. 그러나 공기(工期)를 단축시키기 위해서는, 첫 번째 세그먼트의 콘크리트가 동바리를 받치지 않아도 될 만큼 경화하기 전에 또 다른 세트의 동바리를 투입하여 두 번째 C-2 세그먼트를 시공하기도 한다.

그림 3-29(c)와 같이 두 번째 C-2 세그먼트에 콘크리트를 타설한 후 경화되면, 그림 3-29(d)와 같이 P-3 텐던과 P-4 텐던을 순서대로 긴장한다. 이때 P-3 텐던은 첫 번째 경간에 배치된 그림 3-29(b)의 P-2 텐던과 연결된다. 이 두 텐던의 연결방법으로는 긴장재의 커플러(coupler)를 사용하거나, 그림 3-30(a)와 같이 박스단면 내부의 복부에 중간 정착구를 설치하고 쉬스를 엇갈리게 배치한 후 각각의 텐던을 정착구로 정착시키는 방법을 사용한다. 그림 3-30(b)는 한 세그먼트의 종점으로 경간의 약 1/5이나 1/4인 위치에 설치된 중간 정착구까지 콘크리트를 타설하고 양생한 후의 모습을 나타낸다.

그림 3-29에서 C-2 세그먼트의 시공이 끝나면, 그림 3-29(e)와 같이 동바리를 그 다음 세그먼트의 위치로 이동시키고, C-3 세그먼트의 콘크리트를 타설한다. C-3 세그먼트의 콘크리트를 양생한 후에는, 그림 3-29(f)와 같이 P-5 텐던과 P-6 텐던을 순서대로 긴장한다.

C-3 세그먼트의 시공이 끝나면, 그림 3-29(g)와 그림 3-29(h)와 같이 동바리 이동, C-4 세그먼트의 콘크리트 타설과 양생, P-7 텐던, P-8 텐던, P-8 텐던 순서로 긴장력 도입 공정을 수행한다. 이러한 과정을 거쳐서 최종적으로 동바리를 해체하면, 그림 3-29(i)와 같이 4경간 연속 박스단면 프리스트레스트 콘크리트 교량을 완공한다.

이와 같이 콘크리트의 분리 타설과 동바리 운영의 경제성을 고려하여 단계별로 시공하는 경우에는,

(a) 중간 정착구의 쉬스 배치

(b) 중간 정착구 위치의 시공 이음

| 그림 3-30 | 중간 정착구(영천시 국도 28호 교량, 서울시 내부순환로 교량)

완성 후에는 4경간 연속보의 형식이지만 시공 중에는 단순보, 2경간 연속보, 3경간 연속보 등 구조형식이 계속 변화한다. 또, 구조 형식의 변화와 콘크리트 타설 공정을 고려하여 텐던을 배치하고 긴장력을 순서대로 도입한다. 따라서 각각의 공정에 따라 단면의 응력 상태가 변화하게 되므로 시공단계를 고려하여 단면을 검토하여야 하며, 효율적인 시공을 위한 설계를 수행하여야 한다.

3.5.2 구조형식 변화에 따른 장기거동을 고려한 설계

프리스트레스트 콘크리트 구조물은 가설공법의 특성에 따라 시공 중에 구조형식이 변화하는 경우가 있는데, 이러한 경우에는 크리프에 의하여 구속작용이 발생하여 시간이 경과함에 따라 휨모멘트의 크기가 변화한다.

그림 3-31은 캔틸레버공법으로 시공되는 프리스트레스트 콘크리트 교량의 가설 과정을 나타낸다. 먼저, 그림 3-31(a)와 같이 각 교각에서 상부구조의 첫 번째 세그먼트에 콘크리트를 타설하고 양생한 후에 긴장력을 도입한다. 첫 번째 세그먼트의 시공이 끝나면, 양쪽 거푸집을 각각 앞으로 이동시키고 그림 3-31(b)와 같이 두 번째 세그먼트를 시공한다. 두 번째 세그먼트의 시공도 마찬가지로 콘크리트를 타설하고 양생한 후에 긴장력을 도입한다.

이와 같은 과정을 반복하여 양쪽 캔틸레버를 시공하여, 그림 3-31(c)와 같이 양쪽 캔틸레버가 맞닿기 직전까지 가설해 나간다. 이때의 휨모멘트는 그림 3-32(a)와 같이 부모멘트로서 전형적인 캔틸레버의 휨

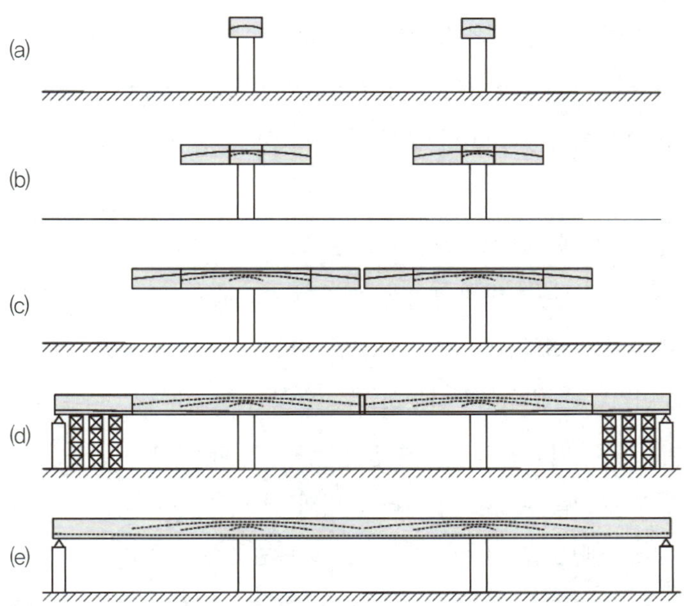

| 그림 3-31 | 캔틸레버공법에 의한 콘크리트 타설 및 긴장력 도입 공정

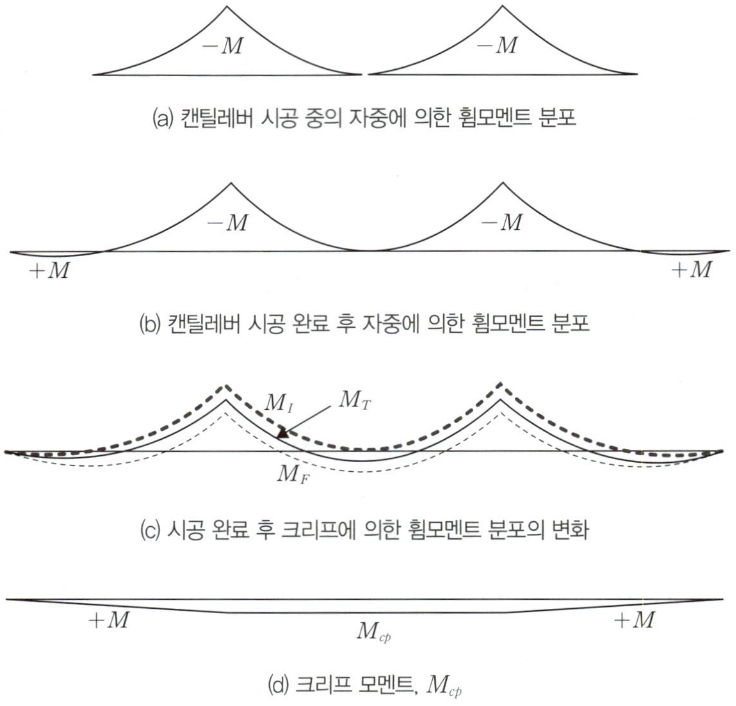

| 그림 3-32 | 구조 형식 변화에 따른 장기거동에 의한 휨모멘트 변화

모멘트 분포를 갖게 된다. 캔틸레버 시공이 끝나면, 그림 3-31(d)와 같이 양 쪽 캔틸레버를 연결하는 키 세그먼트(key segment)의 콘크리트를 타설하고, 외측 경간의 외측 교각 부근의 상부구조는 동바리 공법 등으로 시공한다. 이때에는 그림 3-32(b)와 같은 휨모멘트 분포를 갖게 된다.

이와 같은 과정으로 시공하는 과정에서, 캔틸레버로 시공되는 도중에는 긴장재를 단면의 상단에 배치하여 긴장력를 도입하며, 그림 3-31(d)와 같이 상부구조가 연결되면 단면의 하부에 긴장재를 배치하고 긴장력를 도입한다.

상부구조가 완공된 시점의 휨모멘트 M_I의 분포는 그림 3-32(b)와 같은 분포로, 그림 3-32(c)에는 굵은 점선으로 나타나 있다. 상부구조가 완공된 후 시간이 경과하면 콘크리트의 크리프를 구속하는 효과가 발생하여 휨모멘트 분포가 변화한다. 이것은 캔틸레버로 시공된 부분이 서로 연결되지 않았다면 콘크리트의 크리프로 자연스럽게 캔틸레버 단부의 처짐이 증가하지만, 이 경우와 같이 양쪽 캔틸레버 단부가 키 세그먼트로 연결되어 연속보가 되면 변형이 구속되기 때문이다.

따라서 휨모멘트 분포는 그림 3-33(c)에 나타난 바와 같이, 완공 직후의 M_I 분포가 시간이 지남에 따라 크리프에 대한 구속모멘트 M_{cp}가 발생하여 M_T의 분포로 변하게 된다. 여기서 M_{cp}는 간단히 크리프 모멘트(creep moment)로 부르는데, M_T와 M_I의 차이를 의미한다. 크리프 모멘트 M_{cp}는 근사적으로 다음 식으로 계산할 수 있다. [11.3절 참조]

$$M_{cp} = [M_F - M_I](1 - e^{-\phi_t}) \qquad (3\cdot49)$$

여기서, ϕ_t는 크리프 계수로서, 설계에서는 구조물의 설계수명의 기간 동안 발생할 크리프 계수를 사용한다. 휨모멘트 M_F는 전체 구조물을 일체로 시공할 때 연속보의 구조형식에서 발생하는 자중에 의한 휨모멘트 분포이다. 이 휨모멘트 M_F는 그림 3-32(c)에 가는 점선으로 나타나 있다.

크리프 모멘트 M_{cp}를 구한 후에는, 다음과 같이 완공 직후의 휨모멘트 분포 M_I에 더하여 최종 휨모멘트를 구할 수 있다.

$$M_T = M_I + M_{cp} \qquad (3\cdot50)$$

따라서 세그멘탈 공법으로 시공되는 구조물은 시공과정에서의 휨모멘트 분포를 고려하여 설계하여야 하며, 완공 후 M_I의 휨모멘트를 갖다가 시간이 경과함에 따라 M_T의 휨모멘트로 변해가므로, 이를 고려하여 설계하고 성능을 검증하여야 한다.

[참고문헌]

3.1 국토교통부, 한국콘크리트학회, KDS 14 20 콘크리트구조설계기준, 기준 및 해설, 2021.

3.2 국토해양부, 한국도로교통협회, 도로교설계기준, 2010.

3.3 ACI Committee 318, *Building Code Requirements for Structural Concrete*(ACI 318-14) *and Commentary*(ACI 318R-14), American Concrete Institute, Farmington Hills, MI, 2014.

3.4 AASHTO, *LRFD Bridge Design Specifications*, 5th edition, American Association of State Highway and Transportation Officials, Washington, D.C., USA, 2010.

3.5 국토교통부, 한국교량및구조공학회, 교량설계기준(한계상태설계법), KDS 24 12 11 교량 설계하중조합(한계상태설계법), KDS 24 14 21 콘크리트교 설계기준(한계상태설계법), 기준 및 해설, 2021.

3.6 CEN, Eurocode 2: *Design of Concrete Structures*, European Committee for Standardization, 2004.

3.7 CSA, *Design of Concrete Structures*(CSA Standard A23.3-04), Canadian Standard Association, Rexdale, Ontario, Canada, 2004.

3.8 AISC, *Load and Resistance Factor Design*, LRFD Specification for Structural Steel Buildings and Commentary, American Institute of Steel Construction, Chicago, IL, 1986.

3.9 ASCE and SEI, *Mimimum Design Loads for Buildings and Other Structures*, American Society of Civil Engineering and Structural Engineering Institute, ASCE/SEI 7-98, 1998.

3.10 CEN, Eurocode: *Basis of Structural Design*, European Committee for Standardization, 2002.

3.11 CEN, Eurocode 1: *Actions on Structures*, European Committee for Standardization, 2002.

3.12 CEN, Eurocode 8: *Design of Structures for Earthquake Resistance*, European Committee for Standardization, 2004.

3.13 건설교통부, 한국콘크리트학회, 콘크리트구조설계기준, 1999.

3.14 김재홍, 이재훈, "철근콘크리트 휨부재 및 압축부재의 재료저항계수 적용에 관한 연구", 한국콘크리트학회논문집, 제12권 2호, 2000년, pp. 21-30.

3.15 Collins, M.P. and Mitchell, D., *Prestressed Concrete Structures*, Prentice Hall, 1991(p. 36, p. 37).

[연습문제]

3-1 허용응력설계법, 강도설계법, 전통적 개념의 한계상태설계법의 특징을 설명하시오.

3-2 강도설계법에서 적용하는 안전계수, 즉 하중계수와 강도감소계수의 의미와 적용 목적을 설명하시오.

3-3 한계상태설계법은 두 가지 의미로 적용되는 경우가 있는데, 그 두 가지 의미가 어떤 것인지 설명하시오.

3-4 신뢰도기반 설계기준은 어떤 특징을 가진 것인지 설명하시오.

3-5 성능기반 설계와 성능기반 설계기준은 어떤 특징을 가진 것인지 설명하시오.

3-6 구조물을 설계할 때 프리스트레스트 콘크리트 구조 형식의 선정에서 고려하여야 할 사항을 설명하시오.

3-7 프리스트레스트 콘크리트 구조물을 설계할 때, 프리스트레스 도입단계에 대한 설계에서 고려하여야 할 사항과 설계검증이 필요한 사항을 설명하시오.

3-8 프리스트레스트 콘크리트 구조물을 설계할 때, 시공단계에 대한 설계에서 고려하여야 할 사항과 설계검증이 필요한 사항을 설명하시오.

3-9 프리스트레스트 콘크리트 구조물을 설계할 때, 사용한계상태에 대한 설계검증이 필요한 사항을 설명하시오.

3-10 프리스트레스트 콘크리트 구조물을 설계할 때, 극한한계상태에 대한 설계검증이 필요한 사항을 설명하시오.

3-11 프리텐션 부재의 제작 및 시공에서 주의해야 할 사항을 설명하시오.

3-12 덕트 배치, 콘크리트 시공, 긴장재 배치, 긴장력 도입, 그라우팅 작업을 중심으로 포스트텐션 부재의 제작 및 시공에서 주의해야 할 사항을 설명하시오.

3-13 프리캐스트 부재의 제작 및 운반에서 주의해야 할 사항을 설명하시오.

3-14 프리캐스트 부재의 가설 및 시공에서 주의해야 할 사항을 설명하시오.

3-15 프리스트레스트 콘크리트 구조물을 설계할 때, 시공단계를 고려하여 설계하고 검증하여야 하는 이유를 설명하시오.

3-16 프리스트레스트 콘크리트 구조물의 시공에서 구조형식의 변화가 발생하는 경우에는 구조형식 변화에 따른 장기거동을 고려하여 설계하여야 하는데, 그 이유를 설명하시오.

제4장

긴장력 손실

4.1 긴장력 손실 및 긴장력 도입 한계상태

프리스트레스트 콘크리트에서 콘크리트에 작용하는 압축력은 최초의 값이 변함없이 유지되는 것이 아니라, 긴장력을 도입하는 과정과 시간 경과에 따라 감소하는 특성을 가지고 있다. 이 절에서는 긴장력 손실의 원인과 특징을 다루고, 이어지는 절에서 각각의 요인에 대한 구체적인 내용을 다룬다.

4.1.1 긴장력 도입 및 손실

긴장잭으로 프리스트레싱 강재를 인장(tensioning)할 때 강재에 작용하는 긴장력(jacking force)을 P_j라고 하면, 이 힘이 모두 콘크리트에 작용하게 되지는 않는다. 이 힘은 그림 4-1에 나타낸 (A)의 손실 과정을 거쳐서 그보다 작은 크기의 압축력이 작용하게 된다. 이때 프리스트레싱 강재에 작용하는 인장력의 반작용으로 콘크리트에 압축력이 작용하도록 하는 것을 긴장력 도입(transfer of prestress)이라고 한다. 긴장력이 도입된 후 이 감소한 압축력은 프리스트레싱 강재에 작용하는 인장력의 반작용으로, 초기 긴장력(initial prestress)이라고 하며 P_i라고 표현한다.

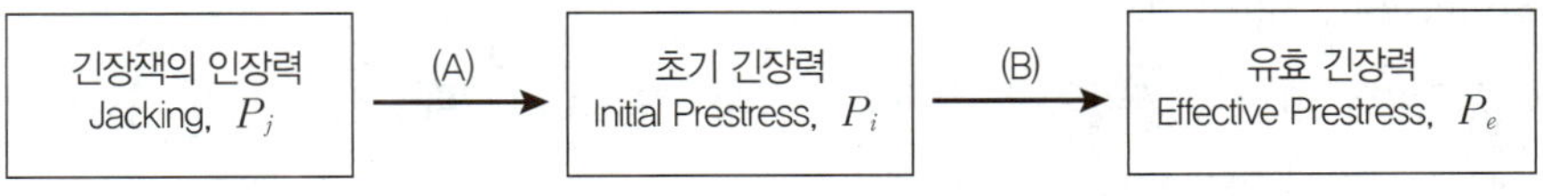

| 그림 4-1 | 긴장력 변화의 개념도

그림 4-1에 나타낸 (A)의 손실은 프리스트레싱 과정에 발생하는 손실로서, 즉시 손실(instantaneous loss 또는 immediate elastic loss)이라고 하는데, 그 종류와 요인은 다음과 같다.

(A) 즉시 손실(instantaneous loss 또는 immediate elastic loss)

① **탄성수축(elastic shortening)에 의한 손실**
콘크리트에 압축력이 도입되어 탄성수축으로 부재가 짧아짐에 따라 긴장재의 늘어난 길이도 같이 짧아져서 발생하는 긴장력 손실

② **마찰(friction)에 의한 손실**
포스트텐션 방식에서 긴장재를 인장할 때 늘어나는 긴장재와 쉬스 사이의 마찰작용으로 발생하는 긴장력 손실

③ **정착장치의 활동(anchorage slip, anchorage set, anchorage seating)에 의한 손실**
긴장잭에 의하여 늘어난 긴장재가 정착장치에 고정되는 과정에서 살짝 미끄러져서 늘어난 길이가 짧아짐에 따라 발생하는 긴장력 손실

이 세 가지 즉시 손실의 요인 중에서, 프리텐션 방식은 쉬스를 사용하지 않은 상태에서 콘크리트를 타설하기 전에 긴장재를 인장하므로, 프리텐션 부재에서 마찰에 의한 손실은 발생하지 않는다.

콘크리트에 긴장력이 도입된 후 초기 긴장력(initial prestress) P_i는, 시간이 경과하면 **그림 4-1**에 나타낸 (B)의 손실 과정을 거쳐서 감소하게 된다. 이 감소된 힘을 유효 긴장력(effective prestress)이라고 하며 P_e라고 표현한다. 이 손실을 시간적 손실(time dependent loss)이라고 하는데, 그 종류와 요인은 다음과 같다.

(B) 시간적 손실(time dependent loss)

① **크리프(creep)에 의한 손실**
시간이 경과함에 따라 콘크리트에 발생하는 크리프로 부재가 짧아짐에 따라 긴장재의 늘어난 길이도 같이 짧아져서 발생하는 긴장력 손실

② **수축(shrinkage)에 의한 손실**
시간이 경과함에 따라 콘크리트에 발생하는 수축으로 부재가 짧아짐에 따라 긴장재의 늘어난 길이도 같이 짧아져서 발생하는 긴장력 손실

③ 릴랙세이션(relaxation)에 의한 손실

시간이 경과함에 따라 프리스트레싱 강재에 발생하는 릴랙세이션으로 프리스트레싱 강재의 인장력이 감소하는 현상으로 발생하는 긴장력 손실

시간적 손실은 프리텐션 방식이든 포스트텐션 방식이든 공통으로 발생하는 긴장력 손실이다. 이와 같은 긴장력 손실을 재료 별 발생 원인으로 분류하면, 다음과 같이 나눌 수 있다.

- 콘크리트의 특성에 따른 긴장력 손실 : 탄성수축, 크리프, 수축
- 프리스트레싱 강재의 특성에 따른 긴장력 손실 : 정착장치의 활동, 릴랙세이션
- 콘크리트와 프리스트레싱 강재의 상호작용에 따른 긴장력 손실 : 마찰

즉시 손실과 시간적 손실은 긴장력 도입 방식에 따라 손실의 발생 순서에 차이를 보인다. 프리텐션 방식에서는 긴장재를 인장하여 고정단에 정착시키는 과정에서 (A)③의 정착장치의 활동에 의한 손실이 발생하고, (B)③의 릴랙세이션에 의한 손실이 시작된다. 콘크리트가 타설되고 굳은 후 긴장력이 도입될 때에는 (A)①의 탄성수축에 의한 손실이 발생한다. 이들의 손실은 긴장력을 도입하는 과정에서 순차적으로 발생한다고 할 수 있다.

포스트텐션 방식에서는 쉬스를 배치한 상태에서 콘크리트가 타설되고 굳은 후, 긴장재를 잭으로 인장할 때 (A)①의 탄성수축에 의한 손실과 (A)②의 마찰에 의한 손실이 동시에 발생한다. 그 후 긴장잭을 제거하는 순간에 (A)③의 정착장치의 활동에 의한 손실이 발생한다. 엄밀하게 말하면, 이들의 손실은 순차적으로 발생한다고 할 수도 있으나, 전체적인 공정으로는 긴장력을 도입하는 과정에서 거의 동시에 발생한다고 할 수 있다.

즉시 손실에 의하여 손실된 긴장력을 ΔP_{im}이라고 한다면, 초기 긴장력 P_i는 다음과 같이 구할 수 있다. 여기서 P_j는 긴장잭에 의한 긴장력이다.

$$P_i = P_j - \Delta P_{im} \tag{4·1}$$

긴장력이 도입된 후에는 프리텐션 방식이든 포스트텐션 방식이든, 시간 경과에 따라 (B)①②③의 시간적 손실이 발생한다. 시간적 손실에 의하여 손실된 긴장력을 ΔP_{td} 라고 한다면, 유효 긴장력 P_e는 다음과 같이 구할 수 있다.

$$P_e = P_i - \Delta P_{td} \tag{4·2}$$

한편, 유효 긴장력은 초기 긴장력에 대한 비율로 나타낼 수 있다. 이 비율을 유효율(effectivenessratio) R이라고 하며, 다음과 같이 유효 긴장력을 나타낼 수 있다.

$$P_e = RP_i \tag{4·3}$$

정밀한 해석방법이 연구되지 않았던 과거에는 경험적인 방법으로, 프리텐션 방식에는 0.80의 유효율을 적용하고 포스트텐션 방식에는 0.85의 유효율을 적용하여 구한 유효 긴장력을 설계에 사용하였다.

표 4-1은 프리스트레싱 방법에 따른 긴장력 손실 시점과 과정을 나타낸다. 콘크리트의 탄성수축에 의한 손실은, 프리텐션 방식에서는 긴장력이 콘크리트에 도입될 때 발생하지만, 포스트텐션 방식에서는 긴장력 도입 횟수에 따라 다르다. 즉, 단일 텐던이 배치되어 한번만 인장할 때에는 압축력이 가해지는 동시에 콘크리트의 탄성수축이 발생하므로, 유압잭의 게이지에 나타나는 인장력은 콘크리트가 탄성수축 된 이후의 값이 표시된다. 따라서 잭의 인장력 값을 설계도서에 표시하면, 시공에서는 그 값에 맞추어 긴장재를 인장하면 되고, 설계에서는 탄성수축에 의한 손실을 계산할 필요가 없다. 그러나 여러 개의 텐던이 배치되어 하나의 잭으로 여러 번 연속하여 인장할 때에는, 후에 가해지는 압축력에 의한 탄성수축으로 그 이전에 이미 정착된 텐던의 길이가 짧아지므로 탄성수축에 의한 손실이 발생되며 이를 계산할 필요가 있다.

마찰에 의한 손실은 프리텐션 방식에서는 발생하지 않으며, 포스트텐션 방식에서 긴장재를 인장할 때 발생한다.

정착장치의 활동에 의한 손실은 프리텐션 방식에서는 긴장재를 인장하여 고정단에 정착시키는 과정에서, 즉 긴장재 인장 후 긴장력 도입 전에 발생한다. 포스트텐션 방식에서는 긴장력 도입 과정에서 긴장재를 인장하고 잭을 제거할 때 발생한다.

콘크리트의 크리프와 수축에 의한 손실은 긴장력 도입 방식에 무관하게 긴장력이 도입된 후에 발생한다. 프리스트레스트 콘크리트 부재의 단면을 구성하는 요소, 즉 보와 슬래브가 콘크리트 타설 시점이 다르거나, 부재의 길이 방향으로 콘크리트를 나누어 타설하거나, 혹은 긴장력을 도입하는 시점이 다른 경우에는 그러한 작업이 수행되는 시간 사이에 발생하는 손실을 계산할 필요가 있다. 표 4-1에는 시간 t_i 부터 시간 t_j 사이에 발생하는 크리프에 의한 손실과 수축에 의한 손실을 각각 $\Delta f_{pC}(t_i, t_j)$와 $\Delta f_{pS}(t_i, t_j)$로 표현하였다.

릴랙세이션에 의한 손실은 프리스트레싱 강재를 인장한 직후부터 발생한다. 프리텐션 방식에서는 긴장재를 인장하여 고정단에 정착시킨 후부터 릴랙세이션이 발생한다. 따라서 콘크리트에 긴장력이 도입되기 전부터 릴랙세이션에 의한 손실이 진행되며, 긴장력이 콘크리트에 도입된 후에도 릴랙세이션에 의한 손실이 진행된다. 이때 긴장력이 도입되기 전과 후는 인장응력의 크기가 달라지므로, 각각의 손실을

표 4-1 긴장력 도입 방법에 따른 손실 발생 시점과 과정

손실 발생 요인 구분	발생 시점		프리스트레스 손실	
	프리텐션 방식	포스트텐션 방식	시간 간격 사이의 손실	총 손실
콘크리트 탄성수축 (ES)	긴장력 도입 때 (at transfer)	긴장재 연속 인장 때 (at jacking)	-	Δf_{pE}
마찰 (FR)	-	긴장재 인장 때 (at jacking)	-	Δf_{pF}
정착장치활동 (AS)	인장 후, 도입 전 (after jacking, before transfer)	긴장력 도입 때 (at transfer)	-	Δf_{pA}
콘크리트 크리프 (CR)	긴장력 도입 후 (after transfer)	긴장력 도입 후 (after transfer)	$\Delta f_{pC}(t_i, t_j)$	Δf_{pC}
콘크리트 수축 (SH)	긴장력 도입 후 (after transfer)	긴장력 도입 후 (after transfer)	$\Delta f_{pS}(t_i, t_j)$	Δf_{pS}
긴장재 릴랙세이션 (RE)	긴장력 도입 전·후 (before & after transfer)	긴장력 도입 후 (after transfer)	$\Delta f_{pR}(t_i, t_j)$	Δf_{pR}
합계 (설계수명의 최종 손실)			$\Delta f_{pTotal}(t_i, t_j)$	Δf_{pTotal}

계산할 필요가 있다. 포스트텐션 방식에서는 긴장력이 콘크리트에 도입된 후부터 프리스트레싱 강재에 릴랙세이션이 발생한다. 프리스트레싱 강재의 릴랙세이션은 작용하는 응력의 크기에 따라 인장응력이 감소하는 비율이 달라진다. 따라서 릴랙세이션에 의한 손실을 엄밀히 계산하려면, 프리스트레싱 강재에 작용하는 인장응력의 변화를 고려하여야 한다. 또, 보에 긴장력이 도입된 후 슬래브 콘크리트를 타설하여 프리스트레싱 강재의 인장응력이 변화하거나, 부재의 길이 방향으로 긴장력을 도입하는 시점이 다른 경우에는 그러한 작업이 수행되는 시간 사이에 발생하는 손실을 계산할 필요가 있다. 이러한 경우에 대하여, 표 4-1에는 시간 t_i 부터 시간 t_j 사이에 발생하는 릴랙세이션에 의한 손실을 $\Delta f_{pR}(t_i, t_j)$로 표현하였다.

표 4-1에 나타낸 총 손실 Δf_{pTotal}은 구조물 설계수명까지의 기간에 발생하는 모든 긴장력 손실을 합한 값을 의미한다.

4.1.2 프리텐션 부재의 긴장력 손실

프리텐션 부재의 긴장력 손실은 표 4-2에 나타난 바와 같이, 인장작업 단계, 긴장력 도입 단계, 지속하중 작용 단계의 세 단계로 발생한다.

첫 번째의 인장작업 단계에서는 잭에 의하여 프리스트레싱 강재가 인장된 후 정착하는 과정에서 정착장치의 활동에 의한 손실이 발생한다. 표 4-2에 나타난 바와 같이, 프리스트레싱 강재를 잭으로 인장했을 때 f_{pJ1}의 긴장응력을 받는 프리스트레싱 강재는 잭이 제거되면서 정착장치에 의하여 정착되는

표 4-2 프리텐션 부재의 긴장응력 손실

구분	형태	긴장응력	손실응력
인장작업 (jacking)		f_{pJ1}(정착 전) $f_{pJ2}=f_{pJ1}-\Delta f_{pA}$ f_{pJ2}(정착 후)	Δf_{pA} Δf_{pR1}
긴장력 도입 (transfer)	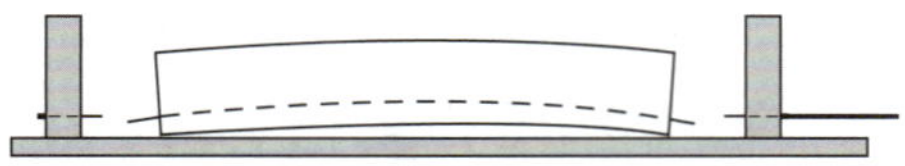	$f_{pTR}=f_{pJ2}-\Delta f_{pR1}$ $f_{pi}=f_{pTR}-\Delta f_{pE}$	Δf_{pE}
지속하중 작용 (sustained load)	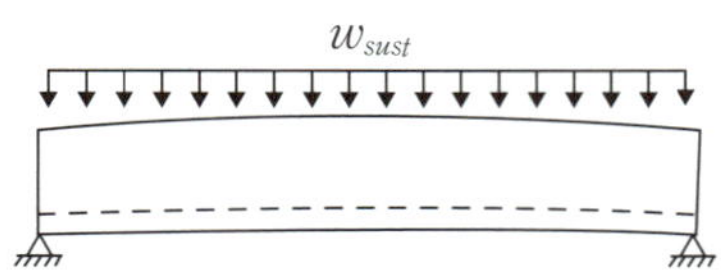	$f_{pe}=f_{pi}-\Delta f_{pC}$ $-\Delta f_{pS}$ $-\Delta f_{pR2}$	Δf_{pC} Δf_{pS} Δf_{pR2}

순간 손실이 발생한다. 즉, 프리스트레싱 강재가 정착되는 순간, 정착장치의 활동으로 인하여 늘어났던 길이가 짧아지면서 Δf_{pA}의 응력이 손실된다. 따라서 정착 후의 긴장응력 f_{pJ2}는 정착 전의 긴장응력 f_{pJ1}에서 Δf_{pA}만큼 줄어든 값이 된다.

프리스트레싱 강재가 긴장되어 정착된 상태에서 콘크리트가 타설되고 양생된 후, 긴장재를 절단하거나 이완시켜서 긴장력이 콘크리트에 도입될 때까지 긴장재는 f_{pJ2}의 응력으로 릴랙세이션이 발생한다. 이 과정에서 발생하는 릴랙세이션에 의한 손실을 f_{pR1}이라고 하면, 콘크리트에 도입되는 긴장응력은 f_{pJ2}에서 Δf_{pR1}만큼 줄어든 f_{pTR}이 된다.

콘크리트 부재에 긴장력이 도입되면 탄성수축에 의하여 부재의 길이가 짧아져서, 긴장재의 길이도 동일하게 짧아지므로 탄성수축에 의한 손실 Δf_{pE}가 발생한다. 따라서 이때의 긴장응력은 f_{pTR}에서 Δf_{pE} 만큼 줄어들어, 초기 긴장응력 f_{pi}의 상태가 된다.

구조물이 완공되어 하중이 지속적으로 작용하는 상태에서는 시간이 경과함에 따라 콘크리트의 크리프에 의한 손실 Δf_{pC}, 콘크리트의 수축에 의한 손실 Δf_{pS}, 프리스트레싱 강재의 릴랙세이션에 의한 손실 Δf_{pR2}가 발생한다. 이 시간적 손실이 발생한 후, 프리스트레싱 강재의 긴장응력은 초기 긴장응력 f_{pi}에서 Δf_{pC}, Δf_{pS}, Δf_{pR2}의 합 만큼 줄어들어, 유효 긴장응력 f_{pe}의 상태가 된다.

이와 같은 프리텐션 부재의 긴장력 손실을 정리하면, 총 손실 Δf_{pT}는 다음 식으로 나타낼 수 있다.

$$\Delta f_{pT}=[\Delta f_{pA}+\Delta f_{pR1}]+\Delta f_{pE}+[\Delta f_{pC}+\Delta f_{pS}+\Delta f_{pR2}] \qquad (4\cdot4)$$

$$\Delta f_{pT}=f_{pJ}-f_{pe}=f_{pJ1}-f_{pe} \qquad (4\cdot5)$$

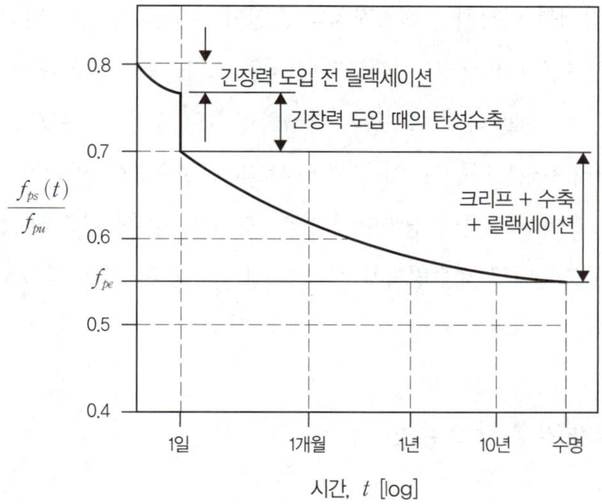

| 그림 4-2 | 프리텐션 부재의 긴장응력 변화

프리텐션 부재에서 릴랙세이션에 의한 긴장력의 총 손실 Δf_{pR}은, 긴장력 도입 전에 발생하는 릴랙세이션에 의한 손실과 긴장력 도입 후에 발생하는 릴랙세이션에 의한 손실의 합으로서, 다음 식과 같이 나타낼 수 있다. 여기서, $\Delta f_{pR}(t_o, t_t)$는 인장작업 시점인 t_o와 긴장력 도입 시점인 t_t 사이의 시간동안 발생하는 릴랙세이션에 의한 손실이며, $\Delta f_{pR}(t_t, t_l)$은 긴장력 도입 후 설계수명인 t_l의 시간동안 발생하는 릴랙세이션에 의한 손실이다.

$$\Delta f_{pR} = \Delta f_{pR1} + \Delta f_{pR2} \tag{4·6}$$

$$\Delta f_{pR} = \Delta f_{pR}(t_o, t_t) + \Delta f_{pR}(t_t, t_l) \tag{4·7}$$

초기 긴장응력 f_{pi}와 유효 긴장응력 f_{pe}는 다음과 같이 나타낼 수 있다.

$$f_{pi} = f_{pJ1} - (\Delta f_{pA} + \Delta f_{pR1} + \Delta f_{pE}) \tag{4·8}$$

$$f_{pi} = f_{pJ2} - (\Delta f_{pR1} + \Delta f_{pE}) \tag{4·9}$$

$$f_{pe} = f_{pi} - (\Delta f_{pC} + \Delta f_{pS} + \Delta f_{pR2}) \tag{4·10}$$

그림 4-2는 로그 비율로 표시한 시간 t가 구조물의 설계수명까지 경과하는 동안에 프리텐션 부재의 긴장응력 변화의 예를 나타낸다. 수직축은 프리스트레싱 강재의 인장강도 f_{pu}에 대한 긴장응력 $f_{ps}(t)$의

비율이다. 이 그림은 긴장재를 인장하고 정착장치의 손실이 발생한 후, 정착된 긴장재가 인장강도의 0.8배인 긴장응력을 받고 있음을 나타낸다. 이때부터 긴장된 프리스트레싱 강재는 릴랙세이션이 진행되어 긴장응력이 감소한다. 콘크리트를 타설하고 증기 양생하여, 1일 경과 후 콘크리트의 압축강도가 목표에 도달하면 긴장력을 콘크리트에 도입한다. 이때 콘크리트의 탄성수축에 의하여 긴장재의 응력이 인장강도의 0.7배로 감소한다. 그 이후 시간이 경과함에 따라, 크리프, 수축, 릴랙세이션에 의하여 긴장응력이 지속적으로 감소하여, 구조물의 설계수명까지 시간이 경과하면 인장강도의 0.55배로 긴장응력이 감소하는 예를 나타낸다.

4.1.3 포스트텐션 부재의 긴장력 손실

포스트텐션 부재의 긴장력 손실은 표 4-3에 나타난 바와 같이, 인장 및 긴장력 도입 단계와 지속하중 작용 단계의 두 단계로 발생한다.

포스트텐션 부재의 긴장재를 잭으로 인장하면, 콘크리트의 탄성수축에 의한 긴장력 손실 Δf_{pE}와 마찰에 의한 긴장력 손실 Δf_{pF}가 발생한다. 이때 잭의 인장력을 나타내는 게이지의 값은 f_{pJ1}의 긴장응력에 해당하는 값인데, 이 값은 탄성수축 손실 Δf_{pE}와 마찰 손실 Δf_{pF}가 반영된 값으로서, 두 가지 손실이 발생하지 않았다면 작용하였을 가상의 긴장응력 f_{pJ0}에서 Δf_{pE}와 Δf_{pF}를 뺀 값이다. 그 후 잭을 제거하면 프리스트레싱 강재가 정착되는 순간, 정착장치의 활동으로 인하여 늘어났던 길이가 짧아지면서 Δf_{pA}의 응력이 손실된다. 따라서 실제로 콘크리트에 도입된 긴장응력은 f_{pJ1}에서 Δf_{pA}만큼 줄어든 f_{pTR}로서, 초기 긴장응력 f_{pi}의 상태가 된다.

구조물이 완공되어 하중이 지속적으로 작용하는 상태에서는 시간이 경과함에 따라 콘크리트의 크리프에 의한 손실 Δf_{pC}, 콘크리트의 수축에 의한 손실 Δf_{pS}, 프리스트레싱 강재의 릴랙세이션에 의한

표 4-3 포스트텐션 부재의 긴장응력 손실

구분	형태	긴장응력	손실응력
인장 및 긴장력 도입 (jacking & transfer)	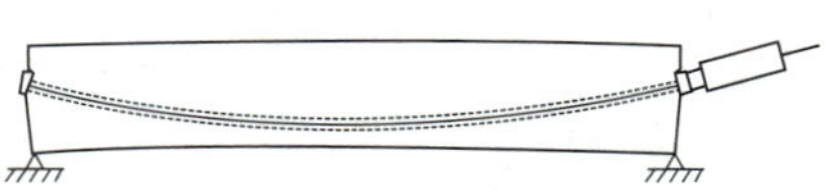	f_{pJ1}(정착 전) $f_{pJ1} = f_{pJ0} - \Delta f_{pE}$ $- \Delta f_{pF}$ $f_{pTR} = f_{pJ1} - \Delta f_{pA}$ $= f_{pi}$	Δf_{pE} Δf_{pF} Δf_{pA}
지속하중 작용 (sustained load)	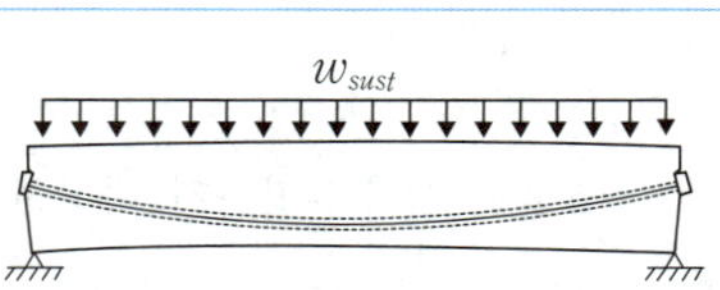	$f_{pe} = f_{pi} - \Delta f_{pC}$ $- \Delta f_{pS}$ $- \Delta f_{pR2}$	Δf_{pC} Δf_{pS} Δf_{pR2}

손실 Δf_{pR2}가 발생한다. 이 시간적 손실이 발생한 후, 프리스트레싱 강재의 긴장응력은 초기 긴장응력 f_{pi}에서 Δf_{pC}, Δf_{pS}, Δf_{pR2}의 합 만큼 줄어들어, 유효 긴장응력 f_{pe}의 상태가 된다. 이 과정은 프리텐션 부재의 시간적 손실과 동일한 것이다.

이와 같은 포스트텐션 부재의 긴장력 손실을 정리하면, 총 손실 Δf_{pT}는 다음과 같이 나타낼 수 있다.

$$\Delta f_{pT} = [\Delta f_{pE} + \Delta f_{pF}] + \Delta f_{pA} + [\Delta f_{pC} + \Delta f_{pS} + \Delta f_{pR2}] \tag{4·11}$$

$$\Delta f_{pT} = f_{pJ} - f_{pe} = f_{pJ1} - f_{pe} \tag{4·12}$$

여기서 탄성수축에 의한 긴장력 손실 Δf_{pE}는 하나의 잭으로 다수의 텐던을 여러 번 인장할 때 그 값을 계산할 필요가 있다.

초기 긴장응력 f_{pi}와 유효 긴장응력 f_{pe}는 다음과 같이 나타낼 수 있다.

$$f_{pi} = f_{pJ0} - (\Delta f_{pE} + \Delta f_{pF} + \Delta f_{pA}) \tag{4·13}$$

$$f_{pe} = f_{pi} - (\Delta f_{pC} + \Delta f_{pS} + \Delta f_{pR2}) \tag{4·14}$$

그림 4-3은 로그 비율로 표시한 시간 t가 구조물의 설계수명까지 경과하는 동안에 포스트텐션 부재의 긴장응력 변화의 예를 나타낸다. 수직축은 프리스트레싱 강재의 인장강도 f_{pu}에 대한 긴장응력 $f_{ps}(t)$

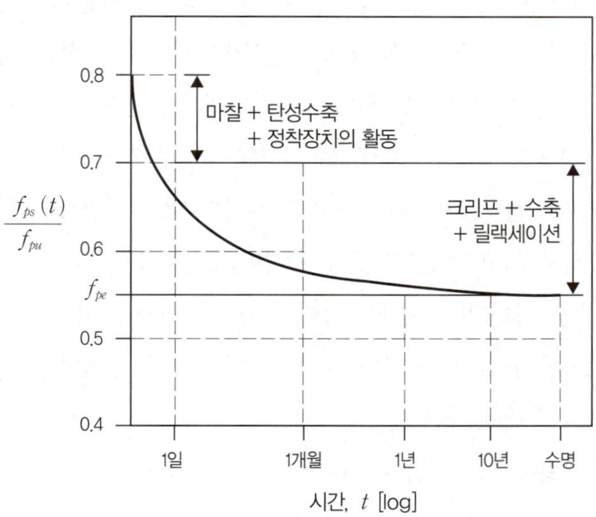

| 그림 4-3 | 포스트텐션 부재의 긴장응력 변화

의 비율이다. 이 그림은 포스트텐션 부재의 긴장재를 잭으로 인장하고 잭을 제거하면, 마찰, 탄성수축, 정착장치의 활동에 의한 긴장력 손실이 발생하여 긴장재의 응력이 인장강도의 0.7배로 감소함을 나타낸다. 그 이후 시간이 경과함에 따라, 크리프, 수축, 릴랙세이션에 의하여 긴장응력이 지속적으로 감소하여, 구조물의 설계수명까지 시간이 경과하면 인장강도의 0.55배로 긴장응력이 감소하는 예를 나타낸다.

4.1.4 긴장력 손실 해석법

프리스트레스트 콘크리트 구조물의 초기 긴장력과 유효 긴장력을 구하기 위해서는 긴장력의 손실량을 알아야 한다. 긴장력 손실의 해석은 역학이론을 적용한 해석적 방법과 경험적 지식을 바탕으로 한 경험적 계산법을 각각 적용하거나, 이 두 가지를 조합하여 적용할 수 있다.

과거에는 콘크리트 부재에 긴장력을 도입하는 과정에서 발생하는 즉시 손실을 대략적인 경험 값으로 결정하였으나, 근래에는 역학이론을 적용한 해석법을 적용한다. 그 이유는 탄성수축, 마찰, 정착장치 활동에 의한 손실은 역학이론을 적용하여 계산하는 것이 어렵지 않기 때문이다. 탄성수축에 의한 손실은 세 가지 변수, 즉 콘크리트 부재에 도입되는 긴장력의 크기, 콘크리트 단면적, 콘크리트의 탄성계수를 알면 구할 수 있다. 포스트텐션 부재에서 마찰에 의한 손실은 세 가지 변수, 즉 배치되는 쉬스의 곡률, 쉬스와 긴장재 사이의 마찰계수, 도입되는 긴장력의 크기를 알면 구할 수 있다. 정착장치 활동에 의한 손실은, 해석에 필요한 변수의 종류가 프리텐션 방식과 포스트텐션 방식이 다르다. 마찰이 없는 프리텐션 방식의 경우에는 세 가지 변수, 즉 정착장치의 활동량(slip distance), 긴장재의 길이, 긴장재의 탄성계수가 필요하다. 포스트텐션 방식의 경우에는 네 가지 변수, 즉 정착장치의 활동량, 긴장재의 단면적, 긴장재의 탄성계수, 단위길이 당 마찰 손실량을 알면 정착장치의 활동에 의한 손실을 구할 수 있다.

콘크리트의 크리프와 수축, 프리스트레싱 강재의 릴랙세이션으로 발생하는 긴장력의 시간적 손실은 정확한 값을 예측하기가 매우 어렵다. 그 이유는 크리프, 수축, 릴랙세이션을 정량적으로 구하기에는 그 변동성이 매우 크기 때문이다. 또, 세 가지 요인이 각각 변동성이 클 뿐만 아니라, 세 가지의 시간적 손실이 동시에 발생하여 서로 상호작용을 일으키기 때문이다. 따라서 긴장력의 시간적 손실은, 세 가지 시간적 손실 요인의 상호작용을 고려한 경험식 또는 경험값을 사용하거나, 세 가지 손실에 대한 경험식으로 구한 값 또는 경험값을 합하거나, 시간에 따라 변하는 긴장력을 고려하면서 시간 경과에 따른 긴장력 변화를 구하는 정밀 해석법을 사용한다. 이 중 어떤 방법을 선택하느냐는 구조기술자의 지식과 경험을 기반으로 한 공학적 판단에 따른다.

이상에서 설명한 긴장력 손실의 결정법을 정리하면, 다음과 같다.

(1) 즉시 손실 결정법

① 탄성수축, 마찰, 정착장치의 활동으로 발생하는 손실을 탄성역학이론을 적용하여 해석하는 방법

② 즉시 손실을 대략적인 경험 값으로 결정하는 방법

(2) 시간적 손실 결정법

① 크리프, 수축, 릴랙세이션의 상호작용을 고려한 경험식 또는 경험값을 사용하는 방법

② 세 가지 시간적 손실에 대한 각각의 경험식을 적용하여 구한 값 또는 경험 값을 합하는 방법

③ 시간에 따라 변하는 긴장력을 고려하면서, 세 가지 손실에 대한 모델을 이용하여 시간 경과를 따른 긴장력 변화를 정밀하게 해석하는 방법

4.1.5 긴장력 도입 한계상태

프리스트레스트 콘크리트 부재에 긴장력을 도입하는 과정에서, 프리스트레싱 강재는 긴장잭으로 인장할 때 가장 큰 긴장력을 받게 된다. 이때 프리스트레싱 강재에 너무 큰 인장응력이 작용하면, 강재가 항복하거나 소성상태에 도달하여 구조물로서의 거동에 바람직하지 않다. 따라서 프리스트레스트 콘크리트 구조물의 설계와 시공에서는, 프리스트레싱 강재를 인장할 때 프리스트레싱 강재에 작용하는 인장응력이 설계기준에서 정한 허용응력을 넘지 않도록 하여야 한다.

또, 포스트텐션 부재에서 잭을 제거하거나 프리텐션 부재에서 프리스트레싱 강재를 이완시켜 초기 긴장력이 작용하는 상태가 되면, 이에 따른 높은 수준의 인장응력이 프리스트레싱 강재에 장기적으로 작용하게 된다. 프리스트레싱 강재에 높은 인장응력이 오랜 기간 동안 작용하면, 릴랙세이션이 증가하여 긴장력이 감소되는 비율이 커져서 구조물의 효율성이 저하 되는 등 구조적으로 바람직하지 않다. 따라서 긴장력이 도입된 직후, 프리스트레싱 강재에 작용하는 인장응력이 설계기준에서 정한 허용응력을 넘지 않도록 하여야 한다.

표 4-4는 콘크리트구조설계기준[4.1]의 긴장력 도입 한계상태에서의 허용응력이며, 도로교설계기준(2010)[4.2]의 허용응력도 이것과 동일하다. 긴장력이 도입될 때 프리스트레싱 강재가 너무 높은 수준의 응력을 받게 되면 구조물에 작용하게 될 하중에 저항할 수 있는 여력이 적어지므로, 허용응력은 프리스트레싱 강재의 인장강도 f_{pu}를 기준으로 제한한다. 또, 프리스트레싱 강재가 긴장력 도입과정에서 항복하게 되면 구조물에 하중이 작용하기도 전에 긴장재가 소성상태가 되므로, 프리스트레싱 강재의 항복강도 f_{py}를 기준으로 제한한다. 또한, 실제 시공에 사용되는 긴장재의 제조자나 정착장치의 제조자가 제공하는 허용응력 값이 있다면, 그 값도 넘지 않도록 하여야 한다.

교량설계기준(한계상태설계법)[4.3]에서는 표 4-4와 같이, 긴장작업을 할 때 긴장단에서의 긴장재

표 4-4 긴장력 도입 한계상태의 허용응력

적용범위		긴장재의 허용응력	
		콘크리트구조설계기준	교량설계기준(한계상태설계법)
긴장할 때 긴장재의 인장응력(f_{pJ1})		0.80 f_{pu} 또는 0.94 f_{py} 중 작은 값	0.8 f_{pu} 또는 0.9 f_{py} 중 작은 값
긴장력 도입 직후(f_{pJ2})	프리텐션 긴장재와 포스트텐션 긴장재	0.74 f_{pu} 또는 0.82 f_{py} 중 작은 값	0.75 f_{pu} 또는 0.85 f_{py} 중 작은 값
	정착구와 커플러 위치의 포스트텐션 긴장재	0.70 f_{pu}	

응력이 0.8 f_{pu}와 0.9 f_{py} 중 작은 값을 초과하지 않도록 규정하고 있다. 그러나 현장에서의 계측 정밀도를 고려하여 허용응력을 증가시킬 수 있다. 즉, 긴장력을 최종 프리스트레스 힘의 5% 이내의 정확도로 측정할 수 있다면, 초과 긴장을 허용하여 긴장단에서 최대 0.95 f_{py}의 응력을 가할 수 있다. 긴장력이 도입된 직후에는 긴장재 응력이 0.75 f_{pu}와 0.85 f_{py} 중 작은 값을 초과하지 않도록 규정하고 있다.

4.2 탄성수축에 의한 손실

4.2.1 탄성수축에 의한 손실의 원리와 해석

탄성수축(elastic shortening)에 의한 긴장력 손실은, 콘크리트에 긴장력이 전달될 때 콘크리트 부재가 탄성으로 수축하여 부재가 짧아짐에 따라 긴장재의 늘어난 길이도 같이 짧아져서 발생하는 긴장력 손실을 말한다. 따라서 탄성수축에 의한 긴장응력의 손실 Δf_{pE}는 다음과 같이, 긴장재의 탄성계수 E_p와 긴장재가 짧아져서 발생하는 긴장재의 변형률 변화 $\Delta \varepsilon_p$를 곱하여 구할 수 있다.

$$\Delta f_{pE} = E_p \Delta \varepsilon_p \tag{4·15}$$

이때 콘크리트 부재에 배치된 긴장재의 변형률 변화는 콘크리트가 탄성수축 하여 발생한 변형률과 동일하므로, 다음과 같이 표현할 수 있다.

$$\Delta \varepsilon_p = \varepsilon_c = \frac{f_{cs}}{E_{ci}} \tag{4·16}$$

여기서 콘크리트의 응력 f_{cs}는 긴장재와 동일한 위치에 작용하는 콘크리트의 응력이며, 콘크리트의 탄성계수 E_{ci}는 긴장력이 도입되는 재령에서의 탄성계수이다. E_{ci}는 식 (2·5)와 식 (2·6)으로 나타낸 콘크리트의 초기접선 탄성계수와 동일한 기호이지만, 의미가 다른 것임을 유의하여야 한다. 식 (4·16)을 식 (4·15)에 대입하면, 탄성수축에 의한 긴장응력의 손실 Δf_{pE}는 긴장재의 탄성계수 E_p와 콘크리트의 변형률 ε_c를 곱한 값과 같게 되어, 다음과 같이 나타낼 수 있다.

$$\Delta f_{pE} = E_p \varepsilon_c = E_p \frac{f_{cs}}{E_{ci}} \tag{4·17}$$

여기서, 긴장재의 탄성계수 E_p와 긴장력이 도입되는 재령에서의 콘크리트 탄성계수 E_{ci}의 비율을 탄성계수비 n_p로 표현하면, 탄성수축에 의한 긴장응력의 손실 Δf_{pE}는 다음과 같이 나타낼 수 있다.

$$\Delta f_{pE} = n_p f_{cs} \tag{4·18}$$

응력 f_{cs}는 긴장재와 동일한 위치에 작용하는 콘크리트의 응력이므로, 식 (1·4)에 따라 고정하중과 긴장력을 고려하여 식 (4·19) 또는 식 (4·20)으로 구한다. 이때의 긴장력은 초기 긴장력 P_i를 사용한다. 왜냐하면 콘크리트에 발생하는 최종적인 탄성수축 변형률과 모든 즉시 손실이 발생하고 난 후의 긴장력은 역학적으로 평형조건과 적합조건을 만족하는 상태이기 때문이다.

$$f_{cs} = \frac{P_i}{A_c} + \frac{P_i e_p^2}{I_g} - \frac{M_d e_p}{I_g} \tag{4·19}$$

$$f_{cs} = \frac{P_i}{A_c}\left(1 + \frac{e_p^2}{r^2}\right) - \frac{M_d e_p}{I_g} \tag{4·20}$$

여기서, P_i : 초기 긴장력
A_c : 콘크리트 단면적
e_p : 단면 도심에 대한 긴장재의 편심거리
I_g : 단면2차모멘트
M_d : 고정하중에 의한 휨모멘트
r : 단면의 회전반지름

콘크리트의 응력 f_{cs}를 구하는 목적은 탄성수축에 의한 긴장응력 손실을 계산하여 초기 긴장력 P_i를 구하기 위한 것이다. 그런데 식 (4·19) 또는 식 (4·20)으로 콘크리트의 응력 f_{cs}를 구할 때, 이 과정에서는 아직 결정되지 않은 초기 긴장력 P_i의 값이 필요하다. 따라서 콘크리트의 응력 f_{cs}의 해석에서는 실제적인 거동을 고려하여 구한 정해의 값이나 기술자의 공학적 판단에 따라 선택한 초기 긴장력의 경험값을 사용할 수 있다. 이에 대해서는 다음 절에서 자세히 다룬다.

한편, 식 (4·18)은 탄성수축에 의한 긴장응력의 손실 Δf_{pE}를 구하는 기본 원리인데, 실제 프리스트레스트 콘크리트에 적용할 때에는 긴장력을 도입하는 방법을 고려하여 다음과 같이 나타낼 수 있다.

$$\Delta f_{pE} = k_{es}\, n_p f_{cs} \tag{4·21}$$

여기서, k_{es}는 긴장력 도입 방법에 따른 계수로서, 프리텐션 부재에 대해서는 1.0의 값을 적용하지만 포스트텐션 부재에 대해서는 긴장력을 도입하는 횟수를 고려한 수식이나 간편한 방법으로 상수를 적용할 수 있다. 이에 대해서는 다음 절에서 설명한다.

4.2.2 프리텐션 부재의 탄성수축 손실

프리텐션 부재는 긴장재를 인장하고 정착시킨 후, 콘크리트를 타설하여 양생한 뒤에 긴장력을 도입한다. 따라서 표 4-2에 나타낸 바와 같이, 긴장잭에 의하여 가해진 최초의 긴장응력 f_{pJ1}에서 정착장치의 활동에 의한 손실 Δf_{pA}와 인장 후부터 긴장력이 도입될 때까지 발생하는 릴랙세이션에 의한 손실 Δf_{pR1}을 뺀, 다음 식의 도입 긴장응력 f_{pTR}이 작용한다.

$$f_{pTR} = f_{pJ1} - \Delta f_{pA} - \Delta f_{pR1} \tag{4·22}$$

긴장력이 도입된 후에는 콘크리트의 탄성수축이 발생하고, 이에 따른 손실로서 긴장응력이 다음과 같이 감소하게 된다.

$$f_{pi} = f_{pTR} - \Delta f_{pE} \tag{4·23}$$

여기서, 콘크리트의 탄성수축에 의한 손실 Δf_{pE}는 앞의 식 (4·18)로 계산한다.

$$\Delta f_{pE} = n_p f_{cs} \tag{4·18}$$

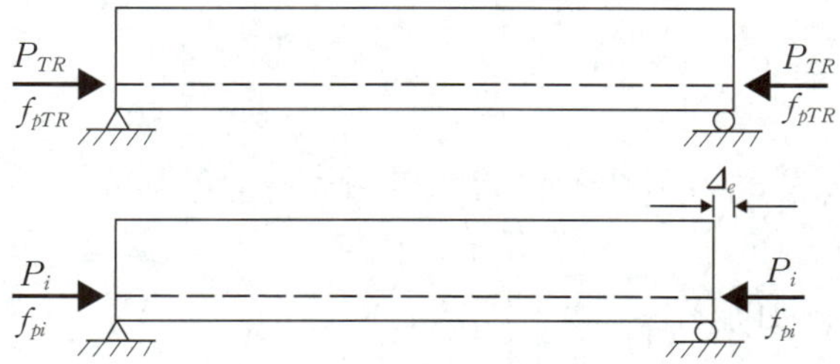

| 그림 4-4 | 탄성수축에 따른 프리텐션 부재의 긴장력 변화

도입 긴장응력 f_{pTR}은 긴장력이 콘크리트에 도입되기 직전의 긴장응력으로, 만일 긴장력이 도입된 후에도 변화가 없다면 콘크리트의 응력 f_{cs}는 도입 직전의 긴장력 P_{TR}의 값으로 구할 수 있을 것이다. 이 응력을 f_{csTR}이라고 하면 다음과 같다.

$$f_{csTR} = \frac{P_{TR}}{A_c} + \frac{P_{TR}\,e_p^2}{I_g} - \frac{M_d\,e_p}{I_g} \tag{4·24}$$

그러나 긴장력 P_{TR}이 도입되면 탄성수축에 의한 손실이 발생하여, 긴장응력은 f_{pTR}에서 f_{pi}로 감소하게 되고, 이 상태에서 **그림 4-4**와 같이 역학적으로 평형조건과 적합조건을 만족하는 상태가 된다.

따라서 콘크리트의 응력 f_{cs}는 모든 즉시 손실이 발생하고 난 후의 초기 긴장력 P_i를 사용하여 앞의 식 (4·20)과 같이 구한다.

$$f_{cs} = \frac{P_i}{A_c}\left(1 + \frac{e_p^2}{r^2}\right) - \frac{M_d\,e_p}{I_g} \tag{4·20}$$

콘크리트의 응력 f_{cs}는 탄성수축에 의한 긴장응력 손실을 계산하여 초기 긴장력 P_i를 구하기 위한 것이다. 그런데 식 (4·20)으로 콘크리트의 응력 f_{cs}를 구할 때, 이 과정에서는 아직 결정되지 않은 초기 긴장력 P_i의 값이 필요하다. 따라서 P_{TR}을 초기 값으로 하여 식 (4·18)과 식 (4·20)을 모두 만족하는 초기 긴장력 P_i의 값을 얻을 때까지 반복 계산을 수행하여 정해를 구할 수 있다.

반복 해석을 수행하지 않는다면, 정해를 구하는 수식을 사용하여야 하는데, 다음과 같이 유도할 수 있다.

먼저, 초기 긴장력 P_i는 식 (4·23)을 이용하여 다음과 같이 나타낼 수 있다.

$$P_i = A_p f_{pi} = A_p(f_{pTR} - \Delta f_{pE}) \tag{4·25}$$

식 (4·25)를 식 (4·20)에 대입하면 다음과 같다.

$$f_{cs} = \frac{A_p(f_{pTR} - \Delta f_{pE})}{A_c}\left[1 + \frac{e_p^2}{r^2}\right] - \frac{M_d\, e_p}{I_g} \tag{4·26}$$

식 (4·26)의 콘크리트 응력을 식 (4·18)에 대입하면 다음과 같이 된다.

$$\Delta f_{pE} = \frac{n_p\, A_p(f_{pTR} - \Delta f_{pE})}{A_c}\left[1 + \frac{e_p^2}{r^2}\right] - \frac{M_d\, e_p}{I_g} \tag{4·27}$$

이 식의 양변에 Δf_{pE}이 있으므로, 이를 정리하면 탄성수축에 의한 손실을 구하는 다음 식을 얻는다. 이 식을 이용하면, 반복 계산을 수행하지 않고 바로 정해를 구할 수 있다.

$$\Delta f_{pE} = \frac{n_p\, \rho\left(1 + \frac{e_p^2}{r^2}\right) f_{pTR} - \frac{n_p\, M_d\, e_p}{I_g}}{1 + n_p\, \rho\left(1 + \frac{e_p^2}{r^2}\right)} \tag{4·28}$$

여기서 유의할 사항은 탄성수축에 의한 긴장응력의 손실이 긴장재 전체 길이에 걸쳐서 동일할 것인지를 판단하여야 한다는 것이다. 프리텐션 부재의 긴장력 도입 공정에서는 정착장치의 활동에 의한 손실 Δf_{pA}와 콘크리트에 긴장력이 도입될 때까지 발생하는 릴랙세이션에 의한 손실 Δf_{pR1}이 긴장재 전체 길이에 걸쳐서 동일하므로, 도입 긴장응력 Δf_{pTR}도 긴장재 전체 길이에 걸쳐서 동일할 것이다. 그러나 탄성수축에 의한 긴장응력의 손실 Δf_{pE}는, 긴장재가 편심을 가지도록 배치되어 있다면 긴장재 전체 길이에 걸쳐서 동일한 값을 가지지는 않을 것이다. 그 이유는 편심 배치된 긴장재가 이완되어 콘크리트에 긴장력이 도입되면, 자중이 작용하게 되어 콘크리트의 응력이 위치에 따라 달라지기 때문이다. 즉, 그림 1–8에 나타낸 바와 같이, 일반적으로 프리텐션 부재는 콘크리트를 타설하고 나면 콘크리트의 하면이 지면에 평평하게 접촉되어 자중이 작용하지 않은 상태에 있게 되는데, 긴장재가 단면의 아래쪽에 편심을 가지고 배치된 경우에 긴장력이 도입되면 부재 양단을 지점으로 하여 부재가 상향으로 솟게 되므로 자중이 작용하기 시작한다. 따라서 식 (4·20)으로 계산되는 긴장재와 동일한 위치에 작용하는 콘크리트의 응력 f_{cs}는, 긴장재의 편심 e_p와 자중에 의한 휨모멘트 M_d를 변수로 하여 부재 단면의 위치에 따라 다른 값을 갖게 될 것이다. 따라서 식 (4·28)을 적용하여 탄성수축에 의한 손실 Δf_{pE}의 정해를 구하는 경우, 부재 전체길이에 걸친 탄성수축의 변화를 고려하여야 하므로 일반적으로 다수의 중요 위치에서의 값을 평균하는 방법을 사용한다.

이와 같이 정해를 구하는 방법은 계산과정이 다소 복잡하다고 할 수 있으며, 정해를 구한다고 해서 실제로 시공에서 발생하는 상황과 정확히 일치한다고 말하기도 어려운 면이 있다. 왜냐하면 2장 2.1.6절에서 언급한 바와 같이, 콘크리트의 탄성계수는 매우 큰 변동폭을 가지고 있어서 수식으로 계산한 콘크리트의 탄성계수가 실제의 값과 같으리라는 보장이 없기 때문이다. 따라서 복잡한 과정이나 복잡한 수식을 적용하여 위치별로 정해를 구하는 방법을 대신하여 간편한 방법을 사용할 수 있다. 간편한 방법은 기술자의 공학적 판단에 따라 선택한 초기 긴장력의 경험 값을 사용하는 것으로, 콘크리트의 응력 f_{cs}를 식 (4·20)으로 계산할 때 P_i의 값을 최초에 잭으로 가한 인장력의 90%로 가정하여 탄성수축에 의한 손실을 다음 식으로 계산하는 것이다. 또, 기술자의 공학적 판단에 따라 손실을 계산하는 위치를 경간 중앙 한 곳만 선택하여 계산과정을 대폭 단순화하기도 한다.

$$\Delta f_{pE} = n_p \left[\frac{0.9\, P_{J1}}{A_c}\left(1+\frac{e_p^2}{r^2}\right) - \frac{M_d\, e_p}{I_g} \right] \tag{4·29}$$

한편, 식 (4·21)의 k_{es}는 긴장력 도입 방법을 고려하는 계수로서, 프리텐션 부재에 대해서는 1.0의 값을 적용하기 때문에 식 (4·18)과 동일하게 된다. 프리텐션 부재에서는 인장하였던 긴장재를 이완시키는 방법으로 긴장력을 도입하거나, 개개의 긴장재를 절단하는 방법으로 긴장력을 도입하는데, 어떤 방법을 사용하더라도 최종적으로 도입되는 긴장응력은 모든 긴장재가 동일하므로 k_{es}는 1.0의 값을 적용한다.

예제 4-1

그림 4-5와 같이 긴장재가 절곡 배치된 직사각형 단면의 프리텐션 프리스트레스트 콘크리트 보에 긴장력이 도입될 때, (1) 경간 중앙, 경간 3/8 위치, 경간 1/4 위치, 경간 1/8 위치, 지점에서의 탄성수축 손실과 초기 긴장력, (2) 앞의 다섯 위치에서 발생하는 탄성수축 손실의 평균값과 초기 긴장력의 평균값, (3) 근사해법에 의한 앞의 다섯 위치에서의 탄성수축 손실과 초기 긴장력, (4) 근사해법에 의한 탄성수축 손실의 평균값과 초기 긴장력의 평균값을 계산하시오. 보의 지간은 $l = 24\ m$, 단면의 폭은 $b = 400\ mm$, 단면의 높이는 $h = 1{,}200\ mm$, 긴장력이 도입될 때의 콘크리트 압축강도는 $f_{ci} = 30\ MPa$, 프리스트레싱 강재는 SWPC7AN 12.4 mm($A_{ps} = 92.9\ mm^2$, $P_{pu} = 160\ kN$, $f_{pu} = 1{,}750\ MPa$, 표 2-8과 표 2-9 참조) 24가닥으로 텐던을 구성하고, 인장강도의 75%($f_{pJ1} = 0.75 f_{pu}$) 수준으로 인장한다. 인장 후 정착장치의 활동과 릴랙세이션에 의한 손실의 합은 90 MPa로 계산되었다.

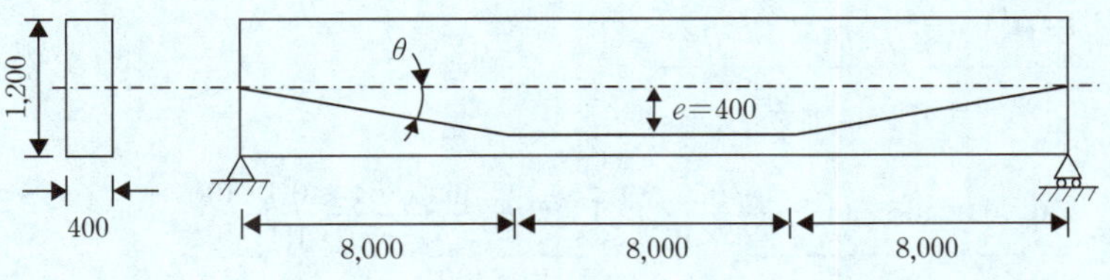

| 그림 4-5 | 예제 4-1의 프리스트레스트 콘크리트 부재

>>> 풀이

보의 자중과 단면상수는 다음과 같다.

보의자중 $w_d = 25\,kN/m^3 \times (0.4\,m \times 1.2\,m) = 12\,kN/m$

보의 단면적 $A = 0.4 \times 1.2 = 0.48\,m^2 = 480 \times 10^3\,mm^2$

단면2차모멘트 $I_g = \dfrac{1}{12} \times 0.4 \times 1.2^3 = 0.0576\,m^4 = 57.6 \times 10^9\,mm^4$

단면 회전반지름의 제곱 $r^2 = \dfrac{I_g}{A_c} = \dfrac{57.6 \times 10^9}{480 \times 10^3} = 120 \times 10^3\,mm^2$

긴장력이 도입될 때의 콘크리트 압축강도를 대상으로 식 (2·4)의 탄성계수 식을 적용하고 탄성계수비를 구하면 다음과 같다.

$$E_{ci} = 8{,}500\sqrt[3]{f_{ci}} = 8{,}500\sqrt[3]{30} = 26{,}400\,MPa$$

$$n_p = \frac{E_p}{E_{ci}} = \frac{200{,}000}{26{,}400} = 7.6$$

긴장력이 도입될 때 프리스트레싱 강재의 응력 f_{pTR}은 강재의 단면적과 긴장력, 그리고 정착 및 릴랙세이션에 의한 손실을 고려하여 다음과 같이 계산된다.

$$A_p = 24\,A_{ps} = 24 \times 92.9 = 2{,}230\,mm^2$$

$$P_{J1} = 0.75\,A_p f_{pu} = 0.75 \times (24\,P_{pu}) = 0.75 \times 24 \times 160 = 2{,}880\,kN$$

$$f_{pJ1} = \frac{P_{J1}}{A_p} = \frac{2{,}880 \times 1{,}000}{2{,}230} = 1{,}290\,MPa$$

$$f_{pTR} = f_{pJ1} - (\Delta f_{pA} + \Delta f_{pR1}) = 1{,}290 - 90 = 1{,}200\,MPa$$

긴장재 비는 긴장재의 단면적과 콘크리트 단면적의 비로서, 다음과 같이 계산된다.

$$\rho = \frac{A_p}{A_c} = \frac{2{,}230}{480 \times 1{,}000} = 0.00465$$

(1) 엄밀해

① 경간 중앙에서의 탄성수축 손실 : $x = 12\,m$, $e_p = 400\,mm$

자중에 의한 보 중앙단면의 휨모멘트는

$$M_d = \frac{w_d l^2}{8} = \frac{1}{8} \times 12 \times 24^2 = 864\,kN \cdot m$$

보의 중앙단면의 탄성수축 손실을 식 (4·28)을 적용하여 구하면

$$\Delta f_{pE} = \frac{n_p\,\rho\left(1 + \dfrac{e_p^2}{r^2}\right) f_{pTR} - \dfrac{n_p\,M_d\,e_p}{I_g}}{1 + n_p\,\rho\left(1 + \dfrac{e_p^2}{r^2}\right)}$$

$$= \frac{7.6 \times 0.00465 \times \left(1 + \dfrac{400^2}{120 \times 10^3}\right) \times 1{,}200 - \dfrac{7.6 \times (864 \times 10^6) \times 400}{57.6 \times 10^9}}{1 + 7.6 \times 0.00465 \times \left(1 + \dfrac{400^2}{120 \times 10^3}\right)}$$

$$= \frac{0.08246 \times 1{,}200 - 45.6}{1 + 0.08246} = \frac{99.0 - 45.6}{1.08246} = 49.3\,MPa$$

따라서 초기 긴장응력은

$$f_{pi} = f_{pTR} - \Delta f_{pE} = 1{,}200 - 49.3 = 1{,}151\ MPa$$

② 경간 3/8 위치에서의 탄성수축 손실 : $x = 9\ m,\ e_p = 400\ mm$

자중에 의한 경간 3/8 위치에서의 휨모멘트는

$$M_d = \frac{w_d}{2} x(l-x) = \frac{12}{2} \times 9 \times (24-9) = 810\ kN \cdot m$$

경간 3/8 위치의 탄성수축 손실을 식 (4·28)을 적용하여 구하면

$$\Delta f_{pE} = 51.9\ MPa$$

따라서 초기 긴장응력은

$$f_{pi} = f_{pTR} - \Delta f_{pE} = 1{,}200 - 51.9 = 1{,}148\ MPa$$

③ 경간 1/4 위치에서의 탄성수축 손실 : $x = 6\ m$

경간 1/4 위치에서 경사 배치된 긴장재의 편심은

$$e_p = e \times \frac{6}{8} = 400 \times \frac{6}{8} = 300\ mm$$

자중에 의한 경간 1/4 위치에서의 휨모멘트는

$$M_d = \frac{w_d}{2} x(l-x) = \frac{12}{2} \times 6 \times (24-6) = 648\ kN \cdot m$$

경간 1/4 위치의 탄성수축 손실을 식 (4·28)을 적용하여 구하면

$$\Delta f_{pE} = 45.7\ MPa$$

따라서 초기 긴장응력은

$$f_{pi} = f_{pTR} - \Delta f_{pE} = 1{,}200 - 45.7 = 1{,}154\ MPa$$

④ 경간 1/8 위치에서의 탄성수축 손실 : $x = 3\ m$

경간 1/8 위치에서, 경사 배치된 긴장재의 편심과 자중에 의한 휨모멘트는

$$e_p = e \times \frac{3}{8} \times = 400 \times \frac{3}{8} = 150\ mm$$

$$M_d = \frac{w_d}{2} x(l-x) = \frac{12}{2} \times 3 \times (24-3) = 378\ kN \cdot m$$

경간 1/8 위치의 탄성수축 손실을 식 (4·28)을 적용하여 구하면

$$\Delta f_{pE} = 41.2\ MPa$$

따라서 초기 긴장응력은

$$f_{pi} = f_{pTR} - \Delta f_{pE} = 1{,}200 - 41.2 = 1{,}159\ MPa$$

⑤ 지점에서의 탄성수축 손실 : $x = 0,\ e_p = 0$

$e_p = 0$이고 $M_d = 0$이므로, 식 (4·28)을 정리하여 탄성수축 손실을 구하면

$$\Delta f_{pE} = \frac{n_p\, \rho\, f_{pTR}}{1 + n\, \rho} = \frac{7.6 \times 0.00465 \times 1{,}200}{1 + 7.6 \times 0.00465} = \frac{40.96}{1.03534} = 39.6\ MPa$$

따라서 초기 긴장응력은

$$f_{pi}=f_{pTR}-\Delta f_{pE}=1{,}200-39.6=1{,}160\ MPa$$

(2) 엄밀해의 평균값

탄성수축 손실의 평균값과 초기 긴장응력의 평균값은

$$\Delta f_{pE,\,avg}=\frac{49.3+51.9+45.7+41.2+39.6}{5}=45.5\ MPa$$

$$f_{pi,\,avg}=\frac{1{,}151+1{,}148+1{,}154+1{,}159+1{,}160}{5}=1{,}154\ MPa$$

(3) 근사해

① 경간 중앙에서의 탄성수축 손실 : $x=12\ m,\ e_p=400\ mm,\ M_d=864\ kN\cdot m$

식 (4·29)를 적용하여 탄성수축 손실을 계산하면

$$\Delta f_{pE}=n_p\left[\frac{0.9\,P_{J1}}{A_c}\left(1+\frac{e_p^2}{r^2}\right)-\frac{M_d\,e_p}{I_g}\right]$$

$$=7.6\left[\frac{0.9\times 2{,}880\times 10^3}{480\times 10^3}\left(1+\frac{400^2}{120\times 10^3}\right)-\frac{864\times 10^6\times 400}{57.6\times 10^9}\right]$$

$$=7.6\times(12.6-6.0)=50.2\ MPa$$

따라서 초기 긴장응력은

$$f_{pi}=f_{pTR}-\Delta f_{pE}=1{,}200-50.2=1{,}150\ MPa$$

② 경간 3/8 위치에서의 탄성수축 손실 : $x=9\ m,\ e_p=400\ mm,\ M_d=810\ kN\cdot m$

식 (4·29)를 적용하여 탄성수축 손실을 계산하면

$$\Delta f_{pE}=53.2\ MPa$$

따라서 초기 긴장응력은

$$f_{pi}=f_{pTR}-\Delta f_{pE}=1{,}200-53.2=1{,}147\ MPa$$

③ 경간 1/4 위치에서의 탄성수축 손실 : $x=6\ m,\ e_p=300\ mm,\ M_d=648\ kN\cdot m$

식 (4·29)를 적용하여 탄성수축 손실을 계산하면

$$\Delta f_{pE}=46.4\ MPa$$

따라서 초기 긴장응력은

$$f_{pi}=f_{pTR}-\Delta f_{pE}=1{,}200-46.4=1{,}154\ MPa$$

④ 경간 1/8 위치에서의 탄성수축 손실 : $x=3\ m,\ e_p=150\ mm,\ M_d=378\ kN\cdot m$

식 (4·29)를 적용하여 탄성수축 손실을 계산하면

$$\Delta f_{pE}=41.0\ MPa$$

따라서 초기 긴장응력은

$$f_{pi}=f_{pTR}-\Delta f_{pE}=1{,}200-41.0=1{,}159\ MPa$$

⑤ 지점에서의 탄성수축 손실 : $x=0,\ e_p=0$

$e_p=0$이고 $M_d=0$이므로, 식 (4·29)를 정리하여 탄성수축 손실을 구하면

$$\Delta f_{pE}=n_p\frac{0.9\,P_{J1}}{A_c}=7.6\times\frac{0.9\times2{,}880\times10^3}{480\times10^3}=7.6\times5.4=41.0\ MPa$$

따라서 초기 긴장응력은

$$f_{pi}=f_{pTR}-\Delta f_{pE}=1{,}200-41.0=1{,}159\ MPa$$

(4) 근사해의 평균값

탄성수축 손실의 평균값은

$$\Delta f_{pE,\,avg}=\frac{50.2+53.2+46.4+41.0+41.0}{5}=46.4\ MPa$$

초기 긴장응력의 평균값은

$$f_{pi,\,avg}=\frac{1{,}150+1{,}147+1{,}154+1{,}159+1{,}159}{5}=1{,}154\ MPa$$

표 4-5 탄성수축에 의한 손실과 초기 긴장응력

구분	탄성수축에 의한 손실, $f_{pE}(MPa)$		초기 긴장응력, $f_{pi}(MPa)$	
	엄밀해	근사해	엄밀해	근사해
경간 중앙	49.3	50.2	1,151	1,150
경간 3/8	51.9	53.2	1,148	1,147
경간 1/4	45.7	46.4	1,154	1,154
경간 1/8	41.2	41.0	1,159	1,159
지점	39.6	41.0	1,160	1,159
평균	45.5	46.4	1,154	1,154

이와 같은 결과를 정리하면 표 4-5와 같다. 이 예제의 경우 엄밀해와 근사해가 거의 유사한 값을 보인다는 것을 알 수 있다. 또 손실을 계산하는 위치를 경간 중앙 한 곳만 선택하면 계산과정을 대폭 단순화 할 수 있는데, 이 예제의 경우 경간 중앙에 대한 초기 긴장응력의 근사값 1,150 MPa을 대푯값으로 하여도 오차가 크지 않음을 알 수 있다.

4.2.3 포스트텐션 부재의 탄성수축 손실

포스트텐션 부재는 콘크리트를 타설하여 양생한 뒤, 잭으로 긴장재를 인장하여 긴장력을 도입한다. 잭으로 긴장력을 도입한 후 잭을 제거하는 순간, 정착장치의 활동에 의한 손실이 발생한다. 따라서 표 4-3에 나타낸 바와 같이, 긴장잭으로 긴장력을 도입하는 시점에서 게이지에 나타난 긴장력은 f_{pJ1}의 긴장응력에 해당하는 힘으로, 콘크리트의 탄성수축에 의한 손실 Δf_{pE}과 마찰에 의한 손실 Δf_{pF}이 포함된 값

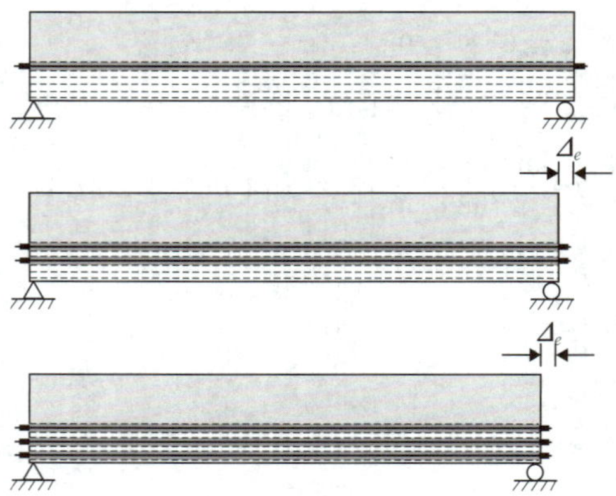

| 그림 4-6 | 긴장력 도입에 따른 포스트텐션 부재의 탄성수축

이다. 이 상태에서 잭을 제거하면 긴장재가 정착되면서 약간의 길이로 미끄러져서 정착장치의 활동에 의한 손실 Δf_{pA}이 발생한다. 따라서 실제로 포스트텐션 부재에 도입되는 긴장응력 f_{pTR}은 모든 즉시 손실이 발생한 후의 초기 긴장응력 f_{pi}와 동일한 값이 되며, 초기 긴장응력 f_{pi}은 다음과 같다.

$$f_{pi} = f_{pJ1} - \Delta f_{pA} \tag{4·30}$$

이와 같이 포스트텐션 부재의 모든 긴장재를 한 번에 인장하여 긴장력을 도입하는 경우에는 탄성수축에 의한 손실이 긴장력 도입과정에 포함되어 있으므로, 설계에서는 이를 계산할 필요가 없다. 그러나 포스트텐션 부재의 긴장재를 여러 번에 걸쳐 인장하는 경우에는 탄성수축에 의한 손실을 계산할 필요가 있다. 이것은 이미 긴장되어 정착된 긴장재가 후속 긴장작업에 의한 콘크리트의 탄성수축으로 인하여 손실이 발생하기 때문이다. 이 과정은 3개의 쉬스가 배치되어 각각의 쉬스 내에 배치된 3개의 긴장재를 3번에 걸쳐 각각 인장하는 그림 4-6의 포스트텐션 부재로 설명한다.

그림 4-6과 같이 첫 번째로 긴장되어 정착된 긴장재는 첫 번째 긴장작업에서의 탄성수축 손실이 포함되어 있다. 그러나 두 번째 긴장작업에서는 첫 번째 긴장된 긴장재가 콘크리트의 탄성수축량 Δ_e와 동일한 길이만큼 짧아져서 손실이 발생한다. 세 번째 긴장작업에서는 첫 번째와 두 번째에 긴장된 긴장재가 콘크리트의 탄성수축량 Δ_e와 동일한 길이만큼 각각 짧아져서 손실이 발생한다. 따라서 세 번에 걸친 긴장작업 후에 첫 번째 긴장재는 $2\Delta_e$만큼 수축되고, 두 번째 긴장재는 Δ_e 만큼 수축되며, 세 번째 긴장재는 정착된 이후 추가의 수축이 발생하지 않는다.

이러한 과정을 확장하여 N개의 긴장재를 N번 긴장하였을 때, 각각의 긴장재에 발생하는 수축과 그 총합을 나타내면 표 4-6과 같다. 1번 긴장재는 첫 번째 긴장력 도입에서는 수축이 이미 포함되어 있으므로 고려할 필요가 없지만, 2번 긴장재에 두 번째로 긴장력을 도입할 때 Δ_e의 수축이 발생한다. 3번 긴

표 4-6 N개의 긴장재를 N번 긴장하였을 때의 수축

구분		긴장력 도입						합계
		첫 번째	두 번째	세 번째	네 번째	···	N번째	
긴장재	1번	–	$\varDelta_e$	$\varDelta_e$	$\varDelta_e$	···	$\varDelta_e$	$(N-1)\ \varDelta_e$
	2번	–	–	$\varDelta_e$	$\varDelta_e$	···	$\varDelta_e$	$(N-2)\ \varDelta_e$
	3번	–	–	–	$\varDelta_e$	···	$\varDelta_e$	$(N-3)\ \varDelta_e$
	4번	–	–	–	–	···	$\varDelta_e$	$(N-4)\ \varDelta_e$
	·	–	–	–	–	···	$\varDelta_e$	·
	·	–	–	–	–	···	$\varDelta_e$	·
	N번	–	–	–	–	···	–	$(N-N)\ \varDelta_e$
총합								$\frac{N(N-1)\varDelta_e}{2}$

장재에 세 번째로 긴장력을 도입하면, 이미 정착되어 있는 1번 긴장재와 2번 긴장재에 각각 $\varDelta_e$의 수축이 발생한다. N번 긴장재에 N번째로 긴장력을 도입하면, 이미 정착되어 있는 $N-1$개의 긴장재에 각각 $\varDelta_e$의 수축이 발생한다. N번의 긴장력 도입작업이 완료되었을 때는, 1번 긴장재는 $(N-1)\varDelta_e$의 수축이, 2번 긴장재는 $(N-2)\varDelta_e$의 수축이 발생하고, N번 긴장재는 $(N-N)\varDelta_e$으로 계산되어 수축이 실질적으로는 발생하지 않는다. 이 모든 수축량의 총합은 $N(N-1)\varDelta_e/2$이 된다. 한편 프리텐션 부재와 같이 N개의 긴장재가 모두 수축을 유발한다면, 총 수축량은 $N^2\varDelta_e$가 된다.

따라서 N개의 긴장재가 모두 수축을 유발하는 경우에 발생하는 수축량을 기준으로, N개의 긴장재를 N번 긴장하는 경우에 발생하는 수축량을 비율로 나타내면 다음과 같다.

$$k_{es} = \frac{N(N-1)\varDelta_e/2}{N^2\varDelta_e} = \frac{N-1}{2N} \tag{4·31}$$

만일 N이 무한대에 가깝다면, 식 (4·31)의 k_{es}는 0.5에 근접한 값이 된다. 이 식으로 계산되는 k_{es}는 앞의 식 (4·21)에 사용되는 계수로서, 긴장력 도입 방법을 반영하는 계수이다.

$$\varDelta f_{pE} = k_{es}\, n_p f_{cs} \tag{4·21}$$

따라서 N개의 긴장재를 N번 긴장하는 포스트텐션 부재의 경우에는 탄성수축에 의한 손실을 다음과 같이 계산할 수 있다.

$$\varDelta f_{pE} = \frac{N-1}{2N}\, n_p f_{cs} \tag{4·32}$$

여기서 콘크리트의 응력 f_{cs}는, 부착 긴장재의 경우에는 긴장재 도심위치에서의 콘크리트 응력이며, 비부착 긴장재의 경우에는 부재 길이를 따라 긴장재 도심위치에서의 콘크리트 응력을 계산하고 이를 평균한 값을 사용한다.

앞 절에서 프리텐션 부재의 탄성수축에 의한 손실에 대한 정해로서 식 (4·28)의 유도과정을 설명하였는데, 여러 번 긴장력을 도입하는 포스트텐션 부재의 탄성수축에 의한 손실에 대한 정해는 식 (4·28)에 긴장력 도입 방법을 반영하는 계수 k_{es}를 적용한 다음 식과 같다.

$$\Delta f_{pE} = \frac{N-1}{2N}\,\frac{n_p\,\rho\left(1+\dfrac{e_p^2}{r^2}\right)f_{pTR}-\dfrac{n_p\,M_d\,e_p}{I_g}}{1+n_p\,\rho\left(1+\dfrac{e_p^2}{r^2}\right)} \tag{4·33}$$

앞 절에서 설명한 바와 같이, 정해를 구한다고 해서 실제로 시공에서 발생하는 상황을 정확히 예측할 수 있다고 말하기도 어려운 면이 있으므로, 간편한 근사해법을 사용할 수 있다. 이때에는 식 (4·29)에 계수 k_{es}를 적용한 다음 식을 사용할 수 있다.

$$\Delta f_{pE} = \frac{N-1}{2N}\,n_p\left[\frac{0.9\,P_{J1}}{A_c}\left(1+\frac{e_p^2}{r^2}\right)-\frac{M_d\,e_p}{I_g}\right] \tag{4·34}$$

예제 4-2

그림 4-7과 같이 정사각형 단면의 포스트텐션 프리스트레스트 콘크리트기둥에 쉬스를 4개 배치하고 긴장력을 도입하려고 한다. 기둥의 길이는 $l = 24\ m$, 정사각형 단면의 폭은 $b = 700\ mm$, 긴장력이 도입될 때의 콘크리트 압축강도는 $f_{ci} = 30\ MPa$이다. 각 쉬스에는 SWPC7AN 12.4 mm($A_{ps} = 92.9\ mm^2$, $P_{pu} = 160\ kN$, $f_{pu} = 1{,}750\ MPa$, 표 2-8과 표 2-9 참조)의 프리스트레싱 강연선 6개가 배치되어, 총 24개의 강연선으로 4개의 텐던을 구성한다. 긴장 작업은 하나의 긴장잭으로 4개의 텐던을 하나씩 차례로 실시한다. 긴장력을 도입하고 긴장재가 정착될 때 쐐기의 활동에 의하여 손실 $\Delta f_{pA} = 50\ MPa$이 발생한다. 기둥이 수직으로 세워진 상태에서 긴장력을 도입하여, 쉬스와의 마찰은 무시한다. 4개의 텐던 모두 $660\ kN$으로 동일한 초기 긴장력이 작용하게 하려면, 순차적으로 각각 얼마의 인장력으로 긴장작업을 수행하여야 하는지 결정하시오.

>>> 풀이

쉬스의 단면적을 무시하고 계산하면, 기둥의 단면적은 다음과 같다.

기둥의 단면적 $A_c = 700\times700 = 490\times10^3\ mm^2$

긴장력이 도입될 때의 콘크리트 압축강도를 대상으로 식 (2·4)의 탄성계수 식을 적용하고 탄성계수비를 구하면 다음과 같다.

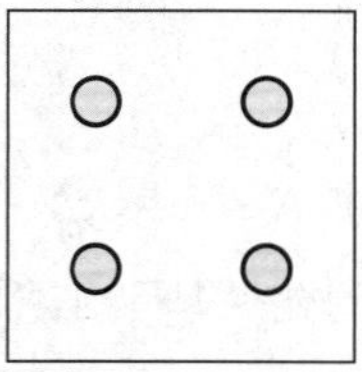

| 그림 4-7 | 예제 4-2의 단면

$$E_{ci} = 8{,}500\sqrt[3]{f_{ci}} = 8{,}500\sqrt[3]{30} = 26{,}400\ MPa$$

$$n_p = \frac{E_p}{E_{ci}} = \frac{200{,}000}{26{,}400} = 7.6$$

6개의 강연선으로 구성된 텐던 1개의 단면적은

$$A_{pT} = 6\ A_{ps} = 6 \times 92.9 = 557\ mm^2$$

목표로 하는 긴장재의 초기 긴장응력은

$$f_{pi} = \frac{P_{iT}}{A_{pT}} = \frac{660 \times 1{,}000}{557} = 1{,}185\ MPa$$

텐던 한 개의 초기 긴장력에 의하여 콘크리트에 작용하는 응력 f_{cs}는 다음과 같이 계산된다.

$$f_{cs} = \frac{P_{iT}}{A_c} = \frac{660 \times 1{,}000}{490 \times 1{,}000} = 1.35\ MPa$$

텐던 한 개의 초기 긴장력에 의한 콘크리트의 탄성수축으로 손실되는 긴장응력은

$$\Delta f_{pET} = n f_{cs} = 7.6 \times 1.35 = 10.3 \fallingdotseq 10\ MPa$$

텐던 당 소요 간장응력은 다음과 같이 계산된다.

1번째 긴장되는 텐던의 소요 긴장응력은

$$f_{pJ1} = f_{pi} + \Delta f_{pA} + 3\Delta f_{pET} = 1{,}185 + 50 + 3 \times 10 = 1{,}265\ MPa$$

2번째 긴장되는 텐던의 소요 긴장응력은

$$f_{pJ2} = f_{pi} + \Delta f_{pA} + 2\Delta f_{pET} = 1{,}185 + 50 + 2 \times 10 = 1{,}255\ MPa$$

3번째 긴장되는 텐던의 소요 긴장응력은

$$f_{pJ3} = f_{pi} + \Delta f_{pA} + \Delta f_{pET} = 1{,}185 + 50 + 10 = 1{,}245\ MPa$$

4번째 긴장되는 텐던의 소요 긴장응력은

$$f_{pJ4} = f_{pi} + \Delta f_{pA} = 1{,}185 + 50 = 1{,}235\ MPa$$

텐던 당 소요 긴장력은 다음과 같이 계산된다.

1번째 긴장되는 텐던의 소요 긴장력은

$$P_{j1} = f_{pJ1}\ A_p = 1{,}265 \times 557 = 705{,}000\ N = 705\ kN$$

2번째 긴장되는 텐던의 소요 긴장력은

$$P_{j2} = f_{pJ2}\ A_p = 1{,}255 \times 557 = 699{,}000\ N = 699\ kN$$

3번째 긴장되는 텐던의 소요 긴장력은

$$P_{j3} = f_{pJ3}\, A_p = 1{,}245 \times 557 = 693{,}000\ N = 693\, kN$$

4번째 긴장되는 텐던의 소요 긴장력은

$$P_{j4} = f_{pJ4}\, A_p = 1{,}235 \times 557 = 688{,}000\ N = 688\, kN$$

이와 같은 인장력으로 각 텐던을 순서대로 인장하면, 모든 텐던에 660 kN의 긴장력이 동일하게 작용하게 된다.

예제 4-3

그림 4-8과 같이 긴장재가 포물선으로 배치된 포스트텐션 프리스트레스트 콘크리트보에 긴장력을 도입한다. 보의 지간은 $l = 24\ m$, 단면의 폭은 $b = 400\ mm$, 단면의 높이는 $h = 1{,}200\ mm$, 긴장력이 도입될 때의 콘크리트 압축강도는 $f_{ci} = 30\ MPa$, 프리스트레싱 강재는 SWPC7AN 12.4 $mm(A_{ps} = 92.9\ mm^2,\ P_{pu} = 160\ kN,\ f_{pu} = 1{,}750\ MPa$, 표 2-8과 표 2-9 참조) 24가닥으로서, 3개의 쉬스에 각각 8개의 프리스트레싱 강재를 배치하여 3개의 텐던을 구성한다. 긴장작업은 하나의 잭으로 세 번에 걸쳐 수행하며, 잭을 사용하여 인장력을 가할 때 프리스트레싱 강재의 인장강도의 75%($f_{pJ1} = 0.75 f_{pu}$)로 긴장한다. 경간 중앙을 대푯값으로 하는 근사해법에 따라, 세 번의 긴장작업 후의 초기 긴장력을 구하시오.

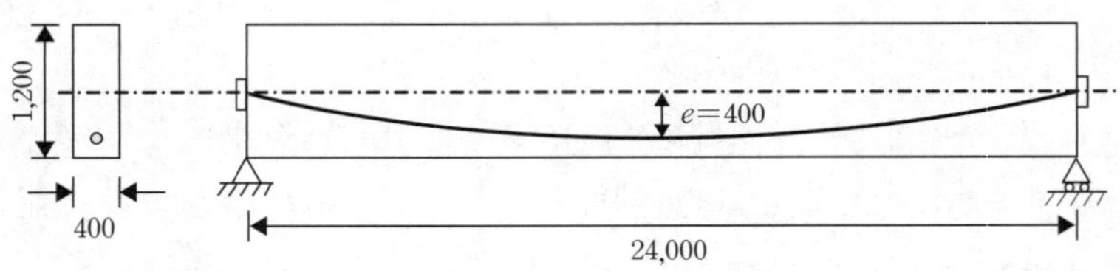

| 그림 4-8 | 예제 4-3의 프리스트레스트 콘크리트 부재

>>> **풀이**

쉬스에 의한 공간를 무시하면, 보의 자중과 단면상수는 다음과 같다.

보의자중 $w_d = 25\, kN/m^3 \times (0.4\, m \times 1.2\, m) = 12\, kN/m$

보의 단면적 $A_c = 0.4 \times 1.2 = 0.48\, m^2 = 480 \times 10^3\, mm^2$

단면2차모멘트 $I_g = \dfrac{1}{12} \times 0.4 \times 1.2^3 = 0.0576\, m^4 = 57.6 \times 10^9\, mm^4$

단면 회전반지름의 제곱 $r^2 = \dfrac{I_g}{A_c} = \dfrac{57.6 \times 10^9}{480 \times 10^3} = 120 \times 10^3\, mm^2$

긴장력이 도입될 때의 콘크리트 압축강도를 대상으로 식 (2·4)의 탄성계수 식을 적용하고 탄성계수비를 구하면 다음과 같다.

$$E_{ci} = 8{,}500 \sqrt[3]{f_{ci}} = 8{,}500 \sqrt[3]{30} = 26{,}400\ MPa$$

$$n_p = \frac{E_p}{E_{ci}} = \frac{200{,}000}{26{,}400} = 7.6$$

한 번의 긴장작업으로 긴장력을 도입한다면, 잭에 의한 긴장력과 긴장응력은 다음과 같이 계산된다.

$$A_p = 24\,A_{ps} = 24\times 92.9 = 2{,}230\;mm^2$$

$$P_{J1} = 0.75\,A_p f_{pu} = 0.75\times(24\,P_{pu}) = 0.75\times 24\times 160 = 2{,}880\;kN$$

$$f_{pJ1} = \frac{P_{J1}}{A_p} = \frac{2{,}880\times 1{,}000}{2{,}230} = 1{,}290\;MPa$$

자중에 의한 보 중앙단면의 휨모멘트는

$$M_d = \frac{w_d l^2}{8} = \frac{1}{8}\times 12\times 24^2 = 864\;kN\cdot m$$

식 (4·34)를 이용한 근사해법에 따라, 경간 중앙을 대푯값으로 하여 세 번의 긴장작업으로 발생하는 탄성 수축에 의한 손실응력의 평균값을 계산하면, $e_p = 400\;mm$이고 $N = 3$이므로

$$f_{cs} = \frac{0.9\,P_{J1}}{A_c}\left(1+\frac{e_p^2}{r^2}\right) - \frac{M_d\,e_p}{I_g}$$

$$= \frac{0.9\times 2{,}880\times(10^3)}{480(10^3)}\left(1+\frac{400^2}{120(10^3)}\right) - \frac{864(10^6)\times 400}{57.6(10^9)} = 6.6\;MPa$$

$$\Delta f_{pE} = \frac{N-1}{2N}\,n_p\left[\frac{0.9\,P_{J1}}{A_c}\left(1+\frac{e_p^2}{r^2}\right) - \frac{M_d\,e_p}{I_g}\right] = \frac{N-1}{2N}\,n f_{cs}$$

$$= \frac{3-1}{2\times 3}\times 7.6\times 6.6 = \frac{1}{3}\times 50.16 = 16.7\;MPa$$

따라서 초기 긴장력은

$$P_i = f_{pi}\,A_p = (f_{pJ1} - \Delta f_{pE})\,A_p = (1{,}290 - 16.7)\times 2{,}230 = 2{,}840\times 10^3\;N = 2{,}840\;kN$$

4.2.4 탄성수축 손실에 대한 설계기준

프리스트레스트 콘크리트에 대한 모든 설계기준은 콘크리트의 탄성수축에 의한 긴장력 손실을 설계에 반영하도록 규정하고 있다. 다만, 각 설계기준은 긴장력 손실에 대한 기준을 다양한 수준으로 규정하고 있다.

콘크리트구조설계기준[4.1]과 ACI 318 Code[4.4]는 유효프리스트레스를 결정하기 위하여 콘크리트의 탄성수축에 의한 긴장력 손실을 고려하여야 한다고 규정하고 있으나, 이를 계산하는 구체적인 방법에 대해서는 언급하지 않고 있다. 따라서 설계자는 자신의 지식에 따라 콘크리트의 탄성수축에 의한 긴장력 손실을 계산하여 결정하여야 한다.

도로교설계기준(2010)[4.2]은 콘크리트의 탄성수축에 의한 긴장력 손실량을 결정할 때, 프리텐션 부재의 경우에는 식 (4·21)의 K_{es}값으로 1.0을 적용한 식 (4·35)를, 포스트텐션 부재의 경우에는 K_{es}값으로 0.5를 적용한 식 (4·36)을 적용하도록 규정하고 있다.

$$\Delta f_{pel} = \frac{E_p}{E_{ci}} f_{cir} \tag{4·35}$$

$$\Delta f_{pel} = 0.5 \frac{E_p}{E_{ci}} f_{cir} \tag{4·36}$$

여기서, E_p는 긴장재의 탄성계수이고 E_{ci}는 긴장력이 도입되는 재령에서의 콘크리트 탄성계수이다. f_{cir}은 긴장재와 동일한 위치에 작용하는 콘크리트의 응력으로 식 (4·16)~(4·21)의 f_{cs}와 동일한 것이며, 최대모멘트가 발생하는 단면에서 계산하도록 하고 있다. f_{cir}을 계산할 때 긴장재의 응력은, 표준적인 프리텐션 부재에 있어서 응력제거 강연선은 $0.63 f_{pu}$, 저 릴랙세이션 강연선은 $0.69 f_{pu}$를 사용할 수 있다고 규정하고 있다. 따라서 앞의 식 (4·19)를 이용하여 f_{cir}을 계산할 때, $0.63 f_{pu}$ 또는 $0.69 f_{pu}$에 긴장재의 단면적을 곱한 값을 P_i로 하도록 규정하고 있다.

$$f_{cs} = \frac{P_i}{A_c} + \frac{P_i e_p^2}{I_g} - \frac{M_d e_p}{I_g} \tag{4·19}$$

교량설계기준(한계상태설계법)[4.3]과 Eurocode 2[4.5]도 역시 콘크리트의 탄성수축에 의한 긴장력 손실을 고려하여야 한다고 규정하고 있다. 포스트텐션 부재에서는 긴장재의 긴장 순서를 고려하여야 하며, 콘크리트 탄성 변형에 의한 손실 ΔP_c는 개개 긴장재의 평균적인 손실로 가정하여 다음 식으로 계산하도록 규정하고 있다.

$$\Delta P_c = A_p E_p \Sigma \left[\frac{j \Delta f_c(t)}{E_{cm}(t)} \right] \tag{4·37}$$

여기서, $\Delta f_c(t)$는 시간 t일 때 도입되는 긴장력에 의하여 발생하는 긴장재 도심위치에서의 콘크리트 응력 변화량이다. j는 식 (4·21)에 사용하는 k_{es}와 동일한 것으로, 여러 번에 걸쳐 긴장력이 도입되는 경우에는 식 (4·31)과 동일하게 다음 식으로 계산하며, n의 값이 큰 경우에는 근사적으로 0.5를 취할 수 있게 하였다. n은 연속적으로 긴장되는 동일한 면적의 긴장재 개수이다.

$$j = \frac{n-1}{2n} \tag{4·38}$$

포스트텐션 부재에서 프리스트레싱 이후에 가해지는 영구하중(permanent load)에 의하여 응력이 변화하는 경우에는 j의 값으로 1.0을 적용하도록 규정하고 있다.

미국의 교량설계기준인 AASHTO-LRFD[4.6]도 역시 콘크리트의 탄성수축에 의한 긴장력 손실을 고려하여야 한다고 규정하고 있다. 프리텐션 부재의 경우에는 식 (4·39)를, 포스트텐션 부재의 경우에는 식 (4·40)을 적용한다.

$$\Delta f_{pES} = \frac{E_p}{E_{ci}} f_{cgp} \tag{4·39}$$

$$\Delta f_{pES} = \frac{N-1}{2N} \frac{E_p}{E_{ci}} f_{cgp} \tag{4·40}$$

여기서, f_{cgp}는 긴장재 도심(center of gravity of prestressing tendons) 위치에 작용하는 콘크리트의 응력으로 최대 휨모멘트가 작용하는 위치에서 계산하도록 하며, 프리스트레싱 강재의 릴랙세이션이나 쉬스와의 마찰로 인한 긴장응력의 감소도 고려하여야 한다. 비부착 긴장재를 사용한 포스트텐션 부재의 경우에는, 부재 전체 길이에 대하여 긴장재 도심 위치에 작용하는 콘크리트 응력의 평균값을 f_{cgp}로 한다.

AASHTO-LRFD[4.6]의 해설에서는, 탄성변형에 의한 긴장응력의 변화는 모든 하중 작용 단계에서 발생하지만 긴장력 도입 단계에서 계산하는 것이 보수적인 결과를 준다고 언급하고 있다. 만일 프리텐션 부재에 대하여 엄밀한 해석을 수행하고자 할 때에는, 다양한 하중 조건에 대하여 부재 전체 길이에 대한 각 단면에서 식 (4·39)을 적용할 수 있을 것이다. 또 긴장력 도입 전 긴장응력의 90%를 초기 값으로 하여, 만족할만한 정확도를 얻을 때까지 반복 계산으로 f_{cgp}의 값을 결정할 수 있다. 반복 계산을 수행하지 않는 경우에는, 다음 식으로 콘크리트의 탄성수축에 의한 긴장력 손실을 구할 수 있다. 이 식은 식 (4·28)과 기본적으로 동일한 식이다.

$$\Delta f_{pES} = \frac{A_{ps} f_{pbt} (I_g + e_m^2 A_g) - e_m M_g A_g}{A_{ps} (I_g + e_m^2 A_g) + \dfrac{A_g I_g E_{ci}}{E_p}} \tag{4·41}$$

여기서, f_{pbt}는 긴장력 도입 직전의 긴장응력, e_m은 경간 중앙에서의 긴장재 평균 편심, M_g는 경간 중앙에서의 자중에 의한 휨모멘트이다.

포스트텐션 부재에 대하여 반복 계산을 수행하지 않는 경우에는, 다음 식으로 콘크리트의 탄성수축에 의한 긴장력 손실을 구할 수 있다.

$$\Delta f_{pES} = \frac{N-1}{2N} \frac{A_{ps} f_{pbt} (I_g + e_m^2 A_g) - e_m M_g A_g}{A_{ps} (I_g + e_m^2 A_g) + \dfrac{A_g I_g E_{ci}}{E_p}} \tag{4·42}$$

또, 포스트텐션 부재에서 N개의 텐던이 모두 동일한 단면적을 갖지 않고 두 종류의 단면적을 가지는 경우에는, 다음 식으로 N의 값을 결정할 수 있다.

$$N = N_1 + N_2 \frac{A_{sp2}}{A_{sp1}} \tag{4·43}$$

여기서, N_1은 큰 단면적 A_{sp1}을 가진 텐던의 개수이고, N_2는 작은 단면적 A_{sp2}를 가진 텐던의 개수이다.

4.3 마찰에 의한 손실

4.3.1 마찰에 의한 손실의 원리와 해석

마찰(friction)에 의한 긴장력 손실은 포스트텐션 부재의 경우에 발생하는 것으로, 긴장력을 도입할 때 늘어나는 긴장재가 쉬스와 접촉하여 마찰 작용으로 발생하는 손실을 말한다. 따라서 긴장재의 한쪽 단부에서 잭으로 긴장재를 인장하면, 마찰손실에 의하여 인장단에서 멀리 떨어질수록 긴장력이 감소하게 된다. 포스트텐션 부재에서 마찰에 의한 손실은 곡선으로 배치된 쉬스의 각도 변화에 따른 곡률마찰(curvature friction)과 쉬스의 국부적인 변형에 따른 파상마찰(wobble friction)의 두 가지 원인에 의해 발생한다.

[1] 곡률마찰에 의한 긴장력 손실

프리스트레싱 강재가 그림 4-9(a)와 같이 곡선으로 배치되어 왼쪽 단부에서 P_o의 힘으로 긴장하는 경우, 왼쪽 단부에서 L의 길이만큼 떨어진 위치가 α의 곡률을 갖는 위치라고 하자. 이 위치에서 $d\alpha$의 미소한 각 변화가 있는 미소구간 길이에서는, 그림 4-9(b)와 같이 힘의 변화가 발생한다. 곡률 α의 위치에서 왼쪽 방향으로 F의 힘이 작용할 때, $d\alpha$ 만큼 변화된 위치에서는 dF 만큼 변화된 $F+dF$의 힘이 오른쪽 방향으로 작용하며, 두 위치 사이에서 μdN의 마찰력이 작용하게 된다. 여기서 μ는 마찰계수이고, dN은 F와 $F+dF$의 힘이 일직선상에 있지 않고 각도를 이룸으로 해서 발생하는 곡률원점 방향으로의 분력이다. 이 힘들은 그림 4-9(c)와 같이 평형을 이룬다.

그림 4-9(c)의 F와 $F+dF$가 이루는 삼각형에서 두 내각의 합은 다른 한 외각과 같이 $d\alpha$이므로 내각은 $d\alpha/2$가 된다. 곡률원점 방향으로의 분력은 F와 $F+dF$에 $sin(d\alpha/2)$를 곱한 값이므로, 곡률원점 방향으로의 분력은 다음과 같다.

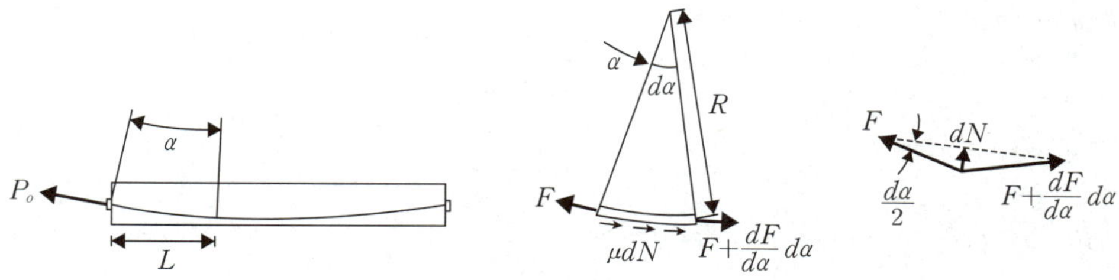

| 그림 4-9 | 곡률마찰에 의한 힘의 작용

$$dN = F sin\frac{d\alpha}{2} + \left(F + \frac{dF}{d\alpha}d\alpha\right) sin\frac{d\alpha}{2} \tag{4·44}$$

여기서, $d\alpha/2$가 매우 작은 값이므로 $sin(d\alpha/2)$는 근사적으로 $d\alpha/2$와 값이 같고, dF와 $d\alpha/2$를 곱한 값은 더욱 작은 값이 되어 무시될 수 있으므로, dN은 다음과 같이 정리된다.

$$dN = F\frac{d\alpha}{2} + F\frac{d\alpha}{2} = Fd\alpha \tag{4·45}$$

미소길이 구간에서의 마찰력은 이 힘과 마찰계수의 곱이므로, 마찰력은 다음과 같다.

$$\mu dN = \mu F d\alpha \tag{4·46}$$

이제 그림 4-9(b)의 미소길이 구간에 작용하는 힘에 대하여 평형방정식을 구성하고 정리하면 다음과 같다.

$$F - \mu F d\alpha - (F + dF) = 0 \tag{4·47}$$

$$\frac{dF}{F} = -\mu d\alpha \tag{4·48}$$

이 미분방정식의 해를 구하기 위하여 양변을 적분하고 정리하면 다음과 같다. 여기서 P_x는 α의 곡률을 갖는 위치로서 왼쪽 단부에서 x의 길이만큼 떨어진 임의의 위치에서의 긴장력이다.

$$\int_{P_o}^{P_x}\frac{dF}{F} = \int_0^{\alpha}(-\mu)d\alpha \tag{4·49}$$

$$ln P_x - ln P_o = -\mu\alpha \tag{4·50}$$

$$ln \frac{P_x}{P_o} = -\mu\alpha \tag{4·51}$$

$$\frac{P_x}{P_o} = e-\mu\alpha \tag{4·52}$$

$$P_x = P_o e-\mu\alpha \tag{4·53}$$

따라서 단부에서 P_o의 힘으로 긴장하는 경우, α의 곡률을 갖는 위치로서 단부에서 x만큼 떨어진 임의의 위치에서의 긴장력 P_x는 이 식으로 구할 수 있다. 만일 x의 위치에서 마찰손실 후의 긴장력이 P_x가 되기 위한 단부의 긴장력 P_o를 구하고자 할 때는, 이 식을 변환하여 다음 식을 적용할 수 있다.

$$P_o = P_x e^{\mu\alpha} \tag{4·54}$$

[2] 파상마찰에 의한 긴장력 손실

파상마찰(wobble friction)은 쉬스의 국부적인 변형으로 발생하는 각도 변화에 의하여 마찰이 발생하는 것을 말한다. 즉, 긴장재를 직선으로 배치하기 위하여 쉬스를 직선으로 배치하는 경우, 쉬스가 완벽하게 직선으로 배치된다면 긴장력이 도입된 프리스트레싱 강재는 쉬스와 접촉하지 않을 것이다. 그러나 쉬스를 받치는 조립용 철근 사이에서 쉬스는 자중에 의하여 그림 4-10과 같이 처짐이 발생하게 된다. 이에 따라 긴장재는 쉬스에 접촉하게 되어 직선으로 배치하고자 했던 긴장재와 쉬스 사이에 마찰손실이 발생하게 되는데, 이를 파상 효과(wobble effect)라고 하며, 이에 따른 마찰을 파상마찰이라고 한다.

긴장력이 도입되는 단부에서 x만큼 떨어진 임의의 위치까지의 긴장재 길이를 l_x 라고 하고 파상 효과에 따른 각도 변화를 βl_x라고 하면, 이 위치에서의 긴장력은 식 (4·53)의 α에 βl_x를 대입하여 다음과 같이 표현할 수 있다.

$$P_x = P_o e^{-\mu\beta l_x} \tag{4·55}$$

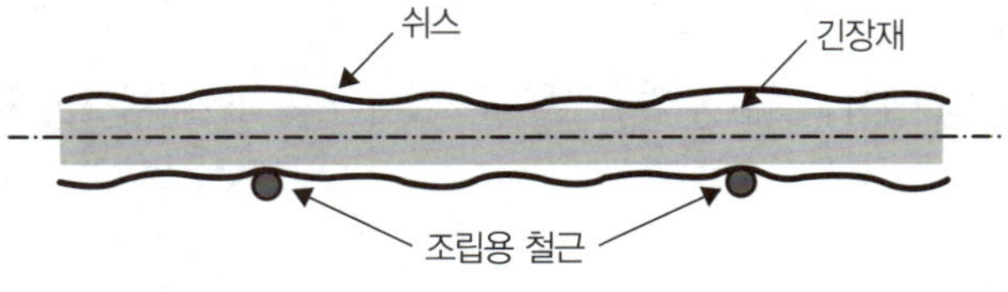

| 그림 4-10 | 직선 배치된 쉬스의 처짐에 의한 파상마찰 작용

여기서 $\mu\beta$를 K라고 표현하면, 파상마찰에 의한 긴장력 손실이 발생한 긴장력을 다음과 같이 나타낼 수 있다.

$$P_x = P_o e^{-Kl_x} \tag{4·56}$$

[3] 곡률마찰과 파상마찰에 의한 긴장력 손실

곡률마찰손실과 파상마찰손실이 모두 발생하는 포스트텐션 부재의 긴장력과 긴장응력은 두 가지 손실을 합하여 계산하여야 한다. 이때 곡선으로 배치된 긴장재의 파상마찰손실에 대하여 식 (4·56)의 l_x를 정확히 구하려면 긴장재의 곡선거리로 하여야 한다. 그러나 긴장재의 곡선거리 대신에 직선거리인 x로 하여도 오차가 크지 않으므로, 일반적으로 직선거리 x를 사용한다. 따라서 포스트텐션 부재의 긴장력과 긴장응력은 다음과 같이 나타낼 수 있다. 여기서, 곡률마찰계수 μ는 $1/radian$, 곡률 α는 $radian$, 파상마찰계수 K는 $1/m$, 길이 x는 m 단위로 하는 것이 일반적이다.

$$P_x = P_o e^{-(\mu\alpha + Kx)} \tag{4·57}$$

$$f_{px} = f_{pj} e^{-(\mu\alpha + Kx)} \tag{4·58}$$

만일 x의 위치에서 마찰손실 후의 긴장력과 긴장응력이 각각 P_x와 f_{px}가 되기 위한 단부의 긴장력 P_o와 긴장응력 f_{pj}를 구하고자 할 때는, 이 식들을 변환하여 다음 식들을 적용할 수 있다.

$$P_o = P_x e^{\mu\alpha + Kx} \tag{4·59}$$

$$f_{pj} = f_{px} e^{\mu\alpha + Kx} \tag{4·60}$$

손실된 긴장력은 P_o와 P_x의 차이이고 손실된 긴장응력은 f_{pj}와 f_{px}의 차이이므로, x의 위치에서 마찰손실에 의하여 손실된 긴장력 ΔP_F과 손실된 긴장응력 Δf_{pF}은 다음과 같다.

$$\Delta P_F = P_o - P_x = P_o [1 - e^{-(\mu\alpha + Kx)}] \tag{4·61}$$

$$\Delta f_{pF} = f_{pj} - f_{px} = f_{pj} [1 - e^{-(\mu\alpha + Kx)}] \tag{4·62}$$

한편, 지수 x가 매우 작은 값이라면, 다음 식과 같은 관계가 성립한다.

$$e^{a} \fallingdotseq 1+a \tag{4·63}$$

따라서, 지수함수(exponential function)의 값을 간편하게 계산하고자 할 때, 지수 $\mu\alpha+Kx$가 매우 작은 값이라면 다음과 같은 근사식을 사용할 수 있다.

$$P_x = P_o e^{-(\mu\alpha+Kx)} = P_o(1-\mu\alpha-Kx) \tag{4·64}$$

$$f_{px} = f_{pj} e^{-(\mu\alpha+Kx)} = f_{pj}(1-\mu\alpha-Kx) \tag{4·65}$$

$$P_o = P_x e^{\mu\alpha+Kx} = P_x(1+\mu\alpha+Kx) \tag{4·66}$$

$$f_{pj} = f_{px} e^{\mu\alpha+Kx} = f_{px}(1+\mu\alpha+Kx) \tag{4·67}$$

$$\Delta P_F = P_o[1-e^{-(\mu\alpha+Kx)}] = P_o(\mu\alpha+Kx) \tag{4·68}$$

$$\Delta f_{pF} = f_{pj}[1-e^{-(\mu\alpha+Kx)}] = f_{pj}(\mu\alpha+Kx) \tag{4·69}$$

곡률마찰계수 μ와 파상마찰계수 K는 프리스트레싱 강재의 종류와 쉬스의 종류를 고려하여 구조기술자의 경험과 지식을 기반으로 결정해야 하는 값이다. 그러나 설계기준에 따라서는 μ값과 K값의 범위가 제시되기도 한다. 마찰손실을 계산하고자 하는 위치 x는 길이의 단위를 사용하여 큰 문제없이 적용되지만, 곡률 α는 긴장재의 배치형태를 고려하여 결정하여야 한다.

긴장재가 호(弧, arc)의 형태로 배치되는 경우에는 α의 값을 정확하게 표현할 수 있지만, 일반적으로 긴장재는 휨모멘트의 형상과 유사한 포물선 형상으로 배치되므로 근사적으로 곡률을 결정한다. 즉, 그림 4-11과 같은 포물선 긴장재에서 곡률 α는 양단에서 그은 접선이 만나는 각도와 같으므로, 기하학적으로 다음과 같은 관계가 있다.

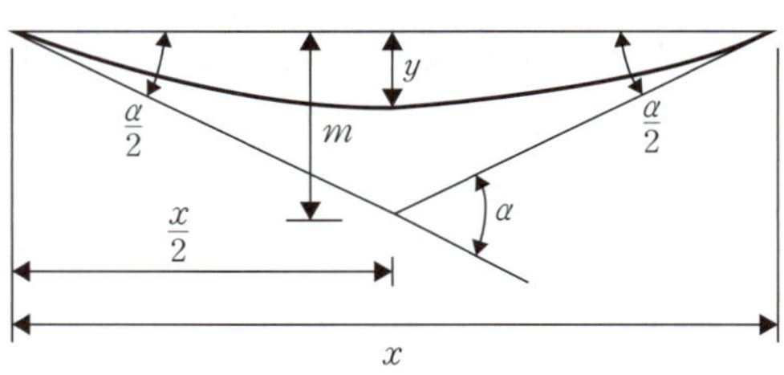

| 그림 4-11 | 포물선으로 배치된 긴장재의 곡률

$$tan\frac{\alpha}{2} = \frac{m}{x/2} \tag{4·70}$$

α의 값이 매우 작으면 $tan(\alpha/2)$는 $\alpha/2$와 같으므로, 곡률 α를 다음과 같이 나타낼 수 있다.

$$\alpha = \frac{4m}{x} \tag{4·71}$$

여기서 m이 근사적으로 $2y$와 같다고 하면, 곡률 α를 다음과 같이 구할 수 있다.

$$\alpha = \frac{8y}{x} \tag{4·72}$$

연속보의 경우에는 **그림 4-12**와 같은 형상으로 긴장재를 배치하는 것이 일반적이다. 이와 같이 배치된 긴장재는 첫 번째 경간 내에서 3개의 포물선으로 구간을 나눌 수 있다. 이때 각 구간이 접하는 위치에서는 접선의 기울기가 동일하여야 한다. 왼쪽 단부에서부터 구간을 나누면, 첫 번째와 두 번째의 포물선이 만나는 위치에서는 두 포물선이 모두 아래로 처진(sagging) 곡률이며, 또 접선이 수평이므로 시공에서 쉬스를 배치하는 것이 어렵지 않다. 그러나 두 번째와 세 번째의 포물선이 만나는 위치에서는 아래로 처진(sagging) 곡률이 위로 불룩한(hogging) 곡률로 변환되므로, 접선의 기울기가 일치하도록 주의를 기울여야 한다. 그렇지 않으면 급격한 각도 변화로 쉬스가 날카롭게 된 부분에 프리스트레싱 강재가 접촉하게 되어, 긴장작업 도중에 프리스트레싱 강재가 파단 되는 경우가 발생하기 때문이다. 두 포물선의 접선이 동일하도록 하려면, 다음 식에 따라 계산된 높이 h_2와 회전반지름 R을 갖도록 세 번째 포물선을 배치하여야 한다.

$$h_2 = \frac{\beta}{\lambda}(e_1+e_2) \tag{4·73}$$

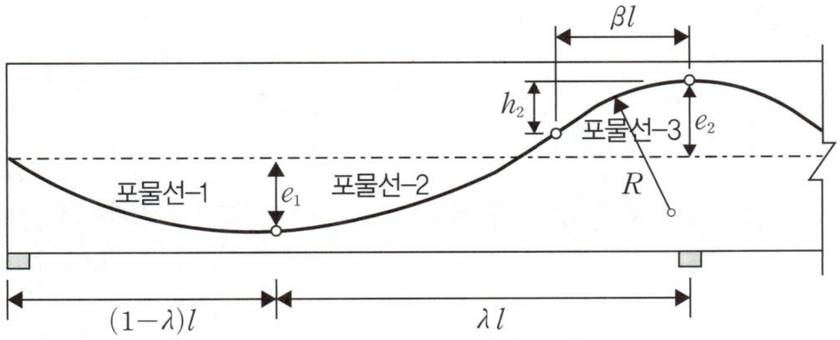

| 그림 4-12 | 연속보에 배치된 긴장재의 형상

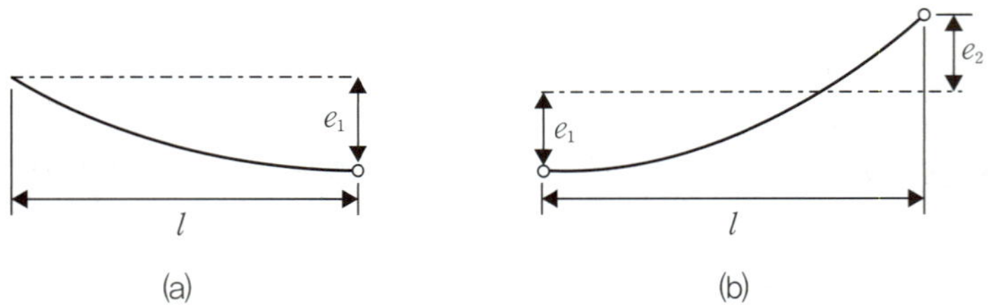

| 그림 4-13 | 연속보에 배치된 긴장재의 포물선 부분 구간

$$R = \frac{\lambda \beta l^2}{2(e_1 + e_2)} \tag{4·74}$$

마찰손실의 계산에 있어서는 구간별로 서로 다른 값의 곡률을 갖게 되므로, 구간별로 곡률을 계산하고 누적하여 마찰손실을 계산한다. 그림 4-13(a)와 같은 형상을 가진 포물선과 그림 4-13(b)와 같은 형상의 포물선은 각각 다음과 같이 곡률을 계산한다.

$$\alpha = \frac{2e_1}{l} \tag{4·75}$$

$$\alpha = \frac{2(e_1 + e_2)}{l} \tag{4·76}$$

4.3.2 마찰 손실에 대한 설계기준

프리스트레스트 콘크리트에 대한 모든 설계기준은 마찰에 의한 긴장력 손실을 설계에 반영하도록 규정하고 있다. 다만, 각 설계기준은 긴장력 손실에 대한 기준을 다양한 수준으로 규정하고 있다.

콘크리트구조설계기준[4.1]은 포스트텐션 긴장재의 마찰손실을 고려하여 다음 식으로 긴장력을 계산하도록 규정하고 있다.

$$P_{px} = P_{pj}\, e^{-(K l_{px} + \mu_p \alpha_{px})} \tag{4·77}$$

만일 $K l_{px} + \mu_p \alpha_{px}$의 값이 0.3 이하인 경우에는 다음의 근사식을 사용할 수 있도록 하였다.

$$P_{px} = \frac{P_{pj}}{1 + K l_{px} + \mu_p \alpha_{px}} \tag{4·78}$$

표 4-7 포스트텐션 긴장재의 마찰계수 : 콘크리크구조설계기준 해설과 콘크리트구조 학회기준 해설[4.7]

		PS강재의 종류	파상마찰계수 K (/m)	곡률마찰계수 μ_p (/radian)
부착긴장재		강선 강봉 강연선	0.0033~0.0050 0.0003~0.0020 0.0015~0.0066	0.15~0.25 0.08~0.30 0.15~0.25
비부착긴장재	수지, 방수, 피복	강선 강연선	0.0033~0.0066 0.0033~0.0066	0.05~0.15 0.05~0.15
	그리스로 미리 도포된 경우	강선 강연선	0.0010~0.0066 0.0010~0.0066	0.05~0.15 0.05~0.15

파상마찰계수 K와 곡률마찰계수 μ_p는 시험에 근거하여 결정하여야 하며, 긴장 작업을 할 때 이를 검증하도록 규정하고 있다. 다만 콘크리크구조설계기준 해설[4.7]과 콘크리트구조 학회기준 해설에는 일반적으로 예상되는 K와 μ_p 값의 범위가 표 4-7과 같이 제시되어 있다.

도로교설계기준(2010)[4.2]은 포스트텐션 긴장재의 마찰손실을 고려하여 다음 식으로 긴장력을 계산하도록 규정하고 있다.

$$P_x = P_o e^{-(kl_x + \mu\alpha)} \tag{4·79}$$

만일 $kl_x + \mu\alpha$의 값이 0.3보다 크지 않은 경우에는 다음의 근사식을 사용할 수 있도록 하였다.

$$P_x = P_o (1 - kl_x - \mu\alpha) \tag{4·80}$$

사용재료에 대한 k와 μ의 실험값이 없을 때에는 표 4-7의 값을 사용할 수 있다. 다만, 이 표의 값은 일반적으로 예측할 수 있는 값의 범위를 제시한 것으로서, 특수한 긴장재와 쉬스를 사용하는 경우에는 이들 계수의 값을 제작자로부터 제공받아야 한다.

교량설계기준(한계상태설계법)[4.3]은 포스트텐션 긴장재의 마찰에 의한 긴장력 손실을 다음 식으로 구하도록 규정하고 있다. 여기서 θ는 거리 x에 걸쳐 누적된 각 변화량으로 방향 또는 부호에 무관한 값이다.

$$\Delta P_\mu(x) = P_o [1 - e^{-(\mu\theta + kx)}] \tag{4·81}$$

곡률마찰계수 μ에 대한 정확한 자료가 없을 경우에는 표 4-8의 값을 사용할 수 있도록 하였는데, 이 값은 Eurocode 2[4.5]에 제시된 것과 동일한 것이다. 해설에서는 표 4-7과 동일한 값을 참고할 수 있도

표 4-8 긴장재의 곡률마찰계수 μ : 도로교설계기준 (한계상태설계법)[4.3]

	포스트텐 셔닝 긴장재	비부착 외부 긴장재			
		강재덕트 / 윤활유 주입안함	폴리에틸렌덕트 / 윤활유 주입안함	강재덕트 / 윤활유 주입	폴리에틸렌덕트 / 윤활유 주입
냉간압연강선	0.17	0.25	0.14	0.18	0.12
강연선	0.19	0.24	0.12	0.16	0.10
이형강봉	0.65	-	-	-	-
원형강봉	0.33	-	-	-	-

록 하였다. 평행한 강선이나 강연선으로 구성된 외부 긴장재에 대해서는 프리스트레스의 파상마찰손실을 무시할 수 있도록 규정하였다.

Eurocode 2[4.5]도 역시 포스트텐션 긴장재의 마찰에 의한 긴장력 손실을 고려하여야 한다고 규정하고 있으나, 긴장력 손실을 다음 식으로 계산하도록 규정하여 수식의 형태가 다른 모양을 하고 있다.

$$\varDelta P_{\mu}(x) = P_{max}\left[1 - e^{-\mu(\theta + kx)}\right] \tag{4·82}$$

즉, 지수에서 곡률마찰계수 μ가 괄호 밖에 위치하여, 결국 파상마찰에 의한 손실을 지수 μkx로 반영하는 형태이다. 이것은 식 (4·55)의 지수 $\mu\beta l_x$와 동일한 형태라고 할 수 있다. 따라서 Eurocode 2[4.5]에 따라 마찰에 의한 긴장력 손실을 계산할 때에 적용하는 파상마찰계수 k는 콘크리트구조설계기준[4.1]이나 교량설계기준(한계상태설계법)[4.3]에서 사용하는 파상마찰계수 K 또는 k와 다른 의미로서 k/μ와 같은 의미를 가지고 있다는 것을 유의하여야 한다. 정확한 자료가 없는 경우, Eurocode 2[4.5]는 이 k값으로 0.005~0.01 범위의 값을 추천하고 있다.

ACI 318 Code[4.4]는 유효프리스트레스를 결정하기 위하여 마찰에 의한 긴장력 손실을 고려하여야 한다고 규정하고 있으나, 이를 계산하는 구체적인 방법에 대해서는 언급하지 않고 있다. 따라서 설계자는 자신의 지식과 경험에 따라 마찰에 의한 긴장력 손실을 계산하고 결정하여야 한다.

AASHTO-LRFD[4.6]는 포스트텐션 내적 긴장재(internal prestressing tendon)의 마찰에 의한 긴장응력 손실을 다음 식으로 구하도록 규정하고 있다.

$$\varDelta f_{pF} = f_{pj}\left[1 - e^{-(Kx + \mu\alpha)}\right] \tag{4·83}$$

외적 긴장재(external prestressing tendon)의 마찰에 의한 긴장응력 손실은 다음 식으로 구하도록 규정하고 있다.

표 4-9 포스트텐션 긴장재의 마찰계수 : AASHTO-LRFD[4.6]

Type of Steel	Type of Duct	K	μ
Wire or strand	Rigid and semirigid galvanized metal sheathing	6.6×10^{-7}	0.15~0.25
	Polyethylene	6.6×10^{-7}	0.23
	Rigid steel pipe deviators for external tendons	6.6×10^{-7}	0.25
High-strength bars	Galvanized metal sheathing	6.6×10^{-7}	0.30

$$\Delta f_{pF} = f_{pj}\,[1-e^{-\mu(\alpha+0.04)}] \tag{4·84}$$

마찰계수의 값은 실험에 근거하여 결정하도록 규정하고 있으나, 실험값이 없는 경우에는 표 4-9의 값을 적용할 수 있도록 하였다.

4.4 정착장치의 활동에 의한 손실

4.4.1 정착 활동에 의한 손실의 구분

정착장치의 활동(anchorage slip, anchorage set, anchorage seating)에 의한 손실은, 인장작업으로 늘어난 긴장재가 정착장치에 고정되는 과정에서 살짝 미끄러져서 늘어난 길이가 짧아짐에 따라 발생하는 긴장력 손실을 말한다. 미끄러지는 길이는 정착장치의 종류에 따라 다르다. 강연선에 사용되는 쐐기식 정착장치는 3~6 mm의 활동이 발생하여, 설계에서는 일반적으로 활동이 6 mm 발생하는 것으로 보고 손실을 계산한다. 강선에 사용하는 리벳머리나 강봉에 사용하는 너트와 같은 지압식 정착장치는 약 1 mm의 활동이 발생하는 것으로 보고 손실을 계산한다.

정착장치의 활동에 의한 손실은 프리스트레싱 방식에 따라 손실이 전달되는 범위가 다르므로, 마찰이 없는 경우와 마찰이 있는 경우로 나누어 손실을 계산한다. 설계기준에서도 이를 구분하여 역학 원리에 따라 계산하도록 규정하고 있다.

4.4.2 마찰이 없는 경우의 정착 활동에 의한 손실의 원리와 해석

긴장재와 쉬스 사이에 마찰이 없는 경우는 프리텐션 부재가 대표적이다. 포스트텐션 부재에도 마찰이 없는 경우가 있는데, 그리스(grease) 등을 발라서 긴장재가 미끄럽거나 마찰이 적은 플라스틱 쉬스를 사용하는 경우, 또는 쉬스의 곡률과 파상 효과가 적어서 마찰을 무시할 수 있는 경우 등이 이에 해당한다.

마찰이 없는 경우는 손실된 긴장응력 Δf_{pA}와 손실된 긴장력 ΔP_A를 다음 식에 따라 계산한다. 여기서, E_p는 프리스트레싱 강재의 탄성계수, Δ_{set}는 정착장치에서의 프리스트레싱 강재의 활동량, l_p는 프리스트레싱 강재의 정착단부 사이의 길이이다.

$$\Delta f_{pA} = \frac{E_p \Delta_{set}}{l_p} \tag{4·85}$$

$$\Delta P_A = \frac{A_p E_p \Delta_{set}}{l_p} \tag{4·86}$$

예제 4-4

SWPC7AN 12.4 $mm(A_{ps} = 92.9\ mm^2,\ P_{pu} = 160\ kN,\ f_{pu} = 1{,}750\ MPa$, 표 2-8과 표 2-9 참조) 24가닥의 강연선으로 텐던을 구성하여 프리텐션 프리스트레스트 콘크리트보를 제작하려고 한다. 모든 강연선은 직선으로 배치되어 있으며, 각각의 강연선은 인장강도의 75%($f_{pJ1} = 0.75\, f_{pu}$)로 인장한다. 쐐기 정착장치의 활동량은 6 mm이다. 이때, (1) 잭에 의하여 작용하는 긴장력과 긴장응력, (2) 쐐기가 정착되는 정착판 사이의 길이가 6 m일 때 정착장치의 활동에 의한 손실, (3) 정착판 사이의 길이가 60 m일 때 정착장치의 활동에 의한 손실을 계산하시오.

>>> 풀이

잭에 의한 긴장력과 긴장응력, 정착장치 활동에 의한 손실은 다음과 같다.

(1) 잭에 의한 긴장력과 긴장응력

텐던의 단면적 $A_p = 24\ A_{ps} = 24 \times 92.9 = 2{,}230\ mm^2$

잭의 인장력 $P_{J1} = 0.75\ A_p f_{pu} = 0.75 \times (24\ P_{pu}) = 0.75 \times 24 \times 160 = 2{,}880\ kN$

인장응력 $f_{pJ1} = \dfrac{P_{J1}}{A_p} = \dfrac{2{,}880 \times 1{,}000}{2{,}230} = 1{,}290\ MPa$

(2) 정착판 사이의 길이가 6 m일 때 정착장치의 활동에 의한 손실 : $l_p = 6\ m$

식 (4·85)를 적용하여 정착장치의 활동에 의한 긴장응력의 손실을 구하고, 이에 따른 긴장력 손실을 구하면 다음과 같다.

$$\Delta f_{pA} = \frac{E_p \Delta_{set}}{l_p} = \frac{200{,}000 \times 6}{6{,}000} = 200\ MPa$$

$$\Delta P_A = \Delta f_{pA} A_p = \frac{200 \times 2{,}230}{1{,}000} = 446\ kN$$

이 손실은 긴장잭에 의한 긴장력의 16%에 해당한다.

손실이 발생한 후 콘크리트 부재에 도입될 긴장응력과 긴장력은 다음과 같다.

$$f_{pTR} = f_{pJ1} - \Delta f_{pA} = 1{,}290 - 200 = 1{,}090\ MPa$$
$$P_{J2} = P_{J1} - \Delta P_A = 2{,}880 - 446 = 2{,}430\ kN$$

(3) 정착판 사이의 길이가 60 m일 때 정착장치의 활동에 의한 손실 : $l_p = 60\ m$

정착장치의 활동에 의한 긴장응력의 손실과 긴장력 손실은 다음과 같다.

$$\Delta f_{pA} = \frac{E_p\, \Delta_{set}}{l_p} = \frac{200{,}000 \times 6}{60{,}000} = 20\ MPa$$
$$\Delta P_A = \Delta f_{pA}\, A_p = \frac{20 \times 2{,}230}{1{,}000} = 45\ kN$$

이 손실은 긴장잭에 의한 긴장력의 1.6%에 해당하는 값으로, 길이가 길수록 손실량은 적어진다.

손실이 발생한 후 콘크리트 부재에 도입될 긴장응력과 긴장력은 다음과 같다.

$$f_{pTR} = f_{pJ1} - \Delta f_{pA} = 1{,}290 - 20 = 1{,}270\ MPa$$
$$P_{J2} = P_{J1} - \Delta P_A = 2{,}880 - 45 = 2{,}840\ kN$$

4.4.3 마찰이 있는 경우의 정착 활동에 의한 손실의 원리와 해석

쉬스와 긴장재 사이에 마찰이 있는 경우에는 정착장치의 활동에 따라 긴장재의 일부 구간에서 긴장력을 변화시킨다. 이 구간은 잭으로 인장력을 도입하는 인장단에 가까운 부분으로, 인장단에서 멀어지면 정착장치의 활동이 영향을 미치지 않게 된다.

정착장치 활동의 영향을 받는 구간의 길이는 인장력을 받는 부재의 변형 해석을 참고로 하여 수식을 유도할 수 있다. 즉, 인장력이 작용하는 부재는 전체 길이 L에 걸쳐서 단면에 인장력 P가 작용하여, 그림 4-14와 같은 인장력 분포를 갖게 된다. 이때 부재 단부 사이의 변위 Δ는 다음 식으로 구할 수 있다.

$$\Delta = \frac{PL}{AE} \tag{4·87}$$

즉, 신장량 Δ는 인장력 분포의 면적 PL을 축 강성 AE로 나눈 값이다. 여기서 A는 부재의 단면적이고 E는 탄성계수이다.

이와 같은 변형 해석을 포스트텐션 부재의 정착손실 해석에 응용할 수 있다. 먼저 이해해야 할 것은 마찰이 발생하는 경우의 긴장력 분포가 인장단에서 멀리 떨어질수록 감소한다는 것이다. 이 내용은 4.3절에서 설명한 것으로서, 인장단에서 떨어질수록 긴장력이 감소하는 것은 잭으로 긴장재를 인장한 상태에서 잭을 제거하기 전에 나타나는 긴장력 분포이다. 이 상태에서 잭을 제거하면, 반대 방향으로

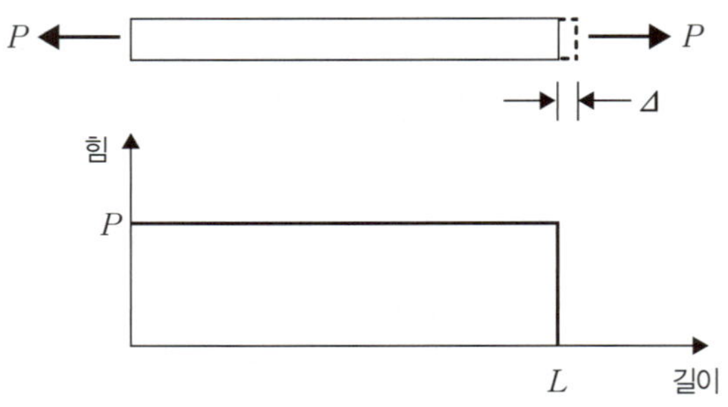

| 그림 4-14 | 인장력을 받는 부재의 인장력 분포

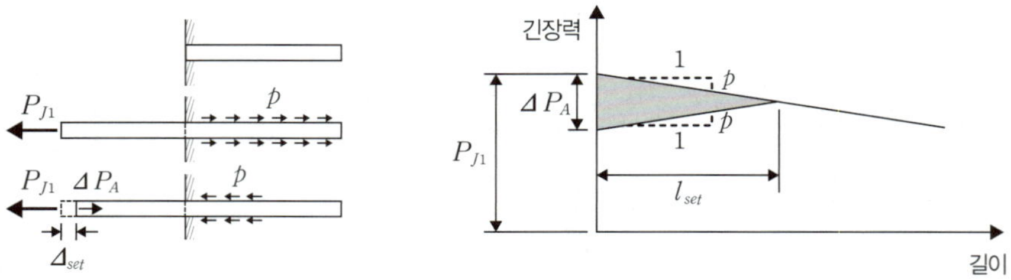

| 그림 4-15 | 마찰과 정착장치 활동의 영향에 따른 긴장력 분포

마찰이 발생한다. 이 과정은 그림 4-15에 나타나 있다.

그림 4-15의 왼쪽 첫 번째 그림과 같은 긴장재가 P_{J1}의 힘으로 잭에 의하여 왼쪽 단부에서 인장되면, 그림 4-15의 왼쪽 두 번째 그림과 같이 늘어나면서 단위길이 당의 마찰력 P가 오른쪽 방향으로 작용한다. 이에 따라, 그림 4-15의 오른쪽 그림과 같이, 긴장단에서는 P_{J1}의 긴장력이 작용하고, 오른쪽으로 진행할수록 p의 기울기로 감소하는 긴장력 분포를 나타낸다.

잭을 제거하면 원래의 길이로 돌아가려는 긴장재가 정착장치에 정착되면서 $Δ_{set}$만큼 미끄러지는 활동으로 긴장재가 오른쪽으로 이동하게 되므로, 그림 4-15의 왼쪽 세 번째 그림과 같이 단위길이 당 마찰력 p가 왼쪽 방향으로 작용한다. 이때 긴장력 손실 $ΔP_A$가 발생한다. 이에 따라, 그림 4-15의 오른쪽 그림과 같이, 긴장단에서는 $ΔP_A$만큼 긴장력이 감소하고, 오른쪽으로 진행할수록 p의 기울기로 증가하는 긴장력 분포를 나타낸다. 이때 정착손실은 l_{set}의 길이까지 영향을 미친다.

그림 4-14와 식 (4·87)에 대한 설명으로, 인장력 분포의 면적을 축 강성으로 나눈 값이 변형이므로, 그림 4-15의 긴장력 분포에서 $ΔP_A$를 밑변으로 하고 l_{set}를 높이로 하는 삼각형의 면적을 축 강성으로 나눈 다음의 값이 정착장치의 활동량 $Δ_{set}$이다.

$$Δ_{set} = \frac{1}{2}\frac{ΔP_A\, l_{set}}{A_p\, E_p} \tag{4·88}$$

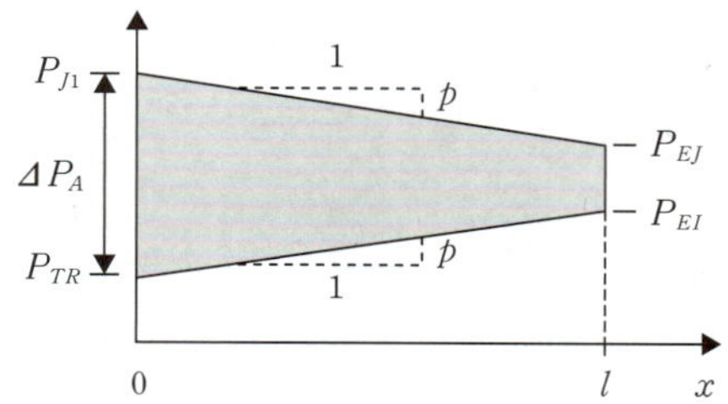

| 그림 4-16 | 정착장치 활동이 부재 전 길이에 영향을 미치는 경우의 긴장력 분포

한편, 단위길이 당의 긴장력 변화를 나타내는 기울기 p와 ΔP_A의 관계는 다음과 같다.

$$\Delta P_A = 2pl_{set} \tag{4·89}$$

이 두 식을 연립방정식으로 하여, l_{set}의 해를 구하면 다음과 같다.

$$l_{set} = \sqrt{\frac{\Delta_{set} A_p E_p}{p}} \tag{4·90}$$

식 (4·88)의 l_{set}에 식 (4·90)의 값을 대입하면, 긴장력 손실 ΔP_A을 구할 수 있다.

한편, 이와 같은 수식의 유도는 정착장치 활동의 영향을 받는 구간의 길이 l_{set}이 부재의 길이보다 작은 경우에 대한 것이다. 경우에 따라서는 정착장치 활동의 영향을 받는 구간의 길이가 부재의 길이보다 클 수도 있다. 이 경우에는, 그림 4-16과 같이, 사다리꼴 형상의 긴장력 변화의 면적을 축 강성으로 나눈 값이 정착장치의 활동량 Δ_{set}이므로, 다음의 관계가 성립한다. 여기서 l은 부재의 길이이다.

$$\Delta_{set} = \frac{(\Delta P_A - pl)l}{A_p E_p} \tag{4·91}$$

따라서 이 식을 변환하면, p와 Δ_{set}의 값으로 긴장단에서의 긴장력 손실 ΔP_A와 손실 후 단부에 도입되는 긴장력 P_{TR}은 다음과 같이 구할 수 있다.

$$\Delta P_A = \frac{A_p E_p \Delta_{set}}{l} + pl \tag{4·92}$$

$$P_{TR} = P_{J1} - \Delta P_A \tag{4·93}$$

긴장을 하지 않은 오른쪽 단부의 긴장력 P_{EJ}와 P_{EI}는 다음과 같이 구할 수 있다.

$$P_{EJ} = P_{J1} - pl \tag{4·94}$$

$$P_{EI} = P_{TR} + pl \tag{4·95}$$

예제 4-5

그림 4-17과 같이 경간이 30 m인 2경간 포스트텐션 연속보에 긴장재가 곡선으로 배치되어 있다. 텐던은 SWPC7BN 15.2 mm($A_{ps} = 138.7\ mm^2$, $P_{pu} = 261\ kN$, $f_{pu} = 1{,}860\ MPa$, 표 2-8과 표 2-9 참조) 22가닥의 강연선으로 구성되어 있다. 텐던은 인장강도의 75%($f_{pJ1} = 0.75\, f_{pu}$)로 인장한다. 쐐기 정착장치의 활동량이 6 mm이고, 곡률마찰계수 $\mu = 0.2/radian$, 파상마찰계수 $K = 0.002/m$이다. 왼쪽 지점의 단부에서 인장력을 도입할 때 긴장재의 신장량을 구하고, 마찰손실과 정착손실을 고려한 초기 긴장력의 분포를 구하시오.

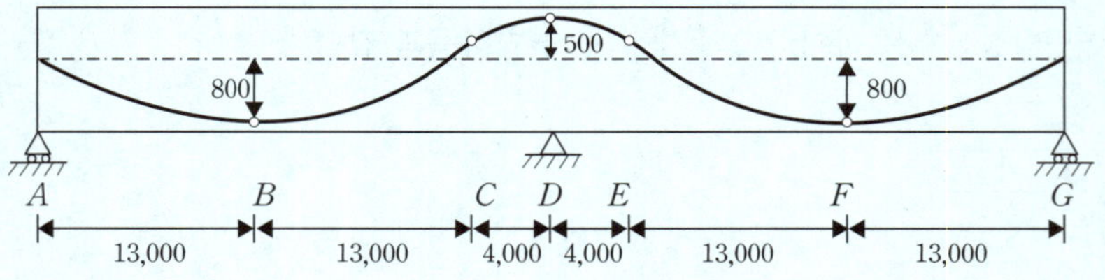

| 그림 4-17 | 예제 4-5의 포스트텐션 연속보

>>> 풀이

긴장재의 신장량과 긴장력의 분포는 다음과 같다.

(1) 잭에 의한 긴장력과 긴장응력

텐던의 단면적 $A_p = 22\ A_{ps} = 22 \times 138.7 = 3{,}050\ mm^2$

잭의 인장응력 $f_{pJ1} = 0.75\, f_{pu} = 0.75 \times 1{,}860 = 1{,}395\ MPa$

잭의 인장력 $P_{J1} = f_{pJ1}\, A_p = 1{,}395 \times 3{,}050 = 4{,}250{,}000\ N = 4{,}250\ kN$

(2) 마찰손실과 정착 이전의 긴장력 분포

구간 별 곡률은 식 (4·75)와 식 (4·76)에 따라 다음과 같이 계산된다.

A-B 구간과 F-G 구간 $\alpha = \dfrac{2e_1}{l} = \dfrac{2 \times 800}{13{,}000} = 0.123\ rad$

B-D 구간과 D-F 구간 $\alpha = \dfrac{2(e_1 + e_2)}{l} = \dfrac{2 \times (800 + 500)}{17{,}000} = 0.153\ rad$

각 위치에서의 곡률마찰계수, 마찰지수, 누적 마찰지수, 지수함수, 긴장력은 다음과 같다.

A 위치 $P_x = P_{J1} = 4{,}250\ kN$

B 위치 $\alpha = 0.123\,rad \qquad \mu\alpha + kx = 0.2\times 0.123 + 0.002\times 13 = 0.0506$

$\sum \mu\alpha + kx = 0.0506$

$e^{-\sum \mu\alpha + kx} = e^{-0.0506} = 0.951$

$P_x = P_{J1}\,e^{-\sum \mu\alpha + kx} = 4{,}250\times 0.951 = 4{,}040\,kN$

C 위치 $\alpha = 0.153\,rad \qquad \mu\alpha + kx = 0.2\times 0.153 + 0.002\times 13 = 0.0566$

$\sum \mu\alpha + kx = 0.0506 + 0.0566 = 0.107$

$e^{-\sum \mu\alpha + kx} = e^{-0.107} = 0.899$

$P_x = P_{J1}\,e^{-\sum \mu\alpha + kx} = 4{,}250\times 0.899 = 3{,}820\,kN$

D 위치 $\alpha = 0.153\,rad \qquad \mu\alpha + kx = 0.2\times 0.153 + 0.002\times 4 = 0.0386$

$\sum \mu\alpha + kx = 0.107 + 0.0386 = 0.146$

$e^{-\sum \mu\alpha + kx} = e^{-0.146} = 0.864$

$P_x = P_{J1}\,e^{-\sum \mu\alpha + kx} = 4{,}250\times 0.864 = 3{,}670\,kN$

E 위치 $\alpha = 0.153\,rad \qquad \mu\alpha + kx = 0.2\times 0.153 + 0.002\times 4 = 0.0386$

$\sum \mu\alpha + kx = 0.146 + 0.0386 = 0.184$

$e^{-\sum \mu\alpha + kx} = e^{-0.184} = 0.832$

$P_x = P_{J1}\,e^{-\sum \mu\alpha + kx} = 4{,}250\times 0.832 = 3{,}540\,kN$

F 위치 $\alpha = 0.153\,rad \qquad \mu\alpha + kx = 0.2\times 0.153 + 0.002\times 13 = 0.0566$

$\sum \mu\alpha + kx = 0.184 + 0.0566 = 0.241$

$e^{-\sum \mu\alpha + kx} = e^{-0.241} = 0.786$

$P_x = P_{J1}\,e^{-\sum \mu\alpha + kx} = 4{,}250\times 0.786 = 3{,}340\,kN$

G 위치 $\alpha = 0.123\,rad \qquad \mu\alpha + kx = 0.2\times 0.123 + 0.002\times 13 = 0.0506$

$\sum \mu\alpha + kx = 0.241 + 0.0506 = 0.292$

$e^{-\sum \mu\alpha + kx} = e^{-0.292} = 0.747$

$P_x = P_{J1}\,e^{-\sum \mu\alpha + kx} = 4{,}250\times 0.747 = 3{,}170\,kN$

이 결과를 긴장력 분포로 나타내면 그림 4-18과 같다.

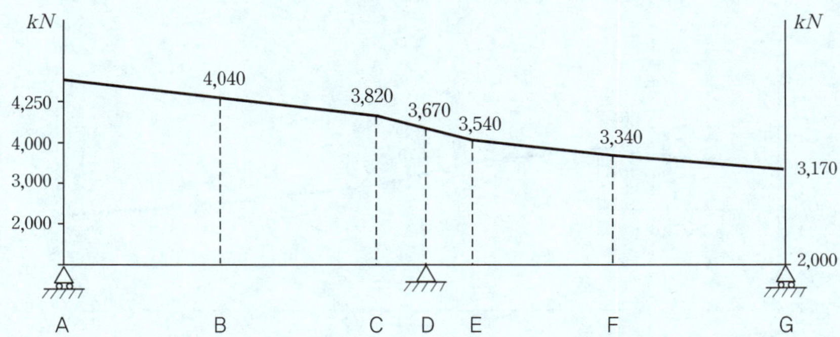

| 그림 4-18 | 쐐기 정착 이전의 긴장력 분포

(3) 긴장잭의 인장에 의한 긴장재의 신장량

긴장력 분포도에서 평균 긴장력 P_{avg}와 신장량 Δ_{enlong}을 구하면 다음과 같다.

$$\begin{aligned} P_{avg} &= \Big[\frac{1}{2}(4{,}250+4{,}040)\times 13 + \frac{1}{2}(4{,}040+3{,}820)\times 13 \\ &\quad + \frac{1}{2}(3{,}820+3{,}670)\times 4 + \frac{1}{2}(3{,}670+3{,}540)\times 4 \\ &\quad + \frac{1}{2}(3{,}540+3{,}340)\times 13 + \frac{1}{2}(3{,}340+3{,}170)\times 13 \Big] / 60 \\ &= 3{,}690\ kN \end{aligned}$$

$$\Delta_{enlong} = \frac{P_{avg}\, L}{A_p\, E_p} = \frac{3{,}690(1{,}000)\times 60{,}000}{3{,}050\times 200{,}000} = 363\ mm$$

따라서, 긴장작업을 할 때 긴장재의 신장량이 363 mm(정착후 357 mm) 내외가 되지 않으면 원인을 조사하여야 한다.

(4) 정착장치의 활동에 의한 손실

왼쪽 긴장단에서 13 m 떨어진 위치 사이의 단위길이 당 마찰력 p는 다음과 같다.

$$p = \frac{4{,}250 - 4{,}040}{13} = 16.154\ kN/m = 16.154\ N/mm$$

정착장치 활동의 영향을 받는 구간의 길이 l_{set}는 식 (4·90)에 따라 다음과 같다.

$$l_{set} = \sqrt{\frac{\Delta_{set}\, A_p\, E_p}{p}} = \sqrt{\frac{6\times 3{,}050\times 200{,}000}{16.154}} = 15{,}050\ mm$$

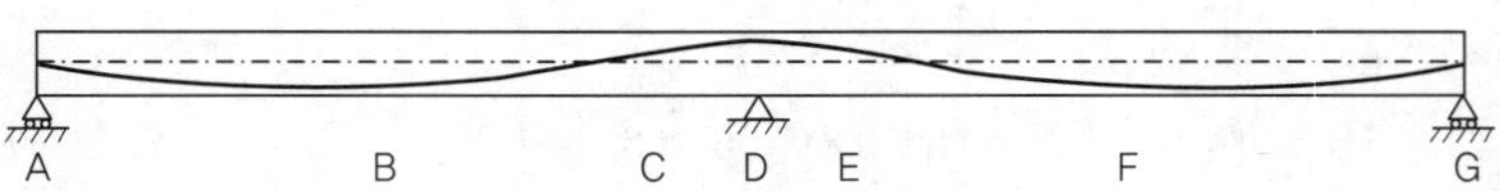

	A–B	B	B–C	C	C–D	D	D–E	E	E–F	F	F–G	G
α :	0.123		0.153		0.153		0.153		0.153		0.123	
$\mu\alpha + kx$:	0.0506		0.0566		0.0386		0.0386		0.0566		0.0506	
$\Sigma(\mu\alpha + kx)$:		0.0506		0.107		0.146		0.184		0.241		0.292
$e^{-\Sigma(\mu\alpha + kx)}$:		0.951		0.899		0.864		0.832		0.786		0.747
$P_x\,[kN]$:		4,040		3,820		3,670		3,540		3,340		3,170

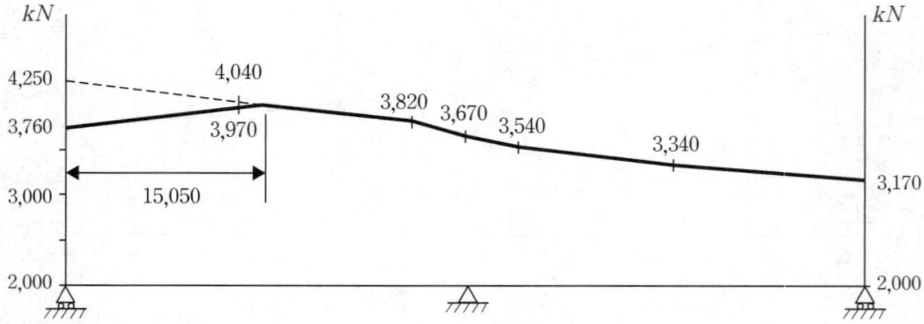

| 그림 4-19 | 쐐기 정착 후의 긴장력 분포

l_{set}의 값이 13 m보다 크므로, 정착손실 영향이 B-C 구간 내까지 작용하고 있으나, A-B 구간과 B-C 구간의 정착손실 전 긴장력 분포의 기울기가 유사하므로 p와 l_{set}을 다시 결정하지 않고 계산하여도 오차가 크지 않을 것으로 판단하고 손실 계산을 계속 진행한다.

왼쪽 긴장단에서의 긴장력 손실 ΔP_A는 식 (4·89)에 따라 다음과 같다.

$$\Delta P_A = 2\,pl_{set} = 2\times16.154\times15{,}050 = 486{,}000\ N = 486\ kN$$

쐐기 정착 후 왼쪽 긴장단에서의 긴장력은 다음과 같다.

$$P_{J2} = P_{J1} - \Delta P_A = 4{,}250 - 486 = 3{,}760\ kN$$

쐐기 정착 후 B 위치에서의 긴장력은 다음과 같다.

$$P_{iB} = P_{J2} + p\times13 = 3{,}760 + 16.154\times13 = 3{,}970\ kN$$

이와 같은 결과를 요약 정리하면 그림 4-19와 같다.

4.5 콘크리트 수축에 의한 손실

4.5.1 수축에 의한 손실의 원리와 해석

수축(shrinkage)에 의한 긴장력 손실은, 콘크리트가 양생되면서 수축하는 재료특성에 따라 프리스트레스트 콘크리트 부재가 짧아짐에 따라 긴장재의 늘어난 길이도 같이 짧아져서 발생하는 긴장력 손실을 말한다. 긴장재의 변형률 변화에 따른 긴장응력의 변화는, 식 (4·15)와 동일하게 긴장재의 탄성계수 E_p와 긴장재가 짧아져서 발생하는 긴장재의 변형률 변화 $\Delta\varepsilon_p$를 곱하여 구할 수 있다. 따라서 수축에 의한 긴장응력의 손실 Δf_{pS}는 다음과 같이 나타낼 수 있다.

$$\Delta f_{pS} = E_p\,\Delta\varepsilon_p \tag{4·96}$$

이때 콘크리트 부재에 배치된 긴장재의 변형률 변화는 콘크리트의 수축 변형률 ε_{sh}와 동일하므로, 수축에 의한 긴장응력의 손실은 다음과 같이 표현할 수 있다. 여기서 변형률 ε_{sh}는 긴장력이 도입된 후부터 발생하는 수축 변형률이다.

$$\Delta f_{pS} = E_p\,\Delta\varepsilon_{sh} \tag{4·97}$$

긴장력이 도입된 보에 슬래브 콘크리트가 타설되어 합성되는 부재의 경우에는, 슬래브 콘크리트의 수축에 따른 긴장재 위치의 콘크리트 변형률 변화를 고려하여야 한다.

콘크리트의 수축에 의한 긴장응력 손실의 해석은, 식 (4·97)에 나타난 바와 같이 간단한 개념이다. 그러나 실제 프리스트레스트 콘크리트 구조물에서 콘크리트의 수축에 의한 긴장력 손실을 정확히 예측하는 것은 매우 어려운 일이다. 왜냐하면 실제 구조물에서 크리프의 영향과 수축의 영향을 정량적으로 명확히 구분하기가 어렵기 때문이다. 또, 콘크리트의 수축 변형률은 콘크리트의 배합에 따라 매우 큰 변동성을 가지고 있어서, 이를 정확하게 예측하는 것이 매우 어렵기 때문이다. 따라서 콘크리트의 수축에 의한 긴장력 손실 예측의 정확성은 수축 변형률 예측모델의 정확성에 좌우된다고 할 수 있다.

4.5.2 수축 손실에 대한 설계기준

프리스트레스트 콘크리트에 대한 모든 설계기준은 콘크리트의 수축에 의한 긴장력 손실을 설계에 반영하도록 규정하고 있다. 다만, 각 설계기준은 긴장력 손실에 대한 기준을 다양한 수준으로 규정하고 있다.

콘크리트구조설계기준,[4.1] ACI 318 Code,[4.4] 교량설계기준(한계상태설계법),[4.3] Eurocode 2[4.5]는 콘크리트의 수축에 의한 긴장력 손실을 고려하여야 한다고 규정하고 있으며, 이를 계산하는 구체적인 방법에 대해서는 언급하지 않고 있다. 따라서 설계자는 식 (4·97)의 수축 손실해석의 원리와 자신의 지식에 따라 긴장력 손실을 계산하여 결정하여야 한다. 다만, 교량설계기준(한계상태설계법)[4.3]과 Eurocode 2[4.5]는 콘크리트의 크리프와 수축 및 프리스트레싱 강재의 릴랙세이션을 함께 고려하여 긴장력 손실응력을 계산하는 간편식을 제시하고 있다. [4.8절 참조]

도로교설계기준(2010)[4.2]은 기준에서 규정하고 있는 콘크리트의 수축 모델에 따라 수축 변형률을 결정하고 식 (4·97)의 수축 손실해석의 원리를 적용하는 원론적인 방법 외에, 실무에서 간편하게 적용할 수 있는 두 가지 방법을 제시하고 있다. 첫 번째 방법은 수축 손실해석의 원리를 적용할 때 표 4-10의 수축 변형률을 사용하는 것이다.

두 번째 방법은 경험적인 간편식으로 다음 식을 사용하여 수축에 의한 손실응력 Δf_{psh}를 계산하는 방법으로, 프리텐션 부재에는 식 (4·98)을 적용하고 포스트텐션 부재에는 식 (4·99)를 적용한다. 단, 이 식들은 보통콘크리트와 인장강도가 1,750~1,900 MPa인 7연선의 응력제거 강연선 또는 저릴랙세이션 강연선, 인장강도 1,680 MPa인 응력제거 강선 또는 1,015~1,120 MPa인 원형 또는 이형 강봉을 사용했을 때에만 적용된다. 이 식에서 H_r은 연간 평균 상대습도로서 백분율(%) 단위를 사용하며, 이 식들로 계산된 값은 MPa 단위로 계산되는 손실응력이다.

표 4-10 프리스트레스의 감소량을 계산할 때의 수축 변형률[4.2]

프리스트레스를 도입할 때의 콘크리트의 재령(일)	4~7	28	90	365
수축 변형률	27×10^{-5}	20×10^{-5}	14×10^{-5}	7×10^{-5}

$$\Delta f_{psh} = 119 - 1.05\, H_r \tag{4·98}$$

$$\Delta f_{psh} = 0.8(119 - 1.05\, H_r) \tag{4·99}$$

AASHTO-LRFD[4.6]는 콘크리트의 크리프와 수축 및 프리스트레싱 강재의 릴랙세이션을 함께 고려하여 긴장력 손실응력을 계산하는 간편식[4.8절 참조] 외에, 프리스트레스트 콘크리트 보와 바닥판 슬래브가 순차적으로 시공되어 합성되는 경우까지 포함하는 정밀해법을 규정하고 있다. 정밀해법에 의한 시간적 손실 Δf_{pLT}는 합성 전의 시간적 손실(아래첨자 id)과 합성 후의 손실(아래첨자 df)을 다음과 같이 합하여 나타낸다.

$$\Delta f_{pLT} = (\Delta f_{pSR} + \Delta f_{pCR} + \Delta f_{pR1})_{id} + (\Delta f_{pSD} + \Delta f_{pCD} + \Delta f_{pR2} - \Delta f_{pSS})_{df} \tag{4·100}$$

여기서 수축에 의한 손실은 Δf_{pSR}, Δf_{pSD}, Δf_{pSS}의 세 가지이다. 긴장력 도입 시점부터 바닥판 콘크리트 타설 시점까지 거더에 발생하는 수축 손실응력 Δf_{pSR}과 바닥판 콘크리트 타설 시점부터 최종 시점까지 거더에 발생하는 수축 손실응력 Δf_{pSD}는 다음과 같이 계산한다.

$$\Delta f_{pSR} = \varepsilon_{bid}\, E_p\, K_{id} \tag{4·101}$$

$$K_{id} = \frac{1}{1 + \dfrac{E_p}{E_{ci}} \dfrac{A_{ps}}{A_g} \left(1 + \dfrac{A_g e_{pg}^2}{I_g}\right) [1 + 0.7\, \Psi_b(t_f, t_i)]} \tag{4·102}$$

$$\Delta f_{pSD} = \varepsilon_{bdf}\, E_p\, K_{df} \tag{4·103}$$

$$K_{df} = \frac{1}{1 + \dfrac{E_p}{E_{ci}} \dfrac{A_{ps}}{A_g} \left(1 + \dfrac{A_g e_{pc}^2}{I_g}\right) [1 + 0.7\, \Psi_b(t_f, t_i)]} \tag{4·104}$$

여기서, 식 (4·101)의 ε_{bid}는 거더에 긴장력이 도입되는 시점부터 바닥판 콘크리트 타설 시점까지 거더 콘크리트에 발생하는 수축 변형률이고, 식 (4·103)의 ε_{bdf}는 바닥판 콘크리트 타설 시점부터 최종 시점까지 거더에 발생하는 수축 변형률이다. 식 (4·102)와 식 (4·104)의 K_{id}와 K_{df}는 합성단면의 특성을 반영한 계수로서 긴장력이 도입되는 시점인 t_i와 최종 시점인 t_f 사이에 발생하는 크리프계수 $\Psi_b(t_f, t_i)$를 고려하여 결정한다.

한편, 바닥판 콘크리트의 수축은 합성단면에서 긴장재 위치의 압축변형률을 감소시키는 효과가 있으므로, 다음 식에 따라 긴장응력의 증가 Δf_{pSS}를 계산한다.

$$\Delta f_{pSS} = \frac{E_p}{E_c} \Delta f_{cdf} K_{df} [1 + 0.7\, \Psi_b(t_f, t_d)] \tag{4·105}$$

이때, Δf_{cdf}는 다음과 같이 계산한다.

$$\Delta f_{cdf} = \frac{\varepsilon_{ddf} A_d E_{cd}}{[1 + 0.7\, \Psi_b(t_f, t_d)]} \left(\frac{1}{A_c} - \frac{e_{pc}\, e_d}{I_c} \right) \tag{4·106}$$

여기서, t_d는 바닥판 콘크리트가 타설되는 시점이고, ε_{ddf}는 바닥판 콘크리트가 타설되는 시점부터 최종 시점까지 바닥판에 발생하는 수축 변형률이며, e_d는 합성단면 도심에 대한 콘크리트 바닥판 중심까지의 편심거리로 양(+)의 값을 갖는다.

한편, 설계기준에 규정된 사항은 아니지만, 미국 콘크리트학회(ACI)와 미국 토목학회(ASCE)가 공동으로 구성한 ACI-ASCE 423 위원회는 콘크리트의 수축에 의한 손실을 계산할 때 사용될 수축 변형률로 Zia 등[4.8]에 의해 제안된 다음의 식을 채택하였다.

$$\varepsilon_{sh} = 8.2 \times 10^{-6} K_{SH} \left(1 - 0.06 \frac{V}{S}\right) (100 - H_r) \tag{4·107}$$

이 식은 콘크리트의 수축 변형률 820 $\mu\varepsilon$(micro-strain)을 기본으로 하고, 프리스트레싱 방식을 고려한 수정계수 K_{SH}, 콘크리트 표면적에 대한 체적의 비율 V/S을 고려한 수정계수, 백분율(%) 단위를 사용하는 연간 평균 상대습도 H_r을 고려한 수정계수를 적용한다. 여기서 수정계수 K_{SH}는 프리텐션 부재의 경우에는 1.0을 적용하며, 포스트텐션 부재의 경우에는 표 4-11의 값을 적용한다. V/S는 인치(*inch*)

표 4-11 포스트텐션 부재에 적용하는 수정계수 K_{SH}[4.8]

습윤양생 후 프리스트레스를 도입할 때까지의 기간(일)	1	3	5	7	10	20	30	60
K_{SH}	0.92	0.85	0.80	0.77	0.73	0.64	0.58	0.45

단위로 표현한 것이므로, mm 단위로 계산할 때는 V/S의 값을 25.4로 나누어서 식 (4·107)에 대입하여야 한다. 이때 V/S의 계산은, 표면적에 대한 체적의 비율을 대신하여 단면적에 대한 단면의 둘레 길이로 하여도 큰 오차가 없다.

4.6 콘크리트 크리프에 의한 손실

4.6.1 크리프에 의한 손실의 원리와 해석

크리프(creep)에 의한 긴장력 손실은, 압축응력을 받는 콘크리트가 크리프로 인하여 수축하여 부재가 짧아짐에 따라 긴장재의 늘어난 길이도 같이 짧아져서 발생하는 긴장력 손실을 말한다. 긴장재의 변형률 변화에 따른 긴장응력의 변화는, 식 (4·15)와 동일하게 긴장재의 탄성계수 E_p와 긴장재가 짧아져서 발생하는 긴장재의 변형률 변화 $\Delta\varepsilon_p$를 곱하여 구할 수 있다. 따라서 크리프에 의한 긴장응력의 손실 Δf_{pC}는 다음과 같이 나타낼 수 있다.

$$\Delta f_{pC} = E_p \Delta\varepsilon_p \tag{4·108}$$

이때 콘크리트 부재에 배치된 긴장재의 변형률 변화는 콘크리트의 크리프 변형률 ε_{cp}와 동일하고, 크리프 변형률은 크리프계수 φ_{cp}와 탄성변형률 ε_c의 곱으로 나타낼 수 있으므로, 다음과 같이 표현할 수 있다.

$$\Delta\varepsilon_p = \varepsilon_{cp} = \varphi_{cp}\,\varepsilon_c = \varphi_{cp}\frac{f_{cs}}{E_c} \tag{4·109}$$

여기서 f_{cs}는 긴장재와 동일한 위치에 작용하는 콘크리트의 응력이며, E_c는 콘크리트의 탄성계수이다. 식 (4·109)를 식 (4·108)에 대입하면, 크리프에 의한 긴장응력의 손실 Δf_{pC}는 긴장재의 탄성계수 E_p와 콘크리트의 크리프 변형률 ε_{cp}를 곱한 값과 같게 되어, 다음과 같이 나타낼 수 있다.

$$\Delta f_{pC} = E_p\,\varepsilon_{cp} = E_p\,\varphi_{cp}\frac{f_{cs}}{E_c} \tag{4·110}$$

여기서, 긴장재의 탄성계수 E_p와 콘크리트 탄성계수 E_c의 비율을 탄성계수비 n_p로 표현하면, 크리프에 의한 긴장응력의 손실 Δf_{pC}는 다음과 같이 나타낼 수 있다.

$$\Delta f_{pC} = \frac{E_p}{E_c}\varphi_{cp} f_{cs} = n_p \varphi_{cp} f_{cs} \tag{4·111}$$

탄성계수비 n_p는 크리프계수와 마찬가지로 시간의 함수이다. 이는 콘크리트의 탄성계수가 시간에 따라 변화하기 때문이다. 그러나 28일 이후에는 콘크리트의 재료특성이 크게 변하지 않는다고 보고, 크리프에 의한 긴장력 손실해석에서 28일 설계기준압축강도를 기준으로 한 콘크리트의 탄성계수 E_c를 적용하는 것이 일반적이다.

응력 f_{cs}는 긴장재 위치에 작용하는 콘크리트의 응력이므로, 식 (1·4)에 따라 고정하중과 긴장력을 고려하여 앞의 식 (4·19) 또는 식 (4·20)으로 구할 수 있다. 부착 긴장재의 경우에는 위치 별로 f_{cs}의 값을 계산할 수 있으며, 비부착 긴장재의 경우에는 부재 길이를 따라 긴장재 도심위치에서의 콘크리트 응력을 계산하고 이를 평균한 값을 사용한다.

$$f_{cs} = \frac{P_i}{A_c} + \frac{P_i e_p^2}{I_g} - \frac{M_d e_p}{I_g} \tag{4·19}$$

$$f_{cs} = \frac{P_i}{A_c}\left(1 + \frac{e_p^2}{r^2}\right) - \frac{M_d e_p}{I_g} \tag{4·20}$$

여기서, P_i : 초기 긴장력
A_c : 콘크리트 단면적
e_p : 단면 도심에 대한 긴장재의 편심거리
I_g : 단면2차모멘트
M_d : 고정하중에 의한 휨모멘트
r : 단면의 회전반지름

이 식에서 콘크리트에 작용하는 긴장력으로 초기 긴장력 P_i를 사용한다면, 크리프가 시작되는 시점의 긴장력을 사용한다는 의미이다. 그러나 크리프 현상이 시작되면 긴장력 손실이 발생하여 긴장력은 계속 감소하게 된다. 따라서 크리프가 진행되는 동안에 긴장력이 초기 긴장력 P_i에서 유효 긴장력 P_e로 변하기 때문에, 반복 계산을 수행하여 정해를 구하는 것이 논리적일 것이다. 또, 프리스트레스트 콘크리트 부재의 제작 후 구조물의 수명동안 고정하중에 의한 휨모멘트 M_d가 일정한 값을 갖는 경우도 있지만, 보에 긴장력을 가한 후 슬래브 콘크리트가 타설되어 합성단면이 된 뒤에 추가의 고정하중이 작용하는 경우도 있다. 이러한 경우에는 긴장력뿐만 아니라, 고정하중에 의한 휨모멘트 M_d와 함께 A_c, e_p, I_g, r 등의 단면상수도 변화하게 된다. 이를 엄밀히 해석하기 위해서는, 시간 경과에 따른 크리프계수의 변화, 긴장력 변화, 하중 작용의 변화, 단면상수의 변화를 고려한 단계별 정밀해석(step-by-step analysis)을 수행하여야 한다.

그러나, 계산과정이 매우 복잡한 정밀해석으로 크리프에 따른 긴장력의 변화를 구한다고 해서, 실제로 시공에서 발생하는 상황과 정확하게 일치하는 결과를 얻을 수 있다고 말하기는 어려운 측면이 있다. 왜냐하면 콘크리트의 탄성계수와 크리프계수는 변동폭이 매우 큰 특성이 있어서, 수식이나 모델로 결정한 콘크리트의 탄성계수와 크리프계수 값이 실제의 값과 같으리라는 보장이 없기 때문이다. 따라서 복잡한 과정이나 복잡한 수식을 적용한 정밀해석을 대신하여 간편한 방법을 사용할 수 있다. 간편한 방법은 기술자의 공학적 판단에 따라 경험 값의 긴장력을 사용하는 것으로, 콘크리트의 응력 f_{cs}를 식 (4·20)으로 계산할 때 다음 식과 같이 0.9 P_i로 계산하는 것이다.

$$f_{cs} = \frac{0.9\,P_i}{A_c}\left(1+\frac{e_p^2}{r^2}\right)-\frac{M_d\,e_p}{I_g} \tag{4·112}$$

한편, 보에 긴장력을 가한 후 슬래브 콘크리트가 타설되어 합성단면이 된 뒤에 추가의 고정하중이 작용하는 경우에는 긴장재 위치에서의 콘크리트 응력 f_{cs2}를 다음과 같이 나타낼 수 있다.

$$f_{cs2} = \frac{0.9\,P_i}{A_c}\left(1+\frac{e_p^2}{r^2}\right)-\frac{M_d\,e_p}{I_g}-\frac{M_{sd}\,e_{pcp}}{I_{gcp}} \tag{4·113}$$

여기서, M_{sd} : 추가고정하중(super-imposed dead load)에 의한 휨모멘트

e_{pcp} : 합성단면의 도심에 대한 긴장재의 편심거리

I_{gcp} : 합성단면의 단면2차모멘트

이 응력으로 크리프에 따른 긴장력 손실을 구할 때에는 식 (4·111)을 직접 적용할 수 없다. 그 이유는 보에 긴장력을 가한 시점부터 추가 고정하중이 작용하게 될 시점까지의 크리프계수와 그 이후 설계수명까지의 크리프 계수가 값이 다르기 때문이다. 이러한 경우의 크리프에 따른 긴장력 손실해석으로 시간 경과, 단면 변화, 하중 작용을 두 부분으로 나누어 정리하면 다음과 같다.

먼저, 식 (4·113)의 오른쪽 항을 합성 전후의 두 부분으로 나누면 다음과 같이 나타낼 수 있다.

$$f_{cs2} = f_{cir} - f_{cds} \tag{4·114}$$

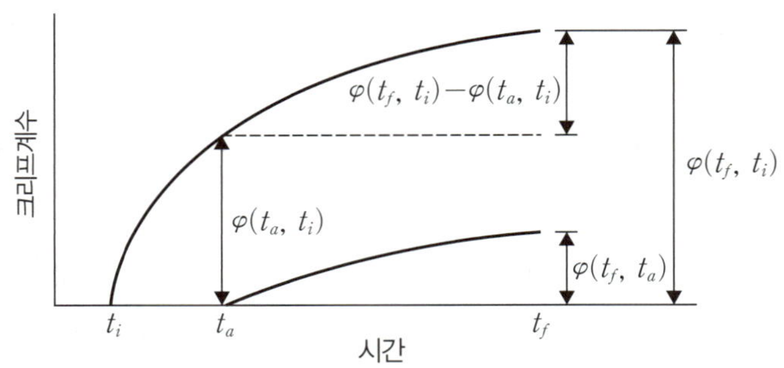

| 그림 4-20 | 응력이 작용하기 시작하는 시간에 따른 크리프계수

$$f_{cir}=\frac{0.9\,P_i}{A_c}\left(1+\frac{e_p^2}{r^2}\right)-\frac{M_d\,e_p}{I_g} \tag{4·115}$$

$$f_{cds}=\frac{M_{sd}\,e_{pcp}}{I_{gcp}} \tag{4·116}$$

식 (4·111)과 같은 개념으로 응력에 탄성계수비와 크리프계수를 적용할 때에는, 그림 4-20을 참조하여 응력 f_{cir}과 f_{cds}에 각기 다른 값을 적용하여야 한다. 그림 4-20은 응력이 작용하기 시작하는 시간에 따른 크리프계수의 변화를 나타낸다.

시간 t_i와 t_a 사이에 발생하는 크리프계수를 $\varphi(t_a, t_i)$라고 하면, 시간 t_i일 때 보에 긴장력과 고정하중이 작용하고 나서 시간 t_a일 때 단면이 합성되면서 추가고정하중이 작용하는 경우, 그 기간 동안 발생하는 긴장력 손실은 다음과 같이 계산할 수 있다. 여기서 탄성계수비로는 시간 t_i일 때의 n_{pi}를 사용한다.

$$\Delta f_{pC1}=n_{pi}\,\varphi(t_a, t_i)\,f_{cir} \tag{4·117}$$

시간 t_a에서 단면이 합성되면서 추가고정하중이 작용하면, 응력은 식 (4·114)와 같이 f_{cir}에서 f_{cds}가 줄어든다. 만일 시간 t_a에서 설계수명 시간 t_f까지 f_{cir}의 응력이 유지되었다면, 그림 4-20에 나타난 바와 같이 $\varphi(t_f, t_i)$와 $\varphi(t_a, t_i)$의 차이만큼 크리프가 f_{cir}에 작용할 것이다. 실제로는 응력이 f_{cds} 만큼 줄어드는데, f_{cds}의 응력이 작용하는 시점인 t_a에서 설계수명 시간 t_f까지는 크리프계수가 $\varphi(t_f, t_a)$가 된다. 따라서 시간 t_a에서 단면이 합성되면서 추가고정하중이 작용하면, 그 이후 설계수명 시간 t_f까지 발생하는 긴장력 손실은 다음과 같이 계산할 수 있다. 여기서 f_{cds}에는 재령 28일의 탄성계수비 n_p를 적용한다.

$$\Delta f_{pC2}=n_{pi}\,[\varphi(t_f, t_i)-\varphi(t_a, t_i)]\,f_{cir}-n_p\,\varphi(t_f, t_a)\,f_{cds} \tag{4·118}$$

따라서 설계수명 시간 t_f까지 크리프에 의하여 발생하는 긴장력 손실은 다음과 같이 정리할 수 있다.

$$\Delta f_{pC} = \Delta f_{pC1} + \Delta f_{pC2} = n_{pi}\,\varphi(t_f, t_i)\,f_{cir} - n_p\,\varphi(t_f, t_a)\,f_{cds} \tag{4·119}$$

4.6.2 크리프 손실에 대한 설계기준

프리스트레스트 콘크리트에 대한 모든 설계기준은 콘크리트의 크리프에 의한 긴장력 손실을 설계에 반영하도록 규정하고 있다. 다만, 각 설계기준은 긴장력 손실에 대한 기준을 다양한 수준으로 규정하고 있다.

콘크리트구조설계기준,[4.1] ACI 318 Code,[4.4] 교량설계기준(한계상태설계법),[4.3] Eurocode 2[4.5]는 콘크리트의 크리프에 의한 긴장력 손실을 고려하여야 한다고 규정하고 있으나, 이를 계산하는 구체적인 방법에 대해서는 언급하지 않고 있다. 따라서 설계자는 식 (4·111)의 크리프 손실해석의 원리와 자신의 지식에 따라 긴장력 손실을 계산하여 결정하여야 한다. 다만, 교량설계기준(한계상태설계법)[4.3]과 Eurocode 2[4.5]는 콘크리트의 크리프와 수축 및 프리스트레싱 강재의 릴랙세이션을 함께 고려하여 긴장력 손실응력을 계산하는 간편식을 제시하고 있다. [4.8절 참조]

도로교설계기준(2010)[4.2]은 기준에서 규정하고 있는 크리프 모델에 따라 크리프계수를 결정하고 식 (4·111)의 크리프 손실해석의 원리를 적용하는 원론적인 방법 외에, 실무에서 간편하게 적용할 수 있는 두 가지 방법을 제시하고 있다. 첫 번째 방법은 크리프 손실해석의 원리를 적용할 때 표 4-12의 크리프 계수를 사용하는 것이다.

두 번째 방법은 식 (4·119)를 단순화한 간편식으로 다음 식을 사용하여 크리프에 의한 손실응력 Δf_{pcr}을 계산하는 방법이다. 단, 이 식은 보통콘크리트와 인장강도가 1,750~1,900 MPa인 7연선의 응력제거 강연선 또는 저릴랙세이션 강연선, 인장강도 1,680 MPa인 응력제거 강선 또는 1,015~1,120 MPa인 원형 또는 이형 강봉을 사용했을 때에만 적용된다.

$$\Delta f_{pcr} = 12 f_{cir} - 7 f_{cds} \tag{4·120}$$

표 4-12 프리스트레스의 감소량을 계산할 때의 크리프계수[4.2]

지속하중을 재하할 때의 콘크리트의 재령(일)		4~7	14	28	90	365
크리프 계수	조강시멘트 사용	3.8	3.2	2.8	2.0	1.1
	보통시멘트 사용	4.0	3.4	3.0	2.2	1.3

여기서, f_{cir}는 프리스트레스 도입 직후 보의 고정하중과 프리스트레스 힘에 의해 발생하는 긴장재 도심에서의 콘크리트 평균 압축응력이며, f_{cds}는 프리스트레싱 당시 존재하는 고정하중을 제외한 모든 고정하중에 의해 발생하는 긴장재 도심에서의 콘크리트 평균 압축응력이다.

AASHTO-LRFD[4.6]는 콘크리트의 크리프와 수축 및 프리스트레싱 강재의 릴랙세이션을 함께 고려하여 긴장력 손실응력을 계산하는 간편식[4.8절 참조] 외에, 프리스트레스트 콘크리트 보와 바닥판 슬래브가 순차적으로 시공되어 합성되는 경우까지 포함하는 정밀해법으로 식 (4·100)을 규정하고 있다. 식 (4·100)에서 크리프 손실응력은 긴장력 도입 시점부터 바닥판 콘크리트 타설 시점까지의 Δf_{pCR}과 바닥판 콘크리트 타설 시점부터 최종 시점까지의 Δf_{pCD}로서, 다음과 같이 계산한다.

$$\Delta f_{pCR} = \frac{E_p}{E_{ci}} f_{cgp}\, \Psi_b(t_d, t_i)\, K_{id} \tag{4·121}$$

$$\Delta f_{pCD} = \frac{E_p}{E_{ci}} f_{cgp}\, [\Psi_b(t_f, t_i) - \Psi_b(t_d, t_i)]\, K_{df} + \frac{E_p}{E_c} \Delta f_{cd}\, \Psi_b(t_f, t_d)\, K_{df} \tag{4·122}$$

이 식들은, 사용된 기호는 다른 형태이지만 기본적으로 식 (4·117) 및 식 (4·118)과 동일한 것으로서, 크리프와 수축의 조합으로 나타나는 특성을 고려하여 계수 K_{id}와 K_{df}로 보정하도록 한 것이다. 계수 K_{id}와 K_{df}를 결정하는 수식은 4.5.2절에 나타낸 식 (4·102)와 식 (4·104)와 같다.

한편, 설계기준에 규정된 사항은 아니지만, 미국 콘크리트학회(ACI)와 미국 토목학회(ASCE)가 공동으로 구성한 ACI-ASCE 423 위원회는 Zia 등[4.8]에 의해 제안된 다음과 같은 간략계산법을 채택하였다. 여기서, 크리프계수 C_u로는 프리텐션 부재의 경우 2.0을, 포스트텐션 부재의 경우에는 1.6을 적용한다.

$$\Delta f_{pcr} = nC_u(f_{cir} - f_{cds}) \tag{4·123}$$

크리프계수를 시간의 함수로서 계산하고자 할 때에는 ACI 209 위원회[4.9]의 크리프 모델에 따라 다음 식으로 계산할 수 있다.

$$C_t(t) = \frac{t^{0.6}}{10 + t^{0.6}} C_u \tag{4·124}$$

4.7 긴장재 릴랙세이션에 의한 손실

4.7.1 릴랙세이션에 의한 손실의 원리와 해석

릴랙세이션(relaxation)은 프리스트레싱 강재를 긴장한 상태에서 일정한 길이로 유지했을 때 시간이 경과함에 따라 인장응력이 감소하는 현상이다. 이 현상은 온도가 높을수록, 또 응력이 클수록 크게 나타난다. 따라서 매우 높은 수준의 인장응력을 받는 프리스트레싱 강재는 릴랙세이션에 따라 긴장력이 감소하게 된다. [2.2.3절 [3]항 참조]

프리스트레스트 콘크리트에서 프리스트레싱 강재에 발생하는 릴랙세이션은 순 릴랙세이션(pure relaxation)과 겉보기 릴랙세이션(apparent relaxation)의 두 가지로 구분된다.

순 릴랙세이션은 변형률이 일정한 상태에서 발생하는 인장응력의 감소량으로서, 최초에 작용한 인장응력에 대한 백분율로 나타낸다. 이 값은 프리스트레싱 강재만을 대상으로 시험에 의하여 구할 수 있다. 그림 4-21은 응력제거 강재(stress-relieved steel)에 작용하는 응력 수준과 시간 경과에 따른 긴장응력의 변화[4.10]를 나타낸다. 그림에 나타난 바와 같이, 초기긴장응력 f_{pi}가 항복응력 f_{py}의 0.6배인 경우에는 인장응력 f_p가 f_{pi}의 0.95배 수준으로 감소된 후 시간이 경과해도 그 수준을 유지한다. f_{pi}가 f_{py}의 0.7~0.9배인 경우에는 10시간 경과 후 0.92~0.94 수준이었던 f_p/f_{pi} 비가 시간이 경과함에 따라 계속 감소한다.

이 현상에 대하여 Magura 등[4.11]은 섭씨 20도에서의 실험결과를 바탕으로 응력제거 강재의 응력변화를 다음으로 나타내었다. 이 식에서 t는 시간(hour) 단위로 입력한다.

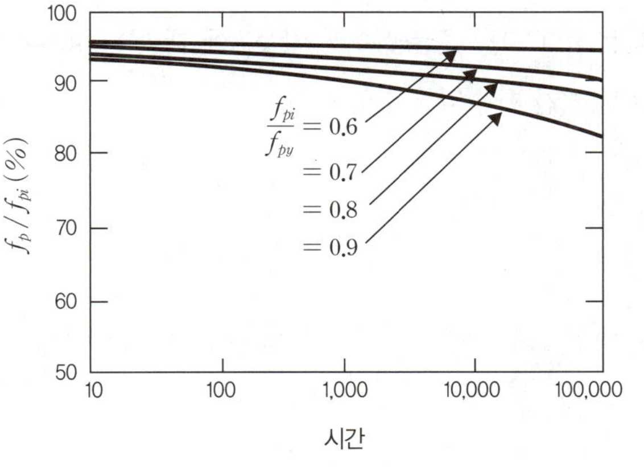

| 그림 4-21 | 응력 수준과 시간 경과에 따른 순 릴랙세이션[4.10]

$$f_p = f_{pi}\left[1-\frac{\log t}{10}\left(\frac{f_{pi}}{f_{py}}-0.55\right)\right] \quad (4\cdot125)$$

순 릴랙세이션에 의한 긴장응력 손실은 응력의 감소분이므로 다음과 같이 나타낼 수 있다. 이 식으로 계산된 값은 평균온도가 섭씨 20도 이하인 경우 응력제거 강재에 안전 측으로 적용할 수 있다.

$$\varDelta f_{pR} = f_{pi}\frac{\log t}{10}\left(\frac{f_{pi}}{f_{py}}-0.55\right) \quad (4\cdot126)$$

시간 단계별 정밀해석(step-by-step analysis)을 수행하는 경우에는, 시간 t_1과 t_2 사이에 발생하는 응력제거 강재의 순 릴랙세이션을 다음 식으로 계산할 수 있다.

$$\varDelta f_{pR} = f_{pi}\frac{\log t_2-\log t_1}{10}\left(\frac{f_{pi}}{f_{py}}-0.55\right) \quad (4\cdot127)$$

한편 저릴랙세이션 강재에 대해서는 미국 프리스트레스트콘크리트학회(PCI) 위원회 보고서[4.10]에, Magura 등[4.11]의 식에서 분모를 보정한 다음 식이 제시되어 있다.

$$\varDelta f_{pR} = f_{pi}\frac{\log t}{45}\left(\frac{f_{pi}}{f_{py}}-0.55\right) \quad (4\cdot128)$$

유럽의 FIB Model Code[4.12]는 Müller 등[4.13]의 연구결과를 반영하여, 섭씨 20도에서의 1,000일째 릴랙세이션 값 ρ_{1000}을 기본으로 하는 다음 식을 제시하고 있다.

$$\varDelta f_{pR} = \rho_t(T) = AF\rho_{1000}\left(\frac{t}{1{,}000}\right)^k \quad (4\cdot129)$$

시간 경과에 따른 변화는 100시간째 릴랙세이션 값 ρ_{100}에 대한 1,000시간째 릴랙세이션 값 ρ_{1000}의 비율을 이용한 다음 식의 k를 시간 함수의 지수로 한다.

$$k = \log\left(\frac{\rho_{1000}}{\rho_{100}}\right) \quad (4\cdot130)$$

평균온도가 섭씨 20도 이상인 경우에는 다음 식으로 계산되는 보정계수 AF를 적용한다.

$$AF = \frac{T}{20} \quad (4\cdot131)$$

이와 같은 순 릴랙세이션은 프리텐션 부재의 제작에서 프리스트레싱 강재를 인장한 후 긴장력을 도입하는 시점까지 발생하는 릴랙세이션에 의한 손실 해석에 적용된다.

긴장력이 도입된 후에는 콘크리트의 영향으로 릴랙세이션의 거동이 달라진다. 즉, 긴장력에 의하여 콘크리트에 압축력이 도입되면, 콘크리트의 수축이나 크리프 등의 변형으로 인하여 프리스트레싱 강재의 변형률이 일정하게 유지되지 않고 감소하게 된다. 이렇게 시간경과에 따라 변형률이 감소하는 상황에서 발생하는 릴랙세이션을 겉보기 릴랙세이션이라고 한다. 긴장력이 도입된 후에는 이와 같은 겉보기 릴랙세이션이 발생하므로, 프리텐션 부재이든 포스트텐션 부재이든 겉보기 릴랙세이션을 계산하여야 한다. 이때 콘크리트의 수축과 크리프는 변동성이 매우 큰 특성을 가지고 있으므로, 겉보기 릴랙세이션을 정확히 산정하기가 매우 어렵다.

4.7.2 릴랙세이션 손실에 대한 설계기준

앞에서 설명한 바와 같이, 프리스트레싱 강재의 순 릴랙세이션과는 달리 겉보기 릴랙세이션을 정확히 산정하는 것은 매우 어려운 작업이다. 따라서 대부분의 설계기준은 경험적 방법에 의한 릴랙세이션 손실 해석방법 또는 경험식을 제시하고 있다.

콘크리트구조설계기준[4.1]과 ACI 318 Code[4.4]는 릴랙세이션에 의한 긴장력 손실을 고려하여야 한다고는 규정하고 있으나, 이를 계산하는 구체적인 방법에 대해서는 언급하지 않고 있다. 따라서 설계자는 릴랙세이션 손실해석의 원리와 자신의 지식에 따라 긴장력 손실을 계산하고 결정하여야 한다.

교량설계기준(한계상태설계법)[4.3]과 Eurocode 2[4.5]는 프리스트레싱 강재의 릴랙세이션 등급(class)을 표 4-13과 같이 나누고, 1,000시간(약 42일) 시점의 릴랙세이션 값인 ρ_{1000}을 기준으로 등급 1, 2, 3의 순서대로 순 릴랙세이션 Δf_{pr}을 다음과 같이 계산하도록 규정하고 있다.

$$\frac{\Delta f_{pr}}{f_{pi}} = 5.39\,\rho_{1000}\,e^{6.7\mu}\left(\frac{t}{1{,}000}\right)^{0.75(1-\mu)} \times 10^{-5} \tag{4·132}$$

$$\frac{\Delta f_{pr}}{f_{pi}} = 0.66\,\rho_{1000}\,e^{9.1\mu}\left(\frac{t}{1{,}000}\right)^{0.75(1-\mu)} \times 10^{-5} \tag{4·133}$$

표 4-13 프리스트레싱 강재의 릴랙세이션 등급과 1,000시간의 릴랙세이션[4.3,4.5]

등급	프리스트레싱 강재의 종류	1,000시간 시점의 릴랙세이션, ρ_{1000}
1	강선 또는 강연선 - 보통 릴랙세이션	8.0 %
2	강선 또는 강연선 - 저 릴랙세이션	2.5 %
3	열연 강봉	4.0 %

$$\frac{\Delta f_{pr}}{f_{pi}} = 1.98\,\rho_{1000}\,e^{8\mu}\left(\frac{t}{1{,}000}\right)^{0.75(1-\mu)} \times 10^{-5} \qquad (4\cdot134)$$

여기서, ρ_{1000}은 평균온도 섭씨 20도에서 1,000시간(약 42일) 경과된 시점의 릴랙세이션 값으로, 표 4-13에 표현된 값과 같이 페센트 단위로 입력한다. μ는 다음과 같이 프리스트레싱 강재의 인장강도에 대한 초기 긴장응력의 비로 정의된다.

$$\mu = \frac{f_{pi}}{f_{pu}} \qquad (4\cdot135)$$

교량설계기준(한계상태설계법)[4.3]과 Eurocode 2[4.5]는 설계에서 릴랙세이션 손실의 장기(최종)값을 500,000시간(약 57년)에 대하여 산정하여도 좋다고 규정하고 있으며, 높은 온도에서 릴랙세이션이 발생할 때에는 추가 검증을 요구하고 있다. 한편, 겉보기 릴랙세이션에 대해서는 콘크리트의 크리프와 수축 및 프리스트레싱 강재의 릴랙세이션을 함께 고려하여 손실응력을 계산하는 간편식을 제시하고 있다. [4.8절 참조]

도로교설계기준(2010)[4.2]은 다음과 같이 탄성수축에 의한 손실이나 마찰에 의한 손실, 그리고 수축과 크리프에 의한 손실을 고려한 경험적인 수식으로 릴랙세이션 손실을 결정하도록 규정하고 있다. 이 식들은 과거에 미국 교량설계기준으로 적용하였던 AASHTO-Standard[4.14]에 규정된 내용과 동일한 것으로 MPa 단위이다.

- 인장강도가 1,720~1,860 MPa인 응력제거 강연선이 배치된 프리텐션 부재의 경우

$$\Delta f_{pr} = 140 - 0.4\,\Delta f_{pel} - 0.2(\Delta f_{psh} + \Delta f_{pcr}) \qquad (4\cdot136)$$

- 인장강도가 1,720~1,860 MPa인 저릴랙세이션 강연선의 프리텐션 부재의 경우

$$\Delta f_{pr} = 35 - 0.1\,\Delta f_{pel} - 0.05(\Delta f_{psh} + \Delta f_{pcr}) \qquad (4\cdot137)$$

- 인장강도가 1,720~1,860 MPa인 응력제거 강연선이 배치된 포스트텐션 부재의 경우

$$\Delta f_{pr} = 140 - 0.3\,\Delta f_{pf} - 0.4\,\Delta f_{pel} - 0.2(\Delta f_{psh} + \Delta f_{pcr}) \qquad (4\cdot138)$$

- 인장강도가 1,720~1,860 MPa인 저릴랙세이션 강연선의 포스트텐션 부재의 경우

$$\Delta f_{pr} = 35 - 0.07\,\Delta f_{pf} - 0.1\,\Delta f_{pel} - 0.05(\Delta f_{psh} + \Delta f_{pcr}) \qquad (4\cdot139)$$

- 인장강도가 1,860 MPa인 강선이 배치된 포스트텐션 부재의 경우

$$\Delta f_{pr} = 126 - 0.3\,\Delta f_{pf} - 0.4\,\Delta f_{pel} - 0.2(\Delta f_{psh} + \Delta f_{pcr}) \qquad (4\cdot140)$$

- 인장강도가 1,015~1,120 MPa인 강봉이 배치된 포스트텐션 부재의 경우

$$\Delta f_{pr} = 21\ MPa \tag{4·141}$$

인장강도가 1,860 MPa을 초과하는 강연선에 대해서는 이와 같은 간략식을 적용할 수 없으며, 상세 해석이나 실험에 의한 값으로 겉보기 릴랙세이션을 구하도록 규정하고 있다.

AASHTO-LRFD[4.6]는 콘크리트의 크리프와 수축 및 프리스트레싱 강재의 릴랙세이션을 함께 고려하여 긴장력 손실응력을 계산하는 간편식[4.8절 참조] 외에, 프리스트레스트 콘크리트 보와 바닥판 슬래브가 순차적으로 시공되어 합성되는 경우까지 포함하는 정밀해법으로 앞의 식 (4·100)을 규정하고 있다.

$$\Delta f_{pLT} = (\Delta f_{pSR} + \Delta f_{pCR} + \Delta f_{pR1})_{id} + (\Delta f_{pSD} + \Delta f_{pCD} + \Delta f_{pR2} - \Delta f_{pSS})_{df} \tag{4·100}$$

식 (4·100)에서 릴랙세이션 손실응력은 긴장력 도입 시점부터 바닥판 콘크리트 타설 시점까지의 Δf_{pR1}과 바닥판 콘크리트 타설 시점부터 최종 시점까지의 Δf_{pR2}로서, 다음과 같이 계산한다. 이 식들은 f_{pi}가 f_{py}의 0.55배 이상인 경우에만 적용된다.

$$\Delta f_{pR1} = \frac{f_{pi}}{K_L}\left(\frac{f_{pi}}{f_{py}} - 0.55\right) \tag{4·142}$$

$$\Delta f_{pR2} = \Delta f_{pR1} \tag{4·143}$$

여기서 K_L은 제조자가 제공하는 값으로, 정밀한 자료가 제공되지 않는 경우에 저릴랙세이션 강연선에는 30, 그 외의 강재에는 7을 사용한다. Δf_{pR1}를 계산하는 이 식은 Tadros 등[4.15]의 연구결과로서, 프리텐션 부재에서 긴장재가 인장된 후 18시간 후에 긴장력이 도입되고, 그 후 120일 후에 바닥판 콘크리트가 타설되어 합성단면이 된다는 가정 하에서, 콘크리트의 수축과 크리프의 영향을 고려하여 유도된 것이다.

한편, 설계기준에 규정된 사항은 아니지만, 미국 콘크리트학회(ACI)와 미국 토목학회(ASCE)가 공동으로 구성한 ACI-ASCE 423 위원회는 탄성수축과 콘크리트의 수축 및 크리프에 의한 손실을 고려한 겉보기 릴랙세이션에 대하여 Zia 등[4.8]이 제안한 다음의 경험식을 채택하였다. 여기서, 상수 C는 표 4-14의 값을 적용하고, 기본손실응력 K_{re}와 상수 J는 표 4-15의 값을 적용한다.

$$\Delta f_{pR} = C[K_{re} - J(\Delta f_{pES} + \Delta f_{pSH} + \Delta f_{pCR})] \tag{4·144}$$

표 4-14 ACI-ASCE 423 위원회 제안식의 상수 C[4.8]

f_{pi}/f_{py}	응력제거 강연선과 강선의 C	저릴랙세이션 강연선과 강선, 응력제거 강봉의 C
0.60	0.49	0.33
0.61	0.53	0.37
0.62	0.58	0.41
0.63	0.63	0.45
0.64	0.68	0.49
0.65	0.73	0.53
0.66	0.78	0.57
0.67	0.83	0.61
0.68	0.89	0.66
0.69	0.94	0.70
0.70	1.00	0.75
0.71	1.09	0.80
0.72	1.18	0.85
0.73	1.27	0.90
0.74	1.36	0.95
0.75	1.45	1.00
0.76	-	1.05
0.77	-	1.11
0.78	-	1.16
0.79	-	1.22
0.80	-	1.28

표 4-15 ACI-ASCE 423 위원회 제안식의 K_{re}와 J[4.8]

긴장재 종류	K_{re}	J
항복강도 1,860 MPa(270 ksi)의 응력제거 강연선과 강선	138	0.15
항복강도 1,720 MPa(250 ksi)의 응력제거 강연선과 강선	128	0.14
항복강도 1,650 MPa(240 ksi)과 1,620 MPa(235 ksi)의 응력제거 강선	121	0.13
항복강도 1,860 MPa(270 ksi)의 저릴랙세이션 강연선	35	0.04
항복강도 1,720 MPa(250 ksi)의 저릴랙세이션 강선	32	0.037
항복강도 1,650 MPa(240 ksi)과 1,620 MPa(235 ksi)의 저릴랙세이션 강선	30	0.035
항복강도 1,000 MPa(145 ksi)과 1,100 MPa(160 ksi)의 응력제거 강봉	41	0.05

예제 4-6

프리텐션 부재의 제작에서 SWPC7AN 12.4 mm($A_{ps}=92.9\,mm^2$, $P_{pu}=160\,kN$, $f_{pu}=1{,}720\,MPa$, 표 2-8과 표 2-9 참조)의 긴장재를 인장하고 나서, 쐐기로 정착된 후의 긴장응력(f_{pJ2})이 1,270 MPa로 일 때, 18시간 후에 콘크리트 단면에 긴장력이 도입된다면 인장작업과 도입작업 사이에 발생하는 릴랙세이션에 의한 손실을 구하시오.

>>> 풀이

Magura 등의 수식과 교량설계기준(한계상태설계법)이나 Eurocode 2에 따라 순 릴랙세이션 손실을 구할 수 있다.

(1) Magura 등의 수식에 따른 순 릴랙세이션 손실

초기 긴장응력 $f_{pi}=f_{pJ2}=1{,}270\ MPa$

응력제거 강연선의 항복강도는 인장강도의 0.85배이므로,

$$f_{py}=0.85f_{pu}=0.85\times 1{,}720=1{,}460\ MPa$$

식 (4·126)을 적용하여 손실응력을 구하면

$$\begin{aligned}\varDelta f_{pR}&=f_{pi}\frac{\log t}{10}\left(\frac{f_{pi}}{f_{py}}-0.55\right)\\&=1{,}270\times\frac{\log 18}{10}\left(\frac{1{,}270}{1{,}460}-0.55\right)=51\ MPa\end{aligned}$$

(2) 교량설계기준(한계상태설계법)과 Eurocode 2에 따른 순 릴랙세이션 손실

응력 비율 $\mu=\dfrac{f_{pi}}{f_{pu}}=\dfrac{1{,}270}{1{,}720}=0.738$

응력제거 강연선의 1,000시간에서의 릴랙세이션은 $\rho_{1000}=8.0\%$이므로,

$$\begin{aligned}\varDelta f_{pr}&=\left[5.39\,\rho_{1000}\,e^{6.7\mu}\left(\frac{t}{1{,}000}\right)^{0.75(1-\mu)}\times 10^{-5}\right]f_{pi}\\&=\left[5.39\times 8.0\times e^{(6.7\times 0.738)}\left(\frac{18}{1{,}000}\right)^{0.75(1-0.783)}\times 10^{-5}\right]\times 1{,}270\\&=35\ MPa\end{aligned}$$

4.8 설계기준의 장기 손실 근사해법

프리스트레스트 콘크리트에서 프리스트레싱 강재의 릴랙세이션과 콘크리트의 크리프가 서로 상호작용을 하고, 콘크리트의 수축이 프리스트레싱 강재의 릴랙세이션에 영향을 주며, 또 재료 특성의 큰 변동성으로 인하여 긴장력의 장기 손실(long-term loss)을 정확히 예측하는 것이 매우 어렵다. 따라서 프리스트레스트 콘크리트에 대한 다수의 설계기준은 경험적인 방법으로 긴장력의 장기 손실을 산정하는 것을 허용하거나, 경험적으로 결정하는 근사해법을 제시하고 있다.

교량설계기준(한계상태설계법)[4.3]과 Eurocode 2[4.5]는 긴장력의 장기 손실을 경험적으로 결정하는 근사해법으로 다음 식을 제시하고 있다.

$$\varDelta f_{p,csr}=\frac{\varepsilon_s(t,t_o)E_p+0.8\varDelta f_{pr}+\alpha\varphi(t,t_o)(f_{c(g+q)}+f_{cpo})}{1+\alpha\dfrac{A_p}{A_c}\left(1+\dfrac{A_c}{I_c}z_{cp}^2\right)[1+0.8\,\varphi(t,t_o)]} \tag{4·145}$$

여기서, $\varepsilon_s(t,t_o)$: 시간 t_o에서 시간 t 사이에 발생하는 수축 변형률

Δf_{pr} : 긴장력과 지속하중에 의한 강재의 초기응력을 f_{pi}로 하여 식 (4·132)~(4·134)로 계산한 릴랙세이션에 의한 응력의 변화량

α : 긴장재와 콘크리트의 탄성계수비$(=E_p/E_{cm})$

$\varphi(t,t_o)$: 하중이 재하된 시간 t_o에서 시간 t 사이의 크리프 계수

$f_{c(g+q)}$: 고정하중과 기타 지속하중에 의하여 긴장재 위치의 콘크리트에 작용하는 응력

f_{cpo} : 긴장력에 의하여 긴장재 위치의 콘크리트에 작용하는 응력

A_p : 긴장재의 단면적

A_c : 콘크리트의 단면적

I_c : 콘크리트 단면의 단면2차모멘트

z_{cp} : 콘크리트 단면의 도심과 긴장재 도심 사이의 편심거리

도로교설계기준(2010)[4.2]은 AASHTO-Standard[4.14]와 동일하게, 단기 손실과 장기 손실을 합친 총 손실응력을 표 4-16의 값으로 간편하게 사용할 수 있도록 규정하고 있다. 단, 이 값은 일반적으로 설계되는 단순하고 작은 프리스트레스트 부재에 적용할 수 있다.

AASHTO-LRFD[4.6]는 일반적으로 설계되는 I형 단면, 박스(box)형 단면, T형 및 역 T형 단면, 중공 슬래브(hollow core 또는 void slab)의 프리캐스트 프리텐션 부재에 대해서 긴장력의 장기 손실을 경험적으로 결정하는 근사해법으로 다음 식을 제시하고 있다.

$$\Delta f_{pLT} = 10\frac{f_{pi}A_{ps}}{A_g}\gamma_h\gamma_{st} + 83\gamma_h\gamma_{st} + \Delta f_{pR} \tag{4·146}$$

$$\gamma_h = 1.7 - 0.01H \tag{4·147}$$

$$\gamma_{sr} = \frac{35}{7+f_{ci}'} \tag{4·148}$$

표 4-16 도로교설계기준(2010)의 프리스트레스 총 손실응력 추정값[4.2]

긴장재의 형태	콘크리트의 압축강도에 따른 전체 손실량	
	$f_{ck}=28\,MPa$	$f_{ck}=35\,MPa$
프리텐션 부재의 긴장재	–	$315\,MPa$
포스트텐션 부재		
- 강선과 강연선	$225\,MPa$	$230\,MPa$
- 강봉	$155\,MPa$	$160\,MPa$

여기서, H는 백분율(%) 단위로 입력하는 연간 평균 상대습도이고, f_{ci}'는 긴장력이 콘크리트에 도입되는 재령에서의 콘크리트 압축강도이다. 이 식의 오른쪽 세 항은 차례대로 크리프 손실, 수축 손실, 릴랙세이션 손실을 나타낸다. 릴랙세이션 손실 Δf_{pR}은 응력제거 강재의 경우 70 MPa을 적용하며, 저 릴랙세이션 강재의 경우 17 MPa을 적용한다. 이 식에서 수축 손실은 콘크리트 표면적에 대한 체적의 비율 V/S이 90 mm인 경우를 대상으로 유도한 것이므로, V/S가 90 mm와 크게 다르면 오차가 커진다는 것을 유의할 필요가 있다.

한편 AASHTO-LRFD[4.6]는 그 외의 근사해법으로, 긴장력을 도입할 때 콘크리트 압축강도가 24 MPa 이상인 비합성 단면으로서 완전 긴장(full prestressing) 또는 부분 긴장(partial prestressing) 부재에 적용하는 계산법을 추가로 제시하고 있다. 이 계산법에서는 부분 긴장 비율(PPR, partial prestressing ratio)을 변수로 한다.

[참고문헌]

4.1 국토교통부, 한국콘크리트학회, KDS 14 20 콘크리트구조설계기준, 기준 및 해설, 2021.

4.2 국토해양부, 한국도로교통협회, 도로교설계기준, 2010.

4.3 국토교통부, 한국교량및구조공학회, 교량설계기준(한계상태설계법), KDS 24 14 21 콘크리트교 설계기준(한계상태설계법), 기준 및 해설, 2021.

4.4 ACI Committee 318, *Building Code Requirements for Structural Concrete*(ACI 318-14) *and Commentary*(ACI 318R-14), American Concrete Institute, Farmington Hills, MI, 2014.

4.5 CEN, Eurocode 2: *Design of Concrete Structures*, European Committee for Standardization, 2004.

4.6 AASHTO, *LRFD Bridge Design Specifications*, 5th edition, American Association of State Highway and Transportation Officials, Washington, D.C., USA, 2010.

4.7 한국콘크리트학회, 콘크리트구조 학회기준, 기준 및 해설, 2017.

4.8 Zia, P., Preston, H. K., Scott, N. L., and Workman, E. B., "Estimating Prestressed Losses," *Concrete International*, Vol. 1, No. 6, June 1979, pp. 32-38.

4.9 ACI Committee 209. *Prediction of Creep, Shrinkage, and Temperature Effects in Concrete Structures*(ACI 209R-92 [Reapproved 2008]). Farmington Hills, MI: American Concrete Institute, 1992, 47 pp.

4.10 PCI Committee, "Recommendations for Estimating Prestress Losses," *PCI Journal*, Vol. 20, No. 4, July-August 1975, pp. 43-75.

4.11 Magura D., Sozen M. A., and Seiss, C. P., "A Study of Stress Relaxation in Prestressing Reinforcement," *PCI Journal*, Vol. 9, No. 2, March-April 1964, pp. 13-57.

4.12 FIB, fib Model Code for Concrete Structures 2010, International Federation for Structural Concrete(fib), 402 pp.

4.13 H.R. Müller, S. Zetterholm "Results of extreme long duration of a relaxation test(42 years) on prestressing steel", proceedings of 1st fib Congress, Osaka, Session 8, pp. 385-390, 2002.

4.14 AASHTO, *Standard Specifications for Highway Bridges*, 17th edition, American Association of State Highway and Transportation Officials, Washington, D.C., USA, 2002.

4.15 Tadros M. K., Al-Omaishi N., Segurirant, and Gallt J. G, *Prestress Losses in Pretensioned High-Strength Concrete Bridge Girders*, NCHRP Report 496, Transportation Research Board, Washington, DC.

[연습문제]

4-1 프리스트레스트 콘크리트에 긴장력 손실이 발생하는 이유를 설명하시오.

4-2 프리텐션 부재에서 발생하는 긴장력 손실의 특징을 설명하시오.

4-3 포스트텐션 부재에서 발생하는 긴장력 손실의 특징을 설명하시오.

4-4 탄성수축에 의한 긴장력 손실을 계산하는 원리를 설명하시오.

4-5 프리텐션 부재와 포스트텐션 부재에서 나타나는 탄성수축에 의한 긴장력 손실의 특성 차이를 설명하시오.

4-6 긴장재와 덕트 사이의 마찰에 의한 긴장력 손실의 특성을 설명하시오.

4-7 마찰이 없는 경우의 정착장치 활동에 의한 긴장력의 손실을 계산하는 원리를 설명하시오.

4-8 마찰이 있는 경우의 정착장치 활동에 의한 긴장력의 손실을 계산하는 원리를 설명하시오.

4-9 콘크리트의 수축과 크리프에 의한 긴장력의 손실을 계산하는 원리를 설명하시오.

4-10 프리텐션 부재의 제작과정에 나타나는 긴장재의 릴랙세이션 특성을 설명하시오.

4-11 다음 그림과 같은 직사각형 단면의 포스트텐션 프리스트레스트 콘크리트기둥을 수평으로 제작한 후 수직으로 세우려 한다. 기둥의 길이는 $l = 18\,m$이고, 긴장력이 도입될 때의 콘크리트 압축강도는 $f_{ci} = 24\,MPa$이다. 각 쉬스에는 SWPC7BL 15.2 mm의 프리스트레싱 강연선이 4개씩 배치되어 있다. 긴장 작업은 하나의 긴장잭으로 2번, 3번, 1번, 4번의 순서로 하나씩 차례로 긴장력을 도입하려고 한다. 4개의 텐던 모두 700 kN으로 동일한 초기 긴장력이 작용하게 하려면, 순차적으로 각각 얼마의 인장력으로 긴장작업을 수행하여야 하는지 결정하시오. 파상마찰계수 k, 곡률마찰계수 μ, 정착장치 활동량 Δ_{set}에 대한 문제의 조건은 다음 (a)~(f)의 6가지 조건 중 하나를 선택하시오.

(a) $k = 0.002/m,\ \mu = 0.20/rad,\ \Delta_{set} = 6\,mm$
(b) $k = 0.003/m,\ \mu = 0.20/rad,\ \Delta_{set} = 6\,mm$
(c) $k = 0.004/m,\ \mu = 0.20/rad,\ \Delta_{set} = 6\,mm$
(d) $k = 0.005/m,\ \mu = 0.20/rad,\ \Delta_{set} = 6\,mm$

(e) $k = 0.004/m$, $\mu = 0.25/rad$, $\Delta_{set} = 3\ mm$

(f) $k = 0.005/m$, $\mu = 0.25/rad$, $\Delta_{set} = 3\ mm$

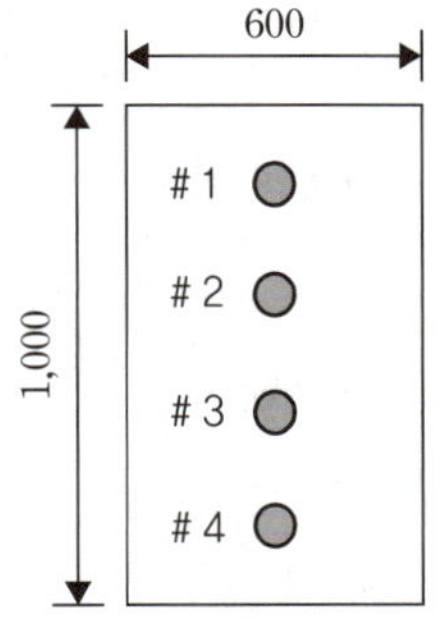

| 그림 4-22 | 문제 4-11의 프리스트레스트 콘크리트 부재 단면

4-12 다음 그림과 같이 SWPC7BL 15.2 mm 강연선 19가닥($A_{ps} = 2{,}635\ mm^2$)이 배치된 포스트텐션 부재의 좌측단(A 위치)에 3,600 kN의 긴장력을 가하였다. 긴장잭을 제거하기 전 A, B, C, D, E 위치에 작용하게 될 긴장력 $P_{i,j}$와 긴장잭을 제거한 후 A, B, C, D, E 위치에 작용하게 될 초기 긴장력 P_i를 구하고, 각각 그 분포를 그림으로 나타내시오. 파상마찰계수 k, 곡률마찰계수 μ, 정착장치 활동량 Δ_{set}에 대한 문제의 조건은 다음 (a)~(i)의 9가지 조건 중 하나를 선택하시오.

(a) $k = 0.002/m$, $\mu = 0.15/rad$, $\Delta_{set} = 6\ mm$

(b) $k = 0.002/m$, $\mu = 0.20/rad$, $\Delta_{set} = 6\ mm$

(c) $k = 0.002/m$, $\mu = 0.25/rad$, $\Delta_{set} = 6\ mm$

(d) $k = 0.003/m$, $\mu = 0.20/rad$, $\Delta_{set} = 6\ mm$

(e) $k = 0.004/m$, $\mu = 0.20/rad$, $\Delta_{set} = 6\ mm$

(f) $k = 0.005/m$, $\mu = 0.20/rad$, $\Delta_{set} = 6\ mm$

(g) $k = 0.003/m$, $\mu = 0.20/rad$, $\Delta_{set} = 3\ mm$

(h) $k = 0.004/m$, $\mu = 0.20/rad$, $\Delta_{set} = 3\ mm$

(i) $k = 0.005/m$, $\mu = 0.20/rad$, $\Delta_{set} = 3\ mm$

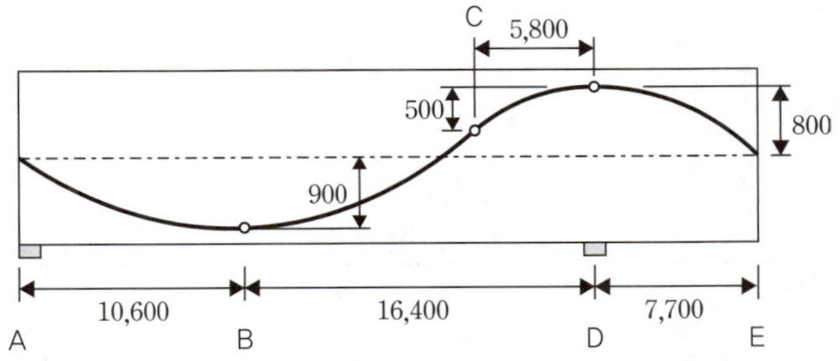

| 그림 4-23 | 문제 4-12의 프리스트레스트 콘크리트 부재 단면

4-13 길이 l이 10 m이고 한 변이 600 mm인 정사각형 단면의 도심에 SWPC7BL 15.2 mm 강연선 11가닥을 직선으로 배치하고 양 단부에 정착장치를 둔 포스트텐션 부재의 왼쪽 단부에 2,000 kN의 긴장력 P_j를 가하였다. 긴장잭을 제거하기 전 왼쪽 단부와 오른쪽 단부에 작용하게 될 긴장력 $P_{i,j}$와 긴장잭을 제거한 후 왼쪽 단부와 오른쪽 단부에 작용하게 될 초기 긴장력 P_i를 구하고, 각각 그 분포를 그림으로 나타내시오. 파상마찰계수 k, 곡률마찰계수 μ, 정착장치 활동량 Δ_{set}에 대한 문제의 조건은 다음 (a)~(f)의 6가지 조건 중 하나를 선택하시오.

(a) $k = 0.002/m,\ \mu = 0.20/rad,\ \Delta_{set} = 6\ mm$
(b) $k = 0.003/m,\ \mu = 0.20/rad,\ \Delta_{set} = 6\ mm$
(c) $k = 0.004/m,\ \mu = 0.20/rad,\ \Delta_{set} = 6\ mm$
(d) $k = 0.005/m,\ \mu = 0.20/rad,\ \Delta_{set} = 6\ mm$
(e) $k = 0.004/m,\ \mu = 0.25/rad,\ \Delta_{set} = 3\ mm$
(f) $k = 0.005/m,\ \mu = 0.25/rad,\ \Delta_{set} = 3\ mm$

4-14 위의 문제 4-13에서, 조건 (a)와 같이 $k = 0.002/m,\ \mu = 0.20/rad,\ \Delta_{set} = 6\ mm$일 때와 k와 μ는 동일하지만 $\Delta_{set} = 1\ mm$일 때에 초기 긴장력 P_i의 분포가 각각 어떤 형태를 보이는지 비교하여 나타내시오.

4-15 다음 그림과 같이 제작하는 프리텐션 단순보에 대하여 다음의 문제에 답하시오. 조건은 다음과 같다. 보 전체길이 29.9 m, 지간(sole plate 중심거리) $l = 28.96\ m$, 보의 자중 $\omega_o = 15.7\ kN/m$, 긴장력 도입 때의 콘크리트 압축강도 $f_{ci} = 35\ MPa$, 콘크리트 설계기준압축강도 $f_{ck} = 40\ MPa$, SWPC7BL 15.2 mm 강연선(단면적 138.7 mm^2) 45개 배치(36개는 직선 배치, 9개는 절곡 배치), 최 하단 강연선들은 단면의

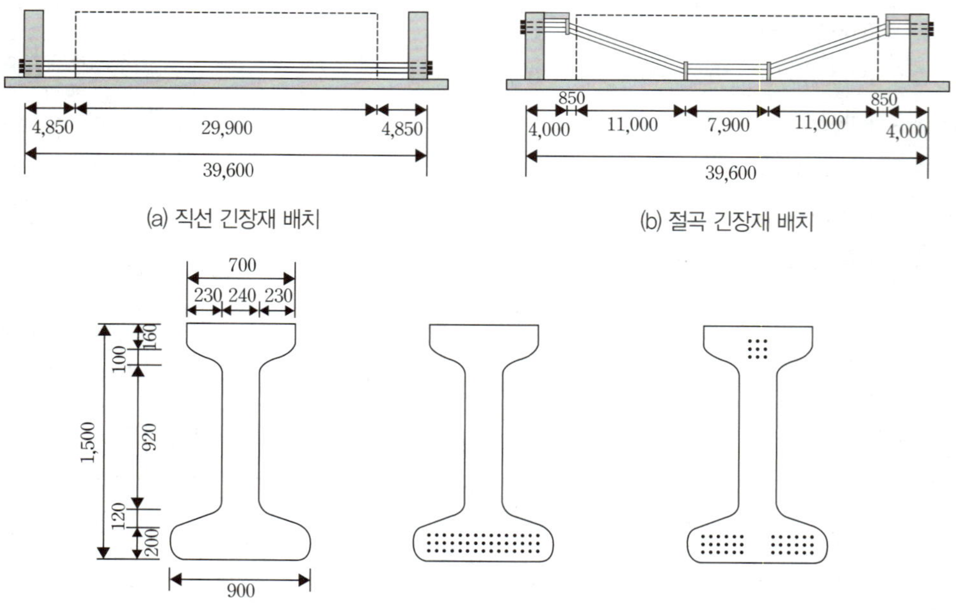

| 그림 4-24 | 문제 4-15의 프리스트레스트 콘크리트 부재

하단 표면에서 70 mm 떨어진 위치에 배치하고, 최 상단 강연선들은 단면의 상단 표면에서 70 mm 떨어진 위치에 배치, 강연선들 간의 수평과 수직의 중심간격은 50 mm, 쐐기정착 활동량 $\Delta_{set} = 6\ mm$, 모든 강연선은 각각 200 kN으로 긴장($P_{J1} = 9{,}000\ kN$)한 후 쐐기 정착, 긴장작업 후 콘크리트를 타설하고, 12시간 증기양생한 뒤 24시간 후에 긴장력 도입, 보의 단면적 $A_{bm} = 0.628\ m^2$, 보의 단면2차 모멘트 $I_{bm} = 0.1713\ m^4$, 보의 중립축과 상단 사이의 거리 $y_{t,bm} = 820\ mm$, 보의 중립축과 하단 사이의 거리 $y_{b,bm} = 680\ mm$, 단면 상단에 대한 단면상수 $S_{t,bm} = 0.2127\ m^3$, 단면 하단에 대한 단면상수 $S_{b,bm} = 0.2828\ m^3$.

[문제 1] 쐐기가 정착될 때의 총 손실긴장력 ΔP_A와 총 긴장력 P_{J2}을 구하시오.

[문제 2] P_{J2}에 대한 [문제 1]의 결과를 이용하여, 쐐기가 정착된 후 긴장력 도입 시점까지 릴랙세이션에 의하여 발생하는 손실 긴장력 ΔP_R과 이때의 도입긴장력 P_{TR}을 구하시오.

[문제 3] P_{TR}에 대한 [문제 2]의 결과를 이용하여, 긴장재를 절단하여 긴장력을 도입한 후 중앙부 단면에 작용하는 초기 긴장력 P_i을 구하시오.

4-16 다음 그림과 같이 벽체 중앙에 원형으로 SWPC7BL 15.2 mm 강연선 19가닥($A_{ps} = 2{,}635\ mm^2$)이 배치된 LNG 가스 저장용 또는 원자력발전소 격납구조용 원통형 포스트텐션 쉘구조에 대하여 다음의 문제에 답하시오. 긴장력은 긴장재 항복강도의 0.8배($f_{pj} = 0.8 f_{py}$)로 텐던 한 쪽 단에서 도입하며, 긴장력 도입 후 잭을 제거한다. 쐐기정착장치 활동량 Δ_{set}은 6 mm이고, 쉘 구조의 지름 r, 파상마찰계수 k, 곡률마찰계수 μ에 대한 문제의 조건은 다음 (a)~(i)의 9가지 조건 중 하나를 선택하시오.

(a) $r = 10\ m,\ k = 0.002/m,\ \mu = 0.15/rad$

(b) $r = 10\ m,\ k = 0.002/m,\ \mu = 0.20/rad$

(c) $r = 10\ m,\ k = 0.002/m,\ \mu = 0.25/rad$

(d) $r = 20\ m,\ k = 0.002/m,\ \mu = 0.15/rad$

(e) $r = 20\ m,\ k = 0.002/m,\ \mu = 0.20/rad$

(f) $r = 20\ m,\ k = 0.002/m,\ \mu = 0.25/rad$

(g) $r = 20\ m,\ k = 0.003/m,\ \mu = 0.25/rad$

(h) $r = 20\ m,\ k = 0.004/m,\ \mu = 0.25/rad$

(i) $r = 20\ m,\ k = 0.005/m,\ \mu = 0.25/rad$

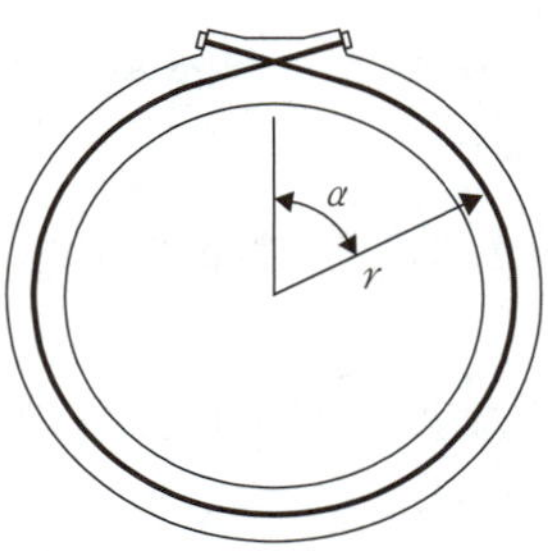

| 그림 4-25 | 문제 4-16의 원통형 쉘 구조의 수평 긴장재 배치 형상

[문제 1] 쐐기가 정착될 때, 각도 α가 10°씩 증가한 위치에서 초기 긴장력을 각각 계산하고, 각 위치별 긴장력 분포를 그림으로 나타내시오.

[문제 2] 모든 위치에서 긴장단에 작용하는 초기긴장력 이상의 긴장력을 갖도록 하려면, 어떤 각도의 위치에 중간 돌출 정착구를 두어 새로이 긴장력을 도입할지 결정하시오.

4-17 다음 그림과 같이 폭 $b = 400\ mm$, 깊이 $h = 800\ mm$인 사각형 단면을 가진 길이 $l = 10\ m$의 포스트텐션 단순보의 좌측단에 긴장력 $P_j = 1{,}100\ kN$를 가한다. 이 부재의 지점에는 단면 도심에 정착구가 있고 보의 중앙부에는 오른쪽 그림과 같이 편심 $e = 250\ mm$로 포물선 형상의 긴장재가 배치된다. 텐던으로는 지름 $15.2\ mm$ SWPC7BL 강연선 6개를 단일 덕트 안에 배치한다. 콘크리트 설계기준압축강도는 $f_{ck} = 40\ MPa$, 긴장력이 도입될 때의 콘크리트 압축강도는 $f_{ci} = 30\ MPa$이다. 파상마찰계수는 $k = 0.003/m$, 곡률마찰계수는 $\mu = 0.25/rad$, 정착장치 활동량은 $\Delta_{set} = 6\ mm$이다. 긴장력이 도입된 후 구조물의 설계수명 75년 뒤의 콘크리트 수축변형률 ε_{sh}와 크리프계수 φ_{cp}에 대한 조건은 다음 (a)~(f)의 6가지 중 하나를 선택하여 문제에 답하시오.

(a) $\varepsilon_{sh} = 180\ \mu\varepsilon,\ \varphi_{cp} = 2.0$

(b) $\varepsilon_{sh} = 180\ \mu\varepsilon,\ \varphi_{cp} = 2.5$

(c) $\varepsilon_{sh} = 220\ \mu\varepsilon,\ \varphi_{cp} = 2.0$

(d) $\varepsilon_{sh} = 220\ \mu\varepsilon,\ \varphi_{cp} = 2.5$

(e) $\varepsilon_{sh} = 260\ \mu\varepsilon,\ \varphi_{cp} = 2.0$

(f) $\varepsilon_{sh} = 260\ \mu\varepsilon,\ \varphi_{cp} = 2.5$

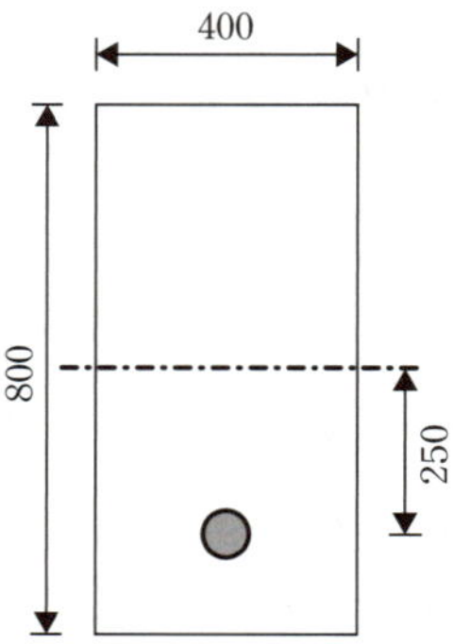

| 그림 4-26 | 문제 4-17의 프리스트레스트 콘크리트 단면

[문제 1] 좌측 긴장단에 긴장력을 도입하고 긴장잭을 제거하여 좌측단 쐐기가 정착된 후의 긴장력 분포를 그림으로 나타내시오.

[문제 2] 실무에 적용하기 가장 합리적인 방법으로 시간적 손실을 계산하고 유효 긴장력 분포를 그림으로 나타내시오.

제5장

휨강도 및 설계

5.1 프리스트레스트 콘크리트의 휨 거동

구조물은 파괴방지의 안전성능과 공용 중의 사용성능을 확보하고 있어야 한다. 구조물의 설계에서 안전성능과 사용성능을 합리적인 방법으로 검증하기 위해서는, 대상 구조물이 가지고 있는 구조적 거동의 특성을 이해하여야 한다. 이 절에서는 이어지는 절에서 다루는 휨 설계 및 휨강도 해석의 기본 배경을 쉽게 이해할 수 있도록 하중단계에 따른 프리스트레스트 콘크리트의 휨 거동 특성을 소개하고 논의한다.

5.1.1 하중-처짐 관계 및 휨 응력 분포

그림 5-1은 일반적인 완전 긴장(full prestressing) 프리스트레스트 콘크리트 부재의 휨 거동으로서, 부재 중앙부를 대상으로 하중 증가에 따른 처짐의 변화, 변형률 분포의 변화, 응력분포의 변화, 내력 C와 T의 작용위치의 변화, 그리고 그림 내의 작은 그림으로 프리스트레싱 긴장재 응력의 변화를 나타낸다.

그림 5-1에서 a점은 긴장력이 도입되는 때로서 부재의 자중(GL, gravity load)이 작용하는 상태를 나타낸다. 긴장력이 도입되면 부재의 양단을 지점으로 하여 부재 중앙부가 상향으로 솟는다. 일반적으로 이 상태에서는 단면 전체가 압축을 받는데, 변위가 상향으로 발생하는 이유는 단면 하단의 압축변형률이 상단의 압축변형률보다 크기 때문이다. 이 상태에서 단면에 작용하는 압축응력의 분포는 변형률 분포와 동일한 형태를 가진다. 단면 내력으로는 긴장재의 위치에서 인장력 T가 작용하고, 콘크리트에 작용하는 압축응력의 합력으로 C가 작용한다. 이때 C의 작용위치는 자중에 의한 휨 모멘트를 C나 T로

나눈 팔 길이만큼 긴장재 위치의 위쪽에 있게 된다. 긴장재의 응력은 그림 안의 작은 그림에 나타낸 바와 같이, 초기 긴장응력 f_{pi}에서 시간이 경과하면 유효 긴장응력 f_{pe}로 변화한다.

그림 5–1에서 b점은 자중 이외의 추가 고정하중이 가해진 고정하중(DL, dead load)이 작용하는 상태를 나타낸다. 하중 증가에 따라 부재 중앙부의 솟음이 감소하였으므로, 단면 하단의 압축변형률과 응력은 감소하고 상단의 압축변형률과 응력은 증가한다. 인장력 T의 위치는 변함이 없으나, 압축력 C의 작용위치는 위쪽으로 이동한다. 그러나 부재 중앙부가 여전히 솟아 있는 상태이므로, 단면 하단의 압축변형률과 응력이 상단의 압축변형률과 응력보다 커서 C의 작용위치는 단면도심보다는 아래쪽에 있게 된다. 긴장재의 응력은 무시해도 좋을 정도로 미미하게 증가한다.

그림 5–1에서 c점은 부재가 수평인 상태를 나타낸다. 이때의 하중은 활하중이 추가된 상태이지만 일반적으로 설계활하중보다는 작은 활하중이 작용하는 상태이다. 부재 중앙의 처짐이 0인 상태이므로, 전체 단면에 동일한 압축변형률이 발생하고 동일한 압축응력이 작용하는 상태이다. 이에 따라 압축력 C는 단면도심의 위치에 작용하며, 인장력 T의 위치는 변함이 없다. 결국 인장력 T와 압축력 C사이의 팔길이가 증가되는데, 이들에 의한 내력모멘트는 하중에 의한 외력모멘트와 동일한 크기로서 외력에

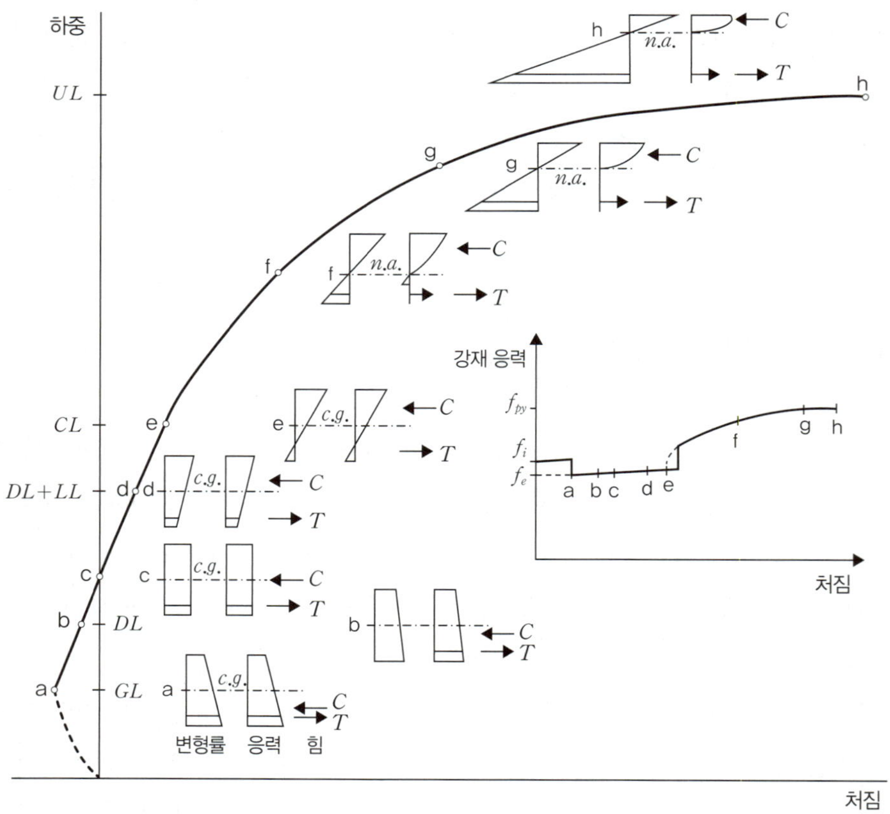

| 그림 5–1 | 프리스트레스트 콘크리트 휨 부재의 하중–처짐 관계 및 변형률과 응력

저항한다.

그림 5–1에서 d점은 고정하중에 활하중(LL, live load)이 추가하여 작용하는 상태를 나타낸다. 일반적으로 이 상태에서는 하향으로 처짐이 발생하는데, 완전 긴장(full prestressing) 프리스트레스트 콘크리트 부재는 전체 단면이 압축상태이거나, 하단에 인장응력이 작용하여도 균열은 발생하지 않는 상태이다. 그림에서는 전체 단면이 압축인 상태로서 단면의 변형률 분포와 응력분포는 동일한 형태를 보인다. 여기서 단면 하단의 압축변형률이 상단의 압축변형률보다 작으므로 하향으로 처짐이 발생한다. 이에 따라 압축력 C는 단면도심보다 위쪽에 위치하며, 인장력 T사이의 팔길이가 증가되어 증가된 외력에 저항한다.

그림 5–1에서 e점은 설계활하중보다 더 큰 활하중이 작용하여 단면 하단에 균열이 발생하는 상태를 나타낸다. 이 상태에서는 단면의 하단부에 인장변형률과 인장응력이 작용하여 단면의 내부에 중립축이 존재하게 된다. 그러나 인장연단 이외의 인장부분은 작용하고 있는 인장응력이 콘크리트의 인장강도보다 작아서, 균열은 인장연단에서만 발생하기 시작하는 상태이다. 하중이 더 증가하면 하중–처짐 관계는 비선형(nonlinear)의 형태를 보이기 시작한다. 또, 중립축이 위쪽으로 이동하면서 하단부의 인장응력이 증가하여 균열이 위쪽으로 진전하게 된다. 긴장재의 위치까지 균열이 진전되면 콘크리트와 인장응력을 나누어 받던 긴장재가 모든 인장력을 받게 되어, 그림 안의 작은 그림에 나타낸 바와 같이 긴장재의 인장응력이 급격히 증가한다. 그 후에는 하중 증가에 따라 긴장재의 응력이 균열이 없었던 상태보다 더 빠르게 증가한다.

그림 5–1에서 f점은 하중이 더 증가한 상태를 나타낸다. 이 상태에서는 중립축과 압축력 C가 더욱 위쪽으로 이동하고, 그 이전의 하중에서 직선 형태였던 콘크리트의 압축응력분포가 비선형 형상으로 나타난다. 하중–처짐 관계는 더욱 더 비선형 형태를 보인다. 균열은 긴장재 위치보다 더욱 위쪽까지 진전되고, 긴장재의 인장응력은 급격히 증가한다.

그림 5–1에서 g점은 프리스트레싱 강재가 항복한 상태를 나타낸다. 이 상태에서는 중립축과 압축력 C가 더욱 위쪽으로 이동하고, 콘크리트의 압축응력분포가 더욱 더 비선형 형상으로 나타난다. 하중–처짐 관계는 더욱 더 비선형 형태를 보여서, 긴장재가 항복한 이후에는 하중 증가보다 처짐의 증가가 현격하게 커진다. 긴장재가 항복한 이후에, 긴장재의 응력–변형률 곡선의 특성에 따라 인장응력이 증가한다.

그림 5–1에서 h점은 프리스트레스트 콘크리트 휨 부재의 파괴상태를 나타낸다. 이때는 긴장재가 항복한 상태에서 중립축과 압축력 C가 더욱 위쪽으로 이동하고, 압축연단의 변형률이 콘크리트의 휨 극한 변형률(ε_{cu})에 도달하여 파괴에 이른다. 이때의 변형률분포와 응력분포는 철근콘크리트 휨 부재가 파괴될 때의 변형률분포와 응력분포의 특성과 동일하다.

5.1.2 긴장력 도입에 따른 휨 거동

앞에서 설명한 바와 같이, 프리스트레스트 콘크리트 휨 부재의 파괴상태는 철근콘크리트 휨 부재가 파괴될 때의 변형률분포와 응력분포의 특성과 동일하다. 그러나 사용하중 수준에서는 긴장력 도입 수준에 따른 휨 거동 특성이 다르므로, 응력, 균열, 처짐을 대상으로 하는 사용한계상태의 검증과 휨 설계에서는 이를 고려하여야 한다.

그림 5-2는 완전 긴장(full prestressing) 및 부분 긴장(partial prestressing) 프리스트레스트 콘크리트 부재와 철근콘크리트 부재의 하중-처짐 관계의 일부를 나타낸다. 그림 5-2에 나타난 바와 같이, 완전 긴장 및 부분 긴장 프리스트레스트 콘크리트 부재는 긴장력의 작용으로 자중이 작용할 때 상향으로 솟지만, 철근콘크리트 부재는 자중에 의해서 하향으로 처짐이 발생한다.

콘크리트 부재에 균열이 발생하는 경우는 인장연단의 응력이 콘크리트의 인장강도에 도달할 때이다. 이때의 곡률이 모두 유사하다고 한다면, 완전 긴장 및 부분 긴장 프리스트레스트 콘크리트 부재와 철근콘크리트 부재는 모두 동일한 처짐에서 균열이 발생할 것이다. 따라서 균열하중(CL, cracking load)은 그림 5-2에 나타난 바와 같이, 철근콘크리트 부재가 가장 작고, 긴장력의 수준에 따라 부분 긴장 프리스트레스트 콘크리트 부재가 중간 값을 보이며, 완전 긴장 프리스트레스트 콘크리트 부재가 가장 크게 된다.

고정하중(DL)과 활하중(LL)이 모두 작용하는 사용하중(service load) 수준에서는, 그림 5-2에 나타난 바와 같이, 긴장력의 수준에 따라 완전 긴장 프리스트레스트 콘크리트 부재의 처짐이 가장 작고, 부

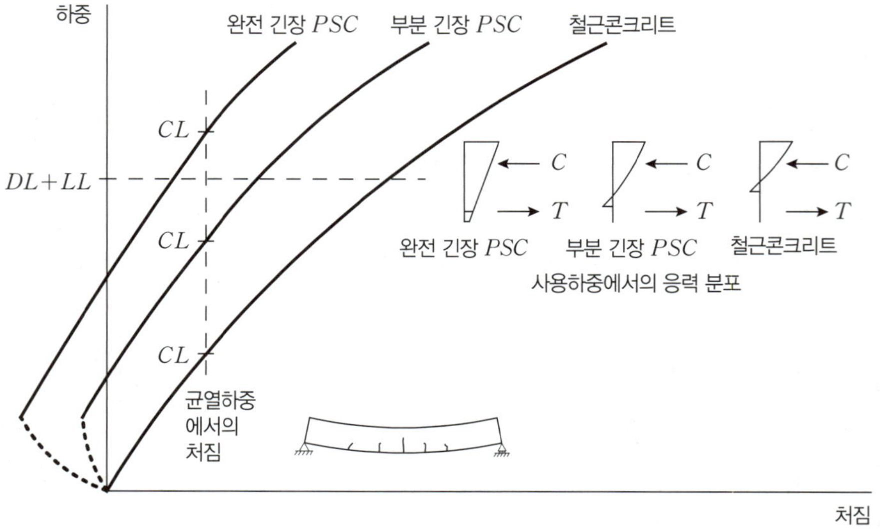

| 그림 5-2 | 긴장력 도입 수준에 따른 콘크리트 휨 부재의 하중-처짐 관계

분 긴장 프리스트레스트 콘크리트 부재의 처짐이 중간 값을 보이며, 철근콘크리트 부재의 처짐이 가장 크게 된다.

사용하중 상태에서의 균열 발생 유무는 긴장력의 수준에 따라 다르다. 철근콘크리트 부재는 그림 5-2에 나타난 바와 같이, 균열하중(CL, cracking load)이 사용하중(DL+LL)보다 매우 낮아 사용하중 상태에서 균열이 발생한다는 것을 나타낸다. 이때에는 단면 내부에 중립축이 존재하고, 중립축 아래의 균열이 발생하는 인장부분이 넓다.

부분 긴장 프리스트레스트 콘크리트 부재는, 그림 5-2에 나타난 바와 같이, 긴장력의 작용으로 균열하중(CL)이 철근콘크리트 부재의 경우보다 크게 된다. 그러나 균열하중(CL)이 사용하중(DL+LL)보다는 작아서 사용하중 상태에서 균열이 발생한다는 것을 나타낸다. 다만, 단면 내부에 존재하는 중립축이 철근콘크리트 부재의 경우보다 아래에 위치하여, 균열이 발생하는 중립축 아래의 인장부분이 상대적으로 좁으며 균열의 폭도 상대적으로 작다.

완전 긴장 프리스트레스트 콘크리트 부재는 그림 5-2에 나타난 바와 같이, 균열하중(CL)이 사용하중(DL+LL)보다 크게 된다. 따라서 사용하중 상태에서는 균열이 발생하지 않고, 전체단면에 압축응력이 작용하는 응력분포를 보인다.

따라서 프리스트레스트 콘크리트 부재는 철근콘크리트 부재에 비하여 균열하중의 수준이 높고, 동일 수준의 하중에서 처짐이 작으며, 균열이 훨씬 적게 발생하거나 아예 균열이 발생하지 않으므로, 구조성능이 우수하다고 할 수 있다.

5.2 휨 설계 및 성능검증

5.2.1 설계 및 성능검증 한계상태

프리스트레스트 콘크리트는 프리스트레스를 도입하는 특별한 공정이 추가되는 구조형식이므로, 완공 후 구조물을 사용하는 도중의 성능뿐만 아니라 시공 중에도 문제가 발생하지 않도록 설계과정에서 면밀하게 성능을 검증하여야 한다. 따라서 프리스트레스트 콘크리트를 설계할 때에는 프리스트레스를 도입하는 상태에 대한 성능검증, 시공 중의 구조시스템과 하중상태에 대한 성능검증, 완공 후 하중작용에 따른 극한한계상태와 사용한계상태 등 여러 단계에 대한 성능검증이 필요하다.

프리스트레스를 도입하는 상태에 대한 성능검증은, 긴장력 도입 방식의 특성을 고려하여 프리텐션 방식과 포스트텐션 방식으로 나누어 정착구역의 성능을 검증한다. 이를 위하여 긴장력이 도입될 때의 콘크리트 응력을 검토하여야 하는데, 이 내용은 6.2절 '휨 응력의 설계 검증'에서 다룬다. 또, 부착에 의하여 긴장력이 전달되는 프리텐션 부재에 대해서는 긴장재의 전달길이(transfer length)를 검증하여야 하며, 지압에 의하여 긴장력이 전달되는 포스트텐션 부재에 대해서는 지압응력의 검증과 함께 파열응력(bursting stress)과 할렬응력(spalling stress)에 대한 철근보강 설계를 하여야 하는데, 이에 대해서는 9장 '정착구역의 설계'에서 다룬다.

장대교량이나 고층건물 등과 같이 규모가 큰 프리스트레스트 콘크리트 구조물은 시공 중에 구조시스템이 변화하면서 프리스트레스가 도입되며, 시공 중의 하중상태가 계속 변화한다. 따라서 이와 같은 프리스트레스트 콘크리트 구조물은 시공 중의 구조시스템과 하중상태에 대한 성능검증을 수행하여야 한다.

구조물이 완공된 후에는 파괴방지의 안전성능과 공용 중의 사용성능을 확보하고 있어야 한다. 파괴방지에 대해서는 극한한계상태(ultimate limit state) 또는 강도한계상태(strength limit state)에서 안전성능을 만족하도록 설계하고 안전성능을 검증한다. 이 한계상태에서는 하중 특성에 따른 초과하중의 통계적 자료와 경험적인 지식으로 결정된 하중계수 및 하중조합에 따라 계수하중을 결정하고, 이 계수하중 상태에서 부재가 파괴되지 않도록 설계한다. 일반적으로 극한한계상태나 강도한계상태에서는 휨모멘트, 전단력 및 비틈 모멘트, 축력에 대한 설계와 성능검증을 수행한다. 휨모멘트에 대한 안전성능검증 및 설계에 대해서는 이 장(5장)에서 다루고, 전단력 및 비틈 모멘트에 대한 안전성능검증 및 설계에 대해서는 7장과 8장에서 다룬다.

구조물이 완공된 후 공용 중의 사용성능은 사용한계상태(serviceability limit state)에서 성능을 검증한다. 이 한계상태에서는 사용하중 또는 지속하중 상태에서의 구조물의 성능을 검증하는 것으로서, 성능이 만족되지 않는 경우에는 성능이 만족되도록 설계를 수정하여야 한다. 사용한계상태의 검증 대상 항목은 응력, 균열, 처짐으로서, 이에 대한 성능해석과 성능검증에 대해서는 6장 '사용한계상태의 설계 검증'에서 다룬다.

한편, 구조물은 피로에 의한 파괴가 발생하지 않도록 설계하고 성능을 검증하여야 한다. 피로에 의한 파괴는 비록 파괴를 대상으로 하고 있지만 사용하중 수준의 반복하중이 검증 대상의 하중상태이므로, 계수하중을 대상으로 하는 극한한계상태에 포함시키기 어렵다. 또, 피로파괴의 검증이 비록 사용하중 수준을 대상으로 하고 있지만 파괴를 다루고 있으므로, 공용 중의 사용성능을 다루는 사용한계상태에 포함시키기도 어렵다. 따라서 많은 설계기준에서 피로파괴의 검증을 피로한계상태(fatigue limit state)로 정의하고 성능검증을 수행하도록 하고 있다. 일반적으로 콘크리트 구조물에서는 피로한계상태가 설계 결과를 좌우하지 않고 또 콘크리트의 피로는 문제가 되지 않으므로, 2.2.3절과 2.4.2절에서 프리스트레싱 강재와 철근의 피로특성에 대하여 간단히 소개하였다.

5.2.2 강재의 양에 따른 휨 파괴거동 및 설계 목적

구조물은 계수하중까지 파괴가 발생하지 않는 안전성능을 보유하고 있어야 함과 동시에, 계수하중보다 더 큰 하중이 작용하여 파괴될 때 파괴가 임박하였다는 징후를 나타낼 수 있어야 한다. 이것은 파괴에 대비할 시간적 여유를 제공하여 인명과 재산의 손실을 방지하기 위한 것이다. 따라서 구조물을 구성하는 부재요소 중 어느 하나가 파괴(failure) 되더라도 구조물 전체가 붕괴(collapse) 되지는 않도록 설계하여야 한다. 이를 위하여 슬래브나 보에 비하여 구조물 전체의 안전에 영향이 큰 기둥이나 기초의 파괴 안전성을 더 높여야 한다. 또, 동일한 부재에서도 작용하는 단면력에 따른 파괴유형이 다르므로, 연성(ductile)으로 파괴되도록 부재를 설계하여야 한다. 즉, 보에 있어서 전단력에 의한 파괴는 휨모멘트에 의한 파괴보다 상대적으로 취성(brittle)이므로, 부재의 급작스런 파괴를 방지하기 위해서는 전단 파괴보다 휨 파괴가 먼저 발생하도록 설계하여야 한다. 이를 고려하여 대부분의 설계기준에서는 부재가 파괴될 때 연성으로 파괴되도록 세부기준을 규정하고 있다.

부재의 휨 파괴는 강재와 콘크리트 사이의 부착 파괴나 부재의 전단 파괴에 비하여 가장 연성의 파괴형태를 보이지만, 휨 파괴가 가장 먼저 발생하도록 설계하더라도 강재의 양에 따라서는 취성의 파괴형태가 나타날 수 있다. 그림 5-3과 그림 5-4는 강재 양에 따른 철근콘크리트 휨 부재와 프리스트레스트 콘크리트 휨 부재의 변형률 및 응력 분포를 나타낸다. 그림 5-3(b)와 같이 압축연단 콘크리트가

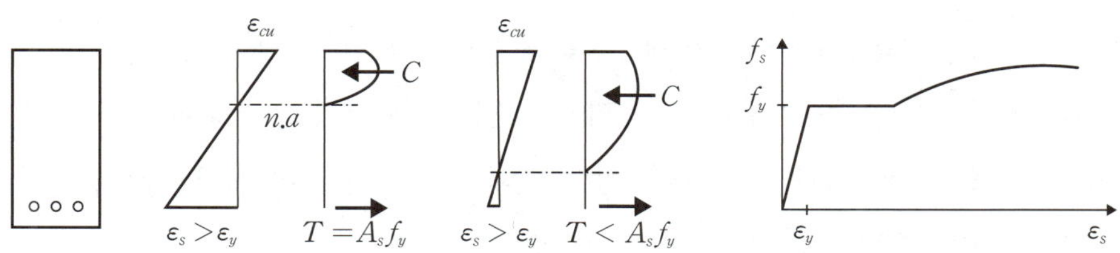

(a) 단면　(b) 저보강 단면　(c) 과보강 단면　(d) 강재의 응력-변형률 곡선

| 그림 5-3 | 강재 양에 따른 철근콘크리트 휨 부재의 변형률 및 응력 분포

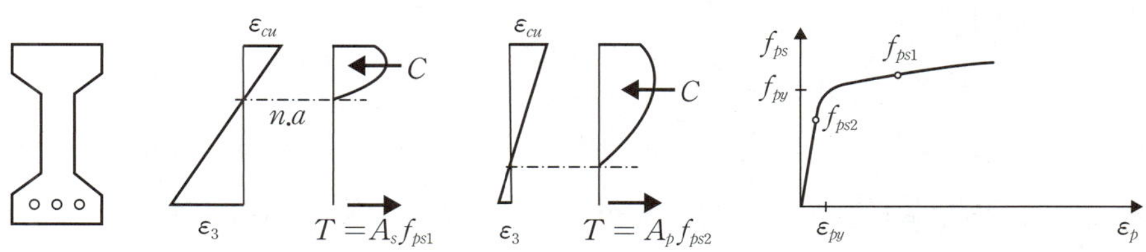

(a) 단면　(b) 저보강 단면　(c) 과보강 단면　(d) 강재의 응력-변형률 곡선

| 그림 5-4 | 강재 양에 따른 프리스트레스트 콘크리트 휨 부재의 변형률 및 응력 분포

파괴될 때, 인장철근의 변형률이 항복변형률 ε_y를 이미 초과한 상태인 저보강 단면(under-reinforced section)은 파괴가 발생하기 전에 균열과 처짐이 육안으로 관찰될 정도로 크게 발생하는 연성파괴의 유형을 보인다. 그림 5-3(c)와 같이 압축연단 변형률이 콘크리트의 극한변형률 ε_{cu}에 도달하였을 때, 인장철근의 변형률이 항복변형률 ε_y보다 작은 상태인 과보강 단면(over-reinforced section)은 균열과 처짐이 육안으로 관찰되지 않을 정도로 작게 발생한 상태에서 파괴되는 취성파괴의 유형을 보인다.

프리스트레스트 콘크리트 휨 부재도 철근콘크리트 휨 부재와 동일한 파괴거동을 보인다. 그림 5-4의 (b)와 (c)는 압축연단 변형률이 콘크리트의 극한변형률 ε_{cu}에 도달하였을 때, 영 응력상태(zero stress, decompression) 이후 프리스트레싱 강재에 변형률 ε_3이 발생된 변형률 분포와 이때의 응력 분포를 나타낸다. 부재에 하중이 가해지기 이전에 프리스트레싱 강재는 긴장력에 의하여 이미 큰 값의 인장변형률이 발생한 상태이므로, 긴장력에 의한 변형률과 하중 작용에 의한 변형률을 합한 총변형률이 콘크리트 압축연단이 파괴될 때의 프리스트레싱 강재의 변형률이 된다.

콘크리트 압축연단이 파괴될 때 프리스트레싱 강재의 총변형률이 항복변형률 ε_{py}를 이미 초과한 상태이면, 프리스트레싱 강재에는 그림 5-4(d)에 나타낸 f_{ps1}의 응력이 작용한다. 이때 긴장재에 작용하는 인장력 T는 그림 5-4(b)에 나타낸 바와 같이 $A_p f_{ps1}$가 되며, 강재의 변형률이 ε_3가 상대적으로 큰 경우로서 저보강 단면의 특성으로 연성파괴의 유형을 보인다. 이와 같은 연성파괴는 철근콘크리트 휨 부재와 마찬가지로 강재의 양이 상대적으로 적을 때 발생한다.

콘크리트 압축연단이 파괴될 때 프리스트레싱 강재의 총변형률이 항복변형률 ε_{py}보다 작은 상태이면, 프리스트레싱 강재에는 그림 5-4(d)에 나타낸 f_{ps2}의 응력이 작용한다. 이때 긴장재에 작용하는 인장력 T는 그림 5-4(c)에 나타낸 바와 같이 $A_p f_{ps2}$가 되며, 강재의 변형률이 ε_3가 상대적으로 작은 경우로서 과보강 단면의 특성으로 취성파괴의 유형을 보인다. 이와 같은 취성파괴는 철근콘크리트 휨 부재와 마찬가지로, 강재의 양이 상대적으로 많을 때 발생한다.

이와 같은 파괴의 특성을 고려하여, 프리스트레스트 콘크리트 휨 부재도 연성파괴를 유도하기 위하여 저보강 단면으로 설계하는 것이 바람직하다.

5.2.3 휨강도 해석법

프리스트레스트 콘크리트 부재의 휨강도 해석은 평형조건(equilibrium condition)과 적합조건(compatibility condition)을 만족하도록 역학이론에 따라 해석한다. 이때, 콘크리트와 프리스트레싱 강재에 작용하는 응력과 힘은 각각의 응력-변형률 관계에 따른다. 휨 파괴는 단면의 압축연단이 콘크리트의 극한변형률 ε_{cu}에 도달하는 상태로서, 휨 작용에 의한 변형률 분포는 변형 전의 평면이 변형 후에도 평면을 유지한다는 베르누이(Bernoulli)의 가정에 따라 선형의 변형률 분포로 가정하고 해석한다. 휨강도

해석에서 콘크리트의 인장응력을 무시하여도 큰 오차가 발생하지 않으므로 콘크리트의 인장응력은 무시한다.

이와 같은 휨 강도해석은 철근콘크리트 휨 부재에도 동일하게 적용되는 것이다. 그러나 철근은 항복 이후에 응력이 일정한 응력-변형률 곡선의 특성을 가지고 있고, 또 변형률 경화를 무시하고 휨강도를 해석하기 때문에 철근콘크리트의 휨 강도해석은 과정이 상대적으로 단순하다.

프리스트레싱 강재는 항복하기 전의 탄성 상태에서 변형률 증가에 따라 선형으로 응력이 증가하지만, 철근과 달리 항복한 이후에도 응력이 비선형으로 증가하는 응력-변형률 곡선의 특성을 가지고 있다. 또, 긴장력 도입에 따라 강재에 이미 변형률이 발생한 상태에서 하중에 의하여 강재의 변형률과 응력이 더 증가하게 된다. 따라서 프리스트레스트 콘크리트 부재의 휨강도 해석은 상대적으로 복잡한 과정을 필요로 한다. 이와 같이 정해를 구하기 위한 해석을 변형률 적합해석(strain compatibility analysis)이라고 하며, 근사해법으로 휨 강도해석을 수행하기도 한다. 정해를 구하는 해석법과 근사해법을 분류하고 간단히 소개하면 다음과 같다.

[1] 변형률 적합해석에 의한 휨강도 해석

프리스트레싱 강재의 응력-변형률 곡선은, 항복하기 전의 탄성 상태에서는 변형률 증가에 따라 선형으로 응력이 증가하고, 항복한 이후에는 응력이 비선형으로 증가하는 형태를 나타낸다. 프리스트레싱 강재는 프리스트레스에 의하여 이미 변형률이 발생한 상태인데, 부재에 하중이 작용하면 강재의 변형률과 응력이 더 증가하게 된다. 이러한 거동을 평형조건과 적합조건을 만족하도록 역학이론에 따라 휨강도를 해석하는 방법을 변형률 적합해석(strain compatibility analysis)이라고 한다. 프리스트레스트 콘크리트 부재의 휨강도를 구하기 위한 변형률 적합해석은 적용하는 프리스트레싱 강재의 응력-변형률 관계에 따라 다음의 두 가지로 분류할 수 있다.

① 프리스트레싱 강재의 비선형 응력-변형률 관계를 적용한 변형률 적합해석

항복한 이후 프리스트레싱 강재의 응력-변형률 관계는 실제로 비선형의 형태를 나타낸다. 이러한 비선형 관계는 2.2.3절에 소개한 Ramberg-Osgood 함수를 이용하여 수식으로 표현하거나 그림으로 나타낼 수 있다. 이와 같은 항복한 이후 프리스트레싱 강재의 비선형 응력-변형률 관계를 이용하여 변형률 적합해석을 수행하면, 이론적으로 가장 실제에 가까운 휨강도를 얻을 수 있다.

② 프리스트레싱 강재의 응력-변형률 곡선을 2개 직선으로 가정한 변형률 적합해석

항복한 이후 프리스트레싱 강재의 비선형 응력-변형률 관계를 이용한 변형률 적합해석은 매우 번거롭고 복잡한 과정이 필요하다. 따라서 재료나 하중의 변동성과 불확실성이 있는 실제 구조물의 설계에서는 응력-변형률 관계를 이상화하여 해석에 이용할 수 있다. 즉 프리스트레싱 강재의

응력-변형률 관계를 항복한 이후에 탄성 상태보다 낮은 기울기의 직선으로 증가하는 2개의 직선으로 이상화하는 것이다. 이와 같이 프리스트레싱 강재의 응력-변형률 곡선을 2개 직선으로 가정하여 변형률 적합해석을 수행하면 설계목적상 충분한 정확도의 휨강도를 얻을 수 있다.

[2] 근사해법에 의한 휨강도 해석

변형률 적합해석은 매우 번거롭고 복잡한 과정이 필요하다. 그 이유는 긴장력에 의하여 발생하는 프리스트레싱 강재의 변형률을 고려하고, 하중에 의하여 발생하는 강재의 변형률을 추가하여 프리스트레싱 강재의 응력을 결정하는 과정에서 반복계산이 필요하기 때문이다. 이를 대신할 간편한 방법으로, 긴장력에 의하여 발생하는 프리스트레싱 강재의 변형률을 무시하고, 단면이 파괴될 때 프리스트레싱 강재의 응력을 간단히 구하는 방법이 제안되어 있다. 근사해법에 의한 휨강도 해석은 다음의 두 가지로 분류할 수 있다.

① 항복 후 프리스트레싱 강재의 응력을 수식으로 결정하는 근사해법

이 근사해법은 콘크리트 압축연단이 파괴될 때 프리스트레싱 강재에 작용하는 응력을 수식으로 구하여 휨강도 해석에 이용하는 방법이다. 이 방법은 강도설계법을 근간으로 하는 콘크리트구조설계기준,[5.1] 도로교설계기준(2010),[5.2] ACI 318 Code,[5.3] AASHTO-LRFD[5.4] 등에 근사해법으로 규정되어 있다.

② 항복 후 프리스트레싱 강재의 응력을 항복응력으로 일정하게 적용하는 근사해법

이 근사해법은 프리스트레싱 강재의 응력-변형률 관계를 철근과 동일하게 선형탄성-완전소성으로 가정하여 휨강도 해석에 이용하는 방법이다. 즉, 콘크리트 압축연단이 파괴될 때 프리스트레싱 강재의 응력이 항복강도 f_{py}로 일정하다고 가정하는 것이다. 이 방법은 전통적 개념의 한계상태설계법을 근간으로 하는 교량설계기준(한계상태설계법)[5.5]과 Eurocode 2[5.6] 등에 근사해법으로 규정되어 있다.

5.2.4 설계휨강도 해석법

부재가 보유하고 있는 강도성능은 공칭강도와 설계강도의 두 가지 형태로 표현된다. 공칭강도는 설계기준강도를 선정하여 구조설계를 수행하면, 시공에서 설계기준강도 이상의 강도를 가진 재료가 사용된다는 가정 하에서, 설계기준강도를 기준으로 해석한 강도를 말한다. 따라서 시공에서 사용되는 재료가 설계기준강도보다 큰 값을 갖도록 관리되어야 하므로, 실제 구조물의 강도는 공칭강도보다 큰 값을 갖는 것이 일반적이다. 만일 최소한의 요구강도인 설계기준강도를 갖는 재료로 구조물이 시공되었다

면, 해석으로 구한 공칭강도는 실재 부재가 갖는 강도의 평균값에 해당한다는 의미이다. 이러한 공칭강도로 설계하면 부재의 안전성능을 보장할 수 없으므로, 설계에서는 공칭강도보다 낮은 값을 갖는 설계강도를 사용한다.

설계 강도는 정상적으로 설계되고 시공된 부재가 설계수명 동안 발휘할 수 있는 최소의 강도라는 의미를 갖는다. 이것은 재료강도의 변동성, 강도해석 방법의 신뢰성, 설계수명 동안의 환경조건에 따른 강도 저하의 가능성, 시공에서 부재의 치수와 강재의 배치 위치가 설계도와 정확하게 일치하지 않을 가능성 등을 고려한 것이다. 설계에서 강도의 검증은 휨모멘트, 휨모멘트와 축력의 합성작용, 축력, 전단력에 대하여 수행하는데, 휨모멘트에 대한 강도 검증에 사용하는 강도를 설계휨강도라고 한다. 설계휨강도를 결정하는 방법은 다음과 같이 두 가지 방법이 사용된다.

[1] 부재계수를 적용한 설계휨강도

이 방법은 부재의 공칭휨강도를 해석하고, 단면력 작용에 따라 달리 정해진 강도감소계수(또는 저항계수)를 곱하여 설계휨강도를 결정하는 방법이다. 단면력 작용에 따라 달리 정해진 강도감소계수란, 휨모멘트, 축력, 전단력, 지압 등에 대하여 각기 다른 값의 강도감소계수를 적용한다는 뜻이다. 이 방법은 연성으로 파괴되는 휨모멘트에 대하여는 상대적으로 큰 값을 적용하고, 상대적으로 취성의 파괴형태를 보이는 전단력과 파괴결과가 전체 구조물의 붕괴에 크게 영향을 주는 기둥의 축력에 대해서는 작은 값을 적용하여 부재파괴의 안전율 변동성을 간편하게 반영할 수 있는 장점이 있다. 이 방법은 미국형 강도설계법에서 사용하는 방법으로, 강도설계법을 근간으로 하는 콘크리트구조설계기준,[5.1] 도로교설계기준(2010),[5.2] ACI 318 Code,[5.3] AASHTO-LRFD[5.4] 등에서 사용한다. 한국의 설계기준에서는 휨모멘트에 대하여 0.85의 강도감소계수를 적용한다.

[2] 재료계수를 적용한 설계휨강도

이 방법은 구조물을 구성하는 재료의 특성을 고려하여 재료별로 각기 다른 값을 재료계수로 정하고, 이를 적용한 재료강도를 기반으로 설계휨강도를 해석하는 방법이다. 재료계수는 재료의 설계기준강도를 1.0보다 큰 값으로 나누는 부분안전계수(partial safety factor)의 형태나 재료의 설계기준강도에 1.0 이하의 값을 곱하는 저항계수(resistance factor) 또는 감소계수(reduction factor)의 형태로 적용한다. 이 방법은 철근콘크리트, 프리스트레스트 콘크리트, 강-콘크리트 합성구조 등 두 가지 이상의 재료로 구조물을 구성하는 합성구조의 특성을 합리적으로 반영할 수 있는 장점이 있다. 유럽형 한계상태설계법을 근간으로 하는 교량설계기준(한계상태설계법)[5.5]과 Eurocode 2[5.6] 등에서 이 방법을 사용하며, 캐나다의 콘크리트설계기준[5.7]과 한국의 강-콘크리트 합성구조설계기준안[5.8]도 이 방법을 사용한다. 한국 설계기준의 재료계수로 콘크리트에는 0.65, 철근과 프리스트레싱 강재에는 0.9, 구조용 강재에는 1.0을 적용한다.

5.3 휨강도 해석

5.3.1 변형률 적합해석

콘크리트 단면에 긴장력이 도입된 뒤 긴장력 손실이 발생한 후, 프리스트레싱 강재의 유효긴장응력을 f_{pe}라고 하면, 일반적으로 강재가 탄성 상태이므로 다음과 같이 변형률 ε_1을 나타낼 수 있다.

$$\varepsilon_1 = \varepsilon_{pe} = \frac{f_{pe}}{E_p} = \frac{P_e}{A_p E_p} \tag{5·1}$$

이와 같이 단면에 긴장력만 작용하고 있는 상태에서는, 단면의 변형률 분포가 **그림 5-5**의 ①로 나타낸 것과 같은 분포를 보인다. 이 상태는 프리스트레싱 강재가 ε_1의 인장 변형률로 늘어난 상태인 동시에, 긴장재 위치의 콘크리트는 **그림 5-5**에 나타낸 바와 같이 ε_2의 압축 변형률이 작용하는 상태이다. 이 상태에서 하중이 증가하면 중립축 아래의 단면은 인장으로 변형률이 발생하여 긴장재 위치의 콘크리트 변형률이 0인 상태가 된다. 이 상태를 영응력 상태 또는 감압상태(decompression)라고 한다.

긴장재 위치의 콘크리트 변형률이 0인 상태는 **그림 5-5**의 ②로 나타낸 것과 같은 변형률 분포를 보인다. 이때, 변화된 변형률 ε_2는 유효 긴장력 P_e의 작용으로 긴장재 위치의 콘크리트에 작용하는 응력 f_2로 인해 긴장재 위치의 콘크리트가 압축으로 줄어든 변형률과 크기가 같으므로, 다음과 같이 계산할 수 있다.

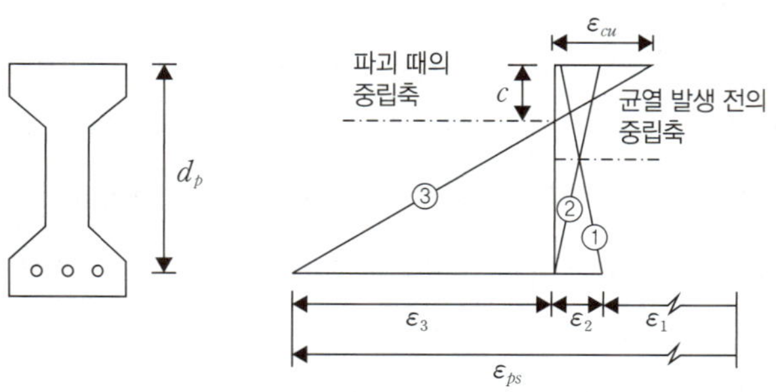

| 그림 5-5 | 프리스트레스트 콘크리트 휨 부재의 변형률 분포

$$f_2 = \frac{P_e}{A_c}\left(1+\frac{e_p^2}{r_c^2}\right) \tag{5·2}$$

$$\varepsilon_2 = \frac{f_2}{E_c} = \frac{P_e}{A_c E_c}\left(1+\frac{e_p^2}{r_c^2}\right) \tag{5·3}$$

이 상태에서 하중이 더 증가하면 단면 하단에 균열이 발생하여 중립축의 위치가 압축연단 쪽으로 이동하고, 압축연단이 콘크리트의 극한 변형률 ε_{cu}에 도달하여 파괴상태가 될 때 **그림 5-5**의 ③으로 나타낸 것과 같은 변형률 분포를 보인다. 이때 프리스트레싱 강재는 ε_3의 변형률이 추가된 상태가 되는데, ε_3의 크기는 변형률 분포 ③에서 중립축 위와 아래의 두 삼각형의 닮은비를 이용하여 다음과 같이 구할 수 있다.

$$\varepsilon_3 = \varepsilon_{cu}\frac{d_p - c}{c} \tag{5·4}$$

여기서, 변형률 ε_3는 중립축의 깊이 c에 따라 다르게 계산되는데, 중립축의 깊이 c는 콘크리트에 작용하는 압축력과 강재에 작용하는 인장력이 같다는 평형방정식을 만족하는 위치이어야 한다.

프리스트레스트 콘크리트 휨 부재가 파괴될 때 프리스트레싱 강재에 발생하는 변형률은 앞에서 설명한 변형률들의 총합으로, 다음과 같다.

$$\varepsilon_{ps} = \varepsilon_1 + \varepsilon_2 + \varepsilon_3 \tag{5·5}$$

이 총 변형률 ε_{ps}가 프리스트레싱 강재의 항복변형률 ε_{py}보다 크다면 저보강 단면이 되어, 항복응력 f_{py}보다 큰 값의 응력 f_{ps}를 결정하여야 한다. 총 변형률 ε_{ps}가 항복변형률 ε_{py}보다 작으면 과보강 단면이 되어, 총 변형률 ε_{ps}에 프리스트레싱 강재의 탄성계수 E_p를 곱하여 응력을 구한다.

단면이 극한상태에 도달하여 파괴될 때의 긴장재 응력 f_{ps}가 결정되면, 단면의 휨강도 M_{ult}는 다음과 같이 계산할 수 있다. 여기서 z_{arm}은 콘크리트에 작용하는 압축력 C와 강재에 작용하는 인장력 T사이의 팔 길이이다.

$$M_{ult} = C z_{arm} = T z_{arm} \tag{5·6}$$

이와 같이, 재료의 응력-변형률 관계를 고려하여 평형조건과 적합조건으로 구성한 방정식의 해를 구하면 되는데, 실제로는 이 해를 직접 구하는 것이 현실적으로 매우 어렵다. 왜냐하면, 항복한 이후 프리스트레싱 강재의 비선형 응력-변형률 관계를 그림으로 나타내어 해석에 사용하는 경우에는 직접 방정식의 해를 구하는 것이 불가능하기 때문이다. 또, 이러한 비선형 관계를 표현한 2.2.3절의 Ramberg-Osgood 함수 또는 단순하게 2개 직선으로 가정한 응력-변형률 곡선을 사용하더라도, 직접 방정식의 해를 구하는 것은 수식의 전개가 매우 복잡하여 쉽게 해를 구하기 어렵기 때문이다.

따라서 이 방정식의 해는 시산법(試算法, trial and error method)의 반복해석 과정(iteration process)을 통하여 구하는 것이 일반적이다. 이 반복해석 과정은 다음과 같은 절차로 수행한다.

- 과정-1 : 프리스트레싱 강재의 유효 긴장력 P_e에 대하여, 식 (5·1)과 식 (5·3)으로부터 강재의 변형률 ε_1과 ε_2를 구한다.
- 과정-2 : 단면의 압축연단이 콘크리트 극한변형률에 도달할 때, 긴장재 위치의 콘크리트 변형률이 0인 상태에서 추가로 프리스트레싱 강재에 발생될 것으로 예상되는 변형률 ε_3의 값을 가정한다.
- 과정-3 : 강재의 변형률 ε_1과 ε_2에 가정한 값의 ε_3을 모두 더하여, 식 (5·5)로부터 단면이 파괴될 때 강재에 발생할 변형률 ε_{ps}를 정한다.
- 과정-4 : 프리스트레싱 강재의 응력-변형률 곡선에서, 변형률 ε_{ps}에 해당하는 강재의 응력 f_{ps}의 값을 결정한다.
- 과정-5 : 프리스트레싱 강재의 응력 f_{ps}에 강재의 단면적 A_{ps}를 곱하여 인장력 T를 구한다.
- 과정-6 : 콘크리트의 압축응력분포를 고려하여, 강재의 인장력 T와 콘크리트 단면에 작용할 압축력 C가 평형을 이룰 중립축의 깊이 c를 구한다.
- 과정-7 : 콘크리트의 극한변형률 ε_{cu}, 중립축의 깊이 c, 단면의 유효깊이 d의 값으로, 식 (5·4)로부터 변형률 ε_3을 구한다.
- 과정-8 : 과정-7에서 구한 변형률 ε_3의 값이 과정-2에서 가정한 변형률 ε_3의 값과 동일한 값이 될 때까지 과정-2에서 과정-7까지의 계산을 반복한다.
- 과정-9 : 강재의 인장력 T와 콘크리트의 압축력 C사이의 팔 길이 z_{arm}를 구하고, 식 (5·6)으로부터 휨강도를 계산한다.

5.3.2 변형률 적합해석에 의한 공칭휨강도

공칭휨강도는 설계기준강도와 동일한 강도를 가진 재료를 사용하여 부재를 만들었을 때 부재가 보유하고 있는 휨강도를 의미한다. 해석에 의하여 공칭휨강도를 구할 때에는 단면의 극한상태에서 나타나는 콘크리트의 압축응력 분포와 강재의 응력-변형률 관계를 고려하여 평형조건과 적합조건으로 해석하여야 한다.

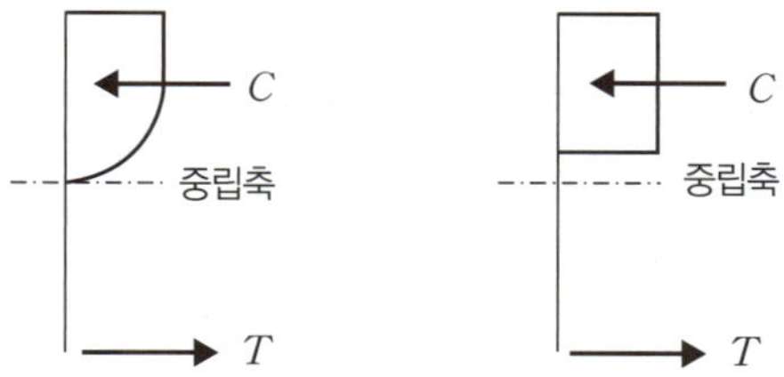

| 그림 5-6 | 콘크리트의 압축응력 분포

[1] 콘크리트의 압축응력 분포

공칭휨강도 해석에서 콘크리트의 압축응력 분포는 설계기준[5.1-5.7]에 따라 그림 5-6에 나타낸 바와 같은 포물선-사각형 압축응력 분포나 등가직사각형 압축응력 분포를 적용할 수 있다. 두 가지 콘크리트 압축응력 분포의 특성으로서, 극한변형률, 합력의 크기, 합력의 작용위치 등은 2.1.7절에 설명되어 있다.

[2] 프리스트레싱 강재의 응력-변형률 관계

공칭휨강도 해석에서 프리스트레싱 강재의 응력-변형률 관계는, 그림 5-7에 나타낸 바와 같은 Ramberg-Osgood 함수의 비선형 응력-변형률 관계나 2개의 직선으로 이상화한 응력-변형률 관계를 적용할 수 있다. 강재가 항복하기 전의 탄성구간은 식 (5·7)로 응력-변형률 관계를 나타내며, 2개의 직선의 이상화한 응력-변형률 관계에서는 식 (5·8)로 항복한 후의 두 번째 직선을 나타낼 수 있다.

$$(0 \le \varepsilon_{ps} \le \varepsilon_{py}) \ : f_{ps} = E_s \, \varepsilon_{ps} = 200{,}000 \, \varepsilon_{ps} \tag{5·7}$$

$$(\varepsilon_{py} \le \varepsilon_{ps} \le \varepsilon_{pu}) \ : f_{ps} = f_{py} + \frac{f_{pu} - f_{py}}{\varepsilon_{pu} - \varepsilon_{py}} (\varepsilon_{ps} - \varepsilon_{py}) \tag{5·8}$$

표 5-1 항복 후 강연선의 응력-변형률 직선 관계식

기호	항복강도 f_{py} (MPa)	인장강도 f_{pu} (MPa)	항복 변형률 ε_{py}	극한 변형률 ε_{pu}	항복 후 직선 관계식
SWPC7AN	1,480	1,720	0.0074	0.035	$f_{ps} = 8{,}696\,\varepsilon_{ps} + 1{,}416$ (5·9)
SWPC7AL	1,560	1,720	0.0078	0.035	$f_{ps} = 5{,}882\,\varepsilon_{ps} + 1{,}514$ (5·10)
SWPC7BN	1,580	1,860	0.0079	0.035	$f_{ps} = 10{,}332\,\varepsilon_{ps} + 1{,}498$ (5·11)
SWPC7BL	1,680	1,860	0.0084	0.035	$f_{ps} = 6{,}767\,\varepsilon_{ps} + 1{,}623$ (5·12)
SWPC7CL	1,940	2,160	0.0100	0.035	$f_{ps} = 8{,}800\,\varepsilon_{ps} + 1{,}852$ (5·13)
SWPC7DL	2,160	2,400	0.0108	0.035	$f_{ps} = 9{,}917\,\varepsilon_{ps} + 2{,}053$ (5·14)

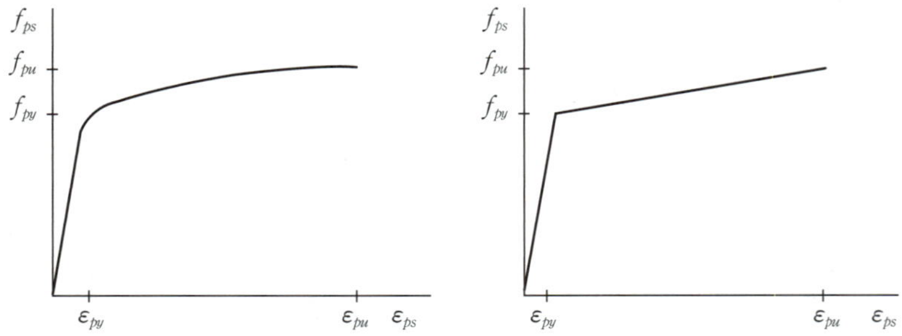

| 그림 5-7 | 프리스트레싱 강재의 비선형 및 2직선 응력-변형률 관계

표 5-1은 KS D 7002[5.9]의 표준 강연선에 대한 역학적 재료특성과 2개의 직선으로 이상화한 관계 중 식 (5·8)로 표현되는 두 번째 직선, 즉 항복변형률과 극한변형률 사이의 응력-변형률 관계식을 나타낸다.

예제 5-1

그림 5-8의 포스트텐션 I형 단면에 SWPC7BL 15.2 mm($A_{ps1} = 138.7\ mm^2$, 표 2-9 참조) 강연선 3가닥이 배치되어 있다. 콘크리트의 설계기준압축강도 $f_{ck} = 35\ MPa$이고, 콘크리트의 탄성계수 $E_c = 28{,}800\ MPa$, 콘크리트 단면적 $A_c = 156{,}000\ mm^2$, 단면2차모멘트 $I = 6.343\times10^9\ mm^4$, 단면의 회전반지름 $r_c^2 = 40{,}660\ mm^2$, 단면 도심부터의 텐던의 편심 $e_p = 225\ mm$, 그라우팅으로 부착된 텐던의 유효 긴장력 $P_e = 430\ kN$이다.

[문제 1] ACI 318 Code와 과거 콘크리트구조기준(2012)의 등가직사각형 응력분포와 강재의 2선형 응력-변형률 관계식을 이용한 변형률 적합해석으로, 이 단면의 공칭휨강도 M_n을 구하시오.

[문제 2] 콘크리트구조설계기준과 교량설계기준(한계상태설계법)의 포물선-사각형 응력분포와 강재의 2선형 응력-변형률 관계식을 이용한 변형률 적합해석으로, 이 단면의 공칭휨강도 M_n을 구하시오.

>>> 문제-1 풀이

(1) 유효 긴장력에 의한 강재의 변형률

텐던의 단면적 $A_{ps} = 3\ A_{ps1} = 3\times138.7 = 416.1\ mm^2$

유효 인장응력 $f_{pe} = \dfrac{P_e}{A_{ps}} = \dfrac{430{,}000}{416.1} = 1{,}033\ MPa$

변형률 $\varepsilon_1 = \dfrac{f_{pe}}{E_p} = \dfrac{1{,}033}{200{,}000} = 0.00517$

(2) 콘크리트 영응력 상태의 강재 변형률

$$\varepsilon_2 = \frac{P_e}{A_c\,E_c}\left(1+\frac{e^2}{r_c^2}\right) = \frac{430{,}000}{156{,}000\times28{,}800}\left(1+\frac{225^2}{40{,}660}\right) = 0.00021$$

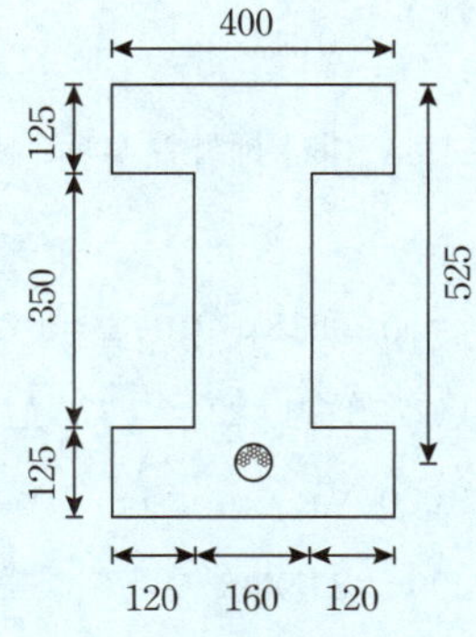

| 그림 5-8 | 예제 5-1의 단면

(3) 공칭휨강도

SWPC7BL의 역학적 특성은 표 5-1로부터

$f_{py} = 1{,}680\ MPa,\ f_{pu} = 1{,}860\ MPa,\ \varepsilon_{py} = 0.0084,\ \varepsilon_{pu} = 0.035,$

구간 $\varepsilon_{py} \le \varepsilon_{ps} \le \varepsilon_{pu}$에서 응력은, 식 (5·12)로부터 $f_{ps} = 6{,}767\ \varepsilon_{ps} + 1{,}623$

따라서 $\varepsilon_{ps} = \varepsilon_1 + \varepsilon_2 + \varepsilon_3 = 0.00517 + 0.00021 + \varepsilon_3 = 0.00538 + \varepsilon_3$

① 1차 시도로 $\varepsilon_3 = 0.018$로 가정하면

$$\varepsilon_{ps} = \varepsilon_1 + \varepsilon_2 + \varepsilon_3 = 0.00538 + \varepsilon_3 = 0.00538 + 0.018 = 0.02338$$

$\varepsilon_{py} \le \varepsilon_{ps} \le \varepsilon_{pu}$이므로, 강재의 응력과 인장력은 식 (5·12)로부터

$$f_{ps} = 6{,}767\ \varepsilon_{ps} + 1{,}623 = 6{,}767 \times 0.02338 + 1{,}623 = 1{,}781\ MPa$$

$$T = A_{ps} f_{ps} = 416.1 \times 1{,}781 = 741{,}100\ N$$

등가직사각형 응력분포의 깊이가 상부 플랜지 두께보다 작은 직사각형 단면의 거동을 보인다고 가정하면(즉, $a \le t$), 콘크리트의 압축력은 다음과 같다.

$$C = 0.85 f_{ck}\, ab = 0.85 \times 35 \times a \times 400 = 11{,}900\ a$$

평형조건으로 압축력과 인장력이 같아야 하므로, 등가직사각형 응력분포의 깊이 a를 구하면, $C = T$ 로부터

$$a = \frac{741{,}100}{11{,}900} = 62.3\ mm$$

이 값은 상부 플랜지 두께($t = 125\ mm$)보다 작으므로, 가정과 동일한 결과이다.

중립축의 위치를 구하기 위해서는, 등가직사각형 응력분포의 깊이 a와 중립축의 깊이 c의 비율을 나타내는 β_1의 값이 필요하다. 콘크리트의 설계기준압축강도가 35 MPa이므로, 식 (2·19)로부터

$$\beta_1 = 0.85 - 0.007(f_{ck} - 28) = 0.85 - 0.007(35 - 28) = 0.80$$

중립축의 깊이 c는

$$c = \frac{a}{\beta_1} = \frac{62.3}{0.8} = 77.9\ mm$$

ACI 318 Code와 콘크리트구조기준(2012)에서는 극한변형률 ε_{cu}를 0.003으로 정의하므로, 변형률 ε_3는

$$\varepsilon_3 = \varepsilon_{cu}\frac{d_p - c}{c} = 0.003 \times \frac{525 - 77.9}{77.9} = 0.0172$$

이 값은 ε_3로 가정한 값 0.018과 같지 않으므로, 다시 해석을 수행하여야 한다.

② 2차 시도로 $\varepsilon_3 = 0.0172$로 가정하면

$$\varepsilon_{ps} = \varepsilon_1 + \varepsilon_2 + \varepsilon_3 = 0.00538 + \varepsilon_3 = 0.00538 + 0.0172 = 0.02258 < \varepsilon_{pu}$$

$$f_{ps} = 6{,}767\,\varepsilon_{ps} + 1{,}623 = 6{,}767 \times 0.02258 + 1{,}623 = 1{,}776\,MPa$$

$$T = A_{ps} f_{ps} = 416.1 \times 1{,}776 = 739{,}000\,N$$

$$C = 0.85 f_{ck}\,ab = 0.85 \times 35 \times a \times 400 = 11{,}900\,a$$

$$a = \frac{739{,}100}{11{,}900} = 62.1\,mm$$

$$c = \frac{a}{\beta_1} = \frac{62.1}{0.8} = 77.6\,mm$$

$$\varepsilon_3 = \varepsilon_{cu}\frac{d_p - c}{c} = 0.003 \times \frac{525 - 77.6}{77.6} = 0.0173$$

이 값은 ε_3로 가정한 값 0.0172와 같지 않으므로, 다시 해석을 수행하여야 한다.

③ 3차 시도로 $\varepsilon_3 = 0.0173$로 가정하면

$$\varepsilon_{ps} = \varepsilon_1 + \varepsilon_2 + \varepsilon_3 = 0.00538 + \varepsilon_3 = 0.00538 + 0.0173 = 0.02268 < \varepsilon_{pu}$$

$$f_{ps} = 6{,}767\,\varepsilon_{ps} + 1{,}623 = 6{,}767 \times 0.02268 + 1{,}623 = 1{,}776\,MPa$$

$$T = A_{ps} f_{ps} = 416.1 \times 1{,}776 = 739{,}000\,N$$

$$C = 0.85 f_{ck}\,ab = 0.85 \times 35 \times a \times 400 = 11{,}900\,a$$

$$a = \frac{739{,}000}{11{,}900} = 62.1\,mm$$

$$c = \frac{a}{\beta_1} = \frac{62.1}{0.8} = 77.6\,mm$$

$$\varepsilon_3 = \varepsilon_{cu}\frac{d_p - c}{c} = 0.003 \times \frac{525 - 77.6}{77.6} = 0.0173$$

이 값은 ε_3로 가정한 값 0.0173과 동일하다.

따라서 공칭휨강도 M_n은 식 (5·6)으로부터

$$M_n = T\left(d_p - \frac{a}{2}\right) = 739{,}000 \times \left(525 - \frac{62.1}{2}\right) \times 10^{-6} = 365\,kN \cdot m$$

>>> 문제-2 풀이

(1) 유효 긴장력에 의한 강재의 변형률 ε_1은 [문제-1]의 풀이로부터

$$\varepsilon_1 = 0.00517$$

(2) 콘크리트 영응력 상태의 강재 변형률 ε_2는 문제-1의 풀이로부터

$$\varepsilon_2 = 0.00021$$

(3) 공칭휨강도

$f_{py} = 1{,}680\ MPa,\ f_{pu} = 1{,}860\ MPa,\ \varepsilon_{py} = 0.0084,\ \varepsilon_{pu} = 0.035,$

구간 $\varepsilon_{py} \le \varepsilon_{ps} \le \varepsilon_{pu}$에서 응력은, 식 (5·12)로부터 $f_{ps} = 6{,}767\ \varepsilon_{ps} + 1{,}623$

따라서 $\varepsilon_{ps} = \varepsilon_1 + \varepsilon_2 + \varepsilon_3 = 0.00517 + 0.00021 + \varepsilon_3 = 0.00538 + \varepsilon_3$

① 1차 시도로 $\varepsilon_3 = 0.018$로 가정하면

$$\varepsilon_{ps} = \varepsilon_1 + \varepsilon_2 + \varepsilon_3 = 0.00538 + \varepsilon_3 = 0.00538 + 0.018 = 0.02338$$

$\varepsilon_{py} \le \varepsilon_{ps} \le \varepsilon_{pu}$이므로, 강재의 응력과 인장력은 식 (5·12)로부터

$$f_{ps} = 6{,}767\ \varepsilon_{ps} + 1{,}623 = 6{,}767 \times 0.02338 + 1{,}623 = 1{,}781\ MPa$$

$$T = A_{ps} f_{ps} = 416.1 \times 1{,}781 = 741{,}100\ N$$

표 2-3으로부터, 콘크리트의 설계기준압축강도가 35 MPa일 때, 압축력의 크기를 나타내는 계수 α는 0.80이고 압축력의 위치를 나타내는 계수 β는 0.40이다. 중립축의 깊이가 상부 플랜지 두께보다 작은 직사각형 단면의 거동을 보인다고 가정하면(즉, $c \le t$), 콘크리트의 압축력은 다음과 같다.

$$C = \alpha(0.85 f_{ck})bc = 0.80 \times 0.85 \times 35 \times c \times 400 = 9{,}520\ c$$

평형조건으로 압축력과 인장력이 같아야 하므로, 중립의 깊이 c를 구하면, $C = T$로부터

$$c = \frac{741{,}100}{9{,}520} = 77.8\ mm$$

교량설계기준(한계상태설계법)에서는 콘크리트의 설계기준압축강도가 35 MPa일 때 극한변형률 ε_{cu}를 0.0033으로 정의하므로(표 2-3 참조), 변형률 ε_3는 식 (5·4)로부터

$$\varepsilon_3 = \varepsilon_{cu} \frac{d_p - c}{c} = 0.0033 \times \frac{525 - 77.8}{77.8} = 0.0190$$

이 값은 ε_3로 가정한 값 0.018과 같지 않으므로, 다시 해석을 수행하여야 한다.

② 2차 시도로 $\varepsilon_3 = 0.0190$로 가정하면

$$\varepsilon_{ps} = \varepsilon_1 + \varepsilon_2 + \varepsilon_3 = 0.00538 + \varepsilon_3 = 0.00538 + 0.0190 = 0.02438$$

$$f_{ps} = 6{,}767\ \varepsilon_{ps} + 1{,}623 = 6{,}767 \times 0.02438 + 1{,}623 = 1{,}788\ MPa$$

$$T = A_{ps} f_{ps} = 416.1 \times 1{,}788 = 744{,}000\ N$$

$$C = \alpha(0.85 f_{ck})bc = 0.80 \times 0.85 \times 35 \times c \times 400 = 9{,}520\ c$$

$$c = \frac{744{,}000}{9{,}520} = 78.2\ mm$$

$$\varepsilon_3 = \varepsilon_{cu} \frac{d_p - c}{c} = 0.0033 \times \frac{525 - 78.2}{78.2} = 0.0189$$

이 값은 ε_3로 가정한 값 0.0190과 같지 않으므로, 다시 해석을 수행하여야 한다.

③ 3차 시도로 $\varepsilon_3 = 0.0189$로 가정하면

$$\varepsilon_{ps} = \varepsilon_1 + \varepsilon_2 + \varepsilon_3 = 0.00538 + \varepsilon_3 = 0.00538 + 0.0189 = 0.02428$$

$$f_{ps} = 6{,}767\ \varepsilon_{ps} + 1{,}623 = 6{,}767 \times 0.02428 + 1{,}623 = 1{,}787\ MPa$$

$$T = A_{ps} f_{ps} = 416.1 \times 1{,}787 = 743{,}600\ N$$

$$C = \alpha(0.85 f_{ck})\, bc = 0.80 \times 0.85 \times 35 \times c \times 400 = 9{,}520\ c$$

$$c = \frac{743{,}600}{9{,}520} = 78.1\ mm$$

$$\varepsilon_3 = \varepsilon_{cu} \frac{d_p - c}{c} = 0.003 \times \frac{525 - 78.1}{78.1} = 0.0189$$

이 값은 ε_3로 가정한 값 0.0189와 동일하다. 따라서 공칭휨강도 M_n은

$$M_n = T(d_p - \beta c) = 743{,}600 \times (525 - 0.4 \times 78.1) \times 10^{-6} = 367\ kN \cdot m$$

5.3.3 강도설계법 설계기준의 설계휨강도 해석

강도설계법을 기본 설계개념으로 하는 콘크리트구조설계기준,[5.1] 도로교설계기준(2010),[5.2] ACI 318 Code,[5.3] AASHTO-LRFD[5.4]는 공칭휨강도에 강도감소계수(저항계수)를 곱하여 설계휨강도를 결정한다. 프리스트레스트 콘크리트 휨 부재와 휨-압축 부재에서 휨에 대한 강도감소계수는 단면 최외단 긴장재의 순인장변형률을 기준으로 한다. 순인장변형률은 콘크리트 압축연단의 변형률이 극한변형률 0.003에 도달할 때 긴장재에 발생하는 변형률에서 프리스트레스, 크리프, 건조수축, 온도변화에 의한 변형률을 제외한 변형률이다. 따라서 순인장변형률은 식 (5·5)로 계산되는 긴장재의 변형률 ε_{ps}에서 프리스트레스에 의한 변형률 ε_1을 제외한 변형률이므로, ε_2와 ε_3의 합이다. 그러나 [예제 5-1]에 나타난 바와 같이, 일반적으로 변형률 ε_2는 매우 작은 값으로서 ε_3 값의 1% 내외에 불과하므로 실제 계산에서는 ε_2를 무시하여도 큰 오차가 없다. 따라서 순인장변형률 ε_t로는 영응력 이후에 발생하는 강재의 변형률 ε_3을 사용하는 것이 일반적이다.

강도설계법을 기본 설계개념으로 하는 콘크리트구조설계기준,[5.1] 도로교설계기준(2010),[5.2] ACI 318 Code,[5.3] AASHTO-LRFD[5.4]는 프리스트레스트 콘크리트의 경우에 인장지배변형률 한계를 0.005로 규정하여, 긴장재의 순인장변형률 ε_t가 0.005 이상이면 인장지배단면으로 분류한다. 또 압축지배변형률 한계를 0.002로 규정하여, 긴장재의 순인장변형률 ε_t가 0.002 이하이면 압축지배단면으로 분류한다. 프리스트레스트 콘크리트에서 휨에 대한 강도감소계수는 표 5-2에 나타난 바와 같이 설계기준 별로 다른 값을 규정하고 있다.

한편, 이들 설계기준에서 콘크리트의 극한변형률을 0.003으로 정의하고 있으므로, 강재의 변형률이 인장지배변형률 한계인 0.005과 같을 때의 중립축 c는 유효깊이 d_t의 0.375배에 해당하고, 강재의 변형률이 압축지배변형률 한계인 0.002와 같을 때의 중립축 c는 유효깊이 d_t의 0.6배에 해당한다. 따라서 표 5-2에 나타낸 바와 같이, c/d_t가 0.6 이상일 때 압축지배단면으로, c/d_t가 0.375 이하일 때 인장지배단면

표 5-2 설계기준에 따른 휨에 대한 강도감소계수

구분	휨에 대한 강도감소계수		
	$\varepsilon_t \leq 0.002$ 또는 $c/d_t \geq 0.6$인 압축지배단면	$0.002 < \varepsilon_t < 0.005$ 또는 $0.375 < c/d_t < 0.6$인 변화구간단면	$\varepsilon_t \geq 0.005$ 또는 $c/d_t \leq 0.375$인 인장지배단면
콘크리트구조설계기준	0.65	0.65~0.85	0.85
도로교설계기준 (2010)	0.70	0.70~0.90(1) 0.70~0.85(2)	0.90(1) 0.85(2)
ACI 318	0.65	0.65~0.90	0.90
AASHTO-LRFD	0.75	0.75~1.00	1.00

비고 (1) : 공장에서 생산된 프리캐스트 프리스트레스트 콘크리트 부재의 경우
비고 (2) : 현장타설 된 포스트텐션 콘크리트 부재의 경우

표 5-3 설계기준에 따른 변화구간단면의 휨에 대한 강도감소계수

구분	변화구간단면 휨에 대한 강도감소계수	
	순인장변형률을 변수로 한 경우 $(0.002 < \varepsilon_t < 0.005)$	c/d_t를 변수로 한 경우 $(0.375 < c/d_t < 0.6)$
콘크리트구조설계기준	$\phi = 0.65+\frac{200}{3}(\varepsilon_t-0.002)$	$\phi = 0.65+0.2\left(\frac{1}{c/d_t}-\frac{5}{3}\right)$
도로교설계기준 (2010)	$\phi = 0.70+\frac{200}{3}(\varepsilon_t-0.002)$(1) $\phi = 0.70+50(\varepsilon_t-0.002)$(2)	$\phi = 0.70+0.2\left(\frac{1}{c/d_t}-\frac{5}{3}\right)$(1) $\phi = 0.70+0.15\left(\frac{1}{c/d_t}-\frac{5}{3}\right)$(2)
ACI 318	$\phi = 0.65+\frac{250}{3}(\varepsilon_t-0.002)$	$\phi = 0.65+0.25\left(\frac{1}{c/d_t}-\frac{5}{3}\right)$
AASHTO-LRFD	$\phi = 0.75+\frac{250}{3}(\varepsilon_t-0.002)$	$\phi = 0.75+0.25\left(\frac{1}{c/d_t}-\frac{5}{3}\right)$

비고 (1) : 공장에서 생산된 프리캐스트 프리스트레스트 콘크리트 부재의 경우
비고 (2) : 현장타설 된 포스트텐션 콘크리트 부재의 경우

으로 분류할 수 있다.

변화구간단면인 경우에는 직선보간(linear interpolation)하여 강도감소계수를 결정하므로, ε_t나 c/d_t의 값을 변수로 하여 표 5-3의 관계식에 따라 계산할 수 있다.

예제 5-2

[예제 5-1]의 단면에 대하여, 콘크리트구조설계기준에 따라 설계휨강도를 구하고, 강재의 응력-변형률 곡선 위에 설계휨강도 해석에 의미 있는 변형률과 응력을 나타내시오. 또, ACI 318과 AASHTO-LRFD에 따른 설계휨강도를 구하시오.

>>> 풀이

(1) 콘크리트구조설계기준에 따른 설계휨강도

[예제 5-1]에서, $d_t = d_p = 525\ mm$

〈문제-2〉의 풀이에서, $c = 78.2\ mm$, $\varepsilon_3 = 0.0189$, $M_n = 367\ kN \cdot m$

순인장변형률 ε_t에서 ε_2를 무시하면, $\varepsilon_t = \varepsilon_3 = 0.0189$

이 값은 인장변형률한계인 0.005보다 크므로, 이 단면은 인장지배단면이다.

콘크리트구조설계기준에서 인장지배단면의 강도감소계수는 0.85이므로, 설계휨강도는

$$M_d = \phi M_n = 0.85 \times 367 = 312\ kN \cdot m$$

(2) 설계휨강도 해석에 의미 있는 변형률과 응력

긴장재 특성은, $f_{py} = 1{,}680\ MPa$, $\varepsilon_{py} = 0.0084$, $f_{pu} = 1{,}860\ MPa$, $\varepsilon_{pu} = 0.035$

[예제 5-1] 〈문제-2〉의 풀이에서, $\varepsilon_1 = 0.00517$, $\varepsilon_2 = 0.00021$, $\varepsilon_3 = 0.0189$, $\varepsilon_1 + \varepsilon_2 = 0.00538$

단면의 극한상태에서, $f_{ps} = 1{,}787\ MPa$, $\varepsilon_{ps} = \varepsilon_1 + \varepsilon_2 + \varepsilon_3 = 0.02428$

설계기준에서, 압축변형률한계 $= 0.002$, 인장변형률한계 $= 0.005$이므로,

압축지배단면 변형률한계에 해당하는 긴장재의 변형률 $= \varepsilon_1 + \varepsilon_2 + 0.002 = 0.00538 + 0.002 = 0.00738$

인장지배단면 변형률한계에 해당하는 긴장재의 변형률 $= \varepsilon_1 + \varepsilon_2 + 0.005 = 0.00538 + 0.005 = 0.01038$

그림 5-9는 이 예제의 결과로서, 긴장재의 2직선 응력-변형률 관계와 주요 변형률을 나타낸다. 이 단면은 유효긴장력이 작용할 때, 긴장재는 변형률이 0.00517($= \varepsilon_1$)이고 응력이 1,033 MPa인 상태이다. 이때 콘크리트는 압축상태로 0.00021($= \varepsilon_2$)의 변형률이 발생한 상태이다. 외력에 의하여 단면 하단이 늘어나서 긴장재 위치의 콘크리트가 응력이 0인 상태가 되었을 때, 긴장재는 0.00538($= \varepsilon_1 + \varepsilon_2$)의 변형률이 발생하여 1,076 MPa의 응력이 작용하는 상태가 된다.

긴장재의 항복변형률은 0.0084($= \varepsilon_{py}$)이므로, 콘크리트의 영응력 상태부터 긴장재가 항복할 때까지는 0.00302의 변형률이 더 발생하도록 604 MPa의 응력이 더 추가되어야 한다. 그러나 이 값들은 2직선으로 이상화한 경우로서, 실제의 거동은 그림에서 점선으로 표현된 곡선과 같이 항복에 도달한다. 따라서 이 예제의 경우, 콘크리트 영응력 상태부터 추가된 긴장재의 변형률이 0.00302보다 작은 변형률, 즉 대략 0.002의 추가 변형률(이에 대응하는 응력은 400 MPa)에서부터 비선형 곡선 형상을 보이게 된다. 이 변형률 0.002는 설계기준에서 압축지배단면의 변형률한계로 규정한 값이다. 이에 해당하는 긴장재의 변형률은 0.00738($= 0.00538 + 0.002$)로서, 콘크리트 압축연단이 극한변형률에 도달했을 때 긴장재의 변형률이 이 값보다 작은 탄성 상태인 경우에는 압축지배단면으로 분류하여 상대적으로 작은 값의 강도감소계수를 적용한다.

이 예제의 경우, 콘크리트 영응력 상태부터 추가된 긴장재의 변형률이 대략 0.005보다 크면, 긴장재의 변형률과 응력은 항복 이후의 두 번째 직선 위에 있게 된다. 이 변형률 0.005는 설계기준에서 인장지배단면의 변형률한계로 규정한 값이다. 이에 해당하는 긴장재의 변형률은 0.01038($= 0.00538 + 0.005$)로서, 콘크리트 압축연단이 극한변형률에 도달했을 때 긴장재의 변형률이 이 값보다 큰 경우에는 인장지배단면으로 분류하여 상대적으로 큰 값의 강도감소계수를 적용한다.

이 예제의 경우, 단면의 극한상태에서 긴장재는 0.02428($= \varepsilon_{ps}$)의 변형률과 1,787 MPa($= f_{ps}$)의 응력이 작용

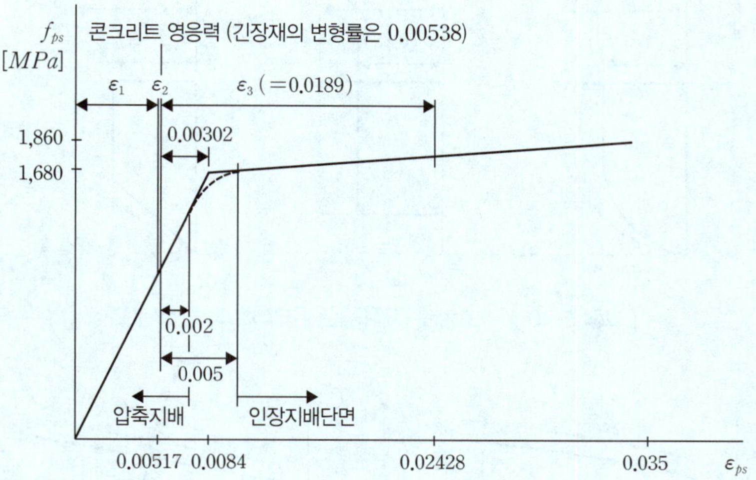

| 그림 5-9 | 긴장재의 2직선 응력-변형률 관계와 주요 변형률

하는 상태로서, 콘크리트 영응력 상태부터 추가된 긴장재의 변형률이 0.005보다 큰 0.0189(= ε_3)이므로 인장지배단면이다.

(3) ACI 318과 AASHTO-LRFD에 따른 설계휨강도

[예제 5-1] 〈문제-1〉의 풀이에서, $M_n = 365\,kN \cdot m$

이 예제 (1)에서 이 단면은 인장지배단면으로 판정되었다.

ACI 318에서 인장지배단면의 강도감소계수는 0.90이므로, ACI 318에 따른 설계휨강도는

$$M_d = \phi\, M_n = 0.90 \times 365 = 329\,kN \cdot m$$

AASHTO-LRFD에서 인장지배단면의 저항계수는 1.00이므로, AASHTO-LRFD에 따른 설계휨강도는

$$M_d = \phi\, M_n = 1.00 \times 365 = 365\,kN \cdot m$$

5.3.4 한계상태설계법 설계기준의 설계휨강도 해석

유럽형의 한계상태설계법을 기본 설계개념으로 하는 교량설계기준(한계상태설계법)[5.5]과 Eurocode 2[5.6]는 설계기준재료강도에 재료계수(재료저항계수 또는 재료부분안전계수)를 적용하고 단면해석을 통하여 설계휨강도를 결정한다. 즉, 콘크리트에 대하여는, 그림 5-10과 같이 포물선-사각형, 직사각형, 또는 사다리꼴 형태의 압축응력분포에 1.0보다 작은 값인 재료계수 ϕ_c를 곱하거나[교량설계기준(한계상태설계법)], 1.0보다 큰 값인 재료부분안전계수 γ_c로 나눈(Eurocode 2) 압축응력분포를 휨강도해석에 이용한다. 또 프리스트레싱 강재에 대하여는, 그림 5-11과 같이 비선형 응력-변형률 관계 또는 2직선으로 이상화한 응력-변형률 관계에 1.0보다 작은 값인 강재의 재료계수 ϕ_s를 곱하거나(교량설계기준(한계상태

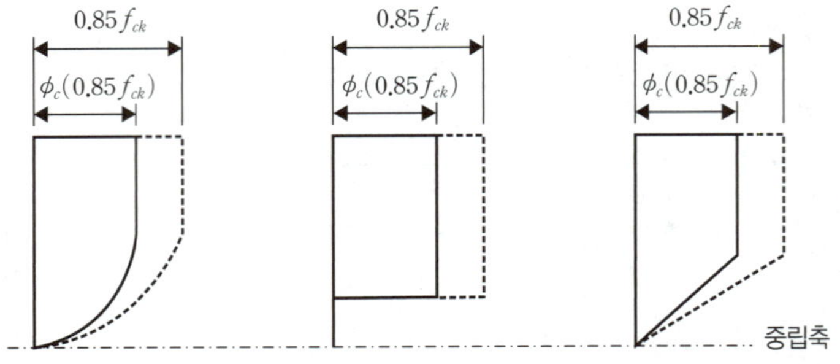

| 그림 5-10 | 재료계수를 적용한 콘크리트의 응력 분포

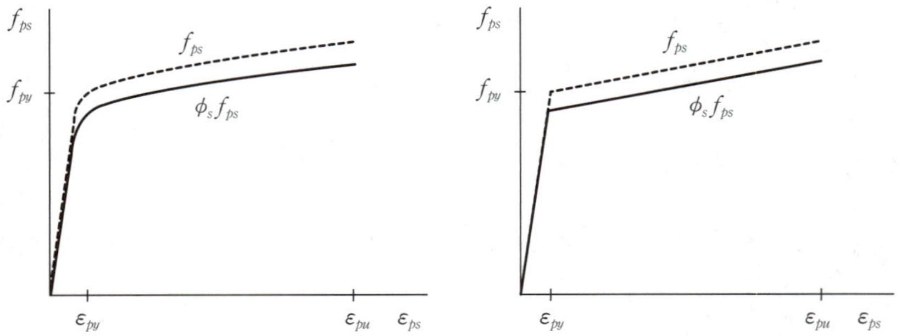

| 그림 5-11 | 재료계수를 적용한 프리스트레싱 강재의 응력-변형률 곡선

설계법)), 1.0보다 큰 값인 강재의 재료부분안전계수 γ_s로 나눈(Eurocode 2) 응력-변형률 관계를 휨강도 해석에 이용한다.

교량설계기준(한계상태설계법)[5.5]에서는 콘크리트의 재료계수 ϕ_c로 0.65를, 철근과 프리스트레싱 강재의 재료계수 ϕ_s로 0.90을 적용하도록 규정하고 있다. Eurocode 2[5.6]에서는 재료부분안전계수로 콘크리트에 1.5, 강재에 1.15를 기본으로 규정하고 있지만, 국가 별 재료의 통계결과를 고려하여 이와 다른 값을 사용할 수 있도록 하고 있다.

그림 5-12는 2직선으로 이상화한 프리스트레싱 강재에 재료계수를 적용하여 설계휨강도 해석을 수행할 때의 한계 값을 나타낸다. 탄성 구간의 직선에서 항복강도 f_{py}에 재료계수 ϕ_s를 곱한 값의 응력을 설계항복강도로 하여, 이 응력에 해당하는 변형률 ε_{pyd}를 설계항복변형률로 한다. 항복 이후에는 최대 응력에 도달하였을 때의 변형률을 ε_{uk}로 정의하는데, 프리스트레싱 강재는 응력이 최대일 때 파단되는 응력-변형률 관계를 나타내므로 KS D 7002[5.9]에 규정된 연신율을 ε_{uk}로 하여도 좋다. 설계에서는 ε_{uk}에 감소계수를 적용한 설계극한변형률 ε_{ud}까지 강도해석에 적용한다. 교량설계기준(한계상태설계법)[5.5]에 따른 한계 값과 설계에 사용되는 응력-변형률 관계는 다음과 같으며, 7연선에 대한 변수와 관계식은 표 5-4와 같다.

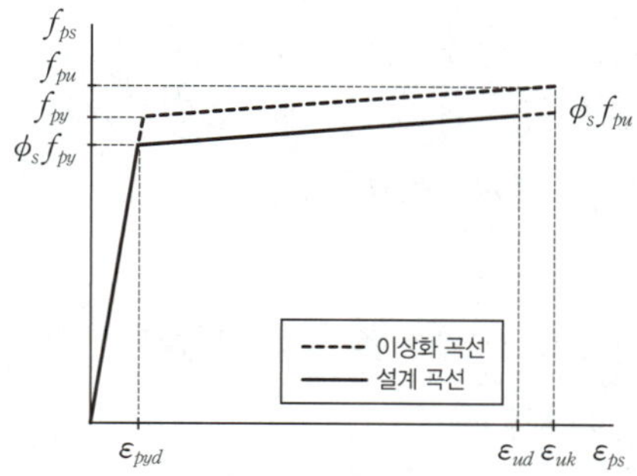

| 그림 5-12 | 재료계수를 적용한 프리스트레싱 강재의 응력-변형률 설계곡선

표 5-4 교량설계기준(한계상태설계법)[5.5]에 따른 항복 후 강연선의 설계 값

기호	설계항복강도 $\phi_s f_{py}\,(MPa)$	설계항복변형률 ε_{pyd}	설계극한변형률 ε_{ud}	항복 후 직선 관계식
SWPC7AN	1,332	0.00666	0.0315	$f_{psd} = 0.9(8{,}696\,\varepsilon_{ps} + 1{,}416)$ (5·19)
SWPC7AL	1,404	0.00702	0.0315	$f_{psd} = 0.9(5{,}882\,\varepsilon_{ps} + 1{,}514)$ (5·20)
SWPC7BN	1,422	0.00711	0.0315	$f_{psd} = 0.9(10{,}332\,\varepsilon_{ps} + 1{,}498)$ (5·21)
SWPC7BL	1,512	0.00756	0.0315	$f_{psd} = 0.9(6{,}767\,\varepsilon_{ps} + 1{,}623)$ (5·22)
SWPC7CL	1,746	0.00900	0.0315	$f_{psd} = 0.9(8{,}800\,\varepsilon_{ps} + 1{,}852)$ (5·23)
SWPC7CL	1,944	0.00972	0.0315	$f_{psd} = 0.9(9{,}917\,\varepsilon_{ps} + 2{,}053)$ (5·24)

$$\varepsilon_{pyd} = \phi_s\,\varepsilon_{py} = 0.9\,\varepsilon_{py} \quad (5 \cdot 15)$$

$$\varepsilon_{ud} = 0.9\,\varepsilon_{uk} \quad (5 \cdot 16)$$

$$(0 \le \varepsilon_{ps} \le \varepsilon_{pyd}) : f_{psd} = E_s\,\varepsilon_{ps} = 200{,}000\,\varepsilon_{ps} \quad (5 \cdot 17)$$

$$(\varepsilon_{pyd} \le \varepsilon_{ps} \le \varepsilon_{ud}) : f_{psd} = \phi_s f_{py} + \frac{\phi_s\,(f_{pu} - f_{py})}{\varepsilon_{pu} - \varepsilon_{pyd}}(\varepsilon_{ps} - \varepsilon_{pyd}) \quad (5 \cdot 18)$$

예제 5-3

예제 5-1의 단면에 대하여, 교량설계기준(한계상태설계법)에 따라 설계휨강도를 구하시오.

>>> 풀이

SWPC7BL 강연선이므로 $f_{py} = 1{,}680\,MPa$, $f_{pu} = 1{,}860\,MPa$, $\varepsilon_{py} = 0.0084$, $\varepsilon_{pu} = 0.035$

[예제 5-1]의 풀이에서, $d_p = 525\,mm$, $\varepsilon_1 = 0.00517$, $\varepsilon_2 = 0.00021$

$$\varepsilon_{ps} = \varepsilon_1 + \varepsilon_2 + \varepsilon_3 = 0.00517 + 0.00021 + \varepsilon_3 = 0.00538 + \varepsilon_3$$

표 5-4 또는 식 (5·15)로부터, 긴장재의 설계항복변형률은

$$\varepsilon_{pyd} = \phi_s \varepsilon_{py} = 0.9\,\varepsilon_{py} = 0.9 \times 0.0084 = 0.00756$$

표 5-4 또는 식 (5·16)으로부터, 긴장재의 설계극한변형률은

$$\varepsilon_{ud} = 0.9\,\varepsilon_{uk} = 0.9 \times 0.035 = 0.0315$$

구간 $\varepsilon_{pyd} \le \varepsilon_{ps} \le \varepsilon_{ud}$에서 응력은, 표 5-4의 식 (5·22)로부터 $f_{pad} = 0.9(6{,}767\,\varepsilon_{ps} + 1{,}623)$

① 1차 시도로 $\varepsilon_3 = 0.0125$로 가정하면

$$\varepsilon_{ps} = \varepsilon_1 + \varepsilon_2 + \varepsilon_3 = 0.00538 + \varepsilon_3 = 0.00538 + 0.0125 = 0.01788$$

$\varepsilon_{pyd} \le \varepsilon_{ps} \le \varepsilon_{ud}$이므로, 강재의 응력과 인장력은 표 5-4의 식 (5·22)로부터

$$f_{psd} = 0.9(6{,}767\,\varepsilon_{ps} + 1{,}623) = 0.9(6{,}767 \times 0.01788 + 1{,}623) = 1{,}570\ MPa$$

$$T_d = A_{ps} f_{psd} = 416.1 \times 1{,}570 = 653{,}300\ N$$

표 2-3으로부터, 콘크리트의 f_{ck}가 35 MPa일 때, 압축력의 크기를 나타내는 계수 α는 0.80이고 압축력의 위치를 나타내는 계수 β는 0.40이다. 중립축의 깊이가 상부 플랜지 두께보다 작은 직사각형 단면의 거동을 보인다면 (즉, $c \le t$), 콘크리트의 압축력은 다음과 같다.

$$C_d = \alpha(0.85 f_{cd})bc = \alpha(0.85\,\phi_c f_{ck})bc = 0.80 \times (0.85 \times 0.65 \times 35) \times c \times 400 = 6{,}188\,c$$

평형조건으로 중립의 깊이 c를 구하면, $C_d = T_d$로부터

$$c = \frac{653{,}300}{6{,}188} = 105.6\ mm$$

교량설계기준(한계상태설계법)에서는 콘크리트의 설계기준압축강도가 35 MPa일 때 극한변형률 ε_{cu}를 0.0033으로 정의하므로[표 2-3 참조], 변형률 ε_3는 식 (5·4)로부터

$$\varepsilon_3 = \varepsilon_{cu}\frac{d_p - c}{c} = 0.0033 \times \frac{525 - 105.6}{105.6} = 0.0131$$

이 값은 ε_3로 가정한 값 0.0125와 같지 않으므로, 다시 해석을 수행하여야 한다.

② 2차 시도로 $\varepsilon_3 = 0.0131$로 가정하면

$$\varepsilon_{ps} = \varepsilon_1 + \varepsilon_2 + \varepsilon_3 = 0.00538 + \varepsilon_3 = 0.00538 + 0.0131 = 0.01848$$

$$f_{psd} = 0.9(6{,}767\,\varepsilon_{ps} + 1{,}623) = 0.9(6{,}767 \times 0.01848 + 1{,}623) = 1{,}573\ MPa$$

$$T_d = A_{ps} f_{psd} = 416.1 \times 1{,}573 = 654{,}500\ N$$

$$C_d = \alpha(0.85 f_{cd})bc = \alpha(0.85\,\phi_c f_{ck})bc = 6{,}188\,c$$

$$c = \frac{654{,}500}{6{,}188} = 105.8\ mm$$

$$\varepsilon_3 = \varepsilon_{cu}\frac{d_p - c}{c} = 0.0033 \times \frac{525 - 105.8}{105.8} = 0.0131$$

이 값은 ε_3로 가정한 값 0.0131과 동일하다. 따라서 설계휨강도 M_d는

$$M_d = T_d(d_p - \beta c) = 654{,}500 \times (525 - 0.4 \times 105.8) \times 10^{-6} = 316\ kN \cdot m$$

예제 5-4

[예제 5-3]과 동일한 조건의 단면에, 그림 5-13과 같이 SD400의 D16 철근 2개($A_s = 397\ mm^2$)가 유효깊이 535 mm의 위치에 추가로 배치된 경우, 교량설계기준(한계상태설계법)에 따라 단면의 설계휨강도를 구하시오.

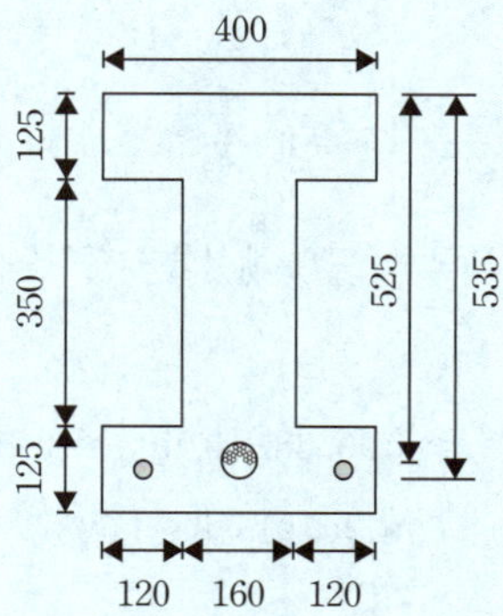

| 그림 5-13 | 예제 5-4의 단면

>>> **풀이**

[예제 5-1]의 풀이에서, $d_p = 525\ mm$, $\varepsilon_1 = 0.00517$, $\varepsilon_2 = 0.00021$

$$\varepsilon_{ps} = \varepsilon_1 + \varepsilon_2 + \varepsilon_3 = 0.00517 + 0.00021 + \varepsilon_3 = 0.00538 + \varepsilon_3$$

$$\varepsilon_{pyd} = \phi_s \varepsilon_{py} = 0.9\ \varepsilon_{py} = 0.9 \times 0.0084 = 0.00756$$

$$\varepsilon_{ud} = 0.9\ \varepsilon_{uk} = 0.9 \times 0.035 = 0.0315$$

구간 $\varepsilon_{pyd} \le \varepsilon_{ps} \le \varepsilon_{ud}$에서 응력은, 표 5-4의 식 (5·22)로부터 $f_{psd} = 0.9(6{,}767\ \varepsilon_{ps} + 1{,}623)$

극한상태에서 긴장재와 철근이 항복한 이후의 상태라고 가정하고, 추후 이를 확인한다.

① 1차 시도로 $\varepsilon_3 = 0.012$로 가정하면

$$\varepsilon_{ps} = \varepsilon_1 + \varepsilon_2 + \varepsilon_3 = 0.00538 + \varepsilon_3 = 0.00538 + 0.012 = 0.01738$$

$\varepsilon_{pyd} \le \varepsilon_{ps} \le \varepsilon_{ud}$이므로, 강재의 응력과 인장력은 표 5-4의 식 (5·22)로부터

$$f_{psd} = 0.9(6{,}767\ \varepsilon_{ps} + 1{,}623) = 0.9(6{,}767 \times 0.01738 + 1{,}623) = 1{,}567\ MPa$$

$$T_{pd} = A_{ps} f_{psd} = 416.1 \times 1{,}567 = 652{,}000\ N$$

유효깊이 $d_s = 535\ mm$, 단면적 $A_s = 357\ mm^2$인 철근이 항복하는 경우 인장력은

$$T_{sd} = \phi_s\ A_s f_y = 0.9 \times 357 \times 400 = 128{,}500\ N$$

따라서, 긴장재와 철근에 의한 인장력의 총 합은

$$T_d = T_{pd} + T_{sd} = 652{,}000 + 128{,}500 = 780{,}500\ N$$

콘크리트의 f_{ck}가 35 MPa일 때, α는 0.80이고 β는 0.40이다. 중립축의 깊이가 상부 플랜지 두께보다 작은 직사각형 단면의 거동을 보인다면(즉, $c \le t$), 콘크리트의 압축력은 다음과 같다.

$$C_d = \alpha(0.85 f_{cd})bc = \alpha(0.85\,\phi_c f_{ck})bc = 0.80\times(0.85\times0.65\times35)\times c\times400 = 6{,}188\,c$$

평형조건으로 중립의 깊이 c를 구하면, $C_d = T_d$로부터

$$c = \frac{780{,}500}{6{,}188} = 126.1\,mm$$

변형률 ε_3는 식 (5·4)로부터

$$\varepsilon_3 = \varepsilon_{cu}\frac{d_p - c}{c} = 0.0033\times\frac{525-126.1}{126.1} = 0.0104$$

이 값은 ε_3로 가정한 값 0.012와 같지 않으므로, 다시 해석을 수행하여야 한다.

② 2차 시도로 $\varepsilon_3 = 0.0105$로 가정하면

$$\varepsilon_{ps} = \varepsilon_1 + \varepsilon_2 + \varepsilon_3 = 0.00538 + \varepsilon_3 = 0.00538 + 0.0105 = 0.01588$$

$$f_{psd} = 0.9(6{,}767\,\varepsilon_{ps} + 1{,}623) = 0.9(6{,}767\times0.01588 + 1{,}623) = 1{,}557\,MPa$$

$$T_{pd} = A_{sp} f_{psd} = 416.1\times1{,}1557 = 647{,}900\,N$$

$$T_{sd} = \phi_s A_s f_y = 0.9\times357\times400 = 128{,}500\,N$$

$$T_d = T_{pd} + T_{sd} = 647{,}900 + 128{,}500 = 776{,}400\,N$$

$$C_d = \alpha(0.85 f_{cd})bc = \alpha(0.85\,\phi_c f_{ck})bc = 6{,}188\,c$$

$$c = \frac{776{,}400}{6{,}188} = 125.5\,mm$$

$$\varepsilon_3 = \varepsilon_{cu}\frac{d_p - c}{c} = 0.0033\times\frac{525-125.5}{125.5} = 0.0105$$

이 값은 ε_3로 가정한 값 0.0105와 동일하다. 이 때 철근의 변형률은

$$\varepsilon_s = \varepsilon_{cu}\frac{d_s - c}{c} = 0.0033\times\frac{535-125.5}{125.5} = 0.0108 > \varepsilon_y(= 0.002)$$

극한상태에서 철근이 항복한다는 가정이 유효하다.
따라서 설계휨강도 M_d는 $\beta c = 0.4\times125.5 = 50.2\,mm$이므로

$$\begin{aligned} M_d &= T_{pd}(d_p - \beta c) + T_{sd}(d_s - \beta c) \\ &= [647{,}900\times(525-50.2) + 128{,}500\times(555-50.2)]\times10^{-6} \\ &= 309 + 62 = 371\,kN\cdot m \end{aligned}$$

이 값은 철근이 추가되지 않은 단면의 설계휨강도 316 $kN\cdot m$[예제 5-3 참조]보다 17% 큰 값으로, 긴장재에 의한 설계휨강도는 2% 작지만 철근에 의한 설계휨강도가 19% 큰 결과이다. 극한상태에서, 철근이 추가되지 않은 단면의 긴장재 변형률은 0.0131이었으나, 철근이 추가된 단면은긴장재의 변형률이 0.0105로 감소하였다. 따라서 철근이 추가되면 연성도가 다소 감소한다는 것을 알 수 있다. 그러나 하중 증가에 따라 단면에 균열이 발생하더라도, 철근이 추가되면 균열폭을 감소시키는 효과를 기대할 수 있을 것이다.

5.4 설계휨강도 근사해법

5.4.1 강도설계법 설계기준의 설계휨강도 근사해법

강도설계법의 콘크리트구조설계기준,[5.1] 도로교설계기준(2010),[5.2] ACI 318 Code[5.3]는 변형률 적합해석으로 정해를 구하는 방법 외에 근사해법으로 설계휨강도를 구할 수 있도록 하고 있다. 근사해법은 긴장재의 응력을 수식을 사용하여 구하는 방법으로, 유효 긴장응력 f_{pe}가 인장강도의 1/2, 즉 $0.5f_{pu}$ 이상이면 극한상태에서 긴장재가 항복한 이후의 상태로 판정하고, 2번째 직선에 존재하는 응력을 근사식으로 계산하는 방법이다. 이때의 근사식은 부착된 긴장재의 경우 다음 식을 적용한다.

$$f_{ps} = f_{pu}\left[1 - \frac{\gamma_p}{\beta_1}\left\{\rho_p \frac{f_{pu}}{f_{ck}} + \frac{d}{d_p}(\omega - \omega')\right\}\right] \tag{5·25}$$

여기서, γ_p는 항복비(f_{py}/f_{pu})에 따른 계수로서, 항복비가 0.80 이상인 강봉에는 0.55, 항복비가 0.85 이상인 응력제거 강선과 강연선에는 0.40, 항복비가 0.90 이상인 저릴랙세이션 강선과 강연선에는 0.28을 적용한다. 긴장재 비 ρ_p, 인장철근의 강재지수 ω, 압축철근의 강재지수 ω'은 다음으로 정의되며, 압축철근을 고려할 때 중괄호 { } 안의 값은 0.17 이상이어야 하고 d'은 $0.15d_p$ 이하로 하여야 한다.

$$\rho_p = \frac{A_{ps}}{bd_p} \tag{5·26}$$

$$\omega = \rho\frac{f_y}{f_{ck}} \tag{5·27}$$

$$\omega' = \rho'\frac{f_y}{f_{ck}} \tag{5·28}$$

극한상태에서, 콘크리트의 영응력 이후 강재의 변형률이 0.005 이상일 때 인장지배단면으로 분류하고 이에 해당하는 강도감소계수를 적용한다. 인장지배단면의 한계변형률 상태는 다음으로 정의되는 긴장재의 강재지수를 사용하여 나타낼 수 있다.

$$\omega_p = \rho_p\frac{f_{ps}}{f_{ck}} = \frac{A_p}{bd_p}\frac{f_{ps}}{f_{ck}} \tag{5·29}$$

극한상태에서 압축연단이 콘크리트의 극한변형률 0.003에 도달할 때, 콘크리트의 영응력 이후 강재의 변형률이 0.005라면, 중립축의 위치 c는 $0.375d$로 표현된다. 이때 콘크리트에 작용하는 압축력은 $C = 0.85 f_{ck} b\beta_1 c$이므로, 이 식의 c에 $0.375d$를 대입하면, $C = 0.32 f_{ck} b\beta_1 d$가 된다. 강재에 작용하는 인장력은 $T = A_{ps} f_{ps} = \rho_p f_{ps} b d_p$이므로, 평형조건 $T = C$로서 식을 정리하면, 다음과 같이 나타낼 수 있다.

$$\rho_p \frac{f_{ps}}{f_{ck}} = 0.32\,\beta_1 \tag{5·30}$$

따라서 식 (5·29)와 같이 긴장재의 강재지수 ω_p를 정의하였으므로, 다음의 조건을 만족하면 인장지배단면이 된다.

$$\omega_p \le 0.32\,\beta_1 \tag{5·31}$$

한편, 식 (5·25)는 긴장재의 종류를 고려한 Mattock[5.10]의 연구에 따라 1983년판 ACI 318에 도입된 것으로서, 그 이전의 1977년판에서는 f_{ck}가 35 MPa인 경우의 응력제거 강재를 대상으로 긴장재만 고려하는 경우 다음 식으로 규정되어 있었다.

$$f_{ps} = f_{pu}\left(1 - 0.5\,\rho_p \frac{f_{pu}}{f_{ck}}\right) \tag{5·32}$$

이 식은 식 (5·25)에 γ_p로 0.40, β_1로 0.80을 대입한 결과와 동일하다. 이 식에 따르면 그림 5-14에 나타낸 바와 같이, $\rho_p f_{pu}/f_{ck}$가 0.3이면 극한상태에서의 긴장재 응력 f_{ps}가 항복강도인 $0.85 f_{py}$이 되고, 긴장재의 단면적이 0에 가깝게 되면 극한상태에서의 긴장재 응력 f_{ps}가 인장강도인 f_{pu}에 가깝게 되는 것이다. 1983년판 ACI 318부터는 항복비가 0.8인 강봉과 0.9인 저릴랙세이션 강재도 포함되도록 식 (5·25)로 개정되었다.

비부착 긴장재에 대해서는 Yamazaki 등[5.11]과 Majtahedi 등[5.12]의 연구에 따라, 깊이에 대한 경간의 비가 35 이하인 경우에는 식 (5·33)을, 깊이에 대한 경간의 비가 35보다 큰 경우에는 식 (5·34)를 적용한다. 비부착 긴장재를 사용한 프리스트레스트 콘크리트는 일반적으로 극한상태에서 긴장재가 항복하지 않는다는 실험연구결과를 반영하여, 식 (5·33)로 계산된 값은 f_{py}와 $(f_{pe} + 420)$ MPa 이하, 식 (5·34)로 계산된 값은 f_{py}와 $(f_{pe} + 210)$ MPa 이하로 하도록 규정하고 있다.

$$f_{ps} = f_{pe} + 70 + \frac{f_{ck}}{100\,\rho_p} \tag{5·33}$$

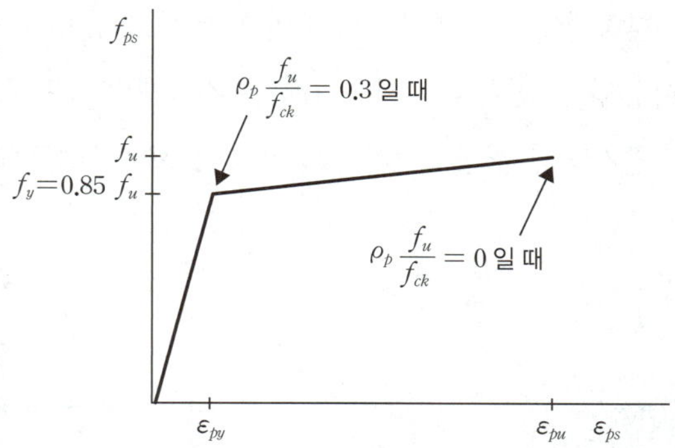

| 그림 5-14 | 응력제거 강재의 응력-변형률 곡선과 근사식의 관계

$$f_{ps} = f_{pe} + 70 + \frac{f_{ck}}{300\ \rho_p} \tag{5·34}$$

AASHTO-LRFD[5.4]는 Naaman[5.13]과 Loov[5.14] 등의 연구로, 유효 긴장응력 f_{pe}가 인장강도의 1/2, 즉 $0.5 f_{pu}$이상인 부착 긴장재가 배치된 단면에 대하여, 극한상태에서의 긴장재 응력을 다음과 같이 근사적으로 구할 수 있도록 하고 있다.

$$f_{ps} = f_{pu}\left(1 - k\frac{c}{d_p}\right) \tag{5·35}$$

$$k = 2\left(1.04 - \frac{f_{py}}{f_{pu}}\right) \tag{5·36}$$

이때, 강봉은 항복비(f_{py}/f_{pu})가 최소 0.8, 응력제거 강재는 항복비가 최소 0.85, 저릴랙세이션 강재는 항복비가 최소 0.9이므로, 식 (5·36)으로 계산되는 k의 값은 각각 0.48, 0.38, 0.28이 된다.

비부착 긴장재에 대해서는 다음 근사식으로 극한상태에서의 긴장재 응력을 구할 수 있도록 하고 있다. 여기서, l_e는 긴장재의 유효길이, l_i는 정착구 사이 긴장재의 길이, N_s는 정착구 사이에서 긴장재를 힌지로 고정하는 지점이나 부착된 지점의 수이다.

$$f_{ps} = f_{pe} + 6{,}300\left(1 - \frac{d_p - c}{l_e}\right) \le f_{py} \tag{5·37}$$

$$l_e = \frac{2\ l_i}{2 + N_s} \tag{5·38}$$

AASHTO-LRFD[5.4]의 근사해법에서는 부착 긴장재와 비부착 긴장재의 응력을 계산하는 근사식에 중립축의 위치 c가 변수로 사용되고 있다. 따라서 미지수는 긴장재의 응력 f_{ps}와 중립축의 위치 c로 2개이고, 수식은 긴장재의 응력 근사식과 평형조건의 식($T = C$)으로 2개이므로, 연립방정식을 풀어서 해를 구하여야 한다.

예제 5-5

[예제 5-1] 그림 5-8의 포스트텐션 I형 단면에 SWPC7BL 15.2 mm($A_{ps1} = 138.7\ mm^2$, 표 2-9 참조) 강연선 3가닥이 배치되어 있다. 콘크리트의 설계기준압축강도 $f_{ck} = 35\ MPa$이고, 콘크리트의 탄성계수 $E_c = 28{,}800\ MPa$, 콘크리트 단면적 $A_c = 156{,}000\ mm^2$, 단면 도심부터의 텐던의 편심 $e_p = 225\ mm$, 그라우팅으로 부착된 텐던의 유효 긴장력 $P_e = 430\ kN$이다. 콘크리트구조설계기준의 근사해법에 따른 설계휨강도와 AASHTO-LRFD의 근사해법에 따른 설계휨강도를 구하시오. [참고 : 이 단면과 조건은 예제 5-1, 5-2, 5-3과 동일하다.]

>>> 풀이

SWPC7BL 강연선이므로 $f_{py} = 1{,}680\ MPa$, $f_{pu} = 1{,}860\ MPa$, $\varepsilon_{py} = 0.0084$, $\varepsilon_{pu} = 0.035$

(1) 유효 긴장력에 의한 강재의 변형률

텐던의 단면적 $A_{ps} = 3\ A_{ps1} = 3 \times 138.7 = 416.1\ mm^2$

유효 인장응력 $f_{pe} = \dfrac{P_e}{A_{ps}} = \dfrac{430{,}000}{416.1} = 1{,}033\ MPa$

변형률 $\varepsilon_1 = \dfrac{f_{pe}}{E_p} = \dfrac{1{,}033}{200{,}000} = 0.00517$

(2) 콘크리트구조설계기준의 근사해법에 따른 설계휨강도

$$0.5 f_{pu} = 0.5 \times 1{,}860 = 930\ MPa$$

$f_{pe} > 0.5 f_{pu}$이므로, 근사식을 사용할 수 있다.

콘크리트의 설계기준압축강도가 35 MPa이므로, 표 2-4로부터

$$\beta_1 = 0.80$$

$\dfrac{f_{py}}{f_{pu}} = \dfrac{1{,}680}{1{,}860} = 0.903$으로 0.90을 초과하므로, $\gamma_p = 0.28$

$$\rho_p = \frac{A_{ps}}{bd_p} = \frac{416.1}{400 \times 525} = 0.00198$$

극한상태에서 긴장재 응력 f_{ps}의 근사값은 식 (5·25)로부터

$$f_{ps} = f_{pu}\left(1 - \frac{\gamma_p}{\beta_1}\frac{\rho_p f_{pu}}{f_{ck}}\right)$$

$$= 1{,}860\left[1-\frac{0.28}{0.80}\frac{0.00198\times1{,}860}{35}\right] = 1{,}860\times0.963 = 1{,}791\ MPa$$

긴장재의 강재지수로 단면을 판정하면, 강재지수 ω_p는 식 (5·29)로부터

$$\omega_p = \rho_p\frac{f_{ps}}{f_{ck}} = 0.00198\times\frac{1{,}791}{35} = 0.101$$

인장지배단면의 한계는 식 (5·31)로부터

$$0.32\,\beta_1 = 0.32\times0.80 = 0.256$$

$\omega_p < 0.32\,\beta_1$이므로, 이 단면은 인장지배단면이고 저보강 단면으로 근사식 사용이 가능함이 확인되었다. 따라서 강재의 인장력은

$$T = A_{ps}f_{ps} = 416.1\times1{,}791 = 745{,}200\ N$$

중립축의 깊이가 상부 플랜지 두께보다 작은 직사각형 단면의 거동을 보인다고 가정하면(즉, $c \le t$), 콘크리트의 압축력은 다음과 같다.

$$C = \alpha(0.85\,f_{ck})\,bc = 0.80\times(0.85\times35)\times400\times c = 9{,}520\,c$$

평형조건으로 압축력과 인장력이 같아야 하므로, 중립축의 깊이 c를 구하면, $C = T$로부터

$$c = \frac{745{,}200}{9{,}520} = 78.3\ mm$$

이 값은 상부 플랜지 두께($t = 125\ mm$)보다 작으므로, 가정과 동일한 결과이다.

공칭휨강도 M_n은

$$M_n = T(d-\beta c) = 745{,}200\times(525-0.40\times78.3)\times10^{-6} = 368\ kN\cdot m$$

콘크리트 설계기준 압축강도가 35 MPa일 때 극한변형률 ε_{cu}가 0.0033이므로, 변형률 ε_3는 식 (5·4)로부터

$$\varepsilon_3 = \varepsilon_{cu}\frac{d_p-c}{c} = 0.0033\times\frac{525-78.3}{78.3} = 0.01883$$

이 값은 0.005보다 크므로 인장지배단면이 재확인되었다.

또, $\varepsilon_1+\varepsilon_3 = 0.00517+0.01883 = 0.02400$으로, ε_2를 무시하더라도 0.0084인 ε_{py}보다 크므로, 극한상태에서 긴장재는 항복한 이후의 상태임이 확인된다.

인장지배단면의 강도감소계수는 0.85이므로, 설계휨강도는

$$M_d = \phi M_n = 0.85\times368 = 313\ kN\cdot m$$

(3) AASHTO-LRFD의 근사해법에 따른 설계휨강도

$f_{pe} > 0.5\,f_{pu}$이므로, 근사식을 사용할 수 있다.

긴장재 응력 f_{ps}의 근사식에 사용되는 계수 k는 식 (5·36)로부터

$$k = 2\left(1.04-\frac{f_{py}}{f_{pu}}\right) = 2\left(1.04-\frac{1{,}680}{1{,}860}\right) = 0.28$$

극한상태에서 긴장재 응력 f_{ps}의 근사값은 식 (5·35)로부터

$$f_{ps} = f_{pu}\left(1 - k\frac{c}{d_p}\right) = 1{,}860\left(1 - 0.28\frac{c}{525}\right) = 1{,}860 - 0.992c$$

따라서 강재의 인장력은

$$T = A_{ps}f_{ps} = 416.1\times(1{,}860 - 0.992c) = 773{,}900 - 413c$$

콘크리트의 설계기준압축강도가 35 MPa이므로, 식 (2·19)로부터

$$\beta_1 = 0.85 - 0.007(f_{ck} - 28) = 0.85 - 0.007(35 - 28) = 0.80$$

등가직사각형 응력분포의 깊이가 상부 플랜지 두께보다 작은 직사각형 단면의 거동을 보인다고 가정하면(즉, $a \le t$), 콘크리트의 압축력은 다음과 같다.

$$C = 0.85 f_{ck}\,\beta_1\, cb = 0.85\times 35\times(0.80c)\times 400 = 9{,}520c$$

평형조건으로 압축력과 인장력이 같아야 하므로, $C = T$로부터

$$773{,}900 - 413c = 9{,}520c$$

중립축의 깊이 c를 구하면,

$$c = 77.9\ mm$$

이 값은 상부 플랜지 두께($t = 125\ mm$)보다 작으므로, 가정과 동일한 결과이다.

유효깊이에 대한 중립축 깊이의 비는

$$\frac{c}{d_t} = \frac{77.9}{525} = 0.148$$

c/d_t의 값이 0.375보다 작으므로, 인장지배단면이다. [표 5-2 참조]

극한상태에서 긴장재 응력 f_{ps}의 근사값은

$$f_{ps} = f_{pu}\left(1 - k\frac{c}{d_p}\right) = 1{,}860 - 0.992c = 1{,}860 - 0.992\times 77.9 = 1{,}783\ MPa$$

따라서 강재의 인장력은

$$T = A_{ps}f_{ps} = 416.1\times 1{,}783 = 741{,}900\ N$$

등가직사각형 응력분포의 깊이 a를 구하면,

$$a = \beta_1\, c = 0.80\times 77.9 = 62.3\ mm$$

공칭휨강도 M_n은 식 (5·6)으로부터

$$M_n = T\left(d_p - \frac{a}{2}\right) = 741{,}900\times\left(525 - \frac{62.3}{2}\right)\times 10^{-6} = 366\ kN\cdot m$$

AASHTO-LRFD에서 콘크리트의 극한변형률 ε_c를 0.003으로 정의하므로, 변형률 ε_3는 식 (5·4)로부터

$$\varepsilon_3 = \varepsilon_{cu}\frac{d_p - c}{c} = 0.003\times\frac{525 - 77.9}{77.9} = 0.0172$$

이 값은 0.005보다 크므로 인장지배단면이 재확인되었다.

또, $\varepsilon_1 + \varepsilon_3 = 0.00517 + 0.0172 = 0.02237$로, ε_2를 무시하더라도 0.0084인 ε_{py}보다 크므로, 극한상태에서 긴장재는 항복한 이후의 상태임을 확인된다.

AASHTO-LRFD에서 인장지배단면의 강도감소계수는 1.0이므로, 설계휨강도는

$$M_d = \phi M_n = 1.0 \times 366 = 366\,kN \cdot m$$

5.4.2 한계상태설계법 설계기준의 설계휨강도 근사해법

유럽형의 한계상태설계법을 기본 설계개념으로 하는 교량설계기준(한계상태설계법)[5.5]과 Eurocode 2[5.6]는 변형률 적합해석으로 정해를 구하는 방법 외에, 그림 5-15와 같이 항복 이후에도 항복강도로 일정한 응력을 가진 것으로 단순화한 근사해법으로 설계휨강도를 구할 수 있도록 하고 있다. 이때에도 설계기준재료강도에 재료계수를 적용하고 단면해석으로 설계휨강도를 결정한다. 이러한 탄소성의 응력-변형률 관계를 사용할 때에는 식 (5·16)으로 정의되는 강재의 설계극한변형률을 적용할 필요가 없다.

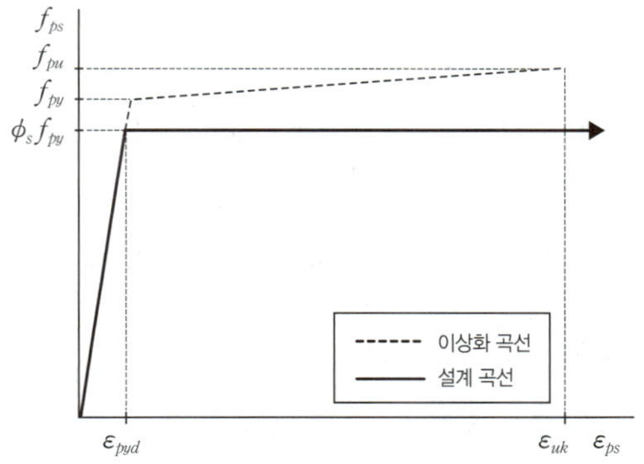

| 그림 5-15 | 설계휨강도 근사해법에 적용하는 긴장재의 응력-변형률 곡선

예제 5-6

[예제 5-5]의 단면에 대하여, 교량설계기준(한계상태설계법)의 근사해법에 따라 설계휨강도를 구하고, [예제 5-1, 5-2, 5-3, 5-5]의 결과를 비교하시오.

>>> 풀이

SWPC7BL 강연선이므로 $f_{py} = 1{,}680\ MPa,\ f_{pu} = 1{,}860\ MPa,\ \varepsilon_{py} = 0.0084,\ \varepsilon_{pu} = 0.035$

(1) 교량설계기준(한계상태설계법)의 근사해법에 따른 설계휨강도

표 5-4 또는 식 (5·15)로부터, 긴장재의 설계항복변형률은

$$\varepsilon_{pyd} = \phi_s \varepsilon_{py} = 0.9\,\varepsilon_{py} = 0.9 \times 0.0084 = 0.00756$$

강재를 탄소성으로 단순화하면 설계인장응력과 설계인장력은

$$f_{psd} = \phi_s f_{py} = 0.9 \times 1{,}680 = 1{,}512\ MPa$$

$$T_d = A_{ps} f_{psd} = 416.1 \times 1{,}512 = 629{,}100\ N$$

f_{ck}가 35 MPa이면, 계수 α는 0.80, 계수 β는 0.40(표 2-3 참조). 콘크리트 압축력은

$$C_d = \alpha(0.85 f_{cd})\, bc = \alpha(0.85\, \phi_c f_{ck})\, bc = 0.80 \times (0.85 \times 0.65 \times 35) \times c \times 400 = 6{,}188c$$

평형조건으로 중립의 깊이 c를 구하면, $C_d = T_d$로부터

$$c = \frac{629{,}100}{6{,}188} = 101.7\ mm$$

교량설계기준(한계상태설계법)에서는 콘크리트의 설계기준압축강도가 35 MPa일 때 극한변형률 ε_{cu}를 0.0033으로 정의하므로[표 2-3 참조], 변형률 ε_3는 식 (5·4)로부터

$$\varepsilon_3 = \varepsilon_{cu} \frac{d_p - c}{c} = 0.0033 \times \frac{525 - 101.7}{101.7} = 0.0137$$

$\varepsilon_1 + \varepsilon_3 = 0.00517 + 0.0137 = 0.01887$로, ε_2를 무시하더라도 0.00756인 ε_{pyd}보다 크므로, 극한상태에서 긴장재는 항복한 이후의 상태임이 확인된다. 설계휨강도 M_d는

$$M_d = T_d(d_p - \beta c) = 629{,}100 \times (525 - 0.4 \times 101.7) \times 10^{-6} = 305\ kN \cdot m$$

(2) 설계기준 별 공칭휨강도와 설계휨강도

[예제 5-1]부터 이 예제까지의 결과를 정리하면 표 5-5와 같다.

표 5-5 설계기준과 해석 방법에 따른 휨강도

설계기준	해석법	공칭휨강도 ($kN \cdot m$)	설계휨강도 ($kN \cdot m$)
콘크리트구조설계기준	변형률 적합해석	367	312
	근사해법	368	313
교량설계기준(한계상태설계법)	변형률 적합해석	367	316
	근사해법	346(해석과정 생략)	305
AASHTO-LRFD	변형률 적합해석	365	365
	근사해법	366	366

5.5 프리스트레스트 콘크리트의 균열휨모멘트

5.5.1 균열의 영향 및 균열휨모멘트 해석

콘크리트 구조물에 균열이 발생했다고 해서 구조물로서의 성능이 저하되는 것은 아니다. 그러나 균열이 계속 진전된다면 구조물이 안정된 상태를 유지하지 못하는 것을 의미한다. 또한 균열이 더 이상 진전되지 않아 균열의 길이가 증가하지 않더라도 균열의 폭이 매우 커지면, 다음과 같은 부정적인 결과를 유발할 수 있다.

① 균열폭이 매우 크면 유해물질이 부재 내부로 침투하여 강재를 부식시킬 가능성이 커지고, 강재가 부식되면 부식된 부분의 체적이 약 2.5배로 팽창하여 콘크리트 피복을 파손시켜서 구조물의 내구성을 저하시킬 수 있다.

② 균열단면의 단면2차모멘트가 감소하여 부재의 강성이 감소하고, 이로 인하여 처짐이 증가하고 진동이 심해질 수 있다.

③ 균열 발생 전에 콘크리트가 부담하던 인장응력을 강재가 받게 되어 강재의 응력이 증가됨에 따라, 활하중에 의한 강재의 응력범위가 증가하여 피로 저항성능이 저하될 수 있다.

④ 수조와 같이 액체를 저장하는 구조물에 균열이 발생하면, 콘크리트 단면을 관통하는 균열인지 표면 또는 인장부 일부분에 발생한 균열인지에 따라 정도가 다르지만, 액체가 누출될 가능성이 있다.

⑤ 구조적으로 안전성능이나 사용성능에 문제가 발생하지 않더라도, 균열의 발생은 미관이 좋지 않고 사용자들에게 심리적으로도 좋지 않은 영향을 줄 수 있다.

따라서, 가능하다면 콘크리트 구조물에 균열이 발생하지 않도록 하는 것이 바람직하다고 생각할 수도 있지만, 구조물의 안전에 영향을 주지 않는 정도의 균열까지 전혀 발생하지 않도록 하는 것은 매우 비경제적이다. 설계하중에서 안전에 영향을 주지 않는 정도의 균열을 허용하는 설계를 하든, 균열을 허용하지 않는 설계를 하든, 어떠한 경우든지 구조물에 균열을 유발하는 휨모멘트를 계산하고 이를 검토하여야 한다. 또, 구조물의 연성파괴를 보장하기 위한 설계를 위해서도 균열을 유발하는 휨모멘트를 계산할 필요가 있다.

프리스트레스트 콘크리트 휨부재에 균열이 발생하도록 하는 균열휨모멘트는 다음과 같이 유도할 수 있다. 그림 5-16에 나타난 바와 같이, 유효 긴장력 P_e가 편심 e_p의 위치에 작용하면 단면 하단에 f_{bpe}의 압축응력이 작용하는데, 그 크기는 다음과 같다.

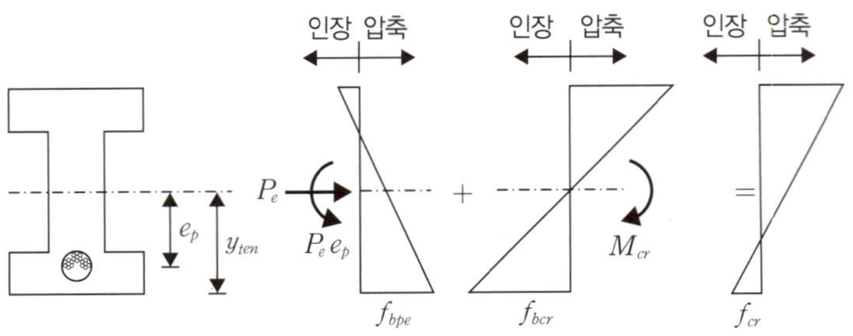

| 그림 5-16 | 균열휨모멘트가 작용할 때의 응력분포

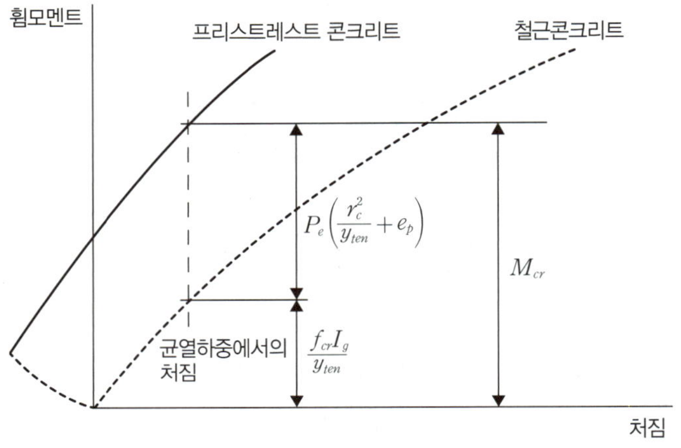

| 그림 5-17 | 프리스트레스트 콘크리트와 철근콘크리트 부재의 균열휨모멘트

$$f_{bpe}=\frac{P_e}{A_c}\left(1+\frac{e_p}{r_c^2}y_{ten}\right) \tag{5·39}$$

여기서, y_{ten}은 외력이 작용하면 인장응력이 작용하게 되는 연단에서 단면 도심까지의 길이이고, r_c는 콘크리트 단면의 회전반지름이다. 이 단면의 하단에 균열을 발생하게 하는 휨모멘트 M_{cr}이 작용하면, 다음의 인장응력 f_{bcr}이 단면 하단에 작용하게 된다. I_g는 단면2차모멘트이고 S_{ten}은 단면상수이다.

$$f_{bcr}=\frac{M_{cr}\,y_{ten}}{I_g}=\frac{M_{cr}}{S_{ten}} \tag{5·40}$$

그림 5-16과 같이 압축응력을 (+)로 하고 인장응력을 (−)로 하여, f_{bpe}와 f_{bcr}을 더한 결과가 콘크리트의 균열강도 f_{cr}과 같으면, 단면 하단에 균열이 발생하게 된다. 이 관계는 다음과 같다.

$$f_{bpe}-f_{bcr}=-f_{cr} \tag{5·41}$$

이 식의 f_{bpe}와 f_{bcr}에 식 (5·39)와 식 (5·40)을 대입하면, 다음과 같이 균열휨모멘트 M_{cr}의 계산식이 구해진다.

$$\frac{P_e}{A_c}\left(1+\frac{e_p}{r_c^2}y_{ten}\right)-\frac{M_{cr}\,y_{ten}}{I_g}=-f_{cr} \qquad (5\cdot 42)$$

$$M_{cr}=\frac{f_{cr}\,I_g}{y_{ten}}+P_e\left(\frac{r_c^2}{y_{ten}}+e_p\right)=f_{cr}\,S_{ten}+P_e\left(\frac{S_{ten}}{A_c}+e_p\right) \qquad (5\cdot 43)$$

식 (5·43)의 균열휨모멘트 계산식에서 첫 번째 항은 철근콘크리트 단면의 균열휨모멘트와 동일한 것이다. 이 휨모멘트에 프리스트레싱 효과인 두 번째 항이 추가되어, 프리스트레스트 콘크리트 부재의 균열휨모멘트가 철근콘크리트 부재의 균열휨모멘트보다 크게 되는 것이다. 이 관계는 그림 5-17에 나타나 있다.

5.5.2 강도설계법 설계기준의 균열휨모멘트

2장의 2.1.8절에서 설명한 바와 같이, 강도설계법의 콘크리트구조설계기준,[5.1] 도로교설계기준(2010),[5.2] ACI 318 Code[5.3]는 콘크리트의 균열강도를 콘크리트의 파괴계수 f_r로 규정하고 있다. 이들 설계기준에서는 콘크리트의 파괴계수 f_r을 앞의 식 (2·29)로 계산할 수 있도록 규정하고 있다. 여기서 λ는 경량콘크리트계수로서, 보통중량콘크리트는 λ가 1.0이다.

$$f_r=0.63\,\lambda\sqrt{f_{ck}} \qquad (2\cdot 29)$$

따라서, 식 (5·43)의 균열휨모멘트 계산식의 콘크리트 균열강도 f_{cr}에 식 (2·29)의 콘크리트 파괴계수 f_r을 대입하면, 강도설계법 설계기준에 따른 프리스트레스트 콘크리트 부재의 균열휨모멘트를 다음과 같이 구할 수 있다.

$$M_{cr}=\frac{f_r\,I_g}{y_{ten}}+P_e\left(\frac{r_c^2}{y_{ten}}+e_p\right)=f_r\,S_{ten}+P_e\left(\frac{S_{ten}}{A_c}+e_p\right) \qquad (5\cdot 44)$$

5.5.3 한계상태설계법 설계기준의 균열휨모멘트

2장의 2.1.8절에서 설명한 바와 같이, 유럽형 한계상태설계법을 기본으로 하는 교량설계기준(한계상태설계법)[5.5]과 Eurocode 2[5.6]는 콘크리트의 균열강도를 인장강도로 규정한다. 콘크리트의 인장강도는 1축 인장에 의한 직접인장강도 f_{ct}와 휨 작용에 의한 휨인장강도 $f_{ct,fl}$로 구분되며, 평균인장강도와 설계기준인장강도로 표현된다.

콘크리트의 직접인장강도 f_{ct} 중에서 평균인장강도 f_{ctm}은 콘크리트의 평균압축강도 f_{cm}을 이용하여 앞의 식 (2·26)으로 구한다.

$$f_{ctm} = 0.3(f_{cm})^{2/3} \tag{2·26}$$

교량설계기준(한계상태설계법)[2.5]은 설계기준압축강도에 관계없이 이 식을 사용하지만, Eurocode 2[2.8]는 설계기준압축강도가 50 MPa을 초과하는 경우에 이와 다른 식을 적용하도록 하고 있다.

콘크리트의 평균압축강도 f_{cm}는 앞의 식 (2·1)로 결정한다.

$$f_{cm} = f_{ck} + \Delta f \tag{2·1}$$

Δf는 콘크리트를 생산하는 지역에 따라 다른 값을 사용할 수 있는데, 교량설계기준(한계상태설계법)[2.5]은 설계기준압축강도가 40 MPa 이하이면 4 MPa, 60 MPa 이상이면 6 MPa, 40 MPa과 60 MPa 사이이면 4 MPa과 6 MPa 사이에서 직선보간 하도록 규정하고 있다. Eurocode 2[2.8]는 더 정확한 통계자료가 없는 경우에 Δf로 8 MPa을 사용하도록 규정하고 있다.

설계기준인장강도 f_{ctk}는 하위 5%에 해당하는 인장강도로서, 앞의 식 (2·27)로 구한다.

$$f_{ctk} = 0.7 f_{ctm} \tag{2·27}$$

콘크리트의 휨인장강도 $f_{ct,fl}$ 중에서 평균휨인장강도 $f_{ctm,fl}$은 앞의 식 (2·28)로 구한다.

$$f_{ctm,fl} = \left(1.6 - \frac{h}{1,000}\right) f_{ctm} \geq f_{ctm} \tag{2·28}$$

이것은 부재의 크기효과를 고려한 것으로, 부재의 두께 h가 600 mm보다 작은 경우에는 평균인장강도 f_{ctm}의 1.6배까지 커지지만, 600 mm 이상인 경우에는 평균인장강도와 동일한 값을 갖는다. 설계에서 크기효과를 무시하고 평균인장강도 f_{ctm}을 사용하면 보수적으로 안전측인 설계가 된다.

인장부재의 설계에서는 설계기준인장강도와 재료계수를 적용하여 설계인장강도를 결정한다. 교량설계기준(한계상태설계법)[5.5]은 콘크리트의 설계인장강도 f_{ctd}를 다음과 같이 규정하고 있다.

$$f_{ctd} = \phi_c \, \alpha_{ct} \, f_{ctk} \tag{5·45}$$

여기서, ϕ_c는 콘크리트 재료계수로 0.65이고, f_{ctk}는 설계기준인장강도이며, α_{ct}는 인장강도 유효계수이다. α_{ct}는 콘크리트 압축대의 쪼갬인장강도를 산정할 때 0.85를 취하고, 그 외의 경우에는 모두 1.0을 적용한다. 설계인장강도 f_{ctd}는 인장부재의 설계에 적용하는 것인데, 이것을 휨모멘트에 의한 균열을 검토할 때 적용한다면 실제보다 작은 설계균열휨모멘트를 구하게 될 것이다.

따라서 균열휨모멘트를 구할 때에는 일반적으로 평균인장강도 f_{ctm}을 기준으로 한다. 식 (5·43)의 콘크리트 균열강도 f_{cr}에 식 (2·26)의 콘크리트 평균인장강도 f_{ctm}을 대입하고 하한값의 긴장력 $\gamma_{ps,l}\, P_e$[6.2.4절 참조]를 적용하면, 한계상태설계법 설계기준에 따른 균열휨모멘트를 다음과 같이 구할 수 있다.

$$M_{cr} = \frac{f_{ctm}\, I_g}{y_{ten}} + \gamma_{ps,l}\, P_e \left(\frac{r_c^2}{y_{ten}} + e_p \right) = f_{ctm}\, S_{ten} + \gamma_{ps,l}\, P_e \left(\frac{S_{ten}}{A_c} + e_p \right) \tag{5·46}$$

부재의 두께 h가 600 mm보다 작은 경우에 크기효과를 고려한다면, 식 (5·43)의 균열휨모멘트 계산식의 콘크리트 균열강도 f_{cr}에 식 (2·28)의 콘크리트 평균휨인장강도 $f_{ctm,fl}$을 대입하여 균열휨모멘트를 다음과 같이 구할 수 있다.

$$M_{cr} = f_{ctm,fl}\, S_{ten} + \gamma_{ps,l}\, P_e \left(\frac{r_c^2}{y_{ten}} + e_p \right) \tag{5·47}$$

예제 5-7

[예제 5-1]의 그림 5-8과 동일한 단면에 SWPC7BL 15.2 mm($A_{ps1} = 138.7\ mm^2$) 강연선 3가닥이 배치되어 있다. 콘크리트의 설계기준압축강도 $f_{ck} = 35\ MPa$, 콘크리트의 탄성계수 $E_c = 28{,}800\ MPa$, 단면적 $A_c = 156{,}000\ mm^2$, 단면2차모멘트 $I_g = 6.343 \times 10^9\ mm^4$, 인장연단에 대한 단면상수 $S_{ten} = 21.1 \times 10^6\ mm^3$, 단면의 회전반지름 $r_c^2 = 40{,}660\ mm^2$, 단면 도심부터의 텐던의 편심 $e_p = 225\ mm$, 그라우팅으로 부착된 텐던의 유효 긴장력 $P_e = 430\ kN$이다. 콘크리트구조설계기준에 따른 균열휨모멘트와 교량설계기준(한계상태설계법)에 따른 균열휨모멘트를 구하시오.

》 풀이

(1) 콘크리트구조설계기준에 따른 균열휨모멘트

콘크리트의 파괴계수는 식 (2·29)로부터

$$f_r = 0.63\,\lambda\sqrt{f_{ck}} = 0.63\times 1.0\times\sqrt{35} = 3.7\ MPa$$

균열휨모멘트는 식 (5·44)로부터

$$\begin{aligned} M_{cr} &= f_r\,S_{ten} + P_e\left(\frac{r_c^2}{y_{ten}} + e_p\right) \\ &= \left[3.7\times(21.1\times10^6) + 430{,}000\times\left(\frac{40{,}660}{300} + 225\right)\right]/10^6 \\ &= 78 + 155 = 233\ kN\cdot m \end{aligned}$$

(2) 교량설계기준(한계상태설계법)에 따른 균열휨모멘트

콘크리트의 평균압축강도는 식 (2·1)로부터

$$f_{cm} = f_{ck} + \Delta f = 35 + 4 = 39\ MPa$$

콘크리트의 평균인장강도는 식 (2·26)로부터

$$f_{ctm} = 0.3(f_{cm})^{2/3} = 0.3\times(39)^{2/3} = 3.5\ MPa$$

① 크기효과를 무시하는 경우

부착 긴장재의 포스트텐션 부재의 경우 $\gamma_l = 0.9$이므로(6.2.4절 참조), 하한값의 균열휨모멘트는 식 (5·46)으로부터

$$\begin{aligned} M_{cr} &= f_{ctm}\,S_{ten} + \gamma_{ps,l}\,P_e\left(\frac{r_c^2}{y_{ten}} + e_p\right) \\ &= \left[3.5\times(21.1\times10^6) + 0.9\times430{,}000\times\left(\frac{40{,}660}{300} + 225\right)\right]/10^6 \\ &= 74 + 140 = 214\ kN\cdot m \end{aligned}$$

② 크기효과를 고려하는 경우

부재의 두께 h가 600 mm이므로, 콘크리트의 평균휨인장강도는 식 (2·28)로부터

$$f_{ctm,fl} = \left(1.6 - \frac{h}{1{,}000}\right)f_{ctm} = \left(1.6 - \frac{600}{1{,}000}\right)\times 3.5 = 3.5\ MPa$$

이 경우에는 평균휨인장강도 $f_{ctm,fl}$이 평균인장강도 f_{ctm}과 동일하므로, 식 (5·47)로 균열휨모멘트를 계산하여도 동일하게 214 $kN\cdot m$를 얻게 된다.

5.6 프리스트레스트 콘크리트의 연성보장설계

5.6.1 휨부재의 연성보장설계

구조물의 설계에서는 계수하중보다 큰 하중이 작용하여 구조물이 파괴가 되는 일이 발생할 때에도 구조물이 연성으로 파괴되도록 설계하여야 한다. 이를 위하여 설계기준에서는 안전계수를 조정하여 가장 연성의 파괴형태를 보이는 휨파괴가 가장 먼저 발생하도록 하고 있다. 그러나 휨파괴라 하더라도 여러 가지 조건에 따라 상대적으로 취성인 파괴 형태를 보일 수 있으므로, 연성파괴를 보장하기 위한 제한조건이 필요하다. 연성파괴를 보장하기 위한 조건으로는 최대 강재량의 제한, 최소 강재량의 제한, 부착 강재의 최소량 등이 있다.

휨부재에서 인장력을 부담하는 강재, 즉 프리스트레싱 강재와 철근의 양이 증가하면 강재가 항복하지 않는 상태에서 압축부의 콘크리트가 파괴될 수 있다. 이러한 파괴는 균열이 많이 발생하지 않고 처짐이 크지 않은 상태에서 파괴된다. 이 경우에는 사용자들이 구조물의 파괴가 임박했다는 것을 인지하지 못한 상태로 파괴되므로 취성파괴로 분류하며, 취성파괴는 인명과 재산의 상실을 초래할 수 있다. 따라서, 설계기준에서는 이러한 파괴를 방지하기 위하여 인장력을 부담하는 강재의 양이 너무 많지 않도록 직접적으로 제한하거나, 감소된 저항계수를 사용하게 하여 간접적인 방법으로 제한하고 있다.

반대로, 휨부재에서 인장력을 부담하는 강재의 양이 너무 적은 경우에도 취성의 휨파괴가 발생할 수 있다. 너무 적은 양의 강재로서 인장력을 부담하도록 설계하면, 부재에 균열이 발생함과 동시에 파괴되거나 균열이 발생한 후 작은 하중의 증가로 파괴된다. 이 경우에도 사용자들이 구조물의 파괴가 임박했다는 것을 인지하지 못한 상태로 파괴될 수 있다. 따라서, 설계기준에서는 이러한 파괴를 방지하기 위하여 인장력을 부담하는 강재의 양이 너무 적지 않도록 제한하고 있다.

비부착 긴장재의 프리스트레스트 콘크리트 휨부재의 설계에서도 취성파괴가 발생할 가능성을 염두에 두어야 한다. 프리스트레스트 콘크리트 휨부재에 모든 긴장재를 비부착 긴장재로 설계하는 경우에는 부재가 타이-아치로 거동하게 된다. 타이-아치 거동으로 파괴에 이를 때는 휨파괴에 비하여 더 취성인 파괴가 발생할 가능성이 크다. 따라서, 설계기준에서는 연성인 휨파괴를 유도하기 위하여 모든 긴장재를 비부착 긴장재로 설계하지 않게 최소한의 양을 부착 긴장재로 설계하도록 하거나, 설계휨강도가 균열휨강도보다 일정비율 더 크게 설계하도록 하고 있다.

한편 연성의 휨파괴를 유도하기 위한 제한 규정에 따라 설계를 하더라도, 이를 위하여 추가되는 철근의 양과 배치 위치가 충족되지 않으면 목표로 하는 연성거동을 확보하지 못하게 된다. 따라서 설계기준에는 추가되는 철근이 어느 위치에 얼마만큼 배치되어야 하는지가 부재상세와 철근상세에 규정되어 있다.

5.6.2 강도설계법 설계기준의 연성보장설계

강도설계법의 콘크리트구조설계기준,[5.1] 도로교설계기준(2010),[5.2] ACI 318 Code,[5.3] AASHTO-LRFD[5.4]는 극한상태에서 최외단 철근의 순인장변형률이 0.004 이상이어야 한다는 규정으로 철근콘크리트 휨부재의 인장철근량을 제한하지만, 프리스트레스트 콘크리트에 대해서는 이를 적용하지 않는다. 그 대신 휨부재의 연성능력을 고려한 값의 강도감소계수를 적용하도록 하여, 간접적인 방법으로 그 효과를 유도한다. 즉, 강도감소계수는 연성능력이 큰 단면에 큰 값을 적용하고, 연성능력이 줄어들면 감소된 값을 적용하며, 연성능력을 기대할 수 없는 경우에는 작은 값을 적용하도록 하여 효율적인 설계를 위해서 긴장재의 양을 줄이도록 유도하는 것이다. 단면의 연성능력은 최외단 긴장재의 순인장변형률을 기준으로 하여, 단면의 극한상태에서 콘크리트의 영응력(감압응력) 이후에 발생하는 강재의 변형률이 0.005 이상이면 인장지배단면으로 분류하여 0.85나 0.9 또는 1.0을 적용하고, 순인장변형률이 0.002 이하이면 압축지배단면으로 분류하여 0.65나 0.7 또는 0.75를 적용하며, 그 사이에서는 직선보간 한다. [표 5-2와 표 5-3 참조]

한편, 휨부재에서 인장력을 부담하는 강재의 양이 너무 적어도 취성의 휨파괴가 발생할 수 있으므로, 다음의 조건을 만족하도록 최소한의 양을 배치하도록 하고 있다.

$$\phi M_n \geq 1.2\, M_{cr} \tag{5·48}$$

즉, 설계휨강도가 균열휨모멘트의 1.2배 이상이 되도록 하여, 균열이 발생한 이후 즉시 파괴에 도달하지 않도록 연성을 확보하려는 의도이다. 이 규정에 따르면, 간혹 매우 비경제적으로 강재의 양을 증가시켜야 하는 경우가 생길 수 있다. 따라서 콘크리트구조설계기준[5.1]과 ACI 318 Code[5.3]는 설계휨강도와 설계전단강도가 각각 계수휨모멘트와 계수전단력의 2배 이상인 경우에, 도로교설계기준(2010)[5.2]과 AASHTO-LRFD[5.4]는 1.33배 이상인 경우에 이 규정을 따를 필요가 없다고 규정하고 있다.

비부착 긴장재의 프리스트레스트 콘크리트 휨부재는 휨파괴가 발생하더라도 취성의 파괴 양상을 보일 수 있다. 따라서 설계기준에서는 비부착 긴장재가 배치되는 경우, 최소한 다음으로 계산된 단면적의 부착철근을 배치하도록 하고 있다.

$$A_s = 0.004\, A_{ct} \tag{5·49}$$

여기서 A_{ct}는 인장연단과 전체단면의 도심 사이의 콘크리트 단면적이다. 이 최소 부착철근은 사용하중에 의한 응력 상태에 관계없이 가능한 한 인장연단에 가깝게 미리 압축을 가한 인장구역에 균등하게 배치하여야 한다.

콘크리트구조설계기준[5.1]과 ACI 318 Code[5.3]는 두께가 일정한 프리스트레스트 콘크리트 2방향 플랫 슬래브에 최소한의 부착철근을 배치하도록 하고 있다. 모든 프리스트레스 손실을 고려한 후 사용하중에 의한 콘크리트의 인장응력이 $0.17\sqrt{f_{ck}}$를 초과하는 경우, 정모멘트 구역에 다음으로 계산된 단면적의 부착철근을 배치하여야 한다.

$$A_s = \frac{N_c}{0.5 f_y} \tag{5·50}$$

여기서, N_c는 사용하중이 작용할 때 콘크리트에 발생되는 인장력으로, 비균열의 균질 단면으로 계산한 값이고, f_y는 400 MPa을 초과하지 않아야 한다. 이것은 2방향 플랫 슬래브의 거동이 플랫 플레이트의 거동과 유사하다는 연구결과[5.15]에 근거한 것이다. 이 최소 부착철근도 가능한 한 인장연단에 가깝게 미리 압축을 가한 인장구역에 균등하게 배치하여야 하며, 정모멘트 구역 중간점의 양쪽으로 순경간의 1/6 이상 연장 배치하여야 한다.

프리스트레스트 콘크리트 2방향 플랫 슬래브에서 기둥받침부의 부모멘트 구역에는 다음으로 계산된 단면적의 부착철근을 배치하여야 한다.

$$A_s = 0.00075\, A_{cf} \tag{5·51}$$

이것은 2방향 플랫 슬래브의 부모멘트 구역에서 주열대 단면적의 0.075%의 부착철근을 배치하면 충분한 균열제어와 연성을 갖는다는 연구결과[5.15]에 근거한 것이다. 이 최소 부착철근은 기둥받침부 전면에서 각각 $1.5h$ 떨어진 슬래브 폭 내에 4개 이상의 철근 또는 철선을 각 방향으로 300 mm 이하의 간격으로 배치하여야 하며, 받침부의 양쪽으로 순경간의 1/6 이상 연장 배치하여야 한다.

이러한 부착철근들은 충분히 정착되도록 정착길이에 대한 규정을 만족하여야 한다.

5.6.3 한계상태설계법 설계기준의 연성보장설계

유럽형 한계상태설계법이 기본 설계개념인 교량설계기준(한계상태설계법)[5.5]과 Eurocode 2[5.6]도 프리스트레스트 콘크리트에 대해서는 재료계수 적용의 간접적인 방법으로 연성확보 효과를 유도한다. 이것은 설계휨강도 해석에서 재료계수를 적용하는 경우, 강재의 양이 증가하면 공칭휨강도에 대한 설계휨강도의 비율(등가강도감소계수 ϕ_{eqv})이 감소하므로, 휨부재의 연성이 감소하면 상대적으로 작은 비율의 설계휨강도가 계산되기 때문이다. 그림 5-18은 휨모멘트에 대한 콘크리트구조설계기준의 강도감소계수와

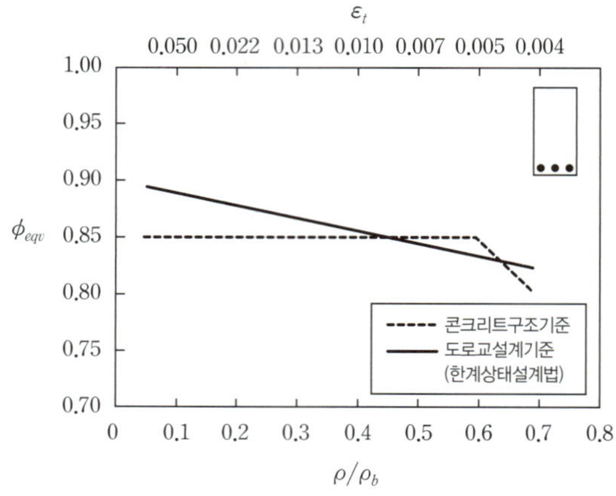

| 그림 5-18 | 단철근 휨부재에 대한 설계기준의 강도감소계수와 등가강도감소계수

교량설계기준(한계상태설계법)의 등가강도감소계수가 인장철근량에 따라 어떤 변화가 있는지 나타낸다. 등가강도감소계수는 다음과 같이 한계상태설계법의 설계휨강도를 공칭휨강도로 나누어, 강도설계법 개념으로 치환한 강도감소계수를 의미한다.

$$\phi_{eqv} = \frac{M_d}{M_n} \tag{5·52}$$

그림 5-18에 나타난 바와 같이, 부재계수를 적용하는 강도설계법의 콘크리트구조설계기준에서는 강재의 순인장변형률이 0.005 이상이면 0.85의 강도감소계수를 적용하고, 0.005 미만이면 강도감소계수를 감소시킨다.

교량설계기준(한계상태설계법)에서는 인장철근량이 증가하여 극한상태에서 강재의 순인장변형률이 감소하면, 등가강도감소계수가 연속적으로 감소하는 결과가 된다. 이 그림은 철근콘크리트 휨부재에 대한 분석결과이지만, 프리스트레스트 콘크리트 휨부재에도 동일한 결과를 준다. 따라서 연성능력이 큰 단면에는 상대적으로 큰 비율의 설계휨강도를 적용하도록 하여, 효율적인 설계를 위해서 긴장재의 양을 줄이도록 유도하는 것이다.

휨부재에서 인장력을 부담하는 강재의 양이 너무 적어도 취성의 휨파괴가 발생할 수 있으므로, 최소한의 양을 배치하도록 하고 있다. 이때 교량설계기준(한계상태설계법)[5.5]과 유럽의 콘크리트교량 설계기준인 Eurocode 2-Part 2[5.16]는 긴장재의 부식 가능성을 고려하여 최소 긴장재량을 검토하도록 하고 있다. 즉, 활하중의 일부만을 고려한 주기하중조합(frequent combination, 교량설계기준(한계상태설계법)에서는 사용하중조합-III)에 따른 휨모멘트에 의하여 균열이 발생할 수 있는 가상의 긴장재 양을 구하고, 이 긴장재 양으로 계산된 휨강도가 이 사용하중조합의 휨모멘트 이상이면 최소 긴장재량을 만족하는 것으로 판단하는 것이다. 따라서 이 규정은 실제 배치된 긴장재 양에서 이렇게 계산된 긴장재 양을 뺀 긴장재가 부식되거나 파단 되었을 때 눈으로 관찰할 수 있는 균열이 발생하도록 하고, 남아 있는 긴장재의 양으로 사용하중조합-III의 휨모멘트에 저항하도록 하자는 것이다. 이때 휨강도는 콘크리트와 강재에 대한 재료계수를 모두 1.0으로 적용하므로, 공칭휨강도와 동일한 것이 된다. 따라서 다음의 조건을 검토하는 것이 된다.

$$M_{n,rs} \geq M_{sIII} \tag{5·53}$$

여기서 $M_{n,rs}$는 사용하중조합-III에 따른 휨모멘트에 의하여 균열이 발생할 수 있는 가상의 긴장재 양을 기준으로 계산한 공칭휨강도이고, M_{sIII}는 사용하중조합-III에 따른 휨모멘트이다. M_{sIII}의 휨모멘트로 균열이 발생할 수 있는 가상의 긴장재 양은 그에 해당하는 긴장력으로 구할 수 있다. 즉, M_{sIII}의 휨모멘트에 의하여 균열이 발생할 수 있는 가상의 긴장력을 $P_{e,cr}$이라고 하면, 이때의 관계식은 다음과 같다.

$$\frac{P_{e,cr}}{A_c} + \frac{P_{e,cr}\, e_p}{S_{ten}} - \frac{M_{sIII}}{S_{ten}} = -f_{ctm} \tag{5·54}$$

이 식으로부터 $P_{e,cr}$을 구하면 다음과 같다.

$$P_{e,cr} = \frac{\dfrac{M_{sIII}}{S_{ten}} - f_{ctm}}{\dfrac{1}{A_c} + \dfrac{e_p}{S_{ten}}} \tag{5·55}$$

$P_{e,cr}$로부터 사용하중조합-III의 휨모멘트에 의하여 균열이 발생할 수 있는 가상의 긴장재 양 $A_{p,r}$은 다음과 같이 구할 수 있다.

$$A_{p,r} = \frac{P_{e,cr}}{f_{pe}} \tag{5·56}$$

이 긴장재 양 $A_{p,r}$이 배치된 단면의 공칭휨강도가 $M_{n,rs}$이다.

만일 식 (5·53)을 만족하지 못하는 경우에는, 다음 식으로 계산되는 최소철근량 $A_{s,min}$ 이상으로 부착된 철근을 추가로 배치하여야 한다.

$$A_{s,min} = \frac{M_{cr}}{z_s f_y} \tag{5·57}$$

여기서, M_{cr}은 프리스트레스 영향을 무시하고 콘크리트 평균인장강도 f_{ctm}을 기준으로 계산한 부재의 균열휨모멘트이고, z_s는 M_{cr}과 같은 크기의 휨모멘트가 작용하여 단면이 극한상태에 도달할 때 인장철근만으로 이 모멘트를 지지한다는 가정으로 계산한 인장력과 압축력 사이의 팔길이이다. 따라서 이 식에 적용되는 균열휨모멘트 M_{cr}은 식 (5·46)의 첫 항만을 고려한 것으로 다음 식과 같다.

$$M_{cr} = \frac{f_{ctm} I_g}{y_{ten}} = f_{ctm} Z_{ten} \tag{5·58}$$

비부착 긴장재의 프리스트레스트 콘크리트 휨부재는 휨파괴가 발생하더라도 취성의 파괴 양상을 보일 수 있다. 따라서 교량설계기준(한계상태설계법)[5.5]과 Eurocode 2-Part 2[5.16]는 비부착 긴장재를 사용하거나 외부 긴장 방식으로 긴장하는 프리스트레스 콘크리트 부재에 대하여, 다음과 같이 설계휨강도가 균열휨모멘트의 1.15배 이상이 되도록 규정하고 있다.

$$M_d \geq 1.15\, M_{cr} \tag{5·59}$$

이때의 균열휨모멘트는 프리스트레스 영향을 고려한 것이다. 만일 이 조건을 만족하지 못하는 경우에는 철근을 추가로 배치하여 이 조건을 만족하도록 설계하여야 한다.

예제 5-8

[예제 5-1]의 그림 5-8과 동일한 단면에 SWPC7BL 15.2 mm($A_{ps1} = 138.7\ mm^2$, 표 2-9 참조)의 부착된 강연선 3가닥($A_{ps} = 416.1\ mm^2$)이 배치되어 있다. 콘크리트의 설계기준압축강도 $f_{ck} = 35\ MPa$, 콘크리트의 탄성계수 $E_c = 28{,}800\ MPa$, 단면적 $A_c = 156{,}000\ mm^2$, 단면2차모멘트 $I_g = 6.343\times10^9\ mm^4$, 단면 하단의 인장연단에 대한 단면상수 $S_{ten} = 21.1\times10^6\ mm^3$, 단면 도심부터의 텐던의 편심 $e_p = 225\ mm$, 그라우팅으로 부착된 텐던의 유효 긴장력 $P_e = 430\ kN$이다. 콘크리트구조설계기준과 교량설계기준(한계상태설계법)에 따라 최소 강재량을 검증하시오. 교량설계기준(한계상태설계법)의 사용하중조합-III에 의한 휨모멘트 M_{SIII}는 $186\ kN\cdot m$이다.

≫ 풀이

(1) 콘크리트구조설계기준에 따른 최소 강재량 검증

[예제 5-6]에서 이 예제와 동일한 단면의 균열휨모멘트를 구한 결과는 다음과 같았다.

$$M_{cr} = f_r S_{ten} + P_e\left(\frac{r_c^2}{y_{ten}} + e_p\right) = 233\ kN\cdot m$$

따라서 검증 조건인 1.2 M_{cr}은 다음과 같다.

$$1.2\,M_{cr} = 1.2 \times 233 = 280\,kN \cdot m$$

한편, [예제 5-2]의 (1)에서 이 예제와 동일한 단면에 대하여 콘크리트구조설계기준에 따라 구한 설계휨강도는 다음과 같았다.

$$\phi M_n = 310\,kN \cdot m$$

따라서 $\phi M_n > 1.2\,M_{cr}$이므로, 최소 강재량 조건을 만족한다.

(2) 교량설계기준(한계상태설계법)에 따른 최소 강재량 검증

콘크리트의 평균압축강도는 식 (2·1)로부터

$$f_{cm} = f_{ck} + \Delta f = 35 + 4 = 39\,MPa$$

콘크리트의 평균인장강도는 식 (2·26)로부터

$$f_{ctm} = 0.3(f_{cm})^{2/3} = 0.3 \times (39)^{2/3} = 3.5\,MPa$$

유효긴장응력은

$$f_{pe} = \frac{P_e}{A_p} = \frac{430{,}000}{416.1} = 1{,}033\,MPa$$

사용하중조합-III에 의한 휨모멘트는 $M_{SIII} = 186\,kN \cdot m$이므로, 사용하중조합-III의 휨모멘트로 휨균열이 발생할 수 있는 가상의 긴장력 $P_{e,cr}$은 식 (5·55)로부터

$$P_{e,cr} = \frac{\dfrac{M_{SIII}}{S_{ten}} - f_{ctm}}{\dfrac{1}{A_c} + \dfrac{e_p}{S_{ten}}} = \frac{\dfrac{186 \times 10^6}{21.1 \times 10^6} - 3.5}{\dfrac{1}{156 \times 10^3} + \dfrac{225}{21.1 \times 10^6}} = 311{,}300\,N$$

이에 대한 가상의 긴장재 양은 식 (5·56)으로부터

$$A_{p,r} = \frac{P_{e,cr}}{f_{pe}} = \frac{311{,}300}{1{,}033} = 301\,mm^2$$

즉, 416.1 mm^2인 A_p 중에서 115 mm^2가 부식되고 301 mm^2가 남은 경우를 상정한다. 이 가상의 긴장재 양에 의한 휨강도는 $M_{n,rs} = 256\,kN \cdot m$로 해석되었다. [예제 5-1과 5-6의 해석방법 참조] 따라서 $M_{n,rs} > M_{SIII}$이므로, 최소 강재량 조건을 만족한다.

[참고문헌]

5.1 국토교통부, 한국콘크리트학회, KDS 14 20 콘크리트구조설계기준, 기준 및 해설, 2021.

5.2 국토해양부, 한국도로교통협회, 도로교설계기준, 2010.

5.3 ACI Committee 318, *Building Code Requirements for Structural Concrete*(ACI 318-11) *and Commentary*(ACI 318R-11), American Concrete Institute, Farmington Hills, MI, 2011.

5.4 AASHTO, *LRFD Bridge Design Specifications*, 5th edition, American Association of State Highway and Transportation Officials, Washington, D.C., USA, 2010.

5.5 국토교통부, 한국교량및구조공학회, 교량설계기준(한계상태설계법), KDS 24 14 21 콘크리트교 설계기준(한계상태설계법), 기준 및 해설, 2021.

5.6 CEN, Eurocode 2: *Design of Concrete Structures*, European Committee for Standardization, 2004.

5.7 CSA, *Design of Concrete Structures* (CSA Standard A23.3-04), Canadian Standard Association, Rexdale, Ontario, Canada, 2004.

5.8 한국강구조학회, 한국콘크리트학회, 배두병 외 21인, 성능기반 합성구조 설계기준 연구, 11기술표준화09-01, 2014. 제1권 합성휨부재 기술보고서, 334 pp., 제2권 합성기둥 기술보고서, 187 pp., 제3권 합성연결부 기술보고서, 207 pp.

5.9 한국산업표준, KS D 7002, PC 강선 및 PC 강연선, 2011.

5.10 Mattock, A. H., "Modification of ACI Code Equation for Stress in Bonded Prestressed Reinforcement at Flexural Ultimate," ACI Journal, Vol. 81, No. 4, July-August 1984, pp. 331-339.

5.11 Yamazaki, J., Kattula, B., and Mattock, A. H., "A Comparison of the Behavior of Post-Tensioned Prestressed Concrete Beams with and without Bond," Report SM 69-3, University of Washington, December 1969.

5.12 Majtahedi, S., and Gamble, W. L., "Ultimate Steel Stresses in Unbonded Prestressed Concrete," *Journal of the Structural Division*, ASCE, 104, ST7 July 1978, pp. 1159-1165.

5.13 Naaman, A. E, "Partially Prestressed Concrete: Review and Recommendations," *PCI Journal*, Vol. 30, No. 6, November-December 1985, pp. 30-71.

5.14 Loov, R. E, "A General Equation for the Steel Stress for Bonded Prestressed Tendons," *PCI Journal*, Vol. 33, No. 6, November-December 1988, pp. 108-131.

5.15 Joint ACI-ASCE Committee 423, "Recommendations for Concrete Members Prestressed with Unbonded Tendons (ACI 423.3R-05)," American Concrete Institute, Farmington Hills, MI, 2005, 25 pp.

5.16 CEN, Eurocode 2: *Design of Concrete Structures-Part 2: Concrete bridges*, European Committee for Standardization, 2004.

[연습문제]

5-1 일반적인 프리스트레스트 콘크리트 휨 부재가 하중 증가에 따라 파괴될 때까지 나타내는 하중-처짐 관계, 변형률 분포, 응력 분포의 변화를 설명하시오.

5-2 완전 긴장(full prestressing) 및 부분 긴장(partial prestressing) 프리스트레스트 콘크리트 부재와 철근 콘크리트 부재가 사용하중 상태까지 보이는 하중-처짐 관계의 특징을 설명하시오.

5-3 강재의 양에 따라 프리스트레스트 콘크리트 휨 부재가 나타내는 파괴거동을 설명하시오.

5-4 변형률 적합해석에 의한 프리스트레스트 콘크리트 휨 부재의 휨강도 해석법의 기본 가정과 해석 과정을 설명하시오.

5-5 프리스트레스트 콘크리트 부재에 발생하는 휨 균열이 구조물에 주는 영향을 설명하시오.

5-6 프리스트레스트 콘크리트 휨 부재의 균열휨모멘트와 철근콘크리트 휨 부재의 균열휨모멘트의 차이를 설명하시오.

5-7 프리스트레스트 콘크리트 휨 부재의 연성보장설계에 대한 다음 문제를 수행하시오.

[문제 1] 프리스트레스트 콘크리트 휨 부재의 연성보장설계의 개념을 설명하시오.

[문제 2] 강도설계법의 콘크리트구조설계기준, ACI 318 Code, AASHTO-LRFD에서 규정하고 있는 연성보장설계기준의 내용과 개념을 설명하시오.

[문제 3] 유럽형 한계상태설계법의 교량설계기준(한계상태설계법)과 Eurocode 2에서 규정하고 있는 연성보장설계기준의 내용과 개념을 설명하시오.

5-8 다음 그림 (a)의 직사각형 단면이나 (b)의 I형 단면으로 설계된 프리스트레스트 콘크리트 보에 대하여, 공칭휨강도를 구하는 다음의 문제를 수행하시오. 콘크리트 설계기준압축강도 $f_{ck} = 40\ MPa$이고, 긴장재로는 SWPC7BL 15.2 mm 강연선(단면적 138.7 mm^2) 7개가 배치되어 있으며, 유효 긴장응력은 인장강도의 0.6배($f_{pe} = 0.6 f_{pu}$)이다.

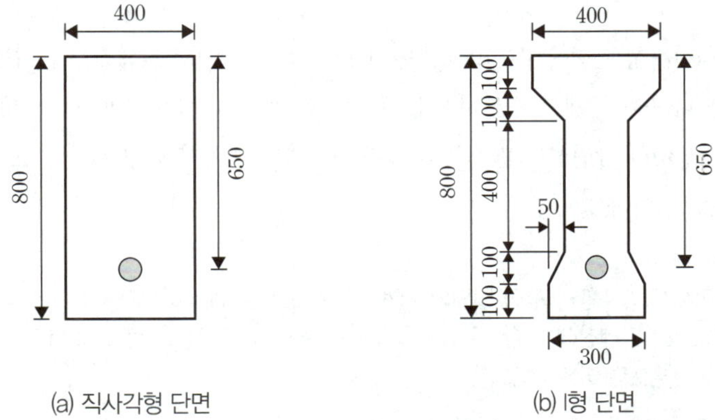

| 그림 5-19 | 긴장재가 배치된 단면

[문제 1] 변형률 적합해석을 수행하여 이 단면의 공칭휨강도 M_n을 해석하시오. 이때, 인장강도가 1,860 MPa인 저릴랙세이션 강연선에 대한 식 (2·71)의 응력-변형률 관계식과 콘크리트구조설계기준의 등가직사각형 압축응력분포를 이용하시오.

[문제 2] 변형률 적합해석을 수행하여 이 단면의 공칭휨강도 M_n을 해석하시오. 이때, 인장강도가 1,860 MPa인 저릴랙세이션 강연선에 대한 식 (2·71)의 응력–변형률 관계식과 교량설계기준(한계상태설계법)의 콘크리트 압축응력분포를 이용하시오.

[문제 3] 변형률 적합해석을 수행하여 이 단면의 공칭휨강도 M_n을 해석하시오. 이때, 프리스트레싱 강재에 대한 표 5–1의 2직선 응력–변형률 관계식과 콘크리트구조설계기준의 등가직사각형 압축응력분포를 이용하시오.

[문제 4] 변형률 적합해석을 수행하여 이 단면의 공칭휨강도 M_n을 해석하시오. 이때, 프리스트레싱 강재에 대한 표 5–1의 2직선 응력–변형률 관계식과 교량설계기준(한계상태설계법)의 콘크리트 압축응력분포를 이용하시오.

[문제 5] 콘크리트구조설계기준의 근사해법에 따라 이 단면의 공칭휨강도 M_n을 해석하시오.

[문제 6] 교량설계기준(한계상태설계법)의 근사해법에 따라 이 단면의 공칭휨강도 M_n을 해석하시오.

5-9 그림 5–19(a)의 직사각형 단면이나 (b)의 I형 단면으로 설계된 프리스트레스트 콘크리트 보에 대하여, 공칭휨강도를 구하는 다음의 문제를 수행하시오. 콘크리트 설계기준압축강도 $f_{ck} = 40\ MPa$이고, 긴장재로는 SWPC7BL 15.2 mm 강연선(단면적 138.7 mm^2) 19개가 배치되어 있으며, 유효 긴장응력은 인장강도의 0.6배($f_{pe} = 0.6 f_{pu}$)이다.

[문제 1] 콘크리트구조설계기준에 따라 이 단면의 공칭휨강도 M_n을 해석하시오. 이때 해석방법으로는 어떤 것을 적용하여도 좋다.

[문제 2] 교량설계기준(한계상태설계법)에 따라 이 단면의 공칭휨강도 M_n을 해석하시오. 이때 해석방법으로는 어떤 것을 적용하여도 좋다.

5-10 그림 5–19(a)의 직사각형 단면이나 (b)의 I형 단면으로 설계된 프리스트레스트 콘크리트 보에 대하여, 설계휨강도를 구하는 다음의 문제를 수행하시오. 콘크리트 설계기준압축강도 $f_{ck} = 40\ MPa$이고, 긴장재로는 SWPC7BL 15.2 mm 강연선(단면적 138.7 mm^2) 7개가 배치되어 있으며, 유효 긴장응력은 인장강도의 0.6배($f_{pe} = 0.6 f_{pu}$)이다.

[문제 1] 변형률 적합해석을 수행하여 이 단면의 설계휨강도 ϕM_n을 해석하시오. 이때, 인장강도가 1,860 MPa인 저릴랙세이션 강연선에 대한 식 (2·71)의 응력–변형률 관계식과 콘크리트구조설계기준의 등가직사각형 압축응력분포를 이용하시오.

[문제 2] 변형률 적합해석을 수행하여 이 단면의 설계휨강도 M_d를 해석하시오. 이때, 인장강도가 1,860 MPa인 저릴랙세이션 강연선에 대한 식 (2·71)의 응력–변형률 관계식과 교량설계기준(한계상태설계법)의 콘크리트 압축응력분포를 이용하시오.

[문제 3] 변형률 적합해석을 수행하여 이 단면의 설계휨강도 ϕM_n을 해석하시오. 이때, 프리스트레싱 강재에 대한 표 5–1의 2직선 응력–변형률 관계식과 콘크리트구조설계기준의 등가직사각형 압축응력분포를 이용하시오.

[문제 4] 변형률 적합해석을 수행하여 이 단면의 설계휨강도 M_d를 해석하시오. 이때, 프리스트레싱 강재에 대한 표 5–1의 2직선 응력–변형률 관계식과 교량설계기준(한계상태설계법)의 콘크리트 압축응력분포를 이용하시오.

[문제 5] 콘크리트구조설계기준의 근사해법에 따라 이 단면의 설계휨강도 ϕM_n을 해석하시오.

[문제 6] 교량설계기준(한계상태설계법)의 근사해법에 따라 이 단면의 설계휨강도 M_d를 해석하시오.

5-11 그림 5–19(a)의 직사각형 단면이나 (b)의 I형 단면으로 설계된 프리스트레스트 콘크리트 보에 대하여, 콘크리트구조설계기준에 따라 이 단면의 설계휨강도 ϕM_n을 해석하시오. 이때 해석방법으로는 어떤 것을 적용하여도 좋으며, 조건은 다음 (a)~(h)의 8 가지 중 하나를 선택하시오. 유효 긴장응력은 인장강도의 0.6배($f_{pe} = 0.6 f_{pu}$)이다.

(a) $f_{ck} = 35\ MPa$, SWPC7BL 15.2 mm 강연선 5개 배치
(b) $f_{ck} = 35\ MPa$, SWPC7BL 15.2 mm 강연선 8개 배치
(c) $f_{ck} = 45\ MPa$, SWPC7BL 15.2 mm 강연선 6개 배치
(d) $f_{ck} = 45\ MPa$, SWPC7BL 15.2 mm 강연선 9개 배치
(e) $f_{ck} = 60\ MPa$, SWPC7BL 15.2 mm 강연선 7개 배치
(f) $f_{ck} = 60\ MPa$, SWPC7BL 15.2 mm 강연선 10개 배치
(g) $f_{ck} = 35\ MPa$, SWPC7AN 12.4 mm 강연선 7개 배치
(h) $f_{ck} = 35\ MPa$, SWPC7AN 12.4 mm 강연선 10개 배치

5-12 그림 5–19(a)의 직사각형 단면이나 (b)의 I형 단면으로 설계된 프리스트레스트 콘크리트 보에 대하여, 교량설계기준(한계상태설계법)에 따라 이 단면의 설계휨강도 M_d를 해석하시오. 이때 해석방법으로는 어떤 것을 적용하여도 좋으며, 조건은 문제 5-11의 조건 (a)~(h) 중 하나를 선택하시오. 유효 긴장응력은 인장강도의 0.6배($f_{pe} = 0.6 f_{pu}$)이다.

5-13 다음 그림과 같은 사각형 단면의 포스트텐션 프리스트레스트 콘크리트 보에 대하여, 콘크리트구조설계기준에 따라 이 단면의 설계휨강도 ϕM_n을 해석하시오. 이때 해석방법으로는 어떤 것을 적용하여도 좋으며, 조건은 다음 (a)~(h)의 8가지 중 하나를 선택하시오. 유효 긴장응력은 인장강도의 0.6배($f_{pe} = 0.6 f_{pu}$)이다.

(a) $f_{ck} = 35\ MPa$, SWPC7BL 15.2 mm 강연선 4개와 SD400 4-D19 철근 배치
(b) $f_{ck} = 35\ MPa$, SWPC7BL 15.2 mm 강연선 7개와 SD400 4-D19 철근 배치
(c) $f_{ck} = 45\ MPa$, SWPC7BL 15.2 mm 강연선 5개와 SD400 4-D19 철근 배치
(d) $f_{ck} = 45\ MPa$, SWPC7BL 15.2 mm 강연선 8개와 SD400 4-D19 철근 배치
(e) $f_{ck} = 60\ MPa$, SWPC7BL 15.2 mm 강연선 6개와 SD400 4-D19 철근 배치
(f) $f_{ck} = 60\ MPa$, SWPC7BL 15.2 mm 강연선 9개와 SD400 4-D19 철근 배치
(g) $f_{ck} = 35\ MPa$, SWPC7AN 12.4 mm 강연선 6개와 SD400 4-D19 철근 배치
(h) $f_{ck} = 35\ MPa$, SWPC7AN 12.4 mm 강연선 9개와 SD400 4-D19 철근 배치

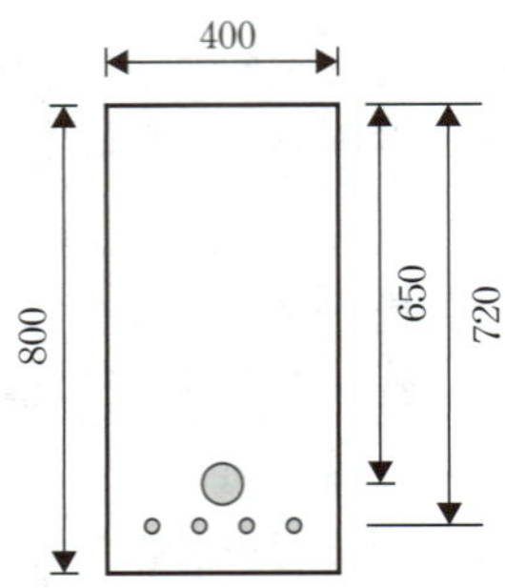

| 그림 5–20 | 긴장재와 철근이 배치된 단면

5-14 그림 5–20의 단면과 같은 사각형 단면의 포스트텐션 프리스트레스트 콘크리트 보에 대하여, 교량설계기준(한계상태설계법)에 따라 이 단면의 설계휨강도 M_d를 해석하시오. 이때 해석방법으로는 어떤 것을 적용하여도 좋으며, 조건은 문제 5-13의 조건 (a)~(h) 중 하나를 선택하시오. 유효 긴장응력은 인장강도의 0.6배($f_{pe} = 0.6 f_{pu}$)이다.

5-15 그림 5–19(a)의 직사각형 단면이나 (b)의 I형 단면으로 설계된 프리스트레스트 콘크리트 보에 대하여, 콘크리트구조설계기준에 따라 이 단면의 균열휨강도 M_{cr}을 해석하시오. 조건은 문제 5-11의 조건 (a)~(h) 중 하나를 선택하시오. 유효 긴장응력은 인장강도의 0.6배($f_{pe} = 0.6 f_{pu}$)이다.

5-16 그림 5–19(a)의 직사각형 단면이나 (b)의 I형 단면으로 설계된 프리스트레스트 콘크리트 보에 대하여, 교량설계기준(한계상태설계법)에 따라 이 단면의 균열휨강도 M_{cr}을 해석하시오. 조건은 문제 5-11의 조건 (a)~(h) 중 하나를 선택하시오. 유효 긴장응력은 인장강도의 0.6배($f_{pe} = 0.6 f_{pu}$)이다.

5-17 그림 5–19(a)의 직사각형 단면이나 (b)의 I형 단면으로 설계된 프리스트레스트 콘크리트 보에 대하여, 콘크리트구조설계기준에 따라 최소 강재량을 검증하시오. 조건은 문제 5-11의 조건 (a)~(h) 중 하나를 선택하시오. 유효 긴장응력은 인장강도의 0.6배($f_{pe} = 0.6 f_{pu}$)이다.

5-18 그림 5–19(a)의 직사각형 단면이나 (b)의 I형 단면으로 설계된 프리스트레스트 콘크리트 보에 대하여, 교량설계기준(한계상태설계법)에 따라 최소 강재량을 검증하시오. 유효 긴장응력은 인장강도의 0.6배 ($f_{pe} = 0.6 f_{pu}$)이고, 교량설계기준(한계상태설계법)의 사용하중조합-III에 의한 휨모멘트 $M_{S,III}$는 균열휨강도 M_{cr}의 0.8배이다. 그 외의 조건은 문제 5-11의 조건 (a)~(h) 중 하나를 선택하시오.

제6장

사용한계상태의 설계 검증

6.1 사용한계상태의 검증

구조물의 사용한계상태 검증은 구조물이 완공된 후 사용자가 이용하는데 불편하지 않도록 만들기 위하여 설계과정에서 수행하는 검증절차이다. 콘크리트 구조물의 사용한계상태 검증은 콘크리트 단면에 작용하는 응력(stress), 단면에 발생하는 균열(crack), 부재에 발생하는 처짐(deflection)을 대상으로 한다. 피로(fatigue)는 사용하중 상태에서 발생하는 현상이지만, 궁극적으로 피로에 의한 파괴를 검증 대상으로 하므로 따로 분류한다. 이 장에서는 균열의 발생 유무에 따른 응력 해석, 균열폭 해석, 처짐 해석 방법과 강도설계법의 설계기준 및 한계상태설계법의 설계기준에 따른 사용한계상태의 검증을 다룬다.

6.1.1 사용한계상태의 거동

프리스트레스트 콘크리트 부재를 완전 긴장(full prestressing) 프리스트레스트 콘크리트로 설계할 때에는 사용하중이 작용하는 상태에서 단면에 균열이 발생하지 않는다. 균열이 발생하지 않은 경우에는 콘크리트의 응력과 부재의 처짐이 크지 않고, 또 응력과 처짐의 해석 과정이 비교적 단순하다. 그러나 부분 긴장(partial prestressing) 프리스트레스트 콘크리트로 설계할 때에는 사용하중이 작용하는 상태에서 단면에 균열이 발생하므로, 콘크리트의 응력과 부재의 처짐이 커진다. 이것은 균열이 발생하고 나면 중립축의 위치가 압축연단 쪽으로 이동하기 때문이다. 균열이 발생하기 전에는 단면에 작용하는 인장응력을 콘크리트와 강재가 같이 부담하지만, 균열이 발생한 후에는 콘크리트가 인장응력에 저항하는 능력을 상실한다. 이때 콘크리트가 부담하던 인장력을 강재가 추가로 받게 되면서, 내력 휨모멘트의 크기를 유지하는 상태로 평형을 이루는 과정에서 중립축의 위치가 압축연단 쪽으로 이동하는 것이다. 중립축의 위치가 압축연단 쪽으로 이동하면 압축력을 부담하는 콘크리트의 면적이 감소하게 되므로, 콘크리트의 압축응력이 증가한다. 또, 균열로 인하여 콘크리트가 인장응력에 저항하는 능력을 상실하면, 균열단면에서 단면2차모멘트가 작아져서 부재강성이 감소하게 되므로 처짐이 증가하게 된다. 또한, 과도하게 균열이 발생한 부재에서는 균열로 인하여 강재의 부식이 진행될 수도 있으므로, 균열에 대한 한계상태 검증이 필요하다. 따라서 부분 긴장 프리스트레스트 콘크리트에서는 완전 긴장 프리스트레스트 콘크리트에 비하여 사용한계상태의 검증이 매우 중요한 의미를 갖게 된다.

사용한계상태의 검증은 설계기준에서 정하는 하중 수준에서 단면에 작용하는 응력, 균열이 발생하는 경우에는 균열폭, 그리고 부재에 발생하는 처짐을 해석에 의하여 구하고, 각각에 대하여 설계기준에서 정하는 허용값을 넘지 않음을 검증하는 작업이다.

균열이 발생하는 경우에는 해석에 의하여 콘크리트의 응력과 강재의 응력을 구하는 과정이 매우 복잡하다. 특히 프리스트레스트 콘크리트는 긴장력의 영향을 고려하여 단면 해석을 수행하여야 하므로, 철근콘크리트에 대한 단면해석에 비하여 더 복잡한 해석과정이 필요하다. 또, 처짐 해석에 있어서도 균열이 발생한 부재는 균열이 발생하지 않은 경우에 비하여 더 복잡한 해석과정이 필요하다.

사용한계상태 검증에 적용하는 하중 조합은 설계기준에서 정하는 바에 따른다. 이에 대해서는 다음 절에서 자세히 다룬다.

6.1.2 강도설계법 설계기준의 단면 분류 및 검증 방법

강도설계법의 콘크리트구조설계기준,[6.1] 도로교설계기준(2010),[6.2] ACI 318 Code[6.3]는 프리스트레스트 콘크리트 휨부재를 비균열등급, 부분균열등급, 완전균열등급의 세 가지 등급으로 구분한다. 등급의 구분은 미리 압축을 가한 인장구역에서 사용하중에 의하여 발생하는 인장연단응력 f_t를 기준으로 하는데, 기본적으로는 균열 발생의 정도에 따른 것이다. 여기서 사용하중이란 사용한계상태의 검증에 적용하는 기본 하중조합으로, 일반적으로 강도설계법 설계기준에서는 다음과 같이 설계고정하중 D와 설계활하중 L에 하중계수를 적용하지 않은 사용하중조합의 하중 상태 L_{sv}를 말한다.

$$L_{sv} = D + L \qquad (6 \cdot 1)$$

이 하중상태에서 프리스트레스트 콘크리트 단면의 응력을 계산하여, 미리 압축을 가한 인장구역에서 인장연단응력 f_t가 $0.63\sqrt{f_{ck}}$ 이하인 경우에는 비균열등급(Class U), $0.63\sqrt{f_{ck}}$을 초과하고 $1.0\sqrt{f_{ck}}$ 이하인 경우에는 부분균열등급(Class T), $1.0\sqrt{f_{ck}}$을 초과하는 경우에는 완전균열등급(Class C)으로 하여 다음과 같이 세 가지 등급으로 분류한다.

① 비균열등급(Class U) : $f_t \leq 0.63\sqrt{f_{ck}}$인 경우

② 부분균열등급(Class T) : $0.63\sqrt{f_{ck}} < f_t \leq 1.0\sqrt{f_{ck}}$인 경우

③ 완전균열등급(Class C) : $f_t > 1.0\sqrt{f_{ck}}$인 경우

비균열등급의 기준이 되는 $0.63\sqrt{f_{ck}}$는 콘크리트구조설계기준, 도로교설계기준(2010),[6.2] ACI 318 Code[6.3]에서 규정하는 콘크리트의 파괴계수(modulus of rupture)로서 콘크리트의 인장강도 및 균열강도와 같은 의미를 갖는다. 콘크리트 파괴계수의 실험값은 **그림 2-17**에 나타난 바와 같이 다소 큰 변동폭을 나타내어, 식 (2·29)로 구한 파괴계수, 즉 $0.63\sqrt{f_{ck}}$의 0.6배 정도로 작은 값을 가질 수도 있고 1.6배 정도로 큰 값을 가질 수도 있다. 콘크리트 파괴계수의 최대값을 $0.63\sqrt{f_{ck}}$의 1.6배라고 보면 $1.0\sqrt{f_{ck}}$가 된다. 따라서 설계기준에서는 인장연단의 응력이 콘크리트 파괴계수의 평균값 이하인 경우에는 비균열 등급으로, 평균값과 최대값 사이인 경우에는 부분균열등급으로, 최대값 이상인 경우에는 균열등급으로 구분하는 것이다. 비균열등급인 경우라도 인장응력이 $0.63\sqrt{f_{ck}}$에 근접하고, 실제로 시공되는 콘크리트의 파괴계수가 최소값인 약 $0.4\sqrt{f_{ck}}$ 내외라면, 균열이 발생할 수도 있을 것이다. 그러나 이러한 경우라도 균열이 인장연단의 극히 미미한 부분에 발생하고, 또 눈으로 발견하기 어려울 정도의 미세한 균열이므로 균열을 무시해도 균열에 대한 사용성능에 큰 영향이 없다. 한편 부분균열등급이라도 실제로 시공되는 콘크리트의 파괴계수가 최대값인 $1.0\sqrt{f_{ck}}$와 같다면, 균열이 발생하지 않을 수도 있을 것이다. 그러나 설계에서는 가장 불리한 상황에 대해서도 안전한지 검증하여야 하므로, 균열이 발생할 가능성이 있는 부분균열등급으로 분류하는 것이다.

한편, 얇은 판의 형태로 설계·시공되는 2방향 프리스트레스트 콘크리트 슬래브는 균열이 발생하면 사용성능이 크게 저하되므로, 설계기준에서는 이를 균열등급으로 설계하도록 규정하고 있다. 이때에는 균열등급의 판정에서 $0.63\sqrt{f_{ck}}$ 대신 $0.50\sqrt{f_{ck}}$를 기준으로 하여 보수적으로 적용하도록 하고 있다.

표 6-1은 강도설계법의 설계기준에서 각 사용성능 검증에 적용하도록 규정하고 있는 해석방법을 요약하여 나타낸 것이다.

단면에 작용하는 응력에 대하여는 세 가지 하중 수준에 대하여 응력을 해석하고, 콘크리트의 허용응력을 넘지 않도록 설계할 것을 규정하고 있다. 첫 번째 하중 수준은 긴장력을 도입한 직후 자중이 작용하는 하중상태이다. 일반적으로 프리스트레스를 도입하면 부재 양단에서 지점이 형성되면서 자중이 작용하는 상태가 된다. 따라서 이때에는 긴장력과 함께 자중이 작용하는 상태가 되는데, 설계기준에서는 이 상태에서 모든 등급의 부재에 대하여 균열을 허용하지 않는다. 따라서 이 상태에서는 비균열 단면해석에 의하여 콘크리트 단면의 응력을 해석하고, 설계기준에서 규정한 허용압축응력과 허용인장응

표 6-1 사용성능 검증에 적용되는 해석방법

구분	프리스트레스트 콘크리트			철근콘크리트
	비균열등급	부분균열등급	완전균열등급	
긴장력 도입 직후의 응력 해석	비균열 단면해석	비균열 단면해석	비균열 단면해석	조건 없음
사용하중 및 지속하중 상태의 응력 해석	비균열 단면해석	비균열 단면해석	조건 없음	조건 없음
처짐 해석	비균열 단면해석	균열 단면해석	균열 단면해석	균열 단면해석
균열 해석	조건 없음	조건 없음	균열 단면해석	균열 단면해석

력을 초과하지 않도록 하여야 한다.

응력을 검토하는 두 번째와 세 번째 하중 수준은 사용하중상태로서, 전체사용하중과 지속하중의 두 단계로 구분하고 부재 등급에 따라 구분하여 압축응력을 검증한다. 전체사용하중은 식 (6·1)로 나타낸 사용하중조합을 의미한다. 이 사용하중상태에서, 비균열등급과 부분균열등급의 부재에 대해서는 비균열 단면해석에 의하여 콘크리트 단면의 응력을 해석하고, 설계기준에서 규정한 허용압축응력을 초과하지 않도록 한다. 완전균열등급의 부재는 부분긴장 프리스트레스트 콘크리트로서 사용하중상태에서 균열을 허용한다. 이 경우에는 철근콘크리트와 동일하게 취급하여 단면에 작용하는 응력을 검증할 필요가 없다. 따라서 응력해석도 수행할 필요가 없으며, 설계기준에서 이에 대한 허용응력도 규정하고 있지 않다.

응력 검토의 세 번째 하중 수준은 지속하중(sustained load)의 사용하중이다. 지속하중은 콘크리트의 크리프를 유발하는 하중으로서, 고정하중과 활하중의 일부가 포함된다. 지속하중조합의 하중 상태 L_{st}는 다음과 같이 나타낼 수 있다.

$$L_{st} = D + \alpha_{st} L \tag{6·2}$$

여기서, α_{st}는 지속되는 활하중의 크기를 설계활하중에 대한 비율로 나타낸 상수로서, 구조물의 용도와 활하중의 특성에 따라 값을 정할 수 있다. 즉, 활하중으로 작용하는 책의 무게가 지속하중으로 작용하는 도서관 건물과 같은 경우에는 상대적으로 큰 값의 α_{st}를 적용하며, 차량이 정체되는 기간이 짧아서 활하중으로 작용하는 설계트럭의 무게가 지속하중으로 작용한다고 볼 수 없는 교량과 같은 경우에는 작은 값의 α_{st}를 적용한다. 이 지속하중조합에 대한 응력검토는 전체사용하중에 대한 응력검증과 동일한 방법으로 수행한다. 다만, 이때의 허용압축응력은 전체사용하중에 대한 허용압축응력과는 다른 값으로 규정된다.

콘크리트 구조물의 처짐 검증은 일반적으로 활하중에 의한 단기처짐과 지속하중에 의한 장기처짐을 대상으로 한다. 프리스트레스트 콘크리트에서는 긴장력에 의한 솟음(camber), 즉 상향 변위(upward displacement)가 종종 문제 되므로, 이에 대한 검토가 필요하다. 솟음도 역시 단기하중작용과 장기하중작용을 고려하여야 한다. 처짐 해석은 부재강성(stiffness)의 결정이 매우 중요하므로, 균열 거동을 고려하여 단면2차모멘트를 결정하여야 한다. 즉, 고려하고 있는 하중상태에서 균열의 발생여부에 따라 부재강성이 결정되므로, 처짐에 대한 사용성능검증도 역시 부재 등급에 따라 구분하여 적용한다. 활하중에 의한 처짐을 해석할 때에는 고정하중에 활하중이 추가된 사용하중상태에 해당하므로, 비균열등급의 부재는 비균열 단면해석에 의하여 단면2차모멘트를 구하고 처짐을 해석한다. 부분균열등급과 완전균열등급의 부재에 대해서는 철근콘크리트와 동일하게 균열 단면해석에 의하여 부재강성을 결정하고 처짐을 구한다. 장기처짐에 대해서는 식 (6·2)로 나타낸 지속하중조합을 대상으로 시간 경과에 따른 처짐을 해석한다.

균열의 검증도 균열의 발생여부에 따라야 하므로 부재 등급에 따라 구분하여 검증한다. 비균열등급의 부재는 사용하중상태에서 균열이 발생하지 않는 부재로 취급하므로, 균열에 대한 검증이나 균열 제어가 필요하지 않다. 부분균열등급의 경우에는 사용하중상태에서 균열이 발생할 가능성이 있지만, 균열이 발생하더라도 매우 미미한 균열이므로 설계기준에서 균열에 대한 검증이나 균열 제어를 요구하지 않는다. 완전균열등급의 부재는 철근콘크리트와 동일하게 강재의 간격을 검토하는 방법이나 직접 균열폭을 계산하는 방법으로 균열을 검토하고 제어한다.

6.1.3 한계상태설계법 설계기준의 사용하중조합 및 설계등급

유럽형의 한계상태설계법을 기본 설계개념으로 하는 설계기준에서는 사용한계상태의 검증에 영구하중 G_k와 변동하중에 대한 조합값 $\psi_0 Q_k$, 주기값 $\psi_1 Q_k$, 준영구값 $\psi_2 Q_k$을 이용하여, 다음과 같이 특성하중조합(characteristic combination, 표준하중조합), 주기하중조합(frequent combination, 빈번하중조합), 준영구하중조합(quasi-permanent combination, 지속하중조합)의 세 가지를 적용한다. [3.2.2절 [7]항 참조]

$$E_d = \sum_{j\geq 1} G_{k,j} + Q_{k,1} + \sum_{i>1} \psi_{o,i}\, Q_{k,1} \tag{6·3}$$

$$E_d = \sum_{j\geq 1} G_{k,j} + \psi_{1,1}\, Q_{k,1} + \sum_{i>1} \psi_{2,i}\, Q_{k,i} \tag{6·4}$$

$$E_d = \sum_{j\geq 1} G_{k,j} + \sum_{i>1} \psi_{2,i}\, Q_{k,i} \tag{6·5}$$

표 6-2 적재하중과 풍하중이 작용하는 구조물의 사용한계상태 하중조합(Eurocode 2 Part 1-1)

구분	사용한계상태의 하중조합	검증 항목
특성 하중조합	$E_d = G_k + Q_{k,L} + 0.6\,Q_{k,W}$ $E_d = G_k + Q_{k,W} + 0.7\,Q_{k,L}$	- 콘크리트의 압축응력
주기 하중조합	$E_d = G_k + 0.5\,Q_{k,L}$ $E_d = G_k + 0.2\,Q_{k,W} + 0.3\,Q_{k,L}$	- 부착 긴장재가 배치된 프리스트레스트 콘크리트의 균열
준영구 하중조합	$E_d = G_k + 0.3\,Q_{k,L}$	- 처짐 - 철근콘크리트와 비부착 긴장재가 배치된 프리스트레스트 콘크리트의 균열 - 콘크리트의 압축응력

식 (6·3)의 특성하중조합은 콘크리트에 작용하는 압축응력의 한계상태 검증에 사용된다. 식 (6·4)의 주기하중조합은 부착 긴장재가 배치된 프리스트레스트 콘크리트에 발생하는 균열의 한계상태 검증에 사용된다. 식 (6·5)의 준영구하중조합은 구조물의 처짐의 한계상태 검증, 철근콘크리트와 비부착 긴장재가 배치된 프리스트레스트 콘크리트에 대한 균열의 한계상태 검증, 비선형 크리프를 제한하기 위한 콘크리트의 압축응력 한계상태 검증에 사용된다. 표 6-2는 Eurocode 2 Part 1-1[6.4]에 따라 적재하중과 풍하중이 작용하는 골조의 경우에 적용하는 사용한계상태의 하중조합 예를 나타낸다.

교량설계기준(한계상태설계법)[6.5]에서는 사용한계상태 하중조합으로 다음과 같은 다섯 가지를 정의하고 있다. [표 3-9 참조] 이들 중에서 사용한계상태 하중조합-II는 강구조물에 적용하며, 사용한계상태 하중조합-I, III, IV, V의 네 가지는 콘크리트 구조물에 적용한다.

① 사용한계상태 하중조합-I

이 하중조합은 정상적으로 교량을 사용하는 상태에서 작용할 가능성이 있는 모든 사용하중을 포함하는 하중조합이며, 교량의 설계 수명 동안 발생할 확률이 매우 작은 조합(rare combination)으로 특성하중조합 또는 표준하중조합(characteristic combination)의 의미를 가진다. 콘크리트 구조물의 고정하중 D, 프리스트레싱의 영향 PS, 크리프의 영향 CR, 수축의 영향 SH 등의 영구하중과 활하중 L, 충격하중 I, 풍하중 W 등의 변동하중을 고려한 하중조합은 다음과 같다. 여기서 풍하중에 대한 하중계수 0.3을 적용한 0.3 W은 25 m/s 풍속의 바람을 나타낸다.

$$A_{d,sI} = (D + PS + CR + SH) + (L + I) + 0.3\,W \tag{6·6}$$

② 사용한계상태 하중조합-II

이 하중조합은 차량하중에 의하여 강구조물에 발생할 수 있는 강재의 항복과 마찰이음부의 미끄러짐을 검증하기 위한 하중조합으로, 강구조물에만 적용된다. 이 하중조합은 강교량에 관한 초과하중규정에 해당한다. 강구조물의 고정하중 D, 활하중 L, 충격하중 I를 고려한 하중조합은 다음과 같다.

$$A_{d,sII} = D + 1.3(L + I) \tag{6·7}$$

③ 사용한계상태 하중조합-Ⅲ

이 하중조합은 설계 수명 동안 종종 발생할 수 있는 하중조합으로, 주기하중조합 또는 빈번하중조합(frequent combination)의 의미를 가진다. 이것은 차량하중의 80%를 고려하고, 환경적인 변동하중은 포함하지 않는 조합이다. 활하중에 대한 하중계수 0.8은 통계학적으로 2차로 교량에 대해서는 1년에 한 번, 3차로 이상의 교량에서는 덜 자주, 1차로 교량에서는 하루에 한 번 정도 일어나는 사건을 의미한다. 고정하중, 프리스트레싱의 영향, 크리프, 수축 등의 영구하중과 활하중과 충격하중 등의 변동하중을 고려한 하중조합은 다음과 같다.

$$A_{d,sIII} = (D + PS + CR + SH) + 0.8(L + I) \tag{6·8}$$

④ 사용한계상태 하중조합-Ⅳ

이 하중조합은 교량의 설계수명 동안 종종 발생 가능한 하중조합으로 교량 특성상 하부구조는 연직하중보다 수평하중에 노출될 때 더 위험하기 때문에 연직 활하중 대신에 수평 풍하중을 고려한 하중조합이다. 이 조합은 부착된 프리스트레스 강재가 배치된 하부구조의 사용성 검증에 사용한다. 주요 하중작용을 고려한 하중조합은 다음과 같으며, 풍하중에 대한 하중계수 0.7을 적용한 0.7 W은 135 km/h 풍속의 바람을 나타낸다. 이는 10년 평균 재현주기 풍하중에 대하여 프리스트레스트 콘크리트 기둥의 인장응력이 0이 되는 경우이다.

$$A_{d,sIV} = (D + PS + CR + SH) + 0.7\,W \tag{6·9}$$

⑤ 사용한계상태 하중조합-Ⅴ

이 하중조합은 구조물의 설계수명 동안 항상 작용하는 고정하중과 설계수명의 약 50%의 기간 동안 지속해서 작용하는 변동하중들의 조합으로, 준영구하중조합 또는 지속하중조합(quasi-permanent combination)의 의미를 가진다. 그러나 교량에서는 차량이 정체되는 기간이 매우 짧아서 활하중으로 작용하는 설계트럭의 무게가 지속하중으로 작용한다고 볼 수 없으므로, 다음과 같이 영구

표 6-3 교량설계기준(한계상태설계법)[6.5]의 노출 환경에 따른 최소 설계등급

노출 환경	최소 설계등급	
	부착 프리스트레싱	비부착 프리스트레싱 또는 철근콘크리트
건조 또는 영구적 수중 환경(E0, EC1)	D	E
부식성 환경 (습기 또는 물과 장기간 접촉되는 환경 : EC2, EC3, EC4)	C	E
고부식성 환경 (염화물 또는 해수에 노출되는 환경 : ES1, ES2, ES3, ES4)	B	E

하중만으로 조합한다.

$$A_{d,sV} = D + PS + CR + SH \tag{6·10}$$

교량설계기준(한계상태설계법)[6.5]에서는 콘크리트 교량에 대하여 A~E의 다섯 가지 설계등급을 규정하고 있다. 설계등급 A가 가장 엄격한 성능요구조건이며, 설계등급 E가 가장 완화된 성능요구조건이다. 이 설계등급은 콘크리트의 노출 환경에 따른 내구성 확보를 고려한 것으로, 표 6-3과 같이 최소한의 설계등급이 규정되어 있다.

최소한의 설계등급이란, 예를 들어서, 부착된 긴장재가 배치되는 부재가 부식성 환경에 노출되는 경우에는, 적어도 설계등급 C 이상으로서 A, B, C 중 하나로 설계하여야 한다는 뜻이다. 비부착 긴장재가 배치된 프리스트레스트 콘크리트와 철근콘크리트는 최소설계등급이 E이므로, A~E의 다섯 가지 설계등급 중 어느 것을 선택하여도 좋지만, 목표로 하고 있는 성능수준과 경제성을 고려하여 선정하는 것이 바람직하다.

A~E의 각 설계등급에 대해서는 표 6-4와 같이, 규정된 사용하중조합에서 영응력 한계상태와 균열폭 한계상태를 동시에 만족하도록 성능요구조건을 규정하고 있다. 영응력 한계상태는 감압상태(decompression)라고도 하며, 인장측 연단 콘크리트가 영응력이나 압축응력을 받는 상태로 정의되어 있다. 예를 들어, 설계등급 C로 설계하려면 지속하중조합인 사용한계상태 하중조합-V에서 인장측 연단 콘크리트가 영응력 한계상태를 만족하여야 하며, 사용한계상태 하중조합-III과 IV에서 콘크리트 연단 표면의 균열폭이 0.2 mm 이하가 되도록 균열폭 한계상태를 만족하여야 한다. 참고로 일반구조에 대한 Eurocode 2 part 1[6.4]은 영응력 한계상태의 검증 위치를 긴장재 주변 25 mm로 하고 있으며, 교량구조에 대한 Eurocode 2 part 2[6.6]는 영응력 한계상태의 검증 위치를 긴장재 주변 100 mm로 하고 있다. 영응력 한계상태의 검증 위치를 긴장재 주변 100 mm로 하면 설계자가 검증위치를 결정하여 응력을 해석하는 과정이 번거롭고, 또 최대 휨모멘트가 작용하는 단면에서는 그 위치가 인장측 연단과 크게 차

표 6-4 교량설계기준(한계상태설계법)[6.5]의 설계등급에 따른 하중조합 및 한계값

설계등급	영응력 한계상태	균열폭 한계상태	
	검증 하중조합	검증 하중조합	표면 한계균열폭
A	사용한계상태 하중조합-I	-	-
B	사용한계상태 하중조합-III/IV	사용한계상태 하중조합-I	0.2 mm
C	사용한계상태 하중조합-V	사용한계상태 하중조합-III/IV	0.2 mm
D	-	사용한계상태 하중조합-III/IV	0.2 mm
E	-	사용한계상태 하중조합-V	0.3 mm

이가 나지 않기 때문에, 교량설계기준(한계상태설계법)[6.5]에서는 인장측 연단을 기준으로 하였다.

영응력 한계상태에 대한 검증에서는 단면의 응력이 압축 상태임을 검증하는 것이므로, 비균열 단면해석에 의하여 응력을 구한다. 균열폭 한계상태에 대한 검증에서는 비균열 단면해석에 의한 응력으로 균열 발생 여부를 판단하고, 균열이 발생하는 경우에는 균열 단면해석에 의하여 균열폭을 구한다. 처짐 한계상태에 대해서는 지속하중조합인 사용한계상태 하중조합-V에서의 처짐이나, 필요에 따라서는 활하중에 의한 처짐을 구하고 처짐 한계상태를 만족하는지 검증한다. 이때의 처짐 해석은 검증 대상의 하중조합에서 균열의 발생 여부를 판정하고, 균열이 발생하는 경우라면 균열의 영향에 따른 강성저하를 고려하여 처짐을 계산하여야 한다.

6.2 휨 응력의 설계검증

6.2.1 비균열 단면의 휨 응력 해석

프리스트레스트 콘크리트 부재에서 경간 중앙부 단면의 하단에 배치된 프리스트레싱 강재에 긴장력이 도입되면, 부재 양단에 지점이 형성되면서 부재가 상향으로 솟게 된다. 따라서 부재 자중의 고정하중과 초기 긴장력에 의하여 그림 6-1과 같이 단면에 응력이 작용하게 되며, 단면의 상단과 하단의 응력은 다음과 같이 구할 수 있다.

$$f_{top} = \frac{P_i}{A_c} - \frac{P_i e_p}{I_g} y_t + \frac{M_D}{I_g} y_t = \frac{P_i}{A_c}\left(1 - \frac{e_p y_t}{r_c^2}\right) + \frac{M_D}{S_t} = \frac{P_i}{A_c} - \frac{P_i e_p}{S_t} + \frac{M_D}{S_t} \qquad (6 \cdot 11)$$

$$f_{bot} = \frac{P_i}{A_c} + \frac{P_i e_p}{I_g} y_b - \frac{M_D}{I_g} y_b = \frac{P_i}{A_c}\left(1 + \frac{e_p y_b}{r_c^2}\right) - \frac{M_D}{S_b} = \frac{P_i}{A_c} + \frac{P_i e_p}{S_b} - \frac{M_D}{S_b} \tag{6·12}$$

여기서, P_i : 초기 긴장력

A_c : 콘크리트 단면적

e_p : 단면 도심에 대한 긴장재의 편심거리

I_g : 균열이 발생하지 않은 전체 단면의 단면2차모멘트

y_t, y_b : 단면 도심으로부터 단면의 상단 및 하단까지의 거리

S_t, S_b : 단면의 상단 및 하단에 대한 단면상수($S = I_g/y$)

M_d : 고정하중에 의한 휨모멘트

r_c : 콘크리트 단면의 회전반지름

그림 6-1에 나타난 바와 같이 부재에 긴장력이 도입되면, 긴장재가 단면의 하단부에 배치된 경간 중앙부 단면은 긴장력에 의한 압축력과 편심작용에 의하여 단면 하단부가 압축응력을 받게 되고 상단은 인장응력을 받게 된다. 이와 동시에 자중이 작용하므로, 단면의 하부는 인장응력이 작용하고 상부는 압축력이 작용하게 된다. 이 두 응력분포는 응력해석의 과정 상 두 가지로 나눈 것일 뿐, 실제로는 동시에 작용하게 되므로 **그림 6-1**의 마지막 그림과 같은 응력분포를 갖게 된다. 일반적으로 설계된 부재는 이 단계에서 단면의 하단에 가장 큰 압축응력이 작용한다. **그림 6-1**에서 단면 상단은 인장응력이 작용하는 것으로 표현되어 있지만, 긴장재의 편심, 초기 긴장력, 고정하중에 의한 휨모멘트의 크기에 따라서는 단면 상단에 압축응력이 작용할 수도 있다.

단면 상단에 압축응력이 작용한다면 전체 단면이 압축상태로 균열이 발생하지 않으므로, 전체 단면에 대한 단면2차모멘트 I_g를 적용하여 응력을 해석하는 것이 타당하다. 단면 상단에 인장응력이 작용하는 경우라도 콘크리트의 인장강도보다 작은 인장응력이 작용한다면, 이때에도 역시 단면에 균열이

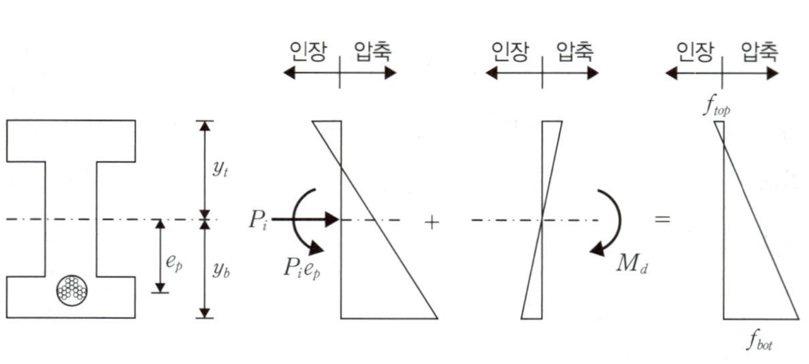

| 그림 6-1 | 초기 긴장력과 고정하중이 작용할 때의 응력분포

발생하지 않게 된다. 따라서 이 경우에도 전체 단면에 대한 단면2차모멘트 I_g를 적용하여 응력을 해석하는 것이 타당하다.

프리스트레스트 콘크리트 부재가 완공된 후 사용기간 동안에 부재에 가장 큰 응력이 작용할 때는, 모든 긴장력 손실이 발생한 유효 긴장력이 작용하는 상태에서 모든 고정하중과 활하중이 합해진 사용하중이 작용하는 때라고 할 수 있다. 이때 단면의 상단과 하단에 작용하는 응력은 다음과 같이 구할 수 있다.

$$f_{top} = \frac{P_e}{A_c} - \frac{P_e e_p}{S_t} + \frac{M_{tot}}{S_t} = \frac{P_e}{A_c}\left(1 - \frac{e_p y_t}{r_c^2}\right) + \frac{M_{tot}}{S_t} = \frac{P_e}{A_c} - \frac{P_e e_p}{S_t} + \frac{M_{tot}}{S_t} \tag{6·13}$$

$$f_{bot} = \frac{P_e}{A_c} + \frac{P_e e_p}{S_b} - \frac{M_{tot}}{S_b} = \frac{P_e}{A_c}\left(1 + \frac{e_p y_b}{r_c^2}\right) - \frac{M_{tot}}{S_b} = \frac{P_e}{A_c} + \frac{P_e e_p}{S_b} - \frac{M_{tot}}{S_b} \tag{6·14}$$

여기서, P_e : 유효 긴장력

M_{tot} : 모든 고정하중과 활하중에 의한 휨모멘트

그림 6-2는 이 단계에서 경간 중앙부 단면의 응력분포를 나타낸다. 단면에 유효 긴장력이 작용하므로, 초기 긴장력이 작용하는 그림 6-1에 비하여 긴장력에 의한 응력은 줄어든다. 하중에 의한 응력은 고정하중에 활하중까지 추가된 상태이므로, 상단의 압축응력과 하단의 인장응력이 그림 6-2와 같이 증가한다. 이 두 응력분포는 동시에 발생하므로, 그림 6-2의 마지막 그림과 같은 응력분포를 갖게 된다. 그림 6-2에서 단면 하단은 인장응력이 작용하는 것으로 표현되어 있지만, 긴장재의 편심, 유효 긴장력, 총하중에 의한 휨모멘트의 크기에 따라서는 단면 하단에 압축응력이 작용할 수도 있다.

단면 하단에 압축응력이 작용한다면 전체 단면이 압축상태가 되어 단면에 균열이 발생하지 않으므로, 전체 단면에 대한 단면2차모멘트 I_g를 적용하여 응력을 해석하는 것이 타당하다. 단면 하단에 인장

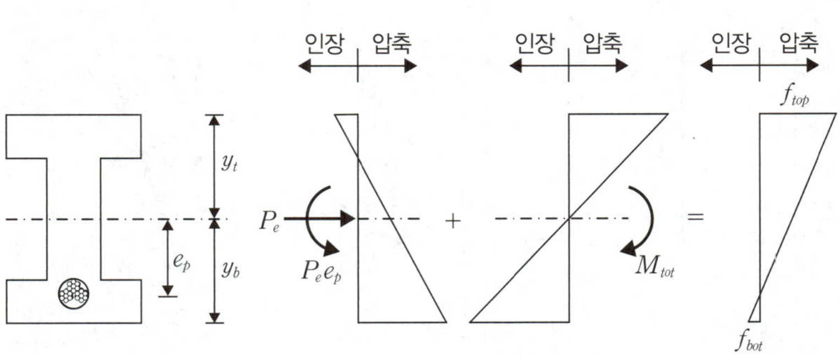

| 그림 6-2 | 유효 긴장력과 총하중이 작용할 때의 응력분포

응력이 작용하는 경우라도 콘크리트의 인장강도보다 작은 인장응력이 작용한다면, 이때에도 역시 단면에 균열이 발생하지 않게 된다. 따라서 이 경우에도 전체 단면에 대한 단면2차모멘트 I_g를 적용하여 응력을 해석하는 것이 타당하다.

만일 단면의 일부분에 인장응력이 작용하고 이 인장응력이 콘크리트의 파괴계수(인장강도, 균열강도)보다 크다면 균열이 발생하는 상태이므로, 균열 단면에 대한 응력해석으로 응력분포를 구하여야 한다.

6.2.2 균열 단면의 휨 응력 해석

균열이 발생한 단면의 응력은 평형방정식과 변형률 적합조건을 적용하여 해석하는데, 1.5.2절에 소개한 내력 개념과 기본적으로 동일한 것이다. 긴장력이 작용하는 프리스트레스트 콘크리트 단면에 대한 응력해석은 당연히 긴장력의 영향을 고려하여야 한다. 이 절에서는, [1] 프리스트레싱 강재만 배치된 프리스트레스트 콘크리트 단면, [2] 프리스트레싱 강재와 철근이 배치된 프리스트레스트 콘크리트 단면, [3] 프리스트레스를 가하지 않은 철근콘크리트 단면의 세 가지로 구분하여 응력해석 방법을 다룬다.

[1] 긴장재만 배치된 프리스트레스트 콘크리트의 균열단면 응력해석

그림 6-3은 긴장재만 배치된 프리스트레스트 콘크리트 직사각형 단면에 외력에 의한 휨모멘트가 작용하여 단면의 하단부에 균열이 발생하는 경우를 나타낸다. 사용하중 상태에서 압축연단에 작용하는 압축응력이 낮은 상태라면, 압축응력의 분포를 직선으로 가정할 수 있다. 따라서 그림 6-3(b)와 같이 압축연단에서 중립축까지의 깊이를 c 라고 하고 압축연단의 응력을 f_{top}이라고 하면, 콘크리트에 작용하는 압축력은 다음과 같다.

$$C = \frac{1}{2} f_{top}\, bc \tag{6·15}$$

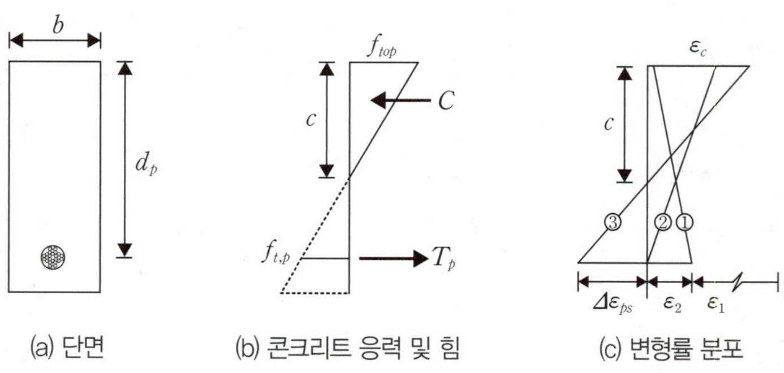

| 그림 6-3 | 긴장재만 배치된 프리스트레스트 콘크리트 단면의 균열 후 응력분포

인장응력을 받는 단면의 중립축의 아랫부분에서 인장응력이 콘크리트의 인장강도보다 작은 부분은 콘크리트가 인장응력에 저항하겠지만, 이 효과가 매우 미미하므로 이를 무시하면 인장력은 프리스트레싱 강재에만 작용한다. 프리스트레싱 강재는 그림 6-3(c)에 나타낸 바와 같이, 긴장력에 의하여 ε_1의 변형률이 발생한 상태에서, 하중작용에 의하여 긴장재 위치에서 ε_2의 변형률이 추가되면 콘크리트가 영응력 상태(감압상태, decompression)가 된다. 이때의 변형률은 5.3.1절에서 설명한 바와 같이, 다음의 식으로 구할 수 있다.

$$\varepsilon_1 = \varepsilon_{pe} = \frac{f_{pe}}{E_p} = \frac{P_e}{A_{ps}\,E_p} \tag{6·16}$$

$$\varepsilon_2 = \frac{f_2}{E_c} = \frac{P_e}{A_c\,E_c}\left(1+\frac{e_p^2}{r_c^2}\right) \tag{6·17}$$

영응력 상태까지 긴장재에 작용하는 응력 f_{dc}는 다음 식으로 구할 수 있다.

$$f_{dc} = (\varepsilon_1 + \varepsilon_2)\,E_p \tag{6·18}$$

영응력 상태 이후 하중이 증가하면 긴장재 위치의 콘크리트에 인장응력과 인장변형률이 발생하고, 하중이 더 증가하면 인장연단에 균열이 발생한다. 단면의 인장부에 균열이 발생한 후 긴장재 위치까지 균열이 진전되면 긴장재에는 $\Delta\,\varepsilon_{ps}$의 변형률이 추가로 발생된다. 이때 변형률 $\Delta\,\varepsilon_{ps}$는 콘크리트의 변형률과 같으므로, $\Delta\,\varepsilon_{ps}$의 변형률 증가로 인한 응력은 콘크리트로 환산한 응력 $f_{t,p}$에 탄성계수비 n을 곱하여 구할 수 있다. 즉, 그림 6-3(b)에 나타낸 환산단면적의 인장응력 $f_{t,p}$는 변형률 적합조건에 따른 삼각형의 닮은비를 이용하여, 다음과 같이 중립축의 깊이 c, 압축연단 응력 f_{top}, 유효깊이 d_p로 구할 수 있다.

$$f_{t,p} = f_{top}\,\frac{d_p - c}{c} \tag{6·19}$$

이 환산단면적의 인장응력 $f_{t,p}$를 긴장재의 응력 $\Delta\,f_{ps}$로 다시 환산하면 다음과 같다.

$$\Delta\,f_{ps} = n\,f_{t,p} = n\,f_{top}\,\frac{d_p - c}{c} \tag{6·20}$$

따라서 균열단면에서 긴장재에 작용하는 인장력은 변형률 ε_1, ε_2, $\Delta\,\varepsilon_{ps}$를 합한 총변형률에 의한 응력 f_{dc}와 $\Delta\,f_{ps}$에 긴장재의 단면적을 곱하여 다음과 같이 구할 수 있다.

$$T_p = (\Delta f_{ps} + f_{dc})\, A_{ps} = \left[n\left(f_{top} \frac{d_p - c}{c} \right) + f_{dc} \right] A_{ps} \tag{6·21}$$

이제 단면의 압축력과 인장력이 같다는 평형방정식을 다음과 같이 구할 수 있다.

$$C = T_p \tag{6·22}$$

$$\frac{1}{2} f_{top}\, bc = \left[n\left(f_{top} \frac{d_p - c}{c} \right) + f_{dc} \right] A_{ps} \tag{6·23}$$

또 단면에 외력으로 작용하는 휨모멘트를 M_s라고 하면, 이 외력 휨모멘트는 단면 내에서 저항하는 압축력과 인장력에 의한 내력 휨모멘트와 같으므로, 이 평형방정식은 다음과 같이 구할 수 있다.

$$M_s = [C \text{ 또는 } T_p] \times \left(d_p - \frac{c}{3} \right) \tag{6·24}$$

이제 식 (6·23)과 식 (6·24)의 두 방정식에 두 개의 미지수 c와 f_{top}가 있으므로, 이 연립방정식을 풀면 단면에 작용하는 응력을 구할 수 있다.

예제 6-1

그림 6-4의 포스트텐션 단면에 SWPC7BL 15.2 $mm(A_{ps1} = 138.7\ mm^2)$ 강연선 12가닥$(A_{ps} = 1{,}664\ mm^2)$이 배치되어 있다. 콘크리트의 설계기준압축강도 $f_{ck} = 35\ MPa$이고, 콘크리트의 탄성계수 $E_c = 28{,}800\ MPa$, 탄성계수비 $n = 6.9$, 콘크리트 단면적 $A_c = 480{,}000\ mm^2$, 단면2차모멘트 $I_g = 57.6 \times 10^9\ mm^4$, 단면의 회전반지름 $r_c^2 = 120{,}000\ mm^2$, 단면상수 $S_t = S_b = 96 \times 10^6\ mm^3$, 긴장재의 편심 $e_p = 400\ mm$, 그라우팅으로 부착된 텐던의 유효 긴장력 $P_e = 1{,}700\ kN$이다. 이 단면에 사용하중 휨모멘트 $M_s = 1{,}600\ kN \cdot m$가 작용할 때, 단면 상단의 콘크리트 응력, 영응력 이후에 긴장재에 작용하는 응력, 긴장재에 작용하는 총 응력을 계산하시오.

>>> 풀이

(1) 균열 발생 여부의 판정

휨모멘트에 대한 균열의 발생 여부는 두 가지 방법 중 하나를 선택하여 수행할 수 있다. 즉, 균열휨모멘트를 구하여 비교하는 방법과 전체단면이 응력에 저항하는 것으로 보고 응력을 해석하여 인장강도와 비교하는 방법이다. 콘크리트의 인장강도는 콘크리트구조설계기준이나 교량설계기준(한계상태설계법)에 따라 결정할 수 있다.

① 콘크리트의 인장강도

콘크리트구조설계기준에 따른 콘크리트의 인장강도는 콘크리트의 파괴계수로 식 (2·29)로부터

$$f_r = 0.63\lambda\sqrt{f_{ck}} = 0.63 \times 1.0 \times \sqrt{35} = 3.7\ MPa$$

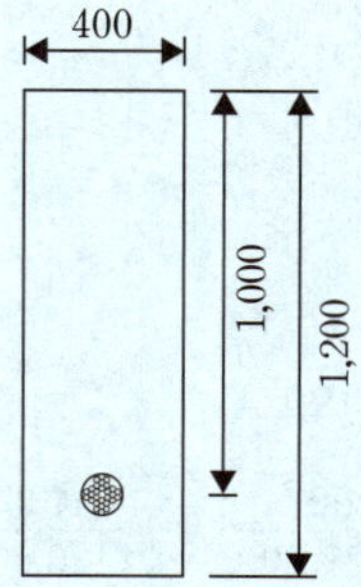

| 그림 6-4 | 예제 6-1의 프리스트레스트 콘크리트 단면

교량설계기준(한계상태설계법)에 따른 콘크리트의 인장강도는 콘크리트의 평균압축강도를 이용하여 구한다. 콘크리트의 평균압축강도는 식 (2·1)로부터

$$f_{cm} = f_{ck} + \Delta f = 35 + 4 = 39\ MPa$$

교량설계기준(한계상태설계법)에 따른 콘크리트의 평균인장강도는 식 (2·26)으로부터

$$f_{ctm} = 0.3(f_{cm})^{2/3} = 0.3 \times (39)^{2/3} = 3.5\ MPa$$

부재의 두께 h가 600 mm를 초과하므로, 크기효과가 영향을 주지 않는다.

콘크리트의 인장강도는 콘크리트구조설계기준에 따를 경우 3.7 MPa, 교량설계기준(한계상태설계법)에 따를 경우 3.5 MPa로 매우 유사하다. 이 예제에서는 콘크리트의 인장강도를 3.5 MPa로 보고 검토를 진행한다.

② 균열휨모멘트를 이용한 균열 발생 여부의 판정

균열휨모멘트를 식 (5·44)의 f_r에 f_{ctm}을 적용하여 구하면

$$\begin{aligned} M_{cr} &= f_{ctm} S_b + P_e\left(\frac{S_b}{A_c} + e_p\right) \\ &= \left[3.5 \times (96 \times 10^6) + 1{,}700(10^3) \times \left(\frac{96 \times 10^6}{480 \times 10^3} + 400\right)\right] / 10^6 \\ &= 336 + 1{,}020 = 1{,}356\ kN \cdot m \end{aligned}$$

사용하중 휨모멘트 1,600 $kN \cdot m$는 균열휨모멘트 1,356 $kN \cdot m$보다 크므로, 균열이 발생하는 하중상태이다.

③ 응력을 이용한 균열 발생 여부의 판정

단면전체가 응력에 저항한다고 가정하면, 단면 하단의 응력은 식 (6·14)로부터

$$\begin{aligned} f_{bot} &= \frac{P_e}{A_c} + \frac{P_e e_p}{S_b} - \frac{M_s}{S_b} \\ &= \frac{1{,}700(10)^3}{480(10)^3} + \frac{1{,}700(10)^3 \times 400}{96(10)^6} - \frac{1{,}600(10)^6}{96(10)^6} \\ &= 3.5 + 7.1 - 16.7 = -6.1\ MPa \ \text{(인장응력)} \end{aligned}$$

단면 하단의 인장응력 6.1 MPa은 콘크리트의 인장강도 3.5 MPa보다 크므로, 균열이 발생하는 하중상태이다.

(2) 균열단면의 응력해석

유효 긴장력에 의한 강재의 유효 인장응력은

$$f_{pe} = \frac{P_e}{A_{ps}} = \frac{1{,}700{,}000}{1{,}664} = 1{,}022\ MPa$$

유효 인장응력에 의한 강재의 변형률은 식 (5·1)로부터

$$\varepsilon_1 = \frac{f_{pe}}{E_p} = \frac{1{,}022}{200{,}000} = 0.00511$$

콘크리트 영응력 상태의 강재 변형률 식 (5·3)으로부터

$$\varepsilon_2 = \frac{P_e}{A_c E_c}\left(1+\frac{e_p^2}{r_c^2}\right) = \frac{1{,}700{,}000}{480{,}000\times 28{,}800}\left(1+\frac{400^2}{120{,}000}\right) = 0.00029$$

콘크리트 영응력 상태까지 긴장재에 작용하는 응력 f_{dc}는 식 (6·18)로부터

$$f_{dc} = (\varepsilon_1+\varepsilon_2)E_p = (0.00511+0.00029)\times 200{,}000 = 1{,}080\ MPa$$

단면 상단의 콘크리트 응력을 f_{top}이라고 하고 중립축의 깊이를 c라고 한다면, 직사각형 단면에 작용하는 압축력은 식 (6·15)로부터

$$C = \frac{1}{2}f_{top}\,bc = \frac{1}{2}f_{top}\times 400\times c = 200\,f_{top}\,c$$

외력 휨모멘트로 작용하는 휨모멘트 1,600 $kN\cdot m$는 콘크리트의 압축력과 긴장재의 인장력에 의한 내력 휨모멘트와 평형을 이루어야 하므로, 식 (6·24)로부터

$$M_s = C\left(d_p - \frac{c}{3}\right)$$

$$1{,}600(10)^6 = (200\,f_{top}\,c)\left(1{,}000 - \frac{c}{3}\right)$$

이 식을 f_{top}로 정리하고 식 ①이라고 하면

$$f_{top} = \frac{80(10)^6}{c\left(1{,}000 - \frac{c}{3}\right)} \qquad \text{[식 ①]}$$

한편, 긴장재에 작용하는 인장력은 식 (6·21)로부터

$$T_p = (\Delta f_{ps}+f_{dc})\,A_{ps} = \left[n\left(f_{top}\frac{d_p-c}{c}\right)+f_{dc}\right]A_{ps}$$

$$= \left[6.9\left(f_{top}\frac{1{,}000-c}{c}\right)+1{,}080\right]\times 1{,}664$$

콘크리트의 압축력과 긴장재의 인장력은 평형을 이루어야 하므로, 식 (6·22)로부터

$$C = T_p$$

$$200\,f_{top}\,c = \left[6.9\left(f_{top}\frac{1{,}000-c}{c}\right)+1{,}080\right]\times 1{,}664 \qquad \text{[식 ②]}$$

식 ①과 식 ②는 두 개의 미지수 f_{top}와 c를 포함하고 있다. 이 연립방정식을 풀기 위하여 식 ②의 f_{top}에 식 ①을 대입하고 정리한 후, 이 식을 식 ③이라고 하면

$$\frac{1.6(10)^9}{1{,}000 - \frac{c}{3}} = \frac{91.853(10)^9(1{,}000-c)}{c^2\left(1{,}000 - \frac{c}{3}\right)} + 1{,}797{,}100 \qquad \text{[식 ③]}$$

식 ③을 시산법(試算法, trial and error method)으로 풀어서 중립축 c를 다음과 같이 구하였다.

$$c = 553\ mm$$

중립축 c의 값을 식 ①에 대입하면, 콘크리트 압축연단의 응력은

$$f_{top} = \frac{8(10)^6}{c\left(1{,}000 - \frac{c}{3}\right)} = \frac{8(10)^6}{553\left(1{,}000 - \frac{553}{3}\right)} = 17.7\ MPa$$

긴장재 위치의 콘크리트가 영응력 상태가 된 이후에 긴장재에 작용하는 응력 Δf_{ps}는 식 (6·20)으로부터

$$\Delta f_{ps} = n f_{top} \frac{d_p - c}{c} = 6.9(17.7)\frac{1{,}000 - 553}{553} = 99\ MPa$$

따라서 사용하중 휨모멘트 1,600 $kN \cdot m$가 작용할 때 긴장재의 총응력 f_{ps}는

$$f_{ps} = f_{dc} + \Delta f_{ps} = 1{,}080 + 99 = 1{,}179\ MPa$$

이 응력은 SWPC7BL 강연선의 항복강도 1,680 MPa[표 5-1 참조]보다 작으므로, 사용하중 휨모멘트 1,600 $kN \cdot m$가 작용할 때 긴장재가 탄성 상태로 거동한다.

[2] 긴장재와 철근이 배치된 프리스트레스트 콘크리트의 균열단면 응력해석

그림 6-5는 긴장재와 철근이 배치된 프리스트레스트 콘크리트 직사각형 단면에 휨모멘트가 작용하여 단면의 하단부에 균열이 발생하는 경우를 나타낸다. 앞의 [1]에서 다룬, 긴장재만 배치된 경우와 동일하게 압축연단에서 중립축까지의 깊이를 c라고 하고 압축연단의 응력을 f_{top}이라고 하면, 앞의 [1]에서 설명한 앞의 식 (6·15)에서 식 (6·21)까지를 동일하게 적용할 수 있다. 이 식들을 다시 표현하면 다음과 같다.

$$C = \frac{1}{2} f_{top}\, bc \tag{6·15}$$

$$\varepsilon_1 = \varepsilon_{pe} = \frac{f_{pe}}{E_p} = \frac{P_e}{A_{ps} E_p} \tag{6·16}$$

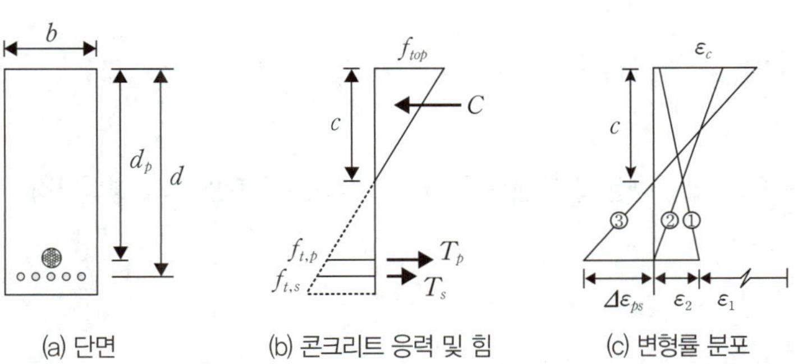

| 그림 6-5 | 긴장재와 철근이 배치된 단면의 균열 후 응력분포

$$\varepsilon_2 = \frac{f_2}{E_c} = \frac{P_e}{A_c E_c}\left(1+\frac{e_p^2}{r_c^2}\right) \tag{6·17}$$

$$f_{dc} = (\varepsilon_1+\varepsilon_2)E_p \tag{6·18}$$

$$f_{t,p} = f_{top}\frac{d_p - c}{c} \tag{6·19}$$

$$\Delta f_{ps} = n f_{t,p} = n f_{top}\frac{d_p - c}{c} \tag{6·20}$$

$$T_p = (\Delta f_{ps}+f_{dc})\, A_{ps} = \left[n\left(f_{top}\frac{d_p-c}{c}\right)+f_{dc}\right]A_{ps} \tag{6·21}$$

여기에 단면적이 A_s인 인장철근이 유효깊이 d의 위치에 배치되어 있으므로, 긴장재에 대하여 유도하였던 앞의 식 (6·19)에서 식 (6·21)까지와 동일한 방법으로, 콘크리트로 환산한 인장응력 $f_{t,s}$, 철근의 인장응력 f_s, 철근의 인장력 T_s를 다음과 같이 구할 수 있다.

$$f_{t,s} = f_{top}\frac{d-c}{c} \tag{6·25}$$

$$f_s = n f_{t,s} = n f_{top}\frac{d-c}{c} \tag{6·26}$$

$$T_s = f_s A_s = n f_{top}\left(\frac{d-c}{c}\right) A_s \tag{6·27}$$

단면에 작용하는 압축력과 인장력이 같다는 평형방정식은 다음과 같다.

$$C = T_p + T_s \tag{6·28}$$

$$\frac{1}{2} f_{top}\, bc = \left[n\left(f_{top}\frac{d_p-c}{c}\right)+f_{dc}\right]A_{ps} + n f_{top}\left(\frac{d-c}{c}\right) A_s \tag{6·29}$$

한편 단면에 외력으로 작용하는 휨모멘트를 M_s라고 하면, 휨모멘트의 평형방정식은 다음과 같이 구할 수 있다.

$$M_s = T_p\left(d_p - \frac{c}{3}\right) + T_s\left(d - \frac{c}{3}\right) \tag{6·30}$$

이제 식 (6·29)와 식 (6·30)의 두 방정식에 두 개의 미지수 c와 f_{top}가 있으므로, 이 연립방정식을 풀면 단면에 작용하는 응력을 구할 수 있다.

예제 6-2

그림 6-6의 포스트텐션 직사각형 단면에 SWPC7BL 15.2 mm($A_{ps1} = 138.7\ mm^2$) 강연선 9가닥($A_{ps} = 1,248\ mm^2$)과 SD400의 D22 철근 5개($A_s = 1,935\ mm^2$)가 배치되어 있다. 콘크리트의 설계기준압축강도 $f_{ck} = 35\ MPa$이고, 콘크리트의 탄성계수 $E_c = 28,800\ MPa$, 탄성계수비 $n = 6.9$, 콘크리트 단면적 $A_c = 480,000\ mm^2$, 단면2차모멘트 $I_g = 57.6 \times 10^9\ mm^4$, 단면의 회전반지름 $r_c^2 = 120,000\ mm^2$, 단면상수 $S_t = S_b = 96 \times 10^6\ mm^3$, 긴장재의 편심 $e_p = 400\ mm$, 그라우팅으로 부착된 텐던의 유효 긴장력 $P_e = 1,275\ kN$이다. 이 단면에 사용하중 휨모멘트 $M_s = 1,600\ kN \cdot m$가 작용할 때, 단면 상단의 콘크리트 응력, 영응력 이후에 긴장재에 작용하는 응력, 긴장재에 작용하는 총 응력을 계산하시오.

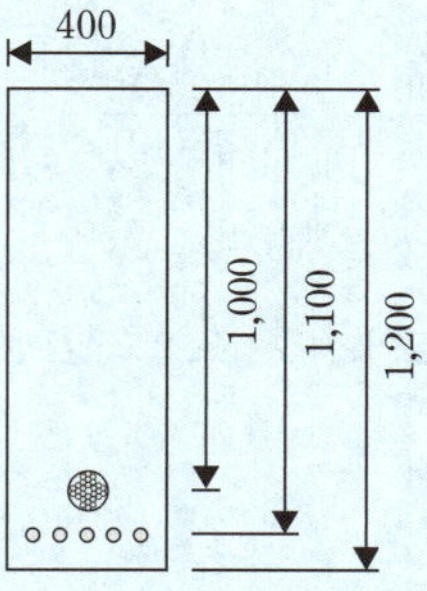

| 그림 6-6 | 예제 6-2의 프리스트레스트 콘크리트 단면

>>> 풀이

(1) 균열 발생 여부의 판정

① 콘크리트의 인장강도

콘크리트구조설계기준에 따른 콘크리트의 인장강도는 콘크리트의 파괴계수로 식 (2·29)로부터

$$f_r = 0.63\lambda\sqrt{f_{ck}} = 0.63 \times 1.0 \times \sqrt{35} = 3.7\ MPa$$

교량설계기준(한계상태설계법)에 따른 콘크리트의 인장강도는 콘크리트의 평균압축강도를 이용하여 구한다. 콘크리트의 평균압축강도는 식 (2·1)로부터

$$f_{cm} = f_{ck} + \Delta f = 35 + 4 = 39\ MPa$$

교량설계기준(한계상태설계법)에 따른 콘크리트 평균인장강도는 식 (2·26)으로부터

$$f_{ctm} = 0.3(f_m)^{2/3} = 0.3 \times (39)^{2/3} = 3.5\ MPa$$

부재의 두께 h가 600 mm를 초과하므로, 크기효과가 영향을 주지 않는다.

콘크리트의 인장강도는 콘크리트구조설계기준에 따를 경우 3.7 MPa, 교량설계기준(한계상태설계법)에 따를 경우 3.5 MPa로 매우 유사하다. 이 예제에서는 콘크리트의 인장강도를 3.5 MPa로 보고 검토를 진행한다.

② 균열휨모멘트를 이용한 균열 발생 여부의 판정

균열휨모멘트를 식 (5·44)의 f_r에 f_{ctm}을 적용하여 구하면

$$M_{cr} = f_{ctm}\,S_b + P_e\left(\frac{S_b}{A_c} + e_p\right)$$

$$= \left[3.5\times(96\times10)^6 + 1{,}275(10)^3\times\left(\frac{96\times10^6}{480\times10^3} + 400\right)\right]/10^6$$

$$= 336 + 765 = 1{,}101\,kN\cdot m$$

사용하중 휨모멘트 1,600 $kN\cdot m$는 균열휨모멘트 1,101 $kN\cdot m$보다 크므로, 균열이 발생하는 하중상태이다.

③ 응력을 이용한 균열 발생 여부의 판정

단면전체가 응력에 저항한다고 가정하면, 단면 하단의 응력은 식 (6·14)로부터

$$f_{bot} = \frac{P_e}{A_c} + \frac{P_e\,e_p}{S_b} - \frac{M_s}{S_b}$$

$$= \frac{1{,}275(10)^3}{480(10)^3} + \frac{1{,}275(10)^3\times400}{96(10)^6} - \frac{1{,}600(10)^6}{96(10)^6}$$

$$= 2.7 + 5.3 - 16.7 = -8.7\ MPa\ (\text{인장응력})$$

단면 하단의 인장응력 8.7 MPa은 콘크리트의 인장강도 3.5 MPa보다 크므로, 균열이 발생하는 하중상태이다.

(2) 균열단면의 응력해석

유효 긴장력에 의한 강재의 유효 인장응력은

$$f_{pe} = \frac{P_e}{A_{ps}} = \frac{1{,}275{,}000}{1{,}248} = 1{,}022\ MPa$$

유효 인장응력에 의한 강재의 변형률은 식 (5·1)로부터

$$\varepsilon_1 = \frac{f_{pe}}{E_p} = \frac{1{,}022}{200{,}000} = 0.00511$$

콘크리트 영응력 상태의 강재 변형률 식 (5·3)으로부터

$$\varepsilon_2 = \frac{P_e}{A_c\,E_c}\left(1 + \frac{e_p^2}{r_c^2}\right) = \frac{1{,}2750{,}000}{480{,}000\times28{,}800}\left(1 + \frac{400^2}{120{,}000}\right) = 0.00022$$

콘크리트 영응력 상태까지 긴장재에 작용하는 응력 f_{dc}는 식 (6·18)로부터

$$f_{dc} = (\varepsilon_1 + \varepsilon_2)E_p = (0.00511 + 0.00022)\times200{,}000 = 1{,}066\ MPa$$

단면 상단의 콘크리트 응력을 f_{top}라고 하고 중립축의 깊이를 c라고 한다면, 직사각형 단면에 작용하는 압축력은 식 (6·15)로부터

$$C = \frac{1}{2}f_{top}\,bc = \frac{1}{2}f_{top}\times400\times c = 200\,f_{top}\,c$$

한편, 긴장재에 작용하는 인장력은 식 (6·21)로부터

$$T_p = (\Delta f_{ps} + f_{dc})\,A_{ps} = \left[n\left(f_{top}\frac{d_p - c}{c}\right) + f_{dc}\right]A_{ps}$$

$$= \left[6.9\left(f_{top}\frac{1{,}000 - c}{c}\right) + 1{,}066\right] \times 1{,}248$$

$$= 8{,}611\left(f_{top}\frac{1{,}000 - c}{c}\right) + 1{,}330{,}400$$

인장철근에 작용하는 인장력은 식 (6·27)로부터

$$T_s = f_s\,A_s = n\,f_{top}\left(\frac{d-c}{c}\right)A_s$$

$$= 6.9\left(f_{top}\frac{1{,}000 - c}{c}\right) \times 1{,}935 = 13{,}352\left(f_{top}\frac{1{,}100 - c}{c}\right)$$

콘크리트의 압축력과 긴장재의 인장력은 평형을 이루어야 하므로, 식 (6·28)로부터

$$C = T_p + T_s$$

$$200\,f_{top}\,c = 8{,}611\left(f_{top}\frac{1{,}000 - c}{c}\right) + 1{,}330{,}400 + 13{,}352\left(f_{top}\frac{1{,}100 - c}{c}\right)$$

이 식을 f_{top} 으로 정리하면

$$f_{top} = \frac{1{,}330{,}400}{200c - 8{,}611\left(\frac{1{,}000 - c}{c}\right) - 13{,}352\left(\frac{1{,}100 - c}{c}\right)} \qquad \text{[식 ①]}$$

외력 휨모멘트는 다음과 같이 사용하중에 의한 휨모멘트 1,600 $kN \cdot m$와 같다.

$$M_{ext} = M_s = 1{,}600\,kN \cdot m$$

내력 휨모멘트는 식 (6·30)으로부터

$$M_{int} = T_p\left(d_p - \frac{c}{3}\right) + T_s\left(d - \frac{c}{3}\right)$$

$$= \left[8{,}611\left(f_{top}\frac{1{,}000 - c}{c}\right) + 1{,}330{,}400\right]\left(1{,}000 - \frac{c}{3}\right)$$

$$+ 13{,}352\left(f_{top}\frac{1{,}100 - c}{c}\right)\left(1{,}100 - \frac{c}{3}\right) \qquad \text{[식 ②]}$$

식 ①과 식 ②는 두 개의 미지수 f_{top}와 c를 포함하고 있다. 이 연립방정식을 풀기 위하여, 중립축 c의 값을 가정하여 식 ①로서 f_{top}을 구하고 나서, 두 값을 식 ②에 대입하여 얻은 내력 휨모멘트의 값이 외력 휨모멘트 1,600 $kN \cdot m$와 같은 값이 될 때까지 시산법(試算法, trial and error method)으로 해를 구한다.

- 1차시도 : 중립축 c를 500 mm로 가정하면 f_{top}은 식 ①로부터

$$f_{top} = \frac{1{,}330{,}400}{200c - 8{,}611\left(\frac{1{,}000 - c}{c}\right) - 13{,}352\left(\frac{1{,}100 - c}{c}\right)}$$

$$= \frac{1{,}330{,}400}{200 \times 500 - 8{,}611\left(\frac{1{,}000 - 500}{500}\right) - 13{,}352\left(\frac{1{,}100 - 500}{500}\right)}$$

$$= 17.7\,MPa$$

식 ②에 c의 값과 f_{top}의 값을 대입하면

$$M_{int}=\left[8{,}611\left(f_{top}\frac{1{,}000-c}{c}\right)+1{,}330{,}400\right]\left(1{,}000-\frac{c}{3}\right)+13{,}352\left(f_{top}\frac{1{,}100-c}{c}\right)\left(1{,}100-\frac{c}{3}\right)$$

$$=\left[8{,}611\times17.7\times\frac{1{,}000-500}{500}+1{,}330{,}400\right]\times\left(1{,}000-\frac{500}{3}\right)$$

$$+13{,}352\times17.7\times\frac{1{,}100-500}{500}\times\left(1{,}100-\frac{500}{3}\right)$$

$$=1{,}500\,kN\cdot m$$

이 값은 외력 휨모멘트 1,600 $kN\cdot m$와 같지 않다.

• 2차시도 : 중립축 c를 450 mm로 가정하면 f_{top}은 식 ①로부터

$$f_{top}=\frac{1{,}330{,}400}{200\times450-8{,}611\left(\frac{1{,}000-450}{450}\right)-13{,}352\left(\frac{1{,}100-450}{450}\right)}$$

$$=22.1\,MPa$$

식 ②에 c의 값과 f_{top}의 값을 대입하면

$$M_{int}=\left[8{,}611\times22.1\times\frac{1{,}000-450}{450}+1{,}330{,}400\right]\left(1{,}000-\frac{450}{3}\right)$$

$$+13{,}352\times22.1\times\frac{1{,}100-450}{450}\times\left(1{,}100-\frac{450}{3}\right)$$

$$=1{,}733\,kN\cdot m$$

이 값은 외력 휨모멘트 1,600 $kN\cdot m$와 같지 않다.

• 3차시도 : 중립축 c를 475 mm로 가정하면 f_{top}은 식 ①로부터

$$f_{top}=\frac{1{,}330{,}400}{200\times475-8{,}611\left(\frac{1{,}000-475}{475}\right)+13{,}352\left(\frac{1{,}100-475}{475}\right)}$$

$$=19.6\,MPa$$

식 ②에 c의 값과 f_{top}의 값을 대입하면

$$M_{int}=\left[8{,}611\times19.6\times\frac{1{,}000-475}{475}+1{,}330{,}400\right]\left(1{,}000-\frac{475}{3}\right)$$

$$+13{,}352\times19.6\times\frac{1{,}100-475}{475}\times\left(1{,}100-\frac{475}{3}\right)$$

$$=1{,}601\,kN\cdot m$$

이 값은 외력 휨모멘트 1,600 $kN\cdot m$와 거의 동일하다.

따라서 $c=475\,mm$이고 $f_{top}=19.6\,MPa$ 이다.

긴장재 위치의 콘크리트가 영응력 상태가 된 이후에 긴장재에 작용하는 응력 Δf_{ps}는 식 (6·20)으로부터

$$\Delta f_{ps}=n\,f_{top}\frac{d_p-c}{c}=6.9(19.6)\,\frac{1{,}000-475}{475}=149\,MPa$$

따라서 사용하중 휨모멘트 1,600 $kN\cdot m$가 작용할 때 긴장재의 총응력 f_{ps}는

$$f_{ps}=f_{dc}+\Delta f_{ps}=1{,}066+149=1{,}215\,MPa$$

이 응력은 SWPC7BL 강연선의 항복강도 1,680 MPa[표 5-1 참조]보다 작으므로, 사용하중 휨모멘트

1,600 $kN \cdot m$가 작용할 때 긴장재가 탄성 상태로 거동한다.

인장철근에 작용하는 응력 f_s는 식 (6·26)으로부터

$$f_s = n f_{top}\left(\frac{d-c}{c}\right) = 6.9(19.6)\ \frac{1{,}100-475}{475} = 178\ MPa$$

이 응력은 항복강도 400 MPa보다 작으므로, 인장철근이 탄성 상태로 거동한다.

[3] 철근콘크리트의 균열단면 응력해석

그림 6-7은 철근콘크리트 직사각형 단면에 외력의 휨모멘트가 작용하여 단면 하단에 균열이 발생하는 경우를 나타낸다. 앞의 [2]에서 다룬 긴장재와 인장철근이 배치된 경우와 동일하게, 중립축의 깊이를 c라고 하고 압축연단의 응력을 f_{top}이라고 하면, 앞의 [2]에서 설명한 앞의 식 (6·15), 식 (6·26), 식 (6·27)을 동일하게 적용하여 콘크리트에 작용하는 압축력 C, 철근의 인장응력 f_s, 철근의 인장력 T_s를 구할 수 있다.

$$C = \frac{1}{2} f_{top}\, bc \tag{6·15}$$

$$f_s = n f_{t,s} = n f_{top}\frac{d-c}{c} \tag{6·26}$$

$$T_s = f_s A_s = n f_{top}\left(\frac{d-c}{c}\right) A_s \tag{6·27}$$

단면에 작용하는 압축력과 인장력이 같다는 평형방정식은 다음과 같다.

$$C = T_s \tag{6·31}$$

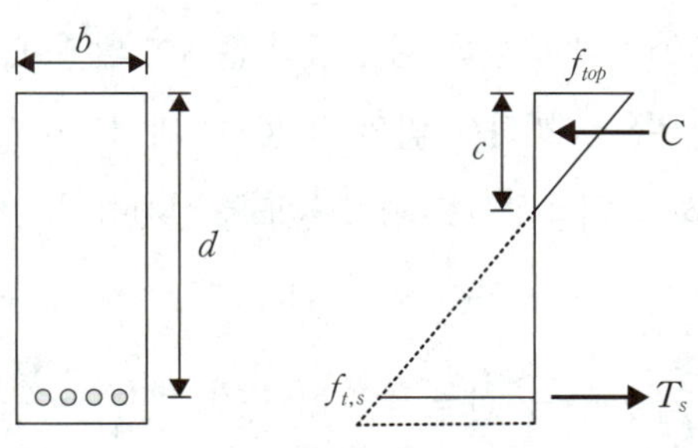

(a) 단면 (b) 콘크리트 응력 및 힘

| 그림 6-7 | 철근 콘크리트 단면의 균열 후 응력분포

$$\frac{1}{2} f_{top}\, bc = n\, f_{top} \left(\frac{d-c}{c} \right) A_s \tag{6·32}$$

이 식의 양변에 있는 f_{top}을 소거하고 나서 다음과 같이 정리할 수 있다.

$$\frac{1}{2} bc^2 = n\, A_s\, (d-c) \tag{6·33}$$

이 방정식은 중립축 위에서 압축응력을 받는 콘크리트 단면의 단면1차모멘트와 콘크리트로 환산한 인장철근의 단면1차모멘트가 같다는 것으로 세운 방정식과 동일한 것이다. 이 방정식은 중립축 c에 대한 2차방정식이므로, 이 해는 쉽게 구할 수 있다.

한편, 단면에 외력으로 작용하는 휨모멘트를 M_s라고 하면 휨모멘트의 평형방정식은 다음과 같으므로, 식 (6·33)의 해로 구한 중립축 c, 외력 휨모멘트 M_s, 유효 깊이 d의 값을 대입하여 철근의 인장력 T_s를 구할 수 있다.

$$M_s = T_s \left(d - \frac{c}{3} \right) \tag{6·34}$$

T_s를 알면 식 (6·27)로 철근 응력 f_s와 콘크리트 압축연단 응력 f_{top}를 구할 수 있다.

6.2.3 강도설계법 설계기준의 휨 허용응력 검증

강도설계법을 기본 설계개념으로 하는 콘크리트구조설계기준,[6.1] 도로교설계기준(2010),[6.2] ACI 318 Code[6.3]는 기본적으로 휨 응력에 대한 사용한계상태 검증의 설계기준이 동일하며, 이것은 한계상태설계법을 기본 설계개념으로 하는 설계기준에서도 동일하다. 이들 설계기준에서는 프리스트레스를 도입한 직후와 사용하중이 작용하는 상태의 두 가지 단계로 나누어 응력을 검증하도록 하고 있다.

프리스트레스를 도입한 직후의 상태에 대해서는, 즉시 손실이 발생한 후 단면에 작용하는 초기 긴장력과 자중 등의 고정하중의 작용을 고려하여 앞의 식 (6·11)과 식 (6·12)로 단면 상단과 하단의 응력을 구하고, 설계기준에서 규정하는 허용응력을 넘지 않도록 설계하여야 한다.

$$f_{top} = \frac{P_i}{A_c} - \frac{P_i\, e_p}{I_g} y_t + \frac{M_D}{I_g} y_t = \frac{P_i}{A_c}\left(1 - \frac{e_p\, y_t}{r_c^2}\right) + \frac{M_D}{S_t} = \frac{P_i}{A_c} - \frac{P_i\, e_p}{S_t} + \frac{M_D}{S_t} \tag{6·11}$$

$$f_{bot} = \frac{P_i}{A_c} + \frac{P_i\, e_p}{I_g} y_b - \frac{M_D}{I_g} y_b = \frac{P_i}{A_c}\left(1 + \frac{e_p\, y_b}{r_c^2}\right) - \frac{M_D}{S_t} = \frac{P_i}{A_c} + \frac{P_i\, e_p}{S_b} - \frac{M_D}{S_b} \tag{6·12}$$

프리스트레스를 도입한 직후의 상태에 대하여, 설계기준은 부재의 위치에 따라 콘크리트의 허용압축응력을 $0.6f_{ci}$ 또는 $0.7f_{ci}$로 규정하고 있다. 여기서 f_{ci}는 긴장력이 도입되는 시점에서의 콘크리트 압축강도이다. 일반적으로 콘크리트에 압축강도의 0.7배 내외의 압축응력이 작용하면, 부재 내부에서 골재와 시멘트 풀 사이에 미세한 균열이 발생한다. 이 미세한 균열은 응력작용방향에 평행한 종방향 균열로 진전되어 나타난다. 이러한 균열은 콘크리트 압축응력과 변형률 관계가 비선형으로 나타나는 원인이 되며,[2.1.4절 참조] 또한 내투수성을 감소시켜서 구조물의 내구성을 저하시키는 원인이 될 수 있다. 그러나 프리스트레스가 도입되는 시점은 긴장력이 최대이고 콘크리트의 압축강도가 높지 않은 상태로서 구조물의 사용 기간 중 심각한 문제가 발생할 수 있는 상태이기는 하지만, 이런 상태가 오래 지속되지는 않는다. 그 이유는, 긴장력 도입은 일반적으로 초기 재령에 시행되므로 콘크리트의 압축강도가 계속 증가하는 시기에 해당되고, 또 시간이 경과함에 따라 긴장력이 감소하여 긴장력에 의한 압축응력이 서서히 감소되기 때문이다. 따라서 이 상태에 대한 허용응력을 매우 낮은 응력수준으로 정할 필요는 없으므로, 설계기준에서는 $0.6f_{ci}$ 또는 $0.7f_{ci}$를 허용압축응력으로 한 것이다.

긴장력 도입 직후에 발생하는 휨인장응력에 대하여는, 부재의 위치에 따라 콘크리트의 허용응력을 $0.25\sqrt{f_{ci}}$ 또는 $0.50\sqrt{f_{ci}}$로 규정하고 있다. 강도설계법의 설계기준에서는 콘크리트의 인장강도를 압축강도의 1/2 제곱으로 취한 값의 0.63배로 하고 있으므로, 이 허용인장응력들은 콘크리트의 인장강도보다 작은 값이다. 따라서 긴장력이 도입되는 과정이나 도입된 직후에는 단면에 균열이 발생하지 않도록 하려는 의도가 있는 것이다.

한편 일반적으로 단순지지부재의 단부는 외력에 의한 휨모멘트가 작용하지 않는 지점이므로, 외력에 의한 휨모멘트가 작용하는 부분에 비하여 허용응력을 다소 높게 하여도 큰 문제가 없기 때문에 $0.50\sqrt{f_{ci}}$로 규정하고 있다.

표 6-5는 프리스트레스 도입 직후와 사용하중상태에서의 허용응력과 적용 범위를 정리한 것이다. **표 6-5**에 나타난 바와 같이, 프리스트레스 도입 직후의 응력 검증은 긴장력 도입 시기의 고정하중을 대상으로 모든 등급의 단면에 대해 동일한 기준을 적용하지만, 사용하중 상태에 대한 휨 응력의 검증은 사용하중의 수준과 균열에 대한 단면의 등급을 구분하여 수행한다.

사용하중상태에 대한 응력 검증은 구조물의 사용수명 동안 최소값을 나타내는 유효 긴장력 P_e를 기준으로 하여, 앞의 식 (6·13)과 식 (6·14)로 사용하중에 의한 단면 상단과 하단의 응력을 구하고, 설계기준에서 규정하는 허용응력을 넘지 않도록 설계하여야 한다.

$$f_{top} = \frac{P_e}{A_c} - \frac{P_e e_p}{S_t} + \frac{M_{tot}}{S_t} = \frac{P_e}{A_c}\left(1 - \frac{e_p y_t}{r_c^2}\right) + \frac{M_{tot}}{S_t} = \frac{P_e}{A_c} - \frac{P_e e_p}{S_t} + \frac{M_{tot}}{S_t} \qquad (6\cdot 13)$$

표 6-5 콘크리트구조설계기준과 ACI 318 Code의 콘크리트 허용응력

적용 범위	긴장력	검증 응력	하중상태	허용응력 (MPa)	적용 대상
긴장력 도입 직후	P_i	휨압축응력	긴장력 도입 시기의 고정하중	$0.6f_{ci}$	단순지지부재 단부 이외의 부분에서 모든 등급의 단면
				$0.7f_{ci}$	단순지지부재 단부에서 모든 등급의 단면
		휨인장응력	긴장력 도입 시기의 고정하중	$0.25\sqrt{f_{ci}}$	단순지지부재 단부 이외의 부분에서 모든 등급의 단면
				$0.50\sqrt{f_{ci}}$	단순지지부재 단부에서 모든 등급의 단면
사용 하중 상태	P_e	휨압축응력	지속하중	$0.45f_{ck}$	비균열등급 단면, 부분균열등급 단면
			전체 사용하중	$0.6f_{ck}$	비균열등급 단면, 부분균열등급 단면
		휨인장응력	전체 사용하중	$0.63\sqrt{f_{ck}}$	비균열등급 단면
				$1.0\sqrt{f_{ck}}$	부분균열등급 단면
				조건 없음	균열등급 단면

$$f_{bot}=\frac{P_e}{A_c}+\frac{P_e\,e_p}{S_b}-\frac{M_{tot}}{S_b}=\frac{P_e}{A_c}\left(1+\frac{e_p\,y_b}{r_c^2}\right)-\frac{M_{tot}}{S_b}=\frac{P_e}{A_c}+\frac{P_e\,e_p}{S_b}-\frac{M_{tot}}{S_b} \quad (6\cdot 14)$$

이때 이 식들에서 M_{tot}로 나타낸 사용하중 휨모멘트는, 사용하중 수준을 지속하중(sustained load)과 전체사용하중(total service load)의 두 단계로 구분하여 결정한 휨모멘트로서 두 단계의 하중 수준에 대한 응력검증을 수행한다. 여기서 지속하중은 6.1.2절에서 앞의 식 (6·2)로 나타낸 하중조합을 말한다. 이 지속하중조합은 콘크리트의 크리프를 유발하는 하중으로서, 고정하중과 지속 활하중으로 작용하는 활하중의 일부가 포함된다. 여기서, α_{st}는 지속되는 활하중의 크기를 설계활하중에 대한 비율로 나타낸 상수로서, 구조물의 용도와 활하중의 특성에 따라 값을 정할 수 있다.

$$L_{st}=D+\alpha_{st}L \quad (6\cdot 2)$$

식 (6·2)의 지속하중(sustained load)에 의하여 단면에 작용하는 휨압축응력을 구하고, 이 응력이 표 6-5의 허용응력 $0.45f_{ck}$를 초과하지 않는지 검증하여야 한다. 여기서 f_{ck}는 일반적으로 재령 28일을 기준으로 한 설계기준압축강도이다. 이때의 허용응력을 $0.45f_{ck}$로 규정한 것은 비선형 크리프(nonlinear creep) 현상이 발생하지 않도록 제한하려는 의도이다. 콘크리트의 크리프는 콘크리트 고유의 특성으로 장기변형을 유발하는 원인인데, 압축응력이 높은 상태에서는 응력이 증가할수록 더 큰 비율로 크리프 변형률이 증가하여 선형 크리프 계수 값보다 큰 값을 갖는다. 이러한 현상을 비선형 크리프라고 한다. [2.1.9절 참조] 크리프 계수가 커지면 압축부 콘크리트의 변형이 크게 증가하게 되고, 이에 따라 프리스트레스트 콘크리트 부재에 변형이 커지는 바람직하지 않은 현상이 발생한다. 따라서 지속하중상태에서 콘크리트의 장기 변형이 크게 발생하지 않도록 제한하기 위하여 허용응력을 $0.45f_{ck}$로 규정한 것이다. 콘크리트구조설계기준,[6.1] 도로교설계기준(2010),[6.2] ACI 318 Code[6.3]는 이와 같은 지속하중에 대한 응력의 검증을 비균열등급의 단면과 부분균열등급의 단면에 대하여만 수행하고 완전균열등급의 단면에는 수행할 필요가 없다고 규정하고 있으나, AASHTO-LRFD[6.7]는 균열이 발생하는 부분긴장부재(partially prestressed components)에도 동일한 허용응력을 적용한다. 지속하중에 의한 휨인장응력에 대하여는 응력의 검증을 수행할 필요가 없으므로, 설계기준에서 이에 대한 허용응력은 규정하지 않고 있다.

전체사용하중(total service load)은 부재에 작용하는 고정하중과 활하중의 총합으로, 6.1.2절에서 앞의 식 (6·1)로 나타낸 하중조합을 말한다.

$$L_{sv} = D + L \tag{6·1}$$

콘크리트구조설계기준,[6.1] 도로교설계기준(2010),[6.2] ACI 318 Code[6.3]는, 이 하중조합의 하중이 작용하는 상태에서 식 (6·14)로 인장연단의 응력을 구하고 단면의 등급을 판정하도록 규정하고 있다. 즉, 전체사용하중에 의한 인장연단응력 f_t의 값에 따라 다음과 같이 세 가지 등급으로 분류한다. [6.1.2절 참조]

① 비균열등급(Class U) : $f_t \le 0.63\sqrt{f_{ck}}$ 인 경우
② 부분균열등급(Class T) : $0.63\sqrt{f_{ck}} < f_t \le 1.0\sqrt{f_{ck}}$ 인 경우
③ 완전균열등급(Class C) : $f_t > 1.0\sqrt{f_{ck}}$ 인 경우

이 세 가지 등급 중에서 비균열등급의 단면과 부분균열등급의 단면에 대하여는, 식 (6·13)으로 압축연단의 휨압축응력을 구하고 표 6–5의 허용응력 $0.6f_{ck}$를 초과하지 않는지 검증하여야 한다. 여기서, 휨압축응력의 허용응력을 $0.6f_{ck}$로 규정한 이유는 긴장력 도입직후의 허용응력을 $0.6f_{ci}$로 한 것과 동일한 것으로, 종방향 균열의 발생을 억제하기 위함이다. 이 허용응력 $0.6f_{ck}$는 지속하중에 대한 허용응력 $0.45f_{ck}$ 보다 높은 수준이지만, 지속하중으로 작용하지 않는 활하중은 단기적으로서 콘크리트의 크리프를 유발하지 않는다는 것을 반영한 것이다. 미국의 교량설계기준인 AASHTO-LRFD[6.7]도 동일한 개념으로 휨압축응력의 허용응력을 규정하고 있다.

긴장력을 도입할 때와 긴장력 도입직후에 대한 프리스트레싱 강재의 허용응력은 4.1.5절의 표 4–4에 정리되어 있다.

예제 6-3

보의 경간 중앙에 사용되는 그림 6-7의 I형 단면에 SWPC7BL 15.2 mm 강연선 4가닥($A_{ps} = 554.8\ mm^2$)이 배치되어 있다. 이 단면에 초기 긴장력 $P_i = 699\ kN$이 작용할 때 콘크리트의 압축강도 $f_{ci} = 27\ MPa$이다. 유효 긴장력 $P_e = 573\ kN$이고, 콘크리트의 설계기준압축강도 $f_{ck} = 35\ MPa$이다. 이 단면의 콘크리트 단면적 $A_c = 156{,}000\ mm^2$, 단면2차모멘트 $I_g = 6.343 \times 10^9\ mm^4$, 단면상수 $S_t = S_b = 21.1 \times 10^6\ mm^3$, 긴장재의 편심 $e_p = 225\ mm$이다. 긴장력이 도입될 때에는 보의 자중만 작용하여, 이 단면에 작용하는 휨모멘트 $M_o = 49\ kN \cdot m$이다. 부재가 완공된 후 추가 고정하중이 작용하여, 이 단면에 작용하는 고정하중 휨모멘트 $M_D = 125\ kN \cdot m$이다. 활하중 휨모멘트 $M_L = 175\ kN \cdot m$으로, 이 중 20%가 지속하중으로 작용한다. 콘크리트구조설계기준에 따라 이 단면의 응력을 검토하고, 단면의 등급을 결정하시오.

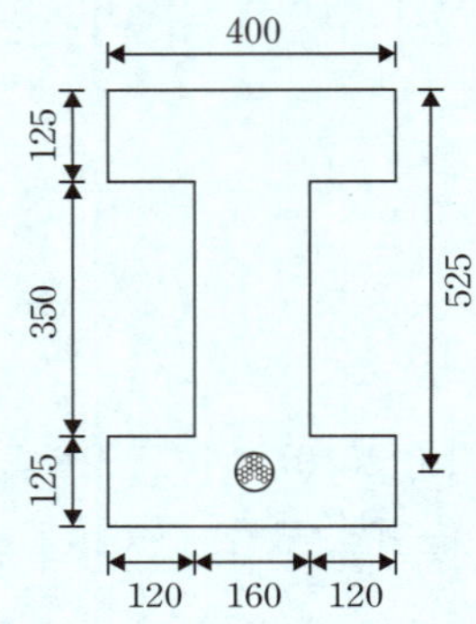

| 그림 6-8 | 예제 6-3의 프리스트레스트 콘크리트 단면

>>> 풀이

(1) 긴장력 도입 직후의 응력 검토

프리스트레스가 도입된 직후의 콘크리트 허용압축응력 $f_{ci,allow}$와 허용인장응력 $f_{ti,allow}$는 콘크리트구조설계기준에 따라 다음과 같이 계산한다. [표 6-5 참조]

$$f_{ci,allow} = 0.6 f_{ci} = 0.6 \times 27 = 16.2\ MPa$$

$$f_{ti,allow} = 0.25\sqrt{f_{ci}} = 0.25\sqrt{27} = 1.3\ MPa$$

초기 긴장력과 고정하중이 작용할 때 단면 상단의 응력은 식 (6·11)로부터

$$\begin{aligned} f_{top} &= \frac{P_i}{A_c} - \frac{P_i e_p}{S_t} + \frac{M_o}{S_t} \\ &= \frac{699(10)^3}{156(10)^3} - \frac{699(10)^3 \times 225}{21.1(10)^6} + \frac{49(10)^6}{21.1(10)^6} \\ &= 4.5 - 7.5 + 2.3 = -0.7\ MPa\ (\text{인장응력}) \end{aligned}$$

$$|f_{top}| = 0.7\ MPa < f_{ti,allow} (= 1.3\ MPa)$$

초기 긴장력과 고정하중이 작용할 때 단면 하단의 응력은 식 (6·12)로부터

$$f_{bot} = \frac{P_i}{A_c} + \frac{P_i e_p}{S_b} - \frac{M_o}{S_b}$$

$$= 4.5 + 7.5 - 2.3 = 9.7\ MPa \text{ (압축응력)}$$

$$f_{bot} = 9.7\ MPa < f_{ci,allow}(= 16.2\ MPa)$$

따라서 긴장력이 도입된 직후, 단면 상단과 하단은 모두 허용응력 이내의 응력이 작용한다.

(2) 지속하중이 작용할 때의 응력 검토

지속하중이 작용할 때 단면에 작용하는 휨모멘트는 식 (6·2)로부터

$$M_{st} = M_D + \alpha_{st} M_L = 125 + 0.2 \times 175 = 160\ kN \cdot m$$

지속하중이 작용할 때의 콘크리트 허용압축응력 $f_{cst,allow}$는 콘크리트구조설계기준에 따라 다음과 같이 계산한다. [표 6-5 참조]

$$f_{cst,allow} = 0.45 f_{ck} = 0.45 \times 35 = 15.7\ MPa$$

유효 긴장력과 지속하중이 작용할 때 단면 상단의 응력은 식 (6·13)으로부터

$$f_{top} = \frac{P_e}{A_c} - \frac{P_e e_p}{S_t} + \frac{M_{st}}{S_t}$$

$$= \frac{573(10)^3}{156(10)^3} - \frac{573(10)^3 \times 225}{21.1(10)^6} + \frac{160(10)^6}{21.1(10)^6}$$

$$= 3.7 - 6.1 + 7.6 = 5.2\ MPa \text{ (압축응력)}$$

$$f_{top} = 5.2\ MPa < f_{cst,allow}(= 15.7\ MPa)$$

유효 긴장력과 지속하중이 작용할 때 단면 하단의 응력은 식 (6·14)로부터

$$f_{bot} = \frac{P_e}{A_c} + \frac{P_e e_p}{S_b} - \frac{M_{st}}{S_b}$$

$$= 3.7 + 6.1 - 7.6 = 2.3\ MPa \text{ (압축응력)}$$

$$f_{bot} = 2.3\ MPa < f_{cst,allow}(= 15.7\ MPa)$$

따라서 지속하중이 작용할 때, 단면 상단과 하단은 모두 허용응력 이내의 응력이 작용한다.

(3) 사용하중이 작용할 때의 응력 검토

사용하중이 작용할 때 단면에 작용하는 휨모멘트는 식 (6·1)로부터

$$M_{sv} = M_D + M_L = 125 + 175 = 300\ kN \cdot m$$

비균열등급의 최대인장응력 $f_{t,CU}$와 부분균열등급의 최대인장응력 $f_{t,CT}$는 콘크리트구조설계기준에 따라 다음과 같이 계산한다. [표 6-5 참조]

$$f_{t,CU} = 0.63\sqrt{f_{ck}} = 0.63\sqrt{35} = 3.7\ MPa$$

$$f_{t,CT} = 0.1\sqrt{f_{ck}} = 0.1\sqrt{35} = 5.9\ MPa$$

유효 긴장력과 사용하중이 작용할 때 단면 하단의 응력은 식 (6·14)로부터

$$f_{bot} = \frac{P_e}{A_c} + \frac{P_e e_p}{S_b} - \frac{M_{sv}}{S_b}$$

$$= \frac{573(10)^3}{156(10)^3} + \frac{573(10)^3 \times 225}{21.1(10)^6} - \frac{300(10)^6}{21.1(10)^6}$$

$$= 3.7 + 6.1 - 14.2 = -4.4\ MPa \text{ (인장응력)}$$

이 결과는 $f_{t,CU}(=3.7\ MPa) < |f_{top}|(=4.4\ MPa) < f_{t,CT}(=5.9\ MPa)$이다.

따라서 이 단면은 부분균열등급의 단면이다.

사용하중이 작용할 때의 콘크리트 허용압축응력 $f_{csv,allow}$는 콘크리트구조설계기준에 따라 다음과 같이 계산한다. [표 6-5 참조]

$$f_{csv,allow} = 0.6 f_{ck} = 0.6 \times 35 = 21\ MPa$$

유효 긴장력과 사용하중이 작용할 때 단면 상단의 응력은 식 (6·13)으로부터

$$f_{top} = \frac{P_e}{A_c} - \frac{P_e e_p}{S_t} + \frac{M_{st}}{S_t}$$

$$= \frac{573(10)^3}{156(10)^3} - \frac{573(10)^3 \times 225}{21.1(10)^6} + \frac{300(10)^6}{21.1(10)^6}$$

$$= 3.7 - 6.1 + 14.2 = 11.8\ MPa \text{ (압축응력)}$$

$$f_{top} = 11.8\ MPa < f_{csv,allow}(=21\ MPa)$$

따라서 사용하중이 작용할 때, 단면 상단은 허용응력 이내의 응력이 작용한다.

6.2.4 한계상태설계법 설계기준의 응력 한계상태 검증

유럽형 한계상태설계법을 기본 설계개념으로 하는 교량설계기준(한계상태설계법)[6.5]과 Eurocode 2[6.4]도 프리스트레스를 도입한 직후와 사용하중이 작용하는 상태의 두 가지 단계로 나누어 응력을 검증하도록 하고 있다.

긴장력 도입 직후의 응력은 앞의 식 (6·11)과 식 (6·12)로 계산하고, 응력 한계를 넘지 않도록 하여야 한다. 이때의 압축응력 한계는 기본적으로 콘크리트구조설계기준[6.1]의 허용압축응력과 동일한 값인 $0.6 f_{ci}$로 규정되어 있다. 그러나 프리텐션 부재의 경우에는 실험이나 경험적 지식으로서 긴장력에 의한 종방향 균열이 발생하지 않는다는 것이 입증될 수 있다면 $0.7 f_{ci}$까지 허용하고 있다. 한편 긴장력 도입 직후 인장응력 한계에 대해서는 명시적으로 규정하고 있지 않지만, 균열의 발생은 바람직하지 않으므로 콘크리트의 인장강도를 응력 한계로 하거나 인장응력이 발생하지 않도록 하여야 한다.

$$f_{top} = \frac{P_i}{A_c} - \frac{P_i e_p}{I_g} y_t + \frac{M_D}{I_g} y_t = \frac{P_i}{A_c}\left(1 - \frac{e_p y_t}{r_c^2}\right) + \frac{M_D}{S_t} = \frac{P_i}{A_c} - \frac{P_i e_p}{S_t} + \frac{M_D}{S_t} \qquad (6 \cdot 11)$$

$$f_{bot} = \frac{P_i}{A_c} + \frac{P_i e_p}{I_g} y_b - \frac{M_D}{I_g} y_b = \frac{P_i}{A_c}\left(1 + \frac{e_p y_b}{r_c^2}\right) - \frac{M_D}{S_t} = \frac{P_i}{A_c} + \frac{P_i e_p}{S_b} - \frac{M_D}{S_b} \qquad (6 \cdot 12)$$

사용하중이 작용하는 상태의 응력 한계상태 검증은, 2.1.13절의 표 2-6과 6.1.3절의 표 6-3과 표 6-4에 나타난 바와 같이 설계등급에 따라 다른 기준을 적용하여야 한다. 먼저, 2.1.13절의 내용에 따라 구조물의 노출환경 등급을 결정하고 나서, 강재의 종류와 긴장 방법을 고려하여 표 6-3에 따라 최소설계등급을 확인하여야 한다. 설계등급은 최소설계등급 이상으로 선정하여야 하며, 표 6-4에 따라 선정된 설계등급에 적용할 사용한계상태 하중조합을 결정한다. 선정된 사용한계상태 하중조합에 대해서는 영응력 한계상태를 만족하는지 검증한다.

예를 들어, 부식성 환경에 건설될 프리텐션 부재의 경우는 최소설계등급이 C이므로,[표 6-3 참조] 구조물이 발휘할 성능수준을 고려하여 설계등급 A, B, C 중 하나를 선택하여야 한다. 설계등급 A로 설계하고자 할 때에는 사용한계상태 하중조합-I에 대하여, 설계등급 B로 설계하고자 할 때에는 사용한계상태 하중조합-III 또는 IV에 대하여, 설계등급 C로 설계하고자 할 때에는 사용한계상태 하중조합-V에 대하여 인장측 연단 콘크리트가 영응력 또는 압축응력 상태이어야 한다. [표 6-4와 표 6-6 참조] 참고로 일반구조에 대한 Eurocode 2 part 1[6.4]은 영응력 한계상태의 검증 위치를 긴장재 주변 25 mm로 하고 있으며, 교량구조에 대한 Eurocode 2 part 2[6.6]는 영응력 한계상태의 검증 위치를 긴장재 주변 100 mm로 하고 있다. 긴장재 주변이란 긴장재에서 25 mm 또는 100 mm 떨어진 위치로서, 그 위치 이내의 콘크리트가 압축 상태이어야 한다는 뜻이다. 이와 같은 규정은 강도설계법 설계기준의 휨 인장응력에 대한 허용응력과 실질적으로 동등한 기능을 하는 것이다.

교량설계기준(한계상태설계법)[6.5]의 휨압축응력에 대한 응력 한계는 콘크리트구조설계기준[6.1]의 허용압축응력과 동일한 값으로, 표 6-6과 같이 지속하중조합인 사용한계상태 하중조합-V에 대하여는 $0.45 f_{ck}$로, 총사용하중조합인 사용한계상태 하중조합-I에 대하여는 $0.6 f_{ck}$로 규정하고 있다.

표 6-7과 그림 6-9는 교량설계기준(한계상태설계법)[6.5]에서 설계등급별로 허용하는 응력을 나타낸 것으로, 중력방향 하중에 대한 것만 표현한 것이다. 설계등급 A로 설계하는 경우에는 사용한계상태 하중

표 6-6 교량설계기준(한계상태설계법)의 콘크리트 응력 한계

적용 범위	긴장력	검증 응력	응력 한계(MPa) 또는 설계등급	하중상태 또는 하중조합
긴장력 도입 직후	P_i	휨압축응력	$0.6 f_{ci}$	긴장력 도입 시기의 고정하중
사용하중 상태	$\gamma_{ps,u}\ P_e$ 또는 $\gamma_{ps,l}\ P_e$	휨압축응력	$0.6 f_{ck}$	사용한계상태 하중조합-I
			$0.45 f_{ck}$	사용한계상태 하중조합-V
		영응력	설계등급 A	사용한계상태 하중조합-I
			설계등급 B	사용한계상태 하중조합-III/IV
			설계등급 C	사용한계상태 하중조합-V

표 6-7 교량설계기준(한계상태설계법)에서 설계등급별로 허용하는 응력

적용 범위	긴장력	하중조합	설계등급별로 허용하는 응력 A	B	C	D	E
		사용한계상태 하중조합-I $A_{d,sI}=(D+PS)+(L+I)$	영응력 압축	인장	인장	인장	인장
사용 하중	$\gamma_{ps,u}\ P_e$ 또는 $\gamma_{ps,l}\ P_e$	사용한계상태 하중조합-III $A_{d,sIII}=(D+PS)+0.8(L+I)$	압축	영응력 압축	인장	인장	인장
		사용한계상태 하중조합-V $A_{d,sV}=D+PS$	압축	압축	영응력 압축	인장	인장

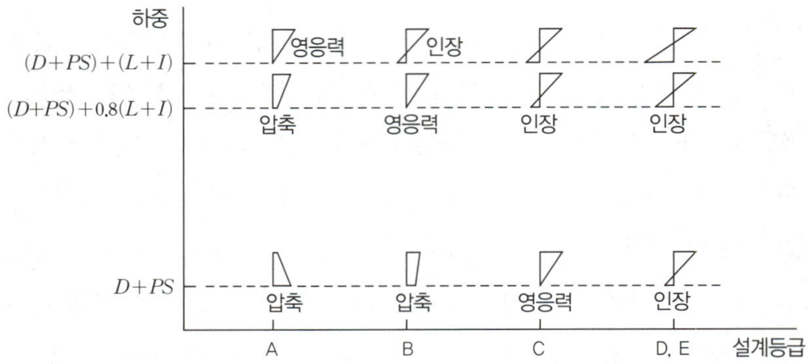

| 그림 6-9 | 설계등급별로 허용하는 응력분포

조합-I에 대하여 영응력 한계상태를 만족하여야 한다. 이 경우 사용한계상태 하중조합-III과 V는 I에 비하여 하중수준이 낮은 상태이므로, 단면은 전체가 압축응력을 받게 된다. 설계등급 B로 설계하는 경우에는 사용한계상태 하중조합-III에 대하여 영응력 한계상태를 만족하여야 하며, 사용한계상태 하중조합-I에서는 연단 콘크리트가 인장응력을 받게 되어도 이를 허용한다. 설계등급 C로 설계하는 경우에는 사용한계상태 하중조합-V에 대하여 영응력 한계상태를 만족하여야 하며, 사용한계상태 하중조합-I과 III에서는 연단 콘크리트가 인장응력을 받게 되어도 이를 허용한다. 설계등급 D 또는 E로 설계하는 경우에는 영응력 한계상태를 만족할 필요가 없으므로, 모든 사용한계상태 하중조합에서 연단 콘크리트가 인장응력을 받게 되어도 이를 허용한다.

한편, 사용한계상태에 대한 응력 검증에서 응력을 해석할 때에는, 다음과 같이 긴장력의 최댓값 $P_{e,max}$ 또는 최솟값 $P_{e,min}$을 적용하여 유효 긴장력 P_e의 변동성을 고려한다. 여기서 α는 긴장력의 변동성을 반영하는 증감계수로서 프리스트레싱 방식에 따라 다른 값으로 정의된다.

$$P_{e,max}=(1+\alpha)\,P_e \tag{6·35}$$

$$P_{e,min} = (1-\alpha)\,P_e \tag{6·36}$$

교량설계기준(한계상태설계법)[6.5]에서는 평균유효긴장력 $P_{m,t}$를 기준으로 1.0보다 큰 값의 계수 $\gamma_{ps,u}$와 1.0보다 작은 값의 계수 $\gamma_{ps,l}$을 적용하여, 긴장력의 상한값 $P_{k,u}$와 하한값 $P_{k,l}$을 다음과 같이 결정한다.

$$P_{k,u} = \gamma_{ps,u}\,P_{m,t} \tag{6·37}$$

$$P_{k,l} = \gamma_{ps,l}\,P_{m,t} \tag{6·38}$$

여기서, 프리텐션 부재와 비부착 긴장재를 사용한 부재는, $\gamma_{ps,u} = 1.05$, $\gamma_{ps,l} = 0.95$

부착 긴장재의 포스트텐션 부재는, $\gamma_{ps,u} = 1.1$, $\gamma_{ps,l} = 0.9$

이와 같이 긴장력의 상한값 $P_{k,u}$와 하한값 $P_{k,l}$을 적용하는 것은 실제의 유효 긴장력이 해석으로 구한 P_e와 다를 가능성을 고려한 것이다. 따라서 긴장력의 상한값 $P_{k,u}$와 하한값 $P_{k,l}$을 앞의 식 (6·13)과 식 (6·14)에 적용하여, 다음과 같이 단면 상단과 하단에 작용하는 응력을 계산하고 응력을 검증하여야 한다.

$$f_{top,hl} = \frac{P_{k,u}}{A_c} - \frac{P_{k,u}\,e_p}{S_t} + \frac{M_s}{S_t} = \frac{P_{k,u}}{A_c}\left(1-\frac{e_p\,y_t}{r_c^2}\right) + \frac{M_s}{S_t} \tag{6·39}$$

$$f_{bot,hl} = \frac{P_{k,u}}{A_c} + \frac{P_{k,u}\,e_p}{S_b} - \frac{M_s}{S_b} = \frac{P_{k,u}}{A_c}\left(1+\frac{e_p\,y_b}{r_c^2}\right) - \frac{M_s}{S_b} \tag{6·40}$$

$$f_{top,lh} = \frac{P_{k,l}}{A_c} - \frac{P_{k,l}\,e_p}{S_t} + \frac{M_s}{S_t} = \frac{P_{k,l}}{A_c}\left(1-\frac{e_p\,y_t}{r_c^2}\right) + \frac{M_s}{S_t} \tag{6·41}$$

$$f_{bot,lh} = \frac{P_{k,l}}{A_c} + \frac{P_{k,l}\,e_p}{S_b} - \frac{M_s}{S_b} = \frac{P_{k,l}}{A_c}\left(1+\frac{e_p\,y_b}{r_c^2}\right) - \frac{M_s}{S_b} \tag{6·42}$$

이때 편심의 크기에 따라서는 유효 긴장력이 하한값일 때 압축응력이 더 큰 값이 될 수 있기 때문에, 유효 긴장력의 상한값과 하한값 모두에 대하여 응력을 계산한 후 불리한 경우로 응력을 검증하여야 한다.

한편 영응력 한계상태의 검증 위치는, 교량설계기준(한계상태설계법)[6.5]의 경우 인장측 연단, 일반구조에 대한 Eurocode 2 part 1[6.4]은 긴장재 주변 25 mm, 교량구조에 대한 Eurocode 2 part 2[6.6]는 긴장재 주변 100 mm이다. 이 위치에서 단면의 도심까지의 길이를 y_o라고 한다면, 이 위치에서의 단면 상수 S_o를 다음과 같이 구하고, 유효 긴장력 하한값으로 이 위치의 응력을 계산하여 보수적으로 설계등급을 판정한다.

$$S_o = \frac{I_g}{y_o} \tag{6·43}$$

$$f_{o,l} = \frac{P_{k,l}}{A_c} + \frac{P_{k,l}\,e_p}{S_o} - \frac{M_s}{S_o} = \frac{P_{k,l}}{A_c}\left(1 + \frac{e_p\,y_b}{r_c^2}\right) - \frac{M_s}{S_o} \tag{6·44}$$

물론 교량설계기준(한계상태설계법)[6.5]의 경우 인장측 연단이 검증 위치이므로, S_o는 S_b와 같게 되어 식 (6·44)는 식 (6·42)와 동일하게 된다. 한편, 교량설계기준(한계상태설계법)[6.5]에서 영응력 한계상태의 검증 위치를 인장측 연단으로 한 것은 최대휨모멘트가 작용하는 단면에서 긴장재가 인장측 연단에 매우 가까이 배치된다는 가정에 따른 것이다. 그러나 만일 다른 이유로 인하여 인장측 연단에 가장 가까이 배치된 긴장재가 인장측 연단에서 100 mm 이상 떨어져 있도록 설계된 경우에는, 긴장재에서 100 mm 주변을 기준으로 영응력과 균열폭 한계 기준을 검토하여도 좋다. 긴장재에서 100 mm 주변인 위치를 결정할 때에는, 프리텐션 부재의 경우 가장 외측 긴장재의 표면에서 측정한 위치로 하고, 포스트텐션 부재의 경우 덕트에서 측정한 위치로 할 수 있다.

강재의 응력에 대해서도 사용한계상태를 검증하여야 한다. 이것은 강재의 비탄성 변형을 방지하고 부재의 과도한 균열 또는 변형을 방지하기 위한 것이다. 구조물의 사용 중에 철근 또는 긴장재가 한번이라도 항복점을 초과하게 되면 잔류 변형이 발생하고, 이 잔류 변형은 구조물의 내구성에 영향을 미치는 큰 균열폭으로 남게 된다. 따라서 교량설계기준(한계상태설계법)[6.5]에서는 사용한계상태 하중조합-I에서 철근의 인장응력이 $0.8\,f_y$를 초과하지 않도록 규정하고 있다. 다만, 활하중을 고려하지 않은 상태에서 콘크리트의 크리프와 수축, 온도변화, 지점침하 등에 의한 변형에 대해서는 철근의 인장응력을 $1.0\,f_y$까지 허용하고 있다. 여기서 사용하중조합-I은 구조물의 수명동안 한두 번 발생할 수 있는 크기의 하중조합이다. 또, 사용한계상태 하중조합-V에서는 프리스트레싱 강재의 응력이 $0.65\,f_{pu}$를 초과하지 않도록 규정하고 있다. 한편, 긴장력을 도입할 때와 긴장력 도입직후에 대한 프리스트레싱 강재의 허용응력은 4.1.5절의 표 4-4에 정리되어 있다.

예제 6-4

프리텐션 프리스트레스트 콘크리트 보의 경간 중앙에 사용되는 그림 6-9의 직사각형 단면에 SWPC7BL 15.2 mm ($A_{ps1} = 138.7\ mm^2$) 강연선 12가닥($A_{ps} = 1{,}664\ mm^2$)이 한 열에 4개씩 3열로 배치되어 있다. 콘크리트의 설계기준압축강도 $f_{ck} = 35\ MPa$이고, 단면적 $A_c = 480{,}000\ mm^2$, 단면2차모멘트 $I_g = 57.6\times10^9\ mm^4$, 단면 상단과 하단의 단면상수 $S_t = S_b = 96\times10^6\ mm^3$, 긴장재의 편심 $e_p = 400\ mm$, 텐던의 유효 긴장력 $P_e = 1{,}700\ kN$이다. 이 단면에 고정하중 휨모멘트 $M_D = 1{,}000\ kN\cdot m$와 활하중 휨모멘트 $M_L = 600\ kN\cdot m$가 작용할 때, 교량설계기준(한계상태설계법)에 따라 영응력 한계상태를 기준으로 단면의 설계등급을 판정하고, 사용한계상태 하중조합-V에 대하여 단면의 응력을 검증하시오. 또 교량설계기준(한계상태설계법)의 사용한계상태 하중조합-I과 V에 대하여 Eurocode 2 part 1에 따라 영응력 한계상태를 검증하시오.

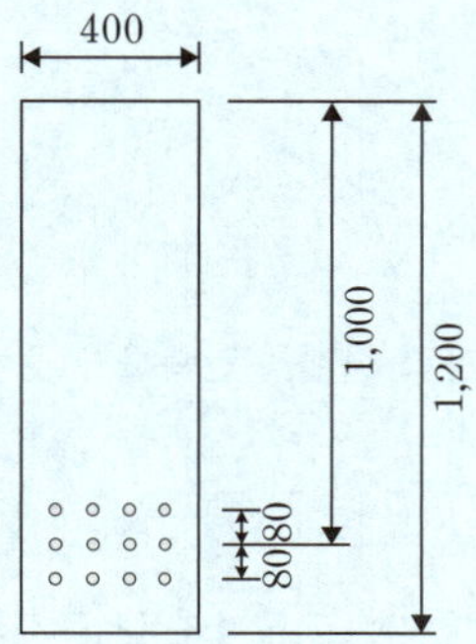

| 그림 6-10 | 예제 6-4의 단면

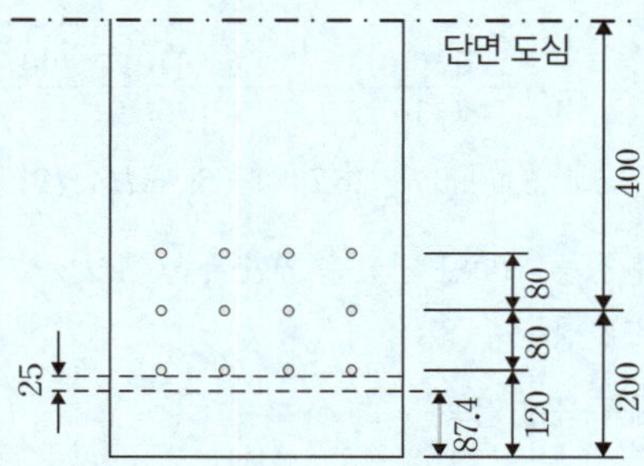

| 그림 6-11 | EC 2 part 1의 영응력 검증 위치

>>> 풀이

(1) 영응력 검증 단면 위치와 단면상수

교량설계기준(한계상태설계법)에서는 영응력을 검증하는 위치가 인장측 연단이므로, 단면상수 S_b를 적용하면 된다.

Eurocode 2 part 1에서는 긴장재 주변 25 mm 위치에서 영응력을 검증한다. 따라서 단면의 하면에 가장 가까운 강연선의 표면에서 연단방향으로 25 mm 떨어진 위치이므로, 지름이 15.2 mm인 강연선의 반지름을 고려하면, 그림 6-11에 나타난 바와 같이 단면 하단에서 87.4 mm 떨어진 위치이다. 따라서 Eurocode 2 part 1을 적용하는 경우, 단면의 도심에서 영응력을 검증하는 위치까지의 길이 y_o와 이 위치에 대한 단면상수 S_o는 다음과 같다.

$$y_o = 600 - \left(120 - \frac{15.2}{2} - 25\right) = 600 - 87.4 = 542.6\ mm$$

$$S_o = \frac{I_g}{y_o} = \frac{57.6\times10^9}{542.6} = 106\times10^6\ mm^3$$

(2) 유효 긴장력 상한값 및 하한값

프리텐션 부재의 경우, $\gamma_{ps,u} = 1.05$이고 $\gamma_{ps,l} = 0.95$이므로, 유효 긴장력의 상한값 $P_{k,u}$와 하한값 $P_{k,l}$은

$$P_{k,u} = \gamma_{ps,u} P_e = 1.05\times1{,}700 = 1{,}785\ kN$$

$$P_{k,l} = \gamma_{ps,l} P_e = 0.95 \times 1{,}700 = 1{,}615\,kN$$

(3) 교량설계기준(한계상태설계법)에 따른 영응력 검증 및 설계등급 판정

① 설계등급 A 검증

설계등급 A는 사용한계상태 하중조합-I에서 영응력 한계를 만족하여야 한다. [표 6-4와 표 6-7 참조] 사용한계상태 하중조합-I에서의 휨모멘트는 식 (6·6)으로부터

$$M_{sI} = M_D + M_L = 1{,}000 + 600 = 1{,}600\,kN \cdot m$$

영응력 검증 위치는 인장측 연단이므로, 식 (6·44)를 적용할 때 단면상수 S_o는 S_b와 동일하다. 따라서 영응력 검증 위치인 인장측 연단에 작용하는 응력의 하한값은 식 (6·44)로부터

$$\begin{aligned} f_{o,l} &= \frac{P_{k,l}}{A_c} + \frac{P_{k,l}\,e_p}{S_b} - \frac{M_{sI}}{S_b} \\ &= \frac{1{,}615(10)^3}{480(10)^3} + \frac{1{,}615(10)^3 \times 400}{96(10)^6} - \frac{1{,}600(10)^6}{96(10)^6} \\ &= 3.4 + 6.7 - 16.7 = -6.6\,MPa \text{ (인장응력)} \end{aligned}$$

영응력 검증 위치인 인장측 연단에 6.6 MPa의 인장응력이 작용하여 영응력 한계를 만족하지 못하므로, 설계등급 A로 판정할 수 없다.

② 설계등급 B 검증

설계등급 B는 사용한계상태 하중조합-III에서 영응력 한계를 만족하여야 한다. [표 6-4와 표 6-7 참조] 사용한계상태 하중조합-III에서의 휨모멘트는 식 (6·8)로부터

$$M_{sIII} = M_D + 0.8M_L = 1{,}000 + 0.8 \times 600 = 1{,}480\,kN \cdot m$$

영응력 검증 위치인 인장측 연단에 작용하는 응력의 하한값은 식 (6·44)로부터

$$\begin{aligned} f_{o,l} &= \frac{P_{k,l}}{A_c} + \frac{P_{k,l}\,e_p}{S_b} - \frac{M_{sIII}}{S_b} \\ &= \frac{1{,}615(10)^3}{480(10)^3} + \frac{1{,}615(10)^3 \times 400}{96(10)^6} - \frac{1{,}480(10)^6}{96(10)^6} \\ &= 3.4 + 6.7 - 15.4 = -5.3\,MPa \text{ (인장응력)} \end{aligned}$$

영응력 검증 위치인 인장측 연단에 5.3 MPa의 인장응력이 작용하여 영응력 한계를 만족하지 못하므로, 설계등급 B로 판정할 수 없다.

③ 설계등급 C 검증

설계등급 C는 사용한계상태 하중조합-V에서 영응력 한계를 만족하여야 한다. [표 6-4와 표 6-7 참조] 사용한계상태 하중조합-V에서의 휨모멘트는 식 (6·10)으로부터

$$M_{sV} = M_D = 1{,}000\,kN \cdot m$$

영응력 검증 위치인 인장측 연단에 작용하는 응력의 하한값은 식 (6·44)로부터

$$f_{o,l} = \frac{P_{k,l}}{A_c} + \frac{P_{k,l}\,e_p}{S_b} - \frac{M_{sV}}{S_b}$$

$$= \frac{1,615(10)^3}{480(10)^3} + \frac{1,615(10)^3 \times 400}{96(10)^6} - \frac{1,000(10)^6}{96(10)^6}$$

$$= 3.4 + 6.7 - 10.4 = -0.3\ MPa\ (\text{인장응력})$$

영응력 검증 위치인 인장측 연단에 0.3 MPa의 인장응력이 작용하여므로, 설계등급 C의 영응력 한계를 만족하지 못한다. 사용한계상태 하중조합-I, III, V의 세 가지 하중조합에서 모두 연단에 인장응력이 작용하므로, 이 단면은 설계등급 D 또는 E이다.

(4) 교량설계기준(한계상태설계법)의 사용한계상태 하중조합-V에서의 응력 검증

사용한계상태 하중조합-V에서의 휨모멘트는

$$M_{s\,V} = M_D = 1,000\ kN \cdot m$$

사용한계상태 하중조합-V에서 콘크리트 휨압축응력 $f_{cV,allow}$는 교량설계기준(한계상태설계법)에 따라 다음과 같이 계산한다. [표 6-6 참조]

$$f_{c\,V,allow} = 0.45 f_{ck} = 0.45 \times 35 = 15.7\ MPa$$

사용한계상태 하중조합-V에서 유효 긴장력 상한값이 작용할 때 단면 상단의 응력은 식 (6·39)로부터

$$f_{top,hl} = \frac{P_{k,u}}{A_c} - \frac{P_{k,u}\,e_p}{S_t} + \frac{M_{sV}}{S_t}$$

$$= \frac{1,785(10)^3}{480(10)^3} - \frac{1,785(10)^3 \times 400}{96(10)^6} + \frac{1,000(10)^6}{96(10)^6}$$

$$= 3.4 - 7.4 + 10.4 = 6.7\ MPa\ (\text{압축응력})$$

유효 긴장력 하한값이 작용할 때 단면 상단의 응력은 식 (6·41)로부터

$$f_{top,lh} = \frac{P_{k,l}}{A_c} - \frac{P_{k,l}\,e_p}{S_t} + \frac{M_{s\,V}}{S_t}$$

$$= \frac{1,615(10)^3}{480(10)^3} - \frac{1,615(10)^3 \times 400}{96(10)^6} + \frac{1,000(10)^6}{96(10)^6}$$

$$= 3.4 - 6.7 + 10.4 = 7.1\ MPa\ (\text{압축응력})$$

따라서 이 단면은 유효 긴장력이 하한값일 때 단면 상단의 응력이 더 커지는 경우로서, 유효 긴장력의 변동성을 고려할 때 사용한계상태 하중조합-V에서 이 단면의 상단에는 6.7~7.1 MPa의 압축응력이 작용할 것으로 예측된다.

가장 불리한 경우로서, 압축응력의 상한값에 대하여 응력 한계를 검증하면

$$f_{top\,V,max} = 7.1\ MPa < f_{c\,V,allow} (= 15.7\ MPa)$$

사용한계상태 하중조합-V에서 휨압축응력에 대한 응력 한계를 만족한다.

(5) Eurocode 2 part 1에 따른 사용하중에 대한 영응력 검증

Eurocode 2 part 1에서는 긴장재 주변 25 mm 위치에서 영응력을 검증하므로, 그림 6-10에 나타난 바와 같이 단면 하단에서 87.4 mm 떨어진 위치이다. 이 위치의 단면상수는 (1)에서 계산한 S_o로서 $106 \times 10^6\ mm^3$이다. 사용한계상태 하중조합-I에서 영응력 검증 위치의 응력은

$$f_{o,l} = \frac{P_{k,l}}{A_c} + \frac{P_{k,l}\, e_p}{S_o} - \frac{M_{sI}}{S_o}$$

$$= \frac{1{,}615(10)^3}{480(10)^3} + \frac{1{,}615(10)^3 \times 400}{106(10)^6} - \frac{1{,}600(10)^6}{106(10)^6}$$

$$= 3.4 + 6.1 - 15.1 = -5.6\ MPa\ (\text{인장응력})$$

사용한계상태 하중조합-I에서 영응력 검증 위치에 인장응력이 작용하므로, 설계등급 A가 될 수 없다.

사용한계상태 하중조합-V에서 영응력 검증 위치의 응력은

$$f_{o,l} = \frac{P_{k,l}}{A_c} + \frac{P_{k,l}\, e_p}{S_o} - \frac{M_{s\,V}}{S_o}$$

$$= \frac{1{,}615(10)^3}{480(10)^3} + \frac{1{,}615(10)^3 \times 400}{106(10)^6} - \frac{1{,}000(10)^6}{106(10)^6}$$

$$= 3.4 + 6.1 - 9.4 = 0.1\ MPa\ (\text{압축응력})$$

사용한계상태 하중조합-V에서 영응력 검증 위치에 압축응력이 작용하므로 설계등급 C 이상이며, 설계등급 A나 B에 대한 검증은 사용한계상태 하중조합-I과 사용한계상태 하중조합-III에 대한 영응력 검증을 수행하여야 한다.

6.3 균열의 설계검증

6.3.1 휨 균열의 한계상태

콘크리트 구조물에 발생하는 균열은 재료특성에 의한 재료적 균열, 하중작용에 의한 구조적 균열, 강재 부식 등 기타 원인에 의한 균열로 구분할 수 있다. 이들 중 설계에서는 구조적 균열에 대해서만 성능을 검증하며, 일반적으로 휨모멘트에 의하여 발생하는 균열에 대해서만 성능을 검증한다. 그 이유는 설계기준에 따라 설계된 콘크리트 구조물은 계수하중 이상의 설계범위를 벗어난 하중이 작용하여 파괴될 때 연성(ductile)으로 파괴되도록 설계되기 때문이다. 즉, 콘크리트 구조에서 상대적으로 취성(brittle)인 전단파괴나 강재의 정착파괴보다는 상대적으로 연성인 휨 파괴가 가장 먼저 발생하도록 설계된다. 따라서 사용하중상태에서도 주로 휨 균열이 발생하며, 전단 균열 등은 발생할 가능성이 적다. 또 전단 균열은 사용하중상태에서 발생하더라도 휨 균열에 비하여 균열폭이 매우 작은 것이 일반적이어서, 사용한계상태의 검증에는 휨 균열의 검증이 주된 검증 항목이 된다.

프리스트레스트 콘크리트 부재를 완전 긴장(full prestressing) 프리스트레스트 콘크리트로 설계할 때에는 사용하중이 작용하는 상태에서 단면에 균열이 발생하지 않으므로, 균열 검증을 수행할 필요가 없다. 부분 긴장(partial prestressing) 프리스트레스트 콘크리트로 설계할 때에는 사용하중이 작용하는

상태에서 단면에 균열이 발생하므로, 설계기준에서 규정하는 바에 따라 균열 검증을 수행하여야 한다. 그러나 프리스트레스트 콘크리트는 사용하중상태에서 균열이 발생하더라도 균열폭이 철근콘크리트에 발생하는 균열폭에 비하여 훨씬 작으므로, 설계기준에 따라서는 어느 한계를 만족하게 되면 균열 검증을 생략하도록 규정하기도 한다.

6.3.2 강도설계법 설계기준의 휨 균열 검증

강도설계법의 콘크리트구조설계기준,[6.1] 도로교설계기준(2010),[6.2] ACI 318 Code[6.3]는 6.1.2절에서 설명한 바와 같이 프리스트레스트 콘크리트 휨부재를 비균열등급, 부분균열등급, 완전균열등급의 세 가지 등급으로 구분하고 있다. 이 중 비균열등급과 부분균열등급의 부재는 균열에 대한 검증이나 균열 제어가 필요하지 않다. 이것은 비균열등급의 경우 사용하중상태에서 균열이 발생하지 않는 부재로 취급하기 때문이다. 부분균열등급의 경우에는 사용하중상태에서 균열이 발생할 가능성이 있지만, 균열이 발생하더라도 매우 미미한 균열이므로 설계기준에서 균열에 대한 검증이나 균열 제어를 요구하지 않는다. 완전균열등급의 부재는 표 6-1에 나타낸 바와 같이, 균열에 대한 검증과 균열 제어가 필요한 부재이다.

한편 균열과 내구성에 관련된 고려사항으로서, 설계기준에서는 흙 및 옥외의 공기에 노출되거나 해수, 부식 산업 환경, 하수 가스 등과 같은 화학적 침식을 받는 부식성 환경에 노출된 부분균열등급 또는 완전균열등급의 부재는 최소 피복두께를 50% 이상 증가시키도록 규정하고 있다. 다만, 지속하중이 작용할 때 압축응력 상태인 경우에는 최소 피복두께를 증가시키지 않아도 된다.

완전균열등급 부재의 균열 검증 및 균열 제어는 피로 또는 부식성 환경에 노출되지 않는 경우와 노출되는 경우의 두 가지로 구분하여 수행한다. 또, 피복두께나 균열폭의 수준에 따라서 철근콘크리트와 동일하게 강재의 간격을 검토하는 방법이나 직접 균열폭을 계산하는 방법으로 균열을 검토하고 제어하며, 설계 상세에 대한 추가규정을 만족하도록 하여야 한다.

부식성 환경에 노출되지 않는 완전균열등급 부재는 다음 두 식으로 계산된 값 중 작은 값을 강재의 최대허용간격 s_a로 하고, 부착된 긴장재나 철근의 수평간격이 이를 초과하지 않도록 하여야 한다. 이 식들은 기본적으로 철근콘크리트의 균열 제어에 적용하는 최대허용간격과 동일한 것이다.

$$s_{a1} = 375\left(\frac{\kappa_{cr}}{\Delta f_{ps}}\right) - 2.5\, c_c \tag{6·45}$$

$$s_{a2} = 300\left(\frac{\kappa_{cr}}{\Delta f_{ps}}\right) \tag{6·46}$$

여기서, s_a : 인장연단에 가장 가까이 배치되는 강재의 최대허용 중심간격, 강재가 하나만 배치되는 경우에는 단면의 폭(mm)

κ_{cr} : 건조 환경에 노출되는 경우에는 280, 그 외의 환경에 노출되는 경우에는 210

Δf_{ps} : 사용하중에 의하여 긴장재에 발생하는 응력 중 콘크리트 영응력 상태 이후의 응력

c_c : 인장철근이나 긴장재의 표면과 콘크리트 표면 사이의 최소 두께

위의 식들은 프리스트레싱 강재만 배치된 단면이나 프리스트레싱 강재와 철근이 같이 사용된 단면에서 철근을 무시하는 경우에 적용한다. 프리스트레싱 강재와 철근이 같이 사용된 단면에서 인장연단에 가장 가까이에 철근이 배치된 경우에는, 식 (6·45)와 식 (6·46)을 대신하여 철근콘크리트에 적용하는 다음 두 식을 적용한다. 여기서 f_s는 사용하중이 작용할 때의 인장철근 응력이다.

$$s_{a1} = 375\left(\frac{\kappa_{cr}}{f_s}\right) - 2.5\, c_c \qquad (6\cdot 47)$$

$$s_{a2} = 300\left(\frac{\kappa_{cr}}{f_s}\right) \qquad (6\cdot 48)$$

긴장재와 철근이 같이 배치된 균열 단면의 휨 응력 해석은 6.2.2절의 [2]에서 다루고 있으며, 예제 6-2와 같이 사용하중에 의한 철근의 응력 f_s를 계산할 수 있다. 식 (6·45)에서 식 (6·48)까지의 강재에 대한 최대허용간격의 계산에서, 최소 피복 두께 c_c의 값을 산정할 때에는 인장 면에 가장 가까운 위치에 배치된 강재만을 고려하여야 한다. 두께가 900 mm를 초과하는 보에는 균열제어를 위하여 이 식들로 결정된 간격의 표피철근(skin reinforcement)을 인장부에 배치하여야 한다.

긴장재의 응력 Δf_{ps}는 긴장재 위치의 콘크리트가 영응력 상태가 된 후 인장변형률로 발생되는 변형률에 해당하는 강재의 응력이다. 사용하중이 작용할 때의 이 응력은 6.2.2절에서 다룬 균열단면 해석으로 구하는데, 콘크리트가 압축상태에서 영응력 상태로 변화할 때 긴장재에 작용하는 응력 f_{dc}(감압응력)을 긴장재의 응력에서 뺀 값이다. f_{dc}는 다음 식 (6·49)에서 식 (6·51)까지로 구할 수 있는데, 설계기준에서는 긴장재의 유효프리스트레스 f_{pe}와 같게 취할 수 있도록 규정하고 있다. 이것은 변형률 ε_2에 의한 응력을 무시하고 ε_1으로 표현되는 유효 긴장력에 의한 변형률 ε_{pe}만을 고려한 것인데, 일반적으로 ε_2의 값이 매우 작으므로 설계기준에서는 안전측으로 이를 무시하여도 좋다고 규정한 것이다.

$$\varepsilon_1 = \varepsilon_{pe} = \frac{f_{pe}}{E_p} = \frac{P_e}{A_{ps}\, E_p} \qquad (6\cdot 49)$$

$$\varepsilon_2 = \frac{f_2}{E_c} = \frac{P_e}{A_c E_c}\left(1 + \frac{e_p^2}{r_c^2}\right) \tag{6·50}$$

$$f_{dc} = (\varepsilon_1 + \varepsilon_2)E_p \tag{6·51}$$

피로 또는 부식성 환경에 노출되는 완전균열등급 부재는 긴장재의 응력 Δf_{ps} 또는 철근의 응력 f_s에 따라 다음과 같이 세 가지 범주로 구분하여 균열검증을 수행한다.

① Δf_{ps} 또는 f_s가 140 MPa 이하인 경우

② Δf_{ps} 또는 f_s가 140 MPa을 초과하고 250 MPa 이하인 경우

③ Δf_{ps} 또는 f_s가 250 MPa을 초과하는 경우

[1] Δf_{ps} 또는 f_s가 140 MPa 이하인 부식성 환경의 완전균열등급 부재

사용하중이 작용할 때 긴장재의 응력 Δf_{ps} 또는 철근의 응력 f_s가 140 MPa 이하인 경우에는 실제로 부재에 발생하는 균열의 폭이 크지 않아서, 부재의 내구성에 균열이 문제가 되지 않는다. 따라서 이 경우에는 식 (6·45)와 식 (6·46) 또는 식 (6·47)과 식 (6·48)의 강재에 대한 간격제한 규정을 만족하면 균열의 제어가 만족되는 것으로 한다. 이 조건을 만족하지 못하는 경우에는 조건을 만족하도록 철근을 추가하거나, 발생할 것으로 예측되는 균열폭을 계산하여 허용균열폭 이내의 균열이라는 것을 검증한다. 한편, 식 (6·45)와 식 (6·46) 또는 식 (6·47)과 식 (6·48)에 사용되는 Δf_{ps}와 f_s의 값을 구하기 위한 균열 단면의 휨 응력 해석은, 예제 6-2에 나타난 바와 같이 매우 복잡한 해석과정이 필요하다. 이와 같은 복잡한 계산과정 대신, 실제 구조물에 일반적으로 사용하는 철근의 항복강도 400 MPa의 2/3를 Δf_{ps} 또는 f_s의 근사 값으로 취하는 간단하면서도 보수적이고 안전측인 검증방법을 적용하여도 좋다.

[2] 강재응력이 140 MPa을 초과하고 250 MPa 이하인 부식성 환경 완전균열등급 부재

사용하중이 작용할 때 긴장재의 응력 Δf_{ps} 또는 철근의 응력 f_s가 140 MPa을 초과하고 250 MPa 이하인 경우에는, 강재의 배치형태를 고려하여 식 (6·45)와 식 (6·46) 또는 식 (6·47)과 식 (6·48)로 결정되는 간격을 보정하여 강재의 간격을 검토함으로써 균열 검증을 수행한다.

즉, 부착된 긴장재만 배치된 경우에는, 다음과 같이 식 (6·45)와 식 (6·46)으로 결정되는 간격의 2/3를 최대허용간격 s_a로 한다. 보정계수 2/3를 적용하는 이유는 강연선과 같은 긴장재의 경우 이형철근에 비하여 부착성능이 낮기 때문이다.

$$s_a = \frac{2}{3}\left[s_1 \text{ 또는 } s_2 \text{ 중 작은 값}\right] \tag{6·52}$$

인장연단에 가장 가까이 배치된 강재가 부착된 긴장재와 철근으로 조합된 경우에는, 다음과 같이 s_{a1}과 s_{a2} 중 작은 값의 5/6를 강재의 최대허용간격 s_a로 한다.

$$s_a = \frac{5}{6}\,[s_1 \text{ 또는 } s_2 \text{ 중 작은 값}] \tag{6·53}$$

여기서, 긴장재의 응력 Δf_{ps}와 철근의 응력 f_s는 동일한 값을 갖게 되므로, 식 (6·45)와 식 (6·46)으로 간격을 결정하거나 또는 식 (6·47)과 식 (6·48)로 간격을 결정하여도 같은 값의 간격을 얻게 된다. 보정계수 5/6를 적용하는 이유도 역시 강연선과 같은 긴장재의 부착성능이 이형철근에 비하여 낮기 때문이다.

긴장재와 철근이 같이 배치된 부재에서 인장연단에 가장 가까이 배치된 강재가 철근인 경우에는 식 (6·47)과 식 (6·48)로 강재의 최대허용간격 s_a를 결정한 후 간격을 검증한다.

만일 강재의 간격 조건을 만족하지 못하는 경우에는 조건을 만족하도록 철근을 추가하거나, 발생할 것으로 예측되는 균열폭을 계산하여 허용균열폭 이내의 균열이라는 것을 검증하여야 한다.

[3] Δf_{ps} 또는 f_s가 250 MPa을 초과하는 부식성 환경의 완전균열등급 부재

사용하중이 작용할 때 긴장재의 응력 Δf_{ps} 또는 철근의 응력 f_s가 250 MPa을 초과하는 경우에는, 식 (6·45)에서 식 (6·48)까지로 강재의 최대허용간격 s_a를 결정하고 강재의 간격을 검토하는 균열 검증 방법을 적용할 수 없다. 또, 콘크리트 피복두께가 매우 두꺼운 경우에도, 강재의 간격을 검토하는 방법으로 균열을 검증하는 것이 적절하지 않다. 이때에는 허용균열폭을 설정하고, 발생할 것으로 예측되는 균열폭을 합리적인 방법으로 계산하여 허용균열폭 이내의 균열이라는 것을 검증하여야 한다.

콘크리트구조설계기준[6.1]에서는 균열폭을 계산하고 검증하는 방법을 규정한 부록 III에, 강재의 부식에 대한 환경조건과 강재의 종류에 따른 허용균열폭을 표 6-8과 같이 규정하고 있다.

균열폭을 계산하는 식은 콘크리트구조설계기준[6.1] 부록 III에 다음과 같이 규정되어 있다.

표 6-8 콘크리트구조설계기준의 허용균열폭 $\omega_a(mm)$

강재의 종류	강재의 부식에 대한 환경조건			
	건조 환경	습윤 환경	부식성 환경	고부식성 환경
이형철근	0.4 mm와 0.006 t_c 중 큰 값	0.3 mm와 0.005 t_c 중 큰 값	0.3 mm와 0.004 t_c 중 큰 값	0.3 mm와 0.0035 t_c 중 큰 값
프리스트레싱 강재	0.2 mm와 0.005 t_c 중 큰 값	0.2 mm와 0.004 t_c 중 큰 값	–	–

이 표에서 t_c는 최외단 철근의 표면과 콘크리트 표면 사이의 최소 피복두께(mm)

$$w_d = k_{st}\, w_m = k_{st}\, l_s\,(\varepsilon_{sm} - \varepsilon_{cm}) \qquad (6 \cdot 54)$$

이 균열폭 해석모델은 한계상태설계법의 설계기준에서 채택된 모델이므로, 다음 6.3.3절에서 자세히 다루기로 한다.

균열폭을 해석하기 위해서는 콘크리트구조설계기준 부록 III의 균열폭 해석모델 외에 Frosch[6.8]의 균열폭 해석모델을 적용할 수 있다. Frosch 모델[6.8]은 식 (6·47)과 식 (6·48)을 만들 때 기본이 되었던 것이다. 식 (6·47)과 식 (6·48)에서 x_{cr}을 210으로 하여 구한 강재의 간격은, 피복두께에 따라 다소 오차가 있지만 인장연단의 균열폭을 Frosch 모델로 해석하였을 때 대략 0.3~0.4 mm가 되는 것과 동등한 결과가 된다. 이 Frosch의 균열폭 해석모델은 기본적으로 철근콘크리트 부재를 대상으로 한 균열폭 해석모델이지만, 철근의 응력 f_s 대신 긴장재의 응력 Δf_{ps}를 대입하여 응용할 수 있을 것이다. 그러나 강연선과 강선의 부착성능이 이형철근보다는 낮으므로, 강연선이나 강선만 배치된 단면에 대해서 Frosch 모델을 응용 적용하면 철근콘크리트의 경우보다 실제로 발생하는 균열폭을 다소 과소평가하는 경향이 있음을 유의할 필요가 있다.

예제 6-5

사용하중 휨모멘트 1,600 $kN \cdot m$가 작용하는 예제 6-1의 단면이 부식성 환경에 노출되어 있는 경우, 콘크리트구조설계기준에 따라 강재 간격을 기준으로 균열을 검증하시오.

>>> 풀이

(1) 단면 등급의 판정

비균열등급의 최대인장응력 $f_{t,CU}$와 부분균열등급의 최대인장응력 $f_{t,CT}$는 콘크리트구조설계기준에 따라 다음과 같이 계산한다. [표 6-5 참조]

$$f_{t,CU} = 0.63\sqrt{f_{ck}} = 0.63\sqrt{35} = 3.7\ MPa$$

$$f_{t,CT} = 1.0\sqrt{f_{ck}} = 1.0\sqrt{35} = 5.9\ MPa$$

단면전체가 응력에 저항한다고 가정하면, 유효 긴장력과 사용하중이 작용할 때 단면 하단의 응력은 [예제 6-1]에서 다음과 같이 해석되었다.

$$f_{bot} = \frac{P_e}{A_c} + \frac{P_e e_p}{Z_b} - \frac{M_s}{Z_b} = 3.5 + 7.1 - 16.7 = -6.1\ MPa \text{ (인장응력)}$$

이 결과는 $|f_{top}|(=6.1\ MPa) > f_{t,CT}(=5.9\ MPa)$ 이다.

따라서 이 단면은 완전균열등급의 단면이다.

(2) 균열단면의 응력해석 결과

[예제 6-1]에서, 사용하중 휨모멘트 1,600 $kN \cdot m$가 작용할 때 균열단면에 대한 응력해석 결과는 다음과 같았다.

중립축 : $c = 553\ mm$

콘크리트 압축연단의 응력 : $f_{top} = 17.7\ MPa$

긴장재 위치의 콘크리트가 영응력 상태가 된 이후에 긴장재에 작용하는 응력 : $\Delta f_{ps} = 99\ MPa$

긴장재의 총응력 : $f_{ps} = f_{dc} + \Delta f_{ps} = 1{,}080 + 99 = 1{,}179\ MPa$

이 응력은 SWPC7BL 강연선의 항복강도 1,680 MPa[표 5-1 참조]보다 작으므로, 사용하중 휨모멘트 1,600 $kN \cdot m$가 작용할 때 긴장재가 탄성 상태로 거동한다.

(3) 균열의 검증 및 상세 설계

부식성 환경에 노출된 경우로서 Δf_{ps}가 140 MPa을 넘지 않으므로, 강재의 최대허용간격을 식 (6·45)와 식 (6·46)과 같이 2/3로 수정하지 않은 그대로 간격 조건을 만족하는지 검증한다.

건조 환경이 아니므로 κ_{cr}은 210이며, 내경이 80 mm인 덕트에 강연선 12개가 배치된 것으로 가정하고, 강연선과 인장연단 사이의 피복두께를 안전측으로 구하면

$$c_c = h - d_p - \frac{d_{duct}}{2} = 1{,}200 - 1{,}000 - \frac{80}{2} = 160\ mm$$

긴장재만 배치된 단면이므로 최대허용 강재간격은 식 (6·45)와 식 (6·46)으로부터

$$s_{a1} = 375\left(\frac{\kappa_{cr}}{\Delta f_{ps}}\right) - 2.5\,c_c = 375 \times \frac{210}{99} - 2.5 \times 160 = 795 - 400 = 395\ mm$$

$$s_{a2} = 300\left(\frac{\kappa_{cr}}{\Delta f_{ps}}\right) = 300 \times \frac{210}{99} = 636\ mm$$

이 중 작은 값이 최대허용 강재간격이므로, 최대허용 강재간격 $s_a = 395\ mm$

하나의 강재를 사용하는 경우에는 강재의 간격을 단면의 폭으로 결정하므로, 하나의 덕트에 배치된 강연선을 한 그룹의 강재로 보면 강재간격은 단면의 폭과 같다.

강재의 간격을 검토하면, 다음과 같이 균열 제어의 조건을 만족하지 않는다.

$$s = 400\ mm > s_a(= 395\ mm)$$

따라서 균열 제어를 위하여 이형철근을 다음과 같이 추가하기로 한다. 콘크리트구조설계기준에 따르면, 보의 주철근은 피복두께가 40 mm 이상이어야 하며, 흙 및 옥외의 공기에 노출되는 습윤 환경이거나 그보다 더한 부식성 환경의 프리스트레스트 콘크리트는 피복두께를 50% 이상 증가시켜야 한다. 따라서 피복두께를 60 mm 이상으로 하고 전단철근의 지름과 추가되는 인장철근의 반지름을 고려하여, 인장연단에서 100 mm인 위치에 수평간격 s가 200 mm가 되도록 D16 철근을 2개 추가하기로 한다.

사용하중이 작용할 때, 추가된 철근을 고려하지 않은 (2)의 해석결과를 기본으로 한 비례식으로 추가되는 2-D16 철근의 응력을 구하면 안전측인 결과를 얻게 된다. 사용하중이 작용할 때 (2)의 해석결과로, 중립축 $c = 553\ mm$, 긴장재의 응력 $\Delta f_{ps} = 99\ MPa$, 긴장재의 유효깊이 $d_p = 1{,}000\ mm$이므로, 유효깊이 $d = 1{,}100\ mm$의 위치에 추가된 철근의 응력을 안전측인 근사값으로 계산하면

$$f_s = \Delta f_{ps} \frac{d-c}{d_p-c} = 99 \times \frac{1{,}100-553}{1{,}000-553} = 121\ MPa$$

철근 반지름을 고려하면 $c_c = 92\ mm$이므로, 최대허용간격은 식 (6·47)로부터

$$s_a = s_{a1} = 375\left(\frac{\varkappa_{cr}}{f_s}\right) - 2.5\,c_c = 375 \times \frac{210}{121} - 2.5 \times 92 = 722 - 230 = 420\ mm$$

$$s = 200\ mm < s_a\ (= 420\ mm)$$

따라서 강재의 간격이 만족되므로, 균열이 제어된다는 것이 검증되었다.

6.3.3 한계상태설계법 설계기준의 휨 균열 검증

역학적인 관점에서 보면, 강재로 보강된 콘크리트 인장부재나 휨부재의 균열은 인장응력을 받는 강재의 인장변형과 콘크리트의 인장변형의 차이로 인하여 발생한다. 즉, 강재가 늘어난 길이와 콘크리트가 늘어난 길이가 같지 않기 때문에, 두 재료의 늘어난 길이 차이가 부재의 구간 내에 발생하는 균열폭의 합과 같은 것이다. 이때 균열폭과 균열 간격은 강재와 콘크리트 사이의 부착성능에 영향을 받는다. 마디의 작용으로 부착성능이 상대적으로 좋은 이형철근이 사용된 경우에는, 균열 간격이 좁은 다수의 균열이 발생하며 하나의 균열에서 벌어지는 균열폭이 상대적으로 작다. 표면에 마디가 없어서 부착성능이 낮은 원형철근이나 원형강선이 사용된 경우에는, 균열 간격이 넓은 소수의 균열이 발생하며 하나의 균열에서 벌어지는 균열폭이 상대적으로 크다. 따라서 강재의 부착성능에 따라 균열 간격이 달라지는데, 균열 간격이 결정되면 강재와 콘크리트의 변형률 차이에 균열 간격을 곱하여 균열폭을 구할 수 있다. 이러한 개념이 유럽형 한계상태설계법의 설계기준에서 채택하고 있는 균열폭 해석모델의 개념이다.

이 절에서는 유럽형 한계상태설계법의 균열폭 해석모델을 채택하고 있는 콘크리트구조설계기준[6.1] 부록 III과 교량설계기준(한계상태설계법)[6.5]의 균열 검증 방법을 소개한다.

[1] 콘크리트구조설계기준 부록 III의 균열폭 검증

콘크리트구조설계기준[6.1]은 기본적으로 강도설계법을 근간으로 하고 있지만, 균열폭 해석모델에 대해서는 유럽형 한계상태설계법을 근간으로 하는 CEB-FIP 모델코드[6.9]와 Eurocode 2 Part 1-1[6.4]의 균열폭 해석모델의 개념을 채택하여, 그와 유사한 균열폭 해석모델을 부록 III에 규정하고 있다. 이 모델에서는 다음과 같이, 평균 균열폭을 계산하고 균열폭의 변동성을 고려한 균열폭 평가계수 $\varkappa_{st}$를 곱하여 설계균열폭 w_d를 결정한다. 평균 균열폭은 강재와 콘크리트의 변형률 차이에 균열 간격을 곱하여 구한다.

$$w_d = \varkappa_{st}\, w_m = \varkappa_{st}\, l_s\, (\varepsilon_{sm} - \varepsilon_{cm}) \tag{6·55}$$

여기서, w_d : 설계균열폭(mm)

κ_{st} : 균열폭의 변동성을 고려하는 균열폭 평가계수로 최대 균열폭을 계산할 때는 1.7, 평균 균열폭을 계산할 때는 1.0

l_s : 평균 균열간격(mm)

ε_{sm} : 균열간격 내 강재의 평균 변형률

ε_{cm} : 균열간격 내 콘크리트의 평균 변형률

평균 균열간격 l_s는, 부착된 강재의 중심간격이 $5(c_c+d_b/2)$이하인 경우는 식 (6·56)으로 구하고, 부착된 강재의 중심간격이 $5(c_c+d_b/2)$를 초과하는 경우는 식 (6·57)로 구한다.

$$l_s = 2\,c_c + \frac{0.25\,k_1\,k_2\,d_b}{\rho_e} \tag{6·56}$$

$$l_s = 0.75(h-x) \tag{6·57}$$

여기서 c_c: 최외단 인장철근이나 긴장재의 표면과 콘크리트 표면 사이의 최소 피복두께

k_1 : 부착강도에 따른 계수로, 이형철근은 0.8, 원형철근과 긴장재는 1.6

k_2 : 부재의 하중작용에 따른 계수로, 휨모멘트를 받는 부재는 0.5, 직접인장력을 받는 부재는 1.0

d_b : 철근이나 긴장재의 지름 또는 다발철근의 등가지름

ρ_e : 콘크리트의 유효 인장면적을 기준으로 한 강재비

콘크리트의 유효 인장면적을 기준으로 계산하는 강재비 ρ_e와 콘크리트의 유효 인장면적 A_{cte}는 다음으로 계산한다. 여기서, 강재의 단면적 A_s는 콘크리트의 유효 인장면적 내에 배치된 철근의 단면적이다. 또, d_{cte}는 콘크리트 유효 인장깊이로서, 휨모멘트를 받는 부재는 $2.5(h-d)$와 $(h-x)/3$ 중 작은 값으로 하고, 직접인장력을 받는 부재는 $2.5(h-d)$와 $h/2$ 중 작은 값으로 한다. 여기서, h는 부재의 전체 깊이, d는 강재의 유효깊이, x는 중립축의 깊이이다.

$$\rho_e = \frac{A_s}{A_{cte}} \tag{6·58}$$

$$A_{cte} = bd_{cte} \tag{6·59}$$

식 (6·58)의 ρ_e는 철근만 배치된 경우의 강재비이므로, 프리스트레스트 콘크리트에는 다음과 같이

긴장재를 포함한 강재비를 적용하는 것이 합리적이다.

$$\rho_e = \frac{A_s + \xi_1^2 A_{ps}}{A_{cte}} \tag{6·60}$$

여기서, ξ_1은 긴장재와 철근의 크기 차이를 고려하여 부착강도를 보정하는 계수로서, 다음에 소개하는 교량설계기준(한계상태설계법)의 균열폭 검증모델에서 자세히 다룬다.

평균 변형률, 즉 강재와 콘크리트의 변형률 차이 $(\varepsilon_{sm} - \varepsilon_{cm})$는 다음으로 구한다.

$$\varepsilon_{sm} - \varepsilon_{cm} = \frac{f_{so}}{E_s} - 0.4\frac{f_{cte}}{E_s \rho_e}(1 + n\rho_e) \geq 0.6\frac{f_{so}}{E_s} \tag{6·61}$$

여기서 f_{so} : 균열단면의 강재의 응력(프리스트레스트 콘크리트에서는 콘크리트 영응력 이후에 발생하는 강재의 응력)

f_{cte} : 콘크리트의 유효인장강도로 일반적인 경우에는 평균인장강도 f_{ctm}, 재령 28일 이전의 균열을 검토할 때는 그 재령에서의 인장강도

n : 콘크리트의 탄성계수에 대한 철근의 탄성계수비

그림 6-12는 인장증강효과(tension stiffening effect)와 함께 실선으로 나타낸 1차식의 평균변형률 식 (6·61)과 최승원 등[6.10]의 제안으로 과거 콘크리트구조기준(2012)에서 채택하였던 2차식의 평균변형률을 나타낸다.

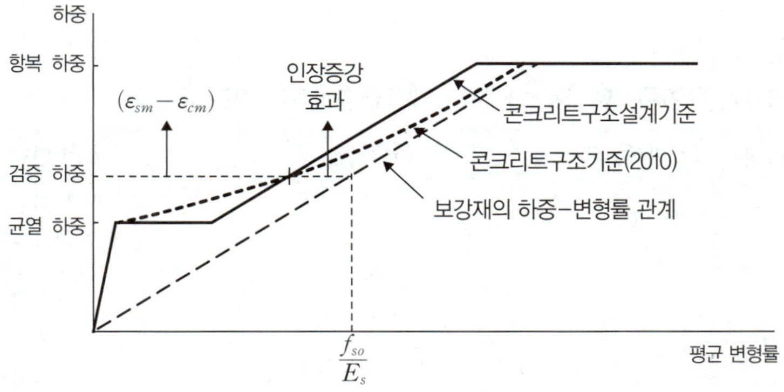

| 그림 6-12 | 콘크리트구조설계기준 부록 III 균열폭 해석모델의 하중-평균 변형률 관계

[2] 교량설계기준(한계상태설계법)의 균열폭 검증

교량설계기준(한계상태설계법)[6.5]에서는 유럽형 한계상태설계법의 균열폭 해석모델의 개념을 채택하였으며, 6.1.3절의 표 6-4와 같이 설계등급 별로 규정된 사용하중조합에서 영응력 한계상태와 균열폭 한계상태를 동시에 만족하도록 성능요구조건을 규정하고 있다. 균열폭 한계상태는 표 6-9에 나타난 바와 같이 A~E의 각 설계등급에 대해서 규정하고 있는데, 설계등급 A에 대해서는 사용한계상태 하중조합-I에서 영응력 한계상태를 만족하도록 설계하므로 균열에 대한 검증이 필요 없다. 설계등급 B~E는 사용한계상태 하중조합-III과 IV 또는 V에서 콘크리트 연단 표면의 균열폭이 0.2~0.3 mm를 초과하지 않도록 하여야 한다.

균열폭의 해석은 강재와 콘크리트의 변형률 차이에 균열 간격을 곱하여 균열폭을 구하는 개념으로, 기본 형태는 콘크리트구조설계기준 부록 III의 균열폭 해석모델과 동일하지만 표현에 차이가 있다.

$$w_k = l_{r,max}\,(\varepsilon_{sm} - \varepsilon_{cm}) \qquad (6\cdot 62)$$

콘크리트구조설계기준 부록 III의 균열폭 해석모델은 균열폭의 변동성을 고려한 균열폭 평가계수 $\varkappa_{st}$를 곱하여 평균 균열폭이나 최대 균열폭을 구할 수 있도록 하였지만, 교량설계기준(한계상태설계법)에서는 균열 간격 $l_{r,max}$가 최대 균열간격이므로 평균 균열폭의 1.7배에 해당하는 최대 균열폭을 곧바로 계산한다.

최대 균열 간격 $l_{r,max}$은, 부착된 강재의 중심간격이 $5(c_c+d_b/2)$ 이하인 경우는 식 (6·63)으로 구하고, 부착된 강재의 중심간격이 $5(c_c+d_b/2)$를 초과하는 경우나 부착된 강재가 배치되지 않은 경우는 식 (6·64)로 구한다.

표 6-9 교량설계기준(한계상태설계법)에서 설계등급별로 허용하는 균열폭

적용 범위	긴장력	설계 등급	하중조합	표면 한계균열폭 및 비고
사용 하중 상태	$\gamma_h\ P_e$ 또는 $\gamma_l\ P_e$	A	조건 없음	영응력 한계상태를 만족하도록 설계하므로, 균열 검증 불필요
		B	사용한계상태 하중조합-I $A_{d,sI} = (D+PS)+(L+I)$	0.2 mm
		C	사용한계상태 하중조합-III $A_{d,sIII} = (D+PS)+0.8(L+I)$	0.2 mm
		D	사용한계상태 하중조합-IV $A_{d,sIV} = (D+PS)+0.7W$	0.2 mm
		E	사용한계상태 하중조합-V $A_{d,sV} = D+PS$	0.3 mm

$$l_{r,max} = 3.4\,c_c + \frac{0.425\,k_1\,k_2\,d_b}{\rho_e} \qquad (6 \cdot 63)$$

$$l_{r,max} = 1.3(h-c) \qquad (6 \cdot 64)$$

여기서 c_c : 최외단 인장철근이나 긴장재의 표면과 콘크리트 표면 사이의 최소 피복두께

k_1 : 부착강도에 따른 계수로, 이형철근은 0.8, 원형철근과 긴장재는 1.6

k_2 : 부재의 하중작용에 따른 계수로, 휨모멘트를 받는 부재는 0.5, 직접인장력을 받는 부재는 1.0

d_b : 철근콘크리트나 긴장재와 철근이 같이 사용된 프리스트레스트 콘크리트의 경우에는 가장 큰 인장철근의 지름, 긴장재만 사용된 프리스트레스트 콘크리트의 경우에는 프리스트레싱 강재의 등가지름($d_{p,eq}$)

ρ_e : 콘크리트의 유효 인장면적을 기준으로 한 강재비

식 (6·63)과 식 (6·64)의 최대 균열 간격은 기본적으로 콘크리트구조설계기준 부록 III에서 균열 간격을 계산하는 식 (6·56)과 식 (6·57)과 각각 같은 것으로, 균열폭의 변동성을 고려한 균열폭 평가계수 $\varkappa_{st}$를 1.7로 하여 식 (6·56)과 식 (6·57)에 곱하면 식 (6·63)과 식 (6·64)와 각각 동일한 결과가 된다.

강재 변형률과 콘크리트 변형률의 차이는 다음으로 결정하는데, 이 식은 콘크리트구조설계기준의 평균변형률 식 (6·61)과 동일하다.

$$\varepsilon_{sm} - \varepsilon_{cm} = \frac{f_{so}}{E_s} - 0.4\,\frac{f_{cte}}{E_s\,\rho_e}(1+n\rho_e) \geq 0.6\,\frac{f_{so}}{E_s} \qquad (6 \cdot 65)$$

여기서 f_{so} : 작용하는 하중 상태에서 균열이 발생한 단면의 강재의 응력, 프리스트레스트 콘크리트에서는 콘크리트 영응력 이후에 발생하는 강재의 응력

f_{cte} : 콘크리트의 유효인장강도로 일반적인 경우에는 평균인장강도 f_{ctm}, 재령 28일 이전의 균열을 검토할 때는 그 재령에서의 인장강도

n : 콘크리트 탄성계수에 대한 철근의 탄성계수비(E_s/E_c)로, 일반적인 경우에는 재령 28일의 콘크리트 탄성계수로 계산하고 재령 28일 이전의 균열을 검토할 때는 그 재령에서의 콘크리트 탄성계수로 계산한 값

철근 변형률과 콘크리트 변형률의 차이인 식 (6·65)의 평균 변형률은 균열이 발생한 후 강재의 응력 증가에 비례하지만, 그림 6-13에 나타낸 바와 같이 균열이 발생한 후 강재의 응력 크기와는 무관하게

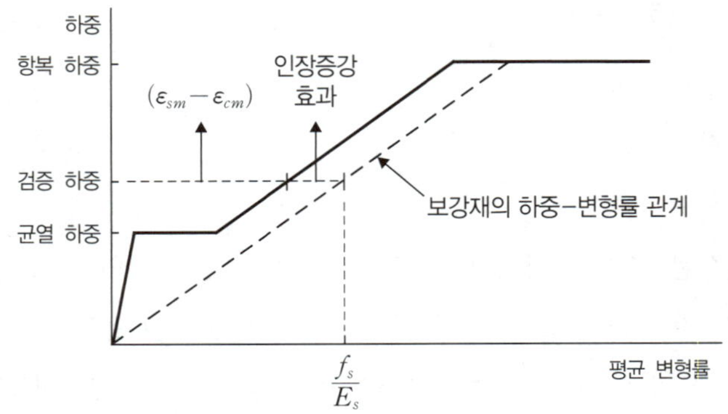

| 그림 6-13 | 교량설계기준(한계상태설계법)의 하중–평균 변형률 관계

동일한 수준의 인장증강효과(tension stiffening effect)가 있는 것으로 단순화한 모델이다. 단, 균열이 발생한 후의 평균 변형률은 철근에 발생한 변형률의 0.6배 이상의 값을 적용한다.

최대 균열 간격과 평균 변형률의 계산에는 다음으로 결정되는 콘크리트의 유효 인장면적 A_{cte}와 유효 강재비 ρ_e가 사용된다.

$$A_{cte}=bd_{cte} \qquad (6\cdot 66)$$

$$\rho_e=\frac{A_s+\xi_1^2 A_p}{A_{cte}} \qquad (6\cdot 67)$$

$$\xi_1=\sqrt{\xi\frac{d_b}{d_{p,eq}}} \qquad (6\cdot 68)$$

여기서 A_{cte} : 유효 인장면적으로, 콘크리트 유효 인장깊이 d_{cte}와 단면 폭의 곱

d_{cte} : 콘크리트 유효 인장깊이로 $2.5(h-d)$, $(h-c)/3$, $h/2$ 중 가장 작은 값

ξ : 표 6-10에 나타낸 긴장재의 부착강도 비

d_b : 콘크리트의 유효 인장면적 내에 배치된 인장철근의 지름

d_{peq} : 콘크리트의 유효 인장면적 내에 배치된 긴장재의 등가지름

콘크리트의 유효 인장면적 A_{cte}의 결정에 이용되는 콘크리트 유효 인장깊이 d_{cte}는 $2.5(h-d)$와 $(h-c)/3$과 $h/2$ 중 가장 작은 값으로 하며, 휨모멘트를 받는 부재는 인장 연단 쪽만 존재하고 직접인장력을 받는 부재는 양쪽 연단에 존재한다. 여기서 h는 부재의 전체 깊이, d는 강재의 유효깊이, c는 중립축의 깊이이다. A_s와 A_p는 콘크리트의 유효 인장면적 내에 배치된 철근과 긴장재의 단면적이다.

식 (6·67)에 적용되는 ξ_1은 식 (6·68)로 결정하는데, 이때 사용되는 ξ는 표 6-10의 값을 적용한

표 6-10 철근에 대한 프리스트레싱 긴장재의 부착강도 비 ξ

프리스트레싱 강재	부착강도 비 ξ		
	프리텐션 강재	부착된 포스트텐션 강재	
		$f_{ck} \le 50\ MPa$	$f_{ck} > 70\ MPa$
원형 강봉과 강선	사용되지 않음	0.3	0.15
강연선	0.6	0.5	0.25
이형 강선	0.7	0.6	0.3
이형 강봉	0.8	0.7	0.35

다. ξ는 긴장재의 부착강도 비로서, 긴장재 부착강도와 이형철근 부착강도의 비를 나타낸 것이다. 프리스트레싱 강재는 횡방향으로 마디가 있는 이형철근에 비하여 부착강도가 낮기 때문에 ξ 값이 1보다 작으며, 특히 포스트텐션 부재의 경우에는 프리텐션 부재의 경우보다 더 작은 값을 적용한다. f_{ck}가 50 MPa과 70 MPa 사이인 경우에는 표 6-10의 값을 직선보간하여 적용한다.

식 (6·68)에 적용되는 $d_{p,eq}$는 콘크리트와 접촉하는 둘레길이를 기준으로 구한 프리스트레싱 강재의 등가지름으로, 다발 긴장재는 식 (6·69), 7연선 1가닥은 식 (6·70), 3연선 1가닥은 식 (6·71)을 적용한다.

$$d_{p,eq} = 1.6\sqrt{A_p} \qquad (6 \cdot 69)$$

$$d_{p,eq} = 1.75\, d_{wire} \qquad (6 \cdot 70)$$

$$d_{p,eq} = 1.20\, d_{wire} \qquad (6 \cdot 71)$$

많이 사용되는 지름 15.2 mm의 7연선은 지름이 5 mm인 강선을 꼬아서 만든 것이므로, d_{wire}를 5 mm로 하여 지름 15.2 mm의 7연선의 등가지름 $d_{p,eq}$를 식 (6·70)로 계산하면 8.75 mm가 된다.

만일 콘크리트의 유효 인장면적 내에 철근이 배치되지 않고 긴장재만 배치된 경우에는 ξ_1의 값을 식 (6·68) 대신 다음으로 결정한다.

$$\xi_1 = \sqrt{\xi} \qquad (6 \cdot 72)$$

식 (6·69)에서 식 (6·71)까지로 결정되는 프리스트레싱 강재의 등가지름은, 긴장재만 사용된 프리스트레스트 콘크리트 부재의 최대 균열 간격을 계산할 때도 적용된다. 즉, 최대 균열 간격을 계산하는 식 (6·63)의 d_b는 철근의 지름을 의미하지만, 긴장재만 배치된 경우에는 등가지름 $d_{b,eq}$을 적용한다. 만일 크기가 다른 긴장재를 조합하여 사용하는 경우에는 다음 식으로 등가지름을 구할 수 있다.

$$d_{b,eq} = \frac{n_1 d_{p,eq1}^2 + n_2 d_{p,eq2}^2}{n_1 d_{p,eq1} + n_2 d_{p,eq2}} \tag{6·73}$$

여기서, n_1은 등가지름이 $d_{p,eq1}$인 긴장재의 개수이고, n_2는 등가지름이 $d_{p,eq2}$인 긴장재의 개수이다.

참고로, 콘크리트의 유효 인장면적 내에 크기가 다른 철근이 사용된 경우는 최대 균열 간격을 계산하는 식 (6·63)의 d_b에 가장 큰 철근의 지름을 사용하지만, 좀 더 정밀하게 계산하고자 할 때는 다음 식으로 등가지름을 구하여 적용할 수도 있다.

$$d_{b,eq} = \frac{n_1 d_{b1}^2 + n_2 d_{b2}^2}{n_1 d_{b1} + n_2 d_{b2}} \tag{6·74}$$

여기서, 콘크리트의 유효 인장면적 내에 크기가 다른 철근이 사용된 철근콘크리트에서는, n_1은 지름이 d_{b1}인 철근의 개수이고, n_2는 지름이 d_{b2}인 철근의 개수이다.

이상에서 기술한 교량설계기준(한계상태설계법)[6.5]의 균열폭 해석모델은 기본적으로 Eurocode 2[6.4,6.6]의 균열폭 해석모델과 동일한 것으로서, 기호의 표현은 다르지만 그 내용은 동일하다.

예제 6-6

사용하중 휨모멘트 $M_s = 1{,}600\ kN\cdot m$가 작용하는 예제 6-2의 단면에 대하여, 다음 지시에 따라 콘크리트구조설계기준 부록 Ⅲ과 교량설계기준(한계상태설계법)에 따라 균열을 검증하시오. 조건은 다음과 같다. 그림 6-13의 포스트텐션 부재에 SWPC7BL 15.2 mm 강연선 9가닥($A_p = 1{,}248\ mm^2$)과 SD400의 D22 철근 5개($A_s = 1{,}935\ mm^2$)가 수평 중심 간격 60 mm로 배치되어 있다. 콘크리트의 설계기준압축강도 $f_{ck} = 35\ MPa$, 콘크리트의 탄성계수 $E_c = 28{,}800\ MPa$, 콘크리트 단면적 $A_c = 480{,}000\ mm^2$, 단면2차모멘트 $I_g = 57.6\times10^9\ mm^4$, 단면상수 $S_t = S_b = 96\times10^6\ mm^3$, 긴장재의 편심 $e_p = 400\ mm$이다. 콘크리트구조설계기준 부록 Ⅲ에 따라 균열을 검증할 때에는 그라우팅으로 부착된 텐던의 유효 긴장력이 $P_e = 1{,}275\ kN$인 경우로 적용하고, 교량설계기준(한계상태설계법)에 따라 균열을 검증할 때에는 그라우팅으로 부착된 텐던의 최대 유효 긴장력이 $\gamma_{ps,u} P_e = 1{,}275\ kN$인 경우로 적용하시오.

>>> 풀이

(1) 균열단면의 응력해석 결과

이 단면에 1,275 kN의 긴장력과 사용하중 휨모멘트 또는 사용한계상태 하중조합-I의 휨모멘트 1,600 $kN\cdot m$가 작용할 때, [예제 6-2]에서 수행한 균열단면에 대한 응력해석 결과는 다음과 같았다.

중립축 : $c = 415\ mm$

콘크리트 압축연단의 응력 : $f_{top} = 14.3\ MPa$

인장철근의 응력 : $f_s = 163\ MPa$

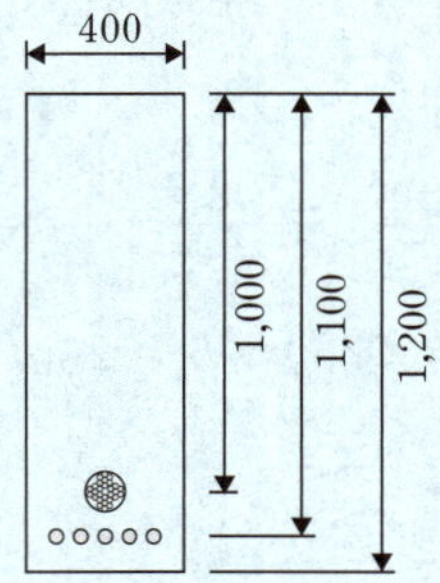

| 그림 6-14 | 예제 6-6의 프리스트레스트 콘크리트 단면

긴장재 위치의 콘크리트가 영응력 상태가 된 이후에 긴장재에 작용하는 응력 : $\Delta f_{ps} = 139\ MPa$

긴장재의 총응력 : $f_{ps} = f_{dc} + \Delta f_{ps} = 1{,}066 + 139 = 1{,}205\ MPa$

이 응력은 SWPC7BL 강연선의 항복강도 1,680 MPa[표 5-1 참조]보다 작으므로, 사용하중 휨모멘트 1,600 $kN \cdot m$가 작용할 때 긴장재가 탄성 상태로 거동한다.

(2) 콘크리트구조설계기준 부록 III에 따른 균열의 검증

콘크리트구조설계기준에서 콘크리트의 인장강도는 무근콘크리트 휨공시체에 대한 휨 실험으로 결정하는 휨인장강도로서 파괴계수로 정의되는 값을 기본으로 하고 있으나, 균열폭을 계산할 때에는 1축인장시험으로 결정하는 직접인장강도를 적용하도록 규정하고 있다.

콘크리트의 평균압축강도는 식 (2·1)로부터

$$f_{cm} = f_{ck} + \Delta f = 35 + 4 = 39\ MPa$$

콘크리트의 평균인장강도는 식 (2·26)로부터

$$f_{ctm} = 0.3(f_{cm})^{2/3} = 0.3 \times (39)^{2/3} = 3.5\ MPa$$

균열휨모멘트는 식 (5·44)로부터

$$\begin{aligned} M_{cr} &= f_r S_b + P_e\left(\frac{S_b}{A_c} + e_p\right) \\ &= \left[3.5 \times (96 \times 10)^6 + 1{,}275(10)^3 \times \left(\frac{96 \times 10^6}{480 \times 10^3} + 400\right)\right] / 10^6 \\ &= 1{,}101\ kN \cdot m \end{aligned}$$

$M_s > M_{cr}$ 사용하중 휨모멘트가 균열휨모멘트보다 크므로 균열이 발생한다.

탄성계수 E_c는

$$E_c = 8{,}500\sqrt[3]{f_{cm}} = 8{,}500\sqrt[3]{39} = 28{,}800\ MPa$$

탄성계수비는

$$n = \frac{E_s}{E_c} = \frac{200{,}000}{28{,}800} = 6.9$$

콘크리트의 유효 인장깊이 d_{cte}를 결정하기 위하여, 인장철근과 프리스트레싱 강재 전체의 유효깊이를 d_{sp}라 하고, 이를 구하면

$$d_{sp}=\frac{A_s\,d+A_p\,d_p}{A_s+A_p}=\frac{1{,}935\times1{,}100+1{,}248\times1{,}000}{1{,}935+1{,}248}=1{,}061\;mm$$

휨모멘트가 작용하는 경우의 콘크리트 유효 인장깊이 d_{cte}는 $2.5(h-d)$와 $(h-x)/3$ 중 작은 값이므로, 이를 구하면

$$2.5(h-d_{sp})=2.5\times(1{,}200-1{,}061)=348\;mm$$

$$\frac{h-x}{3}=\frac{h-c}{3}=\frac{1{,}200-415}{3}=262\;mm$$

콘크리트 유효 인장깊이 d_{cte}는 위의 두 값 중에서 작은 값이므로

$$d_{cte}=262\;mm$$

따라서 콘크리트 유효 인장깊이 A_{cte}는

$$A_{cte}=bd_{cte}=400\times262=104{,}800\;mm^2$$

강재비 ρ_e를 구하기 위하여, 식 (6·69)에 따라 다발 긴장재의 등가지름 $d_{p,eq}$를 구하고, 표 6-10에 따라 부착된 포스트텐션 강재의 부착강도비 ξ를 결정하면,

$$d_{p,eq}=1.6\sqrt{A_p}=1.6\sqrt{1{,}248}=565\;mm$$

$$\xi=0.5$$

계수 ξ_1을 식 (6·68)로 결정하고, 강재비 ρ_e를 식 (6·67)로 구하면

$$\xi_1=\sqrt{\xi\frac{d_b}{d_{p,eq}}}=\sqrt{0.5\frac{22.2}{565}}=0.4117$$

$$\xi_1^2=(0.4117)^2=0.169$$

$$\rho_e=\frac{A_s+\xi_1^2\,A_p}{A_{cte}}=\frac{1{,}935+0.169\times1{,}248}{104{,}800}=0.0205$$

평균 균열간격 l_s를 구하기 위하여, 철근과 인장연단 사이의 피복두께를 구하고 적용하여야 할 평균 균열간격의 수식을 결정하면

$$c_c=h-d-\frac{d_s}{2}=1{,}200-1{,}100-\frac{22.2}{2}=88.9\;mm$$

$$5\left(c_c+\frac{d_b}{2}\right)=5\times\left(88.9+\frac{22.2}{2}\right)=500\;mm$$

인장철근의 수평 중심 간격 60 mm가 500 mm인 $5(c_c+d_b/2)$ 보다 작으므로, l_s의 두 식 중 해당하는 식 (6·56)으로 평균 균열간격을 구한다. 여기서, 이형철근이므로 0.8의 k_1과 휨모멘트를 받으므로 0.5의 k_2를 적용하면

$$l_s=2\,c_c+\frac{0.25\,k_1\,k_2\,d_b}{\rho_e}=2\times88.9+\frac{0.25\times0.8\times0.5\times22.2}{0.0205}=286\;mm$$

평균 변형률은 식 (6·61)로 구한다. 여기서, 인장철근 응력 f_{so}의 값은 f_s와 같은 163 MPa이다.

$$\varepsilon_{sm}-\varepsilon_{cm}=\frac{f_{so}}{E_s}-0.4\frac{f_{cte}}{E_s\rho_e}(1+n\rho_e)$$

$$= \frac{1}{200{,}000}\left[163 - 0.4 \times \frac{3.5}{0.0205} \times (1 + 6.9 \times 0.0205)\right]$$
$$= 0.425 \times 10^{-3}$$

평균 변형률의 최솟값은

$$0.6\frac{f_{so}}{E_s} = 0.6 \times \frac{163}{200{,}000} = 0.489 \times 10^{-3}$$

계산된 평균 변형률 0.425×10^{-3}이 최솟값 0.489×10^{-3}보다 작으므로, 최솟값을 적용하면

$$\varepsilon_{sm} - \varepsilon_{cm} = 0.489 \times 10^{-3}$$

따라서, 평균 균열폭을 1.0의 균열폭 평가계수 $\varkappa_{st}$를 적용하여 계산하면

$$w_{davg} = \varkappa_{st}\, w_m = \varkappa_{st}\, l_s(\varepsilon_{sm} - \varepsilon_{cm}) = 1.0 \times 286 \times 0.489 \times 10^{-3} = 0.14\ mm$$

최대 균열폭을 1.7의 균열폭 평가계수 $\varkappa_{st}$를 적용하여 계산하면

$$w_{dmax} = \varkappa_{st}\, w_m = \varkappa_{st}\, l_s(\varepsilon_{sm} - \varepsilon_{cm}) = 1.7 \times 286 \times 0.489 \times 10^{-3} = 0.24\ mm$$

구조물이 노출되는 환경조건이 습윤 환경이라면 콘크리트구조설계기준 부록 Ⅲ에 따라 프리스트레싱 강재에 대한 표 6-8의 허용균열폭을 적용하여 계산하면

$$w_a = 0.004\, t_c = 0.004\, c_c = 0.004 \times 88.9 = 0.36\ mm$$

이 값이 0.2 mm보다 크므로 그대로 적용되어, 허용균열폭은 0.36 mm이다.

계산된 최대 균열폭을 기준으로 균열폭을 검토하면

$$w_{dmax} = 0.24\ mm < w_a (= 0.36\ mm)$$

따라서 최대 균열폭이 허용균열폭보다 작으므로, 균열 제어가 검증되었다.

(3) 교량설계기준(한계상태설계법)에 따른 균열의 검증

교량설계기준(한계상태설계법)에 따른 콘크리트의 인장강도는 콘크리트의 평균압축강도를 이용하여 구한다. 콘크리트의 평균압축강도는 식 (2·1)로부터

$$f_{cm} = f_{ck} + \Delta f = 35 + 4 = 39\ MPa$$

교량설계기준(한계상태설계법)에 따른 콘크리트의 평균인장강도는 식 (2·26)으로부터

$$f_{ctm} = 0.3(f_{cm})^{2/3} = 0.3 \times (39)^{2/3} = 3.5\ MPa$$

부재 두께 h가 600 mm를 초과하므로, 크기효과가 인장강도에 영향을 주지 않는다.

하한값의 균열휨모멘트는 식 (5·46)으로부터

$$M_{cr} = f_{ctm}\, S_b + \gamma_{ps,l}\, P_e\left(\frac{S_b}{A_c} + e_p\right)$$
$$= \left[3.5 \times (96 \times 10)^6 + 1{,}275(10)^3 \times \left(\frac{96 \times 10^6}{480 \times 10^3} + 400\right)\right] / 10^6$$
$$= 1{,}101\ kN \cdot m$$

사용한계상태 하중조합-I의 M_s인 1,600 $kN \cdot m$가 균열휨모멘트 1,101 $kN \cdot m$보다 크므로, 균열이 발생하는 하중상태이다.

탄성계수비는

$$n = \frac{E_s}{E_c} = \frac{200,000}{28,800} = 6.9$$

콘크리트의 유효 인장깊이 d_{cte}를 결정하기 위하여, 인장철근과 프리스트레싱 강재 전체의 유효깊이를 d_{sp}라 하고, 이를 구하면

$$d_{sp} = \frac{A_s\, d + A_p\, d_p}{A_s + A_p} = \frac{1,935 \times 1,100 + 1,248 \times 1,000}{1,935 + 1,248} = 1,061\ mm$$

휨모멘트가 작용하는 경우의 콘크리트 유효 인장깊이 d_{cte}는 $2.5(h-d)$, $(h-x)/3$, $h/2$ 중 가장 작은 값이므로, 이를 구하면

$$2.5(h - d_{sp}) = 2.5 \times (1,200 - 1,061) = 348\ mm$$
$$\frac{h-x}{3} = \frac{h-c}{3} = \frac{1,200-415}{3} = 262\ mm$$
$$\frac{h}{2} = \frac{1,200}{2} = 600\ mm$$

콘크리트 유효 인장깊이 d_{cte}는 위의 세 값 중에서 작은 값이므로

$$d_{cte} = 262\ mm$$

따라서 콘크리트 유효 인장깊이 A_{cte}는 식 (6·66)으로부터

$$A_{cte} = bd_{cte} = 400 \times 262 = 104,800\ mm^2$$

강재비 ρ_e를 구하기 위하여, 식 (6·69)에 따라 다발 긴장재의 등가지름 $d_{p,eq}$를 구하고, 표 6-10에 따라 부착된 포스트텐션 강재의 부착강도비 ξ를 결정하면,

$$d_{p,eq} = 1.6\sqrt{A_p} = 1.6\sqrt{1,248} = 565\ mm$$
$$\xi = 0.5$$

계수 ξ_1을 식 (6·68)로 결정하고, 강재비 ρ_e를 식 (6·67)로 구하면

$$\xi_1 = \sqrt{\xi \frac{d_b}{d_{p,eq}}} = \sqrt{0.5 \frac{22.2}{565}} = 0.4117$$
$$\xi_1^2 = (0.4117)^2 = 0.169$$
$$\rho_e = \frac{A_s + \xi_1^2 A_p}{A_{cte}} = \frac{1,935 + 0.169 \times 1,248}{104,800} = 0.0205$$

평균 균열간격 l_s를 구하기 위하여, 철근과 인장연단 사이의 피복두께를 구하면

$$c_c = h - d - \frac{d_s}{2} = 1,200 - 1,100 - \frac{22.2}{2} = 88.9\ mm$$

식 (6·63)으로 최대 균열간격을 구한다. 여기서, 이형철근이므로 0.8의 k_1과 휨모멘트를 받으므로 0.5의 k_2를 적용하면

$$l_{r,max} = 3.4\,c_c + \frac{0.425\,k_1\,k_2\,d_b}{\rho_e} = 3.4 \times 88.9 + \frac{0.425 \times 0.8 \times 0.5 \times 22.2}{0.0205} = 486\,mm$$

평균 변형률은 식 (6·65)로 구한다. 여기서, 인장철근 응력 f_{so}의 값은 f_s와 같은 163 MPa이다.

$$\begin{aligned}\varepsilon_{sm} - \varepsilon_{cm} &= \frac{f_{so}}{E_s} - 0.4\frac{f_{cte}}{E_s\,\rho_e}(1+n\rho_e) \\ &= \frac{1}{200{,}000}\left[163 - 0.4 \times \frac{3.5}{0.0205} \times (1 + 6.9 \times 0.0205)\right] \\ &= 0.425 \times 10^{-3}\end{aligned}$$

평균 변형률의 최솟값은

$$0.6\frac{f_{so}}{E_s} = 0.6 \times \frac{163}{200{,}000} = 0.489 \times 10^{-3}$$

계산된 평균 변형률 0.425×10^{-3}이 최솟값 0.489×10^{-3} 보다 작으므로, 최솟값을 적용하면

$$\varepsilon_{sm} - \varepsilon_{cm} = 0.489 \times 10^{-3}$$

따라서, 식 (6·62)에 따라 균열폭을 계산하면

$$w_k = l_{r,max}(\varepsilon_{sm} - \varepsilon_{cm}) = 486 \times 0.489 \times 10^{-3} = 0.24\,mm$$

표 6-9에 나타난 바와 같이, 설계등급 B에서는 사용한계상태 하중조합-I에서 허용균열폭이 0.2 mm이다. 따라서 이 단면은 설계등급 B의 균열 한계상태를 만족하지 못한다.

6.4 처짐의 설계 검증

6.4.1 처짐 거동 및 한계상태

구조물에 하중이 작용하면 변형(deformation)이 발생한다. 이 변형은 구조물의 기능과 외관에 심각한 영향을 주지 않을 정도이어야 하므로, 강도성능과 사용성능에 유해한 변형이 일어나지 않도록 설계하여야 한다. 부재의 변형은 축력에 의한 축방향 변형, 휨모멘트에 의한 휨 변형, 전단력에 의한 전단변형 등이 있으며, 그 중 가장 크게 나타나는 것은 휨 변형이다. 휨 변형은 휨모멘트를 받는 부재가 휘어서 형태가 변하는 것으로, 이 변형으로 인한 변위(displacement)를 처짐(deflection)이라고 한다.

콘크리트 부재의 처짐을 제한하는 이유는 다음과 같다.

첫째, 사용자가 처짐으로 인한 불편함을 느끼지 않아야 한다. 부재에 큰 처짐이 발생하더라도 파괴 수준에 이르지 못하는 사용하중에 의한 처짐이라면, 구조적 안전에는 영향을 주지 않는다. 그러나 육안으로 구분할 수 있는 정도의 처짐이나 사용자가 느낌으로 인지할 수 있는 정도의 처짐이 발생하면,

사용자들이 구조 안전성에 확신을 갖지 못하여 심리적으로 불안하게 된다. 또, 동적 하중이 작용하는 구조물의 처짐과 진동이 사용자가 불안하다고 느낄 정도라면, 드문 경우이기는 하지만 차량이나 바람에 의한 동적거동으로 변형이 순간적으로 증가하여 손상이 발생할 수도 있다. 따라서 처짐은 육안으로 쉽게 구분할 수 없는 정도가 되도록 제어하여야 하며, 사용자가 인지하는 진동이나 처짐은 활하중에 의한 것이므로 활하중에 의한 처짐을 제한하여야 한다.

둘째, 장기간 사용하는 콘크리트 구조물에 손상이 발생하지 않도록 하여 기능을 유지하도록 하여야 한다. 콘크리트 구조물은 크리프로 인하여 지속하중에 의한 처짐이 시간에 따라 증가하는데, 특히 프리스트레스트 콘크리트 부재에서는 장기적으로 솟음이 크게 발생할 수 있다. 과도한 처짐이나 솟음은 구조물로서의 기능을 저하시키는 요인이 되므로, 지속하중에 의한 처짐이 과도하지 않도록 제한할 필요가 있다.

셋째, 구조물의 용도와 기능을 유지하도록 비구조 요소(non-structural element)의 손상이 방지되어야 한다. 예를 들어 건물의 경우에는 구조부재 이외에도, 칸막이 용 벽체, 천장 마감재, 전기 및 조명시설, 환기시설, 냉방시설, 난방시설, 상수도 및 하수도 시설용 파이프 등, 교량의 경우에는 가로등, 중앙분리대, 난간 등, 하중을 직접 받지 않는 비구조 요소들이 설치된다. 이와 같은 비구조 요소들이 구조물의 과도한 처짐에 의하여 손상되지 않도록 처짐을 제한할 필요가 있다.

프리스트레스트 콘크리트는 긴장력 도입에 따른 구조특성과 콘크리트 및 긴장재의 재료특성으로, 철근콘크리트에 비하여 복잡한 처짐 거동을 나타낸다. 그림 6-15에 나타낸 바와 같이, 프리스트레스트 콘크리트 부재는 긴장력 도입 직후 자중(GL)이 작용하는 상태에서 부재 중앙부가 상향으로 솟은 상태가 될 수 있다. 상향 처짐을 솟음(camber)라고 하는데, 추가 고정하중과 활하중이 작용하는 사용하중(DL+LL)에서 하향 처짐(deflection)이 발생하는 것이 일반적이다. 이때 완전 긴장(full prestressing) 부재로서 균열하중(CL, cracking load)이 사용하중보다 큰 경우에는 사용하중에서 균열이 발생하지 않으

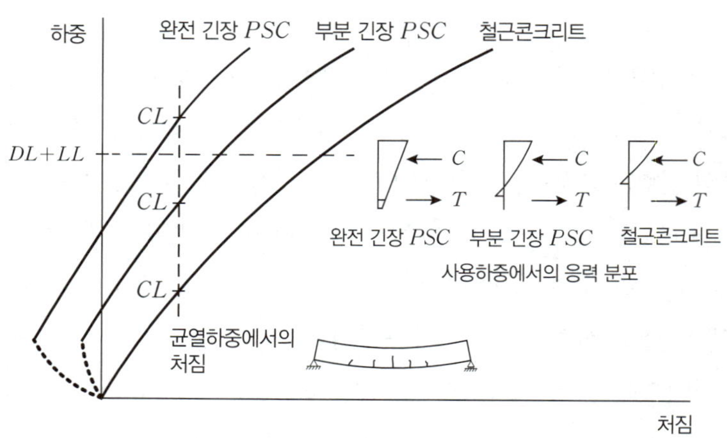

| 그림 6-15 | 긴장력 도입 수준에 따른 콘크리트 휨 부재의 하중-처짐 관계

므로, 선형탄성 처짐 거동을 보인다. 부분 긴장(partial prestressing) 부재로 설계되어 균열하중이 사용하중보다 작은 경우에는 사용하중 상태에서 단면에 균열이 이미 발생한 상태이므로, 비선형의 처짐 거동을 보인다. 한편 오랫동안 하중이 작용하는 상태가 지속되면 압축을 받는 콘크리트의 크리프로 인하여 곡률이 변화하게 되어, 지속하중(sustain load) 상태에서 솟음 또는 처짐이 증가하게 된다.

따라서 프리스트레스트 콘크리트 부재의 처짐은, 비균열 단면(uncracked section)의 처짐과 균열 단면(cracked section)의 처짐, 단기하중(short-term load)에 의한 탄성처짐(elastic deflection, 또는 단기처짐 short-term deflection)과 지속하중(sustain load)에 의한 장기처짐(long-term deflection)을 구분하여 해석하여야 한다.

6.4.2 비균열 단면의 탄성처짐 및 솟음 해석

구조물의 처짐은 부재에 휨모멘트가 작용하여 부재가 휘어서 발생한다. 부재가 휘게 되면 단면에는 곡률(curvature)이 발생하는데, 변형 전의 평면과 변형 후의 평면이 이루는 각을 곡률이라고 한다. 휨모멘트와 곡률이 정비례하는 경우를 선형탄성(linear elastic)이라고 하며, 직선으로 나타나는 휨모멘트-곡률 관계에서 직선의 기울기가 강성(剛性, rigidity)을 나타낸다. 단면의 강성은 재료특성으로서의 탄성계수 E와 단면특성으로서의 단면2차모멘트 I의 곱으로 표현된다. 따라서 휨모멘트 M과 곡률 ϕ와 강성 EI의 관계는 다음과 같다.

$$\phi = \frac{M}{EI} \tag{6·75}$$

부재 길이에 걸쳐 각 위치의 단면에 발생한 곡률을 분포로 나타내고 곡률 분포를 적분하면 처짐각을 구할 수 있다. 처짐은 곡률 분포의 1차모멘트로 구할 수 있다. 이와 같은 과정으로 부재 중앙부의 처짐을 구하면, 하중과의 관계식으로 처짐을 나타내거나 대표 단면의 곡률과의 관계식으로 처짐을 나타낼 수 있다.

만일 콘크리트 부재에 균열이 발생하지 않았다면, 외력이 증가하여도 단면2차모멘트가 일정하므로 콘크리트 부재의 하중과 처짐이 정비례하는 선형탄성의 관계를 나타낸다. 물론 콘크리트의 탄성계수로는 초기접선 탄성계수가 가장 크고, 응력이 증가하면 탄성계수가 감소하지만, 그 변화가 크지 않으므로 할선 탄성계수로 대표되는 콘크리트의 탄성계수를 처짐 해석에 적용한다.

프리스트레스트 콘크리트에서는 일반적으로 두 단계 하중 상태에서의 처짐을 검토할 필요가 있다. 즉, 긴장력이 도입된 직후의 솟음과 고려하는 사용하중이 작용하는 상태의 처짐이다.

긴장력 도입 직후의 솟음을 검토하는 이유는, 과도하게 솟음이 발생하면 구조물의 평탄성(flatness)을

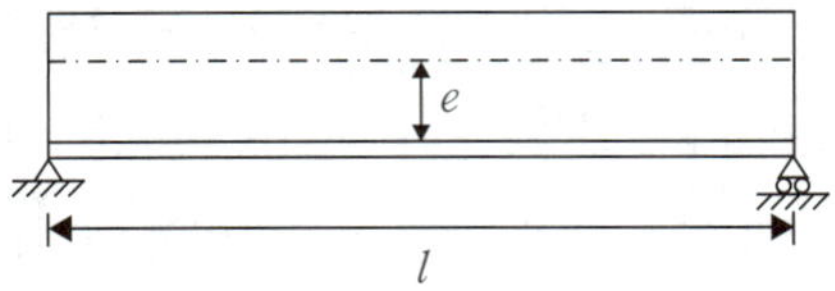

(a) $$-\Delta = \frac{Pel^2}{8EI} = \frac{\phi l^2}{8} \qquad (6\cdot76)$$

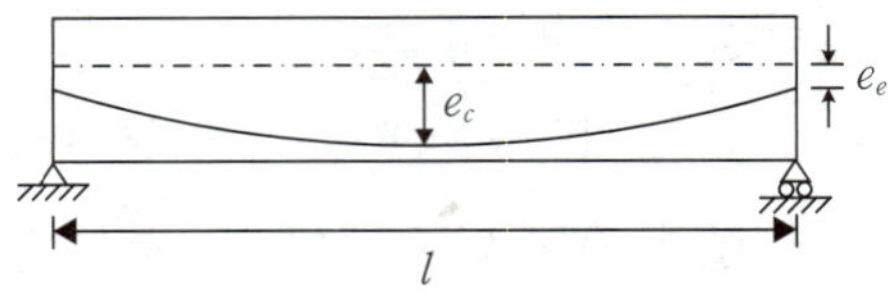

(b) $$-\Delta = \frac{Pl^2}{8EI}\left[e_e + \frac{5}{6}(e_c - e_e)\right] = \frac{\phi_c l^2}{8} + \frac{(\phi_e - \phi_c)l^2}{48} \qquad (6\cdot77)$$

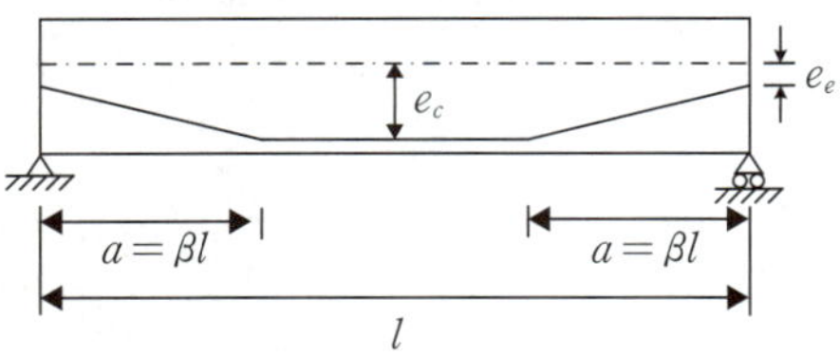

(c) $$-\Delta = \frac{Pl^2}{8EI}\left[e_c + (e_e - e_c)\frac{4a^2}{3l^2}\right] = \frac{Pl^2}{EI}\left[\frac{e_c}{8} - \frac{\beta^2(e_c - e_e)}{6}\right] = \frac{\phi_c l^2}{8} + \frac{(\phi_e - \phi_c)(\beta l)^2}{6} \qquad (6\cdot78)$$

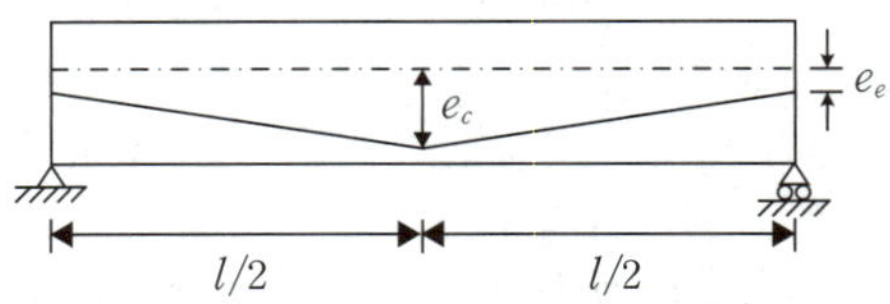

(d) $$-\Delta = \frac{Pl^2}{24EI}(2e_c + e_e) = \frac{\phi_c l^2}{8} + \frac{(\phi_e - \phi_c)l^2}{24} = \frac{\phi_c l^2}{12} + \frac{\phi_e l^2}{24} \qquad (6\cdot79)$$

| 그림 6-16 | 긴장력에 의한 부재 중앙의 솟음

확보할 수 없어서 구조물의 용도에 따라서 사용성에 문제가 될 수 있기 때문이다. 또 긴장력이 도입된 후 오랫동안 하중이 추가로 작용하지 않는 경우에는, 콘크리트 크리프의 영향으로 솟음이 더 증가하여 사용성에 더욱 큰 문제를 유발할 수 있기 때문이다. 프리스트레스트 콘크리트에 긴장력이 도입되면 긴장력과 함께 자중이 작용하는 상태가 되는데, 일반적으로 이 상태에서는 단면에 균열이 발생하지 않도록 설계한다. 따라서 긴장력이 도입된 직후의 처짐 또는 솟음은 탄성이론으로 구한다.

그림 6-16은 긴장재의 배치 형태에 따라, 긴장력의 작용으로 발생하는 부재 중앙의 솟음, 즉 상향 처짐을 나타낸다. 긴장재가 모든 단면의 도심에 배치되어 있다면, 단면에는 등분포의 압축응력과 변형률이 작용하여 어느 방향으로도 처짐을 유발하지 않지만, 그림 6-16과 같이 편심을 가지고 배치되면 단면에는 긴장력 P와 편심 e로 인한 휨모멘트 $(-Pe)$가 외력으로 작용하여 상향으로 솟음이 발생하게 된다.

예를 들어, 그림 6-16(a)와 같이 부재 전 길이에 걸쳐 동일한 편심 e로 긴장재가 배치된 경우에는, 휨모멘트의 작용 방향은 반대이지만 그림 6-17(a)와 같이 부재 전체에 휨모멘트 M이 작용하는 것과 동일한 상태가 된다. 따라서 그림 6-16(a)의 경우는 식 (6·80)으로 표현되는 그림 6-17(a)의 경우와 같은 크기의 처짐이 발생하게 되는데, 휨모멘트의 작용 방향이 반대로서 음(-)의 부호로 표시하고 휨모멘트 M을 긴장력과 편심에 의한 휨모멘트 $(-Pe)$로 표현하면 부재 중앙의 솟음을 다음 식 (6·84)와 같이

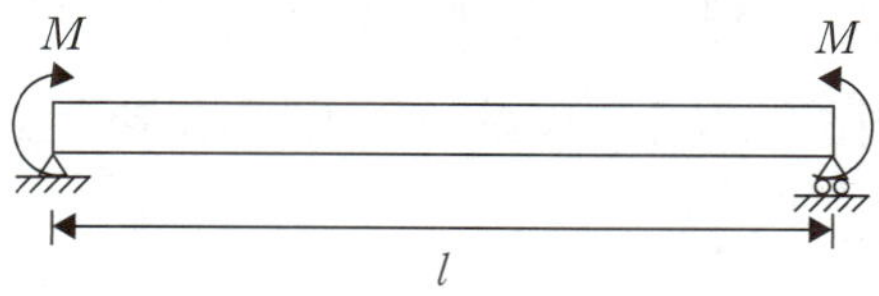

(a) $\Delta = \dfrac{Ml^2}{8EI} = \dfrac{\phi l^2}{8}$ (6·80)

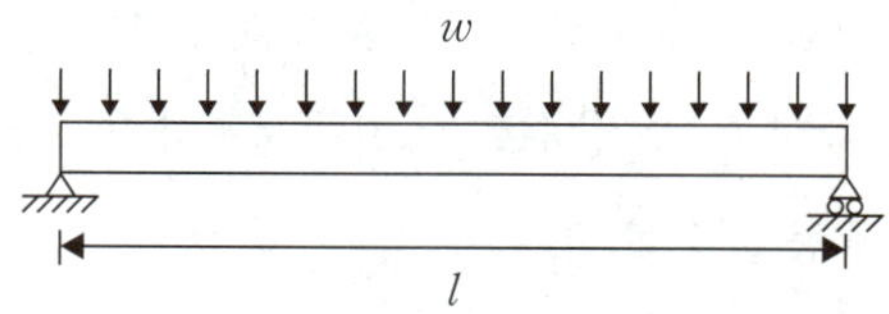

(b) $\Delta = \dfrac{5\,wl^4}{384EI} = \dfrac{5\,\phi_c l^2}{48}$ (6·81)

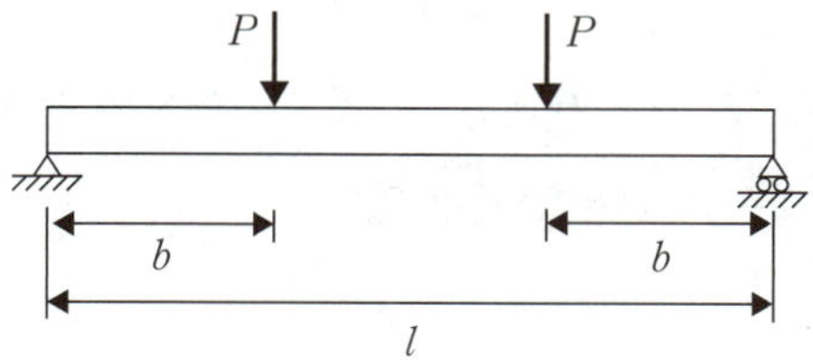

(c) $\Delta = \dfrac{Pb(3l^2 - 4b^2)}{24EI} = \dfrac{\phi_c(3l^2 - 4b^2)}{24}$ (6·82)

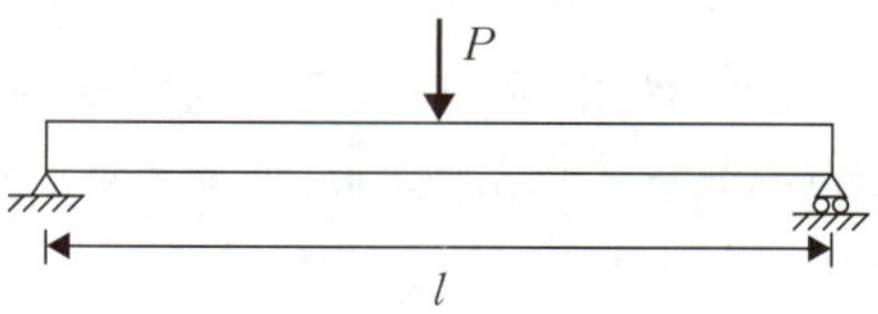

(d) $\Delta = \dfrac{Pl^3}{48EI} = \dfrac{\phi_c l^2}{12}$ (6·83)

| 그림 6-17 | 하중에 의한 부재 중앙의 처짐

나타낼 수 있다.

$$-\Delta = \frac{(-M)l^2}{8EI} = \frac{Pel^2}{8EI} = \frac{\phi l^2}{8} \qquad (6\cdot 84)$$

그림 6-16의 (b), (c), (d)는 긴장재가 부재의 중앙에는 e_c의 편심을 가지고, 양단에는 e_e의 편심으로 배치된 경우의 부재 중앙의 처짐을 나타낸다. 직선 배치 긴장재가 2회 절곡된 그림 6-16(c)의 경우에는 절곡위치 a를 경간 길이 l의 비율 β로 표현한 것이므로, 식 (6·78)은 어느 위치에서 절곡하더라도 적용할 수 있는 식이다.

그림 6-17은 하중에 의한 부재 중앙의 처짐을 나타낸다. 그림 6-17의 (a)는 부재 양단에 휨모멘트가 작용하는 경우, (b)는 등분포하중이 작용하는 경우, (c)는 2개의 집중하중이 임의의 위치에 대칭으로 작용하는 경우, (d)는 부재 중앙에 집중하중이 작용하는 경우이다.

자중이 등분포하중으로 작용한다면, 프리스트레스트 콘크리트에 긴장력이 도입된 직후에 부재 중앙에 발생하는 처짐은 식 (6·84)의 솟음과 식 (6·81)의 합으로 다음과 같이 나타낼 수 있다. 여기서, ϕ는 긴장재에 의한 휨모멘트 Pe가 단면에 작용할 때의 곡률이며, ϕ_c는 등분포 자중에 의한 부재 중앙의 휨모멘트가 단면에 작용할 때의 곡률이다. 여기서 음(−)의 부호는 솟음을, 정(+)의 부호는 하향 처짐을 나타낸다.

$$\Delta = -\frac{Pel^2}{8EI} + \frac{5wl^4}{384EI} = -\frac{\phi l^2}{8} + \frac{5\,\phi_c l^2}{48} \qquad (6\cdot 85)$$

자중 외에 추가 고정하중과 활하중이 추가된 사용하중 상태에서도 부재 단면에 균열이 발생하지 않는다면, 강성 EI를 상수로 하고 등분포하중이나 집중하중의 작용을 고려하여 그림 6-16과 그림 6-17의 수식을 적용할 수 있다.

연속보에 대해서 긴장력에 의한 처짐과 하중작용에 의한 처짐을 분리하여 처짐 해석을 수행할 때에는, 연속보를 한 경간 단위의 부재로 나눈 후 각 부재 양단의 구속 작용을 고려하여 각 부재 중앙의 처짐을 구할 수 있다. 즉, 그림 6-18과 같이, 등분포하중이 작용하는 연속보의 한 경간에서 부재 양단에 부모멘트 M_1과 M_2가 작용하고 부재 중앙에 정모멘트 M_m이 작용하면, 이들 휨모멘트와 등분포하중이 작용하는 단순보 중앙에 발생하는 휨모멘트 M_o는 다음과 같은 관계가 있다.

$$M_o = M_m + \frac{1}{2}(M_1 + M_2) \tag{6·86}$$

이제, 휨모멘트 분포를 그림과 같이 세 가지 분포로 나누고 각각의 휨모멘트에 의한 처짐을 합하면 다음과 같이 처짐을 구할 수 있다.

$$\Delta_m = \Delta_o + \Delta_1 + \Delta_2 = \frac{5\,M_o l^2}{48EI} - \frac{M_1 l^2}{16EI} - \frac{M_2 l^2}{16EI} \tag{6·87}$$

이 식의 M_o에 식 (6·86)을 대입하면, 구조해석에서 구한 주요 위치의 휨모멘트 M_1, M_2, M_m으로 연속보 경간 중앙의 처짐을 다음과 같이 나타낼 수 있다.

$$\Delta_m = \frac{5\,l^2}{48EI}\left[M_m - \frac{1}{10}(M_1 + M_2)\right] \tag{6·88}$$

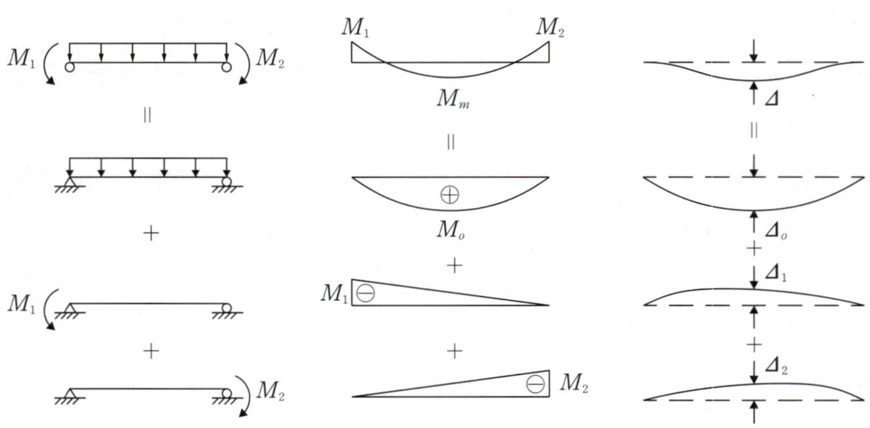

| 그림 6-18 | 연속보의 처짐 해석

연속보의 외측경간은 M_1이나 M_2에 영(0)을 대입하고, 단순보에는 M_1과 M_2에 모두 영(0)을 대입하면, 경간 중앙의 처짐을 구할 수 있다. 다만, 이 식은 연속보에서 하중이 등분포하중일 때에 성립하는 것이므로, 등분포하중이 아닌 경우에는 새로이 수식을 유도하여야 한다.

한편, 위와 같이 긴장력에 의한 처짐과 하중작용에 의한 처짐을 분리하고 그림 6-16과 그림 6-17의 수식을 중첩하여 처짐 해석을 수행할 수도 있지만, 1.5.3절에서 소개한 등가하중(equivalent load)을 적용할 수도 있다. 즉, 그림 1-28에 나타낸 바와 같이, 긴장재의 배치 형상을 고려하여 동일한 영향을 주는 등가하중과 등가휨모멘트를 구하고, 외력으로 작용하는 하중과 중첩하여 내적 순수하중(internal net load)을 결정한 후 이를 대상으로 처짐 해석을 수행하여도 된다. 이 방법은 연속보에도 적용된다. 즉, 연속보를 한 경간 단위의 부재로 나누고, 긴장재 배치 형상에 따라 각 경간단위의 부재에 작용하는 등가하중과 등가휨모멘트를 구하여 마찬가지 방법으로 내적 순수하중을 결정한 후, 이를 대상으로 전체 연속보에 대하여 처짐 해석을 수행한다. 이와 같이 등가하중개념으로 처짐 해석을 수행할 때에는 컴퓨터 프로그램을 이용하여 간편하게 전산구조해석을 수행할 수 있다.

예제 6-7

그림 6-18의 프리텐션 직사각형 단면에 SWPC7BL 15.2 mm 강연선 22가닥($A_s = 3{,}051\ mm^2$)이 배치되어 있다. 보의 지간은 $l = 24\ m$, 단면 폭은 $b = 400\ mm$, 단면 높이는 $h = 1{,}200\ mm$, 중앙단면에서의 긴장재 편심은 $e = 400\ mm$이다. 콘크리트의 압축강도 $f_{ci} = 27\ MPa$일 때 긴장력이 도입되고, 긴장력이 도입된 후의 초기 긴장력 $P_i = 3{,}780\ kN$이다. 콘크리트의 설계기준압축강도 $f_{ck} = 35\ MPa$이고, 재령 28일 이후에 등분포하중의 추가 고정하중 $w_L = 1.89\ kN/m$가 작용하며, 활하중은 등분포하중으로 $w_L = 8.33\ kN/m$가 작용한다. 긴장력이 도입될 때, 추가고정하중이 작용할 때, 활하중이 작용할 때의 세 단계 하중조건에서 모두 단면에 균열이 발생하지 않는 것으로 검토되었다. 경간 중앙의 처짐으로, 긴장력이 도입된 직후에 발생하는 처짐, 추가고정하중이 작용할 때 발생하는 처짐, 활하중이 작용할 때 발생하는 처짐을 계산하시오.

>>> 풀이

(1) 단면 상수와 보의 자중 및 콘크리트 탄성계수

해석의 편의를 위하여 강재를 무시한 보의 단면2차모멘트를 사용한다. 보의 단면2차모멘트와 자중은 다음과 같다.

단면2차모멘트 $I_g = \dfrac{1}{12} \times 0.4 \times 1.2^3 = 0.0576\ m^4 = 57.6 \times 10^9\ mm^4$

보의자중 $w_D = 25\ kN/m^3 \times (0.4\ m \times 1.2\ m) = 12\ kN/m$

긴장력 도입 시기의 콘크리트 탄성계수는 다음과 같다.

$$E_{ci} = 8{,}500\sqrt[3]{f_{ci}} = 8{,}500\sqrt[3]{27} = 25{,}500\ MPa$$

콘크리트의 평균압축강도와 콘크리트의 탄성계수는

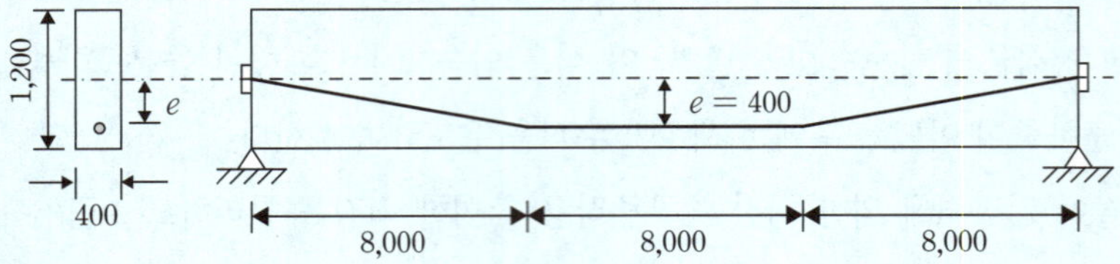

| 그림 6-19 | 예제 6-7의 프리스트레스트 콘크리트 부재

$$f_{cm} = f_{ck} + \Delta f = 35 + 4 = 39\ MPa$$

$$E_c = 8{,}500\sqrt[3]{f_{cm}} = 8{,}500\sqrt[3]{39} = 28{,}800\ MPa$$

(2) 긴장력 도입 직후 경간 중앙의 탄성솟음 또는 탄성처짐

긴장력에 의한 솟음을 식 (6·78)로 계산하면, $e_e = 0$, $e_c = 400\ mm$, $a = 8\ m$이므로

$$\Delta_p = \frac{P_i\, l^2}{8E_{ci}\, I_g}\left[e_c + (e_e - e_c)\,\frac{4a^2}{3l^2}\right]$$

$$= \frac{3{,}780(10)^3 \times 24{,}000^2}{8 \times 25{,}500 \times (57.6 \times 10)^9}\left[400 + (0 - 400)\,\frac{4 \times 8^2}{3 \times 24^2}\right]$$

$$= 63.1\ mm\ (\uparrow\ 솟음)$$

자중에 의한 탄성처짐을 식 (6·81)로 계산하면

$$\Delta_o = \frac{5\, w_o\, l^4}{384E_{ci}\, I_g} = \frac{5 \times 12 \times 24{,}000^4}{384 \times 25{,}500 \times (57.6 \times 10)^9} = 35.3\ mm\ (\downarrow\ 처짐)$$

따라서 긴장력 도입 직후의 탄성솟음은

$$\Delta_{transfer} = \Delta_p - \Delta_o = 63.1 - 35.3 = 27.8\ mm\ (\uparrow\ 솟음)$$

(3) 추가고정하중에 의한 경간 중앙의 탄성처짐과 활하중에 의한 경간 중앙의 탄성처짐

추가고정하중과 활하중에 의한 탄성처짐을 각각 식 (6·81)로 계산하면

$$\Delta_{DA} = \frac{5\, w_{DA}\, l^4}{384E_c\, I_g} = \frac{5 \times 1.89 \times 24{,}000^4}{384 \times 28{,}800 \times (57.6 \times 10)^9} = 4.9\ mm\ (\downarrow\ 처짐)$$

$$\Delta_L = \frac{5\, w_L\, l^4}{384E_c\, I_g} = \frac{5 \times 8.33 \times 24{,}000^4}{384 \times 28{,}800 \times (57.6 \times 10)^9} = 21.7\ mm\ (\downarrow\ 처짐)$$

6.4.3 비균열 단면의 장기처짐 해석

콘크리트 부재에는 하중 작용에 의한 처짐이 시간이 경과함에 따라 더욱 증가하는 장기처짐(long-term deflection) 현상이 나타난다. 철근콘크리트는 주로 하향으로 장기처짐이 발생하지만, 프리스트레

스트 콘크리트는 긴장력과 지속하중의 영향에 따라 상향으로 장기솟음이 발생할 수도 있고 하향으로 장기처짐이 발생할 수도 있다. 장기처짐은 콘크리트의 크리프와 수축이 원인이다. 이 절에서는 균열이 발생하지 않은 부재의 장기처짐으로서 크리프에 의한 처짐을 주로 다루고, 수축에 의한 처짐은 이 절의 후반부에서 설명한다.

[1] 콘크리트의 크리프에 의한 장기처짐

그림 6-20은 프리스트레스트 콘크리트 부재에 긴장력과 지속하중이 작용할 때, 단면의 단기곡률(short-term curvature)과 장기곡률(long-term curvature)을 나타낸다. 그림 6-20(b)와 같이, 지속하중으로 작용하게 될 하중과 초기 긴장력에 의하여 단면 상단과 하단에 각각 압축변형률 ε_{ti}와 ε_{bi}가 발생한다면, 이 단면의 단기곡률 ϕ_i와 부재의 처짐 Δ_i는 다음과 같이 계산할 수 있다. 여기서 l은 경간의 길이이고, α는 지점조건과 하중분포에 따라 결정되는 상수로서 등분포하중이 작용하는 단순보의 중앙처짐의 경우 식 (6·81)과 같이 5/48의 값을 갖는다.

$$\phi_i = \frac{\varepsilon_{bi} - \varepsilon_{ti}}{h} \tag{6·89}$$

$$\Delta_i = \alpha\, \phi_i\, l^2 \tag{6·90}$$

크리프로 인하여 그림 6-20(c)와 같이 단면 상단과 하단의 압축변형률이 각각 ε_{te}와 ε_{be}로 증가하면, 이 단면의 곡률은 장기곡률로서 다음과 같이 계산할 수 있다.

$$\phi_e = \frac{\varepsilon_{be} - \varepsilon_{te}}{h} \tag{6·91}$$

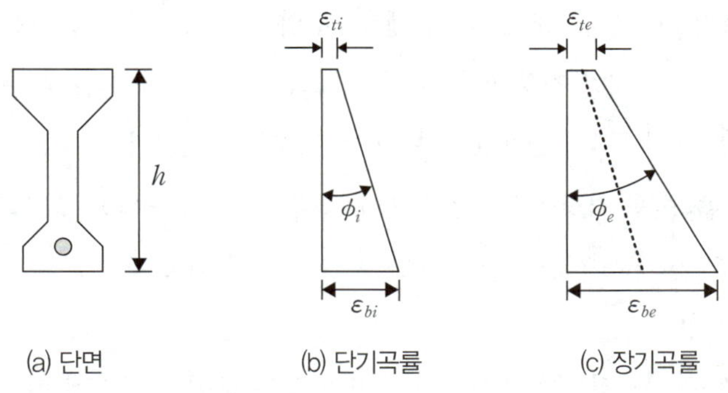

| 그림 6-20 | 프리스트레스트 콘크리트 단면의 곡률

이에 따른 장기처짐은 다음과 같이 계산할 수 있다.

$$\Delta_e = \alpha\,\phi_e\,l^2 \tag{6·92}$$

이와 같이 곡률의 변화를 고려한 장기처짐 해석의 개념은 균열이 발생한 단면에도 적용할 수 있지만, 프리스트레스트 콘크리트는 긴장력과 지속하중이 작용할 때 일반적으로 균열이 발생하지 않도록 설계하므로, 비균열 단면에 대한 장기처짐 해석을 수행한다.

장기곡률과 단기곡률과의 관계는 다음과 같이 나타낼 수 있다.

$$\phi_e = \phi_i + \Delta\,\phi_{pl} + \Delta\,\phi_{cp} \tag{6·93}$$

여기서, $\Delta\,\phi_{pl}$: 콘크리트의 수축과 크리프, 긴장재의 릴랙세이션에 의한 긴장력 감소에 의하여 변화된 곡률

$\Delta\,\phi_{cp}$: 콘크리트의 크리프에 의하여 변화된 곡률

이 관계를 정량적으로 표현하려면 $\Delta\,\phi_{pl}$과 $\Delta\,\phi_{cp}$을 구할 수 있어야 하는데, 이것은 다소 복잡하기는 하지만 수학적 모델로써 표현이 가능하다. 그러나 수학적 모델을 사용하더라도 실제 구조물에 발생하는 장기곡률을 정확히 예측하는 것은 매우 어려운 일이다. 왜냐하면, 아무리 정교한 수학적 모델을 사용하더라도 모델에 사용되는 콘크리트의 크리프 계수가 실제와 같지 않으면 오차가 크기 때문이다. 따라서 장기처짐을 정확히 구하려면 콘크리트의 크리프 계수를 정확히 예측하는 것이 중요하지만, 실제 설계에서는 현실적으로 거의 불가능할 정도로 어려운 일이다.

2.1.9절에 소개한 바와 같이 크리프는 콘크리트의 배합에 매우 큰 영향을 받으며, 또한 양생조건과 노출되는 환경조건뿐만 아니라 하중 이력(load history)에 따라서도 매우 큰 영향을 받는다. 따라서 콘크리트의 설계기준압축강도만을 결정하고 나서 탄성계수와 크리프 계수 등의 재료 특성을 수식으로 결정하여 설계를 진행하는 일반적인 경우에는, 어떤 배합의 콘크리트가 시공에 사용될지 알 수 없기 때문에 콘크리트의 크리프 계수를 정확히 예측하기가 어렵다. 또 시공과 설계를 통합하여 설계단계에서 콘크리트의 배합과 양생방법을 결정하고 시공단계의 설계검증을 수행하는 경우라도, 실제 시공하는 상황에서의 온도와 습도의 변화와 시공의 정밀도를 반영하여 콘크리트의 크리프 계수를 정확히 예측하는 것은 매우 어려운 일이다.

따라서 프리스트레스트 콘크리트에 대한 장기처짐 해석은 해석의 목적에 따라, 다음과 같은 정밀해석법이나 근사해석법을 적용할 수 있다.

- 증분 시간단계 해석(incremental time-step analysis)
- 근사 시간단계 해석(approximate time-step analysis)
- 장기 계수법(long-term multiplier method)
- 유효 탄성계수법(effective elastic modulus method)

증분 시간단계 해석은 정교한 수학적 모델을 사용하는 정밀해석법으로서, 실제에 가까운 모든 정보가 확보되는 경우에 수행하여야 의미있는 결과를 얻을 수 있다. 근사 시간단계 해석은 정밀해석을 단순화한 근사해법이다. 장기 계수법은 일반적인 시공방법을 사용하는 프리스트레스트 콘크리트 부재의 설계에 간편하게 적용하는 방법으로, 미국 PCI[6.11]에서 추천하는 방법이다. 유효 탄성계수법은 크리프계수를 반영하여 콘크리트의 탄성계수를 장기거동의 유효 탄성계수로 변환하여 적용하는 근사해법으로서, 교량설계기준(한계상태설계법)[6.5]과 Eurocode 2[6.4 6.6]에서 규정하고 있는 방법이다.

이 네 가지 해석법의 내용은 다음과 같다.

① **증분 시간단계 해석**(incremental time–step analysis)

이 해석방법은 긴장력이 도입되는 초기 시간부터 해석의 목표시간 t까지를 n개의 매우 작은 단위시간으로 나누고, t/n의 단위시간 동안 변화한 긴장력과 곡률을 계산하여 다음과 같이 누적함으로써 앞의 식 (6·93)의 각 항목을 구하는 수치해석 방법이다.

$$\phi_e = \phi_i + \Delta\phi_{pl} + \Delta\phi_{cp} \tag{6·93}$$

$$\phi_i = \phi_{ip} + \phi_{io} = -\frac{P_i e_x}{E_c I_c} + \frac{M_o}{E_c I_c} \tag{6·94}$$

$$\Delta\phi_{pl} = \sum_{k=1}^{n} (P_{k-1} - P_k) \frac{e_x}{E_c I_c} \tag{6·95}$$

$$\Delta\phi_{cp} = \sum_{k=1}^{n} \Delta\phi_{cp,k} \tag{6·96}$$

여기서, P_k : k번째 시간에서의 긴장력

e_x : 지점에서 x 떨어진 위치에서의 긴장재 편심으로 도심 아랫부분이 양(+)

φ_k : k번째 시간에서의 크리프계수

이 식에서 I_c는 콘크리트 단면의 단면2차모멘트로서, 균열이 발생하지 않은 단면은 I_g로 표현할 수 있다.

식 (6·93)의 첫 번째 항인 ϕ_i는 긴장력과 편심에 의한 휨모멘트 $(-P_i e_x)$와 자중에 의한 휨모멘트 M_o에 의하여 발생된 초기 곡률로서, 긴장력에 의한 초기 곡률 ϕ_{ip}와 자중에 의한 초기 곡률 ϕ_{io}를 구분하여 식 (6·94)로 계산한다.

식 (6·93)의 두 번째 항인 $\Delta\phi_{pl}$은 콘크리트의 수축과 크리프, 긴장재의 릴랙세이션에 의한 긴장력 감소에 의하여 변화된 곡률로서, 각 시간단계에서 발생한 긴장력의 변화로 인한 곡률을 누적하여 식 (6·95)로 구한다. 즉, k번째 시간에서는 그 이전 단계인 $k-1$ 번째 시간에서의 긴장력 P_{k-1}을 기준으로, t/n의 시간 동안 발생하는 콘크리트의 수축과 크리프, 긴장재의 릴랙세이션에 의한 긴장력 손실을 계산하여 P_k를 먼저 결정한다. 이 긴장력 차이에 긴장재의 편심을 곱한 $(P_{k-1}-P_k)e_x$가 긴장력 손실에 의한 휨모멘트의 변화이므로, 이를 강성 $E_c I_c$로 나누어 긴장력의 변화로 인한 곡률을 구한다.

식 (6·93)의 세 번째 항인 $\Delta\phi_{cp}$는 콘크리트의 크리프에 의하여 변화된 곡률로서, 식 (6·96)과 같이 각 시간단계에서 발생한 크리프에 의하여 변화되는 곡률을 누적하여 구한다. 즉, k번째 시간에서 콘크리트의 크리프에 의하여 변화된 곡률 $\Delta\phi_{cp,k}$는 식 (6·97)과 같이 그 이전 단계인 $k-1$번째 시간에서의 곡률 $\Delta\phi_{cp,k-1}$에 그 다음 단계의 시간 동안 증가한 크리프계수 $(\varphi_k-\varphi_{k-1})$를 곱하여 구한다.

$$\Delta\phi_{cp,k} = (\varphi_k - \varphi_{k-1})\,\phi_{cp,k-1} \qquad (6\cdot97)$$

이 과정을 순서대로 설명하면, t/n의 첫 번째 단위시간인 $k=1$에서 크리프로 인한 곡률 변화는 식 (6·98)과 같이 초기 긴장력과 자중에 의하여 발생한 곡률 ϕ_i에 크리프계수 φ_1을 곱하여 구한다. 이 곡률변화를 추가하여, 식 (6·99)와 같이 $k=1$에서의 곡률 $\phi_{cp,1}$을 구한다. 두 번째 단위시간인 $k=2$에서 크리프로 인한 곡률 변화는, 식 (6·100)과 같이 $k=1$에서의 곡률 $\phi_{cp,1}$에 그 시간 동안 발생한 크리프 $(\varphi_2-\varphi_1)$를 곱하여 구하고, 식 (6·101)과 같이 $k=2$에서의 곡률 $\phi_{cp,2}$를 구한다.

$$\Delta\phi_{cp,1} = \varphi_1\,\phi_i = \varphi_1\left(-\frac{P_i e_x}{E_c I_c} + \frac{M_o}{E_c I_c}\right) \qquad (6\cdot98)$$

$$\phi_{cp,1} = \phi_i + \Delta\phi_{cp,1} \qquad (6\cdot99)$$

$$\Delta\phi_{cp,2} = (\varphi_2 - \varphi_1)\,\phi_{cp,1} \qquad (6\cdot100)$$

$$\phi_{cp,2} = \phi_{cp,1} + \Delta\phi_{cp,2} \qquad (6\cdot101)$$

이와 같은 방법으로 n번째 시간까지 해석을 반복하여 최종적으로 크리프에 의한 곡률변화를 구하면, 식 (6·93)의 최종 곡률 ϕ_e을 구할 수 있다. 부재의 각 위치에서 이와 같은 과정으로 최종 곡률을 구하고 그 분포를 얻은 후에는, 다음과 같이 곡률분포를 적분하여 부재의 임의의 위치 A와 B 사이의 처짐각 θ_{AB}와 처짐 Δ_{AB}을 구한다.

$$\theta_{AB} = \int_A^B \phi_e \, dx \tag{6·102}$$

$$\Delta_{AB} = \int_A^B x \, \phi_e \, dx \tag{6·103}$$

이와 같은 해석은 매우 복잡한 과정을 수행하여야 하므로, 컴퓨터 프로그램을 작성하고 이를 이용하여 계산하는 것이 일반적이다.

② 근사 시간단계 해석(approximate time-step analysis)

이 해석방법은 증분 시간단계 해석을 단순화하여, 최종 곡률을 다음과 같이 간단히 결정하는 근사해법이다.

$$\begin{aligned} \phi_e &= \phi_i + \Delta\,\phi_{pl} + \Delta\,\phi_{cp} \\ &= \phi_i + (P_i - P_e)\frac{e_x}{E_c I_c} + \left[\phi_{io} + \left(\frac{P_e + P_i}{2}\right)\frac{e_x}{E_c I_c}\right]\varphi_{cp} \end{aligned} \tag{6·104}$$

여기서, φ_{cp} : 유효 긴장력 P_e가 작용하는 시간에서의 크리프계수

긴장력의 시간적 손실에 의하여 변화된 곡률 $\Delta\,\phi_{pl}$은 이 식의 두 번째 항과 같이, 긴장력 차이에 의한 휨모멘트 $(P_i - P_e)e_x$를 강성 $E_c I_c$로 나누어 긴장력 차이로 인한 곡률의 변화를 간단히 근사값으로 구한다.

콘크리트의 크리프에 의하여 변화된 곡률 $\Delta\,\phi_{cp}$는 이 식의 세 번째 항과 같이 두 가지 성분으로 나누어 계산한다. 즉, 초기 곡률을 긴장력에 의한 초기 곡률 ϕ_{ip}와 자중에 의한 초기 곡률 ϕ_{io}로 구분하는 식 (6·94)와 같은 개념으로, 자중에 의한 초기 곡률 ϕ_{io}에 크리프계수 φ_{cp}를 곱한 장기곡률과 긴장력의 평균값에 의한 휨모멘트를 강성으로 나눈 곡률에 크리프계수 φ_{cp}를 곱한 장기곡률을 합하여 크리프로 인한 곡률을 근사값으로 구하는 것이다. 이와 같은 과정으로 최종 곡률을 구하고 그 분포를 얻은 후에는, 식 (6·103)과 같이 적분하여 처짐을 구한다.

최종 곡률분포를 적분하여 처짐을 구하는 방법 대신, 처짐을 유발하는 각 성분을 구분하여 각 성분에 의한 처짐을 구하고 이를 합하는 단순해법을 적용할 수 있다. 즉, 초기 긴장력과 자중에 의한 처짐을

구할 때, 식 (6·94)와 같이 두 성분에 의한 곡률을 구분하여 다음과 같이 적분하면, 각 성분에 의한 처짐을 Δ_{pi}와 Δ_o로 구분할 수 있다.

$$\Delta_i = \int x\,\phi_i\,dx = \int x\,(\phi_{ip} + \phi_{io})dx = \Delta_{pi} + \Delta_o \qquad (6\cdot105)$$

부재 중앙을 대상으로 하는 경우, 그림 6-16과 그림 6-17의 처짐 계산식을 적용하여 두 가지 성분의 처짐을 구하고, 두 값을 합하여 처짐을 구할 수 있다. 예를 들어 긴장재의 편심이 일정하고 자중이 등분포로 작용하는 경우에는 다음으로 처짐을 구할 수 있다.

$$\Delta_i = \Delta_{ip} + \Delta_o = -\frac{P_i\,e\,l^2}{8E_c\,I_c} + \frac{5\,wl^4}{384E_c\,I_c} \qquad (6\cdot106)$$

같은 개념으로, 최종 곡률을 나타내는 식 (6·104)의 각 곡률성분에 의하여 발생하는 처짐을 표현하면 다음과 같이 나타낼 수 있다.

$$\Delta_e = \Delta_i + \Delta_{pl} + \Delta_{cp} \qquad (6\cdot107)$$

$$\Delta_{pl} = \Delta_{pe} - \Delta_{pi} = -\frac{P_e\,e_x\,l^2}{8E_c\,I_c} + \frac{P_i\,e_x\,l^2}{8E_c\,I_c} \qquad (6\cdot108)$$

$$\Delta_{cp} = \left[\Delta_o + \left(\frac{\Delta_{pe} + \Delta_{pi}}{2}\right)\right]\varphi_{cp} \qquad (6\cdot109)$$

따라서 이 식들을 대입하고 정리하면, 장기처짐을 다음과 같이 나타낼 수 있다.

$$\begin{aligned}\Delta_e &= \Delta_i + \Delta_{pl} + \Delta_{cp}\\ &= (\Delta_{pi} + \Delta_o) + (\Delta_{pe} - \Delta_{pi}) + \left[\Delta_o + \left(\frac{\Delta_{pe} + \Delta_{pi}}{2}\right)\right]\varphi_{cp}\\ &= \Delta_{pe} + \left(\frac{\Delta_{pe} + \Delta_{pi}}{2}\right)\varphi_{cp} + \Delta_o(1 + \varphi_{cp})\end{aligned} \qquad (6\cdot110)$$

③ **장기 계수법**(long-term multiplier method)

장기 계수법은 일반적인 시공방법을 사용하는 프리스트레스트 콘크리트 부재의 설계에 간편하게 적용하는 방법으로, 미국 PCI[6.11]가 추천하는 방법이다. 이 방법에서는 긴장력에 의한 솟음과 자중에 의한 처짐을 구분하여 계산하고 각각의 탄성 변위에 해당 장기 계수를 곱하고 나서 이들을 합하여 장기처짐을 구한다.

표 6-11 장기처짐과 장기솟음을 추정하기 위한 장기 계수 C_1

단계	구분	계수 C_1	
		합성슬래브가 없는 경우	합성슬래브가 있는 경우
가설	1. 하향 처짐 : 자중에 의한 탄성처짐에 곱하는 계수 2. 상향 솟음 : 긴장력에 의한 탄성 솟음에 곱하는 계수	1.85 1.8	1.85 1.8
최종	3. 하향 처짐 : 자중에 의한 탄성처짐에 곱하는 계수 4. 상향 솟음 : 긴장력에 의한 탄성 솟음에 곱하는 계수 5. 하향 처짐 : 추가 고정하중의 탄성처짐에 곱하는 계수 6. 상향 솟음 : 합성슬래브에 의한 탄성처짐에 곱하는 계수	2.7 2.45 3.0 -	2.4 2.2 3.0 2.3

장기 계수의 값은 일반적인 시공방법을 사용하는 프리스트레스트 콘크리트 부재에 대하여 제안된 것으로서, 장기솟음이나 장기처짐을 다음과 같이 탄성 변위에 장기 계수 C_2를 곱하여 결정한다.

$$\Delta_{long} = C_2\, \Delta_{el} \tag{6·111}$$

장기 계수 C_2는 다음과 같이 결정하며, 이 식에 사용되는 계수 C_1은 표 6-11의 값을 적용한다.

$$C_2 = \frac{C_1 + A_s/A_{ps}}{1 + A_s/A_{ps}} \tag{6·112}$$

표 6-11의 계수 C_1은 Martin[6.12]의 제안에 따른 것이다. C_2의 식에 인장철근 단면적과 긴장재 단면적의 비율이 포함된 것은, 프리스트레스를 가하지 않은 철근의 영향으로 크리프가 억제되는 현상을 고려하여야 한다는 Sheikh와 Branson[6.13]의 연구를 반영한 것이다. 프리스트레스를 가하지 않은 철근이 사용되지 않은 경우에는 C_2가 C_1과 같은 값을 갖게 된다.

표 6-11을 살펴보면, 가설단계에서 상향 솟음에 적용하는 계수가 1.8로서 하향 처짐에 적용하는 계수 1.85보다 작고, 최종단계에서도 상향 솟음에 적용하는 두 가지 계수도 2.45와 2.2로서 하향 처짐에 적용하는 두 가지 계수 2.7과 2.4보다 작다. 이것은 일반적인 프리스트레스트 콘크리트 부재의 경우 강재가 단면의 하단부에 배치되므로 이로 인한 효과를 반영한 것이다. 즉, 상향 솟음은 단면 하단의 압축응력이 상단의 압축응력보다 클 때 발생하는데, 압축응력이 더 큰 단면 하단부에 강재가 배치되어 크리프로 인한 압축변형률의 증가를 억제하기 때문에 상대적으로 작은 값의 계수를 적용하는 것이다.

④ 유효 탄성계수법(effective elastic modulus method)

유효 탄성계수법은 콘크리트의 탄성계수에 크리프계수를 반영하여 유효 탄성계수를 구하고 이를 처짐해석에 적용하는 근사해법으로서, 교량설계기준(한계상태설계법)[6.5]과 Eurocode 2[6.4,6.6]에서 규정하고 있는 방법이다. 콘크리트의 유효 탄성계수는 다음과 같이 결정한다.

$$E_{ce} = \frac{E_c}{1+\varphi(t, t_o)} \tag{6·113}$$

여기서, $\varphi(t, t_o)$는 지속 기간에 해당하는 크리프계수로서, 시간 t_o에 압축응력이 작용할 때 시간 t에서의 크리프계수이다. 일반적인 설계에서는 시간 t를 무한대로 한다.

유효 탄성계수법을 적용하여 장기처짐을 해석할 때에는 장기거동을 고려한 단면2차모멘트를 사용하는 것이 합리적이다. 이것은 다음과 같은 유효 탄성계수비를 사용하여 강재의 단면적을 콘크리트의 단면적으로 환산하고, 환산단면에 대한 중립축과 단면2차모멘트를 구하여 장기처짐 해석에 적용하는 것이다.

$$n_e = \frac{E_p}{E_{ce}} \tag{6·114}$$

균열이 발생하지 않은 위치의 강재에는 단면적에 (n_e-1)을 곱하고, 균열이 발생한 인장부에 배치된 강재에는 단면적에 n_e를 곱하여 환산단면을 구성한다. 탄성처짐을 계산할 때 콘크리트만을 대상으로 구한 단면2차모멘트를 적용하는 경우가 일반적이지만, 계산과정이 다소 복잡하더라도 환산단면을 적용하면 실제에 더 가까운 값을 예측할 수 있다. 특히 장기처짐 해석에는, 유효 탄성계수비를 적용한 환산단면으로 장기 단면2차모멘트를 구하여 적용하지 않으면 오차가 매우 큰 결과를 얻게 된다. 왜냐하면 강재가 콘크리트의 크리프를 매우 크게 억제하기 때문이다. 참고로, 콘크리트의 유효 탄성계수는 콘크리트 단면의 장기 응력해석(long-term stress analysis)에도 사용한다. 즉, 크리프가 발생한 단면의 콘크리트 응력과 철근 응력을 해석할 때 유효 탄성계수비를 적용한 환산단면으로 장기 단면2차모멘트를 이용하는 것이다. 콘크리트로 환산한 응력을 구한 뒤, 콘크리트 인장응력을 철근 응력으로 환산할 때에도 역시 유효 탄성계수비를 적용한다. 이러한 해석을 적용하면, 시간 경과와 크리프의 진행에 따라 콘크리트의 압축응력이 감소하고 압축철근의 압축응력이 증가하는 결과를 얻는다.

[2] 콘크리트의 수축에 의한 장기처짐

콘크리트 구조물의 장기처짐은 콘크리트의 수축에 의해서도 발생할 수 있다. 콘크리트 부재에서 단면의 모든 위치에서 동일한 크기로 수축되는 경우에는 수축에 의한 처짐이 발생하지 않지만, 단면의 상단보다 하단의 수축이 더 적게 발생하면 부재 단면에 곡률이 유발되어 부재가 하향으로 처지게 된다. 콘크리트에 부착된 철근이나 긴장재는 콘크리트가 수축할 때 수축을 감소시키는 역할을 하는데, 단면의 위와 아래에 강재가 대칭으로 같은 양이 배치된 경우에는 단면의 상단과 하단이 동일한 크기로 수축하여 처짐이 발생하지 않는다. 그러나 일반적으로 인장응력을 받는 부분에 많은 양의 강재를 배치하므로, 콘크리트가 수축할 때 단면의 하단이 상단보다 더 적게 수축한다. 따라서 시간이 경과하여 콘크리트가 수축하면 철근콘크리트나 프리스트레스트 콘크리트 부재는 하향으로 처지는 것이 일반적이다. 다만 이러한 장기 처짐이 콘크리트의 크리프에 의한 처짐과 동시에 발생하기 때문에, 콘크리트의 수축에 의한 처짐과 크리프에 의한 처짐을 구분하기 어려운 것이다. 따라서 강도설계법의 설계기준에서는 콘크리트의 수축에 의한 처짐을 따로 계산하도록 규정하고 있지는 않다. 그러나 한계상태설계법의 설계기준에서는 콘크리트의 수축에 의한 처짐을 따로 계산하도록 규정하고 있다.

교량설계기준(한계상태설계법)[6.5]과 Eurocode 2[6.4]는 콘크리트의 수축에 의한 콘크리트 휨부재의 처짐을 다음으로 계산하는 곡률을 이용하여 구하도록 규정하고 있다.

$$\phi_{sh} = \frac{1}{r_{sh}} = n_e \, \varepsilon_{sh} \frac{S}{I} \qquad (6 \cdot 115)$$

여기서, ϕ_{sh}, $1/r_{sh}$: 콘크리트 수축에 의한 곡률

r_{sh} : 콘크리트 수축에 의한 회전 반지름

n_e : 콘크리트 유효 탄성계수를 적용한 탄성계수비(E_s/E_{ce}, E_p/E_{ce})

S : 단면 도심에 대한 부착된 강재 단면적의 1차모멘트

I : 단면2차모멘트

지속하중이 작용할 때 균열이 발생하지 않는 상태인 경우에는, 전체단면의 단면2차모멘트 I_g를 사용하여 수축에 의한 곡률을 결정한다. 지속하중이 작용할 때 균열이 발생한 상태인 경우에 대하여는 6.4.6절에 기술되어 있다. 식 (6·115)로 수축에 의한 곡률을 결정할 때, 강재의 1차모멘트 S는 균열 여부를 반영하여 구한 중립축을 기준으로 다음 식 (6·116)으로 계산한다. 여기서 A_{st}는 부착된 강재의 총 단면적이며, x는 중립축의 깊이로서 비균열 단면의 경우에는 전체단면의 중립축 깊이이다.

$$S = A_{st}(d - x) \qquad (6 \cdot 116)$$

예제 6-8

앞의 예제 6-7과 동일한 조건을 가진 그림 6-21의 프리텐션 프리스트레스트 콘크리트 보에 대하여, PCI의 장기 계수법과 교량설계기준(한계상태설계법)의 유효 탄성계수법을 적용하여 경간 중앙의 장기처짐과 총처짐을 계산하시오. 교량설계기준(한계상태설계법)에 따라 산정한 결과, 긴장력이 도입되는 시간 t_0에서 추가고정하중이 작용하는 시간 t_1까지의 크리프계수는 $\varphi(t_1, t_0) = 0.65$이고 수축변형률은 $\varepsilon_{sh}(t_1, t_0) = 30\times10^{-6}$이며, 시간 t_0에서 무한대 시간까지의 크리프계수는 $\varphi(\infty, t_0) = 1.80$이고 수축변형률은 $\varepsilon_{sh}(\infty, t_0) = 350\times10^{-6}$이었다. 또 모든 하중조건에서 단면에 균열이 발생하지 않는 것으로 검토되었다.

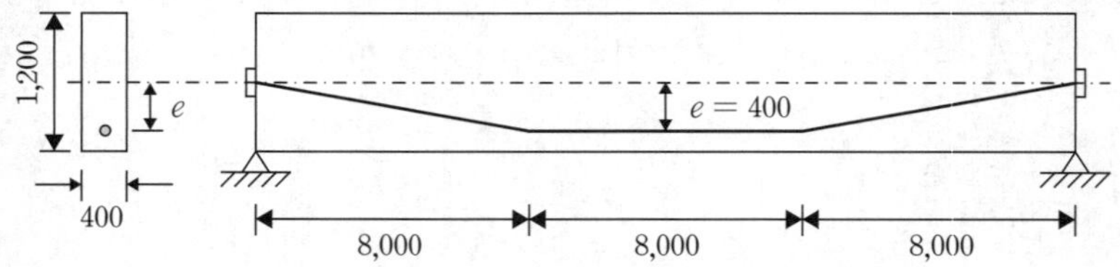

| 그림 6-21 | 예제 6-8의 프리스트레스트 콘크리트 부재

>>> 풀이

(1) 단면 상수와 예제 6-7의 탄성처짐 해석 결과

해석의 편의를 위하여 강재를 무시하고 콘크리트만을 대상으로 보의 단면2차모멘트를 구하고, 이를 바탕으로 구한 탄성처짐의 해석 결과는 다음과 같았다.

긴장력이 도입될 때 긴장력에 의한 탄성솟음 : $\Delta_p = 63.1\ mm$ (↑ 솟음)

긴장력이 도입될 때 자중에 의한 탄성처짐 : $\Delta_o = 35.3\ mm$ (↓ 처짐)

추가고정하중에 의한 탄성처짐 : $\Delta_{DA} = 4.9\ mm$(↓ 처짐)

활하중에 의한 탄성처짐 : $\Delta_L = 21.7\ mm$(↓ 처짐)

긴장력 도입 시기의 콘크리트 탄성계수는 다음과 같다.

$$E_{ci} = 8{,}500\sqrt[3]{f_{ci}} = 8{,}500\sqrt[3]{27} = 25{,}500\ MPa$$

재령 28일에서 콘크리트의 탄성계수는 다음과 같다.

$$E_c = 8{,}500\sqrt[3]{f_{cm}} = 8{,}500\sqrt[3]{39} = 28{,}800\ MPa$$

(2) PCI의 장기 계수법에 의한 경간 중앙의 장기처짐과 총처짐

① 긴장력을 도입하고 나서, 추가고정하중이 작용하기 직전과 직후의 처짐

가설단계에서 긴장력에 의한 솟음과 자중에 의한 처짐에 대한 장기계수는 1.80과 1.85이므로,[표 6-11 참조] 이를 적용하면

$$\Delta_{l,1bf} = 1.80\ \Delta_p + 1.85\ \Delta_o = 1.80\times63.1 - 1.85\times35.3 = 48.3\ mm\ (\uparrow\ 솟음)$$

이 상태에서 추가고정하중이 작용하면 $\Delta_{DA} = 4.9\ mm$의 하향 처짐이 발생하므로, 경간 중앙의 변위는

$$\Delta_{l,1af} = \Delta_{l,1bf} + \Delta_{DA} = 48.3 - 4.9 = 43.4\ mm\ (\uparrow \text{ 솟음})$$

② 최종 장기 처짐 및 총 처짐

최종단계에서 합성슬래브가 없는 경우, 긴장력에 의한 탄성솟음에 대한 장기계수는 2.45, 자중에 의한 탄성처짐에 대한 장기계수는 2.70, 추가고정하중에 대한 장기계수는 3.0이므로,[표 6-11 참조] 이를 적용하면

$$\Delta_l = 2.45\Delta_p + 2.70\Delta_o + 3.0\Delta_{DA} = 2.45 \times 63.1 - 2.70 \times 35.3 - 3.0 \times 4.9 = 44.6\ mm\ (\uparrow \text{ 솟음})$$

이 상태에서 활하중이 작용하면 $\Delta_L = 21.7\ mm$의 하향 처짐이 발생하므로, 경간 중앙의 변위는

$$\Delta_{tot} = \Delta_l + \Delta_L = 44.6 - 21.7 = 22.9\ mm\ (\uparrow \text{ 솟음})$$

(3) 유효 탄성계수법에 따른 경간 중앙의 장기처짐과 총처짐

① 콘크리트의 유효 탄성계수와 장기 단면계수 및 수축에 의한 곡률

교량설계기준(한계상태설계법)에 따른 콘크리트의 유효 탄성계수는 식 (6·113)에 따라 다음과 같이 계산된다.

긴장력 도입 시점 t_o에서 추가고정하중이 작용하는 시점 t_1까지의 유효 탄성계수를 긴장력 도입 시점의 콘크리트 탄성계수와 그 기간 동안 발생하는 크리프계수로 구하면

$$E_{ce,1} = \frac{E_{ci}}{1+\varphi(t_1, t_o)} = \frac{25{,}500}{1+0.65} = 15{,}450\ MPa$$

긴장력 도입 시점 t_o에서 무한대(∞)의 최종 시점까지의 유효 탄성계수를 긴장력 도입 시점의 콘크리트 탄성계수와 그 기간 동안 발생하는 크리프계수로 구하면

$$E_{ce,i} = \frac{E_{ci}}{1+\varphi(\infty, t_o)} = \frac{25{,}500}{1+1.80} = 9{,}110\ MPa$$

추가고정하중이 작용하는 시점 t_1에서 무한대(∞)의 최종 시점까지의 유효 탄성계수를 재령 28일의 콘크리트 탄성계수와 그 기간 동안 발생하는 크리프계수로 구하면

$$E_{ce,DA} = \frac{E_c}{1+\varphi(\infty, t_o) - \varphi(t_1, t_o)} = \frac{28{,}800}{1+1.80-0.65} = 13{,}400\ MPa$$

위의 세 가지 유효 탄성계수에 따른 유효 탄성계수비를 각각 구하면

$$n_{e,1} = \frac{E_p}{E_{ce,1}} = \frac{200{,}000}{15{,}450} = 12.9$$

$$n_{e,i} = \frac{E_p}{E_{ce,i}} = \frac{200{,}000}{9{,}110} = 22.0$$

$$n_{e,DA} = \frac{E_p}{E_{ce,DA}} = \frac{200{,}000}{13{,}400} = 14.9$$

균열이 발생하지 않은 단면에서 강재의 단면적을 장기거동 콘크리트로 환산한 단면적을 각각 구하면

$$(n_{e,1}-1)A_p = (12.9-1) \times 3{,}051 = 36{,}310\ mm^2$$

$$(n_{e,i}-1)A_p = (22.0-1) \times 3{,}051 = 64{,}070\ mm^2$$

$$(n_{e,DA}-1)A_p = (14.9-1) \times 3{,}051 = 42{,}410\ mm^2$$

이제, 세 가지 조건에 대한 환산단면의 단면2차모멘트를 구한다.

긴장력 도입 시점 t_0에서 추가고정하중이 작용하는 시점 t_1까지의 장기거동해석에 적용하는 단면의 중립축을 $x_{e,1}$ 이라고 하고, 단면 상단을 중심으로 한 단면1차모멘트를 이용하여 중립축을 구하면

$$x_{e,1} = \frac{bh \times \frac{h}{2} + (n_{e,1}-1)A_p \times d_p}{bh + (n_{e,1}-1)A_p}$$

$$= \frac{400 \times 1{,}200 \times 600 + (n_{e,1}-1)A_p \times 1{,}000}{400 \times 1{,}200 + (n_{e,1}-1)A_p}$$

$$= \frac{288 \times 10^6 + (n_{e,1}-1)A_p \times 1{,}000}{480{,}0000 + (n_{e,1}-1)A_p}$$

$$= \frac{288 \times 10^6 + 36{,}310 \times 1{,}000}{480{,}0000 + 36{,}310}$$

$$= 627\ mm$$

이때의 장기 단면2차모멘트를 $I_{ce,1}$이라고 하고, 중립축을 $x_{e,1}$에 대하여 단면2차모멘트를 구하면

$$I_{ce,1} = \frac{bh^3}{12} + bh\left(x_{e,1} - \frac{h}{2}\right)^2 + (n_{e,1}-1)A_p(d_p - x_{e,1})^2$$

$$= \frac{400 \times 1{,}200^3}{12} + 400 \times 1{,}200\left(x_{e,1} - \frac{1{,}200}{2}\right)^2 + (n_{e,1}-1)A_p(1{,}000 - x_{e,1})^2$$

$$= 57.6 \times 10^9 + 480{,}000(x_{e,1} - 600)^2 + (n_{e,1}-1)A_p(1{,}000 - x_{e,1})^2$$

$$= 57.6 \times 10^9 + 480{,}000(628 - 600)^2 + 36{,}310(1{,}000 - 628)^2$$

$$= 63.0 \times 10^9\ mm^4$$

이때의 단면 도심에 대한 긴장재 단면적의 1차모멘트를 S_{c1}이라고 하고, 중립축 $x_{e,1}$에 대하여 구하면

$$S_{c,1} = A_p(d_p - x_{e,1}) = 3{,}051 \times (1{,}000 - 628) = 1.135 \times 10^6\ mm^3$$

이때의 콘크리트 수축에 의한 곡률 $\phi_{sh,1}$을 구하면

$$\phi_{sh,1} = n_{e,1}\,\varepsilon_{sh}(t_1, t_o)\,\frac{S_{c,1}}{I_{ce,1}} = 12.9 \times (30 \times 10^{-6}) \times \frac{1.135 \times 10^6}{63.0 \times 10^9}$$

$$= 6.97 \times 10^{-9} / \ mm$$

긴장력 도입 시점 t_0에서 무한대(∞)의 최종 시점까지의 장기거동해석에 적용하는 단면의 중립축을 $x_{e,i}$라고 하고, 단면 상단을 중심으로 한 단면1차모멘트를 이용하여 중립축을 구하면(앞의 중간 계산 과정을 이용하여 계산하면)

$$x_{e,i} = \frac{288 \times 10^6 + (n_{e,i}-1)A_p \times 1{,}000}{480{,}0000 + (n_{e,i}-1)A_p} = \frac{288 \times 10^6 + 64{,}070 \times 1{,}000}{480{,}0000 + 64{,}070} = 647\ mm$$

이때의 장기 단면2차모멘트를 $I_{ce,i}$라고 하고, 중립축을 $x_{e,i}$에 대하여 단면2차모멘트를 구하면(앞의 중간 계산 과정을 이용하여 계산하면)

$$I_{ce,i} = 57.6 \times 10^9 + 480{,}000(x_{e,i} - 600)^2 + (n_{e,i}-1)A_p(1{,}000 - x_{e,i})^2$$

$$= 57.6 \times 10^9 + 480{,}000(647 - 600)^2 + 64{,}070(1{,}000 - 647)^2$$

$$= 66.6 \times 10^9\ mm^4$$

추가고정하중이 작용하는 시점 t_1에서 무한대(∞)의 최종 시점까지의 장기거동해석에 적용하는 단면의 중립축을

$x_{e,DA}$라고 하고, 단면 상단을 중심으로 한 단면1차모멘트를 이용하여 중립축을 구하면(앞의 중간 계산 과정을 이용하여 계산하면)

$$x_{e,DA}=\frac{288\times10^6+(n_{e,DA}-1)A_p\times1{,}000}{480{,}0000+(n_{e,DA}-1)A_p}=\frac{288\times10^6+42{,}410\times1{,}000}{480{,}000+42{,}410}=632\ mm$$

이때의 장기 단면2차모멘트를 $I_{ce,DA}$라고 하고, 중립축을 $x_{e,DA}$에 대하여 단면2차모멘트를 구하면(앞의 중간 계산 과정을 이용하여 계산하면)

$$\begin{aligned}I_{ce,DA}&=57.6\times10^9+480{,}000(x_{e,DA}-600)^2+(n_{e,DA}-1)A_p(1{,}000-x_{e,DA})^2\\&=57.6\times10^9+480{,}000(632-600)^2+42{,}410(1{,}000-632)^2\\&=63.8\times10^9\ mm^4\end{aligned}$$

이때의 단면 도심에 대한 긴장재 단면적의 1차모멘트를 S_{DA}이라고 하고, 중립축 $x_{e,DA}$에 대하여 구하면

$$S_{DA}=A_p(d_p-x_{e,DA})=3{,}051\times(1{,}000-632)=1.123\times10^6\ mm^3$$

이때의 콘크리트 수축에 의한 곡률 $\phi_{sh,DA}$를 구하면

$$\begin{aligned}\phi_{sh,2}&=n_{e,DA}\left[\varepsilon_{sh}(\infty,t_o)-\varepsilon_{sh}(t_1,t_o)\right]\frac{S_{DA}}{I_{ce,DA}}=14.9\times(350-30)\times10^{-6}\times\frac{1.123\times10^6}{63.8\times10^9}\\&=83.9\times10^{-9}/\ mm\end{aligned}$$

② 긴장력을 도입하고 나서, 추가고정하중이 작용하기 직전과 직후의 처짐

긴장력을 시간 t_o에 도입하고 나서 추가고정하중이 작용하는 시점 t_1까지, 긴장력과 크리프로 인한 장기 솟음을 식 (6·78)로 계산하면, $e_e=0$, $e_c=400\ mm$, $a=8\ m$이므로

$$\begin{aligned}\varDelta_{lp}&=\frac{P_i\,l^2}{8E_{ce,1}\,I_{ce,1}}\left[e_c+(e_e-e_c)\frac{4a^2}{3l^2}\right]\\&=\frac{3{,}780(10)^3\times24{,}000^2}{8E_{ce,1}\,I_{ce,1}}\left[400+(0-400)\frac{4\times8^2}{3\times24^2}\right]\\&=\frac{9.274\times10^{16}}{E_{ce,1}\,I_{ce,1}}=\frac{9.274\times10^{16}}{15{,}450\times(63.0\times10)^9}\\&=95.3\ mm\ (\uparrow\ \text{솟음})\end{aligned}$$

자중과 크리프로 인한 장기 처짐을 식 (6·81)로 계산하면

$$\begin{aligned}\varDelta_{lo}&=\frac{5w_o\,l^4}{384E_{ce,1}\,I_{ce,1}}=\frac{5\times w_o\times(24{,}000)^4}{384E_{ce,1}\,I_{ce,1}}\\&=\frac{w_o\times(4.32\times10^{15})}{E_{ce,1}\,I_{ce,1}}=\frac{12\times(4.32\times10^{15})}{15{,}450\times(63.0\times10)^9}\\&=53.3\ mm\ (\downarrow\ \text{처짐})\end{aligned}$$

그림 6-16에서 $\beta l=8\ m$이므로, 콘크리트의 수축에 의한 장기처짐을 식 (6·78)로 계산하면

$$\begin{aligned}\varDelta_{sh,1}&=\frac{\phi_{sh,1}\,l^2}{8}+\frac{(\phi_{sh,end}-\phi_{sh,1})(\beta l)^2}{6}\\&=\frac{6.97\times10^{-9}\times(24{,}000)^2}{8}+\frac{(0-6.97\times10^{-9})(8{,}000)^2}{6}\\&=0.4\ mm\ (\downarrow\ \text{처짐})\end{aligned}$$

따라서 긴장력을 도입하고 나서, 추가고정하중이 작용하기 직전의 변위는

$$\Delta_{l,1bf} = \Delta_{ip} - \Delta_{lo} - \Delta_{sh,1} = 95.3 - 53.3 - 0.4 = 41.6\ mm\ (\uparrow \text{ 솟음})$$

이 상태에서 추가고정하중이 작용하면 $\Delta_{DA} = 4.9\ mm$의 하향 처짐이 발생하므로, 경간 중앙의 변위는

$$\Delta_{l,1af} = \Delta_{l,1bf} + \Delta_{DA} = 41.6 - 4.9 = 36.7\ mm\ (\uparrow \text{ 솟음})$$

③ 최종 장기 처짐 및 총 처짐

긴장력 도입 시점 t_0에서 무한대(∞)의 최종 시점까지 긴장력과 자중 및 크리프에 의하여 발생하는 장기 처짐은 $E_{ce,i}$와 $I_{ce,i}$를 적용하고, t_1에서 무한대(∞)의 최종 시점까지 추가고정하중과 크리프에 의하여 발생하는 장기 처짐은 $E_{ce,DA}$와 $I_{ce,DA}$를 적용하여 하중과 크리프에 의한 처짐을 구하면(앞의 중간 계산 과정을 이용하여 계산하면)

$$\begin{aligned}\Delta_{l,cp} &= \Delta_{lp\infty} + \Delta_{lo\infty} + \Delta_{lDA\infty} \\ &= \frac{9.274\times10^{16}}{E_{ce,i}\,I_{ce,i}} - \frac{w_o\times(4.32\times10^{15})}{E_{ce,i}\,I_{ce,i}} - \frac{w_{DA}\times(4.32\times10^{15})}{E_{ce,DA}\,I_{ce,DA}} \\ &= \frac{9.274\times10^{16}}{9{,}110\times66.6(10)^9} - \frac{12\times(4.32\times10^{15})}{9{,}110\times66.6(10)^9} - \frac{1.89\times(4.32\times10^{15})}{13{,}400\times63.8(10)^9} \\ &= 152.9 - 85.4 - 9.6 = 57.9\ mm\ (\uparrow \text{ 솟음})\end{aligned}$$

그림 6-16(c)에서 $\beta l = 8\ mm$이므로, 콘크리트의 수축에 의한 장기처짐을 식 (6·78)로 계산하면

$$\begin{aligned}\Delta_{sh,2} &= \frac{\phi_{sh,2}l^2}{8} + \frac{(\phi_{sh,end} - \phi_{sh,2})(\beta l)^2}{6} \\ &= \frac{83.9\times10^{-9}\times(24{,}000)^2}{8} + \frac{(0-83.9\times10^{-9})\times(8{,}000)^2}{6} \\ &= 5.1\ mm\ (\downarrow \text{ 처짐})\end{aligned}$$

따라서 장기거동을 고려한 최종 변위는

$$\Delta_l = \Delta_{l,cp} + \Delta_{sh,2} = 57.9 - 5.1 = 52.8\ mm\ (\uparrow \text{ 솟음})$$

이 상태에서 활하중이 작용하면 $\Delta_L = 21.7\ mm$의 하향 처짐이 발생하므로, 경간 중앙의 변위는

$$\Delta_{tot} = \Delta_l + \Delta_L = 52.8 - 21.7 = 31.1\ mm\ (\uparrow \text{ 솟음})$$

6.4.4 균열 단면의 탄성처짐 해석

균열이 발생한 단면은 균열이 발생하지 않은 단면에 비하여 단면2차모멘트가 감소하므로, 처짐의 해석에서 이 영향을 고려하여야 한다.

그림 6-22(a)는 일반적인 콘크리트 구조물의 휨모멘트-곡률 곡선을 나타낸다. 부재에 작용하는 휨모멘트가 증가하여 균열이 발생하기 전까지, 즉 휨모멘트가 균열휨모멘트 M_{cr}에 도달하고 곡률이 균열곡률 ϕ_{cr}에 도달할 때까지 휨모멘트와 곡률은 정비례하여 직선의 형상을 보인다. 균열휨모멘트 M_{cr}을 초과하는 휨모멘트가 작용하면 부재에 균열이 발생하여 휨모멘트의 증가보다 곡률의 증가가 더 크게 되므로 곡선의 기울기가 감소하며, 휨모멘트-곡률 곡선은 비선형의 형상을 보인다. 휨모멘트가 더 증가하

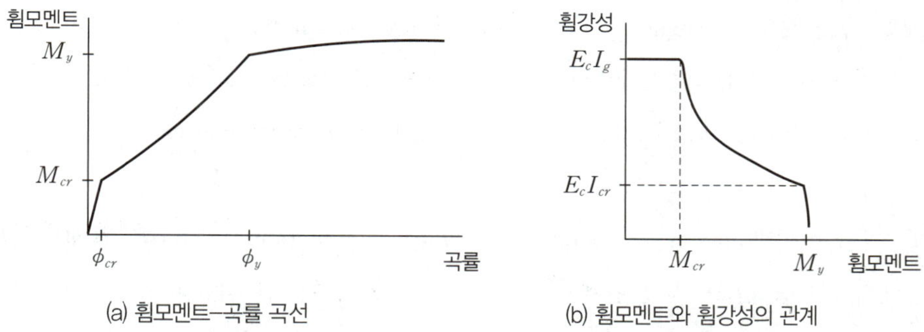

| 그림 6–22 | 휨모멘트–곡률 곡선 및 휨모멘트와 휨강성의 관계

여 인장력을 받는 강재가 항복한 이후에는, 즉 휨모멘트가 항복휨모멘트 M_y에 도달하고 곡률이 항복곡률 ϕ_y에 도달하고 난 이후에는 약간의 휨모멘트 증가에도 곡률이 크게 증가한다.

휨모멘트와 곡률의 관계는 휨모멘트와 휨강성의 관계로 변환하여 나타낼 수 있다. 곡률은 앞의 식 (6·75)와 같이 휨모멘트를 휨강성으로 나눈 값이므로, 휨강성은 식 (6·117)과 같이 나타낼 수 있고, 결국 휨강성은 휨모멘트–곡률 곡선의 기울기를 의미한다.

$$\phi = \frac{M}{EI} \tag{6·75}$$

$$EI = \frac{M}{\phi} \tag{6·117}$$

그림 6–22(b)는 휨모멘트와 휨강성의 관계를 나타낸다. 휨모멘트가 균열휨모멘트 M_{cr}에 도달할 때까지는 균열이 발생하지 않으므로, 단면2차모멘트는 전체단면의 단면2차모멘트 I_g로서 휨강성은 E_cI_g로 일정하다. 균열휨모멘트 M_{cr}을 초과하는 휨모멘트가 작용하면 부재에 균열이 발생하여, 곡선의 기울기, 즉 휨강성이 감소하며 휨모멘트가 증가할수록 휨강성이 더욱 감소한다. 인장력을 받는 강재가 항복한 이후에는 곡률이 급격히 증가하여 휨강성이 급격히 감소하고, 압축을 받는 콘크리트가 파괴상태에 가까워진다. 균열이 충분히 진전된 단면의 휨강성은 일반적으로 E_cI_{cr}로 나타내며, I_{cr}은 균열단면2차모멘트(cracking moment of inertia)로서 일반적으로 인장력을 받는 강재가 항복하는 상태의 단면2차모멘트와 유사하다.

균열이 발생한 콘크리트 부재의 탄성처짐은, 균열의 진전 수준에 따라 전체단면의 단면2차모멘트 I_g와 균열이 충분히 진전된 단면의 균열단면2차모멘트 I_{cr}을 이용하여 해석하여야 한다. 균열이 발생한 프리스트레스트 콘크리트 부재의 처짐 해석도 역시 마찬가지인데, 어떤 방식으로 균열을 고려하느냐에 따라 다음과 같이 세 가지 방법으로 분류할 수 있다.

- 휨모멘트-곡률 해석법(incremental moment-curvature computation method)
- 2개 직선 휨모멘트-처짐 해석법(bilinear moment-deflection computation method)
- 유효단면2차모멘트 해석법(effective moment of inertia computation method)

휨모멘트-곡률 해석법(incremental moment-curvature computation method)은 변형이 시작될 때부터 파괴될 때까지의 휨모멘트-곡률 관계를 해석한 후, 부재 각 위치에 작용하는 휨모멘트에 대응하는 곡률로 곡률분포를 구하고, 앞의 식 (6·103)으로 곡률분포를 적분하여 처짐을 구하는 방법이다. 휨모멘트-곡률 해석은 콘크리트와 강재의 응력-변형률 관계를 선정하고, 단면 상단의 변형률이나 곡률을 증가시켜가면서 평형(equilibrium)조건과 적합(compatibility)조건을 적용하여 휨모멘트와 곡률의 관계를 구한다. 이 해석은 매우 복잡한 과정을 수행하여야 하므로 컴퓨터 프로그램을 작성하고 이를 이용하여 계산하는 것이 일반적이며, 실무설계에서 많이 사용되지는 않는다.

$$\varDelta_{AB} = \int_{\mathrm{A}}^{\mathrm{B}} x\,\phi_e\,dx \tag{6·103}$$

2개 직선 휨모멘트-처짐 해석법(bilinear moment-deflection computation method)은 균열이 발생한 부재의 하중-처짐 관계를 기울기가 각각 I_g와 I_{cr}인 2개의 직선으로 단순화하고, 고정하중과 활하중의 합인 사용하중을 균열하중과 그 외의 잔존 하중으로 구분하여 처짐을 구하는 방법이다. 이 해석법은 강도설계법 설계기준인 콘크리트구조설계기준[6.1]과 ACI 318 Code[6.3]에서 근사법의 하나로 제시하고 있는 방법으로, 구체적인 적용법은 다음 6.4.5절에서 자세히 다룬다.

유효단면2차모멘트 해석법(effective moment of inertia computation method)은 균열의 발생 여부와 균열의 진전 수준을 반영하여, 부재가 갖는 단면2차모멘트의 대푯값을 이용하는 방법이다. 이 개념은 **그림 6-23**으로 설명할 수 있다. **그림 6-23**은 균열과 처짐이 발생한 콘크리트 부재의 단면2차모멘트 분포 개념도이다. 균열이 충분히 진전된 단면은 I_{cr}의 값을 가지며, 균열과 균열 사이는 I_g의 값을 갖는다. 따라서 부재 전 길이에 분포하는 단면2차모멘트의 대푯값으로는 다음과 같은 유효단면2차모멘트(effective moment of inertia) I_e로 나타낼 수 있다. 여기서 α는 1.0 이하의 값으로, I_g에 대한 계수 α와 I_{cr}에 대한 계수 $(1-\alpha)$의 합은 1.0이 된다.

$$I_e = \alpha I_g + (1-\alpha)\,I_{cr} \tag{6·118}$$

이 식에서 계수 α의 값은 하중의 수준에 따라 결정된다. 작용하는 휨모멘트가 균열휨모멘트 M_{cr}보다 크지만 M_{cr}에 가까운 경우에는, α의 값이 1.0보다 작지만 1.0에 가까운 값을 갖게 된다. 이때에는 유효

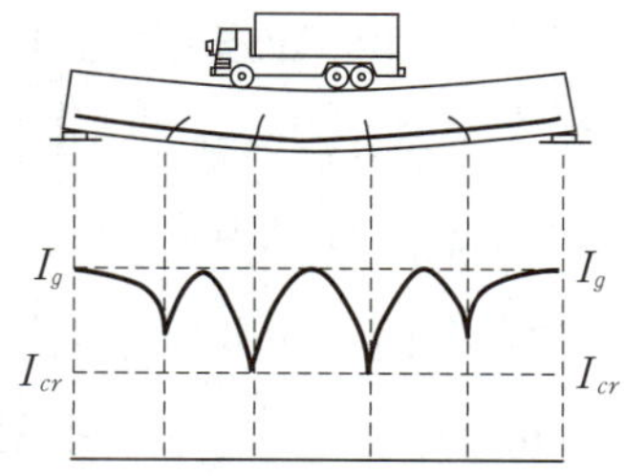

| 그림 6-23 | 균열과 처짐이 발생한 부재의 단면2차모멘트 분포 개념도

단면2차모멘트 I_e의 값이 전체단면의 단면2차모멘트 I_g와 가까운 값을 갖는다. 작용하는 휨모멘트가 매우 커서 항복휨모멘트 M_y에 가까운 경우에는 α의 값이 0에 가까운 값을 갖게 된다. 이때에는 I_e의 값이 균열단면2차모멘트 I_{cr}에 가까운 값을 갖는다.

유효단면2차모멘트 I_e를 결정할 때, 중요한 것은 I_g와 I_{cr}을 취하는 상대적 비율인 계수 α를 결정하는 방법이다. 계수 α를 결정하는 방법은 설계기준에 따라 차이가 있으므로, 유효단면2차모멘트를 이용한 처짐 해석의 구체적인 적용법은 다음의 6.4.5절과 6.4.6절에서 자세히 다룬다.

이와 같은 세 가지 방법 중에서, 실무설계에 많이 사용되는 2개 직선 휨모멘트-처짐 해석법과 유효단면2차모멘트 해석법에서는 균열단면2차모멘트 I_{cr}이 사용된다. 따라서 균열단면의 처짐을 해석하기 위해서는 I_{cr}의 값을 구할 수 있어야 한다. 일반적으로 균열단면2차모멘트 I_{cr}의 값을 구할 때에는, 재료역학의 기본원리로서 환산단면에 대한 단면2차모멘트를 구하는 방법을 사용한다. 즉, 강재의 단면적에 탄성계수비를 곱하여 강재의 단면적을 역학적으로 등가(equivalent)인 콘크리트 단면적으로 환산하고, 인장부의 콘크리트가 응력을 받지 못하는 균열환산단면을 대상으로 중립축과 단면2차모멘트를 구한다. 균열환산단면 해석은 직사각형과 같이 단면이 단순한 경우에도 많은 계산 과정이 필요하며, T형 단면이나 I형 단면과 같이 단면이 단순하지 않은 형상인 경우 매우 복잡한 계산과정이 필요하다. 이에 대하여, 미국 PCI[6.11]는 프리스트레스트 콘크리트 부재의 균열단면2차모멘트 I_{cr}을 간편하게 구하는 방법으로 다음 식을 추천하고 있다. 플랜지가 있는 단면의 강재비 ρ_p는 플랜지 폭과 유효깊이로 계산한다.

$$I_{cr} = n_p A_p d_p^2 (1 - 1.6\sqrt{n_p \rho_p}) \qquad (6 \cdot 119)$$

프리스트레싱 강재와 함께 인장철근도 같이 배치된 프리스트레스트 콘크리트 부재의 경우에는, 다음 식으로 균열단면2차모멘트 I_{cr}을 간편하게 구할 수 있다.

$$I_{cr} = (n_p A_p d_p^2 + n_s A_s d^2)(1 - 1.6\sqrt{n_p \rho_p + n_s \rho}) \qquad (6 \cdot 120)$$

이 식에서 n_p와 n_s는 각각 프리스트레싱 강재와 철근의 탄성계수를 콘크리트의 탄성계수로 나눈 탄성계수비이다. 설계기준에 따라서는 프리스트레싱 강재의 탄성계수와 철근의 탄성계수가 각기 다른 값으로 규정된 경우가 있으므로, 이 두 개의 값을 분리하여 나타낸 것이다. 한국에서는 콘크리트구조설계기준,[6.1] 도로교설계기준(2010),[6.2] 교량설계기준(한계상태설계법)[6.5]에서 프리스트레싱 강재의 탄성계수와 철근의 탄성계수를 동일하게 200,000 MPa로 규정하고 있으므로, 탄성계수비를 n으로 표현하면 다음 식으로 나타낼 수 있다.

$$I_{cr} = n(A_p d_p^2 + A_s d^2)[1 - 1.6\sqrt{n(\rho_p + \rho)}] \tag{6·121}$$

한편, 구조물의 처짐을 검증할 때에는 고정하중이나 지속하중에서의 처짐과 함께 활하중에 의한 처짐을 계산해야 한다. 구조물의 사용자가 처짐이나 진동을 느낌으로 인지하여 사용하는데 불편함을 느낀다면, 그 구조물은 사용성능이 충분하다고 할 수 없을 것이다. 이때 사용자가 인지하는 진동이나 처짐은 활하중에 의한 처짐이므로, 이를 검토할 필요가 있을 때에는 활하중에 의한 처짐을 계산하여야 한다. 만일 활하중에 의하여 균열이 발생한다면 하중작용을 고려하여 처짐 해석을 수행할 필요가 있다.

그림 6-24는 하중작용을 고려한 두 가지의 처짐 해석 개념을 나타낸다. 하중이 계속 증가하기만 하는 단조증가하중(monotonically increasing load)이 작용할 때에는 그림 6-24(a)와 같은 개념으로 활하중에 의한 처짐 Δ_L을 계산한다. 즉, 이 경우에는 먼저 고정하중에 의한 처짐 Δ_D를 구하고, 고정하중에 활하중이 추가된 하중에서의 처짐 Δ_{D+L}를 구한 후, 다음과 같이 그 차이를 활하중에 의한 처짐 Δ_L로 계산한다.

$$\Delta_L = \Delta_{D+L} - \Delta_D \tag{6·122}$$

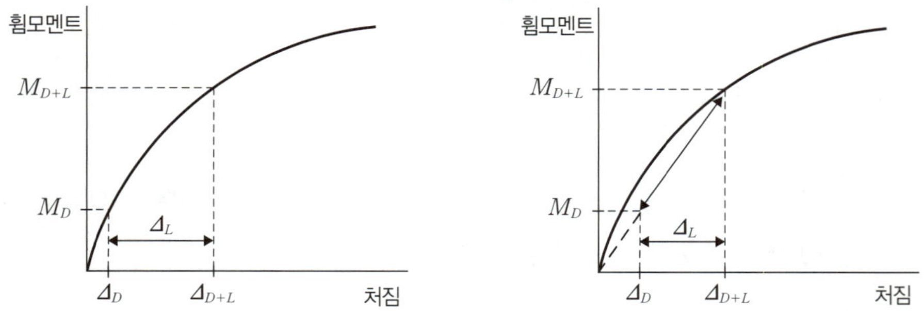

(a) 단조증가하중에 의한 처짐 (b) 반복 활하중에 의한 처짐

| 그림 6-24 | 하중작용을 고려한 처짐 해석 개념

이때 Δ_D와 Δ_{D+L}은 각각의 하중 수준에 따라 균열로 인한 강성의 저하를 고려하여 각각의 유효단면 2차모멘트를 적용하여 해석하여야 한다.

반복활하중(cyclic love load)이 작용할 때에는, 그림 6-24(b)와 같은 개념으로 처짐을 계산한다. 즉, 고정하중에 활하중이 추가된 하중상태에서 이미 단면에 균열이 발생하였다면, 활하중이 제거되거나 다시 활하중이 가해질 때 그림 6-24(b)에서 화살표로 표시한 기울기로 하중-처짐 관계가 나타날 것이다. 따라서 이 경우에는 고정하중과 활하중이 작용하는 상태에서의 유효단면2차모멘트 $I_{e,D+L}$를 구하고, 고정하중 처짐과 활하중 처짐의 해석에 모두 이 강성을 적용하여 다음 관계식으로 처짐을 구한다.

$$\Delta = \frac{\alpha\, M\, l^2}{E_c\, I_{e,D+L}} \tag{6·123}$$

예제 6-9

프리텐션 프리스트레스트 콘크리트 보의 경간 중앙에 사용되는 그림 6-25의 직사각형 단면에 SWPC7BL 15.2 mm 강연선 12가닥($A_p = 1{,}664\ mm^2$)이 한 열에 4개씩 3열로 배치되어 있다. 이 단면에 대하여 전체단면의 환산단면2차모멘트 $I_{g,tr}$와 균열단면2차모멘트 I_{cr}을 구하시오. 콘크리트의 설계기준압축강도는 $f_{ck} = 35\ MPa$이다. [참고 : 이 단면과 조건은 예제 6-4와 동일하다.]

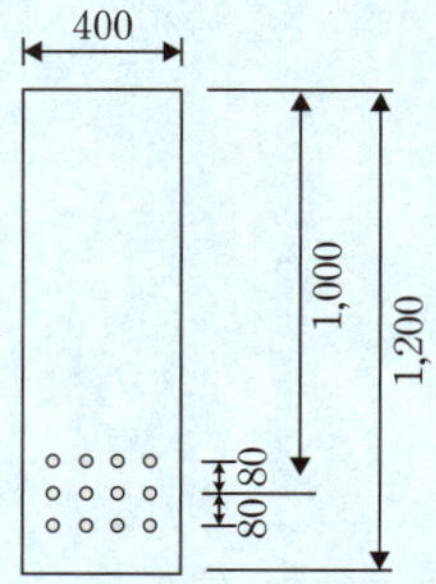

| 그림 6-25 | 예제 6-9의 프리스트레스트 콘크리트 단면

>>> 풀이

(1) 탄성계수비

콘크리트의 평균압축강도와 콘크리트의 탄성계수는

$$f_{cm} = f_{ck} + \Delta f = 35 + 4 = 39\ MPa$$

$$E_c = 8{,}500\sqrt[3]{f_{cm}} = 8{,}500\sqrt[3]{39} = 28{,}800\ MPa$$

프리스트레싱 강재의 탄성계수가 200,000 MPa이므로 탄성계수비는

$$n_p = \frac{E_p}{E_c} = \frac{200{,}000}{28{,}800} = 6.9$$

(2) 전체단면의 환산단면2차모멘트

균열이 발생하지 않은 경우이므로, 인장부에 배치된 프리스트레싱 강재의 단면적을 콘크리트 단면적으로 환산하면

$$(n_p-1)A_p = (6.9-1)\times 1{,}664 = 9{,}818\ mm^2$$

단면 상단을 중심으로 한 단면1차모멘트를 이용하여 중립축을 구하면

$$x_g = \frac{bh\times\frac{h}{2}+(n_p-1)A_p\times d_p}{dh+(n_p-1)A_p} = \frac{400\times 1{,}200\times 600+9{,}818\times 1{,}000}{400\times 1{,}200+9{,}818} = 608\ mm$$

중립축을 x에 대하여 단면2차모멘트를 구하면

$$I_{g,tr} = \frac{bh^3}{12}+bh\left(x_g-\frac{h}{2}\right)^2+(n_p-1)A_p(d_p-x_g)^2$$

$$= \frac{400\times 1{,}200^3}{12}+400\times 1{,}200\times\left(608-\frac{1{,}200}{2}\right)^2+9{,}818\times(1{,}000-608)^2$$

$$= 57.6\times 10^9+30.72\times 10^6+1.51\times 10^9 = 59.1\times 10^9\ mm^4$$

(3) 균열 단면의 환산단면2차모멘트

균열이 발생한 경우이므로, 인장부의 콘크리트를 무시하고 강재의 단면적을 콘크리트 단면적으로 환산하면

$$n_p\,A_p = 6.9\times 1{,}664 = 11{,}480\ mm^2$$

압축연단에서 중립축까지의 거리를 x_o라고 하고, 중립축을 중심으로 한 압축부의 단면1차모멘트와 인장부의 단면1차모멘트가 같아야 하므로, 이를 이용하여 중립축을 구하면

$$\frac{bx_o^2}{2} = n_p\,A_p(d_p-x_o)$$

$$\frac{400x_o^2}{2} = 11{,}480\times(1{,}000-x_o)$$

$$x_o^2+57.4x_o-57{,}400 = 0$$

$$x_o = 213\ mm$$

중립축을 x_o에 대하여 균열단면2차모멘트를 구하면

$$I_{cr} = \frac{bx_o^3}{3}+n_p\,A_p(d_p-x_o)^2 = \frac{400\times 213^3}{3}+11{,}480\times(1{,}000-213)^2$$

$$= 8.40\times 10^9\ mm^4$$

(4) 근사식에 의한 균열 단면의 환산단면2차모멘트

강재비와 근사식에 의한 균열 단면의 환산단면2차모멘트를 계산하면

$$\rho_p = \frac{A_p}{bd_p} = \frac{1{,}664}{400\times 1{,}000} = 0.00416$$

$$I_{cr} = n_p\,A_p\,d_p^2\,(1-1.6\sqrt{n_p\,\rho_p}\,)$$

$$= 6.9\times 1{,}664\times 1{,}000^2\times(1-1.6\sqrt{6.9\times 0.00416} = 8.37\times 10^9\ mm^4$$

6.4.5 강도설계법 설계기준의 균열 단면 처짐 해석

강도설계법을 기본 설계개념으로 하는 콘크리트구조설계기준,[6.1] 도로교설계기준(2010),[6.2] ACI 318 Code,[6.3] AASHTO-LRFD[6.9]는 균열 단면의 탄성처짐 해석법으로 유효단면2차모멘트 해석법을 기본으로 하고 있다. 콘크리트구조설계기준[6.1]과 ACI 318 Code[6.3]는 유효단면2차모멘트 해석법 외의 근사해법으로 2개 직선 휨모멘트-처짐 해석법도 사용할 수 있도록 규정하고 있다.

[1] 유효단면2차모멘트 해석법

강도설계법의 설계기준에서는 Branson[6.14,6.15]이 제안한 식을 수정한 다음의 유효단면2차모멘트 계산식을 프리스트레스트 콘크리트 부재에 응용한다. 여기서, M_a는 부재에 작용하는 최대휨모멘트이고, M_{cr}은 철근콘크리트 단면의 균열휨모멘트이다.

$$I_e = I_{cr} + \left(\frac{M_{cr}}{M_a}\right)^3 (I_g - I_{cr}) \leq I_g \tag{6·124}$$

이 식을 프리스트레스트 콘크리트에 적용할 때에는 M_a와 M_{cr}을 그대로 적용할 수 없으므로, 다음과 같이 수정하여 적용하여야 한다.

$$I_e = I_{cr} + \left(\frac{M_{cr} - M_{dc}}{M_a - M_{dc}}\right)^3 (I_g - I_{cr}) \leq I_g \tag{6·125}$$

여기서, M_{dc}는 인장연단에 대한 영응력 휨모멘트로서, 앞의 식 (5·44)에서 긴장력에 의한 영향을 나타내는 항과 같으므로, 다음과 같이 나타낼 수 있다.

$$M_{dc} = P_e\left(\frac{r_c^2}{y_{ten}} + e_p\right) = P_e\left(\frac{S_{ten}}{A_c} + e_p\right) = \frac{P_e I_g}{A_c e_p} + P_e e_p \tag{6·126}$$

이와 같이 부재에 작용하는 최대휨모멘트 M_a와 프리스트레스트 콘크리트 단면의 균열휨모멘트 M_{cr}에서 영응력 휨모멘트 M_{dc}를 감하는 것은 긴장력의 영향을 고려하여야 하기 때문이다. 1.5.2절의 내력개념에서 설명한 바와 같이, 철근콘크리트는 사용하중 상태에서 하중이 증가하여도 중립축의 위치가 변하지 않고 철근의 인장력과 콘크리트 압축부에 작용하는 압축력이 증가한다. 그러나 프리스트레스트 콘크리트에서는, 하중이 증가하여도 프리스트레싱 강재의 인장력과 콘크리트 압축부에 작용하는 압축력이 크게 증가하지는 않는 상태에서 중립축의 위치가 변한다.

즉, 활하중이 작용하지 않은 상태의 프리스트레스트 콘크리트 단면은 단면 전체가 압축응력을 받는

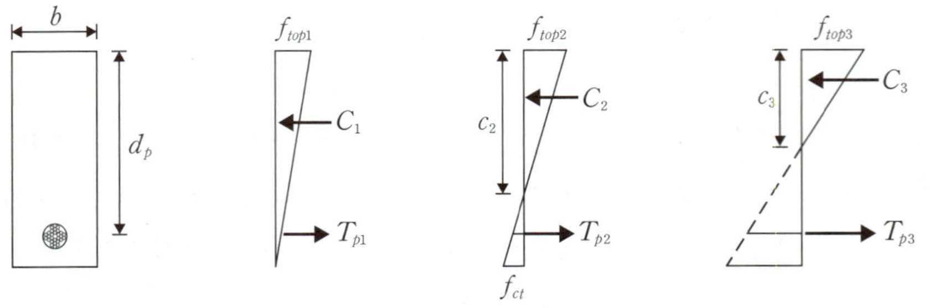

| 그림 6-26 | 프리스트레스트 콘크리트 단면의 응력 분포와 중립축 위치

것이 일반적이며, 활하중이 작용하면 중립축의 위치는 단면 내부로 이동하게 된다. 중립축의 위치가 그림 6-26(b)와 같이 인장연단에 위치하게 되면 인장연단의 콘크리트 응력이 0인 상태가 되는데, 이를 영응력 상태라고 한다. 이와 같이 인장연단의 응력이 0인 상태는 철근콘크리트 단면에서 하중이 작용하지 않은 상태와 동일하다고 할 수 있다. 이와 같은 영응력 상태가 되기 위해서는 식 (6·126)의 영응력 휨모멘트 M_{dc}가 작용하여야 한다. 하중이 더 증가하면 그림 6-26(c)와 같이 인장연단의 응력이 콘크리트의 인장강도 f_{ct}에 도달하고, 균열이 발생하기 시작한다. 활하중이 더욱 증가하면 중립축의 위치는 그림 6-26(d)와 같이 더욱 상단 쪽으로 이동하면서 균열이 진전된다.

여기서 철근콘크리트와 프리스트레스트 콘크리트의 거동을 비교해 보면, 식 (6·124)에 이용되는 철근콘크리트의 균열휨모멘트 M_{cr}은 철근의 응력이 영일 때부터 균열이 발생할 때까지 작용하는 휨모멘트를 의미한다. 즉, 철근 위치의 콘크리트의 응력이 0일 때부터 인장연단에 콘크리트의 인장강도 f_{ct}에 해당하는 인장응력이 작용할 때까지 단면에 작용하는 휨모멘트가 균열휨모멘트 M_{cr}인 것이다. 프리스트레스트 콘크리트에서도 마찬가지로, 긴장재 위치의 콘크리트의 응력이 0일 때부터 인장연단에 콘크리트의 인장강도 f_{ct}에 해당하는 인장응력이 작용할 때까지 단면에 작용하는 휨모멘트를 식 (6·124)의 변수 M_{cr}에 사용하여야 한다. 이 값은 프리스트레스트 콘크리트의 균열휨모멘트 M_{cr}에서 영응력 휨모멘트 M_{dc}을 뺀 값과 같다. 또 영응력 상태로부터 가해지는 휨모멘트를 식 (6·124)의 변수 M_a에 사용하여야 하므로, 프리스트레스트 콘크리트에서는 처짐을 계산하고자 하는 휨모멘트 M_a에서 영응력 휨모멘트 M_{dc}을 뺀 값을 사용하여야 한다. 따라서 철근콘크리트에 적용하는 식 (6·124)를 프리스트레스트 콘크리트에 적용할 때에는, 식 (6·125)와 같이 M_{cr}과 M_a에서 식 (6·126)으로 계산되는 M_{dc}을 각각 빼주어야 하는 것이다.

한편, 식 (6·125)와 같은 형태로 프리스트레스트 콘크리트 부재의 유효단면2차모멘트를 계산하는 방법의 대안으로, 미국 PCI[6.11]는 식 (6·124)와 같은 형태의 식을 사용하면서 M_{cr}과 M_a의 비율을 다음과 같이 계산하는 식을 추천하고 있다.

$$\frac{M_{cr}}{M_a}=1-\left(\frac{f_{sv}-f_r}{f_L}\right) \tag{6·127}$$

여기서, f_{sv} : 긴장력과 사용하중이 작용할 때의 최종 인장연단 응력

f_r : 콘크리트의 인장강도(파괴계수)

f_L : 활하중에 의한 인장연단 응력

따라서 프리스트레스트 콘크리트 부재의 유효단면2차모멘트는 미국 PCI[6.11]가 제안하는 근사식 (6·127)을 적용하여, 다음과 같이 계산할 수도 있다.

$$I_e=I_{cr}+\left[1-\left(\frac{f_{sv}-f_r}{f_L}\right)\right]^3(I_g-I_{cr})\leq I_g \tag{6·128}$$

유효단면2차모멘트를 이용하여 균열이 발생한 단면의 처짐을 계산할 때, 하나의 대푯값으로 나타낸 유효단면2차모멘트를 이용하면 계산이 간편하다. 물론 부재의 곡률분포를 적분하여 처짐을 구할 수 있지만, 콘크리트 구조의 변동성으로 인하여 복잡한 해석을 수행한다고 해서 반드시 실제와 가까운 값을 예측한다고 보장할 수는 없다. 따라서 유효단면2차모멘트의 대푯값을 이용할 때, 단순보의 경우에는 다음과 같이 경간 중앙 위치의 유효단면2차모멘트 $I_{e,mid}$를 취하여도 좋다.

$$I_e=I_{e,mid} \tag{6·129}$$

연속보의 경우에도 경간 중앙의 유효단면2차모멘트 $I_{e,mid}$를 취하여 처짐을 계산하여도 좋지만, 좀 더 정밀하게 해석하면 정확도를 높일 수 있다. 즉, 연속보의 내측 경간과 같이 양단 연속인 경우에는 유효단면2차모멘트를 취하는 대표 위치를 양쪽 지점부와 경간 중앙의 세 위치를 택할 수 있다. 양쪽 지점부와 경간 중앙의 유효단면2차모멘트를 각각 $I_{e,end1}$, $I_{e,end2}$, $I_{e,mid}$라고 하면, 식 (6·130)과 같이 양 지점부의 값을 먼저 평균하고, 다시 경간 중앙의 값과 평균하는 값을 대푯값으로 하여 처짐을 구할 수 있다. 좀 더 정밀한 해석결과를 원할 때에는 식 (6·131)과 같이 가중평균값(weighted average value)을 취하면 해석의 정밀도를 높일 수 있다.

$$I_e=\frac{0.5(I_{e1}+I_{e2})+I_{em}}{2} \tag{6·130}$$

$$I_e=0.7\,I_{em}+0.15\,(I_{e1}+I_{e2}) \tag{6·131}$$

연속보의 외측 경간과 같이 1단 연속인 경우에는, 다음 식과 같이 연속된 단부의 위치와 경간 중앙의 값으로 가중평균값을 취하면 된다.

$$I_e = 0.85\, I_{em} + 0.15\, I_{e1} \tag{6·132}$$

이와 같이 중앙 단면의 값에 가중치를 크게 하는 것은 단부보다 중앙 단면의 강성이 처짐에 큰 영향을 주기 때문이며, 중앙 단면의 강성과 함께 지점부 단면의 강성을 고려하는 것은 실제와 가까운 값을 구하기 위해서이다.

캔틸레버의 경우에는 최대 휨모멘트가 작용하는 지점 위치의 유효단면2차모멘트를 대푯값으로 하여 처짐을 계산하여도 충분하다. 다만, 연속보의 형식에서 연장된 캔틸레버의 경우에는 연속된 단부의 절점회전을 고려하여 처짐을 해석하여야 한다. 즉, 이 경우의 처짐은 캔틸레버 부재의 휨에 의한 처짐과 함께 지점의 회전각에 의한 처짐을 함께 고려하여야 한다는 것이다.

[2] 2개 직선 휨모멘트-처짐 해석법

2개 직선 휨모멘트-처짐 해석법은 콘크리트구조설계기준[6.1]과 ACI 318 Code[6.3]에서 근사법의 하나로 제시하고 있는 방법이다. 이 해석법에서는 균열이 발생한 부재의 하중-처짐 관계를 **그림 6-27**과 같이 기울기가 각각 I_g와 I_{cr}인 2개의 직선으로 단순화하고, 고정하중과 활하중의 합인 사용하중을 균열하중과 나머지 하중으로 구분하여 처짐을 구한다.

그림 6-27을 참고로 하여 이 개념을 설명하면, 사용하중 휨모멘트 M_a는 다음 식과 같이 고정하중(DL)에 의한 휨모멘트와 활하중(LL)에 의한 휨모멘트의 합으로 나타낸다. 사용하중 처짐 $\varDelta_{sv}$은 긴장력에 의한 솟음 $\varDelta_p$를 고려하여 다음과 같이 고정하중과 활하중에 의한 부분으로 나타낼 수 있다.

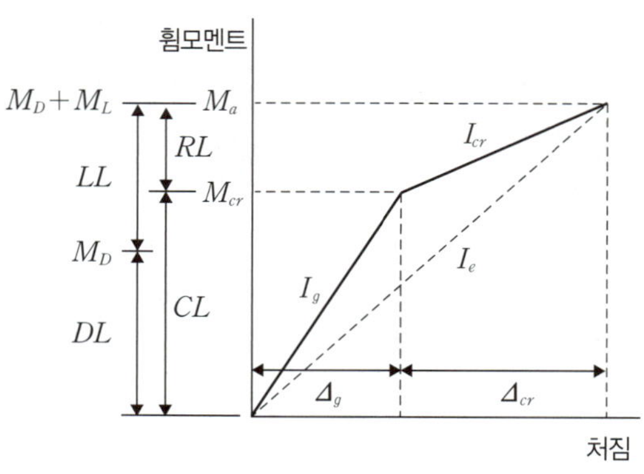

| 그림 6-27 | 휨모멘트-처짐 관계

$$M_a = M_D + M_L \tag{6·133}$$

$$\Delta_{sv} = -\Delta_p + \Delta_D + \Delta_L \tag{6·134}$$

이때, 처짐 거동을 그림 6-27에서 살펴보면, 고정하중(DL)에 의해서는 부재에 균열이 발생하지 않은 상태라는 것을 알 수 있다. 사용하중 상태에서 균열의 발생을 허용하는 부분긴장 프리스트레스트 콘크리트에서는 이와 같이 고정하중 상태에서 균열이 발생하지 않는 것이 일반적이다. 고정하중(DL)에 활하중(LL)의 일부가 추가되면 부재에 균열이 발생하기 시작한다. 여기서, 균열이 발생하도록 하는 활하중의 일부와 고정하중을 합한 하중을 그림 6-27에 나타낸 바와 같이 균열하중(CL)이라고 하면, 균열하중(CL)까지는 전체단면의 단면2차모멘트 I_g를 사용하여 처짐을 계산하여야 한다. 균열하중(CL)을 초과하는 활하중, 즉 균열휨모멘트 M_{cr}을 초과하는 활하중 휨모멘트에 대해서는 균열단면2차모멘트 I_{cr}을 사용하여 처짐을 계산한다. 따라서 고정하중(DL)에 의한 처짐은 I_g를 사용하여 쉽게 구할 수 있으나, 활하중(LL)에 의한 처짐은 균열이 발생하지 않는 수준에서는 I_g를 사용하고 균열이 발생한 이후에는 I_{cr}을 사용하여야 하므로 계산과정이 매우 복잡해진다. 이 계산은 다음과 같이 사용하중 휨모멘트를 균열하중(CL) 휨모멘트 M_{cr}과 나머지 활하중(RL) 휨모멘트 M_{RL}의 합으로 간주하여 각각의 처짐을 구한 후, 다음과 같이 활하중에 의한 처짐을 구하는 것이 간편하다.

$$M_a = M_{cr} + M_{RL} \tag{6·135}$$

$$\Delta_L = \Delta_g + \Delta_{cr} - \Delta_D \tag{6·136}$$

여기서, Δ_g는 균열휨모멘트 M_{cr}과 같은 크기의 휨모멘트에 의하여 발생되는 처짐으로서 I_g로 계산하는 처짐이며, Δ_{cr}은 사용하중에서 균열하중을 제한 나머지 활하중 휨모멘트 M_{RL}에 의하여 발생되는 처짐으로서 I_{cr}로 계산하는 처짐이다.

예제 6-10

그림 6-28의 프리텐션 직사각형 단면에 SWPC7BL 15.2 mm 강연선 12가닥($A_p = 1{,}664\ mm^2$)이 배치되어 있다. 콘크리트의 설계기준압축강도는 $f_{ck} = 35\ MPa$이고, 보의 지간은 $l = 24\ m$, 단면 폭은 $b = 400\ mm$, 단면 높이는 $h = 1{,}200\ mm$, 중앙단면에서의 긴장재 편심은 $e_p = 400\ mm$, 텐던의 유효 긴장력은 $P_e = 1{,}700\ kN$이다. 자중과 추가고정하중에 의한 고정하중이 등분포하중으로 $w_D = 13.89\ kN/m$가 작용하며, 활하중은 등분포하중으로 $w_L = 8.33\ kN/m$가 작용한다. 콘크리트구조설계기준에 따라 유효단면2차모멘트 해석법과 2개 직선 휨모멘트-처짐 해석법을 사용하여, 활하중에 의한 처짐을 계산하시오. [참고 : 이 단면과 조건은 예제 6-4 및 6-9와 동일하다.]

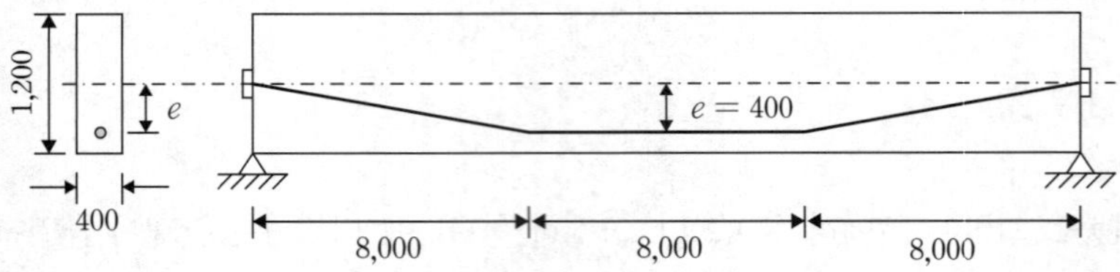

| 그림 6-28 | 예제 6-10의 프리스트레스트 콘크리트 부재

>> 풀이

(1) 단면 상수와 콘크리트의 탄성계수 및 인장강도

해석의 편의를 위하여 강재를 무시한 보의 단면2차모멘트를 사용한다면, 전 단면2차모멘트와 단면 하단에 대한 단면상수, 그리고 단면적은

$$I_g = \frac{1}{12}\times 0.4\times 1.2^3 = 0.0576\ m^4 = 57.6\times 10^9\ mm^4$$

$$S_b = \frac{I_g}{h/2} = \frac{57.6\times 10^9}{600} = 96\times 10^6\ mm^3$$

$$A_c = bh = 400\times 1{,}200 = 480\times 10^3\ mm^2$$

콘크리트의 평균압축강도와 콘크리트의 탄성계수는

$$f_{cm} = f_{ck} + \Delta f = 35 + 4 = 39\ MPa$$

$$E_c = 8{,}500\sqrt[3]{f_{cm}} = 8{,}500\sqrt[3]{39} = 28{,}800\ MPa$$

콘크리트구조설계기준에 따른 콘크리트의 인장강도는 콘크리트의 파괴계수로 식 (2·29)로부터

$$f_r = 0.63\lambda\sqrt{f_{ck}} = 0.63(1.0)\sqrt{35} = 3.7\ MPa$$

(2) 사용하중 휨모멘트와 균열휨모멘트 및 영응력 휨모멘트

경간 중앙의 위치에서 고정하중과 활하중에 의한 휨모멘트와 사용하중 휨모멘트는

$$M_D = \frac{w_D l^2}{8} = \frac{1}{8}\times 13.89\times 24^2 = 1{,}000\ kN\cdot m$$

$$M_L = \frac{w_L l^2}{8} = \frac{1}{8}\times 8.33\times 24^2 = 600\ kN\cdot m$$

$$M_a = M_D + M_L = 1{,}000 + 600 = 1{,}600\ kN\cdot m$$

경간 중앙 단면의 균열휨모멘트는 식 (5·44)로부터

$$M_{cr} = f_r S_b + P_e\left(\frac{S_b}{A_c} + e_p\right)$$

$$= \left[3.7\times(96\times 10)^6 + 1{,}700(10)^3\times\left(\frac{96\times 10^6}{480\times 10^3} + 400\right)\right]/10^6$$

$$= 1{,}375\ kN\cdot m$$

경간 중앙에서 사용하중 휨모멘트가 균열휨모멘트보다 크므로 균열이 발생하는 단면이다.

경간 중앙 단면에서 긴장재 위치에 대한 영응력 휨모멘트는 식 (6·126)으로부터

$$M_{dc} = P_e\left(\frac{S_b}{A_c}+e_p\right) = \left[1{,}700(10)^3\times\left(\frac{96\times10^6}{480\times10^3}+400\right)\right]/10^6$$
$$= 1{,}020\,kN\cdot m$$

(3) 유효단면2차모멘트

[예제 6-9]의 환산균열단면 해석의 결과로 균열단면2차모멘트는 다음과 같았다.

$$I_{cr} = 8.40\times10^9\,mm^4$$

유효단면2차모멘트는 식 (6·125)로부터

$$I_e = I_{cr}+\left(\frac{M_{cr}-M_{dc}}{M_a-M_{dc}}\right)^3(I_g-I_{cr}) = I_{cr}+\left(\frac{1{,}375-1{,}020}{1{,}600-1{,}020}\right)^3(I_g-I_{cr})$$
$$= I_{cr}+0.229(I_g-I_{cr}) = 0.771\,I_{cr}+0.229\,I_g$$
$$= 0.771\times8.40(10)^9+0.229\times57.6(10)^9$$
$$= 19.5\times10^9\,mm^4$$

만일 유효단면2차모멘트를 PCI의 근사식인 식 (6·128)을 사용하여 계산한다면 다음과 같다. 먼저 긴장력과 총 사용하중이 작용할 때의 단면 하단의 응력 f_s를 구하면

$$f_{bot} = \frac{P_e}{A_c}+\frac{P_e\,e_p}{S_b}-\frac{M_a}{S_b}$$
$$= \frac{1{,}700(10)^3}{480(10)^3}+\frac{1{,}700(10)^3\times400}{96(10)^6}-\frac{1{,}600(10)^6}{96(10)^6}$$
$$= 3.5+7.1-16.7 = -6.1\,MPa \text{ (인장응력)}$$

단면 하단의 응력 f_{sv}는 인장응력의 절대값으로 표현하여야 하므로

$$f_{sv} = 6.1\,MPa$$

활하중이 작용할 때의 단면 하단의 응력 f_L을 구하면

$$f_L = \frac{M_L}{S_b} = \frac{600(10)^6}{96(10)^6} = 6.25\,MPa$$

식 (6·128)을 사용하기 위하여, 수식의 (I_g-I_{cr})에 적용할 계수를 먼저 계산하면

$$\left[1-\left(\frac{f_{sv}-f_r}{f_L}\right)\right]^3 = \left[1-\left(\frac{6.1-3.7}{6.25}\right)\right]^3 = 0.616^3 = 0.234$$

따라서 식 (6·128)을 사용하여 유효단면2차모멘트를 계산하면

$$I_e = I_{cr}+\left[1-\left(\frac{f_{sv}-f_r}{f_L}\right)\right]^3(I_g-I_{cr})$$
$$= I_{cr}+0.234(I_g-I_{cr}) = 0.766\,I_{cr}+0.234\,I_g$$
$$= 0.766\times8.40(10)^9+0.234\times57.6(10)^9$$
$$= 19.8\times10^9\,mm^4$$

이 값은 앞에서 식 (6·125)로 구한 값과 유사하다.

(4) 유효단면2차모멘트에 의한 활하중 처짐

유효단면2차모멘트는 식 (6·125)로부터 다음과 같았다.

$$I_e = 19.5 \times 10^9\, mm^4$$

균열이 발생한 단면에 활하중이 반복하중으로 작용한다면, 그림 6-24의 (b)와 같은 개념으로 활하중에 의한 처짐을 계산하여야 한다. 이때에는 활하중에 의한 처짐도 유효단면2차모멘트를 이용하여 계산하므로, 활하중에 의한 처짐은 식 (6·81)로부터

$$\Delta_L = \frac{5w_L\, l^4}{384E_c\, I_e} = \frac{5M_L\, l^2}{48E_c\, I_e} = \frac{5 \times 600(10)^6 \times (24{,}000)^2}{48 \times 28{,}800 \times 19.5(10)^9} = 64\, mm$$

(5) 2개 직선 휨모멘트-처짐 해석법에 의한 활하중 처짐

전 단면2차모멘트와 균열단면2차모멘트는 다음과 같았다.

$$I_g = 57.6 \times 10^9\, mm^4 \qquad I_{cr} = 8.40 \times 10^9\, mm^4$$

고정하중에 의한 처짐은 균열이 발생하지 않는 상태이므로

$$\Delta_D = \frac{5w_D\, l^4}{384E_c\, I_g} = \frac{5M_D\, l^2}{48E_c\, I_g} = \frac{5 \times 1{,}000(10)^6 \times (24{,}000)^2}{48 \times 28{,}800 \times 57.6(10)^9} = 36\, mm$$

균열휨모멘트와 같은 크기의 휨모멘트가 작용할 때의 처짐은 균열이 발생하지 않는 상태이므로

$$\Delta_g = \frac{5M_{cr}\, l^2}{48E_c\, I_g} = \frac{5 \times 1{,}375(10)^6 \times (24{,}000)^2}{48 \times 28{,}800 \times 57.6(10)^9} = 50\, mm$$

사용하중 휨모멘트와 균열휨모멘트의 차이는

$$M_{RL} = M_a - M_{cr} = 1{,}600 - 1{,}375 = 225\, kN \cdot m$$

M_{RL}에 의한 처짐 Δ_{cr}은 균열단면2차모멘트를 이용하여 계산하므로, 이를 구하면

$$\Delta_{cr} = \frac{5M_{RL}\, l^2}{48E_c\, I_{cr}} = \frac{5 \times 225(10)^6 \times (24{,}000)^2}{48 \times 28{,}800 \times 8.4(10)^9} = 56\, mm$$

따라서 활하중에 의한 처짐은 식 (6·136)으로부터

$$\Delta_L = \Delta_g + \Delta_{cr} - \Delta_D = 50 + 56 - 36 = 70\, mm$$

2개 직선 휨모멘트-처짐 해석법에 의한 활하중 처짐은 70 mm로서, 유효단면2차모멘트에 의한 활하중 처짐 64 mm에 비하여 활하중 처짐을 과대평가한 결과를 나타낸다.

6.4.6 한계상태설계법 설계기준의 균열 단면 처짐 해석

유럽형 한계상태설계법을 기본 설계개념으로 하는 교량설계기준(한계상태설계법)[6.5]과 Eurocode 2[6.4]는 균열이 발생하는 단면인 경우 균열의 진전 수준을 반영하여 다음과 같이 처짐을 해석하도록 하고 있다. 즉, Eurocode 2[6.4]는 식 (6·137)로, 교량설계기준(한계상태설계법)[6.5]은 식 (6·138)로 균열 단면의 특성을 반영하도록 규정하고 있다.

$$\alpha = \zeta\,\alpha_I + (1-\zeta)\,\alpha_{II} \tag{6·137}$$

$$\Delta_e = \zeta\,\Delta_{crack} + (1-\zeta)\,\Delta_{uncrack} \tag{6·138}$$

여기서, α, Δ_e : 처짐, 곡률, 축변형량 등을 포함한 부재 전 경간에 걸친 평균 유효 변형량

α_I, Δ_{crack} : 균열 상태일 때의 변형량

α_{II}, $\Delta_{uncrack}$: 비균열 상태일 때의 변형량

ζ : 분포 계수

변형량이란, 휨부재의 경우 처짐(deflection)과 곡률(curvature)을 의미하며, 직접인장력이 작용하는 부재의 경우 축방향 변위(axial displacement)를 의미한다. 일반적으로 부재의 처짐을 나타내는 기호로 Δ를 사용하는 경우가 많으므로, 교량설계기준(한계상태설계법)[6.5]에서는 평균 유효 변형량을 식 (6·138)과 같이 Δ_e로 표현하여 처짐을 연상하기에 적절하도록 표현한 것이다.

만일 변형량을 곡률로 나타낸다면 식 (6·137)과 식 (6·138)은 균열 상태일 때의 곡률 ϕ_{cr}과 비균열 상태일 때의 곡률 ϕ_{uc}를 이용하여 다음과 같이 유효곡률 ϕ_{eff}로 표현할 수 있다.

$$\phi_{eff} = \zeta\,\phi_{cr} + (1-\zeta)\,\phi_{uc} \tag{6·139}$$

유효곡률을 이용하여 처짐을 계산한다면, 등분포 하중이 작용하는 경우에는 경간 중앙의 유효곡률이 ϕ_{eff} 일 때 앞의 식 (6·81)을 이용하여 다음으로 경간 중앙의 처짐을 구할 수 있다.

$$\Delta = \frac{5\,\phi_{eff}\,l^2}{48} \tag{6·140}$$

식 (6·137)과 식 (6·138)에 사용되는 ζ는 분포계수로서 다음으로 결정한다.

$$\zeta = 1 - \beta\left(\frac{f_{sr}}{f_{so}}\right)^2 \tag{6·141}$$

여기서 β는 평균 변형률에 미치는 하중의 반복 지속 기간을 반영하는 계수로, 단기하중에 대해서는 1.0을 적용하고, 장기하중 또는 반복하중에 대해서는 0.5를 적용한다. f_{so}는 처짐을 구하고자 하는 하중에 의하여 인장철근에 발생하는 응력으로서, 균열 단면을 기준으로 계산한다. f_{sr}은 단면에 첫 균열이 발생한 직후에 인장철근에 작용하는 응력으로서, 균열 단면에 균열휨모멘트가 작용하는 상태를 대상

으로 계산한다. 분포계수 ζ는 0과 1 사이의 값을 갖으며, 비균열 단면의 경우에는 ζ가 0인 경우이다.

한편, 식 (6·141)은 분포계수 ζ를 결정하는 일반적인 표현으로서 인장철근의 응력을 변수로 하여 나타내고 있지만, 하중 작용에 따라 단면력으로 나타내면 계산이 간편해질 수 있다. 즉, 휨모멘트가 작용하는 철근콘크리트 부재의 경우에는 식 (6·141)의 f_{sr}/f_{so}를 N_{cr}/N_a로 대체하여 식 (6·142)로 분포계수 ζ를 구할 수 있다. 직접인장력이 작용하는 철근콘크리트 부재의 경우에는 식 (6·141)의 f_{sr}/f_{so}를 N_{cr}/N_a로 대체하여 식 (6·143)으로 분포계수 ζ를 구할 수 있다. 여기서, M_{cr}과 N_{cr}은 각각 균열휨모멘트와 균열인장력이고, M_a와 N_a는 각각 부재에 작용하고 있는 휨모멘트와 인장력이다.

$$\zeta = 1-\beta\left(\frac{M_{cr}}{M_a}\right)^2 \tag{6·142}$$

$$\zeta = 1-\beta\left(\frac{N_{cr}}{N_a}\right)^2 \tag{6·143}$$

균열이 발생한 프리스트레스트 콘크리트 부재의 경우에는, 탄성처짐을 해석할 때 식 (6·141)의 f_{sr}/f_{so}를 영응력 휨모멘트 M_{dc}를 고려한 휨모멘트 비율로 대체하여 다음과 같이 분포계수 ζ를 결정할 수 있다.

$$\zeta = 1-\beta\left(\frac{M_{cr}-M_{dc}}{M_a-M_{dc}}\right)^2 \tag{6·144}$$

영응력 휨모멘트 M_{dc}는 인장연단에 대한 영응력 휨모멘트로서, 앞의 식 (6·126)으로 결정할 수 있다.

$$M_{dc} = P_e\left(\frac{r_c^2}{y_{ten}}+e_p\right) = P_e\left(\frac{S_{ten}}{A_c}+e_p\right) = \frac{P_e\,I_g}{A_c\,e_p} + P_e\,e_p \tag{6·126}$$

이 식에 긴장력이 사용되는데, 긴장력의 변동성을 고려한다면 다음과 같이 상한값의 긴장력 $\gamma_{ps,u}\,P_e$를 적용할 수도 있을 것이다.

$$M_{dc} = \gamma_{ps,u}\,P_e\left(\frac{r_c^2}{y_{ten}}+e_p\right) = \gamma_{ps,u}\,P_e\left(\frac{S_{ten}}{A_c}+e_p\right) \tag{6·145}$$

한계상태설계법의 설계기준에서는 균열 단면의 처짐 해석에서 긴장력으로 어떤 값을 사용하여야 하는지 명확히 규정되어 있지는 않다. 따라서 설계자의 경험과 판단에 따라야 하는데, 처짐의 해석에서는 평균값의 긴장력을 사용하여도 무방할 것이다.

한편, 식 (6·137)과 식 (6·138)에 따라 균열 단면의 처짐을 계산한다면, 균열단면의 균열단면2차모멘트 I_{cr}을 기준으로 하여 탄성처짐 Δ_{crack}을 구하고, 비균열단면의 단면2차모멘트 I_g를 기준으로 하여 탄성처짐 $\Delta_{uncrack}$을 구한 뒤, 분포계수 ζ를 적용하여 처짐을 계산하게 된다. 이와 같은 절차에 따른 균열단면의 처짐 해석은 식 (6·124)로 유효단면2차모멘트 I_e를 구하고 이를 적용하여 처짐을 한 번에 계산하는 강도설계법 설계기준의 처짐 해석방법이나 식 (6·140)과 같이 유효곡률을 이용하여 처짐을 한 번에 계산하는 방법과 외견상 달라 보일 수 있지만, 내용상으로는 동일한 개념이다. 즉, 식 (6·137)과 식 (6·138)을 대신하여 유효단면2차모멘트를 구하고 이를 적용하여 처짐을 한 번에 구할 수도 있는 것이다. 앞의 식 (6·75)와 같이 곡률은 휨모멘트를 단면의 강성 EI로 나눈 것이므로, 식 (6·139)는 다음과 같이 휨모멘트와 단면의 강성으로 표현할 수 있다.

$$\frac{M}{EI_e} = \zeta\,\frac{M}{EI_{cr}} + (1-\zeta)\,\frac{M}{EI_g} \qquad (6\cdot146)$$

이 식을 정리하면 다음과 같이 유효단면2차모멘트를 구할 수 있다.

$$I_e = \frac{I_g\, I_{cr}}{\zeta I_g + (1-\zeta) I_{cr}} \qquad (6\cdot147)$$

한편, 콘크리트의 수축에 의한 처짐은 6.4.3절의 [2]항에 설명되어 있는데, 교량설계기준(한계상태설계법)[6.5]과 Eurocode 2[6.4]는 앞의 식 (6·115)로 콘크리트의 수축에 의한 곡률을 계산하고 이를 이용하여 콘크리트 휨부재의 처짐을 구하도록 규정하고 있다.

$$\phi_{sh} = \frac{1}{r_{sh}} = n_e\, \varepsilon_{sh}\, \frac{S}{I} \qquad (6\cdot115)$$

여기서, ϕ_{sh}, $1/r_{sh}$: 콘크리트 수축에 의한 곡률

r_{sh} : 콘크리트 수축에 의한 회전 반지름

n_e : 콘크리트 유효 탄성계수를 적용한 탄성계수비(E_s/E_{ce}, E_p/E_{ce})

S : 단면 도심에 대한 부착된 강재 단면적의 1차모멘트

I : 단면2차모멘트

콘크리트 유효 탄성계수를 적용한 탄성계수비 n은 교량설계기준(한계상태설계법)[6.5]과 Eurocode 2[6.4,6.6]에서 규정하고 있는 앞의 식 (6·113)의 콘크리트 유효 탄성계수를 기준으로 결정하는 탄성계수비이다. 여기서, $\varphi(t, t_o)$는 하중과 지속 기간에 해당하는 크리프계수로서, 시간 t_o에 압축응력이 작용할 때 시간 t에서의 크리프 계수이다. 일반적인 설계에서는 시간 t를 무한대로 한다.

$$E_{ce} = \frac{E_c}{1+\varphi(t, t_o)} \tag{6·113}$$

균열의 발생 여부 및 그에 따른 거동의 차이는 단면 상수 S와 I로 반영한다. 지속하중이 작용할 때 균열이 발생하지 않는 상태인 경우에는, 식 (6·115)의 I에 전체단면의 단면2차모멘트 I_g를 사용하여 수축에 의한 곡률을 결정한다. 지속하중이 작용할 때 균열이 발생한 상태인 경우에는, 식 (6·115)의 I에 균열단면2차모멘트 I_{cr}을 사용하여 수축에 의한 곡률과 전체단면의 단면2차모멘트 I_g를 사용하여 수축에 의한 곡률을 결정한 후, 식 (6·139)로 유효곡률을 구하여 처짐을 계산한다. 식 (6·115)로 수축에 의한 곡률을 결정할 때, 강재의 1차모멘트 S는 균열 여부를 반영하여 구한 중립축을 기준으로 앞의 식 (6·116)으로 계산한다. 여기서 A_{st}는 부착된 강재의 총 단면적이고 x는 중립축의 깊이이다. 이때 중립축의 깊이 x는 균열 단면에 대해서는 균열환산단면의 중립축 깊이이고, 비균열 단면에 대해서는 전체단면의 중립축 깊이이다.

$$S = A_{st}(d-x) \tag{6·116}$$

예제 6-11

그림 6-29의 프리텐션 직사각형 단면에 SWPC7BL 15.2 mm 강연선 12가닥(A_{ps} = 1,664 mm^2)이 배치되어 있다. 콘크리트의 설계기준압축강도는 f_{ck} = 35 MPa이고, 보의 지간은 l = 24 m, 단면 폭은 b = 400 mm, 단면 높이는 h = 1,200 mm, 중앙단면에서의 긴장재 편심은 e_p = 400 mm, 텐던의 유효 긴장력은 P_e = 1,700 kN이다. 자중과 추가고정하중에 의한 고정하중이 등분포하중으로 w_D = 13.89 kN/m가 작용하며, 활하중은 등분포하중으로 w_L = 8.33 kN/m가 작용한다. 교량설계기준(한계상태설계법)에 따라 활하중에 의한 처짐을 계산하시오. [참고 : 최대 유효 긴장력을 제외한 단면과 부재의 조건은 예제 6-4, 6-9, 6-10과 동일하다.]

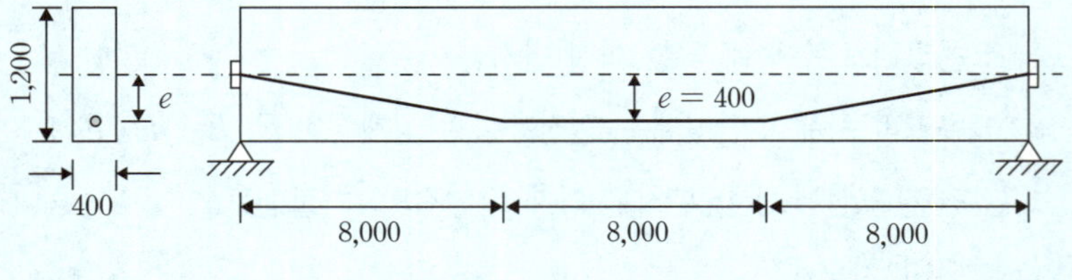

| 그림 6-29 | 예제 6-11의 프리스트레스트 콘크리트 부재

>>> 풀이

(1) 재료 상수와 단면 상수

콘크리트의 평균압축강도와 콘크리트의 탄성계수는

$$f_{cm} = f_{ck} + \Delta f = 35 + 4 = 39\ MPa$$

$$E_c = 8{,}500\sqrt[3]{f_{cm}} = 8{,}500\sqrt[3]{39} = 28{,}800\ MP$$

교량설계기준(한계상태설계법)에 따른 콘크리트의 평균인장강도를 구할 때 부재 두께 h가 $600\ mm$를 초과하여 크기효과가 인장강도에 영향을 주지 않으므로, 식 (2·26)으로 구하면

$$f_{ctm} = 0.3(f_{cm})^{2/3} = 0.3\times(39)^{2/3} = 3.5\ MPa$$

한계상태설계법에서는 콘크리트 부재의 처짐을 해석할 때 장기거동을 고려하여 식 (6·113)의 콘크리트 유효 탄성계수 E_{ce}와 유효 탄성계수비 n_e를 적용한 환산단면의 상수를 적용하지만, 이 예제의 경우 단기하중인 활하중에 의한 처짐이 대상이므로 탄성계수비 n을 적용한 환산단면의 상수를 적용한다. [예제 6-9]의 결과로, 전체단면의 중립축 x_g, 환산단면2차모멘트 $I_{g,tr}$, 단면 하단에 대한 단면상수 S_b, 그리고 단면적 A_c는

$$x_g = 608\ mm$$

$$I_{g,tr} = 59.1\times10^9\ mm^4$$

$$S_b = \frac{I_{g,tr}}{h-x_g} = \frac{59.1\times10^9}{1{,}200-608} = 99.8\times10^6\ mm^3$$

$$A_c = bh = 400\times1{,}200 = 480\times10^3\ mm^2$$

[예제 6-9]의 결과로, 균열 단면의 중립축 x_o와 환산단면2차모멘트 I_{cr}은

$$x_o = 213\ mm$$

$$I_{cr} = 8.40\times10^9\ mm^4$$

(2) 사용하중 휨모멘트와 균열휨모멘트 및 영응력 휨모멘트

경간 중앙의 위치에서 고정하중과 활하중에 의한 휨모멘트와 사용하중 휨모멘트는

$$M_D = \frac{w_D l^2}{8} = \frac{1}{8}\times13.89\times24^2 = 1{,}000\ kN\cdot m$$

$$M_L = \frac{w_L l^2}{8} = \frac{1}{8}\times8.33\times24^2 = 600\ kN\cdot m$$

$$M_a = M_D + M_L = 1{,}000 + 600 = 1{,}600\ kN\cdot m$$

하한값의 긴장력 $\gamma_{ps,l}P_e$을 사용하여 균열휨모멘트를 계산하는 식 (5·46)에, $\gamma_{ps,l}P_e$대신 평균값의 의미를 가진 P_e를 대입하여 균열휨모멘트를 계산하면

$$M_{cr} = f_{ctm}S_b + P_e\left(\frac{S_b}{A_c} + e_p\right)$$

$$= \left[3.5\times(99.8\times10)^6 + 1{,}700(10)^3\times\left(\frac{99.8\times10^6}{480\times10^3} + 400\right)\right]/10^6$$

$$= 1{,}382\ kN\cdot m$$

경간 중앙에서 사용하중 휨모멘트가 균열휨모멘트보다 크므로 균열이 발생하는 단면이다.

경간 중앙 단면에서 긴장재 위치에 대한 영응력 휨모멘트를 식 (6·126)으로 구하면

$$M_{dc} = P_e\left(\frac{S_b}{A_c} + e_p\right) = \left[1{,}700(10)^3\times\left(\frac{99.8\times10^6}{480\times10^3} + 400\right)\right]/10^6$$

$$= 1{,}033\ kN\cdot m$$

(3) 활하중 처짐

활하중은 단기하중이므로 β의 값을 1.0으로 하여 식 (6·144)에 따라 분포계수 ζ를 구하면

$$\zeta = 1-\beta\left(\frac{M_{cr}-M_{dc}}{M_a-M_{dc}}\right)^2 = 1-1.0\left(\frac{1{,}382-1{,}033}{1{,}600-1{,}033}\right)^2 = 0.621$$

균열 상태일 때의 활하중 처짐을 구하면

$$\Delta_{L,cr} = \frac{5M_L\,l^2}{48E_c\,I_{cr}} = \frac{5\times600(10)^6\times(24{,}000)^2}{48\times28{,}800\times8.40(10)^9} = 148.8\ mm$$

비균열 상태일 때의 활하중 처짐을 구하면

$$\Delta_{L,uc} = \frac{5M_L\,l^2}{48E_c\,I_{g,tr}} = \frac{5\times600(10)^6\times(24{,}000)^2}{48\times28{,}800\times59.1(10)^9} = 21.2\ mm$$

활하중에 의한 처짐을 식 (6·138)에 따라 구하면

$$\begin{aligned}\Delta_L &= \zeta\Delta_{L,cr}+(1-\zeta)\Delta_{L,uc} = 0.621\Delta_{L,cr}+(1-0.621)\Delta_{L,uc}\\ &= 0.621\Delta_{L,cr}+0.379\Delta_{L,uc} = 0.621\times148.8+0.379\times21.2\\ &= 100\ mm\end{aligned}$$

(4) 유효단면2차모멘트를 이용한 활하중 처짐

활하중에 의한 처짐을 식 (6·138)에 따라 구하는 방법 대신, 다음과 같이 유효단면2차모멘트를 사용하여 처짐을 구할 수도 있다. 식 (6·147)에 따라 유효단면2차모멘트를 구하면

$$\begin{aligned}I_e &= \frac{I_{g,tr}\,I_{cr}}{\zeta I_{g,tr}+(1-\zeta)I_{cr}} = \frac{I_g\,I_{cr}}{0.621I_g+0.379I_{cr}}\\ &= \frac{59.1(10)^9\times8.40(10)^9}{0.621\times59.1(10)^9+0.379\times8.40(10)^9}\\ &= 12.44\times10^9\ mm^4\end{aligned}$$

균열이 발생한 단면에 활하중이 반복하중으로 작용한다면 **그림 6-24**의 (b)와 같은 개념으로 활하중에 의한 처짐을 계산하여야 한다. 이때에는 활하중에 의한 처짐도 유효단면2차모멘트를 이용하여 계산하므로 활하중에 의한 처짐은 식 (6·81)로부터

$$\begin{aligned}\Delta_L &= \frac{5w_L\,l^4}{384E_c\,I_e} = \frac{5M_L\,l^2}{48E_c\,I_e} = \frac{5\times600(10)^6\times(24{,}000)^2}{48\times28{,}800\times12.44(10)^9}\\ &= 100\ mm\end{aligned}$$

이와 같이 유효단면2차모멘트를 이용하여 계산한 활하중에 의한 처짐은 식 (6·138)에 따라 구한 활하중에 의한 처짐과 동일한 값이다.

6.4.7 처짐 한계상태의 검증

콘크리트 부재의 처짐을 제한하는 이유는 6.4.1절에 자세히 언급되어 있는데, 이를 간단히 요약하면

다음과 같다.

첫째, 사용자가 구조물의 처짐으로 인한 불편함을 느끼지 않아야 하므로, 처짐이 육안으로 쉽게 구분할 수 없는 정도가 되도록 하여야 한다. 사용자가 느낌으로 인지할 수 있는 정도의 처짐이 발생하면, 사용자들이 구조 안전성에 확신을 갖지 못하여 심리적으로 불안하게 되기 때문이다. 또 동적 하중이 작용하는 구조물에서, 드문 경우이기는 하지만 차량이나 바람에 의한 동적거동으로 변형이 순간적으로 증가하여 극한 한계에 도달할 수도 있기 때문이다. 따라서 사용자가 인지하는 진동이나 처짐은 활하중에 의한 것이므로, 활하중에 의한 처짐을 한계값 이하로 제한하여야 한다.

둘째, 장기간 사용하는 콘크리트 구조물에 손상이 발생하지 않도록 하여야 하므로, 처짐이 육안으로 쉽게 구분할 수 없는 정도가 되도록 하여야 한다. 따라서 지속하중에 의한 처짐이 과도하지 않을 정도의 강성을 갖도록 처짐을 한계값 이하로 제한하여야 한다.

셋째, 구조물의 용도와 기능을 유지하도록 비구조 요소(non-structural element)의 손상이 방지되어야 하므로, 과도한 처짐이 발생하지 않도록 하여야 한다. 비구조 요소들이 손상을 받으면 기능을 유지할 수 없으므로 처짐을 한계값 이하로 제한하여야 한다.

이와 같은 이유로 인하여, 부재의 처짐은 구조물의 용도, 구조 형식 및 특성, 하중의 특성을 고려하여 간접적인 방법으로 처짐을 검증하거나 직접적인 방법으로 처짐을 검증한다. 간접적인 검증방법은 처짐이 문제가 되지 않을 정도로 두꺼운 부재는 처짐 검증을 생략한다는 개념이다. 즉, 설계된 부재의 두께가 처짐 검증을 생략할 수 있는 부재의 최소두께보다 크다면 처짐에 문제가 없는 것으로 판단하는 방법이다. 이때 적용하는 최소두께는 설계기준에서 규정하고 있는 한계로서, 일반적으로 경간 길이의 비율로 나타낸다. 설계기준에 따라서는 다음과 같이 부재의 두께 h가 경간 길이 l의 비율로 정의된 최소두께 h_{limit}이상이 되도록 하거나, 경간 길이 l과 유효깊이 d의 비율이 한계값 α_{limit} 이하가 되도록 하는 형식으로 규정한다.

$$h \geq h_{limit}\left(=\frac{l}{\alpha}\right) \tag{6·148}$$

$$\frac{l}{d} \leq \alpha_{limit} \tag{6·149}$$

직접적인 검증방법은 활하중이나 지속하중에 의하여 발생할 것으로 예측되는 처짐 Δ를 해석으로 구하고, 다음과 같이 상수 β를 사용하여 설계기준에서 경간 길이 l의 비율로 규정하고 있는 처짐 한계값 Δ_{limit} 이하라는 것을 검증하는 방법이다.

$$\Delta \leq \Delta_{limit}\left(=\frac{l}{\beta}\right) \tag{6·150}$$

이 두 가지의 검증방법의 적용에도 역시 구조물의 용도, 구조 형식 및 특성, 하중의 특성을 고려한다. 예를 들어, 건물이나 일반 구조물이 철근콘크리트 구조로 설계되는 경우에는, 부재의 최소두께를 검증하는 간접적인 검증방법이나 직접 처짐을 검증하는 두 가지 방법을 모두 적용할 수 있으므로, 실제 설계에서는 두 가지 방법 중 하나를 적용한다.

건물이나 일반 구조물이 프리스트레스트 콘크리트 구조로 설계되는 경우에는, 부재의 최소두께를 검증하는 간접적인 검증방법을 적용하지 않고 직접 처짐을 검증하는 방법을 적용한다. 이것은 프리스트레스트 콘크리트가 구조적 효율성이 우수하여 단면을 경제적으로 설계할 수 있기 때문에, 간접적으로 처짐을 검증하기 위하여 최소두께 이상으로 설계하면 매우 비효율적인 설계가 되기 때문이다.

교량 구조물의 경우에는 구조 형식이나 구조 특성과 무관하게 간접적인 방법으로 처짐을 검증하지 않고 직접적인 방법으로 처짐을 검증한다. 즉, 철근콘크리트 구조로 설계된 교량과 프리스트레스트 콘크리트 구조로 설계된 교량은 모두, 발생할 것으로 예측되는 처짐을 해석으로 구하고 처짐 한계값과 비교하여 검증하는 방법을 적용한다. 이것은 교량에 작용하는 차량하중이나 철도하중이 값 자체가 매우 크고 집중하중의 형태로 이동하는 특성을 가지고 있으므로, 간접적인 방법으로 처짐을 검증하는 것이 부적절하기 때문이다.

따라서 프리스트레스트 콘크리트는 구조물의 용도와 관계없이 직접적인 방법으로 처짐을 검증하여야 하므로, 활하중과 지속하중 등의 하중 작용을 구분하여 처짐 또는 솟음을 해석하고 설계기준에서 규정하고 있는 처짐 한계값을 넘지 않는다는 것을 검증하여야 한다.

콘크리트구조설계기준[6.1]과 ACI 318 Code[6.3]는 건물과 일반 구조물에 대한 허용처짐을 표 6-12와 같이 규정하고 있다. 처짐을 검증해야 할 대상의 하중은 두 가지로서, 활하중에 의한 처짐과 지속하중에 활하중이 추가된 상태의 처짐을 검증한다. 과도한 처짐이 발생하면 손상되기 쉬운 비구조 요소가 설치되지 않는 구조물은 활하중에 의한 탄성 처짐을 검토하며, 평지붕구조는 경간의 1/180, 바닥구조는 경간의 1/360을 처짐 한계로 규정한다. 과도한 처짐이 발생하면 손상되기 쉬운 비구조 요소가 설치된 지붕이나 바닥구조는 그러한 비구조 요소가 설치된 이후에 발생하는 처짐, 즉 지속하중에 의한 장기처짐과 추가된 활하중에 의한 처짐의 합을 대상으로 하며, 경간의 1/480을 처짐 한계로 규정한다. 과도한 처짐이 발생하여도 손상되지 않는 비구조 요소가 설치된 지붕이나 바닥구조는 지속하중에 의한 장기처짐과 추가된 활하중에 의한 처짐의 합을 대상으로 하며, 경간의 1/240을 처짐 한계로 규정한다.

건물과 일반 구조물에 대한 Eurocode 2 Part 1-1[6.4]에서도 허용처짐을 규정하고 있다. 이 기준에서는 지속하중에 의한 장기처짐이 경간의 1/250 이하가 되도록 권고하고 있다. 이것은 구조물의 기능 또는 외관 손상을 방지하기 위한 것이다. 또, 처짐의 일부 또는 전체를 보정하기 위해 사전 솟음을 갖도록 시공할 때에도 솟음의 한계값을 지간의 1/250으로 권고하고 있다. 권고하고 있다고 표현한 이유는 이 한계값을 심리적 한계값이라고 간주하고 있으므로, 설계의 의무 규정이라기보다는 권장 규정에 해당하

표 6-12 건물과 일반 구조물에 대한 콘크리트구조설계기준과 ACI 318의 허용처짐

고려하여야 할 처짐	부재의 형태	처짐 한계
활하중 L에 의한 순간 처짐	과도한 처짐에 의해 손상되기 쉬운 비구조 요소를 지지 또는 부착하지 않은 평지붕구조	$\frac{l}{180}$ [1]
	과도한 처짐에 의해 손상되기 쉬운 비구조 요소를 지지 또는 부착하지 않은 바닥구조	$\frac{l}{360}$
전체 처짐 중에서 비구조 요소가 부착된 후에 발생하는 처짐부분(모든 지속하중에 의한 장기처짐과 추가적인 활하중에 의한 순간처짐의 합)[3]	과도한 처짐에 의해 손상되기 쉬운 비구조 요소를 지지 또는 부착한 지붕 또는 바닥구조	$\frac{l}{480}$ [2]
	과도한 처짐에 의해 손상될 염려가 없는 비구조 요소를 지지 또는 부착한 지붕 또는 바닥구조	$\frac{l}{240}$ [4]

1) 이 제한은 물 고임에 대한 안전성을 고려하지 않았다. 물 고임에 대한 적절한 처짐 계산을 검토하되, 고인 물에 대한 추가 처짐을 포함하여 모든 지속하중의 장기적 영향, 솟음, 시공오차 및 배수설비의 신뢰성을 고려하여야 한다.

2) 지지 또는 부착된 비구조 요소의 피해를 방지할 수 있는 적절한 조치가 취해지는 경우에 이 제한을 초과할 수 있다.

3) 장기처짐은 4.3.1(5) 또는 4.3.3(2)에 따라 정해지나 비구조 요소의 부착 전에 생긴 처짐량을 감소시킬 수 있다. 이 감소량은 해당 부재와 유사한 부재의 시간-처짐 특성에 관한 적절한 기술자료를 기초로 결정하여야 한다.

4) 비구조 요소에 의한 허용오차 이하이어야 한다. 그러나 전체 처짐에서 솟음을 뺀 값이 이 제한값을 초과하지 않도록 하면 된다. 즉 솟음을 했을 경우에 이 제한을 초과할 수 있다.

기 때문이다.

한편, 지속하중에 의한 장기처짐이 경간의 1/250 이하가 되도록 권고하는 규정은 받침점을 기준으로 한 부재의 절대 처짐량을 기준으로 한 한계값에 해당한다. 즉, 시공 직후 이미 발생한 순간 탄성 처짐량을 포함하고 있는 값이다. 그런데 콘크리트 구조가 시공된 후에 다른 부재 또는 시설물을 2차적으로 설치하는 것이 일반적인 공사 과정이기 때문에, 2차 시공 부재나 시설물에 영향을 주는 것은 시공 이후부터 발생된 장기 처짐량이다. 따라서 건물과 일반 구조물에 대한 Eurocode 2 Part 1-1[6.4]에서는 추가로, 완공 후에 발생하는 장기처짐이 경간의 1/500인 처짐 한계값 이하가 되도록 권고하고 있다.

이와 같은 Eurocode 2 Part 1-1[6.4]의 처짐에 대한 제어 기준은 건물과 일반 구조물에 적합한 것으로서 교량에는 적합하지 않다. 따라서 교량구조에 대한 설계기준인 Eurocode 2 part 2[6.6]에서는 특별한 처짐 한계 규정을 두고 있지 않다.

동적 하중이 주로 작용하는 구조물에 대해서는 콘크리트구조설계기준,[6.1] 도로교설계기준(2010),[6.2] 교량설계기준(한계상태설계법),[6.5] AASHTO-LRFD[6.9]에서 동일한 내용을 규정하고 있다. 콘크리트구조설계기준[6.1]은 보행자 및 차량하중 등 동하중을 주로 받는 구조물, 즉 교량이나 주차 건물 등을 대상으로 하며, 도로교설계기준(2010),[6.2] 교량설계기준(한계상태설계법),[6.5] AASHTO-LRFD[6.9]은 교량을 대상으로 한다. 차량 통행이 주 목적인 도로교에 대해서는 이들 기준에서, 단순 또는 연속경간의 부재는 활하중과 충격으로 인한 처짐이 경간의 1/800을 초과하지 않도록 규정하고 있으며, 보행자도 통행하는 도시 지역의 교량의 경우에는 처짐 한계값을 경간의 1/1,000로 규정하고 있다. 캔틸레버의 경우에는 활하중과 충격으로 인한 처짐이 캔틸레버 길이의 1/300 이하이도록 규정하고 있으며, 보행자의 이용이 고려된 경우에는 처짐 한계값을 캔틸레버 길이의 1/375로 규정하고 있다.

[참고문헌]

6.1 국토교통부, 한국콘크리트학회, KDS 14 20 콘크리트구조설계기준, 기준 및 해설, 2021.

6.2 국토해양부, 한국도로교통협회, 도로교설계기준, 2010.

6.3 ACI Committee 318, *Building Code Requirements for Structural Concrete* (ACI 318-14) *and Commentary* (ACI 318R-14), American Concrete Institute, Farmington Hills, MI, 2014.

6.4 CEN, Eurocode 2: *Design of Concrete Structures-Part 1-1: General rules and rules for buildings*, European Committee for Standardization, 2004.

6.5 국토교통부, 한국교량및구조공학회, 교량설계기준(한계상태설계법), KDS 24 10 11 교량 설계 일반사항(한계상태설계법), KDS 24 14 21 콘크리트교 설계기준(한계상태설계법), 기준 및 해설, 2021.

6.6 CEN, Eurocode 2 : *Design of Concrete Structures-Part 2 : Concrete bridges*, European Committee for Standardization, 2004.

6.7 AASHTO, *LRFD Bridge Design Specifications*, 5th edition, American Association of State Highway and Transportation Officials, Washington, D.C., USA, 2010.

6.8 Frosch, R. J., "Another Look at Cracking and Crack Control in Reinforced Concrete," *ACI Structural Journal*, Vol. 96, No. 3, May-June, 1999, pp. 437-442.

6.9 CEB-FIP *Model Code 1990 for Concrete Structures*, Comité Euro-International du Beton, 1993.

6.10 최승원, 양준호, 김우, "철근콘크리트 부재의 처짐과 균열폭에 대한 인장증강효과의 영향", 한국콘크리트학회 논문집, V. 22, No. 6, 2010, pp. 761-768.

6.11 PCI, *PCI Design Handbook. PCI Journal*, 5th edition, Prestressed Concrete Institute, Chicago, USA, 1999.

6.12 Martin, L. D., "A Rational Method of Estimating Camber and Deflections of Precast, Prestressed Concrete Members," *PCI Journal*, Vol. 22, 1977, pp. 50-63.

6.13 Sheikh, A. F, and Branson, D. E., "Non-Tensioned Steel in Prestressed Concrete Beams," *PCI Journal*, Vol. 15, 1970, pp. 14-36.

6.14 Branson, D. E., "The Deformation of Non-Composite and Composite Prestressed Concrete Members," *In Deflection of Concrete Structures*, ACI Special Publication SP-43, American Concrete Institute, Farmington Hills, MI, 1974, pp. 83-127.

6.15 Branson, D. E., *Deformation of Concrete Structures*, McGraw Hill, New York, 1977.

[연습문제]

6-1 프리스트레스트 콘크리트 구조물의 사용한계상태 검증에서 콘크리트의 압축응력을 한계응력, 즉 허용응력 이하로 설계하도록 하는 이유를 설명하시오.

6-2 프리스트레스트 콘크리트 구조물의 사용한계상태 검증에서 콘크리트의 균열폭을 한계균열폭, 즉 허용균열폭 이하로 설계하도록 하는 이유를 설명하시오.

6-3 콘크리트구조설계기준 부록 III과 교량설계기준(한계상태설계법)에서 채택하고 있는 유럽형 한계상태설계법 설계기준의 균열폭 해석모델은 어떤 개념으로 균열폭을 해석하는지 설명하시오.

6-4 프리스트레스트 콘크리트 구조물의 사용한계상태 검증에서 부재의 처짐을 한계처짐, 즉 허용처짐 이하로 설계하도록 하는 이유를 설명하시오.

6-5 콘크리트 구조물의 사용한계상태 검증에서 지속하중에 의한 처짐과 활하중에 의한 처짐을 구분하여 검증하는 이유를 설명하시오.

6-6 다음 (a)~(h)와 같이 구성된 텐던이 있다. 이들 중에서 하나를 선택하여 다음의 문제를 수행하시오. [4.1절 표 4-4 참조]

(a) 지름 12.4 mm SWPC7AN 7개가 배치된 텐던
(b) 지름 12.4 mm SWPC7AN 12개가 배치된 텐던
(c) 지름 15.2 mm SWPC7AN 7개가 배치된 텐던
(d) 지름 15.2 mm SWPC7AN 12개가 배치된 텐던
(e) 지름 12.7 mm SWPC7BL 7개가 배치된 텐던
(f) 지름 12.7 mm SWPC7BL 12개가 배치된 텐던
(g) 지름 15.4 mm SWPC7BL 7개가 배치된 텐던
(h) 지름 15.4 mm SWPC7BL 12개가 배치된 텐던

[문제 1] 콘크리트구조설계기준에 따라, 긴장재를 긴장할 때 최대로 가할 수 있는 인장응력과 인장력을 구하고, 긴장력 도입 직후 긴장재의 허용응력과 허용인장력을 구하시오.

[문제 2] 교량설계기준(한계상태설계법)에 따라, 긴장재를 긴장할 때 최대로 가할 수 있는 인장응력과 인장력을 구하고, 긴장력 도입 직후 긴장재의 허용응력과 허용인장력을 구하시오.

6-7 다음 그림의 직사각형 단면으로 설계된 프리스트레스트 콘크리트 보에 대하여, 다음의 문제를 수행하시오. 보의 경간은 $l = 16\,m$로서 단순보이고, 보의 자중 w_o 이외에 등분포의 추가고정하중 $w_{DA} = 4\,kN/m$와 등분포 활하중 $w_L = 12\,kN/m$가 작용한다. 긴장력이 도입된 직후 긴장재의 응력은 프리스트레싱 강재 인장강도의 0.7배($f_{pJ2} = 0.7\,f_{pu}$)며, 유효 긴장응력은 인장강도의 0.6배($f_{pe} = 0.6\,f_{pu}$)이다. 긴장력이 도입될 때의 콘크리트 압축강도는 $f_{ci} = 30\,MPa$이고, 콘크리트의 설계기준압축강도는 $f_{ck} = 40\,MPa$이다. 문제의 조건은 다음 (a)~(h)의 8 가지 중 하나를 선택하시오.

(a) SWPC7BL 15.2 mm 강연선 4개 배치

(b) SWPC7BL 15.2 mm 강연선 7개 배치

(c) SWPC7BL 15.2 mm 강연선 9개 배치

(d) SWPC7BL 15.2 mm 강연선 10개 배치

(e) SWPC7BL 15.2 mm 강연선 12개 배치

(f) SWPC7BL 15.2 mm 강연선 13개 배치

(g) SWPC7BL 15.2 mm 강연선 14개 배치

(h) SWPC7BL 15.2 mm 강연선 19개 배치

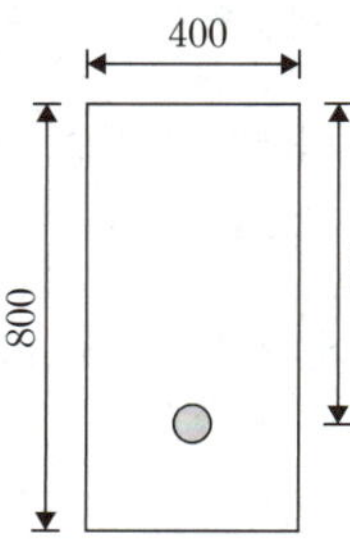

| 그림 6-30 | 긴장재가 배치된 단면

[문제 1] 긴장력 도입 직후 경간 중앙에서 단면 상단과 하단에 작용하는 응력을 구하고, 콘크리트구조설계기준에 따라 응력을 검증하시오.

[문제 2] 지속하중이 작용할 때 경간 중앙에서 단면 상단과 하단에 작용하는 구하고, 콘크리트구조설계기준에 따라 응력을 검증하시오.

[문제 3] 지속하중과 활하중의 사용하중이 작용할 때 경간 중앙에서 단면 상단과 하단에 작용하는 응력을 구하고, 콘크리트구조설계기준에 따라 단면의 등급을 판정하고 응력을 검증하시오.

6-8 다음 그림 (a)의 긴장재만 배치된 단면이나 그림 (b)의 긴장재와 철근이 배치된 단면으로 설계된 프리스트레스트 콘크리트 보에 대하여, 다음의 문제를 수행하시오. 그림 (b)의 단면은 그림 (a)의 단면에 SD400 4-D16이 추가된 단면이다. 단면에는 보의 자중과 추가고정하중을 합한 고정하중 휨모멘트 $M_D = 384\,kN \cdot m$와 활하중 휨모멘트 $M_L = 384\,kN \cdot m$가 작용한다. 유효 긴장응력은 인장강도의 0.6배($f_{pe} = 0.6 f_{pu}$)이고, 콘크리트의 설계기준압축강도는 $f_{ck} = 40\ MPa$이다. 문제의 조건은 다음 (a)~(e)의 5가지 중 하나를 선택하시오.

(a) SWPC7BL 15.2 mm 강연선 4개 배치

(b) SWPC7BL 15.2 mm 강연선 7개 배치

(c) SWPC7BL 15.2 mm 강연선 9개 배치

(d) SWPC7BL 15.2 mm 강연선 10개 배치

(e) SWPC7BL 15.2 mm 강연선 12개 배치

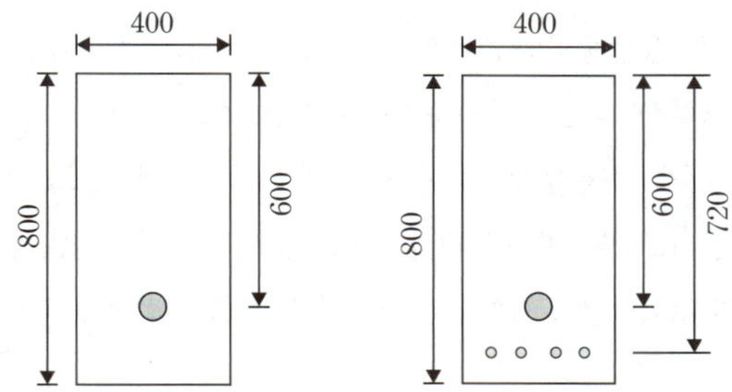

(a) 긴장재만 배치된 단면 (b) 긴장재와 철근이 배치된 단면

| 그림 6-31 | 단면

[문제 1] 사용하중상태에서, 단면의 압축연단에 작용하는 응력, 긴장재에 작용하는 응력, 긴장재 위치의 콘크리트가 영응력 상태가 된 이후에 긴장재에 작용하는 응력을 구하시오.

[문제 2] 이 단면이 습윤환경에 노출된 경우, 콘크리트구조설계기준의 강재 간격을 기준으로 한 방법으로 휨 균열을 검증하시오.

[문제 3] 이 단면이 습윤환경에 노출된 경우, 콘크리트구조설계기준의 균열폭을 기준으로 한 방법으로 휨 균열을 검증하시오.

6-9 보의 중앙 단면이 그림 6-30의 직사각형 단면으로 설계된 프리스트레스트 콘크리트 보에 대하여, 다음의 문제를 수행하시오. 보의 경간은 $l = 16\,m$로서 단순보이고, 보의 자중 $w_o = 8\,kN/m$ 이외에 등분포의 추가고정하중 $w_{DA} = 4\,kN/m$와 등분포 활하중 $w_L = 12\,kN/m$가 작용한다. 단면에는 SWPC7BL 15.2 mm 강연선 19개가 배치되어 있다. 긴장력이 도입된 직후 긴장재의 응력은 프리스트레싱 강재 인장강도의 0.7배($f_{pJ2} = 0.7\,f_{pu}$)이며, 유효 긴장응력은 인장강도의 0.6배($f_{pe} = 0.6\,f_{pu}$)이다. 긴장력이 도입될 때의 콘크리트 압축강도는 $f_{ci} = 30\,MPa$이고, 콘크리트의 설계기준압축강도는 $f_{ck} = 40\,MPa$이다. 긴장재의 배치형상은 그림 6-32 (a)~(d)의 4가지 중 하나를 선택하시오.

(a) 단일 편심 배치 (b) 1회 절곡 배치

(c) 포물선 배치 (d) 2회 절곡 배치

| 그림 6-32 | 긴장재 배치형상

[문제 1] 긴장력이 도입된 직후, 경간 중앙의 변위를 구하시오.

[문제 2] 추가고정하중이 작용할 때, 경간 중앙의 탄성변위를 구하시오.

[문제 3] 추가고정하중과 활하중이 작용할 때, 경간 중앙의 탄성변위를 구하시오.

[문제 4] 추가고정하중이 작용하고 있을 때, PCI의 장기 계수법에 의한 경간 중앙의 장기처짐을 구하시오.

[문제 5] 활하중이 작용할 때, PCI의 장기 계수법에 의한 장기처짐을 고려하여 경간 중앙의 총처짐을 구하시오.

6-10 보의 중앙 단면이 그림 6-30의 직사각형 단면으로 설계된 프리스트레스트 콘크리트 보에 대하여, 다음의 문제를 수행하시오. 보의 경간은 $l = 16\,m$로서 단순보이고, 등분포 고정하중 $w_D = 12\,kN/m$와 등분포 활하중 $w_L = 12\,kN/m$가 작용한다. 단면에는 SWPC7BL 15.2 mm 강연선 7개가 배치되어 있다. 유효 긴장응력은 인장강도의 0.6배($f_{pe} = 0.6\,f_{pu}$)이고, 콘크리트의 설계기준압축강도는 $f_{ck} = 40\,MPa$이다. 긴장재의 배치형상은 그림 6-31의 (a)~(d) 중 하나를 선택하시오.

[문제 1] 콘크리트구조설계기준의 2개 직선 휨모멘트-처짐 해석법을 적용하여, 활하중에 의한 경간 중앙의 탄성처짐을 구하시오.

[문제 2] 콘크리트구조설계기준의 유효단면2차모멘트 해석법을 적용하여, 활하중에 의한 경간 중앙의 탄성처짐을 구하시오.

6-11 문제 6-8과 동일한 그림 (a) 또는 그림 (b)의 프리스트레스트 콘크리트 단면에 대하여 다음의 문제를 수행하시오. 조건은 문제 6-7의 조건 (a)~(h) 중 하나를 선택하시오.

[문제 1] 긴장력 도입 직후 경간 중앙에서 단면 상단과 하단에 작용하는 응력을 구하고, 교량설계기준(한계상태설계법)에 따라 응력을 검증하시오.

[문제 2] 경간 중앙 단면의 영응력 한계상태를 기준으로 하여, 교량설계기준(한계상태설계법)에 따라 이 단면의 설계등급을 판정하시오.

[문제 3] 이 단면의 설계등급에 따른 하중조합에 대하여 [표 6-9 참조] 단면의 압축연단에 작용하는 응력, 긴장재에 작용하는 응력, 긴장재 위치의 콘크리트가 영응력 상태가 된 이후에 긴장재에 작용하는 응력을 구하시오.

[문제 4] 이 단면의 설계등급에 따른 하중조합에 대하여 인장연단에 발생하게 될 균열폭을 구하고, 교량설계기준(한계상태설계법)에 따른 한계균열폭과의 비교로 균열한계상태를 검증하시오.

6-12 문제 6-9와 동일한 부재에 대하여 다음 문제를 수행하시오. 긴장재 배치형상은 문제 6-9의 그림 6-32의 (a)~(d) 중 하나를 선택하시오. 긴장력이 도입되는 시간 t_0에서 추가고정하중이 작용하는 시간 t_1까지의 크리프계수는 $\varphi(t_1, t_0) = 0.60$이고 수축변형률은 $\varepsilon_{sh}(t_1, t_0) = 28 \times 10^{-6}$이며, 시간 t_0에서 무한대 시간까지의 크리프계수는 $\varphi(\infty, t_0) = 1.90$이고 수축변형률은 $\varepsilon_{sh}(\infty, t_0) = 320 \times 10^{-6}$이었다.

[문제 1] 교량설계기준(한계상태설계법)의 유효 탄성계수법을 적용하여 경간 중앙의 장기처짐을 구하시오.

[문제 2] 교량설계기준(한계상태설계법)의 유효 탄성계수법을 적용하여 경간 중앙의 총처짐을 구하시오.

6-13 문제 6-10과 동일한 부재에 대하여 다음 문제를 수행하시오. 긴장재 배치형상은 문제 6-9의 그림 6-32의 (a)~(d) 중 하나를 선택하시오.

[문제 1] 교량설계기준(한계상태설계법)의 균열단면의 처짐 Δ_{crack}과 비균열단면의 처짐 $\Delta_{uncrack}$을 이용하여, 활하중에 의한경간 중앙의 탄성처짐을 구하시오.

[문제 2] 교량설계기준(한계상태설계법)의 유효단면2차모멘트를 이용하여 활하중에 의한 경간 중앙의 탄성처짐을 구하시오.

제7장

전단강도 및 설계

7.1 프리스트레스트 콘크리트의 전단거동

프리스트레스트 콘크리트는 프리스트레싱 강재에 의하여 압축력이 작용하므로, 압축력이 작용하지 않는 철근콘크리트 부재와는 전단거동에 차이가 있다. 이 절에서는 이어지는 절에서 다루는 프리스트레스트 콘크리트에 대한 설계기준의 전단강도 해석법과 전단에 관련된 설계기준의 배경을 쉽게 이해할 수 있도록, 프리스트레스트 콘크리트의 전단거동 특성과 전단파괴 특성 및 사인장균열 강도를 소개하고 논의한다.

7.1.1 프리스트레스트 콘크리트의 전단거동 특성

구조물에 하중이 작용하면 구조물을 구성하는 각 부재에는 외력 작용에 의한 단면력(member force), 즉, 휨모멘트, 전단력, 비틀림모멘트, 축력이 작용하게 된다. 이때의 단면력은 단독으로 작용하는 경우도 있지만, 두 가지 이상의 단면력이 동시에 작용하는 경우가 많다. 보의 경우에는 하중이 작용하는 위치에 따라 전단력이 작용하지 않은 상태에서 휨모멘트만 작용하게 되는 부분이 생길 수 있다. 그러나 보에서 휨모멘트가 작용하지 않은 상태에서 전단력만 작용하게 되는 부분이 생기는 일은 거의 없다. 따라서 부재의 전단거동은 휨모멘트와 전단력의 합성작용에 따르게 된다. 특히 프리스트레스트 콘크리트 부재의 경우에는 휨모멘트와 전단력뿐만 아니라 프리스트레스에 의한 압축력도 추가되고 경우에 따라서는 비틀림모멘트도 추가될 수 있으므로, 단면력의 합성작용에 따른 거동 특성을 이해하여야 한다.

부재에 휨모멘트, 전단력, 압축력 등의 단면력이 작용하면 각 단면력에 의하여 발생하는 응력을

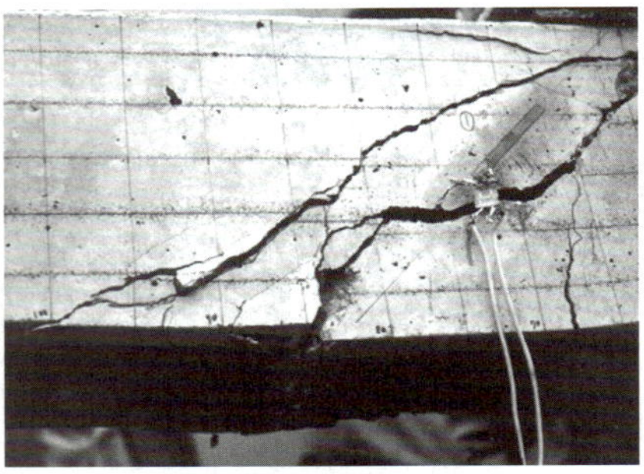

| 그림 7-1 | 프리텐션 프리스트레스트 콘크리트 보의 사인장파괴[7.1]

휨응력, 전단응력, 압축응력으로 나타낼 수 있으며, 이 응력들의 합성작용을 두 가지 주응력(主應力, principal stress), 즉 주압축응력(principal compressive stress)과 주인장응력(principal tensile stress)으로 나타낼 수 있다. 인장강도가 압축강도보다 매우 작은 콘크리트로 만든 부재에서는 주인장응력이 부재의 파괴에 큰 영향을 준다. 이 주인장응력을 사인장응력(diagonal tensile stress)이라고 하며, 사인장응력으로 인하여 콘크리트 부재에 발생하는 균열을 사인장균열(diagonal crack)이라고 한다. 철근콘크리트 부재나 프리스트레스트 콘크리트 부재에서 발생하는 사인장균열은 휨 균열에 비하여 균열폭이 매우 크며, 사인장균열에 의하여 부재가 파괴될 때는 급작스럽게 파괴된다. 그림 7-1은 전단철근이 배치된 프리텐션 프리스트레스트 콘크리트 보의 실험결과[7.1]로서, 사인장파괴가 발생한 모습을 나타낸다.

철근콘크리트와 프리스트레스트 콘크리트에 대한 초기의 설계기준에서는, 사용하중 상태에서의 사인장응력이 한계값 이하이도록 설계하여 사인장균열 발생에 대한 안전율을 확보하도록 하였다. 그러나 요즘의 설계기준에서는 계수하중 및 극한상태를 대상으로 전단 설계를 수행하도록 규정하고 있다. 그 이유는, 부재에 작용하는 하중이 커지면 부재 내의 압축응력이 크게 변화하여 위치에 따라서는 사인장응력이 매우 크게 증가할 수 있으므로, 사용하중에서의 사인장응력을 검증하는 것만으로는 안전율을 확보하지 못하는 경우가 있기 때문이다. 또, 부재에 균열이 발생하면 인장 주응력의 크기와 방향이 달라져서 응력의 분포와 크기가 크게 달라지며, 균열이 발생한 이후에는 균열폭이 크게 증가하고 부재의 강성(stiffness)이 감소하는 특성을 나타낸다. 따라서 부재의 전단거동에 있어서 사인장응력이 중요한 요소이기는 하지만, 콘크리트 부재의 안전성을 확보하기 위해서는 극한상태를 대상으로 하여 계수하중에서의 전단강도를 검증하고 전단철근을 설계하도록 하는 것이다.

프리스트레스트 콘크리트 부재는 전단거동에 있어서 철근콘크리트 부재와 다른 특성을 나타낸다. 이 특성들은 프리스트레스트 콘크리트 부재의 장점으로 나타나게 되는데, 그 내용은 다음과 같다.

(1) 긴장재에 의한 압축력이 부재에 작용하여 사인장응력이 철근콘크리트의 경우보다 작아진다. 따라서 사인장균열이 발생하게 될 때의 전단력이 철근콘크리트의 경우보다 커진다. 경우에 따라서는

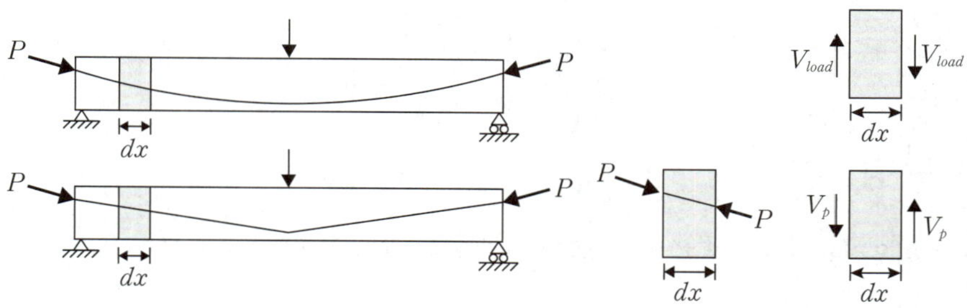

| 그림 7-2 | 프리스트레스트 콘크리트 부재의 압축력 수직성분의 전단력 감소 효과

휨모멘트의 작용에 의하여 부재에 휨 파괴가 발생할 때까지 사인장균열이 발생하지 않는 경우가 있는데, 이러한 경우에는 전단철근의 보강이 필요하지 않으므로 경제적인 설계가 가능하게 된다.

(2) 부재에 휨 파괴가 발생하기 이전에 사인장균열이 발생하는 경우에는 전단철근의 보강이 필요하지만, 전단철근을 배치하면 전단철근의 보강효과가 철근콘크리트의 경우보다 매우 크다. 이것은 긴장재에 의한 압축력의 영향 때문이다. 즉, 압축력이 작용하면 부재 축으로부터 측정한 균열의 각도가 감소하게 되어,[그림 7-4 참조] 균열면을 가로지르는 전단철근의 수가 많아지므로 전단철근에 의하여 발휘되는 전단강도가 증가하는 것이다. 또 균열의 각도가 작아짐에 따라 균열면을 가로지르는 전단철근의 수가 최소한 1개 이상이 되도록 하는 전단철근의 간격이 증가되므로, 경제적인 설계가 가능하게 된다.

(3) 긴장재가 곡선 배치되거나 절곡 배치되는 경우에는 긴장재에 의한 압축력의 수직성분이 하중에 의하여 발생되는 전단력의 크기를 감소시키는 역할을 한다. 즉, 그림 7-2와 같이 긴장재가 곡선 배치되거나 절곡 배치되면 압축력이 경사진 방향으로 작용하여 수직성분 V_p가 발생되고, 이 힘은 하중에 의한 전단력 V_{load}의 반대방향으로 작용하여 다음과 같이 전단력의 작용을 감소시킨다.

$$V_{PSC} = V_{load} - V_p \tag{7·1}$$

7.1.2 비균열 단면의 탄성응력

균열이 발생하지 않은 상태의 콘크리트 부재는 균등질(homogeneous) 재료로 거동하여 탄성이론(elastic theory)을 적용한 해석결과와 비교적 잘 일치한다. 철근콘크리트 부재에 하중이 작용하면, 그림 7-3에 나타낸 바와 같이 휨모멘트 M에 의하여 다음과 같은 휨응력 f와 전단력 V에 의하여 다음과 같은 전단응력 v가 단면에 작용한다.

$$f = \frac{M\,y}{I} \tag{7·2}$$

$$v = \frac{VA\bar{y}}{I\,b} = \frac{VQ}{I\,b} \tag{7·3}$$

여기서, y : 휨응력을 계산하고자 하는 위치에서 단면의 중립축까지의 거리

I : 단면2차모멘트

A : 단면적

$\bar{y}$: 전단응력을 계산하고자 하는 위치 위 또는 아래 단면적의 도심에서 중립축까지의 거리

b : 전단응력을 계산하고자 하는 위치에서의 복부폭

Q : 전단응력의 계산 위치 위 또는 아래 단면적에 대한 단면1차모멘트

단면의 도심 위치인 중립축에서 휨응력 f는 0이므로, 그림 7-3과 같이 단면의 도심에는 전단응력 v만 작용하며, 이 전단응력에 의한 주인장응력 f_1과 주압축응력 f_2는 다음과 같이 v와 같은 크기를 갖게 되고 주응력의 각도는 45°가 된다.

$$f_1 = -f_2 = v \tag{7·4}$$

프리스트레스트 콘크리트 부재의 경우에는 외력의 휨모멘트와 함께 긴장재에 의한 압축력이 작용하므로, 단면에는 다음과 같은 응력이 작용한다.

$$f = \frac{P}{A} \mp \frac{P_e}{I}y \pm \frac{M}{I}y \tag{7·5}$$

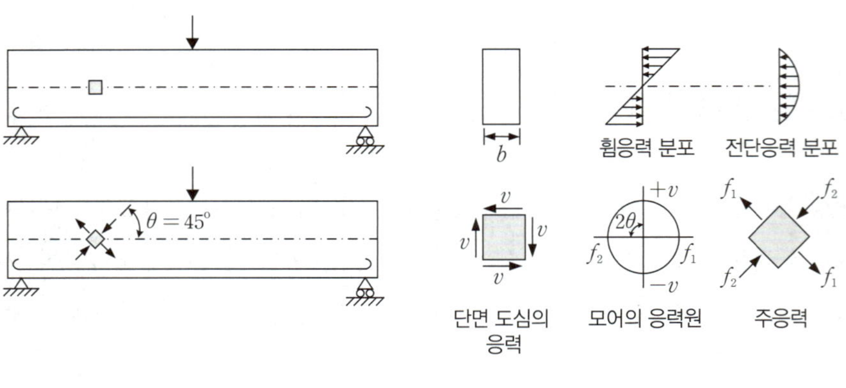

| 그림 7-3 | 철근콘크리트 부재의 단면 도심에서의 주응력

전단응력은 식 (7·3)으로 계산할 수 있으나, 일반적으로 프리스트레스트 콘크리트 부재에는 곡선 배치되거나 절곡 배치되는 긴장재가 존재하므로 긴장재에 의한 압축력의 수직성분 V_P의 영향을 고려하여야 한다. 따라서 식 (7·1)로 V_P의 영향을 반영한 전단력 V_{PSC}를 식 (7·3)에 대입하면, 프리스트레스트 콘크리트 부재에 작용하는 전단응력을 다음과 같이 구할 수 있다.

$$v = \frac{V_{PSC}\,Q}{I\,b} = \frac{(V_{load} - V_p)Q}{I\,b} \tag{7·6}$$

따라서 프리스트레스트 콘크리트 부재는 **그림 7–4**와 같은 휨응력 분포와 전단응력 분포를 보인다. 단면의 도심에 작용하는 전단응력은 단면 내에서 최대값의 전단응력을 나타낸다. 단면의 도심에 작용하는 휨응력은 일반적으로 압축응력으로 작용한다. 이 압축응력을 f_{pc}라고 하고 단면에 작용하는 압축응력의 대푯값으로 한다면, 프리스트레스트 콘크리트 부재단면에는 전단응력 v와 함께 압축응력 f_{pc}가 작용하는 상태로 나타낼 수 있다. 이에 따른 합성응력의 해석은 **그림 7–4**에 나타낸 모어의 응력원(Mohr's circle)을 이용할 수 있으며, 그로부터 단면의 도심에 작용하는 주인장응력 f_1과 주압축응력 f_2, 그리고 주압축응력 f_2와 부재축이 이루는 각도 θ를 다음과 같이 나타낼 수 있다.

$$f_1 = \sqrt{v^2 + \left(\frac{f_{pc}}{2}\right)^2} - \frac{f_{pc}}{2} \tag{7·7}$$

$$f_2 = \sqrt{v^2 + \left(\frac{f_{pc}}{2}\right)^2} + \frac{f_{pc}}{2} \tag{7·8}$$

$$tan\,2\theta = \frac{2v}{f_{pc}} \tag{7·9}$$

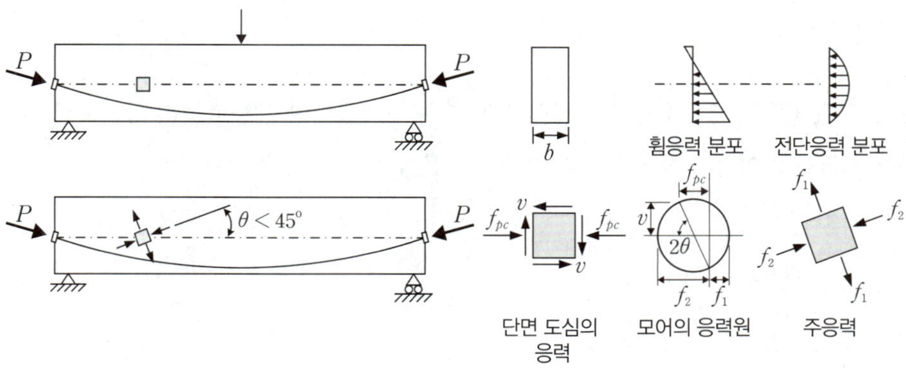

| 그림 7–4 | 프리스트레스트 콘크리트 부재의 단면 도심에서의 주응력

여기서, f_{pc} : 긴장재에 의한 압축력과 외력의 휨모멘트에 의하여 단면 도심 위치에 작용하는 응력(압축 응력인 경우 정(+)의 부호)

이렇게 얻은 단면의 도심에 작용하는 주인장응력 f_1이 콘크리트의 인장강도보다 작은 경우에는 부재에 균열이 발생하지 않는다. 또, 주압축응력 f_2가 2축응력효과를 고려한 콘크리트의 압축강도보다 작은 경우에는 부재가 파괴되지 않는다. 따라서 이 두 가지 조건을 만족하면 부재는 균등질(homogeneous) 재료로 구성된 구조요소로 거동하게 된다.

7.1.3 사인장균열강도

앞에서 설명한 바와 같이, 식 (7·7)의 주인장응력 f_1이 콘크리트의 인장강도 f_{ct}에 도달하면 균열이 발생하게 되므로, 사인장균열이 발생하는 주인장응력은 다음과 같이 나타낼 수 있다.

$$f_{ct} = \sqrt{v^2 + \left(\frac{f_{pc}}{2}\right)^2} - \frac{f_{pc}}{2} \tag{7·10}$$

이 식을 변환하여 전단응력으로 나타내면, 이 전단응력은 사인장균열을 발생하게 하는 전단응력을 의미하게 된다. 균열이 발생하지 않도록 저항할 수 있는 최대응력을 균열강도라고 하므로, 이 전단응력을 균열전단강도(cracking shear strength)라고 하고 v_{cr}이라고 표현하면, 식 (7·10)을 변환하여 다음과 같이 두 가지 형태로 나타낼 수 있다.

$$v_{cr} = f_{ct}\sqrt{1 + \frac{f_{pc}}{f_{ct}}} \tag{7·11}$$

$$v_{cr} = \sqrt{(f_{ct})^2 + f_{pc} f_{ct}} \tag{7·12}$$

이 경우 균열의 각도는 주인장응력의 직각방향, 즉 주압축응력이 작용하는 방향으로서, 균열과 부재축이 이루는 각도를 θ_{cr}이라고 하면 균열의 각도는 다음과 같이 나타낼 수 있다.

$$tan\ 2\theta_{cr} = \frac{2v_{cr}}{f_{pc}} = \frac{2f_{ct}}{f_{pc}}\sqrt{1 + \frac{f_{pc}}{f_{ct}}} \tag{7·13}$$

그림 7-5는 단면에 작용하는 휨응력과 콘크리트의 인장강도의 비 f_{pc}/f_{ct}의 변화에 따라, 전단균열강

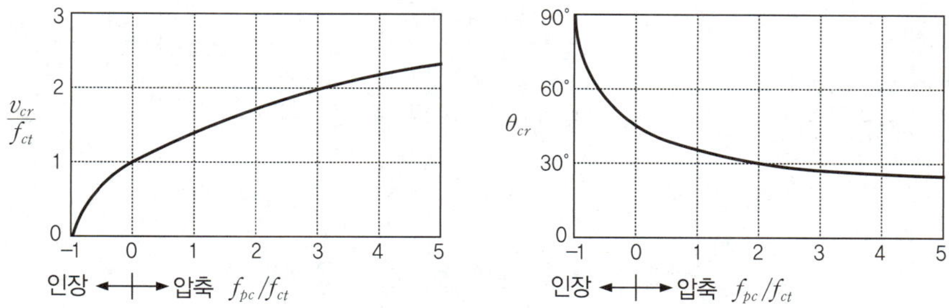

(a) 균열전단강도 (b) 균열의 각도

| 그림 7–5 | 압축응력 변화에 따른 균열전단강도와 균열의 각도

도와 콘크리트의 인장강도의 비 v_{cr}/f_{ct}와 균열의 각도 θ_{cr}가 어떻게 변화하는지를 나타낸다. 휨응력이 작용하지 않는 경우에는, 그림 7–5의 (a)에 나타난 바와 같이 v_{cr}/f_{ct}가 1.0으로서 전단균열강도는 콘크리트의 인장강도와 동일하며, 그림 7–5의 (b)에 나타난 바와 같이 이 때의 균열각도 θ_{cr}는 45°이다.

휨응력이 압축으로 작용하는 경우에는 v_{cr}/f_{ct}가 증가하고 θ_{cr}가 감소한다. 예를 들면, 압축휨응력이 콘크리트의 인장강도의 3배가 되면($f_{pc}/f_{ct}=3$) 전단균열강도는 콘크리트의 인장강도의 2배($v_{cr}/f_{ct}=2$)가 된다. 또 압축휨응력이 콘크리트의 인장강도의 2배가 되면($f_{pc}/f_{ct}=2$) 균열의 각도는 30°($\theta_{cr}=30°$)가 된다.

휨응력이 인장으로 작용하는 경우에는 v_{cr}/f_{ct}가 감소하고 θ_{cr}가 증가한다. 예를 들어, 인장휨응력이 콘크리트의 인장강도와 동일하면($f_{pc}/f_{ct}=-1$) 전단균열강도는 0이 되며, 균열의 각도는 90°가 된다. 이 상황은 전단력이 작용하지 않고 휨모멘트만 작용하는 부분에 콘크리트의 인장강도보다 더 큰 휨인장응력이 작용할 때 균열이 부재축의 직각방향인 90°의 각도로 진전되는 상황을 의미한다.

7.1.4 전단 무보강 부재의 전단균열 및 전단파괴

콘크리트 부재의 균열은 콘크리트의 인장강도보다 더 큰 인장응력이 작용할 때 발생한다. 균열을 유발하는 인장응력은 휨모멘트만 작용하는 부분에 작용하기도 하고, 전단력과 휨모멘트가 같이 작용하는 부분에 작용하기도 한다. 부재의 두께에 비하여 길이가 매우 긴 부재는 전단 작용보다 휨 작용이 주된 영향을 주므로, 부재 축에 직각방향인 수직방향의 휨균열이 발생하고 콘크리트의 압축부가 압괴(crushing)되는 휨 파괴를 보인다.

부재의 길이가 그보다 짧아지면 전단의 영향이 증가하여 사인장응력이 발생하고, 이에 따른 사인장균열이 나타나게 된다. 이때 사인장균열은 조건에 따라 여러 형태로 나타난다. 전단철근이 배치되지 않은 철근콘크리트 부재와 프리스트레스트 콘크리트 부재에 대하여 초기에 수행된 실험결과[7.2~7.14]로,

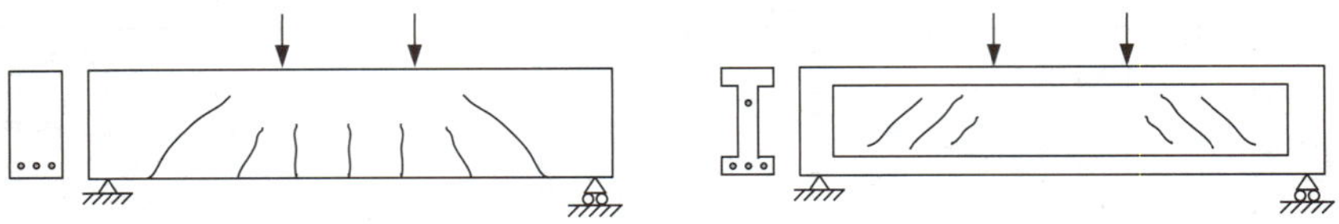

| 그림 7-6 | 콘크리트 부재의 사인장균열

전단 작용에 의하여 콘크리트 부재에 발생하는 균열의 형태는 크게 두 가지로 분류할 수 있었다. 즉, 휨전단균열(flexure-shear crack)과 복부전단균열(web-shear crack)로서, 그림 7-6은 두 가지 대표적인 사인장균열 형태를 나타낸다.

휨전단균열(flexure-shear crack)은 일반적으로 복부의 두께가 인장연단까지 일정한 직사각형 단면이나 T형 단면에 주로 나타난다. 하중이 작용하는 초기에는 휨모멘트에 의하여 부재 축의 직각방향으로 인장연단부터 균열이 시작된다. 하중이 증가하면 균열이 진전되는데, 단면의 도심방향으로 균열이 진전될수록 휨응력과 전단응력과의 합성작용으로 사인장응력이 작용하게 되어 경사진 방향으로 균열이 진전된다.

복부전단균열(web-shear crack)은 복부의 두께가 얇은 I형 단면에 주로 나타난다. 하중이 작용하면 단면의 도심에 큰 전단응력이 작용하여, 철근콘크리트 부재의 경우에는 복부 중간에서 45° 방향으로 전단균열이 발생한다. 프리스트레스트 콘크리트 부재는 긴장재에 의한 압축력의 영향으로 45°보다 작은 각도로 복부전단균열이 발생한다.

휨전단균열이나 복부전단균열이 발생한 후 하중이 증가하여 파괴에 이를 때는, 여러 가지 변수의 작용으로 몇 가지의 파괴유형이 나타난다. 부재의 두께에 대한 길이의 비에 따라서는, 사인장균열이 발생한 상태에서 휨파괴가 나타날 수도 있고 사인장균열이 파괴를 유발하는 파괴형태를 나타내기도 한다.

사인장균열로 인하여 발생되는 파괴형태는, 그림 7-7과 같이 네 가지로 분류할 수 있다. 그림 7-7(a)의 사인장파괴는 사인장균열이 단면 전체 깊이에 걸쳐서 진전되고 사인장균열의 폭이 크게 증가하여 파괴되는 형태이다. 사인장파괴는 부재의 두께에 대한 길이의 비가 휨파괴를 유발할 정도로 크지는 않지만, 꽤 큰 값을 가질 때 나타날 수 있다. 두께에 대한 길이의 비가 사인장파괴가 발생하는 부재보다 작은 값을 갖는 부재는 전단인장파괴(shear tension failure)나 전단압축파괴(shear compression failure)가 발생한다. 그림 7-7(b)의 전단인장파괴는 휨전단균열이 경사진 방향으로 발달하다가 단면의 인장연단과 경사진 사인장균열의 아랫부분을 연결하는 2차 균열(secondary crack)이 발생하고, 배치된 강재를 따라 수평 쪼갬균열(splitting crack)이 발생하여 강재와 콘크리트 사이의 부착성능이 저하되어 파괴에 이르는 경우이다. 그림 7-7(c)의 전단압축파괴는 사인장균열이 경사진 방향으로 발달하다가 균열의 상단부, 즉 압축응력이 작용하는 부분에서 콘크리트가 압괴(crushing)되어 파괴되는 형태이다.

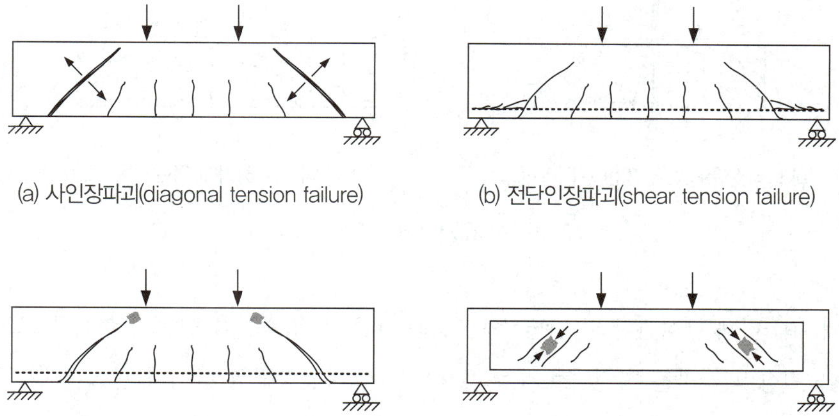

(a) 사인장파괴(diagonal tension failure)
(b) 전단인장파괴(shear tension failure)
(c) 전단압축파괴(shear compression failure)
(d) 복부압축파괴(web-crushing failure)

| 그림 7-7 | 콘크리트 부재의 전단파괴

복부의 두께가 얇은 I형 단면에서는 사인장파괴, 전단인장파괴, 전단압축파괴와 함께 그림 7-7(d)의 복부압축파괴가 발생하는 경우가 있다. 복부압축파괴는 얇은 복부판의 주응력 방향으로 작용하는 압축응력의 작용으로 복부 콘크리트가 압괴(crushing)되어 파괴되는 형태이다.

7.2 콘크리트 부재의 전단 설계

7.2.1 전단작용의 해석 및 전단철근

콘크리트 보의 실험결과를 관찰한 초기 연구자들은 휨모멘트와 전단력이 작용하는 콘크리트 보의 균열과 파괴형태를 나타내기 위한 여러 가지의 해석개념을 제안하였다. 그 대표적인 것으로, 보의 거동을 트러스와 유사하게 보는 트러스 유사법(truss analogy)과 아치와 유사하게 보는 아치 유사법(arch analogy)이 있다.

그림 7-8(a)는 Ritter[7.15]가 제안한 후 Mörsch[7.16]가 발전시키고 널리 소개한 트러스 모델(truss model)을 나타낸다. Ritter는 일반적인 트러스 모델을 제안하였고, Mörsch는 경사재를 응력장(stress field)으로 취급할 수 있음을 소개하였다. 트러스 모델은 보의 거동을 트러스와 유사한 것으로 보고, 트러스로 해석하는 모델이다. 즉, 트러스에서는 휨모멘트에 의하여 짝힘(couple force)으로 작용하는 압축력과 인장력을 트러스의 상현재(upper chord, 上弦材)와 하현재(lower chord, 下弦材)가 각각 받는다. 콘크리트

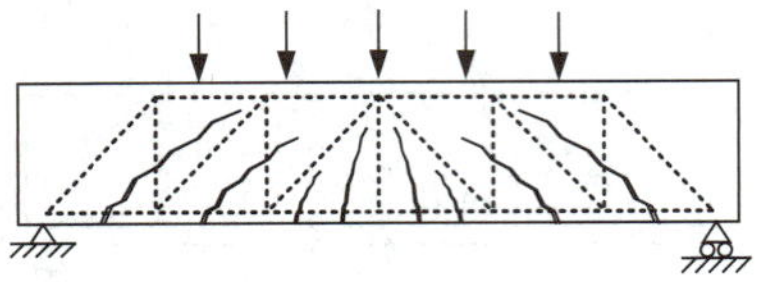

(a) 트러스 유사법에 의한 트러스 모델

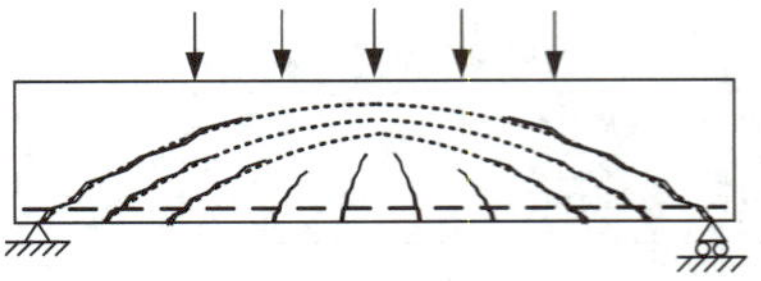

(b) 아치 유사법에 의한 아치 모델

| 그림 7-8 | 전단파괴 부재의 해석모델

보를 트러스와 유사하게 해석한다면, 단면 상단의 콘크리트가 압축력을 받는 상현재로 보고 단면 하단의 인장철근을 인장력을 받는 하현재로 보는 것이다. 또, 사인장균열 사이의 콘크리트가 압축력을 받는 경사재(diagonal member, 傾斜材)의 역할을 하고, 수직방향으로 배치된 전단철근이 인장력을 받는 수직재(vertical member, 垂直材)의 역할을 하는 것으로 보는 것이다. 트러스 모델은 사인장균열의 각도를 하나의 일정한 값으로 하여, 그 각도와 동일한 방향으로 경사재를 배치한 모델을 결정한다. 따라서 트러스 모델은 해석이 간편한 장점이 있어서, 콘크리트 구조물에 대한 대부분의 설계기준에서 전단강도의 해석 모델로 채택된 모델이다.

그림 7-8(b)는 아치 모델(arch model)을 나타낸다. 아치 모델은 주인장응력에 의한 사인장균열이 아치의 형상으로 발생하여, 주인장응력의 직각방향으로 작용하는 아치 형상의 주압축응력을 콘크리트가 압축으로 저항한다고 보는 것이다. 부재의 하단에 수평으로 배치된 인장철근은 타이 형 아치(tied arch) 구조의 인장 타이(tension tie)로 작용하여, 아치에 작용하는 압축력의 수평성분과 평형을 이룬다.

아치 모델 이외에도 골조 모델(frame model)과 빗살 모델(comb model)[7.17] 등도 제안되었다. 골조 모델(frame model)은 콘크리트 부재의 거동이 골조와 유사하다고 보고, 골조의 해석방법을 적용하는 모델이다. 빗살 모델(comb model)은 균열 사이의 콘크리트 부분이 캔틸레버로 거동하는 치아(tooth)와 유사하다고 보고 해석하는 것으로서, 그 형태가 빗 모양과 유사하여 빗살 모델(comb model)이라고 부르는 것이다. 그러나 이와 같은 모델들은 전단균열이 발생하여 파괴에 이르는 거동을 이해하는 데에 도움이 되지만, 정량적인 값을 구하기 위한 해석방법이 실용적이지 않고 파괴강도의 예측에 정확성을 기대하기 어려운 측면이 있다. 따라서 콘크리트 구조물에 대한 대부분의 설계기준은 트러스 모델(truss model)을 전단강도의 해석 모델로 채택하고 있다.

트러스 모델은 콘크리트와 강재가 트러스를 구성하여, 콘크리트가 압축력을 받는 상현재와 경사재의 역할을 하고 강재가 인장력을 받는 수직재와 하현재의 역할을 한다. 하현재로 배치된 강재는 휨모멘트를 저항하도록 배치된 철근이나 프리스트레싱 강재가 그 역할을 하고, 수직재로 배치된 강재는 전단력을 저항하도록 배치된 철근이 그 역할을 한다. 전단철근은 전단력에 저항하는 역할 외에도 추가의 기능을 발휘하는데, 전단철근의 기능은 다음과 같이 네 가지로 정리할 수 있다.

① 부재에 외력으로 작용하는 전단력에 저항하여 콘크리트 부재의 전단강도를 증가시킨다.

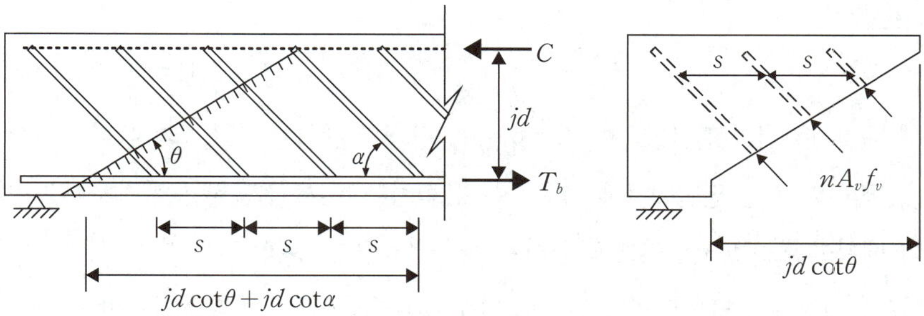

| 그림 7-9 | 균열면 내에 다수의 전단철근이 배치된 경우의 트러스 모델

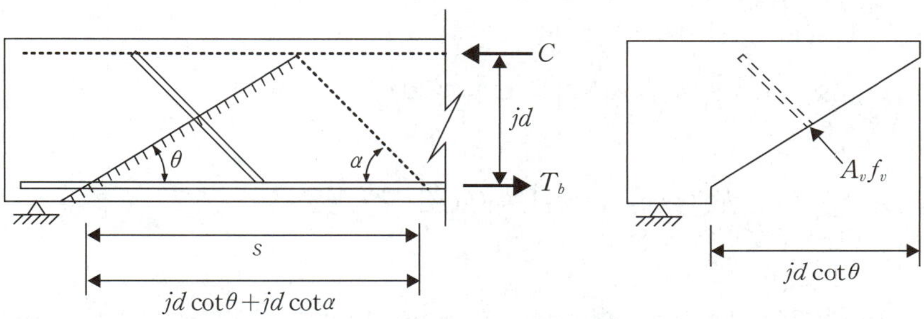

| 그림 7-10 | 균열면의 수평길이와 전단철근의 간격이 동일한 경우의 트러스 모델

② 사인장응력에 의하여 발생하는 콘크리트 부재의 사인장균열이 진전될 때, 균열폭의 증가를 억제하고 골재 맞물림 작용(aggregate interlocking)에 의한 균열면의 전단강도를 증가시킨다.

③ 인장연단의 콘크리트 피복과 인장 주철근에 의하여 발휘되는 장부작용(dowel action)으로 전단력을 저항할 수 있도록, 인장 주철근을 감싸서 지지한다.

④ 폐합된 형태의 전단철근은 피복을 제외한 단면 내부의 콘크리트를 감싸서, 압축응력을 받는 부분의 콘크리트 압축강도를 증가시키는 횡구속 효과(confinement effect)를 제공한다.

그림 7-9와 그림 7-10은 부재의 축과 α의 각도를 갖는 경사전단철근이 배치된 부재로서, 부재의 축과 θ의 각도를 갖는 균열이 발생한 경우의 트러스 모델을 나타낸다. 그림 7-9는 전단철근의 간격 s가 균열면의 수평 길이보다 작아서, 균열면 내에 다수의 전단철근이 배치된 경우이다. 휨모멘트에 저항하는 내력(internal force)으로 인장력 T_b와 압축력 C 사이의 팔길이를 jd라고 한다면, 균열면과 경사진 전단철근으로 이루어진 삼각형의 밑변의 길이는 $jd\ \cot\theta + jd\ \cot\alpha$가 된다. 따라서 균열면 내에 배치된 전단철근의 수를 n이라고 한다면, n은 다음과 같이 나타낼 수 있다.

$$n = \frac{jd(\cot\theta + \cot\alpha)}{s} \tag{7·14}$$

균열면 내에 배치된 n개의 전단철근에 작용하는 인장력의 총합은 $n\,A_v f_v$가 된다. 여기서, A_v는 전단철근 1개의 단면적이며, f_v는 전단철근에 작용하는 응력이다. 이제 전단철근에 작용하는 인장력에 의하여 전단철근의 배치방향으로 균열면에 작용하는 평균응력을 v_{scm}이라고 하면, 경사진 균열면의 길이는 $jd/\sin\theta$이므로 총인장력을 균열면의 면적으로 나누어 다음과 같이 나타낼 수 있다.

$$v_{scm} = \frac{n\,A_v f_v}{b_w(jd/\sin\theta)} \tag{7·15}$$

이 식에 식 (7·14)의 n을 대입하고 정리하면 다음과 같다.

$$v_{scm} = \frac{jd(\cot\theta + \cot\alpha)\,A_v f_v}{s\,b_w(jd/\sin\theta)} = \frac{A_v f_v(\cot\theta + \cot\alpha)\sin\theta}{b_w\,s} \tag{7·16}$$

그림 7-10은 전단철근의 간격 s가 균열면의 수평 길이와 같아서, 균열면 내에 1개의 전단철근이 배치된 경우이다. 균열면과 경사진 전단철근으로 이루어진 삼각형의 밑변의 길이 $jd\cot\theta + jd\cot\alpha$가 s와 같으므로, 다음과 같이 나타낼 수 있다.

$$jd = \frac{s}{\cot\theta + \cot\alpha} \tag{7·17}$$

균열면 내에 배치된 전단철근에 작용하는 인장력은 $A_v f_v$이므로, 전단철근 1개의 인장력에 의하여 전단철근의 배치방향으로 균열면에 작용하는 평균응력을 v_{sc1}이라고 하면, 인장력을 균열면의 면적으로 나누어 다음과 같이 나타낼 수 있다.

$$v_{sc1} = \frac{A_v f_v}{b_w(jd/\sin\theta)} \tag{7·18}$$

이 식에 식 (7·17)의 jd를 대입하고 정리하면 다음과 같다.

$$v_{sc1} = \frac{A_v f_v(\cot\theta + \cot\alpha)\sin\theta}{b_w\,s} \tag{7·19}$$

식 (7·16)과 식 (7·19)를 비교해 보면, 결국 v_{scm}과 v_{sc1}이 같은 수식으로 나타내진다는 것을 알 수 있다. 즉, 전단철근의 간격 s를 이용하여 나타낸 수식이 동일하다는 것이다. 따라서 상대적으로 단순한 형

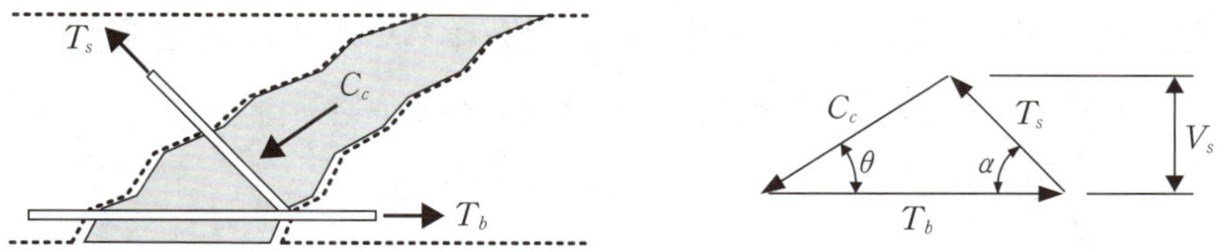

| 그림 7-11 | 트러스 모델에서의 힘의 평형

태로 이해하기 쉬운 트러스 모델로서, 그림 7-10과 같이 균열면의 수평길이와 전단철근의 간격이 동일하여 균열면 내에 전단철근이 1개만 배치된 경우를 대상으로 전단철근에 의한 전단저항력 V_s의 수식 전개를 설명한다.

그림 7-11의 트러스 모델에서 경사진 전단철근의 인장력 T_s와 콘크리트 스트럿(strut)의 압축력 C와 주철근의 인장력 T_b는 힘의 평형을 이룬다. 단면에 작용하는 전단력은 전단철근의 인장력의 수직방향 성분으로 지지되므로, 다음과 같이 나타낼 수 있다.

$$V_s = T_s \sin\alpha = A_v f_v \sin\alpha \tag{7·20}$$

따라서 전단철근의 인장력 T_s, 즉 $A_v f_v$는 다음과 같다.

$$A_v f_v = \frac{V_s}{\sin\alpha} \tag{7·21}$$

한편, 식 (7·17)을 변형하거나, 혹은 그림 7-9와 그림 7-10에 나타낸 바와 같이 균열면과 경사진 전단철근으로 이루어진 삼각형의 밑변의 길이가 전단철근의 간격과 같다는 관계를 이용하면, 전단철근의 간격 s는 다음과 같이 나타낼 수 있다.

$$s = jd(\cot\theta + \cot\alpha) \tag{7·22}$$

전단철근의 인장력을 전단철근의 간격으로 나눈 단위길이 당 인장력은 $A_v f_v/s$로서, $A_v f_v$에 식 (7·21)을 대입하고 s에 식 (7·22)를 대입하면 $A_v f_v/s$는 다음과 같다.

$$\frac{A_v f_v}{s} = \frac{V_s}{\sin\alpha(jd)(\cot\theta + \cot\alpha)} \tag{7·23}$$

이 식을 변환하면 전단철근에 의한 전단저항력 V_s는 다음과 같으며, 이 식은 전단철근이 α의 각도로 배치되고 균열이 θ의 각도로 발생하는 트러스 모델의 일반적인 경우를 나타낸다.

$$V_s = \frac{A_v f_v (jd)}{s}(cot\,\theta + cot\,\alpha) sin\,\alpha \tag{7·24}$$

팔길이 jd가 단면의 유효깊이 d와 같다고 가정하면, 다음과 같이 표현할 수 있다.

$$V_s = \frac{A_v f_v d}{s}(cot\,\theta + cot\,\alpha) sin\,\alpha \tag{7·25}$$

만일 균열의 각도 θ가 45°라고 한다면, 전단철근에 의한 전단저항력 V_s는 다음과 같이 두 가지의 형태로 나타낼 수 있다.

$$V_s = \frac{A_v f_v d}{s}(1 + cot\,\alpha) sin\,\alpha \tag{7·26}$$

$$V_s = \frac{A_v f_v d}{s}(sin\,\alpha + cos\,\alpha) \tag{7·27}$$

전단철근이 수직으로 배치되면 α가 90°이므로, 식 (7·24)는 다음과 같이 표현된다.

$$V_s = \frac{A_v f_v (jd)}{s} cot\,\theta \tag{7·28}$$

또, 수직 전단철근이 배치되었을 때 균열의 각도 θ가 45°라고 한다면, 식 (7·26)과 식 (7·27)은 다음과 같이 표현된다.

$$V_s = \frac{A_v f_v d}{s} \tag{7·29}$$

한편, 수직 전단철근이 배치된 경우, 트러스 모델의 일반적인 경우를 나타내는 식 (7·24)에 각도 α로 90°를 대입하여 식 (7·28)을 구할 수도 있지만, 그림 7-12를 이용하여 구할 수도 있다. 즉, 그림 7-12와 같이 균열이 θ의 각도로 발생하는 트러스 모델에서, 다음과 같이 균열면을 가로지르는 전단철근에 작용하는 인장력의 합으로 수직 전단철근에 의한 전단강도를 표현할 수 있다. 균열면의 수평 길이는 $jd\,cot\,\theta$이고 전단철근의 간격은 s이므로, 균열면을 가로지르는 전단철근의 수를 n이라고 한다면, n은 다음과 같다.

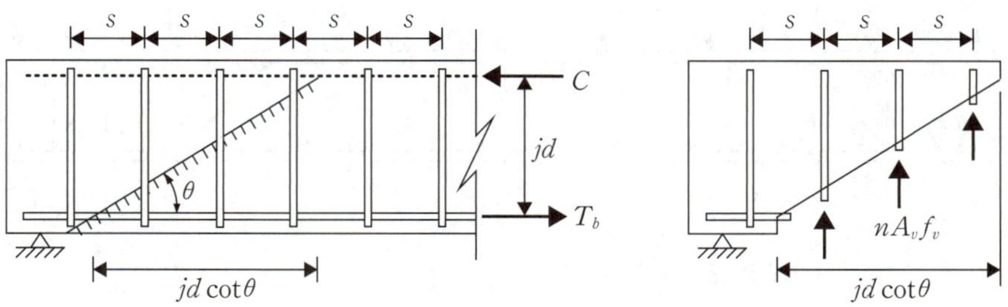

| 그림 7-12 | 수직 전단철근이 배치된 트러스 모델

$$n = \frac{jd\ cot\ \theta}{s} \tag{7·30}$$

따라서 균열면 내에서 전단철근에 의한 전단저항력 V_s는 다음과 같다.

$$V_s = n\ A_v f_v = \frac{A_v f_v (jd)}{s} cot\ \theta \tag{7·31}$$

균열의 각도 θ가 45°라고 하고 팔길이 jd가 단면의 유효깊이 d와 같다고 가정하면 n은 d/s와 같으므로, 전단철근에 의한 전단저항력 V_s는 다음과 같다.

$$V_s = n\ A_v f_v = \frac{A_v f_v d}{s} \tag{7·32}$$

식 (7·31)과 식 (7·32)는 일반식인 식 (7·24)를 단순화한 식 (7·28)과 식 (7·29)와 각각 동일하다.

7.2.2 전단 이론 및 전단 설계 모델

균질(homogeneous)한 재료의 부재에 휨모멘트가 작용하지 않은 상태에서 전단력만 작용하면, 주응력은 부재 축에 45°의 각도로 작용한다. 그러나 상대적으로 탄성계수가 매우 큰 철근을 콘크리트 부재에 보강하면, 철근이 배치된 방향으로 강성이 증가한다. 즉, 부재의 축방향으로 휨철근이 배치되고 전단철근이 그 직각방향으로 배치되면, 철근의 양과 간격에 따라 각 방향으로의 강성에 차이가 발생한다. 만일 휨철근이 전단철근보다 상대적으로 많은 양이 배치되면 균열의 각도는 작아지고, 전단철근이 휨철근보다 상대적으로 많은 양이 배치되면 균열의 각도는 커진다. 따라서 전단력만 작용하는 경우도 주응력의 각도가 항상 45°라고는 할 수 없는데, 실제 구조물에서는 여기에 휨모멘트도 같이 작용하게 된다. 이와 같은 콘크리트 부재를 트러스로 이상화한다면 그림 7-13과 같이 위치와 조건에 따라 각기

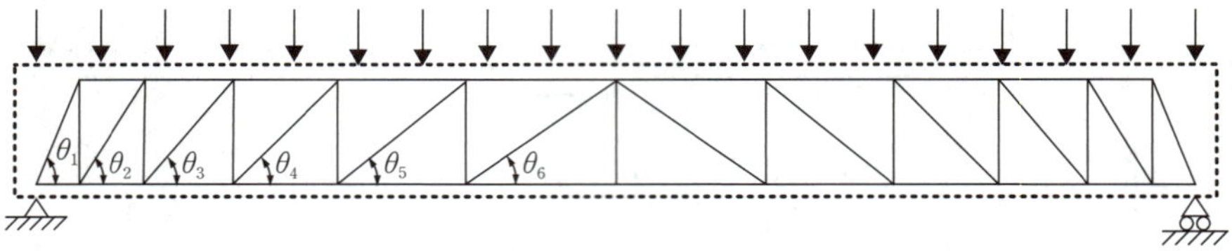

| 그림 7-13 | 변각트러스 모델(variable angle truss model)

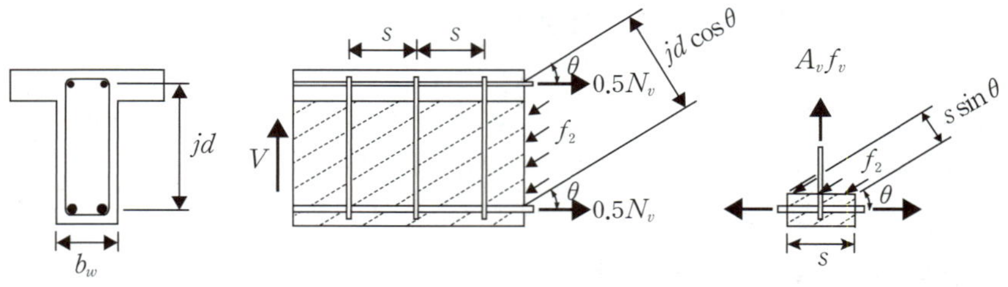

| 그림 7-14 | 변각트러스의 힘의 평형조건

다른 각도를 가진 변각트러스 모델(variable angle truss model)로 이상화할 수 있다. 그러나 위치마다 경사재의 각도가 각각 다른 트러스 모델은 해석과 설계가 복잡하므로, 하나의 대푯값의 각도를 가진 트러스로 모델링하는 것이 간편하다.

그림 7-14는 부재 축과 θ의 각도로 경사재가 배치된 변각트러스의 힘의 평형을 나타낸 것이다. 그림 7-14(a)는 복부폭이 b_w인 단면에 인장철근과 압축철근이 jd의 거리로 배치된 부재를 나타낸다. 두 철근 사이의 중심 간격을 나타내는 부호 jd는 과거에 허용응력설계법을 사용하여 콘크리트 구조물을 해석하고 설계했을 때 단면에 작용하는 압축력과 인장력 사이의 팔길이를 나타내던 기호로서, 유효깊이 d에 대한 비율 j로 나타내는 관행적인 표현이다. 이 부재에 간격이 s인 전단철근이 수직방향으로 배치되면, 그림 7-14(b)와 같이 자유물체도(free body diagram)를 나타낼 수 있다. 그림 7-14는 부재에 작용하는 외력으로 휨모멘트는 작용하지 않고 전단력만 작용하는 경우이다. 이 단면에 전단력 V가 작용하여 θ의 방향으로 주압축응력 f_2가 발생한다고 하면, 수직방향으로 작용하는 힘은 다음과 같은 관계로 평형을 유지하여야 한다.

$$V = f_2(b_w\, jd\, cos\,\theta)\, sin\,\theta \tag{7·33}$$

이 식을 변환하면, 복부에 작용하는 주압축응력은 다음으로 나타낼 수 있다.

$$f_2 = \frac{V}{b_w\,jd}\,\frac{1}{\sin\theta\cos\theta} = \frac{V}{b_w\,jd}\,(\tan\theta + \cot\theta) \tag{7·34}$$

θ의 방향으로 작용하는 주압축응력 f_2에 의하여 단면의 수평방향으로 작용하는 힘은 다음과 같은 관계로 평형을 유지하여야 한다.

$$N_v = f_2(b_w\,jd\cos\theta)\cos\theta \tag{7·35}$$

이 식의 f_2에 식 (7·34)를 대입하면, 전단력 V에 의하여 인장철근과 압축철근에 발생하는 인장력의 합 N_v는 다음과 같다.

$$N_v = V\cot\theta \tag{7·36}$$

이 인장력 N_v는 트러스 모델의 상현재와 하현재에 1/2씩 작용한다고 가정한다. 따라서 휨모멘트에 의한 인장철근의 인장력이 전단작용으로 0.5 N_v 만큼 증가하고, 압축철근의 압축력이 전단작용으로 0.5 N_v 만큼 감소한다는 것을 의미한다.

그림 7–15는 N_v를 고려한 인장철근 절단위치 결정법을 나타낸다. 그림 7–15(a)와 같이 하중을 받는 보의 휨모멘트 분포는 그림 7–15(b)와 같다. 이 휨모멘트에 의한 인장철근의 인장력은 그림 7–15(c)의 점선으로, 휨모멘트 분포와 동일한 형태이다. 여기에 전단력에 의한 인장력 0.5 N_v가 추가되므로, 총인장력의 분포는 실선과 같다. 따라서 철근 절단위치는 연장길이 a_l을 고려하여야 한다.

강도설계법 설계기준[7.18,7.19,7.20]은 연장길이 a_l을 유효깊이 d와 철근지름의 12배 중 큰 값으로, 부모멘트의 반곡점에서는 그 두 가지에 순경간의 1/16을 추가하여 그 중에서 가장 큰 값으로 한다. 한계상태설계법 설계기준[7.22,7.23]은 다음 식의 인장력 ΔT가 추가된 철근 인장력 분포로 철근 절단위치를 결정하거나, 유효깊이 d 또는 다음 식에 따른 연장길이 a_l을 추가하여 철근 절단위치를 결정한다.

$$\Delta T = 0.5\,V_u(\cot\theta - \cot\alpha) \tag{7·37}$$

$$a_l = \frac{z}{2}\,(\cot\theta - \cot\alpha) \tag{7·38}$$

한편, 그림 7–14(c)는 수직재인 전단철근과 하현재인 인장철근이 만나는 절점을 중심으로, 전단철근의 간격 s 범위 내에 작용하는 응력과 힘을 나타낸 자유물체도(free body diagram)이다. 이 자유물체도에서, θ 방향으로 작용하는 주압축응력 f_2의 분력으로서 수직방향으로 작용하는 힘은 전단철근에

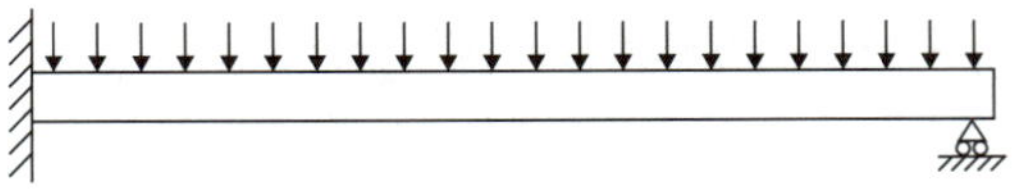

(a) 등분포하중이 작용하는 보

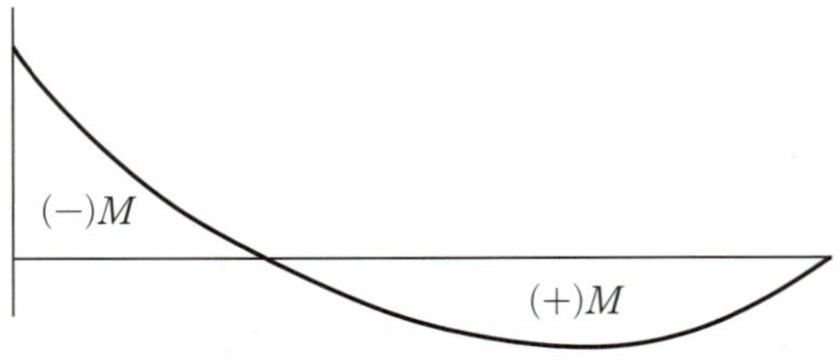

(b) 휨모멘트 분포

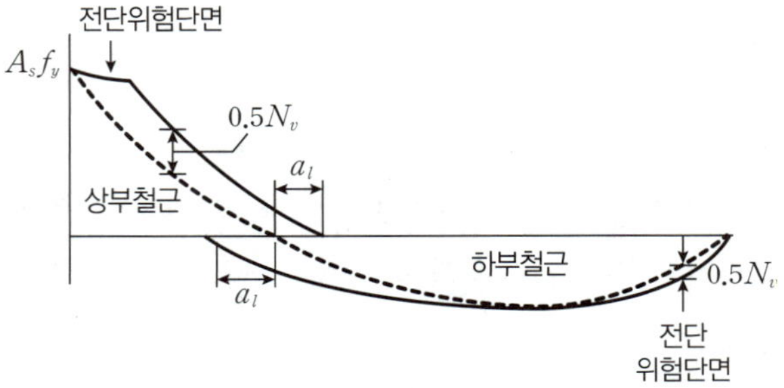

(c) 인장철근에 작용하는 힘의 분포

| 그림 7-15 | 인장철근의 절단위치

작용하는 인장력과 다음과 같이 평형을 유지하여야 한다.

$$A_v f_v = f_2\,(b_w\, s\, sin\,\theta)\; sin\,\theta \tag{7·39}$$

여기서 A_v는 전단철근의 단면적이며, f_v는 전단철근에 작용하는 인장응력이다. 이 식의 f_2에 식 (7·34)를 대입하면, 다음과 같이 나타낼 수 있다.

$$A_v f_v = \frac{Vs}{jd}\,tan\,\theta \tag{7·40}$$

$$\frac{A_v f_v}{s} = \frac{V}{jd}\,tan\,\theta \tag{7·41}$$

$$V = \frac{A_v f_v\, jd}{s\,tan\,\theta} = \frac{A_v f_v\, jd}{s}\,cot\,\theta \tag{7·42}$$

이상의 세 가지 조건으로 얻은 결과를 정리하면, 다음 관계식으로 요약할 수 있다.

$$f_2 = \frac{V}{b_w jd}(tan\,\theta + cot\,\theta) \tag{7·43}$$

$$N_v = V\,cot\,\theta \tag{7·44}$$

$$V = \frac{A_v f_v jd}{s} cot\,\theta \tag{7·45}$$

이 변각트러스 기본모델의 방정식을 살펴보면, 식 (7·43), 식 (7·44), 식 (7·45)의 3개의 연립방정식에 4개의 미지수, θ, f_2, N_v, f_v가 포함되어 있다. 따라서 방정식보다 미지수가 더 많으므로, 이 상태에서는 연립방정식의 해를 구할 수 없다.

그러나 실제 콘크리트 부재가 가지는 조건을 고려하여 변수를 단순화하면 해를 구할 수 있다. 전단파괴가 발생한 콘크리트 부재는 취성의 파괴형태를 보이지만, 전단철근이 항복한 상태에서의 전단파괴는 그렇지 않은 경우에 비하여 상대적으로 연성 거동을 보인다. 따라서 설계기준에서는 전단으로 파괴되더라도 전단철근이 항복하도록 제한을 두어, 설계기준에 따라 설계하면 전단철근이 항복하는 상태에서 전단파괴가 발생한다. 이때에는 전단철근의 인장응력 f_v를 상수인 항복응력 f_y로 치환하고 해를 구할 수 있다. 다음은 콘크리트구조에 대한 주요 설계기준에서 채택하고 있는 전단모델에서 취하고 있는 가정이나 단순화의 내용이다.

[1] 45° 트러스 모델

변각트러스 기본모델의 4개의 미지수, θ, f_2, N_v, f_v 중에서, 전단철근이 항복하는 경우로 전단철근 응력 f_v를 상수인 항복응력 f_y로 하면, 미지수가 3개로 감소하여 연립방정식의 해를 구할 수 있다. 이때 해를 구하는 과정에서 균열각도 θ를 구하는 다소 복잡한 과정이 필요하다. 45° 트러스 모델은 이를 단순화하여 θ를 45°로 가정한 모델이다. 그러나 실제 콘크리트 부재에 작용하는 주응력 방향과 균열의 각도는 45°보다 작은 것이 일반적이므로, 45° 트러스 모델은 실제의 전단강도를 과소평가하여 실험으로 구한 값보다 작은 값의 전단강도가 계산된다. 따라서 45° 트러스 모델을 채택한 설계기준에서는 이 차이를 콘크리트가 부담하는 전단강도의 항으로 추가하여, 콘크리트가 부담하는 전단강도와 전단철근이 부담하는 전단강도의 합으로 부재의 전단강도를 결정한다. 미국의 ACI 318 Code,[7.18] 콘크리트구조설계기준,[7.19] 도로교설계기준(2010),[7.20] 뉴질랜드의 콘크리트구조설계기준 NZS 3101[7.21] 등이 45° 트러스 모델을 전단 설계모델로 채택하고 있다.

[2] 소성 변각트러스 모델

전단철근이 항복하는 경우는 식 (7·45)의 전단철근 응력 f_v를 상수인 항복응력 f_y로 하여, 식 (7·43)에서 식 (7·45)까지의 연립방정식의 해를 구할 수 있다. 이때 재료조건에 의하여 영향을 받는 사인장균열의 각도 θ를 예측하기 위하여 소성트러스 이론(plasticity truss theory)을 적용한다. 소성트러스 이론은 부재가 파괴에 도달했을 때 재료가 소성상태에 도달한다고 가정한다. 즉, 전단철근과 콘크리트가 모두 소성상태로서 각각의 최대 응력에 도달한다고 가정하여 균열의 각도를 결정하는 것이다. 유럽의 Eurocode 2[7.22]와 교량설계기준(한계상태설계법)[7.23] 등이 소성 변각트러스 모델을 전단 설계모델로 채택하고 있다.

[3] 변형률 적합조건을 적용한 수정압축장 모델

45° 트러스 모델과 소성 변각트러스 모델은 힘의 평형조건으로 전단력을 간편하게 계산할 수 있다. 그러나 45° 트러스 모델은 균열의 각도를 45°로 가정하고 콘크리트의 인장강도를 고려하지 않아서, 실제의 전단강도를 과소평가 하는 경향이 있다. 소성 변각트러스 모델은 균열의 각도를 구하기는 하지만 콘크리트의 인장강도를 고려하지 않고 단순화한 것이다. 콘크리트 부재의 전단거동을 역학적으로 설명하려면, 힘의 평형조건 뿐만 아니라 변형률 적합조건과 재료의 응력-변형률 곡선을 이용하여야 한다. 그 한 예로서 수정 압축장 이론(modified compression field theory)[7.24]이 제안되었고, 이를 설계에 이용하기 위하여 단순화한 모델이 제안되었다. 이 모델에서는 부재에 발생하는 축방향 변형률을 구하고, 이에 따라 균열의 각도와 전단강도를 구한다. 캐나다의 콘크리트구조설계기준 CSA-A23.3[7.25]과 교량설계기준 CSA-S6,[7.26] 미국의 교량설계기준 AASHTO-LRFD[7.27] 등이 수정 압축장 모델을 전단 설계모델로 채택하고 있다.

표 7-1은 전단 설계 모델의 차이, 특징, 채택하고 있는 주요 설계기준을 나타낸다.

표 7-1 전단 설계 모델의 특징 및 적용 설계기준

모델	균열 각도	평형 조건	적합 조건	콘크리트 인장	적용 설계기준
45° 트러스 모델	$\theta = 45°$	반영	무시	무시	콘크리트구조설계기준, 도로교설계기준(2010), ACI 318, 뉴질랜드 NZS 3101
소성 변각트러스 모델	$22° \le \theta \le 45°$	반영	무시	무시	교량설계기준(한계상태설계법), Eurocode 2
수정 압축장 모델	$27.6° \le \theta \le 50°$[1)]	반영	반영	반영	캐나다 설계기준, 미국 AASHTO-LRFD

1) AASHTO-LRFD 기준 본문에 따른 θ의 범위

7.3 강도설계법 설계기준의 전단강도 및 전단 설계

7.3.1 강도설계법의 전단강도

강도설계법의 ACI 318 Code,[7.18] 콘크리트구조설계기준,[7.19] 도로교설계기준(2010)[7.20]은 45° 트러스 모델을 전단 설계모델로 채택하고 있다. 설계전단강도 ϕV_n은 다음과 같이 계수전단력 V_u 이상이어야 하며, 공칭전단강도 V_n에 강도감소계수 ϕ를 곱하여 결정하고, V_n은 콘크리트에 의한 전단강도 V_c와 전단철근에 의한 전단강도 V_s를 합한다.

$$\phi V_n \geq V_u \tag{7·46}$$

$$V_n = V_c + V_s \tag{7·47}$$

콘크리트에 의한 전단강도 V_c는, 그림 7-6에 나타낸 두 가지 대표적인 사인장균열 형태인 휨전단균열(flexure-shear crack)과 복부전단균열(web-shear crack)에 의한 전단강도로 결정한다. 즉, 그림 7-16과 같이 연속보에 발생하는 균열은 내측지점부에 발생하는 휨균열 및 휨전단균열, 내측지점부와 경간 중앙부 사이에 발생하는 복부전단균열, 경간 중앙부에 발생하는 휨균열 및 휨전단균열, 외측지점부에 발생하는 복부전단균열로 나타낼 수 있다. 이러한 균열에 의하여 전단작용과 관련된 파괴가 발생할 때의 전단강도는, 휨전단균열에 의한 휨전단강도 V_{ci}와 복부전단균열에 의한 복부전단강도 V_{cw}로 나타난다. 강도설계법의 설계기준은 각 위치에 대하여 V_{ci}와 V_{cw}를 계산한 뒤, 그 중의 작은 값을 콘크리트에 의한 공칭전단강도 V_c로 결정한다.

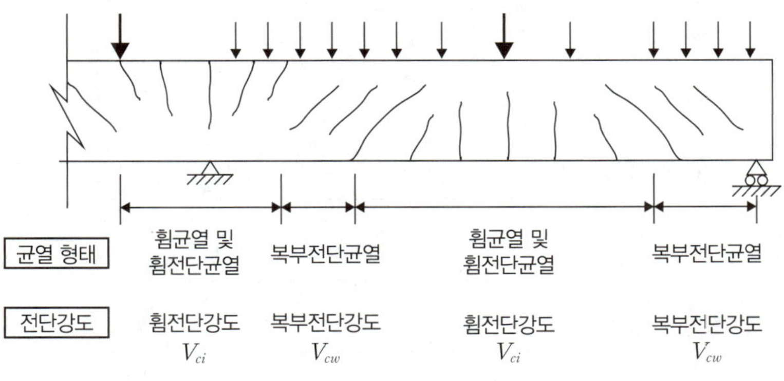

| 그림 7-16 | 휨과 전단에 의한 프리스트레스 콘크리트 부재의 균열 및 전단강도

7.3.2 콘크리트에 의한 휨전단강도

그림 7-17은 휨전단균열이 발생한 프리스트레스트 콘크리트 부재를 나타낸다. 부재에 하중이 작용하면 일반적으로 휨모멘트에 의한 균열이 먼저 발생하여, 그림 7-17(a)의 b 위치에서 휨균열이 발생하고 하중이 증가하면 a와 c 위치까지 사인장균열이 발달한다. 이때, 균열의 간격이 유효깊이 d의 1/2인 경우, 그림 7-17(b)에 나타난 바와 같이 휨균열이 발생한 b 위치의 휨모멘트를 M_{cr}이라고 하고 c 위치에 작용하는 휨모멘트를 M이라고 하면, 다음과 같은 관계가 성립한다.

$$M - M_{cr} = \frac{1}{2}(V + V_{cr})\frac{d}{2} \tag{7·48}$$

여기서, V_{cr}은 휨균열이 발생한 b 위치의 전단력이고, V는 c 위치에 작용하는 전단력이다.

하중이 집중하중인 경우에는 그림 7-17(c)에 나타난 바와 같이 V_{cr}과 V의 크기가 같고, 만일 하중이 등분포하중이더라도 이 두 전단력은 크기가 유사하다고 가정할 수 있다. V_{cr}과 V의 크기가 같다면, 식 (7·48)은 다음과 같이 간단해지고 양변을 V로 나누어 표현할 수 있다.

$$M - M_{cr} = \frac{Vd}{2} \tag{7·49}$$

$$\frac{M}{V} - \frac{M_{cr}}{V} = \frac{d}{2} \tag{7·50}$$

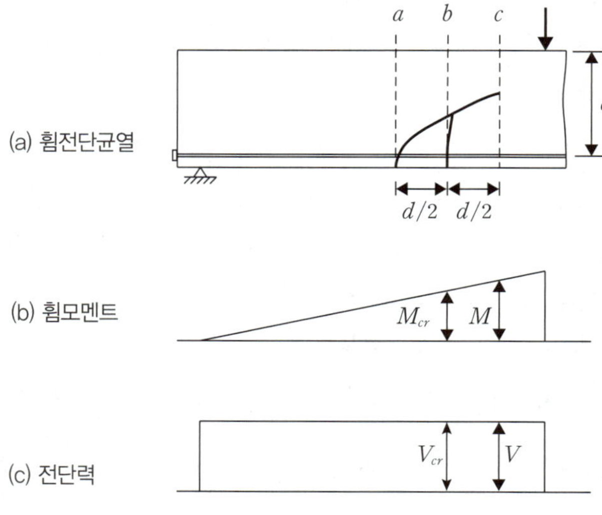

| 그림 7-17 | 휨전단균열이 발생했을 때의 프리스트레스트 콘크리트 부재

이제 식 (7·50)을 변환하여, M_{cr}/V 항의 V로 수식을 정리하면 다음과 같이 나타낼 수 있다.

$$V=\frac{M_{cr}}{M/V-d/2} \tag{7·51}$$

이 식의 분모에 있는 휨모멘트와 전단력의 비율 M/V는 하중조건에만 영향을 받으며 하중의 크기에는 영향을 받지 않는다. 즉, M/V 비율은 집중하중 또는 분포하중 등 하중의 종류와 하중의 작용위치에 따라 결정되는 값으로서, 하중의 크기와는 관계없이 비율이 일정하다. 이 식을 기본 형태로 하고 휨전단균열로 인하여 파괴에 이르는 프리스트레스트 콘크리트 보에 대한 실험연구 결과를 분석하여 다음의 수식이 제안되었다.[7.4]

$$V_{ci}=\frac{M_{cr}}{M/V-d/2}+0.05\sqrt{f_{ck}}\,b_w d+V_d+V_p \tag{7·52}$$

이 식에서 $0.05\sqrt{f_{ck}}\,b_w d$는 SI 단위(psi 단위로는 $0.6\sqrt{f_{ck}}\,b_w d$)로서, 전단력 $M_{cr}/(M/V-d/2)$에 의하여 휨균열이 발생한 후에 $0.05\sqrt{f_{ck}}\,b_w d$의 전단력이 추가되면 사인장균열이 충분히 진전되는 것이다.[7.4] V_d는 고정하중에 의한 전단력으로서, 실험을 수행할 때 파괴하중으로 측정한 하중에는 부재에 작용하고 있는 자중이 포함되어 있지 않기 때문에 실제의 전단강도에는 포함시키는 것이다. V_p는 긴장력의 수직성분이다. 그림 7-18은 식 (7·52)에서 V_p를 제외한 식(psi 단위)과 실험결과를 비교한 것으로, 수식이 보수적인 결과를 제공한다는 것을 나타낸다.[7.28]

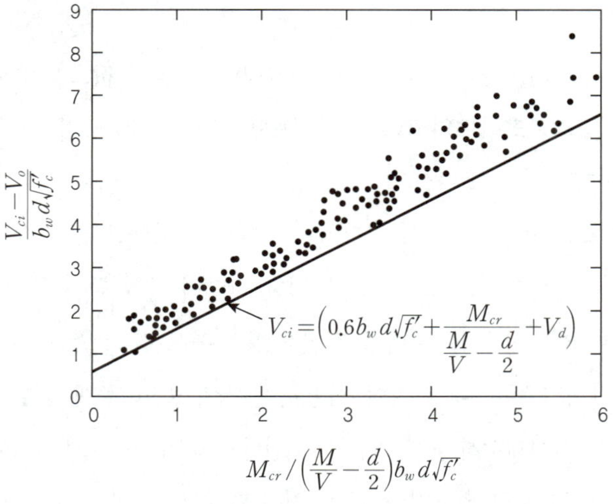

| 그림 7-18 | 휨전단강도 식과 실험결과의 비교[7.28]

설계기준[7.18~7.20]에서는 이 식의 첫 번째 항에 있는 $d/2$와 다른 항에 비하여 상대적으로 영향이 크지 않은 항인 V_p를 생략하고, 최솟값으로 제한하여 콘크리트에 의한 휨전단강도 설계식을 다음과 같이 규정하고 있다.

$$V_{ci} = 0.05\,\lambda\sqrt{f_{ck}}\,b_w d_p + V_d + \frac{V_i M_{cre}}{M_{max}} \geq 0.17\,\lambda\sqrt{f_{ck}}\,b_w d \tag{7·53}$$

여기서, λ : 경량콘크리트계수로, 보통중량콘크리트는 1.0, 모래경량콘크리트는 0.85, 전경량콘크리트는 0.75

d_p : 단면의 유효깊이로 $0.8h$ 이상의 값(h는 부재의 전체깊이)

V_d : 전단강도를 계산할 단면에 작용하는 고정하중에 의한 사용하중 전단력

M_{max} : 전단강도를 계산할 단면에 작용하는 최대 계수휨모멘트

V_i : M_{max}를 작용하게 하는 하중에 의한 계수전단력

M_{cre} : 단면에 휨균열을 발생시키는 휨모멘트로, 식 (7·54)로 계산하는 값

$$M_{cre} = \left(\frac{I}{y_t}\right)(0.5\,\lambda\sqrt{f_{ck}} + f_{pcc} - f_d) \tag{7·54}$$

여기서, I : 단면2차모멘트

y_t : 단면의 도심에서 인장연단까지의 거리

f_{pcc} : 하중작용으로 인장응력이 발생하는 연단의 유효긴장력에 의한 압축응력

f_d : 고정사용하중에 의하여 단면의 인장연단에 작용하는 인장응력

이 식들의 적용에 있어서 $\sqrt{f_{ck}}$의 값은 8.4 MPa을 초과하지 않는 값으로 하여야 한다. 이것은 f_{ck}가 70 MPa을 초과하는 고강도 콘크리트의 경우 콘크리트에 의한 전단강도가 주목할 만큼 증가하지는 않는다는 것을 반영한 것이다.

프리캐스트 부재를 이용하거나 현장타설 콘크리트 부재로서 합성단면을 이루는 경우에는 합성 전의 단면성질을 이용하여 f_d를 구한다. 또, 고정하중에 의한 전단력 V_d와 다른 종류의 하중에 의한 전단력 V_i를 구별하여야 한다. 이러한 경우 V_d는 합성 전에 작용하는 전단력으로서, 하중계수를 적용하지 않은 고정하중에 대한 전단력과 합성 후 부재에 작용하는 상재고정하중에 의한 전단력의 합으로 한다. 이때의 V_i와 M_{max}는 각각 전체계수하중에 의한 계수전단력과 계수휨모멘트에서 하중계수를 적용하지 않은 고정하중에 대한 전단력 V_d와 휨모멘트 M_d를 각각 뺀 값으로 한다.

프리텐션 부재에서 긴장재의 일부가 비부착(unbonded)된 상태로 배치된 구간에서는 [9.2.3절 참조]

감소된 긴장력을 적용하여 콘크리트에 의한 전단강도를 계산하여야 한다.

7.3.3 콘크리트에 의한 복부전단강도

프리스트레스트 콘크리트 부재에서 콘크리트에 의한 복부전단강도는 7.1.3절에서 유도한 앞의 식 (7·11)을 기본으로 한다.

$$v_{cr} = f_{ct}\sqrt{1+\frac{f_{pc}}{f_{ct}}} \qquad (7\cdot 11)$$

여기서, f_{ct} : 콘크리트의 인장강도

f_{pc} : 긴장재에 의한 압축력과 외력의 휨모멘트에 의하여 단면 도심 위치에 작용하는 응력 (압축응력인 경우 정(+)의 부호)

이 식에서 콘크리트의 인장강도 f_{ct}를 $0.29\sqrt{f_{ck}}$로 취하면, 식 (7·11)은 다음과 같이 표현할 수 있다.

$$v_{cr} = 0.29\sqrt{f_{ck}}\sqrt{1+\frac{f_{pc}}{0.29\sqrt{f_{ck}}}} \qquad (7\cdot 55)$$

이 식은 제곱근 안에 또 제곱근이 들어가 있는 다소 복잡한 형태이므로, 이 식을 좀 더 단순화하고 v_{cr}을 v_{cw}로 표현하면 다음과 같이 나타낼 수 있다.

$$v_{cw} = 0.29\sqrt{f_{ck}} + 0.3 f_{pc} \qquad (7\cdot 56)$$

그림 7-19는 복부전단강도의 이론식인 식 (7·55)와 설계식인 식 (7·56)을 비교한 것으로, 두 식이 큰 차이가 나지 않는다는 것을 나타낸다. 식 (7·56)을 기본으로 하여, 설계기준[7.18~7.20]에서는 콘크리트에 의한 복부전단강도 설계식을 다음과 같이 규정하고 있다.

$$V_{cw} = (0.29\lambda\sqrt{f_{ck}} + 0.3 f_{pc})\, b_w d_p + V_p \qquad (7\cdot 57)$$

여기서, λ는 경량콘크리트계수로서 보통중량콘크리트는 1.0, 모래경량콘크리트는 0.85, 전경량콘크리트는 0.75의 값을 적용하고, V_p는 긴장력의 수직성분이다. 이때에도 단면의 유효깊이 d_p는 부재의 전체 깊이의 0.8배(0.8h) 이상의 값으로 취한다.

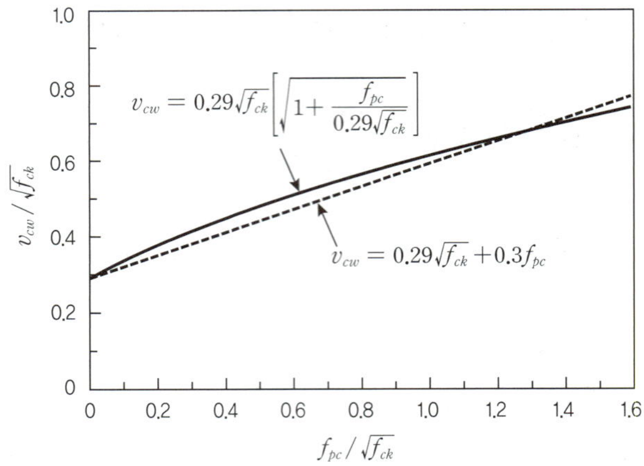

| 그림 7-19 | 복부전단강도 이론식과 설계식의 비교

프리텐션 부재의 경우, 받침부의 안쪽 면에서 $h/2$ 거리에 있는 전단위험단면부터 부재의 단부까지 거리가 프리텐셔닝 긴장재의 전달길이보다 짧은 때에는 전달길이 이내에서의 감소된 프리스트레스 힘을 고려하여 복부전단강도 V_{cw}를 계산하여야 한다. 즉, 식 (7·57)에서 f_{pc}와 V_p의 값을 결정할 때, 전달길이이내에서의 감소된 프리스트레스 힘을 고려하는 것이다. 이때 긴장재에 의한 압축력은 긴장재 끝에서 영이고 긴장재 끝에서부터 전달길이만큼 떨어진 거리까지 선형으로 변화하여 최댓값에 도달하는 것으로 가정한다. 긴장재의 전달길이는 강연선의 경우 지름의 50배, 단일 강선의 경우 지름의 100배로 가정할 수 있다. 또 프리텐션 부재에서 긴장재의 일부가 비부착(unbonded)된 상태로 배치된 경우에는,[9.2.3 절 참조] 비부착된 구간 이후에 긴장력이 전달됨을 고려하여야 한다.

프리캐스트 부재를 이용하거나 현장타설 콘크리트 부재로서 합성단면을 이루는 경우에는 활하중을 저항하는 단면에 대하여 주인장응력을 계산하여야 한다.

설계기준[7.18~7.20]에서는 식 (7·57)로 복부전단강도 V_{cw}를 결정하는 방법 외에 또 다른 방법으로 V_{cw}를 계산하는 방법을 허용하고 있다. 즉, 부재의 도심축에서 $\lambda\sqrt{f_{ck}}/3$의 주인장응력이 발생하도록 하는 전단력으로 V_{cw}를 계산하는 것이다. 이것은 단면의 중심축에서 대략 $\lambda\sqrt{f_{ck}}/3$의 주인장응력에 도달하면 복부-전단균열이 발생한다는 가정에 바탕을 둔 것이다. 만일 도심축이 플랜지 내에 있을 때는 $\lambda\sqrt{f_{ck}}/3$의 주인장응력을 계산하는 위치를 도심축으로 하지 않고, 플랜지와 복부의 교차선으로 한다.

7.3.4 콘크리트에 의한 전단강도 간편 결정법

강도설계법의 ACI 318 Code,[7.18] 콘크리트구조설계기준,[7.19] 도로교설계기준(2010)[7.20]은 앞에서 다룬 식 (7·53)으로 휨전단강도 V_{ci}를 결정하고 식 (7·57)로 복부전단강도 V_{cw}를 결정한 후, 두 값 중에서 작은 값을 콘크리트에 의한 전단강도로 결정한다. 이러한 방법 외에, 설계기준은 유효프리스트레스 힘이 긴장재 인장강도의 40% 이상인 경우 다음 식으로 콘크리트에 의한 전단강도를 간편하게 계산하는 또 다른 방법[7.29]을 규정하고 있다.

$$V_c = \left(0.05\,\lambda\sqrt{f_{ck}} + 4.9\,\frac{V_u\,d_p}{M_u}\right) b_w\, d \tag{7·58}$$

$$V_c = \left(0.05\,\lambda\sqrt{f_{ck}} + 4.8\,\frac{V_u\,d_p}{M_u}\right) b_w\, d \tag{7·59}$$

$$V_c = \left(0.6\,\lambda\sqrt{f_{ck}} + 700\,\frac{V_u\,d_p}{M_u}\right) b_w\, d \quad \text{[psi 단위]} \tag{7·60}$$

식 (7·58)은 콘크리트구조설계기준[7.19]과 도로교설계기준(2010)[7.20]에 규정된 식이며, 식 (7·59)와 식 (7·60)은 ACI 318 Code[7.18]에 규정된 식으로 각각 SI 단위와 psi 단위로 표현된 것이다. 식 (7·58)과 식 (7·59)는 괄호 안 분수 항의 계수가 4.9와 4.8로 차이가 있으나, 이 식들은 psi 단위로 처음 만들어진 식 (7·60)을 SI 단위로 변환할 때 발생한 차이일 뿐으로 기본적으로는 동일한 것이다. 이 식에서 $V_u\,d_p/M_u$는 1.0 이하의 값으로 계산하여야 한다. 여기서, 계수휨모멘트 M_u와 계수전단력 V_u는 검토하는 단면에서 전단력이 최대가 되도록 배치된 하중상태와 하중조합에 의하여 발생하는 단면력이다. 또, 이 식을 적용할 때는 콘크리트에 의한 휨전단강도 V_{ci}와 복부전단강도 V_{cw}를 계산할 때와 마찬가지로, d_p와 d를 부재의 전체깊이의 0.8배($0.8h$) 이상의 값으로 하여야 한다.[7.29]

이 식은 긴장재만 배치된 경우와 긴장재와 철근이 함께 배치된 경우의 모든 프리스트레스트 콘크리트 부재에 적용할 수 있다. 하중조건으로는 등분포하중이 작용하는 부재에 적용하는 경우에 합리적인 결과를 제공하며, 집중하중을 받는 교량의 합성 I형 단면의 부재에 적용하는 경우에는 안전한 결과를 제공한다.

한편, 이 식을 적용할 때에는 계산된 V_c가 최댓값과 최솟값을 벗어나지 않는 값으로 하여야 한다. 콘크리트구조설계기준[7.19]과 도로교설계기준(2010)[7.20]은 V_c의 최솟값을 $(\lambda\sqrt{f_{ck}}/6)b_w d$로 규정하고 있으며, ACI 318 Code[7.18]는 V_c의 최솟값을 $0.17\,\lambda\sqrt{f_{ck}}\;b_w d$로 규정하고 있다. V_c의 최댓값은 콘크리트구조설계기준[7.19]과 도로교설계기준(2010)[7.20]의 경우 $(5\lambda\sqrt{f_{ck}}/12)b_w d$로, ACI 318 Code[7.18]의 경우 $0.42\lambda\sqrt{f_{ck}}\;b_w d$로 규정하고 있다.

그림 7-20은 콘크리트 압축강도가 40 MPa이고 등분포하중이 작용하고 있는 단순지지 부재에 식 (7·58)로 V_c를 구한 결과이다. 등분포하중이 작용하고 있는 단순지지 부재는 식 (7·58)에 포함되어 있는 $V_u\,d_p/M_u$ 항을 다음과 같이 간단한 함수로 표시할 수 있으므로, 이 관계를 이용하여 d/l의 값에 따라 그림 7-20을 구성한 것이다.

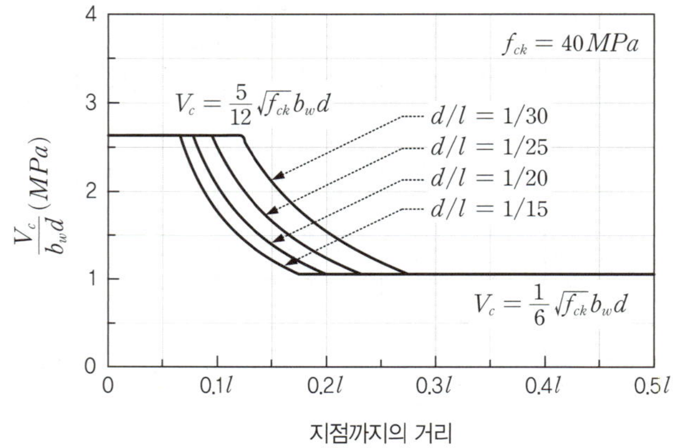

| 그림 7-20 | 등분포하중을 받는 보에 대한 전단강도 근사식의 적용

$$\frac{V_u d_p}{M_u} = \frac{d_p}{x}\frac{(l-2x)}{(l-x)} \tag{7·61}$$

여기서 l은 경간 길이이고, x는 검토 단면에서 지점까지의 거리이다. 그림 7-20에 나타난 바와 같이, d/l의 값에 따라 다르기는 하지만 지점에서 약 $(0.06\sim0.13)l$까지의 위치는 콘크리트에 의한 전단강도가 최댓값인 $(5\lambda\sqrt{f_{ck}}/12)b_w d$의 값을 갖게 되고, 약 $(0.17\sim0.28)l$ 이후에는 최솟값인 $(\lambda\sqrt{f_{ck}}/6)b_w d$의 값을 갖게 된다.

한편, 프리텐션 부재에 이 식을 적용하는 경우에는, 긴장력 분포를 고려하여 최댓값을 추가로 적용할 필요가 있는지 검토하여야 한다. 프리텐션 부재의 정착부는 전달길이(transfer length) 이내에서 긴장력이 감소하는 분포를 가진다. [그림 3-3 참조] 긴장력이 감소하면 콘크리트에 의한 전단강도가 감소하게 된다. 그러나 식 (7·58)~식 (7·60)에는 긴장력이 변수가 아니므로 이러한 영향을 반영할 수 없다. 따라서 콘크리트에 의한 전단강도 V_c는 복부전단강도 V_{cw}를 초과할 수 없으므로, 받침부의 안쪽 면에서 $h/2$ 거리에 있는 전단위험단면부터 부재의 단부까지 거리가 프리텐셔닝 긴장재의 전달길이보다 짧은 때에는 전달길이로 인한 감소된 프리스트레스 힘을 고려하여 식 (7·57)로 복부전단강도 V_{cw}를 계산하고 이를 V_c의 최대값으로 하여야 한다. 긴장재의 전달길이는 강연선의 경우 지름의 50배, 단일 강선의 경우 지름의 100배로 가정할 수 있다. 또, 프리텐션 부재에서 긴장재의 일부가 비부착(unbonded)된 상태로 배치된 경우에는,[9.2.3절 참조] 비부착된 구간 이후에 긴장력이 전달됨을 고려하여 복부전단강도 V_{cw}를 계산하여야 한다.

한편, 식 (7·58)~식 (7·60)을 적용하는 데에 있어서 주의할 점은, 부재에 작용하는 유효 긴장응력이 긴장재 인장강도의 40% 이상인 경우에만 적용하여야 한다는 것이다. 그림 7-21은 psi 단위의 식 (7·60)

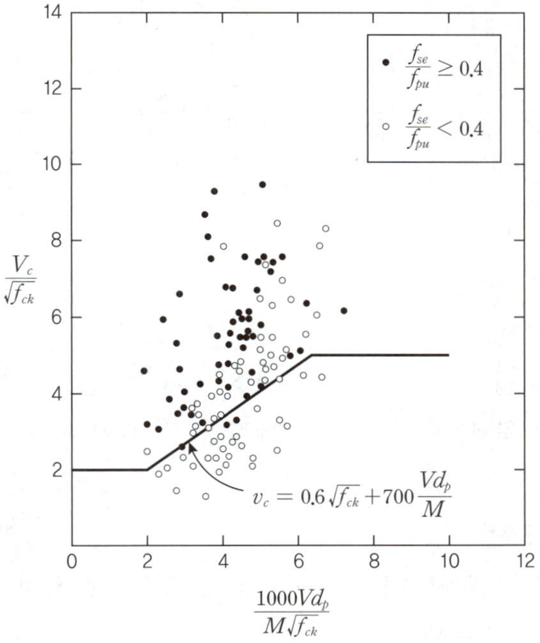

| 그림 7-21 | 전단강도 간편식과 실험결과의 비교[7.29]

과 실험결과를 비교한 것이다. 유효 긴장응력이 긴장재 인장강도의 40% 이상인 경우에는 식 (7·60)으로 계산한 결과가 대부분의 실험결과보다 작은 값을 나타내어, 전단강도 간편식이 보수적인 결과를 제공한다는 것을 알 수 있다. 그러나 유효 긴장응력이 긴장재 인장강도의 40% 미만인 경우에는 실험결과에 비하여 큰 값으로 계산될 가능성이 매우 높다는 것을 나타낸다.

7.3.5 강도설계법 설계기준에 따른 전단 설계

강도설계법의 ACI 318 Code,[7.18] 콘크리트구조설계기준,[7.19] 도로교설계기준(2010)[7.20]에 따라 프리스트레스트 콘크리트 구조물을 설계할 때에는 전단력에 대하여 다음의 조건을 만족하도록 설계하여야 한다.

[1] 강도성능 요구조건

강도설계법의 기본적인 강도성능 요구조건으로서, 부재에 가장 불리한 조건이 되는 계수하중조합에 대하여 최대 계수전단력 V_u를 구조해석으로 구하고 부재의 설계전단강도가 그 이상의 성능을 갖도록 한다. 이때 최대 계수전단력 V_u는 소요전단강도(required shear strength)가 되며, 설계전단강도는 공칭전단강도 V_n에 강도감소계수(저항계수)를 곱해서 결정하고 다음의 강도조건을 만족하도록 설계하여야 한다.

$$\phi V_n \geq V_u \qquad (7\cdot62)$$

공칭전단강도 V_n은 다음과 같이 콘크리트에 의한 전단강도 V_c와 전단철근에 의한 전단강도 V_s를 합하여, 앞의 식 (7·47)로 결정한다.

$$V_n = V_c + V_s \qquad (7\cdot47)$$

전단력에 대한 강도감소계수(저항계수) ϕ는 ACI 318 Code[7.18]나 콘크리트구조설계기준[7.19]에 따를 때는 0.75의 값을 적용하고, 도로교설계기준(2010)[7.20]에 따를 때는 0.80의 값을 적용한다.

[2] 콘크리트에 의한 전단강도

프리스트레스트 콘크리트 부재에서 콘크리트에 의한 전단강도 V_c는 앞의 식 (7·53)에 따른 휨전단강도 V_{ci}와 앞의 식 (7·57)에 따른 복부전단강도 V_{cw} 중 작은 값으로 결정한다.

$$V_{ci} = 0.05\,\lambda\sqrt{f_{ck}}\,b_w d_p + V_d + \frac{V_i M_{cre}}{M_{max}} \geq 0.17\,\lambda\sqrt{f_{ck}}\,b_w d \qquad (7\cdot53)$$

$$V_{cw} = (0.29\,\lambda\sqrt{f_{ck}} + 0.3 f_{pc})\,b_w\,d_p + V_p \qquad (7\cdot57)$$

여기서 V_d는 고정하중에 의한 전단력이고, V_p는 긴장력의 수직성분이며, M_{cre}는 앞의 식 (7·54)로 구한다.

$$M_{cre} = \left(\frac{I}{y_t}\right)(0.5\,\lambda\sqrt{f_{ck}} + f_{pcc} - f_d) \qquad (7\cdot54)$$

λ는 경량콘크리트계수로서 보통중량콘크리트는 1.0, 모래경량콘크리트는 0.85, 전경량콘크리트는 0.75의 값을 적용한다. 프리텐션 부재의 복부전단강도 V_{cw}를 계산할 때에는, 받침부의 안쪽 면에서 $h/2$ 거리에 있는 전단위험단면의 위치와 프리텐셔닝 긴장재의 전달길이를 고려한 프리스트레스 힘을 적용하여야 하며, 긴장재의 일부가 비부착(unbonded)된 상태로 배치된 경우에는 이 영향을 고려하여야 한다.

부재가 등분포하중을 받는 단순보인 경우에는, 식 (7·53)에서 M_{max}와 V_i을 각각 다음과 같이 구한다.

$$M_{max} = w_u\,\frac{x(l-x)}{2} \qquad (7\cdot63)$$

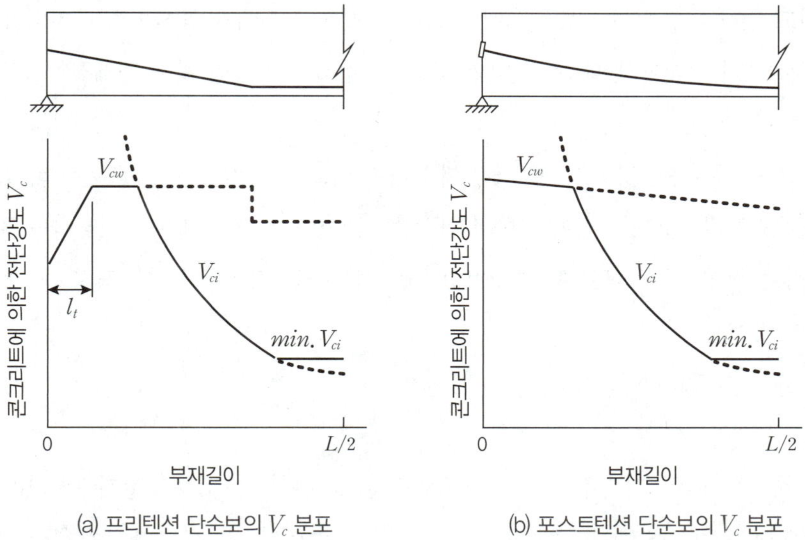

| 그림 7-22 | 프리스트레스트 콘크리트 부재의 콘크리트에 의한 전단강도 분포

$$V_i = w_u\left(\frac{l}{2} - x\right) \tag{7·64}$$

그러나 계수등분포하중 w_u의 값을 사용할 필요 없이 다음과 같이 V_i/M_{max}의 비율을 직접 구하는 것이 간편할 때가 있다.

$$\frac{V_i}{M_{max}} = \frac{l-2x}{x(l-x)} \tag{7·65}$$

그림 7-22는 식 (7·53)과 식 (7·57)에 따른 콘크리트에 의한 전단강도 V_c 분포의 일반적인 형태를 나타낸다. 지점에 가까운 위치에서는 복부전단강도 V_{cw}에 의하여 V_c가 결정되며, 부재의 중앙부에 가까울수록 휨전단강도 V_{ci}에 의하여 V_c가 결정된다. 또, 경우에 따라서는 식 (7·53)의 최솟값 $0.17\lambda\sqrt{f_{ck}}\,b_w d$로 V_{ci} 및 V_c가 결정되기도 한다.

그림 7-22(a)는 절곡 긴장재가 배치된 프리텐션 단순보의 V_c 분포로서, 단부에서 전달길이 l_t 만큼 지난 위치부터 긴장력이 모두 전달되는 효과가 나타난다. 즉, 부착된 긴장재에 의하여 콘크리트에 전달되는 압축력이 단부에서는 0이고, 전달길이 l_t까지 선형으로 증가한다고 가정한 것이다. 따라서 단부에서는 식 (7·57)의 f_{pc}가 0이므로, 복부전단강도 V_{cw}의 계산에 이 영향을 고려하여야 한다. 경간 중앙부 쪽에서는 휨전단강도 V_{ci}가 V_c의 값이 되는데, 점선으로 표현된 V_{cw}가 계단형으로 갑자기 감소하는 것은 그 위치가 긴장재의 절곡위치로서 중앙부에는 긴장력의 수직성분 V_p가 0이기 때문이다.

그림 7-22(b)는 곡선 긴장재가 배치된 포스트텐션 단순보의 V_c 분포이다. 여기서 V_{cw}가 지점에서

최댓값을 보이고 경간중앙 방향으로 서서히 감소하는 것은 긴장재가 곡선으로 배치되어, 긴장력의 수직성분 V_p가 지점에서 최대이기 때문이다. 이 분포들은 유효 긴장력이 부재 전체길이에 걸쳐서 큰 변화가 없다고 가정한 것이다.

휨전단강도 V_{ci}와 복부전단강도 V_{cw}를 각각 계산하지 않고, 하나의 수식으로 간편히 결정할 수도 있다. 이 방법은 유효프리스트레스 힘이 긴장재 인장강도의 40% 이상일 때에만 적용하는 방법으로, 콘크리트구조설계기준[7.19]이나 도로교설계기준(2010)[7.20]을 적용하는 경우 앞의 식 (7·58)로 계산한다.

$$V_c = \left(0.05\,\lambda\sqrt{f_{ck}} + 4.9\,\frac{V_u\,d_p}{M_u}\right) b_w\,d \tag{7·58}$$

이 식으로 계산된 V_c의 최솟값은 콘크리트구조설계기준[7.19]과 도로교설계기준(2010)[7.20]의 경우 $(\lambda\sqrt{f_{ck}}/6)b_w d$이며, ACI 318 Code[7.18]의 경우 $0.17\lambda\sqrt{f_{ck}}\,b_w d$ 이다. 이 식의 최댓값은 콘크리트구조설계기준과 도로교설계기준(2010)의 경우 $(5\lambda\sqrt{f_{ck}}/12)b_w d$이며, ACI 318 Code의 경우 $0.42\lambda\sqrt{f_{ck}}\,b_w d$ 이다. 이 식에서 $V_u\,d_p/M_u$는 1.0 이하의 값으로 계산하여야 한다. 여기서, 계수휨모멘트 M_u와 계수전단력 V_u는 검토하는 단면에서 전단력이 최대이도록 배치된 하중상태와 하중조합에 의하여 발생하는 단면력이다. 또, 프리텐션 부재의 경우에는 받침부의 안쪽 면에서 $h/2$ 거리에 있는 위치와 프리텐셔닝 긴장재의 전달길이를 검토하여 프리스트레스 힘을 결정하고, 이를 적용한 식 (7·57)의 복부전단강도 V_{cw}를 V_c의 최대값으로 하여야 한다.

식 (7·53), 식 (7·57), 식 (7·58)에 따라 콘크리트에 의한 전단강도 V_c를 결정할 때, 단면의 유효깊이 d_p는 부재의 전체깊이의 0.8배(0.8h) 이상의 값으로 취한다. 또, 이 식들의 적용에 있어서 $\sqrt{f_{ck}}$의 값은 8.4 MPa 이하의 값으로 하여야 한다.

[3] 전단철근에 의한 전단강도

강도설계법의 ACI 318 Code,[7.18] 콘크리트구조설계기준,[7.19] 도로교설계기준(2010)[7.20]은 45° 트러스 모델을 전단 설계모델로 채택하여, 부재의 축과 α의 각도를 갖는 경사전단철근에 의한 전단강도 V_s를 다음 식으로 결정한다.

$$V_s = \frac{A_v f_{yt}\,d}{s}\,(\sin\alpha + \cos\alpha) \tag{7·66}$$

전단철근이 수직으로 배치된 경우에는 위의 식이 단순화된 다음 식으로 결정한다.

$$V_s = \frac{A_v f_{yt}\,d}{s} \tag{7·67}$$

이 식들에서 전단철근의 응력으로 전단철근의 설계기준항복강도 f_{yt}를 사용한다. 이것은 전단파괴가 발생할 때에도 콘크리트 스트럿의 압축파괴보다 전단철근이 먼저 항복하도록 하여, 상대적으로 연성파괴가 되도록 유도하기 위한 것이다. 이를 위하여 설계기준에서는 최대 전단철근량을 규정하고 있다.

한편, 철근의 항복변형률이 항복강도에 비례하므로, 항복강도가 매우 높은 철근을 전단철근으로 사용하면 전단철근이 항복할 때 전단균열의 폭이 커져서 균열면에서의 골재 맞물림 작용으로 인한 저항성능이 낮아질 가능성이 있다. 따라서 강도설계법의 설계기준에서는 전단철근의 설계기준항복강도를 제한한다. 콘크리트구조설계기준[7.19]은 설계기준항복강도 500 MPa까지, 도로교설계기준(2010)[7.20]은 400 MPa까지, ACI 318 Code[7.18]는 420 MPa까지 전단철근으로 허용한다. 용접 이형철망을 전단철근으로 사용하는 경우에는, 콘크리트구조설계기준[7.19]은 설계기준항복강도 600 MPa까지, 도로교설계기준(2010)[7.20]은 500 MPa까지, ACI 318 Code[7.18]는 550 MPa까지 허용한다.

[4] 전단철근의 구성 및 상세

전단철근은 부재축에 직각인 스터럽(stirrup), 부재축에 직각으로 배치한 용접철망, 나선철근이나 원형 띠철근 또는 후프철근의 형태로서 주인장 철근에 45° 이상의 각도로 설치되는 스터럽, 부재 축을 기준으로 30° 이상의 각도로 구부린 주인장 굽힘철근, 스터럽과 굽힘철근의 조합 등 여러 형태를 사용할 수 있다. 전단철근은 허용하는 한 부재의 압축면과 인장면 가까이까지 연장하여 표준갈고리나 완전 후프의 형태로 정착되어야 한다.

한편, 시공과정에서 전단철근의 형태와 갈고리 요구조건 등에 의하여 주철근과의 조립이 매우 어려운 경우가 발생하기도 한다. 이러한 경우에는 전단철근을 두 부분으로 나누어 가공한 후 정착길이의 1.3배 이상의 겹침이음길이로 연결하여 조립할 수 있다.

[5] 최소전단철근

전단철근의 양이 매우 적은 부재가 전단작용으로 파괴되는 경우에는 예고 없이 취성파괴가 발생할 가능성이 있다. 따라서 설계기준은 다음 두 식으로 계산되는 값 중 큰 값의 단면적을 배치하도록 최소전단철근을 규정하고 있다.

$$A_{v,min} = 0.0625\sqrt{f_{ck}}\,\frac{b_w s}{f_{yt}} \tag{7·68}$$

$$A_{v,min} = 0.35\,\frac{b_w s}{f_{yt}} \tag{7·69}$$

유효 긴장응력이 긴장재 인장강도의 40% 이상인 프리스트레스트 콘크리트 부재는 위의 두 식으로 구한 값과 다음 식으로 구한 값 중에서 작은 값을 최소 전단철근단면적으로 한다.

$$A_{v,min} = \frac{A_{ps}}{80}\frac{f_{pu}}{f_{yt}}\frac{s}{d}\sqrt{\frac{d}{b_w}} \tag{7·70}$$

최소 전단철근은 계수전단력 V_u가 콘크리트에 의한 설계전단강도 ϕV_c의 1/2을 초과하는 모든 철근콘크리트 및 프리스트레스트 콘크리트 휨부재에 배치하여야 한다. 그러나 다음의 경우에는 최소 전단철근을 배치할 필요가 없다.

① 슬래브와 기초판

② 계수전단력이 $0.5\,\phi V_{cw}$를 초과하지 않는 속빈(hollow-core) 단면의 부재로서, 순 단면의 깊이가 315 mm를 초과하지 않는 경우

③ 작은 크기의 보를 촘촘히 배치하여 일방향 슬래브를 이루는 장선구조

④ 전체 깊이가 250 mm 이하인 부재

⑤ 슬래브와 일체로 콘크리트가 타설되어 플랜지를 가진 보로서, 전체 깊이가 600 mm 이하이고, 플랜지 두께의 2.5배 이하이며, 복부폭의 1/2 이하인 보

⑥ 설계기준압축강도가 40 MPa 이하인 강섬유 콘크리트 보로서, 보의 깊이가 600 mm 이하이고, 계수전단력이 $\phi(\sqrt{f_{ck}}/6)\,b_w d$ 이하인 경우

⑦ 교대 벽체 및 날개벽, 옹벽의 벽체, 암거 등과 같이 휨 작용이 주된 거동인 판 부재

위의 ①~⑥은 콘크리트구조설계기준[7.19]과 ACI 318 Code[7.18]에 공통으로 규정된 것이며, ⑦은 콘크리트구조설계기준에만 추가로 규정된 것이다.

만일 전단철근이 없어도 계수휨모멘트와 계수전단력에 저항할 수 있다는 것을 실험에 의해 확인한다면 최소 전단철근 규정을 적용하지 않을 수 있다.

[6] 최대전단철근

전단철근의 양이 매우 많은 부재가 전단작용으로 파괴되는 경우에는 전단철근이 항복하지 않는 상태에서 전단-압축파괴(shear-compression failure)의 형태로 취성파괴가 발생하게 된다. 따라서 설계기준은 전단철근이 부담하는 공칭전단력이 다음 식으로 계산되는 값을 초과하지 않도록 최대전단철근의 양을 제한하고 있다.

$$V_{s,max} = \frac{2}{3}\lambda\sqrt{f_{ck}}\,b_w\,d \tag{7·71}$$

[7] 전단철근의 간격

앞의 식 (7·67)을 변환하여 s로 표현하면 전단강도를 만족하기 위한 수직전단철근의 간격으로 나타낼 수 있는데, 여기에 앞의 식 (7·47)과 식 (7·62)의 관계를 적용하여 표현하면 다음과 같다.

$$s = \frac{\phi A_v f_{yt} d}{V_u - \phi V_c} \tag{7·72}$$

전단철근은 이 식의 값 이하의 간격을 갖도록 하여야 하며, 또한 설계기준에 규정된 최대간격을 초과하지 않도록 설계하여야 한다. 전단철근의 최대간격으로는, 철근콘크리트의 경우에 $d/2$ 또는 600 mm, 프리스트레스트 콘크리트의 경우에 $3h/4$ 또는 600 mm로 규정하고 있다. 여기서, d는 단면의 유효깊이이고, h는 단면의 전체깊이이다. 철근콘크리트의 경우에 전단철근의 최대간격을 $d/2$로 규정한 것은, 전단균열을 가로지르는 전단철근의 수가 1개 이상이 되도록 하려는 의도이다. 예를 들어, 45°의 각도로 균열이 발생한 경우에 만일 d의 간격으로 수직전단철근을 배치한다면, 최악의 경우 균열이 수직전단철근 사이에서 발생하여 균열면 내에 전단철근이 하나도 관통하지 않을 가능성이 있다. 따라서 철근콘크리트의 경우에 전단철근의 최대간격을 $d/2$로 규정한 것이다. 프리스트레스트 콘크리트의 경우에는 균열의 각도를 45°로 가정한 전단모델을 사용하지만, 실제로는 발생하는 균열의 각도가 45°보다 더 작으므로 최대전단철근의 간격을 $3h/4$로 완화한 것이다. 또 하나의 최대간격 600 mm는, 매우 큰 크기의 부재에 복부전단균열이 복부의 중간부분에 발생하는 경우 $d/2$ 또는 $3h/4$의 간격으로 배치된 전단철근이 균열면을 가로지르지 못할 가능성이 있기 때문에 추가로 규정한 것이다.

이상에서 설명한 전단철근의 최대간격은, 전단철근이 부담하는 공칭전단력이 앞의 식 (7·71)로 결정된 $V_{s,max}$의 1/2 이하인 경우에 적용하며, $V_{s,max}$의 1/2을 초과하는 경우에는 앞에서 설명한 최대간격의 1/2을 적용하도록 규정하고 있다.

한편, 식 (7·68), 식 (7·69), 식 (7·70)의 최소전단철근 단면적은 실제 설계에서는 전단철근의 간격으로 변환하여 설계하는 것이 일반적이다. 이것은 전단철근의 간격 s를 먼저 선택하고 최소전단철근 단면적 $A_{v,min}$을 만족하도록 전단철근의 지름을 정하는 형태로 설계하지 않기 때문이다. 즉, 효율적인 시공을 위하여 철근의 크기는 여러 가지를 사용하지 않기 때문에, 전단철근의 크기를 먼저 선정하고 필요에 따라 전단철근의 간격을 조정하는 것이 일반적이다. 식 (7·68), 식 (7·69), 식 (7·70)을 전단철근의 간격으로 표현하면, 다음과 같이 전단철근의 최대간격으로 각각 표현된다.

$$s_{max} = \frac{A_v f_{yt}}{0.0625\sqrt{f_{ck}}\, b_w} \tag{7·73}$$

$$s_{max} = \frac{A_v f_{yt}}{0.35\, b_w} \tag{7·74}$$

표 7-2 프리스트레스트 콘크리트의 전단철근 최대간격 (②, ③, ④ 중 가장 작은 값)

조건	전단철근의 최대간격
$\frac{1}{2}\phi V_c < V_u \leq \phi V_c$ 또는 $\phi V_c < V_u \leq \phi V_c + \phi\left(\frac{1}{3}\lambda\sqrt{f_{ck}}\right)b_w d$	① $\frac{A_v f_{yt}}{0.0625\sqrt{f_{ck}}\,b_w}$와 $\frac{A_v f_{yt}}{0.35\,b_w}$ 중 작은 값 ② $\frac{80\,A_v f_{yt}\,d}{A_{ps} f_{pu}\sqrt{\frac{d}{b_w}}}$과 ① 중 큰 값 ③ $3h/4$ ④ $600\,mm$
$\phi V_c + \phi\left(\frac{1}{3}\lambda\sqrt{f_{ck}}\right)b_w d < V_u \leq \phi V_c + \phi\left(\frac{2}{3}\lambda\sqrt{f_{ck}}\right)b_w d$	① $\frac{A_v f_{yt}}{0.0625\sqrt{f_{ck}}\,b_w}$와 $\frac{A_v f_{yt}}{0.35\,b_w}$ 중 작은 값 ② $\frac{80\,A_v f_{yt}\,d}{A_{ps} f_{pu}\sqrt{\frac{d}{b_w}}}$과 ① 중 큰 값 ③ $3h/8$ ④ $300\,mm$

$$s_{max} = \frac{80\,A_v f_{yt}\,d}{A_{ps} f_{pu}\sqrt{\frac{d}{b_w}}} \tag{7·75}$$

따라서 프리스트레스트 콘크리트 보의 경우에는 전단철근의 최대간격을 표 7-2와 같이 나타낼 수 있다.

[8] 전단위험단면

전단위험단면(shear critical section)은 전단력이 최대가 되는 위치로서 설계를 지배하게 되는 단면을 의미한다. 구조해석에 의하면 일반적으로 전단력은 지점부에서 최댓값을 가지지만, 지점 위치의 단면이 항상 전단위험단면이 되는 것은 아니다. 즉, 철근콘크리트 부재에서 중력방향으로 등분포하중이 부재 윗면에 작용하는 경우에는 받침부 내면에서 유효깊이 d만큼 떨어진 위치를 전단위험단면으로 한다. 지점과 전단위험단면 사이의 단면은 전단위험단면에 작용하는 계수전단력 V_u를 대상으로 전단 설계를 수행한다. **그림 7-23**은 전단위험단면이 받침부 내면에서 d만큼 떨어진 위치로 하는 이유를 나타낸다. 전단균열이 45°의 각도로 발생한다고 가정하면, 부재 축방향으로 균열의 수평거리는 유효깊이 d와 같다. 이때 받침부 내면에서 유효깊이 d만큼 떨어진 위치부터 경간 중앙부 쪽에 위치한 등분포하중은 균열면을 거쳐서 지점으로 힘이 전달된다. 그러나 받침부 내면에서 유효깊이 d만큼 떨어진 위치까지 부재 윗면에 작용하는 등분포하중은 균열면을 지나면서 지점으로 흐르는 것이 아니라, 그림에서 점선으로 나타낸 것과 같이 힘이 직접 지점으로 전달된다. 따라서 이 부분의 등분포하중은 전단 설계에 고려할 필요가 없는 것이다.

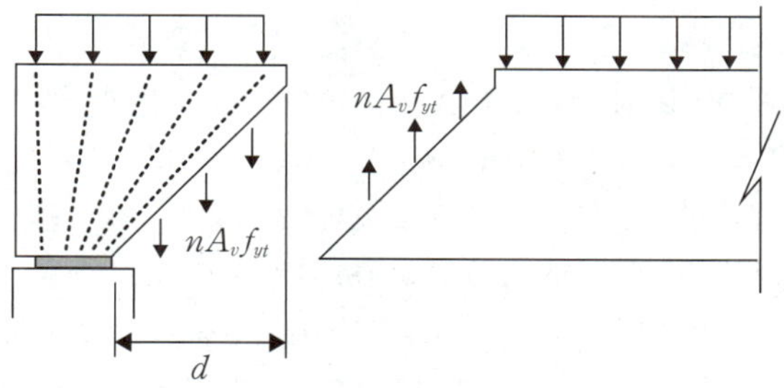

| 그림 7-23 | 철근콘크리트 보의 전단위험단면에서의 힘의 흐름

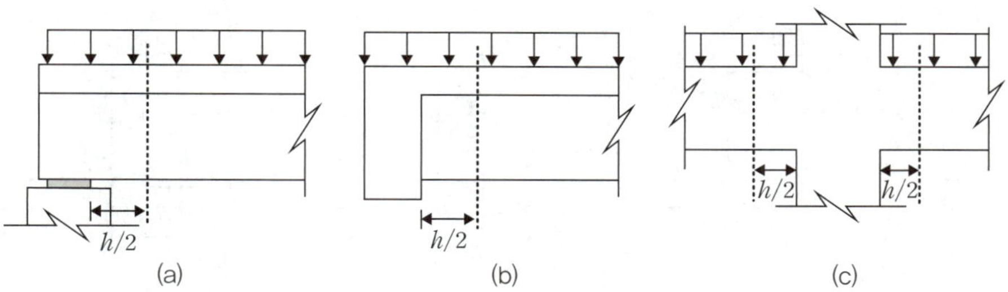

| 그림 7-24| 프리스트레스트 콘크리트 보의 전단위험단면($h/2$)

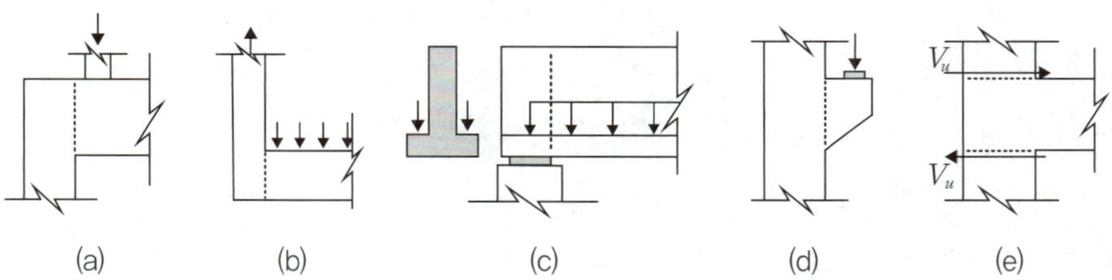

| 그림 7-25 | 전단위험단면이 받침부 내면인 경우의 부재

그림 7-24는 강도설계법 설계기준에서 규정하는 프리스트레스트 콘크리트 보의 전단위험단면을 나타낸다. 부재 윗면에 등분포하중이 작용하는 프리스트레스트 콘크리트의 경우, 철근콘크리트의 경우보다 좀 더 보수적인 위치로서 그림 7-24와 같이 받침부 내면에서 $h/2$ 떨어진 위치를 전단위험단면으로 규정하고 있다.

콘크리트 부재에서 전단위험단면이 받침부 내면에서 $h/2$ 또는 d만큼 떨어진 위치가 아닌 경우가 있다. 그림 7-25는 전단위험단면이 점선으로 표시한 받침부 내면인 경우를 나타낸다. 그림 7-25의 (a)는 지점 가까이에 집중하중이 작용하는 경우, (b)는 지점 역할을 하는 부재가 인장력을 받는 경우, (c)는 역T형 단면이나 L형 단면과 같이 하부 플랜지가 존재하는 단면에서 등분포하중이 단면의 하부 플랜지에 작용하는 경우, (d)는 브래킷(bracket)에 하중이 작용하는 경우, (e)는 골조의 압축부재에 지진이나 풍하중 등의 횡방향 하중으로 전단력이 작용하는 경우이다.

예제 7-1

그림 7-24의 프리텐션 보에 SWPC7BL 15.2 $mm(A_{ps1} = 138.7\ mm^2)$ 강연선 12가닥($A_p = 1,664\ mm^2$)이 배치되어 있다. 텐던의 유효 긴장력 $P_e = 1,700\ kN$, 경간 $l = 24\ m$, 콘크리트 설계기준압축강도 $f_{ck} = 35\ MPa$, 콘크리트 단면적 $A_c = 594,000\ mm^2$, 단면2차모멘트 $I = 62.73 \times 10^9\ mm^4$, 단면 도심에서 상단까지 거리 $y_{top} = 354\ mm$, 단면 도심에서 하단까지 거리 $y_{bot} = 746\ mm$, 상단의 단면상수 $S_t = 177.2 \times 10^6\ mm^3$, 하단의 단면상수 $S_b = 84.1 \times 10^6\ mm^3$, 고정하중 $w_d = 14.9\ kN/m$, 긴장재의 편심은 지점에서 196 mm이고 지점에서 9 m인 위치부터 596 mm로 일정하다. 콘크리트구조설계기준에 따라, 지점에서 6 m인 위치에서 콘크리트에 의한 설계전단강도를 구하고, 주요 위치의 설계전단강도를 구하여 분포도를 작성하시오.

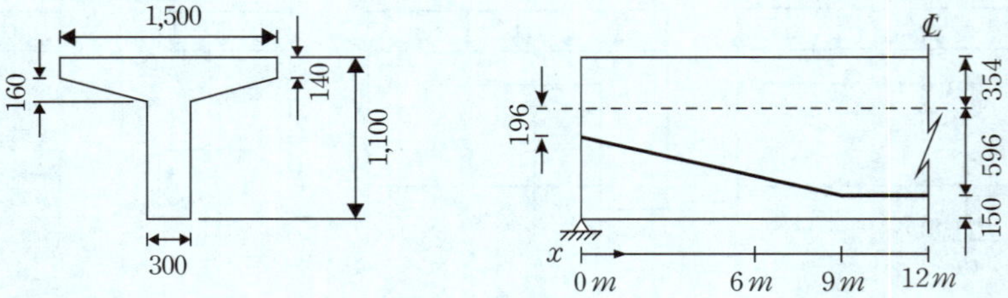

| 그림 7-26 | 예제 7-1의 프리스트레스트 콘크리트 부재

>>> 풀이

(1) 주요변수 및 전달길이

지점으로부터의 거리를 x로 하였을 때, 각 위치에서의 긴장재 편심은

$0 \le x < 9,000\ mm$ 일 때, $e_p(x) = 196 + \frac{4x}{90}$

$x \ge 9,000\ mm$ 일 때, $e_p = 596\ mm$

전단강도 해석에서 유효깊이는 $0.8h$ 이상이어야 하므로, 이를 구하면

$0.8h = 0.8 \times 1,100 = 880\ mm$

단면 상단으로부터 긴장재 도심까지의 거리는

$0 \le x < 9,000\ mm,\ d_p(x) = e_p(x) + y_{top} = 196 + \frac{4x}{90} + 354 = 550 + \frac{4x}{90}$

$x \ge 9,000\ mm,\ d_p = e + y_{top} = 596 + 354 = 950\ mm$

$x = 6,000\ mm$인 위치에서 긴장재의 편심은

$$e_p(6,000) = 196 + \frac{4x}{90} = 196 + \frac{4 \times 6,000}{90} = 463\ mm$$

$x = 6,000\ mm$인 위치에서 단면의 유효깊이는

$$d_p(6,000) = 550 + \frac{4x}{90} = 550 + \frac{4 \times 6,000}{90} = 817\ mm$$

이 값은 $0.8h$인 880 mm보다 작으므로, $0.8h$를 d_p로 취하여야 한다. 따라서

$$d_p = 0.8h = 880\ mm$$

프리텐션 긴장재의 전달길이는

$$l_t = 50\ d_{strand} = 50 \times 15.2 = 760\ mm$$

따라서 $x = 6{,}000\ mm$인 위치는 프리텐션 긴장재의 전달길이를 벗어난 위치이다.

(2) $x = 6{,}000\ mm$ 인 위치의 콘크리트에 의한 휨전단강도 V_{ci}

$x = 6{,}000\ mm$인 위치에서 고정하중에 의한 전단력과 휨모멘트는

$$V_d = w_d\left(\frac{l}{2} - x\right) = 14.9\left(\frac{24}{2} - 6\right) = 89.4\ kN$$

$$M_d = w_d\frac{x(l-x)}{2} = 14.9\frac{6 \times (24-6)}{2} = 804.6\ kN \cdot m$$

등분포하중이 작용하는 단순보의 경우, 전단력과 휨모멘트의 비율을 식 (7·65)로 구하면

$$\frac{V_i}{M_{max}} = \frac{l-2x}{x(l-x)} = \frac{24-2\times 6}{6\times(24-6)} = 0.1111$$

M_{cre}를 구하기 위하여, 하중작용으로 인장응력이 발생하는 연단의 유효긴장력에 의한 압축응력 f_{pcc}와 고정사용하중에 의하여 단면의 인장연단에 작용하는 인장응력 f_d를 구하면

$$f_{pcc} = \frac{P_e}{A_c} + \frac{P_e e_p}{S_b} = \frac{1{,}700(10)^3}{594{,}000} + \frac{1{,}700(10)^3 \times 463}{84.1(10)^6} = 12.22\ MPa$$

$$f_d = \frac{M_d}{S_b} = \frac{804.6(10)^6}{84.1(10)^6} = 9.57\ MPa$$

M_{cre}를 식 (7·54)로 구하면

$$M_{cre} = \left(\frac{I}{y_t}\right)(0.5\,\lambda\sqrt{f_{ck}} + f_{pcc} - f_d) = S_b\,(0.5\sqrt{f_{ck}} + f_{pcc} - f_d)$$

$$= 84.1(10)^6 \times (0.5\sqrt{35} + 12.22 - 9.57)/10^6 = 471.8\ kN \cdot m$$

콘크리트에 의한 휨전단강도 V_{ci}를 식 (7·53)으로 구하면

$$V_{ci} = 0.05\,\lambda\sqrt{f_{ck}}\,b_w d_p + V_d + \frac{V_i M_{cre}}{M_{max}}$$

$$= 0.05(1.0)\sqrt{35} \times 300 \times 880/10^3 + 89.4 + 0.1111 \times 471.8$$

$$= 219.9\ kN$$

V_{ci}의 최솟값은

$$0.17\,\lambda\sqrt{f_{ck}}\,b_w d_p = 0.17(1.0)\sqrt{35} \times 300 \times 880/10^3 = 265.5\ kN$$

V_{ci}의 최솟값이 계산된 V_{ci} 보다 크므로, 콘크리트에 의한 공칭휨전단강도 V_{ci}는

$$V_{ci} = 265.5\ kN$$

콘크리트구조설계기준에서 전단력에 대한 강도감소계수(저항계수) ϕ는 ACI 318 Code와 동일하게 0.75이므로, 설계휨전단강도는

$$\phi V_{ci} = 0.75 \times 265.5 = 199\,kN$$

(3) $x = 6{,}000\,mm$인 위치의 콘크리트에 의한 복부전단강도 V_{cw}

$x = 6{,}000\,mm$인 위치에서, 긴장재에 의한 압축력과 외력의 휨모멘트에 의하여 단면 도심 위치에 작용하는 응력 f_{pc}를 구할 때, 외력으로 축력이 작용하지 않으므로 외력의 휨모멘트로 인하여 단면 도심 위치에 작용하는 응력이 0이 된다. 따라서 긴장재에 의한 압축력만 고려하면 되므로, 단면 도심 위치에 작용하는 응력 f_{pc}를 구하면

$$f_{pc} = \frac{P_e}{A_c} = \frac{1{,}700(10)^3}{594{,}000} = 2.86\,MPa$$

긴장력의 수직성분 V_p를 고려하기 위하여 긴장재의 경사각 θ_p를 구하면

$$\theta_p = tan^{-1}\left(\frac{596-196}{9{,}000}\right) = 2.545^\circ$$

긴장력의 수직성분 V는

$$V_p = P_e \sin\theta_p = 1{,}700 \sin(2.545^\circ) = 75\,kN$$

콘크리트에 의한 휨전단강도 V_{cw}를 식 (7·57)로 구하면

$$\begin{aligned} V_{cw} &= (0.29\,\lambda\sqrt{f_{ck}} + 0.3 f_{pc}) b_w d_p + V_p \\ &= (0.29 \times 1.0 \times \sqrt{35} + 0.3 \times 2.86) \times 300 \times 880 / 10^3 + 75 \\ &= 754\,kN \end{aligned}$$

설계복부전단강도는

$$\phi V_{cw} = 0.75 \times 754 = 566\,kN$$

(4) $x = 6{,}000\,mm$인 위치의 콘크리트에 의한 공칭전단강도 V_c와 설계전단강도 ϕV_c

휨전단강도 V_{ci}가 휨전단강도 V_{cw}보다 작으므로, 공칭전단강도는

$$V_c = V_{ci} = 265.5\,kN$$

설계전단강도는

$$\phi V_c = 0.75 \times 265.5 = 199\,kN$$

표 7-3 위치별 전단강도

위치 $x(m)$	P_e (kN)	e_p (mm)	d_p or $0.8h$ (mm)	V_d (kN)	M_{cre} $(kN \cdot m)$	V_{ci} (kN)	ϕV_{ci} (kN)	V_p (kN)	V_{cw} (kN)	ϕV_{cw} (kN)	ϕV_c (kN)
0	0	196	880	179	249	∞	∞	0	453	340	340
0.76	1,700	230	880	168	749	1,199	899	75	754	566	566
1.2	1,700	249	880	161	710	799	599	75	754	566	566
2.4	1,700	303	880	143	619	450	338	75	754	566	338
3.6	1,700	356	880	125	547	328	246	75	754	566	246
6.0	1,700	463	880	89	472	265.5	199	75	754	566	199
12.0	1,700	596	950	0	430	265.5	199	0	679	509	199

(5) 주요 위치의 공칭전단강도 V_c와 설계전단강도 ϕV_c

주요 위치로, 지점, 긴장재의 전달길이인 760 mm, 지점에서 1.2 mm, 2.4 mm, 3.6 m 떨어진 위치와 경간중앙을 택하여, 위의 (2)와 (3)과 동일한 방법으로 전단강도를 구한다. 그 결과를 정리하면 **표 7-3**과 같으며, 설계전단강도 분포는 **그림 7-27**과 같다.

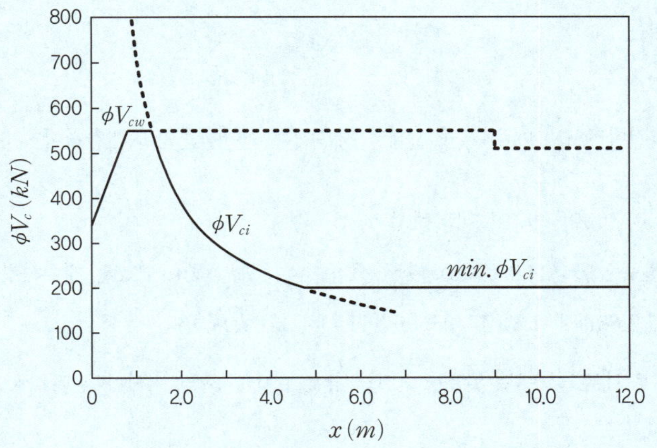

| 그림 7-27 | 콘크리트에 의한 설계전단강도 분포

예제 7-2

예제 7-1의 보에 등분포 활하중 $w_l = 11.7\ kN/m$이 작용할 때와 $w_l = 18.7\ kN/m$이 작용할 때, 콘크리트구조설계기준에 따라 전단 설계를 각각 수행하시오.

>>> 풀이

(1) 전단철근의 최대간격

전단철근으로 SD400 D13 철근의 U형 스터럽을 사용하기로 하고, 전단철근의 최대간격을 계산한다. D13 철근의 단면적이 126.7 mm^2이므로, 전단철근의 단면적은

$$A_v = 2\times 126.7 = 253\ mm^2$$

먼저 식 (7·73)과 식 (7·74)로 간격을 계산하고 작은 값을 택하면

$$s_{max} = \frac{A_v f_{yt}}{0.0625\sqrt{f_{ck}}\ b_w} = \frac{253\times 400}{0.0625\sqrt{35}\ 300} = 912\ mm$$

$$s_{max} = \frac{A_v f_{yt}}{0.35\ b_w} = \frac{253\times 400}{0.35\times 300} = 964\ mm$$

식 (7·73)과 식 (7·74)로 간격을 계산하고 작은 값은 912 mm이다. 이제 식 (7·75)로 간격을 계산하면

$$s_{max} = \frac{80\,A_v f_{yt}\,d}{A_{ps} f_{pu}\sqrt{\dfrac{d}{b_w}}} = \frac{80\times253\times400\times880}{1{,}664\times1{,}860\sqrt{\dfrac{880}{300}}} = 1{,}344\ mm$$

식 (7·73)과 식 (7·74)로 계산한 값 912 mm와 식 (7·75)로 계산한 값 1,344 mm 중 큰 값은 1,344 mm이다. 또 $3h/4$인 825 mm와 600 mm를 초과할 수 없으므로, 이들 중 가장 작은 값은 600 mm이다. 따라서 최종적으로 전단철근의 최대간격은

$$s_{max} = 600\ mm$$

단, 전단철근에 의한 전단강도가 매우 크게 설계된 경우에는 전단철근의 최대간격이 300 mm가 된다.

(2) 활하중이 $w_l = 11.7\ kN/m$인 경우의 전단 설계

[예제 7-1]에서 고정하중 $w_d = 14.9\ kN/m$, 활하중 $w_l = 11.7\ kN/m$이므로, 계수하중은

$$w_u = 1.2\,w_d + 1.6\,w_l = 1.2\times14.9 + 1.6\times11.7 = 36.6\ kN/m$$

전단위험단면은 받침부 내면으로부터 $h/2$인 위치로서, $x = 0.55\ m$인 위치이다. 따라서 전단위험단면에서의 최대계수전단력은

$$V_u = w_u\left(\frac{l}{2} - x\right) = 36.6\left(\frac{24}{2} - 0.55\right) = 419\ kN$$

[예제 7-1]에서 구한 콘크리트에 의한 설계전단강도 ϕV_c의 분포와 $0.5(\phi V_c)$의 분포, 그리고 계수전단력 V_u의 분포는 **그림 7-28**과 같다. 계수전단력의 분포는 전단력에 대한 영향선(influence line)을 고려하여 부재 내의 일부분만 활하중을 작용시켜서 최대전단력을 구할 수도 있지만, $0.5(\phi V_c)$ 분포를 고려한 최소전단철근을 설계하므로 전체 경간에 활하중을 작용시켜서 간편하게 계수전단력 분포를 얻었다.

그림에서 V_u가 ϕV_c보다 큰 부분은 전단철근으로 보강하여야 하는 부분이며, V_u가 ϕV_c보다 작더라도 $0.5(\phi V_c)$보다는 큰 부분은 최대간격을 갖는 최소전단철근을 배치하여야 한다. V_u가 ϕV_c보다 큰 부분 중에서 V_u와 ϕV_c의 차이가 가장 큰 위치는 지점부로서, 전단철근의 소요 설계전단강도를 계산하면

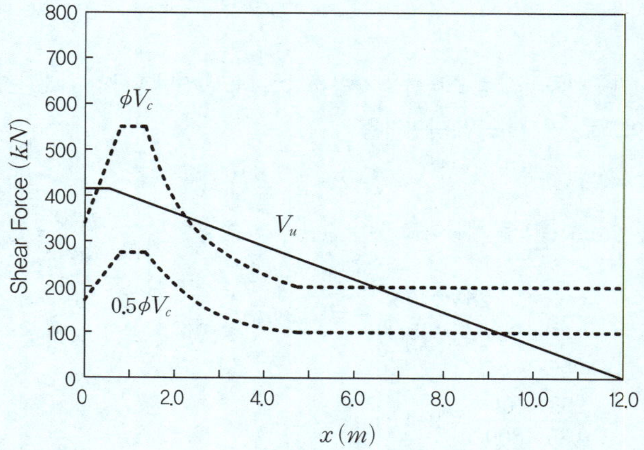

| 그림 7-28 | 설계전단강도 및 계수전단력 분포

$$(\phi V_s)_{req'd} = V_u - \phi V_c = 419-340 = 79\,kN$$

식 (7·67)을 변환하여 전단철근의 소요간격을 계산하면

$$s_{req'd} = \frac{\phi A_v f_{yt} d}{(\phi V_s)_{req'd}} = \frac{0.75\times253\times400\times880}{79\times10^3} = 845\,mm$$

이 소요간격은 최대간격 600 mm보다 크므로, V_u가 $0.5(\phi V_c)$보다 큰 부분에 전단철근을 600 mm 간격으로 배치한다. 이때 V_u가 $0.5(\phi V_c)$와 같은 위치는 지점에서 9,300 mm인 위치이다. 따라서 다음과 같이 최소전단철근 기준을 만족하도록 설계하기로 한다.

① 첫 번째 전단철근은 지점에서 300 mm인 위치에 배치한다.

② 두 번째 전단철근부터는 600 mm 간격으로 지점에서 9,200 mm를 지나는 위치까지 배치한다. 이때 필요한 전단철근의 수는

$$n_{req'd} = \frac{9{,}200-300}{600} + 1 = 15.8$$

③ 따라서 부재의 좌우에 각각 16개의 전단철근을 대칭으로 배치한다. 마지막 전단철근의 위치는 지점에서 다음 길이 l_{last} 만큼 떨어진 위치에 배치된다.

$$l_{last} = 300 + 15\times600 = 9{,}300\,mm$$

전단철근의 배치도는 그림 7-29와 같다.

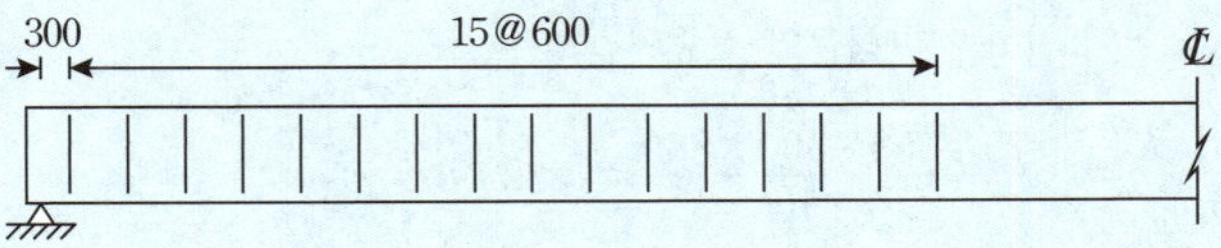

| 그림 7-29 | 전단철근 배치도

(3) 활하중이 $w_l = 18.7\,kN/m$인 경우의 전단 설계

고정하중이 $w_d = 14.9\,kN/m$이고, 활하중이 $w_l = 18.7\,kN/m$이므로, 계수하중은

$$w_u = 1.2\,w_d + 1.6\,w_l = 1.2\times14.9 + 1.6\times18.7 = 47.8\,kN/m$$

$x = 0.55\,m$ 인 전 단위험단면에서의 최대계수전단력은

$$V_u = w_u\left(\frac{l}{2} - x\right) = 47.8\left(\frac{24}{2} - 0.55\right) = 547\,kN$$

[예제 7-1]에서 구한 ϕV_c와 $0.5(\phi V_c)$ 분포, 그리고 V_u 분포는 그림 7-30과 같다.

V_u가 ϕV_c 보다 작더라도 $0.5(\phi V_c)$보다는 큰 부분은 최대간격 600 mm 이하로 최소전단철근을 배치하여야 한다. 그림으로부터, 이런 구간은 다음과 같다.

① 지점에서 700 mm인 위치부터 1,500 mm인 위치까지

② 지점에서 7,800 mm인 위치부터 9,800 mm인 위치까지

그림으로부터, V_u가 ϕV_c보다 커서 전단철근을 보강해야 할 부분은 다음과 같다.

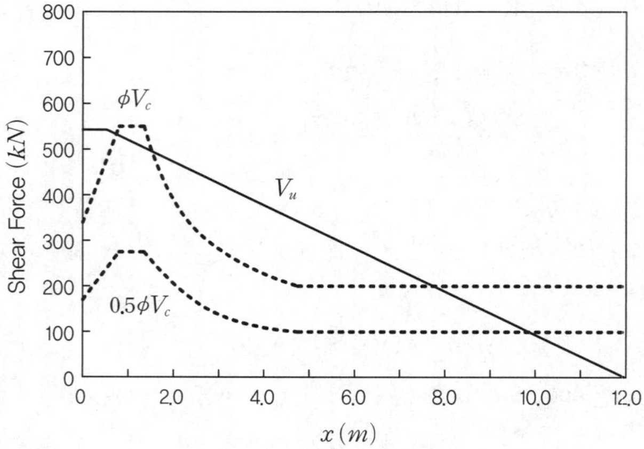

| 그림 7-30 | 설계전단강도 및 계수전단력 분포

① 지점부터 700 mm인 위치까지

② 지점에서 1,500 mm인 위치부터 7,800 mm인 위치까지

지점부에서 전단철근의 소요 설계전단강도는

$$(\phi V_s)_{req'd} = V_u - \phi V_c = 547 - 340 = 207\,kN$$

이 소요 설계전단강도를 얻기 위한 전단철근의 소요간격은

$$s_{req'd} = \frac{\phi A_v f_{yt} d}{(\phi V_s)_{req'd}} = \frac{0.75 \times 253 \times 400 \times 880}{207 \times 10^3} = 322\,mm$$

따라서 이 위치에서는 300 mm의 간격으로 전단철근을 배치하도록 한다. 이와 같은 방법으로 각 위치의 소요 전단철근간격을 구하면 표 7-4와 같다.

300 mm와 600 mm를 택하여 전단철근에 의한 설계전단강도를 구하면

$$\phi V_s = \frac{\phi A_v f_{yt} d}{s} = \frac{0.75 \times 253 \times 400 \times 880}{300 \times 1{,}000} = 223\,kN$$

표 7-4 위치별 소요 전단철근간격 및 설계전단강도

x (m)	V_u (kN)	ϕV_c (kN)	$(\phi V_s)_{req'd} = V_u - \phi V_c$ (kN)	$s_{req'd} = \phi A_v f_{yt} d / (\phi V_c)_{req'd}$ (kN)	s (mm)	ϕV_s (kN)
0	547	340	207	322	300	563
0.76	537	566	–	–	600	677
1.2	516	566	–	–	600	677
2.4	459	338	121	552	300	561
3.6	402	246	156	428	300	469
6.0	287	199	88	759	300	422
12.0	0	199	–	–	–	199

$$\phi V_s = \frac{\phi A_v f_{yt} d}{s} = \frac{0.75 \times 253 \times 400 \times 880}{600 \times 1{,}000} = 111\,kN$$

이를 고려하여 다음과 같이 전단철근을 배치하기로 한다.

첫 번째 전단철근을 지점에서 100 mm인 위치에 배치.

지점에서 100 mm 위치부터 700 mm 위치까지 300 mm 간격으로 2개 배치.

지점에서 700 mm 위치부터 1,900 mm 위치까지 600 mm 간격으로 2개 배치.

지점에서 1,900 mm 위치부터 6,100 mm 위치까지 300 mm 간격으로 14개 배치.

지점에서 6,100 mm 위치부터 10,300 mm 위치까지 600 mm 간격으로 7개 배치.

모든 위치에서 전단강도를 만족한다. 전단철근의 배치도는 그림 7-31과 같다.

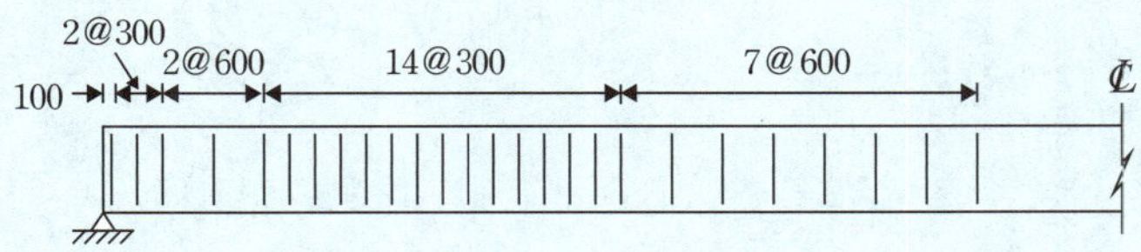

| 그림 7-31 | 전단철근 배치도

7.4 한계상태설계법 설계기준의 전단강도 및 전단 설계

7.4.1 한계상태설계법의 전단강도

한계상태설계법의 Eurocode 2[7.22]와 교량설계기준(한계상태설계법)[7.23]은 소성 변각트러스 모델을 전단 설계모델로 채택하고 있다. 이 모델은 균열의 각도를 일정한 값으로 가정하지 않기 때문에, 균열의 각도를 결정하여 전단강도를 계산하여야 한다. 또 부재 전체를 하나의 트러스로 취급하여 전단강도를 검증하는 개념이므로, 전단철근 없이 계수전단력을 지지할 수 있는 부분이 존재하더라도 부재 전체에 최소전단철근을 배치하여야 한다. 참고로, 강도설계법 설계기준에서는 단면을 대상으로 전단강도를 검증하여 콘크리트에 의한 설계전단강도만으로 계수전단력을 지지할 수 있는 부분에는 전단철근을 배치하지 않아도 된다. 그러나 한계상태설계법 설계기준에 따라 부재 전체를 하나의 트러스로 취급하더라도, 각 단면에서의 전단강도 및 전단력으로 전단강도의 검증이 이루어진다. 즉, 각 단면의 설계전단강도 V_d는 다음과 같이 계수전단력 V_u 이상이 되도록 설계하여야 한다.

$$V_d \geq V_u \tag{7·76}$$

여기서 V_d는 강도설계법 설계기준에서 식 (7·53)과 같은 식에 사용하는 V_d와 기호가 같지만 의미가 전혀 다르다는 것을 유념하여야 한다. 식 (7·76)에서의 V_d는 부재의 설계전단강도로서, 계수전단력 V_u를 저항하는 데에 있어서 전단철근의 필요 여부에 따라 각기 다른 방법으로 결정한다. 계수전단력을 저항할 때 콘크리트만으로는 불충분한 경우에는, 전단보강철근을 배치하고 균열의 각도를 고려하여 전단철근의 항으로 계산되는 설계전단강도 V_{sd}로 부재의 설계전단강도 V_d를 결정한다. V_{sd}는 전단보강철근의 항복을 전제로 하여 결정한 값이며, 이때 설계전단강도는 다음과 같이 최대 설계전단강도 $V_{d,max}$를 초과하지 않는 값으로 한다.

$$V_d = V_{sd} \leq V_{d,max} \tag{7·77}$$

최대 설계전단강도 $V_{d,max}$는 콘크리트 스트럿의 압축 파괴를 대상으로 하여 결정하는 값으로서, 콘크리트 스트럿의 파괴에 따른 전단강도를 $V_{d,strut}$이라고 하면, $V_{d,max}$는 $V_{d,strut}$와 같은 의미를 갖는다. V_{sd}가 $V_{d,max}$를 초과하지 않도록 한 것은 부재가 전단력에 의하여 파괴되더라도 상대적으로 연성적인 파괴를 유도하기 위하여, 콘크리트 스트럿의 압축 파괴보다 전단철근이 먼저 항복하도록 하려는 의도인 것이다. 프리스트레스트 콘크리트나 기둥과 같이 축방향으로 압축력이 작용하는 경우에는 축방향 압축력을 고려하여 최대 설계전단강도 $V_{d,max}$의 값을 증가시킨다.

콘크리트만으로 계수전단력 V_u를 저항할 수 있는 경우는 전단철근이 필요하지 않고, 다음과 같이 콘크리트에 의한 설계전단강도 V_{cd}를 설계전단강도 V_d로 한다.

$$V_d = V_{cd} \tag{7·78}$$

여기서, 콘크리트에 의한 설계전단강도 V_{cd}는 균열의 발생 여부에 따라 두 가지 경우로 나누어 각각의 값을 결정한다. 이때 V_{cd}는 두 가지 경우 모두 축방향 압축력을 고려한 형태의 수식으로 계산하므로, 철근콘크리트 보와 함께 프리스트레스트 콘크리트 부재와 기둥에도 동일하게 적용한다.

전단보강철근을 배치할 필요가 없는 경우이든 배치하여야 하는 경우이든, 한계상태설계법 설계기준에서는 균열의 발생 여부에 따라 전단강도를 구분하여 달리 결정한다.

그림 7-32는 균열의 발생 여부를 고려한 전단강도의 분포를 개념적으로 나타낸 것이다. 균열휨모멘트보다 큰 휨모멘트가 작용하는 부분은 균열단면으로서 균열이 발생한 단면의 전단강도 $V_{d,cr}$을 설계전단강도로 하며, 균열휨모멘트보다 작은 휨모멘트가 작용하는 부분은 비균열단면의 전단강도 $V_{d,uc}$를 설

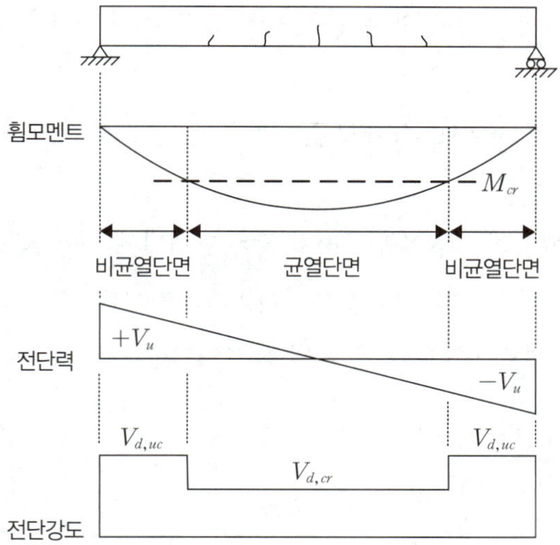

| 그림 7-32 | 균열 발생 여부에 따른 설계전단강도 분포

계전단강도로 한다.

또, 받침부와 가까운 부분은 깊은 보(deep beam)와 같은 거동을 보이므로, 이를 고려하여 부재의 전단강도를 검증한다. 한편, 콘크리트의 압축강도가 증가한다고 해서 전단강도가 같은 비율로 증가하는 것은 아니므로, 한계상태설계법 설계기준에서는 콘크리트 압축강도 유효계수로서 이러한 효과를 반영한다.

이와 같은 내용을 정리하면, 한계상태설계법 설계기준에서는 프리스트레스트 콘크리트 부재의 전단강도를 다음과 같이 네 가지로 구분하여 결정한다.

① **전단 무보강 비균열 단면의 전단강도**
전단철근이 배치되지 않은 부재에서 휨균열이 발생하지 않은 구간의 전단강도

② **전단 무보강 균열 단면의 전단강도**
전단철근이 배치되지 않은 부재에서 휨균열이 발생하는 구간의 전단강도

③ **전단 보강 단면의 전단강도**
전단철근이 배치된 부재의 전단강도

④ **깊은 보 거동 구간의 전단강도**
지점에 가까운 구간에서 깊은 보로 거동하는 경우로서, 전단철근이 배치되지 않은 경우와 전단철근이 배치된 경우의 전단강도

그 외, 플랜지가 있는 단면에서 복부와 플랜지 사이의 계면전단과 서로 다른 시기에 타설된 콘크리트

사이의 계면전단이 있다. 서로 다른 시기에 타설된 콘크리트의 계면 전단은 10장의 합성보에서 다룬다.

7.4.2 전단 무보강 비균열 단면의 전단강도

7.1.3에서 설명한 바와 같이, 휨 균열이 발생하지 않은 단면에서 사인장균열이 발생하게 되는 균열전단강도(cracking shear strength)는 식 (7·10)을 변환하여 식 (7·11)과 식 (7·12)의 두 가지 형태로 나타낼 수 있다. 한계상태설계법 설계기준[7.22,7.23]은 앞의 식 (7·12)를 기본으로 한다.

$$v_{cr} = \sqrt{(f_{ct})^2 + f_{pc} f_{ct}} \tag{7·12}$$

여기서, f_{ct} : 콘크리트의 인장강도

f_{pc} : 긴장재에 의한 압축력 또는 외력의 휨모멘트에 의하여 단면 도심 위치에 작용하는 응력 (압축응력인 경우 정(+)의 부호)

한편, 전단력과 전단응력은 다음과 같이 앞의 식 (7·3)의 관계에 있다.

$$v = \frac{VA\bar{y}}{Ib} = \frac{VQ}{Ib} \tag{7·3}$$

여기서, y : 휨응력을 계산하고자 하는 위치에서 단면의 중립축까지의 거리

I : 단면2차모멘트

A : 단면적

$\bar{y}$: 전단응력을 계산하고자 하는 위치의 위 또는 아래 단면적의 도심에서 중립축까지의 거리

b : 전단응력을 계산하고자 하는 위치에서의 복부폭

Q : 전단응력을 계산하고자 하는 위치의 위 또는 아래 단면적에 대한 단면1차모멘트

식 (7·3)에서 단면의 폭 b를 복부폭 b_w로 나타내고, 이 식을 전단력 V로 변환하면 다음과 같이 표현할 수 있다.

$$V = \frac{I b_w}{Q} v \tag{7·79}$$

이 식의 전단응력 v에 식 (7·12)의 균열전단강도 v_{cr}을 대입하면 힘 단위의 균열전단강도 V_{cr}을 다음

과 같이 나타낼 수 있다.

$$V_{cr} = \frac{I\,b_w}{Q}\sqrt{(f_{ct})^2 + f_{pc}\,f_{ct}} \tag{7·80}$$

이제 콘크리트의 인장강도 f_{ct}에 설계인장강도 f_{ctd}를 대입하면, 전단철근이 배치되지 않은 단면의 설계 전단강도 V_{cd}는 다음과 같다.

$$V_{cd} = \frac{I\,b_w}{Q}\sqrt{(f_{ctd})^2 + f_{pc}\,f_{ctd}} \tag{7·81}$$

[1] 교량설계기준(한계상태설계법)의 전단 무보강 비균열 단면의 전단강도

교량설계기준(한계상태설계법)[7.23]은 콘크리트의 설계인장강도 f_{ctd}를 설계기준인장강도 f_{ctk}에 재료계수를 곱하는 형태로서 앞의 식 (5·45)로 결정한다. 설계기준인장강도 f_{ctk}는 앞의 식 (2·26)으로 구한 콘크리트의 평균인장강도를 기준으로 하여, 하위 5%에 해당하는 값으로서 앞의 식 (2·27)로 결정한다.

$$f_{ctd} = \phi_c\,\alpha_{ct}\,f_{ctk} \tag{5·45}$$

$$f_{ctm} = 0.3(f_{cm})^{2/3} \tag{2·26}$$

$$f_{ctk} = 0.7\,f_{ctm} \tag{2·27}$$

식 (5·45)에서 ϕ_c는 콘크리트의 재료계수로서 0.65이다. α_{ct}는 콘크리트 압축대의 쪼갬인장강도를 산정할 때 0.85를 취하고, 그 외의 경우에는 모두 1.0을 적용한다. 따라서 콘크리트 압축대의 쪼갬인장강도를 산정할 때 이외에는 설계인장강도 f_{ctd}를 다음과 같이 나타낼 수 있다.

$$f_{ctd} = \phi_c\,f_{ctk} \tag{7·82}$$

교량설계기준(한계상태설계법)[7.23]은 식 (7·81)을 기본 식으로 하여, 전단 무보강 비균열 단면의 전단강도 V_{cd}를 다음과 같이 결정하도록 규정하고 있다.

$$V_{cd} = \frac{I\,b_w}{Q}\sqrt{(\phi_c\,f_{ctk})^2 + \alpha_l\,f_n\,\phi_c\,f_{ctk}} \tag{7·83}$$

이 식은 식 (7·81)의 f_{ctd}를 식 (7·82)로 표현하고, 긴장재에 의한 압축력 또는 외력의 축력에 의하여 단면 도심 위치에 작용하는 응력 f_{pc}를 $\alpha_l f_n$으로 표현한 것이다. f_n는 압축력에 의하여 단면에 작용하는 콘크리트의 응력으로서 다음과 같이 결정하며, 압축응력일 때 양(+)의 부호를 갖는다. 철근의 재료계수 ϕ_s는 0.9이다.

$$f_n = \frac{N_u - A_s \phi_s f_y}{A_c} \tag{7·84}$$

α_l은 프리텐션 부재에서 긴장력의 전달길이를 고려하는 항으로서, 프리텐션 부재 이외에는 1.0이고 프리텐션 부재의 경우에는 다음 식으로 결정한다.

$$\alpha_l = \frac{l_x}{l_{pt2}} \leq 1.0 \tag{7·85}$$

여기서, l_x : 전달길이의 시작점부터 검토하는 단면까지의 거리

l_{pt2} : 프리스트레싱 긴장재의 전달길이 [9.2.1절 참조]

[2] Eurocode 2의 전단 무보강 비균열 단면의 전단강도

Eurocode 2[7.22]도 식 (7·81)을 기본 식으로 하여, 전단 무보강 비균열 단면의 전단강도 $V_{Rd,c}$를 다음과 같이 결정하도록 규정하고 있다.

$$V_{Rd,c} = \frac{I\, b_w}{S}\sqrt{(f_{ctd})^2 + \alpha_l\, \sigma_{cp} f_{ctd}} \tag{7·86}$$

Eurocode 2[7.22]는 콘크리트의 설계인장강도 f_{ctd}를, 다음과 같이 하위 5%의 인장강도 $f_{ctk,0.05}$를 부분안전계수로 나누어 결정한다.

$$f_{ctd} = \alpha_{ct}\frac{f_{ctk,0.05}}{\gamma_c} = \frac{f_{ctk,0.05}}{\gamma_c} \tag{7·87}$$

여기서 α_{ct}는 1.0이며, 콘크리트에 대한 재료부분안전계수 γ_c는 유럽의 국가별 기준에서 달리 규정하지 않는다면 1.5를 적용한다. $f_{ctk,0.05}$는 식 (7·88)과 같이 콘크리트의 평균인장강도 f_{ctm}의 0.7배로 결정한다. f_{ctm}은 설계기준압축강도 f_{ck}가 50 MPa 이하일 때 식 (7·89)로, f_{ck}가 50 MPa을 초과할 때 식 (7·90)으로 결정한다. 여기서, 식 (7·89)는 교량설계기준(한계상태설계법)[7.23]의 식 (2·26)과 형태가 같지만, 식 (2·26)은 평균압축강도 f_{cm}을 기준으로 계산하고 식 (7·89)는 f_{ck}를 기준으로 계산하는 차이점이 있다.

$$f_{ctk,0.05} = 0.7 f_{ctm} \tag{7·88}$$

$$f_{ctm} = 0.3(f_{ck})^{2/3} \tag{7·89}$$

$$f_{ctm} = 2.12 \ln\left(1 + \frac{f_{cm}}{10}\right) \tag{7·90}$$

식 (7·90)에 적용하는 콘크리트의 평균압축강도 f_{cm}은 유럽의 국가별 기준에서 달리 규정하지 않는다면 다음과 같이 결정한다.

$$f_{cm} = f_{ck} + 8 \text{ [MPa]} \tag{7·91}$$

식 (7·86)의 σ_{cp}는 긴장재에 의한 압축력 또는 외력의 축력에 의하여 단면 도심에 작용하는 응력으로 다음과 같이 결정하며, 압축응력일 때 양(+)의 부호를 갖는다.

$$\sigma_{cp} = \frac{N_{Ed}}{A_c} \tag{7·92}$$

α_l은 프리텐션 부재에서 긴장력의 전달길이를 고려하는 항으로서, 교량설계기준(한계상태설계법)[7.23]과 동일하게 프리텐션 부재 이외에는 1.0이고 프리텐션 부재의 경우에는 다음과 같이 앞의 식 (7·85)로 결정한다.

$$\alpha_l = \frac{l_x}{l_{pt2}} \le 1.0 \tag{7·85}$$

여기서, l_x : 전달길이의 시작점부터 검토하는 단면까지의 거리

l_{pt2} : 프리스트레싱 긴장재의 전달길이 [9.2.1절 참조]

7.4.3 전단 무보강 균열 단면의 전단강도

휨균열이 발생한 부재는 전단력에 저항하는 능력이 감소되는데, 균열이 발생한 이후의 거동과 전단강도는 이론식으로 나타내기가 매우 어렵다. 따라서 설계기준에서는 경험식을 바탕으로 하여 전단강도 설계식을 규정하는 것이 일반적이다. 한계상태설계법의 Eurocode 2[7.22]와 교량설계기준(한계상태설계법)[7.23]에서도 전단철근이 보강되지 않은 콘크리트 부재에 휨균열이 발생한 경우, 다음과 같이 경험식으로 전단강도를 결정하도록 하고 있다.

[1] 교량설계기준(한계상태설계법)의 전단 무보강 균열 단면의 전단강도

교량설계기준(한계상태설계법)[7.23]은 전단철근이 보강되지 않은 콘크리트 부재에 휨균열이 발생한 경우, 다음과 같은 경험식을 이용하여 설계전단강도 V_{cd}를 결정하도록 규정하고 있다. 이때 V_{cd}는 최솟값 $V_{cd,min}$ 이상의 값으로 결정하여야 한다.

$$V_{cd} = [0.85\,\phi_c\,\kappa(\rho\, f_{ck})^{1/3} + 0.15\,f_n]\,b_w d \tag{7·93}$$

$$V_{cd,\,min} = (0.035\,\kappa^{2/3} f_{ck}^{1/2} + 0.15\,f_n)\,b_w d \tag{7·94}$$

이 식들에 적용하는 변수들은 다음과 같다.

$$\kappa = 1 + \sqrt{\frac{200}{d}} \le 2.0 \tag{7·95}$$

$$\rho = \frac{A_s}{b_w d} \le 0.02 \tag{7·96}$$

$$f_n = \frac{N_u}{A_c} \le 0.2\,\phi_c f_{ck} \tag{7·97}$$

여기서, ϕ_c : 콘크리트의 재료계수, 0.65

f_{ck} : 콘크리트의 설계기준압축강도(N/mm^2, MPa)

f_n : 축하중 또는 프리스트레스에 의하여 단면의 도심에 작용하는 응력(N/mm^2, MPa)

b_w : 단면의 복부폭(mm)

d : 단면의 유효깊이(mm)

A_s : 인장철근 단면적, 프리스트레스트 콘크리트에서는 긴장재 단면적(mm^2)

N_n : 단면에 작용하는 축력(압축일 때 +)

A_c : 콘크리트 단면적(mm^2)

전단철근이 배치되지 않은 전단 무보강 콘크리트 부재는 부재의 크기에 따라서 응력 단위의 전단강도가 변화하는 크기 효과(size effect)가 존재한다. 이것은 식 (7·95)로 결정하는 크기 효과 계수 κ로 반영한다. **그림 7-33**은 크기 효과 계수 κ의 변화를 나타내는데, 부재의 유효깊이가 200 mm 이하인 경우에는 전단강도가 일정하지만, 200 mm를 초과하는 경우에는 크기가 커질수록 전단강도가 감소하게 된다. 전단철근이 배치된 전단 보강 콘크리트 부재에서도 크기 효과가 존재하기는 하지만, 그 영향이 그

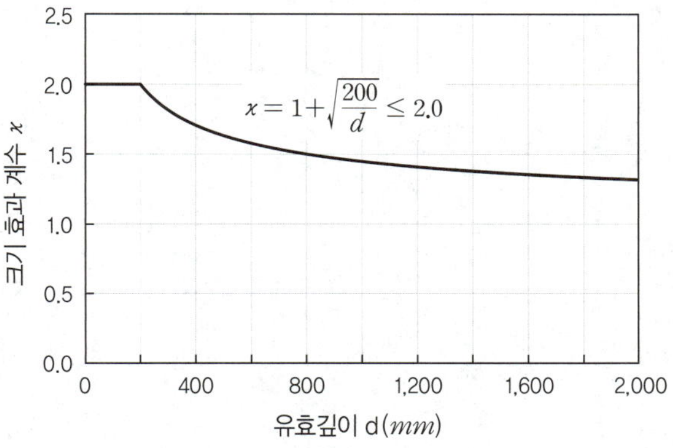

| 그림 7-33 | 크기 효과 계수

리 크지 않으므로 설계기준에서는 이를 무시한다.

식 (7·96)으로 결정하는 ρ는 복부를 지나는 인장철근 또는 긴장재의 비이다. 부재의 전단강도를 결정할 때 ρ를 변수로 한 것은, ρ가 증가하면 부재의 전단강도가 증가하는 효과를 반영하기 위한 것이다. 이것은 부재의 종방향으로 강성이 큰 강재가 배치되면 콘크리트의 주인장응력 방향으로 변형률이 감소하게 되어 부재의 전단강도가 증가하기 때문이다. 이러한 효과는 전단철근이 배치된 전단 보강 콘크리트 부재에서도 존재하기는 하지만 그 영향이 그리 크지 않으므로, 설계기준에서는 이를 무시한다.

[2] Eurocode 2의 전단 무보강 균열 단면의 전단강도

Eurocode 2[7.22]도 전단철근이 보강되지 않은 콘크리트 부재에 휨균열이 발생한 경우, 다음과 같이 경험식으로 전단강도를 결정하도록 하고 있다.

$$V_{Rd,c} = [C_{Rd,c}\,\varkappa(100\,\rho_l\,f_{ck})^{1/3} + k_1\,\sigma_{cp}]\,b_w d \tag{7·98}$$

$$V_{Rd,c} \geq (v_{min} + k_1\,\sigma_{cp})\,b_w d \tag{7·99}$$

이 식들에 적용하는 변수 및 상수들은 다음과 같다.

$$C_{Rd,c} = \frac{0.18}{\gamma_c} \tag{7·100}$$

$$\varkappa = 1+\sqrt{\frac{200}{d}} \leq 2.0 \tag{7·101}$$

$$\rho_l = \frac{A_{sl}}{b_w d} \le 0.02 \qquad (7 \cdot 102)$$

$$k_1 = 0.15 \qquad (7 \cdot 103)$$

$$\sigma_{cp} = \frac{N_{Ed}}{A_c} \le 0.2 f_{cd} \qquad (7 \cdot 104)$$

$$f_{cd} = \frac{f_{ck}}{\gamma_c} \qquad (7 \cdot 105)$$

$$v_{min} = 0.035\, k^{3/2} f_{ck}^{1/2} \qquad (7 \cdot 106)$$

여기서, 콘크리트에 대한 재료부분안전계수 γ_c는 유럽의 국가별 기준에서 달리 규정하지 않는다면 1.5를 적용한다. 따라서 γ_c가 1.5인 경우, 식 (7·100)의 $C_{Rd,c}$는 0.12의 값을 갖게 된다.

식 (7·98)의 첫 번째 항의 일부인 $(100\rho_l f_{ck})^{1/3}$에서 $(100)^{1/3}$을 따로 계산하면 값이 4.6416이므로, $C_{Rd,c}$가 0.12일 때 4.6416을 0.12에 곱하면 0.557이 된다. 교량설계기준(한계상태설계법)[7.23]에서 ϕ_c는 0.65이므로, 식 (7·93)에서 첫 번째 항의 일부인 $(0.85\,\phi_c)$은 0.553의 값을 갖게 된다. 따라서 식 (7·93)의 첫 번째 항에서 $\kappa(\rho f_{ck})^{1/3}$을 제외한 값이 0.553이고, 식 (7·98)의 첫 번째 항에서 $\kappa(\rho_l f_{ck})^{1/3}$을 제외한 값이 0.557이므로, 교량설계기준(한계상태설계법)[7.23]과 Eurocode 2[7.22]의 기본 설계식은 유사한 값을 제공한다고 할 수 있다.

7.4.4 전단 보강 단면의 전단강도

한계상태설계법의 Eurocode 2[7.22]와 교량설계기준(한계상태설계법)[7.23]에서, 전단철근이 배치된 콘크리트 부재의 전단강도는 소성 변각트러스 모델로 결정한다. 소성 변각트러스 모델은 부재 전체를 하나의 트러스로 취급하여 전단강도를 검증하는 개념이며, 균열의 각도를 일정한 값으로 가정하지 않기 때문에 균열의 각도를 결정하여야 한다. 부재 전체를 하나의 트러스로 취급하더라도 전단강도의 검증은 각 단면에서의 검증으로 이루어진다. 전단력에 저항하는 콘크리트 부재가 트러스로서 거동하면서 나타나는 파괴는 수직재 또는 경사재가 한계상태에 도달하는 상태로 나타난다. 그림 7-34는 상부와 하부에 플랜지를 갖는 I형 단면 부재의 두 가지 전단파괴 형태[7.30]를 나타낸다. 그림 7-34(a)는 수직재의 역할을 하는 전단철근이 항복한 상태인데, 전단철근이 항복하고 나서 전단철근의 변형률이 증가하면 주응력의 방향이 변화하여 더 작은 각도의 새로운 균열이 발생하는 모습을 나타낸다. 이때의 전단강도는 앞의 식 (7·45)에서 전단철근의 응력 f_v가 항복응력인 f_y가 되므로, 휨모멘트에 의한 압축력과 인장력 사이의 팔길이 jd를 z로 표현하면 전단철근의 항복에 의한 전단강도를 다음과 같이 나타낼 수 있다.

$$V_s = \frac{A_v f_y z}{s} cot\,\theta \tag{7·107}$$

전단 설계를 수행할 때에는 전단철근의 항복강도 f_y에 재료계수를 적용하여 설계강도 f_{yd}를 사용하므로, 다음과 같이 설계전단강도 V_{sd}를 나타낸다.

$$V_{sd} = \frac{f_{yd}\, A_v\, z}{s} cot\,\theta \tag{7·108}$$

그림 7-34(b)는 경사재 역할을 하는 콘크리트 스트럿이 압축 파괴된 상태를 나타낸다. 이러한 파괴는 전단철근이 항복한 **그림 7-34(a)**의 파괴에 비하면 취성으로 나타난다. 이때의 전단강도는 앞의 식 (7·43)을 전단력으로 변환한 후 jd를 z로 표현하고, 축하중 또는 프리스트레스에 의한 압축응력의 영향을 나타내는 계수 α_{cw}를 고려하여 스트럿의 응력 f_2를 유효 압축강도 $f_{c,eff}$로 표현하면 다음과 같이 나타낼 수 있다.

$$V_{c,strut} = \frac{\alpha_{cw} f_{c,eff}\, b_w\, z}{cot\,\theta + tan\,\theta} \tag{7·109}$$

유효 압축강도 $f_{c,eff}$는 실린더 공시체로 시험한 압축강도보다 작은 값으로서, 압축응력 작용방향과 평행한 방향으로 균열이 발생하게 되는 스트럿 콘크리트의 압축강도이다. 전단 설계를 수행할 때에는 콘크리트의 유효 압축강도 $f_{c,eff}$에 콘크리트의 재료계수를 적용한 설계유효 압축강도 $f_{cd,eff}$를 사용하여, 다음과 같이 설계전단강도 $V_{cd,strut}$을 나타낼 수 있다.

$$V_{cd,strut} = \frac{\alpha_{cw} f_{cd,eff}\, b_w\, z}{cot\,\theta + tan\,\theta} \tag{7·110}$$

이상의 식들에 나타나는 콘크리트 스트럿의 경사각, 즉 균열의 각도 θ는 내적 부정정 문제이므로, 역학적으로 값을 결정하기 위해서는 변형적합조건을 고려하여야 한다. 그러나 극한한계상태에서 전단

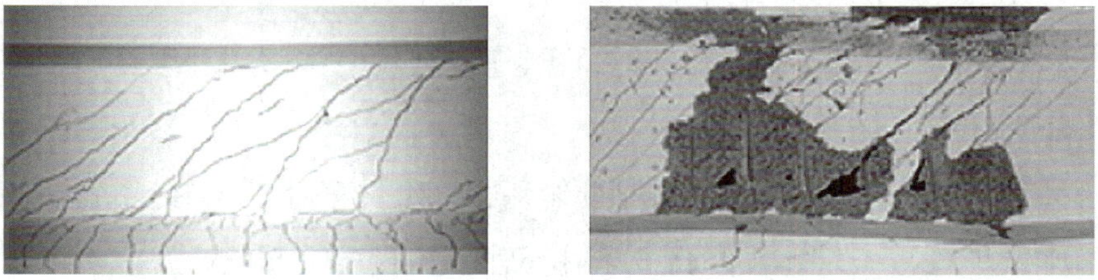

(a) 전단철근 항복에 의한 한계상태 (b) 콘크리트 스트럿 파괴에 의한 한계상태

| 그림 7-34 | 전단 파괴 및 전단 한계상태[7.30]

철근이 항복하는 소성상태가 되면 평형조건만으로 θ를 결정할 수 있다. 만일 식 (7·108)과 식 (7·110)이 같은 값을 갖도록 전단철근을 배치한다면 전단철근의 항복과 콘크리트 스트럿의 압축 파괴가 동시에 발생하게 되므로 가장 경제적인 설계가 될 수 있다. 이때의 경사각은 소성 하한해(low boundary plasticity solution)로서, 식 (7·108)과 식 (7·110)이 같다는 조건으로부터 다음과 같이 나타낼 수 있다.

$$cot\,\theta = \sqrt{\frac{\alpha_{cw} f_{cd,eff}\, b_w\, s}{f_{yd}\, A_v} - 1} \tag{7·111}$$

그러나 설계에서는 부재가 파괴될 때 연성거동을 보이도록 유도하여야 하므로, 콘크리트 스트럿의 압축 파괴보다 전단철근이 먼저 항복하도록 하여야 한다. 따라서 설계기준에서는 다음과 같이 전단철근이 항복할 때의 전단력으로 설계전단강도 V_{sd}를 결정하도록 하고 있으며, 스트럿이 압축 파괴되는 전단력을 초과하지 않도록 제한하는 개념을 채택하고 있다.

$$V_d = V_{sd} \le V_{d,max} \tag{7·112}$$

$$V_{d,max} = V_{cd,strut} \tag{7·113}$$

실제 설계에서는 계수전단력이 구조해석에 의하여 계산되고, 단면의 크기가 주어졌을 때 단면이 계수전단력을 저항할 수 있도록 전단철근의 단면적과 간격을 결정하여야 한다. 이때에도 콘크리트 스트럿의 압축 파괴를 기준으로 한 설계전단강도의 최댓값 $V_{d,max}$가 계수전단력 V_u와 같도록 스트럿의 경사각 θ를 결정하고, 이 경사각을 기준으로 전단철근의 단면적과 간격을 결정하면 가장 경제적인 설계가 된다. 이때의 경사각을 한계경사각이라고 하면, 한계경사각보다 큰 각도를 갖도록 전단철근을 설계했을 때 콘크리트 스트럿의 압축 파괴보다 전단철근의 항복이 먼저 발생하게 된다. 반대로 한계경사각보다 작은 각도를 갖도록 전단철근을 설계하면, 전단철근의 항복보다 콘크리트 스트럿의 압축 파괴가 먼저 발생하게 된다. 단면의 크기가 정해져 있을 때, 한계경사각보다 큰 각도를 갖도록 전단철근을 설계하는 것이 연성확보 차원에서는 바람직할 수 있지만, 효율성 측면에서는 한계경사각을 갖도록 전단철근을 설계하는 것이 가장 경제적이다.

한편, 한계경사각이 너무 작으면 소성능력의 한계 문제로 전단철근이 파단되는 취성파괴가 발생할 수 있으므로, 설계기준에서는 스트럿의 경사각 θ의 허용 범위를 규정하고 있다.

이상과 같은 기본 개념에 따라, 교량설계기준(한계상태설계법)[7.23]과 Eurocode 2[7.22]는 전단철근이 배치된 콘크리트 부재의 설계전단강도를 다음과 같이 규정하고 있다.

[1] 교량설계기준(한계상태설계법)의 전단 보강 단면의 전단강도

교량설계기준(한계상태설계법)[7.23]에서는 전단철근이 보강된 콘크리트 부재의 설계전단강도를 다음 식으로 결정한다. 식 (7·114)는 수직전단철근이 배치된 부재의 설계전단강도이고, 식 (7·115)는 경사전단철근이 배치된 부재의 설계전단강도이다.

$$V_{sd} = \frac{\phi_s f_{vy} A_v z}{s} \cot\theta \tag{7·114}$$

$$V_{sd} = \frac{\phi_s f_{vy} A_v z}{s} (\cot\theta + \cot\alpha) \sin\alpha \tag{7·115}$$

여기서, ϕ_s : 강재의 재료계수, 0.90

f_{vy} : 전단철근의 항복강도

A_v : 전단철근의 단면적

z : 단면 내부의 팔길이, 근사적으로 유효깊이의 0.9배(0.9 d)

s : 전단철근의 간격

θ : 복부의 스트럿 경사각

α : 경사전단철근과 주인장철근 사이의 경사각

이 식들은 전단철근이 항복하는 한계상태를 나타낸 것으로서, 콘크리트 스트럿이 압축 파괴되는 한계상태의 전단강도를 초과하지 않아야 한다. 따라서 콘크리트 스트럿이 압축 파괴될 때의 전단강도를 최댓값으로 한다. 축하중 또는 프리스트레스에 의하여 압축응력이 작용할 때, 이 최댓값은 $V_{d,max,com}$로서 다음과 같이 결정한다.

$$V_{d,max,com} = \alpha_{cw} V_{d,max} \tag{7·116}$$

$$V_{d,max} = \frac{\nu \phi_c f_{ck} b_w z}{\cot\theta + \tan\theta} \tag{7·117}$$

$$V_{d,max} = \nu \phi_c f_{ck} b_w z \frac{\cot\theta + \cot\alpha}{1 + \cot^2\theta} \tag{7·118}$$

여기서 α_{cw}는 압축응력의 영향을 고려하는 계수로, 압축응력이 작용하지 않는 경우의 최대 설계전단강도 $V_{d,max}$에 α_{cw}를 곱하여 $V_{d,max,com}$를 결정한다.

$V_{d,max}$는 수직전단철근이 배치된 부재의 경우 식 (7·117)로, 경사전단철근이 배치된 부재의 경우

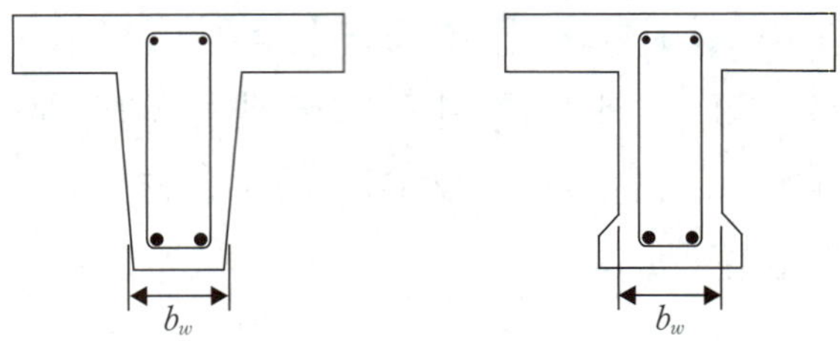

(a) 복부의 폭이 일정하지 않은 단면 (b) 하부 폭이 확대된 단면

| 그림 7-35 | 복부폭의 정의

식 (7·118)로 $V_{d,max}$를 결정한다. 여기서, b_w는 단면의 복부폭으로서, 그림 7-35(a)와 같이 복부의 폭이 일정하지 않은 단면에서는 압축연단에서 인장철근 사이에서 가장 작은 폭으로 하고, 그림 7-35(b)와 같이 단면의 하부에서 폭이 확대된 단면에서는 확대되지 않은 최솟값의 복부폭을 b_w로 한다.

압축응력의 영향을 고려하는 계수 α_{cw}는 다음과 같이 세 범주로 나누어 값을 결정한다.

$$\alpha_{cw} = 1 + \frac{f_n}{\phi_c f_{ck}} \qquad : 0 < f_n \le 0.25\,\phi_c f_{ck} \tag{7·119}$$

$$\alpha_{cw} = 1.25 \qquad : 0.25\,\phi_c f_{ck} < f_n \le 0.5\,\phi_c f_{ck} \tag{7·120}$$

$$\alpha_{cw} = 2.5\left(1 - \frac{f_n}{\phi_c f_{ck}}\right) \qquad : 0.5\,\phi_c f_{ck} < f_n \le 1.0\,\phi_c f_{ck} \tag{7·121}$$

여기서, ϕ_c : 콘크리트의 재료계수, 0.65

f_n : 축하중 또는 프리스트레스에 의하여 단면 도심에 작용하는 응력(압축일 때 +)

그림 7-36은 압축응력 비율 $f_n/\phi_c f_{ck}$에 따른 α_{cw} 값의 변화를 나타낸다. 압축응력 비율 $f_n/\phi_c f_{ck}$이 0에서 0.25로 증가할 때까지는 α_{cw}가 1.0에서 1.25로 증가하고, $f_n/\phi_c f_{ck}$이 0.25에서 0.5 사이일 때는 α_{cw}가 1.25로 일정하며, $f_n/\phi_c f_{ck}$이 0.5보다 크면 α_{cw}가 감소한다. $f_n/\phi_c f_{ck}$이 0.6일 때 α_{cw}의 값이 다시 1.0이 되며, $f_n/\phi_c f_{ck}$이 1.0이면 α_{cw}의 값이 0이 된다.

$V_{d,max}$를 결정하는 식 (7·117)과 식 (7·118)에 적용하는 계수 ν는 콘크리트 압축강도의 증가에 따른 감소계수로서 다음과 같이 결정한다.

$$\nu = 0.6\left(1 - \frac{f_{ck}}{250}\right) \tag{7·122}$$

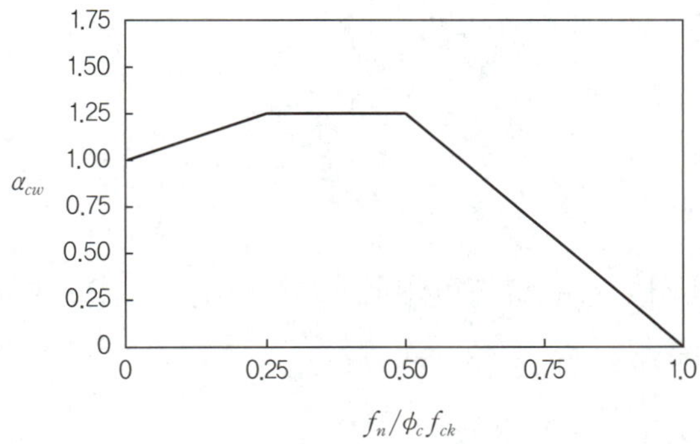

| 그림 7-36 | 압축응력 비율에 따른 α_{cw} 값의 변화

표 7-5 콘크리트 압축강도에 따른 유효계수

설계기준압축강도 f_{ck} (MPa)	24	27	30	35	40	45	50	60	70	80	90
유효계수, ν	0.542	0.535	0.528	0.516	0.504	0.492	0.480	0.456	0.432	0.408	0.384

콘크리트 압축강도 유효계수 ν는 압축응력이 작용하는 방향으로 균열이 발생하는 스트럿 콘크리트의 압축강도가 실린더 공시체의 압축강도보다 작게 나타나는 현상을 반영하는 계수이다. ν값으로서, 기본적으로 콘크리트 압축강도를 0.6배로 감소시키면서 콘크리트 압축강도가 증가할수록 감소효과가 크게 되는 영향을 고려한다. 표 7-5는 콘크리트 압축강도에 따른 유효계수 ν의 값을 나타낸다. 유효계수 ν는 압축강도가 증가함에 따라 선형으로 감소하여, 압축강도가 30 MPa일 때는 0.528이고 압축강도가 그 2배인 60 MPa일 때는 0.456으로서 14% 작은 값을 가진다.

콘크리트 스트럿의 경사각, 즉 균열의 각도 θ는 다음 식으로 주어진 범위의 값으로 선택하여야 한다.

$$1 \leq cot\,\theta \leq 2.5 \qquad (7 \cdot 123)$$

$cot\,\theta$의 값이 1일 때에는 θ가 45°이며, $cot\,\theta$의 값이 2.5일 때에는 θ가 22°(정확하게는 21.8°)이다. 따라서 전단철근을 설계할 때 스트럿의 경사각 θ를 22°~45°의 범위에서 선택하여야 한다. 스트럿의 경사각 θ를 22° 이상으로 하는 것은, 그 이하의 경사각을 갖도록 설계하면 소성능력의 한계 문제로 전단철근이 파단되는 취성파괴가 발생할 수 있기 때문이다.

가장 경제적으로 전단철근을 설계하려면 설계전단강도의 최댓값 $V_{d,max,com}$이 계수전단력 V_u와 같도록 스트럿의 경사각 θ를 결정하고, 이 경사각을 기준으로 전단철근의 단면적과 간격을 결정하면 된다. 이때의 경사각 θ는 수직전단철근이 배치된 부재의 경우, 다음과 같이 설계전단강도의 최대값

$V_{d,max,com}$이 V_u와 같을 조건으로 유도할 수 있다.

$$V_{d,max,com} = V_u \tag{7·124}$$

$V_{d,max,com}$를 식 (7·116)과 식 (7·117)로 표현하면 식 (7·124)는 다음으로 나타낼 수 있다.

$$\frac{\alpha_{cw}\,\nu\,\phi_c f_{ck}\,b_w\,z}{cot\,\theta + tan\,\theta} = V_u \tag{7·125}$$

여기서 다음과 같은 삼각함수의 관계를 이용하면,

$$\frac{1}{cot\,\theta + tan\,\theta} = \frac{1}{2}\,sin\,2\theta \tag{7·126}$$

식 (7·125)는 다음과 같이 나타낼 수 있다.

$$\frac{\alpha_{cw}\,\nu\,\phi_c f_{ck}\,b_w\,z}{2}\,sin\,2\theta = V_u \tag{7·127}$$

$$sin\,2\theta = \frac{2\,V_u}{\alpha_{cw}\,\nu\,\phi_c f_{ck}\,b_w\,z} \tag{7·128}$$

따라서 22°와 45° 사이의 스트럿 각도 θ는 다음과 같이 구할 수 있다.

$$\theta = \frac{1}{2}\,sin^{-1}\left(\frac{2\,V_u}{\alpha_{cw}\,\nu\,\phi_c f_{ck}\,b_w\,z}\right) \tag{7·129}$$

ν에 식 (7·122)를 대입하고, z를 $0.9\,d$로 하면, θ는 다음과 같이 나타낼 수 있다.

$$\theta = \frac{1}{2}\,sin^{-1}\left[\frac{V_u}{0.27\,\alpha_{cw}\,\phi_c f_{ck}\,b_w\,d\left(1-\frac{f_{ck}}{250}\right)}\right] \tag{7·130}$$

ϕ_c의 값으로 0.65를 대입하면, 스트럿 각도 θ는 다음과 같이 나타낼 수 있다.

$$\theta = \frac{1}{2}\,sin^{-1}\left[\frac{V_u}{0.176\,\alpha_{cw} f_{ck}\,b_w\,d\left(1-\frac{f_{ck}}{250}\right)}\right] \tag{7·131}$$

이렇게 구한 스트럿의 경사각 θ를 적용하여 식 (7·114)의 설계전단강도 V_{sd}가 계수전단력 V_u 이상이 되도록 전단철근의 단면적 A_v와 간격 s를 결정한다. 만일 θ로 22°보다 작은 값을 얻었다면 θ를 22°로 하여 전단철근을 설계하고, 45°보다 큰 값을 얻었다면 부재 단면을 증가시키거나 콘크리트 압축강도를 증가시켜야 한다.

식 (7·131)은 부재에 작용하는 최대전단력의 크기가 큰 경우에 스트럿 경사각이 증가한다는 것을 나타낸다. 일반적으로 크기가 큰 집중하중이 작용하는 경우에는 경사각이 22°보다 커질 수 있지만, 등분포하중이 작용하는 경우에는 대부분이 최솟값인 22°의 각도를 가지게 된다. 따라서 전단 설계에서 식 (7·131)로 스트럿 경사각을 계산하기 전에 계수전단력 V_u의 크기를 검토하여, 경사각이 22°인지, 22°와 45° 사이의 각도인지, 또는 45°를 넘는지 미리 판단하면 편리하다. 이것은 스트럿 경사각 θ가 22°일 때와 45°일 때의 최대전단강도를 각각 구하고 계수전단력 V_u와 비교하면 된다.

수직전단철근이 배치된 부재에서 스트럿 경사각 θ가 22°인 경우, 식 (7·116)과 식 (7·117)에 ν의 값으로 식 (7·122)를 대입하고, z를 $0.9\,d$, ϕ_c를 0.65로 하면, 최대전단강도를 다음과 같이 나타낼 수 있다.

$$V_{d,max,com(22)} = 0.121\,\alpha_{cw} f_{ck}\, b_w\, d\left(1-\frac{f_{ck}}{250}\right) \tag{7·132}$$

θ가 45°인 경우에는 최대전단강도를 다음과 같이 나타낼 수 있다.

$$V_{d,max,com(45)} = 0.176\,\alpha_{cw} f_{ck}\, b_w\, d\left(1-\frac{f_{ck}}{250}\right) \tag{7·133}$$

수직전단철근의 설계에서, 식 (7·132)로 결정한 스트럿 경사각 22°에서의 설계전단강도 최대값 $V_{d,max,com(22)}$보다 계수전단력 V_u가 작은 경우에는 스트럿 경사각 θ는 22°이다. 식 (7·133)으로 결정한 스트럿 경사각 45°에서의 설계전단강도 최대값 $V_{d,max,com(45)}$ 보다 계수전단력 V_u가 더 큰 경우에는, V_u보다 작은 전단력에서 콘크리트 스트럿이 취성으로 압축 파괴되는 상황이므로 부재의 단면적을 증가시키거나 콘크리트 압축강도를 증가시켜야 한다. 계수전단력 V_u가 $V_{d,max,com(22)}$과 $V_{d,max,com(45)}$ 사이의 값을 가진 경우에는 스트럿 경사각 θ를 22°와 45° 사이에서 결정하여야 한다. 이를 정리하면 다음과 같다.

- $V_u \le V_{d,max,com(22)}$인 경우
  $\theta=22°$로 하고, $V_{sd} \ge V_u$를 만족하도록 A_v와 s 결정
- $V_{d,max,com(22)} < V_u \le V_{d,max,com(45)}$인 경우
  식 (7·130) 또는 식 (7·131)을 이용하여 θ를 22°와 45° 사이의 값으로 결정하고, $V_{sd} \ge V_u$를 만족하도록 A_v와 s 결정

- $V_{d,max,com(45)} < V_u$ 인 경우

  부재의 단면적을 증가시키거나 콘크리트 압축강도를 증가시킨 후, 재설계 수행

[2] Eurocode 2의 전단 보강 단면의 전단강도

Eurocode 2[7.22]는 교량설계기준(한계상태설계법)[7.23]과 기본적으로 동일한 개념과 수식을 적용하여 전단철근이 보강된 콘크리트 부재의 설계전단강도를 결정하도록 하고 있다. 다만, 저항계수 형태의 재료계수 ϕ_s와 ϕ_c 대신 부분안전계수 형태의 재료계수 γ_s와 γ_c를 적용하고, 몇 가지의 다른 형태의 기호를 사용한다. 교량설계기준(한계상태설계법)[7.23]과 다른 형태로 표현한 수식을 소개하면, 전단철근이 보강된 콘크리트 부재의 설계전단강도를 다음 식으로 결정하도록 하고 있다. 식 (7·134)는 수직전단철근이 배치된 부재의 설계전단강도이고, 식 (7·135)는 경사전단철근이 배치된 부재의 설계전단강도이다.

$$V_{Rd,s} = \frac{A_{sw}}{s} z\, f_{ywd} \cot\theta \qquad (7\cdot134)$$

$$V_{Rd,s} = \frac{A_{sw}}{s} z\, f_{ywd} (\cot\theta + \cot\alpha) \sin\alpha \qquad (7\cdot135)$$

여기서, f_{ywd} : 전단철근의 설계강도, f_{yk}/γ_s

설계전단강도의 최댓값은 다음과 같이 결정한다. 식 (7·136)은 수직전단철근이 배치된 부재에, 식 (7·137)은 경사전단철근이 배치된 부재에 적용한다.

$$V_{Rd,max} = \frac{\alpha_{cw}\, b_w\, z\, \nu_1 f_{cd}}{\cot\theta + \tan\theta} \qquad (7\cdot136)$$

$$V_{Rd,max} = \alpha_{cw}\, b_w\, z\, \nu_1 f_{cd} \frac{\cot\theta + \cot\alpha}{1 + \cot^2\theta} \qquad (7\cdot137)$$

여기서, f_{cd} : 콘크리트의 설계강도, f_{ck}/γ_c

압축응력의 영향을 고려하는 계수 α_{cw}는 다음과 같이 세 범주로 나누어 결정한다.

$$\alpha_{cw} = 1 + \frac{\sigma_{cp}}{f_{cd}} \quad : \quad 0 < \sigma_{cp} \le 0.25 f_{cd} \qquad (7\cdot138)$$

$$\alpha_{cw} = 1.25 \quad : \quad 0.25 f_{cd} < \sigma_{cp} \le 0.5 f_{cd} \qquad (7\cdot139)$$

$$\alpha_{cw} = 2.5\left(1 - \frac{\sigma_{cp}}{f_{cd}}\right) \ : \ 0.5 f_{cd} < \sigma_{cp} \leq 1.0 f_{cd} \tag{7·140}$$

여기서, σ_{cp} : 축하중 또는 프리스트레스에 의하여 단면의 도심에 작용하는 응력 (압축일 때 +)

콘크리트 압축강도 유효계수 ν_1는, 유럽의 국가별 기준에서 달리 규정하지 않는다면, 다음과 같이 교량설계기준(한계상태설계법)[7.23]과 동일하게 식 (7·122)의 ν와 같은 식을 적용한다.

$$\nu_1 = 0.6\left(1 - \frac{f_{ck}}{250}\right) \tag{7·141}$$

콘크리트 스트럿의 경사각 θ도 교량설계기준(한계상태설계법)[7.23]과 동일하게 앞의 식 (7·123)으로 주어진 범위의 값으로 선택하여야 한다.

$$1 \leq cot\,\theta \leq 2.5 \tag{7·123}$$

수직전단철근이 배치된 부재에서 스트럿 각도 θ가 22°인 경우, ν_1에 식 (7·141)을 대입하고, z를 0.9 d, γ_c를 1.5로 하면, 최대전단강도는 다음과 같이 나타낼 수 있다.

$$V_{Rd,max(22)} = 0.124\,\alpha_{cw} f_{ck}\, b_w\, d\left(1 - \frac{f_{ck}}{250}\right) \tag{7·142}$$

θ가 45°인 경우에는 최대전단강도를 다음과 같이 나타낼 수 있다.

$$V_{Rd,max(45)} = 0.18\,\alpha_{cw} f_{ck}\, b_w\, d\left(1 - \frac{f_{ck}}{250}\right) \tag{7·143}$$

수직전단철근의 설계에서, 계수전단력 V_{Ed}가 스트럿 각도 22°에서의 설계전단강도 최대값 $V_{Rd,max(22)}$보다 작은 경우에는 스트럿 각도 θ를 22°로 하고, 식 (7·134)의 설계전단강도 $V_{Rd,s}$가 계수전단력 V_{Ed} 이상이 되도록 전단철근의 단면적 A_{sw}와 간격 s를 결정한다. 단면에 작용하는 계수전단력 V_{Ed}가 스트럿 각도 45°에서의 설계전단강도 최대값 $V_{Rd,max(45)}$보다 큰 경우에는, 위험단면에서의 계수전단력 V_{Ed}보다 작은 전단력에서 콘크리트 스트럿이 취성으로 압축 파괴되는 상황이므로 부재의 단면적을 증가시키거나 콘크리트 압축강도를 증가시켜야 한다.

단면에 작용하는 계수전단력 V_{Ed}가 $V_{Rd,max(22)}$과 $V_{Rd,max(45)}$ 사이의 값을 가진 경우에는, 다음 식을 이용하여 스트럿 각도 θ를 22°와 45° 사이에서 결정하여야 한다.

$$\theta = \frac{1}{2} sin^{-1}\left[\frac{\gamma_c V_{Ed}}{0.27\, \alpha_{cw} f_{ck} b_w d\left(1-\frac{f_{ck}}{250}\right)}\right] \tag{7·144}$$

콘크리트의 재료부분안전계수 γ_c가 1.5일 때, 스트럿 각도 θ는 다음과 같이 나타낼 수 있다.

$$\theta = \frac{1}{2} sin^{-1}\left[\frac{V_{Ed}}{0.18\, \alpha_{cw} f_{ck} b_w d\left(1-\frac{f_{ck}}{250}\right)}\right] \tag{7·145}$$

이렇게 구한 스트럿 각도 θ를 적용하여 식 (7·134)의 설계전단강도 $V_{Rd,s}$가 계수전단력 V_{Ed} 이상이 되도록 전단철근의 단면적 A_v와 간격 s를 결정한다.

7.4.5 깊은 보 거동 구간의 전단강도

집중하중이 지점에 가까운 위치에 작용하는 경우에는 받침점 근처 구간이 깊은 보와 같이 거동하여, 다른 구간보다 전단강도가 증가한다. 단, 중력방향으로 하중이 작용하는 경우, 하중이 단면의 상면에 작용하여 반력과 하중 사이의 복부가 경사방향으로 압축응력을 받게 될 때에만 이러한 현상이 나타난다. 따라서 그림 7-25(c)와 같이, 역 T형 단면의 하부에 위치한 플랜지에 하중이 가해지는 경우에는 적용되지 않는다. 한계상태설계법의 Eurocode 2[7.22]와 교량설계기준(한계상태설계법)[7.23]은 이와 같은 깊은 보 거동 구간의 전단강도증진 효과를 고려하여, 다음과 같이 전단성능을 검증하도록 하고 있다.

[1] 교량설계기준(한계상태설계법)의 깊은 보 거동 구간의 전단강도

받침점 내면으로부터 단면 유효깊이 d의 0.5배와 2배인 위치 사이의 구간에 집중하중이 작용하는 경우, 즉 그림 7-37과 같이 하중 작용점의 외면과 받침 내면 사이의 거리 a가 $0.5d \sim 2d$인 경우, 설계전단강도를 증가시킬 수 있다. 이때 증가되는 전단강도는 전단철근이 배치되지 않은 경우와 배치된 경우를 구분하여 달리 규정하고 있다.

전단철근이 배치되지 않은 경우에는 다음과 같이 증가된 V_{cd}를 설계전단강도 V_d로 결정하며, 이 값은 최댓값 $V_{cd,max}$를 초과하지 못한다.

$$V_{cd} = \left[0.85\, \phi_c\, \kappa (\rho\, f_{ck})^{1/3}\left(\frac{2d}{x}\right) + 0.15 f_n\right] b_w d \geq V_{cd,\,min}\left(\frac{2d}{x}\right) \tag{7·146}$$

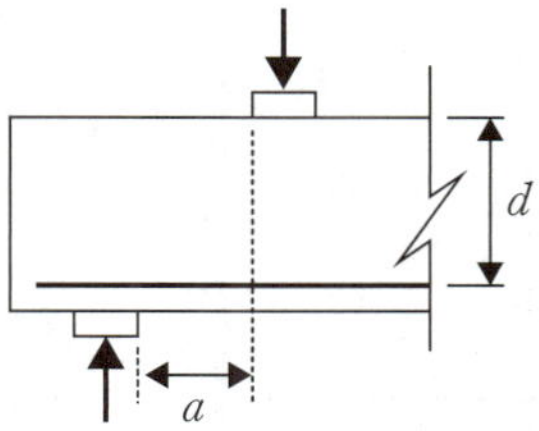

(a) 깊은 보 거동의 보

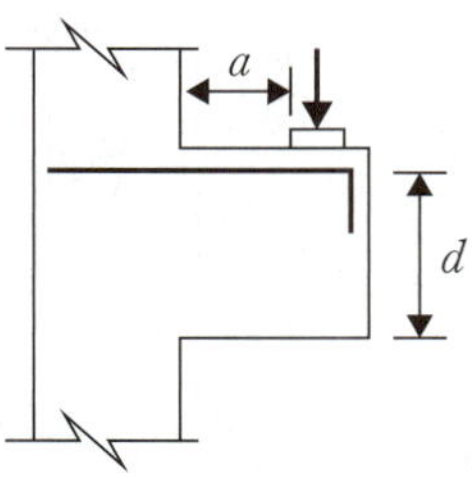

(b) 내민 받침

| 그림 7–37 | 깊은 보로 거동하는 부재

$$V_{cd,max} = 0.5\,\phi_c\,\nu\,f_{ck}\,b_w\,d \tag{7·147}$$

이 식들에 적용하는 변수들은 앞의 식 (7·95)~식 (7·97) 및 식 (7·122)와 동일한 것으로 다음과 같다.

$$\kappa = 1 + \sqrt{\frac{200}{d}} \le 2.0 \tag{7·95}$$

$$\rho = \frac{A_s}{b_w d} \le 0.02 \tag{7·96}$$

$$f_n = \frac{N_u}{A_c} \le 0.2\,\phi_c f_{ck} \tag{7·97}$$

$$\nu = 0.6\left(1 - \frac{f_{ck}}{250}\right) \tag{7·122}$$

식 (7·146)의 V_{cd}는 전단철근이 보강되지 않은 콘크리트 부재에 휨균열이 발생한 경우의 설계전단강도를 나타내는 식 (7·93)의 첫 번째 항에 증가계수 $2d/x$를 적용한 형태이다. 여기서 x는 받침점 내면으로부터의 거리이고, a가 $0.5d$와 $2d$ 사이인 경우에 이 규정을 적용한다. 거리 x가 $0.5d$에서 $2d$사이인 단면에는 $2d/x$로 계산되는 증가계수를 적용하며, $0.5d$ 떨어진 위치와 지점 사이의 단면은 $0.5d$ 떨어진 위치에서의 증가계수, 즉 4.0의 값을 적용한다. 그림 7–38은 증가계수를 $1/\beta$로 나타낸 것으로서, 받침점 내면에서의 거리가 $2d$ 이하인 구간은 전단강도가 4배까지 증가한다는 것을 보여준다.

한편, 집중하중과 분포하중이 동시에 작용하는 경우에 위와 같은 방법을 따르면 전단강도를 과대평가할 위험이 있다. 따라서 집중하중과 분포하중이 동시에 작용할 때 전단강도를 증가시킬 경우에는 받침점에서 $2d$ 떨어진 위치 사이의 모든 가능한 위험 단면에 대하여 검토하여야 한다. 이때 유의할 것은, 종방향 철근이 단부에 완전 정착되어 있는 경우로서 하중이 부재 상면에 작용하며 지점이 부재 하면에

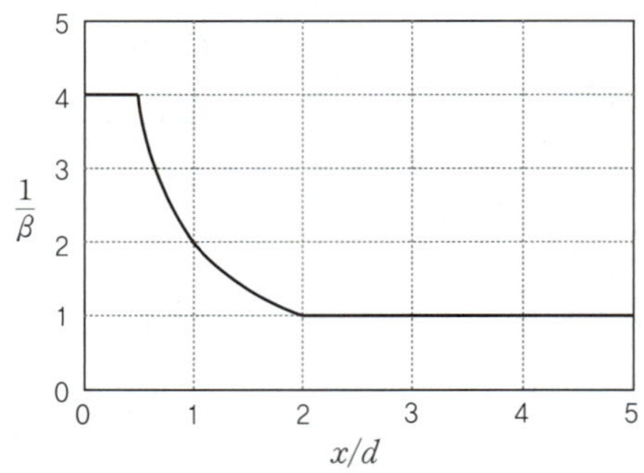

| 그림 7-38 | 깊은 보로 거동하는 구간의 전단강도 증가계수

존재하는 경우에만 전단강도를 증가시킬 수 있다는 것이다.

전단철근이 보강된 경우에는 다음과 같이 식 (7·146)의 V_{cd}에 전단철근에 의한 전단강도를 추가하여 설계전단강도 V_d를 결정한다.

$$V_d = \phi_s f_{vy} A_v (sin\,\alpha) \left(\frac{2d}{x}\right) \tag{7·148}$$

단, 이 설계전단강도 V_d는 앞의 식 (7·118)의 최댓값을 초과하지 못한다.

$$V_{d,max} = \nu\, \phi_c f_{ck} b_w z \frac{cot\,\theta + cot\,\alpha}{1 + cot^2\theta} \tag{7·118}$$

여기서 α는 전단철근과 주인장철근 사이의 경사각으로서, 수직전단철근의 경우에는 식 (7·148)이 다음과 같이 단순화된다.

$$V_d = \phi_s f_{vy} A_v \left(\frac{2d}{x}\right) \tag{7·149}$$

이 경우의 설계전단강도 V_d는 앞의 식 (7·117)의 최댓값을 초과하지 못한다.

$$V_{d,max} = \frac{\nu\, \phi_c f_{ck} b_w z}{cot\,\theta + tan\,\theta} \tag{7·117}$$

식 (7·148)의 두 번째 항 $\phi_s f_{vy} A_v$는 하중작용점과 받침점 사이의 전단경간(shear span)에 배치된 전단철근에 의하여 발휘되는 설계전단강도이다. 이때의 전단철근은 그림 7-39와 같이 전단경간 중앙부 $0.75a$의 구간 안에 위치하는 전단철근만을 고려하여야 한다. 이와 같이 $0.75a$의 구간 안에 위치하는 전

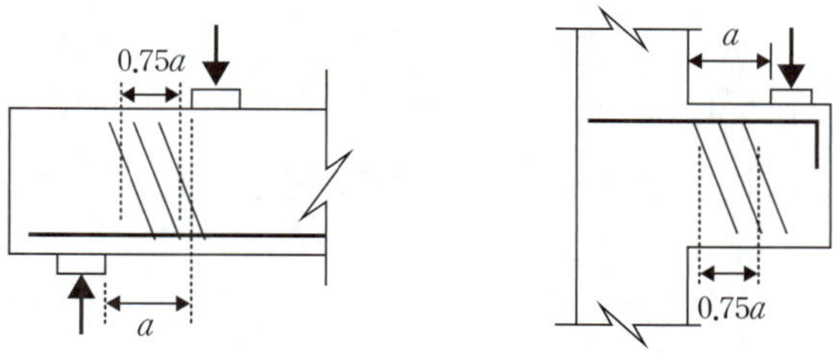

| 그림 7-39 | 전단철근이 유효한 구간

단철근만을 유효한 것으로 취급하는 것은, 부재가 전단으로 파괴될 때 하중작용 위치 근처에 배치된 전단철근과 받침 근처에 배치된 전단철근이 항복하지 않았던 실험결과를 반영한 것이다.

[2] Eurocode 2의 전단 보강 단면의 전단강도

Eurocode 2[7.22]는 교량설계기준(한계상태설계법)[7.23]과 기본적으로 유사한 개념을 적용하지만, 설계전단강도를 증가시키는 대신 계수전단력을 감소시켜서 강도를 검증하도록 하고 있다. 즉, 다음과 같이 계수전단력 V_{Ed}에 계수 β를 곱하여 감소시키고, 감소된 계수전단력 이상의 설계전단강도 V_{Rd}를 갖도록 하여야 한다.

$$V_{Rd} \geq \beta V_{Ed} \tag{7·150}$$

감소계수 β는 다음과 같이 결정한다.

$$\beta = \frac{a_v}{2d} \tag{7·151}$$

여기서 a_v는 교량설계기준(한계상태설계법)[7.23]에서 a로 표현한 전단경간(shear span)이다. 이 규정은 a_v가 $0.5d$와 $2d$ 사이인 경우에 적용한다. $0.5d$ 떨어진 위치와 지점 사이의 단면은 $0.5d$ 떨어진 위치에서의 감소계수, 즉 0.25의 값을 적용한다. 그러나 감소된 계수전단력 V_{Ed}는 다음의 최댓값 이하이어야 한다.

$$V_{Ed} \leq 0.5\, b_w\, d\, \nu\, f_{cd} \tag{7·152}$$

여기서, f_{cd}는 콘크리트의 부분안전계수를 적용한 콘크리트의 설계압축강도이며, ν는 앞의 식 (7·122)로 결정한다.

$$\nu = 0.6\left(1 - \frac{f_{ck}}{250}\right) \tag{7·122}$$

전단철근이 배치되지 않은 경우에는, 다음과 같이 설계전단강도 V_{Rd}를 앞의 식 (7·98)로 계산한 $V_{Rd,c}$로 한다.

$$V_{Rd} = V_{Rd,c} \tag{7·153}$$

$$V_{Rd,c} = [C_{Rd,c}\,\varkappa(100\,\rho_l\,f_{ck})^{1/3} + k_1\,\sigma_{cp}]\,b_w d \tag{7·98}$$

이 식들에 적용하는 변수 및 상수들은 다음과 같이 앞의 식 (7·100)~식 (7·106)과 같으며, 각 변수들에 대해서는 7.4.3절에 설명되어 있다.

$$C_{Rd,c} = \frac{0.18}{\gamma_c} \tag{7·100}$$

$$\varkappa = 1 + \sqrt{\frac{200}{d}} \leq 2.0 \tag{7·101}$$

$$\rho_l = \frac{A_{sl}}{b_w d} \leq 0.02 \tag{7·102}$$

$$k_1 = 0.15 \tag{7·103}$$

$$\sigma_{cp} = \frac{N_{Ed}}{A_c} \leq 0.2\,f_{cd} \tag{7·104}$$

$$f_{cd} = \frac{f_{ck}}{\gamma_c} \tag{7·105}$$

$$v_{min} = 0.035\,k^{3/2} f_{ck}^{1/2} \tag{7·106}$$

전단철근이 보강된 경우에는, 콘크리트에 의한 전단강도와 전단철근에 의한 전단강도를 모두 고려하는 교량설계기준(한계상태설계법)[7.23]과는 달리, 다음과 같이 전단철근에 의한 전단강도만을 고려하여 설계전단강도 V_{Rd}를 결정한다.

$$V_{Rd} = V_{Rd,s} \tag{7·154}$$

$$V_{Rd,s} = A_{sw} f_{ywd} \sin \alpha \tag{7·155}$$

여기서, f_{ywd}는 철근의 부분안전계수를 적용한 설계항복강도이다. A_{sw}는 복부에 배치된 전단철근의 단면적으로, 그림 7-39와 같이 전단경간(a 또는 a_v)의 중앙부 75% 구간 안에 위치하는 전단철근만을 고려하여야 한다. α는 전단철근과 주인장철근 사이의 경사각으로서, 수직전단철근의 경우에는 식 (7·155)가 다음과 같이 단순화된다.

$$V_{Rd,s} = A_{sw} f_{ywd} \tag{7·156}$$

7.4.6 한계상태설계법 설계기준에 따른 전단 설계

한계상태설계법의 설계기준에 따라 프리스트레스트 콘크리트 구조물을 설계할 때에는 전단력에 대하여 다음의 조건을 만족하도록 설계하여야 한다. 여기서는 교량설계기준(한계상태설계법)[7.23]을 중심으로 설명한다.

[1] 강도성능 요구조건 및 전단철근의 배치

부재에 가장 불리한 조건이 되는 계수하중조합에 대하여 최대 계수전단력 V_u를 구조해석으로 구하고, 부재의 설계전단강도 V_d가 그 이상의 성능을 갖도록 한다.

$$V_d \geq V_u \tag{7·76}$$

설계전단강도 V_d는 전단철근이 배치되지 않은 전단 무보강 단면의 V_{cd} 또는 전단철근이 배치된 전단보강 단면의 V_{sd}로 결정한다. 전단 무보강 단면은 다시 휨균열의 발생 여부를 검토하여, 휨균열이 발생하지 않는 구간의 설계전단강도 $V_{cd,u}$와 휨균열이 발생하는 구간의 설계전단강도 $V_{cd,c}$로 나눈다. 전단 무보강 단면의 설계전단강도 $V_{cd,u}$ 및 $V_{cd,c}$보다 계수전단력 V_u이 작은 구간은 논리 상 전단철근이 필요하지 않으나, 설계기준에서는 최소 전단철근을 배치하도록 규정하고 있다. 따라서 그림 7-40의 휨모멘트 분포에 나타난 바와 같이, 균열휨모멘트 M_{cr}을 구하여 휨균열 발생여부를 판단하고 $V_{cd,u}$ 및 $V_{cd,c}$의 적용 범위를 판단한다. 그림 7-40(a)와 같이 모든 구간에서 V_{cd}가 V_u보다 크면, 부재 전체에 최소 전단철근을 배치한다. 그림 7-40의 (b), (c), (d)와 같이 V_{cd}가 V_u보다 작은 구간이 존재하면, 그 부분은 V_{sd}가 V_u 이상이 되도록 전단철근을 배치한다. 그림 7-40(c)와 같이 V_{cd}가 V_u보다 작은 구간들 사이에 V_{cd}가 V_u보다 큰 구간이 존재하는 경우에는, 전단철근 배치의 단순화를 위하여 인접 구간에 대하여 설계된 전단

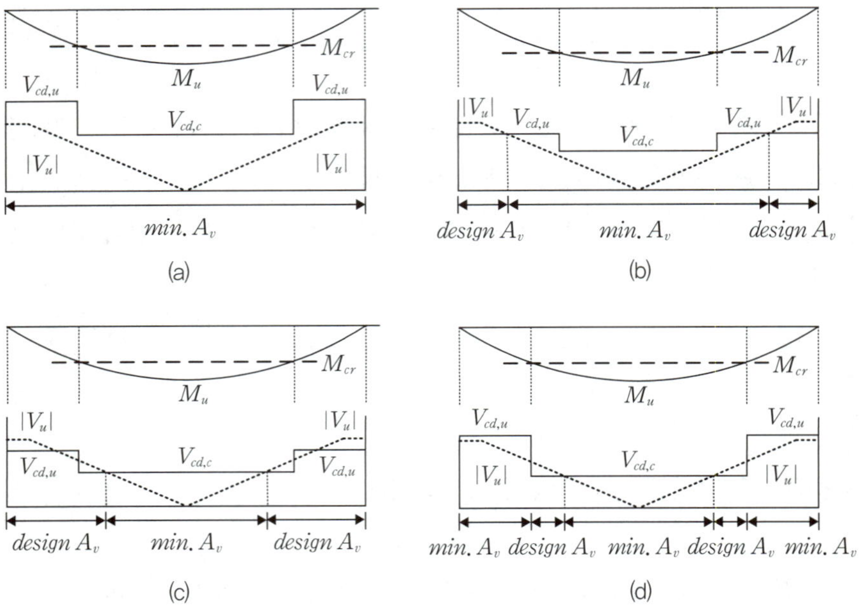

| 그림 7-40 | 전단철근의 배치구간

철근을 배치할 수도 있다.

긴장재를 절곡하여 배치하거나 곡선으로 배치한 경우에는, 다음과 같이 긴장력의 수직성분 V_p만큼 설계전단강도를 증가시킬 수 있다.

$$V_d = V_{cd} + V_p \tag{7·157}$$

$$V_d = V_{sd} + V_p \tag{7·158}$$

$$V_p = \gamma_{ps,l} P_e \sin\theta_p \tag{7·159}$$

긴장력의 수직성분 V_p를 결정할 때에는 긴장력의 하한값을 적용하는 것이 합리적인데, 이때 적용해야 할 계수 $\gamma_{ps,l}$의 값에 대해서는 교량설계기준(한계상태설계법)에 명확히 규정되어 있지 않다. 프리스트레스트 콘크리트 부재가 극한상태에 도달할 때에는 긴장재의 응력이 증가하는 것이 일반적이므로, 긴장력으로 너무 낮은 값을 택할 필요는 없을 것이다. 따라서 사용한계상태의 검증에 적용하는 계수의 값을 적용하여도 큰 무리가 없다고 할 수 있다. 즉, 프리텐션 부재와 비부착 긴장재를 사용한 부재의 경우에는 $\gamma_{ps,l}$을 0.95로 하고, 부착 긴장재의 포스트텐션 부재의 경우에는 $\gamma_{ps,l}$을 0.9로 취해도 좋을 것이다.

한편 긴장력의 수직성분 V_p를 설계전단강도에 추가하지 않고, 다음과 같이 계수전단력을 V_p 만큼 감소시키는 방법을 적용할 수도 있다.

$$V_{u,mod} = V_u - V_p \tag{7·160}$$

[2] 전단 무보강 단면의 전단강도

전단철근이 배치되지 않은 프리스트레스트 콘크리트 부재에서, 휨균열이 발생하지 않는 구간의 설계전단강도 $V_{cd,u}$는 앞의 식 (7·83)으로 구한다.

$$V_{cd} = \frac{I\,b_w}{Q}\sqrt{(\phi_c f_{ctk})^2 + \alpha_l f_n \phi_c f_{ctk}} \tag{7·83}$$

휨균열이 발생하는 구간의 설계전단강도 $V_{cd,c}$는 앞의 식 (7·93)으로 구하며, 이 값은 앞의 식 (7·94)의 최솟값 $V_{cd,min}$ 이상이어야 한다.

$$V_{cd} = [0.85\,\phi_c\,\kappa(\rho\,f_{ck})^{1/3} + 0.15\,f_n]\,b_w d \tag{7·93}$$

$$V_{cd,min} = (0.035\,\kappa^{2/3} f_{ck}^{1/2} + 0.15\,f_n)\,b_w d \tag{7·94}$$

프리스트레스의 영향은 f_n으로 고려한다. 프리텐션 부재의 경우에는 전달길이로 인하여 감소된 프리스트레스 힘을 고려하여야 한다. 교량설계기준(한계상태설계법)[7.23]은 긴장재 지름의 60배를 전달길이로 규정하고 있다.

받침점 내면으로부터 단면 유효길이 d의 0.5배인 위치와 2배인 위치 사이에 집중하중이 작용하는 경우에는 앞의 식 (7·146)으로 설계전단강도를 증가시킬 수 있으나, 앞의 식 (7·147)의 최댓값 $V_{cd,max}$를 초과하지 못한다.

$$V_{cd} = \left[0.85\,\phi_c\,\kappa(\rho\,f_{ck})^{1/3}\left(\frac{2d}{x}\right) + 0.15\,f_n\right] b_w d \geq V_{cd,\,min}\left(\frac{2d}{x}\right) \tag{7·146}$$

$$V_{cd,max} = 0.5\,\phi_c\,\nu\,f_{ck}\,b_w\,d \tag{7·147}$$

지점과 $0.5d$ 떨어진 위치 사이의 단면은 $0.5d$ 떨어진 위치에서의 증가계수, 즉 4.0의 값을 적용한다.

[3] 전단 보강 단면의 전단강도

전단철근이 보강된 프리스트레스트 콘크리트 부재와 철근콘크리트 부재의 설계전단강도는 앞의 식 (7·114)와 식 (7·115)로 결정한다. 식 (7·114)는 수직전단철근이 배치된 부재의 설계전단강도이고, 식 (7·115)는 경사전단철근이 배치된 부재의 설계전단강도이다.

$$V_{sd} = \frac{\phi_s f_{vy} A_v z}{s} \cot\theta \qquad (7\cdot114)$$

$$V_{sd} = \frac{\phi_s f_{vy} A_v z}{s} (\cot\theta + \cot\alpha)\sin\alpha \qquad (7\cdot115)$$

축하중 또는 프리스트레스에 의하여 압축응력이 작용할 때, 설계전단강도 V_{sd}는 앞의 식 (7·116)으로 계산되는 최댓값 $V_{d,max,com}$을 초과할 수 없다. 여기서 $V_{d,max}$는 수직전단철근이 배치된 부재의 경우 식 (7·117)로, 경사전단철근이 배치된 부재의 경우 식 (7·118)로 결정한다

$$V_{d,max,com} = \alpha_{cw} V_{d,max} \qquad (7\cdot116)$$

$$V_{d,max} = \frac{\nu\,\phi_c f_{ck} b_w z}{\cot\theta + \tan\theta} \qquad (7\cdot117)$$

$$V_{d,max} = \nu\,\phi_c f_{ck} b_w z \frac{\cot\theta + \cot\alpha}{1 + \cot^2\theta} \qquad (7\cdot118)$$

콘크리트 압축강도 유효계수 ν는 콘크리트 압축강도에 대한 감소계수로서 앞의 식 (7·122)로 결정한다.

$$\nu = 0.6\left(1 - \frac{f_{ck}}{250}\right) \qquad (7\cdot122)$$

압축응력 f_n에 대한 증가계수 α_{cw}는 다음과 같이 세 범주로 나누어 값을 결정한다.

$$\alpha_{cw} = 1 + \frac{f_n}{\phi_c f_{ck}} \qquad : 0 < f_n \le 0.25\,\phi_c f_{ck} \qquad (7\cdot119)$$

$$\alpha_{cw} = 1.25 \qquad : 0.25\,\phi_c f_{ck} < f_n \le 0.5\,\phi_c f_{ck} \qquad (7\cdot120)$$

$$\alpha_{cw} = 2.5\left(1 - \frac{f_n}{\phi_c f_{ck}}\right) \qquad : 0.5\,\phi_c f_{ck} < f_n \le 1.0\,\phi_c f_{ck} \qquad (7\cdot121)$$

복부에 지름이 $b_w/8$ 이상인 프리스트레싱 덕트가 있는 경우에는, 덕트를 고려한 공칭복부폭 $b_{w,nom}$을 사용하여 $V_{d,max,com}$을 산정하여야 한다. 공칭복부폭은 그라우트 된 덕트의 경우에는 식 (7·161)로 결정하고, 그라우트 되지 않은 덕트의 경우에는 식 (7·162)로 결정한다.

$$b_{w,nom} = b_w - 0.5 \sum \Phi \qquad (7\cdot161)$$

$$b_{w,nom} = b_w - 1.2 \sum \Phi \qquad (7\cdot162)$$

여기서 Φ는 덕트의 지름 또는 덕트의 수평방향 치수이다.

콘크리트 스트럿의 경사각, 즉 균열의 각도 θ는 앞의 식 (7·123)으로 주어진 범위의 값으로 선택하여야 한다.

$$1 \le cot\,\theta \le 2.5 \qquad (7\cdot123)$$

즉, 스트럿의 경사각 θ는 22°~45° 범위로서, $V_{d,max,com}$이 계수전단력 V_u와 같을 조건으로 스트럿의 경사각 θ를 결정한 후 22°~45° 범위의 값을 취하거나, 미리 θ가 22°일 조건과 45°일 조건을 검토하여 경사각을 결정할 수 있다. 스트럿의 경사각 θ는 앞의 식 (7·129) 또는 식 (7·130)으로 구할 수 있다.

$$\theta = \frac{1}{2} sin^{-1}\left(\frac{2\,V_u}{\alpha_{cw}\,\nu\,\phi_c f_{ck}\,b_w\,z}\right) \qquad (7\cdot129)$$

$$\theta = \frac{1}{2} sin^{-1}\left[\frac{V_u}{0.27\,\alpha_{cw}\,\phi_c f_{ck}\,b_w\,d\left(1-\frac{f_{ck}}{250}\right)}\right] \qquad (7\cdot130)$$

만일 θ로 22°보다 작은 값을 얻었다면 θ를 22°로 하여 전단철근을 설계하고, 45°보다 큰 값을 얻었다면 부재 단면을 증가시키거나 콘크리트 압축강도를 증가시켜야 한다. 스트럿 경사각 θ의 값이 결정되면, 설계전단강도 V_{sd}가 계수전단력 V_u 이상이 되도록 전단철근의 단면적 A_v와 간격 s를 결정한다.

전단철근의 설계에서, 전단철근을 배치하고 스트럿의 경사각을 결정하여 설계전단강도를 계산하는 과정은 다음의 순서에 따를 수 있다.

① 스트럿의 경사각 θ를 22°로 가정하고, 콘크리트 스트럿이 저항할 수 있는 최대 전단강도 $V_{d,max,com}$을 계산한다.

② θ를 22°로 가정하고, 설계전단강도 V_{sd}가 계수전단력 V_u와 같도록 V_{sd}의 수식을 적용하여 얻은 다음 식으로 전단철근의 소요간격 $s_{req'd}$를 계산한다. 이때 전단철근의 간격과 단면적은 최대허용

간격과 최소 및 최대 전단철근단면적 규정을 만족하여야 한다.

$$s_{req'd} = \frac{\phi_s f_{yt} A_v z}{V_u} cot(22^\circ) = 2.5 \frac{\phi_s f_{yt} A_v z}{V_u} \tag{7·163}$$

③ $s_{req'd}$ 이하의 간격으로 전단철근의 간격 s를 선택하고, 조건에 해당하는 스트럿의 경사각 θ를 계산한 후, 22°~45° 범위의 값으로 θ를 결정한다.

④ 결정된 스트럿의 경사각 θ와 선택된 전단철근의 간격 s로 설계전단강도 V_{sd}를 계산하고 최대 전단강도 $V_{d,max,com}$를 초과하지 않는지 검토한 후, 설계전단강도 V_d를 확정하고 전단강도를 검증한다.

받침점 내면으로부터 단면 유효깊이 d의 0.5배인 위치와 2배인 위치 사이에 집중하중이 작용하는 경우, 전단철근이 보강된 부재의 설계전단강도 V_d는 식 (7·146)의 V_{cd}에 전단철근에 의한 전단강도를 추가하여 앞의 식 (7·148)과 식 (7·149)로 결정한다. 식 (7·148)은 경사전단철근이 배치된 부재에 적용하고, 식 (7·149)은 수직전단철근이 배치된 부재에 적용한다. 이때의 전단철근은 전단경간 중앙부 $0.75a$의 구간 안에 위치하는 전단철근만을 고려하여야 한다.

$$V_d = \phi_s f_{vy} A_v (sin\,\alpha) \left(\frac{2d}{x}\right) \tag{7·148}$$

$$V_d = \phi_s f_{vy} A_v \left(\frac{2d}{x}\right) \tag{7·149}$$

단, 이 설계전단강도 V_d는 앞의 식 (7·118)의 최댓값을 초과하지 못한다.

$$V_{d,max} = \nu\, \phi_c f_{ck}\, b_w\, z \frac{cot\,\theta + cot\,\alpha}{1 + cot^2\theta} \tag{7·118}$$

[4] 전단철근의 구성 및 상세

전단철근은 다음 세 가지 종류로 구성할 수 있다.

① 종방향 인장철근과 압축부를 둘러싸는 폐쇄철근 또는 U형 철근

② 주철근을 구부린 굽힘철근

③ 종방향 철근을 둘러싸지는 않지만 압축영역과 인장영역에 적절히 정착된 단일 철근

전단철근을 이 세 가지 종류로 구성할 수 있으나, 한 단면에서 전단철근 중 최소 50%는 폐쇄철근이나 U형철근의 형태를 사용하여야 한다. 전단철근은 충분히 정착되어야 하며, 비틀림모멘트가 작용하지

않는 경우에는 전단철근이 복부 면 근처에서 겹침이음하여도 좋다.

[5] 최소전단철근

전단철근의 양이 매우 적은 부재가 전단작용으로 파괴되는 경우에는 예고 없이 취성파괴가 발생할 가능성이 있으므로, 최소전단철근을 배치하도록 규정하고 있다. 최소전단철근은 다음과 같이 전단철근비 ρ_v로 나타내며, 최소전단철근비 $\rho_{v,min}$ 이상의 전단철근비를 갖도록 전단철근을 배치하여야 한다.

$$\rho_v = \frac{A_v}{s\, b_w \sin\alpha} \tag{7·164}$$

$$\rho_{v,min} = \frac{0.08\sqrt{f_{ck}}}{f_y} \tag{7·165}$$

[6] 최대전단철근

전단철근의 양이 매우 많은 부재가 전단작용으로 파괴되는 경우에는 전단철근이 항복하지 않는 상태에서 콘크리트 스트럿이 압축 파괴되는 취성파괴가 발생하게 된다. 따라서 설계기준은 다음 식을 만족하도록 최대전단철근의 양을 제한하고 있다. 식 (7·166)은 수직전단철근이 배치된 부재에 적용하고, 식 (7·167)은 경사전단철근이 배치된 부재에 적용한다.

$$\frac{\phi_s f_y A_{v,max}}{b_w s} \leq 0.5\,\nu\,\phi_c f_{ck} \tag{7·166}$$

$$\frac{\phi_s f_y A_{v,max}}{b_w s} \leq 0.5\,\nu\,\phi_c f_{ck} \frac{1}{\sin\alpha} \tag{7·167}$$

식 (7·166)과 식 (7·167)을 변환하여, 한 단면에 배치된 전단철근의 최대허용단면적을 표현하면 각각 다음과 같다.

$$A_{v,max} = \frac{0.5\,\nu\,\phi_c f_{ck}\, b_w s}{\phi_s f_y} \tag{7·168}$$

$$A_{v,max} = \frac{0.5\,\nu\,\phi_c f_{ck}\, b_w s}{\phi_s f_y \sin\alpha} \tag{7·169}$$

따라서, 한 단면에 배치된 전단철근의 단면적 A_v는 식 (7·168)과 식 (7·169)의 최대허용단면적 $A_{v,max}$을 초과하지 않도록 하여야 한다.

[7] 전단철근의 간격

전단철근은 부재 종방향으로 다음의 최대간격을 넘지 않도록 배치하여야 한다.

$$s_{max} = 0.75\, d(1 + cot\ \alpha) \qquad (7 \cdot 170)$$

수직전단철근의 경우에는 최대간격이 다음과 같이 단순해진다.

$$s_{max} = 0.75\, d \qquad (7 \cdot 171)$$

전단철근으로 굽힘철근을 사용하는 경우에는 다음의 최대간격을 넘지 않도록 배치하여야 한다.

$$s_{max} = 0.6\, d(1 + cot\ \alpha) \qquad (7 \cdot 172)$$

한 단면 내에 배치되는 전단철근은 전단철근 사이의 간격이 다음의 최대 폭방향 간격을 넘지 않도록 배치하여야 한다.

$$s_{max} = 0.75\, d \leq 600\ mm \qquad (7 \cdot 173)$$

[8] 전단위험단면 및 깊이가 변하는 부재의 전단력

등분포하중이 지배적으로 작용하는 부재의 경우에는 전단위험단면(shear critical section)을 받침부 내면부터 유효깊이 d 떨어진 단면으로 한다. [그림 7-23 참조] 즉, 받침부 내면부터 유효깊이 d 떨어진 위치까지의 작용 전단력은 받침부 내면부터 유효깊이 d 떨어진 위치의 전단력과 동일하게 취한다. 이때 소요 전단철근은 받침부까지 연장 배치하여야 한다. 깊이가 변하는 부재의 경사진 상현재와 하현재에 작용하는 힘의 수직 성분과 프리스트레스트 부재의 경사진 긴장력의 수직 성분은 설계전단강도에 추가할 수 있다.

예제 7-3

그림 7-41의 프리텐션 보에 SWPC7BL 15 $m(A_{ps1} = 138.7\ mm^2)$ 강연선 12가닥($A_p = 1{,}664\ mm^2$)이 배치되어 있다. 텐던의 유효 긴장력 $P_e = 1{,}700\ kN$, 경간 $l = 24\ m$, 콘크리트 설계기준압축강도 $f_{ck} = 35\ MPa$, 콘크리트 단면적 $A_c = 594{,}000\ mm^2$, 단면2차모멘트 $I = 62.73\times10^9\ mm^4$, 단면 도심에서 상단까지 거리 $y_{top} = 354\ mm$, 단면 도심에서 하단까지 거리 $y_{bot} = 746\ mm$, 상단의 단면상수 $S_t = 177.2\times10^6\ mm^3$, 하단의 단면상수 $S_b = 84.1\times10^6\ mm^3$, 단면 도심축의 위쪽 또는 아래쪽 단면의 단면 도심축에 대한 단면1차모멘트 $Q = 83.4\times10^6\ mm^3$, 고정하중 $w_d = 14.9\ kN/m$, 긴장재의 편심은 지점에서 196 mm이고 지점에서 9 m인 위치부터 596 mm로 일정하다. 등분포 활하중 $w_l = 11.7\ kN/m$이 작용할 때와 $w_l = 18.7\ kN/m$이 작용할 때에 대하여, 주요 위치의 설계전단강도를 교량설계기준(한계상태설계법)에 따라 구하여 분포도를 작성하시오. (이 예제의 프리텐션 보는 예제 7-1 및 예제 7-2의 보와 동일하다)

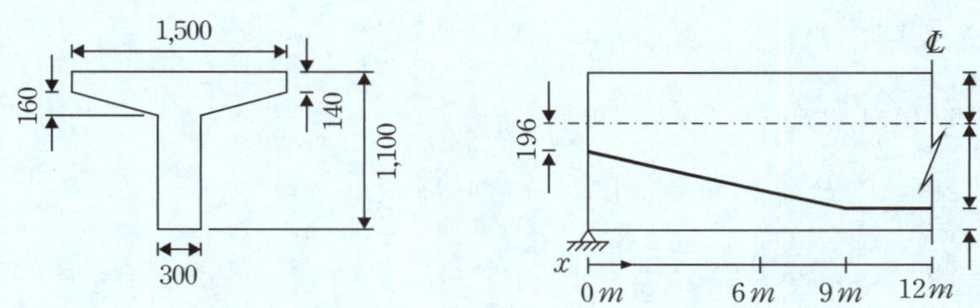

| 그림 7-41 | 예제 7-3의 프리스트레스트 콘크리트 부재

>> 풀이

(1) 주요변수 및 전달길이

지점으로부터의 거리를 x로 하였을 때, 각 위치에서의 긴장재 편심은

$$0 \le x < 9{,}000\ mm \text{ 일 때, } e_p(x) = 196 + \frac{4x}{90}$$

$$x \ge 9{,}000\ mm \text{ 일 때, } e_p = 596\ mm$$

단면 상단으로부터 긴장재 도심까지의 거리는

$$0 \le x < 9{,}000\ mm,\ d_p(x) = e_p(x) + y_{top} = 196 + \frac{4x}{90} + 354 = 550 + \frac{4x}{90}$$

$$x \ge 9{,}000\ mm,\ d_p = e + y_{top} = 596 + 354 = 950\ mm$$

$x = 6{,}000\ mm$인 위치에서 긴장재의 편심은

$$e_p(6{,}000) = 196 + \frac{4x}{90} = 196 + \frac{4\times6{,}000}{90} = 463\ mm$$

$x = 6{,}000\ mm$인 위치에서 단면의 유효깊이는

$$d_p(6{,}000) = 550 + \frac{4x}{90} = 550 + \frac{4\times6{,}000}{90} = 817\ mm$$

교량설계기준(한계상태설계법)에서는 프리텐션 긴장재의 전달길이를 긴장재 지름의 60배로 규정하고 있으므로, 긴장재의 전달길이는

$$l_{pt2} = 60\,d_{strand} = 60 \times 15.2 = 912\,mm$$

따라서 $x = 6{,}000\,mm$인 위치는 프리텐션 긴장재의 전달길이를 벗어난 위치이다.

(2) 균열휨모멘트

콘크리트의 평균압축강도는 식 (2·1)로부터

$$f_{cm} = f_{ck} + \Delta f = 35 + 4 = 39\,MPa$$

콘크리트의 평균인장강도는 식 (2·26)로부터

$$f_{ctm} = 0.3(f_{cm})^{2/3} = 0.3 \times (39)^{2/3} = 3.5\,MPa$$

프리텐션 부재는 $\gamma_{ps,l} = 0.95$이므로, 각 위치의 균열휨모멘트를 다음과 같이 구한다.

$x = 0\,mm$인 위치에서, $P_e = 0$이므로 균열휨모멘트는 식 (5·46)으로부터

$$M_{cr} = f_{ctm}\,S_b + \gamma_{ps,l}\,P_e\left(\frac{S_b}{A_c} + e_p\right)$$
$$= [3.5 \times (84.1 \times 10^6) + 0]/10^6 = 294\,kN \cdot m$$

$x = 912\,mm$인 위치에서, $P_e = 1{,}700\,kN$이므로 균열휨모멘트는

$$e_p(912) = 196 + \frac{4x}{90} = 196 + \frac{4 \times 912}{90} = 237\,mm$$

$$M_{cr} = f_{ctm}\,S_b + \gamma_{ps,l}\,P_e\left(\frac{S_b}{A_c} + e_p\right)$$
$$= \left[3.5 \times (84.1 \times 10^6) + 0.95 \times 1{,}700{,}000 \times \left(\frac{84.1 \times 10^6}{594{,}000} + 237\right)\right]/10^6$$
$$= 294 + 611 = 905\,kN \cdot m$$

$x = 6{,}000\,mm$인 위치에서의 균열휨모멘트는, $e_p(6{,}000) = 463\,mm$이므로

$$M_{cr} = f_{ctm}\,S_b + \gamma_{ps,l}\,P_e\left(\frac{S_b}{A_c} + e_p\right)$$
$$= \left[3.5 \times (84.1 \times 10^6) + 0.95 \times 1{,}700{,}000 \times \left(\frac{84.1 \times 10^6}{594{,}000} + 463\right)\right]/10^6$$
$$= 294 + 976 = 1{,}270\,kN \cdot m$$

$x \geq 9{,}000\,mm$인 위치에서, $P_e = 1{,}700\,kN$이고 $e_p = 596\,mm$이므로 균열휨모멘트는

$$M_{cr} = f_{ctm}\,S_b + \gamma_{ps,l}\,P_e\left(\frac{S_b}{A_c} + e_p\right)$$
$$= \left[3.5 \times (84.1 \times 10^6) + 0.95 \times 1{,}700{,}000 \times \left(\frac{84.1 \times 10^6}{594{,}000} + 596\right)\right]/10^6$$
$$= 294 + 1{,}191 = 1{,}485\,kN \cdot m$$

(3) 등분포 활하중 $w_l = 11.7\,kN/m$이 작용할 때의 비균열 단면과 균열 단면의 구분

고정하중 $w_d = 14.9\,kN/m$, 활하중 $w_l = 11.7\,kN/m$이므로, 계수하중은

$$w_u = 1.2\,w_d + 1.6\,w_l = 1.2 \times 14.9 + 1.6 \times 11.7 = 36.6\,kN/m$$

전단위험단면은 받침부 내면으로부터 d인 위치로서, 경사 배치된 긴장재의 유효깊이가 변화하지만 설계자의 판단에 따라 부재 중앙부의 유효깊이 $d_p = 950\ mm$를 d로 취한다.

전단위험단면인 $x = 0.95\ m$ 위치에서의 계수전단력과 계수휨모멘트는

$$V_u = w_u\left(\frac{l}{2} - x\right) = 36.6\left(\frac{24}{2} - 0.95\right) = 404\ kN$$

$$M_u = w_u\frac{x(l-x)}{2} = 36.6\,\frac{0.95\times(24-0.95)}{2} = 401\ kN\cdot m$$

전달길이 종점인 $x = 912\ mm$에서 균열휨모멘트가 $905\ kN\cdot m$이므로, $x = 0.95\ m$인 위치의 균열휨모멘트는 $905\ kN\cdot m$보다 클 것이다. $x = 0.95\ m$인 위치의 단면은 계수휨모멘트가 $401\ kN\cdot m$로 균열휨모멘트보다 작으므로 비균열 단면이다.

$x = 6\ m$인 위치의 계수전단력과 계수휨모멘트는

$$V_u = w_u\left(\frac{l}{2} - x\right) = 36.6\left(\frac{24}{2} - 6\right) = 220\ kN$$

$$M_u = w_u\frac{x(l-x)}{2} = 36.6\,\frac{6\times(24-6)}{2} = 1{,}976\ kN\cdot m$$

이 단면에서 균열휨모멘트는 $1{,}270\ kN\cdot m$로서 M_u보다 작으므로, 균열 단면이다.

$x = 9\ m$인 위치의 계수전단력과 계수휨모멘트는

$$V_u = w_u\left(\frac{l}{2} - x\right) = 36.6\left(\frac{24}{2} - 9\right) = 110\ kN$$

$$M_u = w_u\frac{x(l-x)}{2} = 36.6\,\frac{9\times(24-9)}{2} = 2{,}471\ kN\cdot m$$

이 단면에서 균열휨모멘트는 $1{,}485\ kN\cdot m$로서 M_u보다 작으므로, 균열 단면이다.

이와 같은 결과에 따라 계수휨모멘트 분포와 균열휨모멘트 분포를 나타내면, 그림 7-42와 같다.

그림 7-42의 분포를 검토한 결과, 지점에서 $2.8\ m$ 떨어진 위치까지는 비균열 단면이고, 양쪽 지점에서 $2.8\ m$ 떨어진 위치 사이의 단면은 균열 단면이다.

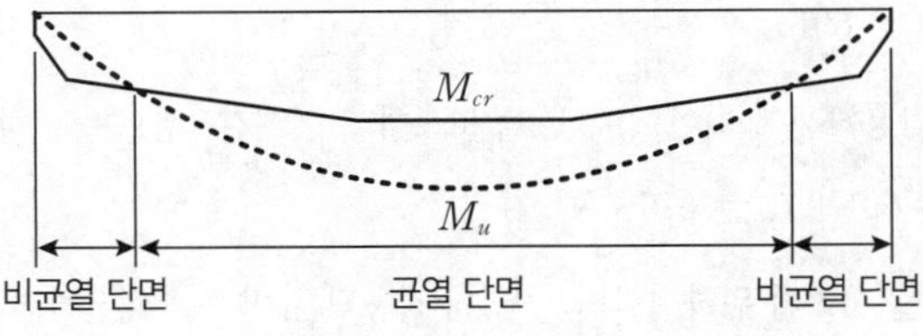

| 그림 7-42 | 계수휨모멘트 분포와 균열휨모멘트 분포 ($w_l = 11.7\ kN/m$인 경우)

(4) 등분포 활하중 $w_l = 11.7\ kN/m$이 작용할 때 전단 무보강 단면의 설계전단강도

전단철근이 배치되지 않은 경우, 비균열 단면의 설계전단강도는 콘크리트의 설계기준인장강도를 이용하여 계산한다.

콘크리트의 설계기준인장강도 f_{ctk}를 식 (2·27)로 구하면

$$f_{ctk} = 0.7\,f_{ctm} = 0.7\times3.5 = 2.45\ MPa$$

프리스트레스에 의한 압축응력을 식 (7·84)에 따라 구하면

$$f_n = \frac{N_u - A_s \phi_s f_y}{A_c} = \frac{P_e}{A_c} = \frac{1,700(10)^3}{594,000}$$

$$= 2.86\,MPa$$

지점에서는 긴장력이 0이므로 $\alpha_l = 0$인데, 이를 식 (7·85)에 따라 다음과 같이 구할 수도 있다.

$$\alpha_l = \frac{l_x}{l_{pt2}} = \frac{0}{912} = 0$$

지점에서 비균열 단면의 설계전단강도를 식 (7·83)에 따라 구하면

$$V_{cd} = V_{cd,u} = \frac{I\,b_w}{Q}\sqrt{(\phi_c f_{ctk})^2 + \alpha_l f_n \phi_c f_{ctk}}$$

$$= \frac{62.73(10)^9 \times 300}{83.4(10)^6}\sqrt{(0.65\times 2.45)^2 + 0}$$

$$= 359,300\,N = 359\,kN$$

긴장력의 수직성분 V_p를 고려하기 위하여 긴장재의 경사각 θ_p를 구하면

$$\theta_p = tan^{-1}\left(\frac{596-196}{9,000}\right) = 2.545^\circ$$

긴장력의 수직성분 V_p는

$$V_p = P_e \sin\theta_p = 1,700\,sin(2.545^\circ) = 75\,kN$$

전단위험단면인 $x = 0.95\,m$의 위치에서는 프리텐션 긴장재의 전달길이를 벗어난 위치이므로, $\alpha_l = 1.0$을 적용한다. $x = 0.95\,m$의 위치에서 비균열 단면의 설계전단강도를 식 (7·83)에 따라 구하면

$$V_{cd,u} = \frac{I\,b_w}{Q}\sqrt{(\phi_c f_{ctk})^2 + \alpha_l f_n \phi_c f_{ctk}}$$

$$= \frac{62.73(10)^9 \times 300}{83.4(10)^6}\sqrt{(0.65\times 2.45)^2 + 1.0\times 2.86\times(0.65\times 2.45)}$$

$$= 600,858\,N = 601\,kN$$

긴장력의 수직성분 V_p가 작용하는 위치이므로, V_p를 고려하여 설계전단강도를 구하면

$$V_{cd} = V_{cd,u} + V_p = 601 + 75 = 676\,kN$$

균열 단면의 설계전단강도를 구하기 위하여 식 (7·93)에 적용되는 변수를 계산하면

$$\varkappa = 1 + \sqrt{\frac{200}{d}} = 1 + \sqrt{\frac{200}{950}} = 1.46 < 2.0$$

$$\rho = \frac{A_s}{b_w d} = \frac{A_p}{b_w d} = \frac{1,664}{300\times 950} = 0.00584 < 0.02$$

$$0.2\,\phi_c f_{ck} = 0.2\times 0.65\times 35 = 4.55\,MPa$$

$$f_n = 2.86\,MPa < 0.2\,\phi_c f_{ck}$$

균열 단면 설계전단강도의 최솟값을 식 (7·94)로 구하면

$$V_{cd,min} = (0.035\, k^{2/3} f_{ck}^{1/2} + 0.15 f_n)\, b_w d$$
$$= [0.035 \times (1.46)^{2/3} \times (35)^{1/2} + 0.15 \times 2.86] \times 300 \times 950$$
$$= 198{,}000\, N = 198\, kN$$

균열 단면의 설계전단강도를 식 (7·93)으로 구하면

$$V_{cd,c} = [0.85\, \phi_c\, \kappa\, (\rho f_{ck})^{1/3} + 0.15 f_n]\, b_w d$$
$$= [0.85 \times 0.65 \times 1.46 \times (0.00584 \times 35)^{1/3} + 0.15 \times 2.86] \times 300 \times 950$$
$$= 257{,}700\, N = 258\, kN$$

이 값은 $V_{cd,min}$ 인 198 kN보다 크므로, 균열 단면의 설계전단강도는

$$V_{cd,c} = 258\, kN$$

긴장재가 경사방향으로 배치된 구간은 $x \le 9\, m$ 인 구간이므로, $2.8\, m \le x \le 9\, m$ 구간의 균열 단면 설계전단강도는

$$V_{cd} = V_{cd,c} + V_p = 258 + 75 = 333\, kN$$

$x > 9\, m$ 구간의 균열 단면 설계전단강도는

$$V_{cd} = V_{cd,c} = 258\, kN$$

등분포 활하중 $w_l = 11.7\, kN/m$이 작용할 때의 계수전단력 분포와 설계전단강도 분포는 그림 7-43과 같다.

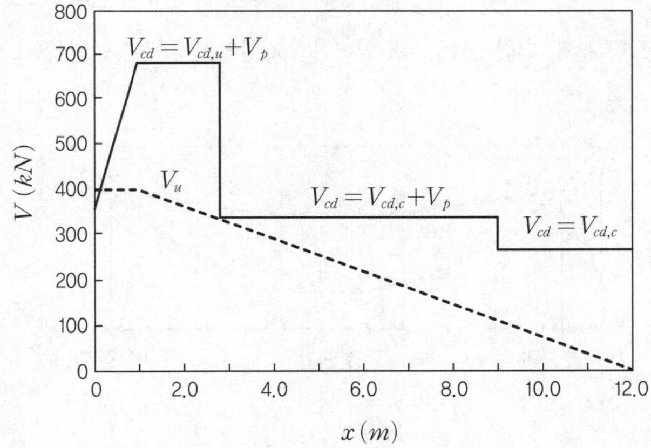

| 그림 7-43 | 계수전단력 분포와 설계전단강도 분포($w_l = 11.7\, kN/m$인 경우)

(5) 등분포 활하중 $w_l = 18.7\, kN/m$이 작용할 때의 비균열 단면과 균열 단면의 구분

고정하중 $w_d = 14.9\, kN/m$, 활하중 $w_l = 18.7\, kN/m$이므로, 계수하중은

$$w_u = 1.2\, w_d + 1.6\, w_l = 1.2 \times 14.9 + 1.6 \times 18.7 = 47.8\, kN/m$$

전단위험단면인 $x = 0.95\, m$ 위치에서의 계수전단력과 계수휨모멘트는

$$V_u = w_u\left(\frac{l}{2} - x\right) = 47.8\left(\frac{24}{2} - 0.95\right) = 528\, kN$$

$$M_u = w_u \frac{x(l-x)}{2} = 47.8 \frac{0.95\times(24-0.95)}{2} = 523\, kN\cdot m$$

전달길이 종점인 $x = 912\,mm$에서 균열휨모멘트가 $905\,kN\cdot m$이므로, $x = 0.95\,m$인 위치의 균열휨모멘트는 $905\,kN\cdot m$보다 클 것이다. $x = 0.95\,m$인 위치의 단면은 계수휨모멘트가 $523\,kN\cdot m$로 균열휨모멘트보다 작으므로 비균열 단면이다.

$x = 6\,m$인 위치에서의 계수전단력과 계수휨모멘트는

$$V_u = w_u\left(\frac{l}{2}-x\right) = 47.8\left(\frac{24}{2}-6\right) = 287\,kN$$

$$M_u = w_u \frac{x(l-x)}{2} = 47.8 \frac{6\times(24-6)}{2} = 2{,}581\,kN\cdot m$$

이 단면에서 균열휨모멘트는 $1{,}270\,kN\cdot m$로서 M_u보다 작으므로, 균열 단면이다.

$x = 9\,m$인 위치의 계수전단력과 계수휨모멘트는

$$V_u = w_u\left(\frac{l}{2}-x\right) = 47.8\left(\frac{24}{2}-9\right) = 143\,kN$$

$$M_u = w_u \frac{x(l-x)}{2} = 47.8 \frac{9\times(24-9)}{2} = 3{,}227\,kN\cdot m$$

이 단면에서 균열휨모멘트는 $1{,}485\,kN\cdot m$로서 M_u보다 작으므로, 균열 단면이다.

이와 같은 결과에 따라 계수휨모멘트 분포와 균열휨모멘트 분포를 나타내면, 그림 7-44와 같다.

그림 7-44의 분포를 검토한 결과, 지점에서 1.8 m 떨어진 위치까지는 비균열 단면이고, 양쪽 지점에서 1.8 m 떨어진 위치 사이의 단면은 균열 단면이다.

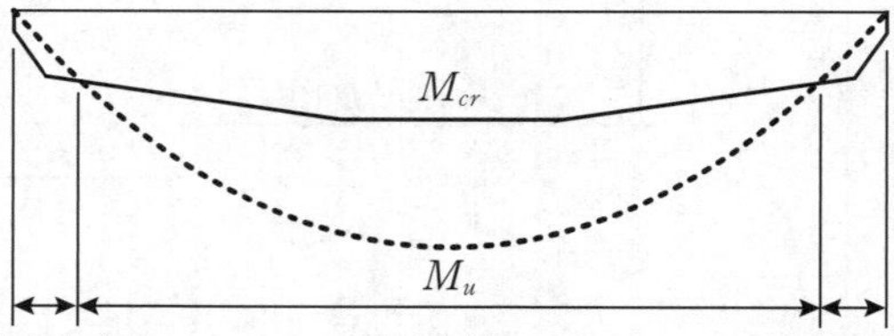

| 그림 7-44 | 계수휨모멘트 분포와 균열휨모멘트 분포($w_l = 18.7\,kN/m$인 경우)

(6) 등분포 활하중 $w_l = 18.7\,kN/m$이 작용할 때 전단 무보강 단면의 설계전단강도

전단철근이 배치되지 않은 경우, 앞의 (4)에서 계산한 결과는 다음과 같았다.

지점에서의 설계전단강도는

$$V_{cd} = V_{cd,u} = \frac{I\,b_w}{Q}\sqrt{(\phi_c f_{ctk})^2 + 0} = 359\,kN$$

전단위험단면인 x=0.95 m의 위치에서의 설계전단강도는

$$V_{cd} = V_{cd,u} + V_p = \frac{I\,b_w}{Q}\sqrt{(\phi_c f_{ctk})^2 + \alpha_l f_n \phi_c f_{ctk}} + V_p = 676\,kN$$

2.8 $m \le x \le 9\,m$ 구간의 균열 단면 설계전단강도는

$$V_{cd} = V_{cd,c} + V_p = 304 + 75 = 379\,kN$$

$x > 9\,m$ 구간의 균열 단면 설계전단강도는

$$V_{cd} = V_{cd,c} = 304\,kN$$

등분포 활하중 $w_l = 18.7\,kN/m$이 작용할 때의 계수전단력 분포와 설계전단강도 분포는 그림 7-45와 같다.

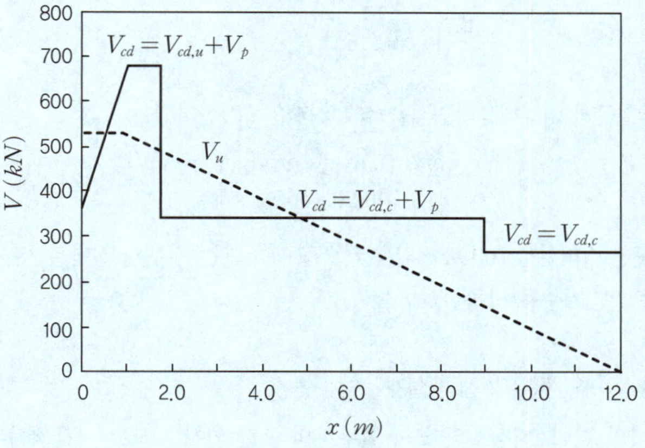

| 그림 7-45 | 계수전단력 분포와 설계전단강도 분포($w_l = 18.7\,kN/m$인 경우)

예제 7-4

예제 7-3의 보에 등분포 활하중 $w_l = 11.7\,kN/m$이 작용할 때와 $w_l = 18.7\,kN/m$이 작용할 때에 대하여, 교량 설계기준(한계상태설계법)에 따라 전단 설계를 각각 수행하시오. (이 예제의 프리텐션 보는 예제 7-1 및 예제 7-2의 보와 동일하다)

>>> 풀이

(1) 전단철근의 최대간격과 최소전단철근 및 최대전단철근

전단철근으로 SD400 D13 철근의 U형 스터럽을 사용하기로 하고, 전단철근의 최대간격을 계산한다. D13 철근의 단면적이 126.7 mm^2이므로, 전단철근의 단면적은

$$A_v = 2 \times 126.7 = 253\,mm^2$$

전단철근의 최대간격을 식 (7·171)로 계산하면

$$s_{max} = 0.75\,d = 0.75 \times 950 = 712.5\,mm$$

이 설계에서는 전단철근의 간격이 700 mm를 넘지 않도록 하기로 한다.

최소전단철근비를 식 (7·165)로 계산하면

$$\rho_{v,min} = \frac{0.08\sqrt{f_{ck}}}{f_y} = \frac{0.08\sqrt{35}}{400} = 0.001183$$

SD400 D13 철근의 U형 스터럽을 700 mm의 간격으로 배치하는 경우의 전단철근비를 식 (7·164)로 계산하면

$$\rho_v = \frac{A_v}{s\, b_w \sin\alpha} = \frac{A_v}{s\, b_w} = \frac{253}{700 \times 300} = 0.001205$$

따라서 $\rho_v > \rho_{v,min}$이므로, 기준을 만족한다.

전단철근의 최대허용단면적을 검토하기 위하여, 식 (7·122)로 콘크리트 압축강도 유효계수 ν를 구하면

$$\nu = 0.6\left(1 - \frac{f_{ck}}{250}\right) = 0.6\left(1 - \frac{35}{250}\right) = 0.516$$

한 단면에 배치된 전단철근의 최대허용단면적을 식 (7·168)로 계산하면

$$A_{v,max} = \frac{0.5\,\nu\,\phi_c f_{ck}\, b_w\, s}{\phi_s f_y} = \frac{0.5 \times 0.516 \times 0.65 \times 35 \times 300 \times 700}{0.90 \times 400} = 3{,}424\ mm^2$$

SD400 D13 철근의 U형 스터럽을 700 mm의 간격으로 배치하는 경우의 전단철근단면적 A_v는 253 mm^2로서 $A_{v,max}$을 초과하지 않으므로, 기준을 만족한다.

(2) 활하중이 $w_l = 11.7\ kN/m$인 경우의 전단 설계

그림 7-43에 나타난 바와 같이, 지점부의 극히 일부분의 구간 외에는 모든 구간에서 전단 무보강 단면의 설계전단강도 V_{cd}가 계수전단력 V_u보다 크다. 따라서 논리적으로는 전단철근을 배치하지 않아도 전단강도를 만족하지만, 설계기준의 규정에 따라 최소전단철근을 배치하여야 한다. 이에 따라, SD400 D13 철근의 U형 스터럽을 700 mm의 간격으로 배치한다. 이때 첫 번째 전단철근은 받침부 내면에서 350 mm 이내의 위치에 배치하고, 그 다음 전단철근부터는 700 mm의 간격으로 배치한다.

(3) 활하중이 $w_l = 18.7\ kN/m$인 경우의 전단 설계

그림 7-45에 나타난 바와 같이, 전단 무보강 단면의 설계전단강도 V_{cd}가 계수전단력 V_u보다 작아서 전단철근이 배치되어야 하는 구간이 두 군데 존재한다. 전단철근이 배치되어야 하는 구간은 V_{sd}에 V_p가 추가된 설계전단강도가 V_u 이상이 되도록 전단철근을 배치하여야 하며, 그 외의 구간에는 최소전단철근을 배치하여야 한다.

설계전단강도 V_{cd}가 계수전단력 V_u보다 작은 구간 중에서 계수전단력이 가장 큰 $V_u = 528\ kN$에 대하여 다음의 과정으로 전단철근 설계를 수행하기로 한다.

① 스트럿의 경사각 θ를 22로 가정하고, 콘크리트 스트럿이 저항할 수 있는 최대 전단강도 $V_{d,max,com}$을 계산한다.

② θ를 22°로 가정하고, 설계전단강도 V_{sd}가 계수전단력 V_u와 같도록 V_{sd}의 수식을 적용하여 전단철근의 소요간격 $s_{req'd}$을 계산한다.

③ $s_{req'd}$ 이하의 간격으로 전단철근의 간격 s를 선택하고, 조건에 해당하는 스트럿의 경사각 θ를 계산한 후 22°~45° 범위의 값으로 θ를 결정한다.

④ 결정된 스트럿의 경사각 θ와 선택된 전단철근의 간격 s로 설계전단강도 V_{sd}를 계산하고 최대 전단강도 $V_{d,max,com}$를 초과하지 않는지 검토한 후, 설계전단강도 V_d를 확정하고 전단강도를 검증한다.

최대 전단강도 $V_{d,max,com}$을 결정하기 위하여 변수들을 계산한다. 먼저 α_{cw}를 결정하기 위하여 f_n의 수준을 검토하면

$$0.25\,\phi_c f_{ck} = 0.25\times 0.65\times 35 = 5.69\ MPa$$

$$f_n = 2.86\ MPa < 0.25\,\phi_c f_{ck}$$

따라서 식 (7·119)에 따라 다음과 같이 α_{cw}를 계산한다.

$$\alpha_{cw} = 1+\frac{f_n}{\phi_s f_{ck}} = 1+\frac{2.86}{0.65\times 35} = 1.13$$

콘크리트 압축강도 유효계수 ν를 식 (7·122)로 구하면

$$\nu = 0.6\left(1-\frac{f_{ck}}{250}\right) = 0.6\left(1-\frac{35}{250}\right) = 0.516$$

z를 구하면

$$z = 0.9\,d = 0.9\times 950 = 855\ mm$$

스트럿의 경사각 θ를 22°로 가정하고, $V_{d,max}$를 식 (7·117)로 구하면

$$V_{d,max} = \frac{\nu\,\phi_c f_{ck}\,b_w\,z}{cot(22^\circ)+tan(22^\circ)} = \frac{0.516\times 0.65\times 35\times 300\times 855}{2.5+0.4}\,\frac{1}{(10)^3} = 1{,}038\ kN$$

$V_{d,max,com}$를 식 (7·116)으로 구하면

$$V_{d,max,com} = \alpha_{cw}\,V_{d,max} = 1.13\times 1{,}038 = 1{,}173\ kN$$

그림 7-45에 나타난 바와 같이, 전단 무보강 단면의 설계전단강도 V_{cd}가 계수전단력 V_u보다 작은 지점부와 $1.8\ m \le x \le 4\ m$ 구간은 모두 경사 긴장재가 배치된 위치로서, 긴장력의 수직성분 V_p가 작용하는 위치이다. 따라서 V_p를 구하면

$$V_p = P_e\,sin\,\theta_p = 1{,}700\ sin(2.545^\circ) = 75\ kN$$

$V_u = 528\ kN$에 대한 전단철근의 소요간격을 식 (7·163)으로 구할 때, 식 (7·160)과 같이 V_p의 영향을 고려하여 계산하면

$$s_{req'd} = 2.5\,\frac{\phi_c f_{yt}\,A_v\,z}{V_u - V_p} = 2.5\,\frac{0.90\times 400\times 253\times 855}{(528-75)\times 10^3} = 429\ mm$$

전단철근의 간격 s로 400 mm를 선택하고, 식 (7·160)과 같이 V_p의 영향을 고려하여 극한한계상태에서의 스트럿 경사각 θ를 식 (7·129)로 구하면

$$\theta = \frac{1}{2}\,sin^{-1}\left[\frac{2(V_u - V_p)}{\alpha_{cw}\nu\,\phi_c f_{ck}\,b_x z}\right]$$

$$= \frac{1}{2}\,sin^{-1}\left[\frac{2\times(528-75)\times 10^3}{1.13\times 0.516\times 0.65\times 35\times 300\times 855}\right] = 7.7^\circ < 22^\circ$$

θ는 22°~45° 범위의 값을 갖아야 하므로, $\theta = 22^\circ$로 한다.

간격 s가 400 mm인 경우의 V_{sd}를 식 (7·114)로 구하면, $\theta = 22^\circ$이므로

$$V_{sd} = \frac{\phi_c f_{vy}\,A_v\,z}{s}\,cot\,\theta = \frac{0.90\times 400\times 253\times 855}{400}\times 2.5\times\frac{1}{(10)^3} = 487\ kN$$

설계전단강도를 식 (7·158)로 구하면

$$V_d = V_{sd} + V_p = 487 + 75 = 562\ kN > V_u\ (= 528\ kN)$$

설계전단강도 V_d가 V_u를 초과하므로 강도를 만족한다.

전단철근의 배치는 전단철근의 간격을 400 mm과 700 mm의 두 가지 간격으로 하고, 전단철근이 필요한 구간과 최소전단철근이 배치되어야 하는 구간을 고려한다. 이에 따라 다음과 같이 전단철근을 배치하여 부재의 좌우 대칭으로 배치되도록 한다.

첫 번째 전단철근을 지점에서 350 mm인 위치로서, 받침부 내면에서 200 mm 이하가 되도록 배치.

지점에서 350 mm 위치부터 1,150 mm 위치까지 400 mm 간격으로 2개 배치.

지점에서 1,150 mm 위치부터 2,550 mm 위치까지 700 mm 간격으로 2개 배치.

지점에서 2,550 mm 위치부터 5,350 mm 위치까지 400 mm 간격으로 7개 배치.

지점에서 5,350 mm 위치부터 11,650 mm 위치까지 700 mm 간격으로 9개 배치.

전단철근의 배치도는 그림 7-46과 같다.

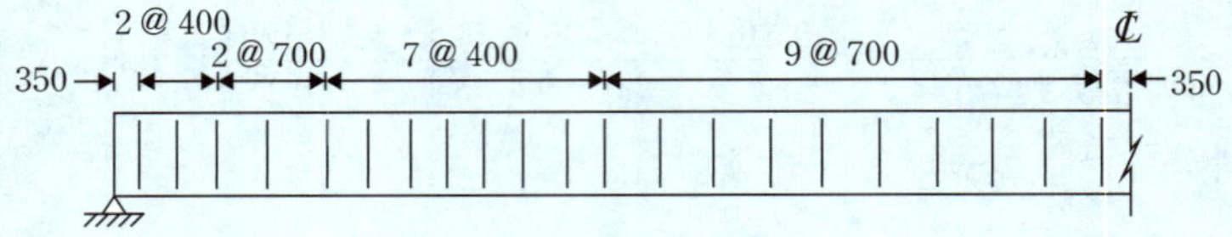

| 그림 7-46 | 전단철근 배치도-1

또는 전단철근 배치를 다음과 같이 단순화하여도 좋을 것이다.

첫 번째 전단철근을 지점에서 400 mm인 위치로서, 받침부 내면에서 200 mm 이하가 되도록 배치.

지점에서 400 mm 위치부터 6,400 mm 위치까지 400 mm 간격으로 15개 배치.

지점에서 6,400 mm 위치부터 12,000 mm 위치인 경간중앙까지 700 mm 간격으로 8개 배치.

전단철근의 배치도는 그림 7-47과 같다.

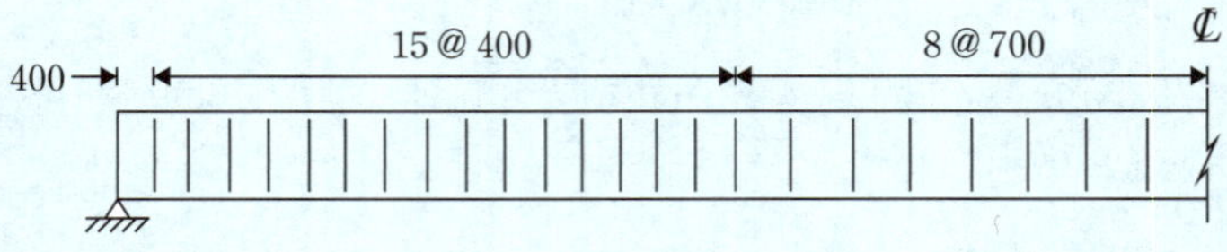

| 그림 7-47 | 전단철근 배치도-2

7.5 수정 압축장 모델 설계기준의 전단강도 및 전단 설계

7.5.1 수정 압축장 모델의 전단강도

이 모델은 Mitchell과 Collins에 의하여 제안된 압축장 모델(compression field theory)[7.31,7.32]을 Vecchio와 Collins가 수정한 모델[7.24,7.33]이다. 수정 압축장 이론은 균열이 발생한 콘크리트도 역시 전단력에 저항한다는 가정을 추가하여, 일반적인 트러스 모델을 확장한 것이다. 즉, 일반적인 트러스 모델에서의 가정과는 달리, 그림 7-48(b)에 나타낸 바와 같이 사인장 균열이 발생한 콘크리트 스트럿에서 압축응력의 직각방향으로 작용하는 인장응력을 콘크리트가 저항한다는 가정이다.

그림 7-48은 휨모멘트가 0인 위치에서 전단력만 작용하는 경우를 나타낸다. 그림 7-48(c)의 모어의 응력원(Mohr's stress circle)에 나타나 있는 바와 같이, 부재 축방향인 x 방향의 응력 f_{cx}와 부재 축의 직각방향인 y 방향의 응력 f_{cy}, 그리고 전단응력 v의 크기에 따라 스트럿의 경사각 θ가 결정된다. 또 그 결과로 주인장응력 f_1과 주압축응력 f_2가 결정되고, 이에 따라 부재단면의 전단강도가 결정된다. 부재 축방향의 응력 f_{cx}와 직각방향의 응력 f_{cy}, 그리고 전단응력 v의 관계는 각 방향으로의 변형률 ε_1와 ε_2, 그리고 전단변형률 γ_{xy}의 관계로 변환할 수 있다. 이 변형률 사이의 관계는 주응력 f_1과 f_2에 의한 각 방향으

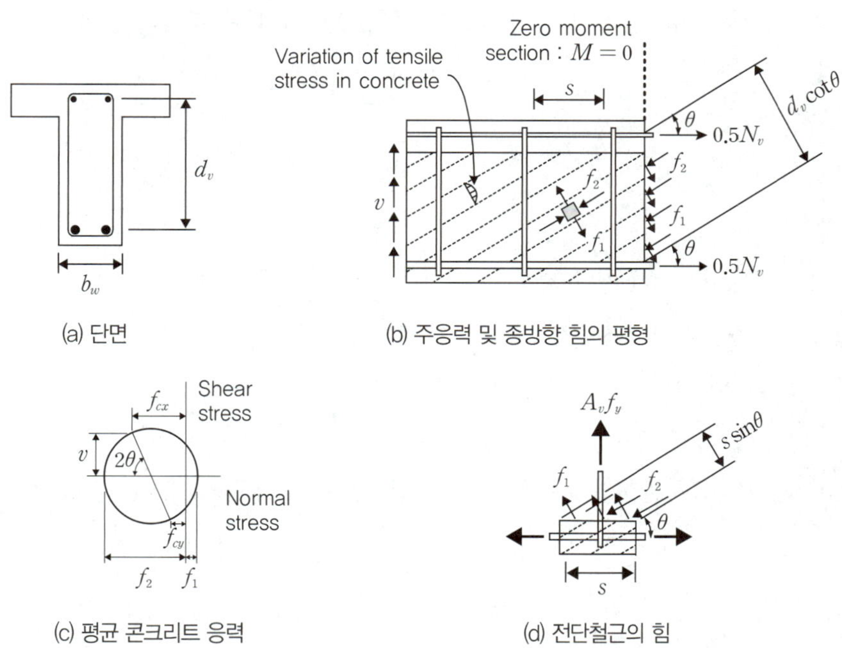

| 그림 7-48 | 수정 압축장 모델에 따른 콘크리트 스트럿과 철근 타이의 평형[7.33]

로의 변형률 ε_1과 ε_2, 그리고 스트럿의 경사각 θ의 관계로 변환할 수 있다. 이때 변형률 ε_{cx}, ε_{cy}, γ_{xy}는 휨 모멘트에 저항하도록 배치된 축방향 철근과 전단력에 저항하도록 배치된 횡방향 철근의 양에 따라 각 방향으로의 강성에 영향을 받기 때문에, 변형률 ε_1과 ε_2도 역시 두 방향으로의 강성에 영향을 받는다. 전단철근의 인장력과 콘크리트의 주인장응력 f_1 및 주압축응력 f_2의 작용은 **그림 7-48(d)**에 나타나 있다.

이와 같은 개념의 수정 압축장 이론을 적용하여 하중이 0에서부터 부재가 파괴될 때까지의 부재 거동을 해석한다면 매우 복잡한 해석과정이 필요하다. 그러나 설계에서는 극한상태에서의 전단강도를 구하는 것이 목적이므로, 수정 압축장 이론을 단순화하여 설계기준에 활용하게 되었다. 수정 압축장 모델을 전단 설계모델로 채택하고 있는 설계기준은 캐나다의 콘크리트구조설계기준 CSA-A23.3[7.25]과 교량설계기준 CSA-S6,[7.26] 미국의 교량설계기준 AASHTO-LRFD[7.27] 등이 있다 이 설계기준들의 설계모델은, 부재에 발생하는 축방향 변형률을 구하고 이에 따라 균열의 각도와 전단강도를 구하는 과정으로 단순화한 것이다.

이 절에서는 AASHTO-LRFD[7.27]의 설계기준을 중심으로 수정 압축장 모델의 전단 설계모델을 소개한다.

7.5.2 AASHTO-LRFD의 전단강도

AASHTO-LRFD[7.27]는 강도설계법의 ACI 318 Code[7.18]와 마찬가지로 공칭전단강도 V_n에 강도감소계수(저항계수) ϕ를 곱하여 설계전단강도를 결정한다. 공칭전단강도 V_n은 다음과 같이 세 가지 성분을 합하여 결정한다.

$$V_n = V_c + V_s + V_p \tag{7·174}$$

여기서, V_c : 콘크리트에 의한 전단강도

V_s : 전단철근에 의한 전단강도

V_p : 긴장력의 수직성분에 의한 전단강도

식 (7·174)로 계산된 공칭전단강도는 다음으로 계산되는 상 한계(upper limit) 값을 초과하지 않아야 한다.

$$V_{n,max} = 0.25 f_c' \, b_v \, d_v + V_p \tag{7·175}$$

따라서 식 (7·175)의 첫 번째 항 $0.25 f_c' b_v d_v$는 식 (7·174)에서 V_c와 V_s를 합한 값의 상한 값이다. 기호 f_c'는 콘크리트의 설계기준압축강도로서 f_{ck}와 동일하다. 유효 복부폭 b_v는 전단유효깊이 d_v 이내에서 가장 작은 값의 복부폭으로 취한다. 전단유효깊이 d_v는 휨모멘트에 의한 단면의 압축력과 인장력 사이의 팔길이로서, 인장력을 받는 강재의 도심에서 압축연단까지의 유효깊이 d_e의 0.9배와 부재 두께 h의 0.72배 중 큰 값보다 작게 취할 필요는 없다. 즉, d_v는 $0.9\,d_e$와 $0.72h$, 그리고 다음으로 계산되는 팔길이 중에서 가장 큰 값을 택한다.

$$d_v = \frac{M_n}{A_s f_y + A_{ps} f_{ps}} \tag{7·176}$$

프리스트레싱 강재와 인장철근이 모두 배치된 부재의 유효깊이 d_e는 다음으로 계산할 수 있다.

$$d_e = \frac{A_{ps} f_{ps}\, d_p + A_s f_y\, d_d}{A_{ps} f_{ps} + A_s f_y} \tag{7·177}$$

여기서 d_p는 긴장재 도심에서 압축연단까지의 유효깊이이고, d_s는 인장철근 도심에서 압축연단까지의 유효깊이이다.

콘크리트에 의한 전단강도 V_c는 다음에 소개하는 수정 압축장 이론에 따라 결정한다. 그러나 AASHTO-LRFD[7.27]에서는 수정 압축장 이론을 적용하는 대신 ACI 318 Code[7.18]에서 규정하고 있는 휨전단강도 V_{ci}와 복부전단강도 V_{cw} 중 작은 값을 V_c로 하는 방법도 허용하고 있다. 수정 압축장 이론에 따라 전단강도를 결정할 때에는, 전단철근의 배치 여부에 따라 전단 보강 단면과 전단 무보강 단면을 구분하여 다음과 같이 결정하여야 한다.

[1] 최소전단철근 이상이 배치된 부재의 공칭전단강도

프리스트레스트 콘크리트 부재에서 콘크리트와 전단철근에 의한 공칭전단강도는 각각 다음으로 결정한다.

$$V_c = 0.083\,\beta \sqrt{f_c'}\, b_v\, d_v \tag{7·178}$$

$$V_s = \frac{A_v f_y\, d_v (\cot\theta + \cot\alpha)\sin\alpha}{s} \tag{7·179}$$

$$V_s = \frac{A_v f_y\, d_v \cot\theta}{s} \tag{7·180}$$

여기서, β는 사인장 균열이 발생한 콘크리트 부재에서 균열 사이에 전달되는 인장력의 크기를 표현하는 계수이다. 계수 0.083은 pound-inch 단위를 SI 단위로 변환하는 환산계수로서, 식 (7·178)에서 계수 0.083을 삭제하면 pound-inch 단위로 계산된다. pound-inch 단위의 AASHTO-LRFD 설계기준에서는 계수 0.083 대신 0.0316으로 표현되어 있는데, 이 값은 $1/\sqrt{1,000}$과 같은 값으로서 ACI 318 Code에서 f_c'에 psi 단위를 사용하는 것과 달리 ksi 단위의 f_c'를 사용하여 수식을 표현하기 위한 것이다. 식 (7·179)는 부재 축에 대하여 α의 각도로 배치된 경사 전단철근에 대한 V_s의 일반식으로, 수직 전단철근의 경우에는 식 (7·180)으로 단순화된다. V_s를 결정하는 식에서 θ는 콘크리트 스트럿의 경사각이다.

V_c의 β와 V_s의 θ는 부재 축방향으로 발생하는 순인장 변형률 ε_s에 따라 결정한다. 여기서 ε_s는 휨모멘트에 의한 인장력에 저항하도록 배치된 강재의 도심에서 발생한 축방향 순인장 변형률로서, 휨모멘트 M_u의 영향, 축력 N_u(인장력일 때 +)의 영향, 전단작용에 의한 인장력 $(V_u-V_p)cot\,\theta$를 단순화한 $|V_u-V_p|$의 영향, 긴장재에 의한 압축력 $A_{ps}f_{po}$의 영향을 고려한다. 이때 적용되는 축방향 강성은 응력의 조건, 즉 인장응력이냐 압축응력이냐에 따라 다음과 같이 두 가지로 구분하여 적용한다. 먼저, 축방향 순인장 변형률 ε_s가 인장상태라고 가정하고, 다음 식으로 ε_s를 계산한다.

$$\varepsilon_s = \frac{\dfrac{|M_u|}{d_v} + 0.5N_u + |V_u - V_p| - A_{ps}f_{po}}{E_s A_s + E_p A_{ps}} \tag{7·181}$$

이 식으로 ε_s를 계산했을 때 부(−)의 값을 얻었다면 강재 도심의 위치가 압축상태인 경우이다. 이때에는 강재의 축강성에 콘크리트 단면 일부의 축강성을 포함하여, 다음 식으로 ε_s를 다시 계산한다.

$$\varepsilon_s = \frac{\dfrac{|M_u|}{d_v} + 0.5N_u + |V_u - V_p| - A_{ps}f_{po}}{E_s A_s + E_p A_{ps} + E_c A_{ct}} \tag{7·182}$$

이 식으로 계산한 압축변형률로의 ε_s 값은 -0.4×10^{-3} 이상의 값이어야 한다. 여기서 A_{ct}는 휨인장 부분의 단면적으로서, 단면 전체 높이의 절반인 위치에서 인장측 연단까지의 단면적이다. 그림 7-49는 단면의 휨인장 부분을 나타내는데, 짙게 표시한 부분의 면적이 A_{ct}를 의미한다. 또한 그림 7-49는 축방향 순인장 변형률 ε_s를 포함하여, 전단강도 해석에 이용되는 변수들을 나타낸다.

식 (7·181)과 식 (7·182)에서 $|M_u|$는 $|V_u-V_p|d_v$ 이상의 값을 적용하여야 한다. f_{po}는 프리스트레싱 후 긴장재와 긴장재 주위의 콘크리트 사이에 발생하는 변형률 차이에 긴장재의 탄성계수를 곱한 응력으로 정의되어 있다. 따라서 프리텐션 부재에서는 f_{po}가 긴장 후 콘크리트가 타설되는 시점에서의 긴장재 응력으로서, 근사적으로 긴장잭에 의한 인장응력을 f_{po}로 사용할 수 있다. 포스트텐션 부재에서는 긴

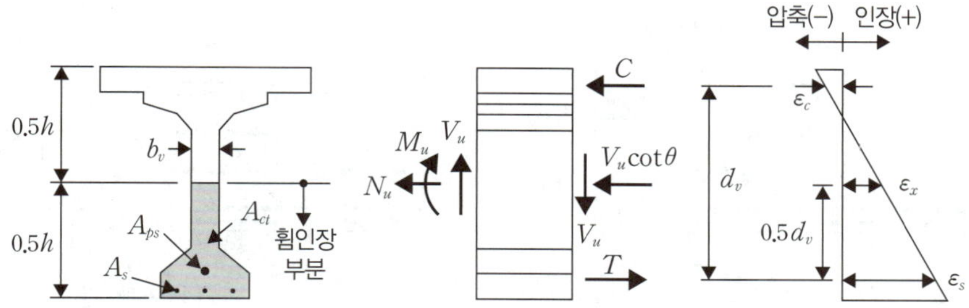

| 그림 7-49 | 전단 보강 단면의 전단강도에 관련된 변수와 휨인장 부분 단면적

장력이 도입된 후 긴장재의 평균응력을 사용할 수 있다. 그러나 f_{po}를 근사적으로 결정하고자 할 때는, 프리텐션 부재와 포스트텐션 부재에 모두 긴장재 인장강도의 0.7배, 즉 $0.7 f_{pu}$를 사용하여도 좋다. 프리텐션 부재에서는 전달길이의 영향을 고려하여야 하므로, 긴장재 단부에서 f_{po}는 0이며 전달길이 내에서 선형으로 증가하는 분포로 f_{po}를 결정하여야 한다.

부재의 축방향 변형률 ε_s가 결정되면 β와 θ를 다음과 같이 결정한다.

$$\beta = \frac{4.8}{1 + 750\,\varepsilon_s} \tag{7·183}$$

$$\theta = 29 + 3{,}500\,\varepsilon_s \tag{7·184}$$

여기서 θ는 도(degree) 단위이다. β와 θ를 결정할 때, 식 (7·181)로 계산된 ε_s 값보다 큰 값을 적용하여 안전측으로 결정하여도 좋다. 그러나 그렇게 결정하는 경우, ε_s로 6×10^{-3}보다 큰 값을 적용하지는 않아야 한다.

[2] 최소전단철근 미만이 배치된 부재의 공칭전단강도

AASHTO-LRFD[7.27]에서 '최소전단철근보다 적은 양의 전단철근이 배치된 경우'라는 의미는 전단철근이 배치되지 않은 경우도 포함하는 표현이다. 이러한 경우에도 역시 기본적으로는 앞의 [1]과 동일한 과정으로 공칭전단강도를 결정한다. 즉, 부재의 축방향 변형률 ε_s를 식 (7·181)이나 식 (7·182)로 계산하고, ε_s에 따라 θ와 β를 결정하는 기본적인 절차는 동일하다. 그러나 θ는 앞의 [1]과 동일하게 식 (7·184)를 적용하지만, β는 앞의 식 (7·183) 대신에 다음의 식을 적용한다.

$$\beta = \frac{4.8}{(1 + 750\,\varepsilon_s)}\,\frac{1{,}300}{(990 + s_{xe})} \tag{7·185}$$

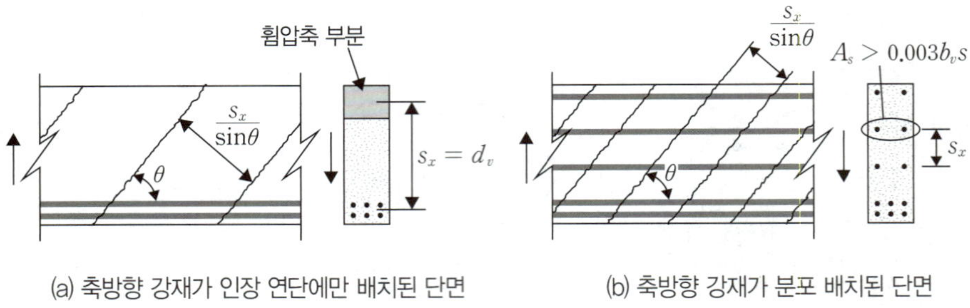

| 그림 7-50 | 전단 무보강 단면의 균열 및 s_x의 정의

이 식에서 s_{xe}는 균열 간격 변수로서 다음으로 결정하며, 이 값은 300 mm 이상, 2,000 mm 이하이어야 한다.

$$s_{xe} = s_x \frac{35}{a_g + 16} \tag{7·186}$$

여기서, a_g : 최대골재치수(mm)

s_x : d_v와 각 열에서 $0.003\, b_v s_x$ 이상인 균열제어용 종방향 철근 사이의 최대 수직간격 중 작은 값(mm)

이 식은 최대골재치수가 19 mm인 경우를 기본으로 하여 유도된 것으로서, a_g가 19 mm일 때 s_x가 s_x와 같아진다. 여기서 s_x는 사인장 균열의 수평간격을 의미하는 것으로서, 그림 7-50은 전단철근이 배치되지 않은 단면에서의 s_x를 나타낸다.

[3] 축방향 인장강재의 검증

휨부재에 축방향으로 배치된 긴장재나 철근은 전단력의 작용으로 인장력이 추가된다. 따라서 부재의 모든 위치에서 축방향 인장강재는 다음 조건을 만족하도록 배치되어야 한다.

$$A_{ps} f_{ps} + A_s f_y \geq \frac{|M_u|}{d_v \phi_f} + 0.5 \frac{N_u}{\phi_c} + \left(\left| \frac{V_u}{\phi_v} - V_p \right| - 0.5\, V_s \right) \cot\theta \tag{7·187}$$

여기서, ϕ_f는 인장지배단면에 대한 저항계수로서 프리스트레스트 콘크리트의 경우에는 1.0이고 철근콘크리트의 경우에는 0.9이다. ϕ_c는 압축지배단면에 대한 저항계수로 0.75이다. ϕ_v는 전단에 대한 저항계수로서 보통중량콘크리트의 경우에는 0.9이고 경량콘크리트의 경우에는 0.8이다. 이 식의 검증에서 V_s는 V_u/ϕ_v를 초과하지 않는 값이어야 한다.

식 (7·187)에 따라 축방향 인장강재의 양을 검증하더라도 부재에 작용하는 최대휨모멘트에 대한 강재량보다 더 많은 강재를 사용할 필요는 없다. 이것은 최대휨모멘트가 작용하는 위치에서 전단력의 방향이 바뀌어 경사압축응력의 방향이 바뀌기 때문이다. 또, 부재의 휨 압축 면에 반력이나 하중에 의한 압축응력이 작용하는 경우에도 최대휨모멘트에 대한 강재량보다 더 많은 강재를 사용할 필요는 없다. 이것은 직접 집중하중이 작용하는 위치에서도 부채살 형태로 경사압축응력의 방향이 바뀌어, 전단력에 의하여 축방향 강재에 작용하는 인장력이 감소하기 때문이다.

직접 반력이 작용하는 외측 지점에서는 받침부 내면에서 위험단면까지 다음의 조건을 만족하여야 한다. 이 조건은 식 (7·187)의 조건이 단순화된 것이다.

$$A_s f_y + A_{ps} f_{ps} \geq \left(\frac{V_u}{\phi_v} - 0.5\,V_s - V_p \right) cot\,\theta \tag{7·188}$$

식 (7·187)과 식 (7·188)은 모두 비틀림 모멘트가 작용하지 않는 경우에 적용한다. 또한 이 두 식은 축방향으로 배치된 긴장재와 철근이 모두 완전히 정착된 경우에 적용하며, 만일 완전히 정착된 경우가 아니라면 그 영향을 고려하여 검증하여야 한다.

[4] 반복계산에 의한 θ와 β의 정밀 결정법

앞의 [1]과 [2]에 따른 θ와 β의 결정방법은 AASHTO-LRFD 설계기준 2010년판부터 채택된 방법으로서, 반복계산에 의한 θ와 β의 정밀 결정법을 단순화한 것이다. AASHTO-LRFD[7.27]는 반복계산에 의한 θ와 β의 정밀 결정법을 부록에 수록하여, θ와 β의 단순 결정법을 대신하여 적용할 수 있도록 하고 있다. θ와 β의 정밀 결정법은 AASHTO-LRFD 설계기준 2007년판까지 본문 기준에 규정되었던 방법으로서, 그 내용은 다음과 같다.

(1) 최소전단철근 이상이 배치된 부재의 θ와 β정밀 결정법

θ와 β를 정밀하게 결정하고자 할 때는 단면에 작용하는 계수전단응력 v_u와 복부에서의 부재 축방향 변형률 ε_x에 따라 결정한다. 계수전단응력 v_u는 다음에 따라 계산한다.

$$v_u = \frac{|V_u - \phi\,V_p|}{\phi\,b_v\,d_v} \tag{7·189}$$

부재 축방향 변형률 ε_x는 다음 식으로 결정한다.

$$\varepsilon_x = \frac{\frac{|M_u|}{d_v} + 0.5\,N_u + 0.5|V_u - V_p|\cot\theta - A_{ps} f_{po}}{2(E_s\,A_s + E_p\,A_{ps})} \tag{7·190}$$

ε_x는 그림 7-49에 나타난 바와 같이 압축력 C와 인장력 T의 중간 위치에서의 축방향 변형률로서, 식 (7·181)의 분자에서 $|V_u - V_p|$에 0.5 $\cot\theta$를 추가하고 분모에 상수 2를 추가한 형태이다.

이 식으로 ε_x를 계산했을 때 부(−)의 값을 얻었다면 복부가 압축상태인 경우이므로, 강재의 축강성에 콘크리트의 축강성을 추가하여 다음 식으로 ε_x를 다시 계산한다. 여기서 A_c는 휨인장 부분의 단면적으로서, 식 (7·182)의 A_{ct}와 동일한 것이다.

$$\varepsilon_x = \frac{\frac{|M_u|}{d_v} + 0.5\,N_u + 0.5|V_u - V_p|\cot\theta - A_{ps} f_{po}}{2(E_c\,A_c + E_s\,A_s + E_p\,A_{ps})} \tag{7·191}$$

계수전단응력 v_u와 부재 축방향 변형률 ε_x가 결정되면 표 7-6을 이용하여 θ와 β를 결정한다. 표 7-6에서 v_u와 ε_x의 값에 부등호가 표기된 것은, v_u와 ε_x가 각각의 한계값 이하인 경우에도 표의 값을 대푯값으로 하여 θ와 β를 쉽게 결정하도록 한 것이다.

여기서 유의해야 할 것은 θ와 β의 값을 결정할 때 반복계산이 필요하다는 것이다. 이것은, 식 (7·190)

표 7-6 최소전단철근 이상이 배치된 단면의 θ와 β값

ν_u/f_c'	$\varepsilon_x \times 1{,}000$								
	≤−0.20	≤−0.10	≤−0.005	≤0	≤0.125	≤0.25	≤0.50	≤0.75	≤1.00
≤0.075	22.3 6.32	20.4 4.75	21.0 4.10	21.8 3.75	24.3 3.24	26.6 2.94	30.5 2.59	33.7 2.38	36.4 2.23
≤0.100	18.1 3.79	20.4 3.38	21.4 3.24	22.5 3.14	24.9 2.91	27.1 2.75	30.8 2.50	34.0 2.32	36.7 2.18
≤0.125	19.9 3.18	21.9 2.99	22.8 2.94	23.7 2.87	25.9 2.74	27.9 2.62	31.4 2.42	34.4 2.26	37.0 2.13
≤0.150	21.6 2.88	23.3 2.79	24.2 2.78	25.0 2.72	26.9 2.60	28.8 2.52	32.1 2.36	34.9 2.21	37.3 2.08
≤0.175	23.2 2.73	24.7 2.66	25.5 2.65	26.2 2.60	28.0 2.52	29.7 2.44	32.7 2.28	35.2 2.14	36.8 1.96
≤0.200	24.7 2.63	26.1 2.59	26.7 2.52	27.4 2.51	29.0 2.43	30.6 2.37	32.8 2.14	34.5 1.94	36.1 1.79
≤0.225	26.1 2.53	27.3 2.45	27.9 2.42	28.5 2.40	30.0 2.34	30.8 2.14	32.3 1.86	34.0 1.73	35.7 1.64
≤0.250	27.5 2.39	28.6 2.39	29.1 2.33	29.7 2.33	30.6 2.12	31.3 1.93	32.8 1.70	34.3 1.58	35.8 1.50

또는 식 (7·191)에 따라 ε_x의 값을 계산할 때 θ의 값이 필요하지만, 그 단계에서는 아직 θ의 값이 결정되지 않은 상태이기 때문이다. 따라서 계산의 초기에는 θ의 값을 가정하여 ε_x의 값을 계산하고, 표 7–6을 이용하여 θ(표에서 윗쪽에 나타낸 값)를 구한 후 그 값이 가정한 θ의 값과 같지 않으면 그 값들이 같을 때까지 반복계산을 하여야 하는 것이다. 또 다른 방법은 θ의 값을 가정하지 않고, ε_x 값을 가정하는 것이다. 이 방법에서는 먼저 ε_x의 값을 가정하고, 식 (7·189)로 결정한 v_u 값과 가정한 ε_x 값으로 표 7–6을 이용하여 θ를 구한다. 구한 θ의 값을 이용하여 식 (7·190) 또는 식 (7·191)에 따라 ε_x의 값을 계산하고, 계산된 값이 가정한 ε_x값과 같을 때까지 반복 수행한다. 이때 θ의 값을 가정하는 방법을 사용하든 ε_x의 값을 가정하는 방법을 사용하든, 초기의 ε_x 값은 0.002를 초과하지 않아야 한다. 반복계산을 통하여 ε_x와 θ의 값이 확정되면, 표 7–6에 따라 β의 값(표에서 아래쪽에 나타낸 값)을 결정한다.

(2) 최소전단철근 미만이 배치된 부재의 θ와 β 정밀 결정법

AASHTO–LRFD[7.27]의 최소전단철근보다 적은 양의 전단철근이 배치된 경우 또는 전단철근이 배치되지 않은 경우에는, 식 (7·189)로 계수전단응력 v_u를 계산하는 대신에 균열 간격 변수 s_{xe}를 다음으로 계산한다. 이 식은 기본적으로 식 (7·186)과 동일한 것이다.

$$s_{xe} = s_x \frac{35}{a_g + 16} \leq 2{,}000\ mm \tag{7·192}$$

여기서, a_g : 최대골재치수(mm)

s_x : d_v와 각 열에서 $0.003\,b_v s_x$ 이상인 균열제어용 종방향 철근 사이의 최대 수직간격 중 작은 값(mm)

부재 축방향 변형률 ε_x는 다음 식으로 계산한다.

$$\varepsilon_x = \frac{\dfrac{|M_u|}{d_v} + 0.5\,N_u + 0.5|V_u - V_p|\cot\theta - A_{ps} f_{po}}{E_s\,A_s + E_p\,A_{ps}} \tag{7·193}$$

이 식은 식 (7·190)의 분모에서 상수 2를 삭제한 형태이다. 이것은 그림 7–49에서 인장력 T의 위치와 $0.5d_v$ 위치의 중간에서 축방향 변형률을 계산하고 이를 전단강도 해석에 적용하기 위한 것이다.

식 (7·193)으로 ε_x를 계산했을 때 부(–)의 값을 얻었다면 복부가 압축상태인 경우이다. 이때에는 최소전단철근 이상의 전단철근이 배치된 경우와 마찬가지로, 앞의 식 (7·191)을 이용하여 ε_x를 다시 계산한다.

균열 간격 변수 s_{xe}와 부재 축방향 변형률 ε_x가 결정되면 표 7–7을 이용하여 θ(표에서 윗쪽에 나타낸

표 7-7 최소전단철근 미만이 배치된 단면의 θ와 β값

s_{xe}	$\varepsilon_x \times 1{,}000$										
	≤ -0.20	≤ -0.10	≤ -0.005	≤ 0	≤ 0.125	≤ 0.25	≤ 0.50	≤ 0.75	≤ 1.00	≤ 1.50	≤ 2.00
≤ 130	25.4 6.36	25.5 6.06	25.9 5.56	26.4 5.15	27.7 4.41	28.9 3.91	30.9 3.26	32.4 2.86	33.7 2.58	35.6 2.21	37.2 1.96
≤ 250	27.6 5.78	27.6 5.78	28.3 5.38	29.3 4.89	31.6 4.05	33.5 3.52	36.3 2.88	38.4 2.50	40.1 2.23	42.7 1.88	44.7 1.65
≤ 380	29.5 5.34	29.5 5.34	29.7 5.27	31.1 4.73	34.1 3.82	36.5 3.28	39.9 2.64	42.4 2.26	44.4 2.01	47.4 1.68	49.7 1.46
≤ 500	31.2 4.99	31.2 4.99	31.2 4.99	32.3 4.61	36.0 3.65	38.8 3.09	42.7 2.46	45.5 2.09	47.6 1.85	50.9 1.52	53.4 1.31
≤ 750	34.1 4.46	34.1 4.46	34.1 4.46	34.2 4.43	38.9 3.39	42.3 2.82	46.9 2.19	50.1 1.84	52.6 1.60	56.3 1.30	59.0 1.10
$\le 1{,}000$	36.6 4.06	36.6 4.06	36.6 4.06	36.6 4.06	41.2 3.20	45.0 2.62	50.2 2.00	53.7 1.66	56.3 1.43	60.2 1.14	63.0 0.95
$\le 1{,}500$	40.8 3.50	40.8 3.50	40.8 3.50	40.8 3.50	44.5 2.92	49.2 2.32	55.1 1.72	58.9 1.40	61.8 1.18	65.8 0.92	68.6 0.75
$\le 2{,}000$	44.3 3.10	44.3 3.10	44.3 3.10	44.33 3.10	47.1 2.71	52.3 2.11	58.7 1.52	62.8 1.21	65.7 1.01	69.7 0.76	72.4 0.62

값)를 결정한다. 이때에도 역시 반복계산에 의하여 θ의 값을 결정하며, θ의 값을 가정하는 방법이나 ε_x의 값을 가정하는 방법을 적용할 수 있다. 반복계산을 통하여 ε_x와 θ의 값이 확정되면, 표 7-7에 따라 β의 값(표에서 아래쪽에 나타낸 값)을 결정한다.

7.5.3 AASHTO-LRFD의 수정 압축장 이론에 따른 전단 설계

AASHTO-LRFD[7.27]의 수정 압축장 이론에 따라 프리스트레스트 콘크리트 구조물을 설계할 때에는 전단력에 대하여 다음의 조건을 만족하도록 하여야 한다.

[1] 강도성능 요구조건

부재의 설계전단강도(계수전단저항, factored shear resistance) V_r이 다음과 같이 최대 계수전단력 V_u 이상이 되도록 설계하여야 한다.

$$V_r \ge V_u \qquad (7\cdot194)$$

이때 설계전단강도 V_r는 강도설계법의 설계기준과 마찬가지로, 앞의 식 (7·188)과 같이 공칭전단강도

V_n에 강도감소계수(저항계수)를 곱해서 결정한다.

$$V_r = \phi V_n \tag{7·195}$$

여기서, 전단력에 대한 강도감소계수(저항계수)는 보통중량콘크리트의 경우에 0.9를, 경량콘크리트의 경우에 0.8을 적용한다.

[2] 공칭전단강도

공칭전단강도 V_n은 콘크리트에 의한 전단강도 V_c, 전단철근에 의한 전단강도 V_s, 긴장력의 수직성분에 의한 전단강도 V_p를 합하여, 앞의 식 (7·174)로 결정한다.

$$V_n = V_c + V_s + V_p \tag{7·174}$$

식 (7·174)로 계산된 공칭전단강도는 앞의 식 (7·175)로 계산되는 최댓값을 초과하지 않아야 한다.

$$V_{n,max} = 0.25 f_c' b_v d_v + V_p \tag{7·175}$$

전단유효깊이 d_v는 휨모멘트에 의한 단면의 압축력과 인장력 사이의 팔길이, $0.9d_e$, $0.72h$ 중에서 가장 큰 값을 택한다. 여기서 d_e는 인장력을 받는 강재의 도심에서 압축연단까지의 유효깊이이고, h는 부재 두께이다. 유효 복부폭 b_v는 전단유효깊이 d_v 이내에서 가장 작은 값의 단면폭으로 취한다.

콘크리트와 전단철근에 의한 공칭전단강도는 앞의 식 (7·178)과 식 (7·179) 또는 식 (7·180)으로 각각 계산한다.

$$V_c = 0.083 \beta \sqrt{f_c'} b_v d_v \tag{7·178}$$

$$V_s = \frac{A_v f_y d_v (cot\,\theta + cot\,\alpha)\, sin\,\alpha}{s} \tag{7·179}$$

$$V_s = \frac{A_v f_y d_v\, cot\,\theta}{s} \tag{7·180}$$

β와 θ는 7.5.2절에 소개된 바와 같이, 축방향 변형률 ε_s를 이용하여 결정한다. 축방향 순인장 변형률 ε_s가 양(+)의 값으로 인장응력일 때는 앞의 식 (7·181)로 계산하며, 음(−)의 값으로 압축응력일 때는

앞의 식 (7·182)로 계산한다. 압축변형률로의 ε_s 값은 -0.4×10^{-3} 이상의 값이어야 한다.

$$\varepsilon_s = \frac{\dfrac{|M_u|}{d_v} + 0.5N_u + |V_u - V_p| - A_{ps} f_{po}}{E_s A_s + E_p A_{ps}} \tag{7·181}$$

$$\varepsilon_s = \frac{\dfrac{|M_u|}{d_v} + 0.5N_u + |V_u - V_p| - A_{ps} f_{po}}{E_s A_s + E_p A_{ps} + E_c A_{ct}} \tag{7·182}$$

ε_s 값이 결정되면, 최소전단철근 이상의 전단철근이 배치된 경우 β를 앞의 식 (7·183)으로 결정한다.

$$\beta = \frac{4.8}{1 + 750\,\varepsilon_s} \tag{7·183}$$

최소전단철근 미만의 전단철근이 배치된 경우와 전단철근이 배치되지 않은 경우에는 β를 앞의 식 (7·185)와 식 (7·186)으로 결정한다. 여기서 s_x는 균열 간격 변수로서 300 mm 이상, 2,000 mm 이하이어야 한다.

$$\beta = \frac{4.8}{(1 + 750\,\varepsilon_s)} \frac{1{,}300}{(990 + s_{xe})} \tag{7·185}$$

$$s_{xe} = s_x \frac{35}{a_g + 16} \tag{7·186}$$

θ는 앞의 식 (7·184)로 결정한다.

$$\theta = 29 + 3{,}500\,\varepsilon_s \tag{7·184}$$

이와 같은 단순해석법을 대신하여, 반복 해석으로 β와 θ를 정밀하게 결정하는 반복해석법을 사용할 수도 있다. 이때에는, 최소전단철근 이상의 전단철근이 배치된 경우 앞의 식 (7·189)에 따라 계수전단응력 v_u를 계산하고, 앞의 식 (7·190) 또는 식 (7·191)에 따라 축방향 변형률 ε_x를 계산한 후, 표 7-6을 이용하여 반복해석으로 θ와 β의 값을 결정한다.

$$v_u = \frac{|V_u - \phi V_p|}{\phi b_v d_v} \tag{7·189}$$

$$\varepsilon_x = \frac{\frac{|M_u|}{d_v} + 0.5 N_u + 0.5|V_u - V_p| cot\,\theta - A_{ps} f_{po}}{2(E_s A_s + E_p A_{ps})} \tag{7·190}$$

$$\varepsilon_x = \frac{\frac{|M_u|}{d_v} + 0.5 N_u + 0.5|V_u - V_p| cot\,\theta - A_{ps} f_{po}}{2(E_c A_c + E_s A_s + E_p A_{ps})} \tag{7·191}$$

최소전단철근 미만의 전단철근이 배치된 경우와 전단철근이 배치되지 않은 경우에는, 앞의 식 (7·192)로 s_x를 구하고 식 (7·193)에 따라 축방향 변형률 ε_x를 계산한 후, 표 7-7에 따라 θ와 β의 값을 결정한다.

$$s_{xe} = s_x \frac{35}{a_g + 16} \leq 2{,}000\,mm \tag{7·192}$$

$$\varepsilon_x = \frac{\frac{|M_u|}{d_v} + 0.5 N_u + 0.5|V_u - V_p| cot\,\theta - A_{ps} f_{po}}{E_s A_s + E_p A_{ps}} \tag{7·193}$$

강도해석에서 동일한 조건에서 단순 해법과 엄밀 해법을 같이 적용해보면, 단순 해법의 결과가 엄밀 해법의 결과보다 작게 계산되는 것이 일반적인 경향이다. 이것은 복잡한 해석과정을 단순화하면 정밀도가 떨어지기 때문에, 안전성을 고려하여 해석결과가 보수적으로 산출되도록 유도하였기 때문이다. 따라서 해석과 설계의 편의성을 위해서는 단순 해법을 적용하고, 더 경제적인 설계를 하기 위해서는 엄밀 해법을 적용하는 경우가 많다. 그러나 AASHTO-LRFD의 수정 압축장 이론에 따른 전단강도 해석에서는 엄밀 해법이 단순 해법보다 더 작은 전단강도로 해설되는 경우도 있다. 이것은 AASHTO-LRFD의 부록에 규정된 반복해석법이 엄밀한 해법으로 인식되지만, 이것도 역시 설계에 적용하기 위하여 표를 이용하는 방법 등으로 원래의 수정 압축장 이론을 단순화한 해법이기 때문이다.

[3] 전단철근의 구성 및 상세

전단철근은 부재축에 직각인 스터럽(stirrup)이나 부재축에 직각으로 배치한 용접철망을 사용할 수 있다. 이때 용접철망은 적어도 하나의 가로지르는 철선을 포함한 100 *mm*(4 *inch*)의 측정 길이(gage length)로 시험한 연신율이 최소기준을 만족하여야 한다. 연신율의 최소기준은 ASTM A 615[7.34]에 규정되어 있는데, 한국의 KS D 3504[7.35]의 최소연신율 기준을 만족하는 철근이나 철선은

ASTM A 615의 최소연신율 기준을 항상 만족한다.[7.36] 또, 부재축에 직각인 스터럽이나 용접철망 외에, 나선철근이나 후프철근의 형태로서 주인장 철근에 45° 이상의 각도로 설치되는 스터럽이나 부재 축을 기준으로 30° 이상의 각도로 구부린 주인장 굽힘철근을 전단철근으로 사용할 수 있다. 그 외 프리스트레싱 강재를 전단보강재로 사용할 수도 있다. 이때에는 긴장재의 정착손실과 시간적 손실을 최소화하는 상세로 시공하여야 한다. 이와 같은 종류를 혼합하여, 스터럽, 굽힘 주인장 철근, 프리스트레싱 강재의 조합을 사용할 수 있다. 한편 프리스트레싱 강재를 전단보강재로 사용하고자 할 때에는 긴장력 손실뿐만 아니라 정착부 주위에서 발생할 수 있는 부정적인 영향에 대하여 대책을 세워두는 것이 바람직하다. 서해대교에서도 긴장력을 도입한 강봉을 전단보강재로 사용하는 설계변경안을 검토한 적이 있었으나, 최종적으로는 채택하지 않았던 사례가 있다.

전단 보강재의 강종에 대한 제한도 설계에서 고려하여야 한다. AASHTO-LRFD[7.27]에서는 전단 보강재로 철근을 사용할 때에, 전단철근의 설계기준항복강도를 520 MPa까지 허용한다. 프리스트레싱 강재의 경우에는 유효긴장응력에 420 MPa을 더한 값이 설계기준항복강도보다 작으면, 유효긴장응력에 420 MPa을 더한 값을 전단 보강재의 설계기준항복강도로 하여야 한다.

[4] 전단철근의 배치구간

슬래브, 기초, 지중박스구조(culvert)를 제외하고, 콘크리트 교량에는 다음과 같은 조건이 만족되는 구간에 최소전단철근 이상의 전단철근을 배치하여야 한다.

$$V_u > 0.5\,\phi(V_c + V_p) \tag{7·196}$$

[5] 최소전단철근

전단철근을 배치하여야 하는 구간에는, 사인장 균열의 진전을 억제하고 연성거동을 증진시키기 위하여 다음 식으로 계산되는 값 이상의 단면적을 갖도록 최소전단철근을 배치하여야 한다.

$$A_{v,min} = 0.083\sqrt{f_c'}\,\frac{b_v\,s}{f_y} \tag{7·197}$$

포스트텐션 방식으로 프리캐스트 조립식 공법을 사용하는 세그멘탈 박스거더교의 경우에는, 다음 식으로 계산되는 값 이상의 단면적을 갖도록 최소전단철근을 배치하여야 한다. 여기서, b_v는 박스형 거더 단면의 복부폭으로서 b_w와 같은 의미이다.

$$A_{v,min} = 0.35\,\frac{b_w\,s}{f_y} \tag{7·198}$$

[6] 전단철근의 간격

전단철근을 배치하여야 하는 구간에서는 수직전단철근의 간격은 다음과 같이 결정할 수 있다.

$$s = \frac{\phi\, A_v f_y\, d_v}{V_u - \phi(V_c + V_p)} \tag{7·199}$$

이때 전단철근의 간격은 다음의 최대간격 s_{max}을 초과하지 않도록 하여야 한다.

$$v_u \; < \; 0.125 f_c' \text{인 경우} : s_{max} = 0.8\, d_v \le 600\, mm \tag{7·200}$$

$$v_u \; \ge \; 0.125 f_c' \text{인 경우} : s_{max} = 0.4\, d_v \le 300\, mm \tag{7·201}$$

[7] 축방향 인장강재의 검증

부재의 모든 위치에서 축방향 인장강재는 앞의 식 (7·187)의 조건을 만족하도록 배치되어야 한다.

$$A_{ps} f_{ps} + A_s f_y \ge \frac{|M_u|}{d_v\, \phi_f} + 0.5\, \frac{N_u}{\phi_c} + \left(\left| \frac{V_u}{\phi_v} - V_p \right| - 0.5\, V_s \right) cot\, \theta \tag{7·187}$$

여기서, ϕ_f는 인장지배단면에 대한 저항계수로서 프리스트레스트 콘크리트의 경우에는 1.0이고 철근콘크리트의 경우에는 0.9이다. ϕ_c는 압축지배단면에 대한 저항계수로 0.75이다. ϕ_v는 전단에 대한 저항계수로서 보통중량콘크리트의 경우에는 0.9이고 경량콘크리트의 경우에는 0.8이다. 이 식의 검증에서 V_s는 V_u/ϕ_v를 초과하지 않는 값이어야 한다.

직접 반력이 작용하는 외측 지점에서는 받침부 내면에서 위험단면까지 앞의 식 (7·188)의 조건을 만족하여야 한다.

$$A_s f_y + A_{ps} f_{ps} \ge \left(\frac{V_u}{\phi_v} - 0.5\, V_s - V_p \right) cot\, \theta \tag{7·188}$$

식 (7·187)과 식 (7·188)은 모두 비틀림 모멘트가 작용하지 않는 경우에 적용한다. 또 이 조건들은 축방향으로 배치된 긴장재와 철근이 모두 완전히 정착된 경우에 적용하며, 만일 완전히 정착된 경우가 아니라면 그 영향을 고려하여야 한다.

[8] 전단위험단면

부재의 단부가 반력에 의하여 압축응력을 받는 전단위험단면(shear critical section)은 받침부 내면

부터 d_v만큼 떨어진 위치로 한다. 즉, 받침부 내면부터 d_v만큼 떨어진 위치까지의 작용 전단력은 받침부 내면부터 d_v만큼 떨어진 위치의 전단력에 대하여 검증한다. 이에 대한 해설에서, 부재 높이의 1/2인 위치보다 위쪽에서 하중이 중력방향으로 작용하는 경우에는 전단위험단면을 $0.5d_v \cot\theta$ 만큼 떨어진 위치로 정할 수 있다고 언급하고 있다.

예제 7-5

그림 7-51의 프리텐션 보에 SWPC7BL 15.2 $mm(A_{ps1} = 138.7\ mm^2)$ 강연선 12가닥($A_{ps} = 1{,}664\ mm^2$)이 배치되어 있다. 텐던의 유효 긴장력 $P_e = 1{,}700\ kN$, 경간 $l = 24\ m$, 콘크리트 설계기준압축강도 $f_{ck} = 35\ MPa$이다. 콘크리트는 최대골재치수가 25 mm인 골재로 배합할 것으로 가정한다. 긴장재의 편심은 지점에서 196 mm이고 지점에서 9 m인 위치부터 596 mm로 일정하다. 계수 등분포하중 $w_u = 47.8\ kN/m$이 작용할 때, 지점에서 6 m인 위치에서 콘크리트에 의한 설계전단강도를 AASHTO-LRFD의 단순해석법과 반복해석법에 따라 구하고 전단철근의 배치 간격을 구하시오. (이 예제의 프리텐션 보는 예제 7-1부터 예제 7-4의 보와 동일하다)

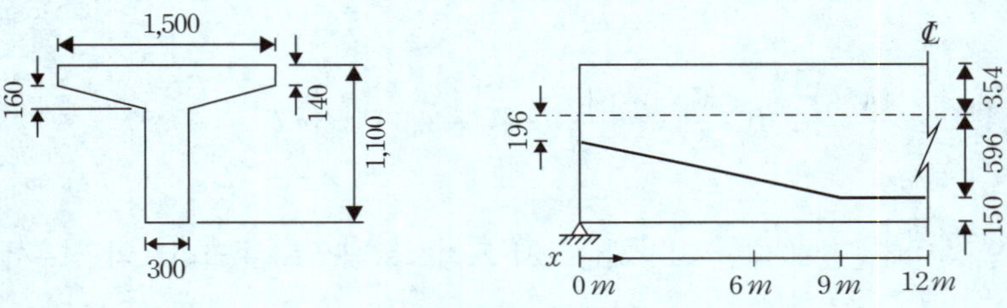

| 그림 7-51 | 예제 7-5의 프리스트레스트 콘크리트 부재

≫ 풀이

(1) 주요변수

[예제 7-1]의 결과로부터, 지점에서 6 m인 단면의 긴장재 중심까지 유효깊이 d_e는 817 mm이고, 단면의 전체 높이 h는 1,100 mm이므로, 전단유효깊이를 결정하기 위하여 0.9 d_e와 0.72 h를 계산하면

$$0.9\, d_e = 0.9 \times 817 = 735\ mm$$

$$0.72\, h = 0.72 \times 1{,}100 = 792\ mm$$

휨강도의 해석에서 압축력과 인장력 사이의 팔길이는 0.9 d_e나 0.72 h보다 작은 값으로 계산되었다. 따라서 전단유효깊이 d_v는 0.72 h로 결정되어

$$d_v = 792\ mm$$

[예제 7-1]의 결과로부터, 긴장력의 수직성분 V_p는

$$V_p = P_e \sin\theta_p = 1{,}700 \sin(2.545°) = 75\ kN$$

$x = 6\ m$인 위치의 계수전단력과 계수휨모멘트는

$$V_u = w_u\left(\frac{l}{2} - x\right) = 47.8\left(\frac{24}{2} - 6\right) = 287\ kN$$

$$M_u = w_u\frac{x(l-x)}{2} = 47.8\frac{6\times(24-6)}{2} = 2{,}581\ kN\cdot m$$

(2) 단순해석법에 따른 축방향변형률과 전단보강 여부의 판정

축방향변형률을 구하기 위하여 긴장재의 응력 f_{po}를 $0.7\,f_{pu}$로 구하면

$$f_{po} = 0.7\,f_{pu} = 0.7\times1{,}860 = 1{,}302\ MPa$$

단순해석법에서의 축방향변형률 ε_s를 식 (7·181)로 구하면

$$\varepsilon_s = \frac{\frac{|M_u|}{d_v} + 0.5N_u + |V_u - V_p| - A_{ps}f_{po}}{E_s\,A_s + E_p\,A_{ps}}$$

$$= \frac{\frac{|2{,}581(10)^6|}{792} + 0 + |287-75|\times(10)^3 - 1{,}664\times1{,}302}{0 + 200{,}000\times1{,}664}$$

$$= 0.00392$$

전단철근이 보강되지 않은 경우의 콘크리트에 의한 설계전단강도를 구하면

$$s_x = d_v = 792\ mm$$

$$s_{xe} = s_x\frac{35}{a_g+16} = 792\times\frac{35}{25+16} = 676\ mm < 2{,}000\ mm$$

$$\beta = \frac{4.8}{(1+750\,\varepsilon_s)}\frac{1{,}300}{(990+s_{xe})} = \frac{4.8}{1+750\times0.00392}\times\frac{1{,}300}{990+676} = 0.95$$

$$V_c = 0.083\,\beta\sqrt{f_c'}\,b_v\,d_v = 0.083\times0.95\sqrt{35}\times300\times792/(10)^3 = 111\ kN$$

$$\phi\,V_c = 0.9\times111 = 100\ kN$$

계수전단력 $V_u = 287\ kN$이 전단철근이 보강되지 않은 경우의 콘크리트에 의한 설계전단강도보다 크므로 전단철근의 보강이 필요하다.

(3) 단순해석법에 따른 전단 보강된 경우의 설계전단강도 및 전단 설계

단순해석법에서의 축방향변형률 ε_s가 0.00392이므로, 전단철근이 보강된 경우의 콘크리트에 의한 설계전단강도를 구하면

$$\beta = \frac{4.8}{1+750\,\varepsilon_s} = \frac{4.8}{1+750\times0.00392} = 1.22$$

$$V_c = 0.083\,\beta\sqrt{f_c'}\,b_v\,d_v = 0.083\times1.22\sqrt{35}\times300\times792/(10)^3 = 142\ kN$$

$$\phi\,V_c = 0.9\times142 = 128\ kN$$

이때의 스트럿 경사각은

$$\theta = 29 + 3{,}500\,\varepsilon_s = 29 + 3{,}500\times0.00392 = 42.7^\circ$$

전단철근으로 SD400 D13 철근의 U형 스터럽을 사용하기로 하고, 전단철근의 최대간격을 계산한다. D13 철근

의 단면적이 126.7 mm^2이므로, 전단철근의 단면적은

$$A_v = 2\times 126.7 = 253\,mm^2$$

식 (7·197)의 최소전단철근 조건을 최대간격으로 변환하면

$$s_{max} = \frac{A_v f_y}{0.083\sqrt{f_c'}\,b_v} = \frac{253\times 400}{0.083\sqrt{35}\times 300} = 687\,mm$$

최대간격을 결정하기 위하여 극한전단응력과 그 한계를 구하면

$$v_u = \frac{|V_u - \phi V_p|}{\phi\, b_v\, d_v} = \frac{(287-0.9\times 7.5)\times(10)^3}{0.9\times 300\times 792} = 1.03\,MPa$$

$$0.125 f_c' = 0.125\times 35 = 4.38\,MPa$$

$v_u < 0.125 f_c'$이므로, 전단철근의 최대간격은 0.8 d_v 또는 600 mm이다. 최대간격 0.8d_v의 값은

$$0.8\,d_v = 0.8\times 792 = 636\,mm$$

최소전단철근 조건의 최대간격 687 mm, 0.8 d_v의 636 mm, 600 mm 중 가장 작은 값이 최대간격이므로, 최대간격 s_{max}은 600 mm이다.

계수전단력을 저항하기 위한 전단철근의 소요 설계전단강도는

$$(\phi V_s)_{req'd} = V_u - \phi V_c - \phi V_p = 287 - 128 - 0.9\times 75 = 92\,kN$$

식 (7·180)을 변환하여 전단철근의 소요간격을 계산하면

$$s_{req'd} = \frac{\phi A_v f_y d_v \cot\theta}{(\phi V_s)_{req'd}} = \frac{0.9\times 253\times 400\times 792\times \cot\,(42.7^\circ)}{92\times 10^3} = 850\,mm$$

이 소요간격은 최대간격 600 mm보다 크므로, 전단철근을 600 mm 간격으로 배치한다. 이때의 전단철근에 의한 공칭전단강도와 설계전단강도는

$$V_s = \frac{A_v f_y d_v \cot\theta}{s} = \frac{253\times 400\times 792\times \cot(42.7^\circ)}{600\times 1{,}000} = 145\,kN$$

$$\phi V_s = 0.9\times 145 = 131\,kN$$

이 단면의 공칭전단강도와 설계전단강도는

$$V_n = V_c + V_s + V_p = 142 + 131 + 75 = 347\,kN$$

$$\phi V_n = 0.9\times 347 = 312\,kN > V_u (= 287\,kN)$$

(4) 반복해석법에 따른 전단 보강된 경우의 설계전단강도 및 전단 설계

반복해석법에서는 축방향변형률 ε_x를 변수로 한다. 전단철근이 보강된 경우의 축방향변형률 ε_x를 식 (7·190)으로 구할 때, 스트럿 경사각 θ를 30°로 가정하면

$$\varepsilon_x = \frac{\dfrac{|M_u|}{d_v} + 0.5N_u + 0.5|V_u - V_p|\cot\theta - A_{ps} f_{po}}{2(E_s A_s + E_p A_{ps})}$$

$$= \frac{\dfrac{|2{,}581(10)^6|}{792} + 0 + \dfrac{|287-75|\times(10)^3}{2}\times \cot\,(30^\circ) - 1{,}664\times 1{,}302}{2\times(0 + 200{,}000\times 1{,}664)}$$

$= 0.00192$

극한전단응력 v_u는 1.03 MPa이므로, 콘크리트 압축강도와의 비율을 구하면

$$\frac{v_u}{f_c'} = \frac{1.03}{35} = 0.0294$$

표 7-6에서 $\varepsilon_x \times 1{,}000$의 최대값을 1.00, 즉 ε_x의 최대값을 0.001로 하고 있는데, 계산된 ε_x이 0.00192로 0.001을 초과한다. 또 계산된 v_u/f_c'의 값은 0.0294로 표 7-6에서 $v_u/f_c \le 0.075$에 해당한다. 따라서 표 7-6에서, $\varepsilon_x \times 1{,}000 \le 1.00$과 $v_u/f_c \le 0.075$에 대한 값을 취하여 스트럿 경사각 θ를 구하면

$$\theta = 36.4^\circ$$

이 값은 가정했던 30°와 같지 않으므로, θ를 36.4°로 다시 가정한다. 이때의 축방향변형률 ε_x를 구하면

$$\varepsilon_x = \frac{\dfrac{|M_u|}{d_v} + 0.5|V_u - V_p|\, cot\,\theta - A_{ps} f_{po}}{2\, E_p\, A_{ps}}$$

$$= \frac{\dfrac{|2{,}581(10)^6|}{792} + \dfrac{|287-75| \times (10)^3}{2} \times cot\,(36.4^\circ) - 1{,}664 \times 1{,}302}{2 \times 200{,}000 \times 1{,}664}$$

$= 0.00186$

표 7-6에서 $\varepsilon_x \times 1{,}000 \le 1.00$과 $v_u/f_c \le 0.075$에 대한 값을 취하여 θ를 결정하면

$$\theta = 36.4^\circ$$

이 값은 가정했던 θ 값과 일치한다. 따라서 이때의 β는 표 7-6에서

$$\beta = 2.23$$

이에 따라 콘크리트에 의한 설계전단강도를 구하면

$$V_c = 0.083\,\beta\,\sqrt{f_c'}\,b_v\,d_v = 0.083 \times 2.23\,\sqrt{35} \times 300 \times 792/(10)^3 = 260\,kN$$

$$\phi\,V_c = 0.9 \times 260 = 234\,kN$$

전단철근으로 SD400 D13 철근의 U형 스터럽을 사용할 때 앞의 계산에서 전단철근의 최대간격 s_{max}은 600 mm이었다.

계수전단력을 저항하기 위한 전단철근의 소요 설계전단강도는

$$(\phi\,V_s)_{req'd} = V_u - \phi\,V_c - \phi\,V_p = 287 - 234 - 0.9 \times 75 = -14.5\,kN$$

소요 설계전단강도가 부(-)의 값을 가지므로 논리상으로는 전단철근이 필요하지 않지만, 최소전단철근의 배치 여부를 판정하여야 한다. 이를 위한 조건을 구하면

$$0.5\,\phi(V_c + V_p) = 0.5 \times 0.9 \times (260 + 75) = 151\,kN$$

$V_u = 287\,kN$이므로

$$V_n > 0.5\,\phi(V_c + V_p)$$

따라서 최소전단철근의 배치하여야 한다. 전단철근을 600 mm 간격으로 배치하면, 이때의 전단철근에 의한 공칭전단강도와 설계전단강도는

$$V_s = \frac{A_v f_y d_v \cot\theta}{s} = \frac{253 \times 400 \times 792 \times \cot(36.4^\circ)}{600 \times 1{,}000} = 181\,kN$$
$$\phi V_s = 0.9 \times 181 = 163\,kN$$

이 단면의 공칭전단강도와 설계전단강도는

$$V_n = V_c + V_s + V_p = 260 + 181 + 75 = 516\,kN$$
$$\phi V_s = 0.9 \times 516 = 464\,kN$$

[참고문헌]

7.1 이재훈, "An Experimental and Analytical Study on Deflections of P. S. Concrete Members Regarding Cracks (균열을 고려한 P. S. 콘크리트 부재의 처짐에 관한 실험 및 이론적 연구)", 서울대학교 대학원 토목공학과 석사학위논문, 1985, pp 49.

7.2 Gaston, J. R., Siess, C. P., and Newmark, N. M., "An Investigation of Load-Deformation Characteristics of Reinforced Concrete Beams Up to Point of Failure," Civil Engineering Studies, Structural Research Series, No. 40, University of Illinois, Urbana, Dec. 1952.

7.3 Moody, K. G., Vies, I. M., Elstner, R. C., and Hogstand, E., "Shear Strength of Reinforced Concrete Beams, Part 1 and 2," *ACI Journal*, Vol. 51, No. 4, Dec. 1954, pp. 317-332, and No. 5, Jan. 1955, pp. 417-434.

7.4 Sozen, M. A., Zwoyer, E. M., and Siess, C. P., "Strength in Shear of Beams without Web Reinforcement," Bulletin No 452, Engineering Experimental Station, University of Illinois, 1959.

7.5 MacGregor, J. G., Sozen, M. A., and Siess, C. P., "Strength and Behavior of Prestressed Concrete Beams with Web Reinforcement," Civil Engineering Studies, Structural Research Series, No. 210, University of Illinois, Urbana, August, 1960.

7.6 Diaz de Cossio, R., and Siess, C. P., "Behavior and Strength in Shear of Beams and Frames without Web Reinforcement," *ACI Journal*, Vol. 56, No. 8, Feb. 1960, pp. 695-735.

7.7 Taylor, R., "Some Shear Tests on Reinforced Concrete Beams without Shear Reinforcement," *Magazine of Concrete Research*, Vol. 12, No. 36, Nov. 1960, pp. 145-154.

7.8 Rüsch, H.; Haugli, F. R.; and Mayer, H., "Schubversuche an Stahlbeton-Rechteckbalken mit gleichmässig verteilter Belastung," *Bulletin* No. 145, Deutscher Ausschuss fur Stahlbeton, Berlin, 1962, pp. 4-30. (in German)

7.9 Van Den Berg, F. J., "Shear Strength of Reinforced Concrete Beams without Web Reinforcement: Part 2-Factors Affecting Load at Diagonal Cracking," *ACI Journal*, Vol. 59, No. 11, Nov. 1962, pp. 1587-1600.

7.10 Leonhardt, F., and Walther, R., "Beiträge zur Behandlung der Schubprobleme im Stahlbetonbau," *Beton- und Stahlbetonbau* (Berlin), Vol. 56, No. 12, 1961; Vol. 57, No. 2, 3, 6, 7, and 8, 1962; and V. 58, No. 8 and 9, 1963. (in German)

7.11 Bresler, B., and Scordelis, A. C., "Shear Strength of Reinforced Concrete Beams," *ACI Journal*, Vol. 60, No. 1, Jan. 1963, pp. 51–74.

7.12 MacGregor, J. G., Sozen, M. A., and Siess, C. P., "Strength of Concrete Beams with Web Reinforcement," *ACI Structural Journal*, Vol. 62, No. 12, 1965, pp. 1503–1519.

7.13 Kani, G. N. J., "Basic Facts Concerning Shear Failure," *ACI Structural Journal*, Vol. 63, No. 6, 1966, pp. 675–692.

7.14 ACI–ASCE Committee 426, "Shear Strength of Reinforced Concrete Members," *Journal of the Structural Division*, ASCE, Vol. 99, No. ST6, 1973, pp 1091–1187.

7.15 Ritter, W., *Die Bauweise Hennebique* (Construction Techniques of Hennebique), Schweizerische Bauzeitung, Zürich, 1899.

7.16 Mörsch, E., *Concrete-Steel Construction*, McGraw–Hill, New York, 1909, 368 pp. (English translation by E.P. Goodrich of 3rd edition of *Der Eisenbetonbau*, 1st edition, 1902.)

7.17 Kani, G. N. J., "The Riddle of Shear Failure and Its Solution," *ACI Journal*, Vol. 61, No. 4, 1964, pp 441–467.

7.18 ACI Committee 318, *Building Code Requirements for Structural Concrete* (ACI 318–14) *and Commentary* (ACI 318R–14), American Concrete Institute, Farmington Hills, MI, 2014.

7.19 국토교통부, 한국콘크리트학회, KDS 14 20 콘크리트구조설계기준, 기준 및 해설, 2021.

7.20 국토해양부, 한국도로교통협회, 도로교설계기준, 2010.

7.21 Standards New Zealand, *Concrete Structures Standard*, NZS 3101: Part 1–The Design of Concrete Structures, 1995.

7.22 CEN, Eurocode 2: *Design of Concrete Structures*, European Committee for Standardization, 2004.

7.23 국토교통부, 한국교량및구조공학회, 교량설계기준(한계상태설계법), KDS 24 14 21 콘크리트교 설계기준(한계상태설계법), 기준 및 해설, 2021.

7.24 Vecchio, F. J., and Collins, M. P., "The Modified Compression Field Theory for Reinforced Concrete Elements Subjected to Shear," *ACI Structural Journal*, Vol. 83, No. 2, 1986, pp. 219–231.

7.25 CSA, *Design of Concrete Structures*, CSA Standard A23.3, Canadian Standard Association, Rexdale, Ontario, Canada, 2004.

7.26 CSA International, *Canadian Highway Bridge Design Code*, CSA Standard S6, Canadian Standard Association, Rexdale, Ontario, Canada, 2000.

7.27 AASHTO, LRFD *Bridge Design Specifications*, 6th edition, American Association of State Highway and Transportation Officials, Washington, D.C., USA, 2012.

7.28 ACI Committee Report, *Commentary on Building Code Requirements for Reinforced Concrete*, ACI 318–63,

American Concrete Institute Special Publication SP-10, 1965, 91 pp.

7.29 MacGregor, J. G., and Hanson, J. M., "Proposed Changes in Shear Provisions for Reinforced and Prestressed Concrete Beams," *ACI Structural Journal*, Vol. 66, No. 4, 1969, pp. 276-288.

7.30 Walraven, J. C. "Eurocode 2: Design of concrete structures, EN1992-1-1," PDF file, Symposium Eurocodes: Backgrounds and Applications, Brussels, 22 February 2008.

7.31 Mitchell, D., and Collins, M. P., "Diagonal Compression Field Theory-A Rational Model for Structural Concrete in Pure Torsion," *ACI Structural Journal*, Vol. 71, No. 8, 1974, pp. 396-408.

7.32 Collins, M. P., and Mitchell, D., "Design Proposals for Shear and Torsion," *PCI Journal*, Vol. 25, No. 5, 1980, 70 pp.

7.33 Collins, M. P. and Mitchell, D., *Prestressed Concrete Structures*, Prentice Hall, 1991.

7.34 ASTM A 615/A 615M-08b, "Standard Specification for Deformed and Plain Carbon-Steel Bars for Concrete Reinforcement," ASTM, USA, 2008.

7.35 한국산업표준, KS D 3504, 철근 콘크리트용 봉강, 2009.

7.36 이재훈, 김동현, 최진호, "철근 최소 연신율 규격에 대한 평가", 한국콘크리트학회논문집, 제23권 5호, 2011년 10월, pp 559-567.

[연습문제]

7-1 프리스트레스트 콘크리트 부재의 전단거동 특성을 철근콘크리트 부재의 전단거동 특성과 비교하여 설명하시오.

7-2 프리스트레스트 콘크리트 부재에서 전단작용과 관련하여 나타나는 파괴 유형에 대하여 설명하시오.

7-3 콘크리트 부재에 대한 전단 설계 모델로서, 45° 트러스 모델, 소성 변각트러스 모델, 수정 압축장 이론에 따른 모델의 특징을 비교하여 설명하시오.

7-4 강도설계법 설계기준에서 최소전단철근과 최대전단철근 규정으로 전단철근의 양을 제한하는 이유를 설명하시오.

7-5 강도설계법 설계기준에서 콘크리트에 의한 전단강도 V_c를 계산할 때, 콘크리트 설계기준압축강도의 제곱근인 $\sqrt{f_{ck}}$의 값을 8.4 MPa 이하로 제한하는 이유를 설명하시오.

7-6 강도설계법 설계기준에서 전단철근의 최대간격을 철근콘크리트 부재의 경우에는 유효깊이의 1/2로 하지만 프리스트레스트 콘크리트 부재의 경우에는 부재높이의 3/4으로 하는 이유를 설명하시오.

7-7 한계상태설계법 설계기준에서는 전단철근을 배치하여야 하는 경우 부재 전체길이에 걸쳐서 소요전단철근과 최소전단철근을 배치하여야 한다. 이렇게 부재 전체길이에 걸쳐서 최소전단철근을 배치하도록 규

정한 이유를 설명하시오.

7-8 한계상태설계법 설계기준의 전단설계기준에서 콘크리트 압축 스트럿의 경사각 θ의 허용 범위를 규정하고 있는 이유를 전단 파괴거동과 관련지어 설명하시오.

7-9 경간 중앙 단면이 그림 7-52 (a)의 직사각형 단면 또는 (b)의 I형 단면으로 설계된 포스트텐션 프리스트레스트 콘크리트 보에 대하여 다음 문제를 수행하시오. 경간은 $l = 16\ m$로 단순보이고, 유효 긴장응력은 인장강도의 0.6배($f_{pe} = 0.6 f_{pu}$)이다. 콘크리트의 설계기준압축강도 f_{ck}, 긴장재의 경간 중앙 단면의 유효깊이 d_p 긴장재의 종류와 양에 대한 조건은 다음 (a)~(f)의 6가지 중 하나를 선택하고, 긴장재의 배치형상은 그림 7-53의 (a)와 (b) 중 하나를 선택하시오.

(a) $f_{ck} = 35\ MPa,\ d_p = 630\ mm$, SWPC7BL 15.2 mm 강연선 14개 배치
(b) $f_{ck} = 35\ MPa,\ d_p = 630\ mm$, SWPC7BL 15.2 mm 강연선 19개 배치
(c) $f_{ck} = 40\ MPa,\ d_p = 615\ mm$, SWPC7BL 15.2 mm 강연선 14개 배치
(d) $f_{ck} = 40\ MPa,\ d_p = 615\ mm$, SWPC7BL 15.2 mm 강연선 19개 배치
(e) $f_{ck} = 45\ MPa,\ d_p = 600\ mm$, SWPC7BL 15.2 mm 강연선 14개 배치
(f) $f_{ck} = 45\ MPa,\ d_p = 600\ mm$, SWPC7BL 15.2 mm 강연선 19개 배치

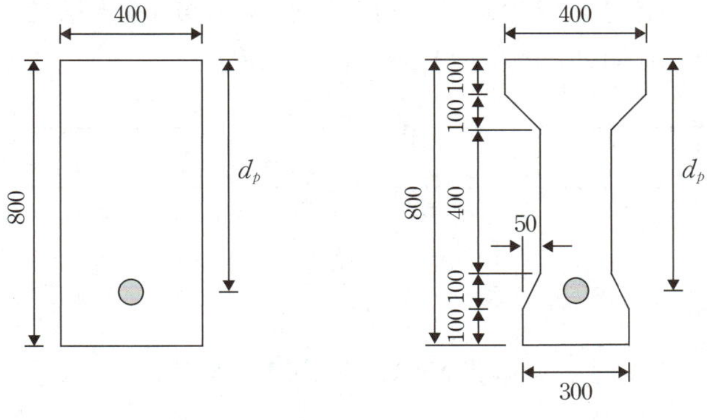

(a) 직사각형 단면　　(b) I형 단면

| 그림 7-52 | 경간 중앙 단면

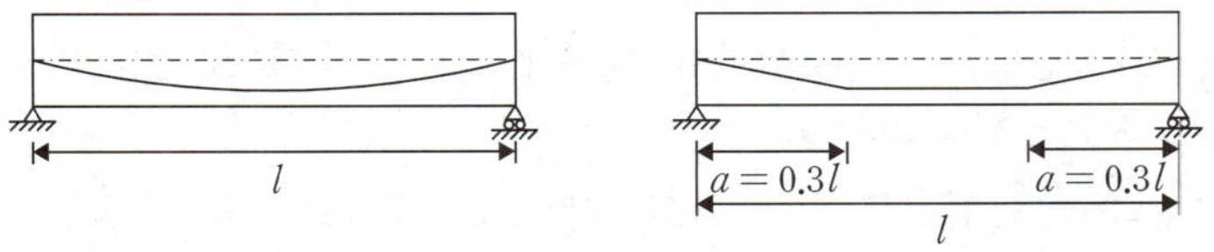

(a) 포물선 배치　　(b) 2회 절곡 배치

| 그림 7-53 | 긴장재 배치형상

[문제 1] 등분포 하중이 작용하는 경우, 콘크리트구조설계기준에 따라 경간 길이에 걸친 주요 위치의 단면에 대하여 콘크리트에 의한 설계전단강도 ϕV_c를 설계휨전단강도 ϕV_{ci}와 설계복부전단강도 ϕV_{cw}를 이용하여 구하고, ϕV_c의 분포를 그림으로 나타내시오.

[문제 2] 등분포 하중이 작용하는 경우, 콘크리트구조설계기준에 따라 경간 길이에 걸친 주요 위치의 단면에 대하여 콘크리트에 의한 설계전단강도 ϕV_c를 간편 결정방법으로 구하고, ϕV_c의 분포를 그림으로 나타내시오.

[문제 3] 문제 1의 결과로서, 얼마의 등분포 하중이 작용할 때까지 전단철근을 보강하지 않아도 되는지, 그 등분포 하중을 kN/m 단위로 구하시오.

[문제 4] 문제 3의 결과로 얻은 등분포 하중의 2배의 크기로 계수 등분포 하중이 작용할 때, 콘크리트구조설계기준에 따라 전단보강철근을 설계하고 전단보강철근의 배치도를 작성하시오.

[문제 5] 문제 3의 결과로 얻은 등분포 하중의 3배의 크기로 계수 등분포 하중이 작용할 때, 콘크리트구조설계기준에 따라 전단보강철근을 설계하고 전단보강철근의 배치도를 작성하시오.

[문제 6] 문제 3의 결과로 얻은 등분포 하중의 4배의 크기로 계수 등분포 하중이 작용할 때, 콘크리트구조설계기준에 따라 전단보강철근을 설계하고 전단보강철근의 배치도를 작성하시오.

7-10 그림 7-52와 동일한 단면을 가진 프리텐션 프리스트레스트 콘크리트 보에 대하여 문제 7-9과 동일하게 문제를 수행하시오. 경간 중앙 단면에서 프리텐션 긴장재의 도심까지의 유효깊이는 d_p로 동일하다. 긴장재의 배치형상은 그림 7-54의 (a)와 (b) 중 하나를 선택하시오.

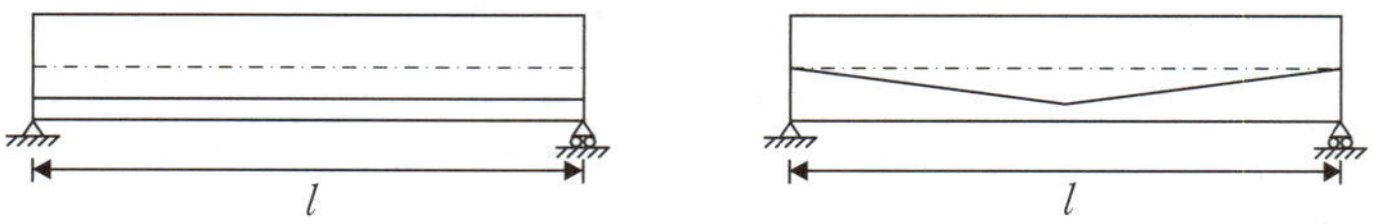

(a) 단일 편심 배치 (b) 1회 절곡 배치

| 그림 7-54 | 긴장재 배치형상

7-11 문제 7-9와 동일한 조건의 포스트텐션 프리스트레스트 콘크리트 보에 대하여 다음 문제를 수행하시오.

[문제 1] 등분포 하중이 작용하는 경우, 교량설계기준(한계상태설계법)에 따라 경간 길이에 걸친 주요 위치의 단면에 대하여 콘크리트에 의한 설계전단강도 V_{cd}를 구하고, V_{cd}의 분포를 그림으로 나타내시오.

[문제 2] 문제 1의 결과로서, 얼마의 등분포 하중이 작용할 때까지 전단철근을 보강하지 않아도 되는지, 그 등분포 하중을 kN/m 단위로 구하시오.

[문제 3] 문제 2의 결과로 얻은 등분포 하중의 2배의 크기로 계수 등분포 하중이 작용할 때, 교량설계기준(한계상태설계법)에 따라 전단보강철근을 설계하고 전단보강철근의 배치도를 작성하시오.

[문제 4] 문제 2의 결과로 얻은 등분포 하중의 3배의 크기로 계수 등분포 하중이 작용할 때, 교량설계기준(한계상태설계법)에 따라 전단보강철근을 설계하고 전단보강철근의 배치도를 작성하시오.

[문제 5] 문제 2의 결과로 얻은 등분포 하중의 4배의 크기로 계수 등분포 하중이 작용할 때, 교량설계기준(한계상태설계법)에 따라 전단보강철근을 설계하고 전단보강철근의 배치도를 작성하시오.

7-12 문제 7-10과 동일한 조건의 프리텐션 프리스트레스트 콘크리트 보에 대하여, 문제 7-11의 [문제 1]~[문제 5]를 수행하시오.

7-13 문제 7-9와 동일한 조건의 포스트텐션 프리스트레스트 콘크리트 보에 대하여 다음 문제를 수행하시오.

[문제 1] 등분포 하중이 작용하는 경우, AASHTO-LRFD의 수정 압축장 이론에 따른 전단 설계기준에 따라 경간 길이에 걸친 주요 위치의 단면에 대하여 콘크리트에 의한 설계전단강도 ϕV_c를 구하고, ϕV_c의 분포를 그림으로 나타내시오.

[문제 2] 문제 1의 결과로서, 얼마의 등분포 하중이 작용할 때까지 전단철근을 보강하지 않아도 되는지, 그 등분포 하중을 kN/m 단위로 구하시오.

[문제 3] 문제 2의 결과로 얻은 등분포 하중의 2배의 크기로 계수 등분포 하중이 작용할 때, AASHTO-LRFD의 수정 압축장 이론에 따른 전단 설계기준에 따라 전단보강철근을 설계하고 전단보강철근의 배치도를 작성하시오.

[문제 4] 문제 2의 결과로 얻은 등분포 하중의 3배의 크기로 계수 등분포 하중이 작용할 때, AASHTO-LRFD의 수정 압축장 이론에 따른 전단 설계기준에 따라 전단보강철근을 설계하고 전단보강철근의 배치도를 작성하시오.

[문제 5] 문제 2의 결과로 얻은 등분포 하중의 4배의 크기로 계수 등분포 하중이 작용할 때, AASHTO-LRFD의 수정 압축장 이론에 따른 전단 설계기준에 따라 전단보강철근을 설계하고 전단보강철근의 배치도를 작성하시오.

7-14 문제 7-10과 동일한 조건의 프리텐션 프리스트레스트 콘크리트 보에 대하여, 문제 7-13의 [문제 1]~[문제 5]를 수행하시오.

제8장

비틀림강도 및 설계

8.1 비틀림 작용과 비틀림 이론 개요

비틀림이 콘크리트 구조물의 설계를 지배하는 경우는 많지는 않지만, 종종 그런 경우가 발생한다. 이 절에서는 콘크리트 구조물의 비틀림 작용과 비틀림 이론의 개요를 소개하고, 이어지는 절에서 비틀림 이론의 주요 내용과 설계기준의 내용을 소개한다.

8.1.1 비틀림 작용

하중이 작용하는 방향을 축으로 하여, 단면의 형상이 완전히 대칭인 직선부재에서 하중이 부재 축에 작용하는 경우가 아니면 비틀림이 작용할 수 있다. 즉, 전체적으로 하나의 선으로 이루어진 직선부

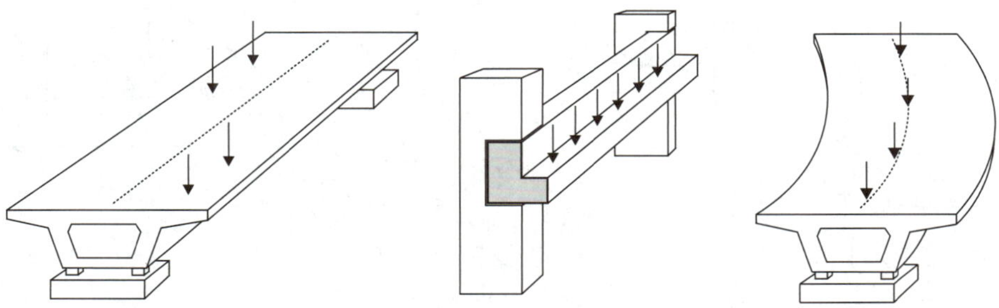

(a) 교차로 편 재하 된 교량　(b) 프리캐스트 L형 보　(c) 곡선교

| 그림 8-1 | 비틀림 작용

재에서는 하중이 부재의 축에서 벗어난 위치에 작용하는 경우 편심효과에 의하여 비틀림이 발생한다. 곡선부재 또는 여러 개의 직선부재가 180와 다른 각도로 연결된 부재에서는 하중이 부재의 축에 작용하는 경우에도 비틀림이 발생한다. 그림 8-1은 비틀림 작용의 예를 나타낸다.

그림 8-1(a)는 점선으로 표시된 부재 축의 왼쪽과 오른쪽에서 대각선 방향으로 하중이 위치하여 비틀림이 작용하는 교량을 나타낸다. 그림 8-1(b)는 프리캐스트 L형 보의 하부 플랜지에 하중이 위치하여 비틀림이 작용하는 건축구조를 나타낸다. 또, 그림 8-1(c)는 점선으로 표시된 부재 축에 하중이 위치하더라도 비틀림이 작용하게 되는 곡선교를 나타낸다.

구조물에 작용하는 비틀림모멘트는 작용방법과 구조형식에 따라, 다음과 같이 평형비틀림(정정비틀림)과 적합비틀림(부정정비틀림)으로 구분된다.[8.1,8.2]

- 평형비틀림(정정비틀림)

  그림 8-2(a)와 같이, 편심효과에 의하여 구조물에 작용하는 비틀림모멘트는 내부력의 재분배에 의하여 감소될 수 없는 비틀림모멘트이다. 이 비틀림모멘트는 구조물이 힘의 평형을 유지하기 위하여 발생하는 비틀림모멘트로서, 평형비틀림(equilibrium torsion) 또는 정정비틀림이라고 한다.

- 적합비틀림(부정정비틀림)

  그림 8-2(b)와 같은 부정정 구조물에 작용하는 비틀림은 부재의 강성 비율에 따라 비틀림 효과가 달라진다. 하중이 작용하는 부재의 휨 작용으로 연결된 부재에 비틀림모멘트가 유발되는데 비틀림을 받는 부재에 균열이 발생하기 전에는 상대적으로 큰 비틀림모멘트가 작용하게 된다. 그러나 비틀림을 받는 부재에 균열이 발생하게 되면 비틀림 강성이 급격히 감소하여, 전달되는 비틀림모멘트가 더 이상 증가하지 않고 힘이 재분배된다. 이러한 거동을 보이는 비틀림을 적합비틀림(compatibility torsion) 또는 부정정비틀림이라고 한다. 적합비틀림이 작용할 때의 설계에서는 힘의 재분배에 의하여 전달되는 비틀림모멘트의 최댓값을 균열 비틀림모멘트(cracking torsional moment 또는 cracking torque)로 하여 계수비틀림모멘트를 제한하고 있다.

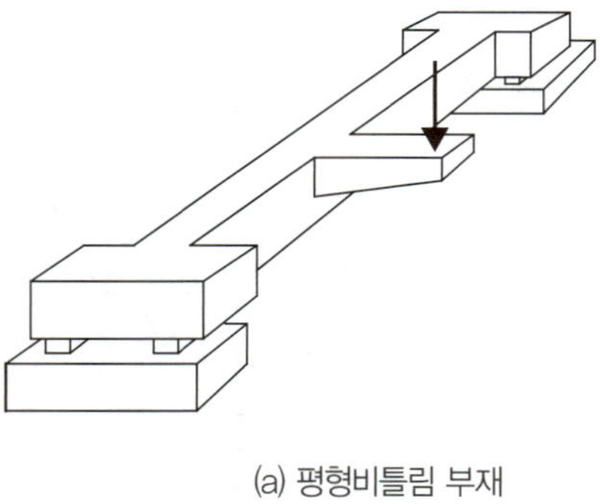

(a) 평형비틀림 부재

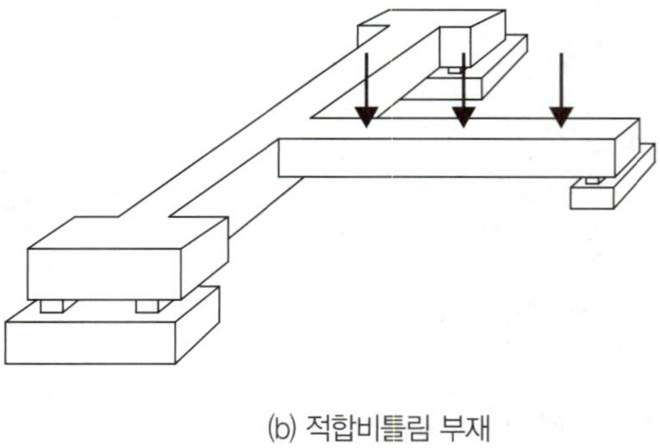

(b) 적합비틀림 부재

| 그림 8-2 | 비틀림 부재

일반적으로 비틀림이 작용하는 부재에 비틀림모멘트만 작용하는 경우는 매우 드물며, 휨모멘트와 전단력이 동시에 작용하는 경우가 대부분이다. 이때 최대 휨모멘트를 유발하는 하중조건과 최대 비틀림모멘트를 유발하는 하중조건이 다르므로, 휨 설계에 따라 단면의 크기와 종방향 철근을 결정한 후 전단 설계와 비틀림 설계를 수행하는 것이 일반적이다.

이 절에서는 닫힌 단면(closed section)과 속찬 단면(solid section)의 순환형 전단류(circulatory shear flow)에 의한 순수비틀림(pure torsion, St. Venant torsion)만을 다룬다. 열린 단면(open section)에서 발생할 수 있는 뒤틀림(warping torsion)은 극한한계상태의 검증에서 생략하는 경우가 많기 때문에 이 절에서 다루지는 않는다. 그러나 매우 얇은 벽체로 이루어진 U형이나 T형 단면의 부재를 설계할 때에는 뒤틀림을 검토하여야 하는 경우가 있다.

비틀림철근이 배치되지 않은 콘크리트 부재는 비틀림 균열이 발생함과 동시에 취성으로 파괴된다. 이때에는 비틀림 회전각이 작고, 비틀림 균열의 수도 적다. 비틀림철근이 배치된 콘크리트 부재는 사인장 비틀림 균열이 발생한 이후에도 급격히 파괴되지 않고, 비틀림철근이 항복한 이후 콘크리트 스트럿이 압축파괴될 때까지 비틀림강도를 발휘한다. 이때에는 비틀림 변형이 크며, 비틀림 균열의 수도 많다.

8.1.2 비틀림 이론 개요

비틀림이 작용하는 콘크리트 부재에서 균열이 발생하기 전에는 고전적 탄성이론인 박벽관 이론(thin-walled tube theory)을 적용할 수 있다. 박벽관 이론은 St. Venant 비틀림 이론(순수 비틀림, pure torsion)에 바탕을 둔 이론이다. 균열이 발생한 후에는 박벽관 이론과 함께 공간트러스 해석법(space truss analogy)을 적용할 수 있다. 비틀림 균열이 발생한 후에도 균열 비틀림모멘트보다 더 큰 비틀림모멘트를 저항하려면, 부재 축과 직각인 횡방향으로 비틀림 보강철근을 배치하여야 하며, 부재 축과 평행인 종방향으로도 보강철근을 배치하여야 한다. 프리스트레스트 콘크리트 부재의 비틀림강도는 전단강도의 경우와 마찬가지로, 긴장력에 의한 압축력의 작용으로 사인장균열의 폭이 감소하고 경사 긴장재에 의하여 강도가 증가할 수 있다. 그러나 설계에서 이와 같은 효과를 직접 반영하지는 않으며, 비틀림각도에 대한 가정만 달리 적용한다.

8.2 비틀림 이론

8.2.1 St. Venant 비틀림 이론

비틀림이 작용하는 탄성 상태의 원형관(pipe)에 대하여, Navier[8.3]는 다음의 가정에 따라 비틀림 전단응력을 유도하였다.

① 원형관의 단면은 비틀림이 작용한 후에도 원형을 유지한다.

② 비틀림에 의한 회전각이 작은 경우, 단면의 지름과 임의 단면 간의 거리는 변하지 않는다.

St. Venant[8.4]은 Navier의 이론을 발전시켜서 원형이 아닌 임의의 형상을 갖는 단면에 적용하였다. 원형관은 원의 중심에서 떨어진 거리가 일정하지만, 사각형과 같이 임의의 형상을 갖는 단면은 단면의 중심에서 떨어진 거리가 일정하지 않아서 비틀림 작용에 의한 변형과 전단흐름이 일정하지 않기 때문이다. St. Venant은 다음의 가정에 따라 임의의 형상을 갖는 단면의 비틀림 전단응력을 유도하였다.

① 단면은 비틀림이 작용한 후에도 변형 전과 동일한 형상을 유지한다.

② 비틀림에 의하여 임의의 단면형상을 갖는 부재에 발생하는 뒤틀림(warping)은 부재 전체 길이에 걸쳐서 일정하다.

St. Venant 비틀림 이론은 다음과 같다. 부재가 비틀림모멘트에 의하여 비틀리는 회전각의 변화율, 즉 부재 축방향의 단위길이 당 비틀림회전각을 θ_T라고 하면, θ_T는 전단 탄성계수(shear modulus of elasticity) G와 비틀림상수(torsional constant) J를 이용하여 다음과 같이 나타낼 수 있다. 전단 탄성계수 G는 재료특성으로 결정되는 값이고, 비틀림상수 J는 단면의 형상으로 결정되는 값이다.

$$\theta_T = \frac{T}{GJ} \tag{8·1}$$

원형 단면의 경우 비틀림상수 J는 다음과 같다. 여기서, r은 단면의 반지름이고, D는 단면의 지름이다. 원형 단면에 작용하는 최대 비틀림 전단응력 v_{max}는 단면의 표면에 발생하며, 다음과 같이 나타낼 수 있다.

$$J = \frac{\pi r^4}{2} = \frac{\pi D^4}{32} \tag{8·2}$$

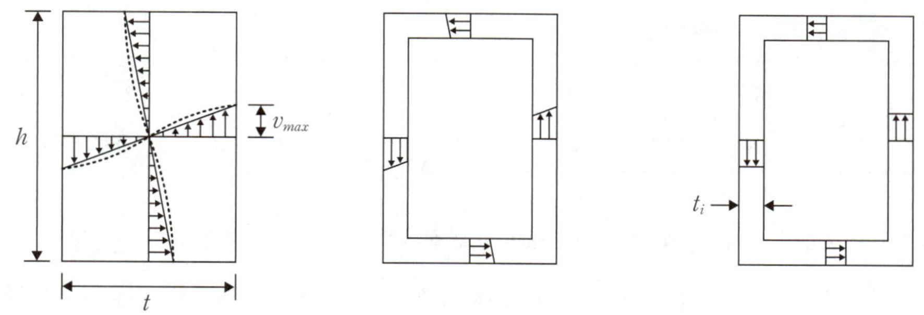

(a) 속찬 단면의 비틀림 응력 (b) 속빈 단면의 비틀림 응력 (c) 박벽관의 비틀림 응력

| 그림 8-3 | 비틀림 전단응력

$$v_{max} = \frac{Tr}{J} = \frac{TD}{2J} = \frac{16\,T}{\pi\,D^3} \tag{8·3}$$

원형 단면이 아닌 경우(비 원형 단면, noncircular section)에는 원형 단면과는 달리, 비틀림 변형 후에도 평면을 유지하지 않고 단면의 직각방향으로 변형이 발생하는 뒤틀림(warping)이 발생한다. 만일 비틀림 변형 후에도 평면을 유지한다면 단면 중심에서 가장 멀리 떨어진 위치에서 최대 비틀림 전단응력이 발생하지만, 뒤틀림 변형이 발생하는 비 원형 단면에서는 그렇지 않다.

그림 8-3은 비틀림에 의한 전단응력분포를 나타낸다. 그림 8-3(a)는 비틀림을 받는 직사각형 속찬 단면의 비틀림 전단응력의 분포를 나타내는 것으로, 재료가 탄성거동을 보인다면 단면의 응력은 전 단면에 걸쳐서 실선과 같이 선형으로 분포한다. 그러나 재료가 비탄성거동을 보이는 콘크리트 부재에서는 그림에서 점선으로 나타낸 것과 같이 비선형의 응력분포를 보인다. 탄성체 역학이론(theory of elasticity)에 따르면 최대 비틀림 전단응력은 단면의 긴 변 중앙에서 발생하며, 비틀림상수 J와 최대 비틀림 전단응력 v_{max}은 다음과 같다.[8.5]

$$J = k\,h\,t^3 \tag{8·4}$$

$$v_{max} = \frac{T}{k\,t^2 h} \tag{8·5}$$

여기서, t는 단면의 짧은 변 길이이고, h는 단면의 긴 변 길이이다. 이 식의 k는 단면의 형상비에 따른 변수로서, 다음 식[8.5]으로 결정할 수 있다.

$$k = \frac{1}{3}\left[1 - 0.63\,\frac{t}{h}\left(1 - \frac{t^4}{12\,h^4}\right)\right] \tag{8·6}$$

표 8-1 단면 형상비(h/t)에 따른 k 값

h/t	1.0	1.2	1.5	2.0	2.5	3.0	4.0	5.0	7.5	10.0	∞
k	0.141	0.165	0.196	0.229	0.250	0.263	0.281	0.291	0.305	0.312	0.333

짧은 변 길이에 대한 긴 변 길이의 비율 h/t의 변화에 따른 k 값은 표 8-1과 같다.

T형, L형, I형 단면과 같은 열린 단면(open section)을 가진 부재가 탄성으로 거동하는 경우, 전체 단면을 사각형 단면으로 분해한 후 각 요소 단면마다 식 (8·4)로 비틀림상수 J를 구하여 다음과 같이 최종적으로 합해서 부재의 비틀림 강도를 구할 수 있다.

$$J = \sum k_i h_i t_i^3 \tag{8·7}$$

이 때 각 요소가 분담하는 비틀림모멘트는 각 요소의 비틀림 강성 구성비에 비례하도록 분배하여야 전체 단면에 대해 유도한 비틀림강성(torsional stiffness)이 최대가 된다.

8.2.2 박벽관 이론

박벽관 이론(thin-walled tube theory)은 Bredt[8.6]에 의하여 제안된 것으로, 비틀림이 작용한 후에도 단면의 형상을 유지한다는 가정과 부재 축방향으로의 변형이 구속되지 않는다고 가정하는 St. Venant 비틀림 이론(순수 비틀림, pure torsion)에 바탕을 둔 이론이다. 여기서 박벽(thin wall)은 두께 방향으로의 응력 변화가 무시할 수 있을 정도로 작아서 두께 방향의 응력을 등분포로 간주할 수 있는 얇은 두께의 벽체를 의미한다. 이러한 박벽으로 구성된 단면으로 닫힌 단면(closed section)을 형성한 것을 박벽관(thin-walled tube)이라고 한다.

그림 8-3(b)는 속빈 단면의 비틀림 응력분포로서, 그림 8-3(a)의 실선과 같이 선형의 분포를 나타낸다. 만일 단면두께가 매우 작은 경우라면, 그림 8-3(c)와 같이 단면 내의 응력이 균일하다고 가정할 수 있다. 또 콘크리트 부재에서는 그림 8-3(a)의 점선과 같이 비틀림 응력이 비선형 형상의 분포를 보이므로, 단면 내의 응력이 균일하다고 가정할 수 있다.

그림 8-4(a)는 속빈 단면(void section, hollow section)으로 두께가 얇은 부정형의 박벽관을 나타낸다. 두께가 t로 일정할 때, 전단흐름(shear flow) q와 비틀림모멘트에 의한 전단응력 v는 다음과 같은 관계로 나타낼 수 있다.

$$q = v\,t \tag{8·8}$$

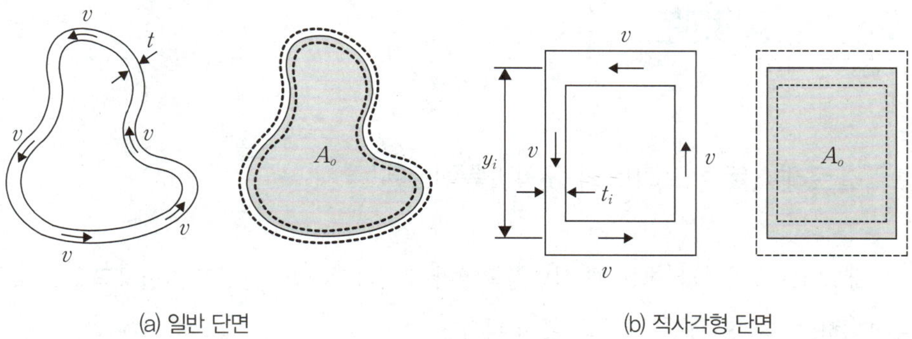

| 그림 8-4 | 박벽관의 전단응력과 전단흐름 내부 단면적

단면에 작용하는 비틀림모멘트 T와 전단흐름(shear flow) q는 다음과 같은 관계로 나타낼 수 있다.

$$q = \frac{T}{2A_o} \tag{8·9}$$

여기서, A_o는 **그림 8-4**(a)에 나타난 바와 같이 벽체단면 중심선 이내의 면적이다. 따라서 비틀림모멘트 T와 전단흐름 q, 그리고 전단응력 v는 다음과 같은 관계로 나타낼 수 있다.

$$T = 2A_o\,q = 2A_o\,v\,t \tag{8·10}$$

$$v = \frac{T}{2A_o\,t} \tag{8·11}$$

한편, **그림 8-4**(b)와 같이 각 벽체의 두께가 동일하지 않은 사각형 단면의 경우에는, 비틀림모멘트 T가 작용할 때의 전단흐름 q를 앞의 식 (8·9)로 구한 후 다음과 같이 각 벽체에 작용하는 전단력을 구할 수 있다. 여기서, y_i와 t_i는 각각 i번째 벽체의 길이와 두께로서 **그림 8-4**(b)에 나타나 있다.

$$V_i = q\,y_i = v_i\,t_i\,y_i \tag{8·12}$$

8.3 균열비틀림모멘트

8.3.1 프리스트레스트 콘크리트의 균열비틀림모멘트

만일 비틀림모멘트 T가 작용했을 때 사인장균열이 발생하였다면, 이때의 전단응력을 v_{cr}로 표현하고 T를 T_{cr}로 표현하여, 식 (8·11)을 다음과 같이 나타낼 수 있다.

$$v_{cr} = \frac{T_{cr}}{2A_o t} \tag{8·13}$$

한편, 프리스트레스가 작용하는 단면에서 사인장균열이 발생할 때의 전단응력 v_{cr}은 다음과 같이 앞의 식 (7·11)로 나타낼 수 있다. 여기서, f_{ct}는 콘크리트의 인장강도이고, f_{pc}는 긴장재에 의한 압축력과 외력의 휨모멘트에 의하여 단면 도심 위치에 작용하는 응력으로, 압축인 경우 정(+)의 부호를 갖는다.

$$v_{cr} = f_{ct}\sqrt{1+\frac{f_{pc}}{f_{ct}}} \tag{7·11}$$

식 (8·13)의 v_{cr}과 식 (7·11)의 v_{cr}은 같은 의미의 균열전단응력이므로, 이 두 식을 같게 놓고 정리하면 다음과 같이 프리스트레스트 콘크리트 속빈 단면(void section, hollow section)의 균열 비틀림모멘트(cracking torsional moment 또는 cracking torque) T_{cr}을 구할 수 있다.

$$T_{cr} = 2A_o\, t\, f_{ct}\sqrt{1+\frac{f_{pc}}{f_{ct}}} \tag{8·14}$$

속찬 단면(solid section)의 경우에는 가상의 속빈 단면으로 이상화하여 박벽관 이론을 적용할 수 있다. 즉, 많은 실험과 해석의 연구결과로 가상 속빈 단면의 벽체두께 t_c는 다음의 범위에 있다고 알려졌다.

$$2\,c \le t_c \le \frac{A_{cp}}{p_{cp}} \tag{8·15}$$

여기서, c는 종방향 철근 중심부터의 피복두께, A_{cp}는 콘크리트 단면의 외부 둘레로 둘러싸인 면적, p_{cp}는 콘크리트 단면의 외부 둘레 길이이다. 가상 속빈 단면의 벽체두께 t_c를 이 범위 내의 값으로서 다음과 같이 선택할 수 있다.

$$t_c = \frac{3}{4}\frac{A_{cp}}{p_{cp}} \tag{8·16}$$

이 관계에 따른 가상 박벽관의 t_c는 정사각형 단면의 경우 한 변의 길이의 0.1875배이며, 원형 단면의 경우에도 반지름의 0.1875배이다. 따라서 가상 벽체단면 중심선 이내의 면적 A_o를 계산하면 A_{cp}의 0.6602배가 되어, 다음과 같이 이상화할 수 있다.

$$A_o = \frac{2}{3}A_{cp} \tag{8·17}$$

이제, 식 (8·14)의 A_o에 식 (8·17)을 대입하고 t에 식 (8·16)의 t_c를 대입하면, 프리스트레스트 콘크리트 속찬 단면의 균열 비틀림모멘트를 다음으로 나타낼 수 있다.

$$T_{cr} = \frac{A_{cp}^2}{p_{cp}} f_{ct}\sqrt{1+\frac{f_{pc}}{f_{ct}}} \tag{8·18}$$

8.3.2 설계기준의 균열비틀림모멘트

설계기준에서는 AASHTO-LRFD[8.7]와 같이 균열 비틀림모멘트를 명시적으로 규정하고 있는 설계기준도 있고, 명시적으로 규정하지는 않지만 암묵적으로 표현하고 있는 설계기준도 있다. 그러나 그 어떤 경우에도, 식 (8·18)을 기본으로 하고 콘크리트 인장강도의 변동성에 따라 강도감소계수 또는 재료계수를 고려하여 설계 균열 비틀림모멘트(design cracking torsional moment)를 나타낸다는 것은 동일하다.

콘크리트구조설계기준[8.8]과 도로교설계기준(2010)[8.9]은 식 (8·18)에서 콘크리트 인장강도 f_{ct}를 $(1/3)\sqrt{f_{ck}}$로 취하여, 프리스트레스트 콘크리트의 설계 균열 비틀림모멘트를 식 (8·19)와 식 (8·20)으로 각각 나타낸다. 콘크리트구조설계기준의 식 (8·19)에서 λ는 경량콘크리트 계수이다. 전단력과 비틀림에 대한 강도감소계수(저항계수) ϕ는 콘크리트구조설계기준[8.8]에 따를 때 0.75, 도로교설계기준(2010)[8.9]에 따를 때 0.80을 적용한다.

$$\phi T_{cr} = \phi(\lambda\sqrt{f_{ck}}/3)\frac{A_{cp}^2}{p_{cp}}\sqrt{1+\frac{f_{pc}}{(\lambda\sqrt{f_{ck}}/3)}} \tag{8·19}$$

$$\phi T_{cr} = \phi\frac{1}{3}\sqrt{f_{ck}}\frac{A_{cp}^2}{p_{cp}}\sqrt{1+\frac{f_{pc}}{\frac{1}{3}\sqrt{f_{ck}}}} \tag{8·20}$$

ACI 318 Code[8.10]는 콘크리트의 인장강도 f_{ct}를 $0.33\lambda\sqrt{f_c'}$로 취하여 다음과 같이 프리스트레스트 콘크리트의 설계 균열 비틀림모멘트를 나타낸다. 여기서, 전단력과 비틀림에 대한 강도감소계수(저항계수) ϕ는 0.75를 적용한다.

$$\phi T_{cr} = \phi\, 0.33\,\lambda\sqrt{f_c'}\left(\frac{A_{cp}^2}{p_{cp}}\right)\sqrt{1+\frac{f_{pc}}{0.33\,\lambda\sqrt{f_c'}}} \tag{8·21}$$

AASHTO-LRFD[8.7]는 콘크리트의 인장강도 f_{ct}를 $0.328\sqrt{f_c'}$로 취하여 다음과 같이 프리스트레스트 콘크리트의 설계 균열 비틀림모멘트를 나타낸다. 여기서, 전단력과 비틀림에 대한 강도감소계수(저항계수) ϕ는 보통중량콘크리트의 경우에 0.9를, 경량콘크리트의 경우에 0.8을 적용한다.

$$\phi T_{cr} = \phi\, 0.328\sqrt{f_c'}\,\frac{A_{cp}^2}{p_c}\sqrt{1+\frac{f_{pc}}{0.328\sqrt{f_c'}}} \tag{8·22}$$

한계상태설계법의 교량설계기준(한계상태설계법)[8.11]과 Eurocode 2[8.12]도 역시 박벽관 이론을 기본으로 하여 비틀림 설계기준을 규정하고 있다. 다만, 교량설계기준(한계상태설계법)[8.11]은 콘크리트구조설계기준[8.8]과 ACI 318 Code[8.10]와 동일한 기호를 사용하여 비틀림 설계기준을 표현하고 있고, Eurocode 2[8.12]는 고유의 기호를 사용하여 비틀림 설계기준을 표현하고 있다.

Eurocode 2[8.12]는 식 (8·9)를 다음과 같이 표현하고 있다.

$$\tau_{t,i}\, t_{\mathrm{ef},i} = \frac{T_{Ed}}{2\,A_k} \tag{8·23}$$

이것은 식 (8·9)의 q를 $\tau_{t,i}\,t_{\mathrm{ef},i}$로, T를 T_{Ed}로, A_o를 A_k로 표현한 것이며, 또한 식 (8·12)의 v_i를 $\tau_{t,i}$로, 식 (8·12)의 t_i와 식 (8·15)의 t_c를 유효 벽두께 $t_{\mathrm{ef},i}$로 표현한 것이다. 유효 벽두께 $t_{\mathrm{ef},i}$는 다음과 같이 정의되어 있으나, 종방향 철근 중심부터 콘크리트 표면까지 거리의 2배를 넘지 않는 값으로 결정하여야 한다. 또한, 속빈 단면의 경우에는 $t_{\mathrm{ef},i}$가 실제 벽체 두께를 넘지 않는 값으로 결정하여야 한다.

$$t_{\mathrm{ef},i} = \frac{A}{u} \tag{8·24}$$

여기서, A는 콘크리트 단면의 외부 둘레로 둘러싸인 면적으로서 식 (8·16)의 A_{cp}와 동일하고, u는 콘크리트 단면의 외부 둘레 길이로서 식 (8·16)의 p_{cp}와 동일하다. 또, 그림 8-4(b)와 식 (8·12)의 y_i를 z_i로 표현하여, 각 벽체에 작용하는 전단력을 다음과 같이 표현하고 있다.

$$V_{Ed,i} = \tau_{t,i}\, t_{\mathrm{ef},i}\, z_i \tag{8·25}$$

교량설계기준(한계상태설계법)과 Eurocode 2는 설계 균열 비틀림모멘트를 명시적인 수식으로 표현하고 있지는 않다. 다만, Eurocode 2는 균열 비틀림모멘트를 구할 때 $\tau_{t,i}$를 콘크리트의 설계인장강도 f_{ctd}로 하여 계산하도록 규정하고 있다. 따라서 Eurocode 2의 재료변동성을 고려하는 개념과 기호에 따르면, 설계 균열 비틀림모멘트를 다음과 같이 표현할 수 있다.

$$T_{Rd,c} = 2A_k\, t_{\mathrm{ef},i} f_{ctd} \sqrt{1+\frac{f_{pc}}{f_{ctd}}} \tag{8·26}$$

여기서, A_k는 벽체단면 중심선 이내의 면적으로 속빈 단면의 경우에는 단면 내부 빈 공간의 면적도 포함한다. 콘크리트의 설계인장강도 f_{ctd}는 설계기준인장강도 f_{ctk}에 콘크리트에 대한 재료계수를 곱하거나 부분안전계수로 나누어 결정한다.

8.4 콘크리트 부재의 비틀림강도

8.4.1 비틀림 설계모델

비틀림에 대하여 보강되지 않은 콘크리트 부재와 비틀림철근이 보강된 콘크리트 부재는 비틀림 거동이 매우 다르게 나타난다. 비틀림철근이 보강되지 않은 콘크리트 부재는 비틀림에 의한 균열이 콘크리트에 발생하는 즉시 파괴되는 취성파괴의 거동을 보인다. 그러나 비틀림철근이 보강된 콘크리트 부재는 비틀림 균열이 발생하더라도 즉시 파괴되지 않고, 더 큰 비틀림모멘트에 저항하면서 변형이 진행되어 상대적으로 연성의 파괴거동을 보인다.

비틀림철근이 보강된 콘크리트 부재는 파괴에 이를 때까지의 거동에서 비틀림 균열의 발생 이전과 이후가 크게 다르다. 비틀림 균열이 발생하기 전에는 비틀림철근의 역할이 매우 미미해서, 비틀림에 대하여 보강되지 않은 콘크리트 부재와 거의 유사하다. 이때의 거동은 탄성 비틀림 이론으로 설명할 수 있다. 그러나 비틀림 균열이 발생하게 되면, 부재의 비틀림강성이 급격히 감소하게 되고 비틀림철근의 응력이 크게 증가하여 평형을 유지하게 된다.

비틀림철근이 보강된 콘크리트 부재의 파괴는 비틀림철근의 양에 따라, 일반적으로 다음과 같이 세 가지 형태로 구분할 수 있다.[8.13]

① 상대적으로 적은 양의 비틀림철근이 배치된 경우로서, 비틀림철근이 항복하여 더 이상 비틀림모멘트에 저항하지 못하는 파괴 형태

② 상대적으로 많은 양의 비틀림철근이 배치된 경우로서, 콘크리트 스트럿이 압축파괴 되어 더 이상 비틀림모멘트에 저항하지 못하는 파괴 형태

③ 상대적으로 다소 많은 양의 비틀림철근이 배치된 경우로서, 비틀림철근과 종방향 철근이 항복한 뒤 변형이 진행되다가 콘크리트 스트럿이 압축파괴 되어 더 이상 비틀림모멘트에 저항하지 못하는 파괴 형태

설계기준에서는 콘크리트 부재가 연성으로 파괴되도록 유도하여야 하므로, 비틀림에 의한 파괴가 발생하더라도 위의 첫 번째 파괴 형태가 나타나도록 하여야 한다. 따라서 설계기준에서는 연성의 비틀림 파괴를 유도하기 위한 제한기준과 비틀림강도를 만족하도록 하기 위한 강도검증기준을 규정하고 있다. 강도검증기준에 대해서는 대부분의 주요설계기준이 공간트러스 해석법을 기초로 하고 있다.

공간트러스 해석법은 Rausch[8.14]에 의하여 해석개념이 제안된 후, Lampert[8.15]에 의해 소성 공간트러스 유사법(plastic truss analogy)으로 발전된 것이다. 그 후 유럽에서는 Lampert와 Thürlimann,[8.16] Lüchinger[8.17] 등 많은 연구자들에 의하여 발전되어서, 유럽콘크리트위원회(European Concrete Committee)의 1978년도 CEB-FIB Model Code[8.18]에 비틀림 설계모델로 처음 채택되었고, 2010년도 FIB Model Code[8.19]와 Eurocode 2[8.12]도 공간트러스 해석법을 기초로 하고 있다.

북미에서는 Lampert와 Collins[8.20]의 연구결과가 소개된 후, 기존의 미국 연구자들의 연구결과와 함께 미국과 캐나다의 여러 연구자들에 의해 발전되었다. 미국에서는 공간트러스 해석법과 개념적으로는 유사하다고 할 수 있으나 표현에 있어서 다른 형태를 보이는 경사-휨 이론(skew-bending theory)이 1971년도부터 ACI 318 Code의 비틀림 설계모델로 처음 채택되었다. 경사-휨 이론(skew-bending theory)은 사각형 단면에 대한 비틀림강도 해석모델로서, Lessig[8.21]에 의하여 제안된 후 Hsu[8.22]와 Zia[8.23] 등 여러 연구자들에 의해 발전되었다. 그 후 MacGregor와 Ghoneim[8.24]이 공간트러스 해석법을 기존의 미국 연구자들의 연구결과에 접목한 설계기준안을 제안하였고, 여러 논의와 수정을 거쳐 1995년도부터 ACI 318 Code의 비틀림 설계모델로 채택되었다. 이때부터 그 이전의 ACI 318 Code에서 비틀림강도에 포함하였던 콘크리트에 의한 비틀림강도 T_c 항이 삭제되었다. 이것은, 비틀림 균열이 발생하기 전에는 콘크리트가 비틀림모멘트에 저항하지만, 균열이 발생한 이후에는 공간트러스로 해석하므로 콘크리트에 의한 비틀림강도를 따로 계산할 필요가 없어졌기 때문이다.

한편 캐나다에서는 Lampert와 Collins[8.20]의 연구결과가 Mitchell과 Collins[8.25,8.26]에 의하여 공간트러스 해석법에 따른 압축장 이론(compression field theory)으로 발전하였다. 그 후 수정 압축장 이론의 공간트러스 해석법에 따른 비틀림 설계모델이 캐나다의 콘크리트구조설계기준[8.27]과 미국의 AASHTO-

LRFD[8.7]에 채택되었다.

8.4.2 공간트러스 해석법과 비틀림강도

비틀림을 받은 콘크리트 보에 콘크리트의 인장강도보다 큰 주인장응력이 작용하면, 그림 8-5(a)와 같이 θ의 각도를 갖는 경사균열이 발생한다. 균열 발생 후의 콘크리트 박벽관은, 그림 8-5(a)에 나타낸 바와 같이 패쇄 비틀림철근, 종방향 철근, 경사 압축 스트럿의 세 가지 부재가 박벽관의 각 벽에 작용하는 전단흐름을 지지하는 공간트러스(입체트러스, space truss)로 이상화할 수 있다. 트러스 해석에서 인장력을 지지하는 보강철근 또는 타이(tie)는 항복한다고 가정하고, 콘크리트 스트럿(strut)은 압축력만을 지지한다고 가정하여, 힘의 평형조건에 따라 부재력을 산정한다. 그림 8-5(b)는 한 벽면에 작용하는 수직방향 힘의 작용을 나타낸다.

그림 8-5(a)에 나타낸 바와 같이, 수직벽에 작용하는 전단력 V_y는 전단흐름 q에 벽의 길이 y_o를 곱한 것과 같으므로, 다음과 같이 표현할 수 있다.

$$V_y = q\,y_o = \frac{T}{2A_o}\,y_o \qquad (8\cdot27)$$

한편, 각도가 θ인 균열면을 가로지르는 비틀림철근의 수는 $y_o \cot\theta$를 비틀림철근의 간격 s로 나누어 구할 수 있으므로, 비틀림철근이 항복한다면 수직방향의 힘의 평형을 다음의 관계로 나타낼 수 있다.

$$V_y = \frac{y_o \cot\theta}{s}\,A_t f_{yt} \qquad (8\cdot28)$$

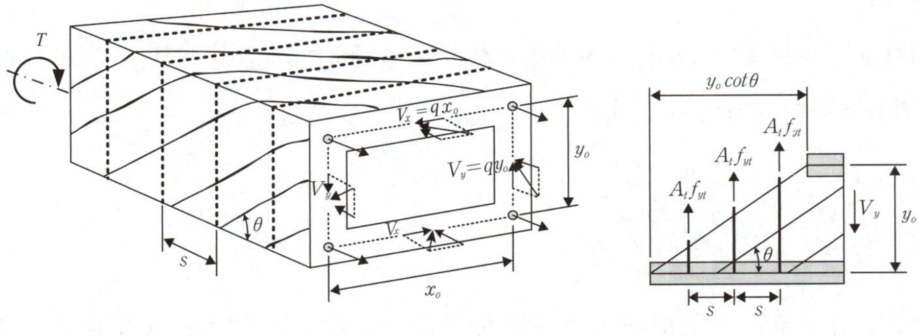

(a) 공간트러스 모델의 비틀림 저항

(b) 힘의 수직평형

| 그림 8-5 | 공간트러스 모델

이제 V_y를 표현하는 식 (8·27)의 마지막 항과 식 (8·28)의 오른쪽 항을 같다고 하고, T를 T_s로 표현하면 비틀림철근에 의해 지지되는 비틀림모멘트를 다음과 같이 구할 수 있다.

$$T_s = \frac{2A_o A_t f_{yt}}{s} cot\,\theta \tag{8·29}$$

이 관계는 다음과 같은 또 다른 방법으로도 유도할 수 있다. 즉, 그림 8-5(a)에 표시된 V_x와 V_y는 각각 다음과 같이 나타낼 수 있다.

$$V_x = \frac{x_o}{s} A_t f_{yt}\, cot\,\theta \tag{8·30}$$

$$V_y = \frac{y_o}{s} A_t f_{yt}\, cot\,\theta \tag{8·31}$$

비틀림모멘트는 전단력과 단면 중심까지의 거리를 곱한 것이므로, V_x와 V_y에 의한 비틀림모멘트는 각각 다음과 같다.

$$T_x = V_x \frac{y_o}{2} = \frac{x_o y_o}{2s} A_t f_{yt}\, cot\,\theta \tag{8·32}$$

$$T_y = V_y \frac{x_o}{2} = \frac{x_o y_o}{2s} A_t f_{yt}\, cot\,\theta \tag{8·33}$$

따라서 총 비틀림모멘트는 다음과 같이 구할 수 있다.

$$T_s = \sum T_i = 2T_x + 2T_y = 2\frac{x_o y_o}{s} A_t f_{yt}\, cot\,\theta \tag{8·34}$$

이 식에서 $x_o y_o$은 벽체단면 중심선 이내의 면적 A_o와 동일하므로, $x_o y_o$ 대신 A_o로 표현하면 비틀림모멘트는 다음과 같이 나타낼 수 있다.

$$T_s = 2\frac{A_o A_t f_{yt}}{s} cot\,\theta \tag{8·35}$$

이렇게 구한 식 (8·35)는 식 (8·29)와 동일한 것이다. 속찬 단면의 경우에는 A_o를 폐쇄형 비틀림철근으로 둘러싸인 콘크리트 면적으로 한다.

한편, 전단흐름 q의 단면 직각방향 성분은 $q\,cot\,\theta$이고, 전단흐름 q는 벽체단면 중심으로 이루어진 둘레 길이 p를 따라 작용하므로, 단면의 직각방향으로 작용하는 압축력은 $q\, p \cot\theta$가 된다. 이 힘은 종방향 철근에 작용하는 인장력과 평형을 이루는데, 부재의 축방향으로 배치된 철근의 항복응력이 f_{yl}이라면 이 힘을 지지하기 위하여 축방향 철근의 단면적 A_l이 필요하다. 즉, 다음과 같이 힘의 평형이 이루어져야 한다.

$$A_l f_{yl} = q\, p \cot\theta \tag{8·36}$$

이 식의 q에 식 (8·9)를 대입하고, T에 식 (8·29)를 대입하면 다음과 같다.

$$A_l f_{yl} = \frac{T}{2A_o} p \cot\theta = \frac{A_t}{s} f_{yt}\, p \cot^2\theta \tag{8·37}$$

따라서, 부재의 축방향으로 배치되어야 할 철근의 단면적을 다음으로 구할 수 있다.

$$A_l = \frac{Tp}{2 f_{yl} A_o} \cot\theta = \frac{A_t}{s} \frac{f_{yt}}{f_{yl}} p \cot^2\theta \tag{8·38}$$

이 식을 이용하여, 비틀림 균열각도 θ는 다음과 같이 나타낼 수 있다.

$$\theta = \tan^{-1}\left(\sqrt{\frac{p\, A_t f_{yt}}{s\, A_l f_{yl}}}\right) \tag{8·39}$$

한편, 콘크리트 스트럿이 저항할 수 있는 최대전단력은 앞의 식 (7·109)와 같다. 이 식에서 α_{cw}는 프리스트레스에 의한 압축응력의 영향을 고려하는 계수이다.

$$V_{c,strut} = \frac{\alpha_{cw} f_{c,eff}\, b_w z}{\cot\theta + \tan\theta} \tag{7·109}$$

이 식의 양변을 $b_w z$로 나누면 전단응력으로 표현되고, 전단응력 $V_{c,strut}/(b_w z)$를 $T_{c,max}/(2A_o t)$로 치환한 후 정리하면 다음과 같이 콘크리트 스트럿이 압축파괴될 때의 최대 비틀림모멘트강도를 구할 수 있다.

$$T_{c,max} = \frac{2\alpha_{cw} f_{c,eff} A_o t}{\cot\theta + \tan\theta} = 2\alpha_{cw} f_{c,eff} A_o t \sin\theta \cos\theta \tag{8·40}$$

8.5 비틀림과 전단의 상호작용

구조부재에 순순하게 비틀림만 작용하는 경우는 매우 드물다. 대부분의 부재에는 휨모멘트, 전단력, 비틀림모멘트가 동시에 작용하여, 비틀림이 주된 한계상태가 되는 경우는 흔하지 않다. 휨모멘트, 전단력, 비틀림모멘트가 동시에 작용하는 부재는 각각의 개별 단면력에 대한 검증을 수행한 후 서로의 상호작용을 고려하여 그 영향을 별도로 검토하는 검증방법을 사용할 수 있다. 전단력과 비틀림모멘트가 동시에 작용하는 경우, 전단응력과 비틀림응력은 위치에 따라 동일한 방향이나 반대 방향으로 작용한다.

그림 8-6과 그림 8-7은 각각 속빈 단면과 속찬 단면의 전단응력과 비틀림응력의 조합을 나타낸다. 전단응력은 아랫방향으로 작용하고 비틀림응력은 좌우 양쪽 면에서 반대방향으로 작용하여, 한쪽 변에서는 두 응력이 같은 방향으로 작용하여 합성응력이 증가되지만 반대쪽 변에서는 두 응력이 반대 방향으로 작용하여 합성응력이 감소된다. 따라서 최댓값이 되는 전단력은 전단응력과 비틀림응력이 같은 방향으로 작용하는 경우로서, 다음과 같이 나타낼 수 있다.

$$V_{i,max} = (v_V + v_T)t_i\, h_i \tag{8·41}$$

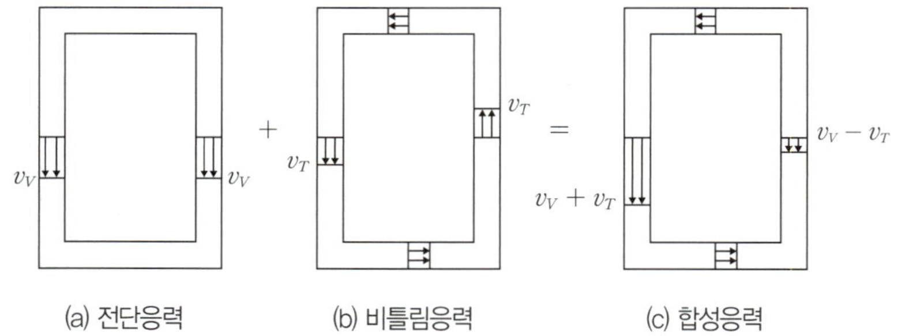

| 그림 8-6 | 속빈 단면의 합성응력

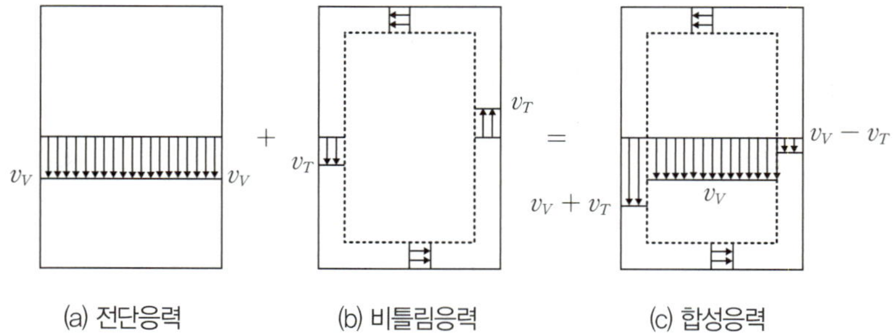

| 그림 8-7 | 속찬 단면의 합성응력

이와 같은 상관관계를 반영하기 위하여, 다음과 같이 속찬 단면은 제곱으로 나타내는 원형의 관계로 이상화하고, 속빈 단면은 선형의 관계로 이상화하여 조합하중이 작용하는 부재의 극한한계상태를 검증할 수 있다. 즉, 콘크리트 스트럿의 강도에 의한 최대 설계전단강도 $V_{d,max}$를 기준으로 하여, 다음의 조건을 만족하여야 한다.

$$\text{속찬 단면}: \left(\frac{T_u}{T_{d,max}}\right)^2 + \left(\frac{V_u}{V_{d,max}}\right)^2 \le 1.0 \tag{8·42}$$

$$\text{속빈 단면}: \frac{T_u}{T_{d,max}} + \frac{V_u}{V_{d,max}} \le 1.0 \tag{8·43}$$

여기서, T_u와 V_u는 각각 계수비틀림모멘트와 계수전단력이며, $T_{d,max}$은 식 (8·40)의 $T_{c,max}$과 같은 최대 비틀림강도이고, $V_{d,max}$는 식 (7·109)의 $V_{c,strut}$과 같은 최대 전단강도이다.

강도설계법의 설계기준이나 한계상태설계법의 설계기준은 그 표현방법이 다르지만, 모두 식 (8·42)와 식 (8·43)의 조건을 기본으로 하고 있다. 즉, 교량설계기준(한계상태설계법)[8.11]은 전단력과 비틀림모멘트가 동시에 작용하는 경우, 식 (8·42)와 식 (8·43)과 동일한 형태로 규정하고 있다. 또, 교량설계기준(한계상태설계법)은 속찬 직사각형 단면에 대한 추가기준으로, 최소비틀림철근을 배치하였다면 비틀림 설계와 검증을 생략할 수 있는 범위를 규정하고 있다. 이 범위는 사각형 단면의 형상비(h/t)를 2.0으로 가정하여 식 (8·6)으로 계산되는 k 값을 0.229로 하면[표 8-1 참조], 식 (8·5)에 따라 다음과 같이 나타낼 수 있다.

$$v_T = \frac{T_u}{kt^2h} = \frac{T_u}{0.229\,t^2h} \tag{8·44}$$

$$T_u \le 0.229\,t^2h\,v_T \fallingdotseq \frac{t^2h\,v_T}{4.5} = \frac{t^2h\left(\frac{V_T}{th}\right)}{4.5} = \frac{V_T\,t}{4.5} \tag{8·45}$$

이 식을 만족하는 경우, 즉 T_u가 $V_T\,t/4.5$ 이하인 경우에는 비틀림 설계와 검증을 생략할 수 있다. 한편 비틀림과 전단은 합성작용을 하므로, 식 (8·41)과 동일한 개념으로서 다음 조건을 또한 만족하여야 한다.

$$V_u\left(1 + \frac{4.5\,T_u}{V_u\,t}\right) \le V_{cd} \tag{8·46}$$

여기서 V_{cd}는 앞의 식 (7·93)으로 계산되는 전단철근이 보강되지 않은 균열 단면의 설계전단강도이다.

$$V_{cd} = [0.85\,\phi_c\,\kappa(\rho\,f_{ck})^{1/3} + 0.15\,f_n]\,b_w d \qquad (7 \cdot 93)$$

Eurocode 2[8.12]는 전단력과 비틀림모멘트가 동시에 작용하는 경우, 속찬 단면과 속빈 단면을 구분하지 않고, 모두 식 (8·43)과 같이 1차식의 관계로 규정하여, 다음의 식으로 검증하도록 하고 있다.

$$\frac{T_{Ed}}{T_{Rd,max}} + \frac{V_{Ed}}{V_{Rd,max}} \leq 1.0 \qquad (8 \cdot 47)$$

여기서, T_{Ed}와 V_{Ed}는 각각 T_u와 V_u와 같은 의미이고, $T_{Rd,max}$와 $V_{Rd,max}$는 각각 $T_{d,max}$와 $V_{d,max}$와 같은 의미로서 $T_{Rd,max}$는 다음으로 계산한다.

$$T_{Rd,max} = 2\,\nu\,\alpha_{cw}\,f_{cd}\,A_k\,t_{ef,i}\,sin\,\theta\,cos\,\theta \qquad (8 \cdot 48)$$

Eurocode 2에서 속찬 직사각형 단면의 경우에는 다음의 조건을 만족하도록 하고 있다.

$$\frac{T_{Ed}}{T_{Rd,c}} + \frac{V_{Ed}}{V_{Rd,c}} \leq 1.0 \qquad (8 \cdot 49)$$

여기서 $T_{Rd,c}$는 $\tau_{t,i}$를 콘크리트의 설계인장강도 f_{ctd}로 하여 계산한 균열 비틀림모멘트로 식 (8·26)과 같으며, $V_{Rd,c}$는 앞의 식 (7·98)과 식 (7·99)로 결정한다.

$$V_{Rd,c} = [C_{Rd,c}\,\kappa(100\,\rho_l\,f_{ck})^{1/3} + k_1\,\sigma_{cp}]\,b_w d \qquad (7 \cdot 98)$$

$$V_{Rd,c} \geq (v_{min} + k_1\,\sigma_{cp})\,b_w d \qquad (7 \cdot 99)$$

콘크리트구조설계기준,[8.8] 도로교설계기준(2010),[8.9] ACI 318 Code[8.10]는 전단력과 비틀림모멘트가 동시에 작용하는 경우, 과대한 균열을 방지하고 콘크리트 압축스트럿의 파괴를 방지하기 위하여 다음의 조건을 만족하도록 규정하고 있다.

$$\text{속찬 단면 : } \sqrt{\left(\frac{V_u}{b_w d}\right)^2 + \left(\frac{T_u\,p_h}{1.7A_{oh}^2}\right)^2} \leq \phi\left(\frac{V_c}{b_w d} + \frac{2\sqrt{f_{ck}}}{3}\right) \qquad (8 \cdot 50)$$

$$\text{속빈 단면} : \left(\frac{V_u}{b_w d}\right) + \left(\frac{T_u p_h}{1.7A_{oh}^2}\right) \le \phi\left(\frac{V_c}{b_w d} + \frac{2\sqrt{f_{ck}}}{3}\right) \tag{8·51}$$

여기서, A_{oh}는 가장 바깥의 비틀림 보강철근의 중심으로 닫힌 단면적이며, p_h는 가장 바깥의 폐쇄 횡방향 비틀림철근 중심선의 둘레 길이이다. 속빈 단면에서, 만일 벽의 두께가 A_{oh}/p_h보다 작다면, 식 (8·51)의 좌변 두 번째 항을 $T_u/1.7A_{oh}\,t$로 대체하여야 한다. 여기서, t는 응력이 계산되는 위치에서 속빈 단면의 벽 두께이다. 따라서 벽의 두께가 A_{oh}/p_h보다 작은 경우에는 식 (8·51) 대신 다음 조건을 만족하여야 한다.

$$\text{속빈 단면} : \left(\frac{V_u}{b_w d}\right) + \left(\frac{T_u}{1.7A_{oh}\,t}\right) \le \phi\left(\frac{V_c}{b_w d} + \frac{2\sqrt{f_{ck}}}{3}\right) \tag{8·52}$$

이 식들은 식 (8·9)의 A_o를 다음과 같이 A_{oh}의 0.85배로 가정한 것으로서, 0.85의 2배인 1.7을 상수로 하여 표현한 것이다.

$$A_o = 0.85\,A_{oh} \tag{8·53}$$

A_o를 A_{oh}의 0.85배로 가정한 것은, 비틀림모멘트에 의하여 콘크리트 부재의 파괴가 진행될 때 단면의 모서리 부분의 콘크리트가 탈락되어 단면적이 감소하는 경우가 많기 때문이다. T형, L형, I형 단면의 A_{oh}는 **그림 8-8**와 같이 서로 교차하는 비틀림철근의 가장 바깥쪽 가닥의 중심에 의하여 폐쇄된 면적으로 취한다. 속빈 단면의 A_{oh}도 역시, **그림 8-9**와 같이 비틀림철근의 가장 바깥쪽 가닥의 중심에

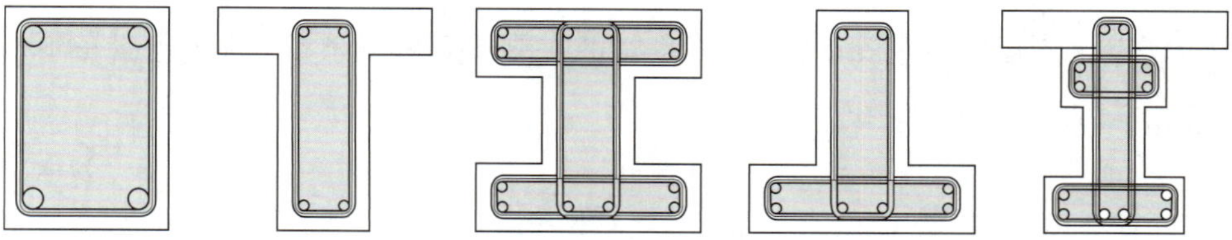

| 그림 8-8 | 속찬 단면의 폐쇄 횡방향 비틀림철근으로 둘러싸인 면적 A_{oh}

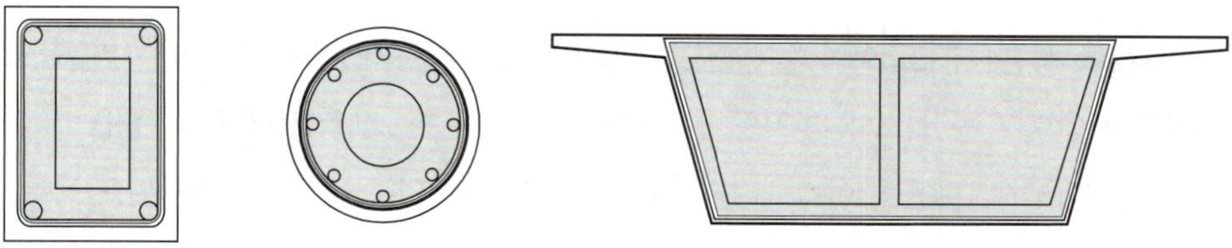

| 그림 8-9 | 속빈 단면의 폐쇄 횡방향 비틀림철근으로 둘러싸인 면적 A_{oh}

의하여 폐쇄된 면적으로 취한다.

한계상태설계법의 교량설계기준(한계상태설계법)[8.11]과 Eurocode 2[8.12]는 강도설계법의 설계기준과는 달리 A_o를 A_{oh}의 0.85배로 하지 않고, 벽체의 중심선으로 둘러싸인 면적을 A_o로 한다. 속찬 단면은 유효 벽두께 t_i로 이루어진 가상 벽체의 중심선으로 둘러싸인 면적을 A_o로 한다. 따라서 그림 8-9의 속빈 사각형단면과 속빈 원형단면과 같이 벽체가 두껍고 횡방향 철근이 한 가닥만 배치된 경우에는, 벽체의 중심선이 아닌 가상 벽체의 중심선을 기준으로 A_o가 계산될 것이다. 여기서, A_o는 교량설계기준(한계상태설계법)의 기호이며, Eurocode 2에서는 같은 의미를 가진 기호로 A_k를 사용한다.

8.6 비틀림 설계

8.6.1 강도설계법 기준에 따른 비틀림 설계

강도설계법의 콘크리트구조설계기준,[8.8] 도로교설계기준(2010),[8.9] ACI 318 Code[8.10]의 비틀림 설계기준은 기본적으로 내용이 동일하다. 이 절에서는 콘크리트구조설계기준의 비틀림 설계기준을 중심으로 설명한다.

[1] 비틀림을 고려하지 않아도 되는 경우

프리스트레스트 콘크리트 부재에서 다음 조건을 만족하는 경우에는 비틀림의 영향을 무시할 수 있다. 여기서, f_{pc}는 긴장재에 의한 압축력과 외력의 휨모멘트에 의하여 단면 도심 위치에 작용하는 응력으로 압축인 경우 정(+)의 부호를 갖는다.

$$T_u < \phi(\lambda\sqrt{f_{ck}}/12)\frac{A_{cp}^2}{p_{cp}}\sqrt{1+\frac{f_{pc}}{(\lambda\sqrt{f_{ck}}/3)}} \qquad (8\cdot54)$$

이 식의 오른쪽 항은 식 (8·19)의 설계 균열 비틀림모멘트 ϕT_{cr}의 1/4에 해당하는 비틀림모멘트로서, 계수비틀림모멘트 T_u가 이보다 작으면 비틀림의 영향이 휨 및 전단강도에 큰 영향을 미치지 않기 때문에 이와 같이 규정한 것이다. 여기서 A_{cp}는 콘크리트 단면의 외부 둘레로 둘러싸인 면적이고, p_{cp}는 콘크리트 단면의 외부 둘레 길이이다. 속이 빈 단면의 경우에는 A_{cp} 대신에 전체단면적 A_g를 사용할 수 있다.

[2] 적합비틀림에 대한 계수비틀림모멘트

적합비틀림은 부정정 구조물에 작용하는 비틀림으로서, 부재에 균열이 발생하게 되면 비틀림 강성이 급격히 감소하여 전달되는 비틀림모멘트가 더 이상 증가하지 않고 힘이 재분배된다. 따라서 프리스트레스트 콘크리트 부정정 구조물의 경우에는, 선형탄성 구조해석으로 구한 계수비틀림모멘트 T_u를 다음으로 계산되는 설계 균열 비틀림모멘트로 감소시킬 수 있다.

$$T_{u,max} = \phi\, T_{cr} = \phi(\lambda\sqrt{f_{ck}}/3)\,\frac{A_{cp}^2}{p_{cp}}\sqrt{1+\frac{f_{pc}}{(\lambda\sqrt{f_{ck}}/3)}} \tag{8·55}$$

즉, 비균열단면의 강성을 적용하여 탄성해석을 수행하고, 계산된 계수비틀림모멘트가 식 (8·55)의 값보다 큰 경우에는 식 (8·55)의 값을 계수비틀림모멘트 T_u로 하여 비틀림 설계를 수행하여야 한다. 계산된 계수비틀림모멘트가 식 (8·54)의 오른쪽 항과 식 (8·55)의 값 사이인 경우에는, 계산된 비틀림모멘트를 계수비틀림모멘트 T_u로 하여 비틀림 설계를 수행하여야 한다. 속이 빈 단면에서 비틀림의 고려 여부를 판정하기 위한 비틀림모멘트 산정에서는 A_{cp} 대신에 전체단면적 A_g를 사용할 수 있다. 그러나 적합비틀림에 대한 계수비틀림모멘트를 계산할 때, 속이 빈 단면의 경우에는 A_{cp} 대신에 A_g를 사용할 수 없다.

[3] 비틀림 부재의 단면 크기

비틀림이 작용하는 부재는 앞의 식 (8·50) 또는 앞의 식 (8·51)을 만족하는 크기의 단면으로 설계하여야 한다. 이 것은 비틀림과 전단의 합성작용을 고려한 것이다.

$$\text{속찬 단면 : } \sqrt{\left(\frac{V_u}{b_w d}\right)^2+\left(\frac{T_u p_h}{1.7A_{oh}^2}\right)^2} \le \phi\left(\frac{V_c}{b_w d}+\frac{2\sqrt{f_{ck}}}{3}\right) \tag{8·50}$$

$$\text{속빈 단면 : } \left(\frac{V_u}{b_w d}\right)+\left(\frac{T_u p_h}{1.7A_{oh}^2}\right) \le \phi\left(\frac{V_c}{b_w d}+\frac{2\sqrt{f_{ck}}}{3}\right) \tag{8·51}$$

여기서, A_{oh}는 가장 바깥의 비틀림 보강철근의 중심으로 닫혀진 단면적이며, p_h는 가장 바깥의 폐쇄 횡방향 비틀림철근 중심선의 둘레 길이이다. 속빈 단면의 벽 두께가 변하는 경우에는 식 (8·50)의 좌변이 최대가 되는 위치에서 계산하여야 한다. 또, 벽의 두께가 A_{oh}/p_h보다 작다면, 식 (8·51)의 좌변 두 번째 항을 $T_u/1.7\,A_{oh}t$로 대체하여야 한다. 여기서, t는 응력이 계산되는 위치에서 속빈 단면의 벽 두께이다. 따라서 벽의 두께가 A_{oh}/p_h보다 작은 경우에는 식 (8·51) 대신 앞의 식 (8·52)를 만족하여야 한다.

$$속빈\ 단면 : \left(\frac{V_u}{b_w d}\right) + \left(\frac{T_u}{1.7A_{oh}\,t}\right) \le \phi\left(\frac{V_c}{b_w d} + \frac{2\sqrt{f_{ck}}}{3}\right) \quad (8\cdot52)$$

[4] 비틀림강도 검증 및 비틀림철근량

식 (8·54)의 조건을 만족하지 않는 경우, 즉 식 (8·54)의 오른쪽 항보다 큰 비틀림모멘트가 작용하는 부재는 다음의 강도 조건을 만족하도록 비틀림철근을 배치하여야 한다.

$$T_u \le \phi\, T_n \quad (8\cdot56)$$

여기서, 공칭비틀림강도 T_n을 계산할 때는 모든 비틀림모멘트가 스터럽과 종방향 철근에 의하여 지지된다고 가정하여, 공칭비틀림강도 T_n은 앞의 식 (8·29)의 T_s와 동일한 값으로 한다. 이때 콘크리트에 의한 전단강도 V_c는 비틀림에 의하여 변하지 않는다고 가정한다.

$$T_s = \frac{2A_o\,A_t f_{yt}}{s}\cot\theta \quad (8\cdot29)$$

여기서, A_o는 $0.85A_{oh}$로 취할 수 있다. 압축경사각 θ는 30°와 60° 사이의 각도로서, 프리스트레싱 되지 않은 부재나 프리스트레스 힘이 주철근 인장강도의 40% 미만인 경우는 45°로 취할 수 있다. 프리스트레스 힘이 주철근 인장강도의 40% 이상인 경우는 θ를 37.5°로 취할 수 있다.

식 (8·29)의 공칭비틀림강도 계산식에 강도감소계수를 곱하고 계수비틀림모멘트와 같다는 조건으로 소요 비틀림철근의 단면적과 간격의 비율로 나타낸 소요 비틀림철근량을 구하면 다음과 같다.

$$\left(\frac{A_t}{s}\right)_{req'd} = \frac{T_u}{\phi(2A_o)f_{yt}}\tan\theta \quad (8\cdot57)$$

소요 전단철근의 단면적과 간격의 비율로 나타낸 소요 전단철근량은 다음과 같다.

$$\left(\frac{A_v}{s}\right)_{req'd} = \frac{V_u - \phi\,V_c}{\phi\,f_{yt}\,d} \quad (8\cdot58)$$

따라서 전단력과 비틀림모멘트가 작용하는 단면의 소요 횡방향 철근량은 다음과 같이 나타낼 수 있다.

$$\left(\frac{A_{v+t}}{s}\right)_{req'd} = \left(\frac{A_v}{s} + 2\frac{A_t}{s}\right)_{req'd} \quad (8\cdot59)$$

비틀림모멘트에 저항하기 위한 추가적인 종방향 철근은 다음 값 이상의 단면적을 갖도록 배치하여야 한다.

$$A_l = \frac{A_t}{s} p_h \left(\frac{f_{yt}}{f_y} \right) cot^2 \theta \qquad (8 \cdot 60)$$

여기서, f_{yt}는 비틀림철근의 설계기준항복강도이며, f_y는 종방향 철근의 설계기준항복강도이다.

참고로, AASHTO-LRFD[8.7]는 박스단면(box section) 교량에 대한 추가 종방향 철근을 다음 값 이상의 단면적을 갖도록 규정하고 있는데, 이 식은 θ를 45°로 취했을 때의 식 (8·60)과 동일한 것이다.

$$A_l = \frac{T_n p_h}{2A_o f_y} \qquad (8 \cdot 61)$$

비틀림모멘트에 의하여 요구되는 철근은 비틀림모멘트와 함께 작용하는 전단력과 휨모멘트 및 축력에 의하여 요구되는 철근에 추가되어야 한다.

[5] 비틀림철근의 구성 및 상세

비틀림철근은 부재의 종방향과 횡방향으로 배치되는 보강재로 구성한다. 종방향으로 배치되는 보강재는 철근이나 긴장재로 구성한다. 횡방향 보강재는 다음과 같은 종류로 구성하여야 한다.

① 부재축에 수직인 폐쇄스터럽 또는 폐쇄띠철근

② 부재축에 수직인 횡방향 강선으로 구성된 폐쇄용접철망

③ 철근콘크리트 보의 경우에는 나선철근

콘크리트구조설계기준[8.8]에서 횡방향 비틀림철근의 설계기준항복강도는 500 MPa을 초과할 수 없다. 이 제한은 비틀림에 의한 콘크리트의 경사균열폭을 제어하기 위한 것이다. 참고로 횡방향 비틀림철근의 최대 설계기준항복강도로서, 도로교설계기준(2010)[8.9]은 400 MPa, ACI 318 Code[8.10]는 420 MPa, AASHTO-LRFD[8.7]은 520 MPa, 교량설계기준(한계상태설계법)[8.11]과 Eurocode 2[8.12]는 600 MPa로 규정하고 있다.

횡방향 비틀림철근은 종방향 철근 주위를 감싸는 135° 표준갈고리로 정착시키거나, 정착부를 둘러싸는 콘크리트가 플랜지나 슬래브 또는 기타 유사한 부재에 의하여 박리가 일어나지 않도록 된 영역에서는 단일 U형 또는 다중 U형 스터럽의 단부상세 규정에 따라 정착시켜야 한다. 비틀림모멘트를 받는 속빈 단면에서는 횡방향 비틀림철근의 중심선부터 내부 벽면까지 거리가 0.5 A_{oh}/p_h 이상이 되도록 설계하여야 한다. 또, 종방향 비틀림철근은 양단에서 정착되어야 한다.

[6] 최소 비틀림철근량 및 간격

계수비틀림모멘트 T_u가 식 (8·54)를 만족하지 못하는 모든 구간에는 폐쇄스터럽 형태의 횡방향 최소 비틀림철근을 배치하여야 한다. 횡방향 비틀림철근의 최소 단면적은 다음으로 계산하여야 한다.

$$A_v + 2A_t = 0.0625\sqrt{f_{ck}}\,\frac{b_w\,s}{f_{yt}} \geq 0.35\,\frac{b_w\,s}{f_{yt}} \tag{8·62}$$

이 식으로 횡방향 비틀림철근의 최소 단면적을 결정할 때는, A_v로는 폐쇄스터럽의 두 가닥 면적을 적용하고, A_t로는 폐쇄스터럽의 한 가닥 면적을 적용하여야 한다. 이것은, 전단철근은 단면 전체의 폭을 이용한 트러스 모델로 계산하지만, 비틀림철근은 단면의 한쪽 면을 이용한 박벽관 이론에 따른 공간 트러스 모델로 계산하기 때문이다.

종방향 비틀림철근의 최소 단면적은 다음으로 계산하여야 한다. 여기서, A_t/s는 $0.175\,b_w/f_{yt}$ 이상이어야 한다.

$$A_{l,min} = \frac{0.42\sqrt{f_{ck}}\,A_{cp}}{f_y} - \left(\frac{A_t}{s}\right)p_h\,\frac{f_{yt}}{f_y} \tag{8·63}$$

프리스트레스트콘크리트 보의 경우, 각 단면에서 긴장재를 포함한 전체 종방향 철근은 그 단면의 계수휨모멘트 M_u와 그 단면의 계수비틀림모멘트 T_u에 의한 추가적인 집중 종방향 인장력 $A_l f_y$를 합친 단면력에 저항할 수 있어야 한다. 이때 긴장재에 의한 종방향 인장력은 $A_{ps}\,\Delta f_{ps}$로서, Δf_{ps}는 공칭휨강도에 해당하는 긴장재의 응력 f_{ps}에서 해당 단면의 계수휨모멘트와 긴장에 의한 응력을 뺀 값이다. 이 값은 검토 단면에서의 M_u를 $(\phi\,0.9d_p A_{ps})$로 나눈 값으로 산정할 수 있다.

횡방향 비틀림철근의 간격은 $p_h/8$와 300 mm 중 작은 값을 초과하지 않아야 한다. 비틀림철근은 계산상으로 필요한 위치에서 (b_t+d) 이상의 거리까지 연장시켜 배치하여야 한다. 여기서, b_t는 비틀림모멘트에 저항하는 폐쇄스터럽을 포함하는 단면의 폭이다. 비틀림철근의 연장길이 (b_t+d)는 전단 및 휨 인장에 따라 요구되는 연장길이보다 긴데, 이것은 비틀림에 의한 사인장균열이 나선형으로 길기 때문이다.

종방향 비틀림철근은 폐쇄스터럽의 내부에 배치시켜야 하고, 폐쇄스터럽의 둘레를 따라 300 mm 이하의 간격으로 분포시켜야 하며, 폐쇄스터럽의 각 모서리에 최소한 하나를 배치하여야 한다. 종방향 비틀림철근은 D10 이상의 크기이어야 하며, 철근의 지름은 폐쇄스터럽 간격의 1/24 이상이어야 한다.

[7] 비틀림 위험단면

전단설계와 마찬가지로, 비틀림에 의한 전단응력방향으로 받침부의 반력이 부재를 압축하는 경우에는 비틀림 위험단면 이내에 위치한 단면을 비틀림 위험단면의 계수비틀림모멘트 T_u에 대하여 설계할 수 있다. 비틀림 위험단면은 철근콘크리트 부재의 경우 받침부에서 유효깊이 d만큼 떨어진 위치이며, 프리스트레스콘크리트 부재의 경우 받침부에서 단면전체깊이의 1/2인 $h/2$만큼 떨어진 위치이다. 만일 비틀림 위험단면 이내에 집중된 비틀림모멘트가 작용하면 위험단면은 받침부의 안쪽 면으로 하여야 한다.

[8] 대체 비틀림 설계법

단면의 형상비 h/b_t가 3 이상인 속찬 단면의 경우, 해석이나 실험으로 검증된 다른 방법을 적용하여 비틀림 설계를 수행할 수 있다. 이 경우에도 비틀림철근의 구성 및 상세와 간격 기준을 만족하여야 한다.

예제 8-1

다음 그림과 같은 구조형식의 구조물에 중력방향 활하중 $6.0\,kN/m^2$이 작용한다. 테두리 보(spandrel beam)의 비틀림 설계에 적용할 최대 계수비틀림모멘트 $T_{u,max}$를 콘크리트구조설계기준에 따라 구하시오. 콘크리트의 설계기준압축강도는 $35\,MPa$이고, 테두리 보는 그림과 같은 크기의 프리스트레스트 콘크리트 보로서 유효긴장력에 의하여 단면 도심 위치에 작용하는 압축응력 f_{pc}는 $8\,MPa$이다.

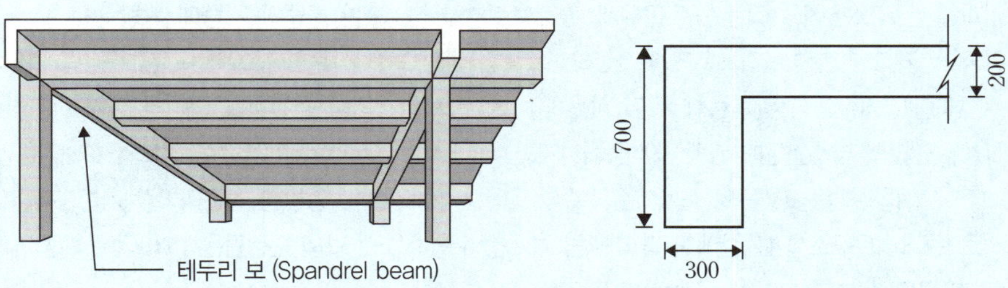

| 그림 8-10 | 예제 8-1 구조물의 구조형식과 단면

>>> 풀이

(1) 비틀림 작용의 구분

이 구조물은 부정정 구조물이므로, 테두리 보에 작용하는 비틀림 작용은 적합비틀림(부정정비틀림)이다. 적합비틀림의 부재에 비틀림 균열이 발생하게 되면 비틀림 강성이 급격히 감소하여, 전달되는 비틀림모멘트가 더 이상 증가하지 않고 힘이 재분배된다. 따라서 적합비틀림 부재는 설계 균열 비틀림모멘트를 최대계수비틀림모멘트로 하고 있다. 즉, 비균열단면의 강성을 적용하여 탄성해석을 수행하고, 계산된 계수비틀림모멘트가 설계 균열 비틀림모멘트보다 큰 경우에는 설계 균열 비틀림모멘트의 값을 계수비틀림모멘트 T_u로 하여 비틀림 설계를 수행하여야 한다.

(2) 최대계수비틀림모멘트

최대계수비틀림모멘트는 균열 비틀림모멘트에 강도감소계수를 곱한 설계 균열 비틀림모멘트와 같다. 균열 비틀림모멘트를 구하기 위하여, 폭이 300 mm이고 깊이가 700 mm인 테두리 보 단면의 외부 둘레로 둘러싸인 면적 A_{cp}와 단면의 외부 둘레 길이 p_{cp}를 구하면

$$A_{cp} = 300 \times 700 = 210{,}000\ mm^2$$

$$p_{cp} = 2 \times (300 + 700) = 2{,}000\ mm$$

콘크리트구조설계기준에 따라 프리스트레스트 콘크리트 부재의 균열 비틀림모멘트를 구하면, 보통중량콘크리트의 경우 경량콘크리트 계수 λ가 1.0이므로

$$T_{cr} = \frac{\lambda\sqrt{f_{ck}}}{3}\frac{A_{cp}^2}{p_{cp}}\sqrt{1+\frac{f_{pc}}{(\lambda\sqrt{f_{ck}}/3)}}$$

$$= \frac{1.0\sqrt{35}}{3}\frac{(210{,}000)^2}{2{,}000}\sqrt{1+\frac{8.0}{(1.0\sqrt{35}/3)}}$$

$$= 97{,}780{,}000\ N-mm = 97.78\ kN\cdot m$$

콘크리트구조설계기준에서 전단 및 비틀림에 대한 강도감소계수는 0.75이므로, 최대계수비틀림모멘트를 식 (8·55)로 구하면

$$T_{u,max} = \phi T_{cr} = 0.75 \times 97.78 = 73.3\ kN\cdot m$$

예제 8-2

다음 그림과 같은 구조형식을 갖는 구조물에서, 슬래브로부터 전달되는 하중과 자중에 의해 80 kN/m의 등분포 계수하중 w_u가 프리텐션 프리스트레스트 콘크리트 L형 단면 보에 작용한다. 보에는 유효긴장력에 의하여 단면 도심 위치에 4.5 MPa의 압축응력 f_{pc}가 작용하며, 등분포 하중의 작용위치와 단면의 크기는 그림에 나타난 바와 같다. 단면의 압축연단에서 긴장재 중심까지의 유효깊이는 500 mm이다. 콘크리트의 설계기준압축강도 f_{ck}는 35 MPa, 폐합 횡방향 철근의 설계기준항복강도 f_{yt}는 400 MPa, 종방향 철근의 설계기준항복강도 f_{yl}은 500 MPa로, 콘크리트구조설계기준에 따라 비틀림 설계를 수행하시오. 보의 순경간은 10 m이며, 그림과 같이 지점부에서 보 단면의 윗부분이 기둥에 횡방향으로 결합되어 회전에 구속되어 있다.

>>> 풀이

(1) 계수 단면력 및 위험단면

그림 8-11의 L형 보 단면에서 비틀림모멘트의 팔길이 e_p를 안전측으로 선정하기 위하여 폭이 400 mm이고 깊이가 600 mm인 부분의 중심을 단면 전체의 중심으로 하여 e_p를 계산하면

$$e_p = \frac{1}{2}\times 400 + 150 = 350\ mm$$

이 보에는 휨모멘트, 전단력, 비틀림모멘트가 단순보의 거동으로 작용하므로, 순경간을 지간으로 하여 단면력을 계산할 수 있다. 보의 중앙에서의 최대 계수휨모멘트는

$$M_{u,max} = \frac{1}{8}w_u l_n^2 = \frac{1}{8}\times 80 \times 10^2 = 1{,}000\ kN\cdot m$$

보에 작용하는 등분포하중이 단면의 상면에 작용하면, 그림 7-24와 같이 전단위험단면을 선정하여야 한다. 그러나 이 보는 L형 단면으로서 하중이 아래쪽 내민 플랜지에 작용하여, 지점에서 $h/2$ 이내의 구간에 작용하는 하

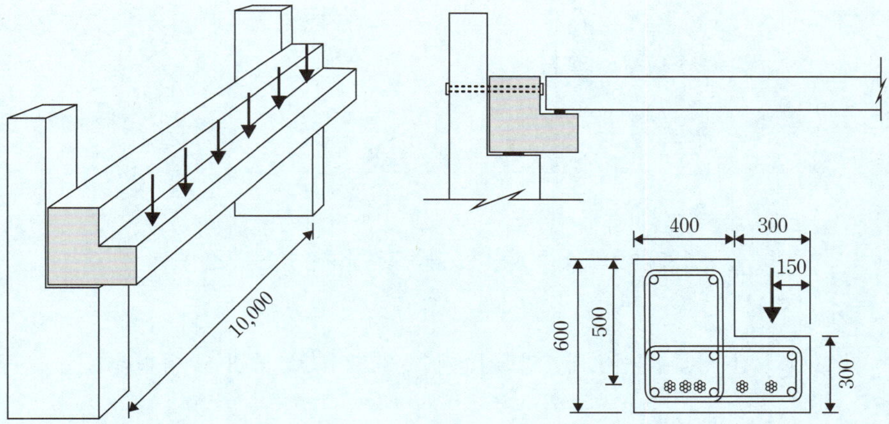

| 그림 8-11 | 예제 8-2 구조물의 구조형식과 단면

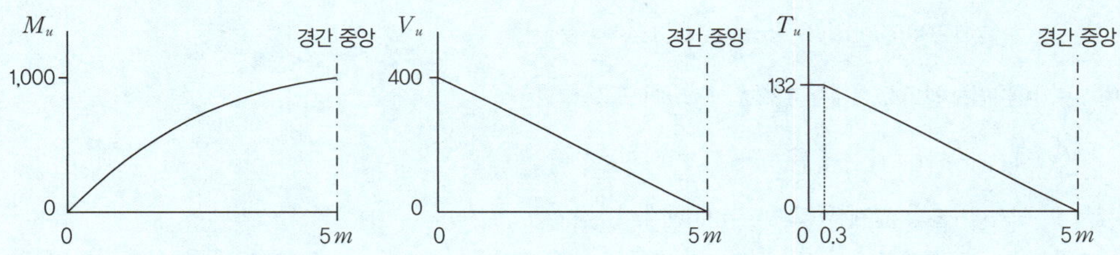

| 그림 8-12 | 계수단면력 분포

중이 복부를 압축하고 있지 않다. 따라서 이 경우에는 그림 7-25(c)와 같이 전단위험단면은 받침부 내면으로 한다. 전단위험단면인 지점에서의 최대 계수전단력은

$$V_{u,max} = \frac{1}{2}\, w_u\, l_n = \frac{1}{2} \times 80 \times 10 = 400\, kN$$

비틀림모멘트에 대한 위험단면은 지점에서 $h/2$ 인 0.3 m 떨어진 위치이므로, 위험단면에서의 계수비틀림모멘트는

$$T_{u,max} = \frac{1}{2}\,(w_u\, e_p)\; l_n - x(w_u\, e_p) = \frac{1}{2} \times 80 \times 0.35 \times 10 - 0.3 \times 80 \times 0.35 = 132\, kN \cdot m$$

따라서 계수휨모멘트, 계수전단력, 계수비틀림모멘트의 분포는 그림 8-12와 같다.

(2) 비틀림 설계 고려 여부의 판정

비틀림 설계를 고려하여야 하는지를 판단하기 위해, 보 단면의 외부 둘레로 둘러싸인 면적 A_{cp}와 단면의 외부 둘레 길이 p_{cp}를 구하면

$$A_{cp} = 600 \times 400 + 300 \times 300 = 330{,}000\, mm^2$$

$$p_{cp} = 2 \times (600 + 700) = 2{,}600\, mm$$

콘크리트구조설계기준에 따라 프리스트레스트 콘크리트 부재에서 비틀림 설계를 고려하지 않아도 되는 한계 비틀림모멘트 $T_{u,limit}$를 구하여, 부재에 작용하는 최대 계수비틀림모멘트와 비교한다. 보통중량콘크리트는 경량콘크

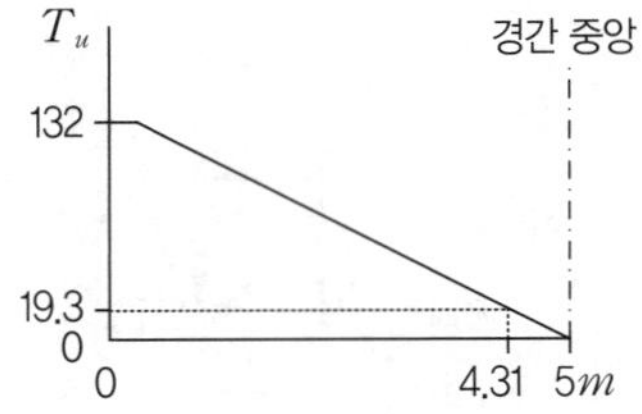

| 그림 8-13 | 비틀림 설계를 고려하여야 하는 구간

리트 계수 λ가 1.0이고, 전단 및 비틀림에 대한 강도감소계수는 0.75이므로, 식 (8·54)에 따라 $T_{u,limit}$을 구하면

$$T_{u.limit} = \phi\left(\frac{\lambda\sqrt{f_{ck}}}{12}\right)\frac{A_{cp}^2}{p_{cp}}\sqrt{1+\frac{f_{pc}}{(\lambda\sqrt{f_{ck}}/3)}}$$

$$= 0.75\left(\frac{1.0\sqrt{35}}{12}\right)\frac{(240{,}000)^2}{2{,}000}\sqrt{1+\frac{4.5}{(1.0\sqrt{35}/3)}}$$

$$= 19{,}300{,}000\ N-mm = 19.3\ kN\cdot m$$

최대 계수비틀림모멘트 $T_{u,max}$는 132 $kN\cdot m$이므로

$$T_{u,max} > T_{u.limit}$$

따라서 이 보는 비틀림 설계를 고려하여야 한다.

계수비틀림모멘트의 분포에서 $T_{u.limit}$인 19.3 $kN\cdot m$에 해당하는 위치는, 그림 8-13에 나타낸 바와 같이 지점부 내면에서 4.31 m 떨어진 위치이다. 비틀림철근은 이 위치에서 단면의 폭과 유효깊이를 합한 길이만큼 더 연장해서 배치하여야 하므로, 이 거리를 계산하면

$$b_t + d = 700 + 500 = 1{,}200\ mm = 1.2\ m$$

따라서 비틀림철근을 배치하여야 할 구간은 지점부 내면에서 4.31 m 떨어진 위치에서 1.2 m가 추가된 5.51 m로서 경간 중앙을 초과한다. 따라서 부재의 전 구간에 비틀림철근을 배치하여야 한다.

(3) 전단강도

비틀림과 전단의 상호작용을 고려하기 위해서는, 먼저 보의 전단강도를 구하여야 한다. 전단강도는 콘크리트구조설계기준의 간편식인 식 (7·58)을 이용하여 구하기로 한다. 계수전단력이 최대인 받침부 내면에서는 $V_u\,d_p/M_u$의 값이 무한대이므로 식 (7·58)로 계산한 값도 무한대이지만, 다음의 최댓값이 전단강도이다.

$$V_{c,max} = \frac{5\lambda\sqrt{f_{ck}}}{12}b_w d = \frac{5\times1.0\sqrt{35}}{12}\times400\times500$$

$$= 493{,}000\ N = 493\ kN$$

받침부 내면에서 2 m인 위치에서 식 (7·58)을 이용하여 전단강도를 계산하면

$$\frac{V_u\,d_p}{M_u} = \frac{d_p}{x}\frac{(l-2x)}{(l-x)} = \frac{0.5}{2.0}\frac{(10-2\times2.0)}{(10-2.0)} = 0.1875$$

$$V_c = \left(0.05\lambda\sqrt{f_{ck}} + 4.9\frac{V_u\,d_p}{M_u}\right)b_w d$$

$$= (0.05 \times 1.0\sqrt{35} + 4.9 \times 0.1875) \times 400 \times 500 = 243{,}000\ N = 243\ kN$$

전단강도의 최솟값은

$$V_{c,min} = \frac{\lambda\sqrt{f_{ck}}}{6} b_w d = \frac{1.0\sqrt{35}}{6} \times 400 \times 500 = 197{,}000\ N = 197\ kN$$

주요 위치마다 전단강도를 계산한 결과는 표 8-2와 같다.

표 8-2 위치별 전단강도

위치 $x\,(m)$	$V_u d_p / M_u$	V_c 수식 (kN)	$V_{c,max}\,(kN)$	$V_{c,min}\,(kN)$	$V_c\,(kN)$	$\phi V_c\,(kN)$
0	∞	∞	493	197	493	370
1.0	0.4444	494	493	197	493	370
2.0	0.1875	243	493	197	243	182
3.0	0.0952	152	493	197	197	148
4.0	0.0313	90	493	197	197	148
5.0	0	59	493	197	197	148

(4) 비틀림과 전단의 상호작용을 고려한 단면 크기의 검증

환경조건을 고려한 콘크리트 피복두께를 고려하여, 비틀림철근 중심부터 단면 표면까지의 두께를 50 mm로 한다. 그림 8-14에 나타낸 폐쇄 횡방향 비틀림 보강철근의 중심으로 닫힌 단면적 A_{oh}와 비틀림철근 중심선의 둘레길이 p_h를 구하면

$$A_{oh} = (600-2\times50)\times(400-2\times50)+(300-2\times50)\times300$$

$$= 210{,}000\ mm^2$$

$$p_h = 500+600+200+300+300+300 = 2{,}200\ mm$$

비틀림과 전단의 상호작용을 고려한 단면의 크기를 검토하기 위하여 식 (8·50)의 좌변과 우변을 계산할 때, 보수적으로 검토하기 위하여 전단력에 저항하는 복부폭 b_w를 400 mm로 택한다. 전단력과 비틀림모멘트가 최대인 지점의 위치에서 식 (8·50)의 좌변과 우변을 계산하면

$$\sqrt{\left(\frac{V_u}{b_w d}\right)^2 + \left(\frac{T_u p_h}{1.7 A_{oh}^2}\right)^2} = \sqrt{\left(\frac{400\times10^3}{400\times500}\right)^2 + \left(\frac{132\times10^6\times2{,}200}{1.7\times210{,}000^2}\right)^2} = 4.36$$

$$\phi\left(\frac{V_c}{b_w d} + \frac{2\sqrt{f_{ck}}}{3}\right) = 0.75\times\left(\frac{493{,}000}{400\times500} + \frac{2\sqrt{35}}{3}\right) = 4.80$$

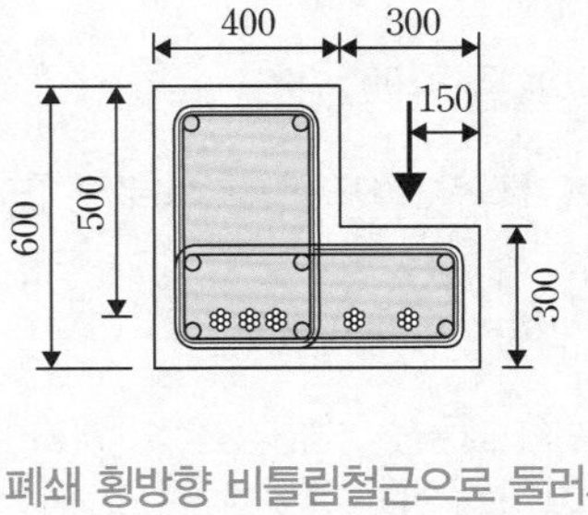

| 그림 8-14 | 폐쇄 횡방향 비틀림철근으로 둘러싸인 면적 A_{oh}

두 값을 비교하면

$$\sqrt{\left(\frac{V_u}{b_w d}\right)^2 + \left(\frac{T_u p_h}{1.7\,A_{oh}^2}\right)^2} < \phi\left(\frac{V_c}{b_w d} + \frac{2\sqrt{f_{ck}}}{3}\right)$$

따라서 비틀림과 전단의 상호작용을 고려했을 때, 단면의 크기는 만족된다.

(5) 비틀림철근의 설계

소요 비틀림철근량을 구할 때 적용될 A_o를 식 (8·53)으로 계산하면

$$A_o = 0.85\,A_{oh} = 0.85 \times 210{,}000 = 178{,}500\,mm^2$$

프리스트레스트 콘크리트에서 프리스트레스 힘이 주철근 인장강도의 40% 이상인 경우는 압축경사각 θ를 37.5° 로 취할 수 있다.

전단력과 비틀림모멘트가 최대인 받침부 내면의 위치, 즉 $x = 0$인 위치에서 소요 전단철근의 단면적과 간격으로 나타낸 소요 전단철근량을 식 (8·58)로 구하면

$$\left(\frac{A_v}{s}\right)_{req'd} = \frac{V_u - \phi\,V_c}{\phi\,f_{yt}\,d} = \frac{(400-370)\times 10^3}{0.75\times 400\times 500} = 0.176\,mm^2/mm$$

소요 비틀림철근의 단면적과 간격으로 나타낸 소요 비틀림철근량을 식 (8·57)로 구하면

$$\left(\frac{A_t}{s}\right)_{req'd} = \frac{T_u}{\phi(2A_o)\,f_{yt}}\tan\theta = \frac{132\times 10^6}{0.75\times(2\times 178{,}500)\times 400}\times\tan 37.5^\circ = 0.946\,mm^2/mm$$

비틀림철근과 전단철근의 소요 횡방향 철근량을 식 (8·59)로 구하면

$$\left(\frac{A_{v+t}}{s}\right)_{req'd} = \left(\frac{A_v}{s} + 2\,\frac{A_t}{s}\right)_{req'd} = 0.176 + 2\times 0.946 = 2.068\,mm^2/mm$$

식 (8·62)의 최소조건을 구할 때 단면의 폭을 큰 값으로 취하는 것이 보수적이므로, 단면의 폭 b_w를 전체 단면의 폭인 700 mm로 하여 최소조건을 구하면

$$\left(\frac{A_{v+t}}{s}\right)_{min} = 0.0625\sqrt{f_{ck}}\,\frac{b_w}{f_y} = 0.0625\sqrt{35}\,\frac{700}{400} = 0.647\,mm^2/mm$$

$$\left(\frac{A_{v+t}}{s}\right)_{min} = 0.35\,\frac{b_w}{f_y} = 0.35\,\frac{700}{400} = 0.613\,mm^2/mm$$

이 중 큰 값인 0.647 mm^2/mm가 최소조건이다. 비틀림철근과 전단철근의 소요조건 2.068 mm^2/mm가 최소조건보다 크므로, 2.068 mm^2/mm의 소요조건으로 횡방향 철근을 설계하여야 한다.

비틀림철근의 간격을 결정하기 위하여, 비틀림철근의 최대허용간격을 구하면

$$s_{max} = \frac{p_h}{8} = \frac{2{,}200}{8} = 275\,mm \text{ 또는 } 300\,mm$$

전단철근의 최대허용간격을 구하면, 프리스트레스트 콘크리트 부재이므로

$$s_{max} = \frac{3h}{4} = \frac{3\times 600}{4} = 450\,mm \text{ 또는 } 600\,mm$$

따라서 횡방향 철근의 최대허용간격은 이 값들 중 가장 작은 275 mm이다.

전단력과 비틀림모멘트가 최대인 받침부 내면 위치, 즉 $x = 0$인 위치에서 횡방향 철근의 소요조건이 2.068 $mm^2/$

mm이므로, 이에 대한 소요간격을 계산한다. 단면적이 198.6 mm^2인 D16 철근을 폐합 횡방향 철근으로 사용하면, 전단철근으로 두 가닥이 작용하므로 소요간격은

$$s_{req'd} = \frac{2A_b}{2.068} = \frac{2 \times 198.6}{2.068} = 192\ mm$$

이와 같은 방법으로 주요 위치에서 횡방향 철근의 소요간격을 계산한 결과는 표 8-3과 같다.

표 8-3의 마지막 열에 나타나 있는 바와 같이, 150 mm, 200 mm, 250 mm의 세 가지 간격을 선택하여 횡방향 철근을 설계한다.

표 8-3 위치별 횡방향 철근의 소요간격과 설계 간격

위치 $x(m)$	V_u (kN)	ϕV_c (kN)	$V_u - \phi V_c$ (kN)	$\left(\frac{A_v}{s}\right)_{req'd}$ (mm^2/mm)	T_u (kN)	$\left(\frac{A_t}{s}\right)_{req'd}$ (mm^2/mm)	$\left(\frac{A_{v+t}}{s}\right)_{req'd}$ (mm^2/mm)	$s_{req'd}$ (mm)	s (mm)
0	400	370	30	0.176	132	0.946	2.068	192	150
0.3	376	370	6	0.040	132	0.946	1.932	206	200
1.0	320	370	0	0	112	0.802	1.604	248	200
2.0	240	182	58	0.387	84	0.602	1.591	250	250
3.0	160	148	12	0.080	56	0.401	0.882	450	250
4.0	80	148	0	0	28	0.201	0.402	988	250
5.0	0	148	0	0	0	0	0	∞	250

(6) 추가 종방향 철근의 설계

A_t/s의 값이 가장 큰 위치인 $x=0$인 위치를 기준으로, 추가되어야 할 종방향 철근의 단면적을 식 (8·60)에 따라 계산하면

$$A_l = \frac{A_t}{s} p_h \left(\frac{f_{yt}}{f_y}\right) cot^2\theta = 0.946 \times 2{,}200 \times \frac{400}{500} \times cot^2 37.5^\circ = 2{,}828\ mm^2$$

추가 종방향 철근 단면적의 최솟값을 계산할 때 A_t/s의 최솟값이 적용되므로, A_t/s의 최솟값을 계산하면

$$\left(\frac{A_t}{s}\right)_{min} = 0.175\frac{b_w}{f_{yt}} = 0.175 \times \frac{400}{400} = 0.175\ mm^2/mm$$

$x=0$인 위치에서 A_t/s의 값은 0.946 mm^2/mm로서 최솟값 0.175 mm^2/mm를 초과하므로, A_t/s의 값으로 0.946 mm^2/mm을 적용한다. 식 (8·63)에 따라 최소 추가 종방향 철근 단면적을 계산하면

$$A_{l,min} = \frac{0.42\sqrt{f_{ck}}A_{cp}}{f_y} - \left(\frac{A_t}{s}\right)p_h\frac{f_{yt}}{f_y}$$

$$= \frac{0.42\sqrt{35} \times 330{,}000}{500} - 0.946 \times 2{,}200 \times \frac{400}{500} = -25\ mm^2$$

이 값은 음의 값으로서 $A_{l,min}$이 적용되지 않으므로, 추가되어야 할 종방향 철근의 단면적은 2,828 mm^2이다. 따라서 종방향 철근 사이의 간격이 300 mm를 초과하지 않고 총단면적이 2,828 mm^2을 초과하도록, D22철근 8개(총 단면적 3,097 mm^2)를 종방향 철근으로 배치한다.

8.6.2 한계상태설계법 기준에 따른 비틀림 설계

한계상태설계법의 교량설계기준(한계상태설계법)[8.11]과 Eurocode 2[8.12]의 비틀림 설계기준은 기본적으로 강도설계법 설계기준의 비틀림 설계기준과 내용상으로 동일하다고 할 수 있지만, 표현방법에 있어서 다소 차이가 있다. 이 절에서는 교량설계기준(한계상태설계법)의 비틀림 설계기준의 내용을 소개하고, Eurocode 2에서 교량설계기준(한계상태설계법)과 다른 부분을 소개한다.

[1] 비틀림강도의 검증

구조물에서 비틀림에 대해 정역학적 평형 확보가 구조 요소의 안정성에 필수적인 경우에는 비틀림에 대한 검증을 수행하여야 한다. 부정정 구조물의 경우에는 비틀림이 구조물의 안정성을 지배하지 않으므로, 비틀림에 대한 검증이 필요하지 않다. 그러나 비틀림에 대한 검증이 불필요한 경우에도 균열이 과도하게 발생하는 것을 방지하기 위해서 최소철근량 이상의 비틀림철근을 배치하여야 한다.

한계상태설계법의 설계기준을 적용할 때는 비틀림 작용을 전단력으로 변환한 후 전단 작용에 의한 전단력과 합하여 계수전단력 V_u를 결정하고, 이 계수전단력을 대상으로 강도를 검증하여 설계할 수 있다. 즉, 다음의 조건을 검증한다.

$$V_{cd} < V_u \leq V_{d,max} \tag{8·64}$$

여기서 V_{cd}는 전단철근이 보강되지 않은 균열 단면의 설계전단강도로서, 비틀림 작용과 전단 작용을 합한 계수전단력 V_u가 V_{cd}보다 큰 경우에 소요 전단철근량 이상의 횡방향 철근을 배치하여야 한다. V_u가 V_{cd} 이하인 경우에는 논리 상 전단철근이 필요하지 않으나, 설계기준에 따라 최소 전단철근을 배치하여야 한다. V_{cd}는 앞의 식 (7·93)으로 계산한다.

$$V_{cd} = [0.85\,\phi_c\,\kappa(\rho\,f_{ck})^{1/3} + 0.15 f_n]\,b_w d \tag{7·93}$$

또, 전단력에 의하여 콘크리트 압축스트럿이 파괴되지 않도록 설계하기 위하여 V_u가 $V_{d,max}$ 이하임을 검증하여야 한다.

이와 같은 설계검증에 있어서 계수전단력 V_u는 전단력 작용에 의한 계수전단력 $V_{u,shear}$와 비틀림 작용에 의한 계수전단력 $V_{u,torsion}$의 합으로서, 다음과 같이 계산한다.

$$V_u = V_{u,torsion} + V_{u,shear} \tag{8·65}$$

비틀림에 의한 계수전단력 $V_{u,torsion}$은 박벽관 이론에 따라, 전단흐름 q 또는 비틀림 전단응력 $v_{t,i}$를 이용하여 다음과 같이 계산한다.

$$V_{u,torsion} = V_{u,i} = qy_i = v_{t,i}\, t_i\, y_i \tag{8·66}$$

$$q = v_i\, t_i = \frac{T_u}{2A_o} \tag{8·67}$$

$$v_i = v_{t,i} = \frac{T_u}{2A_o\, t_i} \tag{8·68}$$

여기서, $V_{u,i}$: 단면을 구성하고 있는 i번 벽체의 비틀림모멘트에 의한 전단력(Eurocode 2에서는 $V_{Ed,i}$)

y_i : 인접 벽체와의 교차점 사이의 거리로 정의된 i번 벽의 측면 길이(Eurocode 2에서는 z_i)

v_i, $v_{t,i}$: i번 벽체의 비틀림 전단응력(Eurocode 2에서는 $\tau_{t,i}$)

T_u : 계수하중에 의한 비틀림모멘트(Eurocode 2에서는 T_{Ed})

A_o : 속빈 공간을 포함하는 벽체의 중심선으로 둘러싸인 면적으로서, 속찬 단면의 경우에는 유효 벽두께 t_i로 이루어진 가상의 벽체를 대상으로 벽체 중심선으로 둘러싸인 면적(Eurocode 2에서는 A_k)

q : 벽을 따라 흐르는 전단흐름(전단류)

t_i : i번 벽체의 유효 벽두께(Eurocode 2에서는 $t_{ef,i}$)

식 (8·67) 또는 식 (8·68)로 전단흐름 q 또는 비틀림 전단응력 $v_{t,i}$를 계산할 때 벽체의 중심선으로 둘러싸인 면적 A_o를 이용하여야 하는데, 벽체의 중심선을 결정하기 위하여 유효 벽두께 t_i를 산정하여야 한다. 유효 벽두께 t_i는 다음과 같이 결정하여야 한다.

$$t_i = \frac{A_{cp}}{p_{cp}} \tag{8·69}$$

여기서, A_{cp} : 단면의 바깥쪽 둘레로 둘러싸인 면적(Eurocode 2에서는 A)

p_{cp} : 단면 바깥쪽 둘레 길이(Eurocode 2에서는 u)

그러나 이와 같이 계산된 유효 벽두께 t_i는 속빈 단면의 경우 실제 벽체두께 이하이어야 하며, 속찬 단면의 경우 $2t_c \le t_i \le A_{cp}/p_{cp}$의 범위이어야 한다. t_c는 횡방향 철근의 피복 두께이다. 그림 8–15는

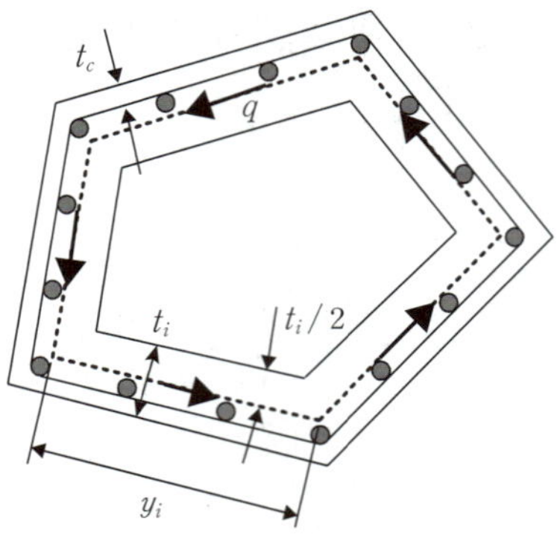

| 그림 8-15 | 비틀림을 받는 단면에서의 기호

비틀림을 받는 단면에서의 기호를 나타낸다.

속빈 단면이더라도 벽체가 두껍고 횡방향 철근이 한 가닥만 배치된 경우에는, 벽체의 중심선이 아닌 가상 벽체의 중심선을 기준으로 A_o를 계산한다.

계수전단력에 의한 전단응력 $v_{v,i}$와 이 전단응력에 의하여 유효 벽두께에 작용하는 계수전단력 $V_{u,shear}$는 다음과 같이 계산한다.

$$v_{v,i} = \frac{V_u}{b_w d} \tag{8·70}$$

$$V_{u,shear} = v_{v,i}\, t_i\, y_i \tag{8·71}$$

따라서, 식 (8·69)의 유효 벽두께 t_i에 작용하는 식 (8·65)의 계수전단력 V_u는 다음과 같이 나타낼 수 있다

$$V_u = V_{u,torsion} + V_{u,shear} = v_{t,i}\, t_i\, y_i + v_{v,i}\, t_i\, y_i = (v_{t,i} + v_{v,i})\, t_i\, y_i \tag{8·72}$$

식 (8·64)에서 $V_{d,max}$는 유효 벽두께의 최대설계전단강도로서 콘크리트 스트럿의 압축응력이 콘크리트의 유효압축설계강도 $\phi_c f_{ck}$에 도달하는 전단력이므로, 다음과 같이 계산한다.

$$V_{d,max} = \frac{\alpha_{cw}\,\nu\,\phi_c f_{ck}\, t_i\, z}{\cot\theta + \tan\theta} \tag{8·73}$$

이 식은 식 (7·109)를 설계기준의 형식으로 표현한 것으로서, 식 (7·117)에 프리스트레스에 의한 압축응력의 영향을 고려하는 계수 α_{cw}를 적용한 식 (7·116)의 $V_{d,max,com}$과 같은 의미이며, 복부폭 b_w에 유

효 벽두께 t_i를 적용한 것이다. α_{cw}는 앞의 식 (7·119)~식 (7·121)로 결정한다.

$$\alpha_{cw} = 1 + \frac{f_n}{\phi_c f_{ck}} \qquad : 0 < f_n \le 0.25\,\phi_c f_{ck} \tag{7·119}$$

$$\alpha_{cw} = 1.25 \qquad : 0.25\,\phi_c f_{ck} < f_n \le 0.5\,\phi_c f_{ck} \tag{7·120}$$

$$\alpha_{cw} = 2.5\left(1 - \frac{f_n}{\phi_c f_{ck}}\right) \qquad : 0.5\,\phi_c f_{ck} < f_n \le 1.0\,\phi_c f_{ck} \tag{7·121}$$

콘크리트 스트럿의 경사각, 즉 균열의 각도 θ는 앞의 식 (7·123)으로 주어진 범위로서 22°~45°의 범위에서 선택하여야 한다.

$$1 \le cot\,\theta \le 2.5 \tag{7·123}$$

전단력이 작용하지 않고 비틀림모멘트만 작용하는 경우에는 전단력 항으로 강도를 검증하는 대신에 비틀림모멘트 항으로 강도를 검증할 수 있다. 즉, 설계비틀림강도 T_d를 다음으로 계산하고 계수비틀림모멘트 T_u 이상임을 검증하는 것이다.

$$T_d = 2\phi_s f_{vy}\, A_v\, A_o \frac{cot\,\theta}{s} \tag{8·74}$$

이때 설계비틀림강도 T_d는 콘크리트 스트럿의 압축응력이 콘크리트의 유효압축설계강도 $\phi_c\,\nu\,f_{ck}$에 도달하는 비틀림모멘트를 초과할 수 없으므로, 프리스트레스트 콘크리트의 경우 다음으로 계산되는 최대설계비틀림강도 $T_{d,max}$ 이하이어야 한다.

$$T_{d,max} = 2\alpha_{cw}\,\nu\,\phi_c f_{ck}\, t_i\, A_o \sin\theta\cos\theta \tag{8·75}$$

소요 비틀림철근의 단면적과 간격의 비율로 나타낸 소요 비틀림철근량은 식 (8·74)의 설계비틀림강도가 계수비틀림모멘트와 같을 때로 하여, 다음으로 계산할 수 있다.

$$\left(\frac{A_v}{s}\right)_{t,req'd} = \frac{T_u}{\phi_s(2A_o)f_{vy}}\tan\theta \tag{8·76}$$

소요 전단철근의 단면적과 간격의 비율로 나타낸 소요 전단철근량은 식 (7·114)의 설계전단강도가 계수전단력과 같을 때로 하여, 다음으로 계산할 수 있다.

$$\left(\frac{A_v}{s}\right)_{s,req'd} = \frac{V_u}{\phi_s f_{vy}\, z} tan\,\theta \tag{8·77}$$

따라서 전단력과 비틀림모멘트가 작용하는 단면의 소요 횡방향 철근량은 다음과 같이 나타낼 수 있다.

$$\left(\frac{A_v}{s}\right)_{req'd} = \left(\frac{A_v}{s}\right)_{s,req'd} + 2\left(\frac{A_v}{s}\right)_{t,req'd} \tag{8·78}$$

[2] 비틀림과 전단이 동시에 작용하는 부재의 최대 강도 검증

식 (8·72)로 결정하는 유효 벽두께의 계수전단력 V_u가 식 (8·73)으로 결정하는 유효 벽두께의 최대 설계전단강도 $V_{d,max}$보다 작다는 것을 검증하는 방법 대신에, 앞의 식 (8·42)와 식 (8·43)의 조건을 적용하여 전단력과 비틀림모멘트가 동시에 작용하는 부재의 검증을 수행하여도 된다.

$$\text{속찬 단면 : } \left(\frac{T_u}{T_{d,max}}\right)^2 + \left(\frac{V_u}{V_{d,max}}\right)^2 \le 1.0 \tag{8·42}$$

$$\text{속빈 단면 : } \frac{T_u}{T_{d,max}} + \frac{V_u}{V_{d,max}} \le 1.0 \tag{8·43}$$

이 식들을 적용할 때에는 최대설계비틀림강도 $T_{d,max}$는 식 (8·75)로 계산하고, 프리스트레스트 콘크리트의 최대설계전단강도 $V_{d,ma}$는 다음으로 계산한다.

$$V_{d,max} = \frac{\alpha_{cw}\,\nu\,\phi_c f_{ck}\, b_w\, z}{cot\,\theta + tan\,\theta} \tag{8·79}$$

이 식은 식 (7·109)를 설계기준의 형식으로 표현한 것으로서, 식 (7·117)에 프리스트레스에 의한 압축응력의 영향을 고려하는 계수 α_{cw}를 적용한 식 (7·116)의 $V_{d,max,com}$과 같은 의미이며, 식 (8·73)과 달리 복부폭 b_w로 계산하여야 한다.

속찬 단면과 속빈 단면에 대하여 단면 크기에 대한 제한식이 다르게 표현된 이유는 전단에 의한 전단응력과 비틀림에 의한 전단응력의 중첩효과가 다르다는 것을 반영한 것이다. 즉, 속빈 단면의 경우에는 **그림 8-6**과 같이 전단 및 비틀림에 의한 전단응력이 동일한 두께에 작용하여 서로 중첩되지만, 속찬 단면의 경우에는 **그림 8-7**과 같이 전단에 의한 전단응력은 전단면에 걸쳐 작용하는데 비하여 비틀림에 의한 전단응력은 외곽부 단면에만 작용하기 때문에 최대 응력 부위의 전단응력이 중첩되는 효과가 다르기 때문이다.

참고로, Eurocode 2[8.12]는 전단력과 비틀림모멘트가 동시에 작용하는 경우, 속찬 단면과 속빈 단면을 구분하지 않고 1차식의 관계로 규정하여, 앞의 식 (8·47)로 검증하도록 하고 있다.

$$\frac{T_{Ed}}{T_{Rd,max}} + \frac{V_{Ed}}{V_{Rd,max}} \leq 1.0 \qquad (8\cdot 47)$$

여기서, T_{Ed}와 V_{Ed}는 각각 T_u와 V_u와 같은 의미이고, $T_{Rd,max}$와 $V_{Rd,max}$는 각각 $T_{d,max}$와 $V_{d,max}$와 같은 의미로서 $T_{Rd,max}$는 앞의 식 (8·48)로 계산한다.

$$T_{Rd,max} = 2\,\nu\,\alpha_{cw} f_{cd}\,A_k\,t_{ef,i}\,sin\,\theta\,cos\,\theta \qquad (8\cdot 48)$$

[3] 속찬 직사각형 단면

속찬 직사각형 단면에 대한 추가기준으로, 최소비틀림철근이 배치된 속찬 직사각형 단면이 다음 두 식의 조건을 만족하는 경우에는 비틀림 설계와 검증을 생략할 수 있다. 이 두 식은 식 (8·45)와 식 (8·46)과 동일한 것으로서, 부재의 폭을 t 대신 b_w로 표현한 것이다.

$$T_u \leq \frac{V_u\,b_w}{4.5} \qquad (8\cdot 80)$$

$$V_u\left(1+\frac{4.5\,T_u}{V_u\,b_w}\right) \leq V_{cd} \qquad (8\cdot 81)$$

여기서 V_{cd}는 전단철근이 보강되지 않은 균열 단면의 설계전단강도로서, 앞의 식 (7·93)으로 계산한다.

$$V_{cd} = [0.85\,\phi_c\,\kappa(\rho\,f_{ck})^{1/3} + 0.15\,f_n]\,b_w d \qquad (7\cdot 93)$$

참고로, 속찬 직사각형 단면에 대한 이 추가기준은 초기 Eurocode 2의 기준안[8.28]에 규정되었던 것이며, 현행 Eurocode 2[8.12]는 앞의 식 (8·49)를 만족하도록 하고 있다.

$$\frac{T_{Ed}}{T_{Rd,c}} + \frac{V_{Ed}}{V_{Rd,c}} \leq 1.0 \qquad (8\cdot 49)$$

여기서 $T_{Rd,c}$는 $\tau_{t,i}$를 콘크리트의 설계인장강도 f_{ctd}로 하여 계산한 균열 비틀림모멘트로 식 (8·26)과 같으며, $V_{Rd,c}$는 앞의 식 (7·98)과 식 (7·99)로 결정한다.

$$V_{Rd,c} = [C_{Rd,c}\, \kappa (100\, \rho_l\, f_{ck})^{1/3} + k_1\, \sigma_{cp}]\, b_w d \tag{7·98}$$

$$V_{Rd,c} \geq (v_{min} + k_1\, \sigma_{cp})\, b_w d \tag{7·99}$$

[4] 종방향 비틀림철근

종방향 비틀림철근의 소요 단면적은 다음 식으로 산정한다.

$$\Sigma A_{sl} = \frac{T_u\, p_o}{2\phi_s f_y\, A_o} \cot\theta \tag{8·82}$$

여기서, p_o : 면적 A_o의 표면 둘레 길이

f_y : 종방향 철근의 설계기준항복강도

θ : 22°~45°의 범위에서 선택하는 압축 스트럿의 경사각

콘크리트 스트럿의 경사각 θ는 실험 결과와 소성이론 가정을 바탕으로 정한 범위의 각을 설계자가 자유롭게 선택하여 비틀림을 설계한다. 그러나 순수 비틀림에 대해 설계할 때는 일반적으로 스트럿의 경사각을 45°로 가정한다.

부재 단면에서 휨모멘트나 축력에 의하여 압축응력을 받게 되는 부분의 종방향 비틀림철근은 단면에 작용하는 휨압축력의 크기에 비례하여 단면적을 감소시킬 수 있다. 부재 단면에서 휨모멘트나 축력에 의하여 인장응력을 받게 되는 부분의 종방향 비틀림철근은 휨철근에 추가하여 단면적을 증가시켜야 한다. 종방향 철근은 단면 둘레를 따라 분산 배치하여야 하며, 비교적 작은 단면에서는 모서리에 집중하여 배치하여야 한다.

[5] 비틀림철근 상세

비틀림철근은 부재축과 직각인 폐합 횡방향 철근이어야 하며, 겹침이음이나 갈고리에 의해 정착되어야 한다. 횡방향 비틀림철근의 종방향 최대간격 s_{max}은 $p_{cp}/8$, $0.75d$, 단면의 최소치수 중 가장 작은 값으로 한다. 여기서 p_{cp}는 단면 외부표면의 둘레길이이다. 내측 지점부에는 경간 내에 배치된 비틀림철근량의 1/4 이상의 철근을 배치하여야 한다. 최소 비틀림철근은 최소전단철근과 동일하게 앞의 식 (7·165)를 적용한다.

$$\rho_{v,min} = \frac{0.08\sqrt{f_{ck}}}{f_y} \tag{7·165}$$

교량설계기준(한계상태설계법)[8.11]과 Eurocode 2[8.12]에서 횡방향 비틀림철근의 설계기준항복강도는 600 MPa을 초과할 수 없다. 참고로, 콘크리트구조설계기준[8.9]은 500 MPa, 도로교설계기준(2010)[8.9]은 400 MPa, ACI 318 Code[8.10]는 420 MPa, AASHTO-LRFD[8.7]은 520 MPa을 횡방향 비틀림철근의 최대 설계기준항복강도로 규정하고 있다.

종방향 철근은 비틀림철근의 각 모서리에 적어도 하나씩의 배치되어야 하며, 안쪽 둘레에 종방향 철근이 균일하게 분포되어야 한다. 이 때 종방향 철근의 간격은 350 mm 이하이어야 한다.

[6] 비부착 긴장재의 프리캐스트 조립식 부재

부착된 프리스트레스 강재가 배치되지 않은 프리캐스트 세그멘탈 공법으로 시공된 거더의 각 세그먼트 이음부에서 비틀림에 의한 국부적인 전단력을 저항하는 전단키가 설치되어 있지 않는 경우, 휨과 전단 및 비틀림의 조합을 고려하여 가장 큰 응력이 발생하는 복부에 대하여 극한한계상태 검증을 수행하여야 한다. 이것은 인장 영역에서 큰 이음부의 열림이 발생할 수 있어서, 닫힌 단면으로 비틀림에 저항하지 않고 열린 단면으로 비틀림에 저항하게 될 가능성이 높기 때문이다.

예제 8-3

다음 그림과 같은 프리스트레스트 콘크리트 L형 보의 단면에 최대 계수전단력 400 kN과 최대 계수비틀림 모멘트 132 $kN \cdot m$가 작용할 때, 교량설계기준(한계상태설계법)에 따라 비틀림철근 설계를 수행하시오. 보에는 SWPC7BL 15.2 mm 강연선 10가닥($A_p = 1{,}387\ mm^2$)이 배치되어, 유효긴장력에 의하여 단면 도심 위치에 4.5 MPa의 압축응력 f_{pc}가 작용한다. 10개의 강연선은 폭이 400 mm인 구간에 6개가 배치되고, 폭이 300 mm인 구간에 4개가 배치되어 있다. 콘크리트의 설계기준압축강도 f_{ck}는 35 MPa, 폐합 횡방향 철근의 설계기준항복강도 f_{yt}는 400 MPa, 종방향 철근의 설계기준항복강도 f_{yl}은 500 MPa이다. (이 예제의 프리스트레스트 콘크리트 L형 보는 예제 8-2의 보와 동일하다)

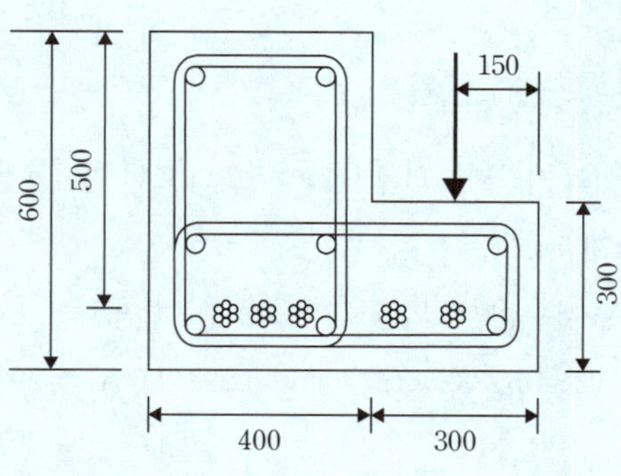

| 그림 8-16 | 예제 8-3의 프리스트레스트 콘크리트 단면

>>> 풀이

(1) 유효 벽두께

보 단면의 외부 둘레로 둘러싸인 면적 A_{cp}와 단면의 외부 둘레 길이 p_{cp}를 구하면

$$A_{cp} = 600\times 400 + 300\times 300 = 330{,}000\ mm^2$$

$$p_{cp} = 2\times(600+700) = 2{,}600\ mm$$

유효 벽두께를 식 (8·69)로 구하면

$$t_i = \frac{A_{cp}}{p_{cp}} = \frac{330{,}000}{2{,}600} = 127\ mm$$

지름이 15.9 mm인 D16 철근을 폐합 횡방향 철근으로 사용하는 경우, 횡방향 철근 중심에서 측정한 피복두께 t_c와 피복두께의 두 배인 $2t_c$를 구하면

$$t_c = 50 + \frac{15.9}{2} = 58\ mm$$

$$2t_c = 2\times 58 = 116\ mm$$

계산된 유효 벽두께 127 mm가 $2t_c$보다 크므로 유효 벽두께를 127 mm로 한다. 유효 벽두께의 중심으로 둘러싸인 면적 A_o와 둘레길이 p_o를 구하면

$$A_o = \left(600-2\times\frac{127}{2}\right)\times\left(400-2\times\frac{127}{2}\right)+\left(300-2\times\frac{127}{2}\right)\times 300$$

$$= 181{,}000\ mm^2$$

$$p_o = 2\times\left(600-2\times\frac{127}{2}\right)+2\times\left(700-2\times\frac{127}{2}\right)$$

$$= 2{,}092\ mm$$

(2) 비틀림과 전단의 상호작용에 의한 계수전단력

계수비틀림모멘트에 의한 비틀림 전단응력을 식 (8·68)로 구하면

$$v_{t,i} = \frac{T_u}{2A_o\, t_i} = \frac{132\times 10^6}{2\times 181{,}000\times 127} = 2.87\ MPa$$

계수전단력에 의한 전단응력을 식 (8·70)으로 구할 때, 보수적으로 검토하기 위하여 전단력에 저항하는 복부폭 b_w를 400 mm로 택하면

$$v_{v,i} = \frac{V_u}{b_w d} = \frac{400\times 10^3}{400\times 500} = 2.00\ MPa$$

인접 가상 벽체와의 교차점 사이의 거리로 정의된 i번 가상 벽의 측면 길이 y_i는

$$y_i = 600 - 2\times\frac{127}{2} = 473\ mm$$

따라서, 유효 벽두께에 작용하는 계수전단력 V_u를 식 (8·72)로 구하면

$$V_u = (v_{t,i} + v_{v,i})\, t_i\, y_i = (2.87+2.00)\times 127\times 473 = 293{,}000\ N = 293\ kN$$

(3) 소요 횡방향 철근량 계산의 필요성 검증

식 (8·64)의 조건으로, V_u와 V_c를 비교하여 소요 횡방향 철근량을 계산하여야 할지 검토한다. 균열 단면의 설

계전단강도를 구하기 위하여 식 (7·93)에 적용되는 변수를 계산한다. 이때 보수적으로 검토하기 위하여 전단력에 저항하는 복부폭 b_w를 400 mm로 택한다.

긴장재에 대한 유효깊이 d가 500 mm이므로

$$\varkappa = 1 + \sqrt{\frac{200}{d}} = 1 + \sqrt{\frac{200}{500}} = 1.63 < 2.0$$

종방향 철근을 무시하고 긴장재만을 고려하여 강재비를 계산할 때, 10개의 긴장재 중에서 400 mm의 복부폭 b_w에 배치된 긴장재가 6개이므로

$$\rho = \frac{A_{p,w}}{b_w d} = \frac{1{,}387 \times 6/10}{400 \times 500} = 0.00416 < 0.02$$

$$0.2\,\phi_c f_{ck} = 0.2 \times 0.65 \times 35 = 4.55\ MPa$$

$$f_n = f_{pc} = 4.5\ MPa < 0.2\,\phi_c f_{ck}$$

V_{cd}의 최솟값을 식 (7·94)로 계산하기 전에 재료강도를 먼저 계산한다. 콘크리트의 설계기준인장강도 f_{ctk}를 구하기 위하여, 콘크리트의 평균압축강도를 식 (2·1)로 계산하면

$$f_{cm} = f_{ck} + \Delta f = 35 + 4 = 39\ MPa$$

콘크리트의 평균인장강도는 식 (2·26)로부터

$$f_{ctm} = 0.3(f_{cm})^{2/3} = 0.3 \times (39)^{2/3} = 3.5\ MPa$$

콘크리트의 설계기준인장강도 f_{ctk}를 식 (2·27)로 구하면

$$f_{ctk} = 0.7\,f_{ctm} = 0.7 \times 3.5 = 2.45\ MPa$$

이제, V_{cd}의 최솟값을 식 (7·94)로 구하면

$$\begin{aligned} V_{cd,min} &= (0.4\,\phi_c f_{ctk} + 0.15 f_n)\, b_w d \\ &= (0.4 \times 0.65 \times 2.45 + 0.15 \times 4.5) \times 400 \times 500 \\ &= 262{,}400\ N = 262\ kN \end{aligned}$$

이제, V_{cd}를 식 (7·93)으로 구하면

$$\begin{aligned} V_{cd} &= [0.85\,\phi_c\,\varkappa\,(\rho f_{ck})^{1/3} + 0.15 f_n]\, b_w d \\ &= [0.85 \times 0.65 \times 1.63 \times (0.00416 \times 35)^{1/3} + 0.15 \times 4.5] \times 400 \times 500 \\ &= 229{,}800\ N = 230\ kN \end{aligned}$$

이 값은 $V_{cd,min}$인 262 kN보다 작으므로, V_{cd}는

$$V_{cd} = V_{cd,min} = 262\ kN$$

V_{cd}와 V_u를 검토하면, V_{cd}는 262 kN이고 V_u는 293 kN이므로

$$V_{cd} < V_u$$

따라서 콘크리트만으로는 저항할 수 없으므로, 소요 횡방향 철근량을 계산하고 그 이상의 전단철근을 배치하여야 한다.

(4) 비틀림과 전단의 상호작용에 따른 콘크리트 스트럿의 압축파괴 검증

식 (8·73)의 최대 전단강도 $V_{d,max}$을 결정하기 위하여 변수들을 계산한다. 먼저 α_{cw}를 결정하기 위하여 f_n의 수준을 검토하면, 프리스트레스에 의한 압축응력 f_{pc}가 7 MPa이므로

$$0.25\,\phi_c f_{ck} = 0.25 \times 0.65 \times 35 = 5.7\ MPa$$

$$0.5\,\phi_c f_{ck} = 0.5 \times 0.65 \times 35 = 11.4\ MPa$$

$$0.25\,\phi_c f_{ck} < f_n (= f_{pc} = 7\ MPa) < 0.5\,\phi_c f_{ck}$$

따라서, 식 (7·120)에 따라 α_{cw}의 값은 1.25이다.

콘크리트 압축강도 유효계수 ν를 식 (7·122)로 구하면

$$\nu = 0.6\left(1 - \frac{f_{ck}}{250}\right) = 0.6\left(1 - \frac{35}{250}\right) = 0.516$$

z를 구하면

$$z = 0.9\,d = 0.9 \times 500 = 450\ mm$$

$V_{d,max}$를 식 (8·73)으로 구하면

$$V_{d,max} = \frac{\alpha_{cw}\,\nu\,\phi_c f_{ck}\,t_i\,z}{cot\,\theta + tan\,\theta}$$

$$= \frac{1.25 \times 0.516 \times 0.65 \times 35 \times 127 \times 450}{cot\,\theta + tan\,\theta}\frac{1}{(10)^3} = \frac{839}{cot\,\theta + tan\,\theta}\,kN$$

$V_{d,max}$가 V_u와 같은 값을 가질 때의 경사각 θ를 구하면

$$\frac{839}{cot\,\theta + tan\,\theta} = 293$$

이 방정식을 풀면

$$cot\,\theta = 0.4071 \text{ 또는 } cot\,\theta = 2.4564$$

이 때의 경사각 θ는 22.2° 또는 67.8°이다. 그러나 경사각 θ는 22°~45°의 범위이므로, 경사각을 45°로 제한하면 $cot\,\theta = tan\,\theta = 1$이므로

$$V_{d,max} = \frac{839}{cot\,\theta + tan\,\theta} = \frac{839}{1+1} = 419\,kN$$

따라서 $V_{d,max} > V_u$이므로, 콘크리트 스트럿의 압축파괴는 발생하지 않는다.

(5) 비틀림과 전단의 상호작용의 검증

앞의 (2)에서는 비틀림과 전단의 상호작용을 전단력의 항으로 변환하여 검증하였으나, 다음과 같은 방법으로 검증하여도 된다.

스트럿의 경사각 θ를 가장 경제적인 경사각 45°로 가정하고, $T_{d,max}$를 식 (8·75)로 구하면

$$T_{d,max} = 2\alpha_{cw}\,\nu\,\phi_c f_{ck}\,t_i\,A_o\,sin\,\theta\,cos\,\theta$$

$$= 2\times1.25\times0.516\times0.65\times35\times127\times181{,}000\times\frac{1}{\sqrt{2}}\times\frac{1}{\sqrt{2}}$$

$$= 337{,}000{,}000\ N\cdot mm = 337\ kN\cdot m$$

스트럿의 경사각 θ를 45°로 가정하고, $V_{d,max}$를 식 (8·79)로 구하면

$$V_{d,max} = \frac{\alpha_{cw}\,\nu\,\phi_c f_{ck}\,b_w\,z}{cot\,\theta + tan\,\theta}$$

$$= \frac{1.25\times0.516\times0.65\times35\times400\times450}{1+1}$$

$$= 1{,}321{,}000\ N = 1{,}321\ kN$$

속찬 단면이므로 식 (8·42)의 좌변을 계산하면

$$\left(\frac{T_u}{T_{d,max}}\right)^2 + \left(\frac{V_u}{V_{d,max}}\right)^2 = \left(\frac{132}{337}\right)^2 + \left(\frac{400}{1{,}321}\right)^2 = 0.245$$

따라서 다음의 조건을 만족한다.

$$\left(\frac{T_u}{T_{d,max}}\right)^2 + \left(\frac{V_u}{V_{d,max}}\right)^2 < 1.0$$

(6) 비틀림철근의 설계

먼저, 전단 작용에 의한 스트럿 경사각 θ를 식 (7·129)로 구하면

$$\theta = \frac{1}{2}sin^{-1}\left[\frac{2\,V_u}{\alpha_{cw}\,\nu\,\phi_c f_{ck}\,b_w\,z}\right]$$

$$= \frac{1}{2}sin^{-1}\left[\frac{2\times400\times10^3}{1.25\times0.516\times0.65\times35\times400\times450}\right] = 8.8^\circ < 22^\circ$$

스트럿의 경사각 θ는 22°∼45° 범위의 값을 가져야 하므로, θ를 22°로 하여 소요 전단철근량을 식 (8·77)로 구하면

$$\left(\frac{A_v}{s}\right)_{s,req'd} = \frac{V_u}{\phi_s f_{vy}\,z}\,tan\,\theta = \frac{400\times10^3}{0.9\times400\times450}\,tan\,22^\circ$$

$$= 0.988\ mm^2/mm$$

소요 비틀림철근량을 식 (8·76)으로 구하면

$$\left(\frac{A_v}{s}\right)_{t,req'd} = \frac{T_u}{\phi_s(2A_o)\,f_{vy}}\,tan\,\theta = \frac{132\times10^6}{0.9\times(2\times181{,}000)\times400}\times tan\,22^\circ$$

$$= 0.405\ mm^2/mm$$

비틀림철근과 전단철근의 소요 횡방향 철근량을 식 (8·78)로 구하면

$$\left(\frac{A_v}{s}\right)_{req'd} = \left(\frac{A_v}{s}\right)_{s,req'd} + 2\left(\frac{A_v}{s}\right)_{t,req'd}$$

$$= 0.988 + 2\times0.405 = 1.798\ mm^2/mm$$

식 (7·165)의 최소철근비를 구하면

$$\rho_{v,min} = \frac{0.08\sqrt{f_{ck}}}{f_y} = \frac{0.08\sqrt{35}}{400} = 0.00118$$

식 (7·164)의 관계식으로 최소철근비를 철근단면적과 간격으로 나타낸 최소철근량을 계산할 때, 복부폭을 700 mm로 하여 안전측의 값을 구하면

$$\left(\frac{A_v}{s}\right)_{min} = \rho_{v,min}\, b_w = 0.00118 \times 700 = 0.826\ mm^2/mm$$

소요 횡방향 철근량 1.798 mm^2/mm이 최소조건보다 크므로, 1.798 mm^2/mm의 소요조건으로 횡방향 철근을 설계하여야 한다.

비틀림철근의 간격을 결정하기 위하여, 비틀림철근의 최대허용간격을 구하면

$$s_{max} = \frac{p_{cp}}{8} = \frac{2{,}600}{8} = 325\ mm$$

전단철근의 최대허용간격을 구하면,

$$s_{max} = 0.75\, d = 0.75 \times 500 = 375\ mm$$

또 하나의 조건은 단면의 최소치수 600 mm이므로, 횡방향 철근의 최대허용간격은 이 값들 중 가장 작은 325 mm이다.

단면적이 198.6 mm^2인 D16 철근을 폐합 횡방향 철근으로 사용하면, 전단철근으로 두 가닥이 작용하므로 소요 간격은

$$s_{req'd} = \frac{2\, A_b}{1.789} = \frac{2 \times 198.6}{1.789} = 221\ mm$$

따라서 200 mm 간격으로 배치한다.

추가되어야 할 종방향 철근의 단면적을 식 (8·82)에 따라 계산하면

$$\Sigma A_{sl} = \frac{T_u\, p_o}{2\, \phi_s f_y A_o} \cot\theta = \frac{132 \times 10^6 \times 2{,}092}{2 \times 0.9 \times 400 \times 181{,}000} \cot 22^\circ = 5{,}297\ mm^2$$

종방향 철근 사이의 간격이 350 mm를 초과하지 않고 총단면적이 5,297 mm^2을 초과하도록, D22철근 14개(총단면적 5,419 mm^2)를 종방향 철근으로 배치한다.

참고로, 스트럿의 경사각 θ를 22° 보다 크게 선택하면, 소요 횡방향 철근량은 증가하고 소요 종방향 철근량은 감소한다. 따라서 스트럿의 경사각 θ를 적절한 각도로 선택하면 경제적인 설계가 가능하다.

예제 8-4

다음 그림과 같은 박스형 단면의 프리스트레스트 콘크리트 부재에 대한 비틀림 설계를 수행하고자 한다. 교량설계기준(한계상태설계법)이나 Eurocode 2에 따라 비틀림 설계를 수행할 때에는 벽체 중심선으로 둘러싸인 면적 A_o와 둘레길이 p_o를 사용한다. 경사진 복부와 플랜지가 만나는 부분의 형상을 고려하여 A_o와 p_o의 정해를 구하시오. 또, 경사진 복부와 플랜지가 만나는 부분의 형상을 고려하지 않은 근사해법으로 A_o와 p_o를 구하고 정해에 대한 오차를 구하시오.

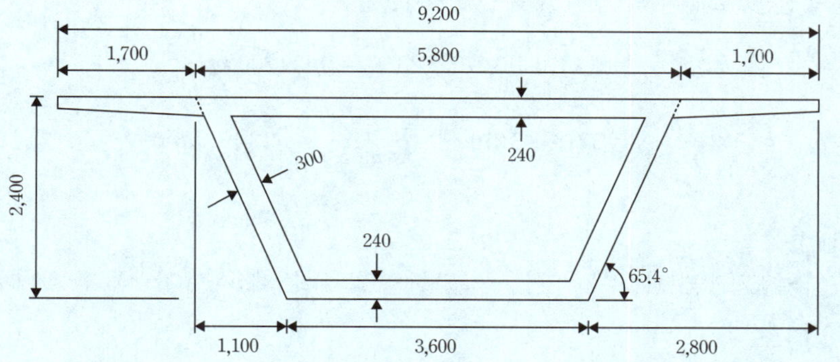

| 그림 8-17 | 예제 8-4의 단면

>>> 풀이

(1) 정해

그림 8-18에 나타난 바와 같이, 경사진 복부의 폭을 t라고 하고 복부가 β의 각도로 플랜지와 연결된다면, 플랜지 진행방향으로의 수평두께 t_h는 다음과 같다.

$$t_h = \frac{t}{sin\,\beta}$$

따라서 박스형 단면의 상부 플랜지 단면 중심선의 길이 b_{ct}를 구하면, 복부 벽체단면의 폭 t가 300 mm이고 β가 65.4°이므로

$$b_{ct} = 5{,}800 - 2\times\frac{t_h}{2} = 5{,}800 - t_h = 5{,}800 - \frac{t}{sin\,\beta} = 5{,}800 - \frac{300}{sin\,65.4^\circ}$$
$$= 5{,}470\ mm$$

하부 플랜지 단면 중심선의 길이 b_{cb}를 구하면

$$b_{cb} = 3{,}600 - \frac{t}{sin\,\beta} = 3{,}600 - \frac{300}{sin\,65.4^\circ} = 3{,}270\ mm$$

상부 플랜지 단면 중심선과 하부 플랜지 단면 중심선 사이의 길이 h_o를 구하면

$$h_o = 2{,}400 - 240 = 2{,}160\ mm$$

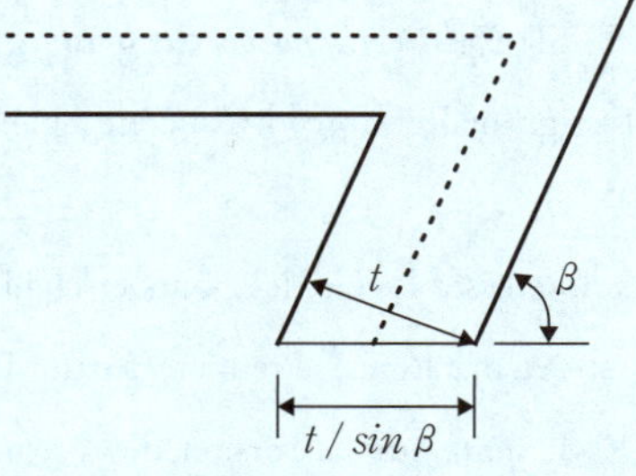

| 그림 8-18 | 복부의 수평두께

박스형 단면 중심선으로 둘러싸인 면적 A_o와 둘레 길이 p_o를 구하면

$$A_o = \frac{1}{2}(b_{ct} + b_{cb})h_o = \frac{1}{2} \times (5{,}470 + 3{,}270) \times 2{,}160 = 9{,}439{,}200\ mm^2$$

$$p_o = b_{ct} + b_{cb} + 2\frac{h_o}{\sin\beta} = 5{,}470 + 3{,}270 + 2 \times \frac{2{,}160}{\sin 65.4^\circ} = 13{,}491\ mm$$

(2) 근사해

경사진 복부와 플랜지가 만나는 부분의 형상을 고려하지 않고, t_h를 대신하여 간단히 t를 적용하여 계산하기로 한다.

박스형 단면의 상부 플랜지 단면 중심선의 길이 b_{ct}는, 복부 벽체단면의 폭 t가 300 mm이므로

$$b_{ct} = 5{,}800 - 2 \times \frac{t}{2} = 5{,}800 - t = 5{,}800 - 300 = 5{,}500\ mm$$

하부 플랜지 단면 중심선의 길이 b_{cb}를 구하면

$$b_{cb} = 3{,}600 - t = 3{,}600 - 300 = 3{,}300\ mm$$

상부 플랜지 단면 중심선과 하부 플랜지 단면 중심선 사이의 길이 h_o를 구하면

$$h_o = 2{,}400 - 240 = 2{,}160\ mm$$

박스형 단면 중심선으로 둘러싸인 면적 A_o와 둘레 길이 p_o를 구하면

$$A_o = \frac{1}{2}(b_{ct} + b_{cb})h_o = \frac{1}{2} \times (5{,}500 + 3{,}300) \times 2{,}160 = 9{,}504{,}000\ mm^2$$

$$p_o = b_{ct} + b_{cb} + 2\frac{h_o}{\sin\beta} = 5{,}500 + 3{,}300 + 2 \times \frac{2{,}160}{\sin 65.4^\circ} = 13{,}551\ mm$$

이 값은, A_o의 경우 정해의 1.007배이고, p_o의 경우 정해의 1.004배로서, 이 예제의 경우에는 각각 0.7%와 0.4% 크게 계산되었다.

[참고문헌]

8.1 Collins, M. P. and Lampert, P., "Redistribution of Moments at Cracking-The Key to Simpler Torsion Design?" *Analysis of Structural Systems for Torsion*, SP-35, *American Concrete Institute*, 1974, pp. 343-383.

8.2 Hsu, T. C. and Burton, K. T., "Design of Reinforced Concrete Spandrel Beams," *Proceedings*, ASCE, Vol. 100, No. ST1, 1974, pp. 209-229.

8.3 Navier, C. L., "Resume des lecons donnees a l'ecole des ponts et chaussees sur l'application de la mecanique a l'estblissement des constructions et des machines," Premiere partie, Paris, 1826, pp. 71-76.

8.4 Barré de Saint-Venant, A. J. C., "Memoire sur la Torsion des Prismes," Mem. Divers Savants, 14, 1855, pp. 233-560.

8.5 Timoshenko, S. P. and Goodier, N. J., *Theory of Elasticity*, 2nd edition, McGraw-Hill, 1951 (pp. 275-288).

8.6 Bredt, R., "Kritische Bemerkungen zur Drehungselastizitat," Zeitschrift des Vereines Deutscher Ingenieure, Band 40, No. 28, 1896, pp. 785-790; No. 29, 1906, pp. 813-817.

8.7 AASHTO, LRFD *Bridge Design Specifications*, 6th edition, American Association of State Highway and Transportation Officials, Washington, D.C., USA, 2012.

8.8 국토교통부, 한국콘크리트학회, KDS 14 20 콘크리트구조설계기준, 기준 및 해설, 2021.

8.9 국토해양부, 한국도로교통협회, 도로교설계기준, 2010.

8.10 ACI Committee 318, *Building Code Requirements for Structural Concrete* (ACI 318-14) *and Commentary* (ACI 318R-14), American Concrete Institute, Farmington Hills, MI, 2014.

8.11 국토교통부, 한국교량및구조공학회, 교량설계기준(한계상태설계법), KDS 24 14 21 콘크리트교 설계기준(한계상태설계법), 기준 및 해설, 2021.

8.12 CEN, Eurocode 2 : *Design of Concrete Structures*, European Committee for Standardization, 2004.

8.13 Hsu, T. T. C., "Torsion of Structural Concrete-Behavior of Reinforced Concrete Rectangular Members," ACI Special Publication SP-18, *Torsion of Structural Concrete*, American Concrete Institute, 1968, pp. 261-306.

8.14 Rausch, E., *Berechnung des Eisenbetons gegen Verdrehung und Abscheren* (*Design of Reinforced Concrete for Torsion and Shear*), Springer-Verlag, Berlin, 1929.

8.15 Lampert, P., *Bruchwiderstand von Stahlbeton balken unter Torsion und Biegung* (*ULS-resistance of RC beams subjected to torsion and bending*), Institute für Baustatik und Konstruktion, ETH Zurich, Bericht 27, Report No 26, Birkhäuser Verlag, Basel, Stuttgart, 1970.

8.16 Lampert, P., and Thürlimann, B., "Ultimate Strength and Design of Reinforced Concrete Beams in Torsion and Bending," International Association for Bridge and Structural Engineering, *Publication*, Vol. 31-I, Zurich, 1971, pp. 107-131.

8.17 Lüchinger, P., *Bruchwiderstand von Kastenträgern aus Stahlbeton unter Torsion, Biegung und Querkraft* (*ULS-resistance of RC box girders subjected to torsion, bending and shear*), Institute für Baustatik und Konstruktion, ETH Zurich, Bericht 27, Report No 69, Birkhäuser Verlag, Basel, Stuttgart, 1977.

8.18 CEB-FIB, *Model Code for Concrete Structures*, CEB-FIP International Recommendations, 3rd ed. Comité Euro-International du Beton, Paris, 1978, 348 pp.

8.19 FIB, *fib Model Code for Concrete Structures*, International Federation for Structural Concrete (fib), 2010, 402 pp.

8.20 Lampert, P., and Collins, M. P., "Torsion, Bending, and Confusion: An Attempt to Establish the Facts," *ACI Structural Journal*, Vol. 69, No. 8, 1972, pp. 500-504.

8.21 Lessig, N. N., *Determination of the Load Carrying Capacity of Reinforced Concrete Elements with Rectangular Cross-Section Subjected to Flexure with Torsion*, Work 5, Institute Betona I Zhelezobetona, Moscow, 1959, pp. 4-28.

8.22 Hsu, T. T. C., "Torsion of Structural Concrete-A Summary of Pure Torsion," ACI Special Publication SP-18, *Torsion of Structural Concrete*, American Concrete Institute, 1968, pp. 165-178.

8.23 Zia, P., "Torsion Theories for Concrete Members," ACI Special Publication SP-18, *Torsion of Structural Concrete*, American Concrete Institute, 1968, pp. 103-132.

8.24 MacGregor, J. G., and Ghoneim, M. G., "Design for Torsion," *ACI Structural Journal*, Vol. 92, No. 2, 1995, pp. 211-218.

8.25 Mitchell, D., and Collins, M. P., "Diagonal Compression Field Theory-A Rational Model for Structural Concrete in Pure Torsion," *ACI Structural Journal*, Vol. 71, No. 8, 1974, pp. 396-408.

8.26 Collins, M. P., and Mitchell, D., "Shear and Torsion Design of Prestressed and Non-Prestressed Concrete Beams," *PCI Journal*, Vol. 25, No. 5, 1980, pp. 32-100; Discussion and Closure, *PCI Journal*, Vol. 26, No. 6, 1981, pp. 96-118.

8.27 CSA, *Design of Concrete Structures*(CSA Standard A23.3-04), Canadian Standard Association, Rexdale, Ontario, Canada, 2004.

8.28 CEN, Eurocode 2: *Design of Concrete Structures*, prEN 1991-1 (Final draft), European Committee for Standardization, 2001.

[연습문제]

8-1 정정비틀림인 평형비틀림과 부정정비틀림인 적합비틀림의 차이점을 설명하시오.

8-2 콘크리트 부재에 대한 비틀림강도의 해석법 중 공간트러스 해석법의 해석개념을 설명하시오.

8-3 전단력과 비틀림모멘트가 동시에 작용하는 경우, 전단과 비틀림의 상호작용에 대하여 설명하시오.

8-4 다음 그림과 같은 단면의 프리스트레스트 콘크리트 보가 부정정 구조물인 건축물의 테두리 보로 배치되어 있다. 이 테두리 보의 비틀림 설계에 적용할 최대 계수비틀림모멘트 $T_{u,max}$를 콘크리트구조설계기준에 따라 구하시오. 콘크리트의 설계기준압축강도 f_{ck}, 유효긴장력에 의하여 단면 도심 위치에 작용하는 압축응력 f_{pc}, 보의 폭 b, 보의 두께 h, 슬래브 두께 t_s에 대한 조건은 다음 (a)~(f)의 6가지 중 하나를 선택하시오.

(a) $f_{ck} = 35\ MPa,\ f_{pc} = 7\ MPa, b = 360\ mm, h = 640\ mm, t_s = 150\ mm$
(b) $f_{ck} = 35\ MPa,\ f_{pc} = 8\ MPa, b = 360\ mm, h = 720\ mm, t_s = 150\ mm$
(c) $f_{ck} = 40\ MPa,\ f_{pc} = 8\ MPa, b = 400\ mm, h = 600\ mm, t_s = 150\ mm$

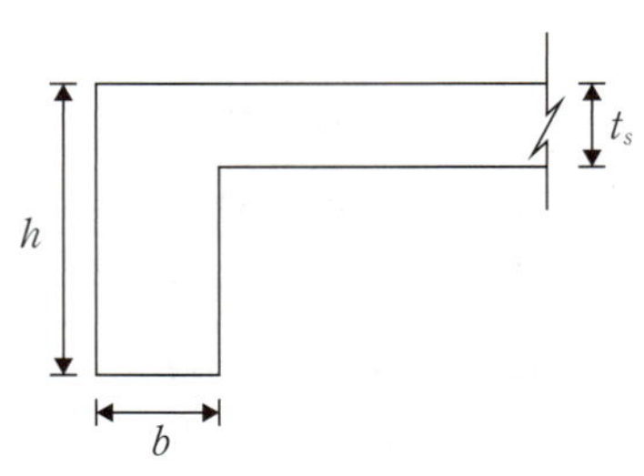

| 그림 8-19 | 테두리 보 단면

(d) $f_{ck} = 40\ MPa, f_{pc} = 9\ MPa, b = 400\ mm, h = 800\ mm, t_s = 200\ mm$

(e) $f_{ck} = 50\ MPa, f_{pc} = 10\ MPa, b = 480\ mm, h = 700\ mm, t_s = 200\ mm$

(f) $f_{ck} = 50\ MPa, f_{pc} = 12\ MPa, b = 520\ mm, h = 760\ mm, t_s = 200\ mm$

8-5 다음 그림과 같은 구조형식을 갖는 구조물에서, 슬래브로부터 전달되는 하중과 자중에 의해 등분포 계수하중 w_u가 프리텐션 프리스트레스트 콘크리트 L형 단면 보에 작용한다. 그림과 같이 지점부에서 보 단면의 윗부분이 기둥에 횡방향으로 결합되어 회전에 구속되어 있다. 폐합 횡방향 철근의 설계기준항복강도 f_{yt}는 400 MPa, 종방향 철근의 설계기준항복강도 f_{yl}은 500 MPa, 비틀림철근 중심부터 단면 표면까지의 두께는 50 mm로 하여, 이 보에 대한 비틀림 설계를 다음의 문제에 따라 수행하시오. 이때 설계기준으로는 콘크리트구조설계기준을 적용하시오. 보의 순경간 길이 L, 콘크리트의 설계기준압축강도 f_{ck}, 유효긴장력에 의하여 단면 도심 위치에 작용하는 압축응력 f_{pc}, 하중의 작용위치 a에 대한 조건은 다음 (a)~(f)의 6가지 중 하나를 선택하시오.

(a) $L = 1{,}000\ mm,\ f_{ck} = 35\ MPa,\ f_{pc} = 8\ MPa,\ a = 120\ mm$

(b) $L = 1{,}000\ mm,\ f_{ck} = 35\ MPa,\ f_{pc} = 8\ MPa,\ a = 180\ mm$

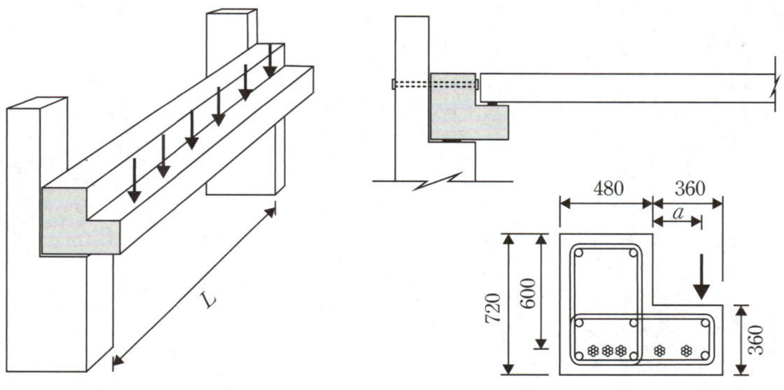

| 그림 8-20 | 구조형식과 단면

[문제 1] 이 단면에 대하여 콘크리트구조설계기준에 따라 비틀림 설계를 고려하지 않아도 되는 한계 비틀림모멘트 $T_{u,limit}$를 구하고, 비틀림모멘트에 대한 위험단면에 한계 비틀림모멘트 $T_{u,limi}$가 작용하게 되는 등분포 계수하중 w_{limit}을 kN/m 단위로 구하시오.

[문제 2] [문제 1]의 결과로 얻은 등분포 하중 w_{limit}의 7배의 크기로 계수 등분포 하중 w_u가 작용할 때, 콘크리트구조설계기준에 따라 경간 길이에 걸친 주요 위치의 단면에 대하여 콘크리트에 의한 설계전단강도 ϕV_c를 간편 결정방법으로 구하시오.

[문제 3] [문제 2]의 조건에 대하여, 콘크리트구조설계기준에 따라 비틀림과 전단의 상호작용을 고려한 단면 크기의 검증을 수행하시오.

[문제 4] [문제 2]의 조건에 대하여, 콘크리트구조설계기준에 따라 비틀림 보강철근을 설계하고 배치도를 작성하시오.

[문제 5] [문제 2]의 조건에 대하여, 콘크리트구조설계기준에 따라 추가 종방향 철근을 설계하시오.

(c) $L = 1{,}200\ mm,\ f_{ck} = 40\ MPa,\ f_{pc} = 9\ MPa,\ a = 130\ mm$

(d) $L = 1{,}200\ mm, f_{ck} = 40\ MPa, f_{pc} = 9\ MPa, a = 190\ mm$

(e) $L = 1{,}400\ mm, f_{ck} = 50\ MPa, f_{pc} = 10\ MPa, a = 140\ mm$

(f) $L = 1{,}400\ mm, f_{ck} = 50\ MPa, f_{pc} = 10\ MPa, a = 200\ mm$

8-6 문제 8-5와 동일한 조건의 프리스트레스트 콘크리트 보에 대하여 다음 문제를 수행하시오.

[문제 1] 이 단면에 대하여 교량설계기준(한계상태설계법)에 따라 비틀림 설계를 고려하지 않아도 되는 한계 비틀림모멘트 $T_{u,limi}$를 구하고, 비틀림모멘트에 대한 위험단면에 한계 비틀림모멘트 $T_{u,limi}$가 작용하게 되는 등분포 계수하중 w_{limit}을 kN/m 단위로 구하시오.

[문제 2] [문제 1]의 결과로 얻은 등분포 하중 w_{limit}의 7배의 크기로 계수 등분포 하중 w_u가 작용할 때, 교량설계기준(한계상태설계법)에 따라 비틀림 설계를 수행하시오.

제9장

정착구역의 설계

9.1 긴장재의 정착

프리스트레스트 콘크리트 부재는 매우 큰 압축력이 작용하는 부재로서, 콘크리트에 압축력을 작용시키기 위하여 긴장재에 매우 큰 인장력이 작용하는 구조이다. 따라서 긴장재는 콘크리트에 충분히 정착되어야 프리스트레스트 콘크리트로서의 기능을 발휘할 수 있다. 이 절에서는 프리스트레싱 방법과 긴장재의 정착특성에 따른 정착구역의 특성을 소개하고, 이어지는 절에서 정착구역의 설계방법과 균열제어에 대하여 설명한다.

9.1.1 긴장력 도입단계의 긴장재 정착

프리스트레스트 콘크리트 부재에서 설계자가 의도하는 만큼의 압축력을 콘크리트 단면에 작용하게 하려면 긴장재의 양단이 콘크리트에 충분히 정착되어야 한다. 여기서 긴장재가 콘크리트에 정착되는 구간을 정착구역(anchorage region, anchorage zone)이라고 한다. 정착구역의 역학적 거동은 그림 9-1에 나타난 바와 같이, 프리스트레싱 방법과 긴장재의 정착특성에 따라 달리 나타난다. 즉, 프리텐션 부재는 긴장재와 콘크리트 사이의 부착에 의하여 압축력이 전달되고 정착되어, 그림 9-1(a)와 같이 긴장재의 단부에서 일정한 길이 l_t 만큼 떨어진 위치부터 완전한 긴장력이 작용한다. 이때의 길이 l_t를 전달길이(미국에서는 transfer length, 유럽에서는 transmission length)라고 한다. 포스트텐션 부재는 부재 단부에서 정착판을 통한 지압(bearing)에 의하여 콘크리트에 압축력이 전달되고 정착되어, 그림 9-1(b)와 같이 긴장재에는 단부부터 전체 길이에 걸쳐서 일정한 긴장력이 작용한다.

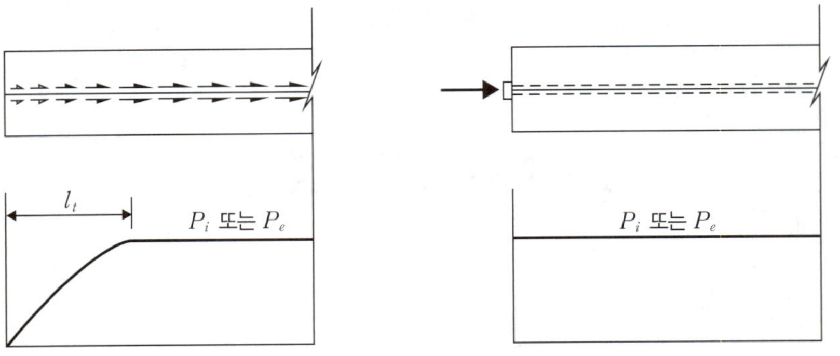

(a) 프리텐션 긴장재의 긴장력 분포 (b) 포스트텐션 긴장재의 긴장력 분포

| 그림 9-1 | 프리스트레싱 방법에 따른 긴장력 분포

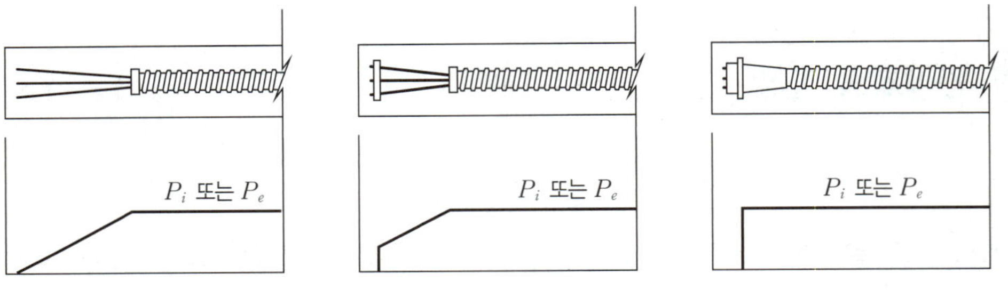

(a) 매립 긴장재 (b) 매립 정착장치의 긴장재 (c) 정착장치의 긴장재

| 그림 9-2 | 정착 방법에 따른 긴장력 분포

포스트텐션 부재에서 잭으로 긴장재의 한 쪽 단부를 인장하고 반대쪽 단부는 인장하지 않는 경우가 있는데, 이때에도 긴장재를 정착하는 방법에 따라 **그림 9-2**와 같이 긴장력의 분포가 달리 나타난다. 즉, 콘크리트를 타설할 때 콘크리트가 쉬스 안으로 들어가지 않도록 쉬스 단부를 마감한 상태에서 긴장재를 뽑아 놓는 경우에는, 펼쳐진 긴장재와 콘크리트 사이의 부착응력이 작용하여 **그림 9-2(a)**와 같이 긴장재의 단부에서 긴장력인 영(0)이 되는 분포가 나타난다. 긴장재의 단부에 매립 정착장치를 부착한 경우에는, 매립 정착장치의 지압작용과 긴장재의 부착작용에 의하여 **그림 9-2(b)**와 같은 긴장력 분포가 나타난다. 포스트텐션 부재에 사용하는 정착장치를 매립한 경우에는, 정착장치의 지압작용에 의하여 **그림 9-2(c)**와 같은 단부까지 전체 길이에 걸쳐서 일정한 긴장력이 작용하게 된다.

이와 같이 프리스트레싱 방법과 긴장재의 정착방법에 따라 긴장력의 분포와 콘크리트에 작용하는 응력의 특성이 다르므로, 이를 고려하여 정착구역의 설계검증을 수행하여야 한다. 외부로부터의 하중이 작용하기 전에는 일반적으로 긴장력이 도입되는 단계가 가장 검증이 필요한 단계이다. 왜냐하면 긴장력이 도입될 때는 콘크리트의 압축강도가 상대적으로 낮은 상태이고 긴장력은 시간적 손실이 발생하기 전으로서 가장 큰 상태이기 때문이다.

9.1.2 휨 파괴단계의 긴장재 정착

긴장력이 콘크리트에 도입되면 프리스트레싱 방법과 정착 방법에 따라 초기 긴장력 P_i의 분포가 나타난 후, 시간이 경과되면 시간적 손실이 발생하여 유효 긴장력 P_e로 변하게 된다. 이 상태에서 부재에 하중이 작용하면 프리스트레싱 강재의 변형률과 응력이 증가하여, 부재가 휨 파괴될 때에는 프리스트레싱 강재의 변형률이 ε_{ps}에 도달하게 되고 응력은 f_{ps}에 도달하게 된다. [5.1절과 5.3절 참조] 부재가 휨 파괴되기 전에 긴장재 정착구역에서 파괴가 발생하면 부재는 취성의 파괴양상을 보이게 되므로, 휨 파괴될 때까지 정착구역의 파괴가 발생하지 않도록 설계하여야 한다. 이때의 설계검증도 역시 프리스트레싱 방법과 긴장재의 정착방법에 따른 긴장력 분포와 콘크리트에 작용하는 응력 특성을 고려하여야 한다.

긴장재와 콘크리트 사이의 부착에 의하여 정착되는 프리텐션 부재는 그림 9-1(a)와 같이 긴장재의 단부에서 전달길이 내의 인장응력이 긴장응력보다 작게 나타난다. 여기에 하중에 의한 휨모멘트가 작용하면 프리스트레싱 강재의 변형률과 응력이 증가한다. 부재가 휨 파괴에 도달하게 되면 프리스트레싱 강재의 변형률과 응력은 각각 ε_{ps}와 f_{ps}에 도달하고, 프리스트레싱 강재와 콘크리트 사이의 부착응력이 증가한다. 이때의 부착응력은 긴장력이 도입될 때의 부착응력보다 커서, 긴장재의 단부에서 전달길이보다 더 긴 정착길이(미국에서는 development length, 유럽에서는 anchorage length)가 필요하게 된다.

지압에 의하여 정착되는 포스트텐션 부재는 부착여부에 따라 다른 거동을 보인다. 긴장력이 도입된 후 그라우팅 작업으로 긴장재가 콘크리트와 부착된 경우에는, 하중에 의해 휨모멘트가 작용하더라도 정착구역까지 그 영향이 미치지 않는 것이 일반적이다. 이것은 포스트텐션 부재의 경우 최대 휨모멘트가 작용하는 위치에는 정착구역을 두지 않도록 설계하는 것이 일반적이기 때문이다. 또한 프리스트레싱 강재가 콘크리트에 부착되어 있기 때문에 증가된 휨모멘트에 의하여 증가된 프리스트레싱 강재의 변형률과 응력은 그 위치에만 국부적으로 나타나고 정착구역까지 전달되지 않기 때문이다. 그러나 비부착 긴장재를 사용하는 포스트텐션 부재에서는 하중에 의하여 휨모멘트가 작용하면 프리스트레싱 강재의 전체 길이에 걸쳐서 변형률과 응력이 증가하므로, 정착구역에 작용하는 압축력이 증가하게 된다. 따라서 경우에 따라서는 긴장력이 도입되는 단계보다 하중이 작용하는 단계가 설계검증에 더 중요한 상태일 수 있다.

포스트텐션 부재는 정착장치의 정착판에 의하여 압축력이 콘크리트에 작용하는 방식이므로, 콘크리트 단면에 작용하는 다양한 방향으로의 주인장응력이 콘크리트의 인장강도를 초과하면 균열이 발생하게 된다. 따라서 포스트텐션 부재의 정착구역은 긴장력과 하중작용에 의한 최대 압축력에 대하여, 콘크리트의 지압파괴나 파열파괴 또는 할렬파괴가 발생하지 않도록 설계하여야 한다.

9.2 프리텐션 긴장재의 정착구역

9.2.1 프리텐션 긴장재의 전달길이와 정착길이

프리텐션 부재는 프리스트레싱 강재를 인장한 상태에서 콘크리트를 타설한다. 프리스트레싱 강재를 인장하면, 포아송(Poisson) 효과에 의하여 프리스트레싱 강재가 길이방향으로 늘어날 때 그 직각방향인 단면도심 방향으로 수축된 상태가 된다. 이 상태는 그림 9-3에서 점선으로 표현되어 있는데, 콘크리트를 타설하고 양생한 후 긴장재를 이완하면 긴장재는 원래의 상태로 돌아가려고 한다. 즉 길이방향으

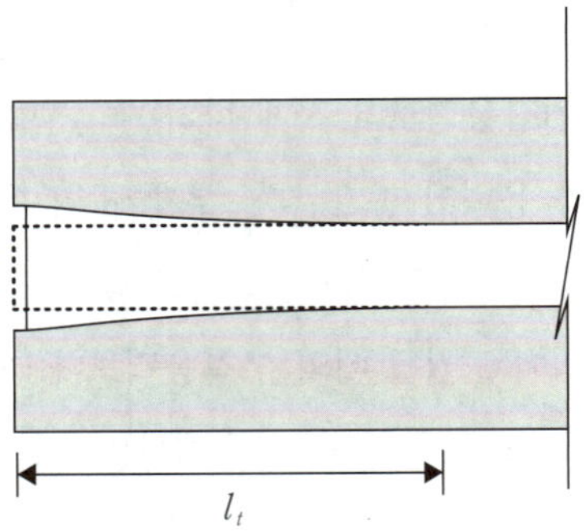

| 그림 9-3 | 프리텐션 긴장재의 Hoyer 효과(쐐기 효과)

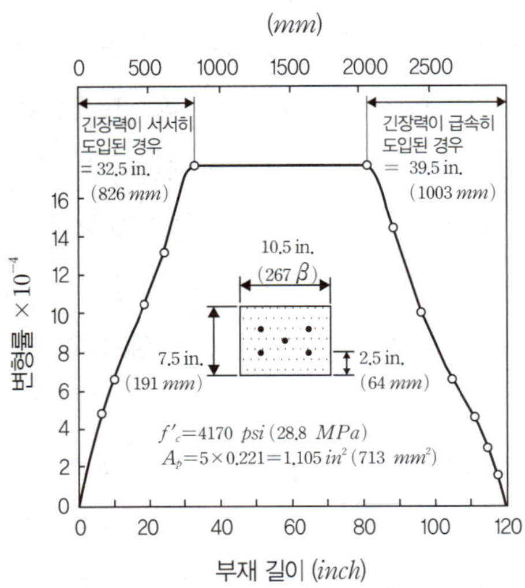

(a) Karr 등의 15.2 mm 7연선 실험결과[9.2,9.4]

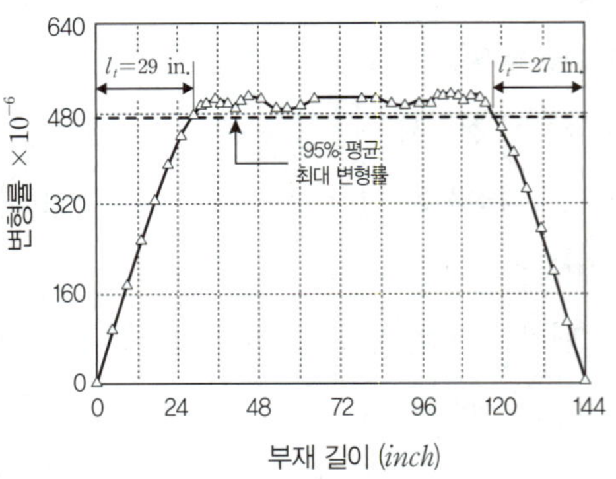

(b) Russel 등의 12.7 mm 7연선 실험결과[9.3]

| 그림 9-4 | 강연선의 전달길이 실험결과

로 줄어들려 하며, 방사선(radial) 방향으로 팽창하려 한다. 이때에는 그림 9-3에 나타난 바와 같이, 긴장재의 단부가 쐐기형상으로 부재 내부로 미끄러지며 들어가서 정착하게 된다. 이와 같은 쐐기작용을 Hoyer 효과(Hoyer's effect)[9.1]라고 한다.

프리텐션 부재의 프리스트레싱 강재는 Hoyer 효과에 의한 쐐기작용과 함께 콘크리트와 긴장재 사이의 마찰 및 부착으로 인하여 단부에서 전달길이(transfer length, transmission length)만큼 떨어진 위치에 걸쳐서 정착된다. 즉, 그림 9-1(a)와 같이 긴장재의 단부에서 일정한 길이 l_t 만큼 떨어진 위치부터 완전한 긴장력이 작용한다. 그림 9-4는 지름이 15.2 *mm*(0.6 *inch*)인 7연선에 대한 전달길이 실험결과[9.2]와 지름이 12.7 *mm*(0.5inch)인 7연선에 대한 전달길이 실험결과[9.3]로서, 긴장재 단부의 응력은 0이며 전달길이 이후에 완전한 긴장력이 작용함을 나타낸다.

강선과 강연선에 대한 전달길이 실험결과는 긴장재 지름의 50~160배로서 매우 큰 변동성을 나타낸다.[9.5] 전달길이 실험결과가 매우 큰 변동성을 나타내는 이유는 매우 많은 요소가 전달길이에 영향을 주기 때문인데,[9.5~9.8] 그 내용은 다음과 같다.

(1) 긴장재의 종류

프리텐션 부재의 긴장재로는 강선과 강연선이 사용되는데, 강선을 꼬아서 만든 강연선이 콘크리트와의 접촉 면적이 넓어서 같은 단면적의 강선보다 전달길이가 짧다.

(2) 긴장재의 크기

긴장재 단면적이 크면 단면적에 대한 표면적의 비율이 작아지기 때문에 부착성능이 감소한다. 따라서 크기가 큰 긴장재는 전달길이가 길다.

(3) 긴장재의 표면 상태

강선의 경우에는 표면이 매끈한 원형 강선보다 표면에 매끈하지 않은 이형 강선이 부착성능이 좋다. 따라서 원형 강선보다 이형 강선이 전달길이가 짧다.

(4) 긴장재의 응력 수준

긴장재의 긴장응력이 클수록 전달길이가 길어진다.

(5) 긴장력 도입 속도

긴장력을 도입할 때 긴장재를 절단하는 방법을 사용하면 긴장력이 빠른 속도로 콘크리트에 갑작스럽게 도입(sudden release)되고, 잭을 이완하는 방법을 사용하면 긴장력이 상대적으로 느린 속도로 서서히 도입(gentle release)된다. 긴장력을 갑작스럽게 도입하는 경우보다 서서히 도입하는 경우에 전달길이가 짧아진다.

(6) 콘크리트 압축강도

콘크리트의 압축강도가 증가하면 부착성능이 증가하므로, 콘크리트 압축강도가 높으면 전달길이가 짧아진다.

(7) 콘크리트 다짐 수준

콘크리트의 압축강도가 동일하더라도 시공과정에서 콘크리트의 다짐 수준에 따라 부착성능이 달라진다. 따라서 콘크리트가 잘 다져진 경우에 전달길이가 짧아진다.

(8) 콘크리트 피복두께

콘크리트 피복두께가 지나치게 얇으면 부착성능이 낮아져서 전달길이가 길어진다.

(9) 콘크리트의 횡구속

긴장재 주위에 횡방향 철근이 배치되면, 콘크리트가 횡구속되어 국부적으로 압축강도와 부착성능이 증가하게 된다. 따라서 횡방향 철근으로 구속된 경우에 전달길이가 짧아진다.

(10) 부재 반력

일반적으로 긴장재의 단부는 부재의 단부와 같은 위치인 경우가 일반적인데, 부재 단부에 지점이 존재하면 지점으로부터 반력이 콘크리트 단부를 횡방향으로 압축하게 된다. 이 압축력은 긴장재의 부착성능을 증가시키므로, 반력이 클수록 전달길이가 짧아진다.

프리스트레싱 강재의 정착길이 l_d는 부재가 휨 파괴될 때까지 프리스트레싱 강재가 정착파괴되지 않도록 하는데 필요한 최소 길이를 의미한다. 프리스트레싱 강재가 콘크리트에 부착된 프리텐션 부재에서, 작용하중이 증가하면 프리스트레싱 강재의 변형률과 응력이 증가한다. 하중작용에 의하여 긴장재의 위치까지 균열이 진전되면 강재의 변형률과 응력이 크게 증가한다. 하중이 계수하중 이상으로 증가하여 부재가 휨 파괴될 때에는 프리스트레싱 강재의 응력이 f_{ps}에 도달하게 되어, 그림 9-5와 같은 분포를 나타내게 된다. 그림 9-5에서 프리스트레싱 강재의 응력이 f_{ps}에 도달하게 되는 하중 작용점부터 강재의 단부까지 길이보다 최소 정착길이 l_d가 더 짧으면 정착파괴가 발생하지 않게 된다.

프리스트레싱 강재의 정착길이 l_d는 그림 9-6과 같이 나타낼 수 있다. 하중이 작용하여 프리스트레

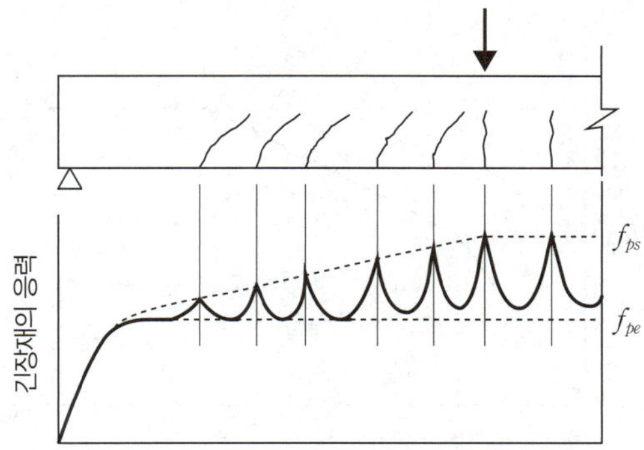

| 그림 9-5 | 프리텐션 부재가 휨 파괴될 때의 긴장재 응력 분포[9.3]

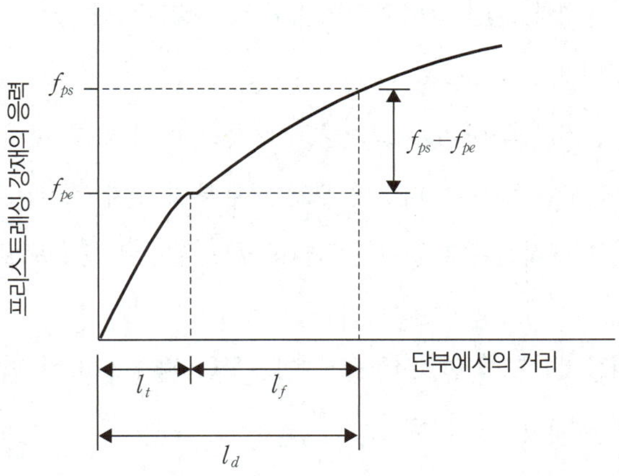

| 그림 9-6 | 전달길이와 정착길이

싱 강재의 응력이 증가하면 전달길이 이내의 응력은 다소의 변화가 있으나 현저한 정도는 아니고, 전달길이 범위를 벗어난 위치에서 휨모멘트의 크기에 따라 응력이 증가한다. 프리스트레싱 강재의 응력이 f_{ps}에 도달하는 위치에서 전달길이의 종점까지의 길이는 휨 부착길이 l_f로 나타낼 수 있다.

따라서 프리스트레싱 강재의 정착길이는 다음과 같이 나타낼 수 있다.

$$l_d = l_t + l_f \qquad (9 \cdot 1)$$

여기서, l_d : 프리스트레싱 강재의 정착길이(development length, anchorage length)

l_t : 프리스트레싱 강재의 전달길이(transfer length, transmission length)

l_f : 프리스트레싱 강재의 휨 부착길이(flexural bond length)

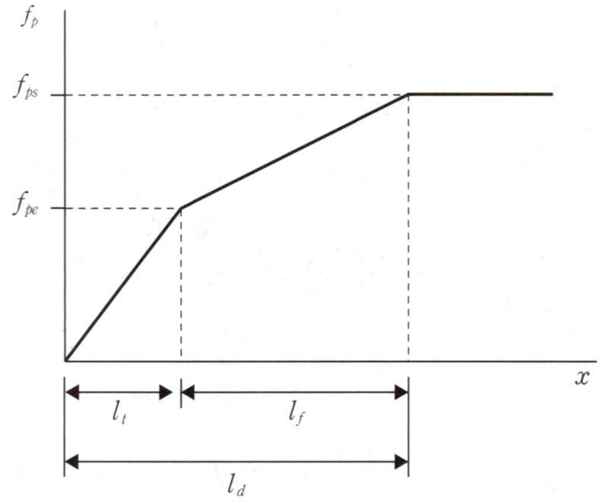

| 그림 9-7 | 선형으로 이상화한 전달길이와 정착길이

전달길이와 정착길이를 산정하는 방법은 설계기준에 따라 여러 가지 형태로 규정하고 있다. 그러나 전달길이와 정착길이를 계산하는 방법은 다르더라도, 대부분의 설계기준은 긴장재의 응력과 전달길이의 관계 및 긴장재의 응력과 정착길이의 관계를 그림 9-7과 같이 선형으로 이상화한 관계로 규정하고 있다.

따라서 단부에서의 거리를 x라고 하면, 선형으로 이상화한 관계에 따라 전달길이 내($x \le l_t$ 인 경우)의 긴장재 응력 f_{px}는 다음으로 나타낼 수 있다.

$$f_{px} = f_{pe}\frac{x}{l_t} \tag{9·2}$$

정착길이 내에서 전달길이의 끝 지점과 정착길이의 끝 지점 사이($l_t < x \le l_f$ 인 경우)는 긴장재 응력 f_{px}를 다음으로 나타낼 수 있다.

$$f_{px} = f_{pe} + \frac{x - l_f}{l_d - l_t}(f_{ps} - f_{pe}) \tag{9·3}$$

9.2.2 설계기준에 따른 프리텐션 부재 정착구역의 설계

프리텐션 부재에서 휨모멘트가 최대인 위험단면과 긴장재 단부 사이의 거리가 설계기준에서 규정한 정착길이보다 길게 되도록 하여, 긴장재가 충분히 정착되도록 설계하여야 한다. 주요 설계기준에서 규정하고 있는 프리텐션 부재의 전달길이와 정착길이 및 정착구역 설계 규정은 다음과 같다.

[1] 콘크리트구조설계기준 및 ACI 318 Code

콘크리트구조설계기준[9.9]과 ACI 318 Code[9.10]는 Hanson과 Kaar의 연구[9.11]를 바탕으로 7가닥의 강연선에 대한 정착길이를 다음과 같이 규정하고 있다. 식 (9·4)는 콘크리트구조설계기준의 식이고 식 (9·5)는 ACI 318 Code의 식으로서, 이 두 식은 기본적으로 동일한 것이다.

$$l_d = 0.145\left(\frac{f_{se}}{3}\right)d_b + 0.145\,(f_{ps} - f_{se})\,d_b \tag{9·4}$$

$$l_d = \left(\frac{f_{se}}{21}\right)d_b + \left(\frac{f_{ps} - f_{se}}{7}\right)d_b \tag{9·5}$$

여기서, f_{se}는 모든 프리스트레스 손실이 발생된 후 프리스트레싱 강재의 유효응력으로 식 (9·52)와 식 (9·3)에 사용된 f_{pe}와 같은 의미를 가진 기호이다. 이 식은 50 mm 이상의 피복두께를 갖는 보통중량콘크리트의 프리텐션 부재의 실험에 근거한 것으로서, 원형 강선이나 끝단에서 기계적으로 정착된 긴장재에는 적용되지 않는다.

식 (9·1)에 나타낸 바와 같이 프리스트레싱 강재의 정착길이는 전달길이와 휨 부착길이의 합으로 표현한 것이므로, 콘크리트구조설계기준과 ACI 318 Code는 7연선의 전달길이 l_t와 휨 부착길이 l_f를 각각 다음과 같이 규정한 것이다.

$$l_t = 0.145\left(\frac{f_{se}}{3}\right)d_b = \left(\frac{f_{se}}{21}\right)d_b \tag{9·6}$$

$$l_f = 0.145\,(f_{ps} - f_{se})\,d_b = \left(\frac{f_{ps} - f_{se}}{7}\right)d_b \tag{9·7}$$

그러나 7.3.3절과 7.3.4절에서 언급한 바와 같이, 프리텐션 부재의 전단강도를 결정할 때에는 식 (9·6)으로 전달길이를 결정하지 않고 경험적인 값을 적용할 수 있다. 즉 강연선의 경우에는 전달길이를 지름의 50배, 단일 강선의 경우에는 전달길이를 지름의 100배로 가정하여 프리텐션 부재의 전단강도를 결정할 수 있다.

프리텐션 부재에서 전달길이가 존재하는 단부에는 국부적인 인장응력이 작용할 수 있으므로 철근을 보강할 필요가 있다. 그러나 콘크리트구조설계기준과 ACI 318 Code는 이에 대한 설계기준이 특별히 규정되어 있지 않으므로, 설계자의 경험과 지식에 따라 필요하다고 판단되면 보강설계를 수행하는 것이 바람직하다. 프리텐션 부재 정착구역의 균열 제어는 9.2.4절에서 다룬다.

[2] 교량설계기준(한계상태설계법) 및 AASHTO-LRFD

교량설계기준(한계상태설계법)[9.12]과 AASHTO-LRFD[9.13]는 7가닥의 강연선에 대하여 다음과 같은 정착길이 산정식을 기본으로 하고 있다. 식 (9·8)은 교량설계기준(한계상태설계법)의 식이고 식 (9·9)는 AASHTO-LRFD의 식으로서, 이 두 식은 기본적으로 동일한 것이다.

$$l_d = \kappa\,(0.15\,f_{ps} - 0.1\,f_{pe})\,d_b \tag{9·8}$$

$$l_d = \kappa\,(0.15\,f_{ps} - 0.097\,f_{pe})\,d_b \tag{9·9}$$

여기서, d_b : 강연선의 공칭지름

f_{ps} : 부재의 공칭강도를 구할 때 긴장재의 평균응력(MPa)

f_{pe} : 모든 손실이 발생한 후의 긴장재의 유효응력(MPa)

다만, κ에 대해서는 다소 다른 내용으로 규정되어 있다. 교량설계기준(한계상태설계법)은 κ값으로 보에는 1.0을, 슬래브와 말뚝에는 1.6을 적용하도록 규정하고 있다. AASHTO-LRFD의 예전 판에서는 교량설계기준(한계상태설계법)과 같은 내용으로 κ값을 규정했었으나, 개정 후에는 프리텐션 패널과 말뚝 및 부재의 두께가 600 mm 이하인 프리텐션 부재의 경우에는 1.0을, 두께가 600 mm를 초과하는 프리텐션 부재의 경우에는 1.6을 적용하도록 규정하고 있다.

식 (9·8)과 식 (9·9)는 긴장재의 정착길이를 전달길이와 휨 부착길이의 합으로 표현하지 않고 하나의 함수로 표현한 것이다. 따라서 전달길이를 따로 규정할 필요가 있는데, 교량설계기준(한계상태설계법)과 AASHTO-LRFD는 강연선의 전달길이를 긴장재 지름의 60배로 규정하고 있다.

한편, 교량설계기준(한계상태설계법)은 식 (9·8) 외에 다음 식을 추가로 규정하고 있다. 이 식에서 응력과 재료강도는 MPa 단위, 길이는 mm 단위이다.

$$l_d = \frac{4\,f_{pbt}\,d_b}{f_{ck}} + \frac{6.4(f_{ps} - f_{pe})\,d_b}{f_{ck}} + 250 \tag{9·10}$$

여기서 f_{pbt}는 콘크리트에 프리스트레스가 도입되기 직전 프리스트레싱 강재의 응력으로, 정밀해석에 의하지 않는다면 응력제거 강연선은 인장강도의 0.7배, 저릴랙세이션 강연선은 인장강도의 0.75배를 사용할 수 있다. 만일 강연선이 수평으로 배치되고 강연선 아래에 300 mm를 초과한 두께로 굳지 않은 콘크리트가 타설되는경우에는 식 (9·10)에 1.3의 계수를 곱할 수 있다. 이것은 콘크리트구조설계기준에서 상부철근의 정착길이를 계산할 때 철근의 위치계수를 적용하는 것과 같은 이유이다.

식 (9·10)은 Lane[9.14]이 제안한 식으로서, 다음과 같이 전달길이 l_t와 휨 부착길이 l_f를 합한 것이다.

$$l_d = l_t + l_f = \left[\frac{4 f_{pbt}\, d_b}{f_{ck}} - 125\right] + \left[\frac{6.4(f_{ps} - f_{pe})\, d_b}{f_{ck}} + 375\right] \tag{9·11}$$

이 식을 기반으로 한 식 (9·10)은 강연선 정착길이의 큰 변동성을 반영한 것이므로, 매우 보수적인 설계를 수행하고자 할 때 적용할 수 있다. 그러나 식 (9·10)은 과도하게 보수적이므로, 특별한 경우가 아니면 반드시 적용해야 할 필요는 없을 것이다.

[3] Eurocode 2

Eurocode 2[9.15]는 긴장재의 전달길이와 정착길이를 결정할 때 설계부착강도를 먼저 계산하고, 설계부착강도를 기본으로 하여 긴장력을 콘크리트에 전달하는데 필요한 길이와 긴장재가 콘크리트에 정착하는데 필요한 길이를 계산하도록 하고 있다. 또 프리텐션 부재의 긴장력이 콘크리트로 전달될 때, 콘크리트 단면에 긴장력에 의한 압축응력이 선형으로 분포되는 위치를 규정하고 있다. 즉, 그림 9-8(a)에 나타낸 바와 같이, 긴장재의 전달길이 l_{pt}를 결정한 후 부재의 유효 깊이 d와 l_{pt}가 이루는 직각삼각형의 빗변의 길이 l_{disp}를 구하고, 단부에서 l_{disp} 만큼 떨어진 위치부터 긴장력에 의한 압축응력이 선형으로 분포한다고 가정한다. 부재 단부에서 l_{disp} 이내의 구간은, 그림 9-8(b)에 나타낸 바와 같이, 긴장력에 의한 압축응력이 비선형 분포를 보인다.

Eurocode 2에서는 긴장재의 전달길이를 기본전달길이(basic transmission length)와 설계전달길이(design transmission length)로 구분하여 적용하는데, l_{disp}는 기본전달길이 l_{pt}를 이용하여 다음과 같이 계산한다.

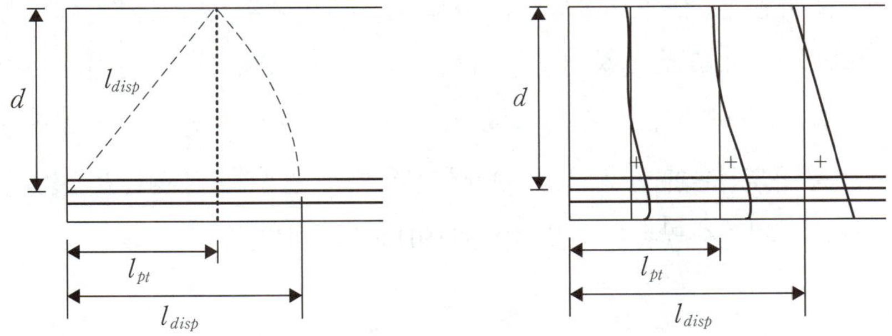

(a) 선형 응력분포 위치의 결정 (b) 긴장력에 의한 위치별 콘크리트 응력분포

| 그림 9-8 | 긴장재의 전달길이와 선형 압축응력분포를 나타내는 위치

$$l_{disp} = \sqrt{l_{pt}^2 + d^2} \tag{9·12}$$

프리텐션 부재에서 긴장력이 콘크리트에 도입될 때에는 일정한 값의 부착응력 f_{bpt}로 긴장력이 전달된다고 가정할 수 있다. 따라서 긴장재의 전달길이를 결정하기 위해서는 부착응력 f_{bpt}를 먼저 구하여야 한다. f_{bpt}는 다음으로 결정한다.

$$f_{bpt} = \eta_{p1}\,\eta_1 f_{ctd} \tag{9·13}$$

여기서, η_{p1} : 긴장재의 형상 및 종류에 따른 부착특성을 고려하는 계수로서, 이형 강선의 경우에는 2.7, 강연선의 경우에는 3.2

η_1 : 부착조건을 고려하는 계수로서, 부착성능을 발휘하는데 유리한 경우에는 1.0, 불리한 경우에는 0.7

$f_{ctd}(t)$: 긴장력이 콘크리트에 도입되는 재령 t에서 콘크리트의 설계인장강도

재령 t에서의 콘크리트의 설계인장강도 f_{ctd}는 하위 5%의 인장강도 $f_{ctk,0.05}$를 부분안전계수로 나눈 형태로서, 앞의 식 (7·87)로 결정한다. 여기서 α_{ct}는 1.0이며, 콘크리트의 재료부분안전계수 γ_c는 유럽의 국가별 기준에서 달리 규정하지 않는다면 1.5를 적용한다.

$$f_{ctd} = \alpha_{ct}\frac{f_{ctk,0.05}}{\gamma_c} = \frac{f_{ctk,0.05}}{\gamma_c} \tag{7·87}$$

콘크리트의 하위 5% 인장강도 $f_{ctk,0.05}$는 앞의 식 (7·88)로 결정한다. 콘크리트의 설계기준압축강도 f_{ck}가 50 MPa 이하일 때는 앞의 식 (7·89)로 콘크리트의 평균인장강도 f_{ctm}을 결정하고, f_{ck}가 50 MPa을 초과할 때는 앞의 식 (7·90)으로 결정한다. 여기서, 식 (7·89)는 교량설계기준(한계상태설계법)[9.12]의 식 (2·26)과 형태가 같지만, 식 (2·26)은 평균압축강도 f_{cm}을 기준으로 계산하고 식 (7·89)는 f_{ck}를 기준으로 계산한다는 것을 유의하여야 한다. 식 (7·90)에 적용하는 콘크리트의 평균압축강도 f_{cm}은 유럽의 국가별 기준에서 달리 규정하지 않는다면 앞의 식 (7·91)로 결정한다.

$$f_{ctk,0.05} = 0.7 f_{ctm} \tag{7·88}$$

$$f_{ctm} = 0.3(f_{ck})^{2/3} \tag{7·89}$$

$$f_{ctm} = 2.12\ln\left(1 + \frac{f_{cm}}{10}\right) \tag{7·90}$$

$$f_{cm} = f_{ck} + 8\ [MPa] \qquad (7 \cdot 91)$$

콘크리트의 설계인장강도 f_{ctd}가 결정되면, 다음과 같이 기본전달길이 l_{pt}를 구한다.

$$l_{pt} = \frac{\alpha_1\, \alpha_2\, \phi\, \sigma_{pm0}}{f_{bpt}} \qquad (9 \cdot 14)$$

여기서, α_1 : 콘크리트에 긴장력이 도입되는 속도를 고려하는 계수로서, 서서히 도입되는 경우에는 1.0, 급속히 도입되는 경우에는 1.25

α_2 : 긴장재 표면의 형상을 고려하는 계수로서, 원형 단면의 경우에는 0.25, 강연선의 경우에는 0.19

ϕ : 긴장재의 공칭지름

α_{pm0} : 긴장력이 콘크리트에 도입된 직후 긴장재의 응력

설계전달길이는 기본전달길이 l_{pt}를 이용하여 다음과 같이 두 가지로 계산하고, 설계상황을 고려하여 l_{pt1}과 l_{pt2} 중에서 불리한 조건으로 선택한다.

$$l_{pt1} = 0.8\, l_{pt} \qquad (9 \cdot 15)$$

$$l_{pt2} = 1.2\, l_{pt} \qquad (9 \cdot 16)$$

긴장재 정착성능의 검증은 균열이 발생하는 단면에 대해서 수행하여야 한다. 균열이 발생하지 않는 단면, 즉 부재단면에 작용하는 콘크리트의 인장응력이 $f_{ctk,0.05}$ 미만인 경우에는 긴장재 정착성능의 검증이 필요하지 않다.

긴장재 정착성능의 검증은 정착길이가 충분한지 검토하는 것으로 이루어진다. 긴장재의 정착길이를 결정할 때에는 극한한계상태에 대한 부착강도 f_{bpd}를 먼저 구하여야 한다. 부착강도 f_{bpd}는 다음으로 결정한다.

$$f_{bpd} = \eta_{p2}\, \eta_1\, f_{ctd} \qquad (9 \cdot 17)$$

여기서, η_{p2} : 긴장재의 형상 및 종류에 따른 정착특성을 고려하는 계수로서, 이형 강선의 경우에는 1.4, 7연선의 경우에는 1.2

η_1 : 부착조건을 고려하는 계수로서, 부착성능을 발휘하는데 유리한 경우에는 1.0, 불리한 경우에는 0.7

f_{ctd} : 앞의 식 (7·87)로 결정하는 콘크리트의 설계인장강도

부착강도 f_{bpd}의 결정에서, 만일 콘크리트의 설계기준압축강도 f_{ck}가 60 MPa을 초과하는 경우에는 $f_{ctk,0.05}$ 및 f_{ctm}의 값을 f_{ck}가 60 MPa인 콘크리트와 동일하게 취하여야 한다. 이것은 고강도 콘크리트가 취성이 증가하는 경향을 반영한 것이다. 그러나 고강도 콘크리트인 경우라도 실제의 평균부착강도가 충분히 크다는 것을 입증한다면 이 제한을 적용하지 않을 수 있다.

부착강도 f_{bpd}가 결정되면, 다음과 같이 긴장재의 정착길이 l_{bpd}를 구한다.

$$l_{bpd} = l_{pt2} + \frac{\alpha_2 \phi(\sigma_{pd} - \sigma_{pm\infty})}{f_{bpd}} \qquad (9\cdot18)$$

여기서, l_{pt2} : 식 (9·16)으로 결정된 설계전달길이의 상한 값

α_2 : 긴장재 표면의 형상을 고려하는 계수로서, 원형 단면의 경우에는 0.25, 강연선의 경우에는 0.19

σ_{pd} : 전단력에 의하여 단면에 작용하는 인장력을 추가하여[7.2.2절 참조] 결정한 극한한계상태에서의 긴장재 응력

$\sigma_{pm\infty}$: 모든 손실이 발생한 후의 긴장응력

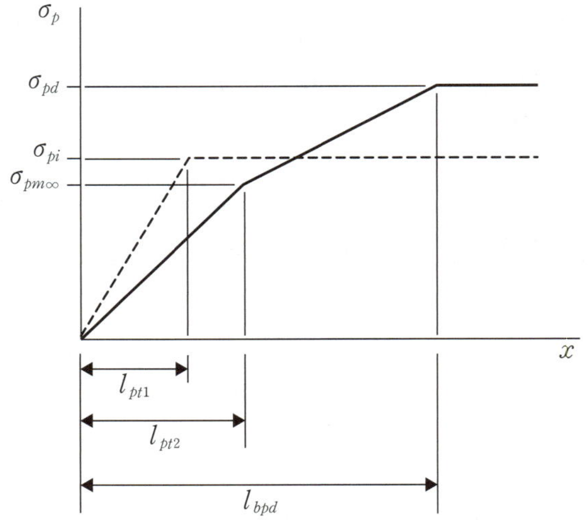

| 그림 9-9 | 프리텐션 부재 정착구역의 전달길이와 정착길이 및 긴장재 응력분포

그림 9-8는 프리텐션 부재 정착구역의 긴장재 응력분포를 나타낸다. 여기서 점선은 긴장력이 콘크리트에 도입되었을 때의 응력분포와 전달길이를 나타내며, 실선은 극한한계상태의 응력분포와 정착길이를 나타낸다.

예제 9-1

프리텐션 부재 단면의 하단부에 SWPC7BL 15.2 mm 강연선이 배치된 경우, 주요 설계기준에 따라 전달길이를 결정하시오. 콘크리트 단면에 긴장력이 도입될 때 콘크리트의 압축강도는 설계기준압축강도 f_{ck}와 동일하며, $f_{ck} = 35\ MPa$이다. 콘크리트 단면에 긴장력이 도입될 때 긴장재를 절단하지 않고 유압잭을 이완하며, 긴장력이 도입된 직후 긴장재의 응력은 1,210 MPa이다. 모든 손실이 발생한 후 긴장재의 응력은 1,030 MPa이며, 극한휨강도에서의 긴장재 응력은 1,750 MPa이다.

>>> 풀이

(1) 콘크리트구조설계기준과 ACI 318 Code에 따른 전달길이

콘크리트구조설계기준의 전달길이 계산식과 ACI 318 Code의 전달길이 계산식은 표현된 형태가 다르지만 기본적으로 동일한 식이다. 따라서 이 예제에서는 콘크리트구조설계기준에 따라 전달길이를 계산한다. 조건에서 $f_{se} = 1{,}030\ MPa$이므로, 전달길이를 식 (9·6)에 따라 구하면

$$l_t = 0.145\left(\frac{f_{se}}{3}\right) d_b = 0.145\left(\frac{1{,}030}{3}\right) d_b = 49.8\ d_b$$

$$= 49.8 \times 15.2 = 757\ mm$$

(2) 교량설계기준(한계상태설계법)과 AASHTO-LRFD에 따른 전달길이

교량설계기준(한계상태설계법)과 AASHTO-LRFD에서는 강연선의 전달길이를 긴장재 지름의 60배로 규정하고 있으므로, 전달길이를 구하면

$$l_t = 60 d_b = 60 \times 15.2 = 912\ mm$$

(3) Eurocode 2에 따른 전달길이

조건을 Eurocode 2의 기호로 나타내면 다음과 같다.

$$\sigma_{pm0} = 1{,}210\ MPa$$

$$\sigma_{pm\infty} = 1{,}030\ MPa$$

$$\sigma_{pd} = 1{,}750\ MPa$$

$$\phi = d_p = 15.2\ mm$$

$f_{ck} = 35\ MPa$이므로, 콘크리트의 평균인장강도 f_{ctm}을 식 (7·89)로 구하면

$$f_{ctm} = 0.3(f_{ck})^{2/3} = 0.7 \times (35)^{2/3} = 3.2\ MPa$$

콘크리트의 하위 5% 인장강도 $f_{ctk,0.05}$를 식 (7·88)로 구하면

$$f_{ctk,0.05} = 0.7\,f_{ctm} = 0.7\times3.2 = 2.2\ MPa$$

콘크리트의 설계인장강도 f_{ctd}를 식 (7·87)로 구하면

$$f_{ctd} = \frac{f_{ctk,0.05}}{\gamma_c} = \frac{2.2}{1.5} = 1.5\ MPa$$

부착응력 f_{bpt}를 식 (9·13)으로 구할 때, 강연선이므로 $\eta_{p1} = 3.2$이고, 단면의 하단부에 강연선이 배치되어 부착에 유리한 경우이므로 $\eta_1 = 1.0$이다. 이에 따라 부착응력 f_{bpt}를 식 (9·13)으로 구하면

$$f_{bpt} = \eta_{p1}\,\eta_1\,f_{ctd} = 3.2\times1.0\times1.5 = 4.8\ MPa$$

긴장재의 기본전달길이 l_{pt}를 식 (9·14)로 구할 때, 긴장재를 절단하지 않고 유압잭을 이완하여 긴장력이 서서히 도입되는 경우이므로 $\alpha_1 = 1.0$이고, 강연선이므로 $\alpha_2 = 0.19$이다. 이에 따라 긴장재의 기본전달길이 l_{pt}를 식 (9·14)로 구하면

$$l_{pt} = \frac{\alpha_1\,\alpha_2\,\phi\,\sigma_{pm0}}{f_{bpt}} = \frac{1.0\times0.19\times15.2\times1{,}210}{4.8} = 728\ mm$$

전달길이의 변동성을 고려하여, 식 (9·15)와 식 (9·16)에 따라 최소 전달길이 l_{pt1}과 최대 전달길이 l_{pt2}를 구하면

$$l_{pt1} = 0.8\,l_{pt} = 0.8\times728 = 582\ mm$$

$$l_{pt2} = 1.2\,l_{pt} = 1.2\times728 = 874\ mm$$

따라서 전달길이는 평균 728 mm, 최소 582 mm, 최대 874 mm이다.

예제 9-2

프리텐션 부재 단면의 하단부에 SWPC7BL 15.2 mm 강연선이 배치된 경우, 주요 설계기준에 따라 정착길이를 결정하시오. 콘크리트 단면에 긴장력이 도입될 때 콘크리트의 압축강도는 설계기준압축강도 f_{ck}와 동일하며, $f_{ck} = 35\ MPa$이다. 콘크리트 단면에 긴장력이 도입될 때 긴장재를 절단하지 않고 유압잭을 이완하며, 긴장력이 도입된 직후 긴장재의 응력은 1,210 MPa이다. 모든 손실이 발생한 후 긴장재의 응력은 1,030 MPa이며, 극한휨강도에서의 긴장재 응력은 1,750 MPa이다. (이 예제의 조건은 예제 9-1과 동일하다.)

>>> 풀이

(1) 콘크리트구조설계기준과 ACI 318 Code에 따른 정착길이

콘크리트구조설계기준의 정착길이 계산식과 ACI 318 Code의 정착길이 계산식은 표현된 형태가 다르지만 기본적으로 동일한 식이다. 따라서 이 예제에서는 콘크리트구조설계기준에 따라 정착길이를 계산한다. $f_{se} = 1{,}030\ MPa$이고 $f_{ps} = 1{,}750\ MPa$이므로, 정착길이를 식 (9·4)에 따라 구하면

$$l_d = 0.145\left(\frac{f_{se}}{3}\right)d_b + 0.145\,(f_{ps} - f_{se})d_b$$

$$= 0.145\left(\frac{1{,}030}{3}\right)d_b + 0.145\,(1{,}750 - 1{,}030)d_b = 154.2\,d_b$$

$$= 154.2\times15.2 = 2{,}340\ mm$$

(2) 교량설계기준(한계상태설계법)과 AASHTO-LRFD에 따른 정착길이

교량설계기준(한계상태설계법)과 AASHTO-LRFD에서 동일하게 규정하고 있는 정착길이 계산식에 따라 정착길이를 계산한다. 교량설계기준(한계상태설계법)에서 표현하고 있는 식 (9·8)에 따라 정착길이를 계산하면, 조건에서 $f_{se} = 1{,}030\ MPa$이고 $f_{ps} = 1{,}750\ MPa$이므로

$$l_d = \varkappa(0.15 f_{ps} - 0.1 f_{pe})d_b = \varkappa(0.15 \times 1{,}750 - 0.1 \times 1{,}030)d_p$$
$$= \varkappa(159.5)d_b$$

만일 $\varkappa = 1.0$이라면, 정착길이는

$$l_d = \varkappa(159.5)d_b = 1.0 \times 159.5 \times 15.2 = 2{,}420\ mm$$

만일 $\varkappa = 1.6$이라면, 정착길이는

$$l_d = \varkappa(159.5)d_b = 1.6 \times 159.5 \times 15.2 = 3{,}880\ mm$$

(3) Eurocode 2에 따른 정착길이

조건을 Eurocode 2의 기호로 나타내면 다음과 같다.

$$\sigma_{pm0} = 1{,}210\ MPa$$
$$\sigma_{pm\,\infty} = 1{,}030\ MPa$$
$$\sigma_{pd} = 1{,}750\ MPa$$
$$\phi = d_b = 15.2\ mm$$

$f_{ck} = 35\ MPa$이므로, 콘크리트의 평균인장강도 f_{ctm}을 식 (7·89)로 구하면

$$f_{ctm} = 0.3(f_{ck})^{2/3} = 0.3 \times (35)^{2/3} = 3.2\ MPa$$

콘크리트의 하위 5% 인장강도 $f_{ctm,0.05}$를 식 (7·88)로 구하면

$$f_{ctk,0.05} = 0.7 f_{ctm} = 0.7 \times 3.2 = 2.2\ MPa$$

콘크리트의 설계인장강도 f_{ctd}를 식 (7·87)로 구하면

$$f_{ctd} = \frac{f_{ctk,0.05}}{\gamma_c} = \frac{2.2}{1.5} = 1.5\ MPa$$

부착응력 f_{bpt}를 식 (9·13)으로 구할 때, 강연선이므로 $\eta_{p1} = 3.2$이고, 단면의 하단부에 강연선이 배치되어 부착에 유리한 경우이므로 $\eta_1 = 1.0$이다. 이에 따라 부착응력 f_{bpt}를 식 (9·13)으로 구하면

$$f_{bpt} = \eta_{p1}\,\eta_1 f_{ctd} = 3.2 \times 1.0 \times 1.5 = 4.8\ MPa$$

긴장재의 기본전달길이 l_{pt}를 식 (9·14)로 구할 때, 긴장재를 절단하지 않고 유압잭을 이완하여 긴장력이 서서히 도입되는 경우이므로 $\alpha_1 = 1.0$이고, 강연선이므로 $\alpha_2 = 0.19$이다. 이에 따라 긴장재의 기본전달길이 l_{pt}를 식 (9·14)로 구하면

$$l_{pt} = \frac{\alpha_1\,\alpha_2\,\phi\,\sigma_{pm0}}{f_{bpt}} = \frac{1.0 \times 0.19 \times 15.2 \times 1{,}210}{4.8} = 728\ mm$$

최대 전달길이 l_{pt2}를 식 (9·16)에 따라 구하면

$$l_{pt2} = 1.2\, l_{pt} = 1.2 \times 728 = 874\ mm$$

부착강도 f_{bpd}를 식 (9·17)로 구할 때, 7연선이므로 $\eta_{p2} = 1.2$이고, 단면의 하단부에 강연선이 배치되어 부착에 유리한 경우이므로 $\eta_1 = 1.0$이다. 이에 따라 부착강도 f_{bpd}를 식 (9·17)로 구하면

$$f_{bpd} = \eta_{p2}\, \eta_1 f_{ctd} = 1.2 \times 1.0 \times 1.5 = 1.8\ MPa$$

정착길이 l_{bpd}를 식 (9·18)로 구할 때, 강연선이므로 $\alpha_2 = 0.19$이다. 따라서 정착길이 l_{bpd}를 식 (9·18)로 구하면

$$l_{bpd} = l_{pt2} + \frac{\alpha_2\, \phi(\sigma_{pd} - \sigma_{pm\,\infty})}{f_{bpd}} = 874 + \frac{0.19 \times 15.2 \times (1{,}750 - 1{,}030)}{1.8} = 2{,}030\ mm$$

9.2.3 부분 비부착 프리텐션 긴장재

프리텐션 부재에서는 긴장재를 직선으로 배치하는 것이 시공 상으로 가장 간단하면서도 경제적이지만, 지점 근처에서 균열의 발생하여 구조적으로 바람직하지 않은 경우가 발생할 수 있다. 즉, 그림 9-10(a)와 같이 부재 단면의 하단에 긴장재를 직선으로 배치하는 경우, 긴장력과 편심에 의한 휨모멘트 M_p가 부(-)모멘트로 작용한다. 이때 모든 긴장재가 콘크리트와 부착된 경우에는 그림 9-10(a)에 나타낸 전달길이 l_t를 갖는다. 이와 동시에 자중(self weight)에 의한 휨모멘트 M_{sw}가 정(+)모멘트로 작용하게 된다.

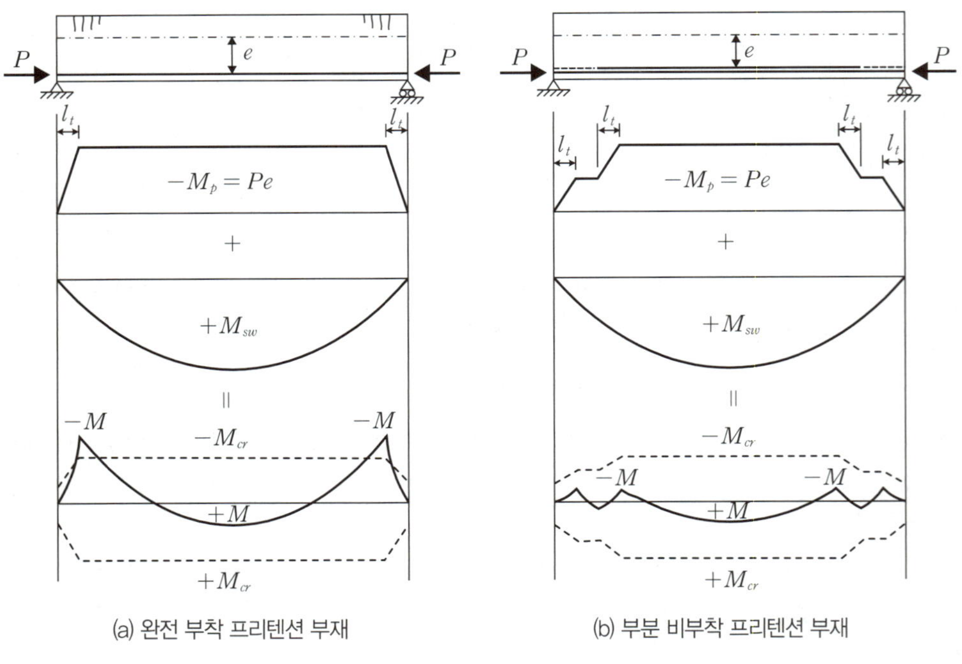

| 그림 9-10 | 완전 부착 프리텐션 부재와 부분 비부착 프리텐션 부재

휨모멘트 M_p와 M_{sw}가 중첩되면 그림 9-10(a)의 마지막 그림과 같은 휨모멘트 분포가 나타난다. 이때 부재 단면의 휨균열강도를 정(+)모멘트와 부(-)모멘트에 대하여 각각 구하고, 중첩된 휨모멘트 분포와 비교할 수 있다. 그림 9-10(a)에 나타난 바와 같이, 모든 긴장재가 콘크리트와 부착된 경우에는 지점 근처에서 중첩된 부모멘트 $-M$이 부모멘트에 대한 휨균열강도 $-M_{cr}$보다 절대값이 크다. 이러한 경우에는 그림 9-10(a)의 첫 그림에 나타낸 바와 같이, 지점 근처에서 균열이 발생하게 된다.

이러한 균열이 발생하지 않게 하려면, 그림 1-9(b)와 같이 긴장재를 절곡(折曲)하여 여러 개의 직선으로 구성하는 절곡 긴장재(deflected tendon)를 사용할 수 있다. 그러나 긴장재를 절곡 배치하려면 긴장재의 방향을 바꾸도록 방향전환장치(deviator)를 추가로 설치하여야 하는데, 작업이 복잡하고 비용이 많이 소요된다.

방향전환장치의 시공을 피하는 한 방법으로, 긴장재를 직선 배치하면서 지점부에서만 프리스트레스를 감소시키기 위하여 지점부 근처 긴장재 일부를 비부착(debonding) 시키는 방법을 사용할 수 있다. 즉, 그림 9-10(b) 첫 그림에서 점선으로 나타낸 바와 같이, 긴장재의 일부를 단부에서만 부착시키지 않는 것이다. 부분 비부착된 긴장재의 비부착 길이가 단부까지 부착된 긴장재의 전달길이 l_t보다 길게 되면, 긴장력과 편심에 의한 휨모멘트 M_p의 분포는 그림과 같이 단부 근처에서 감소하게 된다. 자중에 의한 휨모멘트 M_{sw}와 M_p가 중첩되면, 그림 9-10(b)의 마지막 그림과 같은 휨모멘트 분포가 나타난다. 이 휨모멘트 분포는 모든 긴장재가 부착된 경우보다 단부 근처의 휨모멘트가 크게 감소하게 된다. 따라서 부재 전체길이에 걸쳐서 휨균열강도보다 작은 휨모멘트가 작용하게 되어 부재에 균열이 발생하지 않는 것이다.

긴장재 일부를 비부착 시키는 방법으로는 콘크리트를 타설하기 전에 원하는 부분의 긴장재를 플라스틱 튜브 등으로 감싸는 방법이나, 긴장재에 그리스 등을 칠한 후 콘크리트와 직접 접촉하지 않도록 보호막을 씌우는 방법 등이 있다. 그림 9-11은 긴장재 일부를 플라스틱 튜브 안을 지나가도록 배치하여 비부착 시킨 모습을 나타낸다.[9.16~9.20]

일부 구간에서 긴장재의 일부가 콘크리트와 부착되지 않는 부분 비부착 프리텐션 부재를 설계할 때에는 정착길이의 검증에 특별히 주의하여 보수적으로 설계할 필요가 있다. 이것은 프리스트레스트

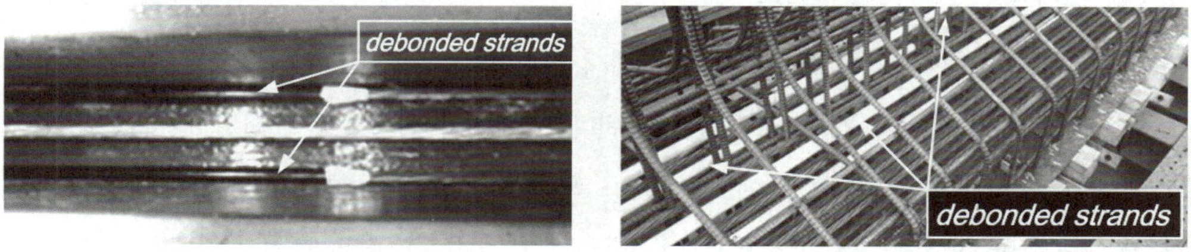

| 그림 9-11 | 부분 비부착 강연선[9.16~9.20]

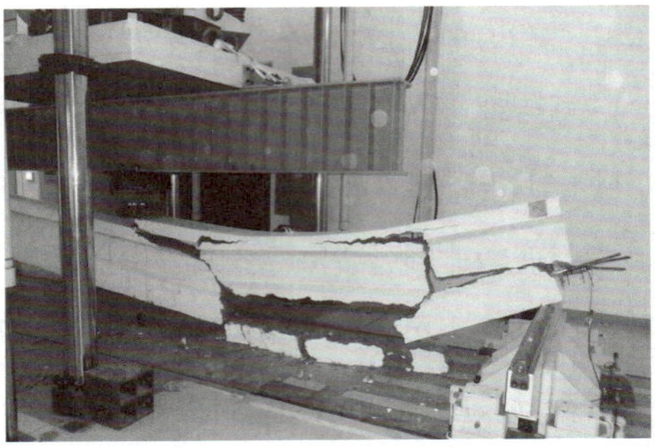

| 그림 9-12 | 정착길이가 불충분한 부분 비부착 프리텐션 부재의 파괴[9.16,9.17]

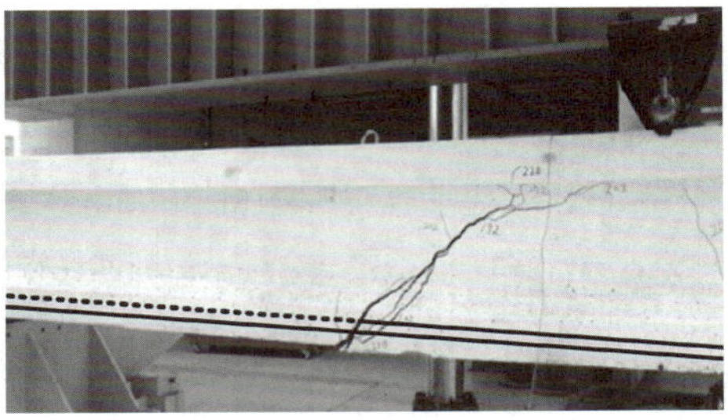

| 그림 9-13 | 부분 비부착 프리텐션 부재의 전단균열[9.16,9.17]

콘크리트 부재에서 긴장재의 정착파괴가 발생하면 철근콘크리트 부재에 비하여 훨씬 더 취성의 파괴형태를 나타내기 때문이다. 그림 9-12는 정착길이가 불충분한 부분 비부착 프리텐션 부재가 파괴된 모습으로서, 매우 취성의 파괴형태를 나타낸다.

따라서 부분 비부착 프리텐션 부재를 설계할 때는 부분 비부착 긴장재의 정착성능에 유의하여야 하는데, 실험에 의하면 부분 비부착 강연선은 정착길이가 길어지는 특징이 있다.[9.3,9.16,9.17] 이를 고려하여 콘크리트구조설계기준[9.9]과 ACI 318 Code[9.10]는 Kaar와 Magura[9.21]의 제안에 따라, 부분 비부착 강연선의 정착길이를 결정할 때 식 (9·4)와 식 (9·5)로 계산된 정착길이를 2배로 증가시키도록 규정하고 있다. 교량설계기준(한계상태설계법)[9.12]과 AASHTO-LRFD[9.13]는 식 (9·8)과 식 (9·9)의 κ값으로 2.0을 적용하여 부분 비부착 강연선의 정착길이를 결정하도록 규정하고 있다.

한편, 부분 비부착 프리텐션 부재를 설계할 때는 부분 비부착 긴장재의 정착성능뿐만 아니라 부재의 전단강도도 주의하여야 한다. 그림 9-13은 전체 강연선 중 1/2이 부분적으로 비부착된 부재가 하중을 받았을 때 전단균열이 발생하는 모습을 나타낸다. 그림에서 점선으로 표시된 부분이 부착되지 않은 구간으로서, 부착이 시작되는 위치에서 매우 큰 폭의 전단균열이 발생한 모습이다. 이 실험은 하나의 집중하중을 가한 실험으로서, 지점에서 하중재하 위치까지 전단력은 동일하고 하중재하 위치에 가까울수록 휨모멘트가 증가한다. 매우 큰 폭의 전단균열이 발생한 위치는 부분 비부착 긴장재가 배치된

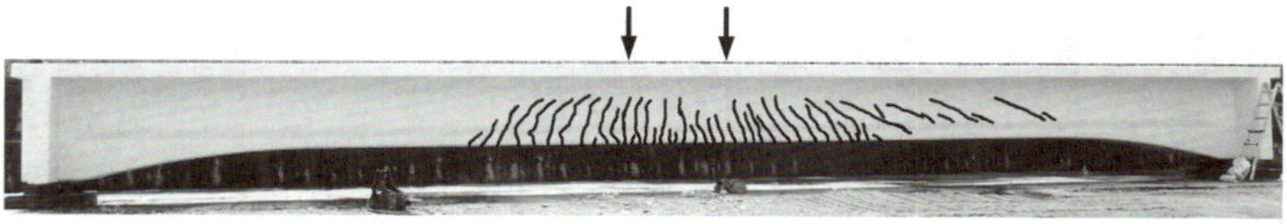

| 그림 9-14 | 부분 비부착 프리텐션 보의 균열[9.16,9.18]

구간 중 휨모멘트가 가장 큰 위치로서, 좌우의 긴장력이 갑자기 변하는 위치이다. 즉, 부착이 시작되는 위치를 중심으로 왼쪽의 부분 비부착 구간에는 오른쪽의 부착 구간에 비하여 작은 프리스트레스가 작용하게 된다. 따라서 부분 비부착 구간은 축압축력에 의한 전단강도의 증가효과가 크지 않게 되어, 휨모멘트가 가장 큰 위치에서 매우 큰 폭의 전단균열이 발생하는 것이다.

이 현상은 부착된 전체 긴장재 중에서 너무 많은 양의 긴장재를 부분 비부착 시키는 경우에 나타난다. 따라서 교량설계기준(한계상태설계법)[9.12]과 AASHTO-LRFD[9.13]는 이를 제한하기 위하여 부분적으로 부착되지 않은 강연선의 수가 총 강연선 수의 25%를 초과하지 못하도록 규정하고 있다. 또, 한 수평열에서 부착되지 않은 강연선의 수는 그 열에 배치된 강연선 수의 40%를 초과하지 않도록 규정하고 있다. 또한 강연선의 배치형태에 대한 규정으로, 부착되지 않은 강연선은 단면의 중심선에 대해 좌우 대칭으로 배치하여야 하며, 각 수평열에서 외곽에 배치된 강연선은 전 길이가 부착되도록 규정하고 있다.

한편 부분 비부착 프리텐션 부재를 설계할 때에는, 부분 비부착 강연선을 한 위치에서 비부착 시키지 않고 일부를 나누어서 분산시키는 것이 구조성능에 유리하다는 것을 인식할 필요가 있다. **그림 9-14**는 지간 20 m, 중앙 단면의 높이 1,200 mm, 지점 단면의 높이 1,700 mm로서, 총 30개의 강연선이 배치된 실물 크기의 프리텐션 I형 보의 실험결과[9.16,9.18]를 나타낸다. 보에 배치된 총 30개의 강연선 중에서 강연선 24개는 보의 전체길이에 걸쳐서 부착되어 있고, 6개의 강연선은 보의 양단에서 부분적으로 부착되지 않았다. 여기서 부분 비부착된 강연선은 좌우 양단에 비부착된 길이가 다르게 배치되었다. 즉, 보의 중앙에서 오른쪽 부분은 6개의 부분 비부착된 강연선이 모두 지점에서 5 m 구간에 비부착되어 있으며, 왼쪽 부분은 6개 중 4개만 지점에서 5 m 구간에 비부착되어 있고 나머지 2개는 지점에서 2.5 m 구간에 비부착되어 있다. 극한하중이 작용할 때까지의 균열형상을 나타내는 **그림 9-14**와 같이, 모든 부분 비부착 강연선의 비부착 길이가 동일한 오른쪽 부분은 휨균열과 휨전단균열 이외에도 복부에서 복부전단균열(web-shear cracks)이 발생하였다. 그러나 부분 비부착 강연선의 비부착 길이가 길고 짧은 두 가지 길이로 조합된 왼쪽 부분은 복부전단균열이 전혀 발생하지 않은 상태로서 휨균열과 휨전단균열만 발생하여, 부분 비부착 강연선의 비부착 위치를 분산시키는 것이 구조성능에 유리하다는 것을 나타낸다.

9.2.4 프리텐션 부재 정착구역의 균열 제어 설계

프리스트레스트 콘크리트 프리텐션 보를 경제적으로 이용하기 위해서는, 부재 단면을 깊게 하고, 복부의 폭을 얇게 하며, 프리스트레스를 높이는 것이 효율적이다. 그러나 이러한 경우에는 외부에서 하중이 작용하기 전에 부재에 균열이 발생하는 경우가 많다. 콘크리트 부재에서 균열이 발생하는 것은 심각한 문제가 아니지만, 프리스트레스트 콘크리트의 경우에 긴장재가 배치된 부분에 발생한 균열은 구조물의 내구성에 크게 영향을 줄 수 있다. 특히 해양환경이나 제설 화학제(de-icing chemicals)에 노출되는 경우, 균열 틈으로 염화물이 침투하여 긴장재의 부식을 진전시키는 경우에는 내구성에 매우 큰 영향을 준다. 따라서 부식성 환경에 노출된 프리스트레스트 콘크리트 부재는 가능하면 균열이 발생하지 않도록 설계하는 것이 바람직하다. 부재에 균열이 발생하지 않도록 설계하려면, 먼저 실제로 발생할 가능성이 있는 균열의 유형을 인식하고 이를 완화하도록 설계하여야 한다.

Okumus와 Oliva[9.22]는 교량에 사용되는 프리텐션 I형 거더(I-shaped girder)에서 하중이 작용하기 전에 발생하기 쉬운 균열을 다음의 네 가지 형태로 분류하고, 그림 9-15와 같이 나타내었다.

- **복부수평균열**(horizontal web cracks)

  부재 단부의 복부에 넓은 구간에 발생하는 수평균열로서, 긴장재의 편심작용에 의하여 발생하는 균열이다. 이 균열들은 외부에서 하중이 작용하면 균열폭이 감소하는 경향이 있으며, 긴장재의 배치형태나 긴장력 도입 순서를 바꿈으로서 완화될 수 있는 균열이다.

- **경사균열**(inclined cracks)

  부재 단부에서 상부플랜지와 가까운 복부 상단에서부터 단면 중앙부로 다소 길게 발생하는 균열로서, 절곡배치 되어 경사진 방향으로 배치된 긴장재에 의하여 발생하는 균열이다. 이 균열도 역시 외부에서 하중이 작용하면 균열폭이 감소하는 경향이 있으며, 긴장재의 배치형태나 긴장력 도입 순서를 바꿈으로서 완화될 수 있는 균열이다.

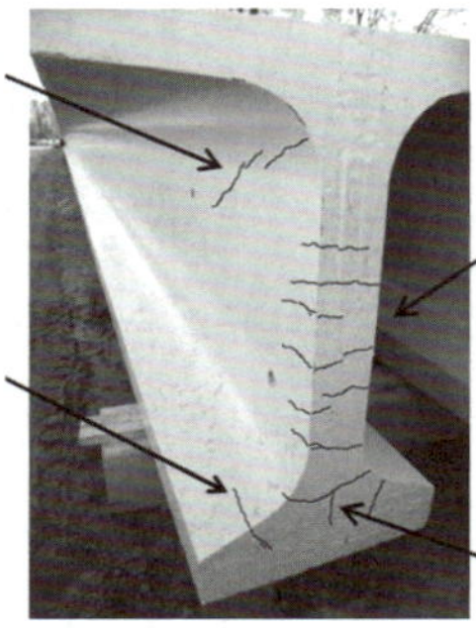

| 그림 9-15 | 하중 작용 전 프리텐션 거더 단부의 균열[9.22]

• 하부 플랜지 Y형 균열(bottom flange Y cracks)

부재 단부에서 하부플랜지와 복부가 만나는 부분에 발생하여 아래쪽으로 진전되는 균열로서, T 형의 형태로 나타내기도 한다. 이 균열은 외부에서 하중이 작용하여도 균열폭이 감소하지 않지만 현장타설 콘크리트로 단부격벽이 설치되는 경우 균열이 구속되기도 한다.

• 수직횡방향균열(vertical cracks, vertical transverse cracks)

부재 단부에서 하부플랜지 윗부분에 부재축과 직각방향으로 발생하는 균열로서, 긴장력에 의한 압축력이 콘크리트에 도입될 때 지점부의 구속 작용에 의하여 발생하는 균열이다.

이러한 균열을 경감시킬 수 있는 방안으로 다음의 방법을 고려할 수 있다.[9.22]

• 인양용 장치 설치 위치(girder lifting points)

부재를 인양할 때 인양용 장치를 설치한 위치에 따라 균열의 발생여부 및 균열폭이 달라진다. 부재 단부에서 부재 높이 정도 떨어진 위치에 인양용 장치를 설치하면, 균열을 제어하는데 효과가 있다.

• 긴장력 도입 순서(prestress release sequence)

긴장력을 도입할 때, 단면의 중심방향으로 가장 안쪽에 배치된 긴장재부터 바깥쪽에 배치된 긴장재의 순서로 긴장재를 이완시키면 균열을 제어하는데 효과가 있다.

• 절곡 긴장재(draped strands)

절곡 긴장재를 배치할 때 가능한 한 절곡 긴장재의 경사각을 감소시키고 분산시키면, 균열을 제어하는데 효과가 있다.

• 부분 비부착(strand debonding)

긴장재의 일부를 단부에서 비부착시키는 방법은 균열을 제어하는데 매우 좋은 효과가 있으며, 특히 하부 플랜지 Y형 균열을 제어하는데 큰 효과가 있다. 따라서 전단설계에 문제가 발생하지 않도록 하기 위한 비부착 비율의 규정을 준수하면서, 가능한 한 높은 비율의 부분 비부착 긴장재를 배치하는 것이 균열을 제어하는데 효과적이다.

• 복부 철근 보강(additional web reinforcing)

프리텐션 부재의 단부에서 발생하기 쉬운 균열의 위치와 방향을 파악하고, 균열을 제어하는데 효과가 있는 방향으로 철근을 보강한다. 이때 복부에 보강하는 철근의 양은 경험적 지식을 기반으로 한다.

한편, 교량설계기준(한계상태설계법)[9.12]과 AASHTO-LRFD[9.13]는 프리텐션 부재 정착구역에 발생할 수 있는 파열력 또는 할렬력의 쪼갬력(splitting force)에 저항할 수 있도록 수직방향의 철근보강을 규정하고 있다. 이때 철근에 의한 저항강도 P_r은 다음과 같이 쪼갬력 P_{sp} 이상이어야 한다.

$$P_r \geq P_{sp} \tag{9·19}$$

쪼갬력 P_{sp}는 다음과 같이 콘크리트에 도입되는 긴장력 P_{TR}의 4%로 결정한다.

$$P_{sp} = 0.04\, P_{TR} \tag{9·20}$$

철근에 의한 저항강도 P_r은 다음과 같이 결정한다.

$$P_r = f_{yd}\, A_s \tag{9·21}$$

$$P_r = f_s\, A_s \tag{9·22}$$

식 (9·21)은 교량설계기준(한계상태설계법)에서 표현하고 있는 수식이고, 식 (9·22)는 AASHTO-LRFD에서 표현하고 있는 수식이다. 여기서 f_{yd}와 f_s는 철근의 한계응력으로서 교량설계기준(한계상태설계법)과 AASHTO-LRFD 모두 140 MPa로 규정하고 있다. 철근의 한계응력을 140 MPa로 규정한 것은 쪼갬에 의한 균열폭을 제어하기 위한 것이다.

보강철근의 단면적 A_s는, 교량설계기준(한계상태설계법)의 경우 보의 단부에서 $h/4$ 이내에 배치되는 횡방향 철근의 단면적으로 규정하고 있다. 여기서 h는 부재의 높이이다. AASHTO-LRFD는 A_s를 단부에서 $h/4$ 이내에 배치되는 철근의 단면적으로 하되, A_s와 h를 부재의 종류에 따라 세분화하여 규정하고 있다. 즉, 프리텐션 I-형 단면이나 상부플랜지가 넓은 T-형(bulb-T) 단면의 경우, A_s는 수직으로 배치된 철근의 단면적이며 h는 부재의 높이이다. 중공 슬래브를 포함한 프리텐션 슬래브의 경우, A_s는 수평으로 배치된 철근의 단면적이며 h는 부재의 폭이다. 프리텐션 박스단면이나 욕조(tub)형 단면의 경우, A_s는 수직으로 배치된 철근의 단면적 또는 수평으로 배치된 철근의 단면적이며 h는 부재의 높이와 폭 중에서 작은 값이다. 여기서 욕조(tub)형 단면이란 U형 단면과 같이 하부 플랜지와 2개의 수직 또는 경사 복부만으로 단면이 구성되어 상부가 열린 단면(open-topped section)을 말한다. 다수의 복부와 플랜지로 구성된 단면의 경우, A_s는 수직으로 배치된 철근의 총 단면적을 복부의 수로 나눈 단면적이며 h는 부재의 높이이다. AASHTO-LRFD에서 이와 같이 세분화한 이유는, I-형 단면의 복부 또는 박스단면이나 욕조(tub)형 단면의 복부나 플랜지와 같이 높거나 넓으면서 얇은 부분에서 쪼갬에 의한 균열이 발생하기 쉽기 때문이다. 또 프리텐션 슬래브의 경우에는 부재의 높이보다 폭이 훨씬 더 크기 때문에, 긴장력에 의한 압축력이 부재축의 수평방향으로 전달되어 인장구역이 형성되는 현상을 고려한 것이다.

9.3 포스트텐션 긴장재의 정착구역

9.3.1 포스트텐션 부재 정착구역의 응력분포

포스트텐션 부재는 프리스트레싱 강재에 작용하는 긴장력이 단부의 정착장치를 통하여 콘크리트 단면에 압축력으로 작용하는 형식이다. 따라서 프리스트레스가 단면 외부에서 집중하중 형태로 작용한다. 이때 정착장치에 집중된 프리스트레스 힘이 횡방향으로 분산되어 단면전체에 선형의 응력분포가 될 때까지의 영역을 정착구역 또는 정착부라고 하며, 집중하중이 작용하는 부분을 정착구라고 한다. 집중하중이 작용하는 정착구역은 그림 9-16과 같은 응력이 작용한다.

그림 9-16(a)는 주응력의 궤적(principal stress trajectories)으로, 정착구에서 좁은 면적에 작용하는 집중하중이 단면에 등분포 압축응력으로 퍼져나가는 궤적을 나타낸다. 그림 9-16(a)에서 점선으로 나타낸 압축응력 및 압축변형률을 보면, 정착구에서 멀리 떨어진 위치에서는 균일한 축방향 변형률 분포를 나타내어, 하중 작용점부터 부재의 깊이보다 먼 단면에서 변형률분포가 일정해진다는 St. Venant 원리가 잘 들어맞는다. 그러나 정착구에 가까운 위치는 변형률이 균일하지 않은데, 이러한 분포를 나타내는

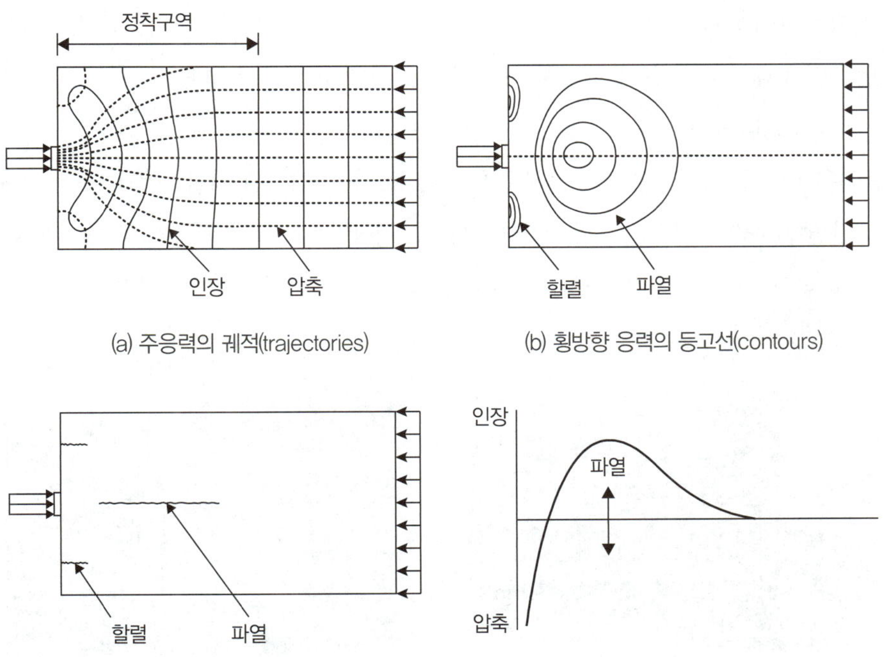

(a) 주응력의 궤적(trajectories)
(b) 횡방향 응력의 등고선(contours)
(c) 파열응력과 할렬응력에 의한 균열
(d) 파열응력의 분포

| 그림 9-16 | 포스트텐션 부재 정착구역의 응력 및 균열

부분을 응력교란영역(disturbed region, D-region, D-영역)이라고 한다.

정착구역에서 주압축응력의 직각방향으로는 그림 9-16(a)에서 실선으로 나타낸 주인장응력이 작용한다. 이 인장응력 중에서 정착구 콘크리트에 균열을 유발할 정도의 횡방향 인장응력으로, 그림 9-16(b)와 같은 파열응력(bursting stress)과 할렬응력(spalling stress)이 작용한다. 파열응력과 할렬응력은 인장응력으로 작용하여, 그 크기가 콘크리트의 인장강도보다 크게 되면 그림 9-16(c)와 같은 균열이 발생하게 된다. 할렬응력은 일반적으로 정착구가 배치된 단면 연단 귀퉁이에 발생하며, 파열응력은 하중 작용점에서 부재 깊이의 약 0.2배 내외 떨어진 위치부터 하중작용방향의 직각방향으로 발생한다. 그림 9-16(d)는 집중하중이 작용하는 축방향에 직각인 횡방향으로 작용하는 응력의 분포를 보인 것으로, 이 응력 중 인장응력을 파열응력이라고 한다.

이와 같이 응력교란영역으로서 복잡한 응력분포를 보이는 포스트텐션 정착구역은 다음 두 가지 구역으로 구분하여 설계한다.

- **국소구역**(local zone)

  국소구역은 정착장치 및 이와 일체가 되는 구속철근과 이들을 둘러싸고 있는 구역으로, 정착장치에 의해 도입된 높은 국소응력에 저항하고 정착구역의 다른 부분으로 이 응력을 전달한다. 국소구역의 거동은 전체 구조물의 기하 형상과 하중에 의해서도 영향을 받지만, 특히 정착장치와 구속철근의 배근 특성에 의해서 큰 영향을 받는다. 따라서 국소구역의 설계는 현장에서 정착장치가 결정될 때까지 완료되지 못하는 경우도 있다. 국소구역 설계에서는 높은 지압력의 효과와 콘크리트의 지압응력에 대한 내력 증가를 위한 구속철근이 주요 고려 대상이다.

- **일반구역**(general zone)

  일반구역은 국소구역을 포함하는 정착구역으로, 프리스트레스에 의한 집중하중이 콘크리트에 전달되어 단면에 응력이 분포되는 구역을 의미한다. 정착장치가 부재 단부에 배치된 경우, 일반구역의 크기는 근사적으로 단면의 가장 큰 치수와 같다. 그러나 정착장치가 부재 단부에서 멀리 떨어

(a) I형 거더 단부의 철근 보강

(b) 정착장치 주위의 나선철근 보강

| 그림 9-17 | 포스트텐션 부재 정착구역의 철근보강

진 위치에 있는 경우에는 정착장치의 전면과 후면에 걸쳐서 정착구역을 설정하여야 한다. 일반구역의 설계에서는 정착장치에 의해 유발되는 파열력 및 할렬력과 경우에 따라서는 종방향 단부인장력에 저항하도록 보강하여야 하며, 또한 급격한 단면 변화의 영향도 고려하여야 한다.

그림 9-17은 포스트텐션 부재정착구역에 정착장치와 보강철근이 배치된 I형 거더 단부의 모습을 나타낸다.

9.3.2 포스트텐션 부재 정착구역의 응력해석

포스트텐션 부재의 정착구역에 발생하는 파열응력과 할렬응력이 콘크리트의 인장강도(균열강도)보다 크면, 정착구역에 균열이 발생하게 된다. 따라서 정착구역의 설계는 정착구역에 발생하는 파열응력과 할렬응력의 크기를 예측하고 작용위치를 파악하여 철근을 보강하는 작업이다. 포스트텐션 부재 정착구역의 설계를 위해서는 응력해석을 수행하여야 하는데, 다음과 같은 세 가지 해석방법이 이용된다.

(1) 평형조건에 근거한 소성모델, 즉 스트럿-타이 모델
(2) 선형응력 해석
(3) 근사식에 의한 간이 계산법

이 세 가지 해석법 중에서 근사식의 간이 계산법과 선형응력 해석은 이 절에서 소개하고, 평형조건에 근거한 소성모델, 즉 스트럿-타이 모델은 다음 절에서 소개한다.

[1] 근사식에 의한 간이 계산법

이 해석법은 실험과 이론에 근거하여 단순한 형태로 유도된 근사식(simplified equation)으로 파열력과 할렬력을 간단하게 계산하는 방법이다. 다만, 이 해석법을 적용하는 데에는 제한 조건이 있어서, 다음의 경우에는 적용할 수 없다.

(1) 부재 단면의 형상이 직사각형이 아닌 경우
(2) 일반구역의 내부 또는 인접한 부위가 연속되어 있지 않아서, 힘이 흐르는 경로에 변화를 유발하는 경우
(3) 최소 단부거리가 단부 방향의 정착장치 크기의 1.5배보다 작은 경우
(4) 여러 개의 정착장치가 가까이 배치되어 있지 않아서, 한 개의 정착그룹으로 볼 수 없는 경우

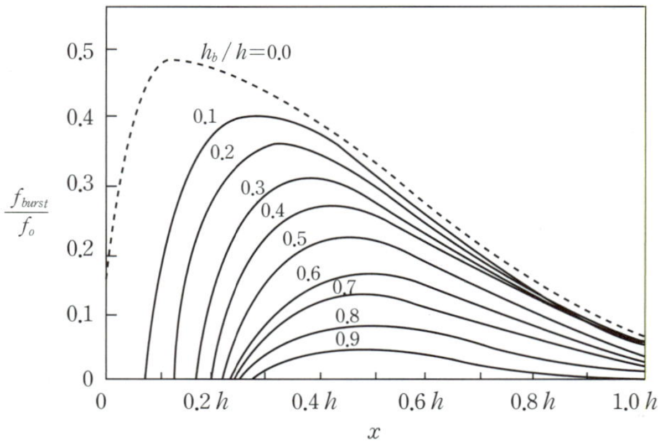

| 그림 9-18 | 지압면적비율에 따른 파열응력의 분포[9.23,9.24]

그림 9-18은 Iyengar[9.23]가 제시한 파열응력 분포로서, 지압면적비율에 따른 변화를 나타낸다. 그림에서 f_{burst}는 파열응력, f_o는 긴장력에 의한 압축력을 전체 단면적으로 나눈 평균응력, x는 단부로부터의 거리이다. 이 그림은 지압면적과 전체 단면적의 비율을 전체 단면의 높이 h에 대한 지압면적의 높이 h_b의 비율, 즉 h_b/h에 따른 변화를 나타낸 것이다. 이에 따르면, h_b/h가 0인 이론적인 집중하중에서는 파열응력이 지압면에서부터 발생하지만, h_b/h가 0.1을 넘으면 집중하중의 작용위치에서 약 0.1 h와 0.2 h 사이인 위치부터 파열응력이 발생한다. 이 파열응력은 지압면에서 멀리 떨어질수록 급격히 증가하다가 약 0.25 h와 0.5 h 사이인 위치에서 최대값을 보이며, 그 이후에는 감소하지만 거리 h 이후까지 파열응력이 작용한다.

Mörsch[9.25]는 그림 9-18과 같은 파열응력을 모두 합한 파열력(bursting force) T_{burst}를 다음의 수식으로 나타내었다. 여기서 P는 집중하중의 크기를 나타낸다.

$$T_{burst} = 0.25\,P\left(1-\frac{h_b}{h}\right) \tag{9·23}$$

Mörsch[9.25]가 제안한 이 식은 h_b/h가 상대적으로 큰 값인 0.2를 초과하는 경우에 실험결과에 근접하는 것으로 알려져 있다. h_b/h가 상대적으로 작은 경우로서, h_b/h가 0.2 미만인 경우에는 Leonhardt[9.26]가 제안한 다음의 식이 실험결과에 더 근접하는 것으로 알려져 있다.

$$T_{burst} = 0.3\,P\left(1-\frac{h_b}{h}\right) \tag{9·24}$$

이러한 수식들은 집중하중이 단면에 직각인 방향으로 작용하는 경우를 대상으로 한 것이므로, 다수의 집중하중과 집중하중의 작용방향을 고려한 다음 식으로 파열력 T_{burst}와 파열력의 작용위치, 즉 집중하중 작용위치로부터 떨어진 거리 d_{burst}를 나타낼 수 있다. 여기서 α는 집중하중과 부재의 축이 이루는 각도이고, e_{anc}는 정착구의 편심거리로서 집중하중과 부재 축 사이의 편심거리 절댓값이다.

$$T_{burst} = 0.25 \sum P\left(1 - \frac{h_b}{h}\right) + 0.5\,P\,sin\,\alpha \tag{9·25}$$

$$d_{burst} = \frac{1}{2}(h - 2e_{anc}) + 5\,e_{anc}\,sin\,\alpha \tag{9·26}$$

할렬응력은 그 크기가 매우 크지만, 그림 9–16(b)에 나타난 바와 같이 매우 좁은 범위에 작용하여 할렬응력의 합인 할렬력 자체는 그리 크지 않다. 또 할렬응력이 발생하는 위치는 정착구의 배치 위치나 방향에 따라 변화가 크므로, 할렬력을 계산하는 수식은 제안된 바가 없다. 따라서 설계자들은 경험적 지식에 기반을 두고 할렬력을 결정하여야 하는데, 일반적으로 포스트텐션 긴장력의 2% 내외를 할렬력으로 산정한다.

국소구역에 작용하는 지압응력에 대하여는 다음과 같이 지압응력 $f_{bearing}$의 크기를 계산하고, 설계기준에서 규정한 허용지압강도 $f_{b,allow}$ 이하가 되도록 설계한다. 여기서, A_{pt}는 정착판의 면적이다.

$$f_{bearing} = \frac{P}{A_{pt}} \tag{9·27}$$

$$f_{bearing} \leq f_{b,allow} \tag{9·28}$$

[2] 선형응력 해석

이 해석법은 선형탄성이론에 근거하여 힘의 평형을 이용한 수계산(hand-calculation)의 선형응력 해석(linear stress analysis)이나 유한요소해석(finite element analysis)을 수행하여 파열력과 할렬력을 계산하는 방법이다. 힘의 평형을 이용한 수계산의 선형응력 해석은 그림 9–19와 같은 깊은 보 유사해석(deep beam analogy)을 적용할 수 있다. 먼저, 그림 9–19(a)와 같이 부재 단부의 중앙에 위치한 정착판에 집중하중 P가 작용하는 경우의 해석과정을 설명하기로 한다. 정착판의 높이가 h_b라면, 정착판 단위 높이 당 P/h_b의 응력이 작용하게 된다. 이 힘은 부재단면에 퍼져서 단부에서 h만큼 떨어진 위치에서 균일한 크기의 응력 P/h가 작용하는 것으로 가정할 수 있다. 이때, 정착구역에는 부재축의 직각방향으로 파열력 T_{burst}가 작용한다.

이 정착구역을 90° 회전시켜서 정착판을 지점으로 보면, 지점의 좌우에서 캔틸레버로 거동하는 보로 생각할 수 있다. 이때 보의 두께는 h로서 경간에 비하여 매우 두꺼우므로, 등분포 하중 P/h가 작용

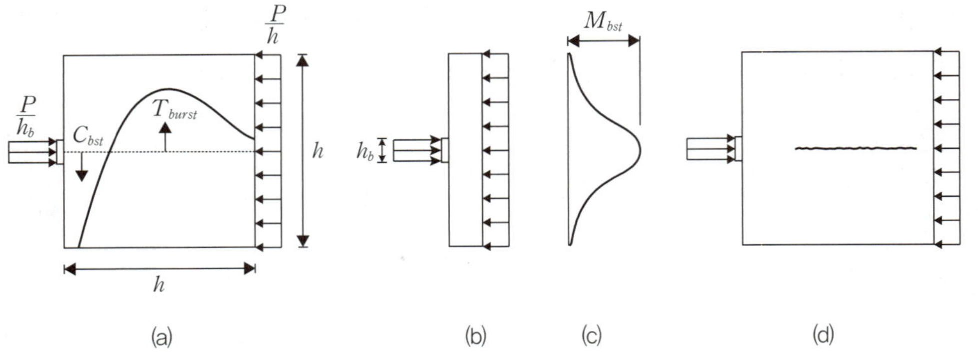

| 그림 9-19 | 포스트텐션 부재 단부의 깊은 보 유사해석과 균열

하는 깊은 보로 생각할 수 있다. 따라서 구조해석을 수행하기 위한 모델을 구성할 때 보의 두께를 무시한다면, 그림 9-19(b)와 같이 나타낼 수 있다. 이에 대한 구조해석을 수행하면, 그림 9-19(c)와 같은 휨모멘트 분포를 얻을 수 있다. 지점 중앙에서의 최대휨모멘트를 M_{bst}라고 한다면, 부(-)모멘트인 M_{bst}는 다음으로 나타낼 수 있다.

$$M_{bst} = \frac{P}{2}\left(\frac{h}{4} - \frac{h_b}{4}\right) = \frac{P}{8}(h - h_b) \tag{9·29}$$

부모멘트가 작용하는 보는 단면의 윗부분에 인장응력이 작용하고 아랫부분에 압축응력이 작용한다. 그러나 깊은보는 "변형전의 평면이 변형 후에도 평면을 유지한다"는 베르누이의 원리(Bernoulli's principle)가 적용되지 않고 비선형의 변형률 분포를 나타내므로, 그림 9-19(a)와 같은 비선형 응력분포를 보인다. 그림 9-19(a)에서 인장응력의 합을 인장력 T_{burst}로 표현하고 압축응력의 합을 압축력 C_{bst}로 표현한다면, T_{burst}와 C_{bst}에 의한 내력 휨모멘트는 그림 9-19(c)의 외력 휨모멘트 M_{bst}와 같은 값을 갖는다. 여기서 T_{burst}의 크기를 구하려면 T_{burst}와 C_{bst} 사이의 팔길이를 알아야 한다. 그러나 응력분포가 선형이 아니므로, T_{burst}와 C_{bst}의 팔길이를 정확하게 구하는 것이 쉽지 않다. 만일 팔길이를 $h/2$라고 가정하면, T_{burst}는 다음과 같이 구할 수 있다.

$$T_{burst} = \frac{M_{bst}}{h/2} = \frac{P}{4h}(h - h_b) = \frac{P}{4}\left(1 - \frac{h_b}{h}\right) \tag{9·30}$$

이 식은 Mörsch[9.25]가 제안한 식 (9·23)과 동일한 것이다. 이 인장력에 의하여 정착구역에는 그림 9-18(d)와 같은 파열균열이 발생할 수 있다. 이에 대한 보강으로 파열응력의 작용방향, 즉 균열의 직각방향으로 철근을 배치하여야 하는데, 철근의 응력을 f_s로 제한한다면 철근의 단면적을 다음으로 결정할 수 있다.

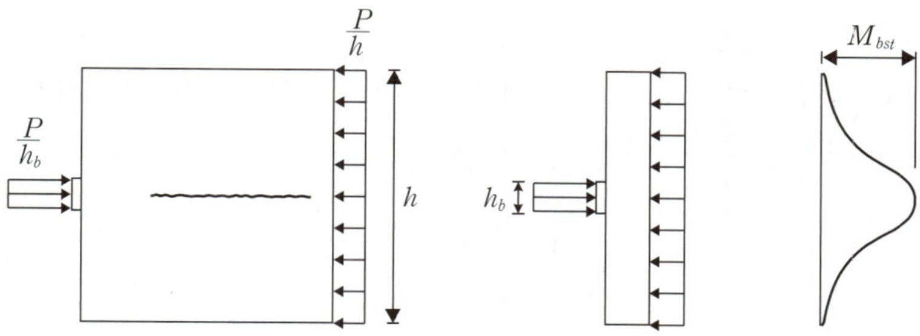

(a) 단면 중앙에 정착구가 있는 경우

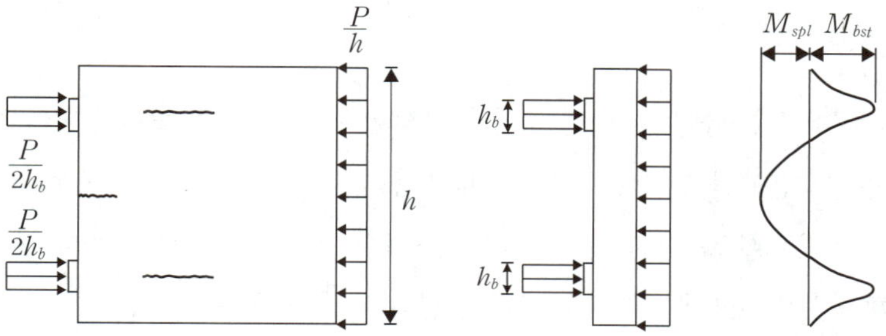

(b) 단면 양단에 정착구가 있는 경우

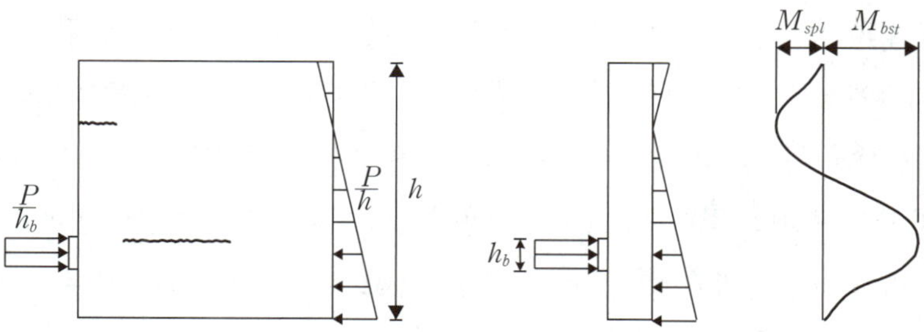

(c) 단면 하단에 정착구가 있는 경우

| 그림 9-20 | 포스트텐션 부재 단부의 깊은 보 유사해석

$$A_s = \frac{T_{burst}}{f_s} \tag{9·31}$$

그림 9-20은 정착구가 각각 (a) 단면 중앙, (b) 단면 양단, (c) 단면 하단에 위치한 대표적인 경우에 대하여 깊은보 유사해석을 적용한 예를 나타낸다. 단면 양단에 정착구가 있는 경우에 대하여 깊은 보 유사해석을 수행하면, 그림 9-20(b)에 나타낸 휨모멘트 분포를 얻을 수 있다. 이때 정착구 위치에는 최대부모멘트로서 M_{bst}가 작용하게 되고, 두 정착구 사이인 단면 중앙에는 최대정모멘트로서 M_{spl}이 작용하게 된다. 이 휨모멘트들은 정착구역에 인장응력을 발생시키는 요인으로서, M_{bst}는 파열력 T_{burst}를

발생시키는 휨모멘트로 하고, M_{spl}는 할렬력 M_{spl}을 발생시키는 휨모멘트로 한다. 이제 M_{bst}에 저항하는 내력 T_{burst}와 C_{bst} 사이의 팔길이를 z_{bst}로 표현하고, M_{spl}에 저항하는 내력 T_{spl}와 C_{spl} 사이의 팔길이를 z_{spl}로 표현하면, 다음과 같이 파열력 T_{burst}와 할렬력 T_{spl}을 구할 수 있다.

$$T_{burst} = \frac{M_{bst}}{z_{bst}} \tag{9·32}$$

$$T_{spl} = \frac{M_{spl}}{z_{spl}} \tag{9·33}$$

단면 하단에 정착구가 있는 경우는, 단면 도심과 정착구 사이의 편심 e를 고려하여 응력을 해석하여 그림 9-20(c)와 같은 응력분포를 얻을 수 있다. 이때의 응력은 단면 하단의 압축응력이 가장 크고 상단으로 갈수록 감소하는 응력분포를 나타내게 된다. 이 응력분포를 하중으로 작용시켜서, 마찬가지 방법으로 깊은보 유사해석을 수행하면 파열력 T_{burst}와 할렬력 T_{spl}을 구할 수 있다.

한편, Gergley와 Sozen[9.27]은 정착구역의 응력 및 힘의 분포를 그림 9-21과 같이 가정한 후 파열력 또는 할렬력을 구하는 선형응력 해석법을 제안하였다. 이 해석에서도 깊은 보 유사해석과 마찬가지로 단면에 작용하는 선형의 응력분포를 먼저 구한다. 그 후 선형의 응력과 정착구에 작용하는 압축력 P_i를 대상으로 단면 하단에서 상단으로 위치를 이동해가면서 정역학을 적용하여 휨모멘트를 구한다. 이 해석은 압축력 P_i가 작용하는 위치의 윗부분으로 해석을 진행하여 정모멘트든 부모멘트든 절댓값으로 최댓값이 나타날 때까지 구한다. 최대휨모멘트가 작용하는 위치, 즉 단면 하단에서 y만큼 떨어진 위치에 파열력 또는 할렬력에 의한 균열이 수평으로 발생하는 것으로 가정한다. 수평으로 작용하는 전단력 V에 대해서는 균열면에서의 골재 맞물림 작용(aggregate interlocking)으로 저항한다.

할렬력이 설계를 지배하는 경우는 그림 9-21(a)와 같이 M_{spl}이 M_{bst} 보다 더 큰 경우이고, 파열력이 설계를 지배하는 경우는 그림 9-21(b)와 같이 M_{bst}가 더 큰 경우이다. M_{spl}과 M_{bst} 중 절대값이 큰 휨모멘트를 M_{max}라고 하면, M_{max}에 저항하는 내력 T와 C가 이루는 힘의 평형으로 단면의 수직방향으로 작용하는 인장력 T를 구한다. 여기서 T와 평형을 이루는 압축력 C는 단부에서 부재높이 h만큼 떨어진 위치에 작용한다고 가정하고, T는 단부에서 x만큼 떨어진 위치에 작용한다고 하면 다음과 같이 인장력을 구할 수 있다.

$$T = \frac{M_{max}}{h-x} \tag{9·34}$$

x는 경험적으로 $h/5 \sim h/3$, 즉 $0.2\,h \sim 0.33\,h$의 범위에 있으므로, 설계자의 판단에 의하여 값을 선택

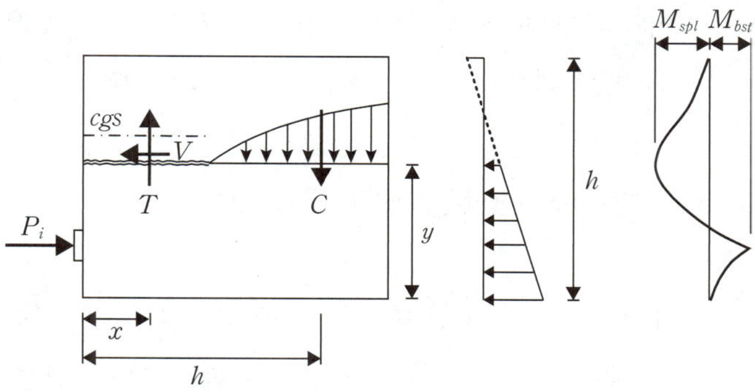

(a) 할렬력이 설계를 지배하는 경우

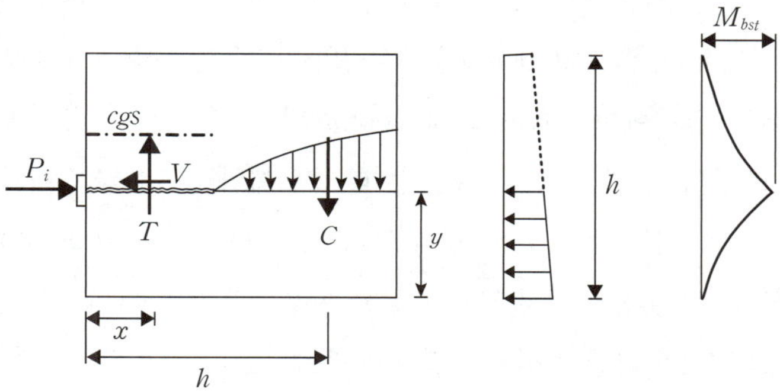

(b) 파열력이 설계를 지배하는 경우

| 그림 9-21 | 포스트텐션 부재 단부의 자유물체도와 힘의 작용

할 수 있다.

이와 같은 선형응력 해석은 압축력과 인장력 사이의 팔길이로 어떤 값을 사용하느냐에 따라 해석의 정확도가 큰 영향을 받는다. 또 경사진 방향으로 긴장력이 작용하였을 때 경사각을 어떻게 고려하느냐에 따라서도 해석의 정확도가 달라진다. 이와 같은 판단은 응력교란영역의 응력분포에 대한 깊은 이해와 경험이 필요한 것으로서, 이를 판단하고 결정하는 것은 쉬운 작업이 아니다. 따라서 이와 같은 문제점을 해결하기 위하여 컴퓨터를 이용한 유한요소해석을 수행할 수 있다. 그러나 유한요소해석을 이용한 해석과 설계도 역시 단순하지 않다. 왜냐하면 균열이 발생하는 콘크리트 구조물의 실제 거동을 모사할 수 있는 유한요소해석 모델이 완벽한 정도는 아니기 때문이다. 따라서 대부분은 선형탄성 유한요소해석을 수행하는 것이 일반적이다. 그렇지만 선형탄성 유한요소해석을 수행하더라도 여전히 간단치 않은 판단이 필요하다. 왜냐하면 해석요소로 평판요소(plate element)나 쉘요소(shell element) 또는 3차원 입체요소(solid element)를 이용하므로, 해석결과가 응력의 항으로 표현되기 때문이다. 정착구역 설계의 최종 결과는 보강철근의 양을 결정하고 배치하는 작업이므로, 응력을 합한 힘 단위의 인장력을 구하여야 하는데 응력의 분포만으로는 이 작업이 쉽지 않기 때문이다.

따라서 실제 설계에서는 이와 같이 번거로운 작업을 대신하는 해석 및 설계법으로 평형조건에 근거한 소성모델, 즉 스트럿-타이 모델에 의한 해석 및 설계법이 많이 사용된다.

9.3.3 포스트텐션 부재 정착구역의 스트럿-타이 모델 해석

스트럿-타이 모델(Strut-Tie Model)을 이용한 해석은 평형조건을 기반으로 하는 소성해석의 대표적인 해석법이다. 스트럿-타이 모델은 콘크리트 부재에 작용하는 힘의 흐름을 단순한 트러스 모델로 이상화한 것으로, 비선형 변형률 분포를 직접적으로 고려하지 않더라도 응력교란영역의 설계에 적용할 수 있는 해석방법이다. 스트럿-타이 해석법은 스트럿과 타이를 어떻게 배치하느냐에 따라 결과가 다르게 나타날 수 있는 하한계(lower bound solution) 해석법의 일종이다. 하한계 해석법의 대표적인 특징은 내하력 해석결과가 어떠한 경우에도 정해(exact solution)보다 클 수 없어서, 정해에서 멀어질수록 작은 값을 보이며 정해에 가까울수록 큰 값을 보이는 것이다. 즉, 힘의 흐름을 이상적으로 구현하도록 스트럿과 타이를 배치한 트러스로서, 절점과 스트럿의 크기를 적절하게 구성한 모델이라면 정해보다 항상 작거나 근접한 해석결과가 나온다. 따라서 적용 가능한 여러 스트럿-타이 모델들 중에서 가장 큰 내하력을 보이는 모델의 해석결과가 가장 정해에 가깝다고 할 수 있다. 결국 실제 힘의 흐름과 유사하게 구성한 스트럿-타이 모델을 이용한 해석과 설계는 항상 안전한 설계결과를 제공한다. 따라서 어떤 모델이라도 실제 힘의 흐름과 유사하게 구성한 스트럿-타이 모델이라면 설계에 적용할 수 있다. 또 콘크리트에 균열이 발생하고 나면 철근이 배치된 방향으로 타이를 따라 힘이 흐르므로, 설계자가 모델을 정한대로 힘이 흐른다고 할 수 있다. 그러나 힘의 흐름을 잘못 이해하여 모델을 구성하면 엉뚱한 결과가 되므로, 유럽에서는 오래 전에 힘의 흐름에 대한 깊은 이해와 경험을 갖춘 구조공학자들이 수행하던 분야였다.

스트럿-타이 모델은 오래 전부터 유럽의 구조공학자들이 응력교란영역의 설계에 적용하여 왔으나, 이 모델의 특징에 따라 공학자마다 다른 트러스가 적용되곤 하였다. 그러다가 유럽에서 Schlaich와 Schäfer 등에 의하여 스트럿-타이 모델이 정형화되기 시작하였다. 1980년대 후반부터는 Schlaich 등[9.28,9.29]에 의하여 미국과 캐나다 등 북미에 소개된 후 북미에서도 스트럿-타이 모델이 정형화되어, 다수의 설계기준에서 응력교란영역 설계법의 한 방법으로 규정되었다. 특히 PTI Manual[9.30]은 정착구역의 설계에 스트럿-타이 모델을 사용할 것을 추천하고 있다.

스트럿-타이 모델은 일종의 트러스 모델로서 다음과 같이 세 가지 요소로 구성된다.

- **스트럿**(struts)

  스트럿은 트러스에서 압축력을 받는 요소로서 강도한계를 초과하면 파괴되는 콘크리트로 구성된 압축요소이다. 스트럿은 형상에 따라, 그림 9-22와 같이 세 가지 종류로 구분한다. 즉, 스트럿 전

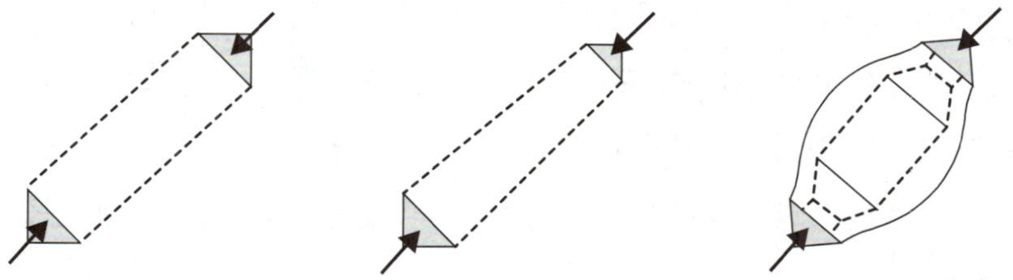

(a) 프리즘 스트럿 (b) 테이퍼 스트럿 (c) 병모양 스트럿

| 그림 9-22 | 스트럿의 종류

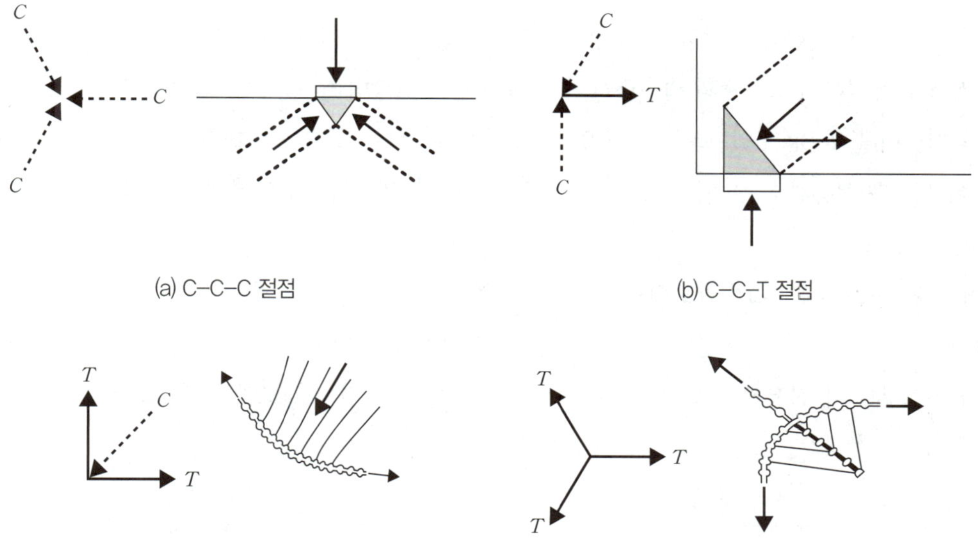

(a) C-C-C 절점 (b) C-C-T 절점 (c) C-T-T 절점 (d) T-T-T 절점

| 그림 9-23 | 스트럿-타이 모델의 절점

체길이에 걸쳐서 폭이 일정한 등단면 스트럿(프리즘 스트럿, prismatic strut), 스트럿 양쪽 단부의 폭이 다르며 일정한 비율로 폭이 변화하는 테이퍼 스트럿(uniformly tapered strut), 중간 부분의 폭이 단부의 폭보다 더 큰 병모양 스트럿(bottle-shaped strut)이다.

- 타이(ties)

타이는 트러스에서 인장력을 받는 요소로서 응력한계를 초과하면 구조성능이 유지되지 못하는, 철근이나 프리스트레싱 강재로 구성된 인장요소이다. 타이의 응력한계상태는 균열폭과 관련되어 있으므로, 강도성능뿐만 아니라 균열폭 한계상태에 대한 고려로 응력한계를 결정할 수 있다.

- 절점(nodes)

절점은 트러스에서 3개 이상의 압축 스트럿과 인장 타이가 만나는 위치의 콘크리트 요소로, 연결된

스트럿과 타이가 목표로 하는 성능을 발휘할 때까지 절점이 파괴되지 않아야 한다. 일반적으로 절점은 세 방향에서 작용하는 압축력 또는 인장력이 평형을 이루는 요소로서, 그림 9-23과 같이 네 종류로 구분하고 응력한계를 결정한다. 즉, 세 힘이 모두 압축력인 C-C-C 절점, 두 압축력과 한 인장력의 C-C-T 절점, 한 압축력과 두 인장력의 C-T-T 절점, 세 힘이 모두 인장력인 T-T-T 절점으로 구분한다.

스트럿-타이 모델의 구성은, 그림 9-24와 같이 단순 모델(simplified model)이나 정밀 모델(refined model)이 가능하다. 그림 9-24(a)는 깊은 보의 스트럿-타이 모델을 단순 모델로 구성한 것으로, 집중하중과 지점 사이를 하나의 압축 스트럿으로 하고 지점 사이를 하나의 인장 타이로 구성한 모델이다. 이 트러스를 해석하여 스트럿의 압축력을 구하고 타이의 인장력을 구한 후, 스트럿의 강도를 검증하고 타이가 인장력을 받을 수 있도록 적절한 양의 철근을 배치하는 설계를 수행한다. 이와 같이 단순 스트럿-타이 모델을 적용한 경우에는, 그림 9-24(a)와 같이 지점과 지점 사이 부재 하단에만 보강철근을 배치한다.

그림 9-24(b)는 깊은 보의 스트럿-타이 모델을 정밀 모델로 구성한 것으로, 지점 사이는 하나의 인장 타이로 구성하지만 집중하중과 반력 사이는 압축 스트럿과 인장 타이를 혼합한 모델이다. 즉, 집중하중과 반력 사이에 작용하는 압축력을 하나의 스트럿이 받는 것으로 모델링하지 않고, 그림 9-24(b)와

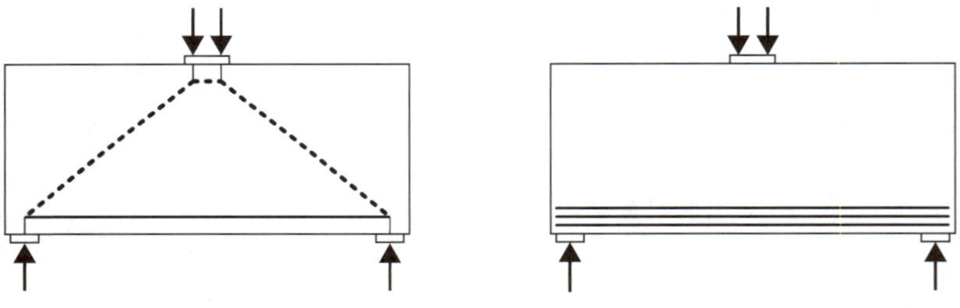

(a) 단순 모델(simplified model)과 인장 철근 배치

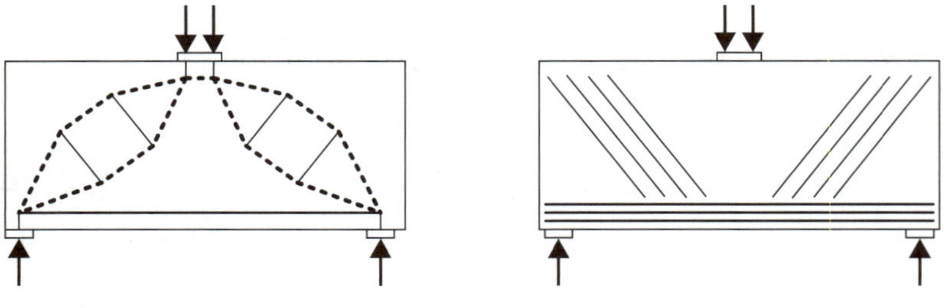

(b) 정밀 모델(refined model)과 인장 철근 배치

| 그림 9-24 | 깊은보의 스트럿-타이 모델

같이 두 개의 스트럿으로 퍼지게 하고 두 스트럿 사이를 타이로 연결한 모델로 구성한 것이다. 이 트러스에 대하여도 역시 해석을 통하여 각 스트럿의 압축력과 각 타이의 인장력을 구한 후, 각각의 스트럿에 대하여 강도를 검증하고 각각의 타이가 인장력을 받을 수 있도록 적절한 양의 철근을 배치한다. 이와 같이 정밀 스트럿-타이 모델을 적용한 경우에는, **그림 9-24(b)**와 같이 지점과 지점 사이 부재 하단에 보강철근을 배치하는 것 외에 집중하중과 반력 사이에 경사진 방향으로도 보강철근을 배치한다.

이와 같이 스트럿-타이 모델의 구성은 단순 모델과 정밀 모델이 모두 가능하여 어떤 모델을 적용하는 것이 정답이라고는 말할 수 없다. 이에 대한 판단은 설계된 구조물이 실제로 나타내는 구조적 거동을 기반으로 하므로, 힘의 흐름에 대한 설계자의 깊은 이해와 경험이 중요하다.

그림 9-25는 포스트텐션 부재 정착구역에 대한 대표적인 스트럿-타이 모델을 나타낸다. 포스트텐션 부재 정착구역은 대체적으로 힘의 흐름이 상대적으로 단순하므로, **그림 9-25**에서 **그림 9-29**까지의 전형적인 스트럿-타이 모델을 응용하여 설계에 적용한다.

절점의 형상과 크기는 세 힘의 작용 조건에 따라 달라서, C-C-C 절점, C-C-T 절점, C-T-T 절점, T-T-T 절점이 각기 다르다. **그림 9-25**에서 **그림 9-29**까지 스트럿-타이 모델에 나타난 바와 같이, 포스트텐션 부재 정착구역에 대한 스트럿-타이 모델의 절점은 대부분이 C-C-C 절점이거나 C-C-T 절점이며, 경우에 따라서 C-T-T 절점이 나타나기도 한다. **그림 9-30**은 포스트텐션 정착구역 절점부의 형상과 크기를 나타낸다. **그림 9-30(a)**와 같은 포스트텐션 정착구역에서 정착판 안쪽의 절점은 긴장력 P와 두 스트럿의 압축력으로 C-C-C 절점이 되며, 경사진 스트럿과 수평 스트럿의 두 압축력과 수직 타이의 인장력이 작용하는 절점은 C-C-T 절점이 된다. C-C-C 절점과 C-C-T 절점의 위치를 선정하면 경사 스트럿의 각도를 구할 수 있는데, 이 각도를 이용하여 스트럿의 폭을 결정한다.

그림 9-30(b)는 정착판의 높이가 l_b인 정착판 안쪽의 C-C-C 절점을 나타낸다. 정착판 안쪽에 절점을 위치시키면 수직 스트럿의 폭 l_{sv}를 결정할 수 있게 되고, 절점부의 형상을 고려하여 경사 스트럿의 폭 l_{sd}를 다음으로 구할 수 있다.

$$l_{sd} = l_b \cos\theta + l_{sv} \sin\theta \tag{9·35}$$

그림 9-30(c)는 C-C-T 절점을 나타내는데, 경사 스트럿의 폭이 l_{sd}일 때 수평 스트럿의 폭 l_{sh}는 다음으로 구할 수 있다.

$$l_{sh} = l_{sb} \cos\theta \tag{9·36}$$

이와 같이 스트럿의 폭을 결정하고 스트럿의 단면적에 콘크리트의 유효압축강도를 곱하여 스트럿의

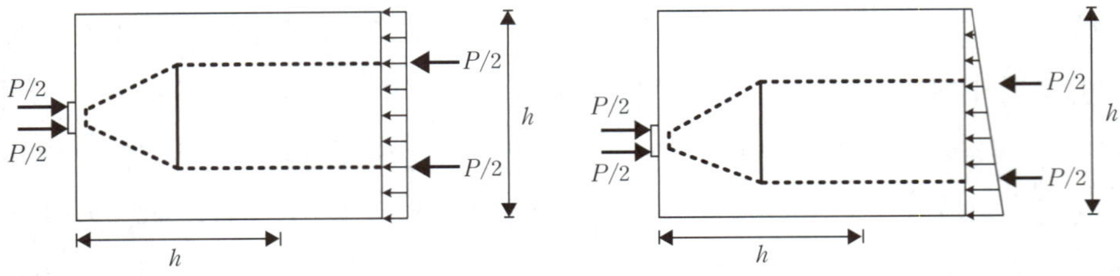

(a) 편심이 없는 경우 (b) 편심이 작은 경우

| 그림 9-25 | 사각형 단면 정착구역의 전형적인 스트럿-타이 모델[9.31-9.33]

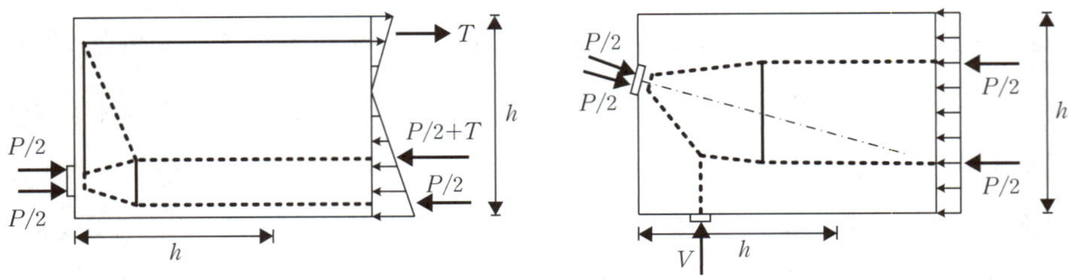

(a) 편심이 큰 경우 (b) 반력의 영향을 고려한 경우

| 그림 9-26 | 편심이 큰 경우와 반력을 고려한 전형적인 스트럿-타이 모델[9.32]

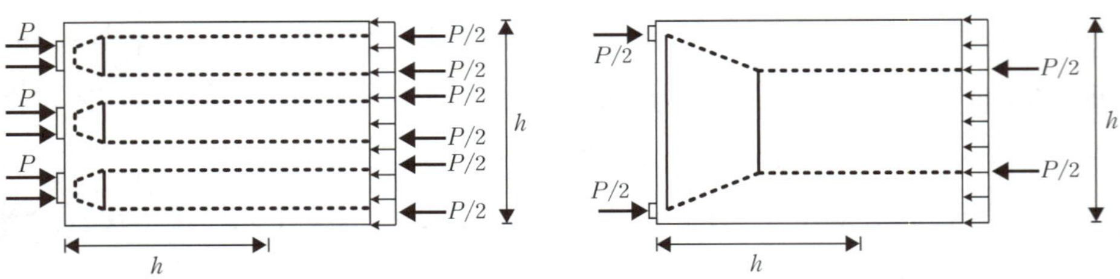

(a) 다수의 정착구가 배치된 경우 (b) 단면 상하부에 정착구가 배치된 경우

| 그림 9-27 | 다중 정착구역의 전형적인 스트럿-타이 모델[9.31]

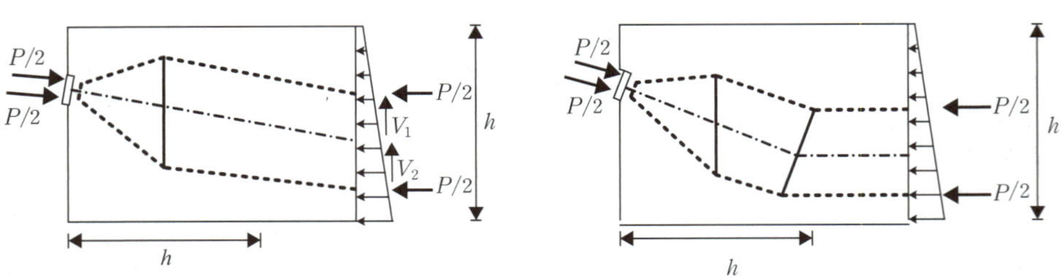

(a) 긴장재가 직선 배치된 경우 (b) 절곡 긴장재가 배치된 경우

| 그림 9-28 | 경사 배치된 정착구역의 전형적인 스트럿-타이 모델[9.32]

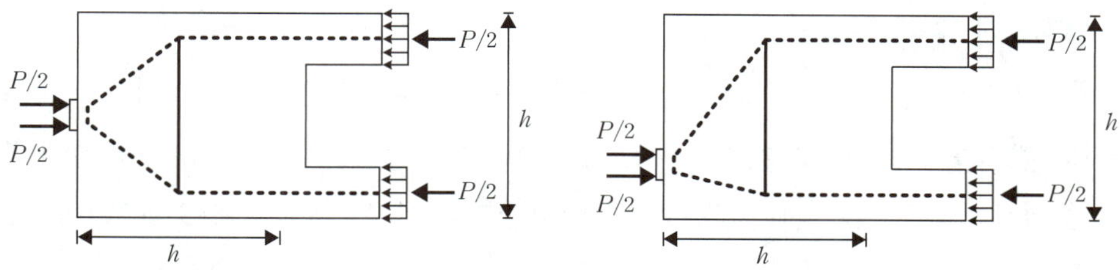

(a) 편심이 없는 경우

(b) 편심이 있는 경우

| 그림 9-29 | 단면의 변화가 있는 정착구역의 전형적인 스트럿-타이 모델[9.32,9.33]

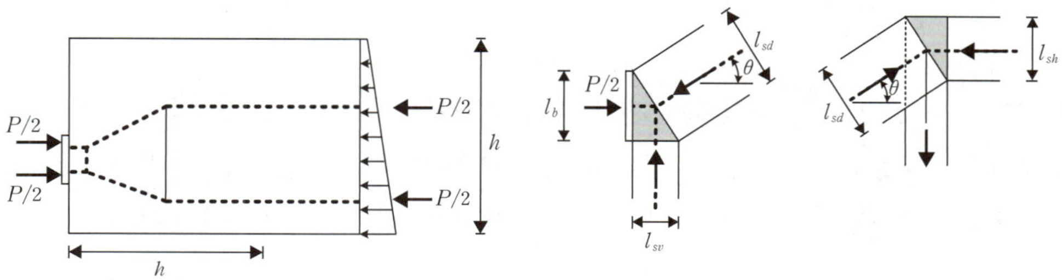

(a) 스트럿-타이 모델

(b) C-C-C 절점

(c) C-C-T 절점

| 그림 9-30 | 절점부의 형상과 크기

축강도를 구한 후, 트러스 해석의 결과로 얻은 스트럿의 압축력과 비교하는 방법으로 강도를 검증할 수 있다.

강도를 검증하는 또 다른 방법으로는, 스트럿에 작용하는 압축력을 스트럿 콘크리트의 유효압축강도와 단면 두께로 나누어 스트럿의 소요폭 w_{req}를 구하고, 소요폭으로 치수화(proportioning)된 스트럿-타이 모델의 기하학적 형상을 검토하는 방법이 있다. 이 방법은, 스트럿과 타이가 유효강도를 발휘하는데 필요한 소요 단면적이 설계 대상 영역과 스트럿-타이 모델의 기하학적 형상에 따라 허용되는 최대 단면적을 초과하지 않는다는 것을 검증하는 것이다.

9.3.4 콘크리트구조설계기준과 ACI 318 Code에 따른 정착구역의 설계

콘크리트구조설계기준[9.9]의 정착구역 설계기준은 기본적으로 ACI 318 Code[9.10]와 동일한 것으로, 일부 규정이나 계수를 제외하고는 내용이 같다. 여기서는 콘크리트구조설계기준을 중심으로 설명하고, ACI 318 Code에서 달리 규정하고 있는 내용을 소개한다.

[1] 정착구역의 구분과 설계방법

포스트텐션 부재의 정착구역 설계에서 정착구역은 국소구역과 일반구역으로 나누고, 계수긴장력 P_{pu}에 대하여 검증하고 설계한다. 계수긴장력 P_{pu}는 최대 허용긴장력에 하중계수를 곱하여 결정한다. 콘크리트구조설계기준은 포스트텐션 정착부 설계에 적용하는 긴장력에 대한 하중계수 γ_P로 1.2를 적용하도록 규정하고 있다. 최대 허용긴장력은 일반적으로 $0.94 f_{py}$를 기준으로 하지만, 짧은 기간에 작용하는 긴장력은 $0.8 f_{pu}$를 기준으로 한다. 따라서 계수긴장력 P_{pu}는 다음과 같이 결정한다.

$$P_{pu} = \gamma_P(0.80 f_{pu})A_{ps} = 1.2(0.80 f_{pu})A_{ps} = 0.96 f_{pu} A_{ps} \tag{9·37}$$

국소구역은 계수긴장력 P_{pu}에 대하여 콘크리트의 설계강도 ϕP_c가 P_{pu} 이상이도록 설계하고 검증한다. 콘크리트의 설계강도는 긴장력이 도입될 때의 콘크리트 압축강도 f_{ci}를 기준으로 하고, 강도감수계수 0.85를 적용하여 다음과 같이 결정한다. 여기서 A_{pt}는 지압면적으로서 정착판의 면적이다.

$$\phi P_c = \phi f_{ci} A_{pt} = 0.85 f_{ci} A_{pt} \tag{9·38}$$

정착장치가 부재 단부에 위치한 경우, 정착구역의 크기는 근사적으로 단면의 가장 큰 치수 h와 같다. 정착장치가 부재 단부에서 멀리 떨어진 경우에는 정착장치의 전면과 후면에 걸쳐서 정착구역이 존재하게 된다. 이때 정착장치 전면으로는 $1.0\,h$에서 $1.5\,h$ 사이의 위치까지 정착구역으로 하고, 정착장치 후면으로는 $1.0\,h$까지를 정착구역으로 한다.

일반구역의 설계에는 다음 세 가지 방법 중 하나를 적용할 수 있다.

- 평형조건에 근거한 소성모델, 즉 스트럿-타이 모델
- 선형응력 해석
- 근사식에 의한 간이 계산법

[2] 일반구역 설계의 간이 계산법

간이 계산법은 근사식을 이용하여 파열력의 크기 T_{burst}와 작용위치 d_{burst}를 간단하게 계산하는 방법이다. 콘크리트구조설계기준[9.9]과 ACI 318 Code[9.10]에서는 근사식을 규정하고 있지는 않으므로, 앞의 식 (9·25)와 식 (9·26)을 사용할 수 있을 것이다. 여기서 d_{burst}는 정착구가 배치된 단부에서 측정한 거리, α는 집중하중과 부재의 축이 이루는 각도, e_{anc}는 정착구의 편심거리로서 집중하중과 부재 축 사이의 편심거리 절댓값이다. 콘크리트구조설계기준 해설[9.12]과 ACI 318 Code 해설(Commentary)[9.10]은 이 식들에서 α가 고려되지 않은 식들을 제시하고 있다.

$$T_{burst} = 0.25 \sum P\left(1 - \frac{h_b}{h}\right) + 0.5\, P \sin\alpha \qquad (9 \cdot 25)$$

$$d_{burst} = \frac{1}{2}(h - 2e_{anc}) + 5\, e_{anc} \sin\alpha \qquad (9 \cdot 26)$$

다만, 간이 계산법은 제한 조건이 있어서, 다음의 경우에는 적용할 수 없다.

- 부재 단면의 형상이 직사각형이 아닌 경우
- 일반구역의 내부 또는 인접한 부위가 연속되어 있지 않아서, 힘이 흐르는 경로에 변화를 유발하는 경우
- 최소 단부거리가 단부 방향의 정착장치 크기의 1.5배보다 작은 경우
- 여러 개의 정착장치가 가까이 배치되어 있지 않아서, 한 개의 정착그룹으로 볼 수 없는 경우

참고로, 강도설계법의 도로교설계기준(2010)[9.34]은 파열력의 크기 T_{burst}와 작용위치 d_{burst}의 근사식으로 식 (9·25)와 식 (9·26)을 사용하도록 규정하고 있으며, 파열 보강재의 도심이 d_{burst}와 일치하게 파열 보강재를 배치하도록 규정하고 있다. 또한 도로교설계기준(2010)[9.34]에 따른다면, 파열 보강재는 정착구에서 2.5 d_{burst} 떨어진 위치와 단면 높이의 1.5배 떨어진 위치 중에서 가까운 위치까지 배치하여야 한다. 또, 파열 보강재의 간격은 보강재 지름의 24배와 300 mm 중 작은 값 이하로 배치하도록 규정하고 있다.

[3] 일반구역 설계의 선형응력 해석

선형응력 해석은 선형탄성이론에 근거하여 힘의 평형을 이용한 수계산의 선형응력 해석이나 유한요소해석을 수행하여 파열력과 할렬력을 계산하는 방법이다. 힘의 평형을 이용한 수계산의 선형응력 해석은 9.3.2절의 [2]항에 소개한 방법을 적용할 수 있다.

[4] 일반구역 설계의 스트럿-타이 모델 해석과 검증

스트럿-타이 모델에 의한 설계에서는 정착구역의 힘의 흐름을 스트럿, 타이, 절점영역으로 구성된 트러스로 이상화하여, 각 요소에 작용하는 힘을 계산한 후 다음의 강도 요구성능을 검증한다.

$$\phi F_n \geq F_u \qquad (9 \cdot 39)$$

여기서, F_u는 계수하중에 의한 스트럿과 타이의 단면력 또는 절점영역의 한 면에 작용하는 단면력이고, F_n은 스트럿, 타이, 절점영역의 공칭축강도이며, ϕ는 강도감소계수이다. 강도감소계수는 표 9-1의

표 9-1 스트럿-타이 모델 각 요소의 강도감소계수

요소 구분	콘크리트구조설계기준	ACI 318 Code
스트럿 절점부 지압부	0.75	0.75
타이	0.85	

값을 적용한다. 콘크리트구조설계기준은 강도감소계수로 스트럿-타이 모델의 스트럿과 절점영역 및 지압부에 대해서 0.75를, 타이에 대해서는 0.85를 적용한다. ACI 318 Code는 모든 요소에 대하여 0.75를 적용한다.

(1) 스트럿-타이 모델의 스트럿

콘크리트 스트럿은 설계압축강도 ϕF_{ns}가 계수압축력 F_u 이상이도록 설계하고, 다음의 강도 요구성능을 검증한다.

$$\phi F_{ns} \geq F_u \tag{9·40}$$

콘크리트 스트럿의 설계압축강도 ϕF_{ns}는 공칭압축강도 F_{ns}에 0.75의 강도감소계수 ϕ를 곱하여, 다음과 같이 결정한다.

$$\phi F_{ns} = 0.75\, F_{ns} \tag{9·41}$$

콘크리트 스트럿의 공칭압축강도 F_{ns}는 다음과 같이 결정한다.

$$F_{ns} = f_{ce}\, A_c \tag{9·42}$$

$$F_{ns} = f_{ce}\, A_c + 1.13\, A_s'\, f_s' \tag{9·43}$$

식 (9·42)는 콘크리트로만 이루어진 스트럿에 적용하며, 식 (9·43)은 압축철근이 배치된 스트럿에 적용한다. 여기서, f_{ce}는 콘크리트 스트럿의 유효압축강도, A_c는 스트럿의 최소 단면적, A_s'은 압축철근의 단면적이다. f_s'은 압축철근의 응력으로 콘크리트 스트럿이 파쇄될 때의 스트럿 변형률을 이용하여 구할 수 있으나, 설계기준항복강도가 400 MPa 이하인 경우에는 f_s'을 설계기준항복강도 f_y로 취할 수 있다. 식 (9·43) 두 번째 항의 계수 1.13은 타이로 작용하는 철근에 대한 강도감소계수 0.85와 스트럿과 절점영역으로 작용하는 콘크리트에 대한 강도감소계수 0.75의 비율이다. ACI 318 Code는 타이, 스트럿, 절점영역에 모두 0.75로 동일한 값을 적용하므로, 콘크리트구조설계기준의 식 (9·43)을 대신하여 다음 식을 적용한다.

$$F_{ns} = f_{ce}\, A_c + A_s'\, f_s' \tag{9·44}$$

스트럿의 강도를 증가시키기 위하여 사용되는 압축철근은 콘크리트 스트럿의 중심선에 평행하게 스트럿의 내부에 배치하여야 하며, 적절히 정착되어야 한다. 또, 압축철근은 압축요소로서 성능을 발휘할 수 있도록 띠철근 또는 나선철근과 같은 횡방향 보강재로 감싸야 한다.

콘크리트 스트럿의 유효압축강도 f_{ce}는 스트럿 위치의 주응력 상태, 스트럿 방향과 압축주응력 방향과의 각도 차이, 그리고 강재에 의한 구속효과에 영향을 받는다. 이와 같은 영향요소에 대하여 엄밀한 검토로 f_{ce}를 결정하지 않는다면, f_{ce}는 다음으로 결정한다.

$$f_{ce} = 0.85\, \beta_s f_{ci} \tag{9·45}$$

일반적인 스트럿-타이 모델에서는 f_{ce}를 결정할 때 설계기준압축강도 f_{ck}를 기준으로 하지만, 포스트텐션 부재의 정착구역 설계에서는 긴장력이 도입될 때의 콘크리트 압축강도 f_{ci}를 기준으로 한다. 식 (9·45)로 콘크리트 스트럿의 유효압축강도를 결정하지 않을 때에는, 유효압축강도에 영향을 미치는 여러 인자를 고려하여 실험과 적절한 해석을 통해 구한 값을 이용할 수 있다.

β_s는 콘크리트 스트럿의 압축강도를 계산할 때 균열의 영향과 구속철근의 영향을 고려하기 위한 계수로서, 각 조건에 따라 표 9-2의 값을 적용한다.

여기서, λ는 경량콘크리트계수로서, 보통중량콘크리트는 1.0, 모래경량콘크리트는 0.85, 전경량콘크리트는 0.75이다.

표 9-2 콘크리트구조설계기준과 ACI 318 Code의 β_s

스트럿의 구분	β_s
① 전 길이에 걸쳐 단면적이 일정한 프리즘 스트럿	1.0
② 철근 배치 규정을 만족하는 병모양 스트럿	0.75
③ 철근 배치 규정을 만족하지 못하는 병모양 스트럿	0.6λ
④ 인장요소 또는 인장플랜지에 위치하는 스트럿	0.4
⑤ 그 외의 모든 스트럿	0.6

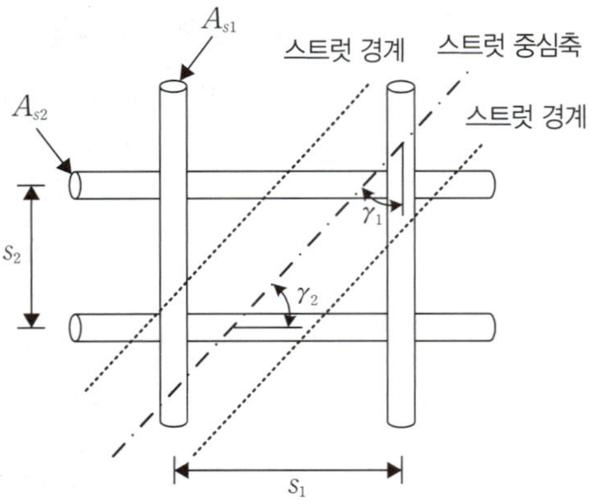

| 그림 9-31 | 스트럿을 가로지르는 구속철근

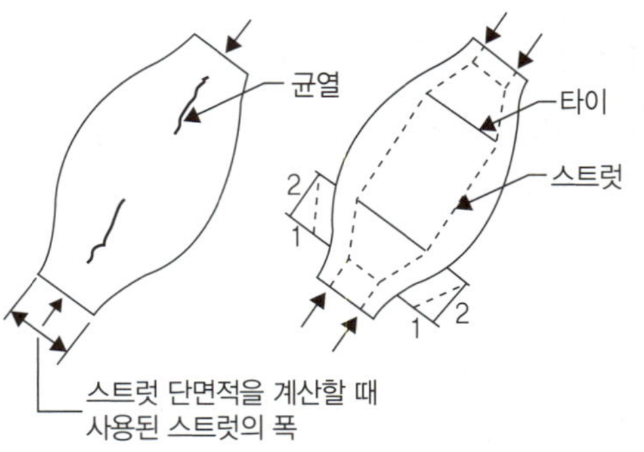

| 그림 9-32 | 병모양 스트럿

표 9-2의 ②와 ③은 철근 배치 규정의 만족 여부를 언급하고 있는데, 콘크리트의 압축강도 f_{ck} 또는 f_{ci}가 40 MPa 이하인 경우로서 다음 식의 조건을 만족할 때 철근 배치 규정을 만족하는 것으로 한다. 식 (9·46)은 콘크리트구조설계기준의 조건식이고, 식 (9·47)은 ACI 318 Code의 조건식으로서 sine 함수에 제곱이 누락된 형태로 규정하고 있다.

$$\Sigma \frac{A_{si}}{bs_i} sin^2 \gamma_i \geq 0.003 \tag{9·46}$$

$$\Sigma \frac{A_{si}}{b_i\, s_i} sin\, \alpha_i \geq 0.003 \tag{9·47}$$

여기서, A_{si}는 콘크리트 스트럿을 지나는 철근의 전체 단면적, γ_i와 α_i는 동일한 의미의 기호로서 스트럿 중심선과 철근의 중심선이 이루는 각도, s_i는 철근의 간격, b와 b_i는 스트럿의 두께로서, 그림 9-31의 기호 정의에 따른다.

그림 9-31과 같이 콘크리트 스트럿을 가로지르도록 배치된 철근은 스트럿 압축응력의 확산으로 인한 스트럿의 횡방향 인장력에 저항하는 역할을 하는 철근으로, 스트럿 중심선과 교차하도록 배치하여야 한다. 즉, 그림 9-32와 같이 병모양 스트럿(bottle-shaped strut)에 작용하는 압축력이 스트럿의 종방향과 횡방향으로 각각 2 대 1의 비율로 분산되어 전달된다고 가정하고, 타이에 작용하는 인장력에 저항하는데 충분한 철근을 배치하여 증가된 스트럿의 압축강도를 이용하려는 의도인 것이다.

(2) 스트럿-타이 모델의 타이

타이는 설계인장강도 ϕF_{nt}가 계수인장력 F_u 이상이도록 설계하고, 다음의 강도 요구성능을 검증한다.

$$\phi F_{nt} \geq F_u \tag{9·48}$$

타이의 설계인장강도 ϕF_{nt}는 공칭인장강도 F_{nt}에 강도감소계수 ϕ를 곱하여, 다음과 같이 결정한다.

$$\phi F_{nt} = 0.85\ F_{nt} \tag{9·49}$$

$$\phi F_{nt} = 0.75\ F_{nt} \tag{9·50}$$

식 (9·49)는 타이에 대하여 강도감소계수로 0.85를 적용하는 콘크리트구조설계기준에 따른 것이고, 식 (9·50)은 타이에 대하여 강도감소계수로 0.75를 적용하는 ACI 318 Code에 따른 것이다. 타이의 공칭강도 F_{nt}은 다음과 같이 결정한다.

$$F_{nt} = A_{st} f_y + A_{ps}(f_{pe} + \Delta f_p) \tag{9·51}$$

이 식은 철근과 긴장재를 혼합하여 타이로 배치할 때 적용한다. 여기서, A_{ps}는 긴장재의 단면적, f_{pe}는 유효 긴장력, Δf_p는 계수축력에 의한 긴장재의 응력 증가분이다. Δf_p의 값은 부착된 긴장재의 경우 420 MPa, 부착되지 않는 긴장재의 경우 70 MPa을 사용할 수 있다. 해석에 의해 Δf_p값을 구하는 경우에는 제시된 경험적인 값보다 큰 값을 사용할 수 있다. 그러나 어떠한 경우에도 긴장재의 설계기준항복강도 f_{py}를 초과하는 값을 $(f_{pe} + \Delta f_p)$의 값으로 사용할 수는 없다.

긴장재를 사용하지 않고 철근만으로 타이를 구성할 때는 A_{ps}의 값이 영(0)이므로, 다음과 같이 철근의 단면적 A_{ps}와 설계기준항복강도 f_y로 간략히 나타낼 수 있다.

$$F_{nt} = A_{st} f_y \tag{9·52}$$

타이의 역할을 하도록 배치되는 철근이나 긴장재의 중심선은 스트럿-타이 모델에서 타이의 중심선과 일치시켜야 한다. 이때 타이는 기계적 장치, 포스트텐션 정착장치, 표준갈고리 또는 철근의 연장 등을 이용하여 정착시켜야 한다.

(3) 스트럿-타이 모델의 절점영역

스트럿-타이 모델의 절점영역은 설계압축강도 ϕF_{nn}이 계수압축력 F_u 이상이도록 설계하고, 다음의 강도 요구성능을 검증한다.

$$\phi F_{nn} \geq F_u \tag{9·53}$$

절점영역의 설계압축강도 ϕF_{nn}은 공칭압축강도 F_{nn}에 0.75의 강도감소계수 ϕ를 곱하여, 다음과 같이 결정한다.

$$\phi F_{nn} = 0.75\, F_{nn} \tag{9·54}$$

절점영역의 공칭압축강도 F_{nn}은 다음과 같이 결정한다.

$$F_{nn} = f_{ce}\, A_n \tag{9·55}$$

여기서, f_{ce}는 절점영역의 유효압축강도이고, A_n은 F_u의 작용선에 직각인 절점영역 경계면의 면적 또는 합력 작용선에 직각인 절점영역 경계면의 면적이다. 절점영역 경계면의 유효압축강도 f_{ce}는 다음으로 결정한다.

$$f_{ce} = 0.85\, \beta_n f_{ci} \tag{9·56}$$

콘크리트 스트럿의 경우와 마찬가지로, 일반적인 스트럿-타이 모델에서는 f_{ce}를 결정할 때 설계기준 압축강도 f_{ck}를 기준으로 하지만, 포스트텐션 부재의 정착구역 설계에서는 긴장력이 도입될 때의 콘크리트 압축강도 f_{ci}를 기준으로 한다. β_n은 절점영역의 압축강도를 계산할 때 타이의 정착 영향을 고려하기 위한 계수로서, 각 조건에 따라 표 9-3의 값을 적용한다.

스트럿-타이 모델을 3차원으로 구성하는 경우에도 절점영역의 각 경계면의 면적이 식 (9·55)에 주어진 값보다 작지 않아야 하며, 절점영역 각 경계면의 형상은 절점영역 경계면에 접하는 스트럿 단부의 투영 형상과 유사하여야 한다.

표 9-3 콘크리트구조설계기준과 ACI 318 Code의 β_n

절점영역의 구분	β_n
지지판, 스트럿 또는 지지판과 스트럿에 의해 형성된 절점영역	1.0
하나의 타이가 연결된 절점영역	0.8
두개 이상의 타이가 연결된 절점영역	0.6

(4) 치수화를 통한 강도의 검증

강도검증에 대하여 9.3.3절의 마지막 부분에서 설명한 바와 같이, 압축력과 인장력의 단면력과 설계축강도를 대상으로 강도를 검증할 수도 있지만, 소요폭을 대상으로 스트럿-타이 모델의 강도를 검증할 수도 있다. 즉, 식 (9·40), 식 (9·48), 식 (9·53)에 따라 스트럿과 타이와 절점영역의 강도를 검증할 수 있지만, 다음과 같이 소요폭으로 스트럿과 절점영역의 강도를 검증할 수도 있다.

$$w_{avl} \geq w_{req} \tag{9·57}$$

$$w_{req} = \frac{F_u}{\phi f_{ce}\, t} \tag{9·58}$$

여기서, w_{avl}은 설계 대상 영역과 스트럿-타이 모델의 기하학적 형상에 따라 허용되는 최대폭이고, w_{req}는 스트럿이나 절점영역의 소요 유효폭이며, t는 부재 단면의 두께로서 스트럿이나 절점영역의 두께이다.

타이로 철근만 배치하는 경우, 철근의 소요 단면적은 다음으로 결정하고 그 이상의 단면적을 갖도록 철근을 배치한다.

$$A_{s,req} = \frac{F_u}{\phi f_y} \tag{9·59}$$

예제 9-3

그림 9-33과 같은 포스트텐션 부재에 SWPC7BL 15.2 mm(A_{psl} = 138.7 mm^2, 표 2-9 참조) 강연선 7가닥(A_{ps} = 971 mm^2)이 배치되어 있다. 정착판은 가로가 150 mm이고 세로가 180 mm인 직사각형이며, 정착구에서 부재 중심축에 대한 긴장재의 경사각 α는 6°이다. 근사식을 이용한 간이 계산법에 따라 정착구역의 설계를 수행하시오.

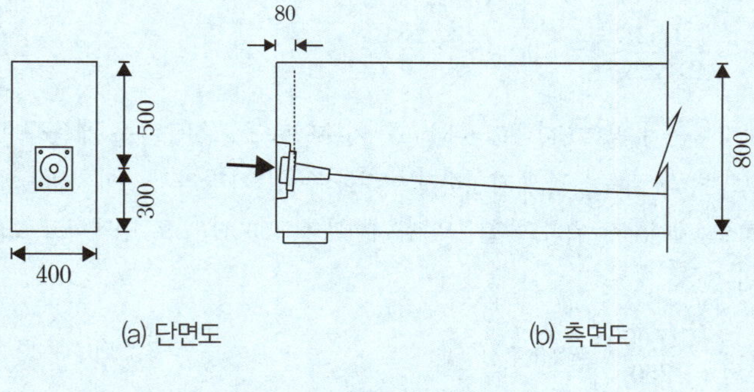

| 그림 9-33 | 예제 9-3 부재의 정착구역

>>> 풀이

(1) 계수긴장력

SWPC7BL 강연선의 인장강도는 1,860 MPa이므로, 식 (9·37)에 따라 계수긴장력을 구하면

$$P_u = \gamma_P(0.80 f_{pu})A_{ps} = 1.2(0.80 f_{pu})A_{ps} = 1.2\times0.8\times1{,}860\times971$$
$$= 1{,}734{,}000\, N = 1{,}734\, kN$$

(2) 파열력에 대한 설계

간이 계산법의 근사식 (9·25)에 따라 파열력을 구하면, 지압판의 크기 h_b가 180 mm이고, 부재의 높이 h가 800 mm, 정착구에서 부재 중심축에 대한 긴장재의 경사각 α가 6°이므로

$$T_{burst} = 0.25\, P_u\left(1-\frac{h_b}{h}\right) + 0.5\, P_u \sin\alpha$$
$$= 0.25\times1{,}734\times\left(1-\frac{180}{800}\right) + 0.5\times1{,}734\times\sin(6^\circ) = 336+181$$
$$= 517\, kN$$

파열력의 작용위치 d_{burst}를 식 (9·26)에 따라 구하면, 정착구에서의 편심 e_{anc}가 100 mm이므로

$$d_{burst} = \frac{1}{2}(h-2e_{anc}) + 5e_{anc}\sin\alpha$$
$$= \frac{1}{2}\times(800-2\times100) + 5\times1000\times\sin(6^\circ) = 300+52$$
$$= 352\, mm$$

보강철근이 배치되어야 하는 구간은 2.5 d_{burst}와 1.5 h 중 작은 값이므로, 이를 계산하면

$$2.5\, d_{burst} = 2.5\times352 = 880\, mm$$

$$1.5\, h = 1.5\times800 = 1{,}200\, mm$$

따라서 2.5 d_{burst}인 880 mm까지 보강철근을 배치한다.

보강철근으로 SD400 철근을 사용하고, 콘크리트구조설계기준에 따라 타이 철근에 대한 강도감소계수로 0.85를 적용하여 파열력에 대한 보강철근의 소요단면적 $A_{s,req}$를 계산하면

$$A_{s,req} = \frac{T_{burst}}{\phi f_y} = \frac{517{,}000}{0.85\times400} = 1{,}521\, mm^2$$

U형 스터럽 형태의 보강철근으로 D13 철근을 사용하면 철근 하나의 단면적 A_b가 126.7 mm^2이므로, 보강철근의 소요수량 n_{req}는

$$n_{req} = \frac{A_{s,req}}{2\, A_b} = \frac{1{,}521}{2\times126.7} = 6.0$$

따라서 6개의 U형 보강철근이 필요하다. 그러나 ϕf_y를 기준으로 소요철근량을 계산하여 설계하면 파열력에 의한 균열이 발생할 수 있으며, 균열폭을 작게 제어하기 어려울 수 있다. 따라서 설계자의 공학적 판단에 따라, 균열이 발생하더라도 균열폭을 제어하기 위하여 철근의 응력한계를 250 MPa로 선택하고 보강철근의 소요단면적과 소요수량을 다시 구하면

$$A_{s,req} = \frac{T_{burst}}{f_s} = \frac{517{,}000}{250} = 2{,}068\, mm^2$$

$$n_{req} = \frac{A_{s,req}}{2\,A_b} = \frac{2{,}068}{2 \times 126.7} = 8.16$$

따라서 9개의 U형 보강철근을 배치하기로 한다. 보강철근을 배치할 때 철근들의 중심이 d_{burst}인 352 mm에 있게 하고, 2.5 d_{burst}인 880 mm까지 배치하여야 하므로, 배치상세를 검토한 결과 설계자의 공학적 판단에 따라 그림 9-34와 같이 10개의 U형 보강철근을 배치하기로 한다.

(3) 할렬력에 대한 설계

할렬력의 크기를 경험적으로 계수긴장력의 2%로 가정하여 계산하면

$$T_{spall} = 0.02\,P_u = 0.02 \times 1{,}734 = 34.7\,kN$$

할렬력에 의하여 균열이 발생하더라도 균열폭을 제어하기 위하여, 철근의 응력한계를 250 MPa로 하고 보강철근의 소요단면적을 구하면

$$A_{sp,req} = \frac{T_{spall}}{f_s} = \frac{34{,}700}{250} = 138.8\,mm^2$$

시공의 편의성을 고려하여 파열력에 대한 보강철근과 동일한 D13($A_b = 126.7\,mm^2$) U형 보강철근 1개를 정착구 단부에 가까이 수직방향으로 배치하기로 한다. 이 위치는 부재의 단부에서 140 mm인 위치이다. 따라서 D13 U형 보강철근은 모두 11개를 배치한다.

또 부재 단부에 수직으로 할렬 균열이 발생할 수 있으므로, 설계자의 공학적 판단에 따라 ㄷ-형상의 D10 철근 5개를 단부에 가까이 수평방향으로 배치하기로 한다.

보강철근의 배치는 그림 9-34에 나타나 있다. 이 보강철근들은 정착구역의 보강철근으로서, 전단철근 외에 추가되는 철근들이다.

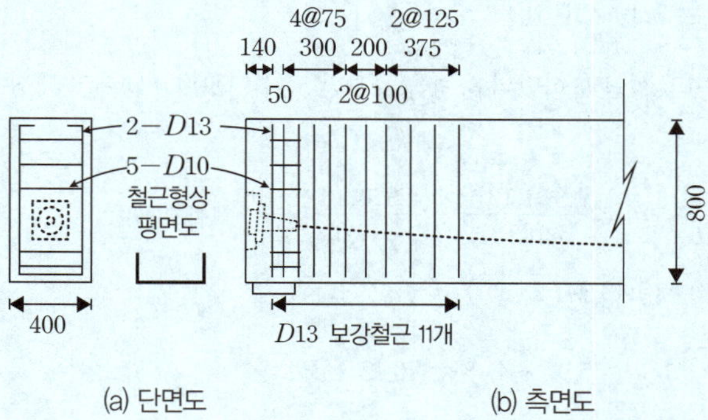

| 그림 9-34 | 정착구역 보강철근의 배치도

예제 9-4

스트럿-타이 모델을 이용하여 예제 9-3과 동일한 포스트텐션 부재 정착구역의 설계를 수행하시오.

>>> 풀이

(1) 계수긴장력

정착구의 경사각 α가 6°이므로, 정착구가 수평으로 배치된 경우에 비하여 파열력이 증가할 수 있다. 그러나 경사각을 고려한 스트럿-타이 모델은 해석이 다소 복잡해지므로, 설계자의 공학적 판단에 따라 단부에 작용하는 긴장력을 증가시키고 수평으로 작용하는 것으로 모델링하기로 한다. 긴장력의 증가비율은 α가 6°임을 고려한 설계자의 공학적 판단에 따라 10%가 증가된 것으로 가정한다. 따라서 식 (9·37)과 증가비율에 따라 계수긴장력을 구하면

$$P_p = 1.1\,P_{u,o} = 1.1\times\gamma_P(0.80\,f_{pu})A_{ps} = 1.1\times1.2(0.80\,f_{pu})A_{ps}$$
$$= 1.1\times1.2\times0.8\times1{,}860\times971 = 1{,}910{,}000\,N = 1{,}910\,kN$$

(2) 스트럿-타이 모델의 구성

지압판의 높이가 180 mm이므로 집중하중을 1/2로 나누어 각각 높이가 90 mm인 지압판에 작용하는 것으로 가정한다. 단면이 상하 대칭이고 집중하중이 작용하는 위치는 단면 도심에서 100 mm 떨어진 위치이므로, 두 개로 나누어진 집중하중은 단면도심에서 각각 55 mm와 145 mm 떨어진 위치에 작용한다. 집중하중이 작용하는 절점은 단부에서 50 mm 안쪽에 위치하는 것으로 가정한다.

타이는 부재높이의 1/2인 위치, 즉 단부에서 400 mm 떨어진 곳에 위치하는 것으로 가정한다. 타이와 스트럿이 만나는 절점의 수직 위치를 결정하기 위하여, D영역과 B영역의 경계면에 작용하는 응력의 분포를 다음과 같이 계산한다. 먼저 콘크리트 단면의 단면적과 단면2차모멘트를 계산하면, 단면의 폭 b가 400 mm, 단면의 높이 h가 800 mm이므로

$$A_c = 400\times800 = 320{,}000\,mm^2$$

$$I_g = \frac{400\times800^3}{12} = 17.07\times10^9\,mm^4$$

D영역과 B영역의 경계면의 상단과 하단의 응력을 구하면, 편심이 100 mm이고 도심에서 상단과 하단까지의 거리가 400 mm이므로

$$f_{top} = \frac{P_u}{A_c} - \frac{P_u\,e_{anc}}{I_g}y = \frac{1{,}910(10)^3}{320(10)^3} - \frac{1{,}910(10)^3\times100}{17.07(10)^9}\times400$$
$$= 5.97 - 4.48 = 1.49\,MPa$$

$$f_{bot} = \frac{P_u}{A_c} + \frac{P_u\,e_{anc}}{I_g}y = 5.97 + 4.48 = 10.45\,MPa$$

응력분포를 둘로 나눈 하나의 합력이 $P_u/2$와 같은 위치를 상단에서 y_1, 하단에서 y_2 떨어진 위치라고 하면

$$\frac{P_u}{2} = \left[f_{top} + \frac{y_1}{h}\frac{(f_{bot}-f_{top})}{2}\right]y_1\,b$$
$$\frac{1{,}910{,}000}{2} = \left[1.49 + \frac{y_1}{800}\frac{(10.45-1.49)}{2}\right]y_1\times400$$

이 식을 풀어서 y_1과 y_2를 구하면

$$y_1 = 533\,mm$$

$$y_2 = h - y_1 = 800 - 533 = 267\ mm$$

상단에서 y_1 떨어진 위치의 응력 f_{mid}을 비례관계를 이용하여 구하면

$$f_{mid} = f_{top} + \frac{y_1}{h}(f_{bot} - f_{top}) = 1.49 + \frac{533}{800} \times (10.45 - 1.49)$$
$$= 7.47\ MPa$$

y_1 이내에 작용하는 응력의 합력 작용점을 x_1이라고 하고, y_2 이내에 작용하는 응력의 합력 작용점을 x_2라고 하면

$$x_1 = \frac{1.49 \times \frac{533^2}{2} + \frac{(7.47 - 1.49)}{2} \times 533 \times 533 \times \frac{2}{3}}{(1.49 + 7.47) \times \frac{533}{2}} = 326\ mm$$

$$x_2 = \frac{7.47 \times \frac{267^2}{2} + \frac{(10.45 - 7.47)}{2} \times 267 \times 267 \times \frac{1}{3}}{(7.47 + 10.45) \times \frac{267}{2}} = 126\ mm$$

이 결과에 따라 그림 9-35와 같이 스트럿-타이 모델을 구성한다.

경사 스트럿과 부재축 사이의 수평각을 구하면

$$\theta = tan^{-1}\left(\frac{129}{350}\right) = 20.2^\circ$$

경사 스트럿의 압축력 C_{st}과 수직 타이의 인장력 T_{tie}을 구하면

$$C_{st} = \frac{P_u/2}{cos\,\theta} + \frac{955}{cos(20.2^\circ)} = 1{,}018\ kN$$

$$T_{tie} = C_{st}\, sin\,\theta = 1{,}018 \times sin\,(20.2^\circ) = 352\ kN$$

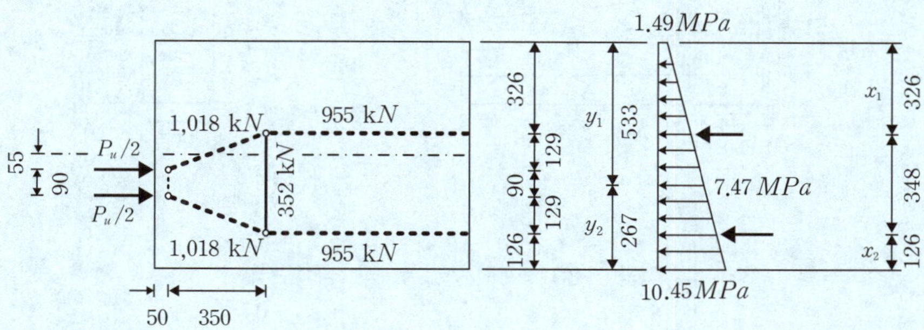

| 그림 9-35 | 정착구역 스트럿-타이 모델

수직 타이의 인장력 T_{tie}를 포스트텐션 정착구역의 파열력 T_{burst}로 보고 이에 대한 보강철근을 설계한다. 균열을 엄격하게 제어하기 위하여 철근의 응력한계를 150 MPa로 선택하고, 철근의 소요단면적과 D13 U형 스터럽의 소요수량을 구하면

$$A_{s,req} = \frac{T_{burst}}{f_s} = \frac{352{,}000}{150} = 2{,}347\ mm^2$$

$$n_{req} = \frac{A_{s,req}}{2\,A_b} = \frac{2{,}347}{2 \times 126.7} = 9.26$$

따라서 파열력에 대하여 D13 U형 스터럽의 보강철근 10개를 배치한다. 이것은 할렬력에 대한 보강철근을 포함하여 D13 U형 스터럽 11개를 배치한 [예제 9-3]과 동일한 결과이다. 이 예제의 경우, 포스트텐션 정착구역의 파열력을 결정하기 위하여 스트럿-타이 모델을 구성하고 해석하는 것이므로, 설계자의 공학적 판단에 따라 스트럿과 절점영역의 강도검증은 생략한다. 할렬력에 대하여는 [예제 9-3]과 같은 방법으로 설계하고, 그림 9-34와 동일하게 철근을 배치한다.

예제 9-5

그림 9-36과 같이 4개의 텐던과 단부 정착구가 배치된 포스트텐션 부재에 대하여, 콘크리트구조설계기준에 따라 정착구역 철근보강 설계를 수행하시오. 각 정착구에 작용하는 계수긴장력은 각각, $P_1 = 1{,}530\,kN$, $P_2 = 1{,}488\,kN$, $P_3 = 1{,}442\,kN$, $P_4 = 1{,}391\,kN$이다. 정착구에서 부재 중심축에 대한 긴장재의 경사각은 각각, $\alpha_1 = 9.96°$, $\alpha_2 = 7.74°$, $\alpha_3 = 4.79°$, $\alpha_4 = 1.66°$이다. 정착구의 지압판은 한 변의 길이가 $215\,mm$인 정사각형이며, 단면도에 표시된 정착구의 위치는 정착구 중심의 위치를 나타낸다. 콘크리트 단면에 긴장력이 도입될 때 콘크리트의 압축강도 f_{ci}는 설계기준압축강도 f_{ck}와 동일하게 $40\,MPa$이다. (이 예제는 "콘크리트 구조부재의 스트럿-타이 모델 설계 예제집"[9.36]의 예제 3.1의 문제 및 풀이와 동일한 것으로서, 이해를 돕기 위하여 일부를 수정한 것임을 밝혀 둔다.)

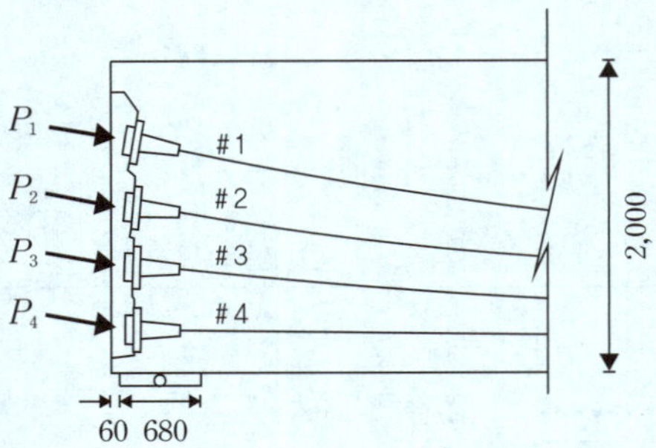

(a) 측면도

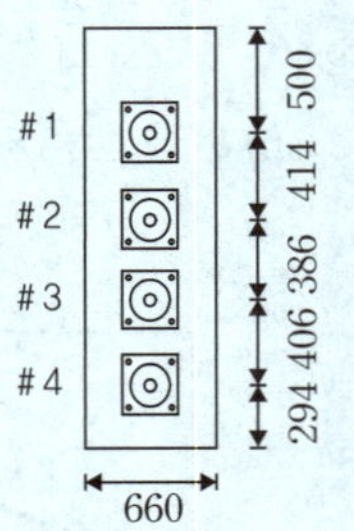

(b) 단면도

| 그림 9-36 | 예제 9-5 부재의 정착구역

>>> 풀이

(1) 스트럿-타이 모델 구성 및 해석

스트럿-타이 모델을 구성할 때, D영역의 길이는 부재 높이 h와 같은 $2{,}000\,mm$로 하고, 인장타이는 단부에서 $h/2$와 h 떨어진 위치에 존재하는 것으로 가정한다. 스트럿과 절점은 텐던이 배치된 경로 상에 위치한다고 가정한다. 받침부에도 절점을 두어 반력의 작용을 고려한다. 이와 같은 가정과 과정에 따라 그림 9-37(a)와 같이 스트럿-타이 모델을 구성한다.

단부 정착구에 작용하는 긴장력은 수평성분과 수직성분으로 분리하여, 절점에 수평력과 수직력으로 작용하는

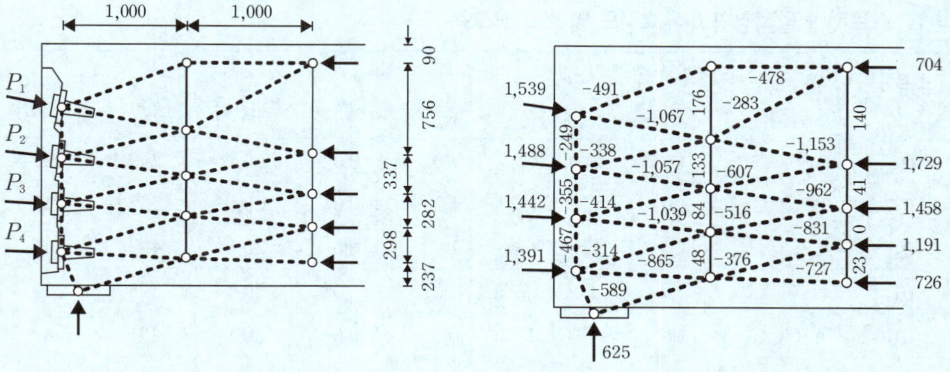

(a) 스트럿-타이 모델 (b) 트러스 해석결과

| 그림 9-37 | 정착구역 스트럿-타이 모델

것으로 가정한다. 선정된 스트럿-타이 모델은 정정 트러스 구조이므로, 절점의 평형조건을 이용하여 트러스 해석을 수행하여 단면력을 구한다. 이와 같은 과정에 따라 얻은 스트럿과 타이의 단면력은 그림 9-37(b)와 같다.

(2) 스트럿과 절점영역의 강도 검증

스트럿의 강도검증과 절점영역의 강도검증은 식 (9·58)과 같이 소요폭을 구하고, 식 (9·57)과 같이 허용폭이 충분하다는 것을 검증하는 방법을 사용할 수 있다. 소요폭을 구할 때 절점영역의 유효압축강도는 식 (9·56)에 따라 결정한다. 이때 β_n의 값은 절점의 종류에 따라 표 9-3과 같이 1.0, 0.8, 0.6을 적용한다. 소요폭을 구할 때 스트럿의 유효압축강도는 식 (9·45)에 따라 결정한다. 이때 β_s의 값은 스트럿의 종류와 철근 배치에 따라 표 9-2의 값을 적용할 수 있다. 여기서 스트럿에 대하여 가장 보수적인 경우로 β_s를 0.60으로 취하면, 0.60은 절점의 종류에 따라 결정되는 β_n의 값보다 작거나 같은 값이 된다. 유효압축강도를 결정하는 예로서, BH 스트럿과 이에 연결된 절점영역에 대한 소요 유효폭을 구하기 위하여 유효압축강도를 식 (9·45) 또는 식 (9·56)의 형태로 계산하면, β_{min}은 β_s와 β_n 중 최솟값인 0.60이므로

$$f_{ce} = 0.85\,\beta_{min} f_{ck} = 0.85 \times 0.60 \times 40 = 20.4\ MPa$$

BH 스트럿과 이에 연결된 절점영역에 대한 소요 유효폭을 식 (9·58)로 구하면, 스트럿-타이 모델의 해석결과로 스트럿에 작용하는 계수압축력이 1,157 kN이고 부재단면의 두께가 660 mm이므로

$$w_{req} = \frac{F_u}{\phi f_{ce}\, t} = \frac{1{,}157 \times 10^3}{0.75 \times 20.4 \times 660} = 115\ mm$$

이와 같은 방법으로 각 스트럿과 각 스트럿 양단에 연결된 절점영역의 강도를 고려하여 소요 유효폭을 계산한 결과가 표 9-4에 나타나 있다. 그림 9-38은 표 9-4에 나타낸 각 스트럿의 소요 유효폭의 크기대로 치수화하여 나타낸 것이다. 그림 9-38에 나타난 바와 같이, 설계 대상 영역과 스트럿-타이 모델의 기하학적 형상에 따라 허용되는 최대 폭이 스트럿이나 절점영역의 소요 유효폭보다 더 크므로, 스트럿과 절점영역의 강도는 검증된 것으로 판단한다.

표 9-4 스트럿과 절점영역의 유효강도 및 소요 유효폭

요소	스트럿 β_s	절점 종류 및 β_n 절점	β_n	절점	β_n	β_{min}	f_{ce} $[MPa]$	F_u $[kN]$	w_{req} $[mm]$	검토
AB	0.6	A-CCC	1.0	B-CCC	1.0	0.6	20.4	249	25	만족
BC	0.6	B-CCC	1.0	C-CCC	1.0	0.6	20.4	355	35	만족
CD	0.6	C-CCC	1.0	D-CCC	1.0	0.6	20.4	467	46	만족
DE	0.6	D-CCC	1.0	E-CCC	1.0	0.6	20.4	598	59	만족
AF	0.6	A-CCC	1.0	F-CCT	0.8	0.6	20.4	491	49	만족
AG	0.6	A-CCC	1.0	G-CTT	0.6	0.6	20.4	1,067	106	만족
BG	0.6	B-CCC	1.0	G-CTT	0.6	0.6	20.4	338	33	만족
BH	0.6	B-CCC	1.0	H-CTT	1.0	0.6	20.4	1,057	115	만족
CH	0.6	C-CCC	1.0	H-CTT	0.6	0.6	20.4	414	41	만족
CI	0.6	C-CCC	1.0	I-CTT	0.6	0.6	20.4	1,039	103	만족
DI	0.6	D-CCC	1.0	I-CTT	0.6	0.6	20.4	314	31	만족
DJ	0.6	D-CCC	1.0	J-CCT	0.8	0.6	20.4	865	86	만족
EJ	0.6	E-CCC	1.0	J-CCT	0.8	0.6	20.4	237	23	만족
FK	0.6	F-CCT	0.8	K-CCT	0.8	0.6	20.4	428	47	만족
GK	0.6	G-CTT	0.6	K-CCT	0.8	0.6	20.4	283	28	만족
GL	0.6	G-CTT	0.6	L-CTT	0.6	0.6	20.4	1,153	114	만족
HL	0.6	H-CTT	0.6	L-CTT	0.6	0.6	20.4	607	60	만족
HM	0.6	H-CTT	0.6	M-CCT	0.8	0.6	20.4	962	95	만족
IM	0.6	I-CTT	0.6	M-CCT	0.8	0.6	20.4	516	51	만족
IN	0.6	I-CTT	0.6	N-CCT	0.8	0.6	20.4	831	82	만족
JN	0.6	J-CCT	0.8	N-CCT	0.8	0.6	20.4	376	37	만족
JO	0.6	J-CCT	0.8	O-CCT	0.8	0.6	20.4	727	72	만족

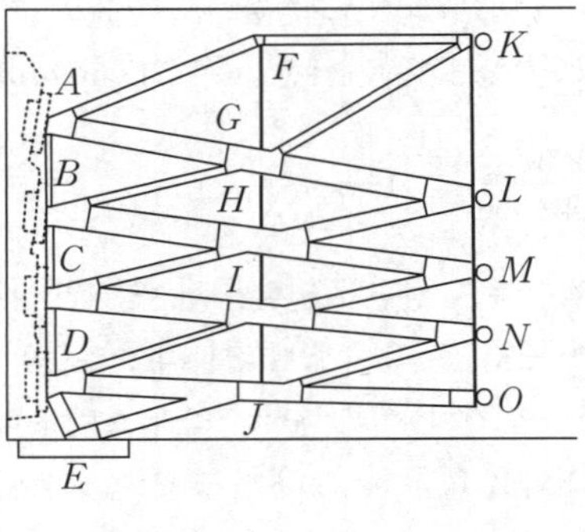

| 그림 9-38 | 치수화한 스트럿-타이 모델

(3) 타이에 대한 보강철근 설계

그림 9-37(b)에 나타난 바와 같이, 단부에서 $h/2$ 떨어진 위치의 타이에 작용하는 인장력 중에서 최댓값은 176 kN이므로, 이 인장력을 파열력으로 하여 보강철근을 설계한다.

보강철근으로 SD300 철근을 사용하고, 콘크리트구조설계기준에 따라 타이 철근에 대한 강도감소계수로 0.85를 적용하여 파열력에 대한 보강철근의 소요단면적 $A_{s,req}$를 계산하면

$$A_{s,req} = \frac{F_u}{\phi f_y} = \frac{176,000}{0.85 \times 300} = 690\ mm^2$$

정착구역의 균열을 가능한 한 억제하기 위한 설계자의 공학적 판단에 따라, 한 단면에 D16 철근 5개를 사용하여 993 mm^2의 철근 단면적을 갖도록 하며, 5-D16 철근을 단면 높이와 같은 길이인 2,000 mm 구간에 200 mm 간격으로 배치한다. 즉, 5-D16@200으로 배치한다.

한편, 단부의 집중하중은 수직방향으로 퍼질 뿐만 아니라 수평방향으로도 퍼질 수 있으므로, 수직방향과 동일하게 부재축의 직각인 수평방향으로도 수직철근과 동일한 양의 철근을 보강하기로 한다. 그림 9-39는 보강철근의 배치도이며, 그림 9-40은 이 예제와 동일한 방법으로 설계한 한 예로서, 전단철근과 함께 정착구역 보강을 위한 보강철근이 배치된 실제 모습[9.36]을 나타낸다.

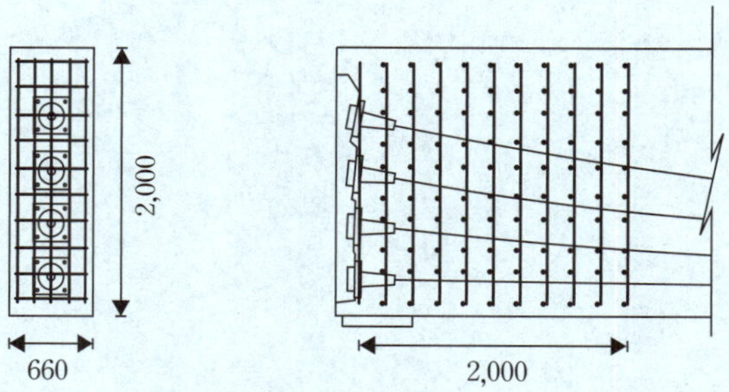

(a) 단면도 (b) 측면도

| 그림 9-39 | 보강철근 배치도

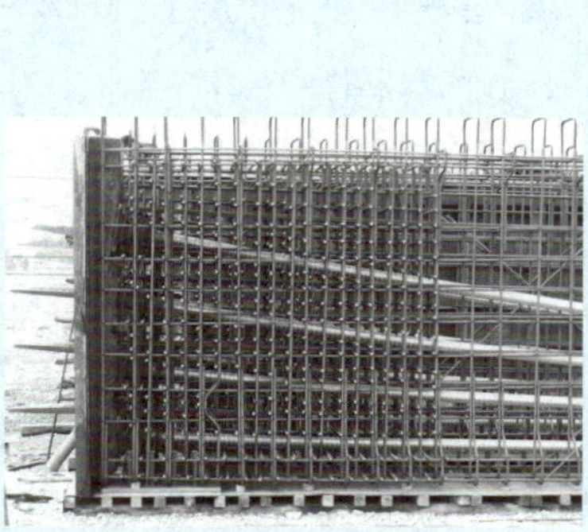

| 그림 9-40 | 보강철근의 배치 모습[9.36]

9.3.5 도로교설계기준과 Eurocode 2에 따른 정착구역의 설계

교량설계기준(한계상태설계법)[9.12]과 Eurocode 2[9.15,9.36]는 포스트텐션 정착구역의 강도한계상태 검증에 스트럿-타이 모델, 탄성해석 모델, 비선형 해석 모델과 그 외의 검증된 방법을 사용할 수 있으며, 지압응력에 대한 검증도 수행하여야 한다. 설계기준의 구체적인 내용에 있어서 교량설계기준(한계상태설계법)[9.12]의 포스트텐션 정착구역 설계기준은 기본적으로 Eurocode 2[9.15,9.36]와 동일한 것으로, 일부 규정이나 계수를 제외하고는 내용이 같다. 여기서는 교량설계기준(한계상태설계법)을 중심으로 설명하고, Eurocode 2에서 달리 규정하고 있는 내용을 소개한다.

[1] 포스트텐션 정착구역의 계수긴장력

포스트텐션 정착구역의 계수하중 P_u는 다음과 같이 긴장재에 작용하는 최대 긴장력 P_o에 하중계수 γ_p를 곱하여 결정한다. 긴장력에 대한 하중계수 γ_p는 불리한 조건에 적용하는 안전계수 $\gamma_{p,unfav}$로서 1.2를 적용한다.

$$P_u = \gamma_p P_o = \gamma_{p,unfav} P_o = 1.2\,P_o \qquad (9\cdot60)$$

$$P_o = A_p f_{o,max} \qquad (9\cdot61)$$

여기서, A_p는 프리스트레싱 강재의 단면적이며, $f_{o,max}$는 프리스트레싱 강재의 최대 응력으로 $0.8f_{pu}$와 $0.9f_{py}$ 중에서 작은 값이다. Eurocode 2[9.15,9.36]에서는 $f_{o,max}$를 $0.8f_{pk}$와 $0.9f_{p0.1k}$ 중에서 작은 값으로 규정하고 있다. 여기서 f_{pk}는 인장강도 f_{pu}와 같은 의미이며, $f_{p0.1k}$는 0.1% 내력(stress for 0.1% strain set, 0.1% proof stress)으로서 Eurocode 2에서는 0.1% 내력을 프리스트레싱 강재의 항복점으로 정의하고 있음을 반영한 것이다.

[2] 지압응력의 검증

교량설계기준(한계상태설계법)[9.12]과 교량의 설계에 적용하는 Eurocode 2 Part 2[9.36]에서는 다음의 조건을 만족하도록 설계하고 검증하도록 규정하고 있다.

$$\frac{P_o}{cc'} \le 0.6\,f_{ck}(t) \qquad (9\cdot62)$$

여기서, $f_{ck}(t)$는 긴장력이 도입될 때의 콘크리트 압축강도이고, cc'는 그림 9-41에 나타낸 확대된 직사

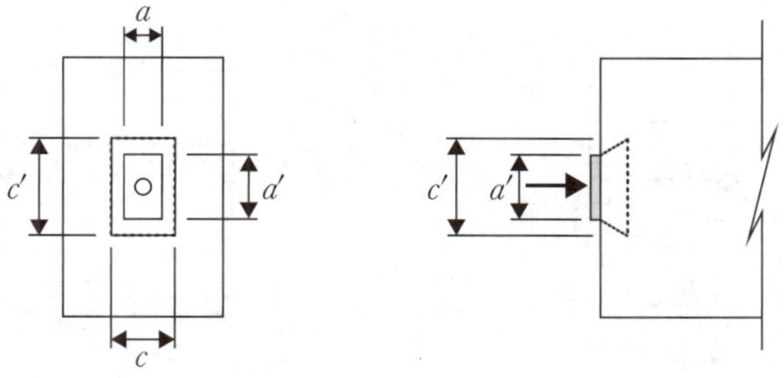

| 그림 9-41 | 단부에 배치된 정착판의 크기와 확대된 해당 사각형의 크기

각형 단면의 단면적이다. 이때 확대된 직사각형 단면은 정착판의 형태와 근사적으로 닮은꼴이 되도록 한다. 확대된 직사각형 단면의 치수 c는 a의 1.25배로 취하고, c'은 a'의 1.25배로 취한다. 여기서 a와 a'은 정착판의 치수이다. 다수의 정착판이 사용되는 경우에는 해당 직사각형 단면이 중복되지 않도록 하여야 한다.

콘크리트의 지압부가 식 (9·62)의 조건을 만족하더라도 지압부에는 다음의 최소 단면적 이상의 횡방향 철근을 보강하여야 한다. 식 (9·63)은 교량설계기준(한계상태설계법)의 식이고, 식 (9·64)는 Eurocode 2의 식이다. 여기서, $\gamma_{p,unfav}$는 불리한 조건에 적용하는 안전계수로서 1.2를 적용한다.

$$A_s = 0.15 \frac{P_o}{\phi_s f_y} \gamma_{p,unfav} \tag{9·63}$$

$$A_s = 0.15 \frac{P_o}{f_{yd}} \gamma_{p,unfav} \tag{9·64}$$

[3] 단순 트러스 모델을 이용한 스트럿-타이 모델

포스트텐션 정착구역의 설계에는 그림 9-42와 같은 단순 트러스 모델을 적용하여 근사적으로 T_{tie}의 파열력을 구할 수 있다. 단순 트러스 모델은 압축력 P_u가 정착장치에서부터 2β의 각도로 확산되는 것으로 가정한 것이며, 여기서 각도 β는 $\tan^{-1}(2/3)$인 33.7도로 가정한다. 타이는 단부에서 $h/2$ 떨어진 위치에 존재하는 것으로 단순 스트럿-타이 모델을 구성할 수 있다.

따라서 이 단순 트러스 모델을 적용하면, 타이의 인장력 T_{tie}와 스트럿의 압축력 C_{strut}를 다음과 같이 계산할 수 있다.

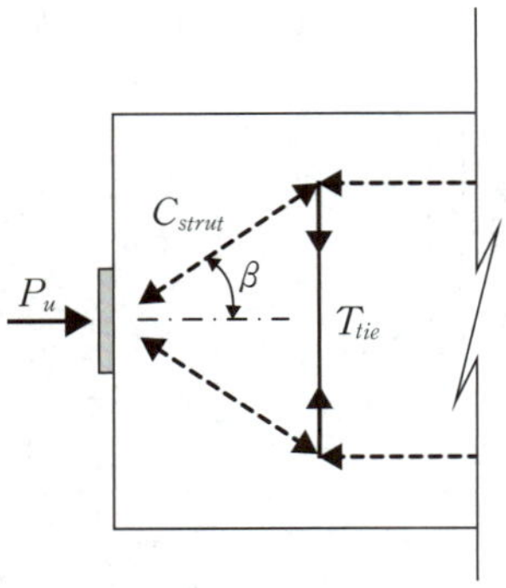

| 그림 9-42 | 정착구역의 단순 트러스 모델

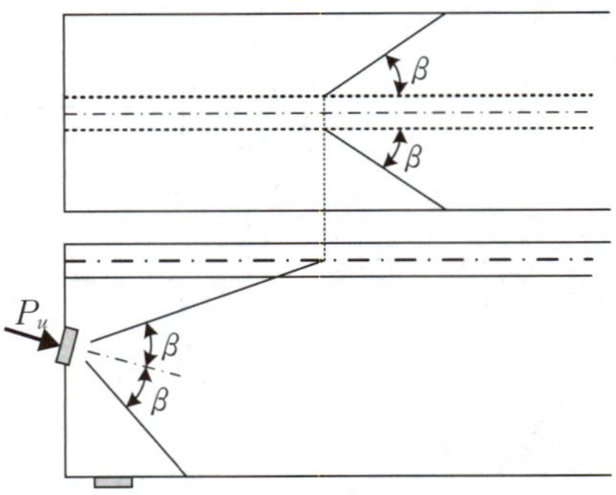

| 그림 9-43 | 단순 트러스 모델을 적용한 힘의 전달

$$T_{tie} = \frac{P_u}{2} tan\,\beta = \frac{P_u}{2} tan\,33.7^\circ = \frac{P_u}{3} \tag{9·65}$$

$$C_{strut} = \frac{P_u}{2} sec\,\beta = \frac{P_u}{2} sec\,33.7^\circ = 0.6\,P_u \tag{9·66}$$

그림 9-43은 경사진 방향으로 정착장치가 배치된 T형 단면 부재에 단순 트러스 모델을 적용한 것으로서, 복부와 플랜지에 3차원으로 확산되는 힘의 흐름을 나타낸다. 그림 9-43에서 윗부분의 그림은 상부 플랜지에서의 힘의 확산을 표현한 것이다.

[4] 스트럿-타이 모델

교량설계기준(한계상태설계법)과 Eurocode 2는 스트럿-타이 모델에 대한 강도 기준을 콘크리트 구조기준과 ACI 318 Code의 스트럿-타이 모델에 대한 강도 기준보다 단순한 형태로 규정하고 있다.

(1) 스트럿-타이 모델의 스트럿

콘크리트 스트럿은 설계압축강도 F_{sd}가 계수압축력 F_u 이상이도록 설계하고, 다음의 강도 요구성능을 검증한다.

$$F_{sd} \geq F_u \tag{9·67}$$

콘크리트 스트럿의 설계압축강도 F_{sd}는 다음과 같이 결정한다. 여기서, $f_{cd,max}$는 콘크리트 스트럿의 유효설계강도이고 A_c는 스트럿의 최소 단면적이다.

$$F_{sd} = f_{cd,max} A_c \tag{9·68}$$

콘크리트 스트럿의 유효설계강도 $f_{cd,max}$는 고려하는 변수에 따라 다른 값으로 규정되어 있으며, 설계기준에 따라서도 고려하는 변수에 다소 차이가 있다. 교량설계기준(한계상태설계법)[9.12]은 스트럿 축과 다른 각도로 스트럿에 작용하는 횡방향 응력과 횡방향 인장철근 배치의 두 가지 변수를 고려하여, 다음에 정리한 것과 같이 구분하고 $f_{cd,max}$를 결정한다. Eurocode 2[9.15,9.36]는 스트럿에 작용하는 횡방향 응력은 변수로서 고려하지만 횡방향 인장철근 배치는 변수로 고려하지 않고, 다음에 정리한 것과 같이 구분하여 $\sigma_{Rd,max}$를 결정한다. Eurocode 2의 기호 $\sigma_{Rd,max}$는 교량설계기준(한계상태설계법)의 기호 $f_{cd,max}$와 같은 의미이다. 콘크리트 스트럿의 유효설계강도 $f_{cd,max}$와 $\sigma_{Rd,max}$는 다음과 같다.

- 횡방향 응력이 작용하지 않거나 횡방향 압축응력이 작용하는 경우

  그림 9-44의 (a) 또는 (b)와 같이, 횡방향 응력이 작용하지 않는 스트럿이나 횡방향 응력이 압축응력으로 작용하는 스트럿에는 $f_{cd,max}$를 다음과 같이 결정한다.

$$f_{cd,max} = 0.85\,\phi\, f_{ck} \tag{9·69}$$

$$\sigma_{Rd,max} = f_{cd} = \frac{f_{ck}}{\gamma_c} \tag{9·70}$$

  식 (9·69)는 교량설계기준(한계상태설계법)의 식이고, 식 (9·70)은 Eurocode 2의 식이다. 여기서, ϕ_c는 콘크리트의 재료계수로서 0.65이고, γ_c는 콘크리트의 재료부분안전계수로서 유럽의 국가별 기준에서 달리 규정하지 않는다면 1.5를 적용한다. 만일 횡방향 압축응력이 3축 이상 다축으로 작용하는 경우에는 콘크리트 스트럿의 유효설계강도 $f_{cd,max}$와 $\sigma_{Rd,max}$를 증가시킬 수 있다.

- 횡방향 인장응력이 작용하여 균열이 발생한 것으로 가정하는 경우

  그림 9-44의 (c)와 같이, 콘크리트 스트럿의 횡방향으로 인장응력이 작용하는 경우에는 스트럿에 균열이 발생할 수 있다. 교량설계기준(한계상태설계법)에서는 스트럿 축의 직각방향으로 배치하는 횡방향 인장철근의 철근비 0.4%를 기준으로 하여, $f_{cd,max}$를 다음과 같이 결정한다. 횡방향 인장철근비가 0.4% 이상인 경우에는 스트럿 축과 횡방향 인장응력 사이의 각도 θ에 따라 $f_{cd,max}$를 결정한다.

① 횡방향 인장철근비가 0.4% 미만인 경우

$$f_{cd,max} = 0.6\left(1 - \frac{f_{ck}}{250}\right)\phi_c f_{ck} \tag{9·71}$$

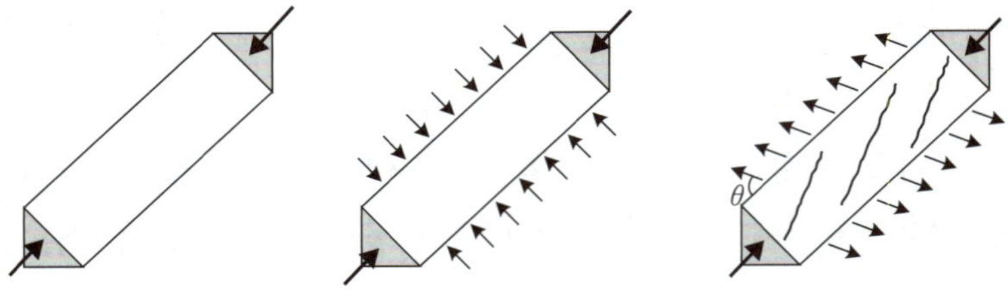

(a) 횡방향 응력이 0인 경우 (b) 횡방향 압축응력 (c) 횡방향 인장응력

| 그림 9-44 | 스트럿에 대한 횡방향 응력 작용

② 횡방향 인장철근비가 0.4% 이상인 경우

$$f_{cd,max} = 0.85\left(1 - \frac{f_{ck}}{250}\right)\phi_c f_{ck} \qquad : 75^\circ < \theta \qquad (9 \cdot 72)$$

$$f_{cd,max} = 0.70\left(1 - \frac{f_{ck}}{250}\right)\phi_c f_{ck} \qquad : 60^\circ < \theta \le 75^\circ \qquad (9 \cdot 73)$$

$$f_{cd,max} = 0.60\left(1 - \frac{f_{ck}}{250}\right)\phi_c f_{ck} \qquad : \theta \le 60^\circ \qquad (9 \cdot 74)$$

여기서, θ는 철근이 1방향으로만 배치된 경우의 스트럿과 횡방향 철근 사이의 각도이다. 횡방향 철근이 2방향 이상의 방향으로 배치된 경우에는 배치된 횡방향 철근이 스트럿에 작용하는 횡방향 인장응력을 저항하는 용도로 배치되었는지를 판단하여 각도 θ를 결정한다.

Eurocode 2는 스트럿에 횡방향 인장응력이 작용하는 경우, 횡방향 인장철근의 배치여부와 무관하게 콘크리트 스트럿의 유효설계강도 $\sigma_{Rd,max}$를 다음과 같이 결정한다.

$$\sigma_{Rd,max} = 0.6\,\nu\,f_{cd} = 0.6\,\nu\,\frac{f_{ck}}{\gamma_c} \qquad (9 \cdot 75)$$

여기서 ν는 유럽의 국가별 기준에서 달리 규정하지 않는다면 다음으로 결정한다.

$$\nu = 1 - \frac{f_{ck}}{250} \qquad (9 \cdot 76)$$

참고로 AASHTO-LRFD[9.13]는 스트럿-타이 모델의 압축에 대한 저항계수를 0.7로 하고 있으며, 스트럿의 유효설계강도를 f_{cu}로 표현하여 다음과 같이 결정한다.

$$f_{cu} = \frac{f_{ck}}{0.8 + 170\,\varepsilon_1} \le 0.85\,f_{ck} \tag{9·77}$$

여기서, ε_1은 스트럿 축의 직각방향으로 발생하는 변형률로서 인장변형률일 때 양(+)의 부호를 갖는다. 스트럿의 유효설계강도 f_{cu}의 최댓값이 $0.85\,f_{ck}$이므로, ε_1이 인장변형률로서 0.002을 초과하면 $0.85\,f_{ck}$보다 작은 값을 f_{cu}로 하여야 한다. ε_1은 다음으로 결정한다.

$$\varepsilon_1 = \varepsilon_s + (\varepsilon_s + 0.002)\,cot^2\,\alpha_s \tag{9·78}$$

여기서, α_s는 스트럿에 인접한 타이와 스트럿 사이의 각도이며, ε_2는 스트럿에 인접한 타이의 인장변형률이다.

(2) 스트럿–타이 모델의 타이

인장 타이는 설계인장강도 F_{td}가 계수인장력 F_u 이상이도록 설계하고, 다음의 강도 요구성능을 검증한다.

$$F_{td} \ge F_u \tag{9·79}$$

타이의 설계인장강도 F_{td}는 다음과 같이 결정한다.

$$F_{td} = \phi_s f_y\,A_s \tag{9·80}$$

$$F_{td} = f_{yd}\,A_s = \frac{f_{yk}}{\gamma_s}\,A_s \tag{9·81}$$

식 (9·80)은 교량설계기준(한계상태설계법)의 식으로서, ϕ_c는 철근의 재료계수 0.90이다. 식 (9·81)은 Eurocode 2의 식으로서 f_{yk}는 설계기준항복강도 f_y와 같은 의미의 기호이다. 참고로, Eurocode에서는 설계기준항복강도를 f_{yk}로 표현하고 철근의 실제 항복강도를 f_y로 표현한다. γ_s는 철근의 재료부분안전계수로서, 유럽의 국가별 기준에서 달리 규정하지 않는다면 1.15를 적용한다.

한편, 교량설계기준(한계상태설계법)은 철근응력이 300 MPa 이하이면 균열에 대한 검토를 생략할 수 있도록 규정하고 있다. 따라서 식 (9·80)에서 철근의 재료계수 ϕ_s가 0.9이므로, SD400 철근을 보강하는 경우 $\phi_s f_y$의 값으로 360 MPa까지 적용할 수 있지만, $\phi_s f_y$의 실제 값을 대신하여 300 MPa을 적용하여 설계하면 균열폭에 대한 검증을 생략할 정도의 보수적인 설계가 될 것이다. 건물과 일반

구조물에 적용하는 Eurocode 2 part 1[9.15]에서는 식 (9·81)의 f_{yd}로 300 MPa 이하의 값을 적용하여 설계하는 경우에 균열검증을 생략할 수 있다. 교량 구조물에 적용하는 Eurocode 2 part 2[9.36]에서는 f_{yd}로 250 MPa 이하를 적용하여 설계하는 경우에 균열검증을 생략할 수 있다.

참고로, AASHTO-LRFD[9.13]는 포스트텐션 정착구역의 인장 철근에 대한 저항계수를 1.0으로 하고 있으며, 타이의 공칭강도 P_n은 식 (9·51)을 단순화한 다음 식으로 결정한다.

$$P_n = f_y A_{st} + A_{ps}(f_{pe} + f_y) \tag{9·82}$$

여기서, f_y는 철근의 설계기준항복강도, A_{st}는 타이 철근의 단면적, A_{ps}는 긴장재의 단면적, f_{pe}는 유효 긴장력이다. 철근이 타이로 배치되지 않은 경우에는 이 식의 첫 번째 항 $f_y A_{st}$는 생략되지만, 두 번째 항의 f_y는 420 MPa로 계산한다.

(3) 스트럿-타이 모델의 절점영역

절점영역의 크기와 상세는 지압강도의 결정에 크게 영향을 미치므로, 스트럿과 타이와 함께 외력의 기하학적 특성을 고려하여 결정하여야 한다. 스트럿-타이 모델의 절점영역은 설계압축강도 $F_{nd,i}$가 계수압축력 $F_{u,i}$ 이상이도록 설계하고, 다음의 강도 요구성능을 검증한다.

$$F_{nd,i} \geq F_{u,i} \tag{9·83}$$

강도성능의 검증은 절점과 스트럿이 접한 각각의 절점 면에 대하여 수행하여, 그림 9-45(a)의 C-C-C 절점은 3면, 그림 9-45(b)의 C-C-T 절점은 2면, 그림 9-45(c)의 C-T-T 절점은 1면에 대하여 검토한다. 절점에 작용하는 압축력 C_i는 스트럿을 통하여 각 면에 C_1, C_2, C_3로 작용하며, 각 면에 작용하는 계수압축력 $F_{u,i}$가 된다.

절점영역 i번째 면의 설계압축강도 $F_{nd,i}$는 다음과 같이 결정한다.

$$F_{nd,i} = f_{cd,max}\, w_i\, t \tag{9·84}$$

여기서, $f_{cd,max}$: 절점영역 내 압축응력의 최대설계유효강도

w_i : i번째 절점 면의 폭

t : 절점영역의 두께

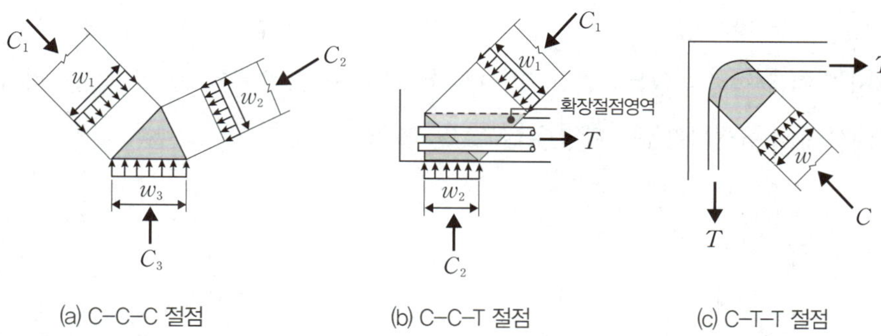

| 그림 9–45 | 절점 종류에 따른 힘의 작용과 절점의 크기

절점영역 내 압축응력의 최대설계유효강도 $f_{cd,max}$는 절점의 종류에 따라 다음과 같이 결정한다. 그림 9–45(a)의 C–C–C 절점은 타이가 정착되지 않은 압축 절점으로서 다음과 같이 $f_{cd,max}$를 결정한다.

$$f_{cd,max} = \left(1 - \frac{f_{ck}}{250}\right)\phi_c f_{ck} \tag{9·85}$$

그림 9–45(b)의 C–C–T 절점은 한쪽에 정착 타이가 있는 압축 절점으로서 다음과 같이 $f_{cd,max}$를 결정한다.

$$f_{cd,max} = 0.85\left(1 - \frac{f_{ck}}{250}\right)\phi_c f_{ck} \tag{9·86}$$

그림 9–45(c)의 C–T–T 절점은 두 방향으로 정착 타이가 있는 압축 절점으로서 다음과 같이 $f_{cd,max}$를 결정한다.

$$f_{cd,max} = 0.75\left(1 - \frac{f_{ck}}{250}\right)\phi_c f_{ck} \tag{9·87}$$

Eurocode 2에서는 $f_{cd,max}$와 동일한 의미를 갖는 $\sigma_{Rd,max}$를 절점의 종류에 따라 다음과 같이 결정한다.

$$\sigma_{Rd,max} = k_1 \nu f_{cd} = 1.0 \times \nu \frac{f_{ck}}{\gamma_c} \tag{9·88}$$

$$\sigma_{Rd,max} = k_2 \nu f_{cd} = 0.85 \times \nu \frac{f_{ck}}{\gamma_c} \tag{9·89}$$

$$\sigma_{Rd,max} = k_3 \nu f_{cd} = 0.75 \times \nu \frac{f_{ck}}{\gamma_c} \tag{9·90}$$

여기서, k_1, k_2, k_3는 각각 C-C-C 절점, C-C-T 절점, C-T-T 절점에 적용하는 계수로서, 유럽의 국가별 기준에서 달리 규정하지 않는다면 k_1로는 1.0, k_2로는 0.85, k_3으로는 0.75를 적용한다. ν는 유럽의 국가별 기준에서 달리 규정하지 않는다면 앞의 식 (9·76)으로 결정한다.

$$\nu = 1 - \frac{f_{ck}}{250} \tag{9·76}$$

이상과 같이 결정하는 절점영역의 설계압축강도는, 다음과 같은 조건 중에서 적어도 1개의 조건이 적용되는 경우에 10%까지 증가시킬 수 있다.

① 절점이 3축 압축상태인 경우
② 스트럿과 타이 사이의 모든 사잇각이 55°보다 큰 경우
③ 지점과 집중하중에 작용하는 하중이 등분포하중으로 작용하며, 절점이 스터럽으로 구속된 경우
④ 여러 층의 철근이 배치되어 인장력이 분산되는 효과가 발휘되는 경우
⑤ 절점이 지압응력이나 마찰력에 의하여 안정적으로 구속된 경우

또, 절점이 3축 압축상태인 경우에는 각 방향으로 구속 상태에 있으므로, 설계 압축 강도를 증가시킬 수 있다. 이때에는 절점영역에 세 방향으로 압축력을 작용시키는 스트럿 모두의 힘을 구하고, 횡구속 효과를 고려한 앞의 식 (2·61)에 따라 콘크리트의 압축강도를 증가시킬 수 있다. [2.1.12절 참조]

$$f_{ck,c} = f_{ck} + 3.7 f_2 \tag{2·61}$$

여기서, f_2는 횡구속에 의해서 작용하는 횡방향 유효 압축응력이다. 그러나 3축 압축상태로 인하여 증가된 콘크리트 압축강도는 다음의 값을 초과하지 못한다.

$$f_{cd,max} = 3\left(1 - \frac{f_{ck}}{250}\right)\phi_c f_{ck} \tag{9·91}$$

Eurocode 2에서도 식 (2·61)과 유사한 형태의 수식에 의하여 콘크리트의 압축강도를 증가시킬 수 있으며, 증가된 콘크리트 압축강도의 최댓값도 식 (2·91)과 유사한 형태로 규정되어 있다.

참고로, AASHTO-LRFD[9.13]는 스트럿-타이 모델의 절점에는 지압에 대한 저항계수 0.7을 적용한다. 이 값은 스트럿-타이 모델의 압축에 적용하는 저항계수와 같은 값이다. 절점의 유효설계강도 f_{cu}는 다음과 같이 결정한다.

$$f_{cu} = 0.85\,\phi\,f_{ck} \qquad : C\!-\!C\!-\!C \text{ 절점} \tag{9·92}$$

$$f_{cu} = 0.75\,\phi\,f_{ck} \qquad : C\!-\!C\!-\!T \text{ 절점} \tag{9·93}$$

$$f_{cu} = 0.65\,\phi\,f_{ck} \qquad : C\!-\!T\!-\!T \text{ 절점} \tag{9·94}$$

(4) 치수화를 통한 강도의 검증

강도검증에 대하여 9.3.3절의 마지막 부분에서 설명한 바와 같이, 압축력과 인장력의 단면력과 설계축강도를 대상으로 강도를 검증할 수도 있지만, 소요폭을 대상으로 스트럿-타이 모델의 강도를 검증할 수도 있다. 즉, 식 (9·67), 식 (9·79), 식 (9·83)에 따라 스트럿과 타이와 절점영역의 강도를 검증하는 대신, 앞의 식 (9·57)과 다음 식에 따라 스트럿과 절점영역의 강도를 검증할 수 있다.

$$w_{avl} \geq w_{req} \tag{9·57}$$

$$w_{req} = \frac{F_u}{f_{cd,max}\,t} \tag{9·95}$$

여기서, w_{avl}은 설계 대상 영역과 스트럿-타이 모델의 기하학적 형상에 따라 허용되는 최대 폭이고, w_{req}는 스트럿이나 절점영역의 소요 유효폭이며, t는 부재 단면의 두께로서 스트럿이나 절점영역의 두께이다.

타이로 철근만 배치하는 경우, 철근의 소요 단면적은 다음으로 결정하고 그 이상의 단면적을 갖도록 철근을 배치한다.

$$A_{s,req} = \frac{F_u}{\phi_s f_y} \tag{9·96}$$

[5] 균열 제어를 위한 철근의 응력한계

앞에서 언급한 바와 같이 교량설계기준(한계상태설계법)[9.12]은 철근응력이 300 MPa 이하일 때 균열에 대한 검토를 생략할 수 있도록 규정하고 있다. 따라서 식 (9·63)과 식 (9·96)을 적용하여 철근의 단면적을 결정할 때, $\phi_s f_y$의 실제 값을 대신하여 300 MPa을 적용하여 설계하면 균열폭에 대한 검증을 생략할 정도의 보수적인 설계가 될 것이다. 동일한 개념으로, Eurocode 2에 따라 식 (9·64)와 식 (9·81)로 철근을 설계할 때 균열검증을 생략할 수 있는 f_{yd}의 최댓값으로 Eurocode 2 part 1[9.15]은

300 MPa, Eurocode 2 part 2[9.36]은 250 MPa로 규정하고 있다. Eurocode 2에서 part 1은 건물과 일반 구조물에 적용하고, part 2는 교량 구조물에 적용한다.

예제 9-6

예제 9-3과 동일한 다음 그림의 포스트텐션 부재 정착구역에 대하여, 교량설계기준(한계상태설계법)과 Eurocode 2에 규정된 단순 트러스 모델을 이용하여 스트럿-타이 모델을 구성하고 정착구역의 설계를 수행하시오.

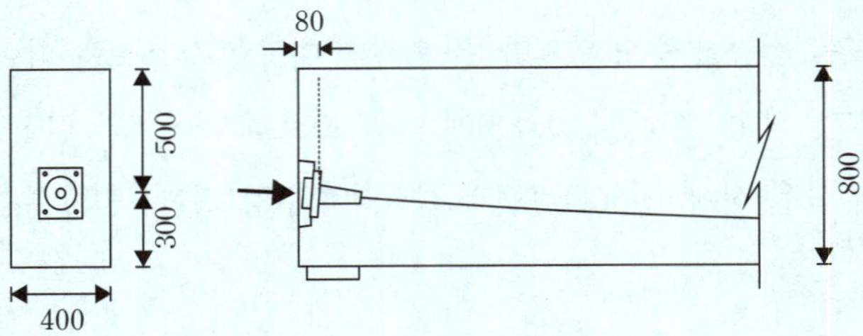

(a) 단면도 (b) 측면도

| 그림 9-46 | 예제 9-6 부재의 정착구역(예제 9-3의 그림 9-33과 동일함)

풀이

(1) 계수긴장력

정착구의 경사각 α가 6°이므로, 정착구가 수평으로 배치된 경우에 비하여 파열력이 증가할 수 있다. 이를 고려하여, 설계자의 공학적 판단에 따라 단부에 작용하는 긴장력을 증가시키고 수평으로 작용하는 것으로 모델링하기로 한다. 긴장력의 증가비율은 α가 6°임을 고려한 설계자의 공학적 판단에 따라 10%가 증가된 것으로 가정한다. 따라서서 식 (9·60)과 증가비율에 따라 계수긴장력을 구하면, $0.80 f_{pu}$가 $0.9 f_{py}$보다 작으므로

$$P_u = 1.1\, \gamma_P P_o = 1.1 \times \gamma_{p,unfav}(0.80 f_{pu}) A_{ps} = 1.1 \times 1.2 (0.80 f_{pu}) A_{ps}$$
$$= 1.1 \times 1.2 \times 0.8 \times 1{,}860 \times 971 = 1{,}910{,}000\, N = 1{,}910\, kN$$

(2) 단순 스트럿-타이 모델의 구성

교량설계기준(한계상태설계법)과 Eurocode 2의 규정에 따라 정착장치에서부터 2β의 각도로 집중하중이 확산되는 것으로 가정한다. 여기서 각도 β는 $\tan^{-1}(2/3)$인 33.7도로 가정한다.

단순 트러스 모델에 의한 수직 타이의 인장력 T_{tie}와 경사 스트럿의 압축력 C_{st}를 식 (9·65)와 식 (9·66)에 따라 구하면

$$T_{tie} = \frac{P_u}{2} \tan\beta = \frac{P_u}{2} \tan 33.7^\circ = \frac{P_u}{3} = \frac{1{,}910}{3} = 637\, kN$$

$$C_{st} = \frac{P_u}{2} \sec\beta = \frac{P_u}{2} \sec 33.7^\circ = 0.6\, P_u = 0.6 \times 1{,}910 = 1{,}146\, kN$$

단순 트러스 모델을 이용한 스트럿-타이 모델은 그림 9-47과 같다.

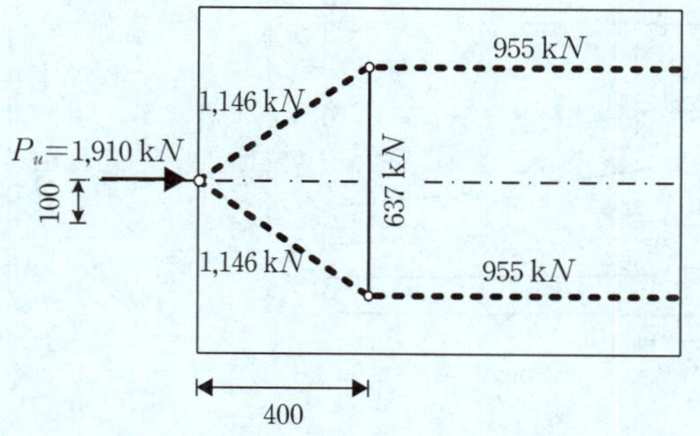

| 그림 9-47 | 단순 스트럿-타이 모델

수직 타이의 인장력 T_{tie}를 포스트텐션 정착구역의 파열력 T_{burst}로 보고 이에 대한 보강철근을 설계한다. 설계자의 공학적 판단에 따라, 균열이 발생하더라도 균열폭을 제어하기 위하여 철근의 응력한계를 250 MPa로 선택하고 철근의 소요단면적과 D13 U형 스터럽의 소요수량을 구하면

$$A_{s,req} = \frac{T_{burst}}{f_s} = \frac{637{,}000}{250} = 2{,}548\ mm^2$$

$$n_{req} = \frac{A_{s,req}}{A_b} = \frac{2{,}548}{2 \times 126.7} = 10.06$$

설계자의 공학적 판단에 따라 파열력에 대하여 D13 U형 스터럽의 보강철근 10개를 배치한다. 이것은 할렬력에 대한 보강철근을 포함하여 D13 U형 스터럽 11개를 배치한 [예제 9-3]과 동일한 결과이다. 이 예제의 경우, 포스트텐션 정착구역의 파열력을 결정하기 위하여 스트럿-타이 모델을 구성하고 해석하는 것이므로, 설계자의 공학적 판단에 따라 스트럿과 절점영역의 강도검증은 생략한다. 할렬력에 대하여는 [예제 9-3]과 같은 방법으로 설계하고, 그림 9-34와 동일하게 철근을 배치한다.

예제 9-7

예제 9-5와 동일한 다음 그림의 포스트텐션 부재 정착구역에 대하여, 교량설계기준(한계상태설계법)과 Eurocode 2에 규정된 단순 트러스 모델을 이용하여 스트럿-타이 모델을 구성하고 정착구역의 설계를 수행하시오.

>>> 풀이

(1) 정착구의 경사방향을 무시하고 단순 스트럿-타이 모델을 적용한 경험적 설계

정착구가 경사방향으로 배치되어 있어서 정착구가 수평으로 배치된 경우에 비하여 파열력이 증가할 수 있다. 그러나 단순 스트럿-타이 모델은 일반적으로 보수적인 결과를 주므로, 설계자의 공학적 판단에 따라 정착구의 경사방향을 무시하고 긴장력이 수평으로 작용하는 것으로 모델링하기로 한다. 계수긴장력의 총합을 유효숫자 세 자리로 구하면

$$P_u = \sum P_i = 1{,}530 + 1{,}488 + 1{,}422 + 1{,}391 = 5{,}850\ kN$$

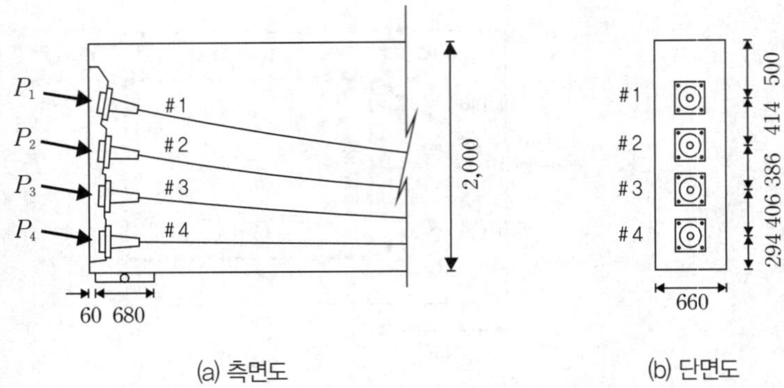

| 그림 9-48 | 예제 9-7 부재의 정착구역(예제 9-5의 그림 9-36과 동일함)

교량설계기준(한계상태설계법)과 Eurocode 2의 규정에 따라 정착장치에서부터 2β의 각도로 집중하중이 확산되는 것으로 가정한다. 여기서 각도 β는 $\tan^{-1}(2/3)$인 33.7도로 가정한다.

단순 트러스 모델에 의한 수직 타이의 인장력 T_{tie}와 경사 스트럿의 압축력 C_{st}를 식 (9·65)와 식 (9·66)에 따라 구하면

$$T_{tie} = \frac{P_u}{2} \tan \beta = \frac{P_u}{2} \tan 33.7^\circ = \frac{P_u}{3} = \frac{5,850}{3} = 1,950\ kN$$

$$C_{st} = \frac{P_u}{2} \sec \beta = \frac{P_u}{2} \sec 33.7^\circ = 0.6\ P_u = 0.6 \times 5,850 = 3,510\ kN$$

단순 트러스 모델을 이용한 스트럿-타이 모델은 **그림 9-49**와 같다.

수직 타이의 인장력 T_{tie}를 포스트텐션 정착구역의 파열력 T_{burst}로 보고 이에 대한 보강철근을 설계한다. 설계자의 공학적 판단에 따라, 균열이 발생하더라도 균열폭을 제어하기 위하여 철근의 응력한계를 250 MPa로 선택하고 철근의 소요단면적을 구하면

$$A_{s,req} = \frac{T_{burst}}{f_s} = \frac{1,950,000}{250} = 7,800\ mm^2$$

D16 철근 4개로 구성된 보강철근의 소요수량을 구하면, 철근 하나의 단면적 A_b가 198.6 mm^2이므로

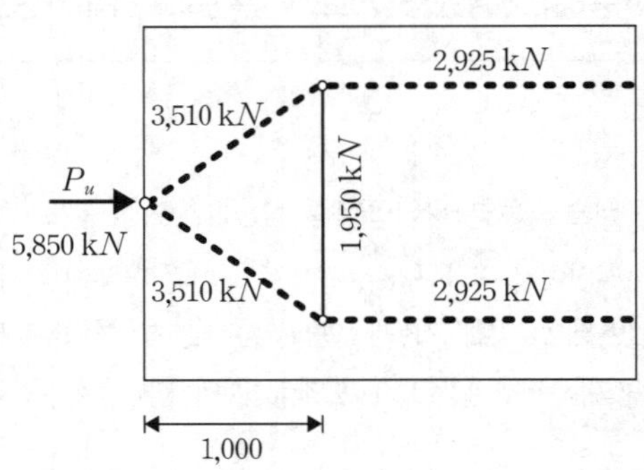

| 그림 9-49 | 단순 스트럿-타이 모델-1

$$n_{req} = \frac{A_{s,req}}{4\,A_b} = \frac{7{,}800}{4 \times 198.6} = 9.82$$

따라서 단면 높이와 같은 길이인 2,000 mm 구간에 10개의 4-D16 철근을 배치하기 위하여 간격을 200 mm로 배치한다. 즉, 4-D16@200으로 배치한다.

한편, 단부의 집중하중은 이상과 같이 수직방향으로 퍼질 뿐만 아니라 수평방향으로도 퍼지게 되므로, 수직방향과 동일하게 부재축의 직각인 수평방향으로도 수직철근과 동일한 양의 철근을 보강하기로 한다.

(2) 정착구의 경사방향을 고려하고 단순 스트럿-타이 모델을 적용한 경험적 설계

정착구가 경사방향으로 배치되어 있으므로, 정착구가 수평으로 배치된 경우에 비하여 파열력이 증가할 수 있다. 이를 고려하여, 설계자의 공학적 판단에 따라 단부에 작용하는 긴장력을 15% 증가시키고 수평으로 작용하는 것으로 모델링하기로 한다. 계수긴장력의 총합을 유효숫자 세 자리로 구하면

$$P_u = 1.15 \sum P_i = 1.15 \times 5{,}850 = 6{,}730\,kN$$

교량설계기준(한계상태설계법)과 Eurocode 2의 규정에 따라 정착장치에서부터 2β의 각도로 집중하중이 확산되는 것으로 가정한다. 여기서 각도 β는 $\tan^{-1}(2/3)$인 33.7도로 가정한다.

단순 트러스 모델에 의한 수직 타이의 인장력 T_{tie}와 경사 스트럿의 압축력 C_{st}를 식 (9·65)와 식 (9·66)에 따라 구하면

$$T_{tie} = \frac{P_u}{2}\tan\beta = \frac{P_u}{2}\tan 33.7^\circ = \frac{P_u}{3} = \frac{6{,}730}{3} = 2{,}243\,kN$$

$$C_{st} = \frac{P_u}{2}\sec\beta = \frac{P_u}{2}\sec 33.7^\circ = 0.6\,P_u = 0.6 \times 6{,}730 = 4{,}038\,kN$$

단순 트러스 모델을 이용한 스트럿-타이 모델은 그림 9-50과 같다.

수직 타이의 인장력 T_{tie}를 포스트텐션 정착구역의 파열력 T_{burst}로 보고 이에 대한 보강철근을 설계한다. 설계자의 공학적 판단에 따라, 균열이 발생하더라도 균열폭을 제어하기 위하여 철근의 응력한계를 250 MPa로 선택하고 철근의 소요단면적을 구하면

$$A_{s,req} = \frac{T_{burst}}{f_s} = \frac{2{,}243{,}000}{250} = 8{,}972\,mm^2$$

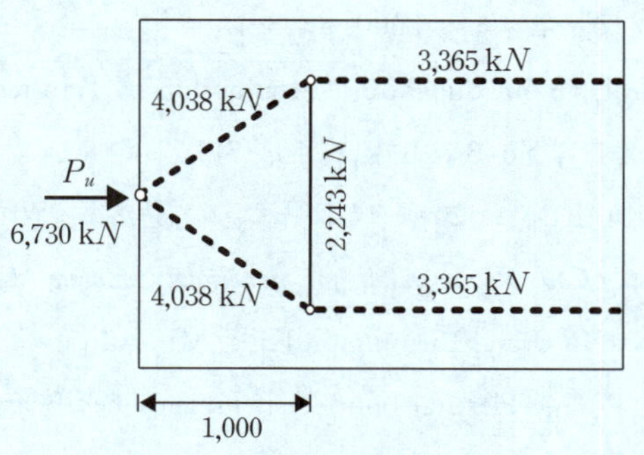

| 그림 9-50 | 단순 스트럿-타이 모델-2

D16 철근 5개로 구성된 보강철근의 소요수량을 구하면, 철근 하나의 단면적 A_b가 198.6 mm^2이므로

$$n_{req} = \frac{A_{s,req}}{5\,A_b} = \frac{8{,}972}{5 \times 198.6} = 9.04$$

따라서 단면 높이와 같은 길이인 2,000 mm 구간에 10개의 5-D16 철근을 배치하기 위하여 간격을 200 mm로 배치한다. 즉, 5-D16@200으로 배치한다.

한편, 단부의 집중하중은 이상과 같이 수직방향으로 퍼질 뿐만 아니라 수평방향으로도 퍼지게 되므로, 수직방향과 동일하게 부재축의 직각인 수평방향으로도 수직철근과 동일한 양의 철근을 보강하기로 한다.

이 설계 결과는 [예제 9-5]의 결과와 동일하다.

[참고문헌]

9.1 Hoyer, E., and Friedrich, E. "Beitrag zur Frage der Haftspannung in Eisenbetonbauteilen,"(Contribution towards the Question of Bond Strength in Reinforced Concrete Members), *Beton und Eisen*, Berlin, Vol. 38, No. 6, 1939, pp. 107-110.

9.2 Karr, P. H., La Fraugh, R. W., and Mass, M. A., "Influence of Concrete Strength on Strand Transfer Length," *PCI Journal*, Vol. 8, No. 5, 1963, pp. 47-67.

9.3 Russel, B. W., and Burns, N. H., "Design Guidelines for Transfer, Development and Debonding of Large Diameter Seven Wire Strands in Pretensioned Concrete Girders," Research Report No. 1210-5F, Center for Transportation Research Bureau of Engineering Research, University of Texas at Austin, 1993, 464 pp.

9.4 Collins, M. P. and Mitchell, D., *Prestressed Concrete Structures*, Prentice Hall, 1991 (p. 106).

9.5 Naaman, A. E., *Prestressed Concrete Analysis and Design*, 2nd edition, Techno Press 3000, 2004 (p. 193).

9.6 Zia, P., and Mostafa, T., "Development Length of Prestressing Strands," *PCI Journal*, Vol. 22, No. 5, 1977, pp. 54-65.

9.7 오병환, 김의성, 최영철, "프리텐션공법의 프리스트레스트 콘크리트 부재의 정착길이 산정에 관한 실험 및 이론 연구", 한국콘크리트학회 논문집, 12권 6호, 2000, pp. 3-11.

9.8 Park, Ho, and Cho, Jae-Yeol, "Bond-Slip-Strain Relationship in Transfer Zone of Pretensioned Concrete Elements," *ACI Journal*, Vol. 111, No. 3, 2014, pp. 503-513.

9.9 국토교통부, 한국콘크리트학회, KDS 14 20 콘크리트구조설계기준, 기준 및 해설, 2021.

9.10 ACI Committee 318, *Building Code Requirements for Structural Concrete*(ACI 318-14) *and Commentary* (ACI 318R-14), American Concrete Institute, Farmington Hills, MI, 2014.

9.11 Hanson, N. W., and Kaar, P. H., "Flexural Bond Tests Pretensioned Beams," *ACI Journal*, Vol. 55, No. 7, 1959, pp. 783-802.

9.12 국토교통부, 한국교량및구조공학회, 교량설계기준(한계상태설계법), KDS 24 14 21 콘크리트교 설계기준(한계

상태설계법), 기준 및 해설, 2021.

9.13 AASHTO, *LRFD Bridge Design Specifications*, 6th edition, American Association of State Highway and Transportation Officials, Washington, D.C., USA, 2012.

9.14 Lane, S. H., "A New Development Length Equation for Pretensioned Strands in Bridge Beams and Piles," Structures Division, Federal Highway Administration(FHWA), McLean, V.A., 1998.

9.15 CEN, Eurocode 2: *Design of Concrete Structures*, European Committee for Standardization, 2004.

9.16 이종관, 신성진 외 23명, "이동식 반력대 및 부분 비부착을 적용한 단부 형고 증대형 프리텐션 거더 표준화 및 생산기술 개발", 한맥기술(주), 국토교통과학기술진흥원, 12기촉-사업화-03 연구보고서, 2014, 314 pp.

9.17 이재훈, 우성택, 최진호, 황도규, 김호영, "프리텐션 거더 설계 인자에 대한 실험 연구", 영남대학교, 한맥기술(주) 연구보고서, 2013, 118 pp.

9.18 이재훈, 우성택, 최진호, 황도규, 김호영, "형고 증대형 프리텐션 거더 시제품의 성능 실험", 영남대학교, 한맥기술 연구보고서, 2014, 37 pp.

9.19 우성택, "강연선을 부분 비부착한 프리텐션 프리스트레스트 콘크리트 거더의 휨 및 전단 거동", 영남대학교 대학원 건설시스템공학과 석사학위논문, 2013, 129 pp.

9.20 신성진, 이종관, 이재훈, "프리텐션 프리스트레스트 콘크리트 I형 거더의 설계기준에 관한 고찰", 한국콘크리트학회지, 27권 1호, 2015, pp. 59-62.

9.21 Kaar, P., and Magura, D., "Effect of Strand Blanketing on Performance of Pretensioned Girders," *PCI Journal*, Vol. 10, No. 6, 1965, pp. 20-34.

9.22 Okumus, P., and Oliva, M. G., "Evaluation of Crack Control Methods for End Zone Cracking in Prestressed Concrete Bridge Girders", *PCI Journal*, Vol. 58, No. 1, Spring 2013, pp. 91-105.

9.23 Iyengar, K. T. S. R., "Two-Dimensional Theories of Anchorage Zone Stresses in Post-Tensioned Prestressed Beams," *ACI Journal*, Vol. 59, No. 10, 1962, pp. 1443-1446.

9.24 Collins, M. P. and Mitchell, D., *Prestressed Concrete Structures*, Prentice Hall, 1991 (p. 416).

9.25 Mörsch, E., "Über die Berechnung der Gelenkguader"(Design of Joint), *Beton und Eisen*, No. 12, 1924, pp. 156-161.

9.26 Leonhardt, F., *Prestressed Concrete-Design and Construction*, English Translation, 2nd edition, Wilhelm Ernst und Sohn, Berlin, 1964, 677 pp.

9.27 Gergley, P., and Sozen, M.A., "Design of Anchorage Zone Reinforcement in Prestressed Concrete Beams," *PCI Journal*, Vol. 12, No. 2, 1967, pp. 63-75.

9.28 Schlaich, J., Schäfer, K., and Jennewein, M., "Towards a Consistent Design of Reinforced Concrete Structures," *PCI Journal*, Vol. 32, No. 3, 1987, pp. 74-150.

9.29 Schlaich, J., and Schäfer, K., Design and *Detailing using Strut-and-Tie Models*, Report, University of Stuttgart, Germany, 1993, 129 pp.

9.30 PTI, *Post-Tensioning Manual: Chapter 8, Anchorage Zone Design*, 6th edition, Post-Tensioning Institute, Phoenix, AZ, USA, 2000.

9.31 Collins, M. P. and Mitchell, D., *Prestressed Concrete Structures*, Prentice Hall, 1991 (p. 445).

9.32 AASHTO, *Commentary on LRFD Bridge Design Specifications*, 6th edition, American Association of State Highway and Transportation Officials, Washington, D.C., USA, 2012 (p. 5-133, p. 5-137).

9.33 ACI Committee 318, *Building Code Requirements for Structural Concrete*(ACI 318-14) *and Commentary*(ACI 318R-14), American Concrete Institute, Farmington Hills, MI, 2014 (p. 449).

9.34 국토해양부, 한국도로교통협회, 도로교설계기준, 2010.

9.35 한국콘크리트학회, 콘크리트 구조부재의 스트럿-타이 모델 설계 예제집, 2007, 221 pp.

9.36 CEN, Eurocode 2: *Design of Concrete Structures-Part 2: Concrete bridges*, European Committee for Standardization, 2004.

[연습문제]

9-1 프리스트레싱 방법과 긴장재의 정착방법에 따른 긴장력 분포와 콘크리트에 작용하는 응력 특성을 설명하시오.

9-2 프리텐션 부재 정착구역의 설계검증 방법과 포스트텐션 부재 정착구역의 설계검증 방법을 설명하시오.

9-3 프리텐션 긴장재의 전달길이에 영향을 주는 변수에는 어떤 것들이 있는지 나열하고 각 변수의 영향을 설명하시오.

9-4 프리텐션 부재의 단부에서 긴장재가 콘크리트와 부착되지 않도록 일부 구간을 처리하는 경우가 있는데, 이것은 어떤 목적이 있는지 설명하시오.

9-5 프리텐션 부재가 휨파괴될 때 부재 길이에 걸쳐 긴장재에 작용하는 응력의 분포를 설명하고, 전달길이와 정착길이의 의미를 설명하시오.

9-6 긴장재가 부착된 포스트텐션 부재가 휨파괴될 때 부재 길이에 걸쳐 긴장재에 작용하는 응력분포와 긴장재가 부착되지 않은 포스트텐션 부재가 휨파괴될 때 부재 길이에 걸쳐 긴장재에 작용하는 응력분포는 어떤 차이가 있는지 설명하시오.

9-7 프리텐션 부재 정착구역에 발생할 수 있는 균열의 형태를 설명하고, 프리텐션 부재 정착구역의 균열 제어를 위한 방법들을 설명하시오.

9-8 포스트텐션 부재 정착구역에 작용하는 응력의 종류와 특성을 설명하고, 포스트텐션 부재 정착구역의 응력해석방법들을 설명하시오.

9-9 포스트텐션 부재 정착구역에 발생할 수 있는 균열의 형태를 설명하고, 포스트텐션 부재 정착구역의 균열 제어를 위한 효과적인 철근보강 방안을 설명하시오.

9-10 프리텐션 부재 단면의 하단부에 다음과 같은 조건으로 긴장재가 배치된 경우에 대하여 다음 문제를 수행하시오. 긴장력이 도입된 직후 긴장재의 응력은 긴장재 항복강도의 0.78배($f_{pi} = 0.78 f_{py}$)이고, 모든 손실이 발생한 후 긴장재의 응력은 긴장재 인장강도의 0.58배($f_{pe} = 0.58 f_{pu}$)이며, 극한휨강도에서의 긴장재 응력은 긴장재 인장강도의 0.93배($f_{pe} = 0.93 f_{pu}$)이다. 콘크리트의 설계기준압축강도 f_{ck}와 긴장재 종류에 대한 조건은 다음 (a)~(h)의 8 가지 중 하나를 선택하시오.

(a) $f_{ck} = 35\ MPa$, SWPC7AN 12.4 mm 강연선
(b) $f_{ck} = 35\ MPa$, SWPC7AL 12.4 mm 강연선
(c) $f_{ck} = 35\ MPa$, SWPC7BN 15.2 mm 강연선
(d) $f_{ck} = 35\ MPa$, SWPC7BL 15.2 mm 강연선
(e) $f_{ck} = 50\ MPa$, SWPC7AN 12.7 mm 강연선
(f) $f_{ck} = 50\ MPa$, SWPC7AL 12.7 mm 강연선
(g) $f_{ck} = 50\ MPa$, SWPC7BN 15.2 mm 강연선
(h) $f_{ck} = 50\ MPa$, SWPC7BL 15.2 mm 강연선

[문제 1] 콘크리트구조설계기준과 ACI 318 Code에 따라 정착길이를 계산하시오.
[문제 2] 교량설계기준(한계상태설계법)과 AASHTO-LRFD에 따라 정착길이를 계산하시오.
[문제 3] Eurocode 2에 따라 정착길이를 계산하시오.

9-11 그림 9-51(a)의 직사각형 단면 또는 (b)의 T형 단면으로 설계된 포스트텐션 프리스트레스 콘크리트 보에 대하여 다음 문제를 수행하시오. 정착장치는 그림 9-51(c)와 같이 배치되어 있으며, 정착구에서 부재 중심축에 대한 긴장재의 경사각 α는 7°이다. 긴장력이 도입될 때 긴장재의 응력은 긴장재 항복강도의 0.8배($f_{pj} = 0.8 f_{py}$)이다. 콘크리트의 설계기준압축강도 f_{ck}, 긴장재 종류와 수량, 정착판의 세로길이 h_b에 대한 조건은 다음 (a)~(d)의 4가지 중 하나를 선택하시오.

(a) $f_{ck} = 40\ MPa$, SWPC7BL 15.2 mm 강연선 12가닥, $h_b = 265\ mm$
(b) $f_{ck} = 40\ MPa$, SWPC7BL 15.2 mm 강연선 19가닥, $h_b = 315\ mm$
(c) $f_{ck} = 40\ MPa$, SWPC7BL 15.2 mm 강연선 27가닥, $h_b = 350\ mm$
(d) $f_{ck} = 40\ MPa$, SWPC7BL 15.2 mm 강연선 31가닥, $h_b = 385\ mm$

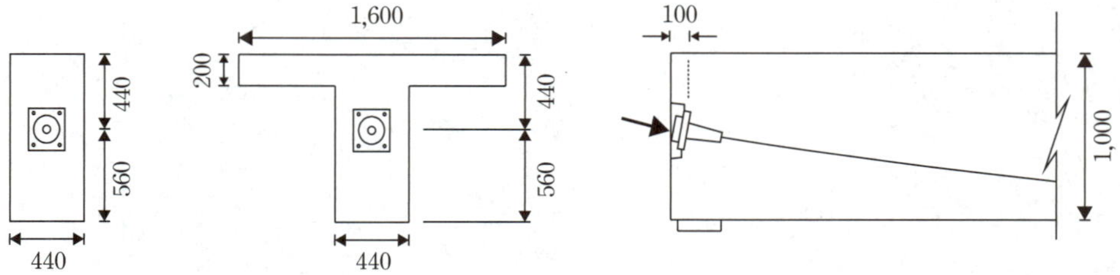

(a) 직사각형 단면 (b) T형 단면 (c) 단부 정면도

| 그림 9-51 | 정착구역 단면 및 정착구 배치

[문제 1] 근사식을 이용한 간이 계산법에 따라 정착구역의 철근보강설계를 수행하시오.

[문제 2] 스트럿-타이 모델을 이용하여 콘크리트구조설계기준에 따라 정착구역의 철근보강설계를 수행하시오.

9-12 문제 9-11과 동일한 조건의 포스트텐션 프리스트레스트 콘크리트 정착구역에 대하여 다음 문제를 수행하시오.

[문제 1] 교량설계기준(한계상태설계법)과 Eurocode 2에 규정된 단순 트러스 모델을 이용하여 정착구역의 철근보강설계를 수행하시오.

[문제 2] 스트럿-타이 모델을 이용하여 교량설계기준(한계상태설계법)에 따라 정착구역의 철근보강설계를 수행하시오.

제10장

합성보의 설계

10.1 합성보의 특성 및 설계 고려사항

콘크리트만으로 이루어진 합성보(composite beam)는 콘크리트를 한 번에 타설하지 않고 두 번 이상으로 나누어 타설하며, 나누어 타설된 부분이 완전히 접합되어 하나의 단면으로 거동하는 부재를 말한다. 프리스트레스트 콘크리트 합성보는 프리캐스트로 보를 제작하여 가설한 후, 슬래브 콘크리트를 현장타설 콘크리트로 시공하여 완성하는 방법이 일반적으로 사용된다. 이 절에서는 콘크리트 합성보의 특징과 거동특성을 다루고, 이어지는 절에서 합성단면(composite section)의 설계를 다룬다.

10.1.1 합성보의 합성거동

그림 10-1은 합성된 보와 합성되지 않은 보의 거동 차이를 나타낸다. 그림 10-1(a)는 두 부분으로 나누어 시공된 합성보로서, 보를 프리캐스트 프리스트레스트 콘크리트로 제작하여 가설한 후, 슬래브 콘크리트를 현장타설 콘크리트로 시공한 합성보이다.

만일 프리캐스트 보와 현장타설 콘크리트 슬래브가 합성되지 않고, 단지 슬래브가 보의 위에 겹쳐져 있는 상태라면 그림 10-1(b)와 같은 거동을 보인다. 즉, 비합성보에 하중이 작용하면 보와 슬래브가 각각 별도의 부재로서 거동하는 것이다. 슬래브와 보에는 각각 별도의 중립축이 존재하여, 슬래브의 상단과 보의 상단은 압축응력이 작용하게 되고 슬래브의 하단과 보의 하단은 인장응력이 작용하게 된다. 따라서 슬래브와 보가 만나는 접촉면(계면, interface)에서 슬래브의 하단과 보의 상단은 미끄러짐이 발생하여, 접촉면(계면)에서 보에는 압축응력이 발생하고 슬래브에는 인장응력이 발생한다.

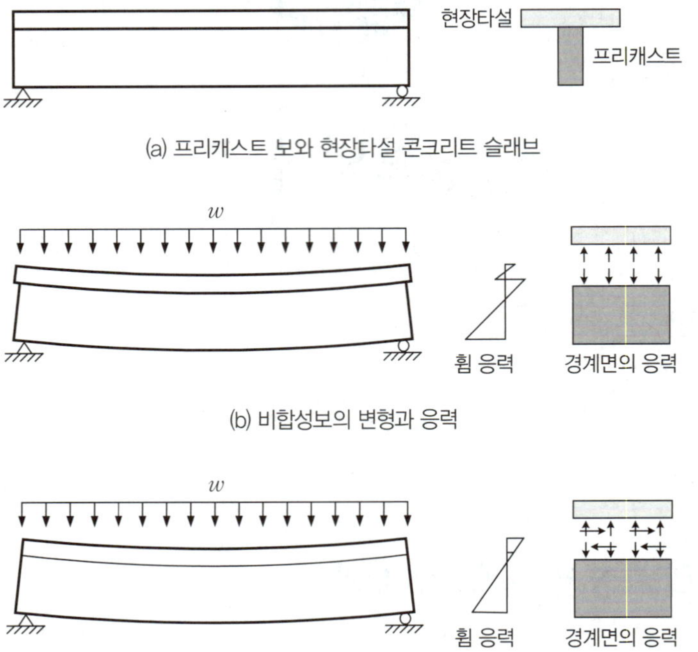

(a) 프리캐스트 보와 현장타설 콘크리트 슬래브

(b) 비합성보의 변형과 응력

(c) 합성보의 변형과 응력

| 그림 10-1 | 비합성보와 합성보의 거동

그림 10-1(c)는 프리캐스트 보와 현장타설 콘크리트 슬래브가 합성된 경우의 거동을 나타낸다. 합성보에 하중이 작용하면 보와 슬래브가 하나의 부재로서 거동한다. 따라서 합성단면의 중립축은 하나만 존재하여, 중립축의 윗부분은 압축응력이 작용하고 중립축의 아랫부분은 인장응력이 작용한다. 그림 10-1(c)의 경우에는 접촉면(계면)에 압축력이 작용한다. 합성보는 두 부분이 하나의 단면으로 하중에 저항하므로, 합성단면은 비합성단면보다 작은 휨 응력이 발생한다. 슬래브와 보가 만나는 접촉면(계면)에서는 슬래브의 하단과 보의 상단이 미끄러지지 않고 같은 변형률을 갖게 되며, 동일한 값의 변형률을 가진 상태를 유지하기 위하여 접촉면(계면)에 수평전단응력이 작용하게 된다. 따라서 콘크리트를 분리하여 시공한 보와 슬래브가 합성보로 거동하려면, 두 부재의 계면이 미끄러지지 않는 상태로 수평전단응력을 충분히 저항할 수 있어야 한다. 계면에서 수평전단응력을 충분히 저항하지 못하는 경우에는 전단 연결재(shear connector)로 계면을 연결하여 저항성능을 확보하여야 한다.

10.1.2 합성보의 특성

프리스트레스트 콘크리트 합성보는 다음과 같은 특성과 장단점을 가지고 있으므로, 그 특성을 고려하여 설계하고 시공하여야 한다.

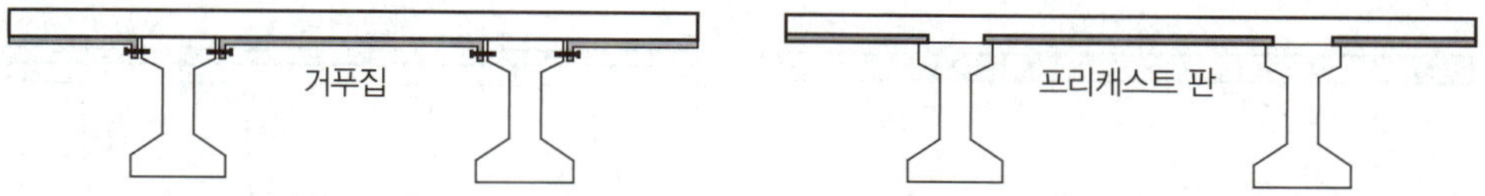

(a) 일반 거푸집을 이용한 시공 (b) 프리캐스트 콘크리트 패널을 이용한 시공

| 그림 10-2 | 현장타설 콘크리트 슬래브의 시공

(1) 합성보를 프리캐스트 부재로 제작하여 가설할 때에는 시공기간을 크게 단축시킬 수 있다.

(2) 프리캐스트 프리스트레스트 콘크리트 보를 가설한 후에는 그림 10-2(a)와 같이 슬래브에 대한 거푸집을 보에 설치하여 현장에서 타설되는 슬래브 콘크리트의 중량을 지지하도록 할 수 있어서, 동바리의 설치 및 해체에 드는 공사비가 들지 않고 공기를 단축할 수 있다. 슬래브 거푸집을 해체하는데 드는 공기를 단축시키기 위해서는, 그림 10-2(b)와 같이 프리캐스트 콘크리트 패널을 영구 거푸집으로 사용할 수도 있다.

(3) 많은 물량의 프리캐스트 프리스트레스트 콘크리트 보를 제작할 때는, 포스트텐션 방식보다는 프리텐션 방식이 경제적일 수 있다. 또, 공장에서 제작하는 프리텐션 부재는 품질관리가 용이하여 고강도의 콘크리트로 제작하는 것이 가능하다. 일반적으로 공장에서 제작하는 프리캐스트 부재는 콘크리트의 설계기준압축강도를 $40 \sim 70\ MPa$ 수준으로 하는 것이 어렵지 않다.

(4) 그림 10-3의 (b), (c), (d)와 같이 프리캐스트 부재를 나란히 배치하고 현장타설 콘크리트를 추가하는 경우, 하중의 횡분배 성능이 향상되고 연결부에서의 누수를 방지하는 역할을 할 수 있다.

(5) 현장타설 콘크리트로 슬래브를 시공할 때, 11장의 그림 11-2(a)와 같이 프리캐스트 보의 지점부 격벽까지 한 번에 시공하면 단순보를 연속보로 변환하여 구조적 장점을 얻을 수 있다

(6) 프리캐스트 보와 현장타설 슬래브의 크기를 적절하게 설계하면 부재의 처짐을 관리하는데 효과적이다. 그러나 실제 시공에서는 압축강도가 다른 두 종류의 콘크리트가 사용되면서, 콘크리트의 탄성계수, 크리프, 수축의 변동성에 따라 장기처짐의 관리가 어려운 경우가 많다. 또, 현장타설 콘크리트 슬래브의 중량이 하중으로 작용하여 프리스트레스트 콘크리트 보의 긴장력 손실을 증가시킬 수 있다.

그림 10-3은 일반적으로 많이 사용되는 프리스트레스트 콘크리트 합성보의 단면을 나타낸다. 그림 10-3(a)와 같은 I형 보는 교량에 많이 사용되며, 그림 10-3(b)와 같은 더블 T형 보는 일반 사무실용 건축물이나 소형 차량용 주차건물 등에 많이 사용된다. 그림 10-3의 (c)나 (d)와 같은 중공 슬래브는 교량과 건축물뿐만 아니라 여러 가지 용도의 구조물에 사용된다.

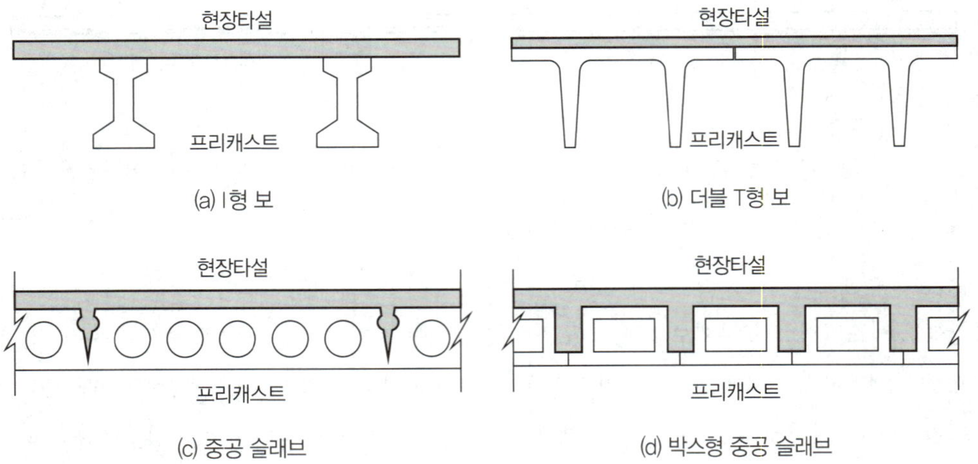

| 그림 10-3 | 일반적인 프리스트레스트 콘크리트 합성단면

10.1.3 합성보의 시공 및 설계 고려사항

합성보를 설계할 때는 대부분의 설계검증 항목과 검증과정이 일체타설 콘크리트 부재의 경우와 동일하지만, 다음의 세 가지 항목은 합성보로서 나타나는 특성이므로 설계에서 반드시 고려하여야 한다.

(1) 가설방법에 따른 비합성단면(noncomposite section) 또는 합성단면(composite section)으로의 거동을 고려한 하중 작용단계(loading stage)

(2) 프리캐스트 보와 현장타설 슬래브가 합성단면으로 거동하도록 하기 위한 접촉면(계면)에서의 수평전단 저항성능의 검증 및 설계

(3) 보와 슬래브의 강도 및 강성 차이를 고려한 플랜지의 환산 유효폭(transformed effective flange width)

이 세 가지 항목 중 (1)항은 이 절에서 다루고, 2항은 10.2절에서, (3)항은 10.3절에서 다루기로 한다. (1)항에 대한 설명은 다음과 같다.

합성보를 설계할 때는 합성보의 가설방법을 고려하여 설계검증을 수행하여야 한다. 이것은 가설방법에 따라 합성보에 작용하는 응력상태가 다르기 때문이다. 합성보의 가설방법은 지주(支柱)의 설치 여부로 구분한다. 지주는 시공현장에서 일반적으로 동바리라고 부르며, 구조물을 시공하는 도중에 콘크리트의 중량을 받치고 있는 역할을 한다. 합성보의 가설방법은 지주를 사용하지 않는 가설법(unshored construction)과 지주를 사용하는 가설법(shored construction)의 두 가지로 구분한다.

지주 미설치 가설법은 동바리를 설치하지 않고, 프리캐스트 콘크리트 보를 크레인 등을 이용하여 가

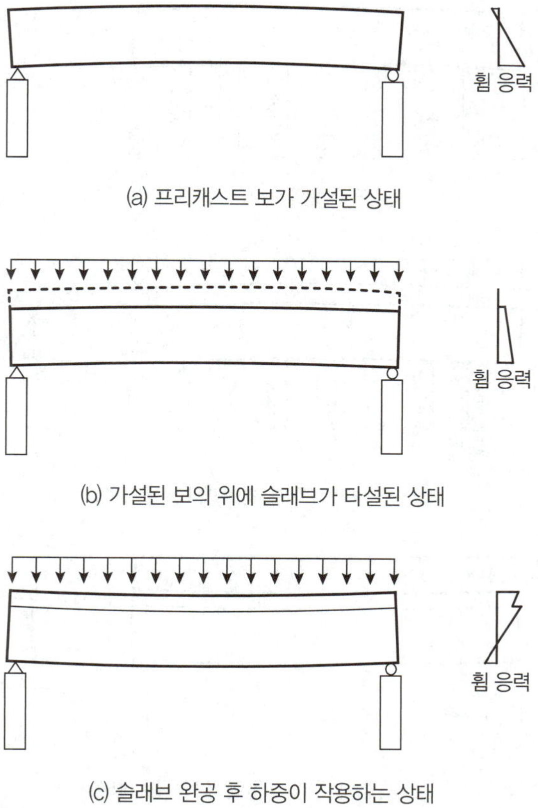

| 그림 10-4 | 지주 미설치 합성보의 거동

설한 후 슬래브를 현장타설 콘크리트로 시공하는 가설방법이다. 그림 10-4는 지주 미설치 가설법에 따라 합성보의 시공과정에서 보이는 응력과 처짐을 나타낸다. 지주를 사용하지 않고 프리캐스트 보를 가설한 상태에서는, 그림 10-4(a)와 같이 보의 자중이 작용하더라도 프리스트레싱의 편심작용으로 상향으로 솟음이 발생하는 것이 일반적이다. 응력은 단면의 하단에 가장 큰 압축응력이 작용하고, 단면의 상단은 압축응력 또는 인장응력이 작용한다. 프리캐스트 보 위에 현장타설 콘크리트로 슬래브를 시공하면 보가 슬래브의 중량을 받치고 있으므로, 그림 10-4(b)와 같이 솟음이 감소한다. 이때, 슬래브는 굳은 상태가 아니므로 응력이 작용하지 않고, 보의 하단에서 압축응력이 감소한다. 슬래브 콘크리트가 굳은 후에 추가고정하중이나 활하중이 작용하면, 추가로 작용하는 하중에 대해서는 합성보로 거동한다. 이때의 처짐이 하향으로 발생한다면, 단면에는 그림 10-4(c)와 같은 응력분포가 나타난다. 이 응력분포는 추가하중에 의하여 보의 하단에서 슬래브 상단까지의 합성단면에 작용하는 응력분포가 그림 10-4(b)와 같이 프리캐스트 보의 상단과 하단 사이에만 작용하는 응력분포에 추가되어 나타나는 응력분포이다.

즉, 지주 미설치 합성보에서는 보가 합성되지 않은 상태에서 슬래브의 중량에 저항하며, 추가 하중

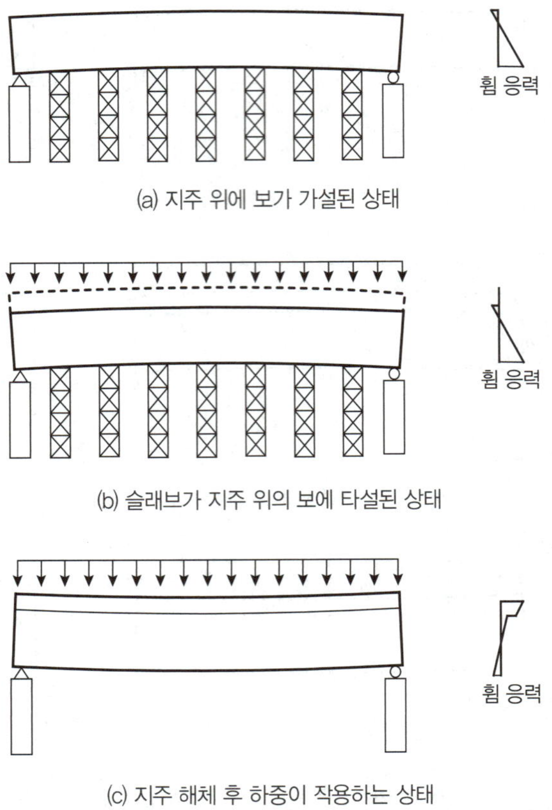

| 그림 10-5 | 지주 설치 합성보의 거동

에 대해서는 보와 슬래브가 합성단면으로 저항한다. 슬래브는 슬래브 콘크리트가 굳은 후 작용하는 하중에 대해서만 합성단면으로 저항한다.

지주 설치 가설법은 동바리를 설치하고, 그 위에 프리캐스트 콘크리트 보를 올려놓은 상태에서 슬래브를 현장타설 콘크리트로 시공한 후 동바리를 제거하는 가설방법이다. 그림 10-5는 지주 설치 합성보의 시공과정에서 보이는 응력과 처짐을 나타낸다. 그림 10-5(a)와 같이 지주 위에 프리캐스트 보를 가설한 상태에서는 지주가 보를 받치고 있는 것으로 보이지만, 실제로는 받치고 있는 상태가 아니다. 왜냐하면, 프리캐스트 보를 가설하기 전에 다른 장소에서 보를 제작할 때 이미 프리스트레스트 콘크리트 보는 양단을 지점으로 하여 중앙이 솟은 상태가 되기 때문이다. 즉, 중앙이 솟은 상태인 보를 지주 위에 올려놓더라도, 보에는 변형이 생기지 않고 처음의 솟음 상태를 유지하고 있으므로 지주가 힘을 받고 있는 상태는 아니기 때문이다. 따라서 이때에는 그림 10-5(a)와 같은 응력분포를 나타내게 되며, 이 분포는 지주를 설치하지 않은 그림 10-4(a)와 동일한 응력분포이다. 프리캐스트 보 위에 슬래브를 현장타설 콘크리트로 시공하는 상태에서는 지주가 슬래브의 중량을 받치고 있으므로, 슬래브 콘크리트가 굳은 후에도 슬래브나 보에 추가의 응력이 작용하지 않는다. 따라서 이때에는 그림 10-5(b)와 같이

표 10-1 지주 미설치 합성보의 단면이 저항하는 하중조합

저항 단면	시공 순서 및 하중 단계	하중조합
프리캐스트 단면	1. 보의 제작 및 가설 2. 슬래브 타설	$L_{us,1} = (P_i,\ P_e) + D_B$ $L_{us,2} = L_{us,1} + D_S$
합성단면	3. 슬래브가 굳은 후 하중 작용	$L_{us,3} = L_{us,2} + D_A + L + I$

그림 10-5(a)와 동일한 응력분포를 나타낸다. 슬래브 콘크리트가 굳은 후 지주를 제거하면 슬래브의 중량을 합성단면으로 저항하게 된다. 또, 추가고정하중이나 활하중이 작용할 때에도 단면은 계속 합성단면으로 거동하여, 이때의 처짐이 하향으로 발생한다면 단면에는 그림 10-5(c)와 같은 응력분포가 나타난다. 이 응력분포는 추가하중에 의하여 보의 하단에서 슬래브 상단까지의 합성단면에 작용하는 응력분포가그림 10-5(b)와 같이 프리캐스트 보의 상단과 하단 사이에만 작용하는 응력분포에 추가되어 나타나는 응력분포이다. 즉, 지주 설치 합성보에서는 보와 슬래브가 합성단면으로서 슬래브의 자중과 추가고정하중 및 활하중에 저항한다.

일반적으로 실제 합성보의 가설법으로는, 지주를 설치하고 해체하는 공사비가 들지 않고 가설기간도 짧은 지주 미설치 합성보를 선호하는 경향이 있다. 그러나 지주 설치 합성보는 지주를 해체하는 순간에 슬래브에 압축응력이 작용하게 되므로, 고정하중만 작용하는 상태에서 콘크리트의 수축이나 온도변화에 의한 균열을 방지할 수 있는 장점이 있다.

이와 같이 합성보는 가설방법에 따라 작용하는 응력상태가 다르기 때문에, 합성보를 설계할 때는 가설방법을 고려하여 설계검증을 수행하여야 한다. 표 10-1은 지주 미설치 합성보의 시공과정에 따라 단면에 작용하는 하중조합을 나타낸다. 지주를 사용하지 않고 보를 가설하면, 프리캐스트 보 단면에 프리스트레싱에 의한 응력과 보의 자중에 의한 휨응력이 작용한다. 가설된 프리캐스트 보 위에 슬래브 콘크리트를 타설하면, 프리캐스트 보 단면에 슬래브의 중량 D_S에 의한 휨응력이 추가로 작용한다. 긴장력은 재령에 따라 초기 긴장력 P_i나 유효 긴장력 P_e가 작용한다. 슬래브 콘크리트가 굳은 후에 추가고정하중 D_A, 활하중 L, 충격하중 I가 작용하면 합성단면으로서 이 하중들에 저항한다.

표 10-2는 지주 설치 합성보의 시공과정에 따라 단면에 작용하는 하중조합을 나타낸다. 지주 위에 보를 가설한 후 슬래브 콘크리트를 타설하면, 프리캐스트 보 단면에 보의 자중 D_B와 프리스트레싱에 의한 응력이 작용한다. 이때의 긴장력은 재령에 따라 초기 긴장력 P_i나 유효 긴장력 P_e가 작용한다. 슬래브 콘크리트의 중량은 지주가 저항하는 상태이다. 지주를 해체하면 슬래브의 중량이 하중으로 작용하므로, 합성단면이 슬래브의 자중 D_S를 저항한다. 이 상태에서 추가로 작용하는 고정하중 D_A, 활하중 L, 충격하중 I도 역시 합성단면으로서 저항한다.

표 10-2 지주 설치 합성보의 단면이 저항하는 하중조합

저항 단면	시공 순서 및 하중 단계	하중조합
프리캐스트 단면	1. 보의 제작 및 지주 위에 보를 가설한 후 슬래브 타설	$L_{uh,1} = (P_i,\ P_e) + D_B$
합성단면	2. 지주 해체 직후 3. 지주 해체 후 하중 작용	$L_{uh,2} = L_{us,1} + D_S$ $L_{uh,3} = L_{us,2} + D_A + L + I$

10.2 합성보의 전단 설계

합성보의 전단 설계는 일반적인 비합성보의 전단 설계와 동일한 과정으로 수행하지만, 수평전단응력에 대한 설계를 추가로 수행하여야 한다. 프리스트레스트 콘크리트 부재의 일반적인 전단 설계는 7장에서 다루었으므로, 이 절에서는 수평전단응력에 대한 설계만을 대상으로 한다.

10.2.1 합성보의 수평전단응력

프리캐스트 콘크리트 보와 현장타설 콘크리트 슬래브가 합성보로 거동하려면 보와 슬래브의 접촉면(계면)이 수평전단응력에 충분히 저항할 수 있어야 한다. 접촉면에 작용하는 수평전단응력은 두 부재가 합성된 후에 작용하는 하중에 의하여 발생하며, 그 크기는 접촉면에서의 수직전단응력과 동일하다. 그림 10-6은 탄성 상태에서 T형의 합성단면에 작용하는 전단응력분포를 나타낸다.

탄성 상태에서 접촉면(계면)에 작용하는 수평전단응력 v_h는 탄성이론에 따라 다음과 같이 나타낼 수 있다.

$$v_h = \frac{\Delta V\, Q_c}{I_c\, b_v} \qquad (10 \cdot 1)$$

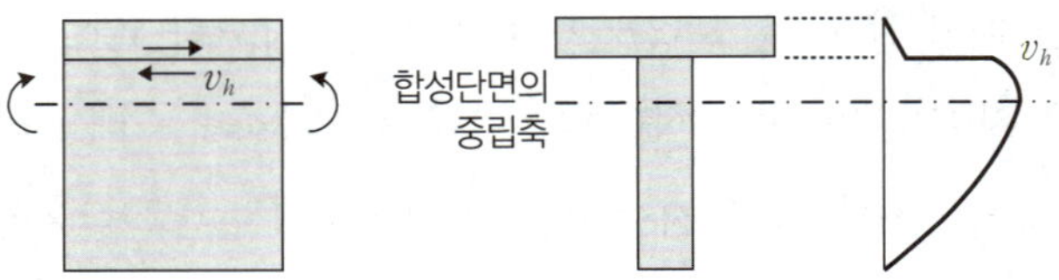

| 그림 10-6 | 합성단면 접촉면(계면)에서의 수평전단응력

여기서 ΔV : 단면이 합성된 후에 작용하는 전단력

Q_c : 합성단면 접촉면(계면)의 윗부분, 즉 슬래브 단면에 대하여 합성단면의 도심축을 중심으로 구한 단면1차모멘트

I_c : 합성단면의 단면2차모멘트

b_v : 합성단면 접촉면(계면)의 폭

그러나, 이렇게 계산된 탄성 전단응력은 부재에 균열이 발생하기 전에 나타나는 전단응력이다. 부재에 균열이 발생하면 전단응력분포가 변화하여, 식 (10·1)로 계산된 탄성 전단응력은 실제의 값을 나타내지 못한다. 균열이 발생한 경우에는 균열이 발생한 부분에서 부재 깊이에 걸쳐 전단응력이 일정한 값을 갖는다. 따라서 균열이 발생한 후의 전단응력은 다음과 같이 나타낼 수 있다.

$$v_h = \frac{\Delta V}{b_v\, d_p} \tag{10·2}$$

여기서, d_p는 합성단면의 압축연단에서 긴장재 도심까지의 유효깊이이다. 이 식에 따라 수평전단응력을 계산하면 균열이 발생한 후의 전단응력을 구할 수 있지만, 이 식을 극한한계상태의 설계검증에 적용하는 것은 적절하지 않다. 왜냐하면 극한한계상태에서는 휨 균열이 단면의 상단방향으로 진전되어 합성단면의 접촉면(계면)을 지나거나 중립축이 접촉면(계면)의 위쪽으로 이동할 수 있기 때문이다. 따라서 식 (10·2)와 같이 ΔV에 의한 수평전단응력을 계산하는 대신, 극한한계상태에서는 다음과 같이 계수전단응력 v_{uh}를 구한다.

$$v_{uh} = \frac{V_u}{b_v\, d_p} \tag{10·3}$$

여기서, V_u는 계수전단력이고, v_{uh}는 계수전단응력으로서 응력 단위의 소요 수평전단강도이다.

식 (10·1), 식 (10·2), 식 (10·3)을 적용할 때 유의하여야 할 것은, 수직전단응력을 계산할 때는 복부폭 b_w를 기준으로 계산하지만, 계면의 수평전단응력을 계산할 때는 계면의 폭 b_v를 기준으로 계산한다는 것이다. 복부폭 b_w와 계면의 폭 b_v는 그림 10-7에 나타나 있다.

소요 수평전단강도 v_{uh}를 식 (10·3)을 적용하여 결정하려면, 극한한계상태 하중조합에 대한 구조해석으로 계수전단력 V_u를 구하여야 한다. 계수전단력은 지점에서 최대이고 경간중앙에서 최소의 값을 가지므로, 식 (10·3)에 따른 v_{uh}도 V_u와 동일한 분포를 보이게 된다. 따라서 전단 연결재를 설계할 때에는 v_{uh}의 크기에 따라 구간별로 각기 다른 간격으로 전단 연결재를 배치하게 된다. 그러나 일정한 구간

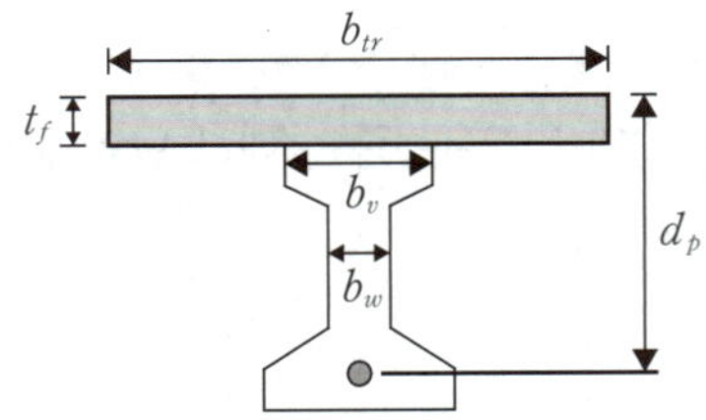

| 그림 10-7 | 합성단면의 단면 치수

의 전단응력을 합하여 계수전단력으로 하고, 이에 대한 전단 연결재를 설계할 수도 있다. 즉, 단순보의 경우에는 지점에서 경간 중앙까지의 수평전단응력의 합을 계수전단력으로 할 수 있다. 연속보의 경우에는 최대휨모멘트가 작용하는 위치와 휨모멘트가 0이 되는 위치 사이에 작용하는 수평전단응력의 합을 계수전단력으로 할 수 있다. 또는 연속보에서 휨모멘트가 0이 되는 위치를 경간의 1/4인 위치로 가정하고, 지점부터 경간의 1/4인 위치 사이에 작용하는 수평전단응력의 합을 계수전단력으로 할 수 있다. 이와 같이 전단력의 분포를 고려하여 전단 연결재를 배치하는 것은 '응력개념(stress concept)의 설계법'이라고 할 수 있다.

이와 별도로 '강도개념(strength concept)의 설계법'을 적용할 수도 있다. 즉, 소요 수평전단강도 v_{uh}를 결정할 때 V_u를 적용하지 않고, 다음과 같이 합성보의 임의 요소에서 휨 압축력이나 휨 인장력의 실제 변화량 V_{uh}를 계산하여 적용하는 것이다. 계면에 작용하는 전단력 V_{uh}는 그림 10-8에서 빗금 친 부분으로 나타낸 휨 압축응력의 합으로서, 다음과 같이 나타낼 수 있다.

$$V_{uh} = C_n \tag{10·4}$$

C_n의 값은 각 설계기준에서 정의하는 콘크리트의 압축응력분포에 따라 결정된다. 소요 수평전단강도 v_{uh}의 계산에서 V_u 대신 V_{uh}를 적용한다면, v_{uh}는 다음과 같다.

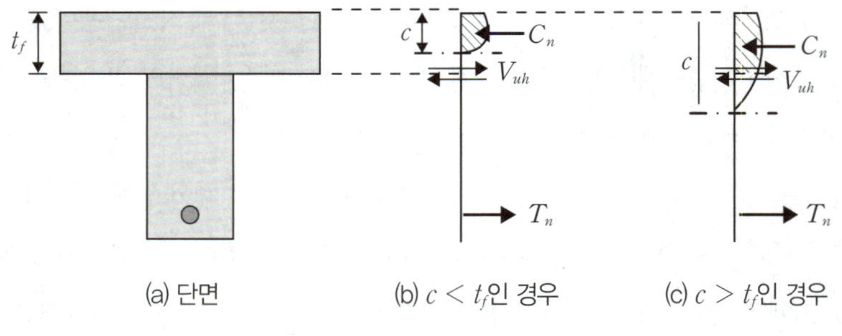

| 그림 10-8 | 휨 극한상태에서의 계면 수평전단력

$$v_{uh} = \frac{V_{uh}}{b_v\, d_p} \tag{10·5}$$

이와 같이 V_{uh}를 적용하여 v_{uh}를 계산하고 전단 연결재를 설계할 때에는, 부재의 전체 길이에 걸쳐서 일정한 간격으로 전단 연결재를 배치할 수 있다. 그림 10-8에서 (b)는 휨 극한한계상태에서 중립축 c가 슬래브 두께 t_f보다 작은 경우이고, (c)는 중립축 c가 슬래브 두께 t_f보다 큰 경우이다.

10.2.2 합성보의 수평전단강도

현장타설 또는 프리캐스트 콘크리트 보와 현장타설 콘크리트 슬래브의 접촉면(계면)에서 나타나는 수평전단강도는 다음과 같이 나타낸다.

$$V_{rh} = v_{nh}\, b_v\, d_p \tag{10·6}$$

여기서 응력 항의 수평전단강도 v_{nh}는 다음의 세 가지 성분으로 발휘된다.

(1) 보의 상면에 인위적으로 만든 요철에 의한 마찰 저항
(2) 보와 슬래브의 접촉면(계면) 사이의 부착에 의한 저항
(3) 보와 슬래브의 계면을 지나는 전단 연결재에 의한 전단마찰 저항

이 세 가지 저항 성분은 계면에 대한 설계와 시공 방법에 따라 성능이 크게 달라지므로, 주요 설계기준들은 계면의 형태나 크기와 함께 계면을 지나는 전단 연결재의 양을 고려하여 수평전단강도를 결정하도록 규정하고 있다. 예를 들면, 계면에 6 mm 크기의 요철이 있도록 시공되거나 요철이 없더라도 최소한의 전단 연결재가 배치된 경우라면, 최소한의 수평전단강도를 발휘할 수 있으므로 0.55 MPa을 수평전단강도로 하여 수평전단성능을 검증하도록 한다.[10.1,10.2] 또 계수전단응력 v_{uh}가 0.55 MPa을 초과하는 경우에는 계면을 지나는 전단 연결재를 배치하고, 계면 요철의 크기를 고려한 전단마찰성능을 수평전단강도로 하여 수평전단성능을 검증하도록 하는 것 등이다.

전단마찰성능은 콘크리트 구조물의 균열에 평행한 방향으로 전단력이 작용할 때 이 힘에 저항하는 전단강도 및 변형의 저항성능을 의미하며, 전단마찰이론(shear friction theory)를 적용하여 전단강도를 결정한다. 따라서 전단마찰이론은 일체로 시공된 콘크리트의 균열면이나 콘크리트의 시공 시점이 다른 신·구 콘크리트 시공 이음면의 전단강도의 검증에 적용된다. 콘크리트 부재의 전단마찰 거동과 전단마찰 이론은 여러 연구자들이 연구하였지만, 특히 Mattock[10.3-10.7]의 실험과 연구결과를 기초로 한 것이다.

교량의 콘크리트 보와 현장타설 콘크리트 슬래브의 계면에서 나타나는 수평전단강도에 대한 설계기준은 Karr 등,[10.1] Mattock,[10.3-10.7] Loov와 Patnaik[10.8]의 연구결과를 기초로 하였다.

그림 10-9는 마찰저항 및 전단마찰저항을 나타낸다. 그림 10-9(a)와 같이 두 물체 접촉면의 마찰계수가 μ이고 접촉면에 압축력 N이 작용하는 경우, 수평방향으로 작용하는 힘 F가 다음의 마찰저항력 F_r보다 작을 때에는 미끄러지지 않고 저항한다.

$$F_r = \mu N \tag{10·7}$$

이 원리를 철근콘크리트 균열면에 적용한 것이 전단마찰이론이다. 그림 10-9(b)는 아랫부분의 콘크리트 보와 윗부분의 콘크리트 슬래브 사이의 접촉면(계면)에 요철이 있고 철근이 계면을 가로지르는 방향으로 배치되어 있는 경우, 수평방향 전단력에 대한 저항상태를 나타낸다. 수평방향으로 큰 힘의 전단력 V_{uh}가 작용하면, 서로 다른 시기에 콘크리트가 타설된 보와 슬래브의 접촉면(계면)에서 균열이 발생하면서 미끄러질 수 있다.

균열이 발생한 계면은 콘크리트의 시공방법에 따라 균열의 형상이 달라진다. 만일 보와 슬래브의 콘크리트를 일체로 타설하여 시공(monolithic construction)하였다면, 균열면이 울퉁불퉁한 형태로 균열이 발생한다. 이러한 현상은 보통강도 콘크리트에 발생하는 균열면의 형태를 설명한 2.1.4절의 그림 2-5에 나타낸 바와 같다. 이때의 균열면 요철의 크기는 굵은 골재의 크기에 따라 달라진다.

서로 다른 시기에 보와 슬래브의 콘크리트가 타설된 경우, 시공 중 요철의 설치 여부에 따라 계면의 균열 형상이 달라진다. 보를 제작하는 과정에서, 콘크리트를 타설한 후 콘크리트가 굳기 전에 보의 상면을 갈퀴(rake) 등으로 긁어서 인위적으로 요철을 설치할 수 있다. 이렇게 긁어서 요철을 만들 때 한쪽 방향으로 길게 요철을 만드는 경우에는 수평전단응력의 작용방향을 고려하여 긁는 방향을 결정하여야 한다. 콘크리트가 굳은 후에는 보의 상면을 정(chisel) 등으로 쪼아서(chipping) 인위적으로 요철을 설치할 수 있다. 일반적으로 보의 상면에는 거푸집을 댈 필요가 없지만, 수평방향으로 콘크리트를 이어치는 경우에는 신·구 콘크리트의 시공 이음면이 될 부분에 설치하는 거푸집에 요철을 설치할 수도 있다.

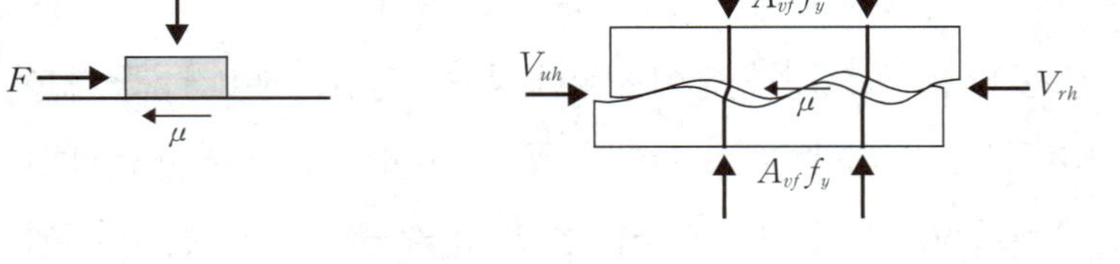

(a) 마찰 (b) 콘크리트와 철근에 의한 전단마찰

| 그림 10-9 | 마찰저항 및 전단마찰저항

또는 시공 이음면이 될 부분에 일반적인 거푸집을 설치하고 거푸집 면에 지연제(delaying admixture)를 발라서 거푸집에 접촉하는 콘크리트 시멘트 풀의 경화를 지연시키고, 거푸집을 제거한 후 높은 압력으로 물을 뿌리는 방법(water-jet)으로 굵은 골재 주위의 시멘트 풀을 제거하여 요철을 만드는 방법도 사용할 수 있다. 이 방법을 사용하면 콘크리트가 굳은 후 표면을 쪼아서(chipping) 요철을 만들 때 발생하는 굵은 골재의 손상을 방지할 수 있다.

서로 다른 시기에 보와 슬래브의 콘크리트를 타설하면서 보의 상면에 아무런 처리도 하지 않으면, 계면에 요철이 설치되지 않은 것으로 간주한다. 특히 수평방향으로 콘크리트를 이어치는 경우에는 신·구 콘크리트의 시공 이음면이 될 부분에 거푸집을 설치하여야 하는데, 요철을 설치할 아무런 조치를 하지 않은 경우에는 계면이 매끄러운 상태가 된다. 이런 경우 전단마찰이론의 적용에서 마찰계수 μ는 상대적으로 작은 값이 된다.

그림 10-9(b)와 같이 계면에 균열이 발생하고 미끄러지면, A_{vf}의 단면적을 갖는 철근이 항복할 정도로 변형이 발생하여 철근에 인장력 $A_{vf}f_y$의 힘이 작용하며 그 반력으로 $A_{vf}f_y$의 압축력이 계면에 작용한다. 따라서 이 힘에 마찰계수 μ를 적용한 마찰 저항력은 다음과 같다.

$$V_{rh} = \mu A_{vf} f_y \tag{10·8}$$

이와 같은 마찰저항은 철근에 의해서 발휘되지만, 그 외에도 두 가지 성분이 추가되어 전단마찰저항은 다음의 세 가지 성분으로 발휘된다.

(1) 균열면과 균열을 지나는 철근에 의하여 발휘되는 마찰저항
(2) 균열면의 돌출부(요철)에 의한 전단저항
(3) 균열을 지나는 철근의 다월작용에 의한 저항

(2)항의 돌출부(요철)에 의한 전단저항은, 그림 10-9(b)에 나타난 바와 같이, 계면의 요철이 각각의 돌출부로서 서로 접촉하면서 전단작용으로 저항하는 것을 말한다. 또 계면을 가로지르는 철근에 변형이 발생할 때는 철근의 길이방향 외에도, 그림 10-9(b)에 나타난 바와 같이 철근이 수평방향으로 꺾이는 변형도 발생한다. 이와 같은 변형에 따른 저항을 (3)항의 다월작용(dowel action)에 의한 저항이라고 한다. 설계기준에서는 이 세 가지 항을 종합하여 계면에서의 마찰계수 μ를 규정하고 있다.

이와 같은 계면에서의 수평전단 저항성분을 힘 단위의 항으로 모두 표현하면 다음과 같이 나타낼 수 있다.

$$V_{rh} = c\,A_{cv} + \mu N + \mu A_{vf} f_y \tag{10·9}$$

여기서, c : 접촉면(계면)의 콘크리트 점성계수

A_{cv} : 접촉면(계면)의 접촉면적

μ : 접촉면(계면)의 거칠기에 따라, 접촉면(계면)에 작용하는 압력과 철근 항복에 의한 압력에 적용하는 마찰계수

N : 접촉면(계면)에 작용하는 압력

A_{vf} : 접촉면(계면)을 지나는 철근의 단면적

f_y : 접촉면(계면)을 지나는 철근의 항복강도

수평전단강도를 단위면적 당 응력의 항으로 표현하면, 다음과 같이 나타낼 수 있다.

$$v_{rh} = c + \mu f_n + \mu \rho_{vf} f_y \tag{10·10}$$

여기서, v_{rh} : 계면의 수평전단강도

f_n : 접촉면(계면)에 작용하는 압력($= N/A_{cv}$)

ρ_{vf} : 접촉면적에 대한 철근비($= A_{vf}/A_{cv}$)

설계기준에서는 이와 같은 수평전단강도를 기본으로 하여 설계에 적용할 기준을 규정하고 있다.

10.2.3 콘크리트구조설계기준과 ACI 318 Code에 따른 수평전단 설계

콘크리트구조설계기준[10.10]과 ACI 318 Code[10.11]는 보와 슬래브 계면의 수평전단 설계에 대하여 기본적으로 동일한 설계기준을 규정하고 있다. 다만, pound-inch 단위의 수식을 SI 단위로 변환하는 과정에서 계수의 차이가 발생한 부분이 있으며, ACI 318 Code[10.11]는 콘크리트구조설계기준[10.10]보다 조건이 하나 더 규정되어 있다. 보와 슬래브 계면의 수평전단강도에 대하여 다음의 조건을 만족하여야 한다.

$$\phi V_{nh} \geq V_u \tag{10·11}$$

여기서, ϕV_{nh} : 설계수평전단강도

ϕ : 전단에 대한 강도감소계수, 0.75

V_{nh} : 공칭수평전단강도

V_u : 계수전단력

계수전단력 V_u는 하중계수 및 하중조합을 고려한 계수하중에 대하여 구조해석으로 결정한다. 이 개념은 10.2.1절에서 소개한 '응력개념(stress concept)의 설계법'이다. 공칭수평전단강도 V_{nh}는 다음과 같이 결정하여야 한다.

$$V_{nh} = v_{nh}\, b_v\, d \qquad (10 \cdot 12)$$

여기서, 유효깊이 d는 긴장재와 종방향 인장철근의 중심에서 압축측 연단까지의 거리이며, 프리스트레스트콘크리트 부재의 경우 $0.8h$ 이상이어야 한다.

한편, 콘크리트구조설계기준과 ACI 318 Code는 설계자의 선택에 의하여 '강도개념(strength concept)의 설계법'도 적용할 수 있도록 규정하고 있다. 이때에는 식 (10·11)의 계수전단력 V_u 대신 수평계수전단력 V_{uh}를 사용하는 다음의 조건을 만족하여야 한다.

$$\phi V_{nh} \geq V_{uh} \qquad (10 \cdot 13)$$

여기서, 수평계수전단력 V_{uh}는 합성보의 임의 요소에서 압축력이나 인장력의 실제 변화량을 계산하여 구하도록 규정하고 있다. 압축력이나 인장력의 실제 변화량이란 그림 10-8의 휨 극한상태를 고려하여 식 (10·4)로 구한 압축력을 의미한다. 따라서 콘크리트구조설계기준과 ACI 318 Code의 등가직사각형 응력분포를 적용하여 V_{uh}를 구하면, 그림 10-10의 두 가지 경우에 대하여 각각 다음과 같이 구할 수 있다.

$$V_{uh} = 0.85 f_{ck}\, b_e\, a \qquad (10 \cdot 14)$$

$$V_{uh} = 0.85 f_{ck}\, b_e\, t_f \qquad (10 \cdot 15)$$

식 (10·14)는 그림 10-10(b)와 같이 극한상태에서 등가직사각형 응력분포의 깊이 a가 슬래브 두께 t_f보다 작은 경우에 적용하며, 식 (10·15)는 그림 10-10(c)와 같이 a가 t_f보다 큰 경우에 적용한다. 여기서 f_{ck}는 슬래브 콘크리트의 설계기준압축강도이다.

강도개념에 따라 설계검증을 수행할 때, ACI 318 Code는 식 (10·13)과 같이 V_{nh}라는 기호를 사용하지만, 콘크리트구조설계기준은 식 (10·11)로만 표현하고 있다. 강도개념을 적용할 때에는 공칭수평전단강도 V_{nh}의 결정에서 식 (10·12)와 같이 $b_v d$를 사용하는 대신, 다음과 같이 보와 슬래브 접촉면(계면)의 접촉면적 A_{cv}를 사용하여야 한다.

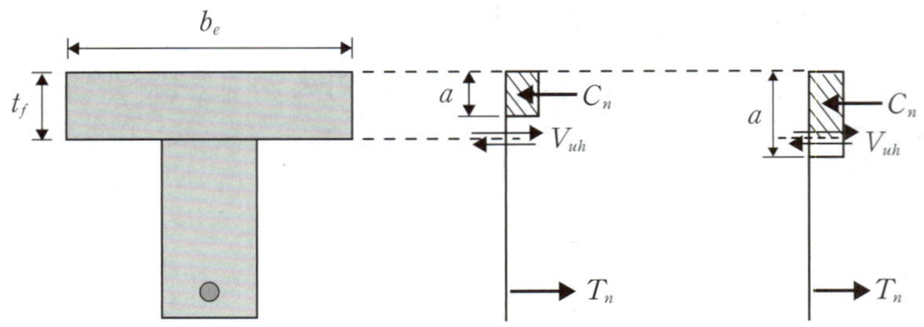

| 그림 10-10 | 휨 극한상태의 계면 수평전단력

$$V_{nh} = v_{nh} A_{cv} \tag{10·16}$$

공칭수평전단강도 v_{nh}와 V_{nh}의 결정에 있어서, 계수전단력 V_u가 $\phi\,(3.5\,b_v\,d)$ 이하인 경우, 즉 다음의 조건을 만족하는 경우에는 v_{nh}와 V_{nh}를 다음 (1), (2), (3)과 같이 결정한다.

$$V_u \leq \phi\,(3.5\,b_v\,d) \tag{10·17}$$

(1) 접촉면이 청결하고 부유물이 없으며 표면이 거칠게 만들어진 경우, 공칭수평전단강도 v_{nh}를 0.56 MPa(콘크리트구조설계기준)이나 0.55 MPa(ACI 318 Code)로 하여, V_{nh}를 $0.56\,b_v\,d$(콘크리트구조설계기준)나 $0.55\,b_v\,d$(ACI 318 Code) 이하로 한다.

(2) 접촉면이 청결하고 부유물은 없으나 표면이 거칠게 만들어지지 않은 경우, 최소 전단연결재가 배치되어 있다면 공칭수평전단강도 v_{nh}를 0.56 MPa(콘크리트구조설계기준)이나 0.55 MPa(ACI 318 Code)로 하여, V_{nh}를 $0.56\,b_v\,d$(콘크리트구조설계기준)나 $0.55\,b_v\,d$(ACI 318 Code) 이하로 한다.

(3) 접촉면이 청결하고 부유물이 없으며 표면이 약 6 mm 깊이의 요철로 거칠게 만들어진 경우, 최소 전단연결재가 배치되어 있다면 공칭수평전단강도 v_{nh}를 $\lambda(1.8+0.6\,\rho_v f_{yt})$로 하여, V_{nh}를 $\lambda(1.8+0.6\,\rho_v f_{yt}) b_v\,d$로 한다. 그러나 v_{nh}는 3.5 MPa 이하이어야 한다. λ는 경량콘크리트 계수로서 보통중량콘크리트는 1.0, 모래경량콘크리트는 0.85, 전경량콘크리트는 0.75이다. ρ_v는 $A_v/(b_v s)$이다.

이에 따라, 위의 (1)과 (2)의 경우에는 다음 식으로 공칭수평전단강도를 결정한다.

$$V_{nh} = 0.56\,b_v\,d \tag{10·18}$$

$$V_{nh} = 0.55\, b_v\, d \tag{10·19}$$

식 (10·18)은 콘크리트구조설계기준에 규정된 식이며, 식 (10·19)는 ACI 318 Code에 규정된 식이다. 위의 (2)에서 조건으로 규정한 최소 전단연결재는 다음으로 결정하여야 한다.

$$A_{v,min} = 0.0625\sqrt{f_{ck}}\,\frac{b_v\, s}{f_{yt}} \geq 0.35\,\frac{b_v\, s}{f_{yt}} \tag{10·20}$$

$$A_{v,min} = 0.062\sqrt{f_{ck}}\,\frac{b_v\, s}{f_{yt}} \geq 0.35\,\frac{b_v\, s}{f_{yt}} \tag{10·21}$$

식 (10·20)은 콘크리트구조설계기준에 규정된 식이며, 식 (10·21)은 ACI 318 Code에 규정된 식이다. 수평전단력에 대한 전단연결재로는 단일철근이나 철선, 다중 스터럽 또는 용접철망의 수직철근 등이 사용될 수 있으며, 모든 전단연결재는 상호 연결된 요소들에 충분히 정착되어야 한다. 전단연결재의 간격은 지지 요소 최소 치수의 4배, 또한 600 mm 이하이어야 한다.

위의 (3)의 경우에는 다음 중 작은 값으로 공칭수평전단강도를 결정한다.

$$V_{nh} = \lambda(1.8 + 0.6\,\rho_v\, f_{yt})\, b_v\, d = \lambda\left(1.8 + 0.6\,\frac{A_v f_{yt}}{b_v\, s}\right) b_v\, d \tag{10·22}$$

$$V_{nh} = 3.5\, b_v\, d \tag{10·23}$$

표 10-3은 위의 (1), (2), (3)의 경우에 적용하는 공칭수평전단강도를 정리하여 나타낸 것이다.

계수전단력 V_u가 $\phi(3.5\, b_v\, d)$를 초과하는 경우, 즉 다음의 조건을 만족하는 경우에는 전단마찰 규정에 따라 수평전단력에 대한 설계를 수행하여야 한다.

$$V_u > \phi\,(3.5\, b_v\, d) \tag{10·24}$$

전단마찰이론에 따른 공칭수평전단강도 V_{nh}는 다음과 같이 결정한다.

$$V_{nh} = \mu\, A_{vf}\, f_{yt} \tag{10·25}$$

만일 전단마찰철근이 보와 슬래브 접촉면(계면)과 α_f의 각도로 경사를 이루도록 배치된 경우에는 공칭수평전단강도 V_{nh}를 다음으로 결정한다.

표 10-3 $V_u \le \phi(3.5\, b_v d)$인 경우의 공칭수평전단강도

전단연결재 조건	접촉면의 표면 조건	공칭수평전단강도
$A_v \ge A_{v,min}$	접촉면이 청결하고 부유물이 없으며 표면이 약 6 mm 깊이의 요철로 거칠게 만들어진 경우	다음 중 작은 값 $v_{nh} = \lambda\left(1.8 + 0.6\,\frac{A_v f_{yt}}{b_v\, s}\right)$ $v_{nh} = 3.5\ MPa$
	접촉면이 청결하고 부유물은 없으나 표면이 거칠게 만들어지지 않은 경우	$v_{nh} = 0.56\ MPa$ (콘크리트구조설계기준) $v_{nh} = 0.55\ MPa$ (ACI 318 Code)
$A_v < A_{v,min}$	접촉면이 청결하고 부유물이 없으며 표면이 거칠게 만들어진 경우	$v_{nh} = 0.56\ MPa$ (콘크리트구조설계기준) $v_{nh} = 0.55\ MPa$ (ACI 318 Code)

$$V_{nh} = A_{vf} f_y(\mu\ sin\ \alpha_f + cos\ \alpha_f) \quad (10\cdot 26)$$

공칭수평전단강도 V_{nh}는 다음의 최댓값을 초과할 수 없다. 즉, 일체로 친 콘크리트나 표면을 약 6 mm 깊이의 요철로 거칠게 만든 굳은 콘크리트에 새로 친 보통콘크리트의 경우, ACI 318 Code는 V_{nh}의 최댓값을 다음 중 작은 값으로 결정하도록 규정하고 있다. 이 식들은 N 단위로 계산된다.

$$V_{nh,max} = 0.2 f_{ck} A_{cv} \quad (10\cdot 27)$$

$$V_{nh,max} = (3.3 + 0.08 f_{ck})\ A_{cv} \quad (10\cdot 28)$$

$$V_{nh,max} = 11\ A_{cv} \quad (10\cdot 29)$$

콘크리트구조설계기준[10.10]은 식 (10·29)를 규정하고 있지 않아서, 식 (10·27)과 식 (10·28) 중 작은 값을 V_{nh}의 최댓값으로 결정한다.

서로 다른 시기에 콘크리트를 타설할 때, 접촉면에 약 6 mm 깊이의 요철을 만들지 않은 경우에는 V_{nh}의 최댓값을 앞의 식 (10·27)과 다음의 식 (10·30) 중 작은 값으로 결정한다. 이 식도 역시 N 단위로 계산된다.

$$V_{nh,max} = 5.5\ A_{cv} \quad (10\cdot 30)$$

표 10-4는 V_{nh}의 최댓값을 정리하여 나타낸 것이다.

전단마찰철근은 철근 양쪽에 정착길이를 확보하거나 갈고리 또는 특수한 장치에 용접하여 철근이

표 10-4 V_{nh}**의 최댓값**

접촉면의 표면 조건	$V_{nh,max}$
일체로 친 보통중량콘크리트	$V_{nh,max} = 0.2 f_{ck} A_{cv}$ $V_{nh,max} = (3.3 + 0.08 f_{ck}) A_{cv}$ $V_{nh,max} = 11 A_{cv}$ - 콘크리트구조설계기준은 앞의 두 식 중 작은 값 - ACI 318 Code는 세 식 중 가장 작은 값
표면을 약 6 mm 깊이의 요철로 거칠게 만든 굳은 콘크리트에 새로 친 콘크리트	
그 외의 경우	다음 중 작은 값 : $V_{nh,max} = 0.2 f_{ck} A_{cv}$ $V_{nh,max} = 5.5 A_{cv}$

설계기준항복강도를 발휘할 수 있도록 양측에 정착시켜야 한다. 전단마찰철근의 설계기준항복강도는, 콘크리트구조설계기준의 경우 500 MPa 이하로 규정하고 있고, ACI 318 Code는 420 MPa 이하로 규정하고 있다.

한편, 접촉면(계면)에 영구적으로 작용하는 순압축력은 전단마찰철근이 저항하는 힘 $A_{vf} f_y$에 추가되는 힘으로 고려할 수 있다. 이때에는 식 (10·25)를 대신하여 다음과 같이 공칭수평전단강도 V_{nh}를 계산할 수 있다.

$$V_{nh} = \mu (A_{vf} f_{yt} + P) \tag{10·31}$$

따라서 콘크리트 보의 상면에 현장타설 콘크리트 슬래브가 시공되는 합성보의 경우에는, 슬래브 콘크리트의 중량을 영구적으로 작용하는 순압축력 P로 적용할 수 있을 것이다.

이미 굳은 콘크리트에 새로운 콘크리트를 칠 때는 전단전달을 위한 접촉면은 깨끗하고 레이턴스(laitance)가 없도록 하여야 한다. 레이턴스는 콘크리트를 타설한 후 양생하는 과정에서 내부의 미세한 물질이 부상하여, 콘크리트가 경화한 후 표면에 형성되는 얇은 막을 말한다. 식 (10·25), 식 (10·26), 식 (10·31)에 적용하는 마찰계수 μ는 표 10-5에 따라 결정한다.

계수전단력 V_u가 $\phi(3.5 b_v d)$를 초과하여 전단마찰 규정에 따라 수평전단력에 대한 설계를 수행할 때

표 10-5 마찰계수 μ

접촉면의 표면 조건	마찰계수 μ
일체로 친 콘크리트	1.4 λ
표면을 약 6 mm 깊이의 요철로 거칠게 만든 굳은 콘크리트에 새로 친 콘크리트	1.0 λ
일부러 거칠게 하지 않은 굳은 콘크리트에 새로 친 콘크리트	0.6 λ
전단연결재에 의하거나 철근에 의해 구조용 강재에 정착된 콘크리트	0.7 λ

에는, 식 (10·11)의 강도성능 조건에 따라 식 (10·25)와 식 (10·31)을 변환하여 다음과 같이 소요 수평 전단철근 단면적을 구할 수 있다.

$$A_{vf,req'd} = \frac{V_u}{\phi\, \mu\, f_{yt}} \tag{10·32}$$

$$A_{vf,req'd} = \frac{\dfrac{V_u}{\phi\, \mu} - P}{f_{yt}} \tag{10·33}$$

예제 10-1

프리캐스트 콘크리트 직사각형 보와 현장타설 콘크리트 슬래브로 이루어진 그림 10-11의 합성보에 SWPC7BL 15.2 mm ($A_{ps1} = 138.7\ mm^2$, 표 2-7 참조) 강연선 12가닥($A_{ps} = 1{,}664\ mm^2$)이 배치되어 있다. 보의 콘크리트 설계기준압축강도는 40 MPa이고 슬래브의 콘크리트 설계기준압축강도는 35 MPa이다. T형 단면으로의 플랜지 유효폭은 플랜지의 폭과 동일하게 1,800 mm이다. 보와 슬래브의 계면에는 SD400철근의 U형 전단철근이 배치되어 있다. 콘크리트구조설계기준과 ACI 318 Code를 적용하여 다음 문제를 수행하시오.

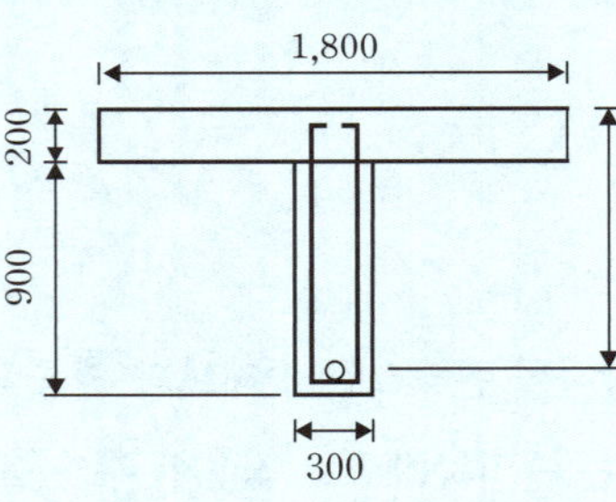

| 그림 10-11 | 예제 10-1의 합성단면

[문제 1] 강도개념의 설계법을 적용하여 수평계수전단력 V_{uh}를 구하시오.

[문제 2] 이 단면에 SD400 D13의 U형 전단철근이 300 mm 간격으로 배치되어 있고 550 kN의 계수전단력 V_u가 작용할 때, 계면의 수평전단강도를 검증하시오.

[문제 3] 이 단면에 1,150 kN의 계수전단력 V_u가 작용할 때, SD400의 U형 전단철근을 사용하여 계면에 수평전단설계를 수행하시오.

>> 문제-1 풀이

강도개념의 설계법을 적용한 계수전단력 V_{uh}

강도개념의 설계법을 적용한 계수전단력을 구하려면, 휨강도해석에 의하여 계면의 윗부분에 작용하는 압축력을 구하여야 한다. 콘크리트구조설계기준에 따라 [예제 5-5]의 (2)와 같이 근사해법으로 극한상태에서의 긴장재의 응력을 다음과 같이 구한다. 슬래브 콘크리트의 설계기준압축강도가 35 MPa이므로, 식 (2·19)로부터

$$\beta_1 = 0.85 - 0.007(f_{ck} - 28) = 0.85 - 0.007(35 - 28) = 0.80$$

$$\frac{f_{py}}{f_{pu}} = \frac{1,680}{1,860} = 0.903\text{으로 } 0.90\text{을 초과하므로, } \gamma_p = 0.28$$

$$\rho_p = \frac{A_p}{b_e\, d_p} = \frac{1,664}{1,800 \times 1,000} = 0.000924$$

극한상태에서 긴장재 응력 f_{ps}의 근사값은 식 (5·25)로부터

$$f_{ps} = f_{pu}\left(1 - \frac{\gamma_p}{\beta_1}\frac{\rho_p f_{pu}}{f_{ck}}\right)$$

$$= 1,860\left[1 - \frac{0.28}{0.80}\frac{0.000924 \times 1,860}{35}\right] = 1,828\ MPa$$

따라서 강재의 인장력은

$$T = A_{ps} f_{ps} = 1,664 \times 1,828 = 3,042,000\ N$$

등가직사각형 응력분포의 깊이가 상부 플랜지 두께보다 작은 직사각형 단면 거동을 보인다고 가정하면(즉, $a \le t$), 콘크리트의 압축력은 다음과 같다.

$$C = 0.85 f_{ck}\, a b_e = 0.85 \times 35 \times a \times 1,800 = 53,550\ a$$

평형조건으로 압축력과 인장력이 같아야 하므로, 등가직사각형 응력분포의 깊이 a를 구하면, $C = T$로부터

$$a = \frac{3,042,000}{53,550} = 56.8\ mm$$

등가직사각형 응력분포의 깊이 a가 플랜지의 두께 200 mm보다 작으므로, 계면에 작용하는 수평전단력은 압축력 C와 같다. 따라서 강도개념의 설계법을 적용한 수평계수전단력 V_{uh}는 다음과 같다.

$$V_{uh} = 3,042\ kN$$

>>> 문제-2 풀이

계면의 수평전단강도 검증

보와 슬래브의 콘크리트 설계기준압축강도는 각각 40 MPa과 35 MPa이므로, 계면의 수평전단강도의 검증에서는 두 값 중 작은 값인 35 MPa을 적용한다. 표 10-3에 따라 수평전단강도를 결정할지, 또는 전단마찰이론에 따라 수평전단강도를 결정할지 판단하기 위해서는 $\phi(3.5\, b_v\, d)$와 계수전단력 V_u를 비교하여야 한다.

$$\phi(3.5\, b_v\, d) = 0.75 \times 3.5 \times 300 \times 1,000 = 788,000\ N = 788\ kN$$

계수전단력 V_u가 550 kN이므로, $\phi(3.5\, b_v\, d)$와 비교하면 다음과 같다.

$$V_u < \phi(3.5\, b_v\, d)$$

따라서 표 10-3에 따라 공칭수평전단강도를 결정한다. 접촉면은 청결하고 부유물이 없게 시공하도록 하며, 표면을 약 6 mm 깊이의 요철로 거칠게 만들기로 한다. D13 철근의 단면적이 126.7 mm^2이므로, U형 전단철근의 단면적은

$$A_v = 2 \times 126.7 = 253\ mm^2$$

U형 전단철근의 간격이 300 mm이므로, 최소전단철근 단면적을 콘크리트구조설계기준에 따라 계산하면

$$A_{v,min} = 0.0625\sqrt{f_{ck}}\,\frac{b_v\,s}{f_{yt}} = 0.0625\sqrt{35}\,\frac{300\times300}{400} = 83\ mm^2$$

$$A_{v,min} = 0.35\,\frac{b_v\,s}{f_{yt}} = 0.35\,\frac{300\times300}{400} = 79\ mm^2$$

두 값 중에서 큰 값이 최소전단철근 단면적이므로, $A_{v,min}$은 83 mm^2이다. 배치된 전단철근의 단면적은 다음과 같이 최소전단철근 단면적보다 크다.

$$A_v > A_{v,min}$$

따라서 식 (10·22)을 적용하여 표 10-3과 같은 형태로 응력 단위의 공칭수평전단강도를 구하면

$$v_{nh} = \lambda\left(1.8 + 0.6\,\frac{A_v f_{yt}}{b_v\,s}\right) = 1.0\times\left(1.8 + 0.6\times\frac{253\times400}{300\times300}\right) = 2.47\ MPa$$

이 값이 3.5 MPa을 초과하지 않으므로, 공칭수평전단강도 v_{nh}는 2.47 MPa이다. 이제 힘 단위의 설계수평전단강도를 구하면

$$\phi V_{nh} = \phi v_{nh}\,b_v\,d = 0.75\times2.47\times300\times1{,}000 = 556{,}000\ N = 556\ kN$$

따라서 556 kN의 설계수평전단강도 ϕV_{nh}는 다음과 같이 550 kN의 계수전단력 V_u를 초과한다.

$$\phi V_{nh} > V_u$$

>>> 문제-3 풀이

계수전단력 1,150 kN가 작용할 때의 수평전단설계

표 10-3에 따라 수평전단강도를 결정할지, 또는 전단마찰이론에 따라 수평전단강도를 결정할지 판단하기 위해서는 $\phi(3.5\,b_v\,d)$와 계수전단력 V_u를 비교하여야 한다.

$$\phi(3.5\,b_v\,d) = 0.75\times3.5\times300\times1{,}000 = 788{,}000\ N = 788\ kN$$

계수전단력 V_u가 1,150 kN이므로, $\phi(3.5\,b_v\,d)$와 비교하면 다음과 같다.

$$V_u > \phi(3.5\,b_v\,d)$$

따라서 전단마찰이론에 따라 수평전단강도를 결정한다. 슬래브 중량을 계면에 작용하는 압축력으로 하여 수평전단강도를 결정한다. 콘크리트의 단위질량을 23 kN/m^3이라고 하고, 단위길이 1 m에 작용하는 힘을 구하면

$$P = 0.2\times1.8\times23 = 8.28\ kN$$

단위길이 1 m 당 접촉면적은

$$A_{cv} = b_v\times1{,}000 = 300\times1{,}000 = 300{,}000\ mm^2$$

접촉면은 청결하고 부유물이 없게 시공하도록 하며, 표면을 약 6 mm 깊이의 요철로 거칠게 만들기로 한다. 따라서 마찰계수는 표 10-5에 따라 1.0λ, 즉 1.0을 적용한다.

단위길이 1 m 당 소요철근단면적을 식 (10·33)을 적용하여 구하면

$$A_{vf,req'd} = \frac{\dfrac{V_u}{\phi\,\mu} - P}{f_{yt}} = \frac{\dfrac{1{,}150{,}000}{0.75\times1.0} - 8{,}280}{400} = 3{,}813\ mm^2$$

따라서 D16의 U형 전단철근을 100 mm 간격으로 배치하기로 한다. D16 철근의 단면적이 198.6 mm^2이므로, 단위길이 1 m 당 전단마찰 철근단면적은

$$A_{vf} = \frac{2\,A_b \times 1{,}000}{s} = \frac{2 \times 198.6 \times 1{,}000}{100} = 3{,}972\ mm^2$$

공칭전단강도의 최댓값은 다음 중 가장 큰 값이다.

$$0.2\,f_{ck}\,A_{cv} = 0.2 \times 35 \times 300{,}000 = 2{,}100{,}000\ N = 2{,}100\ kN$$

$$(3.3 + 0.08\,f_{ck})A_{cv} = (3.3 + 0.008 \times 35) \times 300{,}000 = 1{,}830{,}000\ N = 1{,}830\ kN$$

$$11A_{cv} = 11 \times 300{,}000 = 3{,}300{,}000\ N = 3{,}3300\ kN$$

콘크리트구조설계기준은 위의 식들 중 세 번째 식은 규정되어 있지 않다. 이 값들 중 가장 작은 값이 다음과 같이 공칭전단강도의 최댓값이 된다.

$$V_{nh,max} = 1{,}830\ kN$$

식 (10·31)에 따라 공칭전단강도를 구하면

$$V_{nh} = \mu(A_{cf}\,f_{yt} + P) = 1.0 \times (3{,}972 \times 400 + 8{,}280) = 1{,}597{,}000\ N$$

$$= 1{,}597\ kN < V_{nh,max}$$

이 값은 최댓값보다 작으므로, 공칭전단강도가 된다.

설계전단강도는

$$\phi\,V_{nh} = 0.75 \times 1{,}597 = 1{,}198\ kN$$

따라서 1,198 kN의 설계수평전단강도 $\phi\,V_{nh}$는 다음과 같이 1,150 kN의 계수전단력 V_u를 초과한다.

$$\phi\,V_{nh} > V_u$$

10.2.4 AASHTO-LRFD에 따른 수평전단 설계

AASHTO-LRFD[10.12]는 보와 슬래브 계면의 수평전단강도에 대하여 다음의 조건을 만족하도록 규정하고 있다.

$$\phi\,V_{ni} \geq V_{ui} \tag{10·34}$$

여기서, $\phi\,V_{ni}$: 설계수평전단강도

ϕ : 전단에 대한 강도감소계수, 보통중량콘크리트는 0.9, 경량콘크리트는 0.8, 서로 다른 중량의 콘크리트가 사용될 때는 작은 값 적용.

V_{ni} : 공칭수평전단강도

V_{ui} : 강도한계상태 하중조합과 극단상황 한계상태 하중조합의 수평계수전단력

수평계수전단력 V_{ui}는 계수전단력 V_u의 분포를 대상으로 하여, 단위길이 별 전단력으로 구분하고 이를 변환하여 결정한다. 즉, 1 ft를 단위길이로 하여, 300 mm(12 $inch$)마다 각 위치에 작용하는 계수전단력을 단위길이 별 계수전단력 V_{u1}이라고 하고, 다음과 같이 계면의 수평계수전단응력 v_{vi}를 구한다.

$$v_{ui} = \frac{V_{u1}}{b_{ui}\, d_v} \tag{10·35}$$

여기서, v_{ui} : 계면의 수평계수전단응력

V_{u1} : 단위길이(300 mm, 12 $inch$) 별 계수전단력

b_{vi} : 수평전단응력이 작용하는 방향으로의 접촉면(계면)의 폭

d_v : 합성단면에서는 인장력을 받는 강재의 중심에서 슬래브 두께 중심까지의 거리

계면의 수평계수전단응력 v_{ui}를 구한 후에는 다음과 같이 계면에 작용하는 수평계수전단력 V_{ui}를 구한다.

$$V_{ui} = v_{ui}\, A_{cv} \tag{10·36}$$

$$A_{cv} = b_{vi}\, L_{vi} \tag{10·37}$$

여기서, A_{cv} : 단위길이 당 계면의 접촉면적(mm^2 또는 in^2)

L_{cv} : 단위길이(300 mm, 12 $inch$)

공칭수평전단강도 V_{ni}는 전단마찰이론을 적용하여, 다음과 같이 최댓값 이하에서 결정한다.

$$V_{ni} = c\, A_{cv} + \mu(A_{vf} f_y + P_c) \tag{10·38}$$

$$V_{ni} \le K_1 f_c'\, A_{cv} \tag{10·39}$$

$$V_{ni} \le K_2\, A_{cv} \tag{10·40}$$

여기서, c : 계면의 콘크리트 점성계수

μ : 계면의 마찰계수

A_{vf} : 계면을 지나는 철근의 단면적

f_y : 계면을 지나는 철근의 항복강도로 최대 420 MPa

P_c : 계면에 영구히 작용하는 순압축력, 만일 인장력인 경우에는 0

K_1, K_2 : 공칭수평전단강도의 최댓값을 규정하기 위한 계수

점성계수 c, 마찰계수 μ, 계수 K_1과 K_2는 조건에 따라 표 10-6의 값을 적용한다. 참고로 브래킷(bracket)과 코벨(corbel)에 대해서는 점성계수 c를 0으로 한다.

AASHTO-LRFD에 따라 수평전단에 대한 설계를 수행할 때에는, 식 (10·34)의 강도성능 조건에 따라 식 (10·38)을 변환하여 다음과 같이 소요 수평전단철근 단면적을 구할 수 있다.

$$A_{vf,req'd} = \frac{\dfrac{V_{ui}/\phi - c\,A_{cw}}{\mu} - P_c}{f_{yt}} \tag{10·41}$$

한편, 전단마찰철근의 최소단면적 조건으로서, 전단마찰철근은 다음의 단면적 이상이 되도록 배치하여야 한다.

$$A_{vf} \ge 0.35\frac{A_{cv}}{f_y} \tag{10·42}$$

표 10-6 AASHTO-LRFD의 표면 조건 및 계수

접촉면의 표면 조건	c	μ	K_1	K_2
깨끗하고 레이턴스가 없는 표면을 약 6 mm 깊이의 요철로 거칠게 만든 거더에 현장타설되는 콘크리트 슬래브	1.9 MPa	1.0	0.3	12.9 MPa (보통중량) 9.0 MPa (경량콘크리트)
일체로 타설되는 보통중량콘크리트	2.8 MPa	1.4	0.25	10.3 MPa
일체로 타설되는 경량콘크리트 또는 깨끗하고 레이턴스가 없는 표면을 약 6 mm 깊이의 요철로 거칠게 만든 시공이음면의 경량콘크리트	1.7 MPa	1.0	0.25	6.9 MPa
깨끗하고 레이턴스가 없는 표면을 약 6 mm 깊이의 요철로 거칠게 만든 시공이음면의 보통중량콘크리트	1.7 MPa	1.0	0.25	10.3 MPa
표면이 깨끗하고 레이턴스가 없으나, 일부러 거칠게 하지는 않은 굳은 콘크리트에 새로 친 콘크리트	0.52 MPa	0.6	0.2	5.5 MPa
접촉면이 깨끗하고 페인트를 칠하지 않은 구조용 강재에 전단연결재나 철근으로 정착된 콘크리트	0.17 MPa	0.7	0.2	5.5 MPa

그러나 식 (10·41)에 따라 구한 소요 전단마찰철근 단면적의 1.33배가 식 (10·42)의 최소단면적보다 작은 경우에는, 소요 전단마찰철근 단면적의 1.33배를 사용하여 설계하여도 좋다. 단, 이때에는 접촉면이 깨끗하고 레이턴스가 없도록 하여야 한다.

또, 합성보의 거더와 슬래브의 접촉면에 대한 수평전단설계에서, 식 (10·35)로 계산한 계면의 수평계수전단응력 v_{ui}가 1.4 Pa 이하이고 표면을 약 6 mm 깊이의 요철로 거칠게 만든 경우에는 식 (10·42)의 최소단면적 기준을 적용하지 않아도 좋다.

예제 10-2

프리캐스트 콘크리트 직사각형 보와 현장타설 콘크리트 슬래브로 이루어진 그림 10-12의 합성보에 550 kN의 계수전단력 V_u가 작용한다. 보의 콘크리트 설계기준압축강도는 40 MPa이고 슬래브의 콘크리트 설계기준압축강도는 35 MPa이다. T형 단면으로의 플랜지 유효폭은 플랜지의 폭과 동일하게 1,800 mm이다. 보와 슬래브의 계면에 SD400 D13의 U형 전단철근이 300 mm 간격으로 배치되어 있을 때, AASHTO-LRFD를 적용하여 계면의 수평전단강도를 검증하시오. [참고 : 이 단면과 조건은 예제 10-1의 문제 2와 동일하다.]

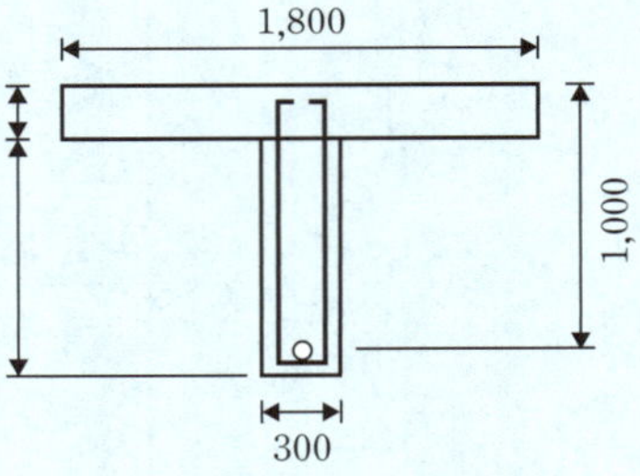

| 그림 10-12 | 예제 10-2의 합성단면

>>> 풀이

보와 슬래브의 콘크리트 설계기준압축강도는 각각 40 MPa과 35 MPa이므로, 계면의 수평전단강도의 검증에서는 두 값 중 작은 값인 35 MPa을 적용한다.

AASHTO-LRFD에서는 1ft를 단위길이로 하므로, 1ft인 300 mm를 기준으로 검증한다. 따라서 단위길이 별 계수전단력을 V_{u1}이라고 표현하고, 다음과 같이 계면의 수평계수전단응력 v_{ui}를 구한다. 이때 유효깊이 d_v는 합성단면의 경우인장력을 받는 강재의 중심에서 슬래브 두께 중심까지의 거리이므로

$$d_v = 1{,}000 - \frac{200}{2} = 900\ mm$$

계면의 폭이 300 mm이고, 300 mm를 단위길이로 하므로

$$b_{vi} = 300\ mm$$

$$L_{vi} = 300\ mm$$

단위길이 300 mm 당 접촉면적은

$$A_{cv}=b_{vi}\times L_{vi}=300\times 300=90{,}000\ mm^2$$

계면의 수평계수전단응력 v_{vi}는

$$v_{ui}=\frac{V_{u1}}{b_{vi}\,d_v}=\frac{550{,}000}{300\times 900}=2.04\ MPa$$

단위길이 300 mm 당 계면의 수평계수전단력 V_{ui}는

$$V_{ui}=v_{ui}\,A_{cv}=2.04\times 90{,}000=184{,}000\ N=184\ kN$$

슬래브 중량을 계면에 작용하는 압축력으로 하여 수평전단강도를 결정한다. 콘크리트의 단위질량을 23 kN/m^3이라고 하고, 단위길이 300 mm에 작용하는 힘을 구하면

$$P_c=0.2\times 1.8\times 23\times\frac{300}{1{,}000}=2.5\ kN$$

D13 철근의 단면적이 126.7 mm^2이므로, 단위길이 300 mm 당 전단마찰 철근단면적은

$$A_{vf}=\frac{2\,A_b\times 300}{s}=\frac{2\times 126.7\times 300}{300}=253\ mm^2$$

접촉면은 청결하고 부유물이 없게 시공하도록 하며, 표면을 약 6 mm 깊이의 요철로 거칠게 만들기로 한다. 따라서 표 10-6에 따라 계수를 적용하면

$$c=1.9\ MPa,\quad \mu=1.0,\quad K_1=0.3,\quad K_2=12.9\ MPa$$

공칭수평전단강도의 최댓값을 구하면

$$K_1 f_c'\,A_{cv}=0.3\times 35\times 90{,}000=945{,}000\ N=945\ kN$$

$$K_2\,A_{cv}=12.9\times 90{,}000=1{,}161{,}000\ N=1{,}161\ kN$$

식 (10·38)에 따라 공칭수평전단강도를 구하면

$$V_{ni}=c\,A_{cv}+\mu(A_{vf}f_y+P_c)$$
$$=1.9\times 90{,}000+1.0\times(253\times 400+2{,}500)=275{,}000\ N=275\ kN$$

AASHTO-LRFD에서는 전단에 대한 저항계수가 0.9이므로, 설계전단강도는

$$\phi V_{ni}=0.9\times 275=248\ kN$$

따라서 설계수평전단강도 ϕV_{ni}는 다음과 같이, 단위길이 300 mm 당 계면의 수평계수전단력인 184 kN의 V_{ui}를 초과한다.

$$\phi V_{ni}>V_{ui}$$

10.2.5 도로교설계기준과 Eurocode 2에 따른 수평전단 설계

교량설계기준(한계상태설계법)[10.13]과 Eurocode 2[10.14]는 보와 슬래브 계면의 수평전단 설계에 대하여, 부분적으로는 서로 다른 부분이 있으나 기본적으로 동일한 설계기준을 규정하고 있다. 보와 슬래브

계면의 수평전단강도에 대하여 다음의 조건을 만족하여야 한다. 식 (10·43)은 교량설계기준(한계상태설계법)의 표현이고, 식 (10·44)는 Eurocode 2의 표현이다.

$$v_u \leq v_d \tag{10·43}$$

$$v_{Edi} \leq v_{Rdi} \tag{10·44}$$

여기서, v_u, v_{Edi} : 계수하중에 의한 계면 전단응력(수평계수전단응력)

v_d, v_{Rdi} : 계면의 설계전단강도

수평계수전단응력 v_u와 v_{Edi}는 다음으로 계산한다. 식 (10·45)는 교량설계기준(한계상태설계법)의 표현이고, 식 (10·46)은 Eurocode 2의 표현이다.

$$v_u = \frac{\beta V_u}{z\,b} \tag{10·45}$$

$$v_{Edi} = \frac{\beta V_{Ed}}{z\,b_i} \tag{10·46}$$

여기서, β : 새로 친 콘크리트에 작용하는 종방향력과 총 종방향력의 비

V_u, V_{Ed} : 계수전단력

z : 단면의 내부 모멘트 팔길이

b, b_i : 계면의 폭

합성단면에서 계면의 폭 b_i는 그림 10-13과 같이 결정하는데, 전단키가 있는 경우에는 그림 10-13(d)와 같이 결정한다.

β의 값을 결정할 때는 휨 극한한계상태에서 단면에 작용하는 압축응력의 분포를 고려하여야 한다. 그림 10-14는 휨강도의 해석에 사용되는 포물선-사각형 곡선의 형상으로 압축응력이 작용할 때, 중립축의 위치가 계면 아래 복부에 위치하는 경우를 나타낸다. 이 경우에는 β의 값을 다음과 같이 결정한다.

$$\beta = \frac{C_f}{C_f + C_w} \tag{10·47}$$

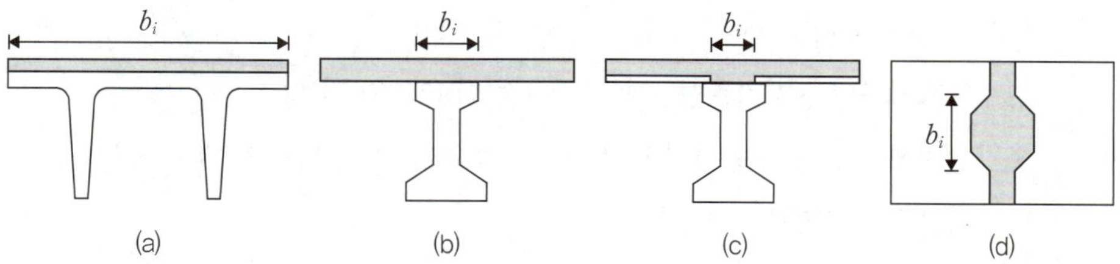

| 그림 10-13 | 계면의 폭

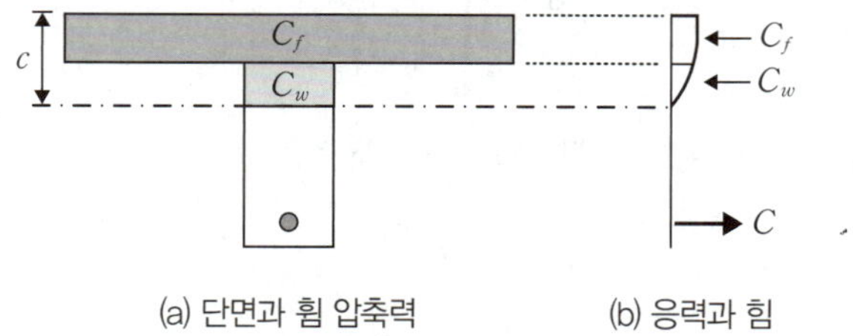

| 그림 10-14 | 휨 극한상태에서의 압축력

보와 슬래브의 합성단면에서는 일반적으로 휨 극한상태에서 중립축이 플랜지에 위치하는 경우가 많다. 이때에는 당연히 β의 값이 1.0이 된다. 한편, 중립축이 복부에 위치하는 경우라도, 설계의 편의를 위해 β의 값을 1.0으로 할 수 있다. 이것은, 그림 10-14에 나타난 바와 같이, 실제로 많이 사용되는 합성단면에서 복부폭이 플랜지폭에 비하여 작고 중립축이 계면에 가까이 위치하여 C_w가 C_f에 비하여 매우 작은 경우가 대부분이며, β를 1.0으로 하면 항상 안전한 설계가 되기 때문이다.

교량설계기준(한계상태설계법)[10.13]은 계면의 설계전단강도 v_d를 다음과 같이 결정하도록 규정하고 있다.

$$v_d = \phi_c \mu_1 f_{ctk} + \mu_2 f_n + \phi_s \rho f_y (\mu_2 \sin\alpha + \cos\alpha) \tag{10·48}$$

$$v_d \leq 0.5 \phi_c \nu f_{ck} \tag{10·49}$$

$$\rho = \frac{A_s}{A_c} \tag{10·50}$$

$$\nu = 0.6\left(1 - \frac{f_{ck}}{250}\right) \tag{10·51}$$

여기서, μ_1, μ_2 : 계면 거칠기에 따른 계수(표 10-7)

ϕ_c : 콘크리트의 재료계수, 0.65

ϕ_s : 철근과 프리스트레싱 강재의 재료계수, 0.90

f_{ctk} : 콘크리트의 설계기준인장강도[2.1.8절 식 (2·27) 참조]

f_n : 계면에 전단력과 동시에 작용하는 최소 법선응력, 압축인 경우 (+)

A_s : 계면을 가로지르는 철근단면적

A_c : 계면의 면적

c : 계면을 가로지르는 철근과 계면 사이의 각도로, 45°~90° 사이의 값

ν : 콘크리트 압축강도 유효계수

계면을 가로지르는 철근이 수직으로 배치되어 α가 90°이면, 식 (10·48)의 설계전단강도 v_d는 다음과 같이 간략화 된다.

$$v_d = \phi_c \mu_1 f_{ctk} + \mu_2 f_n + \phi_s \mu_2 \rho f_y \tag{10·52}$$

식 (10·48)과 식 (10·52)에서 첫 번째 항은 계면에 작용하는 콘크리트의 부착 저항력을 고려하는 항이고, 두 번째 항은 계면에 직각으로 작용하는 법선력에 의한 마찰 저항력을 고려하는 항이며, 세 번째 항은 계면을 가로 지르는 철근의 마찰 저항력을 고려하는 항이다.

최소 법선응력 f_n이 인장응력인 경우에는 식 (10·48)과 식 (10·52)의 $\phi_c\mu_1 f_{ctk}$항을 0으로 하여야 한다. 계면에 전단력과 동시에 압축의 법선력 N_u가 작용하는 경우에는 최소 법선응력 f_n을 다음과 같이 최댓값을 초과하지 않는 값으로 사용한다.

$$f_n = \frac{N_u}{A_c} < 0.6\,\phi_c f_{ck} \tag{10·53}$$

계면 거칠기에 따른 계수 μ_1과 μ_2는 표면의 상태에 따라 **표 10-7**의 값을 적용한다. 시공 이음부 요철의 크기와 형상은 **그림 10-15**와 같다.

시공 이음 계면에 현저하게 큰 균열이 발생할 가능성이 있는 경우이거나 피로 또는 동적 하중이 작용하는 경우에는 **표 10-7**에서 제시된 μ_1값의 1/2을 취해야 한다. 합성 거더교의 거더와 바닥판 사이 계면에는 종방향으로 계단처럼 몇 구간으로 구분하여 각 구간마다 횡방향 철근 또는 전단연결재를 등간격으로 배치할 수 있다. [그림 10-16 참조] 이때 계면을 가로지르는 전단마찰철근은 45°와 90° 사이의 경사각으로 배치하여야 한다. 전단마찰철근의 설계기준항복강도에 대한 별도의 제한조건이 규정되어 있지 않으므로, 교량설계기준(한계상태설계법)과 Eurocode 2는 기본적인 규정인 설계기준항복강도

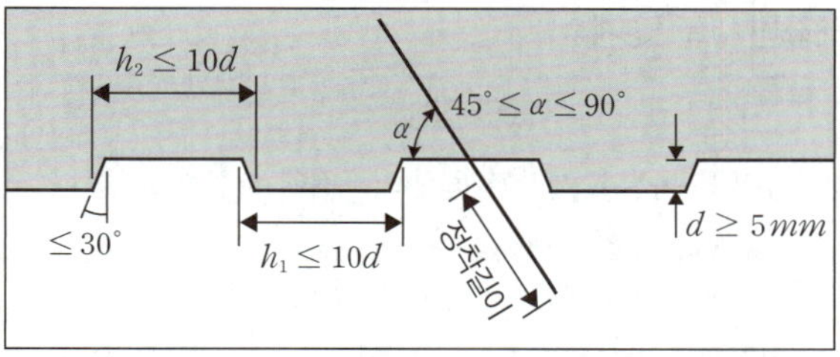

| 그림 10-15 | 요철을 갖는 시공 이음부

표 10-7 교량설계기준(한계상태설계법) 표면 상태 분류 및 계수

표면 구분	표면 상태	μ_1	μ_2
매우 매끄러움	강재, 플라스틱 또는 특별히 제작된 목재 거푸집에 타설한 표면	0.25	0.5
매끄러움	슬립폼(slip form)이나 사출 성형(extruded surface) 거푸집에 타설한 표면 및 진동 다짐 후 더 이상의 표면처리를 하지 않은 자유 표면	0.35	0.6
거침	표면을 긁어 거칠게 하거나 골재를 노출시키거나 또는 기타 방법을 통해 약 40 *mm* 간격에 적어도 3 *mm* 거침이 있는 표면	0.45	0.7
요철 표면	5 *mm* 이상의 깊은 요철을 가지면서 그림 10-15의 규정에 맞게 사전 제작된 표면	0.50	0.9

600 *MPa*까지 적용할 수 있을 것이다.

교량설계기준(한계상태설계법)에 따라 수평전단력에 대한 설계를 수행할 때에는, 식 (10·43)의 강도 성능 조건에 따라 식 (10·52)를 변환하여 다음과 같이 소요 수평전단철근 단면적을 구할 수 있다.

$$A_{s,req'd} = \frac{A_c(v_u - \phi_c\,\mu_1 f_{ctk} - \mu_2 f_n)}{\phi_s\,\mu_2 f_y} \tag{10·54}$$

Eurocode 2[10.14]는 계수의 값에 약간의 차이가 있지만, 전단마찰에 대한 설계기준이 교량설계기준(한계상태설계법)[10.13]과 기본적으로 동일하다. Eurocode 2에서 계면의 설계전단강도 v_{Rdi}는 다음과 같이 결정하도록 규정하고 있다.

$$v_{Rdi} = c\,f_{ctd} + \mu\,\sigma_n + \rho\,f_{yd}(\mu \sin\alpha + \cos\alpha) \le 0.5\,\nu\,f_{cd} \tag{10·55}$$

여기서, c, μ : 계면 거칠기에 따른 계수(표 10-8)

f_{ctd} : 콘크리트의 설계인장강도(설계기준인장강도 f_{ctk}를 콘크리트에 대한 부분안전계수 γ_c로 나누어 결정한 값) [3.2.2절 [8]항 참조]

표 10-8 Eurocode 2의 표면 구분 및 계수

표면 구분	표면 상태	c	μ
매우 매끄러움	강재, 플라스틱 또는 특별히 제작된 목재 거푸집에 타설한 표면	0.025~0.10	0.5
매끄러움	슬립폼(slip form)이나 사출 성형(extruded surface) 거푸집에 타설한 표면 및 진동 다짐 후 더 이상의 표면처리를 하지 않은 자유 표면	0.20	0.6
거침	표면을 긁어 거칠게 하거나 골재를 노출시키거나 또는 기타 방법을 통해 약 40 mm 간격에 적어도 3 mm 거침이 있는 표면	0.40	0.7
요철 표면	5 mm 이상의 깊은 요철을 가지면서 그림 10-15의 규정에 맞게 사전 제작된 표면	0.50	0.9

σ_n : 계면에 전단력과 동시에 작용하는 최소 법선응력

f_{yd} : 철근의 설계항복강도(설계기준항복강도 f_y를 철근에 대한 부분안전계수 γ_s로 나누어 결정한 값) [3.2.2절 [8]항 참조]

f_{cd} : 콘크리트의 설계압축강도(설계기준압축강도 f_{ck}를 콘크리트에 대한 부분안전계수 γ_c로 나누어 결정한 값) [3.2.2절 [8]항 참조]

최소 법선응력 σ_n은 교량설계기준(한계상태설계법)의 f_n과 동일하게 적용한다. 따라서 σ_n이 인장응력인 경우에는 식 (10·55)의 $c\,f_{ctd}$항을 0으로 하여야 한다. 계면 거칠기에 따른 계수 c와 μ는 표면의 상태에 따라 표 10-8의 값을 적용한다. 시공 이음부 요철의 크기와 형상은 그림 10-15와 같다.

피로 또는 동적 하중이 작용하는 경우에는 Eurocode 2도 교량설계기준(한계상태설계법)과 동일하게 표 10-8에서 제시된 c값의 1/2을 취한다. 그러나 시공 이음 계면에 현저하게 큰 균열이 발생할 가능성이 있을 때에는 Eurocode 2가 교량설계기준(한계상태설계법)과 다소 다르게 규정하고 있다. 즉, 계면에 현저하게 큰 균열이 발생할 가능성이 있을 때, 계면이 매끈한 경우에는 c값을 0으로 하여야 하며, 계면에 요철이 있는 경우에는 c값을 0.5로 하도록 규정하고 있다.

보와 슬래브 사이의 계면에 작용하는 전단력이 종방향으로 점차 변화하는 합성보에서, 계면을 지나는 철근을 현실적으로 배치하기 위하여 그림 10-16과 같이 계단식으로 구분하고 각 구간에서 철근을 등간격으로 배치하여도 좋다. 그림 10-16에서 부재의 중앙부에서 발휘되는 계면의 설계전단강도가 식 (10·48), 식 (10·52), 식 (10·55)의 첫 번째 항과 두 번째 항으로만 표현되어 있다. 이것은 계수전단력 V_u와 V_{Rdi}가 설계전단강도 수식의 첫 번째 항과 두 번째 항을 합한 수평설계전단강도보다 작은 구간에는 계면을 지나는 철근을 반드시 배치할 필요는 없다는 것을 나타낸 것이다. 그럼에도 불구하고 그림 10-16에서 부재의 중앙부에 전단철근을 배치한 것은, 7.4.1절에서 설명한 바와 같이 한계상태설계법 설계기준에서는 부재 전체를 하나의 트러스로 취급하여 전단강도를 검증하는 개념이므로 부재 중앙부에 최소전단철근으로 배치한 것이다. 엄밀히 말하면 V_u와 V_{Rdi}가 설계전단강도 수식의 첫 번째 항과 두 번

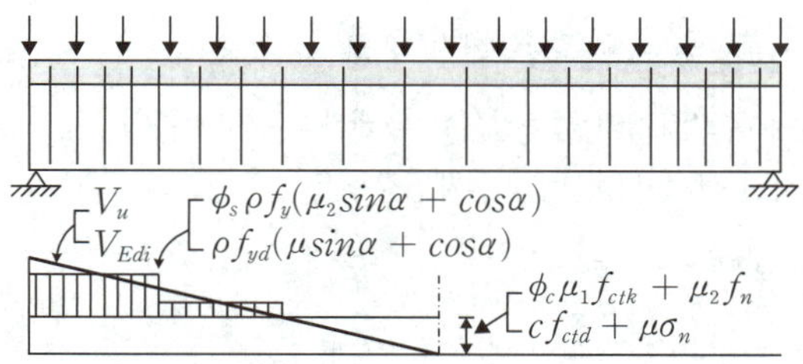

| 그림 10-16 | 계면의 계단식 전단철근 배치

째 항을 합한 수평설계전단강도보다 작은 구간에는 전단철근을 보와 슬래브의 계면을 지나도록 배치할 필요는 없다. 그러나 모든 전단철근이 계면을 지나도록 철근상세를 통일하여 단순화 하는 것이 시공에서 편리하므로, 그림 10-16과 같이 나타낸 것이다.

예제 10-3

프리캐스트 콘크리트 직사각형 보와 현장타설 콘크리트 슬래브로 이루어진 그림 10-17의 합성보에 550 kN의 계수전단력 V_u가 작용한다. 보의 콘크리트 설계기준압축강도는 40 MPa이고 슬래브의 콘크리트 설계기준압축강도는 35 MPa이다. T형 단면으로의 플랜지 유효폭은 플랜지의 폭과 동일하게 1,800 mm이다. 보와 슬래브의 계면에 SD400 D13의 U형 전단철근이 300 mm 간격으로 배치되어 있을 때, 교량설계기준(한계상태설계법)을 적용하여 계면의 수평전단강도를 검증하시오. 만일 강도가 부족하다면 전단철근의 간격을 얼마로 하여야 하는지 계산하시오. [참고 : 이 단면과 조건은 예제 10-1의 문제 2와 예제 10-2와 동일하다.]

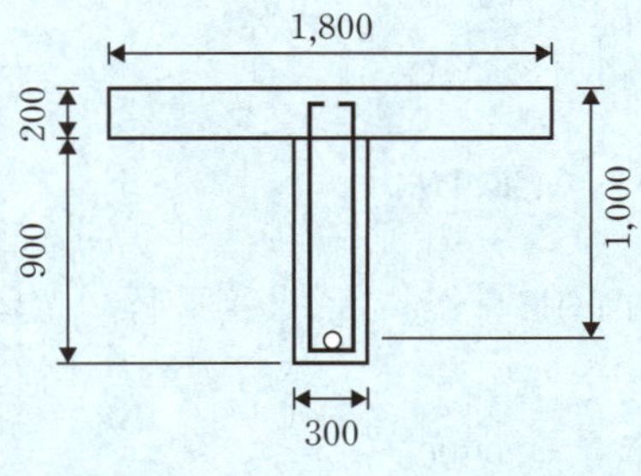

| 그림 10-17 | 예제 10-3의 합성단면

>>> 풀이

교량설계기준(한계상태설계법)과 Eurocode 2에서는 계면의 수평계수전단응력을 계산할 때 휨 극한상태에서 단면에 작용하는 압축력과 인장력 사이의 팔길이 z가 이용된다. 따라서 팔길이 z를 구하기 위한 휨강도해석을 먼저 수행하여야 한다. 또 수평계수전단응력을 계산할 때, 새로 친 콘크리트에 작용하는 종방향력과 총 종방향력의 비인 β의 값을 결정하기 위해서도 휨강도해석이 필요하다. 여기서는 [예제 5-6]과 같은 근사해법을 적용한다. 합성단면의 휨강도해석에서 슬래브의 윗부분이 압축응력을 받는다고 가정한다. 즉, 휨 극한상태에서 중립축이 플랜지 내부에 있어서 압축응력을 받는 콘크리트의 압축강도는 슬래브의 설계기준압축강도인 35 MPa을 적용한다.

강재를 탄소성으로 단순화하면 설계인장응력과 설계인장력은

$$f_{psd} = \phi_s f_{py} = 0.9 \times 1{,}680 = 1{,}512\ MPa$$

$$T_d = A_{ps} f_{psd} = 1{,}664 \times 1{,}512 = 2{,}516{,}000\ N$$

f_{ck}가 35 MPa이면, 압축응력분포계수 α는 0.80, 압축응력분포계수 β는 0.40[표 2-3 참조]이므로, 콘크리트 압축력은

$$C_d = \alpha(0.85 f_{cd}) b_e\, c = \alpha(0.85\, \phi_c f_{ck}) b_e\, c$$
$$= 0.80 \times (0.85 \times 0.65 \times 35) \times c \times 1{,}800 = 27{,}846\, c$$

평형조건으로 중립의 깊이 c를 구하면, $C_d = T_d$로부터

$$c = \frac{2{,}516{,}000}{27{,}846} = 90\ mm$$

가정과 같이 중립축의 깊이 c가 플랜지의 두께 200 mm보다 작다. 따라서 압축을 받는 콘크리트의 압축강도로 35 MPa을 적용한 해석은 적합하다.

압축력과 인장력 사이의 팔길이는

$$z = d - \beta c = 1{,}000 - 0.4 \times 90 = 964\ mm$$

중립축의 깊이 c가 플랜지의 두께 200 mm보다 작으므로, 새로 친 콘크리트에 작용하는 종방향력과 총 종방향력의 비 β는 1.0이다. 여기서 β는 압축응력분포계수 β와 기호는 동일하지만 전혀 다른 의미임을 유의하여야 한다. β의 값을 식 (10·47)로 계산하여도 같은 결과를 얻는다. 이 해석에서 복부에 작용하는 압축력 C_w가 0이므로, β는

$$\beta = \frac{C_f}{C_f + C_w} = \frac{C_d}{C_d + 0} = 1.0$$

계면의 수평계수전단응력 v_u는 식 (10·45)에 따라

$$v_u = \frac{\beta\, V_u}{z\, b} = \frac{1.0 \times 550{,}000}{964 \times 300} = 1.90\ MPa$$

계면의 설계전단강도를 계산하기 위해서는 다음과 같은 변수의 계산이 필요하다.

단위길이 1 m 당 접촉면적은

$$A_c = b \times 1{,}000 = 300 \times 1{,}000 = 300{,}000\ mm^2$$

단면적이 126.7 mm^2인 D13의 U형 전단철근을 300 mm 간격으로 배치하였으므로, 단위길이 1 m 당 전단마찰 철근단면적은

$$A_s = \frac{2\, A_b \times 1{,}000}{s} = \frac{2 \times 126.7 \times 1{,}000}{300} = 845\ mm^2$$

계면을 지나는 철근의 철근비는

$$\rho = \frac{A_s}{A_c} = \frac{845}{300{,}000} = 0.00282$$

보와 슬래브의 콘크리트 설계기준압축강도는 각각 40 MPa과 35 MPa이므로, 계면의 수평전단강도의 검증에서는 두 값 중 작은 값인 35 MPa을 적용한다. 콘크리트의 평균압축강도는 식 (2·1)로부터

$$f_{cm} = f_{ck} + \Delta f = 35 + 4 = 39\ MPa$$

콘크리트의 평균인장강도는 식 (2·26)로부터

$$f_{ctm} = 0.3(f_{cm})^{2/3} = 0.3 \times (39)^{2/3} = 3.5\ MPa$$

콘크리트의 설계기준인장강도는 식 (2·27)로부터

$$f_{ctk} = 0.7\, f_{ctm} = 0.7 \times 3.5 = 2.45\ MPa$$

슬래브 중량을 계면에 작용하는 압축력으로 하여 수평전단강도를 결정한다. 콘크리트의 단위질량을 23 kN/m^3이라고 하고, 단위길이 1 m에 작용하는 힘을 구하면

$$N_u = 0.2 \times 1.8 \times 23 = 8.28\ kN$$

작용하는 압축응력은 다음과 같고, 이 값은 $0.6\,\phi_c f_{ck}$미만이다.

$$f_n = \frac{N_u}{A_c} = \frac{8{,}280}{300{,}000} = 0.028\ MPa$$

접촉면은 청결하고 부유물이 없게 시공하도록 하며, 표면을 그림 10–15와 같이 5 mm 이상의 깊이를 갖는 요철로 거칠게 만들기로 한다. 따라서 표 10–7에 따라 계수를 적용하면

$$\mu_1 = 0.5,\ \ \mu_2 = 0.9$$

수직 전단철근이므로, 식 (10·52)에 따라 설계전단강도를 구하면

$$\begin{aligned} v_d &= \phi_c\,\mu_1 f_{ctk} + \mu_2 f_n + \phi_s\,\mu_2\,\rho\, f_y \\ &= 0.65 \times 0.5 \times 2.45 + 0.9 \times 0.028 + 0.9 \times 0.00282 \times 400 \times 0.9 \\ &= 0.796 + 0.026 + 0.914 = 1.74\ MPa \end{aligned}$$

설계전단강도의 최댓값은

$$0.5\,\phi_c\,\nu\, f_{ck} = 0.5 \times 0.65 \times 0.6 \times \left(1 - \frac{35}{250}\right) \times 35 = 5.87\ MPa$$

계산된 설계전단강도 1.74 MPa이 최댓값 미만이므로

$$v_d = 1.74\ MPa$$

계면의 수평계수전단응력 v_u는 1.90 MPa이므로, 다음과 같이 강도를 만족하지 못한다.

$$v_d = 1.74\ MPa < v_u\ (=1.90\ MPa)$$

따라서 계면을 지나는 전단철근을 다시 설계하여야 한다. 식 (10·52)의 설계전단강도와 계수전단응력을 같게 놓고, 전단철근 항이 포함되어 있는 식 (10·52)의 세 번째 항의 요구 값을 구하면

$$\begin{aligned} (\mu_2\,\rho\, f_y\, v_d)_{req'd} &= v_u - (\phi_c\,\mu_1 f_{ctk} + \mu_2 f_n) \\ &= 1.90 - (0.796 + 0.026) \\ &= 1.078\ MPa \end{aligned}$$

이 관계로 소요철근비를 구하면

$$\rho_{req'd} = \frac{(\mu_2 \rho f_y v_d)_{req'd}}{\mu_2 f_y v_d} = \frac{1.078}{0.9\times 400\times 0.9} = 0.00333$$

소요철근 단면적을 구하면

$$A_{s,req'd} = \rho_{req'd} A_c = 0.00333 \times 300{,}000 = 999\ mm^2$$

단면적이 126.7 mm^2인 D13의 U형 전단철근의 소요간격은

$$s_{req'd} = \frac{2A_b \times 1{,}000}{A_{s,req'd}} = \frac{2\times 126.7\times 1{,}000}{999} = 254\ mm$$

따라서 D13의 U형 전단철근을 250 mm 간격으로 배치한다. 이때의 철근비는 0.00338이므로, 설계전단강도는

$$\begin{aligned} v_d &= \phi_c \mu_1 f_{ctk} + \mu_2 f_n + \phi_s \mu_2 \rho f_y \\ &= 0.65\times 0.5\times 2.45 + 0.9\times 0.028 + 0.9\times 0.00338\times 400\times 0.9 \\ &= 0.796 + 0.026 + 1.095 = 1.92\ MPa \end{aligned}$$

계면의 수평계수전단응력 v_u는 1.90 MPa이므로, 다음과 같이 강도를 만족한다.

$$v_d = 1.92\ MPa > v_u\ (=1.90\ MPa)$$

10.3 합성보의 휨 설계

콘크리트 부재의 휨 설계는 사용한계상태에서의 휨 응력, 균열, 처짐 한계상태를 검증하고, 극한한계상태에서의 휨강도를 검증하는 과정으로 이루어진다. 이 절에서는 사용한계상태에서 합성단면에 작용하는 휨 응력의 해석과 극한한계상태에서 합성단면이 나타내는 휨강도의 해석을 소개하고 논의한다.

10.3.1 플랜지의 유효폭과 환산폭

보와 슬래브로 이루어진 합성보는 보가 복부 역할을 하고 슬래브가 플랜지 역할을 한다. 플랜지를 가진 단면의 설계에서는 구조적으로 의미를 가진 플랜지 폭을 고려하여야 한다. 그림 10-18은 보가 수평방향으로 s의 간격으로 배치된 합성보를 나타낸다. 이 구조물을 세 개의 부재로 나눈다면 가운데 합성보의 플랜지폭 b는 외관상 s와 같다. 그러나 구조적으로는 플랜지의 유효폭(effective width) b_e와 환산폭(transformed width) b_{tr}이 의미를 가지므로, 이러한 폭을 이용하여 해석을 수행하여야 한다.

[1] 유효폭

유효폭(effective width)은 플랜지를 가진 단면의 전단지연(shear lag)현상에 의하여 휨모멘트에 의한

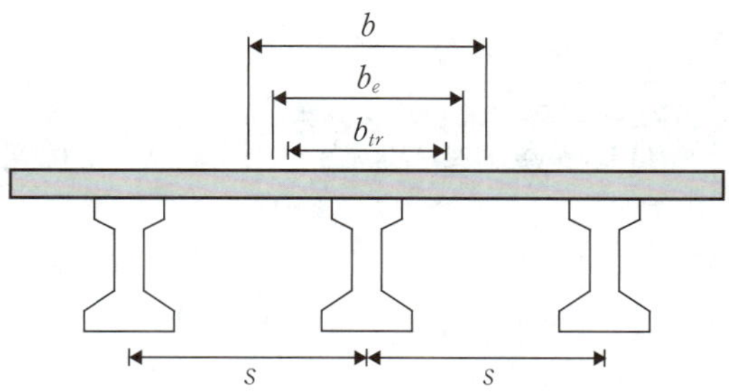

| 그림 10-18 | 플랜지를 갖는 단면의 플랜지 폭

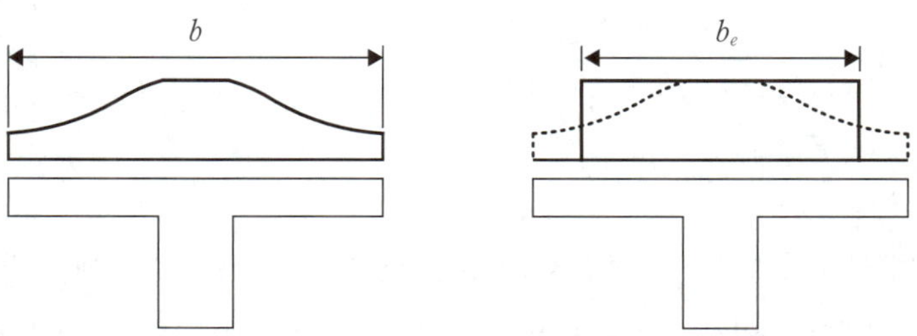

(a) 플랜지의 압축응력분포 (b) 플랜지의 균일 응력분포

| 그림 10-19 | 플랜지의 유효폭

압축응력분포가 단면폭에 걸쳐 일정하지 않은 현상을 반영한 것이다. 즉, T형 보와 같이 플랜지를 가진 단면에 휨모멘트가 작용하면 플랜지의 압축응력분포는 그림 10-19(a)와 같이 복부에서 멀어질수록 응력이 감소한다. 따라서 단면에 작용하는 휨 압축력은 그림 10-19(a)와 같은 형상을 갖는 압축응력분포의 면적에 응력이 작용하는 깊이를 곱하여 구하여야 한다. 이때 압축응력분포의 면적을 구하는 것은 매우 어려운 작업이다. 만일 실제 면적과 동일한 면적을 갖는 직사각형을 그림 10-19(b)와 같이 결정한다면, 그 폭을 유효폭 b_e로 하여 간편하게 압축력을 계산할 수 있다. 유효폭에 대한 이론은 Kármán이 처음 제안하여, 초창기에 Timoshenko와 Goodier[10.15]와 Girkmann[10.16]에 의하여 정리되었다.[10.17]

플랜지를 가진 단면의 유효폭은 경간 길이의 함수로서 보의 수평간격, 보의 복부폭, 전체 부재두께에 대한 플랜지의 두께 비율과 함께 하중의 종류와 분포 형상에 따라 다르다. 그러나 이 모든 변수를 고려하여 유효폭을 결정하는 것은 매우 복잡하므로, 설계기준에서는 보수적이며 간편한 기준으로 유효폭을 규정하고 있다.

표 10-9는 콘크리트구조설계기준과 교량설계기준(한계상태설계법)의 T형 단면에 대한 유효폭 기준으로서, 양쪽으로 플랜지가 있는 경우와 한쪽으로만 플랜지가 있는 경우를 구분하여 규정하고 있다. 여기서, b_w는 복부의 폭, t_f는 플랜지의 두께, s는 보의 중심간 수평간격, l은 보의 경간 길이이다.

콘크리트구조설계기준의 유효폭 기준은 ACI 318 Code와 동일하게 규정되어 있으며, 교량설계

표 10-9 T형 단면의 유효폭

설계기준	양쪽으로 플랜지가 있는 경우 (다음 셋 중 가장 작은 값)	한쪽으로 플랜지가 있는 경우 (다음 셋 중 가장 작은 값)
콘크리트구조설계기준 ACI 318 Code	$b_e = b_w + 16t_f$ $b_e = s$ $b_e = \frac{l}{4}$	$b_e = b_w + 6t_f$ $b_e = \frac{b_w+s}{2}$ $b_e = b_w + \frac{l}{12}$
도로교설계기준 (한계상태설계법) AASHTO-Standard	$b_e = b_w + 12t_f$ $b_e = s$ $b_e = \frac{l}{4}$	$b_e = b_w + 6t_f$ $b_e = \frac{b_w+s}{2}$ $b_e = b_w + \frac{l}{12}$

기준(한계상태설계법)의 T형 단면에 대한 유효폭은 AASHTO-LRFD 이전에 교량설계에 적용하였던 AASHTO-Standard[10.18]와 동일하다. AASHTO-LRFD의 유효폭 기준은 좀 더 복잡한 형태로 규정되어 있다. 교량설계기준(한계상태설계법)은 T형 단면 이외에도 박스형 세그멘탈 콘크리트 보 및 단 격실 박스형 현장타설 콘크리트 보와 현장타설 콘크리트 다중박스거더 등에 대한 유효폭에 대해서도 규정되어 있다. Eurocode 2는 경간 내에서 휨모멘트가 0인 위치 사이 길이를 기준으로 유효폭을 결정한다.

[2] 환산폭

환산폭(transformed width)은 보와 슬래브의 콘크리트 압축강도가 다른 경우나 구조용 강재의 보와 콘크리트 슬래브의 합성보에 적용하며, 사용한계상태의 검증에 이용한다. 콘크리트 합성보에서는 현장에서 타설되는 슬래브 콘크리트가 보에 사용되는 콘크리트에 비하여 압축강도가 작은 것이 일반적이다. 따라서 합성보의 계면에서 동일한 변형률이 발생하였을 때, 보와 슬래브는 계면에서 서로 다른 값의 응력이 나타나게 된다.

그림 10-20(a)는 보와 슬래브 콘크리트의 압축응력-변형률 관계에서 선형탄성구간을 나타낸다. 슬래브의 콘크리트는 보에 비하여 압축강도가 상대적으로 작아서 응력-변형률 관계의 기울기가 작으므로, 슬래브의 탄성계수 $E_{c,sl}$가 보의 탄성계수 $E_{c,bm}$보다 작다. 따라서 보와 슬래브의 콘크리트에 동일한 값의 변형률 $\varepsilon_{c,int}$이 발생하면, 보의 콘크리트는 $f_{c,ibm}$의 응력이 작용하고 슬래브의 콘크리트는 $f_{c,isl}$의 응력이 작용한다. 또, 변형률 $\varepsilon_{c,top}$이 발생하면, 보의 콘크리트는 $f_{tr,top}$의 응력이 작용하고 슬래브의 콘크리트는 $f_{c,top}$의 응력이 작용한다. 이에 따라 그림 10-20(b)와 같은 합성단면이 그림 10-20(c)와 같은 변형률 분포를 갖는다면, 그림 10-20(d)와 같은 응력분포가 나타난다. 즉, 슬래브의 콘크리트도 보와 같은 압축강도를 갖는다면, $\varepsilon_{c,int}$의 변형률이 발생한 계면에는 $f_{c,ibm}$의 응력이 작용하고 $\varepsilon_{c,top}$의 변형률이 발생한

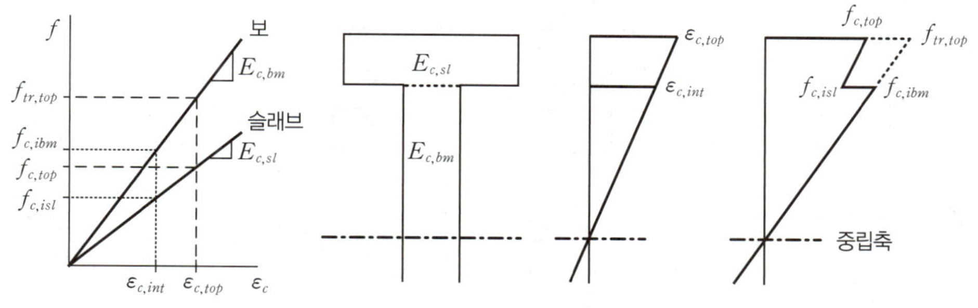

| 그림 10-20 | 보와 슬래브 계면에서의 응력

단면의 상단은 $f_{tr,top}$의 응력이 작용할 것이다. 그러나 슬래브의 콘크리트는 콘크리트의 강도가 낮으므로, 계면 위치의 슬래브는 $f_{c,isl}$의 응력이 작용하고, 단면의 상단은 $f_{c,top}$의 응력이 작용하게 된다.

이와 같이 한 단면이 서로 다른 탄성계수를 갖는 재료로 구성된 경우에는, 하나의 탄성계수를 갖는 등가단면으로 치환하여 응력 해석을 수행하는 것이 편리하다. 즉, 슬래브 단면을 보의 콘크리트로 구성된 단면으로 치환하는 것이다. 이때에는 두 재료의 탄성계수비 n_c를 다음과 같이 정의하여 플랜지의 유효폭에 적용한다.

$$n_c = \frac{E_{c,sl}}{E_{c,bm}} \qquad (10 \cdot 56)$$

$$b_{tr} = n_c\, b_e \qquad (10 \cdot 57)$$

그림 10-21은 플랜지의 유효폭을 보의 콘크리트로 변환한 환산폭 b_{tr}을 나타낸다.

환산폭을 적용한 환산단면(transformed section)에 대하여 중립축을 계산하고, 합성단면의 단면2차 모멘트 I_{com}를 구하면 탄성이론에 따라 응력을 해석할 수 있다. I_{com}을 이용하여 단면 상단과 계면에 작용하는 응력을 구하면, 이 응력은 그림 10-20(d)와 같이 각각 $f_{tr,top}$과 $f_{c,ibm}$으로 나타낼 수 있다. 그러나 응력 $f_{tr,top}$은 슬래브 콘크리트를 보의 콘크리트로 환산한 단면에서 상단에 작용하는 응력이므로, 실제로 슬래브에 작용하는 응력 $f_{c,top}$을 구하려면 탄성계수비 n_c를 이용하여 다음과 같이 다시 변환하여야 한다.

$$f_{c,top} = n_c f_{tr,top} \qquad (10 \cdot 58)$$

또, 응력 $f_{c,ibm}$은 계면 위치의 보에 작용하는 응력이고, 계면 위치의 슬래브에 작용하는 응력 $f_{c,isl}$을

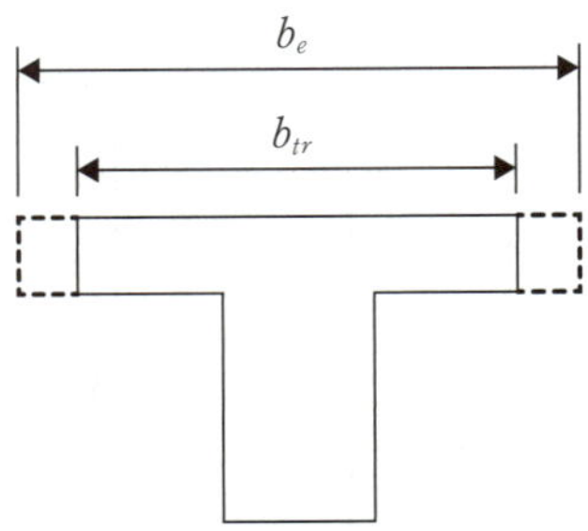

| 그림 10-21 | 플랜지의 환산폭

구하려면 탄성계수비 n_c를 이용하여 다음과 같이 다시 변환하여야 한다.

$$f_{c,isl} = n_c f_{c,ibm} \tag{10·59}$$

예제 10-4

프리캐스트 콘크리트 직사각형 보와 현장타설 콘크리트 슬래브로 이루어진 그림 10-22의 합성단면에 대하여 다음 문제를 수행하시오. 보의 콘크리트 설계기준압축강도는 40 MPa이고 슬래브의 콘크리트 설계기준압축강도는 27 MPa이다. T형 단면으로의 플랜지 유효폭은 플랜지의 폭과 동일하게 1,800 mm이다.

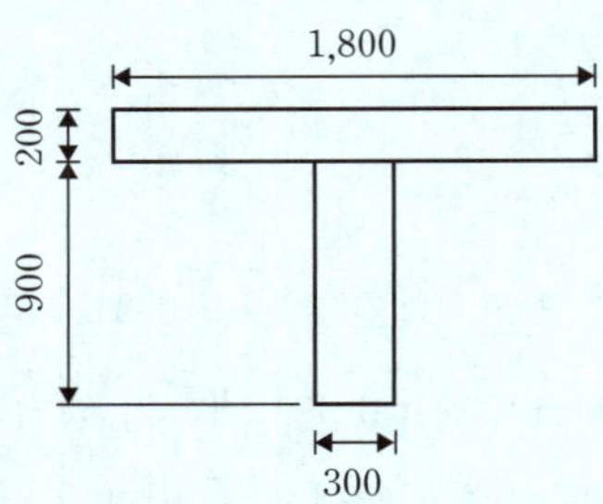

| 그림 10-22 | 예제 10-4의 합성단면

[문제 1] 합성되기 전, 보의 단면2차모멘트를 구하시오.

[문제 2] 합성된 후, 합성단면의 단면2차모멘트를 구하시오.

>> 문제-1 풀이

보의 단면2차모멘트

합성되기 이전의 보는 폭 b_w가 300 mm이고 단면의 높이 h_{bm}가 900 mm인 직사각형 단면으로서, 중립축의 위치와 단면2차모멘트는 다음과 같다.

$$y_{bm} = \frac{h_{bm}}{2} = \frac{900}{2} = 450\ mm$$

$$I_{bm} = \frac{b_w h_{bm}^3}{12} = \frac{300 \times 900^3}{12} = 18.2 \times 10^9\ mm^4$$

>>> 문제-2 풀이

합성단면의 단면2차모멘트

보와 슬래브의 콘크리트 압축강도가 다르므로, 탄성계수비를 이용한 환산단면을 결정하여야 한다. 보의 콘크리트 설계기준압축강도가 40 MPa이므로, 평균압축강도와 탄성계수는

$$f_{cm} = f_{ck} + \Delta f = 40 + 4 = 44\ MPa$$

$$E_{c \cdot bm} = 8{,}500 \sqrt[3]{f_{cm}} = 8{,}500 \sqrt[3]{44} = 30{,}000\ MPa$$

슬래브 콘크리트의 설계기준압축강도가 27 MPa이므로, 평균압축강도와 탄성계수는

$$f_{cm} = f_{ck} + \Delta f = 27 + 4 = 31\ MPa$$

$$E_{c \cdot sl} = 8{,}500 \sqrt[3]{f_{cm}} = 8{,}500 \sqrt[3]{31} = 26{,}700\ MPa$$

보의 콘크리트에 대한 슬래브 콘크리트의 탄성계수비는

$$n_c = \frac{E_{c,sl}}{E_{c,bm}} = \frac{26{,}700}{30{,}000} = 0.89$$

따라서 플랜지의 환산폭은

$$b_{tr} = n_c\, b_e = 0.89 \times 1{,}800 = 1{,}602\ mm$$

합성 환산단면은 그림 10-23과 같다.

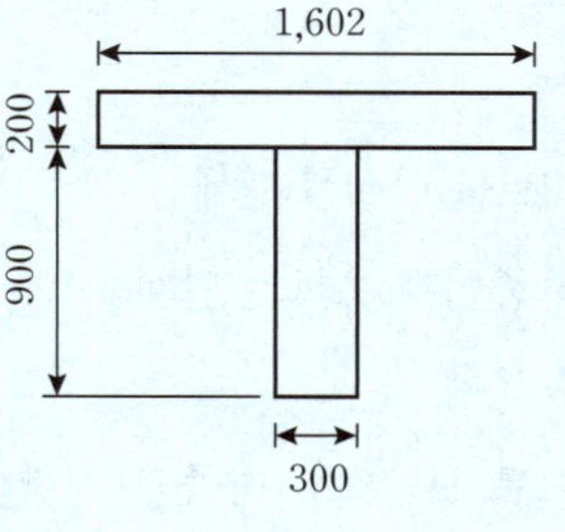

| 그림 10-23 | 합성 환산단면

합성 환산단면의 압축연단을 중심으로 직사각형 단면 슬래브의 단면1차모멘트와 직사각형 단면 보의 단면1차모멘트의 합으로 전체 단면의 단면1차모멘트를 구하고, 이를 단면적으로 나누어 압축연단에서 중립축까지의 거리 y_{com}을 구한다. 먼저 단면적을 구하면

$$A_{com} = 1{,}602 \times 200 + 300 \times 900 = 320{,}400 + 270{,}000 = 590{,}400\ mm^2$$

단면1차모멘트를 구하면

$$Q_{com} = 320{,}400 \times 100 + 270{,}000 \times 650 = 207{,}540{,}000\ mm^3$$

중립축을 구하면

$$y_{com} = \frac{Q_{com}}{A_{com}} = \frac{207{,}540{,}000}{590{,}400} = 352\ mm$$

중립축 y_{com}에 대하여 단면2차모멘트를 구하면

$$I_{com} = \frac{1{,}602 \times 200^3}{12} + 320{,}400 \times (352-100)^2 + \frac{300 \times 900^3}{12} + 270{,}000 \times (650-352)^2$$
$$= 63.6 \times 10^9\ mm^4$$

10.3.2 합성보의 휨 응력

보와 슬래브로 이루어진 합성보는 가설방법을 고려하여 휨 응력을 검증하여야 한다. 합성보의 가설방법으로는 10.1.3절에서 설명한 바와 같이, 지주를 사용하지 않는 가설법(unshored construction)과 지주를 사용하는 가설법(shored construction)이 사용된다. 응력해석은 다음과 같이 수행하고 설계기준의 허용응력을 기준으로 검증한다.

[1] 지주 미설치 합성보의 휨 응력 해석

지주 미설치 합성보의 경우에는 그림 10-4의 가설순서를 고려하여, 표 10-1의 하중조합을 대상으로 다음과 같은 세 단계에 대하여 휨 응력을 검증하여야 한다.

(1) 보의 제작 및 가설 단계
(2) 가설된 보의 위에 슬래브 콘크리트를 타설한 단계
(3) 슬래브가 굳은 후 합성단면에 하중이 작용하는 단계

여기서 (1)과 (2)의 단계는 프리캐스트 보만으로 하중을 저항하며, (3)의 단계는 합성단면으로 하중을 저항한다.

(1)의 단계는 프리캐스트 보를 제작하는 단계이므로, 초기 긴장력 P_i와 보의 자중이 작용하는 상태로서 다음과 같이 휨 응력을 구한다.

$$f_{top,bm} = \frac{P_i}{A_{bm}} - \frac{P_i e_p}{I_{bm}} y_{top,bm} + \frac{M_{D,bm}}{I_{bm}} y_{top,bm} \qquad (10 \cdot 60)$$

$$f_{bot,bm}=\frac{P_i}{A_{bm}}+\frac{P_i\,e_p}{I_{bm}}y_{bot,bm}-\frac{M_{D,bm}}{I_{bm}}y_{bot,bm} \qquad (10\cdot61)$$

여기서, P_i : 초기 긴장력

A_{bm} : 프리캐스트 보의 단면적

e_p : 긴장재의 편심으로, 보 단면의 도심 아래쪽에 배치된 경우에 정(+), 위쪽에 배치된 경우에 부(−)의 부호를 갖는다.

I_{bm} : 프리캐스트 보의 단면2차모멘트

$y_{top,bm}$: 보의 단면 도심에서 보 상단까지의 거리

$y_{bot,bm}$: 보의 단면 도심에서 보 하단까지의 거리

$M_{D,bm}$: 보의 자중에 의한 휨모멘트

이 (1)의 단계에서는 보의 단면에 그림 10-24와 같은 응력 분포가 나타난다.

(2)의 단계는 가설된 보에 슬래브 콘크리트를 타설한 단계이므로, 시간경과에 따라 긴장력이 변한다. 따라서 슬래브 콘크리트를 타설하는 시점에서 긴장력 도입 후의 콘크리트 재령을 고려하여야 하지만, 최종상태의 응력을 검증할 때는 시간적 손실이 모두 발생한 후의 유효 긴장력을 적용한다. 슬래브 콘크리트를 타설할 때 합성되지 않은 상태의 보에 슬래브 중량이 작용하고 있으므로, 다음과 같이 휨 응력을 구한다.

$$f_{2top,bm}=\frac{P_e}{A_{bm}}-\frac{P_e\,e_p}{I_{bm}}y_{top,bm}+\frac{M_{D,bm}+M_{D,sl}}{I_{bm}}y_{top,bm} \qquad (10\cdot62)$$

$$f_{2bot,bm}=\frac{P_e}{A_{bm}}+\frac{P_e\,e_p}{I_{bm}}y_{bot,bm}+\frac{M_{D,bm}+M_{D,sl}}{I_{bm}}y_{bot,bm} \qquad (10\cdot63)$$

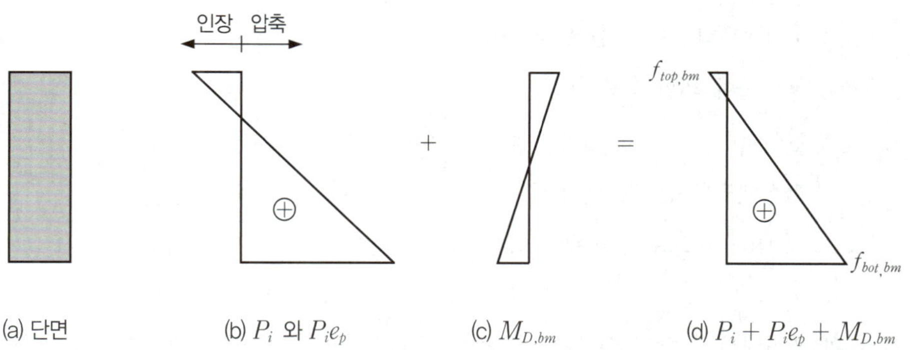

| 그림 10-24 | 보 제작 단계의 응력

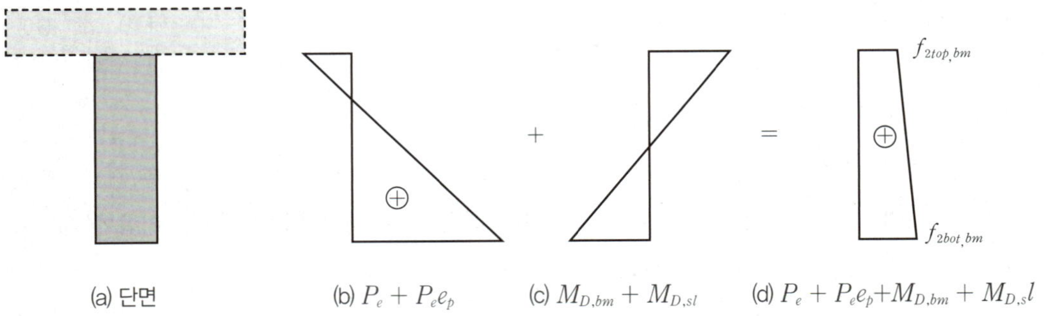

| 그림 10-25 | 슬래브 콘크리트 타설 및 긴장력 손실 후 지주 미설치 보의 응력

여기서, P_e : 유효 긴장력

$M_{D,sl}$: 슬래브 콘크리트 중량에 의한 휨모멘트

지주 미설치의 (2)의 단계는 보의 단면에 그림 10-25와 같은 응력 분포가 나타난다.

(3)의 단계는 슬래브 콘크리트가 굳은 후 합성단면이 되고 나서 하중이 작용하는 단계이다. 추가로 작용하는 하중은 추가고정하중과 활하중이며 교량과 같이 동적하중이 작용할 때는 충격하중도 포함한다. 이 단계에서는 합성단면으로 하중에 저항하므로, 슬래브 상단의 응력 $f_{top,com}$은 다음과 같이 환산단면에서의 상단응력 $f_{tr,top}$에 탄성계수비 n_c를 곱하여 구한다.

$$f_{tr,top} = \frac{M_{DA} + M_L}{I_{com}} y_{top,com} \tag{10·64}$$

$$f_{top,com} = n_c f_{tr,top} \tag{10·65}$$

여기서, M_{DA} : 추가고정하중에 의한 휨모멘트

M_L : 활하중에 의한 휨모멘트

$y_{top,com}$: 합성단면 도심에서 슬래브 상단까지의 거리

I_{com} : 합성단면의 단면2차모멘트

n_c : 식 (10·56)으로 결정된 탄성계수비

슬래브와 보의 계면에서 슬래브 하면에 작용하는 응력 $f_{int,sl}$은 합성환산단면에서 계면에 작용하는 응력에 탄성계수비 n_c를 곱하여 다음과 같이 구한다.

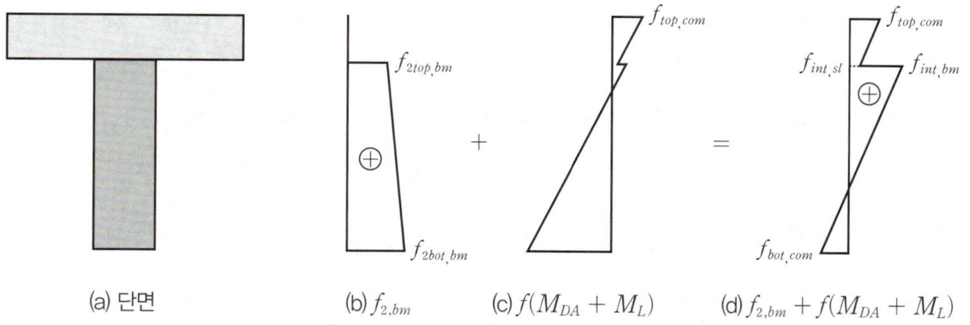

| 그림 10-26 | 지주를 미설치 합성단면의 응력

$$f_{int,sl} = n_c \frac{M_{DA}+M_L}{I_{com}} y_{int,com} \tag{10·66}$$

여기서, $y_{int,com}$: 합성단면 도심에서 슬래브와 보의 계면까지의 거리

계면에서 보의 상면에 작용하는 응력 $f_{int,bm}$은 식 (10·62)로 구한 $f_{2top,bm}$, 즉 합성 전에 작용하는 응력과 합성단면으로 계면에 작용하는 응력을 합하여 다음과 같이 구한다.

$$f_{int,bm} = f_{2top,bm} + \frac{M_{DA}+M_L}{I_{com}} y_{int,com} \tag{10·67}$$

합성단면에서 보의 하면에 작용하는 응력 $f_{bot,com}$은 식 (10·63)으로 구한 $f_{2top,bm}$, 즉 합성 전에 작용하는 응력과 합성단면으로 단면의 하단에 작용하는 응력을 합하여 다음과 같이 구한다.

$$f_{bot,com} = f_{2bot,bm} - \frac{M_{DA}+M_L}{I_{com}} y_{bot,com} \tag{10·68}$$

여기서, $y_{bot,com}$: 합성단면 도심에서 보의 하단까지의 거리

지주 미설치의 (3)의 단계는 합성단면에 그림 10-26과 같은 응력 분포가 나타난다.

[2] 지주 설치 합성보의 휨 응력 해석

지주 설치 합성보의 경우에는 그림 10-5의 가설순서를 고려하여, 표 10-2의 하중조합을 대상으로

다음과 같은 세 단계에 대하여 휨 응력을 검증하여야 한다.

(1) 보의 제작 및 지주 위에 보를 가설한 후 슬래브 콘크리트를 타설하는 단계
(2) 지주를 해체하여 합성단면에 슬래브 중량이 하중으로 작용하는 단계
(3) 합성단면에 하중이 작용하는 단계

여기서 (1)의 단계는 프리캐스트 보로 하중을 저항하며, (2)와 (3)의 단계는 합성단면으로 하중을 저항한다.

(1)의 단계는 프리캐스트 보를 제작하는 단계이므로, 초기 긴장력 P_i와 보의 자중이 작용하는 상태로서 앞의 식 (10·60) 및 식 (10·61)과 동일하게 휨 응력을 구하며 앞의 그림 10-24와 동일하게 보에 응력이 작용한다.

(2)의 단계는 지주를 해체하여 합성단면에 슬래브 중량이 하중으로 작용하는 단계이다. 이때 최종상태의 응력을 검증할 때는 시간적 손실이 모두 발생한 후의 유효 긴장력을 적용한다. 따라서 긴장력으로는 유효긴장력 P_e, 긴장력과 보의 자중에 대하여는 비 합성 보의 단면2차모멘트 I_{bm}, 슬래브 자중에 대하여는 합성단면의 단면2차모멘트 I_{com}을 이용하여 단면의 모든 위치에 적용할 수 있는 다음 식으로 기본적인 응력을 해석하고, 슬래브의 응력에 대해서는 식 (10·65)와 식 (10·66)과 같이 탄성계수비 n_c를 적용하여 응력을 구한다.

$$f_{2,com} = \frac{P_e}{A_{bm}} + \frac{P_e\, e_p(x)}{I_{bm}}\, y + \frac{M_{D,bm}}{I_{bm}}\, y + \frac{M_{D,sl}}{I_{com}}\, y \tag{10·69}$$

여기서, P_e : 유효 긴장력

A_{bm} : 프리캐스트 보의 단면적

$e_p(x)$: 단면의 위치 x에서의 긴장재의 편심으로, 보 단면의 도심 위쪽에 배치된 경우에 정(+), 아래쪽에 배치된 경우에 부(−)의 부호를 갖는다.

I_{bm} : 프리캐스트 보의 단면2차모멘트

y : 보의 단면 도심에서 떨어진 거리로, 보 단면의 도심 위쪽에 배치된 경우에 정(+), 아래쪽에 배치된 경우에 부(−)의 부호를 갖는다.

$M_{D,bm}$: 보의 자중에 의한 휨모멘트

$M_{D,sl}$: 슬래브 콘크리트 중량에 의한 휨모멘트

I_{com} : 합성단면의 단면2차모멘트

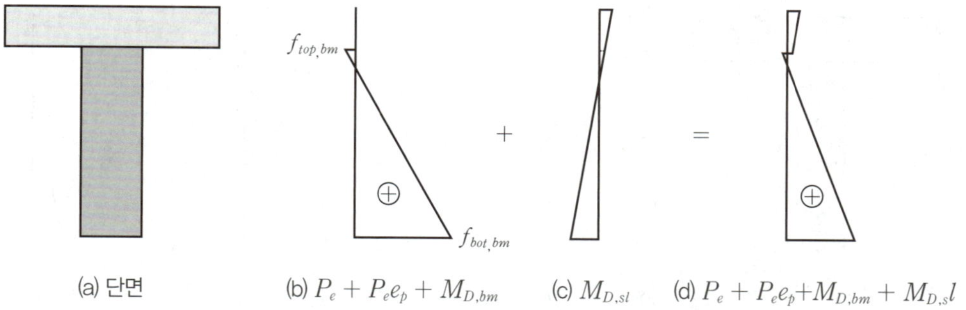

| 그림 10-27 | 슬래브 콘크리트 타설 및 긴장력 손실 후 지주 설치 보의 응력

지주를 설치하는 공법에서 (2)의 단계는 보의 단면에 그림 10-27과 같은 응력 분포가 나타난다. 그러나 실제 설계에서 이 단계의 응력이 설계를 지배하는 경우가 없기 때문에 실제 설계에서 이 단계의 응력을 계산하여야 하는 경우는 드물다.

(3)의 단계는 합성단면에 추가고정하중과 활하중이 작용하는 단계이며, 교량과 같이 동적하중이 작용할 때는 충격하중도 포함한다. 이 단계에서는 합성단면으로 하중에 저항하므로, 다음과 같이 휨 응력을 구한다.

$$f_3 = f_{2,com} + \frac{M_{DA}}{I_{com}} y + \frac{M_L}{I_{com}} y \tag{10·70}$$

여기서, M_{DA} : 추가고정하중에 의한 휨모멘트

M_L : 활하중에 의한 휨모멘트

I_{com} : 합성단면의 단면2차모멘트

그러나 (2)의 단계에 대한 해석에서 설명한 바와 같이, 일반적으로 (2)의 단계에서 응력을 계산하지 않으므로 식 (10·69)의 $f_{2,com}$을 미리 계산하지 않는다. 따라서 식 (10·70)에 $f_{2,com}$을 풀어서 나타낸 다음 식을 이용하여 기본적인 응력을 해석한다. 슬래브의 응력에 대해서는 식 (10·65)와 식 (10·66)과 같이 탄성계수비 n_c를 적용하여 응력을 구한다.

$$f_{2,com} = \frac{P_e}{A_{bm}} + \frac{P_e e_p(x)}{I_{bm}} y + \frac{M_{D,bm}}{I_{bm}} y + \frac{M_{D,sl} + M_{DA} + M_L}{I_{com}} y \tag{10·71}$$

지주를 설치하는 공법에서 (3)의 단계는 보의 단면에 그림 10-28과 같은 응력 분포가 나타난다.

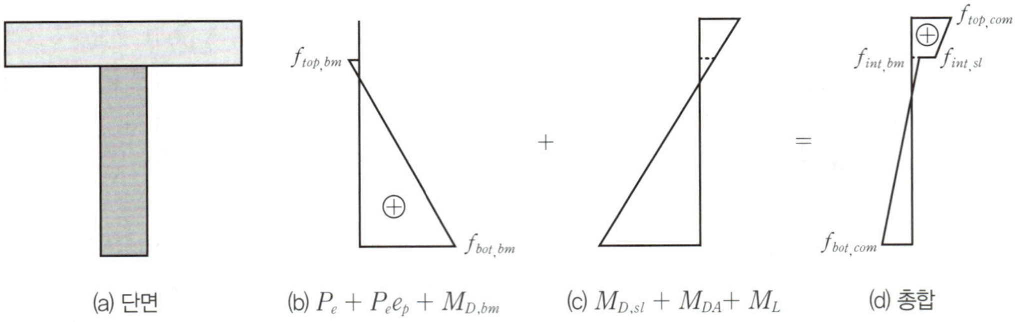

| 그림 10-28 | 지주를 설치 합성단면의 응력

예제 10-5

프리캐스트 콘크리트 직사각형 보와 현장타설 콘크리트 슬래브로 이루어진 그림 10-29의 합성보에 대하여 다음 문제를 수행하시오. 부재는 경간이 $18\ m$인 단순보이며, 지주를 사용하지 않는 가설법(unshored construction)으로 시공된다. 부재에는 SWPC7BL $15.2\ mm$ 강연선 12가닥($A_p = 1,664\ mm^2$)이 배치되어, 초기 긴장력 $P_i = 2,000\ kN$과 유효 긴장력 $P_e = 1,700\ kN$이 작용한다. 보의 콘크리트 설계기준압축강도는 $40\ MPa$이고 슬래브의 콘크리트 설계기준압축강도는 $27\ MPa$이다. T형 단면으로의 플랜지 유효폭은 플랜지의 폭과 동일하게 $1,800\ mm$이다. 추가고정하중은 등분포 하중으로 $w_{DA} = 1.6\ kN/m$이 작용하며, 활하중은 등분포 하중으로 $w_L = 10\ kN/m$이 작용한다.

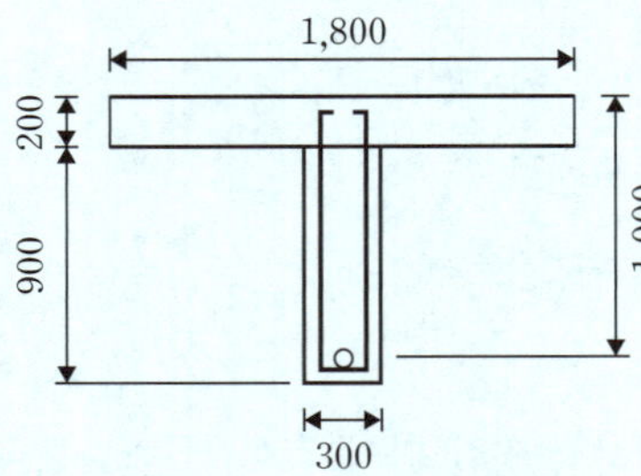

| 그림 10-29 | 예제 10-5의 합성보

[문제 1] 보의 제작을 완료한 상태에서 경간 중앙의 보에 작용하는 응력을 구하시오.

[문제 2] 슬래브 콘크리트를 타설할 때 작용하는 하중과 유효 긴장력에 의하여 경간 중앙의 보에 작용하는 응력을 구하시오.

[문제 3] 합성된 후 추가고정하중과 활하중이 작용할 때, 경간 중앙의 합성단면에 작용하는 응력을 구하시오.

>>> 문제-1 풀이

보의 제작 및 가설 상태

구조물 설계에서 프리스트레스트 콘크리트와 철근콘크리트의 단위중량은 25 kN/m을 적용하므로, 합성되기 전 폭 b_w가 300 mm이고 높이가 900 mm인 직사각형 단면 보의 자중은

$$w_{bm} = 25\,kN/m^3 \times (0.3\,m \times 0.9\,m) = 6.75\,kN/m$$

보에 긴장력을 도입하여 제작할 때 보의 자중에 의한 경간중앙의 최대 휨모멘트는

$$M_{D,bm} = \frac{w_{bm}\,l^2}{8} = \frac{1}{8} \times 6.75 \times 18^2 = 273\,kN \cdot m$$

보의 단면적과 단면2차모멘트는

$$A_{bm} = b_w\,h_{bm} = 300 \times 900 = 270{,}000\,mm^2$$

$$I_{bm} = \frac{b_w\,h_{bm}^3}{12} = \frac{300 \times 900^3}{12} = 18.2 \times 10^9\,mm^4$$

보 단면이 좌우상하 대칭이므로, 도심에서 상단까지의 거리와 하단까지의 거리는

$$y_{top,bm} = y_{bot,bm} = \frac{h_{bm}}{2} = \frac{900}{2} = 450\,mm$$

초기 긴장력과 보의 자중에 의하여 보의 상단과 하단에 작용하는 응력을 계산하면, 경간중앙에서 보의 도심과 긴장재 사이의 편심 e_p가 350 mm이므로

$$f_{top,bm} = \frac{P_i}{A_{bm}} - \frac{P_i\,e_p}{I_{bm}}\,y_{top,bm} + \frac{M_{D,bm}}{I_{bm}}\,y_{top,bm}$$

$$= \frac{2{,}000(10)^3}{270(10)^3} - \frac{2{,}000(10)^3 \times 350}{18.2(10)^9} \times 450 + \frac{273(10)^6}{18.2(10)^9} \times 450$$

$$= 7.41 - 17.31 + 6.75 = -3.2\,MPa$$

$$f_{bot,bm} = \frac{P_i}{A_{bm}} + \frac{P_i\,e_p}{I_{bm}}\,y_{bot,bm} - \frac{M_{D,bm}}{I_{bm}}\,y_{bot,bm}$$

$$= 7.41 + 17.31 - 6.75 = 18.0\,MPa$$

이 응력분포는 그림 10-30(b)와 같다.

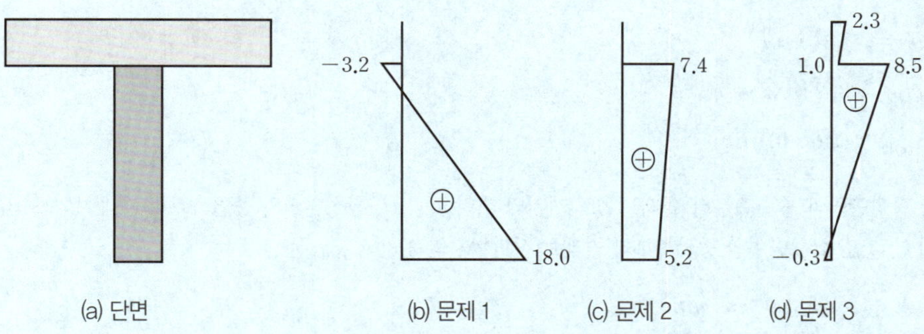

| 그림 10-30 | 응력해석 결과 (단위 : MPa)

>>> 문제-2 풀이

보에 슬래브 콘크리트를 타설한 상태로 유효 긴장력이 작용할 때

슬래브 콘크리트의 중량은

$$w_{sl} = 25\,kN/m^3 \times (0.2\,m \times 1.8\,m) = 9.0\,kN/m$$

슬래브 중량에 의한 경간중앙의 최대 휨모멘트는

$$M_{D,sl} = \frac{w_{bm}\,l^2}{8} = \frac{1}{8} \times 9.0 \times 18^2 = 356\,kN\cdot m$$

보의 자중과 슬래브의 중량에 의한 경간중앙의 최대 휨모멘트는

$$M_{D,bm} + M_{D,sl} = 273 + 356 = 638\,kN\cdot m$$

유효 긴장력, 보의 자중, 슬래브 콘크리트의 중량에 의하여 보의 상단과 하단에 작용하는 응력을 계산하면

$$f_{2top,bm} = \frac{P_e}{A_{bm}} - \frac{P_e\,e_p}{I_{bm}}\,y_{top,bm} + \frac{M_{D,bm}+M_{D,sl}}{I_{bm}}\,y_{top,bm}$$

$$= \frac{1{,}700(10)^3}{270(10)^3} - \frac{1{,}700(10)^3 \times 350}{18.2(10)^9} \times 450 + \frac{638(10)^6}{18.2(10)^9} \times 450$$

$$= 6.30 - 14.71 + 15.77 = 7.4\,MPa$$

$$f_{2bot,bm} = \frac{P_e}{A_{bm}} + \frac{P_e\,e_p}{I_{bm}}\,y_{bot,bm} - \frac{M_{D,bm}+M_{D,sl}}{I_{bm}}\,y_{bot,bm}$$

$$= 6.30 + 14.71 - 15.77 = 5.2\,MPa$$

이 응력분포는 그림 10-30(c)와 같다.

>>> 문제-3 풀이

합성보에 하중이 작용하는 상태

동일한 단면인 [예제 10-4] 〈문제 2〉의 풀이 결과를 정리하면 다음과 같다.

보의 콘크리트에 대한 슬래브 콘크리트의 탄성계수비 n_c, 플랜지의 환산폭 b_{tr}, 합성단면 상단에서 중립축까지의 거리 y_{com}, 단면2차모멘트 I_{com}는

$$n_c = 0.89$$

$$b_{tr} = 1{,}602\,mm$$

$$y_{com} = 352\,mm$$

$$I_{com} = 63.6 \times 10^9\,mm^4$$

따라서 합성단면의 중립축부터 슬래브 상단까지의 거리 $y_{top,com}$, 합성단면의 중립축부터 슬래브와 보의 계면까지의 거리 $y_{int,com}$, 합성단면의 중립축부터 슬래브 상단까지의 거리 $y_{bot,com}$는

$$y_{top,com} = y_{com} = 352\,mm$$

$$y_{int,com} = y_{com} - 200 = 352 - 200 = 152\,mm$$

$$y_{bot,com} = 1{,}100 - y_{com} = 1{,}100 - 352 = 748\,mm$$

추가고정하중 w_{DA}=1.6 kN/m에 의한 경간중앙의 최대 휨모멘트는

$$M_{DA} = \frac{w_{DA}\, l^2}{8} = \frac{1}{8} \times 1.6 \times 18^2 = 65\, kN \cdot m$$

활하중 $w_L = 10\, kN/m$에 의한 경간중앙의 최대 휨모멘트는

$$M_L = \frac{w_L\, l^2}{8} = \frac{1}{8} \times 10.0 \times 18^2 = 405\, kN \cdot m$$

추가고정하중과 활하중에 의한 경간중앙의 최대 휨모멘트는

$$M_{DA} + M_L = 65 + 405 = 470\, kN \cdot m$$

유효 긴장력, 보의 자중, 슬래브 콘크리트의 중량, 추가고정하중, 활하중에 의한 응력을 다음과 같이 해석한다. 먼저 추가고정하중과 활하중에 대하여, 환산단면을 이용하여 슬래브의 상단에 작용하는 응력을 구하면

$$f_{tr,top} = \frac{M_{DA} + M_L}{I_{com}} y_{top,com} = \frac{470(10)^6}{63.6(10)^9} \times 352 = 2.60\, MPa$$

이 응력은 슬래브 콘크리트를 보 콘크리트로 환산한 응력이므로, 다시 슬래브 콘크리트의 응력으로 환산한 슬래브 상단의 응력은

$$f_{top,com} = n_c f_{tr,top} = 0.89 \times 2.60 = 2.3\, MPa$$

슬래브 하단은 슬래브와 보의 계면 위치이므로, 슬래브 하단의 응력은

$$f_{int,sl} = n_c \frac{M_{DA} + M_L}{I_{com}} y_{int,com} = 0.89 \times \frac{470(10)^6}{63.6(10)^9} \times 152 = 1.0\, MPa$$

보와 슬래브의 계면 위치에서 보 상단의 응력은, 〈문제 2〉 풀이에서 $f_{2top,bm}$ 이 7.4 MPa이었으므로

$$f_{int,bm} = f_{2top,bm} + \frac{M_{DA} + M_L}{I_{com}} y_{int,com} = 7.4 + \frac{470(10)^6}{63.6(10)^9} \times 152 = 8.5\, MPa$$

보 하단의 응력은, 〈문제 2〉의 풀이에서 $f_{2bot,bm}$ 이 5.2 MPa이었으므로

$$f_{bot,com} = f_{2bot,bm} - \frac{M_{DA} + M_L}{I_{com}} y_{bot,com} = 5.2 - \frac{470(10)^6}{63.6(10)^9} \times 748 = -0.3\, MPa$$

이 응력분포는 그림 10-30(d)와 같다.

10.3.3 합성보의 휨강도

프리캐스트 콘크리트 보와 현장타설 콘크리트 슬래브의 계면이 수평전단응력에 저항할 수 있도록 완전히 접합되어 있다면, 합성보의 휨강도 해석은 전체 단면을 하나의 단면으로 보고 플랜지를 갖는 단면에 대한 일반적인 휨강도 해석법을 적용할 수 있다. 그러나 휨강도 해석에서는 사용한계상태의 응력해석과는 달리, 플랜지의 환산폭 b_{tr} 대신 유효폭 b_e를 기준으로 해석하여야 한다. 이것은 플랜지의 환산폭이 선형탄성의 콘크리트 탄성계수비를 적용한 것이므로, 콘크리트에 매우 큰 압축변형률이 발생하는 휨 극한상태에서는 탄성계수의 차이가 역학적으로 의미를 가지지 못하기 때문이다.

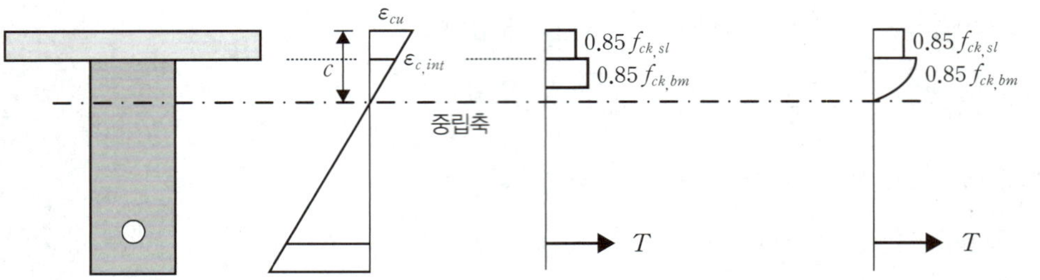

(a) 단면 (b) 변형률 분포 (c) 직사각형 응력 분포 (d) 포물선–사각형 응력 분포

| 그림 10–31 | 중립축이 복부에 있는 합성보의 휨 극한상태

또, 합성보의 휨강도 해석에서는 가설순서에 따른 보와 슬래브의 변형률 차이도 무시할 수 있다. 물론 합성보에는 시공하는 과정에서 완성되기 전에 하중이 작용하게 되므로, 그림 10–26이나 그림 10–28과 같이 보와 슬래브의 계면에서 변형률과 응력이 불연속인 상태가 될 수밖에 없다. 그러나 사용한계상태에서의 이러한 변형률의 차이는 극한한계상태의 변형률에 비하면 매우 미미한 수준이므로, 극한한계상태에서의 휨강도 해석에는 이를 무시하여도 큰 오차가 발생하지 않는다. 그러나 합성단면의 휨강도 해석에서 콘크리트 압축강도의 차이는 고려하여야 한다.

그림 10–31은 휨 극한상태에서 중립축의 위치가 보에 존재하여 슬래브와 보의 계면이 압축응력을 받게 되는 경우이다. 그림 10–31(b)는 휨 극한상태에서 계면에서의 변형률 차이를 무시하고, 압축연단의 변형률이 콘크리트의 극한변형률 ε_{cu}에 도달하며 변형률이 직선을 유지하는 일반적인 휨 극한상태의 변형률 분포를 나타낸다. 현장타설 콘크리트로 시공하는 슬래브의 설계기준압축강도 $f_{ck,sl}$은 프리캐스트로 시공하는 보의 설계기준압축강도 $f_{ck,bm}$에 비하여 작은 것이 일반적이므로, 그림 10–31(c)와 그림 10–31(d)에 나타낸 바와 같이 휨 극한상태에서 보에 비하여 작은 압축응력을 나타내게 된다. 그림 10–31(c)는 여러 설계기준에서 제시하고 있는 등가직사각형 응력분포를 나타내며, 그림 10–31(d)는 콘크리트구조설계기준 및 교량설계기준(한계상태설계법)과 Eurocode 2에서 제시하고 있는 포물선–사각형 응력분포를 나타낸다.

그림 10–31(c)와 같이 등가직사각형 응력분포를 적용할 때, 중립축 위의 복부에 직사각형의 압축응력 분포 $0.85 f_{ck,bm}$를 적용하는 것에 대한 엄밀한 검증이 필요할 수도 있다. 이에 대하여는 휨 극한상태에서 계면(interface)의 변형률 $\varepsilon_{c,int}$의 크기를 검토해 볼 필요가 있다. 이에 비하여 그림 10–31(d)와 같은 포물선–사각형 응력분포를 적용할 때에는, 계면의 변형률 $\varepsilon_{c,int}$와 포물선–사각형 응력분포에서 상승곡선의 한계 ε_{co}를 비교하여 단면의 압축응력분포를 결정하는 방법이 더 논리적이라고 할 수 있다. [2.1.7절 그림 2–9 참조] 그러나 실제 현장에서 사용하는 합성보에서는 플랜지에 비하여 복부의 폭이 좁고 중립축과 계면 사이가 매우 가까운 경우가 대부분이므로, 특별한 검증 없이 그림 10–31(c)와 같이 등가직

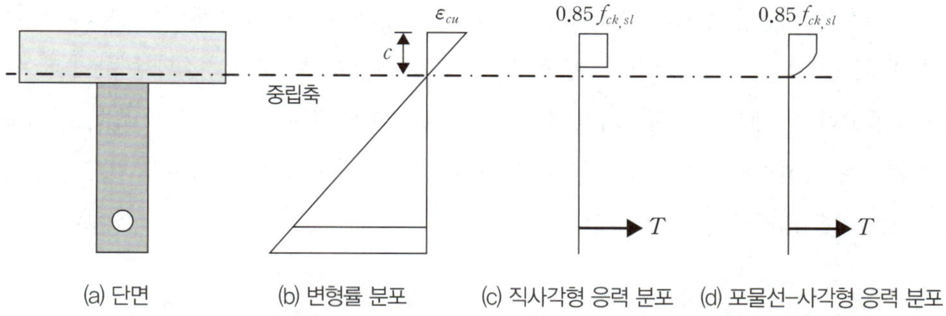

| 그림 10-32 | 중립축이 플랜지에 있는 합성보의 휨 극한상태

사각형 응력분포를 적용하여도 크게 오차가 발생하지는 않는다. 이것은 휨강도가 주로 강재의 인장력에 지배되어 콘크리트 압축강도에는 큰 영향을 받지 않기 때문이다.

그림 10-32는 휨 극한상태에서 중립축의 위치가 슬래브에 존재하여, 슬래브 중에서 중립축 윗부분만 압축응력을 받게 되는 경우이다. 그림 10-32(b)의 휨 극한상태 변형률 분포와 같이 중립축이 슬래브 내부에 존재하므로, 상대적으로 높은 압축강도를 가진 보는 인장 변형률이 발생한다. 따라서 휨 극한상태에서 단면에 작용하는 압축력은 슬래브의 설계기준압축강도 $f_{ck,sl}$로 계산하게 된다. 그림 10-32(c)는 여러 설계기준에서 제시하고 있는 등가직사각형 응력분포를 나타내며, 그림 10-32(d)는 콘크리트구조설계기준 및 교량설계기준(한계상태설계법)과 Eurocode 2에서 제시하고 있는 포물선-사각형 응력분포를 나타낸다.

실제 현장에서 사용되는 합성보는 그림 10-32와 같이 휨 극한상태에서 중립축이 슬래브에 존재하는 경우가 대부분이다. 이것은 실제 현장에서 사용되는 일반적인 부재의 경우, 보의 수평간격에 따라 결정되는 슬래브의 폭이 매우 넓어 플랜지의 유효폭이 크기 때문이다. 즉, 압축응력을 받는 플랜지가 매우 넓어서 강재가 항복할 때의 인장력에 해당하는 압축력을 받기에 충분한 면적이기 때문이다. 따라서 휨 극한상태에서 중립축이 슬래브에 존재하는 경우가 대부분이므로, 이러한 합성단면의 휨강도 해석은 슬래브 콘크리트의 압축강도를 가진 일반적인 T형보의 휨강도 해석과 다를 것이 없다.

합성단면의 휨 설계에서는 이와 같은 휨강도 해석으로 구한 합성단면의 설계휨강도를 설계기준에서 규정한 계수휨모멘트를 대상으로 검증한다.

10.3.4 합성보의 처짐

구조물의 설계에서 부재의 처짐은 주로 휨 작용에 의한 처짐을 검증한다. 콘크리트 휨 부재의 처짐 해석은 강구조물에 비하여 더 복잡한 해석과정을 필요로 하지만, 정밀한 처짐 해석을 수행하더라도 실제로 발생하는 처짐을 정확히 예측하기가 매우 어렵다. 특히 프리스트레스트 콘크리트 합성보의 처짐은 한 번의 콘크리트 타설로 시공되는 프리스트레스트 콘크리트 보의 처짐에 비하여 매우 복잡한 해석과정이 필요하며, 해석의 정확도가 높지 않은 편이다. 이와 같이 콘크리트 구조물, 특히 프리스트레스트 콘크리트 합성보에 대한 처짐 해석이 복잡한 과정을 필요로 하는 이유와 처짐 예측의 정확도가 낮은 주요 요인을 정리하면 다음과 같다.

(1) 처짐 해석에 적용하는 콘크리트의 탄성계수는 매우 큰 변동폭을 가지고 있어서, 수식으로 계산한 콘크리트의 탄성계수가 실제의 값과 큰 차이를 보일 수 있다. [2.1.6절 그림 2-7 참조]
(2) 보가 합성되기 전의 초기에는 비합성단면으로 거동하다가 슬래브 콘크리트가 굳은 후에는 합성단면으로 거동하여 단면2차모멘트가 일정하지 않다.
(3) 보와 슬래브의 콘크리트 압축강도가 달라서 탄성계수에도 차이가 나는데, 합성단면의 환산단면을 설정할 때 적용하는 탄성계수비가 콘크리트의 탄성계수 변동성으로 인하여 편차가 크다.
(4) 콘크리트의 탄성계수, 크리프, 수축 등 시간에 따라 변화하는 시간 의존적 특성에 변동성이 크고, 또 보의 콘크리트와 슬래브 콘크리트에 발생하는 시간 의존적 특성의 차이에 따라 매우 복잡한 거동을 보인다.
(5) 합성보의 시공방법과 시공순서에 따라 단면강성의 변화가 다양하고, 응력의 크기가 일정하지 않아서 보와 슬래브 콘크리트의 크리프 변형에 변화가 크다.
(6) 슬래브 콘크리트가 보에 하중으로 작용하여 프리스트레싱 강재의 긴장력 손실이 추가되므로 장기 처짐이 증가하며, 또 슬래브에 의한 구속으로 이 효과가 증대된다.
(7) 단면이 합성된 후에 발생하는 슬래브 콘크리트의 수축에 의하여, 보의 응력 분포가 변화하고 응력 재분배가 이루어져서 처짐과 균열에 영향을 준다.
(8) 콘크리트의 인장강도는 매우 큰 변동폭을 가지고 있어서, 수식으로 계산한 콘크리트의 인장강도가 실제의 값과 큰 차이를 보일 수 있다. [2.1.8절 그림 2-17 참조] 이에 따라 합성보의 균열휨모멘트가 변동성을 나타내게 되고, 균열 발생 여부에 따라 부재의 강성과 처짐에 변동폭이 증가한다.

이와 같은 이유로 인하여 프리스트레스트 콘크리트 합성보의 처짐 해석은 간단한 해법이 존재하기 어렵다. 따라서 학술적으로는 여러 가지 해석법이 연구되어 왔으나, 합성보를 포함한 프리스트레스트 콘크리트 부재의 설계에서는 역학이론에 기반을 둔 기본적인 처짐 해석법에 콘크리트의 재료특성을 반영한 경험적인 근사해법이 이용되며, 설계자의 공학적 판단이 필요하다. [6.4.3절 참조] 현재의 기술수준에서 현실적인 프리스트레스트 콘크리트 합성보의 처짐 해석은 가설방법과 시공순서에 따라 단계별로 변화하는 단면의 강성과 하중의 변화를 고려하여 역학이론에 기반을 둔 처짐 해석법을 적용하고,

콘크리트의 재료특성을 반영한 경험적 지식과 참고자료[6.4.3절 표 6-11 참조]를 활용하여 공학적 판단에 따라 수행하는 것이다.

[참고문헌]

10.1 Kaar, P. A., Kriz, L. B., and Hognestad, E., "Precast-Prestressed Bridges: (1) Pilot Tests of Continuous Girders," *Journal of the Research and Development Laboratories*, Portland Cement Association, Vol. 2, NO. 2, 1960, pp. 21-37.

10.2 Saemann, J. C., and Washa, J. W., "Horizontal Shear Connections Between Beams and Cast-in-Place Slab," *ACI Journal*, Vol. 61, No. 11, 1964, pp. 1383-1409.

10.3 Hofbeck, J. A., Ibrahim, I. O., and Mattock, A. H., "Shear Transfer in Reinforced Concrete-Recent Research," *ACI Journal*, Vol. 66, No. 2, 1969, pp. 119-128. Disc. 678-680.

10.4 Mattock, A. H., and Hawkins, N. M., "Shear Transfer in Reinforced Concrete-Recent Research," *PCI Journal*, Vol. 17, No. 2, 1972, pp. 55-75.

10.5 Mattock, A. H., "Shear Transfer in Concrete Having Reinforcement at an Angle to the Shear Plane," Shear in Reinforced Concrete, SP-42, American Concrete Institute, 1974, pp. 17-42.

10.6 Mattock, A. H., Li, W. K., and Want, T. C., "Shear Transfer in Lightweight Reinforced Concrete," *PCI Journal*, Vol. 21, No. 1, 1976, pp. 20-39.

10.7 Mattock, A. H., discussion of "Considerations for the Design of Precast Concrete Bearing Wall Buildings to Withstand Abnormal Loads," by PCI Committee on Precast Concrete Bearing Wall Buildings, *PCI Journal*, Vol. 22, No. 3, 1977, pp. 105-106.

10.8 Hanson, N. W., "Precast-Prestressed Concrete Bridges: (2) Horizontal Shear Connections," *PCI Journal*, Vol. 2, No. 2, 1960, pp. 38-58.

10.9 Loov, R. E., and Patnaik A. K., "Horizontal Shear Strength of Composite Concrete Beams with a Rough Interface," *PCI Journal*, Vol. 39, No. 1, 1994, pp. 48-69. See also "Reader Comments," *PCI Journal*, Vol. 39, No. 5, 1994, pp. 106-109.

10.10 국토교통부, 한국콘크리트학회, KDS 14 20 콘크리트구조설계기준, 기준 및 해설, 2021.

10.11 ACI Committee 318, *Building Code Requirements for Structural Concrete* (ACI 318-14) *and Commentary* (ACI 318R-14), American Concrete Institute, Farmington Hills, MI, 2014.

10.12 AASHTO, *LRFD Bridge Design Specifications*, 6th edition, American Association of State Highway and Transportation Officials, Washington, D.C., USA, 2012.

10.13 국토교통부, 한국교량및구조공학회, 교량설계기준(한계상태설계법), KDS 24 14 21 콘크리트교 설계기준(한계상태설계법), 기준 및 해설, 2021.

10.14 CEN, Eurocode 2: *Design of Concrete Structures-Part 2: Concrete bridges*, European Committee for Standardization, 2004.

10.15 Timoshenko, S. P. and Goodier, N. J., *Theory of Elasticity*, 2nd edition, McGraw-Hill, 1951 (p. 171-177).

10.16 Girkmann, Karl, *Flachentragwerke*, 3rd edition, Vienna: Springer-Verlag, 1954 (p. 116-123).

10.17 Wang, C. K., Salmon, C. G., *Reinforced Concrete Design*, 4th edition, Harper & Row, 1985 (p. 296).

10.18 AASHTO, *Standard Specifications for Highway Bridges*, 17th edition, American Association of State Highway and Transportation Officials, Washington, D.C., USA, 2002.

[연습문제]

10-1 프리스트레스트 콘크리트 합성보의 특징을 설명하시오.

10-2 콘크리트 보와 슬래브로 이루어진 부재가 합성보로 거동하기 위한 조건을 설명하시오.

10-3 프리스트레스트 콘크리트 합성보의 지주 미설치 가설법(unshored construction)과 지주 설치 가설법(shored construction)의 특징을 설명하시오.

10-4 콘크리트 합성보의 접촉면(계면)에 수평전단응력이 발생하는 이유를 설명하시오.

10-5 콘크리트 합성보 접촉면(계면)의 수평전단강도를 검증할 때 적용하는 전단마찰이론의 기본 개념을 설명하시오.

10-6 프리캐스트 콘크리트 직사각형 보와 현장타설 콘크리트 슬래브로 이루어진 그림 10-33의 합성보에 대하여, 콘크리트구조설계기준에 따라 아래의 문제를 수행하시오. 긴장재로는 SWPC7BL 15.2 mm 강연선 12가닥(A_{ps} = 1,664 mm^2)이 배치되어 있고, T형 단면으로의 플랜지 유효폭은 플랜지의 폭과 동일하게 2,000 mm이다. 슬래브의 콘크리트 설계기준압축강도 $f_{ck,sl}$과 보의 콘크리트 설계기준압축강도 $f_{ck,bm}$에 대한 조건은 다음 (a)~(d)의 4가지 중 하나를 선택하시오.

(a) $f_{ck,sl} = 24\ MPa,\ f_{ck,bm} = 35\ MPa$　　(b) $f_{ck,sl} = 27\ MPa,\ f_{ck,bm} = 40\ MPa$

(c) $f_{ck,sl} = 30\ MPa,\ f_{ck,bm} = 45\ MPa$　　(d) $f_{ck,sl} = 35\ MPa,\ f_{ck,bm} = 50\ MPa$

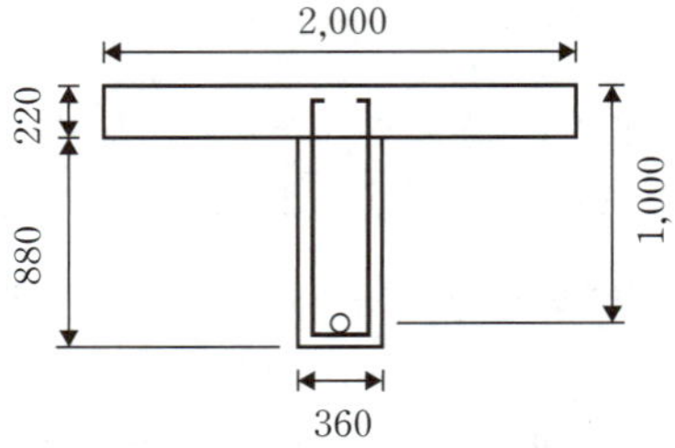

| 그림 10-33 | 문제 10-6의 단면

[문제 1] 이 단면에 SD400 D16의 U형 전단철근이 400 mm 간격으로 배치되어 있고 500 kN의 계수전단력 V_u가 작용할 때, 계면의 수평전단강도를 검증하시오.

[문제 2] 이 단면에 1,250 kN의 계수전단력 V_u가 작용할 때, SD400의 U형 전단철근을 사용하여 계면에 수평전단설계를 수행하시오.

10-7 AASHTO-LRFD를 적용하여 문제 10-6을 수행하시오.

10-8 교량설계기준(한계상태설계법)을 적용하여 문제 10-6을 수행하시오.

10-9 프리캐스트 콘크리트 직사각형 보와 현장타설 콘크리트 슬래브로 이루어진 그림 10-34의 합성보에 대하여, 아래의 문제를 수행하시오. 부재는 경간이 19 m인 단순보이며, 지주를 사용하지 않는 가설법(unshored construction)으로 시공된다. 부재에는 SWPC7BL 15.2 mm 강연선 12가닥($A_{ps} = 1{,}664\ mm^2$)이 배치되어, 초기 긴장력 $P_i = 2{,}050\ kN$과 유효 긴장력 $P_e = 1{,}720\ kN$이 작용한다. T형 단면으로의 플랜지 유효폭은 플랜지의 폭과 동일하게 2,000 mm이다. 추가고정하중은 등분포 하중으로 $w_{DA} = 6\ kN/m$이 작용하며, 활하중은 등분포 하중으로 $w_L = 12\ kN/m$이 작용한다. 슬래브의 콘크리트 설계기준압축강도 $f_{ck,sl}$과 보의 콘크리트 설계기준압축강도 $f_{ck,bm}$에 대한 조건은 다음 (a)~(d)의 4가지 중 하나를 선택하시오.

(a) $f_{ck,sl} = 24\ MPa,\ f_{ck,bm} = 35\ MPa$
(b) $f_{ck,sl} = 27\ MPa,\ f_{ck,bm} = 40\ MPa$
(c) $f_{ck,sl} = 30\ MPa,\ f_{ck,bm} = 45\ MPa$
(d) $f_{ck,sl} = 35\ MPa,\ f_{ck,bm} = 50\ MPa$

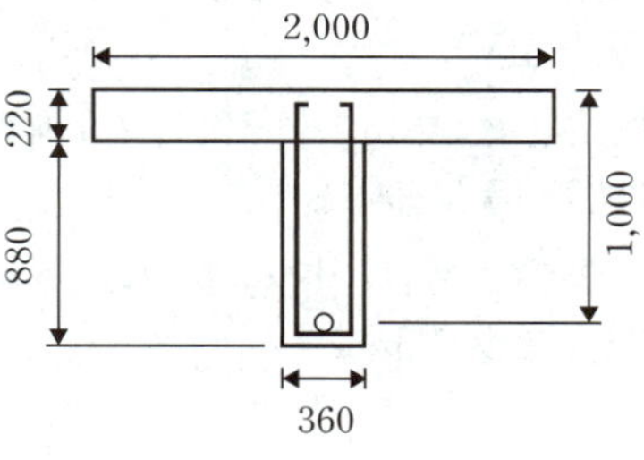

| 그림 10-34 | 문제 10-9의 단면

[문제 1] 합성되기 전, 보의 단면2차모멘트를 구하시오.

[문제 2] 합성된 후, 합성단면의 단면2차모멘트를 구하시오.

[문제 3] 보의 제작을 완료한 상태에서 경간 중앙의 보에 작용하는 응력을 구하시오.

[문제 4] 슬래브 콘크리트 타설 후, 경간 중앙에서 보에 작용하는 응력을 구하시오.

[문제 5] 합성된 후 추가고정하중과 활하중이 작용할 때, 합성단면에 작용하는 응력을 구하시오.

10-10 지주를 사용하는 가설법(shored construction)으로 시공하는 경우를 대상으로 하여 문제 10-9를 수행하시오.

10-11 프리캐스트 콘크리트 직사각형 보와 현장타설 콘크리트 슬래브로 이루어진 그림 10-35의 합성보에 대하여, 아래의 문제를 수행하시오. T형 단면으로의 플랜지 유효폭은 플랜지의 폭과 동일하게 1,200 mm이다. 슬래브의 콘크리트 설계기준압축강도 $f_{ck,sl}$과 보의 콘크리트 설계기준압축강도 $f_{ck,bm}$에 대한 조건은 다음 (a)~(c)의 3가지 중 하나를 선택하시오.

(a) $f_{ck,sl} = 24\ MPa,\ f_{ck,bm} = 35\ MPa$
(b) $f_{ck,sl} = 27\ MPa,\ f_{ck,bm} = 40\ MPa$
(c) $f_{ck,sl} = 30\ MPa,\ f_{ck,bm} = 45\ MPa$

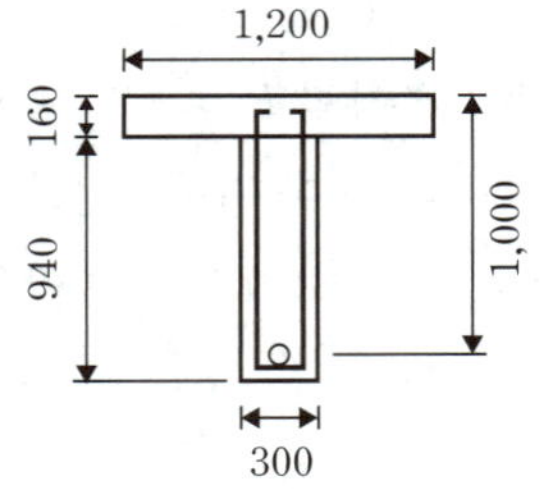

| 그림 10-35 | 문제 10-11의 단면

[문제 1] 프리스트레싱 강재로 SWPC7BL 15.2 mm 강연선 12가닥이 배치되어 있을 때 콘크리트구조설계기준에 따라 단면의 설계휨강도를 구하시오.

[문제 2] 프리스트레싱 강재로 SWPC7BL 15.2 mm 강연선 22가닥이 배치되어 있을 때 콘크리트구조설계기준에 따라 단면의 설계휨강도를 구하시오.

[문제 3] 프리스트레싱 강재로 SWPC7BL 15.2 mm 강연선 12가닥이 배치되어 있을 때 교량설계기준(한계상태설계법)에 따라 단면의 설계휨강도를 구하시오.

[문제 4] 프리스트레싱 강재로 SWPC7BL 15.2 mm 강연선 22가닥이 배치되어 있을 때 교량설계기준(한계상태설계법)에 따라 단면의 설계휨강도를 구하시오.

제11장

연속보와 부정정 구조의 설계

11.1 프리스트레스트 콘크리트 연속보와 부정정 구조

연속부재 형식의 프리스트레스트 콘크리트 구조는 여러 가지 구조물에 널리 사용되고 있다. 건축물에서는 한 방향 또는 양방향으로 긴장력을 도입한 플랫 플레이트(flat plate)가 많이 사용되며, 교량에서는 장지간 교량(long-span bridge)과 다경간 교량(multi-span bridge)의 주 거더(main girder)와 사장교의 바닥판 등에 프리스트레스트 콘크리트 연속부재 형식이 사용된다. 이 절에서는 프리스트레스트 콘크리트 연속보와 부정정 구조의 특징을 다루고, 이어지는 절에서 프리스트레스트 콘크리트 연속보 설계의 구체적인 내용을 다루며, 연속보 형식의 프리스트레스트 콘크리트 교량의 가설공법을 소개한다.

11.1.1 프리스트레스트 콘크리트 연속보와 부정정 구조의 특징

콘크리트 구조물을 프리캐스트 부재로 시공할 때에는 현장에서의 거푸집 가설작업과 동바리 가설작업이 필요하지 않기 때문에 매우 경제적인 시공이 가능하다. 특히 프리캐스트 부재로 시공할 때 프리스트레스트 콘크리트 구조는 철근콘크리트 구조에 비하여 유리한 점이 많다. 이것은 프리캐스트 부재를 운반할 때 프리스트레스트 콘크리트 구조가 균열에 대한 저항성능이 우수하고, 프리캐스트 부재를 일체화 할 때 부재의 연결부에 프리스트레싱을 가하는 것이 매우 효과적이기 때문이다. 현장타설 공법으로 콘크리트 연속보와 골조 등의 부정정 구조를 설계하고 시공하는 경우에도 프리스트레스트 콘크리트 구조가 구조적으로 유리한 점이 많다.

프리스트레스트 콘크리트 연속보와 부정정 구조의 긍정적인 특징과 장점은 다음과 같다.

(1) 연속보와 골조 등의 부정정 구조는 단순보 등의 정정 구조에 비하여 여용성(redundancy)이 커서, 구조물의 안정성(stability)과 수직방향 및 수평방향 하중에 대한 저항성능이 증대된다.
(2) 연속보와 골조 등의 부정정 구조는 휨모멘트가 정모멘트와 부모멘트로 분배되어, 부재 전체길이에 걸쳐서 정모멘트 또는 부모멘트만 작용하는 단순보나 캔틸레버 부재에 비하여 작은 두께로 단면력을 저항할 수 있다. 즉, 연속 플랫 플레이트의 경우 경간-두께 비가 40~45의 범위가 가능하고, 박스 거더 교량의 경우 경간-두께 비가 25~30의 범위가 가능하다. 이에 따라 상부구조의 중량이 감소하여 경제적인 구조가 될 뿐만 아니라, 하부구조 및 기초의 규모가 감소하여 전체적으로 경제적인 구조물이 된다.
(3) 연속보와 골조 등의 부정정 구조는 경간 중앙부에 작용하는 정모멘트의 크기와 작용구간의 길이가 감소하여, 중력방향으로 발생하는 처짐이 작다.
(4) 포스트텐션 프리스트레스트 콘크리트 연속보는 부재의 양쪽 단부에서 긴장재를 정착시킬 수 있으므로, 고비용의 정착장치 수량이 감소하여 공사비가 절감된다.
(5) 상부구조가 연속보 형식인 교량은 연속보의 양쪽 단부에만 고비용의 신축이음장치를 설치하면 되므로, 지점마다 신축이음장치를 설치하여야 하는 단순보 형식의 다경간 교량에 비하여 공사비가 절감되며 차량의 주행성이 향상된다.

프리스트레스트 콘크리트 연속보와 부정정 구조의 부정적인 특징과 단점은 다음과 같다.

(1) 연속보와 골조 등의 부정정 구조는 내부지점에 인접한 보에서 휨모멘트와 전단력이 모두 최대가 되므로 강도성능이 비효율적인 구조가 될 수 있다.
(2) 연속보와 골조 등의 부정정 구조는 활하중이 작용하는 위치의 변화에 따라 정모멘트와 부모멘트가 번갈아 작용하므로, 강재를 배치하여야 하는 위치 및 범위가 증가하여 이에 대한 설계검증과정이 복잡해진다.
(3) 포스트텐션 프리스트레스트 콘크리트 연속보는 긴장재가 길어지고 곡률 전환부가 증가하여 마찰손실이 증가할 수 있으므로, 긴장력의 작용이 비효율적인 구조가 될 수 있다.
(4) 프리스트레스트 콘크리트 연속보는 축방향 변형이 철근콘크리트 연속보에 비하여 크게 나타나므로, 교량의 경우 신축용량이 큰 신축이음 장치의 사용으로 인하여 재료비가 증가할 수 있다.
(5) 부정정 구조인 연속보와 골조는 보에 발생하는 콘크리트의 크리프와 수축, 온도 변화 및 부재 상하부의 온도 편차에 따른 변형, 그리고 지점 침하로 인하여 2차 단면력, 즉 2차 휨모멘트와 2차 반력이 발생한다. 또한 긴장력이 도입된 콘크리트 보의 탄성수축과 콘크리트의 크리프 및 수축으로 인하여 보가 축방향으로 수축되어, 골조의 기둥에 2차 휨모멘트와 2차 수평 반력이 발생한다.

(6) 연속보와 골조 등의 부정정 구조는 위에서 언급한 특징으로 인하여 설계와 시공이 어렵다.

이와 같이 프리스트레스트 콘크리트 연속보와 골조는 장점과 단점을 모두 가지고 있지만, 프리스트레스트 콘크리트에 대한 설계기술과 시공기술의 발전으로 연속보 및 골조 형식의 구조물이 많이 건설되고 있다.

11.1.2 프리스트레스트 콘크리트 연속보의 긴장재 배치

프리스트레스트 콘크리트 연속보에 배치되는 긴장재의 형태는 연속보 전체길이 및 경간 구성, 구조물의 연속화(continuity)를 이루는 방법 및 콘크리트 시공방법, 설계기술자의 창의성과 공학적 판단에 따라 결정된다. 이 절에서는 일반적으로 사용하는 두 가지 형태, 즉 현장일체타설 프리스트레스트 콘크리트 연속보와 프리캐스트 및 부분타설 프리스트레스트 콘크리트 연속보로 나누어 설명한다.

[1] 현장일체타설 프리스트레스트 콘크리트 연속보

현장일체타설 프리스트레스트 콘크리트 연속보는 구조물에 사용되는 콘크리트를 현장에서 한 번에 타설하여 시공하는 형식이다. 즉, 구조물 건설이 계획된 위치에 동바리와 거푸집을 설치하고 콘크리트를 현장타설(cast-in-situ, cast-in-place)하여, 콘크리트 구조물을 일체로 시공(monolithic construction)하는 것이다. 따라서 이 공법에서는 포스트텐션 방식을 사용하는 것이 일반적이며, 모든 긴장력 도입 작업은 현장에서 이루어진다.

그림 11-1은 현장일체타설 프리스트레스트 콘크리트 연속보에 적용하는 여러 가지 형태의 긴장재 배치를 나타낸다. 그림 11-1의 (a)와 (b)는 전체 콘크리트가 현장에서 타설되고 굳은 후, 연속보의 전체 길이에 걸쳐 배치된 포스트텐션 긴장재를 인장하여 긴장력을 도입하는 연속보 또는 연속슬래브를 나타낸다. 여기서 그림 11-1(a)는 전체 길이에 걸쳐서 부재의 두께가 일정한 등단면 부재(prismatic member)이며, 그림 11-1(b)는 내부지점부 단면의 두께를 증가킨 변단면 부재(variable depth member)의 연속보이다. 변단면 부재는 내부지점에서 휨모멘트와 전단력이 최대인 연속보의 특성을 고려하여 지점부 단면의 두께를 증가시킨 형식이다. 따라서 변단면 연속보는 구조적으로 효율성을 높인 형식이지만, 곡선형 거푸집과 상단의 높이가 일정하지 않은 동바리의 설치 등 시공이 단순하지 않고 공사비가 증가할 수 있다. 이와 같이 포스트텐션 긴장재가 연속보의 전체 길이에 걸쳐 배치되어 양쪽 단부에만 정착장치가 배치된 경우에는 긴장재의 길이가 길고 곡률 전환부가 증가하여 마찰손실이 증가한다. 따라서 긴장력의 작용이 비효율적이 될 수 있으며, 긴장재가 길수록 마찰손실의 예측결과와 실제 발생하는 마찰손실과의 오차가 커져서 프리스트레스트 콘크리트로서의 구조성능이 불확실해질 수 있다.

이와 같이 마찰손실이 크게 발생하는 것이 우려될 때는, 그림 11-1의 (c)나 (d)와 같은 방법을 사용할

(a) 단면이 일정한 등단면 연속보 또는 연속슬래브

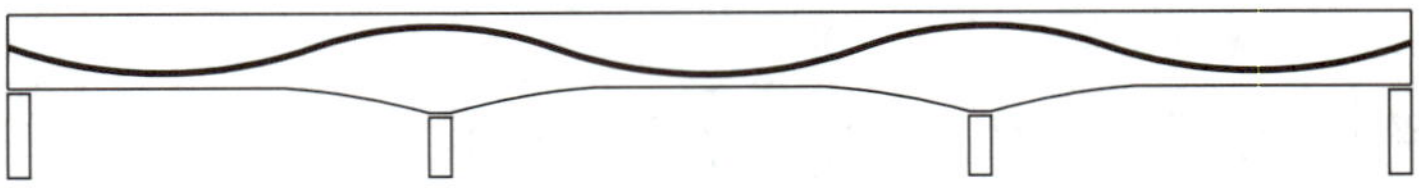

(b) 단면이 변하는 변단면 연속보

(c) 중간 정착장치를 사용한 연속보

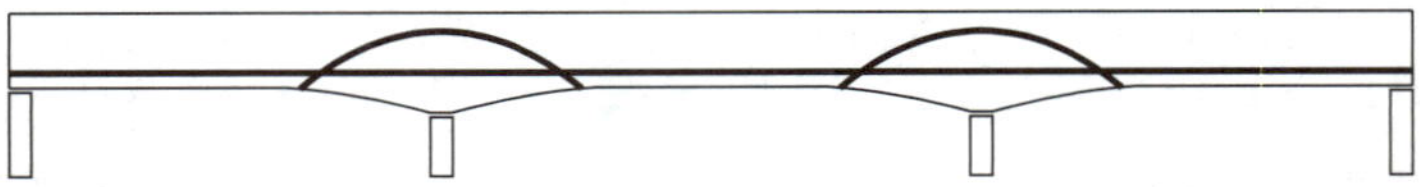

(d) 변단면에 캡 케이블을 사용한 연속보

| 그림 11-1 | 현장일체타설 프리스트레스트 콘크리트 연속보의 긴장재 배치

수 있다. 그림 11-1(c)는 연속보의 중간에 정착장치를 두어 새로 긴장력을 도입함으로써 마찰손실을 감소시키는 것이다. 이때 중간 정착장치는 서로 엇갈리게 배치하여 연속보 전체 길이에 걸쳐 압축력이 도입되도록 한다. 그림 11-1(d)는 변단면 연속보의 내부지점부에 캡 케이블(cap cable)을 배치한 연속보이다. 이 경우에는 정모멘트에 저항하도록 배치하는 긴장재를 연속보 전체 길이에 걸쳐 직선으로 배치하여 마찰손실을 최소화하는 형태이다. 부모멘트가 작용하는 지점에는 부모멘트에 의한 인장응력이 작용하는 위치에 압축력이 도입되도록 짧은 길이의 곡선 긴장재, 즉 캡 케이블을 배치한 형식이다.

[2] 프리캐스트 또는 부분타설 프리스트레스트 콘크리트 연속보

프리스트레스트 콘크리트 연속보는 그림 11-2와 같이 프리캐스트 콘크리트 또는 부분타설 콘크리트로 시공하는 것이 더 경제적일 수 있다.

그림 11-2의 (a), (b), (c)는 프리캐스트 부재를 연결한 프리스트레스트 콘크리트 연속보를 나타낸다. 프리캐스트 부재는 한 경단 단위로 제작되어 가설된 후 현장타설 콘크리트로 연속화 된다. 이 그림에서 진한 색으로 표시한 부분은 현장타설 콘크리트로 시공되는 부분이다. 점선은 프리캐스트로 제작할 때 사용된 긴장재로서, 프리텐션 방식으로 제작할 때는 절곡배치나 직선배치로 하고, 포스트텐션 방식으

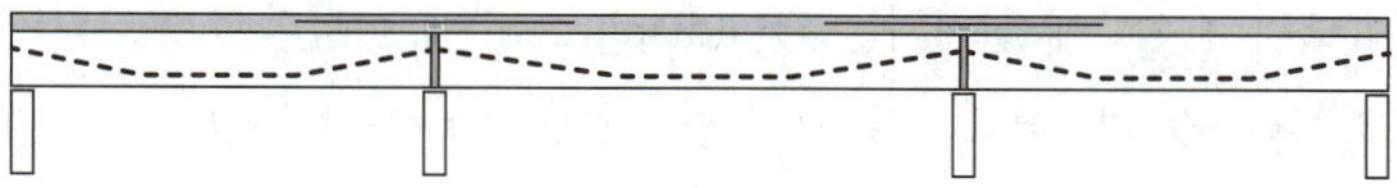

(a) 슬래브에 철근을 배치하여 연속화한 프리캐스트 연속보

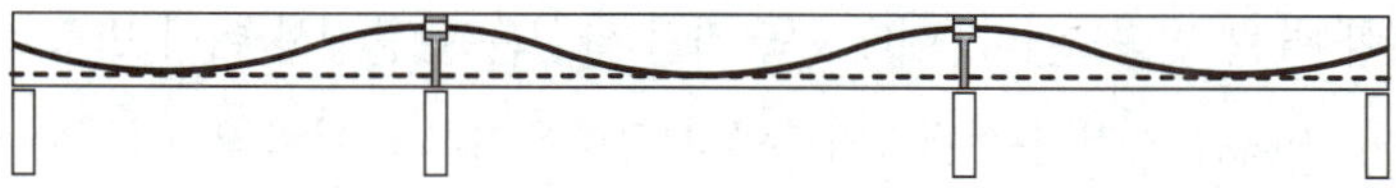

(b) 긴장재의 연결장치(커플러)를 사용하여 연속화한 프리캐스트 연속보

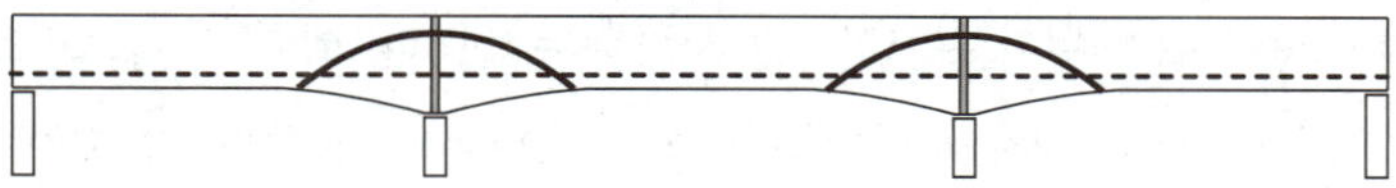

(c) 변단면에 캡 케이블을 사용하여 연속화한 프리캐스트 연속보

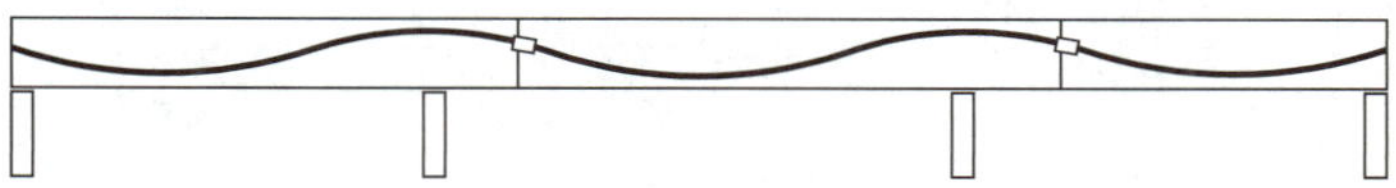

(d) 긴장재의 연결장치(커플러)를 사용한 현장타설 콘크리트 연속보

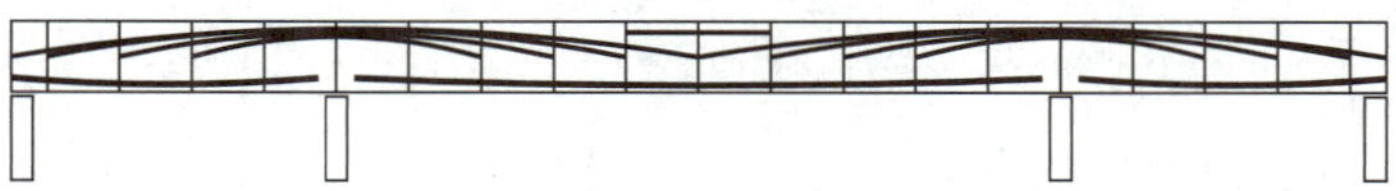

(e) 현장타설 또는 프리캐스트 세그멘탈 공법의 연속보

| 그림 11-2 | 부분타설 프리스트레스트 콘크리트 연속보의 긴장재 배치

로 제작할 때는 주로 곡선으로 배치한다. 곡선의 실선은 포스트텐션 긴장재를 나타내며 그림 11-2(a)에 보이는 직선의 실선은 철근을 나타낸다.

그림 11-2(a)는 연속보의 지점부에 설치되는 격벽(diaphragm)과 바닥판 슬래브에 현장타설 콘크리트를 사용하는 연속보이다. 이때 지점부 슬래브에는 부모멘트에 저항하도록 종방향으로 철근을 배치한다. 따라서 프리캐스트 부재는 단순보 형식으로 자중을 지지할 수 있도록 설계되고, 지점부 중간 격벽과 바닥판 슬래브의 현장타설 콘크리트로 연속보 형식이 된 이후에는 추가 고정하중과 활하중에 의하여 내부지점에 작용하는 부모멘트를 슬래브에 배치된 인장철근이 저항하도록 설계한다.

그림 11-2(b)는 연속보의 지점부에 설치되는 격벽(diaphragm) 위치에 긴장재의 연결장치(커플러, coupler)를 배치하고 현장에서 콘크리트를 타설한 후 포스트텐션 방식의 긴장력 도입으로 일체화 한 연속보이다.

그림 11-2(c)는 연속보의 지점부에 설치되는 격벽(diaphragm)에 현장타설 콘크리트를 사용하고, 연속보의 내부지점부의 상부에 캡 케이블을 배치하여 포스트텐션 방식의 긴장력 도입으로 일체화하는 연속보이다.

그림 11-2(d)는 현장타설 콘크리트 연속보를 연결장치로 이어진 긴장재에 포스트텐션 방식으로 긴장력을 도입하여 일체화 하는 연속보이다. 이때 콘크리트 타설은 현장에서 여러 번으로 나누어 실시하며, 휨모멘트와 전단력이 최대인 지점에서 콘크리트의 시공이음면이 생기지 않도록 한 세그먼트의 길이와 연결장치의 위치를 결정한다.

그림 11-2(e)는 현장타설 또는 프리캐스트 세그멘탈 공법의 연속보로서 길이가 매우 긴 연속보를 시공할 때 여러 개의 세그먼트로 나누어 콘크리트를 시공하는 것이다. 이때 각 세그먼트는 현장타설 콘크리트로 시공하거나 프리캐스트로 제작하여 가설한 후 포스트텐션 방식으로 긴장력을 도입하여 일체화하는 연속보이다. 긴장재의 배치형상은 세그먼트를 가설하는 방법을 고려하여 결정하며, 세그먼트의 접합면에서 인장응력이 발생하지 않고 항상 압축응력이 작용하도록 추가의 긴장재를 배치한다.

11.2 연속보의 해석 및 압축선 일치 긴장재

11.2.1 연속보 및 골조의 2차 단면력

프리스트레스트 콘크리트 부정정 구조물에 프리스트레싱을 가하면, 프리스트레싱의 영향으로 2차 단면력이 발생한다. 연속보에서는 긴장재의 배치 형상에 따라 지점에 프리스트레싱에 의한 반력이 작용하며, 골조에서는 내부지점에 프리스트레싱에 의한 반력이 작용하는 것 외에도 기둥에 단면력이 추가로 작용하게 된다. 이러한 현상에 대해서는 3.3.3절에서 설명하였으나, 여기서 간단히 정리하면 다음과 같다.

그림 11-3(a)와 같이 2경간 연속보에는 고정하중 w_D에 의하여 그림 11-3(b)와 같은 처짐과 반력이 작용한다. 이 연속보의 단면 하단부에 긴장재가 배치되어 긴장력 P가 작용하는 경우, 고정하중의 작용을 무시한다면 그림 11-3(c)와 같이 내부지점 위치에서 보가 상향으로 솟아서 내부지점의 반력은 작용하지 않게 된다. 만일 내부지점에서 보가 상향으로 솟지 못하도록 구속한다면, 그림 11-3(d)와 같이 내부지점에는 부(−)반력이 작용하게 된다. 외부지점은 내부지점의 부반력의 반대방향으로 정(+)반력이 작용하여 평형을 이루게 된다. 만일 내부지점에서 솟음을 구속하지 않더라도 자중에 의한 내부지점의 반력이 프리스트레싱에 의한 부반력보다 크다면, 내부지점에서 보의 처짐은 발생하지 않게 된다. 따라서 일반

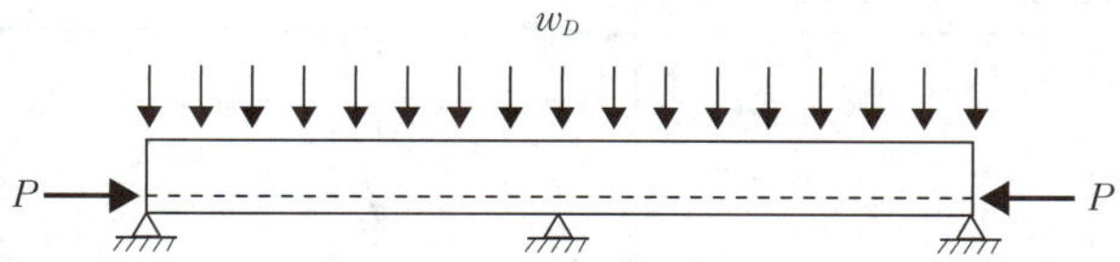

(a) 고정하중과 긴장력이 작용하는 2경간 연속보

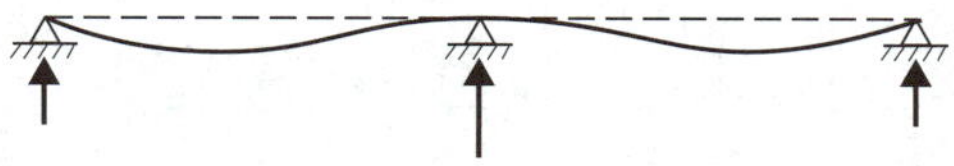

(b) 고정하중 작용에 의한 처짐과 반력

(c) 편심 긴장력에 의한 처짐

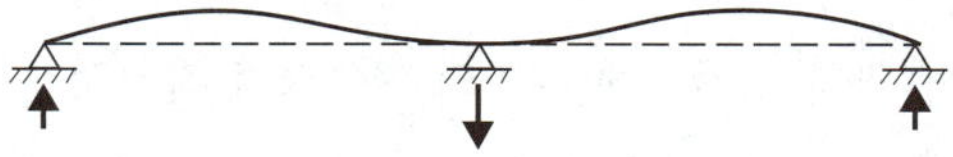

(d) 내부지점에 부반력이 작용하는 경우의 처짐과 반력

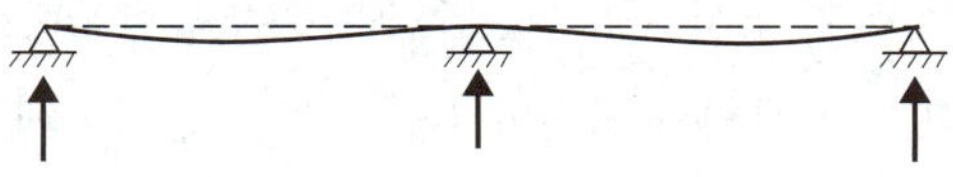

(e) 고정하중과 긴장력 작용에 의한 처짐과 반력

| 그림 11–3 | **프리스트레스트 콘크리트 연속보의 처짐과 반력**

적인 프리스트레스트 콘크리트 연속보는 그림 11–3(b)의 처짐과 반력에 그림 11–3(d)의 처짐과 반력이 더해져서, 그림 11–3(e)와 같은 처짐과 반력이 발생한다.

프리스트레스트 콘크리트 연속보에서 그림 11–3(d)와 같이 내부지점에 추가로 발생하는 반력의 영향을 반영하면, 긴장력에 의한 총 휨모멘트 $M_{P,total}$은 다음과 같이 긴장력에 의한 1차 모멘트(primary moment) M_{P1}과 2차 모멘트(secondary moment) M_{P2}의 합으로 나타난다.

$$M_{P,total} = M_{P1} + M_{P2} \qquad (11 \cdot 1)$$

긴장력에 의한 1차 모멘트 M_{P1}은 다음과 같이 긴장력 P와 편심 e에 의한 휨모멘트로서, 긴장재 배치 형상에 따라 편심 e가 위치마다 다르면 M_{P1}도 위치마다 다른 값을 갖는다.

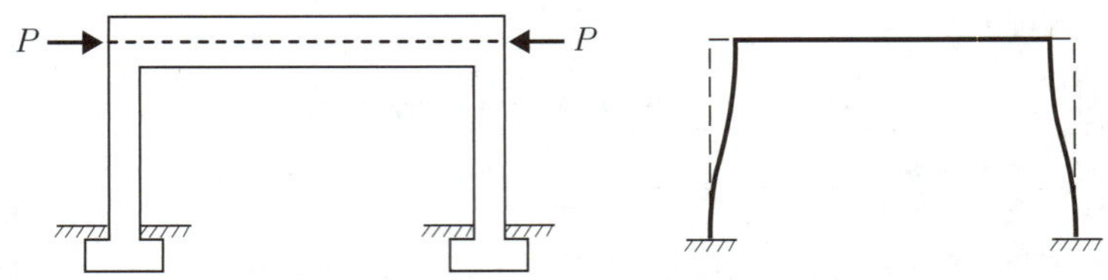

(a) 긴장력이 작용하는 골조 (b) 긴장력에 의한 변위

| 그림 11-4 | 긴장력에 의한 골조의 변위

$$M_{P1} = Pe \tag{11·2}$$

긴장력에 의한 2차 모멘트 M_{P2}는 단순한 식으로 표현할 수 없으며, 해석에 의하여 M_{P2}의 분포를 구하여야 한다.

골조에서는 내부지점의 반력 외에도 기둥에 추가의 단면력이 작용하게 된다. 그림 11-4(a)와 같이 골조의 보에 긴장력 P가 작용하면, 보의 탄성수축으로 보의 길이가 줄어들고, 또 시간이 경과함에 따라 콘크리트의 크리프에 의하여 보의 길이가 더 줄어든다. 이 보의 변형에 의하여, 그림 11-4(b)와 같이 보와 연결된 기둥에도 변형이 발생하여 휨모멘트와 전단력이 추가로 작용하게 된다. 또, 시간이 경과하면 콘크리트의 크리프와 수축에 의하여 보의 수축변형이 증가하므로, 기둥에 작용하는 2차 단면력도 시간 경과에 따라 증가하게 된다.

부정정 프리스트레스트 콘크리트 구조물에는 이와 같이 프리스트레싱에 의한 2차 효과가 작용하므로, 해석과 설계에서 2차 단면력을 고려하여야 한다. 이때 부재의 각 위치에 작용하는 2차 단면력은 긴장재의 편심에 따라 증가하기도 하고 감소하기도 한다.

11.2.2 연속보의 구조해석

프리스트레스트 콘크리트 연속보에 작용하는 2차 단면력을 구하기 위한 해석은 선형탄성 해석(linear elastic analysis)을 적용한다. 이것은 사용하중 수준에서 프리스트레스트 콘크리트 구조물에 균열이 발생하는 경우가 극히 드물며, 부분 긴장(partial prestressing) 프리스트레스트 콘크리트라 하더라도 균열이 제한된 수준으로 발생하기 때문이다. 프리스트레스트 콘크리트 연속보에 대한 선형탄성 해석으로는, 다음과 같은 지점변위 해석법(support displacement method)이나 등가하중 해석법(equivalent load method)을 사용한다.

[1] 지점변위 해석법

지점변위 해석법(support displacement method)은 부정정구조물에 대한 구조해석법 중 응력법(force method)에 해당하는 것으로, 또 다른 명칭으로 변형일치법(method of consistent deformation)이라고도 한다. 이 해석법은 지점에서의 변위가 0라는 것을 이용하여 긴장력에 의한 2차 모멘트를 계산한다. 이 과정을 그림 11-5(a)와 같이 긴장재가 편심 e의 위치에 배치된 2경간 연속보를 통하여 설명하면 다음과 같다.

(1) 그림 11-5(a)의 긴장재 배치 형상을 고려하여, 긴장력 P와 편심 e에 의한 휨모멘트 분포, 즉 1차 모멘트 M_{P1}의 분포를 그림 11-5(b)와 같이 구한다.

(2) 그림 11-5(c)와 같이, 내부지점에서 부재가 상향으로 솟는 것에 대하여 구속하지 않는다고 가정하고 M_{P1}의 휨모멘트가 작용할 때 내부지점 위치에서 발생하는 상향 처짐을 구한다. 즉, 긴장력의 편심작용에 의한 내부지점 위치의 상향 처짐 Δ_{BP}를 구한다.

(3) 그림 11-5(d)와 같이 내부지점이 존재하지 않다고 가정하고, 그림 11-5(e)와 같이 2차 반력 R_B가 하중으로 작용할 때 발생하는 하향 처짐 Δ_{BR}을 구한다.

(4) 내부지점 위치의 처짐 Δ_B는 긴장력의 편심작용에 의한 상향 처짐($-\Delta_{BP}$)과 2차 반력 R_B가 하중으로 작용할 때 발생하는 하향 처짐($+\Delta_{BR}$)의 합으로서, 다음과 같이 처짐이 0이라는 방정식을 세운다.

$$\Delta_B = \Delta_{BR} - \Delta_{BP} = 0 \tag{11·3}$$

(5) 이 방정식의 해로서 그림 11-5(f)와 같은 2차 반력 R_B의 값을 구하고, 2차 반력 R_B에 의하여 발생하는 2차 모멘트 M_{P2}의 분포를 그림 11-5(g)와 같이 구한다.

(6) 그림 11-5(b)와 같은 1차 모멘트 M_{P1}의 분포와 그림 11-5(g)와 같은 2차 모멘트 M_{P2}의 분포를 합하여, 그림 11-5(h)와 같이 긴장력에 의한 총 모멘트 $M_{P,total}$의 분포를 구한다. 즉, 총 모멘트는 다음과 같이 1차 모멘트 M_{P1}과 2차 모멘트 M_{P2}의 합으로 계산한다.

$$M_{P,total} = M_{P1} + M_{P2} \tag{11·4}$$

연속보에 작용하는 2차 모멘트는 프리스트레스트 콘크리트 부재의 압축선(center of compression line, pressure line, C-line) [1.5.2절 그림 1-23 참조]을 변화시킨다. 그림 1-23은 등분포하중의 외력이 작용할 때 인장력과 압축력 사이의 팔길이가 휨모멘트에 비례하는 형상을 나타내는데, 외력을 무시하고

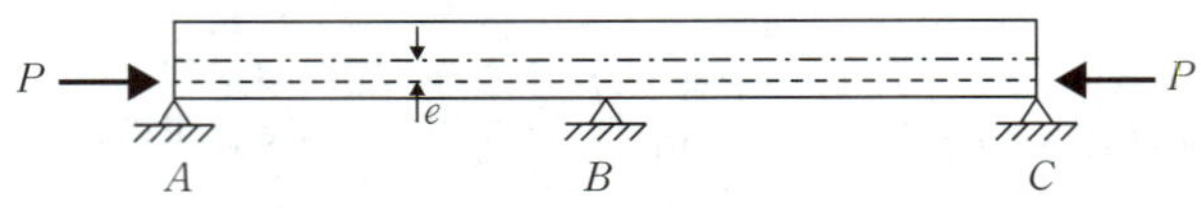

(a) 2경간 연속보의 긴장재 배치 형상

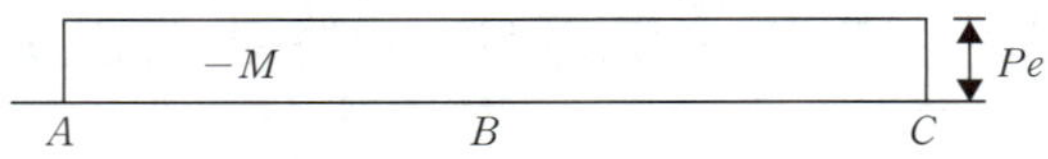

(b) 긴장력에 의한 1차 모멘트 M_{p1}의 분포

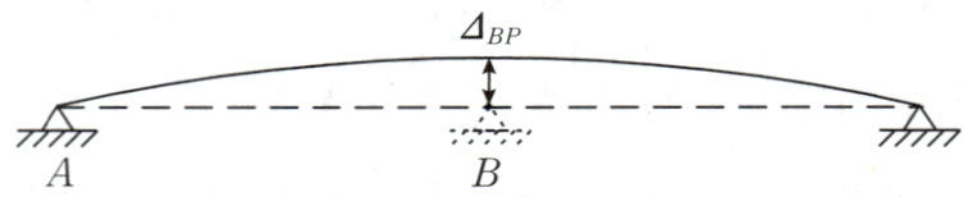

(c) M_{p1}의 작용으로 발생하는 내부지점의 상향 처짐

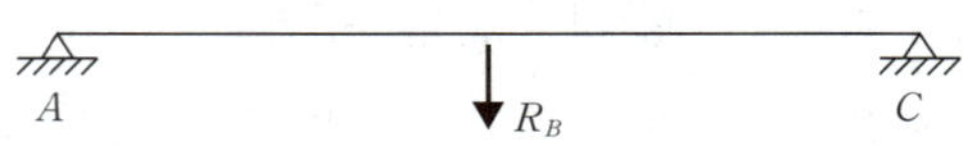

(d) 내부지점 2차 반력의 하중 작용

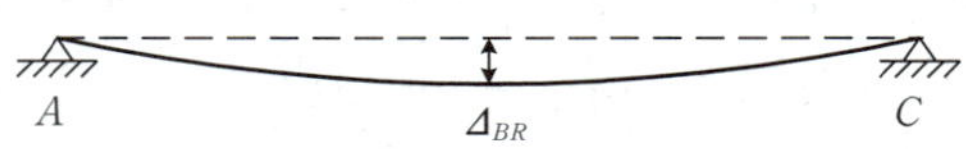

(e) 2차 반력에 의한 내부지점의 하향 처짐

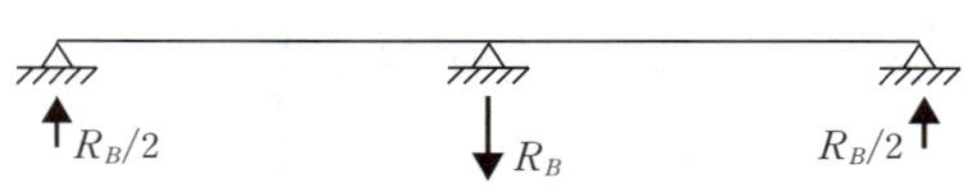

(f) 2차 반력의 작용

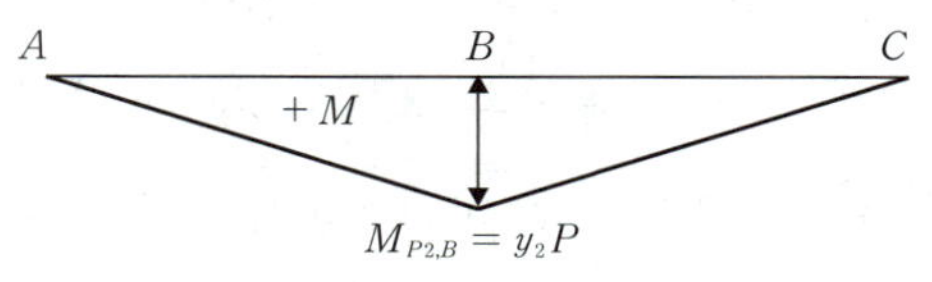

(g) 긴장력에 의한 2차 모멘트 M_{p2}의 분포

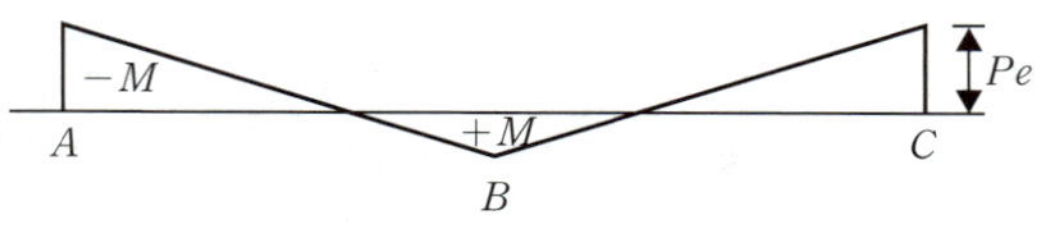

(h) 긴장력에 의한 총 모멘트 $M_{P,total}$의 분포

| 그림 11-5 | 지점변위 해석법의 해석과정 및 긴장력에 의한 휨모멘트

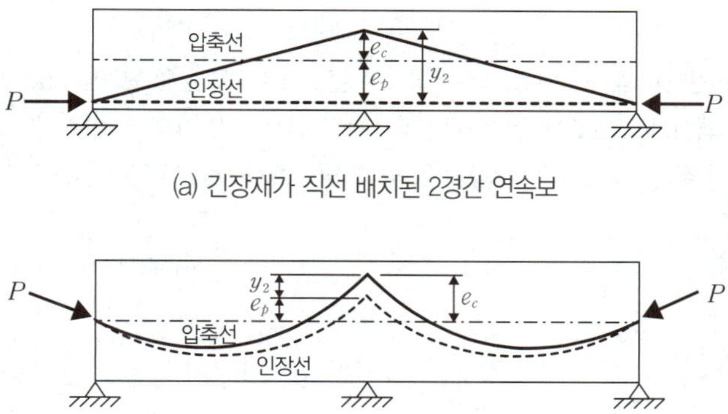

(a) 긴장재가 직선 배치된 2경간 연속보

(b) 긴장재가 포물선 배치된 2경간 연속보

| 그림 11-6 | 프리스트레스에 의한 2경간 연속보의 압축선

긴장력만을 대상으로 하면 압축력과 인장력은 동일한 위치에 작용한다. 여기에 2차 모멘트가 작용하게 되면 압축선의 위치는 인장선의 위치에서 다음의 거리 y_2만큼 이동한다.

$$y_2 = \frac{M_{P2}}{P} \tag{11·5}$$

2차 모멘트에 의하여 y_2만큼 이동한 압축선은 단면의 도심으로부터 e_c만큼 떨어진 위치에 존재하는데, e_c는 다음과 같이 긴장재의 편심거리에 더하여 계산하거나 총 모멘트를 긴장력으로 나누어 계산할 수 있다.

$$e_c = e_p + y_2 \tag{11·6}$$

$$e_c = \frac{M_{P,total}}{P} \tag{11·7}$$

식 (11·6)으로 e_c를 구할 때에는 긴장재의 위치를 고려하여 긴장재의 편심 e_p의 부호를 (+) 또는 (−)로 적용하여야 한다. **그림 11-6**은 그 예를 보여주는 것으로서 점선이 긴장재를 나타내는데, **그림 11-6(a)**는 내부지점에서 긴장재가 단면 도심의 아래쪽에 직선으로 배치되어 e_p가 음(−)의 값을 갖는 경우이고, **그림 11-6(b)**는 긴장재가 포물선으로 배치되어 내부지점에서 단면 도심의 위쪽에 위치하여 e_p가 양(+)의 값을 갖는 경우이다.

식 (11·6)과 **그림 11-6**에 나타낸 거리 e_p, y_2, e_c를 달리 표현하면, e_p는 1차 모멘트의 편심으로 단면의 도심과 긴장재 사이의 거리이고, y_2는 2차 모멘트의 편심으로 압축선과 긴장재 사이의 거리이며, e_c는 총 모멘트의 편심으로 단면의 도심과 압축선 사이의 거리이다.

예제 11-1

그림 11-7과 같이 부착 긴장재가 배치된 프리스트레스트 콘크리트 2경간 연속보에 1,500 kN의 긴장력 P가 작용한다. 연속보는 좌우 대칭인 구조로서, 경간 중앙과 내부지점에서 긴장재의 편심은 하단과 상단 방향으로 각각 400 mm이고, 한 경간의 길이는 30 m이다. 지점변위 해석법을 적용하여 긴장력에 의한 2차 모멘트와 총 모멘트의 분포를 구하시오.

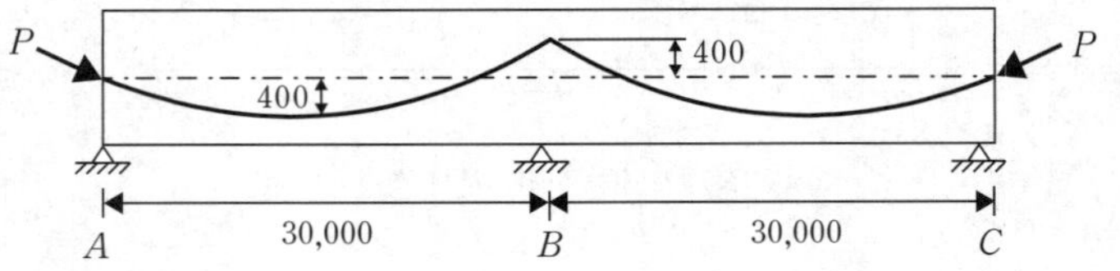

| 그림 11-7 | 예제 11-1의 프리스트레스트 콘크리트 2경간 연속보

>> 풀이

(1) 1차 모멘트에 의한 내부지점 위치의 상향 처짐

경간 중앙과 내부지점 위치에서의 1차 모멘트는

$$M_{P1} = P\,e = 1{,}500 \times 0.4 = 600\,kN \cdot m$$

따라서 긴장력에 의한 1차 모멘트 분포는 그림 11-8과 같다.

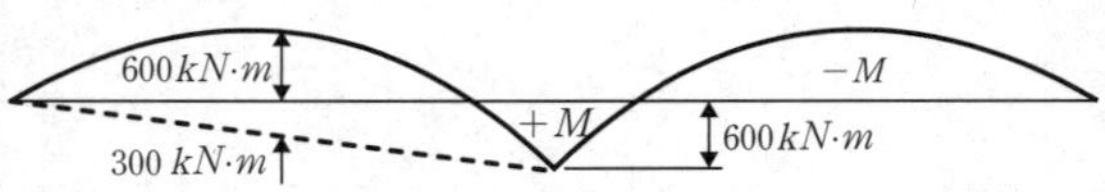

| 그림 11-8 | 긴장력에 의한 1차 모멘트 분포

이 휨모멘트를 단면의 휨강성 EI로 나누어 곡률분포를 구하고, 내부지점 B를 제거한 단순보에 적용하여 내부지점의 위치에서 상향 처짐 Δ_{BP}를 구한다. 이때 처짐 계산의 편의를 위하여, 지점 A와 B 사이의 곡률분포를 그림 11-9와 같이 포물선 분포와 삼각형 분포로 나누어 상향 처짐 Δ_{BP}를 구한다.

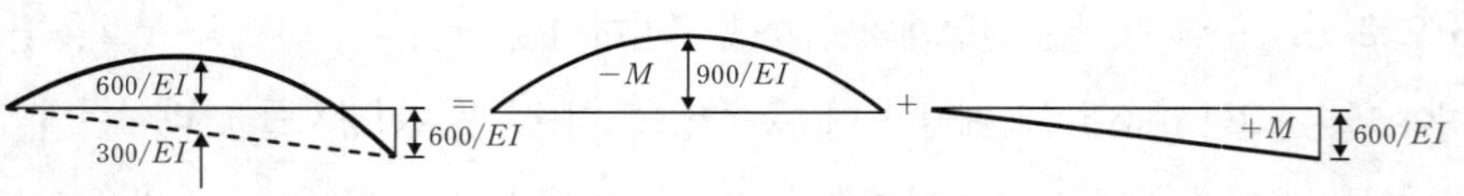

| 그림 11-9 | 1차 모멘트에 의한 왼쪽 경간의 곡률 분포

상향 처짐 Δ_{BP}를 구하면

$$\Delta_{BP} = \frac{1}{EI}\left[\left(900 \times 30 \times \frac{2}{3}\right) \times \left(\frac{1}{2} \times 30\right) - \left(600 \times 30 \times \frac{1}{2}\right) \times \left(\frac{2}{3} \times 30\right)\right]$$

$$= \frac{90{,}000}{EI}\,[m]$$

(2) 내부지점 위치의 하중에 의한 하향 처짐과 2차 반력

이제 내부지점이 존재하지 않다고 가정하고, 그림 11-10과 같이 2차 반력 R_B가 하중으로 작용할 때 발생하는 하향 처짐 Δ_{BP}을 구한다.

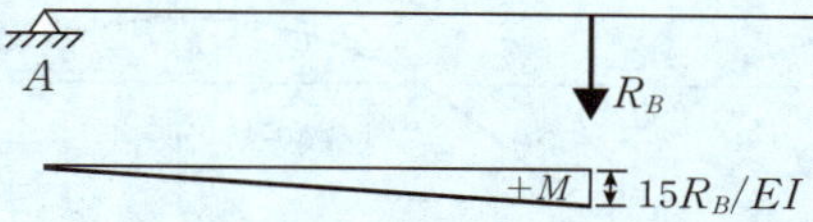

| 그림 11-10 | 내부지점의 반력이 하중으로 작용할 때 왼쪽 경간의 곡률 분포

먼저 내부지점 B를 제거한 단순보에 R_B가 하중으로 작용할 때 B 위치에 발생하는 휨모멘트를 구하면

$$M_{RB1} = \frac{R_B\,L}{4} = \frac{R_B(2\,l)}{4} = \frac{R_B \times 60}{4} = 15\,R_B\,[kN\cdot m]$$

A와 B 사이의 삼각형 곡률분포에 대하여 하향 처짐 Δ_{BR}을 구하면

$$\Delta_{BR} = \frac{1}{EI}\left[\left(15\,R_B \times 30 \times \frac{1}{2}\right)\times\left(\frac{2}{3}\times 30\right)\right] = \frac{4{,}500\,R_B}{EI}$$

식 (11·3)에 따라 Δ_{BP}와 Δ_{BR}는 크기가 같아야 하므로, 이 관계로부터 R_B를 구하면

$$4{,}500\,R_B = 90{,}000$$

$$R_B = \frac{90{,}000}{4{,}500} = 20\,kN$$

따라서 연속보에는 다음 그림과 같이 2차 반력이 작용한다.

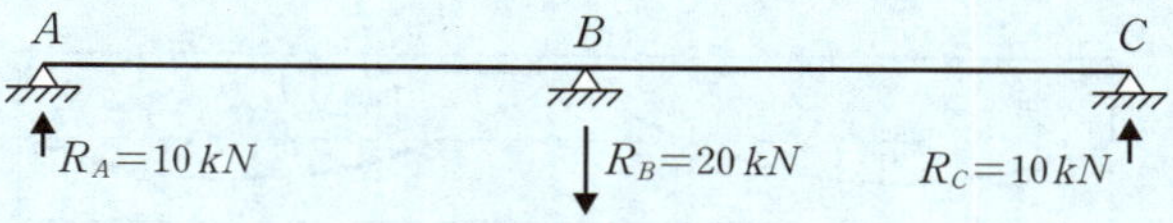

| 그림 11-11 | 2차 반력

(3) 2차 모멘트와 총 모멘트 및 압축선 분포

2차 반력의 작용으로 내부지점에 작용하는 2차 모멘트는

$$M_{P2,B} = 15\,R_B = 15 \times 20 = 300\,kN\cdot m$$

긴장력에 의한 2차 모멘트의 분포는 그림 11-12와 같다.

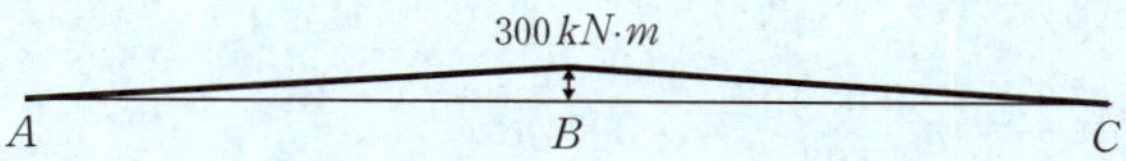

| 그림 11-12 | 긴장력에 의한 2차 모멘트 분포

내부지점에 작용하는 총 모멘트는

$$M_{P,total,B} = M_{P1,B} + M_{P2,B} = 600 + 300 = 900\,kN \cdot m$$

경간 중앙에 작용하는 총 모멘트는

$$M_{P,total,mid} = M_{P1,mid} + M_{P2,mid} = -600 + 150 = -450\,kN \cdot m$$

따라서 긴장력에 의한 총 모멘트의 분포는 그림 11–13과 같다.

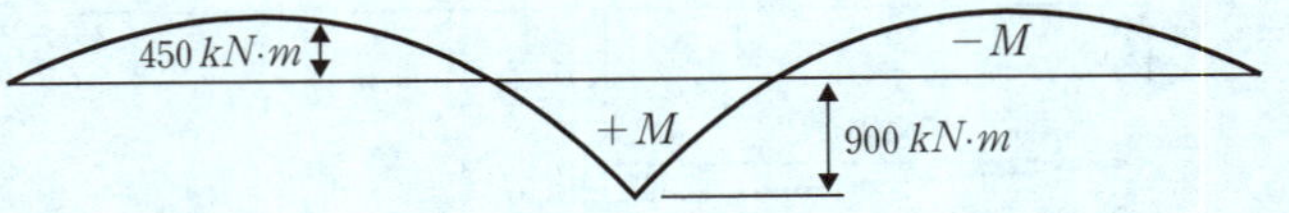

| 그림 11–13 | 긴장력에 의한 총 모멘트 분포

식 (11·5)에 따라, 내부지점의 위치에서 압축선과 인장선 사이의 거리를 구하면

$$y_{2,B} = \frac{M_{P2,B}}{P} = \frac{300 \times 10^3}{1,500} = 200\,mm$$

경간의 중앙에서 압축선과 인장선 사이의 거리를 식 (11·5)에 따라 구하면

$$y_{2,mid} = \frac{M_{P2,mid}}{P} = \frac{150 \times 10^3}{1,500} = 100\,mm$$

식 (11·6)에 따라, 내부지점에서 단면의 도심과 압축선 사이의 거리를 구하면

$$e_{c,B} = e_{p,B} + y_{2,B} = 400 + 200 = 600\,mm$$

경간 중앙에서 단면의 도심과 압축선 사이의 거리를 식 (11·6)에 따라 구하면

$$e_{c,mid} = e_{p,mid} + y_{2,mid} = -400 + 100 = -300\,mm$$

따라서 압축선의 분포는 그림 11–14와 같다.

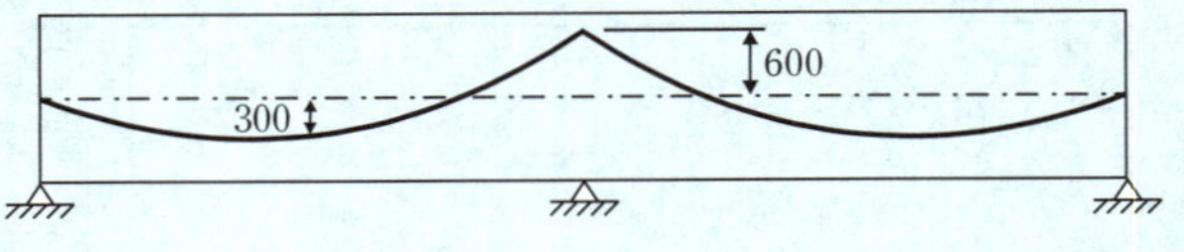

| 그림 11–14 | 압축선 분포

또 다른 방법으로, 식 (11·7)에 따라 압축선과 단면 도심 사이의 거리를 직접 구할 수도 있다. 내부지점 B에서 압축선과 단면 도심 사이의 거리를 직접 구하면

$$e_{c,B} = \frac{M_{P,total,B}}{P} = \frac{900 \times 10^3}{1,500} = 600\,mm$$

경간 중앙에서 압축선과 단면 도심 사이의 거리를 식 (11·7)에 따라 직접 구하면

$$e_{c,mid} = \frac{M_{P,total,mid}}{P} = \frac{-450 \times 10^3}{1,500} = -300\,mm$$

이 값들은 식 (11·6)에 따라 구한 값과 동일하다.

[2] 등가하중 해석법

등가하중 해석법(equivalent load method)은 프리스트레싱 긴장재의 배치 형상에 따른 프리스트레싱 효과를 외력으로 변환하여 구조해석을 수행하는 방법이다. 그림 11-15는 긴장력에 의한 등가하중을 나타내는 것으로, 이와 동일한 그림 1-28의 등가하중에 대하여 1.5.3절에서 자세히 설명하였다.

등가하중 해석법에서는 다음 과정으로 긴장력에 의한 2차 모멘트를 구한다.

(1) 연속보를 경간 단위로 구분하고, 그림 11-15와 같이 긴장재의 배치 형상에 따라 등가하중을 구한다.

(2) 등가하중이 작용하는 연속보에 대하여 구조해석을 수행하고, 구조해석의 결과로 얻은 휨모멘트 분포를 긴장력에 의한 총 모멘트 $M_{P,total}$의 분포로 한다.

(3) 긴장재 배치 형상을 고려하여, 긴장력 P와 편심 e에 의한 휨모멘트 분포, 즉 1차 모멘트 M_{P1}의 분포를 구한다.

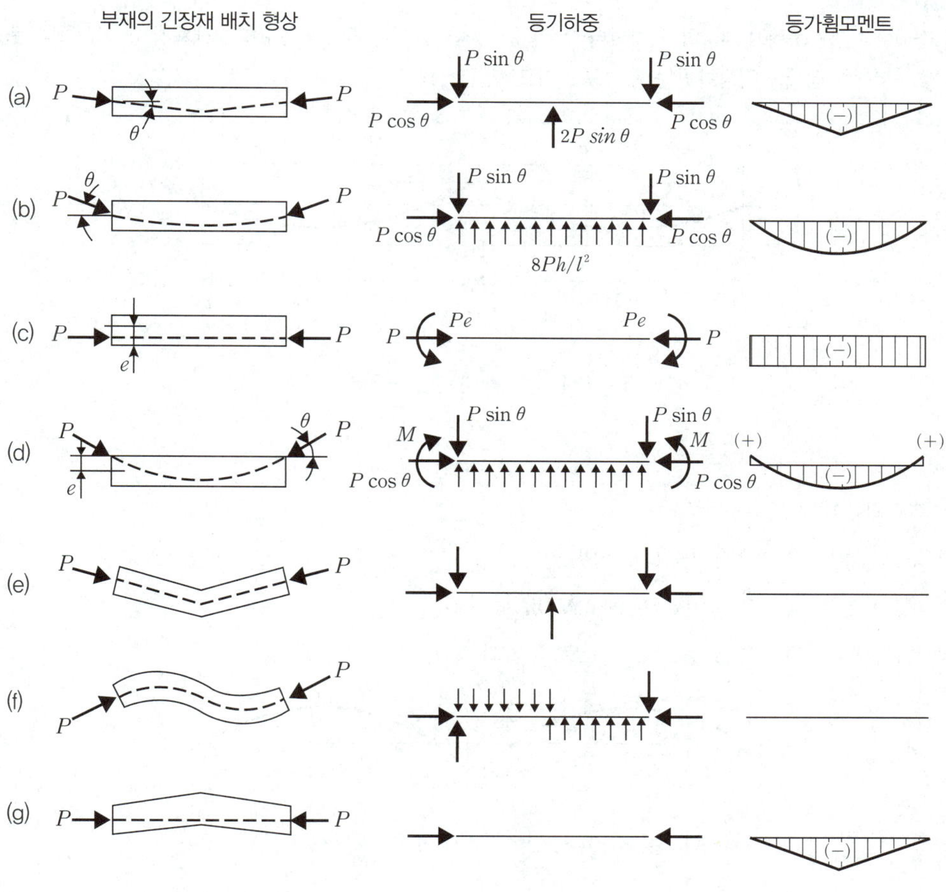

| 그림 11-15 | 긴장재의 배치에 따른 등가하중과 등가휨모멘트[11.1]

(4) 긴장력에 의한 총 모멘트 $M_{P,total}$의 분포에서 1차 모멘트 M_{P1}의 분포를 빼서 다음과 같이 2차 모멘트 M_{P2}의 분포를 구한다.

$$M_{P2} = M_{P,total} - M_{P1} \tag{11·8}$$

등가하중 해석법을 적용하면 구해지는 휨모멘트의 순서가 지점변위 해석법을 적용할 때와는 다르다. 지점변위 해석법에서는 2차 모멘트를 먼저 구하고 1차 모멘트와 합하여 총 모멘트를 구한다. 이에 반하여 등가하중 해석법에서는 총 모멘트를 먼저 구하고 1차 모멘트를 빼서 2차 모멘트를 구한다. 이 과정은 총 모멘트에서 1차 모멘트와 2차 모멘트를 분리한다고 생각할 수도 있다. 1차 모멘트와 2차 모멘트를 분리하는 이유는 연속보의 극한한계상태 검증을 다루는 11.4.2절에서 설명한다.

예제 11-2

예제 11-1과 동일한 문제에 대하여, 등가하중 해석법을 적용하여 긴장력에 의한 2차 모멘트와 총 모멘트의 분포를 구하시오. 부착 긴장재의 긴장력 P는 1,500 kN이고, 한 경간의 길이는 30 m이다.

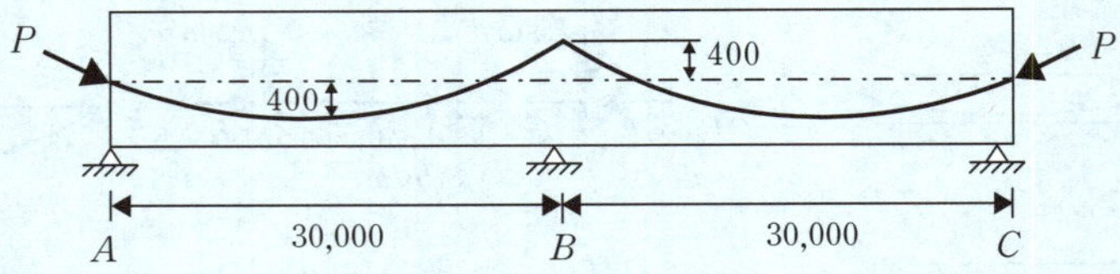

| 그림 11-16 | 예제 11-1과 동일한 예제의 2경간 연속보

>>> 풀이

(1) 긴장력에 의한 1차 모멘트와 등가하중

경간 중앙과 내부지점 위치에서의 1차 모멘트는

$$M_{P1} = P\,e = 1{,}500 \times 0.4 = 600\,kN \cdot m$$

따라서 긴장력에 의한 1차 모멘트 분포는 그림 11-17과 같다.

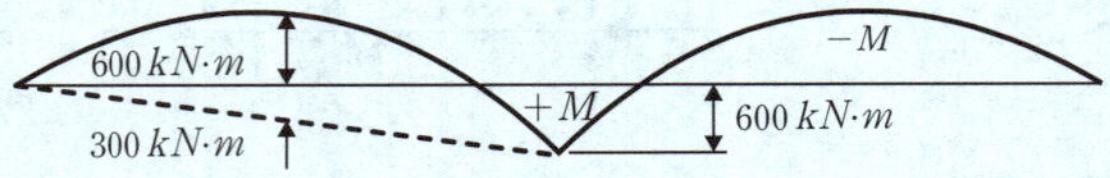

| 그림 11-17 | 긴장력에 의한 1차 모멘트 분포

긴장재의 배치는 한 경간에서 포물선 형상이므로, 그림 11-15(b)와 같이 등분포의 등가하중으로 변환한다. 이때

한 경간에서 긴장재의 수직 방향으로 가장 높은 위치인 평균 높이와 가장 낮은 위치인 중앙부 사이의 거리, 즉 새그(처진 높이, sag) y_{sag}를 그림 11-18을 참조하여 구하면

$$y_{sag} = 400 + 200 = 600\ mm = 0.6\ m$$

따라서 그림 11-18과 같이 새그 y_{sag}가 600 mm인 포물선으로 치환한다.

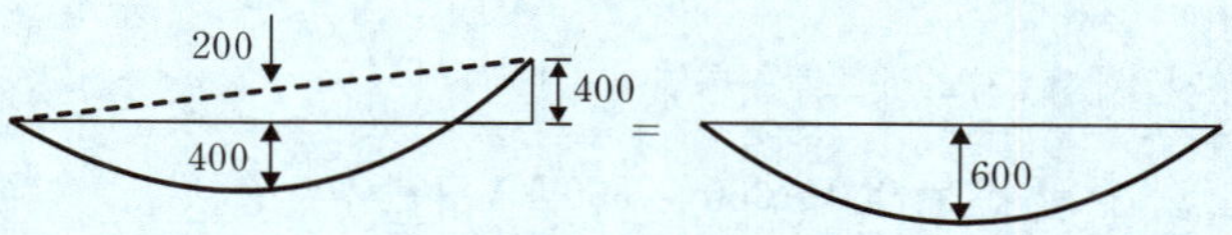

| 그림 11-18 | 한 경간에서의 긴장재 새그

새그 y_{sag}의 포물선 배치 긴장재에 의한 등가하중 w_P를 식 (1·16)에 따라 구하면

$$w_P = \frac{8\,P\,y_{sag}}{l^2} = \frac{8 \times 1{,}500 \times 0.6}{30^2} = 8.0\ kN/m$$

긴장재에 의한 등가하중 w_P를 그림 11-19와 같이 2경간 연속보에 작용시키고 구조해석을 수행한다.

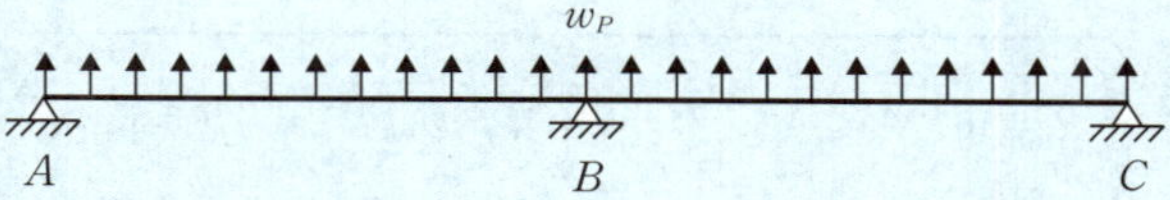

| 그림 11-19 | 등가하중이 작용하는 연속보

구조해석을 수행하기 위하여 양단의 고정단 휨모멘트를 구하면

$$M_{FEM} = -\frac{w_P\,l^2}{12} = \frac{-8.0 \times 30^2}{12} = 600\ kN \cdot m$$

구조해석방법으로 모멘트 분배법(moment distribution method)를 적용하여 그림 11-20과 같이 해석한 결과, 내부지점의 위치에 작용하는 휨모멘트가 900 $kN \cdot m$이다.

분배계수	1.0	0.5	0.5	1.0
M_{FEM}	+600	−600	+600	−600
	−600	−300	+300	+600
M	0	−900	+900	0

| 그림 11-20 | 모멘트 분배법을 적용한 구조해석

8.0 kN/m인 등분포 하중 w_P의 작용에 따른 휨모멘트 분포는 그림 11-21과 같으며, 이 휨모멘트 분포가 긴장력에 의한 총 모멘트 분포이다.

그림 11-21의 총 모멘트 분포에서 그림 11-17의 1차 모멘트 분포를 빼면 2차 모멘트 분포를 얻을 수 있다.

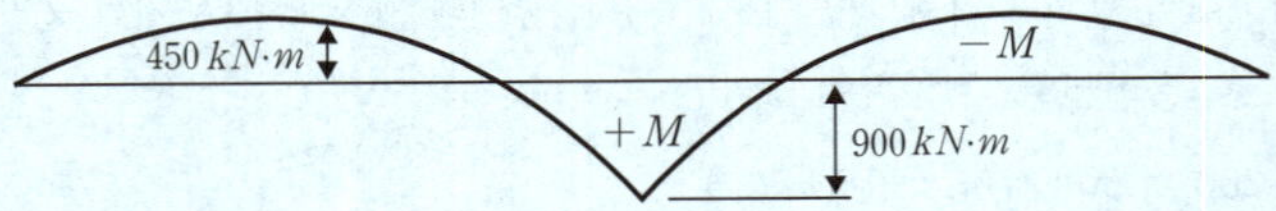

| 그림 11-21 | 긴장력에 의한 총 모멘트 분포

식 (11·8)에 따라 내부지점에서 2차 모멘트를 구하면

$$M_{P2,B} = M_{P,total,B} - M_{P1,B} = 900 - 600 = 300\,kN \cdot m$$

긴장력에 의한 2차 모멘트의 분포는 그림 11-22와 같다.

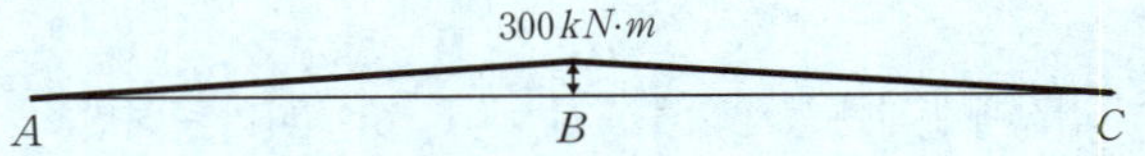

| 그림 11-22 | 긴장력에 의한 2차 모멘트 분포

2차 모멘트와 평형을 이루는 2차 반력은 그림 11-23과 같다.

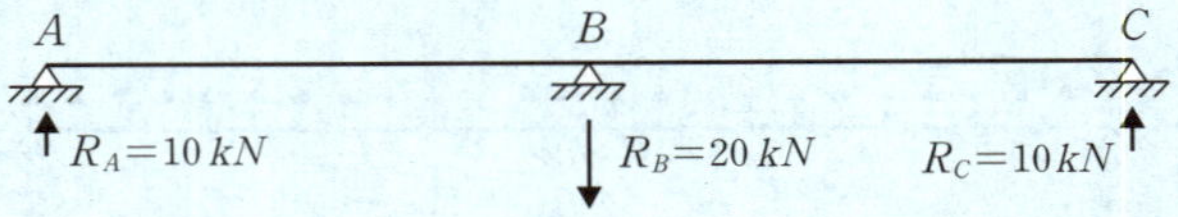

| 그림 11-23 | 2차 반력

이상의 해석결과는 [예제 11-1]의 결과와 동일하다.

11.2.3 연속보의 응력해석

프리스트레스트 콘크리트 연속보에 작용하는 휨 응력을 해석할 때는 긴장력에 의한 2차 모멘트의 영향을 포함하여야 한다. 이때 긴장력에 의한 2차 모멘트의 영향을 1차 모멘트와 같이 취급하여 하나의 항목으로 프리스트레싱 효과로 나타낼 수도 있고, 2차 모멘트의 영향을 1차 모멘트의 영향과 분리하여 하중효과로 취급할 수도 있다. 단순보인 경우를 예로 들면, 단면에 작용하는 수평응력을 다음 식과 같이 세 가지 항으로 나타낼 수 있다.

$$f = \frac{P}{A} + \frac{M_{P1}}{I}y + \frac{M_{load}}{I}y \tag{11·9}$$

여기서 첫 번째 항은 긴장력에 의한 압축력이고, 두 번째 항은 긴장력의 편심작용으로 인한 휨 응력이며, 세 번째 항은 외력에 의한 휨 응력이다. 휨 응력의 부호는 압축응력을 정(+)으로 정의하고 인장응력을 부(−)로 정의한다. 두 번째 항의 M_{P1}은 다음 식으로 계산되는 긴장력에 의한 1차 모멘트이다.

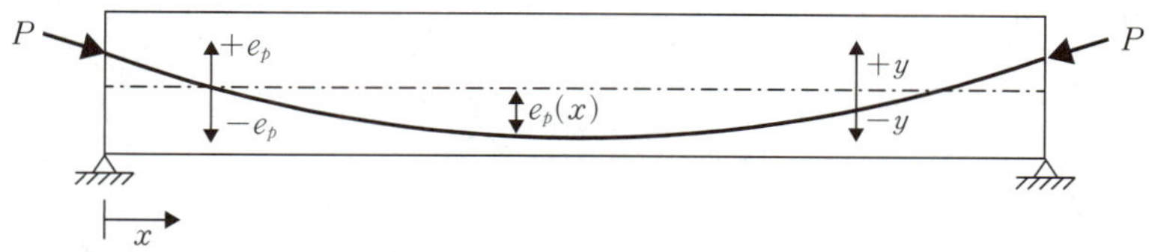

| 그림 11-24 | 긴장재 편심과 단면 수직 위치의 부호

$$M_{P1} = P\,e_p = P\,e_p(x) \tag{11·10}$$

여기서 $e_p(x)$는 긴장재의 편심으로서, 그림 11-24에 나타난 바와 같이 부재 길이 방향으로의 거리 x의 함수로 나타낸 것이다. 이때 $e_p(x)$의 부호는 도심의 위쪽에 배치된 경우에 정(+)으로 정의하고, 아래쪽에 배치된 경우에 부(-)로 정의한다.

단면의 수직 위치를 나타내는 변수 y의 부호도 역시, 그림 11-24와 같이 도심의 위쪽 위치인 경우에 정(+)으로 정의하고 아래쪽 위치인 경우에 부(−)로 정의한다.

연속보인 경우에는 식 (11·9)에 긴장력에 의한 2차 모멘트 M_{P2}의 영향이 추가되므로, 2차 모멘트에 의한 응력을 새로운 항으로 추가한다면 다음 식으로 나타낼 수 있다.

$$f = \frac{P}{A} + \frac{M_{P1}}{I}y + \frac{M_{P2}}{I}y + \frac{M_{load}}{I}y \tag{11·11}$$

이때 2차 모멘트 M_{P2}는 식 (11·5)를 변환하여 다음과 같이 표현할 수 있다.

$$M_{P2} = P\,y_2 \tag{11·12}$$

여기서 y_2는 압축선과 긴장재 사이의 거리이다. 식 (11·10)과 식 (11·12)를 식 (11·11)의 M_{P1}과 M_{P2}에 대입하면 다음과 같다.

$$f = \frac{P}{A} + \frac{P\,e_p}{I}y + \frac{P\,y_2}{I}y + \frac{M_{load}}{I}y \tag{11·13}$$

이와 같이 1차 모멘트와 2차 모멘트를 분리하여 응력을 해석할 수도 있으나, 이들을 합쳐서 해석할 수도 있다. 즉, 연속보에서 긴장력에 의한 총 모멘트는 앞의 식 (11·4)와 같이 M_{P1}과 M_{P2}의 합이고, 식 (11·6)과 같이 단면의 도심으로부터 압축선까지의 거리 e_c는 e_p와 y_2의 합이므로, 식 (11·11)과 식 (11·13)은 다음과 같이 나타낼 수 있다.

$$f = \frac{P}{A} + \frac{M_{P,total}}{I}y + \frac{M_{load}}{I}y \tag{11·14}$$

$$f = \frac{P}{A} + \frac{P\,e_c}{I}y + \frac{M_{load}}{I}y \tag{11·15}$$

만일 연속보에 대한 구조해석으로 등가하중 해석법을 사용한다면 긴장력에 의한 총 모멘트가 먼저 해석되어 나오므로, 식 (11·14)나 식 (11·15)를 적용하여 휨 응력을 해석하는 것이 간편할 것이다.

한편 등가하중 해석법을 적용할 때, 긴장력에 의한 등가하중과 외력을 합하여 내적 순수하중(internal net load)으로 해석할 수도 있다. 이 방법은 1.5.3절의 하중평형개념의 해석법에서 설명한 것과 동일한 것이다. 긴장력에 의한 등가하중과 외력의 하중을 고려한 내적 순수하중을 대상으로 구조해석을 수행하여 내적 순수 휨모멘트 M_{net}를 구하였다면, 이것을 하나의 하중효과로 취급하여 다음과 같이 간단하게 휨 응력을 해석할 수 있다.

$$f = \frac{P}{A} + \frac{M_{net}}{I}y \tag{11·16}$$

11.2.4 긴장재의 선형이동과 압축선 일치 긴장재

앞 절에서 설명한 바와 같이, 프리스트레스트 콘크리트 연속보에서는 긴장재에 의한 2차 모멘트가 발생하여 1차 모멘트와의 합으로 총 모멘트가 작용한다. 이때 단면 내에 작용하는 인장력과 압축력의 작용위치를 e_p, y_2, e_c의 세 가지 변수로 나타낸다. 여기서 e_p는 1차 모멘트의 편심으로 단면의 도심과 긴장재 사이의 거리이고, y_2는 2차 모멘트의 편심으로 압축선과 긴장재 사이의 거리이며, e_c는 총 모멘트의 편심으로 단면의 도심과 압축선 사이의 거리이다.

프리스트레스트 콘크리트 연속보에서는 긴장재를 배치할 때, 하중에 의하여 정모멘트가 작용하는 부재 중앙부에는 긴장재를 단면의 아래쪽에 배치하고, 하중에 의하여 부모멘트가 작용하는 지점부에는 위쪽에 배치한다. 이때 한 경간에서 긴장재의 수직 방향으로 가장 높은 위치인 양단의 평균 높이와 가장 낮은 위치인 중앙부 사이의 거리를 처진 높이(새그, sag)라고 한다. 만일 처진 높이 y_{sag}가 동일한 경우라면, 어떤 높이로 긴장재가 배치되더라도 긴장력에 의한 총 모멘트는 동일하게 된다. 그림 11-25는 그 예를 나타낸다.

그림 11-25의 (a), (b), (c)는 모두 처진 높이 y_{sag}가 동일한 2경간 연속보로서, 그림에서는 정모멘트를 수평축 아래 방향으로 나타내고 부모멘트를 수평축 위 방향으로 나타낸 것이다. 그림 11-25(a)는 내부지점에서 긴장재가 단면의 상단 가까이 배치된 경우로서, 긴장력에 의한 1차 모멘트 M_{P1}의 분포는 긴장

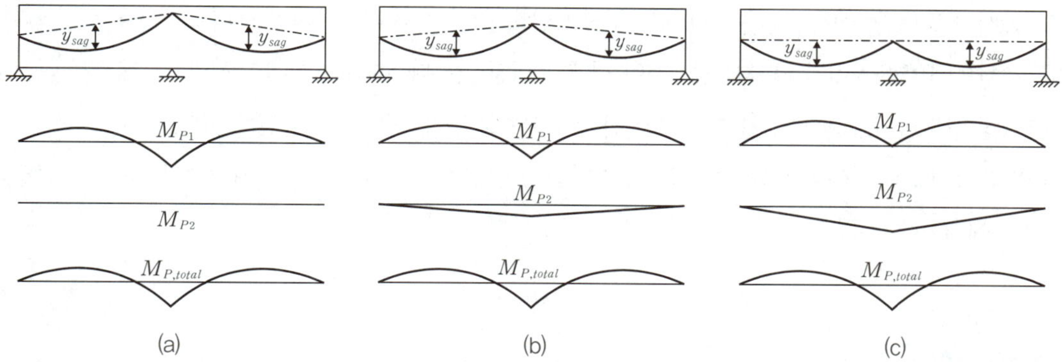

| 그림 11-25 | 긴장재의 처진 높이(sag)가 동일한 예

재의 배치 형상과 상하 대칭으로 동일한 형태이다. 만일 긴장력에 의한 2차 모멘트 M_{P2}가 0이라면, 그림에 나타난 바와 같이 긴장력에 의한 총 모멘트 $M_{P,total}$는 M_{P1}과 동일하게 된다.

그림 11-25(b)는 내부지점에서의 긴장재 높이가 (a)의 경우보다 낮지만 여전히 단면의 위쪽에 배치된 경우이다. 긴장력에 의한 1차 모멘트 M_{P1}의 분포는 역시 긴장재의 배치 형상과 상하 대칭으로 동일한 형태이다. 이때에는 긴장력에 의한 2차 모멘트가 발생하게 되어 그림과 같은 M_{P2}의 분포를 나타내게 된다. 긴장력에 의한 1차 모멘트 M_{P1}와 2차 모멘트 M_{P2}를 합하면 총 모멘트 $M_{P,total}$을 얻게 되는데, 그림에 나타난 바와 같이 $M_{P,total}$의 크기와 형태는 그림 11-25(a)의 경우와 동일하다.

그림 11-25(c)는 모든 지점에서 긴장재 높이가 단면의 도심과 같은 경우이다. 긴장력에 의한 1차 모멘트 M_{P1}의 분포는 역시 긴장재의 배치 형상과 상하 대칭으로 동일하다. 긴장력에 의한 2차 모멘트 M_{P2}는 (a)나 (b)의 경우보다 크게 발생하게 되어, 그림과 같은 분포를 나타내게 된다. 긴장력에 의한 1차 모멘트 M_{P1}와 2차 모멘트 M_{P2}를 합한 총 모멘트 $M_{P,total}$는 (a)와 (b)의 경우와 동일하다. 이 2경간 연속보는 내부지점에서 긴장재가 단면의 도심에 위치하기 때문에 내부지점에서의 M_{P1}은 0이고, 내부지점에서의 M_{P2}는 내부지점에서의 $M_{P,total}$과 동일한 값을 가지게 된다.

이와 같이 처진 높이 y_{sag}가 동일한 경우라면 어떤 높이로 긴장재를 이동시키더라도 긴장력에 의한 총 모멘트는 동일한 값을 가진다. 이를 긴장재 선형이동의 법칙(linear transformation theorem)이라고 한다.

처진 높이 y_{sag}가 동일한 경우의 연속보에서 긴장재를 선형이동 시키다 보면, 그림 11-25(a)의 예와 같이 긴장력에 의한 2차 모멘트 M_{P2}가 0이 되는 배치가 하나 존재하게 된다. 압축선과 긴장재 사이의 거리 y_2는 2차 모멘트의 편심이므로, 2차 모멘트가 0이 되도록 하려면 압축선과 긴장재가 동일한 위치이어야 한다. 즉, 긴장재를 압축선과 일치하도록 배치하면 긴장력에 의한 2차 모멘트 M_{P2}가 0이 되고, 1차 모멘트 M_{P1}가 총 모멘트 $M_{P,total}$와 같게 된다. 이와 같이 배치된 긴장재를 압축선 일치 긴장재(concordant tendon)라고 한다. 압축선 일치 긴장재 배치로 설계된 연속보는 긴장력에 의한 2차 모멘트가 0이므로 해석이 간편한 장점이 있을 수 있다. 그러나 압축선 일치 긴장재 배치가 프리스트레스트 콘크리트의 구조성능에 효율적이지 않아서 경제적인 설계가 되지 않는다. 따라서 실제의 프리스트레스트 콘크리트 부정정 구조물의 설계에서 압축선 일치 긴장재 배치로 설계하는 경우는 별로 없다.

다음의 두 예제는 긴장재 선형이동의 법칙과 압축선 일치 긴장재 배치에서의 거동을 수치로 확인하기 위한 예제이다.

예제 11-3

그림 11-26과 같이 부착 긴장재가 배치된 프리스트레스트 콘크리트 2경간 연속보에 1,500 kN의 긴장력 P가 작용한다. 연속보는 좌우 대칭인 구조로서, 경간 중앙에서 긴장재의 편심은 하단 방향으로 600 mm이고, 한 경간의 길이는 30 m이다. 지점변위 해석법을 적용하여 긴장력에 의한 2차 모멘트와 총 모멘트의 분포를 구하시오.

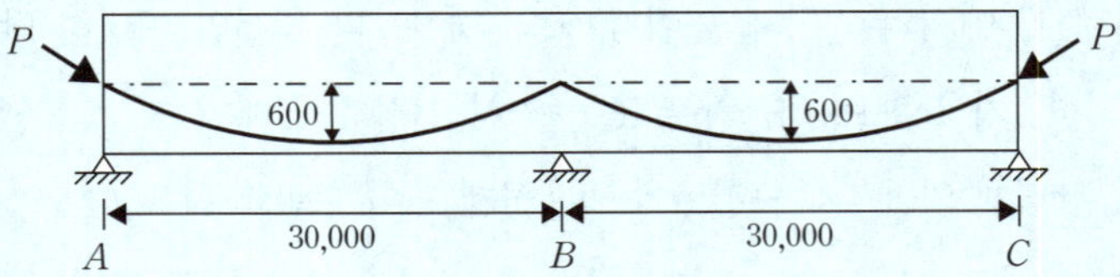

| 그림 11-26 | 예제 11-3의 프리스트레스트 콘크리트 2경간 연속보

>>> **풀이**

(1) 1차 모멘트에 의한 내부지점 위치의 상향 처짐

경간 중앙에서의 1차 모멘트는

$$M_{P1} = P\,e = 1{,}500 \times 0.6 = 900\ kN \cdot m$$

따라서 긴장력에 의한 1차 모멘트 분포는 그림 11-27과 같다.

| 그림 11-27 | 긴장력에 의한 1차 모멘트 분포

이 휨모멘트를 단면의 휨강성 EI로 나누어 곡률분포를 구하고, 내부지점 B를 제거한 단순보에 적용하여 내부지점의 위치에서 상향 처짐 Δ_{BP}를 구한다. 이때 처짐은 그림 11-28과 같이 지점 A와 B 사이와 B와 C 사이의 포물선 곡률분포에 대하여 상향 처짐 Δ_{BP}를 구한다.

상향 처짐 Δ_{BP}를 구하면

$$\Delta_{BP} = \frac{1}{EI}\left(900 \times 30 \times \frac{2}{3}\right) \times \left(\frac{1}{2} \times 30\right)$$

$$= \frac{270{,}000}{EI}\ [m]$$

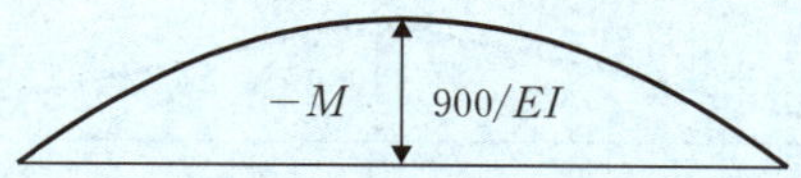

| 그림 11-28 | 1차 모멘트에 의한 한 경간의 곡률 분포

(2) 내부지점 위치의 하중에 의한 하향 처짐과 2차 반력

이제 내부지점이 존재하지 않다고 가정하고, 그림 11-29와 같이 2차 반력 R_B가 하중으로 작용할 때 발생하는 하향 처짐 $\varDelta_{BR}$을 구한다.

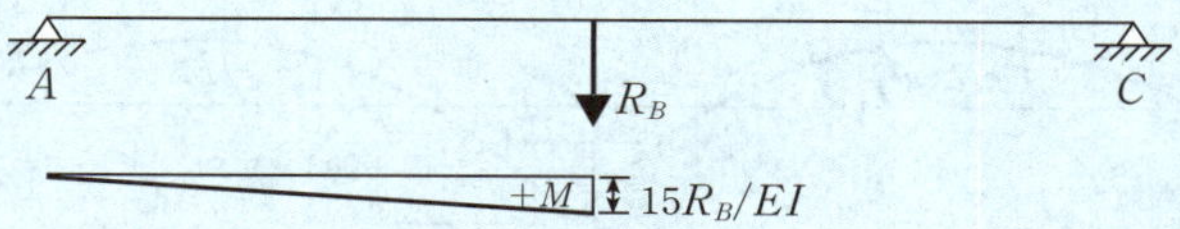

| 그림 11-29 | 내부지점의 반력이 하중으로 작용할 때 왼쪽 경간의 곡률 분포

먼저 내부지점 B를 제거한 단순보에 R_B가 하중으로 작용할 때 B 위치에 발생하는 휨모멘트를 구하면

$$M_{RB1} = \frac{R_B\,L}{4} = \frac{R_B\,(2\,l)}{4} = \frac{R_B\times 60}{4} = 15\,R_B\;[kN\cdot m]$$

A와 B 사이의 삼각형 곡률분포에 대하여 하향 처짐 $\varDelta_{BR}$을 구하면

$$\varDelta_{BR} = \frac{1}{EI}\left[\left(15\,R_B\times 30\times\frac{1}{2}\right)\times\left(\frac{2}{3}\times 30\right)\right] = \frac{4{,}500\,R_B}{EI}$$

식 (11·3)에 따라 $\varDelta_{BP}$와 $\varDelta_{BR}$는 크기가 같아야 하므로, 이 관계로부터 R_B를 구하면

$$4{,}500\,R_B = 270{,}000$$

$$R_B = \frac{90{,}000}{4{,}500} = 60\,kN$$

따라서 연속보에는 그림 11-30과 같이 2차 반력이 작용한다.

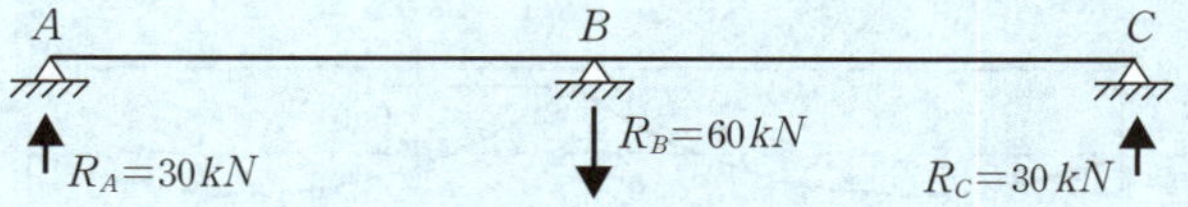

| 그림 11-30 | 2차 반력

(3) 2차 모멘트와 총 모멘트 및 압축선 분포

2차 반력의 작용으로 내부지점에 작용하는 2차 모멘트는

$$M_{P2,B} = 15\,R_B = 15\times 60 = 900\,kN\cdot m$$

긴장력에 의한 2차 모멘트의 분포는 그림 11-31과 같다.

내부지점에 작용하는 총 모멘트는

$$M_{P,total,B} = M_{P1,B} + M_{P2,B} = 0 + 900 = 900\,kN\cdot m$$

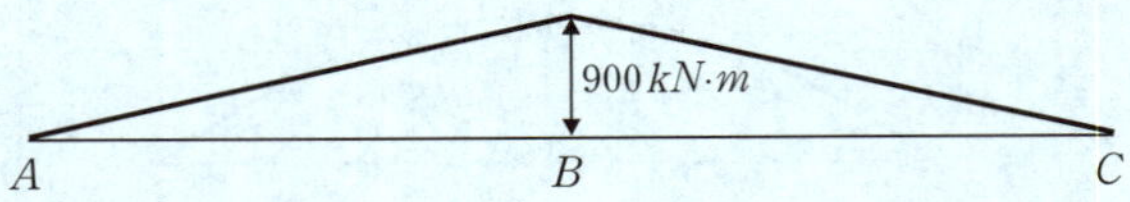

| 그림 11-31 | 긴장력에 의한 2차 모멘트 분포

경간 중앙에 작용하는 총 모멘트는

$$M_{P,total,mid} = M_{P1,mid} + M_{P2,mid} = -900 + 450 = -450\ kN \cdot m$$

따라서 긴장력에 의한 총 모멘트의 분포는 그림 11-32와 같다.

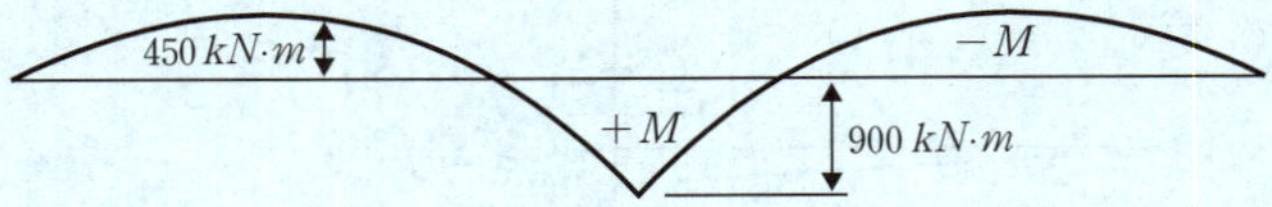

| 그림 11-32 | 긴장력에 의한 총 모멘트 분포

식 (11·5)에 따라, 내부지점의 위치에서 압축선과 인장선 사이의 거리를 구하면

$$y_{2,B} = \frac{M_{P2,B}}{P} = \frac{900 \times 10^3}{1,500} = 600\ mm$$

경간의 중앙에서 압축선과 인장선 사이의 거리를 식 (11·5)에 따라 구하면

$$y_{2,mid} = \frac{M_{P2,mid}}{P} = \frac{450 \times 10^3}{1,500} = 300\ mm$$

식 (11·6)에 따라, 내부지점에서 단면의 도심과 압축선 사이의 거리를 구하면

$$e_{c,B} = e_{p,B} + y_{2,B} = 0 + 600 = 600\ mm$$

경간 중앙에서 단면의 도심과 압축선 사이의 거리를 식 (11·6)에 따라 구하면

$$e_{c,mid} = e_{p,mid} + y_{2,mid} = -600 + 300 = -300\ mm$$

따라서 압축선의 분포는 그림 11-33과 같다.

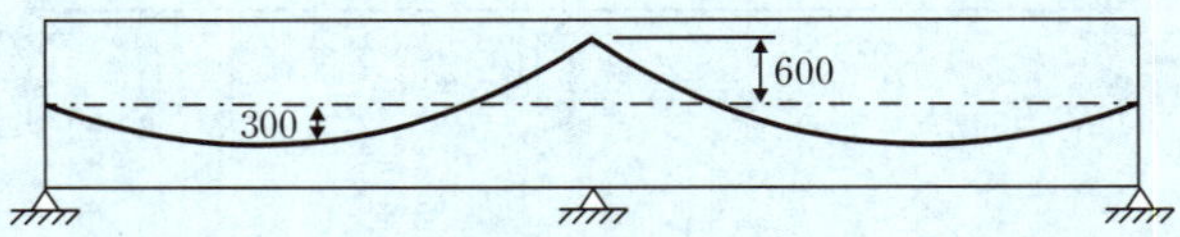

| 그림 11-33 | 압축선 분포

이상의 결과로부터, 이 예제의 연속보에 발생하는 긴장력에 의한 총모멘트와 압축선은 [예제 11-1]의 연속보와 동일하다는 것을 알 수 있다.

예제 11-4

그림 11-34와 같이 부착 긴장재가 배치된 프리스트레스트 콘크리트 2경간 연속보에 1,500 kN의 긴장력 P가 작용한다. 연속보는 좌우 대칭인 구조로서, 긴장재의 편심은 경간 중앙에서 하단 방향으로 300 mm이고 내부지점에서 상단 방향으로 600 mm이며, 한 경간의 길이는 30 m이다. 지점변위 해석법을 적용하여 긴장력에 의한 2차 모멘트와 총 모멘트의 분포를 구하시오.

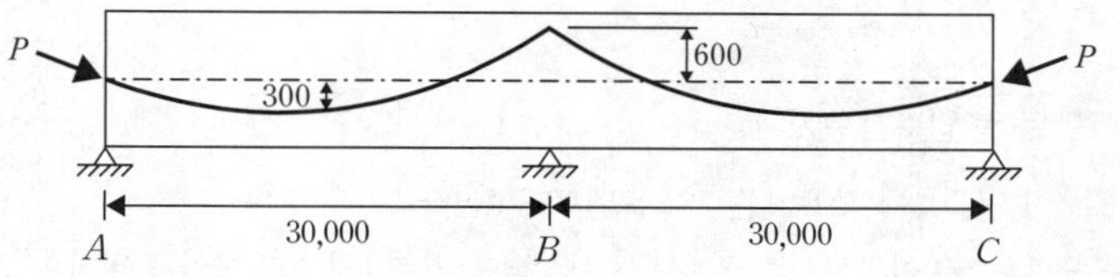

| 그림 11-34 | 예제 11-4의 프리스트레스트 콘크리트 2경간 연속보

>> 풀이

(1) 1차 모멘트에 의한 내부지점 위치의 처짐

경간 중앙과 내부지점 위치에서의 1차 모멘트는

$$M_{P1,mid} = P\,e = 1{,}500 \times 0.3 = 450\,kN \cdot m$$

$$M_{P1,B} = P\,e = 1{,}500 \times 0.6 = 900\,kN \cdot m$$

따라서 긴장력에 의한 1차 모멘트 분포는 그림 11-35와 같다.

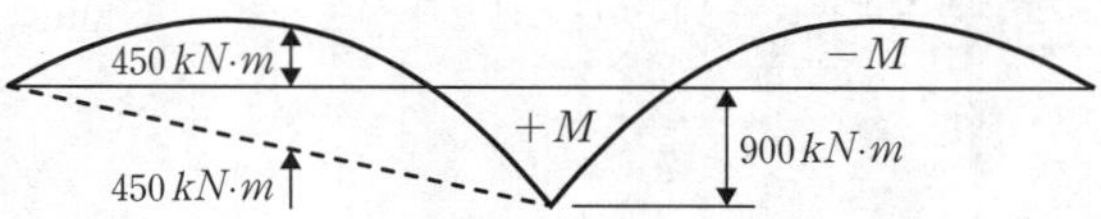

| 그림 11-35 | 긴장력에 의한 1차 모멘트 분포

이 휨모멘트를 단면의 휨강성 EI로 나누어 곡률분포를 구하고, 내부지점 B를 제거한 단순보에 적용하여 내부지점의 위치에서 상향 처짐 Δ_{BP}를 구한다. 이때 처짐 계산의 편의를 위하여, 지점 A와 B 사이의 곡률분포를 다음 그림 11-36과 같이 포물선 분포와 삼각형 분포로 나누어 상향 처짐 Δ_{BP}를 구한다.

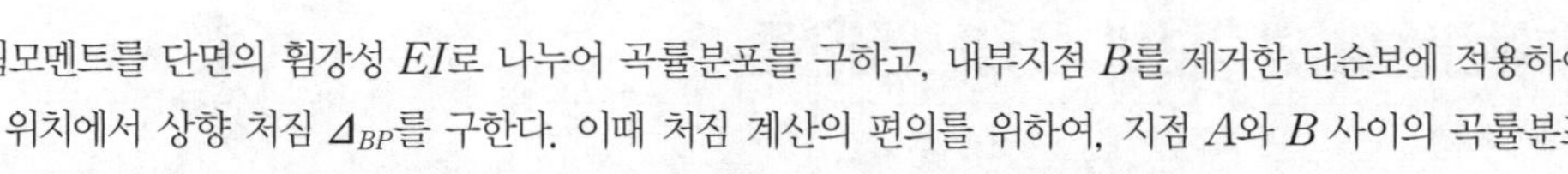

| 그림 11-36 | 1차 모멘트에 의한 왼쪽 경간의 곡률 분포

상향 처짐 Δ_{BP}를 구하면

$$\Delta_{BP} = \frac{1}{EI}\left[\left(900 \times 30 \times \frac{2}{3}\right) \times \left(\frac{1}{2} \times 30\right) - \left(900 \times 30 \times \frac{1}{2}\right) \times \left(\frac{2}{3} \times 30\right)\right]$$

$$= 0$$

따라서 1차 모멘트에 의해서는 내부지점 위치의 처짐이 발생하지 않는다.

(2) 내부지점 위치의 하중에 의한 하향 처짐과 2차 반력

앞의 예제에서 내부지점 B를 제거한 단순보에 R_B가 하중으로 작용할 때 B 위치에 발생하는 하향 처짐 Δ_{BR}은 다음과 같았다.

$$\Delta_{BR} = \frac{4{,}500\ R_B}{EI}$$

그러나 1차 모멘트에 의해서 내부지점 위치에 발생하는 처짐이 0이므로, 긴장력에 의한 2차 반력 R_B가 0이다.

(3) 2차 모멘트와 총 모멘트 및 압축선 분포

2차 반력이 0이므로, 이 연속보에 작용하는 2차 모멘트도 0이다.

긴장력에 의한 2차 모멘트가 0이므로, 총 모멘트는 긴장력에 의한 1차 모멘트와 동일하여 그림 11-37과 같은 분포를 나타낸다.

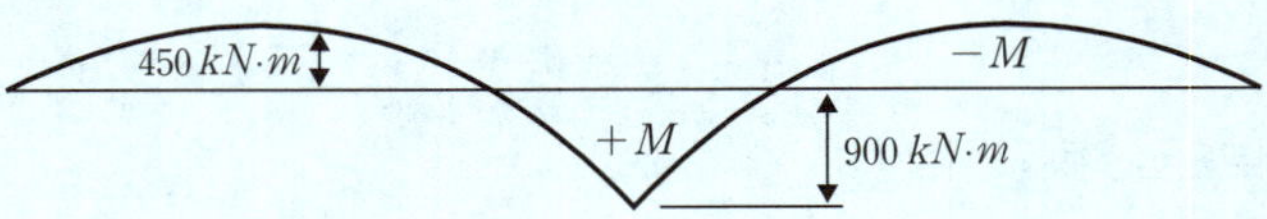

| 그림 11-37 | 긴장력에 의한 총 모멘트 분포

이 예제의 연속보는 압축선 일치 긴장재가 배치된 연속보로서 압축선의 분포는 긴장재의 배치 형상과 동일하다. 또, [예제 11-1]과 [예제 11-3], 그리고 이 예제의 결과로부터, 처진 높이 y_{sag}가 동일한 경우라면 어떤 높이로 긴장재를 이동시키더라도 긴장력에 의한 총 모멘트는 동일하다는 긴장재 선형이동의 법칙(linear transformation theorem)이 증명되었다.

11.3 세그멘탈 연속보의 크리프 모멘트

11.3.1 콘크리트 구조물의 크리프 모멘트

부정정 구조형식의 콘크리트 구조물은 콘크리트의 시공방법에 따라 크리프 모멘트가 발생할 수 있다. 구조물 전체를 한 번의 콘크리트 타설로 시공하는 경우에는 정정 구조물은 물론 부정정 구조물에서도 단면력의 해석에 크리프의 영향을 무시할 수 있다. 그러나 연속보와 같은 부정정 구조물을 시공할 때 프리캐스트로 제작한 부재를 거치하고 현장타설 콘크리트로 연결하거나, 여러 구간으로 나누어 콘크리트를 타설하는 세그멘탈 공법으로 시공하는 경우에는 크리프 모멘트가 발생한다.

그림 11-38, 그림 11-39, 그림 11-40은 세그멘탈 공법으로 시공하여 크리프 모멘트가 발생하는 예를

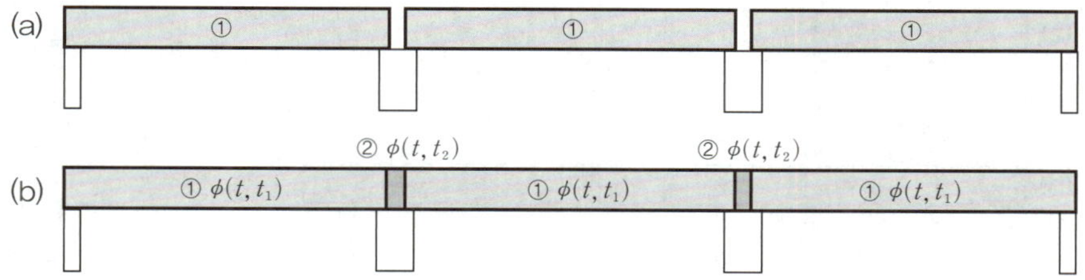

| 그림 11-38 | 프리캐스트 단순보의 현장타설 연속화 시공 및 크리프 계수

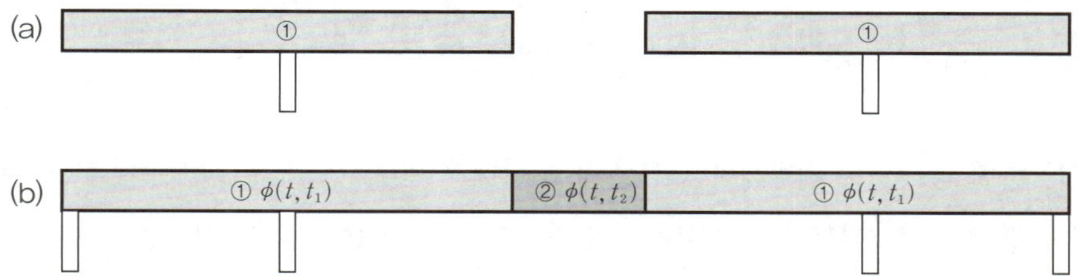

| 그림 11-39 | 캔틸레버공법의 현장타설 또는 프리캐스트 시공 및 크리프 계수

나타낸다. 그림 11-38(a)와 같이 한 경간 단위로 프리캐스트 콘크리트 보를 제작하여 양쪽 지점 위에 부재를 거치하면 단순보의 정정 구조 상태가 된다. 이때 프리캐스트 콘크리트 보는 시간 t_1의 시점에서 콘크리트를 타설하여, 시간 t의 시점에서는 $\phi(t, t_1)$의 크리프 계수를 나타내게 된다. 이 프리캐스트 콘크리트 단순보의 단부 사이를 현장타설 콘크리트로 채워서 연속화 하면, 그림 11-38(b)와 같이 3경간 연속보를 만들 수 있다. 이러한 방법으로 시공된 연속보는 자중에 대하여는 단순보 구조로 하중을 지지하지만, 연속화 된 후에 작용하는 추가 고정하중이나 활하중에 대해서는 연속보 구조로 하중을 지지하게 된다. 이때 지점 사이의 콘크리트는 프리캐스트 콘크리트 보와는 재령이 달라서, 시간 t_2의 시점에서 타설되었으므로 시간 t의 시점에서는 $\phi(t, t_2)$의 크리프 계수를 나타내게 된다. 한편 프리캐스트 콘크리트 보는 크리프 계수 $\phi(t, t_1)$의 영향으로 시간이 경과함에 따라 자중이나 프리스트레싱에 의한 곡률이 변하여, 단순보의 단부가 회전하게 된다. 만일 보가 연결되지 않고 단순보 상태를 유지하고 있었다면, 단순보의 단부가 자유롭게 회전할 수 있으므로 단순보에 단면력의 변화가 발생하지 않는다. 그러나 지점 사이가 콘크리트로 채워져서 연속보가 되면, 단순보의 단부가 자유롭게 회전하지 못하고 구속되어 2차 모멘트가 발생하게 된다. 이와 같은 현상으로 발생하는 2차 모멘트를 크리프 모멘트(creep moment)라고 한다. 크리프 모멘트의 크기는 연속화 방식과 함께, ①번 콘크리트의 크리프 계수 $\phi(t, t_1)$과 ②번 콘크리트의 크리프 계수 $\phi(t, t_2)$에 따라 달라진다.

그림 11-39는 캔틸레버공법의 세그멘탈 시공을 나타낸다. 그림 11-39(a)에서 ①번 부재를 프리캐스트로 제작하여 지점 위에 대칭이 되도록 거치하거나, 현장에서 콘크리트를 타설하여 지점의 좌우로 대칭

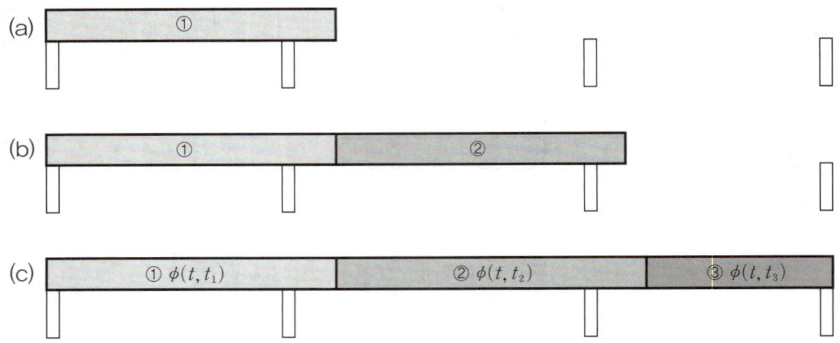

| 그림 11-40 | 동바리공법의 연속화 시공 및 크리프 계수

이 되도록 시공하면 양쪽으로 캔틸레버인 정정 구조 상태가 된다. 두 개의 ①번 부재를 또 다른 프리캐스트 부재나 현장타설 콘크리트인 ②번 부재로 연결하면, 그림 11-39(b)와 같이 3경간 연속보를 만들 수 있다. 이때 ①번 부재는 $\phi(t, t_1)$의 크리프 계수를 갖고 ②번 부재는 $\phi(t, t_2)$의 크리프 계수를 갖는다. 여기서 캔틸레버는 크리프 계수의 영향으로 시간이 경과함에 따라 자중이나 프리스트레싱에 의한 곡률이 변하여, 캔틸레버의 단부가 회전하게 된다. 만일 ①번 부재가 연결되지 않고 캔틸레버 상태를 유지하고 있었다면, 캔틸레버의 단부가 자유롭게 회전할 수 있으므로 캔틸레버에 단면력의 변화가 발생하지 않는다. 그러나 캔틸레버 단부가 연결되어 연속보가 되면, 캔틸레버의 단부가 자유롭게 회전하지 못하고 구속되어 크리프 모멘트가 발생하게 된다.

그림 11-40은 동바리공법의 세그멘탈 시공을 나타낸다. 그림 11-40(a)에서 ①번 부재를 현장에서 콘크리트를 타설하여 시공하면 단부보에 내민보가 추가된 정정 구조 상태가 된다. ①번 부재의 콘크리트를 양생하여 긴장력을 도입한 뒤 그림 11-40(b)와 같이 ①번 부재에 이어서 ②번 부재를 시공하고, 또 ②번 부재에 이어서 ③번 부재를 시공하면 그림 11-40(c)와 같이 3경간 연속보를 만들 수 있다. 이때 ①번, ②번, ③번 부재는 각각 $\phi(t, t_1)$, $\phi(t, t_2)$, $\phi(t, t_3)$의 크리프 계수를 갖는다. 만일 ①번 부재의 캔틸레버 단부나 ②번 부재의 캔틸레버 단부가 인접 세그먼트와 연결되지 않았다면, 캔틸레버의 단부가 자유롭게 회전할 수 있으므로 부재에 단면력의 변화가 발생하지 않는다. 그러나 캔틸레버 단부가 연결되어 연속보가 되면, 단부가 자유롭게 회전하지 못하고 구속되어 크리프 모멘트가 발생하게 된다.

11.3.2 크리프 해석

콘크리트의 크리프에 따른 부재의 장기거동 해석은, 탄성 응력 및 탄성 변형률과 크리프 응력 및 크리프 변형률의 구성 방정식(constituent equation)을 세우고, 그 해를 수치해석(numerical method)으로 구하거나 다음과 같은 해석법(analytical method)으로 구할 수 있다.[11.2,11.3]

(1) Effective Modulus Method(유효계수법, EMM)

(2) Age Adjusted Effective Modulus Method(재령보정 유효계수법, AEMM)

(3) Rate of Creep Method(RCM)

(4) Rate of Flow Method(RFM)

(5) Improved Dischinger Method(IDM)

여기서, (3)~(5)의 Rate of Creep Method(RCM), Rate of Flow Method(RFM), Improved Dischinger Method(IDM)는 미분방정식(微分方程式, differential equation) 형식의 해석법이다.

(1)과 (2)의 유효계수법(EMM)과 재령보정 유효계수법(AEMM)은 대수방정식(代數方程式, algebraic equation) 형식으로, 탄성해석과 유사한 해석법이다. 콘크리트구조설계기준[11.4]에서는 탄성 변형률 ε_e와 크리프 변형률 ε_{cp}를 합한 콘크리트의 총 변형률 $\varepsilon_{c\sigma}$을 유효계수법의 형태로 다음과 같이 나타내고 있다.

$$\varepsilon_{c\sigma}(t,t') = f_c(t')\left[\frac{1}{E_{ci}(t')} + \frac{\phi(t,t')}{E_{ci}}\right] \tag{11·17}$$

이 식은 콘크리트의 총 변형률을 ε_{tot}라고 할 때, 다음과 같이 시간 t'에서 콘크리트에 작용하는 탄성 응력 $f_c(t')$에 크리프 함수(creep function) $\Phi(t,t')$를 곱하여, ε_e와 ε_{cp}를 각각 구하지 않고 한 번에 계산하는 형태이다.

$$\varepsilon_{tot} = \varepsilon_e + \varepsilon_{cp} = f_c(t')\,\Phi(t,t') \tag{11·18}$$

$$\Phi(t,t') = \frac{1+\phi(t,t')}{E_c(t')} \tag{11·19}$$

크리프 함수의 역수를 취하여 콘크리트의 유효 탄성계수 $E_{c,eff}$를 표현하면 다음과 같고, 이 유효 탄성계수 $E_{c,eff}$를 이용하여 변형률을 해석하면 크리프 변형률이 포함된 총 변형률이 계산된다. 이 해석법은 콘크리트 구조물의 장기처럼 해석에도 이용된다. [6.4.3절 [1항] ④ 참조]

$$E_{c,eff} = \frac{E_c(t')}{1+\phi(t,t')} \tag{11·20}$$

그러나 이와 같은 유효계수법은 콘크리트의 재령에 따른 변화를 제대로 반영하지 못하는 단점이 있다. 콘크리트의 재령에 따른 변화를 고려하는 방법으로는 유효계수법을 보완한 재령보정 유효계수법이 있다. 이 해석법에서는 재령보정계수 $\chi(t,t')$를 추가하여 다음과 같이 유효 탄성계수 $E_{c,eff}$를 결정한다.

$$E_{c,eff} = \frac{E_c(t')}{1+\chi(t,t')\,\phi(t,t')} \tag{11·21}$$

재령보정계수 $\chi(t,t')$는 시간의 함수로 나타내지만, 시간 t가 무한대(∞)일 때의 해석을 간단히 구하고자 할 때는 다음과 같이 근사적으로 0.8을 적용하여도 큰 무리가 없다.

$$\chi(\infty, t') = 0.8 \tag{11·22}$$

따라서 재령보정 유효계수법을 적용할 때에는 크리프 계수를 재령보정계수로 보정하여, 다음과 같이 보정된 크리프 계수 $\phi_m(t,t')$를 적용하는 것과 동일하게 된다.

$$\phi_m(t,t') = \chi(t,t')\,\phi(t,t') \tag{11·23}$$

11.3.3 크리프 모멘트의 해석

콘크리트 구조물을 여러 부분으로 나누어 시공하는 세그멘탈 공법으로 연속보를 시공하는 경우에는 크리프 모멘트가 발생한다. 세그멘탈 연속보의 크리프 해석은 응력법(force method)이나 변위법(displacement method)과 같은 정밀해석법[11.2,11.3]과 미분방정식을 이용한 근사해법[11.5]이 있다. 이 절에서는 이해하는데 간편한 재령보정 유효계수법과 미분방정식을 이용한 근사해법으로 크리프 모멘트 해석법을 설명한다.

그림 11-41은 캔틸레버공법으로 시공하여 연속보를 완성하는 경우이다. **그림 11-41**(a)와 같이 캔틸레버로 시공된 부재는 자중에 의하여 처짐이 발생하며, 캔틸레버 자유단은 α의 회전각을 갖게 된다. 캔틸레버 부재의 단면적이 일정하면 자중은 등분포 하중으로 작용하므로, 회전각 α는 다음과 같이 나타낼 수 있다. 여기서 w는 등분포 하중, l은 캔틸레버의 길이, EI는 단면의 강성이다.

$$\alpha = \frac{w\,l^2}{6\,EI} \tag{11·24}$$

만일 **그림 11-41**(b)와 같이 캔틸레버로 자유단에 구속력으로서의 휨모멘트 M_r이 작용한다면, 캔틸레버 자유단은 다음과 같은 β의 회전각을 갖게 된다.

$$\beta = \frac{M_r\,l}{EI} \tag{11·25}$$

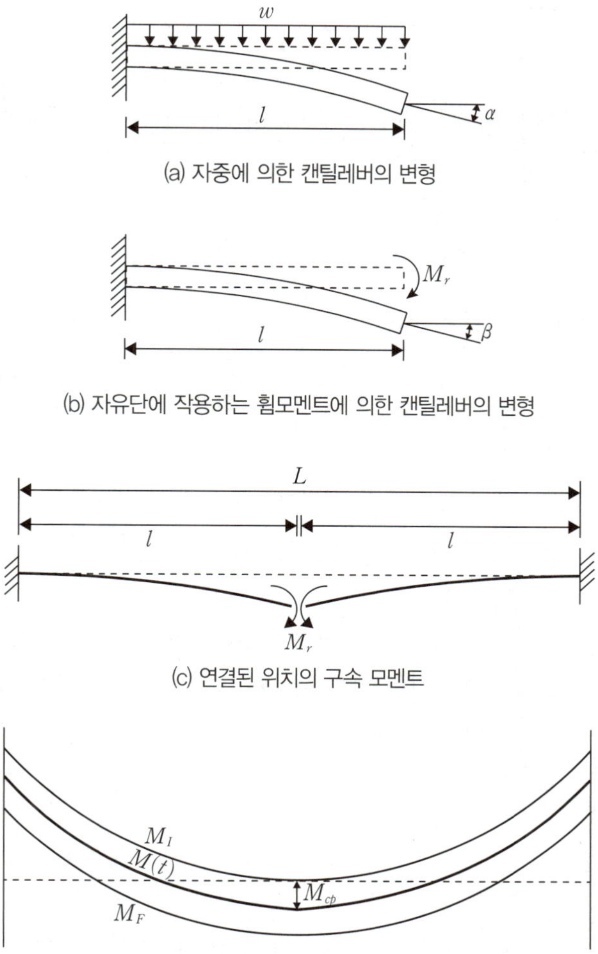

(a) 자중에 의한 캔틸레버의 변형

(b) 자유단에 작용하는 휨모멘트에 의한 캔틸레버의 변형

(c) 연결된 위치의 구속 모멘트

(d) 휨모멘트 분포

| 그림 11-41 | 캔틸레버공법 세그멘탈 연속보의 크리프 모멘트

캔틸레버의 콘크리트가 시간 t에서 ϕ_t의 크리프 계수를 가지고 있다면, 미소시간 dt가 지날 때 크리프계수는 $\phi_t + d\phi_t$로 증가하게 된다. 따라서 시간 t에서 캔틸레버 자유단의 회전각이 α이었다면, 미소시간 dt가 지날 때 자유단의 회전각은 $\alpha+\alpha\, d\phi_t$로 증가하게 되어 회전각의 변화량은 $\alpha\, d\phi_t$이다. 그러나 자유단이었던 단부가 인접 부재와 연결되면 자유롭게 $\alpha+\alpha\, d\phi_t$로 증가하지 못하고 구속력의 영향을 받게 된다. 자유단에 구속력으로 작용하는 휨모멘트 M_r에 의하여 발생하는 회전각 β는, 미소시간 dt가 지날 때 $\beta+d\beta+\beta d\phi_t$로 변화하게 된다. 여기서 $d\beta$는 단부 회전각의 변화량 $\alpha\, d\phi_t$에 의하여 탄성변형으로 발생하는 회전각의 변화량이며, $\beta d\phi_t$는 크리프로 인한 회전각의 변화량이다. 이와 같은 세 가지 성분의 회전각 변화량 $\alpha\, d\phi_t$, $d\beta$, $\beta d\phi_t$의 합은 다음과 같이 0이 되어야 한다. 이때 회전각의 증가분인 $\alpha\, d\phi_t$는 정(+)의 부호를 갖고, 구속 작용으로서 감소분인 $\alpha\, d\phi_t$와 $\beta d\phi_t$는 부(−)의 부호를 갖는다.

$$\alpha\, d\phi_t - d\beta - \beta d\phi_t = 0 \tag{11·26}$$

이 미분방정식의 해를 구하기 위하여 변수를 분리하면 다음과 같이 나타낼 수 있다.

$$-d\phi_t = -\frac{d\beta}{\alpha-\beta} \tag{11·27}$$

이 식의 양변을 적분하면 다음과 같이 해를 구할 수 있다.

$$\int -d\phi_t = \int -\frac{d\beta}{\alpha-\beta} \tag{11·28}$$

$$-\phi_t = \ln(\alpha-\beta)+C \tag{11·29}$$

적분 상수 C는 이 식의 초기 조건으로 구할 수 있다. 즉, 캔틸레버가 연결된 시점인 시간 t가 0일 때, 크리프 계수 ϕ_t는 0이고 캔틸레버 자유단의 회전각은 α의 값을 가지며, 구속 작용이 아직 시작되지 않았으므로 β도 0이다. 이 조건을 식 (11·29)에 적용하면, 다음과 같이 적분 상수 C를 구할 수 있다.

$$C = -\ln\alpha \tag{11·30}$$

식 (11·29)에 적분 상수 C의 값을 대입하고, 식을 정리하면 다음의 관계식을 구할 수 있다.

$$\frac{\beta}{\alpha} = 1-e^{-\phi_t} \tag{11·31}$$

이 식에, α로 식 (11·24)를 대입하고 β로 식 (11·25)를 대입한 후, 그림 11-41(c)를 참조하여 캔틸레버 길이 l의 2배를 양단 고정보의 길이 L로 하여 정리하면 다음과 같이 구속모멘트 M_r을 구할 수 있다.

$$M_r = \frac{w\,L^2}{24}(1-e^{-\phi_t}) \tag{11·32}$$

이 구속모멘트 M_r은 크리프에 의한 구속모멘트의 의미를 가지므로, 이를 크리프 모멘트 M_{cp}로 나타내면 다음과 같다.

$$M_{cp} = \frac{w\,L^2}{24}(1-e^{-\phi_t}) \tag{11·33}$$

이 식의 의미는 그림 11-41(d)에 나타나 있다. 그림 11-41(d)에 나타난 바와 같이, 캔틸레버로 시공이 되면 자중에 의한 휨모멘트 분포는 그림에서 M_I의 형상을 가진다. 여기서 점선으로 나타낸 M_I는 초기 모멘트(initial moment)이다. 양쪽의 캔틸레버가 연결되어 양단 고정보가 된 후에는 크리프 작용과 구속 작용으로 크리프 모멘트 M_{cp}가 발생하여, 휨모멘트 분포가 실선으로 나타낸 $M(t)$가 된다. 즉, 보의 전체 길이에 걸쳐서 식 (11·33)으로 계산된 M_{cp}만큼 변화한다. 따라서 양쪽 지점에서의 휨모멘트는 감소하게 되고, 휨모멘트가 0이었던 부재의 중앙부는 정모멘트의 휨모멘트가 발생하게 되는 것이다.

한편 식 (11·33)을 살펴보면, 크리프에 의한 변화를 나타내는 지수함수 $(1-e^{-\phi_t})$ 앞의 계수가 $wL^2/24$이다. 이 값은 길이가 L인 양단 고정보에 등분포 하중 w가 작용할 때 양 단부에 발생하는 휨모멘트와 절댓값이 같다. 따라서 이를 고려하여 크리프 모멘트 M_{cp}를 다음과 같이 일반적으로 나타낼 수 있다.

$$M_{cp} = (1-e^{-\phi_t})(M_F - M_I) \tag{11·34}$$

여기서 M_F는 양단 고정보를 세그멘탈 공법으로 시공하지 않고 보의 전체 길이에 걸쳐서 콘크리트를 한 번에 타설하여 완공하였을 때 나타나는 휨모멘트로서, 그림 11-41(d)에 점선으로 나타나 있다. 따라서 전체 구조물을 일체로 시공한다고 가정하고 구한 완성계의 최종 휨모멘트(final moment) M_F와 세그멘탈 공법으로 시공하는 초기 구조계의 초기 모멘트(initial moment) M_I의 차이를 구하고, 그 차이 값에 $(1-e^{-\phi_t})$를 곱하여 크리프 모멘트 M_{cp}를 구하는 것이다.

시간 t에서의 휨모멘트 $M(t)$는 다음과 같이 초기 모멘트 M_I와 크리프 모멘트 M_{cp}의 합으로서, $M(t)$와 $M_{cp}(t)$는 시간의 함수이다.

$$M(t) = M_I + M_{cp}(t) \tag{11·35}$$

만일 크리프 계수 ϕ_t가 0이라면 $(1-e^{-\phi_t})$가 0이 되어 크리프 모멘트 M_{cp}도 0이 되므로, 시간이 경과하더라도 연속화 시점의 초기 모멘트 M_I가 유지된다. 이 관계는 다음과 같다.

$$M(t) = M_I + M_{cp} = M_I + 0 = M_I \tag{11·36}$$

이에 반하여, 만일 크리프 계수 ϕ_t가 무한대(∞)라면 $(1-e^{-\phi_t})$가 1이 되어, 시간이 경과하면 처음부터 전체 구조물을 일체로 시공한 것과 동일한 휨모멘트 M_F가 된다. 이 관계는 다음과 같다.

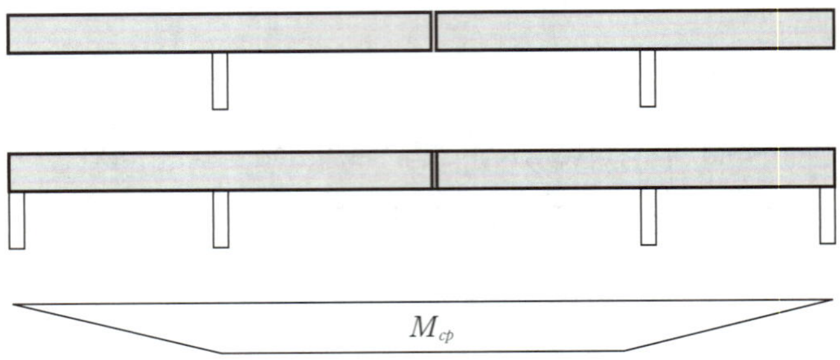

| 그림 11-42 | 캔틸레버공법 세그멘탈 연속보의 크리프 모멘트 분포

$$M(t) = M_I + M_{cp} = M_I + (M_F - M_I) = M_F \tag{11·37}$$

그림 11-42는 실제 현장에서 많이 사용하는 캔틸레버공법으로 시공한 3경간 연속보의 크리프 모멘트 분포를 나타낸다. 일반적으로 단순하게 크리프 모멘트를 구할 때는, 캔틸레버로 시공되는 콘크리트의 크리프 계수와 양 쪽 부재를 연결하는 구간 콘크리트의 크리프 계수의 평균값을 식 (11·34)의 ϕ_t로 이용할 수 있다.

그림 11-43은 두 개의 단순보를 연결하여 2경간 연속보를 완성하는 경우이다. 그림 11-43(a)와 같이 단순보로 시공된 부재는 자중에 의하여 처짐이 발생하며, 보의 양단은 α의 회전각을 갖게 된다. 자중이 등분포 하중으로 작용하면 회전각 α는 다음과 같이 나타낼 수 있다. 여기서 w는 등분포 하중, l은 경간 길이, EI는 단면의 강성이다.

$$\alpha = \frac{w\,l^2}{24\,EI} \tag{11·38}$$

구속력으로서의 휨모멘트 M_r이 그림 11-43(b)와 같이 보의 단부에 작용하면, 단부는 다음과 같은 β의 회전각을 갖게 된다.

$$\beta = \frac{M_r\,l}{3\,EI} \tag{11·39}$$

앞의 식 (11·31)에 α로 식 (11·38)을 대입하고 β로 식 (11·39)를 대입하면 그림 11-43(c)와 같이 내부 지점 위치의 단면에 작용하는 구속모멘트 M_r을 다음과 같이 나타낼 수 있다.

$$M_r = \frac{w\,L^2}{8}(1 - e^{-\phi_t}) \tag{11·40}$$

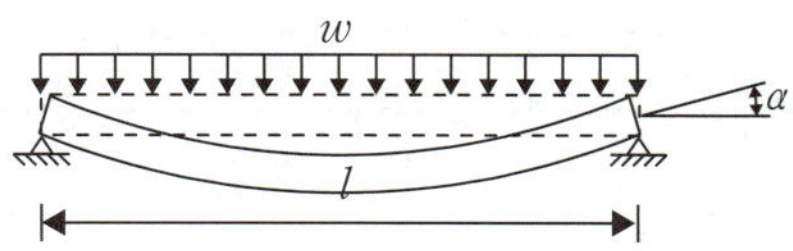

(a) 자중에 의한 단순보 단부의 회전각

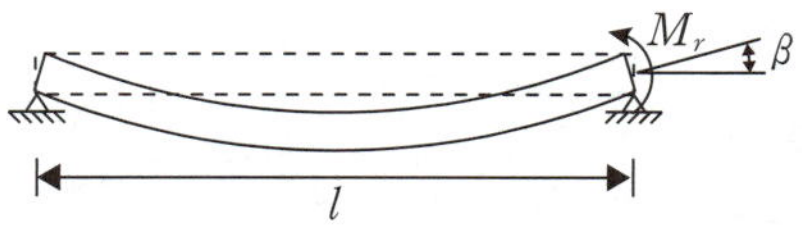

(b) 단부 휨모멘트에 의한 단순보 단부의 회전각

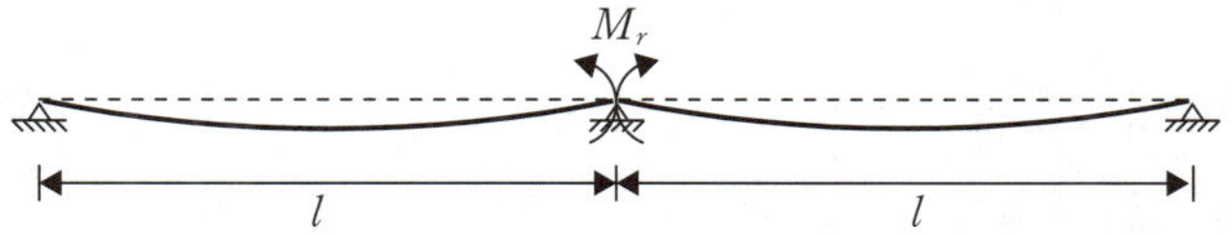

(c) 연결된 위치의 구속 모멘트

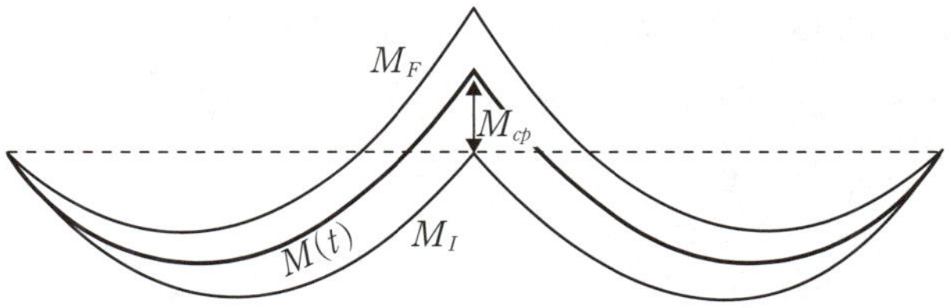

(d) 휨모멘트 분포

| 그림 11-43 | 단순보가 연결된 세그멘탈 연속보의 크리프 모멘트

이 구속모멘트 M_r가 크리프 모멘트이므로, 내부지점 위치의 단면에 작용하는 크리프 모멘트 M_{cp}는 다음과 같다.

$$M_{cp} = \frac{w\,L^2}{8}(1-e^{-\phi_t}) \tag{11·41}$$

이 식에서 지수함수 $(1-e^{-\phi_t})$ 앞의 계수 $wL^2/8$은 한 경간의 길이가 L인 2경간 연속에 등분포 하중 w가 작용할 때 내부지점에 발생하는 휨모멘트와 절댓값이 같다. 따라서 이 경우에도 앞의 식 (11·34)와 식 (11·35)로 크리프 모멘트 M_{cp}와 시간 t에서의 휨모멘트 $M(t)$를 나타낼 수 있다.

$$M_{cp} = (1-e^{-\phi_t})(M_F - M_I) \tag{11·34}$$

$$M(t) = M_I + M_{cp}(t) \tag{11·35}$$

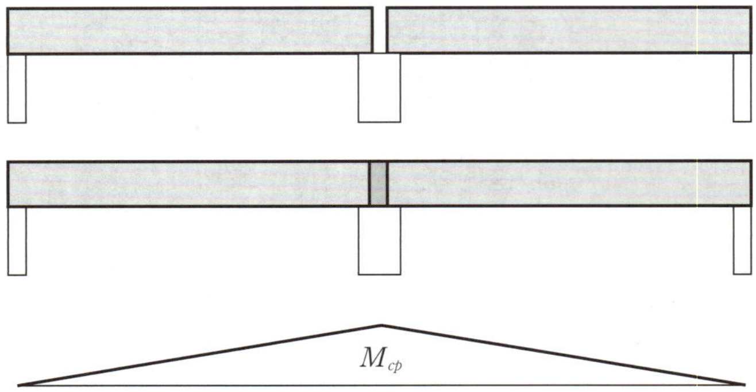

| 그림 11-44 | 단순보가 연결된 세그멘탈 연속보의 크리프 모멘트 분포

이와 같이 두 개의 단순보를 연결하여 2경간 연속보를 완성하는 경우의 휨모멘트 분포는 그림 11-43(d)에 나타나 있으며, 그림 11-44는 이 경우의 크리프 모멘트 분포를 나타낸다.

캔틸레버나 단순보를 연결한 연속보를 대상으로 크리프 모멘트의 해석을 다룬 앞의 설명은 자중을 대상으로 한 것이다. 프리스트레스트 콘크리트 구조물에서는 자중과 함께 긴장력도 같이 작용하므로, 이상에서 설명한 해석은 자중에 의한 하중작용으로 발생하는 크리프 모멘트와 긴장력에 의한 크리프 모멘트의 해석에 모두 적용할 수 있다.

예제 11-5

그림 11-45와 같은 포스트텐션 프리스트레스트 콘크리트 단순보를 제작하여, 그림 11-46과 같이 가설하고 연속화하여 3경간 연속보를 시공한다. 보의 자중 w는 $24\,kN/m$이고, 초기 긴장력 P_i는 $1{,}800\,kN$이며, 유효 긴장력 P_e는 $1{,}500\,kN$이다. 단순보를 연결하여 연속보가 된 이후 시간 t에서 콘크리트의 크리프 계수 ϕ_t는 2.5이고 재령보정계수 χ는 0.8로서, 재령보정 크리프 계수 ϕ_m은 2.0이다. 이 연속보에 대하여 다음 문제를 수행하시오.

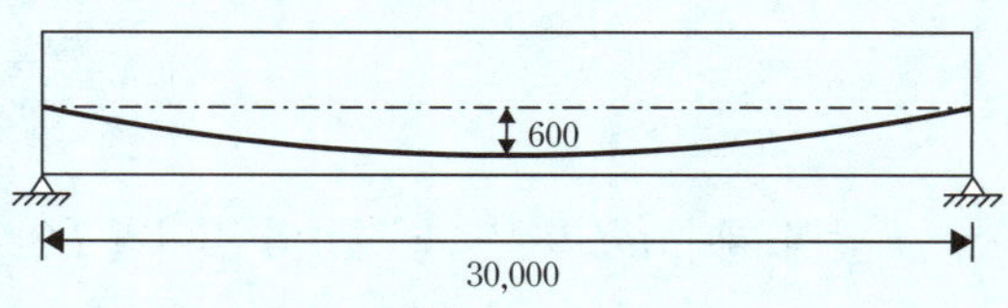

| 그림 11-45 | 예제 11-5의 프리스트레스트 콘크리트 단순보

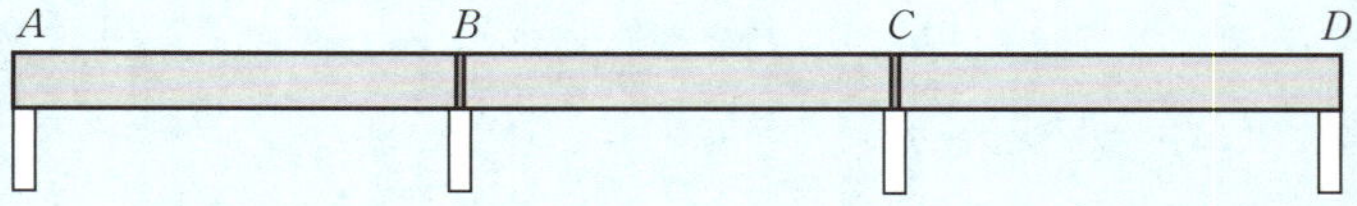

| 그림 11-46 | 예제 11-5의 3경간 연속보

[문제 1] 연속보가 된 후의 자중에 의한 크리프 모멘트와 시간 t에서의 자중에 의한 휨모멘트 분포를 구하시오.

[문제 2] 연속보가 될 때의 긴장력이 유효 긴장력 P_e로서 그 후에도 긴장력이 P_e로 변하지 않는 경우, 긴장력에 의한 크리프 모멘트와 시간 t에서의 긴장력에 의한 휨모멘트 분포를 구하시오.

[문제 3] 문제 1과 2의 결과를 합하여, 자중과 긴장력에 의한 크리프 모멘트와 시간 t에서의 자중과 긴장력에 의한 휨모멘트 분포를 구하시오.

[문제 4] 연속보가 될 때의 긴장력이 유효 긴장력 P_e로서 그 후에도 긴장력이 P_e로 변하지 않는 경우, 자중과 긴장력에 의한 크리프 모멘트와 시간 t에서의 자중과 긴장력에 의한 휨모멘트 분포를 등가하중을 이용하여 구하시오.

[문제 5] 연속보가 될 때의 긴장력이 초기 긴장력 P_i이고 시간 t에서 긴장력이 유효 긴장력 P_e로 변하는 경우, 자중과 긴장력에 의한 크리프 모멘트와 시간 t에서의 자중과 긴장력에 의한 휨모멘트 분포를 등가하중을 이용하여 구하시오.

>>> 문제-1 풀이

자중에 의한 휨모멘트

단순보의 자중에 의하여 경간 중앙에 작용하는 휨 모멘트 $M_{ID,m}$과 지점에 작용하는 휨 모멘트 $M_{ID,B}$는

$$M_{ID,m} = \frac{w\,l^2}{8} = \frac{24\times 30^2}{8} = 2{,}700\,kN\cdot m$$

$$M_{ID,B} = 0$$

따라서 단순보로 거치된 3개의 단순보의 휨모멘트 분포는 그림 11-47(a)와 같다.

콘크리트를 일체로 타설하여 3경간 연속보를 시공하였다면, 자중에 의하여 내부지점 B위치에 작용하는 휨모멘트 $M_{FD,B}$, 내측 경간 중앙의 휨모멘트 $M_{FD,2m}$, 외측 경간 중앙의 휨모멘트 $M_{FD,1m}$을 부록 그림 C-4를 참조하여 계산하면

$$M_{FD,B} = -0.1\,w\,l^2 = -0.1\times 24\times 30^2 = -2{,}160\,kN\cdot m$$

$$M_{FD,2m} = 0.025\,w\,l^2 = 0.025\times 24\times 30^2 = 540\,kN\cdot m$$

$$M_{FD,1m} = 0.075\,w\,l^2 = 0.075\times 24\times 30^2 = 1{,}620\,kN\cdot m$$

따라서 콘크리트를 일체로 타설하여 3경간 연속보를 시공하는 경우의 휨모멘트 분포는 그림 11-47(b)와 같다.

크리프 모멘트를 계산하기 위하여, 완성 구조계의 휨모멘트 분포 M_{FD}와 초기 구조계의 휨모멘트 분포 M_{ID}의 차이를 구한다. 내부지점, 내측 경간 중앙, 외측 경간 중앙에서 휨모멘트의 차이를 구하면

$$M_{FD,B} - M_{ID,B} = -2{,}160 - 0 = -2{,}160\,kN\cdot m$$

$$M_{FD,2m} - M_{ID,m} = 540 - 2{,}700 = -2{,}160\,kN\cdot m$$

$$M_{FD,1m} - M_{ID,m} = 1{,}620 - 2{,}700 = -1{,}080\,kN\cdot m$$

완성 구조계의 휨모멘트 분포 M_{FD}와 초기 구조계의 휨모멘트 분포 M_{ID}의 차이는 그림 11-47(c)와 같다.

내부지점, 내측 경간 중앙, 외측 경간 중앙에서 발생하는 크리프 모멘트를 계산하면

$$M_{cpD,B} = (1-e^{-\phi_t})(M_{FD,B} - M_{ID,B}) = (1-e^{-2.0})\times(-2{,}160)$$

$$= 0.8647\times(-2{,}160) = -1{,}868\,kN\cdot m$$

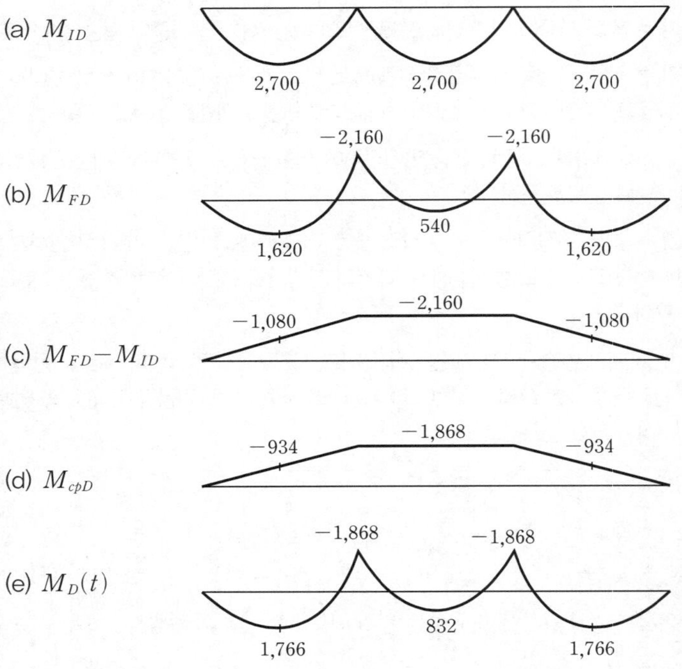

| 그림 11-47 | 자중에 의한 휨모멘트 분포

$$M_{cpD,2m} = M_{cpD,B} = -1{,}868\,kN\cdot m$$

$$M_{cpD,1m} = (1-e^{-\phi_t})(M_{FD,1m}-M_{ID,m}) = (1-e^{-2.0})\times(-1{,}080)$$

$$= 0.8647\times(-1{,}080) = -934\,kN\cdot m$$

따라서 크리프 모멘트 분포는 그림 11-47(d)와 같다.

시간 t에서의 최종 휨모멘트를 내부지점, 내측 경간 중앙, 외측 경간 중앙에서 구하면

$$M_{D,B}(t) = M_{ID,B}+M_{cpD,B} = 0-1{,}868 = -1{,}868\,kN\cdot m$$

$$M_{D,2m}(t) = M_{ID,m}+M_{cpD,2m} = 2{,}700-1{,}868 = 832\,kN\cdot m$$

$$M_{D,1m}(t) = M_{ID,m}+M_{cpD,1m} = 2{,}700-934 = 1{,}766\,kN\cdot m$$

따라서 시간 t에서 자중에 의한 최종 모멘트 분포는 그림 11-47(e)와 같다.

>>> 문제-2 풀이

긴장력 P_e에 의한 휨모멘트

유효 긴장력 P_e에 의하여 단순보의 경간 중앙에 작용하는 휨 모멘트 $M_{IP,m}$과 지점에 작용하는 휨 모멘트 $M_{IP,m}$은

$$M_{IP,m} = P_e\,e_m = 1{,}500\times(-0.6) = -900\,kN\cdot m$$

$$M_{IP,B} = 0$$

따라서 3개의 단순보에 유효 긴장력 P_e에 의하여 작용하는 휨모멘트 분포는 그림 11-48(a)와 같다.

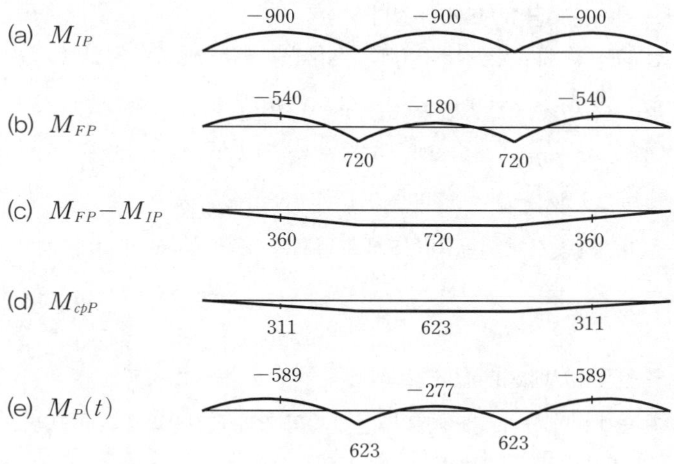

| 그림 11-48 | 유효 긴장력으로 일정할 때의 긴장력에 의한 휨모멘트 분포

콘크리트를 일체로 타설하여 3경간 연속보를 시공한 후 유효 긴장력이 작용하였다면, 긴장력에 의한 등가 하중으로 긴장력에 의한 총모멘트를 구할 수 있다. 유효 긴장력 P_e에 의한 등가 등분포하중 u_e를 구하면, 처진 높이 y_{sag}가 600 mm이므로

$$u_e = -\frac{8\,p_e\,y_{sag}}{l^2} = -\frac{8\times1{,}500\times0.6}{30^2} = -8\,kN$$

등가 등분포하중 u_e에 의하여 내부지점, 내측 경간 중앙, 외측 경간 중앙에 발생하는 휨모멘트를 부록 그림 C-4를 참조하여 계산하면

$$M_{FP,B} = -0.1\,u_e\,l^2 = -0.1\times(-8)\times30^2 = 720\,kN\cdot m$$

$$M_{FP,2m} = 0.025\,u_e\,l^2 = 0.025\times(-8)\times30^2 = -180\,kN\cdot m$$

$$M_{FP,1m} = 0.075\,u_e\,l^2 = 0.075\times(-8)\times30^2 = -540\,kN\cdot m$$

따라서 콘크리트를 일체로 타설하여 3경간 연속보를 시공하는 경우의 휨모멘트 분포는 그림 11-48(b)와 같다.

크리프 모멘트를 계산하기 위하여, 완성 구조계의 휨모멘트 분포 M_{FP}와 초기 구조계의 휨모멘트 분포 M_{IP}의 차이를 구한다. 내부지점, 내측 경간 중앙, 외측 경간 중앙에서 휨모멘트의 차이를 구하면

$$M_{FP,B}-M_{IP,B} = 720-0 = 720\,kN\cdot m$$

$$M_{FP,2m}-M_{IP,m} = -180-(-900) = 720\,kN\cdot m$$

$$M_{FP,1m}-M_{IP,m} = -540-(-900) = 360\,kN\cdot m$$

완성 구조계의 휨모멘트 분포 M_{FP}와 초기 구조계의 휨모멘트 분포 M_{IP}의 차이는 그림 11-48(c)와 같다.

내부지점, 내측 경간 중앙, 외측 경간 중앙에 발생하는 크리프 모멘트를 계산하면

$$M_{cpP,B} = (1-e^{-\phi_t})(M_{FP,B}-M_{IP,B}) = (1-e^{-2.0})\times720$$

$$= 0.8647\times720 = 623\,kN\cdot m$$

$$M_{cpP,2m} = M_{cpD,B} = 623\,kN\cdot m$$

$$M_{cpP,1m} = (1-e^{-\phi_t})(M_{FP,1m}-M_{IP,m}) = (1-e^{-2.0})\times360 = 0.8647\times360 = 311\,kN\cdot m$$

따라서 크리프 모멘트 분포는 그림 11-48(d)와 같다.

시간 t에서의 최종 휨모멘트를 내부지점, 내측 경간 중앙, 외측 경간 중앙에서 구하면

$$M_{P,B}(t) = M_{IP,B} + M_{cpP,B} = 0 + 623 = 623\,kN\cdot m$$

$$M_{P,2m}(t) = M_{IP,m} + M_{cpP,2m} = -900 + 623 = -277\,kN\cdot m$$

$$M_{P,1m}(t) = M_{IP,m} + M_{cpP,1m} = -900 + 311 = -589\,kN\cdot m$$

따라서 시간 t에서 유효 긴장력 P_e에 의한 최종 모멘트 분포는 그림 11-48(e)와 같다.

>>> 문제-3 풀이

자중에 의한 휨모멘트와 긴장력 P_e에 의한 휨모멘트의 합

〈문제 1〉의 결과인 자중에 의한 크리프 모멘트와 〈문제 2〉의 결과인 긴장력에 의한 크리프 모멘트를 합하면, 내부지점과 내측 경간 중앙 위치의 크리프 모멘트는

$$M_{cp,B} = M_{cpD,B} + M_{cpP,B} = -1{,}868 + 623 = -1{,}245\,kN\cdot m$$

크리프 모멘트 분포는 그림 11-49(a)와 같다.

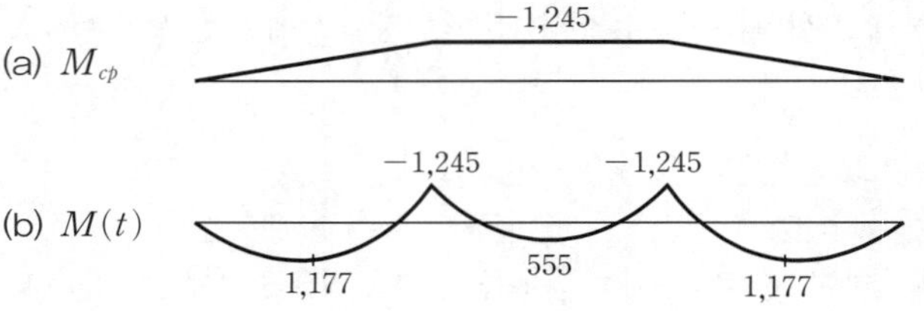

| 그림 11-49 | 크리프 모멘트 분포와 최종 모멘트 분포

〈문제 1〉의 결과인 시간 t에서 자중에 의한 최종 모멘트와 〈문제 2〉의 결과인 시간 t에서 긴장력에 의한 최종 모멘트를 합하면, 내부지점, 내측 경간 중앙, 외측 경간 중앙의 최종 모멘트는

$$M_B(t) = M_{D,B}(t) + M_{P,B}(t) = -1{,}868 + 623 = -1{,}245\,kN\cdot m$$

$$M_{2m}(t) = M_{D,2m}(t) + M_{P,2m}(t) = 832 - 277 = 555\,kN\cdot m$$

$$M_{1m}(t) = M_{D,1m}(t) + M_{P,1m}(t) = 1{,}766 - 589 = 1{,}177\,kN\cdot m$$

따라서 시간 t에서 자중에 의한 최종 모멘트 분포는 그림 11-49(b)와 같다.

>>> 문제-4 풀이

긴장력이 P_e로 일정한 경우의 자중과 긴장력에 의한 휨모멘트

P_e에 의한 등가 등분포하중 u_e를 구하면, 처진 높이 y_{sag}가 600 mm이므로

$$u_e = -\frac{8\,P_e\,y_{sag}}{l^2} = -\frac{8\times1{,}500\times0.6}{30^2} = -8\,kN$$

자중 w와 등가 등분포하중 u_e로 인한 내적 순수등분포하중 u_{ne}를 구하면

$$u_{ne} = w + u_e = 24 - 8 = 16\,kN$$

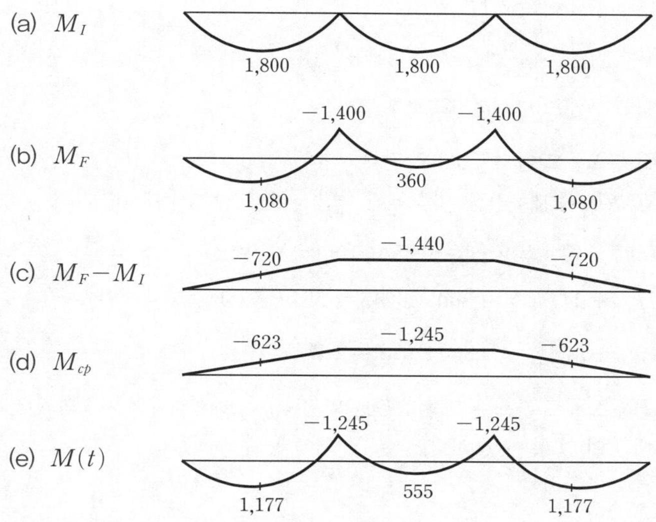

| 그림 11-50 | P_e로 일정할 때의 자중과 긴장력에 의한 휨모멘트 분포

내적 순수등분포하중 u_n에 의하여 단순보의 경간 중앙에 작용하는 휨모멘트 $M_{I,m}$과 지점에 작용하는 휨모멘트 $M_{I,B}$는

$$M_{I,m} = \frac{u_{ne}\, l^2}{8} = \frac{16\times 30^2}{8} = 1{,}800\, kN\cdot m$$

$$M_{I,B} = 0$$

따라서 3개의 단순보에 내적 순수등분포하중 u_{ne}에 의하여 작용하는 휨모멘트 분포는 **그림 11-50(a)**와 같다.

콘크리트를 일체로 타설하여 3경간 연속보를 시공한 경우, 내적 순수등분포하중 u_{ne}에 의하여 내부지점, 내측 경간 중앙, 외측 경간 중앙에 발생하는 휨모멘트를 부록 **그림 C-4**를 참조하여 계산하면

$$M_{F,B} = -0.1\, u_{ne}\, l^2 = -0.1\times 16\times 30^2 = -1{,}440\, kN\cdot m$$

$$M_{F,2m} = 0.025\, u_{ne}\, l^2 = 0.025\times 16\times 30^2 = 360\, kN\cdot m$$

$$M_{F,1m} = 0.075\, u_{ne}\, l^2 = 0.075\times 16\times 30^2 = 1{,}080\, kN\cdot m$$

따라서 콘크리트를 일체로 타설하여 3경간 연속보를 시공하는 경우의 휨모멘트 분포는 **그림 11-50(b)**와 같다.

크리프 모멘트를 계산하기 위하여, 완성 구조계의 휨모멘트 분포 M_F와 초기 구조계의 휨모멘트 분포 M_I의 차이를 구한다. 내부지점과 내측 경간 중앙에서 휨모멘트의 차이를 구하면

$$M_{F,B} - M_{I,B} = -1{,}440 - 0 = -1{,}440\, kN\cdot m$$

$$M_{F,2m} - M_{I,m} = 360 - 1{,}800 = -1{,}440\, kN\cdot m$$

$$M_{F,1m} - M_{I,m} = 1{,}080 - 1{,}800 = -720\, kN\cdot m$$

완성 구조계의 휨모멘트 분포 M_F와 초기 구조계의 휨모멘트 분포 M_I의 차이는 **그림 11-50(c)**와 같다.

내부지점, 내측 경간 중앙, 외측 경간 중앙에 발생하는 크리프 모멘트를 계산하면

$$M_{cp,B} = (1-e^{-\phi_t})(M_{F,B} - M_{I,B}) = (1-e^{-2.0})\times(-1{,}440)$$

$$= 0.8647\times(-1{,}440) = -1{,}245\, kN\cdot m$$

$$M_{cp,2m} = M_{cp,B} = -1{,}245\,kN \cdot m$$

$$M_{cp,1m} = (1-e^{-\phi_t})(M_{F,1m}-M_{I,m}) = (1-e^{-2.0})\times(-720)$$

$$= 0.8647\times(-720) = -623\,kN \cdot m$$

따라서 크리프 모멘트 분포는 그림 11-50(d)와 같다.

시간 t에서의 최종 휨모멘트를 내부지점, 내측 경간 중앙, 외측 경간 중앙에서 구하면

$$M_B(t) = M_{I,B}+M_{cp,B} = 0-1{,}245 = -1{,}245\,kN \cdot m$$

$$M_{2m}(t) = M_{I,m}+M_{cp,2m} = 1{,}800-1{,}245 = 555\,kN \cdot m$$

$$M_{1m}(t) = M_{I,m}+M_{cp,1m} = 1{,}800-623 = 1{,}177\,kN \cdot m$$

따라서 시간 t에서 최종 모멘트 분포는 그림 11-50(e)와 같다. 이 해석결과는 자중과 긴장력을 분리하여 해석한 후 결과를 중첩한 〈문제 3〉의 결과와 동일하다.

>> 문제-5 풀이

긴장력이 P_i에서 P_e로 변화하는 경우의 자중과 긴장력에 의한 휨모멘트

단순보에 긴장력이 도입될 때는 P_i의 긴장력이 작용하므로, P_i에 의한 등가 등분포하중 u_i를 구하면, 처진 높이 y_{sag}가 600 mm이므로

$$u_i = \frac{8\,P_i\,y_{sag}}{l^2} = -\frac{8\times1{,}800\times0.6}{30^2} = -9.6\,kN$$

P_i에 의한 등가 등분포하중 u_i와 자중 w로 인한 내적 순수등분포하중 u_{ni}를 구하면

$$u_{ni} = w+u_i = 24-9.6 = 14.4\,kN$$

내적 순수등분포하중 u_{ni}에 의하여 단순보의 경간 중앙에 작용하는 휨모멘트 $M_{I,m}$과 지점에 작용하는 휨모멘트 $M_{I,B}$는

$$M_{I,m} = \frac{u_{ni}\,l^2}{8} = \frac{14.4\times30^2}{8} = 1{,}620\,kN \cdot m$$

$$M_{I,B} = 0$$

따라서 3개의 단순보에 긴장력 P_i와 자중에 의하여 작용하는 휨모멘트 분포는 그림 11-51(a)와 같다.

콘크리트를 일체로 타설하여 3경간 연속보를 시공한 경우, 유효 긴장력 P_e에 의한 등가 등분포하중 u_e를 구하면, 처진 높이 y_{sag}가 600 mm이므로

$$u_e = -\frac{8\,P_e\,y_{sag}}{l^2} = -\frac{8\times1{,}500\times0.6}{30^2} = -8\,kN$$

P_e에 의한 등가 등분포하중 u_e와 자중 w로 인한 내적 순수등분포하중 u_n를 구하면

$$u_{ne} = w+u_e = 24-8 = 16\,kN$$

콘크리트를 일체로 타설하여 3경간 연속보를 시공한 경우, 내적 순수등분포하중 u_{ne}에 의하여 내부지점, 내측 경간 중앙, 외측 경간 중앙에 발생하는 휨모멘트를 부록 그림 C-4를 참조하여 계산하면

$$M_{F,B} = -0.1\,u_{ne}\,l^2 = -0.1\times16\times30^2 = -1{,}440\,kN \cdot m$$

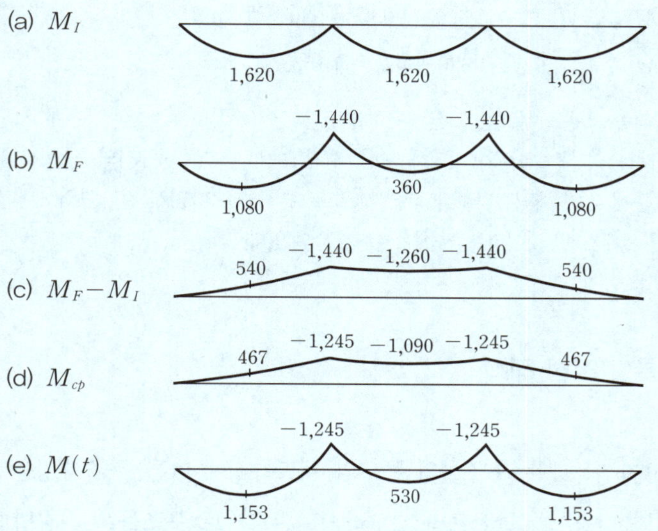

| 그림 11-51 | 긴장력이 P_i에서 P_e로 변할 때의 자중과 긴장력에 의한 휨모멘트 분포

$$M_{F,2m} = 0.025\,u_{ne}\,l^2 = 0.025 \times 16 \times 30^2 = 360\,kN \cdot m$$

$$M_{F,1m} = 0.075\,u_{ne}\,l^2 = 0.075 \times 16 \times 30^2 = 1{,}080\,kN \cdot m$$

따라서 콘크리트를 일체로 타설하여 3경간 연속보를 시공하는 경우의 휨모멘트 분포는 그림 11-51(b)와 같다.

크리프 모멘트를 계산하기 위하여, 완성 구조계의 휨모멘트 분포 M_F와 초기 구조계의 휨모멘트 분포 M_I의 차이를 구한다. 내부지점, 내측 경간 중앙, 외측 경간 중앙에서 휨모멘트의 차이를 구하면

$$M_{F,B} - M_{I,B} = -1{,}440 - 0 = -1{,}440\,kN \cdot m$$

$$M_{F,2m} - M_{I,m} = 360 - 1{,}620 = -1{,}260\,kN \cdot m$$

$$M_{F,1m} - M_{I,m} = 1{,}080 - 1{,}620 = -540\,kN \cdot m$$

완성 구조계의 휨모멘트 분포 M_F와 초기 구조계의 휨모멘트 분포 M_I의 차이는 그림 11-51(c)와 같다.

내부지점, 내측 경간 중앙, 외측 경간 중앙에 발생하는 크리프 모멘트를 계산하면

$$M_{cp,B} = (1 - e^{-\phi_t})(M_{F,B} - M_{I,B}) = (1 - e^{-2.0}) \times (-1{,}440)$$
$$= 0.8647 \times (-1{,}440) = -1{,}245\,kN \cdot m$$

$$M_{cp,2m} = (1 - e^{-\phi_t})(M_{F,2m} - M_{I,m}) = (1 - e^{-2.0}) \times (-1{,}260)$$
$$= 0.8647 \times (-1{,}260) = -1{,}090\,kN \cdot m$$

$$M_{cp,1m} = (1 - e^{-\phi_t})(M_{F,1m} - M_{I,m}) = (1 - e^{-2.0}) \times 540$$
$$= 0.8647 \times 540 = 467\,kN \cdot m$$

따라서 크리프 모멘트 분포는 그림 11-51(d)와 같다.

시간 t에서의 최종 휨모멘트를 내부지점, 내측 경간 중앙, 외측 경간 중앙에서 구하면

$$M_B(t) = M_{I,B} + M_{cp,B} = 0 - 1{,}245 = -1{,}245\,kN \cdot m$$

$$M_{2m}(t) = M_{I,m} + M_{cp,2m} = 1{,}620 - 1{,}090 = 530\,kN \cdot m$$

$$M_{1m}(t) = M_{I,m} + M_{cp,1m} = 1{,}620 - 467 = 1{,}153\,kN \cdot m$$

따라서 시간 t에서 최종 모멘트 분포는 **그림 11-51(e)**와 같다.

이 해석결과를 〈문제 4〉의 해석결과와 비교해 보면, 시간 t에서 내부지점에서의 최종 모멘트는 동일하지만 경간 내의 최종 모멘트는 〈문제 4〉의 해석결과보다 작은 값으로 나타났다. 따라서 긴장력의 시간적 손실을 고려한 해석을 사용하면 경제적인 설계가 될 것이라는 사실을 유추할 수 있다.

11.3.4 시공단계를 고려한 해석

구조물을 설계하고자 할 때는 구조물의 용도와 재료특성에 따른 구조특성을 고려하여 구조형식을 결정하여야 한다. 이와 더불어, 특히 프리스트레스트 콘크리트 구조물은 시공방법을 고려하여 설계하여야 할 때가 많다. 이것은 프리스트레스트 콘크리트 구조물의 경우 가설방법이 공사비에 큰 영향을 주기 때문이다. 구조물이 길거나 높은 경우, 콘크리트를 한 번에 타설하고 한 번에 긴장력을 도입하는 것보다 여러 부분으로 나누어 콘크리트를 타설하고 여러 번에 나누어 긴장력을 도입하는 세그멘탈 공법을 적용하면 구조적으로 효율성을 높일 수 있다. 또, 콘크리트의 타설과 긴장력의 도입 순서에 따라 가설장비의 운영방식이 달라져서, 공사비 측면에서도 세그멘탈 공법이 매우 경제적이다.

프리스트레스트 콘크리트를 세그멘탈 공법으로 시공하는 경우에는, 세그먼트를 현장타설 콘크리트로 가설하든 프리캐스트 콘크리트로 가설하든, 정도의 차이는 있지만 크리프 모멘트가 발생한다. 또, 세그먼트의 연결 위치에 따라 연속보에 발생하는 긴장력에 의한 2차 모멘트가 달라진다. 따라서 세그멘탈 공법의 프리스트레스트 콘크리트 구조물을 설계할 때에는 가설 순서에 따른 단면력의 변화와 변형

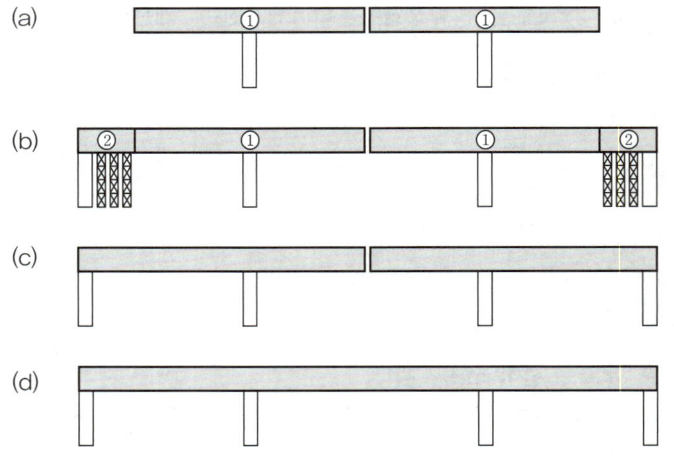

| 그림 11-52 | 캔틸레버공법 연속보의 콘크리트 타설 시공단계

의 변화를 고려하여야 한다. 이와 같은 해석을 '시공단계를 고려한 해석' 또는 '시공단계 해석'이라고 하며, 이 결과를 설계에 반영하여야 한다.

그림 11-52에서 그림 11-56까지는 시공단계 해석의 예를 나타낸다.[11.5] 이 예는 3경간 연속보의 프리스트레스트 콘크리트를 그림 11-52와 그림 11-54의 순서에 따라 캔틸레버공법으로 가설하는 예이다. 그림 11-52는 콘크리트의 시공 순서를 나타내며, 그림 11-54는 긴장력 도입의 시공 순서를 나타낸다. 콘크리트의 시공 순서는, 먼저 그림 11-52(a)와 같이 내부 기둥을 중심으로 양쪽 방향으로 대칭이 되도록 캔틸레버 부재를 가설한다. 그 후에는 그림 11-52(b)와 같이 동바리로 지지된 ②번 부재를 현장타설 콘크리트로 시공하여 캔틸레버로 이미 가설된 ①번 부재와 연결한다. 이 시점에서는 그림 11-52(c)와 같이 한쪽 방향으로 내민보를 가진 단순보 2개가 된다. 이 두 보를 내민보의 단부에서 연결하여 그림 11-52(d)와 같이 3경간 연속보를 완성한다.

그림 11-53은 그림 11-52에 따른 콘크리트 세그먼트의 가설 순서를 고려한 시공단계 해석결과를 나타낸다. 그림 11-53(a)와 같이 캔틸레버 상태에서는 보의 자중에 의하여 부모멘트의 캔틸레버 휨모멘트가 작용한다. 캔틸레버로 가설된 ①번 부재에 접하여 ②번 부재를 현장타설 콘크리트로 시공한 후 동바리를 제거하면, 그림 11-53(b)와 같이 현장타설 콘크리트의 자중이 하중으로 작용한다. 이에 따른 휨모멘트

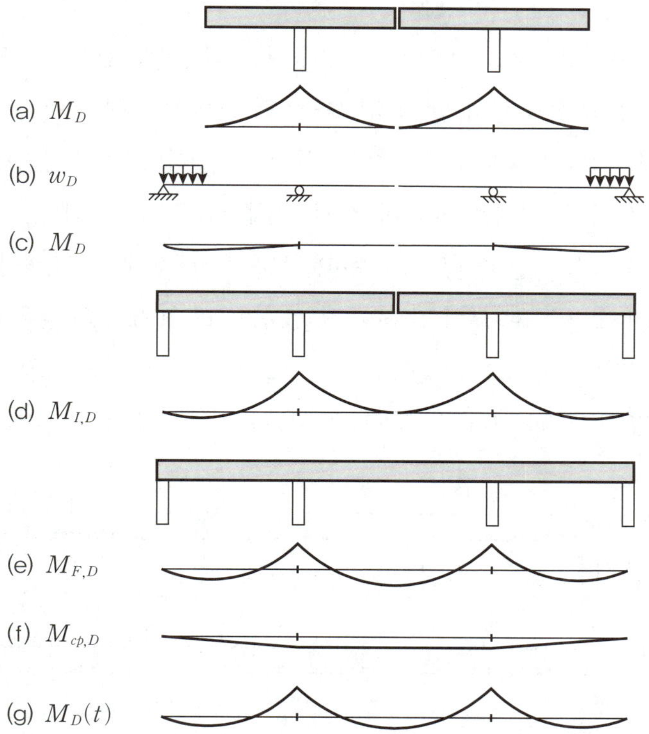

| 그림 11-53 | 캔틸레버공법 연속보의 자중에 의한 휨모멘트

분포는 그림 11-53(c)와 같다. 이제 그림 11-53(a)의 캔틸레버 휨모멘트와 그림 11-53(c)의 휨모멘트를 중첩하면, 한쪽 방향으로 내민보를 가진 단순보 2개의 휨모멘트가 그림 11-53(d)와 같이 나타난다. 이때는 구조형식이 변경되기 이전이므로, 이 휨모멘트는 자중에 의한 초기 모멘트로서 $M_{I,D}$로 나타낸다. 한쪽 방향으로 내민보를 가진 2개의 단순보를 연결하면 3경간 연속보가 된다.

이와 같이 세그멘탈 공법으로 시공하지 않고, 연속보 전체의 콘크리트를 한 번에 타설한다고 가정하여 구조해석을 수행하면 그림 11-53(e)와 같은 휨모멘트 분포를 얻는다. 이 휨모멘트는 자중에 의한 완성계의 최종 휨모멘트로서 $M_{F,D}$로 나타낸다.

이제 그림 11-53(e)의 $M_{F,D}$에서 그림 11-53(d)의 $M_{I,D}$를 빼고, 앞의 식 (11·34)에 따라 크리프 모멘트를 구하면 그림 11-53(f)와 같은 자중과 크리프에 의한 휨모멘트 $M_{cp,D}$의 분포를 얻는다. 이렇게 구한 그림 11-53(f)의 크리프 모멘트 $M_{cp,D}$와 그림 11-53(d)의 초기 모멘트 $M_{I,D}$를 앞의 식 (11·35)에 따라 더하면 자중에 의한 시간 t에서의 휨모멘트 $M_D(t)$를 구할 수 있다. $M_D(t)$의 분포는 그림 11-53(g)와 같다.

$$M_{cp} = (1-e^{-\phi_t})(M_F - M_I) \qquad (11\cdot34)$$

$$M(t) = M_I + M_{cp}(t) \qquad (11\cdot35)$$

그림 11-54는 그림 11-52의 순서로 콘크리트를 시공하는 과정에서 긴장력을 도입하는 순서를 나타낸다. 그림 11-54(a)와 같이 한쪽 방향으로 내민보를 가진 2개의 단순보가 시공된 상태에서 P_1 긴장재에 긴장력을 도입한다. 2개의 단순보를 내민보의 단부에서 연결하여 3경간 연속보로 만든 뒤, 그림 11-54(b)와 같이 내측 경간 중앙부 하단에 배치된 P_2 긴장재에 긴장력을 도입한다.

그림 11-55는 그림 11-54에 따른 긴장력 도입순서를 고려한 시공단계 해석결과를 나타낸다. 한쪽 방향으로 내민보를 가진 2개의 단순보에 P_1의 긴장력을 도입하면 그림 11-55(a)와 같은 $M_{I,P}$의 휨모멘트가 작용한다. 만일 전체 콘크리트를 한 번에 타설한 3경간 연속보에 P_1의 긴장력을 도입하였다면, 그림 11-55(b)와 같은 $M_{F,P}$의 휨모멘트가 작용한다. 이 휨모멘트 $M_{F,P}$는 긴장력 P_1에 의한 1차 모멘트와 2차 모멘트

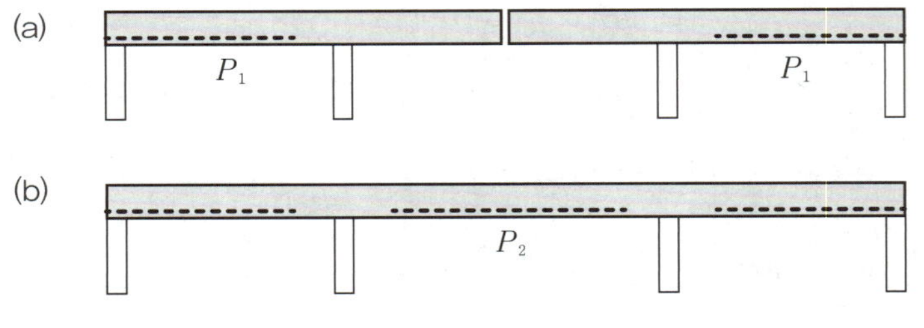

| 그림 11-54 | 캔틸레버공법 연속보의 긴장력 도입 시공단계

의 합으로서, 11.2절에서 다룬 연속보의 구조해석을 통하여 구한다. 이제 그림 11-55(b)의 $M_{F,P}$에서 그림 11-55(a)의 $M_{I,P}$를 빼고, 앞의 식 (11·34)에 따라 크리프 모멘트를 구하면 그림 11-55(c)와 같은 긴장력과 크리프에 의한 휨모멘트 $M_{cp,P}$의 분포를 얻는다.

한쪽 방향으로 내민보를 가진 2개의 단순보를 연결하여 3경간 연속보가 된 후에 P_2의 긴장력을 도입하면, 그림 11-55(d)와 같은 M_{P2}의 휨모멘트가 작용한다. 이 휨모멘트 M_{P2}도 역시 긴장력 P_2에 의한 1차 모멘트와 2차 모멘트의 합으로서, 11.2절에서 다룬 연속보의 구조해석을 통하여 구한다. 긴장력 P_2에 의한 휨모멘트는 3경간 연속보가 된 후에 작용하게 되는 휨모멘트이므로 이에 따른 크리프 모멘트는 발생하지 않는다. 즉, 긴장력 P_2가 작용한 후에는 구조계가 변화하지 않았으므로, 콘크리트에 의한 크리프의 영향으로 시간에 따른 장기변형은 발생하지만 단면력의 변화는 발생하지 않는 것이다.

이제 그림 11-55(a)의 휨모멘트 $M_{I,P}$에 그림 11-55(d)의 휨모멘트 M_{P2}를 더하면, 3경간 연속보 완공 시점의 긴장력에 의한 휨모멘트를 얻게 된다. 이 휨모멘트에 그림 11-55(b)의 크리프 모멘트 $M_{cp,P}$를 더하면, 시간 t에서의 긴장력에 의한 휨모멘트를 얻게 된다. 즉, 그림 11-55(a)의 휨모멘트 $M_{I,P}$, 그림 11-55(b)의 크리프 모멘트 $M_{cp,P}$, 그림 11-55(d)의 휨모멘트 M_{P2}를 모두 합하면 그림 11-55(g)와 같은 시간 t에서의 긴장력에 의한 휨모멘트 $M_P(t)$를 얻는다.

그림 11-56은 그림 11-53의 자중에 의한 휨모멘트 분포와 그림 11-55의 긴장력에 의한 휨모멘트를 합한 총 휨모멘트의 분포를 나타낸다. 그림 11-56(a)는 캔틸레버 세그멘탈 공법으로 3경간 연속보를 완성한

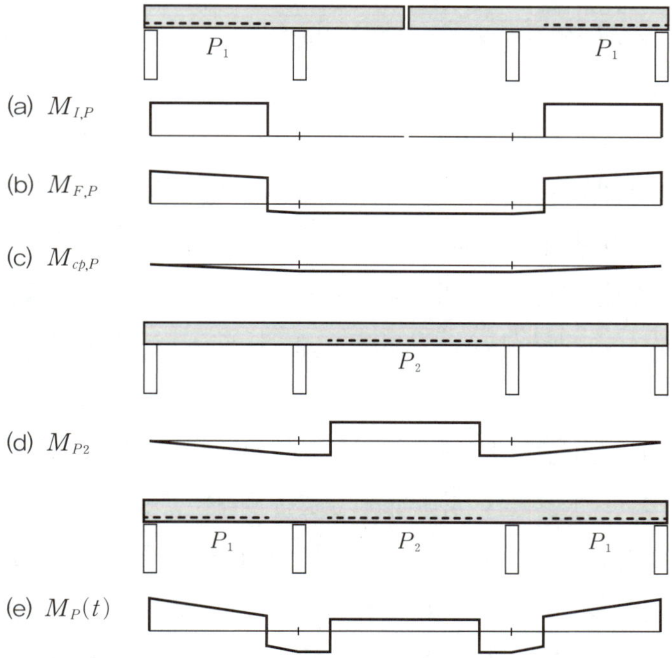

| 그림 11-55 | 캔틸레버공법 연속보의 긴장력에 의한 휨모멘트

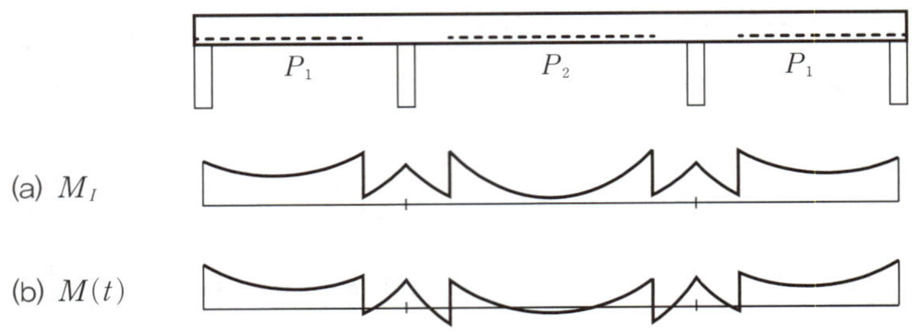

| 그림 11-56 | 연속보 완공 시점 및 시간 t에서의 총 휨모멘트

후 긴장력이 모두 도입된 상태의 휨모멘트 분포이다. 즉, 그림 11-56(a)는 완공시점에서의 휨모멘트 분포로서, 다음과 같이 그림 11-53(d)의 $M_{I,D}$, 그림 11-55(a)의 $M_{I,P}$, 그림 11-55(d)의 M_{P2}를 합한 것이다.

$$M_I = M_{I,D} + M_{I,P} + M_{P2} \tag{11·42}$$

그림 11-56(b)는 캔틸레버 세그멘탈 공법으로 시공된 3경간 연속보가 시간 t에서 나타내는 휨모멘트 분포이다. 즉, 그림 11-56(b)는 다음과 같이 그림 11-53(g)의 $M_D(t)$와 그림 11-55(g)의 $M_P(t)$를 합한 것으로, 시간 t에서의 휨모멘트 분포이다.

$$M(t) = M_D(t) + M_P(t) \tag{11·43}$$

그림 11-56의 휨모멘트 분포를 살펴보면, 내부지점 부근의 부모멘트는 그림 11-56(a)와 같이 완공시점에서 가장 큰 값을 나타낸다. 이에 반하여 외측과 내측 경간 내의 정모멘트는 그림 11-56(b)와 같이 크리프가 진행된 후 시간 t에서 가장 큰 값을 나타낸다. 따라서 사용한계상태에서의 응력 검증과 극한한계상태에서의 강도 검증에서 이와 같은 거동을 고려하여야 한다. 즉, 세그멘탈 공법으로 시공될 프리스트레스트 콘크리트 구조물의 설계에서는 완공시점과 크리프가 충분히 진행된 시점의 두 시점에서 나타나는 단면력 분포에 대하여 응력 검증과 강도 검증을 수행하여야 한다.

자중과 긴장력에 의한 휨모멘트 분포를 나타내는 그림 11-56은 외측 경간과 내측 경간의 내부에서 휨모멘트가 갑자기 변화하는 형태를 나타낸다. 이와 같은 형태를 보이는 이유는 긴장재가 경간 내부에 정착되도록 중간 정착구를 둔 형태이기 때문이다. 경간의 내부에 그림 11-57과 같은 중간 정착구가 있는 경우, 긴장재가 배치된 중간 정착구의 왼쪽 부분은 긴장력 P에 의하여 압축력이 작용하게 된다. 만일 그림 11-57(a)와 같이 오른쪽 지점이 이동단(movable support)이라면 중간 정착구와 오른쪽 지점 사이에는 힘이 작용하지 않게 된다. 오른쪽 지점이 그림 11-57(b)와 같이 수평방향으로 고정단(horizon-

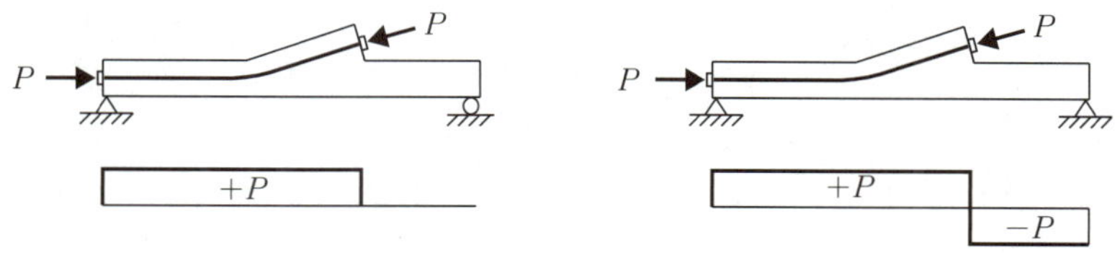

(a) 오른쪽 지점이 이동할 수 있는 경우　　(b) 오른쪽 지점이 구속된 경우

| 그림 11-57 | 중간 정착구가 있는 경우의 압축력 및 인장력 작용

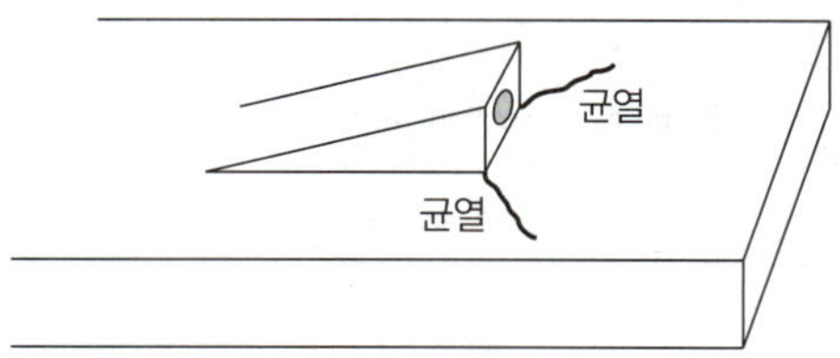

| 그림 11-58 | 중간 정착구 인접 부분의 균열

tally fixed support)이라면 중간 정착구와 오른쪽 지점 사이에는 인장력이 작용하게 된다. 이와 같이 중간 정착구의 위치에서는 그 어떤 경우라도 갑자기 단면력이 변화하게 되므로, **그림 11-56**과 같이 경간의 내부에서 휨모멘트가 갑자기 변화하는 형태가 나타나는 것이다.

한편, **그림 11-57(a)**와 같이 구조해석 상으로 중간 정착구와 오른쪽 지점 사이에 인장력이 작용하지 않더라도 **그림 11-58**과 같이 중간 정착구 부근에서 균열이 발생할 수 있음을 인식하여야 한다.[11.6] 이것은 중간 정착구에 집중하중으로 작용하는 압축력에 의하여 정착구와 인접한 콘크리트에 국부적으로 인장응력이 작용하기 때문이다.

그림 11-59에서 그림 11-63까지는 시공단계를 고려한 해석의 실제 사례를 나타낸다.[11.7] 이 사례는 3.4.6절에 소개한 서울시 내부순환로의 교량으로, 캔틸레버공법으로 시공된 프리캐스트 세그멘탈 교량이다.

그림 11-59는 5경간 연속보의 가설 공정으로, 미리 제작한 프리캐스트 세그먼트 18개를 접합하여 교각 양쪽으로 캔틸레버를 가설한 후 연속화 하여 5경간 연속보를 시공한 예이다. 첫 번째 캔틸레버는 증기양생으로 제작한 프리캐스트 세그먼트를 재령 28일 시점에서 5일간 가설하여 32일째 날에 완성한다. 33일과 34일은 외측 경간 나머지 구간을 시공하고, 이어서 각 캔틸레버를 5일씩 시공하여 57일째 날에 완공한다. 5경간 연속보의 총길이는 230 m로서, 외측 경간은 40 m이고 내측 경간은 50 m이다.

그림 11-60은 런칭 트러스(launching truss)를 이용한 프리캐스트 세그먼트의 가설 모습을 나타낸다. 왕복 6차선의 교량은 상행선과 하행선으로 나누어 각각의 프리캐스트 박스단면으로 구성되었으므로, 런칭 트러스가 좌우로 이동하면서 상행선 세그먼트와 하행선 세그먼트를 운반하고 지지한다.

그림 11-61은 프리캐스트 세그먼트의 텐던 배치 형상을 나타낸다. 캔틸레버로 시공되는 동안에는 하나

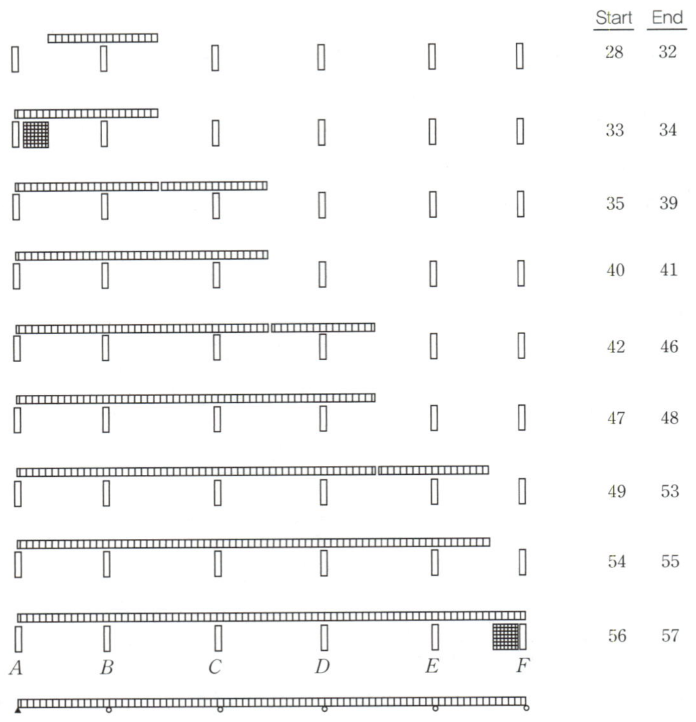

| 그림 11-59 | 프리캐스트 세그먼트 가설 공정[11.7]

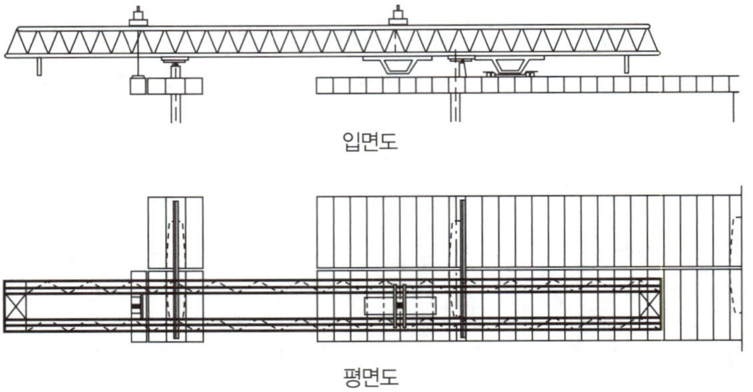

| 그림 11-60 | 런칭 트러스를 이용한 프리캐스트 세그먼트의 가설[11.7]

의 세그먼트를 접합할 때마다 단면 상부를 지나가는 캔틸레버 텐던이 추가된다. 캔틸레버들이 연결되어 연속화 된 후에는 단면의 하부를 지나가는 하부 연속 텐던(continuity tendon)을 배치하고 긴장한다.

그림 11-62는 5경간 연속보가 완성된 후에 나타나는 긴장력에 의한 휨모멘트 분포로서, 정모멘트를 수평축의 위로 표현하고 부모멘트를 수평축의 아래로 표현한 것이다. 프리캐스트 세그먼트를 접합한 위치에서 캔틸레버 텐던이 추가되어 중간 정착구의 형태로 긴장력이 도입되므로, 그림에 나타난 바와 같이 각 세그먼트의 접합부에서 긴장력에 의한 휨모멘트가 갑자기 변화한다. 그러나 긴장력에 의한 2차

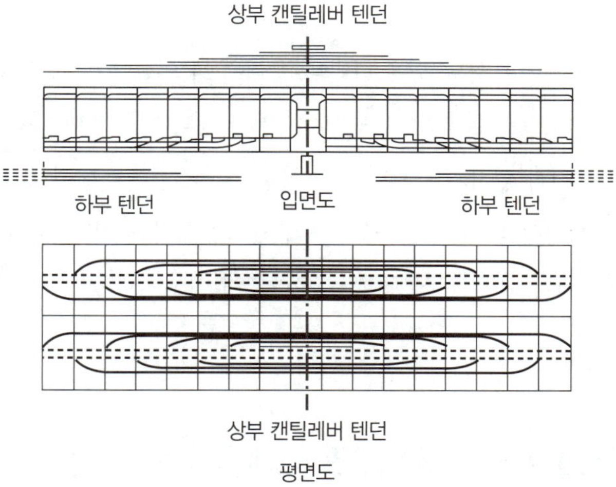

| 그림 11-61 | 프리캐스트 세그먼트 캔틸레버 텐던 배치[11.7]

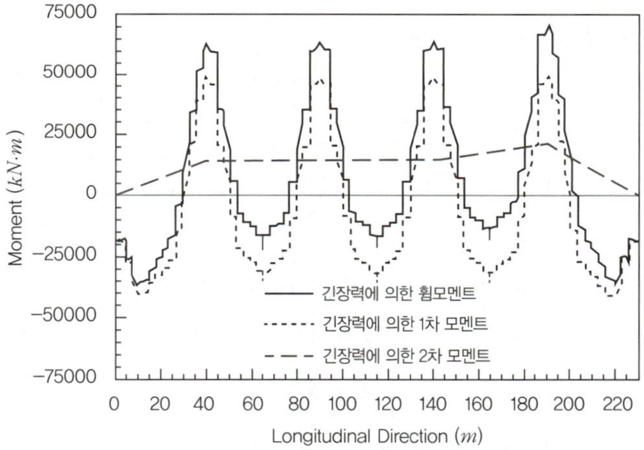

| 그림 11-62 | 긴장력에 의한 휨모멘트[11.7]

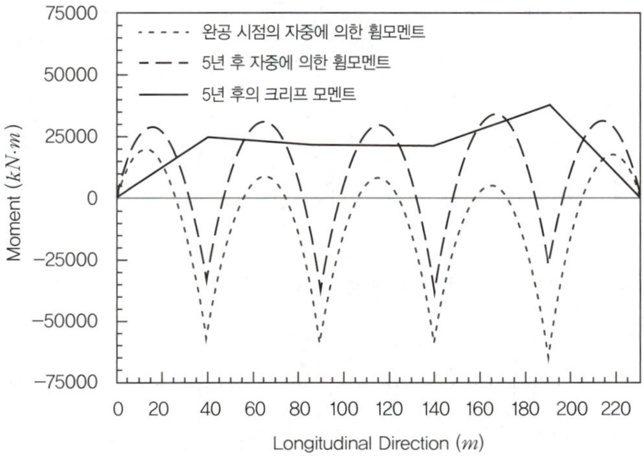

| 그림 11-63 | 자중에 의한 휨모멘트와 크리프 모멘트[11.7]

모멘트는 선형의 형태를 나타낸다.

그림 11-63은 5경간 연속보가 완성된 후에 나타나는 자중에 의한 휨모멘트 분포로서, 정모멘트를 수평축의 위로 표현하고 부모멘트를 수평축의 아래로 표현한 것이다. 그림에 나타난 바와 같이, 5경간 연속보가 완성된 시점에서는 지점 위치의 부모멘트가 최댓값을 가진다. 5년이 경과한 후에는 실선으로 나타낸 크리프 모멘트가 발생하게 되어, 경간 중앙부의 정모멘트가 증가한 형태를 나타낸다. 이와 같이 해석된 결과는 사용한계상태와 극한한계상태의 설계검증에 이용된다.

11.4 부정정 구조의 사용한계상태와 극한한계상태 검증

11.4.1 부정정 구조의 사용한계상태 검증

프리스트레스트 콘크리트 연속보와 부정정 구조물은 긴장력에 의한 2차 단면력이 작용하며, 세그멘탈 공법으로 시공되는 경우에는 콘크리트의 크리프와 수축에 의해서도 2차 단면력이 작용한다. 따라서 한계상태의 검증에서는 이들의 영향을 고려하여야 한다.

Eurocode[11.8]는 사용한계상태에 대하여 영구하중(permanent load) G_k와 변동하중(variable load)에 대한 조합값 $\psi_o Q_k$, 주기값 $\psi_1 Q_k$, 준영구값 $\psi_2 Q_k$로, 다음과 같이 특성하중조합(characteristic combination), 주기하중조합(frequent combination), 준영구하중조합(quasi-permanent combination)의 세 가지 하중조합을 규정하고 있다. [3.2.2절 [7]항과 6.1.3절 참조]

$$E_d = \sum_{j=1} G_{k,j} + P + Q_{k,1} + \sum_{i=1} \psi_{o,i}\, Q_{k,i} \qquad (11 \cdot 44)$$

$$E_d = \sum_{j=1} G_{k,j} + P + \psi_{1,1}\, Q_{k,1} + \sum_{i=1} \psi_{2,i}\, Q_{k,i} \qquad (11 \cdot 45)$$

$$E_d = \sum_{j=1} G_{k,j} + P + \sum_{i=1} \psi_{2,i}\, Q_{k,i} \qquad (11 \cdot 46)$$

이 식들에서 콘크리트의 크리프 및 수축에 의한 2차 단면력은 영구하중 G_k에 포함하며, 긴장력에 의한 단면력은 P로 표현한다. 이 식들에 나타난 바와 같이, 사용한계상태의 검증에서 콘크리트의 크리프 및 수축에 의한 단면력과 긴장력에 의한 단면력에 모두 1.0의 하중계수를 적용한다.

교량설계기준(한계상태설계법)[11.9]은 5가지의 사용한계상태 하중조합을 규정하고 있으며, 그 중에서 두 번째를 제외한 다음의 네 가지 하중조합을 콘크리트 구조물에 적용한다. [3.2.2절 [7]항과 6.1.3절 참조]

$$A_{d,sI} = (D+PS+CR+SH)+(L+I)+0.3\,W \tag{11·47}$$

$$A_{d,sIII} = (D+PS+CR+SH)+0.8(L+I) \tag{11·48}$$

$$A_{d,sIV} = (D+PS+CR+SH)+0.7\,W \tag{11·49}$$

$$A_{d,sV} = D+PS+CR+SH \tag{11·50}$$

이들의 하중조합에서 프리스트레싱에 의한 하중작용은 PS로, 콘크리트의 크리프 및 수축에 의한 단면력은 각각 CR과 SH로 고려하도록 하고 있다. 이 식들에 나타난 바와 같이, 교량설계기준(한계상태설계법)[11.9]에서도 사용한계상태의 검증에서 콘크리트의 크리프 및 수축에 의한 단면력과 긴장력에 의한 단면력에 모두 1.0의 하중계수를 적용한다.

강도설계법을 기본 설계개념으로 하는 콘크리트구조설계기준,[11.4] ACI 318 Code,[11.10] AASHTO-LRFD[11.10]에서도 역시 사용한계상태의 검증에서 이 영향을 고려하도록 하고 있다. 즉, 사용하중이 작용할 때의 구조성능은 프리스트레스, 콘크리트의 크리프와 수축, 온도변화, 축방향 변형, 연결된 부재요소에 의한 구속과 지반 침하의 영향으로 발생되는 반력과 단면력을 고려하여 검증하여야 하며, 이 검증해석에 탄성해석을 적용하도록 규정하고 있다.

이에 따라 프리스트레스트 콘크리트 연속보와 부정정 구조물은 다음과 같이 응력을 해석하고 사용한계상태를 검증하여야 한다.

$$f = \frac{P}{A} + \frac{P\,e_p}{I}\,y + \frac{M_{P2}}{I}\,y + \frac{M_{load}}{I}\,y + \frac{M_{cp}}{I}\,y \tag{11·51}$$

여기서, 첫 번째 항은 긴장력 P에 의한 압축응력, 두 번째 항은 긴장력의 편심작용인 1차 모멘트 $P\,e_p$에 의한 응력, 세 번째 항은 긴장력에 의한 2차 모멘트 M_{P2}에 의한 응력, 네 번째 항은 외력 M_{load}에 의한 응력, 다섯 번째 항은 크리프 모멘트 M_{cp}에 의한 응력이다.

만일 긴장력에 의한 휨모멘트의 해석에서 등가하중 해석법을 사용하여 긴장력에 의한 1차 모멘트와 2차 모멘트를 합한 총 모멘트 $M_{P,total}$를 한 번에 구하였다면, 이를 이용하여 다음과 같이 응력을 해석할 수 있다.

$$f = \frac{P}{A} + \frac{M_{P,total}}{I}\,y + \frac{M_{load}}{I}\,y + \frac{M_{cp}}{I}\,y \tag{11·52}$$

한편 등가하중 해석법을 적용할 때, 긴장력에 의한 등가하중과 고정하중 및 활하중의 외력을 합한 내적 순수하중을 대상으로 구조해석을 수행하여 내적 순수 휨모멘트 M_{net}를 구하였다면, 다음과 같이 간단하게 휨 응력을 해석할 수 있다.

$$f = \frac{P}{A} + \frac{M_{net}}{I} y + \frac{M_{cp}}{I} y \tag{11·53}$$

만일 부정정 구조물을 시공할 때 전체 콘크리트를 한 번에 타설하여 완공한 구조물이라면, 콘크리트의 크리프 및 수축에 의한 2차 단면력은 무시할 수 있다. 이 때에는 위의 응력 계산식에서 크리프 모멘트 M_{cp}를 0으로 계산한다. 만일 부정정 구조물이 세그멘탈 공법으로 시공되는 경우에는 크리프 모멘트 M_{cp}가 시간의 함수이므로, 구조물 각 부분에서 가장 불리한 경우가 되는 시점의 M_{cp}을 대상으로 응력을 검증한다. 일반적인 경우에는 구조물의 완공시점과 크리프가 충분히 진행된 시점의 두 시점에서 응력을 검증한다.

프리스트레스트 콘크리트 연속보와 부정정 구조물의 한계상태검증은 휨 응력뿐만 아니라 처짐과 균열 등에 대해서도 검증하여야 하며, 이때에도 역시 긴장력에 의한 2차 단면력과 콘크리트의 크리프 및 수축에 의한 2차 단면력의 영향을 고려하여야 한다. 다만 실제 구조물에서는 콘크리트의 수축에 의한 2차 단면력이 크게 영향을 미치지 않으므로 무시하는 경우가 많다.

11.4.2 부정정 구조의 극한한계상태 검증

프리스트레스트 콘크리트 부정정 구조물의 극한한계상태의 검증에서도 긴장력에 의한 2차 단면력과 콘크리트의 크리프 및 수축에 의한 2차 단면력을 고려하여야 한다.

Eurocode[11.8]는 다음의 하중조합에 대하여 구조물의 극한한계상태 검증을 수행한다. 정상설계상황(persistent design situation)과 임시설계상황(transient design situation)에 대한 구조물의 극한한계상태 검증은 식 (11·54), 화재나 폭발 및 충돌 등과 같은 사고로 인한 극단설계상황(accidental design situation)에서는 식 (11·55), 지진설계상황(seismic design situation)에서는 식 (11·56)을 적용한다. [3.2.2절 [6]항 참조]

$$E_d = \sum_{j \geq 1} \gamma_{G,j} G_{k,j} + \gamma_p P + \gamma_{Q,1} Q_{k,1} + \sum_{i>1} \gamma_{Q,i} \psi_{o,i} Q_{k,i} \tag{11·54}$$

$$E_d = \sum_{j \geq 1} G_{k,j} + P + A_d + \psi_{1,1} Q_{k,1} + \sum_{i>1} \psi_{2,i} Q_{k,i} \tag{11·55}$$

$$E_d = \sum_{j \geq 1} G_{k,j} + P + A_{Ed} + \sum_{i \geq 1} \psi_{2,i} Q_{k,i} \tag{11·56}$$

이 식들에 나타난 바와 같이, Eurocode[11.8]에서는 극단설계상황과 지진설계상황에 대해서는 콘크리트의 크리프 및 수축에 의한 단면력 G_k와 긴장력에 의한 단면력 P에 모두 1.0의 하중계수를 적용한다. 식 (11·54)의 정상설계상황과 임시설계상황에서의 극한한계상태 하중조합에서 변동하중에 대한 하중계수 γ_Q는 1.5이고, 영구하중에 대한 하중계수 γ_G는 1.35 또는 1.0으로서 구조물에 불리한 경우와 유리한 경우를 모두 고려하여 적용한다. 이때 P에 대한 하중계수 γ_P는 유리한 경우의 계수 $\gamma_{P,fav}$를 적용하므로 1.0이다. 따라서 자중에 의한 단면력 G_D, 콘크리트의 크리프에 의한 단면력 G_{cp}, 활하중에 의한 단면력 Q_L, 긴장력에 의한 2차 단면력 P를 조합한 하중조합은 다음과 같이 두 가지로 나타낼 수 있다. 여기서 G_{cp}는 시간의 함수이므로, 구조물의 완공시점에서는 0이고 크리프가 충분히 진행된 시점에서는 G_{cp}의 값을 갖는다.

$$E_d = 1.35\,G_D + 1.35\,G_{cp} + P + 1.5\,Q_L \tag{11·57}$$

$$E_d = G_D + G_{cp} + P + 1.5\,Q_L \tag{11·58}$$

교량설계기준(한계상태설계법)[11.9]은 하중조합으로 표 3-9의 값을 적용하고, 극한한계상태 하중조합에서 고정하중계수 γ_D로 표 3-11의 값을 적용한다. 표 3-11에 나타난 바와 같이, 고정하중 DC에 대해서는 불리한 경우와 유리한 경우를 구분하여 1.25와 0.9를 적용하고, 긴장력 PS에 대해서는 기본적으로 1.0을 적용하며, 세그멘탈 교량의 콘크리트 크리프 CR에 대해서는 γ_D를 적용한다. 따라서 세그멘탈 콘크리트 교량의 극한한계상태 하중조합 I은 다음과 같이 두 가지로 나타낼 수 있다.

$$A_{d,uI} = 1.25\,DC + 1.25\,CR + PS + 1.8(LL + IM) \tag{11·59}$$

$$A_{d,uI} = 0.9\,DC + 0.9\,CR + PS + 1.8(LL + IM) \tag{11·60}$$

여기서 LL은 차량활하중이고 IM은 충격하중이다. CR은 시간의 함수이므로, 구조물의 완공시점에서는 0이고 크리프가 충분히 진행된 시점에서는 CR의 값을 갖는다. AASHTO-LRFD[11.10]에서도 활하중에 대한 하중계수의 값은 다르지만, 교량설계기준(한계상태설계법)과 동일하게 적용한다.

콘크리트구조설계기준[11.4]과 ACI 318 Code[11.10]도 역시 프리스트레스트 콘크리트 부정정 구조물의 강도검증에서 이 영향을 고려하도록 하고 있다. 다만, 콘크리트의 크리프 및 수축에 의한 2차 단면력에 대하여는 특별히 언급하고 있지 않으며, 긴장력에 의한 2차 단면력에 대하여는 명확하게 규정하고 있다. 즉, 부정정 구조물에 대해서는 프리스트레스에 의해 발생되는 반력으로 인한 휨모멘트와 계수하중에 의한 휨모멘트를 합하여 소요강도를 구하도록 규정하고 있다.[11.12] 따라서, 1.2의 고정하중계수와 1.6의 활하중계수를 적용하는 콘크리트구조설계기준[11.4]과 ACI 318 Code[11.10]에서 부정정 구조물에 대한 소요강도로서 계수휨모멘트를 구할 때에는 다음과 같이 구한다.

$$M_u = 1.2\,M_D + 1.6\,M_L + M_{P2} \tag{11·61}$$

$$M_u = 1.2\,M_D + 1.6\,M_L + M_{P2} + 1.2\,M_{cp} \tag{11·62}$$

여기서, 콘크리트의 크리프에 의한 2차 효과를 무시하는 경우에는 식 (11·61)을 적용하며, 이 효과를 고려하는 경우에는 식 (11·62)를 적용한다. 크리프 효과의 고려 여부는 콘크리트 시공방법을 검토하여 결정하여야 한다. 즉, 프리스트레스트 콘크리트 건축구조에서, 각 층의 콘크리트를 한 번에 타설하고 긴장력을 도입한다면 콘크리트의 크리프에 의한 2차 효과를 무시할 수 있을 것이다. 그러나 한 층을 시공하면서 콘크리트를 몇 개의 세그먼트로 나누어 시공한다면, 크리프 모멘트를 고려한 식 (11·62)를 적용하여야 할 것이다.

11.5 연속보의 휨모멘트 재분배

11.5.1 연속보의 소성거동

연속보 구조에서 부재의 소성회전 변형능력(plastic rotation capacity)이 충분한 경우에는 최대 휨모멘트가 작용하는 위치에서 소성힌지(plastic hinge)가 발생한 후에 추가의 하중을 저항할 수 있다. 단면의 소성회전 변형능력은 휨모멘트-곡률 관계나 휨모멘트-회전각 관계로 나타낼 수 있다.

그림 11-64는 인장력을 받는 강재의 양이 균형 강재량보다 적게 배치된 저보강 단면(under-reinforced section)의 휨모멘트-곡률 관계와 휨모멘트-회전각 관계를 나타낸다. 휨모멘트가 부재에 작용하면 균열이 발생하기 전까지는 휨모멘트의 증가에 따라 곡률과 회전각이 정비례로 증가한다. 인장응력을 받는 콘크리트에 균열이 발생하면 곡선의 기울기가 감소하지만, 강재가 항복할 때까지 곡률과 회전각은 계속 증가한다. 저보강 단면에서 인장력을 받는 강재가 항복한 후에는 압축연단의 콘크리트가 파괴될 때까지 강도를 유지하면서 변형이 진행된다.

그림 11-65(a)는 강재가 항복할 때의 변형률 분포로서, 강재의 변형률은 철근의 항복변형률 ε_y 또는

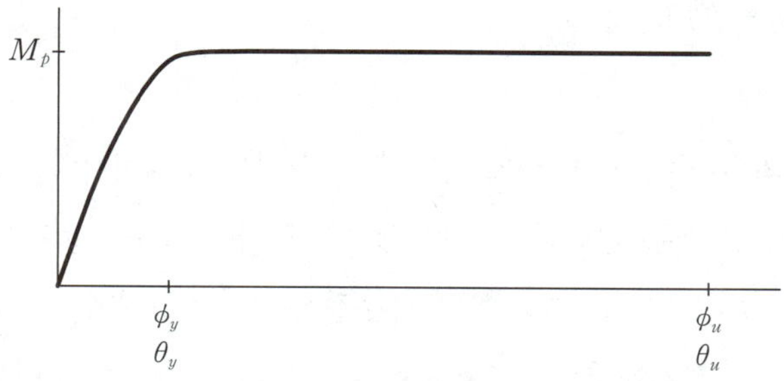

| 그림 11-64 | 휨모멘트-곡률 관계 및 휨모멘트-회전각 관계

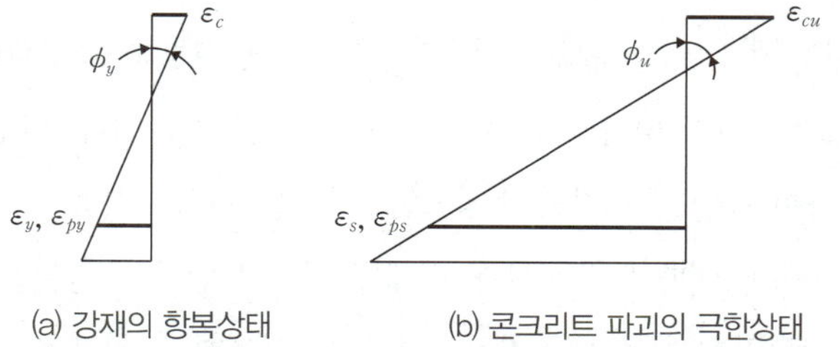

| 그림 11-65 | 항복상태와 극한상태의 변형률 분포

프리스트레싱 강재의 항복변형률 ε_{py}에 도달한다. 이때 압축연단의 콘크리트 변형률은 ε_c로서 극한변형률 ε_{cu}보다 작은 값을 갖는다. 이 변형률 분포에서 변형 전의 평면과 변형 후의 평면이 이루는 각도를 항복곡률 ϕ_y라고 하며, 이때의 휨모멘트는 일반적으로 항복모멘트 M_y로 표현한다.

강재가 항복한 이후 변형이 진행되면 강재의 인장 변형률과 콘크리트의 압축변형률이 증가하며, 압축연단의 콘크리트 변형률이 극한변형률 ε_{cu}에 도달할 때까지 곡률이 증가한다. 그림 11-65(b)는 극한상태의 변형률 분포로서 이때의 곡률 ϕ_u를 극한곡률이라고 한다. 극한상태의 휨모멘트는 일반적으로 극한모멘트 M_u로 표현하는데, 계수휨모멘트를 나타내는 기호와 동일하지만 의미는 다른 것이다. 콘크리트 구조물에서는 M_u가 M_y보다 큰 것이 일반적이지만 그 차이가 크지 않다고 보면, 단면이 소성 상태가 되었을 때의 휨모멘트라는 의미로 소성모멘트 M_p로 표현할 수 있다. 즉, 항복상태에서 소성 상태가 될 때까지 휨모멘트가 소성모멘트 M_p로 유지되는 것이다. 이러한 거동을 탄소성 거동(elastoplastic behavior)이라고 한다.

탄소성으로 거동하는 부재는 소성모멘트 M_p를 유지하면서 단면의 곡률과 부재의 회전각이 증가하므로, M_p를 초과하는 더 이상의 휨모멘트에는 저항하지 못하지만 부재 단면이 회전할 수는 있는 상태가 된다. 따라서 소성 상태에서 힌지처럼 거동하게 되므로, 이를 소성힌지라고 한다. 소성힌지가 형성된 후, 즉 항복 상태가 된 이후 극한 상태가 될 때까지 단면이 보유하고 있는 회전각 변형성능을 θ_p라고 하면, θ_p는 다음과 같이 나타낼 수 있다.

$$\theta_p = \theta_u - \theta_y = (\phi_u - \phi_y)\, l_p \tag{11·63}$$

여기서, l_p는 소성힌지의 길이이다. 이 식에 나타난 바와 같이 소성힌지의 변형성능은 극한곡률 ϕ_u가 클수록 증가하므로, 휨부재에서는 인장력을 받는 강재의 양이 적을수록 θ_p가 증가한다. 콘크리트 구조물의 내진설계에서도 이 관계를 이용한다. 즉, 응답수정계수(반응수정계수, response modification factor, R-factor)를 적용한 소성설계에서는 소성힌지로 거동해야 할 구간에 매우 많은 양의 횡구속 철근을 배치하는데, 이 것은 심부 콘크리트를 횡구속하여 극한곡률 ϕ_u를 증가시킴으로써 회전각 변형성능 θ_p를 증가시키기 위한 것이다.

그림 11-66은 소성한지가 형성된 연속보의 거동을 나타낸다. 그림 11-66(a)와 같이 등분포하중이 작용하는 2경간 연속보는 그림 11-66(b)와 같은 휨모멘트 분포를 갖게 된다. 만일 이 2경간 연속보가 정모멘트와 부모멘트에 대하여 동일한 크기의 소성모멘트 M_p를 가지고 있다면, 내부지점의 위치에서 먼저 항복상태에 도달할 것이다. 이때까지는 부재 전체에 걸쳐서 인장을 받는 강재가 탄성 상태이므로, 이때의 등분포하중을 w_{el}로 표현한다. 내부지점의 위치에 작용하는 휨모멘트 $w_{el}l^2/8$이 M_p와 동일한

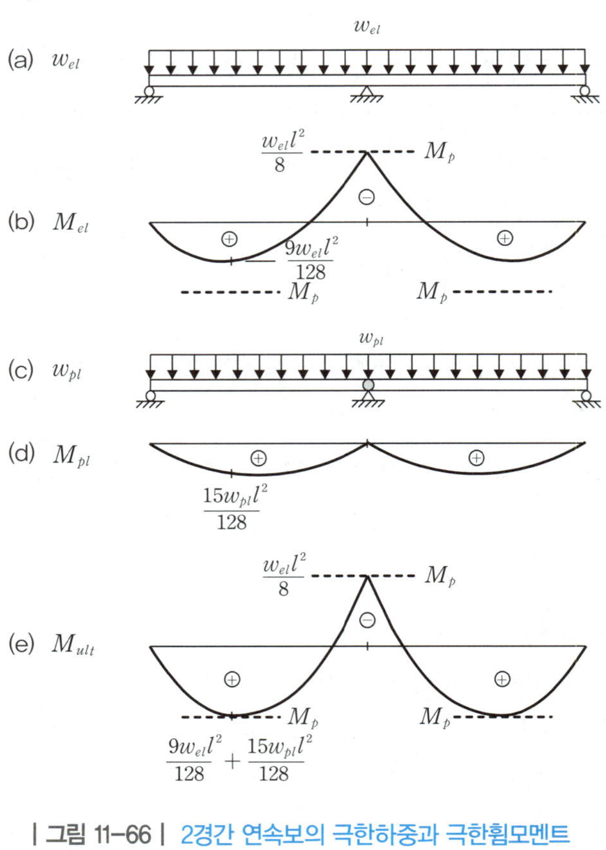

| 그림 11-66 | 2경간 연속보의 극한하중과 극한휨모멘트

값일 때에는, 그림 11-66(b)에 나타난 바와 같이 외부 지점에서 $3l/8$ 떨어진 경간 중앙부의 휨모멘트가 $9w_{el}l^2/128$로서 인장응력을 받는 강재가 항복상태에 도달하지 않은 상태이다.

이 상태에서 하중이 증가하면, 그림 11-66(c)와 같이 내부지점 위치의 단면은 더 이상의 휨모멘트에는 저항하지 못하고 회전변형만 발생하는 소성힌지 상태가 된다. 이때부터 2경간 연속보는 내부지점 위치에 힌지가 존재하여 단순보와 같은 형태로 하중에 저항하게 된다. 내부지점이 소성인 상태에서 등분포하중 w_{pl}가 추가로 작용하면, 두 개의 단순보에는 그림 11-66(d)와 같은 휨모멘트가 작용하게 된다. 이때 2경간 연속보에서 최대 정모멘트가 작용했던 $3l/8$ 위치는 $15w_{pl}l^2/128$의 휨모멘트가 작용하게 된다.

이제 그림 11-66(b)의 휨모멘트 분포와 그림 11-66(d)의 휨모멘트 분포를 합하면 그림 11-66(e)와 같은 휨모멘트 분포를 얻게 된다. 이때 최대 정모멘트가 작용하는 $3l/8$ 위치의 휨모멘트가 소성모멘트 M_p에 도달하면 더 이상의 하중을 저항하지는 못하게 된다. 이와 같은 상태를 붕괴기구(collapse mechanism)라고 한다.

그림 11-66(d)와 같이 최대 부모멘트와 최대 정모멘트가 작용하는 내부지점의 위치와 $3l/8$ 위치에서 모두 소성모멘트에 도달하면, 두 위치의 휨모멘트는 다음과 같이 나타낼 수 있다.

$$M_p = \frac{w_{el}\, l^2}{8} \tag{11·64}$$

$$M_p = \frac{9\, w_{el}\, l^2}{128} + \frac{15\, w_{pl}\, l^2}{128} \tag{11·65}$$

2경간 연속보가 정모멘트와 부모멘트에 대하여 동일한 크기의 소성모멘트 M_p를 가진다면, 식 (11·64)와 식 (11·65)의 관계는 다음과 같다.

$$\frac{w_{el}\, l^2}{8} = \frac{9\, w_{el}\, l^2}{128} + \frac{15\, w_{pl}\, l^2}{128} \tag{11·66}$$

이 관계식을 내부지점이 소성인 상태에서 추가로 작용하는 등분포하중 w_{pl}를 중심으로 정리하면, 다음과 같은 관계를 얻는다.

$$w_{pl} = \frac{7}{15}\, w_{el} \tag{11·67}$$

내부지점이 소성 상태인 2경간 연속보가 저항할 수 있는 최대 휨모멘트, 즉 극한모멘트 M_{ult}(또는 M_u)는 그림 11-66(e)와 같은 휨모멘트 분포를 가지며, 다음과 같이 나타낼 수 있다.

$$M_{ult} = M_{el} + M_{pl} \tag{11·68}$$

이때의 등분포하중, 즉 내부지점이 소성 상태인 2경간 연속보가 저항할 수 있는 최대 등분포하중 w_{ult}는 다음과 같다.

$$w_{ult} = w_{el} + w_{pl} = w_{el} + \frac{7}{15} w_{el} = 1.47\, w_{el} \tag{11·69}$$

이와 같은 결과는, 부재단면이 충분한 소성회전 변형능력을 가진 2경간 연속보가 정모멘트와 부모멘트에 대하여 동일한 크기의 소성모멘트를 가진다면 내부지점 위치에서 소성 상태가 된 이후에도 47%의 하중을 추가로 저항할 수 있다는 것을 보여준다.

그림 11-66을 중심으로 설명한 이상의 해석은 소성해석(plastic analysis)의 기본 개념을 설명한 것이다. 이 결과를 얻기 위한 구조해석에서 선형탄성해석(linear elastic analysis)을 이용하는 경우에는 휨모멘트 재분배(moment redistribution) 기법을 적용한다.

그림 11-67은 휨모멘트 재분배의 기본 개념을 나타낸다. 등분포하중이 작용하는 2경간 연속보에 대하여 선형탄성해석을 수행하면, 그림 11-67에서 점선으로 나타낸 휨모멘트 M_{el}의 분포를 얻는다. 이때 내부지점 위치에서의 최대 휨모멘트가 그 위치의 단면이 가지고 있는 소성모멘트 M_p보다 큰 경우, 부재단면이 충분한 소성회전 변형능력을 가진다면 실제의 휨모멘트는 M_{el}이 아닌 M_p가 된다. 즉 내부지점에서의 M_{el}은 실제의 값이 아니라, 선형탄성의 구조해석 상 나타나는 값인 것이다. 이 위치에서의 실제 휨모멘트는 M_p이므로, M_{el}과 M_p의 차이인 ηM_{el}만큼은 다른 부분으로 재분배시켜야 한다. 이때의 휨모멘트 재분배는 휨모멘트가 재분배된 후에도 정적 평형이 유지되도록 하여야 한다.

휨모멘트가 재분배된 후에는 그림 11-67에서 실선으로 나타낸 휨모멘트 M_{rd}의 분포를 갖는다. 내부지점에서 재분배되고 남은 휨모멘트는 δM_{el}로서, 이 값은 이론상으로 M_p와 같아야 한다. 이와 같이 재분배된 후 경간 중앙부에 작용하는 최대 정모멘트가 소성모멘트 M_p 이하이면, 이 2경간 연속보는 작용하고 있는 하중을 저항할 수 있는 것으로 검증된다.

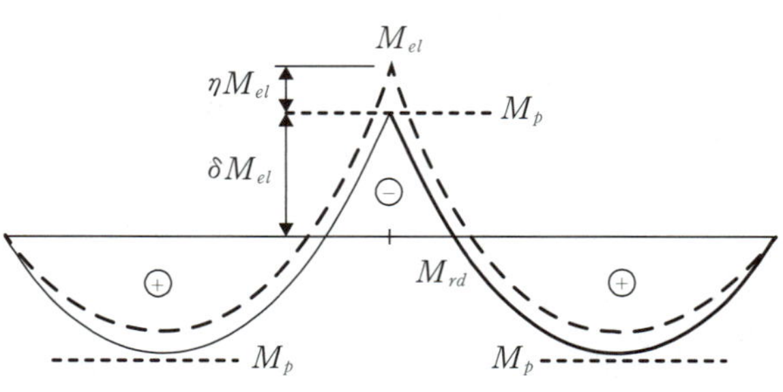

| 그림 11-67 | 2경간 연속보의 휨모멘트 재분배

휨모멘트 재분배를 수행하여 콘크리트 구조물을 설계할 때에는 다음의 과정으로 설계하고 검증할 수 있을 것이다.

(1) 설계하중에 대한 계수하중을 결정하고, 선형탄성 구조해석을 수행하여 지점에서의 계수휨모멘트 M_{el}를 구한다.

(2) 지점에서 단면이 보유하고 있는 설계휨강도 M_d(또는 ϕM_n)를 구한다.

(3) 탄성 계수휨모멘트 M_{el}이 설계휨강도 M_d보다 더 크다면, 지점에서 재분배되어야 할 소요 재분배율 η_{req}를 다음 식으로 구한다.

$$\eta_{req} = \frac{M_{el}}{M_d} - 1.0 \qquad (11\cdot70)$$

(4) 단면이 충분한 소성회전 변형능력을 보유하고 있는지 연성능력을 검토하여 한계 재분배율 η_{lim}을 구한다.

(5) 다음과 같이 소요 재분배율 η_{req}이 한계 재분배율 η_{lim}을 초과하지 않는다는 것을 검증한다.

$$\eta_{req} \leq \eta_{lim} \qquad (11\cdot71)$$

한계 재분배율 η_{lim}은 설계기준에 따라 달리 규정하고 있으므로, 실제 설계에서는 적용하는 설계기준에 따라 결정하여야 한다.

한편, 연속보의 지점을 삼각형 모양의 지점으로 모델링하면, 그림 11-68의 점선과 같이 지점에서의 휨모멘트가 뾰족한 최댓값을 갖는다. 그러나 실제 구조물에서는 그림 11-68과 같이 폭을 가진 지점이 사용되므로 받침부 내면에서의 휨모멘트를 대상으로 설계하는 것이 경제적이다. 또 한편, 이상의 설명

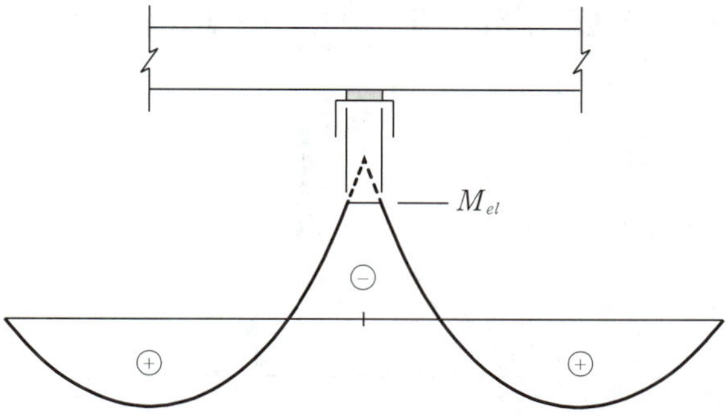

| 그림 11-68 | 내부지점의 최대 휨모멘트

에서는 지점의 부모멘트가 먼저 소성모멘트에 도달하는 상황으로 설명하였다. 이렇게 지점의 부모멘트가 먼저 소성모멘트에 도달하는 거동을 보이는 것이 일반적이지만, 경우에 따라서는 경간 중앙부의 정모멘트가 먼저 소성모멘트에 도달하여 재분배가 이루어 질 수도 있다.

11.5.2 설계기준에 따른 휨모멘트 재분배

연속보 구조에서 부재의 소성회전 변형능력이 충분한 경우에는 한 위치에서 계수 휨모멘트가 설계휨강도에 도달하여도 구조물은 더 큰 하중을 저항할 수 있다. 이러한 설계에는 구조해석 방법으로 소성해석을 적용하거나, 탄성해석 후의 휨모멘트 재분배 기법을 적용할 수 있다. 이때에는 부재의 소성회전 변형능력이 충분하다는 것을 검증하여야 하는데, 대부분의 주요 설계기준에서는 극한한계상태의 변형률 분포로서 휨모멘트의 한계 재분배율을 규정하고 있다.

그림 11-69는 휨부재의 극한한계상태 변형률 분포로서, 콘크리트의 극한변형률 ε_{cu}, 인장력을 받는 강재의 순인장변형률 ε_t, 중립축의 깊이 c, 단면의 유효깊이 d, 극한곡률 ϕ_u를 나타낸다. 이 변형률 분포에서 휨모멘트의 한계 재분배율은 강재의 순인장변형률 ε_t로 나타내거나, 또는 단면의 유효깊이에 대한 중립축의 깊이 비 c/d로 나타낼 수 있다.

콘크리트구조설계기준,[11.4] ACI 318 Code,[11.10] AASHTO-LRFD[11.11]는 콘크리트 연속보의 휨모멘트 한계 재분배율을 강재의 순인장변형률 ε_t을 기준으로 규정하고 있으며, 교량설계기준(한계상태설계법)[11.9]과 Eurocode 2[11.13]는 중립축의 깊이 비 c/d를 기준으로 규정하고 있다. 이들 주요 설계기준의 휨모멘트 재분배율과 적용범위는 다음과 같다.

[1] 콘크리트구조설계기준, ACI 318 Code, AASHTO-LRFD의 휨모멘트 재분배 기준

콘크리트구조설계기준,[11.4] ACI 318 Code,[11.10] AASHTO-LRFD[11.11]는 극한상태에서 강재에 발생하는 순인장변형률 ε_t를 기준으로 휨모멘트 재분배율을 규정하고 있다. 재분배율은 다음 식과 같이 순인장변형률 ε_t에 1,000을 곱하여 퍼센트 단위로 결정하며, ε_t가 0.0075 이상인 경우에만 재분배를 허용하

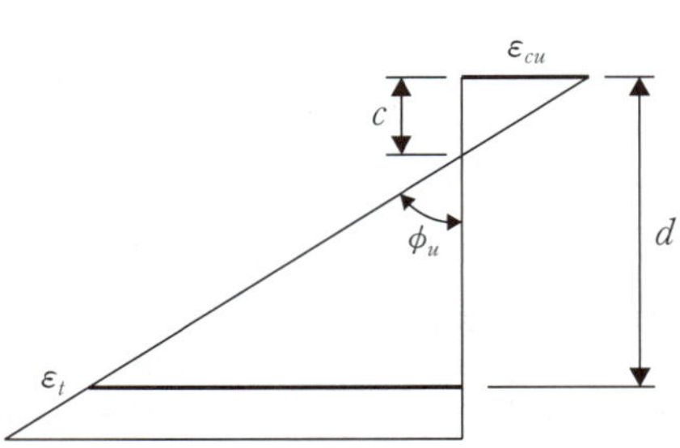

| 그림 11-69 | 내부지점의 최대 휨모멘트

고, 최대 20%까지 허용한다.

$$\eta_{lim} = 1{,}000\ \varepsilon_t\ (\%) \tag{11·72}$$

$$0.075 \le \eta_{lim} \le 0.2 \tag{11·73}$$

[2] 교량설계기준(한계상태설계법)의 휨모멘트 재분배 기준

교량설계기준(한계상태설계법)[11.9]은 인접한 부재와의 지간의 비가 0.5와 2.0 사이인 경우, 단면의 유효깊이에 대한 중립축의 깊이 비 c/d를 기준으로 다음과 같이 휨모멘트 재분배율을 규정하고 있으며, 최대 15%까지 허용한다.

$$\eta_{lim} = 1 - \frac{0.0033}{\varepsilon_{cu}}\left(0.6 + \frac{c}{d}\right) \tag{11·74}$$

$$\eta_{lim} \le 0.15 \tag{11·75}$$

식 (11·74)는 c/d 외에 콘크리트의 극한변형률 ε_{cu}가 변수이므로, 콘크리트의 설계기준압축강도에 따라 재분배 비율이 달라진다. 교량설계기준(한계상태설계법)은 콘크리트의 설계기준압축강도가 40 MPa 이하인 경우 극한변형률 ε_{cu}가 0.0033이고, 압축강도가 증가함에 따라 ε_{cu}가 감소한다. 따라서 고강도 콘크리트에서는 압축강도가 클수록 재분배 비율이 감소하게 된다.

[3] Eurocode의 휨모멘트 재분배 기준

Eurocode 2[11.13]는 인접한 부재와의 지간의 비가 0.5와 2.0 사이인 경우, 다음과 같이 재분배되고 남은 휨모멘트 비율 δ을 규정하고 있다.

$$\delta \ge 0.44 + 1.25\left(0.6 + \frac{0.0014}{\varepsilon_{cu}}\right)\frac{c}{d} \tag{11·76}$$

$$\delta \ge 0.54 + 1.25\left(0.6 + \frac{0.0014}{\varepsilon_{cu}}\right)\frac{c}{d} \tag{11·77}$$

식 (11·76)은 콘크리트의 설계기준압축강도 f_{ck}가 50 MPa 이하인 경우에 적용하며, 식 (11·77)은 f_{ck}가 50 MPa을 초과하는 경우에 적용한다. 철근콘크리트인 경우에는 구조용인 Class B 철근과 내진용인

Class C 철근일 때, 건물에 대해서는 δ를 0.7까지 허용하고 교량에 대해서는 δ를 0.85까지 허용한다. 즉, 건물에 대해서는 30%까지 휨모멘트 재분배를 허용하고 교량에 대해서는 15%까지 휨모멘트 재분배를 허용한다.

식 (11·76)과 식 (11·77)을 변환하여 휨모멘트 한계 재분배율 η_{lim}로 나타내면 다음과 같이 변환된다. 식 (11·78)은 f_{ck}가 50 MPa 이하인 경우, 식 (11·79)는 f_{ck}가 50 MPa을 초과하는 경우의 한계 재분배율이다.

$$\eta_{lim} = 1-\delta = 0.56-\left(0.75+\frac{0.00175}{\varepsilon_{cu}}\right)\frac{c}{d} \tag{11·78}$$

$$\eta_{lim} = 1-\delta = 0.46-\left(0.75+\frac{0.00175}{\varepsilon_{cu}}\right)\frac{c}{d} \tag{11·79}$$

Eurocode에서도 고강도 콘크리트의 극한변형률이 보통강도 콘크리트의 극한변형률보다 작게 규정되어 있으므로, f_{ck}가 50 MPa을 초과하는 경우에는 압축강도가 클수록 재분배 비율이 감소하게 된다.

[4] 휨모멘트 재분배 기준의 비교

콘크리트구조설계기준,[11.4] ACI 318 Code,[11.10] AASHTO-LRFD[11.11]는 극한상태에서의 순인장변형률 ε_t를 기준으로 휨모멘트 재분배율을 규정하고 있는데, 이를 중립축의 위치에 따른 재분배율로 변환할 수 있다. 즉, 그림 11-69에서 중립축의 위쪽 삼각형과 아래쪽 삼각형의 닮은비로 다음의 관계를 얻을 수 있다.

$$\frac{\varepsilon_{cu}}{c} = \frac{\varepsilon_t}{d-c} \tag{11·80}$$

이 식을 변환하여 ε_t를 중심으로 정리하면 다음과 같은 관계를 얻는다.

$$\varepsilon_t = \varepsilon_{cu}\left(\frac{1}{c/d}-1\right) \tag{11·81}$$

이 식의 ε_t를 식 (11·72)에 대입하면 재분배율 η_{lim}을 다음과 같이 구할 수 있다.

$$\eta_{lim} = 1{,}000\,\varepsilon_t = 1{,}000\,\varepsilon_{cu}\left(\frac{1}{c/d}-1\right) \tag{11·82}$$

콘크리트구조설계기준, ACI 318 Code, AASHTO-LRFD에서는 콘크리트의 극한변형률 ε_{cu}를 0.003으로 정의하고 있으므로, 이 식은 다음과 같이 나타낼 수 있다.

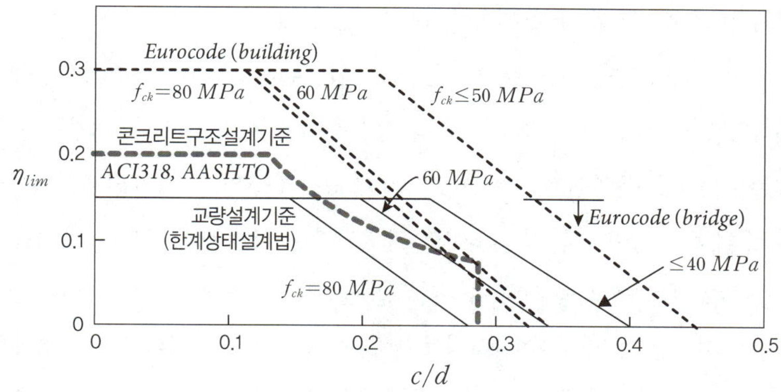

| 그림 11-70 | 설계기준에 따른 휨모멘트 재분배 비율

$$\eta_{lim} = 3\left(\frac{1}{c/d} - 1\right) \tag{11·83}$$

그림 11-70은 극한한계상태에서의 중립축의 깊이 비 c/d에 따른 한계 재분배율 η_{lim}을 나타낸 것으로서, 교량설계기준(한계상태설계법)은 식 (11·74), Eurocode는 식 (11·78)과 식 (11·79), 콘크리트구조설계기준, ACI 318 Code, AASHTO-LRFD는 식 (11·83)으로 표현한 것이다. 콘크리트구조설계기준, ACI 318 Code, AASHTO-LRFD는 콘크리트의 설계기준압축강도 f_{ck}와 무관하게 휨모멘트 재분배율이 결정되지만, 교량설계기준(한계상태설계법)과 Eurocode는 f_{ck}에 따라 재분배율이 다르다.

그림 11-70에 나타난 바와 같이 콘크리트구조설계기준, ACI 318 Code, AASHTO-LRFD는 c/d가 0.286 이하인 경우에 휨모멘트 재분배를 허용하여, c/d가 0.286일 때 η_{lim}이 0.075이고 c/d가 0.13 이하일 때 η_{lim}이 0.2이다.

교량설계기준(한계상태설계법)은 f_{ck}가 40 MPa 이하인 경우, c/d가 0.4 이하일 때 휨모멘트 재분배를 허용하며, c/d가 0.25 이하일 때 η_{lim}이 최댓값 0.15가 된다. f_{ck}가 60 MPa인 경우에는 c/d가 0.339 이하일 때 휨모멘트 재분배를 허용하며, c/d가 0.198 이하일 때 η_{lim}이 최댓값 0.15가 된다. f_{ck}가 80 MPa인 경우에는 c/d가 0.279 이하일 때 휨모멘트 재분배를 허용하며, c/d가 0.147 이하일 때 η_{lim}이 최댓값 0.15가 된다.

Eurocode는 f_{ck}가 50 MPa 이하인 경우, c/d가 0.45 이하일 때 휨모멘트 재분배를 허용하며, 건물구조에는 최대 0.3까지 허용하고 교량에는 최대 0.15까지 허용한다. f_{ck}가 50 MPa을 초과하면 상대적으로 매우 보수적으로 휨모멘트 재분배를 허용하여, f_{ck}가 60 MPa인 경우에는 50 MPa인 경우에 비하여 매우 작은 c/d의 값부터 휨모멘트 재분배를 허용한다. f_{ck}가 80 MPa인 경우에는 60 MPa인 경우와 매우 유사한 c/d의 값부터 휨모멘트 재분배를 허용한다.

그림 11-70에 나타난 바와 같이, 교량설계기준(한계상태설계법)의 휨모멘트 재분배 기준은 Eurocode

의 휨모멘트 재분배 기준에 비하여 보수적이다. 한편, f_{ck}가 60 MPa 이하인 경우에는 교량설계기준(한계상태설계법)보다 콘크리트구조설계기준, ACI 318 Code, AASHTO-LRFD가 더 보수적이라고 생각할 수 있다. 그러나 이것은 c/d 값을 결정하는 방법의 차이에 따라 나타나는 왜곡된 현상이다. 즉, 부재계수를 적용하는 콘크리트구조설계기준, ACI 318 Code, AASHTO-LRFD에서는 공칭휨강도를 해석하는 과정에서 중립축의 깊이 c를 결정하지만, 재료계수를 적용하는 교량설계기준(한계상태설계법)과 Eurocode에서는 재료계수를 적용한 후 설계휨강도를 해석하는 과정에서 중립축 깊이 c를 결정하여 한계 재분배율 η_{lim}을 결정한다. 재료계수를 적용한 후 설계휨강도를 해석하는 과정에서 중립축 깊이 c를 결정하면 공칭휨강도를 해석하는 과정으로 구한 중립축의 깊이보다 큰 값을 얻게 되므로, 더 보수적인 휨모멘트 재분배를 수행하게 된다.

한편, 교량설계기준(한계상태설계법)과 Eurocode는 콘크리트 휨부재에 대한 최대 철근비나 최대 긴장재비에 대하여 규정하고 있지 않다는 것을 인식할 필요가 있다. 따라서 휨모멘트 재분배를 할 수 있는 최대 중립축 깊이 $c_{rd,max}$를 최대 강재량의 한계로 생각하고 설계를 수행할 수도 있지만, $c_{rd,max}$보다 큰 값의 중립축 깊이를 갖도록 강재량을 배치한 경우라도 설계기준을 만족하지 않는 것은 아니며, 다만 휨모멘트 재분배를 할 수 없는 단면이라고 판단된다. 그러나 휨모멘트 재분배가 허용되지 않는 단면으로 설계할 수 있다고 하더라도, 구조물이 연성으로 파괴되도록 저보강 단면으로 설계하는 것이 바람직하다.

[5] 휨모멘트 재분배 해석에서의 2차 모멘트

프리스트레스트 콘크리트 연속보에 압축선 일치 긴장재(concordant tendon)가 아닌 형태로 긴장재가 배치된 경우에는 긴장력에 의한 2차 모멘트가 발생한다. [11.2.4절 참조] 이 2차 모멘트는 프리스트레스트 콘크리트 연속보의 극한한계상태 검증에서 하중계수 1.0을 적용하여 계수휨모멘트에 포함시켜야 한다. [11.4.2절 참조]

프리스트레스트 콘크리트 연속보의 설계에서 휨모멘트 재분배를 수행할 때 긴장력에 의한 2차 모멘트를 포함하는 것이 구조물의 거동 상 합리적인 것인지, 포함하지 않는 것이 합리적인 것인지를 판단하는 것은 매우 어려운 문제이다. 이것은 압축선 일치 긴장재(concordant tendon)가 아닌 일반적인 긴장재 배치에서 2차 모멘트에 의한 탄성변형으로 인하여 휨모멘트 재분배에 요구되는 소요 회전각이 달라지는데,[11.12,11.14,11.15] 그 영향이 얼마나 크게 작용하는지에 따라 달라지기 때문이다.

일반적으로 탄성변형은 소성힌지로 거동할 때의 변형에 비하여 매우 작은 값이다. 따라서 2차 모멘트에 의한 탄성변형은 휨모멘트 재분배가 이루어지는 소성변형에 비하여 매우 작은 값이 될 것이므로, 휨모멘트 재분배를 수행하는 과정에서 긴장력에 의한 2차 모멘트를 포함하지 않아도 큰 오차는 발생하지 않을 것이다. 이에 따른다면, 프리스트레스트 콘크리트 연속보의 극한한계상태 검증에서 휨모멘트 재분배를 수행하여 계수휨모멘트를 결정할 때에는 다음의 과정을 따를 수 있을 것이다.

(1) 설계하중에 대한 계수하중을 결정하고, 계수하중에 대한 선형탄성 구조해석을 수행하여 탄성 계수휨모멘트 M_{el}의 분포를 구한다.

(2) 탄성 계수휨모멘트를 설계기준에서 허용하는 만큼 재분배한다.

(3) 재분배된 휨모멘트에 긴장력에 의한 2차 모멘트를 추가하여 계수휨모멘트를 결정한다.

[6] 비부착 긴장재가 배치된 연속보의 휨모멘트 재분배

프리스트레스트 콘크리트 연속보에 배치된 긴장재가 부착된 경우에는 부재의 각 위치에서 긴장재에 발생하는 변형률이 해당 위치에 작용하는 휨모멘트의 크기에 따라 결정된다. 이때 최대 휨모멘트가 작용하는 위치에서 강재가 항복한 이후 변형이 증가하면, 단면이 소성상태로 거동하여 휨모멘트 재분배가 이루어진다. 그러나 비부착 긴장재가 배치된 프리스트레스트 콘크리트 연속보에서는 최대 휨모멘트가 작용하는 위치에서 강재에 발생하는 변형률이 부착 긴장재가 배치된 경우에 비하여 작은 것이 일반적이다. 이것은 비부착 긴장재의 응력과 변형률이 위치에 따라 다른 것이 아니라 전체 길이에 걸쳐서 일정하기 때문이다. 따라서 비부착 긴장재가 배치된 프리스트레스트 콘크리트 부재는 최대 휨모멘트가 작용하는 위치에서도 긴장재가 항복하지 않고 탄성상태에 있는 것이 일반적이다.

휨모멘트 재분배는 최대 휨모멘트가 작용하는 위치에서 단면이 소성상태로 거동하여야만 이루어진다. 따라서 비부착 긴장재가 배치된 프리스트레스트 콘크리트 연속보에서는 긴장재의 항복 여부를 검토하여 휨모멘트 재분배 해석의 수행 여부를 판단하여야 한다.

예제 11-6

콘크리트의 설계기준압축강도가 $35\ MPa$인 그림 11-71의 포스트텐션 I형 단면에 SWPC7BL $15.2\ mm$ 강연선 3가닥이 배치되어 있다. 이 단면은 예제 5-1의 단면과 동일한 단면에 긴장재를 상단에 가깝게 배치한 것으로, 예제 5-1의 단면과 상하가 바뀐 것 이외에는 동일한 단면이다. 이 단면은 연속보의 지점에 위치한 단면으로서, 계수하중에 대한 선형탄성 구조해석을 수행한 결과, 휨모멘트 $M_{el} = 350\ kN\cdot m$가 작용하는 것으로 해석되었다.

>> 문제-1 풀이

콘크리트구조설계기준의 등가직사각형 응력분포와 강재의 2선형 응력-변형률 관계식을 이용한 변형률 적합해석을 수행하여 공칭휨강도를 구한 [예제 5-1]의 〈문제 1〉과 설계휨강도를 구한 [예제 5-2]의 결과는 다음과 같다. 극한상태에서의 중립축 c, 극한상태에서 긴장재의 순인장 변형률 ε_t, 설계휨강도 ϕM_n은

$$c = 77.6\ mm$$

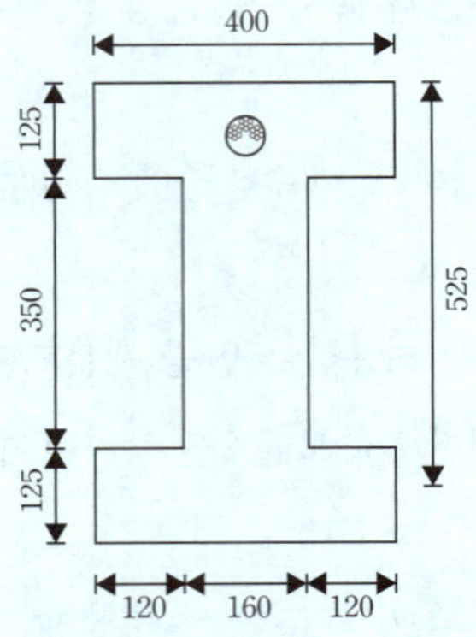

| 그림 11-71 | 예제 11-6의 단면

[문제 1] 콘크리트구조설계기준의 등가직사각형 응력분포와 강재의 2선형 응력-변형률 관계식을 이용한 변형률 적합해석으로 설계휨강도 ϕM_n을 구하고, 콘크리트구조설계기준을 적용하여 휨모멘트 재분배가 가능한지 검토한 후 재분배 비율을 결정하시오.

[문제 2] 콘크리트구조설계기준의 근사해법으로 설계휨강도 ϕM_n을 구하고, 콘크리트구조설계기준을 적용하여 휨모멘트 재분배가 가능한지 검토한 후 재분배 비율을 결정하시오.

[문제 3] 교량설계기준(한계상태설계법)의 포물선-사각형 응력분포와 강재의 2선형 응력-변형률 관계식을 이용한 변형률 적합해석으로 설계휨강도 M_d를 구하고, 교량설계기준(한계상태설계법)을 적용하여 휨모멘트 재분배가 가능한지 검토한 후 재분배 비율을 결정하시오.

[문제 4] 교량설계기준(한계상태설계법)의 근사해법으로 설계휨강도 M_d를 구하고, 교량설계기준(한계상태설계법)을 적용하여 휨모멘트 재분배가 가능한지 검토한 후 재분배 비율을 결정하시오.

$$\varepsilon_t = \varepsilon_3 = 0.0173$$

$$\phi M_n = 310\,kN \cdot m$$

이 단면의 소요 재분배율 η_{req}는 탄성모멘트가 $350\,kN \cdot m$이므로

$$\eta_{req} = \frac{M_{el}}{\phi M_n} - 1 = \frac{350}{310} - 1 = 0.129$$

콘크리트구조설계기준에 따른 이 단면의 한계 재분배율 η_{lim}는

$$\eta_{lim} = 1{,}000\,\varepsilon_t = 1{,}000 \times 0.0173 = 17.3(\%) = 0.173$$

이 값은 최대 허용 재분배율 20%를 초과하지 않으므로 유효한 값이다. 0.129의 소요 재분배율 η_{req}와 0.173의 한계 재분배율 η_{lim}를 비교하여 검증하면

$$\eta_{req} < \eta_{lim}$$

따라서 이 단면은 지점의 탄성 휨모멘트의 12.9%를 재분배하기에 충분한 소성 변형능력을 보유하고 있으므로, 12.9%의 휨모멘트 재분배가 가능하다.

>>> 문제-2 풀이

콘크리트구조설계기준의 근사해법으로 설계휨강도를 구한 [예제 5-5]의 결과는 다음과 같다. 극한상태에서의 중립축 c, 극한상태에서 긴장재의 순인장 변형률 ε_t, 설계휨강도 ϕM_n은

$$c = 76.4\,mm$$

$$\varepsilon_t = \varepsilon_3 = 0.0176$$

$$\phi M_n = 306\,kN \cdot m$$

이 단면의 소요 재분배율 η_{req}는 탄성모멘트가 350 $kN \cdot m$이므로

$$\eta_{req} = \frac{M_{el}}{\phi M_n} - 1 = \frac{350}{306} - 1 = 0.144$$

콘크리트구조설계기준에 따른 이 단면의 한계 재분배율 η_{lim}는

$$\eta_{lim} = 1{,}000\,\varepsilon_t = 1{,}000 \times 0.0176 = 17.6(\%) = 0.176$$

이 값은 최대 허용 재분배율 20%를 초과하지 않으므로 유효한 값이다. 0.144의 소요 재분배율 η_{req}와 0.176의 한계 재분배율 η_{lim}를 비교하여 검증하면

$$\eta_{req} < \eta_{lim}$$

따라서 이 단면은 지점의 탄성 휨모멘트의 14.4%를 재분배하기에 충분한 소성 변형능력을 보유하고 있으므로, 14.4%의 휨모멘트 재분배가 가능하다.

>>> 문제-3 풀이

교량설계기준(한계상태설계법)의 포물선-사각형 응력분포와 강재의 2선형 응력-변형률 관계식을 이용한 변형률 적합해석을 수행하여 설계휨강도를 구한 [예제 5-3]의 결과는 다음과 같다. 극한한계상태에서의 중립축 c, 극한한계상태에서 긴장재의 순인장 변형률 ε_t, 설계휨강도 M_d는

$$c = 105.8\,mm$$

$$\varepsilon_t = \varepsilon_3 = 0.0131$$

$$M_d = 316\,kN \cdot m$$

이 단면의 소요 재분배율 η_{re}는 탄성모멘트가 350 $kN \cdot m$이므로

$$\eta_{req} = \frac{M_{el}}{M_d} - 1 = \frac{350}{316} - 1 = 0.108$$

이 단면의 유효깊이 d는 525 mm이므로, 유효깊이에 대한 중립축의 비율은

$$\frac{c}{d} = \frac{105.8}{525} = 0.20$$

콘크리트의 설계기준압축강도가 35 MPa이므로, 교량설계기준(한계상태설계법)에서는 콘크리트의 극한변형률 ε_{cu}는 다음과 같다.

$$\varepsilon_{cu} = 0.0033$$

따라서, 교량설계기준(한계상태설계법)에 따른 이 단면의 한계 재분배율 η_{lim}는

$$\eta_{lim} = 1 - \frac{0.0033}{\varepsilon_{cu}}\left(0.6 + \frac{c}{d}\right) = 1 - \frac{0.0033}{0.0033}(0.6 + 0.202)$$

$$= 0.198 > 0.15$$

이 값은 최대 허용 재분배율 15%를 초과하므로 이 단면의 한계 재분배율 η_{lim}는

$$\eta_{lim} = 0.15$$

0.108의 소요 재분배율 η_{req}와 0.15의 한계 재분배율 η_{lim}를 비교하여 검증하면

$$\eta_{req} < \eta_{lim}$$

따라서 이 단면은 지점의 탄성 휨모멘트의 10.8%를 재분배하기에 충분한 소성 변형능력을 보유하고 있으므로, 10.8%의 휨모멘트 재분배가 가능하다.

>>> 문제-4 풀이

교량설계기준(한계상태설계법)의 근사해법으로 설계휨강도를 구한 [예제 5-6]의 결과는 다음과 같다. 극한한계상태에서의 중립축 c, 극한한계상태에서 긴장재의 순인장 변형률 ε_t, 설계휨강도 M_d는

$$c = 101.7\ mm$$

$$\varepsilon_t = \varepsilon_3 = 0.0137$$

$$M_d = 305\ kN \cdot m$$

이 단면의 소요 재분배율 η_{req}는 탄성모멘트가 350 $kN \cdot m$이므로

$$\eta_{req} = \frac{M_{el}}{M_d} - 1 = \frac{350}{305} - 1 = 0.148$$

이 단면의 유효깊이 d는 525 mm이므로, 유효깊이에 대한 중립축의 비율은

$$\frac{c}{d} = \frac{101.7}{525} = 0.194$$

콘크리트의 설계기준압축강도가 35 MPa이므로, 교량설계기준(한계상태설계법)에서는 콘크리트의 극한변형률 ε_{cu}는 다음과 같다.

$$\varepsilon_{cu} = 0.0033$$

따라서, 교량설계기준(한계상태설계법)에 따른 이 단면의 한계 재분배율 η_{lim}는

$$\eta_{lim} = 1 - \frac{0.0033}{\varepsilon_{cu}}\left(0.6 + \frac{c}{d}\right) = 1 - \frac{0.0033}{0.0033}(0.6 + 0.194)$$

$$= 0.206 > 0.15$$

이 값은 최대 허용 재분배율 15%를 초과하므로, 이 단면의 한계 재분배율 η_{lim}는

$$\eta_{lim} = 0.15$$

0.148의 소요 재분배율 η_{re}와 0.15의 한계 재분배율 η_{lim}를 비교하여 검증하면

$$\eta_{req} < \eta_{lim}$$

따라서, 이 단면은 지점의 탄성 휨모멘트의 14.8%를 재분배하기에 충분한 소성 변형능력을 보유하고 있으므로, 14.8%의 휨모멘트 재분배가 가능하다.

11.6 연속보 형식 프리스트레스트 콘크리트 교량의 공법

11.6.1 프리스트레스트 콘크리트 교량의 공법

교량의 상부구조는 일반적으로 종방향 길이가 긴 구조이므로, 콘크리트 구조로 상부구조를 설계하고 시공할 때는 다양한 공법을 사용한다. 중소규모의 프리스트레스트 콘크리트 교량은 3.3.2절의 **그림 3-7**과 11.3.1절의 **그림 11-33**과 같이 프리캐스트 프리스트레스트 콘크리트 단순보를 가설하고 연속화 하는 공법이 많이 사용된다. 이 공법의 단면은 일반적으로 I형 단면이 가장 많이 사용되지만, U형 단면 등 다양한 형상이 적용되고 있다. 이 공법이 많이 사용되는 이유는 지간이 20 m 내외 또는 30~40 m인 중소규모의 교량으로서 가장 경제적이라는 경험적 지식에 따른 것이다.

지간이 40~50 m 내외 또는 그 이상인 장 경간 교량을 프리스트레스트 콘크리트 교량으로 설계하고 시공할 때는 다양한 공법을 사용할 수 있는데, 대표적인 공법은 다음과 같다.

(1) 동바리공법
(2) 이동식 비계공법
(3) 연속압출공법
(4) 캔틸레버공법
(5) 경간단위 가설공법

이 공법들 중에서 동바리공법을 제외한 나머지 공법들은 공사 중에만 임시로 가설하는 가교각(假橋脚, temporary pier)을 설치하는 경우가 있기는 하지만, 상부구조의 중량을 지반으로 직접 전달하는 동바리를 사용하지 않는다. 따라서 동바리공법을 제외한 나머지 공법들은 다음과 같은 경우에 적용한다.

(1) 지반이 단단하지 않아서, 동바리공법을 사용하면 지반 침하가 발생할 수 있는 현장 조건인 경우
(2) 상부구조가 매우 높은 위치에 계획되어 있어서, 동바리공법을 사용하면 많은 양의 동바리가 필요하여 가설비용이 높아지고 시공 중의 붕괴사고가 발생할 가능성이 있는 경우
(3) 바다를 지나는 해상교량이거나 강이나 하천을 지나는 하상교량으로서, 동바리를 설치하기에 적절하지 않은 현장 조건인 경우
(4) 도심지에 시공되는 교량으로서, 특히 교차로를 지나는 교량과 같이 동바리공법을 사용하면 교통흐름을 차단하여 교통문제가 발생할 것으로 예상되는 경우

(5) 동바리를 설치하고 해체하는데 시간이 많이 소요되는 동바리공법으로는 공기(工期)를 맞추기 어려운 경우
(6) 자연경관이 우수한 지역을 지나는 교량과 같이, 동바리공법을 사용하면 자연 환경을 보존하기 어려운 경우

이와 같은 여러 현장의 상황을 고려하고, 공사비, 공사기간, 구조성능에 미치는 영향, 가설장비의 활용성 등을 고려하여 최적의 공법을 선정하여야 한다. 이 절에서는 중대형 프리스트레스트 콘크리트 교량에 적용되는 대표적인 공법의 특성을 간략히 정리한다.

11.6.2 동바리공법

동바리공법(full staging method, 약칭 FSM)은 현장에서 콘크리트를 타설하는 콘크리트 구조물의 시공에 전통적으로 사용하였던 공법으로, 현장에서 타설되는 콘크리트의 중량을 포함한 상부구조의 중량과 거푸집을 동바리로 받쳐서 시공하는 공법이다. 한쪽 방향으로 길이가 긴 교량의 경우는 교량의 길이에 따라 동바리의 설치 구간이 달라진다. 즉, 교량이 길지 않은 경우에는 교량 전체를 지지하도록 전 구간에 동바리를 설치하지만, 교량이 긴 경우에는 부분적으로 동바리를 설치하고 콘크리트 공사를 진행한다.

그림 11-72는 동바리공법을 적용하여 길이가 긴 콘크리트 교량을 시공하는 과정을 나타낸다. 그림과 같이 4경간 연속교를 건설하는 경우, 네 구간으로 나누어 동바리를 설치하고 네 번에 걸쳐 콘크리트를 타설한 후 긴장력을 도입하도록 설계하고 시공한다. 대부분의 시공현장에서는 동바리를 임대하여 운영하는데, 동바리의 임대비용을 줄일수록 공사비가 줄어들므로 교량 상부구조의 전체 길이에 걸쳐 동바리를 받치도록 많은 양을 임대하는 것은 경제적이지 않다. 따라서 그림 11-72와 같이 교량 상부구조의 일부분을 받치도록 동바리의 양을 최소화하는 것이 경제적이다. 첫 번째 콘크리트 타설 구간은 첫 번째 경간과 두 번째 경간의 일부까지로 한다. 이것은 지점까지만 콘크리트를 시공하는 경우, 그 다음 세그먼트를 시공할 때 최대 휨모멘트와 최대 전단력이 작용하는 지점에서 신구 콘크리트의 시공이음이 발생하게 되기 때문에 이를 피하기 위한 것이다. 동바리공법으로 시공되는 프리스트레스트 콘크리트 교량의 시공에서 세그먼트를 나누어 콘크리트를 타설하고 긴장력을 순차적으로 도입하는 공정은 3.5.1절에 자세히 설명되어 있다. 그림 11-73은 동바리공법으로 프리스트레스트 콘크리트 교량을 시공하는 현장의 모습이다.

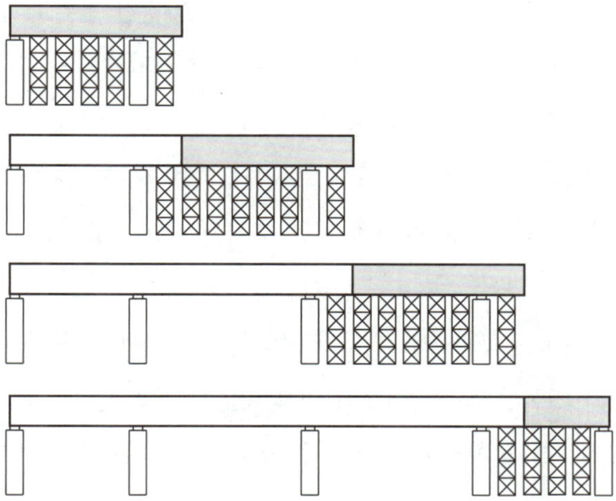

| 그림 11-72 | 동바리공법에 따른 시공

(a) 영천시 국도 28호 교량　　(b) FSM 교량 시공(프랑스)

| 그림 11-73 | 동바리공법의 교량 시공

11.6.3 이동식 비계공법

이동식 비계공법(movable scaffolding system, 약칭 MSS)은 현장타설 콘크리트 교량의 공법 중 하나로서 동바리공법과 유사한 개념이지만, 동바리 대신 이동식 비계를 사용하는 공법이다. 이동식 비계(movable scaffold)는 이동식 지보공(支保工)이라고도 하며, 상부구조의 중량을 지반에 직접 전달하는 동바리와는 달리 교각을 지점으로 하여 공중에서 상부구조의 중량을 지지한다. 그림 11-74는 이동식 비계공법을 적용하여 한 경간씩 가설하면서 전진함으로써 프리스트레스트 콘크리트 교량을 시공하는 과정과 단면도를 나타낸다. 그림 11-74(b)에 나타난 바와 같이, 이동식 비계는 지지 거더(supporting girder)와 받침대로 구성된다. 지지 거더는 상부구조와 거푸집의 중량을 지지하는 가설 구조물로서 강재 트러스 형식이 많아 사용되며, 거푸집의 아래쪽에서 받치는 방식(support type)이나 위쪽에서 지지하는 방식(hanger type)이 사용된다. 지지 거더를 받치는 받침대는 교각에 설치하여 모든 하중을 교각에 전달하는 역할을 한다. 콘크리트 타설과 긴장작업은 한 경간 단위로 진행되며, 한 경간의 시공이 완료된 후에는 지지 거더에 설치된 구동장치를 작동시켜서 지지 거더를 다음 경간으로 이동시킨다. 구동장치는 일반적으로 유압잭(oil jack)이 사용된다.

그림 11-75는 이동식 비계공법으로 프리스트레스트 콘크리트 교량을 시공하는 현장의 모습으로서, 그림 11-75의 (a)와 (b)는 거푸집의 아래쪽에서 받치는 방식이며 그림 11-75의 (c)와 (d)는 위쪽에서 지지하는 방식이다.

한국에서 처음으로 이동식 비계공법으로 시공된 교량은 1987년에 완공된 노량대교이다. 노량대교는 서울의 남쪽 한강변을 따라 건설된 올림픽대로의 일부 구간으로서, 한강대교와 동작대교 사이에 위치한 교량이다. 노량대교가 건설된 후 한국에서는 매우 많은 프리스트레스트 콘크리트 교량이 이동식 비계공법으로 건설되었다.

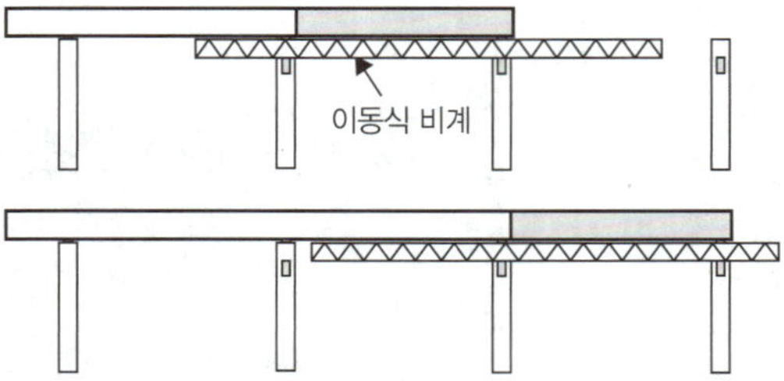

(a) 시공과정

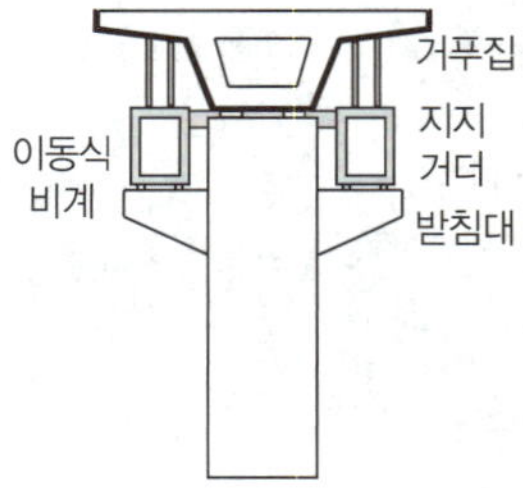

(b) 단면도

| 그림 11-74 | 이동식 비계공법에 따른 시공

(a) 고탄교

(b) 인천대교 연결도로 교량

(c) 대덕교

(d) 금왕1교

| 그림 11-75 | 이동식 비계공법의 교량 시공

11.6.4 연속압출공법

연속압출공법(incremental launching method, 약칭 ILM)은 교량이 시작되는 위치에 접한 부지에 프리스트레스트 콘크리트 부재를 제작할 수 있는 제작장을 만들고, 한 세그먼트를 제작한 후에 부재를 압출하는 과정을 반복하여 교량을 완성하는 공법이다. 한 세그먼트는 통상 10~30 m의 길이로서 한 경간을 2 등분 또는 3등분으로 나누어 제작하고 압출한다.

그림 11-76은 연속압출공법을 적용하여 한 세그먼트씩 전진함으로써 프리스트레스트 콘크리트 교량을 시공하는 과정을 나타낸다. 한 세그먼트를 제작한 후 밀어내는 압출과정에서 최초에 제작된 부분이 캔틸레버 상태가 되는데, 이때 작용하는 캔틸레버 작용을 감소시키기 위하여 거더의 앞부분에 추진코(launching nose)를 부착시킨다. 즉, 긴 길이를 가진 추진코에 의하여 다음 교각에 일찍 지점이 형성되도록 하는 것이다.

부재를 압출하는 과정에서는 부재와 교각 사이에 마찰력이 작용한다. 마찰력이 크게 발생하면 교각에 수평하중이 작용하게 되어 교각이나 지반에 변형이 발생할 수 있다. 이를 방지하기 위해서는 부재와 교각 사이의 마찰력을 감소시켜야 하므로, 받침부에 마찰계수가 매우 작은 미끄럼판(sliding pad)을 끼우고 압출작업을 수행한다. 이 미끄럼판으로는 일반적으로 합성수지의 테프론(teflon) 판이 많이 사용된다.

부재를 압출하는 방법으로는 일반적으로, 그림 11-77(a)와 같이 부재를 당기는 형식(pulling system)이나 그림 11-77(b)와 같이 들고 미는 형식(lift and pushing system)이 사용된다. 이때 사용되는 유압잭의 가동거리 용량에 따라 한 번에 200~250 mm를 압출하며, 1회 당 약 1분 30초 정도가 소요된다.

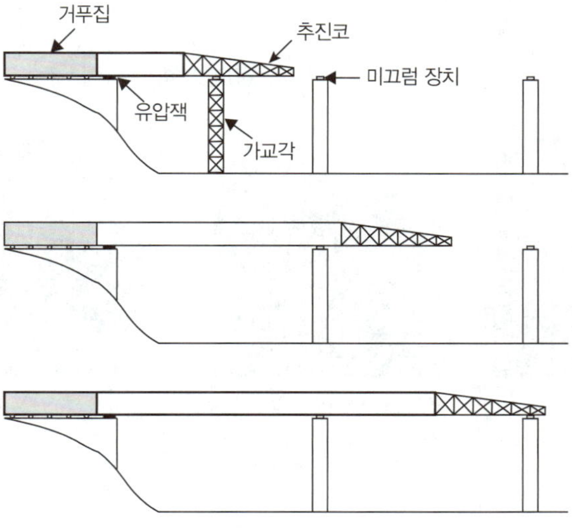

| 그림 11-76 | 연속압출공법에 따른 시공

연속압출공법은 1964년 독일에서 처음 적용된 공법으로, 한국에서는 1983년에 착공하여 1984년에 완공한 후 1985년에 개통한 호남고속도로 확장구간의 금곡천교에 처음으로 이 공법을 적용하였다. 금곡천교를 건설한 후 한국에서는 매우 많은 프리스트레스트 콘크리트 교량이 연속압출공법으로 건설되었다. 그림 11-78은 연속압출공법으로 프리스트레스트 콘크리트 교량을 시공하는 현장의 모습이다.

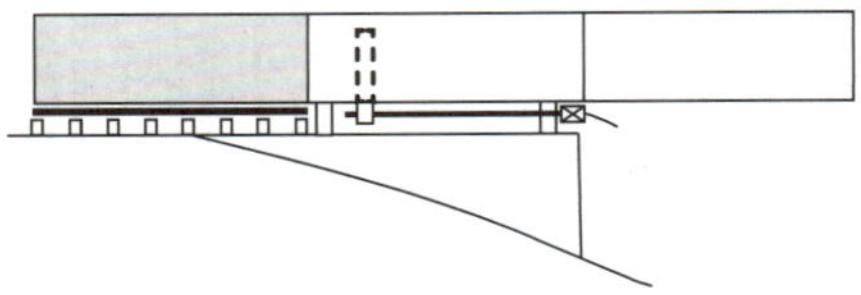

(a) Pulling System

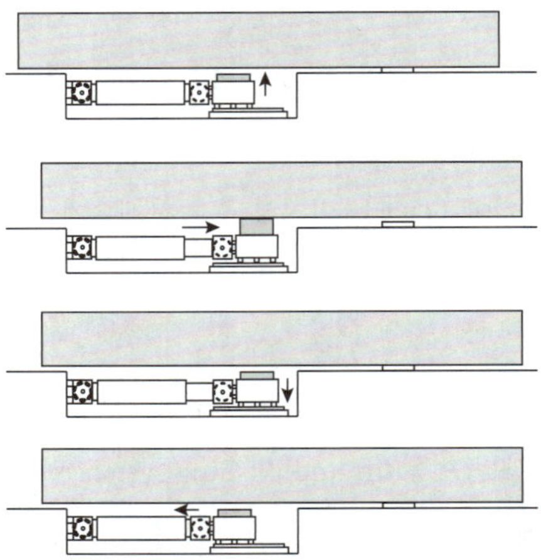

(b) Lift and Pushing System

| 그림 11-77 | 압출 방식

(a) 장평대교

(b) 잠두교

(c) 노동2교

| 그림 11-78 | 연속압출공법의 교량 시공

11.6.5 캔틸레버공법

캔틸레버공법(free cantilever method, 약칭 FCM)는 동바리를 사용하지 않고 캔틸레버 형식으로 세그먼트 하나씩 가설을 진행하여 연속보를 완공하는 공법이다. 이 공법에서는 지점에서 양쪽방향으로 캔틸레버를 가설하는 것이 일반적이므로, 다른 영문명칭으로 balanced cantilever method라고도 한다. 즉, 교각 위에서 양쪽으로 한 블록씩 콘크리트를 가설하고 긴장력을 도입하는 과정을 반복하여 그 다음 캔틸레버와 연속화 한다. 경우에 따라서는 한쪽방향으로만 캔틸레버를 진행시키기도 하는데, 이때에는 한쪽방향으로만 작용하는 캔틸레버 중량의 불균형 휨모멘트(unbalanced moment)를 지지하기 위하여 가설용 주탑과 사장재(stay cable)를 시공 도중에만 임시로 사용한다.

캔틸레버공법에는 현장타설 콘크리트 공법과 프리캐스트 세그멘탈 공법을 모두 적용할 수 있다. 현장타설 콘크리트 공법인 경우에는 현장타설 FCM이라고 하며, 프리캐스트 공법인 경우에는 프리캐스트 FCM이라고 한다. 이 공법으로 가설할 때는 캔틸레버로 시공되는 세그먼트의 중량을 지지하는 장비가 필요하므로, 캔틸레버 자유단 부분에 설치하는 데릭 크레인(derrick crane)이나 한 경간 이상의 길이를 가진 가설트러스(launching truss)를 이용한다.

그림 11-79는 현장타설 캔틸레버공법으로서, 데릭 크레인(derrick crane)과 이동식 거푸집(form traveler)을 이용하여 캔틸레버로 전진하는 과정을 나타낸다. 데릭 크레인이 이동식 거푸집을 지지한 상태에서, 세그먼트의 콘크리트를 타설하고 양생한 후 포스트텐션 방식으로 긴장력을 도입한다. 한 세그먼트의 시공이 끝나면 양쪽 거푸집을 각각 앞으로 이동시키고 그 다음 세그먼트를 시공한다. 이와 같은 과정을 반복하여 양쪽 캔틸레버를 시공하여, 양쪽 캔틸레버가 맞닿기 직전까지 가설해 나간다. 캔틸레버로 시공되는 도중에는 긴장재를 단면의 상단에 배치하여 긴장력를 도입한다. 캔틸레버 시공이 끝나면

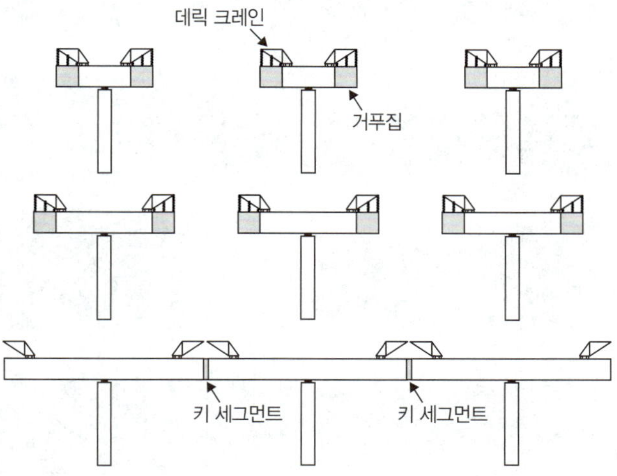

| 그림 11-79 | 현장타설 캔틸레버공법에 따른 시공

양 쪽 캔틸레버를 연결하는 키 세그먼트(key segment)의 콘크리트를 타설하고 연속화한다. 캔틸레버가 연결되어 연속보가 된 후에는, 하중에 의한 정모멘트에 저항하도록 경간 중앙 단면의 하부에 긴장재를 배치하고 포스트텐션 방식으로 긴장력를 도입한다.

캔틸레버공법에서는 경간 중앙에서 만나게 되는 양쪽 캔틸레버의 자유단이 동일한 높이가 되도록 시공하여야 한다. 따라서 한 세그먼트를 시공할 때마다 거푸집의 높이를 나타내는 '타설 곡선(casting curve)'를 미리 준비하여, 허용 오차 이내의 정밀도로 양쪽 캔틸레버의 자유단이 만나도록 정밀하게 시공하여야 한다. 캔틸레버공법으로 시공하는 과정에서는 콘크리트의 중량과 긴장력의 편심작용에 의하여 한 세그먼트를 시공할 때마다 처짐 또는 솟음이 발생한다. 또 가설 기간 동안 콘크리트의 크리프에 의하여 시간이 경과함에 따라 처짐 또는 솟음이 변화한다. 이를 고려하여 한 세그먼트를 시공할 때마다 발생하게 될 처짐 또는 솟음을 미리 구하고, 그 처짐 또는 솟음만큼 반대 방향으로 거푸집을 설치하도록 높이를 설정하여야 한다. 이와 같이 한 세그먼트를 시공할 때마다 설치해야할 거푸집의 높이를 연결한 설치 목표 곡선을 타설 곡선이라고 한다.

그림 11-79는 현장타설 캔틸레버공법에서 모든 교각에서 동시에 상부구조를 캔틸레버로 가설하는 모습으로 표현하였지만, 많은 데릭 크레인을 운영하면 공사비가 증가한다. 따라서 실제 시공에서는 그림 11-80과 같이 단계적으로 캔틸레버를 가설하는 것이 일반적이다. 그림 11-80은 교각 높이 60 m, 외측 경간 75 m, 내측 경간 100 m로서 8경간 연속보 형식의 구량천교를 캔틸레버공법으로 시공하는 과정을 나타낸다.

캔틸레버공법은 1950년대 독일에서 개발된 공법으로서, 한국에서는 1981년 개통된 원효대교가

(a)

(b)

(c)

(d)

| 그림 11-80 | 구량천교의 캔틸레버 시공

(a) 서해대교 현장타설 FCM교

(b) 신촌교

| 그림 11–81 | 현장타설 캔틸레버공법의 교량 시공

이 공법으로 시공된 첫 번째 교량이다. 원효대교는 현장타설 프리스트레스트 콘크리트 박스단면 교량으로서, 강봉을 주 긴장재로 하여 긴장력을 도입하였다. 원효대교를 건설한 후 한국에서는 매우 많은 프리스트레스트 콘크리트 교량이 현장타설 캔틸레버공법으로 건설되었고, 서해대교도 500 m 길이의 교량이 중앙경간 165 m의 4경간 연속보로서 현장타설 캔틸레버공법으로 시공되었다. 그림 11–81은 현장타설 캔틸레버공법으로 프리스트레스트 콘크리트 교량을 시공하는 현장의 모습이다.

캔틸레버공법은 현장타설 콘크리트뿐만 아니라 프리캐스트 콘크리트 구조의 시공에도 적용된다. 즉, 교축방향으로 적당한 길이로 분할한 상부구조의 세그먼트를 지상에서 제작하고, 세그먼트를 가설현장으로 운반하여 조립할 때 캔틸레버 상태로 가설하는 것이다.

그림 11–82는 프리캐스트 캔틸레버공법의 시공방법을 나타낸다. 가설 장비는 그림 11–82(a)와 같이 런칭 트러스(launching truss)나 런칭 거더(launching girder) 등 가설구조물을 사용하거나, 그림 11–82(b)와 같이 데릭 크레인(derrick crane)을 사용한다. 가설장비의 선정은 현장의 조건을 고려하여 결정한다. 제작장에서 제작된 세그먼트를 가설현장으로 운반할 때, 이미 완공된 부분의 교량을 이용하는 경우에는 그림 11–82(a)와 같이 런칭 트러스를 이용한다. 런칭 트러스는 가설현장까지 운반된 세그먼트를 이동시키고 조립이 끝날 때가지 세그먼트를 지지하는 역할을 한다. 한 경간이 완성된 후에는 런칭 트러스를 다음 경간으로 이동시킨다. 제작장에서 제작된 세그먼트를 가설현장으로 운반할 때, 이미 완공된 부분의 교량을 이용할 필요가 없는 경우에는 그림 11–82(b)와 같이 데릭 크레인을 이용할 수 있다. 인천대교의 접속교 구간의 시공에서는 그림 11–83(e)와 같이 바지선을 이용하여 세그먼트를 운반한 후 데릭 크레인을 이용하여 캔틸레버로 가설하였다.

한국에서는 1990년 착공하여 1995년 개통한 서울시 내부순환로의 성산대교 북단에서 서대문구 홍은동 네거리까지의 구간이 프리캐스트 캔틸레버공법으로 건설된 첫 번째 교량이다.[11.7] 그림 11–83은 프리캐스트 캔틸레버공법으로 프리스트레스트 콘크리트 교량을 시공하는 현장의 모습이다.

프리캐스트 캔틸레버공법은 양쪽방향으로 균형을 이루어가며 가설할 수도 있지만, 세그먼트를 한쪽 방향으로만 이어 나가면서 전 경간을 캔틸레버공법으로 가설하는 전진 가설법(progressive segmental method)도 있다. 이 경우에는 가설 과정에서 응력이 커지기 때문에 가설 중에만 사용되는 임시교각(가교각)이나 가설 케이블을 사용하기도 한다. 이와 같은 캔틸레버공법은 거더교 뿐만 아니라 사장교, 트러스교, 아치교 등의 가설에도 이용되고 있다.

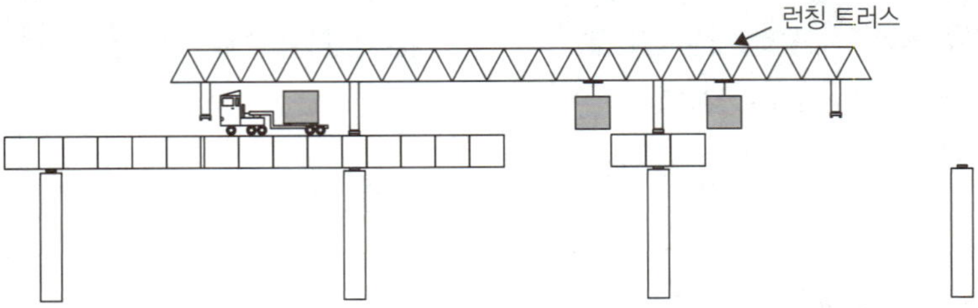

(a) 런칭 트러스를 이용한 프리캐스트 세그먼트 가설

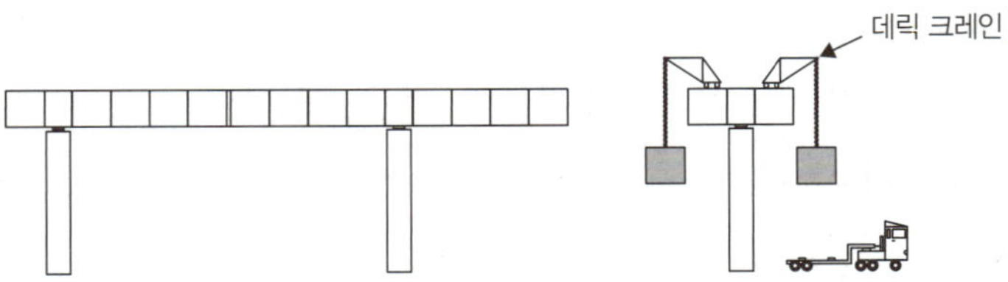

(b) 데릭 크레인를 이용한 프리캐스트 세그먼트 가설

| 그림 11-82 | 프리캐스트 캔틸레버공법에 따른 세그먼트 가설

(a) 서울시 내부순환로

(b) 서울시 내부순환로

(c) 서울시 내부순환로

(d) Frejus교(이탈리아, Rizzani De Eccher)

(e) 인천대교 접속교 구간

| 그림 11-83 | 프리캐스트 캔틸레버공법의 교량 시공

11.6.6 경간단위 가설공법

경간단위 가설공법(span-by-span method, 약칭 SSM)는 프리캐스트 콘크리트 세그먼트를 한 경간을 단위로 하여 가설을 진행하여 연속보를 완공하는 공법이다. 일반적으로 경간단위 가설공법이라고 하면, 그림 11-84와 같이 한 경간을 여러 개의 프리캐스트 세그먼트로 지상에서 제작하고 세그먼트를 가설현장으로 운반하여 조립하는 공법을 말한다. 프리캐스트 세그먼트를 가설현장으로 접근하는데 어려움이 없는 경우에는 그림 11-84(a)와 같이 세그먼트를 직접 운반하여 크레인으로 올려놓는다. 가설현장으로 접근하기 어려운 경우에는 그림 11-84(b)와 같이 이미 완공된 부분의 교량을 이용한다. 프리캐스트 세그먼트를 가설 트러스에 옮긴 후에는 가설 트러스에 설치된 레일을 이용하여 이동시킨다.

경간단위 가설공법으로 가설되는 교량은 한 경간 단위로 프리캐스트 세그먼트에 긴장력을 도입하여 연속보를 만드는 방식이므로, 내적 긴장(internal prestressing) 방식보다는 외적 긴장(external prestressing) 방식이 간편하다. 따라서 경간단위 가설공법의 교량은 박스단면으로서 박스 안쪽 공간에서 외적 긴장(external prestressing)으로 긴장력을 도입하는 것이 일반적이다.

한국에서는 1995년 확장 개통한 서울 강변북로의 반포대교 북단에서 성수대교 북단까지의 구간이 경간단위 가설공법으로 건설된 첫 번째 교량이다. 그 외에도 서해대교에서 경간 60 m의 16개 교량 5.92 km가 경간단위 가설공법으로 시공되는 등 많은 교량의 가설에 적용되었다. 그림 11-85는 경간단위

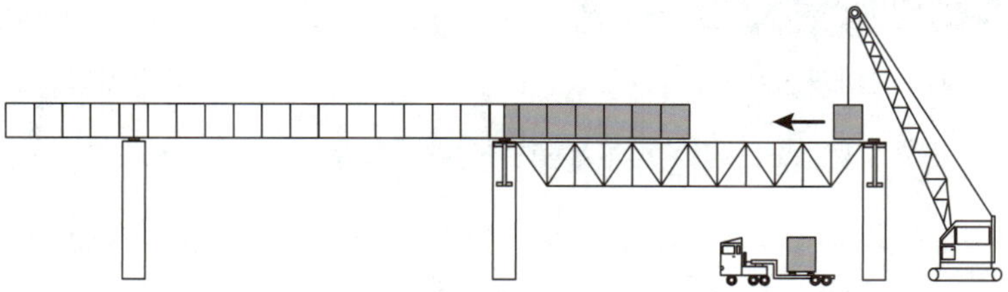

(a) 접근이 가능한 프리캐스트 세그먼트를 직접 운반할 때의 가설

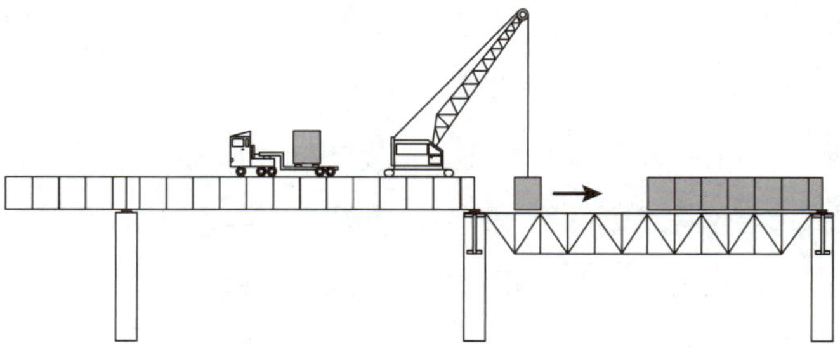

(b) 완공된 부분의 교량으로 프리캐스트 세그먼트를 운반할 때의 가설

| 그림 11-84 | 경간단위 가설공법에 따른 세그먼트 가설

(a) 서울 강변북로

(b) 서해대교

| 그림 11-85 | 경간단위 가설공법의 교량 시공

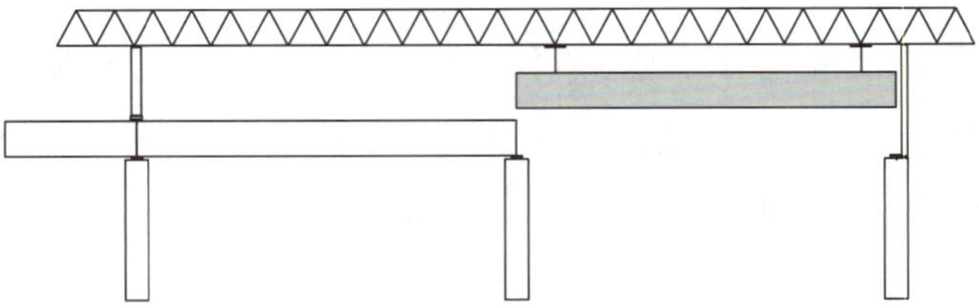

| 그림 11-86 | 프리캐스트 경간 가설공법에 따른 단일 세그먼트의 가설

(a) 인천대교 고가교 구간

(b) 호남고속철도 두월교

| 그림 11-87 | 프리캐스트 경간 가설공법 교량의 시공

가설공법으로 프리스트레스트 콘크리트 교량을 시공하는 현장의 모습이다.

한 경간을 여러 개의 세그먼트로 분할하는 경간단위 가설공법은 운반이 가능한 중량과 길이 등을 고려하여 세그먼트의 크기를 결정한다. 이때 운반이 가능하다면, 많은 수의 세그먼트로 나누는 것보다는 적은 수의 세그먼트로 나누는 것이 경제적이다. 경간단위 가설공법의 하나로서, 한 경간을 하나의 프리캐스트 부재로 제작할 때는 프리캐스트 경간 가설공법(precast span method, 약칭 PSM)이라고 한다. 많은 양의 프리캐스트 부재를 가설하는 경우에는 제작장에서 프리텐션 방식으로 제작하는 것이 경제적이다. 그림 11-86은 프리캐스트 경간 가설공법의 시공을 나타낸다.

한국에서는 경기도 화성과 평택 사이의 경부고속철도 교량에서 이 공법이 처음으로 채택되었으며, 그 후에도 많은 교량의 가설에 적용되었다. 그림 11-87은 프리캐스트 경간 가설공법으로 프리스트레스트 콘크리트 교량을 시공하는 현장의 모습이다.

[참고문헌]

11.1 Nilson, A. H., *Design of Prestressed Concrete*, 2nd edition, John Wiley & Son, New York, 1987 (p. 10).

11.2 Gilbert, R. I., *Time Effects in Concrete Structures*, Elsevier, Amsterdam, Netherlands, 1988, 321 pp.

11.3 Ghali, A., and Favre, R., *Concrete Structures: Stresses and Deformations*, 2nd edition, E & FN Spon, London, UK, 1994, 444 pp.

11.4 국토교통부, 한국콘크리트학회, KDS 14 20 콘크리트구조설계기준, 기준 및 해설, 2021.

11.5 PTI and PCI, *Precast Segmental Box Girder Bridge Manual*, Post-Tensioning Institute, Glenview, Illinois, Prestressed Concrete Institute, Chicago, Illinois, USA, 1978, 116 pp.

11.6 Leonhardt, F., "Continuous Prestressed Concrete Beams," *ACI Journal*, Vol. 24, No. 7, 1953, pp. 617-634.

11.7 이재훈, 이명재, "FCM 공법의 프리캐스트 세그멘탈 프리스트레스트 콘크리트 교량의 구조계산서 분석", 삼성종합건설 기술연구소 보고서, 기연-92014, 1992, 229 p.

11.8 CEN, Eurocode: Basis of Structural Design, European Committee for Standardization, 2002.

11.9 국토교통부, 한국교량및구조공학회, 교량설계기준(한계상태설계법), KDS 24 14 21 콘크리트교 설계기준(한계상태설계법), 기준 및 해설, 2021.

11.10 ACI Committee 318, *Building Code Requirements for Structural Concrete* (ACI 318-11) *and Commentary* (ACI 318R-11), American Concrete Institute, Farmington Hills, MI, 2011.

11.11 AASHTO, LRFD *Bridge Design Specifications*, 6th edition, American Association of State Highway and Transportation Officials, Washington, D.C., USA, 2012.

11.12 Lin, T. Y., and Thornton, K., "Secondary Moment and Moment Redistribution in Continuous Prestressed Concrete Beams," *PCI Journal*, Vol. 17, No. 1, 1972, pp. 1-12.

11.13 CEN, Eurocode 2: *Design of Concrete Structures*, European Committee for Standardization, 2004.

11.14 Cohn, M. Z., and Y. Frostig, "Inelastic Behavior of Continuous Prestressed Concrete Beams," *Journal of the Structural Division*, ASCE, 109, ST10, 1983, pp. 2292-2309.

11.15 Mattock, A. H., "Continuous Prestressed Concrete Beams," *PCI Journal*, Vol. 42, No. 3, 1991, pp. 50-59.

[연습문제]

11-1 프리스트레스트 콘크리트 연속보의 특징 및 장점과 단점을 설명하시오.

11-2 프리스트레스트 콘크리트 연속보에서 2차 모멘트가 발생하는 이유를 설명하시오.

11-3 프리스트레스트 콘크리트 연속보에서 긴장재의 선형이동과 압축선 일치 긴장재가 무엇인지 설명하시오.

11-4 세그멘탈 공법으로 시공하는 프리스트레스트 콘크리트 연속보에서 크리프 모멘트가 발생하는 이유를 설명하시오.

11-5 콘크리트 연속보의 소성거동과 휨모멘트 재분배에 대하여 설명하고, 휨모멘트 재분배가 이루어질 수 있는 조건을 설명하시오.

11-6 프리스트레스트 콘크리트 교량의 공법은 어떤 종류가 있는지 나열하고, 각 공법의 특징과 어떤 상황에서 적용할 수 있는 공법인지 설명하시오.

11-7 부착 긴장재가 배치된 프리스트레스트 콘크리트 연속보에 긴장력 P가 작용한다. 연속보는 좌우 대칭인 구조로서, 경간 중앙과 내부지점에서 긴장재의 편심은 하단과 상단 방향으로 각각 e_m과 e_s이고, 한 경간의 길이는 l이다. 지점변위 해석법과 등가하중 해석법을 적용하여 긴장력에 의한 2차 모멘트와 총 모멘트의 분포를 구하시오. 또 압축선 일치 긴장재 형상을 구하시오. 문제의 조건은 다음 (a)~(f)의 8 가지 중 하나를 선택하고, 그림 11-88과 같은 2경간 연속보나 그림 11-89와 같은 3경간 연속보에 대하여 문제를 수행하시오.

(a) $l = 30\,m,\ e_m = 500\,mm,\ e_s = 400\,mm,\ P = 1{,}400\,k\text{N}$

(b) $l = 30\,m,\ e_m = 400\,mm,\ e_s = 500\,mm,\ P = 1{,}400\,k\text{N}$

(c) $l = 28\,m,\ e_m = 300\,mm,\ e_s = 400\,mm,\ P = 1{,}800\,k\text{N}$

(d) $l = 28\,m,\ e_m = 400\,mm,\ e_s = 300\,mm,\ P = 1{,}800\,k\text{N}$

(e) $l = 32\,m,\ e_m = 500\,mm,\ e_s = 600\,mm,\ P = 2{,}000\,k\text{N}$

(f) $l = 32\,m,\ e_m = 600\,mm,\ e_s = 500\,mm,\ P = 2{,}000\,k\text{N}$

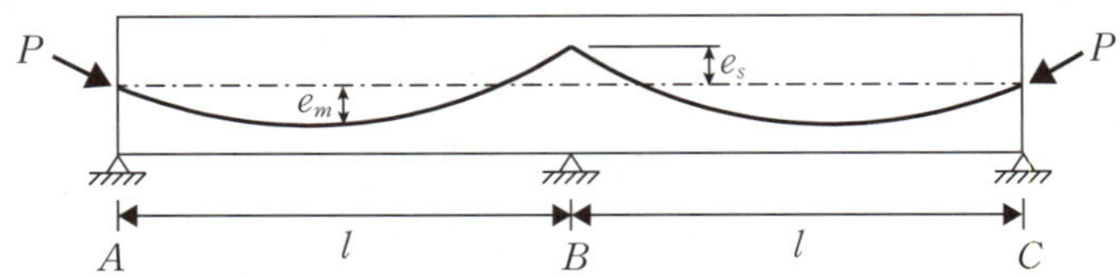

| 그림 11-88 | 문제 11-7의 2경간 연속보

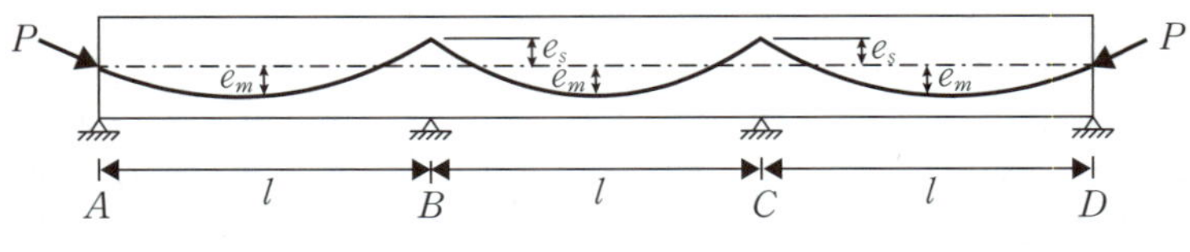

| 그림 11-89| 문제 11-7의 3경간 연속보

11-8 그림 11-90과 같은 포스트텐션 프리스트레스트 콘크리트 단순보를 제작하여, 그림 11-91이나 그림 11-92와 같이 가설하고 연속화 하여 연속보를 시공한다. 2경간 연속보로 연속화 하는 경우 또는 3경간 연속보로 연속화 하는 경우 중 한 가지를 선택하고, 아래의 문제를 수행하시오. 보의 자중 w, 초기 긴장력 P_i, 유효 긴장력 P_e, 단순보를 연결하여 연속보가 된 이후 시간 t에서 콘크리트의 재령보정 크리프 계수

ϕ_m, 경간 l, 경간 중앙 긴장재의 편심 e_m에 대한 조건은 다음 (a)~(d)의 4 가지 중 하나를 선택하시오.

(a) $w = 20\,kN/m,\ P_i = 1{,}700\,kN,\ P_e = 1{,}450\,kN,\ \phi_m = 2.0,\ l = 24\,m,\ e_m = 400\,mm$

(b) $w = 25\,kN/m,\ P_i = 1{,}800\,kN,\ P_e = 1{,}500\,kN,\ \phi_m = 1.8,\ l = 28\,m,\ e_m = 500\,mm$

(c) $w = 35\,kN/m,\ P_i = 2{,}000\,kN,\ P_e = 1{,}700\,kN,\ \phi_m = 2.1,\ l = 32\,m,\ e_m = 600\,mm$

(d) $w = 35\,kN/m,\ P_i = 2{,}200\,kN,\ P_e = 1{,}850\,kN,\ \phi_m = 2.3,\ l = 35\,m,\ e_m = 700\,mm$

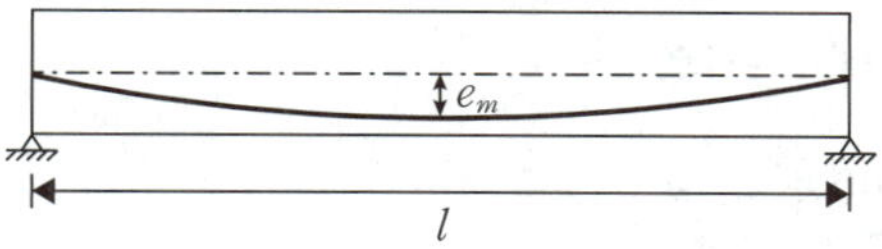

| 그림 11-90 | 문제 11-8의 단순보

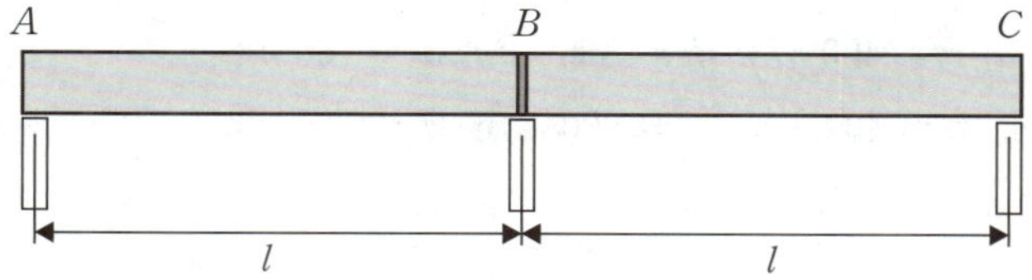

| 그림 11-91 | 문제 11-8의 2경간 연속보

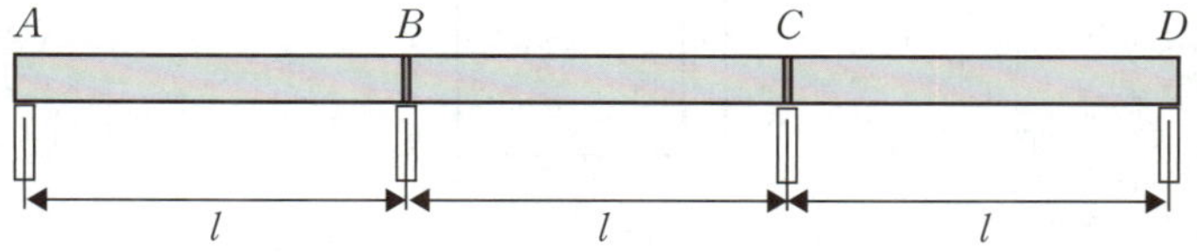

| 그림 11-92 | 문제 11-8의 3경간 연속보

[문제 1] 연속보가 된 후의 자중에 의한 크리프 모멘트와 시간 t에서의 자중에 의한 휨모멘트 분포를 구하시오.

[문제 2] 연속보가 될 때의 긴장력이 유효 긴장력 P_e로서 그 후에도 긴장력이 P_e로 변하지 않는 경우, 긴장력에 의한 크리프 모멘트와 시간 t에서의 긴장력에 의한 휨모멘트 분포를 구하시오.

[문제 3] 문제 1과 2의 결과를 합하여, 자중과 긴장력에 의한 크리프 모멘트와 시간 t에서의 자중과 긴장력에 의한 휨모멘트 분포를 구하시오.

[문제 4] 연속보가 될 때의 긴장력이 유효 긴장력 P_e로서 그 후에도 긴장력이 P_e로 변하지 않는 경우, 자중과 긴장력에 의한 크리프 모멘트와 시간 t에서의 자중과 긴장력에 의한 휨모멘트 분포를 등가하중을 이용하여 구하시오.

[문제 5] 연속보가 될 때의 긴장력이 초기 긴장력 P_i이고 시간 t에서 긴장력이 유효 긴장력 P_e로 변하는 경우, 자중과 긴장력에 의한 크리프 모멘트와 시간 t에서의 자중과 긴장력에 의한 휨모멘트 분포를 등가하중을 이용하여 구하시오.

11-9 문제 11-8의 결과를 이용하여, 내부지점에 작용하는 계수 휨모멘트를 콘크리트구조설계기준에 따라 계산하시오. 보에는 자중과 활하중만 작용하며, 연속보가 된 이후에 작용하는 활하중은 40 kN/m이다.

11-10 연속보에 대한 선형탄성 구조해석 결과, 연속보의 내부지점에 1,000 $kN \cdot m$의 계수휨모멘트 M_{el}이 작용한다. 이 연속보의 내부지점에 위치한 단면이 그림 11-93과 같고 유효 긴장력이 1,000 kN일 때, 아래의 문제를 수행하시오. 긴장재로는 SWPC7BL 15.2 mm 강연선 7가닥(총 단면적 971 mm^2)이 배치되어 있다. 콘크리트의 설계기준압축강도 f_{ck}, 단면의 폭 b, 단면의 높이 h, 유효깊이 d에 대한 조건은 다음 (a)~(f)의 6가지 중 하나를 선택하시오.

(a) $f_{ck} = 35\,MPa,\ b = 400\,mm,\ h = 900\,mm,\ d = 750\,mm$
(b) $f_{ck} = 35\,MPa,\ b = 400\,mm,\ h = 850\,mm,\ d = 750\,mm$
(c) $f_{ck} = 35\,MPa,\ b = 400\,mm,\ h = 800\,mm,\ d = 650\,mm$
(d) $f_{ck} = 50\,MPa,\ b = 400\,mm,\ h = 1{,}000\,mm,\ d = 850\,mm$
(e) $f_{ck} = 50\,MPa,\ b = 400\,mm,\ h = 850\,mm,\ d = 700\,mm$
(f) $f_{ck} = 50\,MPa,\ b = 400\,mm,\ h = 800\,mm,\ d = 650\,mm$

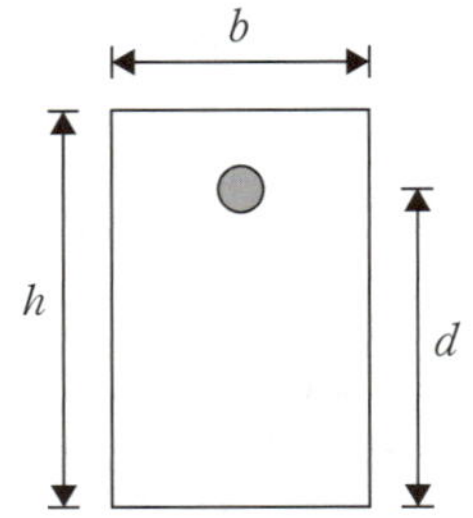

| 그림 11-93 | 문제 11-10의 단면

[문제 1] 콘크리트구조설계기준에 따라 설계휨강도 ϕM_n을 구하고, 콘크리트구조설계기준을 적용하여 휨모멘트 재분배가 가능한지 검토한 후 재분배 비율을 결정하시오.

[문제 2] 교량설계기준(한계상태설계법)에 따라 설계휨강도 M_d를 구하고, 교량설계기준(한계상태설계법)을 적용하여 휨모멘트 재분배가 가능한지 검토한 후 재분배 비율을 결정하시오.

[문제 3] Eurocode 2에 따라 설계휨강도 M_d를 구하고, Eurocode 2를 적용하여 휨모멘트 재분배가 가능한지 검토한 후 재분배 비율을 결정하시오.

부록

부록 A 그리스 문자

부록 표 A-1 그리스 문자

대문자	소문자	명칭
A	α	alpha
B	β	beta
Γ	γ	gamma
Δ	δ	delta
E	ε	epsilon
Z	ζ	zeta
H	η	eta
Θ	θ	theta
I	ι	iota
K	κ	kappa
Λ	λ	lambda
M	μ	mu
N	ν	nu
Ξ	ξ	xi
O	o	omicron
Π	π	pi
P	ρ	rho
Σ	σ	sigma
T	τ	tau
Y	υ	upsilon
Φ	ϕ	phi
X	χ	chi
Ψ	ψ, φ	psi
Ω	ω	omega

부록 B 단위 환산

부록 표 B-1 각 단위계별 단위 대조표

	길이	질량	시간	힘	응력
SI계	m	kg	s	N	N/m^2 또는 Pa
CGS계	cm	g	s	dyn	dyn/cm^2
MKS계	m	kg	s	kgf	kgf/m^2
ft-lb계	ft	lb	s	lb	$psi(lb/in^2)$

[주] SI단위계에서 응력의 단위 N/m^2를 Pa(Pascal)로 나타내기도 한다. 즉, 1 N/m^2=1 Pa, 일반적으로 MPa(Mega Pascal) 또는 N/mm^2가 사용되고 있다. [부록 표 B-5 참조]

부록 표 B-2 SI 접두어

배수	접두어의 명칭	기호	배수	접두어의 명칭	기호
10^{12}	테라(tera)	T	10^{-1}	데시(deci)	d
10^{9}	기가(giga)	G	10^{-2}	센티(centi)	c
10^{6}	메가(mega)	M	10^{-3}	밀리(mili)	m
10^{3}	킬로(kilo)	k	10^{-6}	마이크로(micro)	μ
10^{2}	헥토(hecto)	h	10^{-9}	나노(nano)	n
10	데카(deca)	xa	10^{-12}	피코(pico)	p

부록 표 B-3 힘

N	dyn	kgf	lb
1	1×10^{5}	1.01972×10^{-1}	2.2481×10^{-1}
1×10^{-5}	1	1.01972×10^{-6}	2.2481×10^{-6}
9.80665	9.80665×10^{5}	1	2.20462
4.44822	4.44822×10^{5}	4.5359×10^{-1}	1

부록 표 B-4 모멘트

N-m	kgf-m	ft-lb
1	0.10197	0.73756
9.80665	1	7.23305
1.35581	0.13825	1

부록 표 B-5 응력

kPa	$MPa(N/mm^2)$	kgf/mm^2	kgf/cm^2	$psi(lb/in^2)$
1	1×10^{-3}	1.01972×10^{-4}	1.01972×10^{-2}	1.4504×10^{-1}
1×10^{3}	1	1.01972×10^{-1}	1.01972×10	1.4504×10^{2}
9.80665×10^{3}	9.80665	1	1×10^{2}	1.4223×10^{3}
9.80665×10	9.80665×10^{-2}	1×10^{-2}	1	1.4223×10
6.89476	6.89476×10^{-3}	7.031×10^{-4}	7.031×10^{-2}	1

[주] (1)1kPa(kilo Pascal)=10^3Pa=$10^3N/m^2$, 1MPa(Mega Pascal)=10^6Pa=$10^6N/m^2$=1 N/mm^2

(2) 설계기준 등에서는 CGS단위로 된 계산식이나 값들을 SI단위로 환산할 때, 1kgf=9.8N[부록 표 B-3 참조]을 1kgf≒10N으로 보고, 1kgf/cm^2=0.098MPa(0.098N/mm^2)을 1kgf/cm^2≒0.1MPa(0.1N/mm^2)로 보고 환산한다.

부록 표 B-6 응력 환산-1

kgf/cm^2	psi	MPa	kgf/cm^2	psi	MPa
1	14.2	0.098	210	2,987	20.6
4	56.9	0.39	240	3,414	23.5
12	170.7	1.18	280	3,982	27.5
16	227.6	1.57	350	4,978	34.3
60	853.4	5.88	500	7,112	49.0
70	995.6	6.86	1,400	19,912	137
80	113.8	7.85	3,000	42,600	294
90	1,280	8.83	3,500	49,700	343
180	2,560	17.65	4,000	56,800	392

부록 표 B-7 응력 환산-2

psi	MPa	kgf/cm²	psi	MPa	kgf/cm²
1	0.007	0.07	4,000	27.6	281
60	0.41	4.22	5,000	34.5	352
150	1.03	10.5	20,000	137.9	1,406
200	1.38	14.1	30,000	206.8	2,109
500	3.45	35.2	33,000	227.5	2,320
2,500	17.2	176	40,000	275.8	2,812
3,000	20.7	211	60,000	413.7	4,219
3,500	24.1	246			

부록 표 B-8 응력 환산-3

MPa	kgf/cm²	psi	MPa	kgf/cm²	psi
1	10.2	145	23	234.5	3,336
3	30.6	435	28	285.5	4,061
7	71.4	1,015	35	357	5,076
9	91.8	1,305	137	1,397	19,870
18	183.5	2,611	235	2,396	34,084
21	214.1	3,046	412	4,201	59,756

부록 C 연속보의 단면력

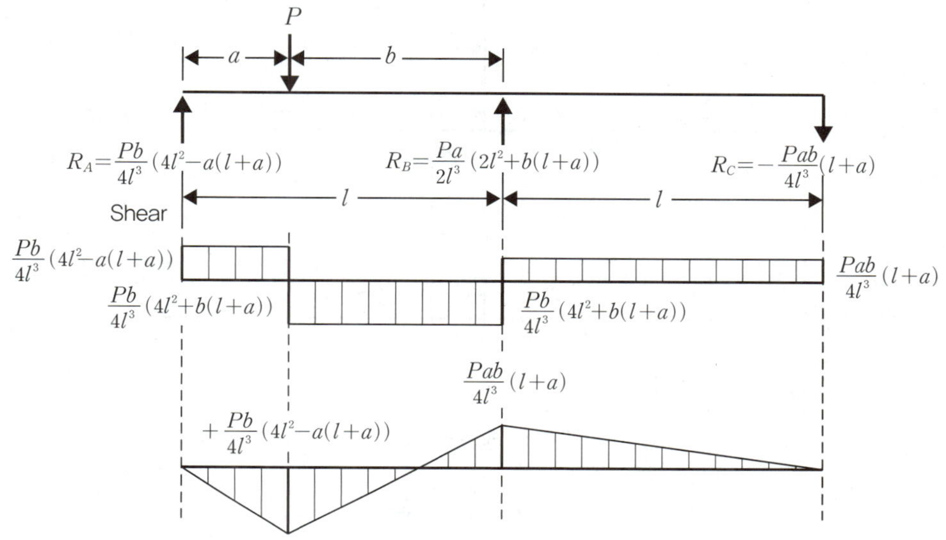

| 그림 C-1 | 2경간 연속보-1

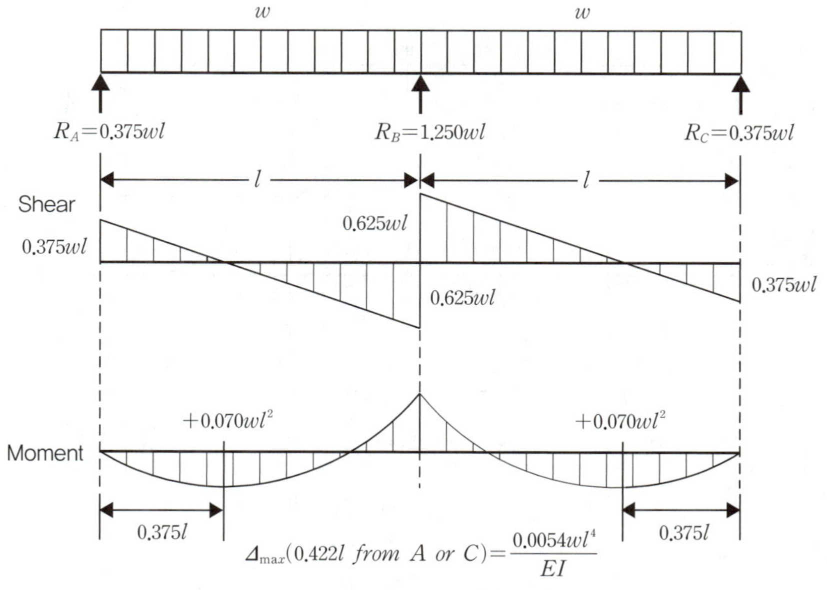

| 그림 C-2 | 2경간 연속보-2

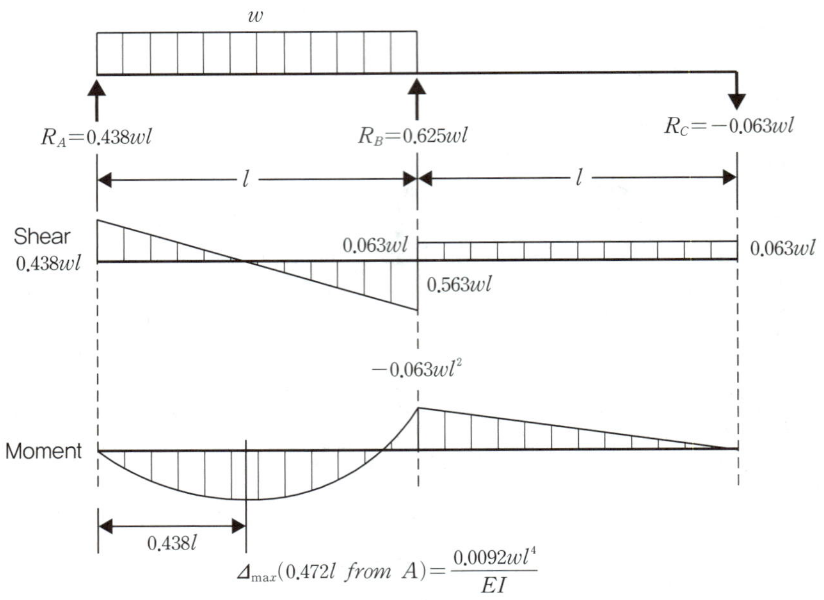

| 그림 C-3 | 2경간 연속보-3

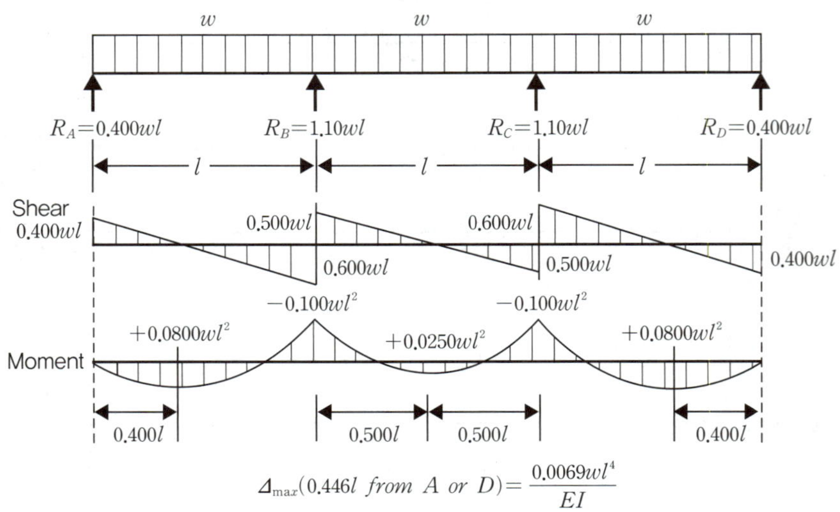

| 그림 C-4 | 3경간 연속보-1

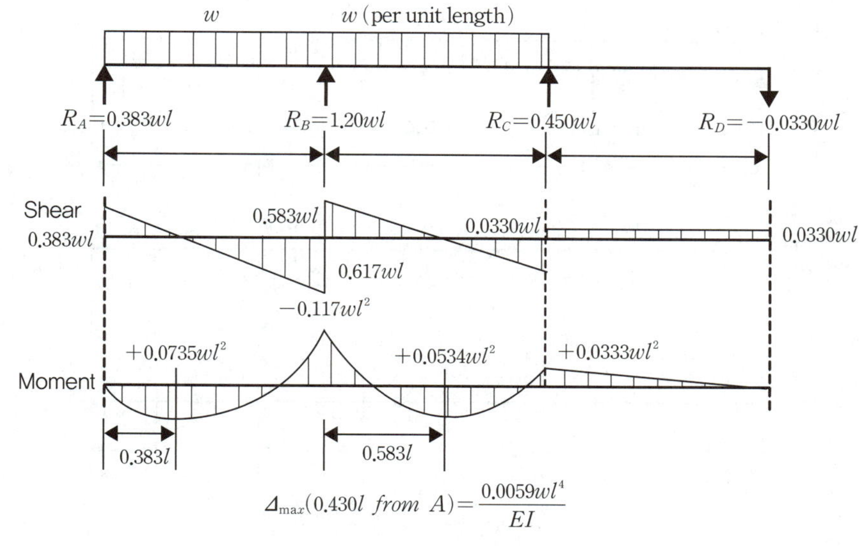

| 그림 C-5 | 3경간 연속보-2

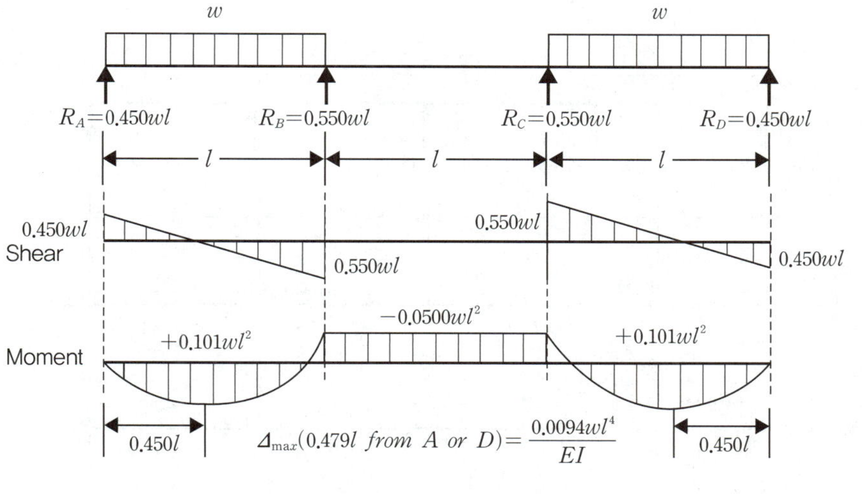

| 그림 C-6 | 3경간 연속보-3

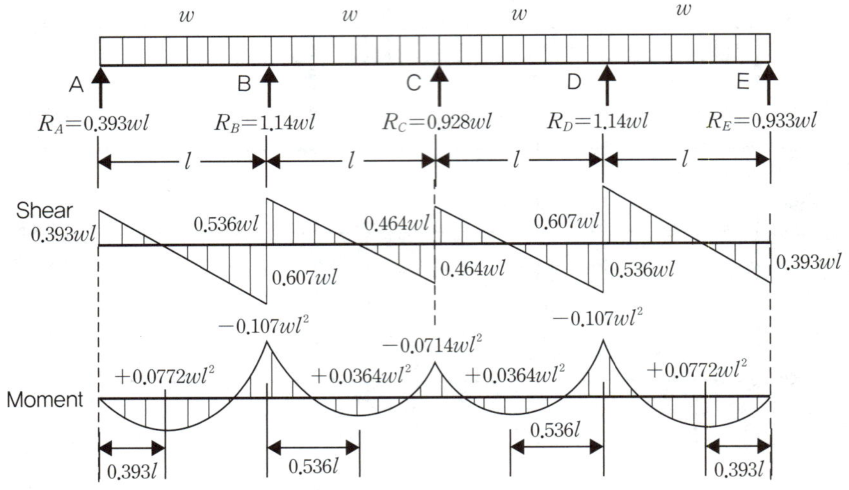

$\Delta_{max}(0.440\ from\ A)=\dfrac{0.0065wl^4}{EI}$

| 그림 C-7 | 4경간 연속보-1

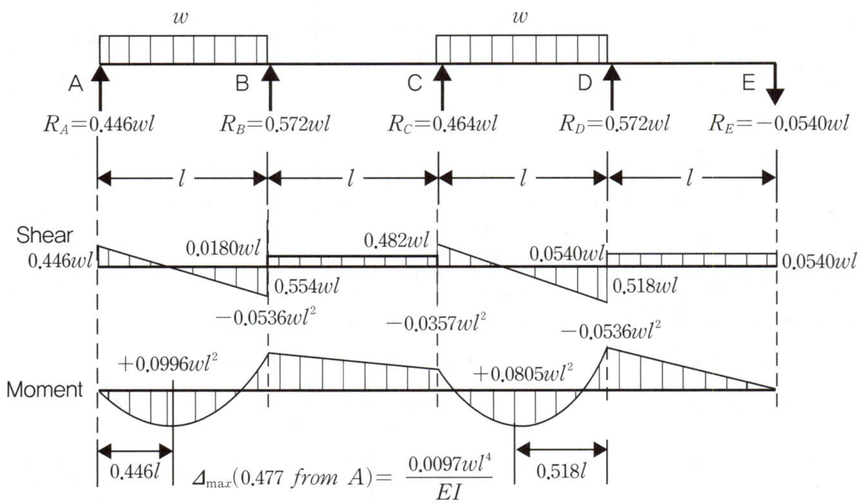

$\Delta_{max}(0.477\ from\ A)=\dfrac{0.0097wl^4}{EI}$

| 그림 C-8 | 4경간 연속보-2

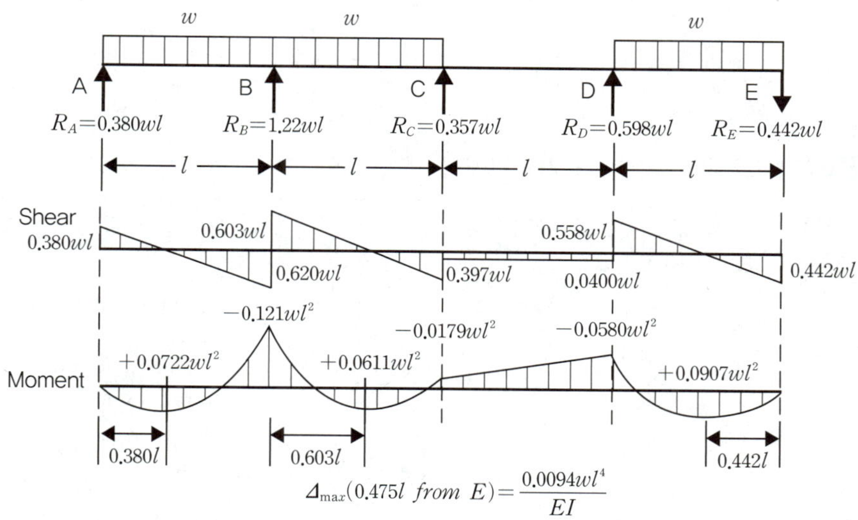

| 그림 C-9 | 4경간 연속보-3

부록 D 프리스트레싱 강재 및 철근

부록 표 D-1 강선과 강연선의 종류와 기호 및 호칭

종류		기호	호칭
강선 (wire)	원형선	A종 : SWPC1AN SWPC1AL	(2.9 mm) (3.5 mm) (4 mm) (4.5 mm) 5 mm (6 mm) 7 mm 8 mm 9 mm
		B종 : SWPC1BN SWPC1BL	
	이형선	SWPD1N SWPD1L	
강연선 (strand)	2연선	SWPC2N SWPC2L	2.9 mm 2연선
	이형 3연선	SWPD3N SWPD3L	2.9 mm 3연선
	7연선	A종 : SWPC7AN SWPC7AL	(7연선 6.2 mm) (7연선 7.9 mm) 7연선 9.3 mm 7연선 10.8 mm 7연선 12.4 mm 7연선 15.2 mm
		B종 : SWPC7BN SWPC7BL	7연선 9.5 mm 7연선 11.1 mm 7연선 12.7 mm 7연선 15.2 mm
		C종 : SWPC7CL	7연선 12.7 mm 7연선 15.2 mm
		D종 : SWPC7DL	7연선 12.7 mm 7연선 15.2 mm
	19연선	SWPC19N SWPC19L	19연선 17.8 mm 19연선 19.3 mm 19연선 20.3 mm 19연선 21.8 mm 19연선 28.6 mm

비고 1 : 원형선 B종은 A종보다 인장강도가 100 MPa 높은 종류를 나타낸다.

비고 2 : 7연선 인장강도, A종 1,720 MPa급, B종 1,860 MPa급, C종 2,160 MPa급, D종 2,400 MPa급.

비고 3 : 릴랙세이션 표준값에 따라 보통은 N, 낮은 선은 L의 기호를 끝에 붙인다.

비고 4 : 19연선에서 단면이 28.6 mm인 것은 실형이나 워링톤형으로, 그 외는 단면을 실형으로 한다.

비고 5 : ( )를 붙인 호칭의 선 및 연선은 사용하지 않는 것이 좋다.

부록 표 D-2 강선과 강연선의 역학적 성질

기호	호칭 및 표준지름	공칭 단면적 (mm²)	단위 무게 (kgf)	항복 하중 (kN)	인장 하중 (kN)	연신율 (%)	릴랙세이션 값 (%)	
							N	L
SWPC1AN SWPC1AL SWPD1N SWPD1L	(2.9 mm) (3.5 mm) (4 mm) (4.5 mm) 5 mm (6 mm) 7 mm 8 mm 9 mm	6.605 9.621 12.57 15.90 19.64 28.27 38.48 50.27 63.62	51.8 75.5 98.7 125 154 222 302 395 499	11.3 14.2 18.6 22.6 27.9 38.7 51.0 64.2 78.0	12.7 16.2 21.1 25.5 31.9 44.1 58.3 74.0 90.2	3.5 3.5 3.5 4.0 4.0 4.0 4.5 4.5 4.5	8.0 이하	2.5 이하
SWPC1BN SWPC1BL	5 mm 7 mm 8 mm	19.64 38.48 50.27	154 302 395	29.9 54.9 69.1	33.8 62.3 78.9	4.0 4.5 4.5	8.0 이하	2.5 이하
SWPC2N SWPC2L	2.9 mm 2연선	13.21	104	22.6	25.5	3.5	8.0 이하	2.5 이하
SWPD3N SWPD3L	2.9 mm 3연선	19.82	156	33.8	38.2	3.5	8.0 이하	2.5 이하
SWPC7AN SWPC7AL	(6.2 mm) (7.9 mm) 9.3 mm 10.8 mm 12.4 mm 15.2 mm	23.23 37.42 51.61 69.68 92.90 138.7	182 293 405 546 729 1,101	33.8 54.9 75.5 102 136 204	40.2 64.7 88.8 120 160 240	3.5	8.0 이하	2.5 이하
SWPC7BN SWPC7BL	9.5 mm 11.1 mm 12.7 mm 15.2 mm	54.84 74.19 98.71 138.7	432 580 774 1,101	86.8 118 156 222	102 138 183 261	3.5	8.0 이하	2.5 이하
SWPC7CL	12.7 mm 15.2 mm	98.71 138.7	774 1,101	182 255	214 300	3.5	8.0 이하	2.5 이하
SWPC7DL	12.7 mm 15.2 mm	98.71 138.7	774 1,101	202 283	237 333	3.5	8.0 이하	2.5 이하
SWPC19N SWPC19L	17.8 mm 19.3 mm 20.3 mm 21.8 mm 28.6 mm	208.4 243.7 270.9 312.9 532.4	1,652 1,931 2,149 2,482 4,229	330 387 422 495 807	387 451 495 573 949	3.5	8.0 이하	2.5 이하

비고 1 : 항복 하중은 0.2 % 영구 연신율에 대한 하중을 나타낸다.

비고 2 : 항복 하중, 인장 하중, 연신율은 표의 값 이상을 갖아야 한다.

부록 표 D-3 강봉의 종류와 기호 및 호칭

종류			기호	호칭 및 [공칭 단면적 (mm^2)]
원형 봉강	A종	2호	SBPR 785/1,030	9.2 mm [66.48] 11 mm [95.03] 13 mm [132.7] (15 mm [176.7]) 17 mm [227.0] (19 mm [283.5]) (21 mm [346.4]) 23 mm [415.5] 26 mm [530.9] (29 mm) [660.5] 32 mm [804.2] 36 mm [1,018] 40 mm [1,257]
	B종	1호	SBPR 930/1,080	
		2호	SBPR 930/1,180	
	C종	1호	SBPR 1,080/1,230	
이형 봉강	B종	1호	SBPD 930/1,080	7.4 mm [40.0] 9.2 mm [64.0] 11 mm [90.0] 13 mm [125]
	C종	1호	SBPD 1,080/1,230	
	D종	1호	SBPD 1,275/1,420	

비고 1 : ( )를 붙인 호칭의 강봉은 사용하지 않는 것이 바람직하다.

비고 2 : 공칭 지름은 호칭과 동일하다.

부록 표 D-4 강봉의 역학적 성질

기호	0.2 % 항복강도(MPa)	인장강도(MPa)	릴랙세이션 값(%)	연신율(%)
SBPR 785/1,030	785 이상	1,030 이상	4.0 이하	5 이상
SBPR 930/1,080	930 이상	1,080 이상	4.0 이하	
SBPR 930/1,180	930 이상	1,180 이상	4.0 이하	
SBPR 1,080/1,230	1,080 이상	1,230 이상	4.0 이하	
SBPD 930/1,080	930 이상	1,080 이상	1.5 이하	
SBPD 1,080/1,230	1,080 이상	1,230 이상	1.5 이하	
SBPD 1,275/1,420	1,275 이상	1,420 이상	1.5 이하	

부록 표 D-5 철근의 종류 및 역학적 성질(KS D 3504, KS D 3688)

종류	기호	용도	항복점 또는 0.2% 항복강도(N/mm^2)	인장강도 (N/mm^2)	연신율 (%)	
					2호 시험편	3호 시험편
이형철근	SD300	일반용	300 이상	440 이상	16 이상	18 이상
	SD350		350 이상	490 이상	18 이상	20 이상
	SD400		400 이상	560 이상	16 이상	18 이상
	SD500		500 이상	620 이상	12 이상	14 이상
	SD600		600 이상	710 이상	10 이상	10 이상
	SD700		700 이상	800 이상	10 이상	10 이상
	SD400W	용접용	400 이상	560 이상	16 이상	18 이상
	SD500W		500 이상	620 이상	12 이상	14 이상
	SD400S	내진용	400~520	항복강도의 1.25배 이상	16 이상	18 이상
	SD500S		500~650		12 이상	14 이상

비고 1 : 2호 시험편은 D25 이하인 철근, 3호 시험편은 D25를 초과하는 철근의 시험편

비고 2 : D32를 초과하면 호칭명 3 증가 당 연신율 2 감소, 단 감하는 한도는 4로 한다.

부록 표 D-6 이형철근의 제원(KS D 3504, KS D 3688)

호칭명	공칭지름(mm)	공칭 단면적(mm^2)	공칭둘레(mm)	단위중량(kg/m)
D4	4.23	14.05	13	0.110
D5	5.29	21.98	17	0.173
D6	6.35	31.67	20	0.249
D9	7.94	49.51	25	0.389
D10	9.53	71.33	30	0.560
D13	12.7	126.7	40	0.995
D16	15.9	198.6	50	1.56
D19	19.1	286.5	60	2.25
D22	22.2	387.1	70	3.04
D25	25.4	506.7	80	3.98
D29	28.6	642.4	90	5.04
D32	31.8	794.2	100	6.23
D35	34.9	956.6	110	7.51
D38	38.1	1140	120	8.95
D41	41.3	1340	130	10.5
D43	43.0	1452	135	11.4
D51	50.8	2027	160	15.9
D57	57.3	2579	180	20.3

부록 표 D-7 이형철근 조합에 따른 총 단면적

호칭	공칭 지름 (mm)	공칭 단면적 (mm^2)	2개	3개	4개	5개	6개	7개	8개	9개	10개
D 6	6.35	31.67	63.3	95	127	158	190	222	253	285	317
D10	9.53	71.33	143	214	285	357	428	499	571	642	713
D13	12.7	126.7	253	380	507	633	760	887	1,014	1,140	1,267
D16	15.9	198.6	397	596	794	993	1,192	1,390	1,589	1,787	1,986
D19	19.1	286.5	573	860	1,146	1,433	1,719	2,006	2,292	2,579	2,865
D22	22.2	387.1	774	1,161	1,548	1,935	2,323	2,710	3,097	3,484	3,871
D25	25.4	506.7	1,013	1,520	2,027	2,534	3,040	3,547	4,054	4,560	5,067
D29	28.6	642.4	1,285	1,927	2,570	3,212	3,854	4,497	5,139	5,782	6,424
D32	31.8	794.2	1,588	2,383	3,177	3,971	4,765	5,559	6,354	7,148	7,942
D35	34.9	956.6	1,913	2,870	3,826	4,783	5,740	6,696	7,653	8,609	9,566
D38	38.1	1,140	2,280	3,420	4,560	5,700	6,840	7,980	9,120	10,260	11,400
D41	41.3	1,340	2,680	4,020	5,360	6,700	8,040	9,380	10,720	12,060	13,400
D51	50.8	2,027	4,054	6,081	8,108	10,135	12,162	14,189	16,216	18,243	20,270

연습문제 정답

제1장

1–11

응력 : 압축(+) 인장(–)		(a)	(b)	(c)	(d)	(e)	(f)
경간 중앙	상단 응력(MPa)	17.7	13.5	9.4	15.2	7.3	11.9
	하단 응력(MPa)	−9.4	−5.2	−1.0	−3.1	5.2	0.6
경간1/4	상단 응력(MPa)	14.3	11.2	8.1	13.3	7.0	9.4
	하단 응력(MPa)	−6.0	−2.9	0.3	−0.8	5.5	3.2
처짐 방향		하향	하향	하향	하향	하향	하향

1–12

응력 : 압축(+) 인장(–)		(a)	(b)	(c)	(d)	(e)	(f)
경간 중앙	상단 응력(MPa)	9.8	16.0	16.1	15.6	7.3	11.9
	하단 응력(MPa)	−1.5	−7.7	−7.8	−3.1	5.2	0.6
경간1/4	상단 응력(MPa)	8.4	13.1	13.1	13.3	7.0	10.5
	하단 응력(MPa)	−0.09	−4.7	−4.8	−0.8	5.5	2.0
처짐 방향		하향	하향	하향	하향	하향	하향

1–13

응력 : 압축(+) 인장(–)		(a)	(b)	(c)	(d)	(e)	(f)
경간 중앙	상단 응력(MPa)	9.8	14.5	16.1	15.6	7.3	11.9
	하단 응력(MPa)	−1.5	−6.1	−7.8	−3.1	5.2	0.6
경간1/4	상단 응력(MPa)	9.4	11.7	14.0	16.4	10.2	12.5
	하단 응력(MPa)	−1.0	−3.3	−5.7	−3.9	2.3	0.03
처짐 방향		하향	하향	하향	하향	하향	하향

제4장

4–11

	(a)	(b)	(c)	(d)	(e)	(f)
1번째 긴장되는 텐던의 소요 긴장력(kN)	802	826	850	873	832	855
2번째 긴장되는 텐던의 소요 긴장력(kN)	797	821	845	868	826	850
3번째 긴장되는 텐던의 소요 긴장력(kN)	792	816	389	862	821	844
4번째 긴장되는 텐던의 소요 긴장력(kN)	787	811	834	858	816	839

4-12

	긴장잭을 제거하기 전 긴장력(kN)								
	(a)	(b)	(c)	(d)	(e)	(f)	(g)	(h)	(i)
A 위치	3600	3600	3600	3600	3600	3600	3600	3600	3600
B 위치	3436	3407	3378	3371	3335	3300	3371	3335	3300
C 위치	3261	3200	3140	3133	3067	3003	3133	3067	3003
D 위치	3125	3035	2947	2954	2874	2798	2954	2875	2798
E 위치	2982	2867	2755	2769	2674	2583	2769	2674	2583

	긴장잭을 제거한 후 초기 긴장력(kN)								
	(a)	(b)	(c)	(d)	(e)	(f)	(g)	(h)	(i)
A 위치	3157	3120	3085	3077	3038	3002	3230	3203	3177
B 위치	3379	3360	3343	3339	3319	3301	3415	3401	3389

4-13

	긴장잭 제거 전 단부 긴장력		긴장잭 제거 후 초기긴장력		
			정착손실 고려		정착손실 무시
	왼쪽(kN)	오른쪽(kN)	왼쪽(kN)	오른쪽(kN)	오른쪽(kN)
(a)	2000	1960	1928	1857	1960
(b)	2000	1941	1911	1876	1941
(c)	2000	1922	1898	1895	1922
(d)	2000	1903	1886	1914	1903
(e)	2000	1922	1928	1987	1922
(f)	2000	1903	1919	2006	1903

4-14

Δ_{set}	긴장잭 제거 전 단부 긴장력		긴장잭 제거 후 초기긴장력		
			정착손실 고려		정착손실 무시
	왼쪽(kN)	오른쪽(kN)	왼쪽(kN)	오른쪽(kN)	오른쪽(kN)
6mm	2000	1960	1928	1960	1964
1mm	2000	1960	1970	1960	1970

4-15

[문제 1] 총 손실 긴장력 $\Delta P_A = 1544\,kN$ 총 긴장력 $P_{J2} = 7456\,kN$

[문제 2] 릴랙세이션에 의한 손실 긴장력 $\Delta P_R = 95.5\,kN$ 도입긴장력 $P_{TR} = 7360\,kN$

[문제 3] 중앙부 단면의 초기 긴장력 $P_i = 6648\,kN$

4-16

[문제 1]

	0°	10°	20°	30°	40°	50°	60°	70°	80°	90°	100°	110°	120°	130°	140°	150°
(a)	2528	2626	2725	2823	2922	2908	2823	2740	2660	2582	2507	2434	2362	2293	2226	2161
(b)	2413	2540	2667	2794	2892	2784	2679	2578	2481	2387	2297	2211	2128	2047	1970	1896
(c)	2312	2467	2623	2778	2793	2665	2542	2425	2313	2207	2105	2008	1916	1828	1744	1663
(d)	2741	2851	2962	3053	2954	2858	2764	2674	2587	2503	2421	2342	2266	2192	2120	2051
(e)	2665	2803	2942	2975	2853	2736	2623	2516	2412	2314	2217	2128	2040	1957	1876	1799
(f)	2596	2763	2929	2898	2755	2619	2489	2367	2250	2139	2033	1933	1837	1747	1661	1579
(g)	2571	2748	2926	2867	2716	2573	2438	2309	2188	2073	1963	1860	1762	1669	1581	1498
(h)	2546	2735	2923	2838	2679	2529	2387	2254	2128	2008	1896	1796	1690	1595	1506	1422
(i)	2522	2722	2922	2808	2642	2485	2338	2199	2069	1946	1831	1723	1620	1524	1434	1349

[문제 2] 다음의 각도로 증가된 위치마다 돌출 정착구 설치

(a) +80°~90° (b) +70°~80° (c) +70°~80° (d) +50°~60° (e) +40°~50°
(f) +40°~50° (g) +40°~50° (h) +30°~40° (i) +30°~40°

제5장

5-8 공칭휨강도($kN-m$)

	문제 1	문제 2	문제 3	문제 4	문제 5	문제 6
(a) 직사각형 단면	989	990	988	990	994	997
(b) I형 단면	991	993	992	994	992	995

5-10 설계휨강도($kN-m$)

	문제 1	문제 2	문제 3	문제 4	문제 5	문제 6
(a) 직사각형 단면	840	842	840	844	845	832
(b) I형 단면	843	856	843	857	844	829

5-15 균열휨강도($kN-m$)

	(a)	(b)	(c)	(d)	(e)	(f)	(g)	(h)
(a) 직사각형 단면	456	634	536	714	624	802	416	527
(b) I형 단면	302	451	359	508	418	567	269	362

5-16 균열휨강도($kN-m$)

	(a)	(b)	(c)	(d)	(e)	(f)	(g)	(h)
(a) 직사각형 단면	429	598	511	680	604	773	392	496
(b) I형 단면	286	427	342	483	401	543	255	342

5-17 M_{cr} : 균열휨모멘트($kN-m$) ϕM_n : 설계휨강도($kN-m$)

		(a)	(b)	(c)	(d)	(e)	(f)	(g)	(h)
직사각형 단면	$1.2M_{cr}$	547	761	643	857	749	962	500	632
	ϕM_n	619	921	746	1056	878	1198	521	724
	최소 강재량	만족	만족	만족	만족	만족	만족	만족	만족
I형 단면	$1.2M_{cr}$	363	542	431	610	502	681	323	434
	ϕM_n	623	918	753	1057	890	1205	538	729
	최소 강재량	만족	만족	만족	만족	만족	만족	만족	만족

5-18 $M_{S,III}$: 사용하중 휨모멘트, $M_{n,rs}$: 가상의 긴장재 양을 기준으로 계산한 공칭휨강도

		(a)	(b)	(c)	(d)	(e)	(f)	(g)	(h)
직사각형 단면	$M_{S,III}$	343	479	409	544	483	618	313	397
	$M_{n,rs}$	505	801	618	913	723	1024	439	617
	최소 강재량	만족	만족	만족	만족	만족	만족	만족	만족
I형 단면	$M_{S,III}$	229	342	273	387	321	434	204	274
	$M_{n,rs}$	549	840	664	964	780	1093	477	660
	최소 강재량	만족	만족	만족	만족	만족	만족	만족	만족

제6장

6-6

[문제 1]

	(a)	(b)	(c)	(d)	(e)	(f)	(g)	(h)
인장응력(MPa)	1720	1720	1720	1720	1860	1860	1860	1860
인장력(kN)	1120	1920	1670	2863	1285	2203	1806	3096
허용응력(MPa)	1214	1214	1214	1214	1376	1376	1376	1376
허용인장력(kN)	789	1353	1178	2020	951	1630	1336	2291

[문제 2]

	(a)	(b)	(c)	(d)	(e)	(f)	(g)	(h)
인장응력(MPa)	1720	1720	1720	1720	1860	1860	1860	1860
인장력(kN)	1120	1920	1670	2863	1285	2203	1806	3096
허용응력(MPa)	1258	1258	1258	1258	1395	1395	1395	1395
허용인장력(kN)	818	1402	1221	2094	964	1652	1354	2322

6-7

[문제 1] 허용압축응력 = 18 MPa, 허용인장응력 = 1.4 MPa

응력 : 압축(+) 인장(-)	(a)	(b)	(c)	(d)	(e)	(f)	(g)	(h)
상단응력(MPa)	4.6	3.8	3.2	2.9	2.4	2.1	1.8	0.4
하단응력(MPa)	-0.1	4.1	6.9	8.4	11.2	12.6	14	21.1

[문제 2] 허용압축응력 = 18 MPa

응력 : 압축(+) 인장(-)	(a)	(b)	(c)	(d)	(e)	(f)	(g)	(h)
상단응력(MPa)	7.8	7.1	6.6	6.3	5.9	5.6	5.4	4.2
하단응력(MPa)	-3.9	-0.3	2.1	3.3	5.8	7.0	8.2	14.2

[문제 3] 허용압축응력 = 24 MPa

응력 : 압축(+) 인장(-)	(a)	(b)	(c)	(d)	(e)	(f)	(g)	(h)
상단응력(MPa)	16.8	16.1	15.6	15.3	14.9	14.6	14.4	13.2
하단응력(MPa)	-12.9	-9.3	-6.9	-5.7	-3.3	-2.0	-0.8	5.2
단면등급	균열	균열	균열	부분 균열	비균열	비균열	비균열	비균열

6-8

[문제 1] 응력(MPa) : 압축(+) 인장(-)

	(a) 긴장재만 배치된 단면					(b) 긴장재와 철근 배치 단면				
조건	(a)	(b)	(c)	(d)	(e)	(a)	(b)	(c)	(d)	(e)
상단응력	53	32	23	19	16	33	25	20	18	16
긴장재 응력	2482	1510	1276	1222	1181	1584	1332	1236	1207	1180
영응력 이후 긴장재 응력	1342	353	108	48	-5	445	175	67	33	-6

[문제 2]

	(a) 긴장재만 배치된 단면					(b) 긴장재와 철근이 배치된 단면				
	(a)	(b)	(c)	(d)	(e)	(a)	(b)	(c)	(d)	(e)
허용간격(mm)	47	178	231	부분 균열등급	비균열등급	73	172	226	부분 균열등급	비균열등급
강재간격(mm)	400(단일덕트 강재간격 = 복부폭)					66.7(측면 피복두께가 100 mm인 경우)				

[문제 3]

	(a) 긴장재만 배치된 단면					(b) 긴장재와 철근이 배치된 단면				
	(a)	(b)	(c)	(d)	(e)	(a)	(b)	(c)	(d)	(e)
균열폭(mm)	13.3	2.32	0.56	부분 균열등급	비균열등급	1.41	0.56	0.22	부분 균열등급	비균열등급
허용균열폭(mm)	0.64(하면 피복두께가 160 mm인 경우)					0.288				

6–9

(a) [문제 1] 33.6 mm [2] 26.0 mm [3] 3.3 mm [4] 55.7 mm [5] 33.0 mm

(b) [문제 1] 17.3 mm [2] 9.8 mm [3] −13.0 mm [4] 16.0 mm [5] −6.8 mm

(c) [문제 1] 25.5 mm [2] 17.9 mm [3] −4.8 mm [4] 35.9 mm [5] 13.1 mm

(d) [문제 1] 27.7 mm [2] 20.2 mm [3] −2.6 mm [4] 41.4 mm [5] 18.7 mm

6–10

[문제 1] $\Delta_L = 151\ mm$ [문제 2] $\Delta_L = 31\ mm$

6–12

[문제 1] (a) 55.6 mm (b) 56.7 mm (c) 14.4 mm (d) −57.2 mm

[문제 2] (a) 32.9 mm (b) 34.0 mm (c) −8.3 mm (d) −79.9 mm

6–13

[문제 1] $\Delta_L = 200\ mm$ [문제 2] $\Delta_L = 200\ mm$

제8장

8–4

(a) 83.7 $kN-m$ (b) 104 $kN-m$ (c) 99.7 $kN-m$ (d) 155 $kN-m$ (e) 194 $kN-m$ (f) 266 $kN-m$

8–5

[문제 1] $T_{u,\ limit}(kN-m)$ (a) 60.2 (b) 60.2 (c) 65.7 (d) 65.7 (e) 73.2 (f) 73.2

제9장

9–10

[문제 1] $l_d(mm)$: (a) 1681 (b) 1681 (c) 2252 (d) 2252 (e) 1681 (f) 1681 (g) 2252 (h) 2252

[문제 2]

$l_d(mm)$ [$\chi = 1.0$] : (a) 1739 (b) 1739 (c) 2330 (d) 2330 (e) 1739 (f) 1739 (g) 2330 (h) 2330

$l_d(mm)$ [$\chi = 1.6$] : (a) 2783 (b) 2783 (c) 3728 (d) 3728 (e) 2783 (f) 2783 (g) 3728 (h) 3728

[문제 3] $l_{bpd}(mm)$: (a) 1461 (b) 1461 (c) 1957 (d) 1957 (e) 1151 (f) 1151 (g) 1542 (h) 1542

제10장

10–6

[문제 1] $v_{nh} = 2.46\ MPa$ $\phi V_{nh} = 665\ kN$ $\phi V_{nh} > V_u$

10–7

[문제 1] 단위길이 300 mm당, $V_{ui} = 169\,kN$ $V_{ni} = 327\,kN$ $\phi V_{ni} = 295\,kN$ $\phi V_{ni} > V_{ui}$

10–8

[문제 1] (a) $v_d = 1.55\,MPa$ $v_u = 1.46\,MPa$ $v_d > v_u$
(b) $v_d = 1.59\,MPa$ $v_u = 1.45\,MPa$ $v_d > v_u$
(c) $v_d = 1.64\,MPa$ $v_u = 1.44\,MPa$ $v_d > v_u$
(d) $v_d = 1.70\,MPa$ $v_u = 1.44\,MPa$ $v_d > v_u$

10–9

[문제 1] 모든 조건에서 보의 단면2차모멘트 = $2.044 \times 10^9\,mm^4$
[문제 2] (a) $75.2 \times 10^9\,mm^4$ (b) $74.9 \times 10^9\,mm^4$ (c) $74.8 \times 10^9\,mm^4$ (d) $75.1 \times 10^9\,mm^4$
[문제 3] 보의 상단응력 : −0.8 MPa (인장) 보의 하단응력 : 13.8 MPa (압축)
[문제 4] 보의 상단응력 : 10.8 MPa (압축) 보의 하단응력 : 0.07 MPa (압축)
[문제 5] (a)~(d) 슬래브: 상단 3.4 MPa 하단 1.3 MPa 보: 상단 12.3 MPa 하단 −8.0 MPa (인장)

10–10

[문제 1] [문제 2] [문제 3] 연습문제 10−9 해답과 동일
[문제 4] (a)~(d) 슬래브: 상단 2.0 MPa 하단 0.8 MPa 보: 하단 9.1 MPa (압축)
보 상단 (a) 0.02 MPa (b) 0.03 MPa (c) 0.04 MPa (d) 0.02 MPa (압축)
[문제 5] (a)~(d) 슬래브: 상단 5.9 MPa 보: 상단 1.5 MPa 하단 1.0 MPa (압축)
슬래브 하단 (a) 2.2 MPa (b) 2.3 MPa (c) 2.3 MPa (d) 2.2 MPa (압축)

10–11

[문제 1] (a) 2386 $kN-m$ (b) 2411 $kN-m$ (c) 2430 $kN-m$
[문제 2] (a) 3069 $kN-m$ (b) 3752 $kN-m$ (c) 4170 $kN-m$
[문제 3] (a) 2239 $kN-m$ (b) 2281 $kN-m$ (c) 2357 $kN-m$
[문제 4] (a) 3665 $kN-m$ (b) 3760 $kN-m$ (c) 3839 $kN-m$

제11장

11–10

[문제 1] (a) 3.0 % (b) 3.0 % (c) 8.9 % (d) 재분배 불가 (e) 6.9 % (f) 12.5 %
[문제 2] (a) 3.0 % (b) 3.0 % (c) 13.0 % (d) 재분배 불가 (e) 6.4 % (f) 15.0 %
[문제 3] (a) 재분배 불가 (b) 재분배 불가 (c) 1.6 % (d) 재분배 불가 (e) 재분배 불가 (f) 재분배 불가

찾아보기

ㄱ
가교각 815
가상 벽체 582
가상 속빈 단면 570
가설 056
가설단계 210
가설트러스 821
가중평균값 429
간접하중작용 170
감수제 073
감압상태 300, 350
강도감소계수 161
강도개념 031
강도개념의 설계법 696
강도설계법 157
강도한계상태 162, 294
강봉 130
강선 130
강성 401
강연선 130
강재의 부식 118
개념 부재치수 101, 110
개념 수축 계수 109
개념 크리프 계수 100
건식접합 210
건조수축 107
겉보기 릴랙세이션 136, 275
겉보기 탄성변형 098
격벽 749
경간단위 가설공법 825
경량콘크리트계수 096
경사균열 634
경사-휨 이론 574
계면 687
계면 요철 697
계면의 폭 695
계수전단응력 543, 695
계수하중 059
계수휨모멘트 800
고로슬래그 074
고로 슬래그 시멘트 072
고성능 감수제 074
고정 정착장치 145
곡률 401
곡률마찰 248
곡선 긴장재 048
곡선형 긴장 007
골재 071
골재 맞물림 작용 461, 644
골조 109
골조 모델 460
공간트러스 해석법 574, 575
공기연행제 073
공기 주머니 203
공시체 076
공칭복부폭 523
공칭비틀림강도 584
공칭수평전단강도 701, 709
과보강 단면 296
구량천교 822
구속모멘트 776, 778
구운교 009
국소구역 638
국제표준화기구 138
굵은 골재 071
굽힘철근 483
균등질보 개념 023
균열 122, 194, 325, 380, 631, 634, 793
균열 간격 387
균열 간격 변수 542
균열 단면 354, 420, 434, 501
균열단면2차모멘트 423
균열 비틀림모멘트 570
균열전단강도 456, 498
균열 제어 381, 634, 677
균열폭 387
균열폭 평가계수 387
균열하중 058, 292
균열휨모멘트 327, 329, 428
그라우트 146
그라우팅 202
극단상황하중작용 171
극단설계상황 171
극한곡률 801

극한모멘트 801
극한변형률 086, 115
극한하중 059
극한한계상태 162, 171, 175, 294, 798
근사 시간단계 해석 411
금곡천교 820
기본전달길이 625
긴장력 도입 219
긴장력 도입 속도 617
긴장력 도입 한계상태 229
긴장재 001, 127
긴장잭 200
김재홍 181
김지상 080, 085
김진근 085
깊은 보 거동 구간 514
깊은 보 유사해석 641

ㄴ

내구성 118
내력개념 031
내적 긴장 017
내적 긴장재 049
내적 순수하중 038, 764
내적 프리스트레싱 049
내진용 철근 148
내황산염 포틀랜드 시멘트 072
너트 정착방식 143
노량대교 818
노르망디교 018
노출 범주 119

ㄷ

다월작용 699
단기곡률 407
단부 격벽 018
단부정착 긴장재 049
단순 모델 648
단순 스트럿-타이 모델 669
단위수량 107
단위시멘트량 107
단일몰드 방식 197
단조증가하중 424
덕트 143
덕트 배치 197
데릭 크레인 821, 823
동바리공법 772, 816
동적하중작용 170
뒤틀림 566, 567
등가단면 725
등가응력블록 091
등가지름 393
등가하중 041, 759
등가하중 해석법 759, 797
등가휨모멘트 041
등단면 부재 747
등단면 스트럿 647

ㄹ

라멘 109
런칭 거더 823
런칭 트러스 793,823
레이턴스 705
롱 라인 방식 195
리벳머리 정착방식 142
릴랙세이션 135
릴랙세이션에 의한 손실 275

ㅁ

마찰계수 700, 705
마찰손실 248
매립 정착장치 145, 614
매스콘크리트 123
매치캐스팅 공법 206
모노 잭 195
모멘트 분배법 761
모어의 응력원 455, 537
물-결합재비 073
물-시멘트비 073
미끄럼판 819
미세균열 081

ㅂ

박벽관 이론 568
반복활하중 425
반응수정계수 802
방청제 074
방향전환장치 014, 196
베르누이의 가정 296
벨라이트 시멘트 072
변각트러스 모델 466
변단면 부재 747
변동하중 172, 347
변동하중작용 171
변위법 774
변형률 경화 149
변형률 기울기의 영향 087

변형률 적합조건 355
변형률 적합해석 297, 300
변형일치 753
변화구간단면 309
병모양 스트럿 647, 656
보통 포틀랜드 시멘트 072
복부수평균열 634
복부압축파괴 459
복부전단강도 475
복부전단균열 458, 471, 633
복부폭 508
복원성 059
부동태 피막 119
부등건조수축 107
부등건조수축균열 108
부분균열등급 345, 369
부분 긴장 004, 005, 050, 292
부분 비부착 프리텐션 630
부분안전계수 161
부분타설 콘크리트 748
부분 프리스트레싱 004, 005, 050
부재강도 099
부재계수 299
부정정 구조 745
부정정 구조물 191
부정정비틀림 564
부착강도 625
부착강도 비 393
부착 긴장재 049
부착응력 624
분포 계수 435
분할 타설 108
불균형 휨모멘트 821
붕괴 295
붕괴기구 803
비균열 단면 498
비균열등급 345, 369
비단부정착 긴장재 049
비부착 긴장재 049, 336, 811
비선형 응력분포 642
비선형 크리프 099
비선형 해석 083
비틀림강도 575
비틀림강성 568
비틀림과 전단의 상호작용 578
비틀림 균열각도 577
비틀림모멘트 569
비틀림모멘트강도 577
비틀림상수 566
비틀림 설계 582
비틀림 설계모델 573
비틀림 위험단면 587
비틀림 작용 563
비틀림 전단응력 595
비틀림철근 584
비합성단면 688, 690
빈번하중조합 347
빗살 모델 460

ㅅ

사양기반 설계기준 165
사용하중 058, 193, 344
사용한계상태 162, 178, 193, 294, 343, 374, 796
사인장균열 452
사인장균열강도 456
사인장응력 452
사인장파괴 458
사전냉각방식 123
사후냉각방식 123
상향 처짐 402
새그 037, 764
생애주기비용 062
서울 강변북로 825
서울시 내부순환로 823
서해대교 018, 823, 825
선조립 206
선형 긴장 007
선형응력 해석 641
선형이동의 법칙 765
선형 크리프 098
선형탄성해석 804
선형 프리스트레싱 048
설계 균열 비틀림모멘트 571, 573, 583
설계균열폭 387
설계극한변형률 087, 312
설계기준압축강도 079
설계기준인장강도 096
설계기준항복강도 550
설계등급 350, 373
설계수평전단강도 700, 709
설계유효압축강도 505
설계인장강도 329
설계전단강 717

설계전단강도 512, 516, 546, 715
설계전달길이 625
설계항복변형률 312
설계휨강도 299
설계휨강도 근사해법 317, 323
성능 검증 165
성능기반 설계기준 165
세그멘탈 공법 206, 770
소성 공간트러스 유사법 574
소성 구조해석 083
소성모멘트 801
소성 변각트러스 모델 470, 495
소성트러스 이론 470
소성 하한해 506
소성해석 804
소성회전 변형능력 800
소성힌지 800
소요 비틀림철근량 584, 597
소요 수평전단강도 695
소요 수평전단철근 711, 717
소요 재분배율 805
소요전단강도 479
속빈 단면 568, 579
속찬 단면 579
솟음 002, 055, 193, 400, 402
수소취화반응 137
수정 압축장 모델 537
수정 압축장 이론 470, 537
수직횡방향균열 635
수축 106, 414
수축균열 108
수축 변형률 109
수축에 의한 손실 265
수축저감제 074
수평계수전단력 710
수평계수전단응력 710, 714
수평전단강도 697
수평전단응력 694
수화열 122
순 릴랙세이션 136, 275
순수 비틀림 568
순인장변형률 308, 806
쉘 구조 006
쉬스 017, 143
쉬스의 변형 201
쉬스의 순간격 201
스터럽 483, 549
스트럿 463, 496, 646
스트럿 각도 514
스트럿의 경사각 511, 523, 600
스트럿의 공칭압축강도 654
스트럿의 설계압축강도 654
스트럿의 유효설계강도 671, 673
스트럿의 유효압축강도 655
스트럿-타이 모델 646
습윤 양생 126
시간 단계별 정밀해석 276
시간적 손실 220
시공단계 210
시공단계 해석 789
시공 이음면 699
시공 이음부 요철 716
시멘트 071
시멘트 풀 069
신뢰도기반 설계기준 162
신뢰도 지수 164
신장량 200
실리카 퓸 075
심부구속 효과 116
쐐기 141

ㅇ

아치 모델 460
아치 유사법 459
압력선 031
압축강도 075, 115
압축강도 발현 곡선 113
압축강도 유효계수 509, 513
압축선 753
압축선 일치 긴장재 765
압축선 해석법 031
압축응력-변형률 곡선 081
압축장 모델 537
압축장 이론 574
압축지배단면 308
압축지배변형률 308
앵커블록 141
야적 208
에폭시 209
에폭시 도막 강연선 131
에폭시 피복철근 148
연결장치 144, 749
연성보장설계 331

연속보 191, 745
연속보의 응력해석 762
연속압출공법 819
연속 텐던 794
연신율 549
열린 단면 568
열팽창 계수 123
영구하중 172, 347
영구하중작용 171
영응력 상태 300, 428
영응력 한계상태 350, 374, 376
온도응력 123
완전균열등급 345, 369
완전 긴장 002, 005, 050292
완전 프리스트레싱 002, 005, 050
외적 긴장 018
외적 긴장재 049
외적 프리스트레싱 049
욕조형 단면 636
운반 056
운송장비 204
원형 긴장 007
원형 프리스트레싱 048
원효교 009
원효대교 822
유동화제 074
유압펌프 200
유한요소해석 641
유효계수법 773
유효곡률 435
유효 긴장력 220
유효단면2차모멘트 422, 427, 437
유효단면2차모멘트 해석법 422, 427
유효 벽두께 572, 582, 595
유효 복부폭 539, 547
유효압축강도 505
유효율 222
유효 인장깊이 388, 392
유효 인장면적 392, 388
유효 탄성계수 414, 773
유효 탄성계수법 413
유효 탄성계수비 414
유효폭 722
응답수정계수 802
응력개념 023
응력개념의 설계법 696
응력교란영역 638
응력법 753, 774
응력-변형률 곡선 088
응력 부식 137
응력 한계상태 373
이동식 거푸집 821
이동식 비계공법 817
이동식 지보공 817
이재훈 092, 181
이형철근 147
인양 056, 204
인양장치 204
인장강도 094, 132
인장강도 발현 곡선 114
인장대 013
인장증강효과 , 392
인장지배단면 308
인장지배변형률 308
인천대교 823
일반구역 638
임시설계상황 171
ㅈ
자기수축 106
잔골재 071
잔류 변형 099
장기거동 213
장기 계수법 412
장기곡률 407
장기 손실 281
장기 손실 근사해법 281
장기처짐 406
장기처짐 해석 408
장기하중 193
장부작용 461
재긴장 055
재령보정계수 774
재령보정 유효계수법 773
재료계수 180, 299, 311
재료부분안전계수 180, 311
재료저항계수 180
저보강 단면 296
저열 포틀랜드 시멘트 072
저항계수 161
적합비틀림 564, 583
전기적 프리스트레싱 022
전단강도 증가계수 516

전단류 595
전단마찰이론 698
전단 무보강 단면 521
전단 보강 단면 522
전단 설계 694
전단압축파괴 458
전단연결재 198, 696, 703
전단위험단면 486, 526, 551
전단유효깊이 539, 547
전단응력 455
전단 이론 465
전단인장파괴 458
전단지연 722
전단철근 483, 524
전단철근의 간격 485, 526, 551
전단 탄성계수 086, 566
전단흐름 568, 569, 595
전달길이 187, 613, 619
전진 가설법 823
절곡 긴장재 014
절점 647
절점영역의 공칭압축강도 658
절점영역의 설계압축강도 658
절점영역의 유효압축강도 658
절점의 유효설계강도 676
접선 탄성계수 084
접촉면 687
정밀 모델 648
정상설계상황 171
정적하중작용 170
정점변형률 088, 116
정정비틀림 564
정착구 637
정착구역 188, 613, 637
정착길이 615, 619, 626
정착부 637
정착장치의 활동 257
조강 포틀랜드 시멘트 072
조합하중 173
종방향 비틀림철근 600
주기하중 173
주기하중조합 347
주변동하중 175
주압축응력 455
주인장응력 455
준영구하중 173
준영구하중조합 347
중간 격벽 018
중간 정착구 188, 199, 792
중립축의 깊이 비 807
중용열 포틀랜드 시멘트 072
즉시 손실 220
증기 양생 126
증분 시간단계 해석 409
지속하중 058, 193, 346
지속하중조합 347
지압부 669
지연제 074
지점변위 해석법 753
지주 미설치 가설법 691
지주 설치 가설법 692
지진설계상황 171
직선 긴장재 048
직접인장시험 094
직접하중작용 170
쪼갬인장강도 094
쪼갬인장시험 094

ㅊ

차량활하중 182
착색재 075
처진 높이 764
처짐 193, 399, 739
처짐 한계 442
처짐 한계상태 440
철근의 응력-변형률 곡선 149
철근의 탄성계수 149
초기 긴장력 220
초기 모멘트 777
초기접선탄성계수 084, 103
촉진제 074
총 휨모멘트 751
최대골재치수 542
최대 균열 간격 390
최대 균열폭 390
최대인장강도 096
최대전단철근 525
최소 부착철근 332
최소 비틀림철근 586, 600
최소 설계기준압축강도 121
최소설계등급 121, 373
최소연신율 549
최소 전단연결재 703

최소전단철근 483, 525, 550
최승원 389
최종 휨모멘트 777
추진코 819
축방향 변형률 541, 544
치수화 659, 677

ㅋ

캔틸레버공법 771, 789, 793, 821
캡 케이블 748, 750
커플러 749
콘크리트 069
콘크리트 수축 437
콘크리트의 배합 124
콘크리트의 시공 124
콘크리트의 양생 126
콘크리트의 열화 119
콘크리트의 타설 125
콘크리트 점성계수 700
콘크리트 탄성계수 085
크기 효과 502
크리프 097
크리프 계수 098, 100
크리프 모멘트 214, 770, 776, 779
크리프 변형률 099
크리프 복원 099
크리프에 의한 손실 269
크리프 함수 773
클링커 072
키 세그먼트 822

ㅌ

타설 곡선 822
타이 647
타이-아치 거동 331
타이의 공칭강도 657
타이의 설계인장강도 657
탄산수축 107
탄성계수 084
탄성계수 발현 곡선 115
탄성계수비 424, 725
탄성 복원 099
탄성수축 230
탄성수축 손실 232, 239
탄소성 거동 801
테이퍼 스트럿 647
테프론 819
텐던 001, 127
통기관 202
트러스 모델 459
트러스 유사법 459
특성하중조합 347

ㅍ

파괴 295
파괴계수 094
파괴확률 163
파상마찰 250
파상 효과 250
파열력 640
파열응력 638
파열응력 분포 640
파이프 냉각방식 123
팽창재 075
평균 균열간격 388
평균 균열폭 387
평균 변형률 389
평균 압축강도 079
평균인장강도 095
평균휨인장강도 096
평탄성 401
평형방정식 356
평형비틀림 564
폐쇄띠철근 585
폐쇄스터럽 585
포물선-사각형 곡선 088, 116
포스트텐셔닝 048
포스트텐션 012, 016
포아송 비 086, 124
포졸란 시멘트 072
포틀랜드 시멘트 072
표준차로하중 182
표준트럭하중 182
표준하중조합 347
표피철근 382
프레시네 008
프리스트레스 001
프리스트레싱 001
프리스트레싱 강재 001, 127
프리스트레싱 강재의 탄성계수 134
프리즘 스트럿 647
프리캐스트 경간 가설공법 826
프리캐스트 공법 050
프리캐스트 부재 204
프리캐스트 콘크리트 004, 011, 748

프리텐셔닝 048
프리텐션 012
프리플렉션 하중 020
프리플렉스 019
플라이 애쉬 074
플라이 애쉬 시멘트 072
플랫 플레이트 199, 746
피로 136
피로한계상태 162, 294
피폭 강연선 131

ㅎ

하부 플랜지 Y형 균열 635
하중계수 166, 175
하중조합 166, 175
하중 특성값 172
하중평형 개념 036
하중효과 170
하한계 해석법 646
한계경사각 506
한계균열폭 390
한계상태 161
한계상태설계법 159
한계 재분배율 805, 806, 808, 809
한국산업표준 138
할렬력 641
할렬응력 638
할선 탄성계수 084
합성거동 687
합성단면 687
합성보 687
항복강도 134
항복고원 149
항복곡률 801
항복모멘트 801
허용균열폭 384
허용압축응력 367
허용응력 193, 367, 373
허용응력설계법 156
허용인장응력 367
허용 처짐 442
현장일체타설 747
현장타설 747
현장타설 공법 050
현장타설 콘크리트 004
형상기억합금 023
혼합 시멘트 072
혼화재 074
혼화재료 073
혼화제 073
화학적 프리스트레싱 022
확률밀도 함수 163
환산단면 725
환산폭 724, 725
회복가능 사용한계상태 179
회복불능 사용한계상태 179
횡구속 철근 115
횡구속 효과 116, 461
횡방향 보강재 585
휨강도 737
휨강성 421
휨 거동 289
휨균열강도 094
휨 극한변형률 087
휨모멘트-곡률 곡선 421
휨모멘트-곡률 관계 800
휨모멘트-곡률 해석법 422
휨모멘트 재분배 804
휨모멘트-회전각 관계 800
휨 부착길이 619
휨 압축응력 분포 087
휨 응력 728
휨 응력 해석 354
휨인장강도 094
휨인장시험 094
휨전단균열 458, 471

A

Abeles 009
accelerating admixture 074
accidental action 171
accidental design situation 171
ACI 209 274
ACI-ASCE 423 274, 279
action 170
admixture 073
Age Adjusted Effective Modulus Method 773
aggregate 071
aggregate interlocking 461, 644
air-entraining admixture 073
air pocket 203

allowable stress design 156
anchorage length 615, 619
anchorage region 613
anchorage seating 257
anchorage set 257
anchorage slip 257
anchorage zone 188, 613
anchor block 141
apparent relaxation 136, 275
approximate time–step analysis 411
arch analogy 459
arch model 460
autogenous shrinkage 106

B

balanced cantilever method 821
basic transmission length 623
BBR 142
belite 072
benting tube 202
Bernoulli 296
bilinear moment–deflection computation method 422
bonded tendon 049
bottle–shaped strut 647, 656
bottom flange Y cracks 635
Branson 413, 427
Bredt 568
BS 8110 051
bursting force 640
bursting stress 638

C

camber 002, 055, 193, 400
cap cable 748
carbonation shrinkage 107
casting bed 013
casting curve 822
cast–in–place 004, 747
cast–in–situ 004, 747
cement paste 069
center of compression line 753
characteristic combination 347
characteristic value 172
chemical prestressing 022
chipping 699
CIP 004
circular prestressing 007, 048
Class C 345, 369
Class T 345, 369
Class U 345, 369
C–line 753
C–line method 031
clinker 072
coarse aggregate 071
cold drawing 129
collapse 295
collapse mechanism 803
Collins 537, 574
coloring admixture 075
combination value 173
comb model 460
compatibility torsion 564
composite beam 687
composite section 687
compression field theory 537, 574
concordant tendon 765
concrete degradation 119
confinement effect 116, 461
confining steel 115
continuity tendon 794
corrosion resisting admixture 074
coupler 144, 749
cracking load 058, 292
cracking shear strength 456, 498
cracking torque 570
cracking torsional moment 570
creep 097
creep coefficient 098
creep function 773
creep moment 214, 771
creep recovery 099
crimping 129
curvature 401
curvature friction 248
curved prestressing 007
curved tendon 048
cyclic love load 425

D

dead anchor 145
debonding 015, 631
decompression 300, 350
deep beam analogy 641
deflection 399
de–formed bar 147

derrick crane 821, 823
design cracking torsional moment 571
design transmission length 623
design ultimate strain 087
development length 615, 619
deviator 014, 196
diagonal crack 452
diagonal tensile stress 452
diaphragm 749
Dill 008
direct action 170
displacement method 774
disturbed region 638
Doehring 007
dowel action 461, 699
D–region 638
drying shrinkage 107
dry joint 210
duct 143
dynamic action 170
Dywidag 130, 143

E

effective elastic modulus method 413
Effective Modulus Method 773
effective moment of inertia 422
effective moment of inertia computation method 422
effectivenessratio 222
effective prestress 220
effective width 722
elastic recovery 099
elastic shortening 230
elastoplastic behavior 801
electrical prestressing 022
electrothermal prestressing 022
embedded anchor 145
end–anchored tendon 049
end diaphragm 018
epoxy coated bar 148
equilibrium torsion 564
equivalent load method 759
equivalent stress block 091
erection 056
expansive admixture 075
external prestressing 018, 049
external tendon 049

F

factored shear resistance 546
failure 295
fatigue 136
fatigue limit state 162, 294
FCM 821
final moment 777
fine aggregate 071
finite element analysis 641
flatness 401
flexural bond length 619
flexural tensile strength 094
flexure–shear crack 458, 471
fly ash 074
force method 753, 774
form traveler 821
frame 109
frame model 460
free cantilever method 821
frequent combination 347
frequent value 173
Freyssinet 008, 142, 144
Frosch 385
FSM 816
full prestressing 002, 005, 050, 292
full staging method 816

G

general zone 638
gentle release 618
Gergley 644
Ghoneim 574
Girkmann 723
Goodier 723
granulated blast furnace slag 074
grouting 202

H

Hanson 621
Hewett 008
hogging 253
hold–down device 196
hold–up device 196
hollow section 568
homogeneous beam concept 023
horizontal web cracks 634
Hoyer's effec 617
Hsu 574

hydration heat 122
I
ILM 819
immediate elastic loss 220
Improved Dischinger Method 773
inclined cracks 634
incremental launching method 819
incremental moment–curvature computation method 422
incremental time–step analysis 409
indenting 129
indirect action 170
individual mold method 197
initial moment 777
initial prestress 220
initial tangent modulus 084
instantaneous loss 220
interface 687
intermediate diaphragm 018
internal force concept 031
internal net load 764
internal prestressimg 017
internal prestressing 049
internal tendon 049
ISO 6934 132, 138
Iyengar 640
J
Jackson 007
K
Kaar 621, 632
Ka'rma'n 723
Karr 698
key segment 822
Koenen 008
KS D 3504 147, 150
KS D 3505 130, 138
KS D 3629 148
KS D 3688 148, 150
KS D 7002 130, 138
KTA 142
L
laitance 705
Lampert 574
Lane 623
launching girder 823
launching nose 819
launching truss 793, 821, 823
Leonhardt 009, 640
Lessig 574
life cycle cost 062
lift and pushing system 819
lifting 056, 204
limit state 161
limit state design 159
Lin 009, 036
linear creep 098
linear elastic analysis 804
linear prestressing 007, 048
linear stress analysis 641
linear tendon 048
linear transformation theorem 765
load balancing concept 036
load effect 170
local zone 638
long line method 195
long–term curvature 407
long–term deflection 406
long–term load 193
long–term loss 281
long–term multiplier method 412
Loov 319, 698
low boundary plasticity solution 506
Lu..chinger 574
Luzancy교 008
M
MacGregor 574
Magura 275, 632
Majtahedi 318
Martin 413
mass concrete 123
match casting 206
material factor 180
material resistance factors 180
Mattock 132, 318, 697, 698
member strength 099
method of consistent deformation 753
micro–crack 081
Mikhailov 009
Mitchell 537, 574
modified compression field theory 470
modulus of rupture 094
modulus of rupture test 094

Mohr's circle 455
Mohr's stress circle 537
moisture curing 126
moment distribution method 761
moment redistribution 804
mono−jack 195
monolithic construction 747
monotonically increasing load 424
Mörsch 459, 640
movable scaffolding system 817
MSS 817
Müller 009,276

N

Naaman 319
Navier 566
nodes 647
noncomposite section 690
nonend−anchored tendon 049
nonlinear creep 099
notional creep coefficient 100
notional shrinkage coefficient 109
notional size of member 101, 110

O

Okumus 634
Oliva 634
open section 568
open−topped section 636
over−reinforced section 296

P

parabola−rectangle diagram 088, 116
partial factors for materials 180
partial prestressing 004, 005, 050, 292
Patenting 129
Patnaik 698
PC 004
performance based design code 165
performance verification 165
permanent action 171
persistent design situation 171
pickling 128
pipe−cooling system 123
plastic analysis 804
plastic hinge 800
plasticity truss theory 470
plastic rotation capacity 800
plastic truss analogy 574
Poisson's ratio 086, 124
Pont de Normandie 018
portland cement 072
post−cooling system 123
post−tensioning 048
post−tensioning system 012
precast concrete 004
precast span method 826
pre−cooling system 123
predominant variable load 175
prefabricate 206
preflexion load 020
pre−flex method 019
prescriptive design code 165
pressure line 031, 753
prestress 001
prestressing 001
prestressing steel 001, 127
prestressing tendon 001
pre−tensioning 048
pre−tensioning system 012
primary moment 751
prismatic member 747
prismatic strut 647
probability density function 163
probability of failure 163
progressive segmental method 823
proof stress 134
PSC 004
PS Concrete 004
PSM 826
pulling system 819
pure relaxation 136, 275
pure torsion 568

Q

quasi−permanent combination 347
quasi−permanent value 173
quenching 128

R

rahmen 109
Rate of Creep Method 773
Rate of Flow Method 773
Rausch 574
recoverability 060
refined model 648
relaxation 135

reliability index 164
required shear strength 479
residual deformation 099
response modification factor 802
re-tensioning 055
R-factor 802
Richart 115
rigidity 401
Ritter 459

S

sag 037, 764
sagging 253
Schäfer 646
Schlaich 646
secant modulus 084
secondary moment 751
segmental method 206
seismic design situation 171
serviceability limit state 162, 294
service load 193
shape memory alloy 023
shear compression failure 458
shear connector 198
shear critical section 486, 526, 551
shear flow 568, 569
shear friction theory 697
shear lag 722
shear modulus of elasticity 566
shear tension failure 458
sheath 017, 143
Sheikh 413
shored construction 690
short-term curvature 407
shrinkage reducing admixture 074
silica fume 075
simplified model 648
size effect 502
skew-bending theory 574
skin reinforcement 382
sliding pad 819
Sozen 644
spalling stress 638
span-by-span method 825
specimen 076
split tensile strength 094
splitting tensile test 094
SSM 825
static action 170
steam curing 126
steel corrosion 119
Steiner 008
step-by-step analysis 276
stirrup 483, 549
strain compatibility analysis 297
strain gradient effect 087
strain hardening 149
strain tempering 129
Stranding 129
strength concept 031, 696
strength design 157
strength limit state 162, 294
stress concept 023, 696
stress corrosion 137
stressing bed 013
stress relieving 129
strut 463
struts 646
Strut-Tie Model 646
sudden release 617
superplasticizer 074
support displacement method 753
sustained load 193, 346

T

Tadros 279
tangent modulus 084
teflon 819
tempering 128
temporary pier 815
tendon 001, 127
tensile strength 094
tensioning bed 013
tension stiffening effect , 392
thermal stress 123
thin-walled tube theory 568
Thürlimann 574
ties 647
time dependent loss 220
Timoshenko 723
torsional constant 566
torsional stiffness 568
transfer length 187, 613, 619
transfer of prestress 219

transformed section 725
transformed width 724
transient design situation 171
transmission length 187, 613, 619
transport 056
truss analogy 459
truss model 459

U

ultimate limit state 162, 171, 294
unbalanced moment 821
unbonded tendon 049
under-reinforced section 296
uniformly tapered strut 647
unshored construction 690

V

variable action 171
variable angle truss model 466
variable depth member 747
Vecchio 537
vertical cracks 635
void section 568
VSL 142, 144

W

warping 566, 567
water-binder ratio 073
water-cement ratio 073
water-jet 699
water-reducing admixture 073
web-shear crack 458, 471
web-shear cracks 633
weighted average value 429
wobble effect 250
wobble friction 250
working stress design 156

Y

Yamazaki 318
yield plateau 149

Z

Zia 268, 274, 279, 574

기타

AE감수제 074
AE제 073
C-C-C 절점 648, 675
C-C-T 절점 648, 675
C-T-T 절점 648, 675
D-영역 638
Hoyer 효과 617
p-r 곡선 088, 116
PS 콘크리트 004
Ramberg-Osgood 함수 132
SI 단위계 063
St. Venant 비틀림 이론 566
St. Venant 원리 637
T-T-T 절점 648
Walnut Lane Memorial교 009
1차 모멘트 751
2개 직선 휨모멘트-처짐 해석법 422, 430
2차 단면력 750
2차 모멘트 751
45° 트러스 모델 469, 471